DAS LEBEN DER GEWÄCHSE

EIN LEHRBUCH DER BOTANIK

VON

DR. PHIL. FRIEDRICH OEHLKERS

O. PROFESSOR DER BOTANIK AN DER UNIVERSITÄT FREIBURG

ERSTER BAND

DIE PFLANZE ALS INDIVIDUUM

MIT 523 TEXTABBILDUNGEN

SPRINGER-VERLAG

BERLIN · GÖTTINGEN · HEIDELBERG

1956

ISBN 978-3-642-86065-2   ISBN 978-3-642-86064-5 (eBook)
DOI 10.1007/978-3-642-86064-5

Vorwort

Der Plan zu diesem Buch geht auf das Jahr 1935 zurück. Damals wurde mir klar, daß meine Weise, die Gegenstände der Botanik darzustellen, nicht ohne Vorzüge war gegenüber dem sonst gehandhabten Verfahren. Insbesondere erwies es sich als dringend notwendig, in den Rahmen der allgemeinen Botanik eine zusammenhängende Fortpflanzungs- und Vererbungslehre einzufügen. Daß nichts daraus wurde, lag daran, daß im 3. Reich keine Bücher von mir erscheinen konnten. Nach dem Zusammenbruch mußte die Katastrophe erst mühselig überwunden werden, die Zeit, sich wissenschaftlichen Dingen widmen zu können, war beschränkt. So ist es spät geworden, und andere Lehrbücher der Botanik sind vor dem meinigen erschienen. Hoffentlich ist es nicht zu spät. Ich habe mich bemüht, die Gedankengänge darzulegen, nach denen ich seit mehr als 25 Jahren den Unterricht durchführe.

Vielen Helfern habe ich Dank zu sagen; meinen Assistenten und Schülern Dr. Bopp, Dr. Eberle, Dr. Ihm, Dr. Linnert, Dr. Resch und Dr. Woll. In einigen Fragen berieten mich die Kollegen Dr. Bogen und Dr. Pohl. Die Bilder sind nahezu sämtlich neu gezeichnet worden. Ein großer Teil sind Originale; die nach verschiedenen Autoren bezeichneten sind möglichst — wenn nichts anderes vermerkt ist — nach deren eigenhändigen Zeichnungen kopiert oder umgezeichnet worden. Die meisten arbeitete Universitätszeichner a. D. Hans Dettelbacher, einige stammen von den Herren Herbert Becker und Dietrich Eckert bzw. aus dem Institut. Bei der Korrektur wirkten mit in erster Linie unsere Sekretärin Fräulein Helga Riese, die auch das Manuskript fertigte, sodann Fräulein Renate Hess, Fräulein Karin Hölzer und Fräulein Irmgard Neugebauer. Allen diesen sei herzlich gedankt. Besonderen Dank schulde ich Herrn Dr. med. h. c. Ferdinand Springer, dessen stets gleichbleibende freundliche Geduld es mir ermöglichte, auch mit langen Unterbrechungen, die durch amtliche Verpflichtungen zustande kamen, in Ruhe weiter zu arbeiten.

Die Gliederung des Buches in seine zwei Bände ist in der Einleitung enthalten.

Freiburg i. Br., im August 1955

Friedrich Oehlkers

Inhaltsverzeichnis

Dritter Teil

Die Ursachen der Entwicklung (Entwicklungsphysiologie)

Einleitung

In der „Introductio" zu seiner „Philosophia Botanica" übermittelt uns LINNÉ
als maßgebliche Definition des Reiches der „Vegetabilia", der Pflanzen, den
Satz: „Vegetabilia crescunt et vivunt." Wenn auch der Zusammenhang, in
den der Satz gestellt ist, die Abgrenzung gegenüber den sonstigen „Reichen der
Natur" heute als überholt zu betrachten ist, so gibt es dennoch keine in ihrer
Kürze so treffende Kennzeichnung der Pflanzen wie die eben angeführte. Wollen
wir sie deuten, so müssen wir ausführlicher werden und sagen: die Pflanzen sind
Lebewesen, deren auffälligste Lebensäußerung ihr Wachstum ausmacht: sie sind
Gewächse! Und die *Botanik*? „Botanice est Scientia Naturalis, quae Vegetabilium
cognitionem tradit", sie ist also eine Naturwissenschaft, deren Gegenstand die
Pflanzen sind.

Das ist das erste, der Anfang. Heute bedarf es eingehenderer Darlegungen.
Was hat es mit der *„Lebendigkeit" der Pflanzen* auf sich, dieser merkwürdigen
Eigenschaft, die sie mit den Tieren und den Menschen gemeinsam haben? Faßt
man doch die Wissenschaft von Pflanzen, Tieren und Menschen als *Biologie*
zusammen. Offenbar hat man es dabei mit einem entscheidenden Gegensatz
zur Unlebendigkeit der übrigen Naturkörper zu tun. Eines der auffälligsten
Kriterien für die Lebendigkeit aller Lebewesen ist ihre *Vergänglichkeit*, ihre
radikale Zerstörbarkeit. Sie alle, Pflanzen, Tiere, Menschen, besitzen eine unter
sich zwar sehr verschiedene, im ganzen aber überaus kurze Lebensdauer, verglichen mit der Dauerhaftigkeit nichtorganischer Gebilde. Sie sind in Grenzen
gespannt und haben ihren *Anfang in der Fortpflanzung, ihr Ende in Alter und
Tod*. Das bedeutet einmal: jedes Lebewesen, auch die Pflanze, ist ein Individuum,
das Anfang und Ende und in diesem „Lebenslauf" sein besonderes Schicksal
hat; zum anderen: das Lebendigsein ist eine Aufgabe, eine Leistung von solcher
Härte, daß sie kein Lebewesen in unbegrenzte Zeiten hinaus zu tragen vermag.

Worin besteht nun diese *„Lebensleistung"* eigentlich? Um ein Beispiel heraus-
zugreifen, brauchen wir lediglich auf die Definition LINNÉS zurückzuverweisen,
auf das Wachstum. — In heutiger Sicht ist Wachstum die ständige irreversible
Volumzunahme der Pflanze. Bedenkt man, daß die chemische und physikalische
Analyse des Pflanzenkörpers als Grundbestandteile keine anderen Stoffe und
Kräfte erkennen läßt als die in der unlebendigen Natur vorkommenden, so bedeutet Aufnahme und Umwandlung der körperfremden Substanz in körpereigene eine unwahrscheinliche Arbeitsleistung. Es kommt hinzu, daß es sich
dabei nicht allein um das Aufhäufen bestimmter Stoffmengen handelt wie in
einer chemischen Fabrik mit stationären Maschinen, daß vielmehr während und
bei solchen maschinellen Funktionen bestimmter Teile eine ständige „Entwicklung" der Gestalt erfolgt. Neue Zweige, neue Blätter, neue Blüten entstehen,
wachsen, funktionieren und vergehen in ständiger Um- und Neubildung, die bis
zum Lebensende währt. Das Ende tritt ein, entweder durch äußere Gewalt als

Zerstörung oder durch Abnutzung. Während des Lebenslaufes überwiegt im Zusammenhang mit der Leistung letztlich der maschinelle Verschleiß das Vermögen zur Neubildung und führt damit zum „natürlichen" Tode.

Aus diesen wenigen Bemerkungen gewinnen wir zugleich die Einteilungsprinzipien für unser weiteres Vorgehen. Der erste Band dieses Buches ist den *Pflanzen als Individuen* gewidmet. Den Eingang bildet die *Betrachtung ihrer Gestalt*. Dabei ist zu bedenken, daß die Form des Pflanzenleibes nie etwas Stationäres ist; sie ändert sich ständig, so daß alle Bilder, die man davon entwerfen kann, nur als Stadien zu werten sind, Übergänge zu etwas Neuem und anderem. *Die Betrachtung der Gestalt hat also nach Entwicklung und Aufbau zu* geschehen.

Jede Entwicklung hat einen Anfang und ein Ende. So werden wir folgerichtig den Fragen nach den *Grenzen der Gewächse* zugeführt. Wir werden die *Fortpflanzungserscheinungen* erwägen nach ihrem Ablauf und ihrer Funktion und dabei die Feststellung machen, daß jeder Keim so konstruiert ist, daß er allein Lebewesen hervorgehen läßt, die dem Ausgangsorganismus gleichen. Die *Vererbung* kündigt sich hiermit als Grundphänomen an, das in jedem biologischen Lehrbuch nicht nur am Rande Platz finden sollte, sondern in seinem fundamentalen Zusammenhang mit den Lehren der Fortpflanzung darzustellen ist. Sodann werden wir uns dem Ende der Gewächse zuwenden, ihrem Niedergang in *Alter, Krankheit und Tod*. Den Beschluß bildet ein Abschnitt, der den Fragen nach den Ursachen des Lebensablaufes der Pflanzen nachgeht; wir nennen ihn in Anlehnung an ältere Bezeichnungsweisen „*Physiologie der Entwicklung*". Damit wäre der Kreis unserer Erfahrung von den Pflanzen als *isolierten Individuen* geschlossen (zugleich auch der erste Band dieses Buches).

Es leben indessen die Gewächse nicht isoliert für sich allein, sondern sie existieren in einer Welt, die für sie die *Umwelt* bedeutet. So wird sich also an den ersten Band ein zweiter anzuschließen haben, der *die Pflanze in der Welt* behandelt und alle Relationen enthält, die sich daraus ergeben. Diese betreffen die Stoff- und Energieentnahme aus der Umwelt und deren besondere Bedingungen, ebenso aber das Verhältnis der Lebewesen untereinander, so wie es sich in strenger Dauer, aber auch in mannigfaltigstem Wandel auf dieser Erde herangebildet hat.

Eine Schwierigkeit sei noch bemerkt. Diese Einteilung, so klar sie erscheinen mag, ist in der realen Darstellung nicht in voller Schärfe durchführbar. Überall dort, wo vorwiegend funktionelle Zusammenhänge bestimmend sind, wird die Welt gekennzeichnet werden müssen, in der die Gewächse leben. Umgekehrt ist aber die Kenntnis der individuellen Struktur einer Pflanze unentbehrlich bei einer Vegetation unter besonderen Bedingungen; hier würde die Einsicht in das Gefüge der Umwelt nicht ausreichen. Bei aller möglichen Überschneidung wendet sich die Blickrichtung indessen im ersten Band stets den Einzelindividuen zu, im zweiten dagegen ihrem Dasein in der Welt.

Erster Teil

Die Gestalt der Gewächse in Entwicklung und Aufbau

Einführung: Die celluläre Natur der Pflanzen

Die Wissenschaft von den Pflanzen beginnt mit ihrer Betrachtung. Lassen wir Pflanzengestalten an unserem Auge vorüberziehen, dann wird das anfänglich Eindrucksvollste stets die *äußere Kontur* sein. Die Fläche der Blätter in der Vielfalt ihrer Umrandungsformen, das Knorrige der Zweige oder ihre schwingende Schlankheit, das Gedrungene des Stammes oder sein Aufstreben, Farbenfülle und Abundanz der Formgestaltung in Blüte und Frucht: überall zeigt sich eine Durchgliederung des Sproßsystems an, die in überraschendem Gegensatz zu dem amorphen Charakter der Wurzel steht. In endlosen Kombinationsmöglichkeiten erwachsen so aus der Fülle der äußeren Begrenzungen die spezifischen Verschiedenheiten von Pflanzeneinheiten und Pflanzengruppen.

Dringt man über diese Anschauungsweise hinaus zu einer Betrachtung des *inneren Aufbaues* vor, bei den Pflanzen also unmittelbar in die mikroskopische Dimension, so erweist sich die Bildung und Ausgestaltung einer bestimmten Außenkontur in gegenseitiger gesetzmäßiger Abhängigkeit von der Vermehrung und Veränderung innerer Aufbauelemente. *Eine Pflanzengestalt charakterisiert sich stets als eine Form-Struktureinheit.* Die gegenseitige Bedingtheit von Kontur und Struktur, typisch für jegliche Gestaltseigentümlichkeit der Pflanze, soll hier *wissenschaftlich* erfaßt werden. Für die Betrachtung komplizierter Formungen ergibt sich damit der Versuch, Vielgestaltigkeiten auf einfache Elemente zurückzuführen, in exakter Formulierung: Gibt es im Bereich der Pflanze ein einheitliches Bau- und Strukturelement, aus dessen Verhalten alle Formverhältnisse zu verstehen sind?

Erinnern wir uns, daß die reine Konturbetrachtung von Gewächsen unserer Umgebung, von Bäumen, Sträuchern und Kräutern, erst dann einen wissenschaftlichen Charakter erhielt, als die Gesetze ihrer Architektur aus einfachen Formelementen sichtbar geworden waren. Oberirdische Sprosse bestehen aus Achsen und Blättern, und die ungeheuere Mannigfaltigkeit der Einzelerscheinungen versteht sich als Variation dieser Elemente. So bleiben Laubblätter, Keimblätter, Blütenblätter, Fruchtblätter usw. stets „Blätter"; sie sind, so verschieden sie auch sein mögen, stets aus den gleichen Anfängen und nach den gleichen Gesetzen, allein unter *quantitativen* Abwandlungen erwachsen. Heute wissen wir, daß es außer den eben genannten Pflanzen auch noch andere gibt, auf deren Gestaltung das Sproßschema nicht anwendbar ist. Frei im Wasser flottierende Algen bestehen vielfach aus einfachen Fäden, und die grünen Anflüge der Bäume und Felsen aus Gestalten noch einfacherer Form. Das elementare Gestaltungsstück, nach dem wir gefragt haben, muß also auch diese Pflanzengebilde aufbauen können.

Das gesuchte Bau- und Strukturelement ist *die Zelle,* und unsere erste Aufgabe ist die *Darstellung der Zellenlehre.* Damit aber steht schon die nächste Frage vor uns: Was sind eigentlich Zellen?

Die Bezeichnung „Zelle", als historische seit ihrer ersten Entdeckung festgehalten, drückt ursprünglich die Meinung aus, das Wesen der Zelle sei in ihrer Begrenzung als „Kämmerchen" beschlossen, so wie die Zelle in der Bienenwabe (Abb. 1). Unsere heutige Vorstellung hat sich gewandelt; sie begreift als erstes den Inhalt des Kämmerchens, die darin enthaltene lebendige Substanz.

So werden wir die Frage nach dem Wesen der Zelle anders beantworten müssen: *Die Zelle ist die jeweils größtmögliche für sich abgegrenzte Masse lebendiger Substanz.* Diese lebendige Substanz, *das Protoplasma,* ist Träger und Grundlage des Lebens. Hierin also, *abgegrenzte Einheiten lebenden Protoplasmas* zu sein, haben die Zellen aller Lebewesen ihre Gemeinsamkeit. Darüber hinaus begegnen uns die Zellen in zweierlei Erscheinungsform, einmal als *elementare Organismen,* somit als einzeln existierende Lebewesen, zum andern als *Strukturelemente im Körper vielzelliger Pflanzen und Tiere.* Unter den Angehörigen beider Gruppen bestehen tiefgreifende Gemeinsamkeiten.

Abb. 1. Flaschenkorkgewebe in der Darstellung von R. HOOKE in seiner „Micrographia" (1667)

Mit dieser Einsicht, daß die Zelle nicht nur Bauelement ist, sondern in ihrer ursprünglichen Form als selbständige Lebenseinheit angesehen werden muß, wird zugleich deutlich, daß sie als Strukturelement jedenfalls nicht das „letzte" Bauelement des Organismus sein kann; sie ist selbst wieder strukturiert und aus Einzelheiten zusammengesetzt. Über die „letzten Einheiten" zu spekulieren, ist heute verfrüht. Die Zellen sind aber in der uns leicht zugänglichen mikroskopischen Größenordnung die *einheitlichen* Bauelemente für alle Lebewesen; sie sind von einer überraschenden Gleichförmigkeit in den Grundeigenschaften und gleichzeitig von einer nahezu unendlichen Variabilität der Ausprägung dieser wenigen Eigenschaften.

Entdeckung der Zelle als Lebenseinheit sowie Begründung und Ausbau der Zellenlehre gehören zu den entscheidenden Leistungen der Biologie des 19. Jahrhunderts. Zur Fundierung der Organographie als der Lehre von Entstehung und Aufbau der organischen Gestalt soll uns der folgende Lehrsatz dienen: *Jede organische Gestalt ist entweder die Gestalt einer Zelle oder eine von Zellen gebildete Gestalt; jede organische Struktur ist entweder die Struktur einer Zelle oder eine von Zellen gebildete Struktur.* Diesen Lehrsatz in allen Einzelheiten zu erweisen, wird Aufgabe des ersten Abschnittes sein.

Wir entwickeln zunächst eine allgemeine Zellenlehre oder Cytologie, die die Gemeinsamkeiten der Pflanzenzellen überhaupt umfaßt. Daran schließt sich ein zweiter Teil, der sich mit den Zellen als den Strukturelementen vielzelliger Pflanzen befaßt (Histologie), und endlich ein dritter, die Organographie der vielzelligen Pflanzen.

A. Cytologie

Wir beginnen die Lehre von der Pflanzenzelle mit der Betrachtung des inneren Aufbaus, der Struktur. Das geschieht vor allem deshalb, weil das, was *allgemein* über die äußere Gestalt der Zelle zu sagen ist, sich am einfachsten aus bestimmten Struktureigentümlichkeiten verständlich machen läßt. Eine besondere Formenmannigfaltigkeit der äußeren Gestalt der Zellen zeigt sich erst deutlich im Verlauf der Differenzierung in den vielzelligen Körpern und ist somit Angelegenheit der Histologie bzw. Entwicklungsgeschichte.

I. Die Zelle und ihre Bestandteile (Struktur der Zelle)

Überall dort, wo wir ganze Pflanzen oder einzelne ihrer Teile in geeigneter Präparation mit dem Mikroskop betrachten, das Strukturen in der Größen-ordnung zwischen 0,1 und 0,001 mm erkennen läßt, wird es deutlich, daß sie entweder *Zellen* sind oder aus Zellen zu-sammengesetzt werden. Lebende Zellen oder als lebende in einem vielzelligen

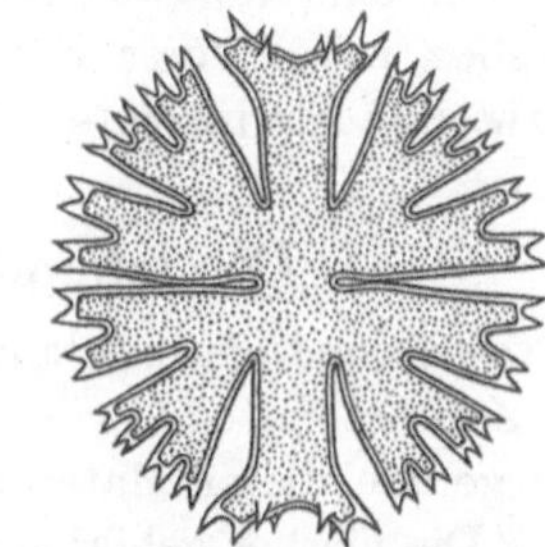
Abb. 3. *Micrasterias novae-terrae*, als Beispiel für eine starr geformte Zelle. (Nach TAYLOR)

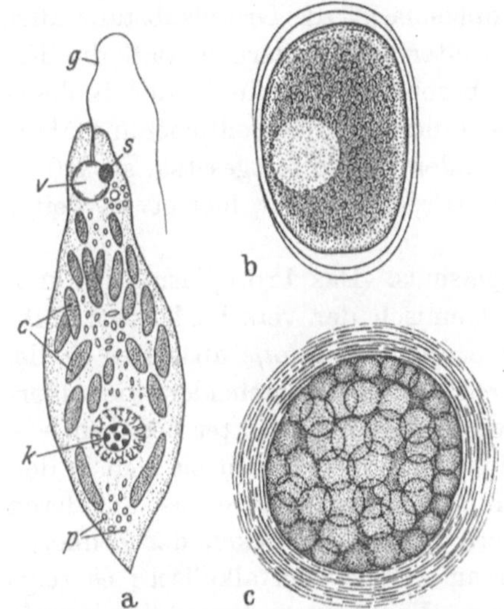
Abb. 2 a—c. *Euglena viridis*. a schwimmende Form; b Dauerform nach Encystierung; c Palmella. *k* Kern; *c* Chromatophoren; *p* Paramylonkörner; *v* Vacuole, *s* Augenfleck; *g* Geißel. (Nach DOFLEIN)

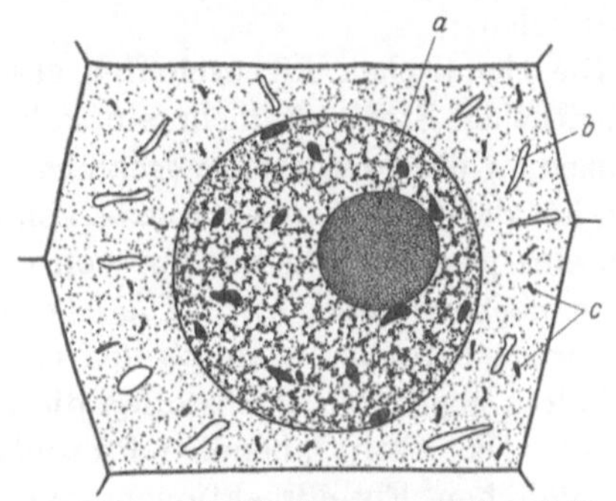
Abb. 4. Schema einer embryonalen Zelle mit Kern, Nucleolus *a*; Cytoplasma, undifferenzierten Plastiden *b* und Chondriosomen *c* (Orig.)

Körper funktionierende Zellen stellen stets einen in sich nach außen hin geschlos-senen Raum dar, der bei den Pflanzenzellen gewöhnlich von einer Membran um-häutet ist. Dieser Raum wird entweder bei frei lebenden Zellen vom Zelleib, auch *Protoplast* genannt, in Tropfenform eingenommen oder er schmiegt sich den ver-schiedenen Gestaltungen der Membran an. Die gesamte Zelle besteht aus lebenden und nichtlebenden[1], geformten und ungeformten, festen und flüssigen Elementen (Abb. 2 und 3). Unter den lebenden Bestandteilen des Protoplasten unterscheiden wir das *Cytoplasma*, den *Kern*, die *Plastiden* und die *Chondriosomen* (Abb. 4). Die

---

[1] Ich bevorzuge den Ausdruck „nichtlebende Bestandteile" der Zelle an Stelle des häufig verwendeten „tote Bestandteile". Das Prädikat „tot" einem Gegenstand beizulegen, invol-viert, daß er vorher, bevor er starb, gelebt hat. Das kann man aber von vielen der nicht-lebenden Bestandteile der Zelle nicht behaupten, von anderen ist es zum mindesten zweifel-haft. Darum halte ich die neutralere Bezeichnung für besser.

lebendige Substanz, aus der alle diese einzelnen Teile bestehen, bezeichnen wir mit dem alten Ausdruck von Hugo v. Mohl (1844) als *Protoplasma*.

Die nichtlebenden Bestandteile gliedern sich wiederum nach nichtlebenden *Einschlüssen*, wobei wir solche kennen, die sich in den Zellvacuolen befinden, und andere, die unmittelbar in dem Protoplasten eingeschlossen sind, und andererseits nach den nichtlebenden *Ausscheidungen*, wobei für Struktur und Gestalt der Pflanzen die festen von der Zelle ausgeschiedenen Membranen die bedeutungsvollsten sind.

Im übrigen muß man sich darüber klar sein, daß die eben angegebene Gliederung schon eine hohe Differenzierung voraussetzt; es gibt daneben auch Pflanzenzellen primitiverer Formen, die sowohl Kern als auch Plastiden vermissen bzw. nur Äquivalente solcher erkennen lassen.

1. Die lebenden Bestandteile der Zelle

Das Protoplasma als Substanz. Das Protoplasma ist die Grundsubstanz aller lebenden Zellbestandteile. So ist es nicht weiter verwunderlich, daß die Erforschung gerade dieser Materie einen ganz besonderen Raum in der Biologie einnimmt. Die hierher gehörigen Arbeiten beginnen mit der Zellforschung überhaupt und werden bis heute in immer wachsendem Maße fortgesetzt; sie haben in der Gegenwart Resultate reifen lassen, die es rechtfertigen, hier etwas weiter auszuholen.

Die chemischen Eigenschaften des Protoplasmas. Das Protoplasma ist kein einheitlicher Stoff, vielmehr ein kolloidales Gemisch der verschiedensten Substanzen. Unter den stets vorhandenen stehen die *Eiweißstoffe* an erster Stelle. Man hat dabei die reinen *Proteine* von den *Proteiden* zu unterscheiden, die außerdem eine prosthetische Gruppe von nicht eiweißartigem Charakter besitzen, wie später noch erläutert wird. Die letzteren zeichnen sich — soweit sie sich in den Zellkernen befinden — durch den Gehalt an Thymonucleinsäure aus, auf deren Verhalten gegenüber Farbstoffen die besondere Tinktionsfähigkeit der Zellkerne beruht. Das aktiv lebendige Protoplasma reagiert schwach alkalisch; es zeigt die typischen Eiweißreaktionen und gibt beim Verbrennen Ammoniakdämpfe ab. Abgesehen von den Eiweißstoffen befinden sich noch eine ganze Reihe anderer in dem Stoffgemisch, so besonders verschiedene *Kohlenhydrate*; ferner die Gruppe von Substanzen, die man als *Lipoide* bezeichnet, nämlich Fette, darunter besonders die hochmolekularen Sterine, die Lecithine und die Phosphatide. *Mineralstoffe* einerseits sowie *Enzyme* und *Wirkstoffe* andererseits ergänzen das eigentümliche Stoffkonglomerat, das wohl als Ganzes, nie aber in einzelner substantieller Eigenschaft die Lebendigkeit des Protoplasmas bestimmt.

Wir geben hier nur kurze Hinweise, welche Stoffgruppen im Protoplasma vorhanden sind. Verschiedene Stoffe, die an dieser Stelle im Speziellen aufzuzählen wären, finden sich ebenso auch an anderen Orten der Zelle. Darum wird am Schluß des Abschnitts über die nichtlebenden Bestandteile der Zelle eine im einzelnen ausgeführte Übersicht der wichtigsten Pflanzenstoffe angeschlossen werden.

Die physikalischen Eigenschaften des Protoplasmas. Das Protoplasma wird meist als Kolloid bezeichnet; es ist fast farblos, halbdurchsichtig, ziemlich stark lichtbrechend und von einer höheren Viscosität als Wasser. Als Cytoplasma der Zelle ist es größtenteils durch zahlreiche eingelagerte Körnchen (Mikrosomen) getrübt.

In einem Kolloid oder einer kolloidalen Lösung befinden sich die gelösten Stoffe nicht in molekularer Verteilung im „Lösungsmittel", sondern in Aggregaten, in denen eine größere Anzahl von Molekülen zusammenhängen können. Die Größenordnung dieser Teilchen liegt zwischen 0,2 und 0,001 μ, diejenige echter Lösungen unterhalb 0,001 μ, und Teilchen, die noch mit Hilfe des normalen Mikroskops wahrnehmbar sein sollen, müssen einen Durchmesser von 1 μ an aufwärts haben. Bei den Plasmakolloiden können sich die riesigen Eiweißmoleküle als einzelne ebenso verhalten wie in anderen Kolloiden die Molekülaggregate. Als Fadenmoleküle können die Eiweiße — ganz ähnlich wie die später zu behandelnden Cellulosemoleküle — ihrer Länge nach die Grenze der mikroskopischen Sichtbarkeit erreichen; sie sind aber ihrer Breite nach viel zu wenig ausgedehnt, um eine Lichtbrechung zu erreichen: das Protoplasma als Substanz ist optisch leer.

Infolge dieser besonderen Eigenschaften stellt man die Kolloide den echten Lösungen auch terminologisch gegenüber. So spricht man hier eben nicht mehr von einem „Lösungsmittel", sondern von einem *Dispersionsmittel* und von einer *dispersen Phase*. Dispersionsmittel ist für die Kolloide des Protoplasmas stets das Wasser; man pflegt sie als *hydrophile Kolloide* zu bezeichnen. Die Eiweißkolloide vermögen in zweierlei Form, als Sol und als Gel, aufzutreten. Im ersteren Fall haben wir es mit einer regelrechten Flüssigkeit zu tun, im zweiten mit einer Gallerte. Davon nun wiederum ist die Koagulation der Eiweißkörper zu unterscheiden; sie gehen dabei irreversibel in unlöslichen Zustand über und führen

Abb. 5 a—c. Schema der Eiweißsynthese. a 2 Aminosäuren treten zu einem Dipeptid b zusammen; c Polypeptidkette

als Bestandteile des Protoplasmas dabei den Tod des Systems herbei. Der Übergang von der Solform in die Gelform dagegen ist reversibel und kann in den lebenden Gewächsen ebenfalls mit einer umkehrbaren Zustandsänderung verbunden sein, etwa: aktiv lebendiger Zustand — Ruhezustand. Den Eigenschaften, die das Protoplasma als Eiweißkolloid aufweist, sollten wir noch genauer nachgehen, besonders unter dem Gesichtspunkt, ob und wieweit sich die *Lebendigkeit des Plasmas* durch die hier gegebenen Eigentümlichkeiten charakterisieren läßt.

Zunächst sei das gesagt, was die Eiweißkolloide überhaupt betrifft. Die Eiweißstoffe sind bekanntlich aus Aminosäuren zusammengesetzt in der Weise, daß sich eine Aminogruppe des einen Körpers mit dem Säurerest des anderen unter Wasseraustritt in Verbindung setzt. Auf diese Weise kommen lange, sog. Polypeptidketten zustande, aus denen die jeweiligen Reste der Aminosäuren als Seitenketten herausragen (Abb. 5). So haben alle diese Körper ampholytischen Charakter: die Seitenketten können sowohl positive wie negative Ladung tragen. Ferner müssen die Eigenschaften des Wassers, das bei den Plasmakolloiden als einziges Dispersionsmittel funktioniert, mit berücksichtigt werden. Die Wassermoleküle enthalten insofern ein Dipolmoment, als die beiden Wasserstoffatome dem Sauerstoffatom einseitig angelagert sind. Dadurch entsteht eine Asymmetrie der Ladungen, und das Molekül hat an dem einen Ende mehr positiven und an dem anderen mehr negativen Charakter mit jeweils äußerst geringen freien Ladungen (Abb. 6). Durch diese ist eine lockere Bindung an

die Ladungspunkte der Eiweißmoleküle möglich. Die Ladung der Wassermoleküle ist eine
so geringe, daß faktisch beliebig viele davon als Wasserhülle um die Ladungspunkte der
Eiweißmoleküle angesammelt werden können, ohne deren Reaktionsfähigkeit besonders zu
beeinflussen. Diese Ausbildung von Wasserhüllen bezeichnet man als *Hydratation,* das Entweichen des Wassers aus den Eiweißkolloiden als *Dehydratation.* Darüber hinaus kann
noch anderweitig Wasser lose in irgendwelchen Zwischenräumen aufgenommen werden,
möglicherweise nur capillar gebunden. Den Gesamtvorgang der Wasseransammlung bzw.
-abgabe in ein Kolloid bezeichnet man als *Quellung*
bzw. *Entquellung.* Sol- und Gelbildungen sind
von hier aus betrachtet verschiedene Quellungs-
zustände. Zu bemerken ist weiterhin, daß alle
diese Erscheinungen nicht allein von dem Vor-

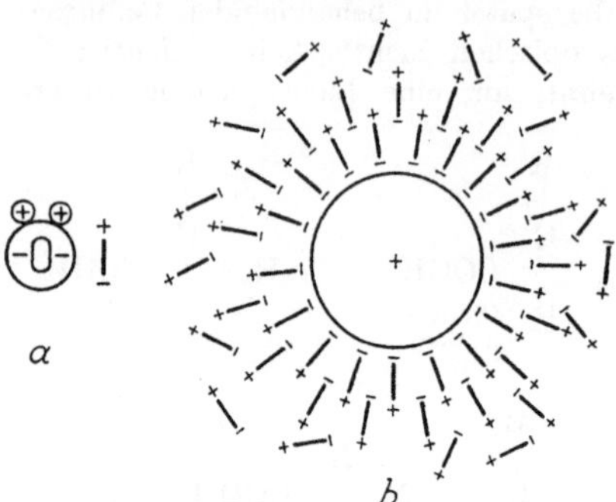

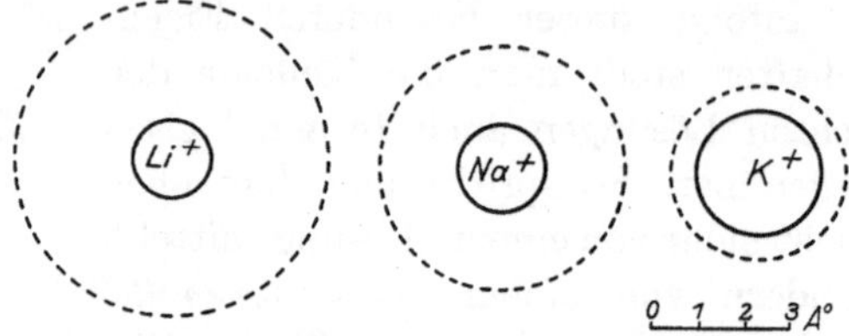

Abb. 6 a u. b. Schema der Hydratation. a Modell
des Wassermoleküls und Dipolschema; b Hydratation eines geladenen Kolloidteilchens. (Nach
PALLMANN aus FREY-WYSSLING)

Abb. 7. Ionen der Alkalireihe mit verschieden starker
Hydratationshülle. Die Ionenradien nehmen mit steigendem
Atomgewicht zu, die Wasserhüllen ab. (Die ganze Reihe
ist *Li, Na, K, Rb, Cs*). (Nach FREY-WYSSLING)

handensein oder Nichtvorhandensein des Wassers abhängig sind, sondern auch noch von
sonstigen Bedingungen, insbesondere von der Wasserstoffionenkonzentration. Die dissoziierten
Gruppen an den Eiweißkörpern können nun außerdem noch Adsorptionspunkte für Mineralstoffe in ionisierter Form werden. In den Plasmakolloiden erscheinen dort besonders häufig
Kaliumionen. Derartigen, an den Ladungspunkten ledig-
lich adsorbierten, aber nicht elektrostatisch gebundenen
Ionen bleibt ebenso wie den Ladungspunkten selbst die
Eigenladung weitgehend erhalten. Infolgedessen können
die Metallionen auch ihrerseits Wasser festhalten und
dadurch die gesamte Hydratation des Eiweißmoleküls
verändern (Abb. 7). Bei den Ionen, die ähnlich wie das
Natrium angelagert werden können, wie z. B. dem Kalium,
sind die Voraussetzungen des Wasserbindungsvermögens
wesentlich andere (Abb. 8). Auf diese Weise greifen die
Salze in unterschiedlicher Weise in das Quellungsverhalten
der Eiweißkörper ein.

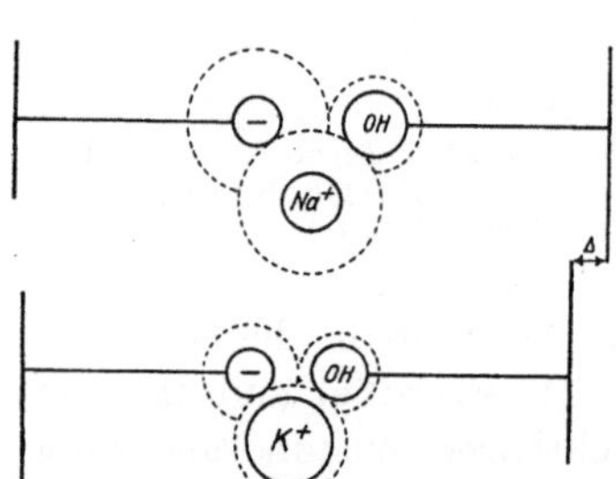

Abb. 8. Hydratationsbeeinflussung der
negativ geladenen Polypeptidseiten-
ketten durch Ionen. △ = Quellungs-
unterschied. (Verändert nach
FREY-WYSSLING)

Alle bisherigen Charakteristika galten sowohl für
beliebige nichtlebende Eiweißkolloide wie auch für das
lebende Protoplasma. Nun sollten wir uns fragen, ob
sich auch im kolloidalen Verhalten spezifische Eigentümlichkeiten für das letztere, insbesondere für seine
Lebendigkeit auffinden lassen. Zunächst sei darauf hingewiesen, daß die im Plasma befindlichen Eiweißstoffe außerordentlich hochmolekular sind. Infolgedessen können darin Seitenketten in sehr großer Zahl und mit äußerst verschiedenen Endgruppen vorhanden sein.
Unter diesen Seitenketten gibt es hier auch solche mit hydrophoben Gruppen, so daß dadurch
sozusagen „ein Loch" in der Wasserhülle des betreffenden Moleküls entstehen kann. Es
kommt hinzu, daß *die Fadenmoleküle miteinander verknüpft sein und Haftpunkte ausbilden
können.* Demnach ist zwar eine Strukturbildung vorhanden, doch als Effekt der so sehr
verschiedenartigen Gruppen und Seitenketten eine besonders labile, die sogar schon durch
reichliche Wasserzufuhr wieder gelöst werden kann. Endlich sind alle diese Bindungen
ihrerseits weitgehend von der Wasserstoffionenkonzentration des Systems abhängig, wodurch
seine Variabilität weiter erhöht wird. Besonders hohe Reaktionsfähigkeit ist ebenfalls eine
Eigentümlichkeit der zu einem lebenden System gehörenden Plasmakolloide: nur ein kleiner

Teil der aktiven Gruppen ist abgesättigt, also entladen. Die meisten sind aktiv, d.h. sie funktionieren wie freie Ionen und besitzen in der Lösung eine wirksame Ladung. Die coagulierten und damit toten Plasmakolloide unterscheiden sich zunächst einmal durch ihre Dehydratation von den lebenden: sie sind zugleich auch so weitgehend entquollen, daß sie nahezu feste Körper sind; außerdem sind ihre freien Endgruppen sämtlich abgesättigt und entladen. Eine derartige Koagulation der Protoplasmakolloide kann durch den Eingriff äußerer Bedingungen herbeigeführt werden. Darunter sind Temperaturen über 50^0 C zu verstehen, ferner die Salze der Schwermetalle, Substanzen wie Alkohol, Formol und andere; endlich verschiedene Säuren wie Essigsäure, Osmiumsäure, Pikrinsäure und noch manches andere. Die Absättigung der aktiven Gruppen der Eiweißkolloide erfolgt unter dem Einfluß dieser Stoffe entweder durch die starken Ladungen der Schwermetalle oder in Form innerer Bindungen innerhalb der Eiweißkörper. Autonome Absterbevorgänge sind meist komplizierter. Auch sie sind zum großen Teil mit den oben angegebenen Vorgängen verknüpft, aber noch andere, minder übersehbare kommen hinzu.

Die hier kurz zusammengefaßte Charakteristik einiger besonders bemerkenswerter Eigenschaften der am Aufbau des Protoplasmas beteiligten Kolloide zeigt zugleich, daß unter diesen eine Sonderung bestimmter Gruppen auch terminologisch wünschenswert ist. So pflegt man die Gruppe der Eiweißkolloide vor allem wegen ihres Hydratationsverhaltens den „Emulsionskolloiden" zuzuordnen. FREY-WYSSLING möchte neuerdings den Ausdruck „Micellare Kolloide" dafür einführen, indem er besonders auf die Strukturbildung der Makromoleküle durch Haftpunktbildung abhebt.

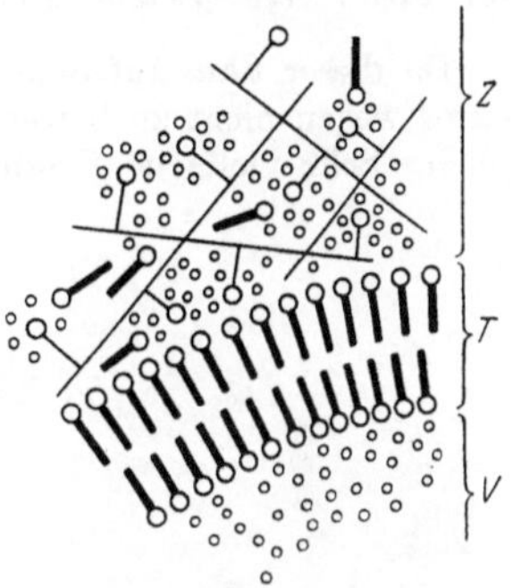

Abb. 9. Schema der submikroskopischen Struktur einer inneren Plasmagrenzschicht. In der Mitte die bimolekulare Tonoplastenhaut T; oben Cytoplasma Z: Eiweißgerüst mit Hydratationswasser und Lipoiden, unten Vacuole V. Erklärung der Symbole: o = Wassermoleküle, ♀ = Lipoidmoleküle; hydrophile Gruppen weiß; lipoide Ketten schwarz. (Nach FREY-WYSSLING)

Das Protoplasma ist also demnach ein lockeres Netz- und Gerüstwerk aus Eiweißstoffen, deren Verknüpfung nicht endgültig ist. Die besondere Variabilität wird durch die Seitenketten herbeigeführt, die in die Maschen dieses Netzes hineinragen (Abb. 9). Die Ladungen dieser Seitenketten, ihre Bindung von Wasser und von anderen Substanzen und die Veränderlichkeit durch äußere und innere Bedingungen machen den besonderen Charakter der Eiweißkolloide lebender Protoplasten aus. Doch ist darin allein die Gesamtstruktur des Protoplasmas noch nicht erschöpft: In den intermicellaren Räumen, in den Maschen des Netzwerkes befinden sich die übrigen außer dem Eiweiß stets noch vorhandenen Stoffe, besonders die Lipoide, aber auch alle die übrigen, die Kohlenhydrate, die Enzyme und Wirkstoffe, in verschiedenartigster Form und Bindung. Und erst dieses strukturell vorläufig nicht weiter analysierbare seltsame Gemisch ist faktisch eine geschlossene Totalität, ein lebender Protoplast.

Von der physikalisch-chemischen Analyse des kolloidalen Zustandes her lassen sich demnach zwar eine Reihe besonderer Eigenschaften namhaft machen, die für die Lebendigkeit des Protoplasmas unentbehrlich sind; doch sind alle diese Eigentümlichkeiten nur *quantitativ* von denen nichtlebender Eiweißkolloide verschieden. *Eine qualitativ typische Differenz zwischen lebenden und nichtlebenden Kolloiden, so wie sie zwischen lebendigen Organismen und unlebendiger Materie Wirklichkeit ist, hat sich mit den Methoden der physikalischen Chemie nicht aufweisen lassen.*

Die Spezifität des Protoplasmas. Schon eine oberflächliche Betrachtung der Pflanzenwelt lehrt, daß Art- und Rassendifferenzen im morphogenetischen oder physiologischen Verhalten mit außerordentlicher Zähigkeit über beliebige Generationen hinweg festgehalten werden. Der Abschnitt über Fortpflanzung und Vererbung wird uns darüber unterrichten, daß es sich dabei um die Leistung bestimmter Elemente von Eiweißcharakter handelt, die vorwiegend in den Zellkernen lokalisiert sind. Daß also hier in diesen Bestandteilen der Zellen spezifische Verschiedenheiten vorhanden sein müssen und stets wieder von neuem reproduziert werden, bedarf keiner Diskussion. Hier soll nur kurz die Frage erörtert werden, ob auch über das eigentliche Erbplasma hinaus, also etwa in den Cytoplasmen, ähnliche Differenzen erkennbar sind oder nicht. Das ist tatsächlich der Fall: *artungleiche Plasmen sind spezifisch verschieden.*

Da dieser Satz auf dem Wege direkter chemischer Analyse der Komplikation des Objektes wegen nicht zu beweisen ist, müssen wir uns nach anderen Untersuchungsarten umsehen. Sehr vielfache Erfahrung zeigt, daß artgleiche Cytoplasmen miteinander mischbar sind, artverschiedene dagegen nicht. Einige Beispiele seien genannt. Mischbarkeit finden wir z. B. bei allen Sexualprozessen, bei denen sich männliches und weibliches Protoplasma zu einer Zygotenzelle vermischt. Die Verschmelzung der Einzelindividuen, die aus der Sporenaussaat von Schleimpilzen hervorgegangen sind, zu einem Plasmodium ist ein zwar etwas ausgefallener, aber besonders eindrucksvoller Vorgang (Abb. 10). In allen diesen Fällen laufen die artgleichen Cytoplasmen zusammen, mischbar wie zwei Wassertropfen. Art-

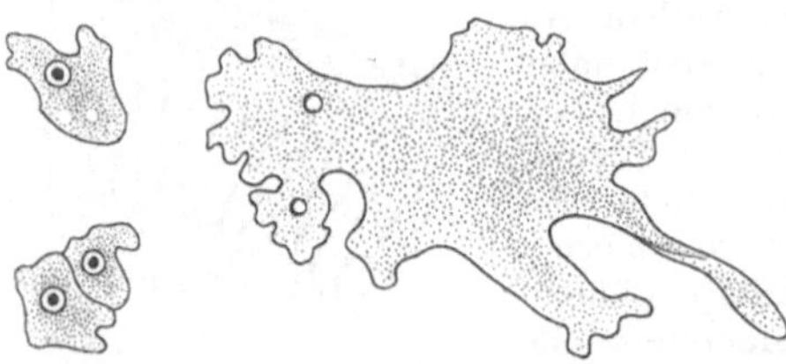

Abb. 10. Plasmodiumbildung aus Schwärmern von *Didymium libertianum*. (Verändert nach DE BARY)

verschiedene Plasmen verhalten sich ganz anders. Besonders anschaulich sind die Versuche von NOLL (1897), der Pfropfungen unter *Siphoneen*, grünen Meeresalgen von beträchtlichem Umfang, herstellte. Der thallöse Körper dieser Pflanzen besitzt zwar eine Außenmembran, im Innern ist er aber ungegliedert und gewissermaßen eine einzige Zelle. Allerdings befinden sich fast stets in den unseptierten Plasmamassen dieser gewaltigen Zellräume sehr viele Kerne. NOLL konnte zeigen, daß bei artgleichen Pfropfungen die Plasmen ohne weiteres mischbar zu neuen Zellen verwachsen. Bei artverschiedenen Pfropfungen kamen auch Einheilungen zustande. Es verwuchsen und reagierten zwar die ganzen Thalli miteinander, doch blieben in allen Fällen die Plasmen getrennt. Bei der ersten Annäherung zogen sie sich schockartig voneinander zurück; nachdem ein gewisser Ausgleich eingetreten war, verharrten sie zwar in unmittelbarer Nähe voneinander, bildeten jedoch eine trennende Membran zwischen sich aus. Welcher Art nun die sich hiermit kundgebenden Gleichartigkeiten oder Ungleichartigkeiten der Protoplasmen sind, ob sie struktureller Art, also rein physikalischer Natur sind, ob sie sich zwar auf die Zusammensetzung, jedoch nur in quantitativer Hinsicht beziehen, also nur die Mischungsverhältnisse der Einzelanteile angehn, oder ob sie sich auf die Qualität der Bestandteile selbst beziehen, wissen wir nicht.

Der Ursprung des Protoplasmas. Überall dort, wo wir die Lebewesen längere Zeit hindurch beobachten, so daß wir ihrer ständigen Veränderlichkeit und Entwicklung innewerden, bemerken wir, daß Wachstum und Vermehrung entscheidenden Anteil daran haben. Die Zellen werden größer und neue treten auf; es muß also Protoplasma als Masse immer wieder neu entstehen. Wie geht das vor sich? Stets so, und *nur* so, daß *schon vorhandenes Protoplasma sich selbst vermehrt.* Entstehung aus seinesgleichen ist eine der Grundeigenschaften der Lebendigkeit. Versuchen wir nun rein theoretisch bis an den ersten Ursprung des Plasmas auf unserem Planeten zurückzudenken, dann bleibt nichts anderes übrig, als eine erste Entstehung aus irgendwelchen niederen Bestandteilen ohne Vermittlung schon vorhandener Plasmen anzunehmen. Nach unserer heutigen

Kenntnis ist jedoch dieses erste Auftreten gegenwärtig unwiederholbar. Dasselbe gilt auch für die Sonderung ursprünglich einheitlicher Protoplasten in solche mit Cytoplasma, Kern und Plastiden. Jedes dieser Zellorgane[1] entspringt stets nur aus seinesgleichen durch Wachstum und Teilung.

Die Klassiker der Botanik haben diese Erkenntnis, die in jener Zeit, in der man noch ohne weiteres in der Wissenschaft die Neuentstehung der Mikroorganismen aus ihren Nährlösungen annahm, einen absolut revolutionären Charakter hatte, folgendermaßen formuliert: omnis cellula e cellula (NAEGELI 1845), omnis nucleus e nucleo (STRASBURGER 1875), omne chromosoma e chromosomate (STRASBURGER 1875). Der Vorgang selbst gliedert sich in zwei Schritte: Massenzunahme einerseits und Teilung in zwei Portionen andererseits. Den ersten Vorgang bezeichnet man als *Assimilation* im weiteren Sinn. Seine Grundlagen sind heute noch schwer zu durchschauen. Grundsätzlich geht er so vor sich, daß von der assimilierenden Substanz oder dem assimilierenden Organ *körperfremde Stoffe von außen aufgenommen und in körpereigene umgesetzt werden*, wobei sich fraglos synthetische Prozesse kompliziertester Art abspielen müssen. Daß es sich dabei um einen Vorgang handelt, der zwar sehr charakteristisch für lebendige Körper ist, trotzdem aber auch einfacher organisierten Einheiten zukommt, beweist die Tatsache, daß das Viruseiweiß, welches in kristallisierte Form übergeführt werden kann, eine mindestens analoge Eigenschaft besitzt; man bezeichnet sie dort als *Autokatalyse*. Die Teilungsvorgänge sind von ähnlicher Komplikation. Da sie besonders bei den Zellkernen unter Einhaltung eines ungemein typischen Formwechsels ablaufen, werden sie bei diesen näher dargestellt.

Wir können also unsere Einsichten vom Ursprung des Protoplasmas in den Grundsatz von der *Unwiederholbarkeit des ersten Auftretens* und darüber hinaus von der *Unwiederholbarkeit der ersten Sonderungen* gleichförmiger Protoplasten in solche mit Cytoplasma, Kern und Plastiden zusammenfassen. Wo heute protoplasmatische Organe zu finden sind, entstehen sie: *Cytoplasma aus Cytoplasma, Kern aus Kern, Plastiden aus Plastiden durch Assimilation und Teilung.*

a) Das Cytoplasma

Form und Verhalten des Cytoplasmas in der Zelle. Das Cytoplasma, die ungeformte Hauptmasse des Zelleibes, verhält sich im aktiv lebendigen Zustand wie eine Flüssigkeit. Sie wäre demnach ein Sol, und es lassen sich in der Tat Kriterien dafür finden, daß dem so sei; man denke allein an die wohlbekannte Cytoplasmaströmung. Nun hat aber FREY-WYSSLING darauf aufmerksam gemacht, daß beim Zutreffen der oben entwickelten Strukturvorstellung vom Plasmaaufbau auch im Cytoplasma trotz der Strömungen, also der Verschiebbarkeit der Einzelteilchen gegeneinander, doch auch Anzeichen für den Gelcharakter zu finden sein müssen. Tatsächlich läßt sich eine Abhängigkeit der Viscosität vom Druck erkennen: bei zunehmendem Druck sinkt sie ab. Das ist bei einer echten oder dispersoiden Flüssigkeit niemals der Fall und beweist das Vorhandensein der Struktur.

Das Cytoplasma umgibt die lebenden und nichtlebenden, geformten und ungeformten Bestandteile in der Zelle. Zellen ohne Kern und Plastiden sind

---

[1] Im Sprachgebrauch der Zoologie werden vielfach die Zellorgane als „Organellen" bezeichnet. Wir verwenden diesen Ausdruck nicht, um die Einheitlichkeit elementarer (einzelliger) und vielzelliger Organismen zu betonen. Zudem bezeichnet ein Organ qua Organ die Funktionseinheit im ganzen unabhängig von allen anderen Eigenschaften, also auch unabhängig davon, daß einzelne Zellen der Organe von Metazoon noch Totipotenz, also totale Regenerationsfähigkeit besitzen können.

bei primitiver Organisation von Gestalt und Struktur lebensfähig; eine Zelle aber ohne Cytoplasma ist undenkbar. Dabei kann freilich der Kern nur als geformtes Gebilde, nicht aber als Substanz entbehrt werden. Bei den hierher gehörigen Bakterien befindet sich wahrscheinlich der notwendige Vorrat an Thymonucleinsäuren im Cytoplasma.

In jungen, noch undifferenzierten Zellen der vielzelligen und auch in einigen elementaren Organismen erfüllt das Cytoplasma gleichmäßig die ganze Zelle. In allen älteren und differenzierten hat das Wachstum der Zelle das des Cytoplasmas überholt: es sind Hohlräume im Cytoplasma entstanden, die *Vacuolen*, die mit Zellsaft, einer wäßrigen Lösung, angefüllt sind. Diese Inkongruenz im Wachstum kann so eingreifend werden, daß der ganze Innenraum der Zelle von einer großen Vacuole, dem Saftraum, eingenommen wird. Dabei ist für die Verteilung von Zellsaft und Cytoplasma folgende Gesetzlichkeit maßgebend: *Die Wand ist stets vollständig ohne Lücke von Cytoplasma ausgekleidet innerhalb der damit gegebenen Hohlform kann es die verschiedenartigsten Konfigurationen annehmen.*

Ist das Plasma noch relativ zur Zellgröße in genügender Masse vorhanden, dann umgibt es den Kern als kompakte Hülle und zieht sich in den mannigfaltigsten Strängen und Segeln durch den Zellraum. Ist die Gesamtmenge an Cytoplasma relativ zu dem vorhandenen Zellraum durch dessen Wachstum gering geworden, dann bleibt es auf eine wandständige Schicht beschränkt, meist etwas angereichert an der Stelle, an der sich der Zellkern befindet, sonst aber gleichmäßig verteilt (Abb. 11). Das ist das wenige, was überhaupt über die Entwicklungsgeschichte des Cytoplasmas ausgesagt werden kann. Alles übrige gehört entweder dem speziellen Teil an oder bezieht sich auf nicht sichtbare physiologische Veränderungen.

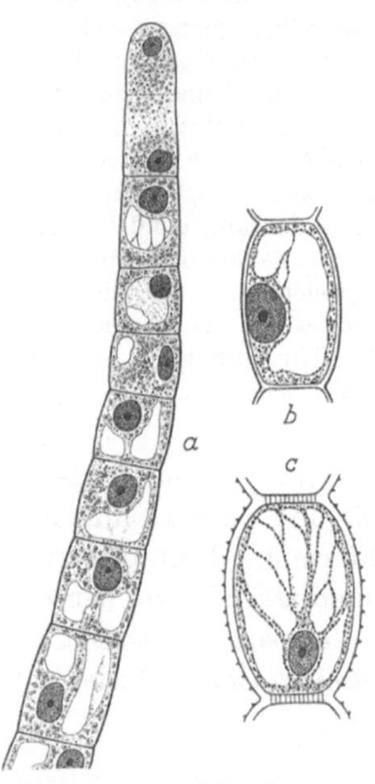

Abb. 11a—c. Staubfadenhaar von *Tradescantia.* a wachsende Spitze; b und c weitere Differenzierung; in c Plasmodesmen zu den Nachbarzellen und Cuticulastreifung schematisiert wiedergegeben (Orig.)

Die Struktur des Cytoplasmas und seiner Anhangsgebilde. *Das Cytoplasma ist ein geschichtetes Gebilde,* und diese Schichten streichen parallel zur Oberfläche der Zelle. Was am Schichtenaufbau optisch erkennbar ist, ist vor allem die Sonderung in hyalines und Körnerplasma. Die Außenschicht ist stets hyalin, durchsichtig, mehr oder weniger klar. Sie wird darum auch *Hyaloplasma* genannt. Die darauffolgende Schicht ist mit Mikrosomen angefüllt, die sie trüben und undurchsichtig machen. Man nennt sie darum *Körnerplasma* oder auch *Polioplasma.*

Die hyaline Schicht ist vermutlich mit der Grundsubstanz des Cytoplasmas identisch, die überall die Mikrosomen umgibt. Man kann bei Verwundungen feststellen, daß sich das Plasma an einer Schnittstelle sofort entmischt und dadurch an der neuen Oberfläche eine körnerfreie Schicht vorbringt. Ob und wieweit die Körner zu den lebenden Bestandteilen der Zelle zu rechnen sind, ist fraglich. Ein Teil von ihnen gehört zweifelsfrei zu den nichtlebenden, sog. ergastischen Einschlüssen.

Endlich kann man als innerste Schicht noch die Abgrenzung gegen die Vacuolen ansehen. Hier bildet sich vielfach eine erkennbare Membran aus, die man als den *Tonoplasten* bezeichnet. Abgesehen von dieser optisch erkennbaren

Schichtung müssen wir nun den Zellkörper mindestens um eine weitere vermehren. Es ist das die äußere, den Zellplasmakörper entweder gegen die feste Membran oder unmittelbar gegen die Außenwelt abgrenzende Hautschicht, die vermutlich nicht völlig mit dem hyalinen Plasma an der Außenwand der Zelle identisch ist, sondern noch einmal eine besondere Außendifferenzierung davon darstellt; man bezeichnet sie als *Plasmalemma*schicht (Abb. 9). Daß die unbehäuteten Zellen, die *Gymnoplasten*, durch eine recht derbe membranartige Plasmaschicht begrenzt sind, ist ohne weiteres an dem Widerstand erkennbar, den diese Schicht mechanischen Deformationen entgegensetzt. Schwieriger verhält es sich mit den in eine Membran eingeschlossenen Zellen, den *Membranoplasten*. Auch hier läßt sich nachweisen, daß ein gewisser mechanischer Zusammenhalt von der Außenschicht ausgeht, z. B. dann, wenn wie in reifen Früchten die

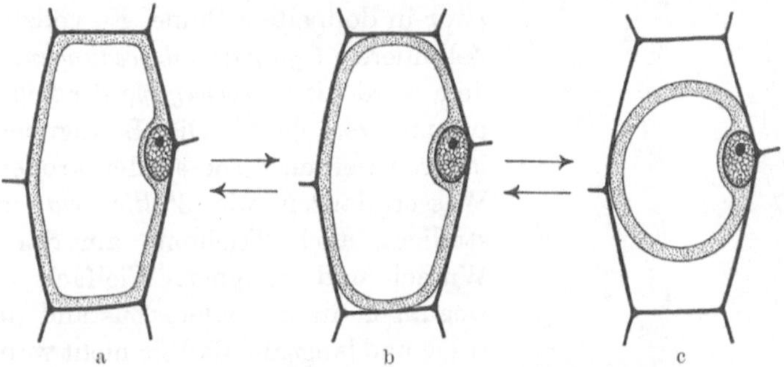

Abb. 12 a—c. Schema der Plasmolyse. a turgeszente Zelle; b Grenzplasmolyse, Schrumpfung der Zelle unberücksichtigt; c Konvexplasmolyse. Die Pfeile nach links geben den Vorgang der Deplasmolyse an (Orig.)

Zellwände aufgelöst sind. Sehr viel eindringlicher läßt jedoch der physiologische Effekt der Plasmolyse die Existenz einer Membran an dieser Stelle deutlich werden.

Der *Plasmolyseversuch* läuft folgendermaßen ab: Wie oben gesagt, ist das Cytoplasma ein hydrophiles Kolloid. Das Wasser, das als Dispersionsmittel im Plasma enthalten ist, muß also einerseits mit dem Wasser als Außenmedium und mit dem Wasser als Vacuoleninhalt in Kontakt treten. In den Vacuolen sind Salzlösungen verschiedener Zusammensetzung und Konzentration enthalten. Bei kontinuierlicher Wasserverbindung mit der äußeren Umgebung müßte zwischen dieser und der Salzlösung in der Vacuole ein Lösungsausgleich nach den Gesetzen der Diffusion stattfinden. Das ist nicht der Fall: in Wasser gelegte Zellen mit gefärbtem Vacuoleninhalt halten die Farblösung in den Zellvacuolen fest. Die Grenzschicht des Cytoplasmas transformiert die Gesetze der Diffusion in diejenigen der Osmose; sie ist semipermeabel, halbdurchlässig, und läßt die sehr kleinen Wassermoleküle unbehindert passieren, den größeren Salzmolekülen setzt sie dagegen einen stärkeren Widerstand, gar ein absolutes Hindernis entgegen. Das hat zur Folge, daß nunmehr ein einseitiger Strom des Lösungsmittels in der Richtung von der schwächeren nach der stärkeren Konzentration zustande kommt. Wenn sich nun außerhalb der Zelle eine Salzlösung von höherer Konzentration befindet als im Inneren der Vacuole, dann strömt das Wasser aus der Vacuole durch das Cytoplasma und die semipermeable Membran aus der Zelle hinaus, bis ein Konzentrationsausgleich eingetreten ist. Bei erheblicher Differenz muß bei Zellen mit großem Saftraum eine Deformation der Zelle eintreten. Da die feste Membran, die im übrigen für jede Lösung permeabel ist, eine solche Formveränderung nicht mitmachen kann, so setzt das Phänomen der Plasmolyse ein (Abb. 12): es hebt sich der Plasmaschlauch, der die Zellmembran auskleidet, ganz oder zum Teil von letzterer ab und zieht sich im Inneren des Zellraumes zu einer Kugel zusammen. Läßt man nunmehr statt der Salzlösung Wasser in die Umgebung der

Zelle zutreten, dann erfolgt der umgekehrte Strom und die umgekehrte Bewegung des Protoplasten: er dehnt sich aus, bis er sich überall der Membran wieder angelegt hat.

Die *Anhangsgebilde des Cytoplasmas* sind entweder fadenförmig und dienen als Bewegungsorgane, oder es sind solche, die als Verbindung von Zelle zu Zelle in Geweben verwendet werden. Die Bewegungsorgane sind Cilien, Geißeln und Flagellen und in allen
Fällen plasmatische Anhänge, die über die Oberfläche hinausragen. Cilien und Geißeln
(Abb. 2) haben runden Querschnitt, Flagellen sind bandförmig. Cilien sind kleiner, dafür
in großer Anzahl vorhanden, Geißeln größer und dafür meist wenige oder gar nur ein einzelner
starker Faden. In allen Fällen sind die Gebilde hyalin; bei stärkeren Geißeln kann man die
Aussteifung des Gebildes durch einen derberen Achsenfaden erkennen. Die Verbindungsfäden zwischen den verschiedenen einander benachbarten Zellen eines Gewebes bezeichnet
man auch wohl als Plasmodesmen. Von ihnen wird in der Histologie die Rede sein.

Die Bewegungen des Cytoplasmas. Das *Cytoplasma ist das Bewegungsorgan der Zelle*, und zwar in doppeltem Sinne. Es vollziehen sich im Zellinneren *Cytoplasmabewegungen*, und außerdem wird die *Ortsbewegung der Zelle* vom Cytoplasma veranlaßt. Die Bewegungen im Zellinneren werden gerne an den großen Zellen von Wasserpflanzen wie *Vallisneria* und *Helodea* studiert, auch Trichome am Sproß und der Wurzel sind geeignet. Vielfach sind die Bewegungen in normalem Zustand der Zellen so träge und langsam, daß sie nicht wahrgenommen werden können. Das Trauma der Präparation genügt meist, um die Bewegungen so zu beschleunigen, daß sie studiert werden können; besonders an der Mitbewegung der Mikrosomen oder Plastiden ist sie erkennbar.

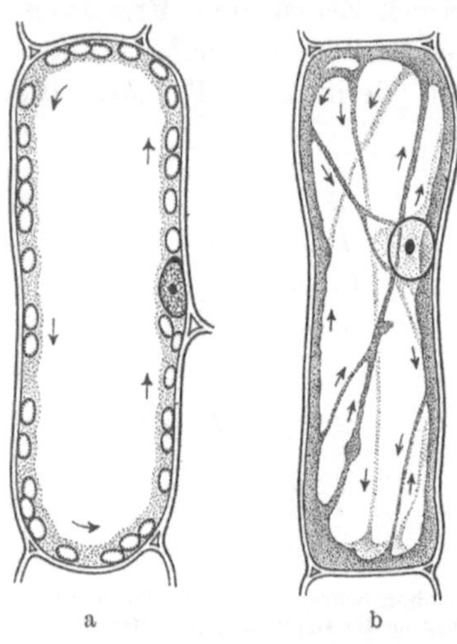

Abb. 13 a u. b. Protoplasmaströmung.
a Rotation; b Zirkulation. (a nach Textb.
Gen. Bot.; b nach DIPPEL)

Man pflegt verschiedene Bewegungsarten zu unterscheiden: 1. Die *Digressionsbewegung*,
unregelmäßige Hin- und Herbewegung im Cytoplasma. 2. *Zirkulation*. Darunter ist das
Strömen in den Plasmasträngen rings um die Vacuolen bei plasmareichen Zellen zu verstehen, oftmals unter periodischem Richtungswechsel. Vielfach ist sie mit dem Durchtrennen
und Neuanknüpfen von Plasmasträngen, also mit einer Änderung der Plasmakonfiguration
verbunden. Die Aktivität der Bewegung geht ohne Zweifel von dem flüssigen Cytoplasma aus.
Mikrosomen, Stärkekörner, Plastiden, manchmal auch der Kern werden deutlich passiv
in dem Strömen mitgeführt. 3. Die *Rotation* (Abb. 13), eine Bewegung in plasmaarmen Zellen
mit einem großen Saftraum. Hier geht die Bewegung nur in einer Richtung ständig kreisend um
den Saftraum herum, wobei ebenfalls wieder die Plastiden und zuweilen auch der Kern mitgeführt werden. 4. *Flutende Cytoplasmabewegung*. Darunter versteht man die gleichmäßige Strö-
mung des gesamten Zellinhalts in einer Richtung. Diese Bewegung ist nur bei schlauchförmigen
Zellen: Pilzhyphen, Algenfäden, möglich, in denen das Cytoplasma auf längere Strecken verlagert werden kann, um sich dann in wachsenden Spitzen etwa in größerer Menge aufzuhäufen.

Die Ortsbewegung der Zellen ist allein Angelegenheit der Zellen als selbständiger Organismen und wird dort behandelt.

b) Der Zellkern

aa) Kern und Cytoplasma

Die Zellen der meisten Pflanzen besitzen einen *Zellkern*; Zellen ohne echten
Kern gibt es außer bei den Bakterien und Cyanophyceen mit Sicherheit nicht.
Entdeckt wurde der Zellkern als „Verdichtung des schleimigen Inhalts" der

Zellen, er ist aber sehr viel mehr als das, nämlich *ein selbständiges beherrschendes Organ der Zelle, das bei Verlust nicht wieder ersetzt werden kann.* Der Kern besteht wie alle lebenden Organe der Zelle aus Eiweißkolloiden, ist aber trotzdem als *geformter lebender Bestandteil* der Zelle zu betrachten, mindestens im Gegensatz zu dem sich nahezu wie eine Flüssigkeit verhaltenden und damit formlosen Cytoplasma. Für die Geformtheit des Kernes können wir als besonderes Kriterium vor allem das folgende angeben: er enthält distinkte Organe, die Chromosomen, die im Teilungsformwechsel stets wieder in der gleichen Form, Größe und Struktur auftreten.

Kern und Cytoplasma stehen in einem engen Korrelationsverhältnis: Isolierte Kerne sind nicht ohne Cytoplasma auf die Dauer lebensfähig und ebensowenig Cytoplasma ohne Kern. Genauer werden wir über die gegenseitigen Funktionen durch einen oft wiederholten Plasmolyseversuch unterrichtet.

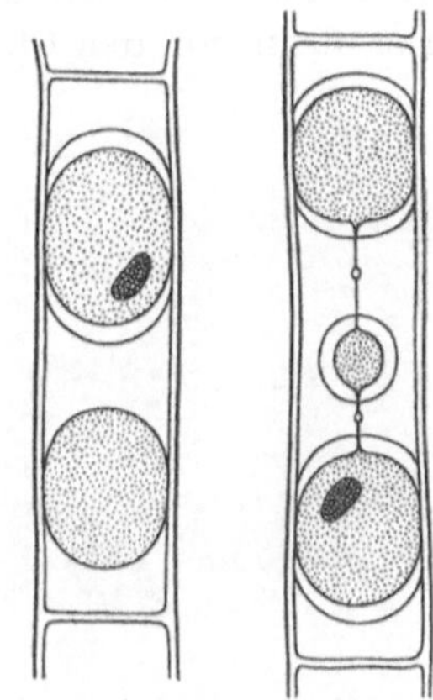

Plasmolysiert man langgestreckte Zellen, dann kann es vorkommen, daß das Cytoplasma in zwei oder mehrere Portionen geteilt wird, anstatt sich nur in eine einzige abzurunden. Sorgt man dafür, daß die Plasmolyse sich nicht wieder ausgleicht, so geht jede plasmolysierte Zelle insofern eine Regeneration ein, als sie um den isolierten Protoplasten eine neue Zellmembran ausscheidet. Bei den Zellen, in denen eine Verteilung der Plasmaportionen zustande gekommen ist, erfolgt eine solche Membranausscheidung lediglich um denjenigen Anteil herum, der in seinem Inneren den Kern enthält. Kernloses Cytoplasma vermag keine Membran mehr zu bilden. In einem anderen Fall erfolgte eine Verteilung des Cytoplasmas ebenfalls in mehrere Portionen, jedoch so, daß sie durch dünne

Abb. 14. Membranbildung bei plasmolysierten Zellen, vgl. Text. (Verändert nach TOWNSEND, aus LUNDEGARDH).

cytoplasmatische Fäden miteinander verbunden waren. Dann regenerierte nicht nur derjenige Plasmaanteil wieder eine Membran, der den Kern unmittelbar umschloß, sondern auch alle übrigen, die mit dem kernhaltigen Stück durch einen Plasmafaden verbunden waren (Abb. 14).

Aus diesen Versuchen ist die Art der Korrelation zwischen Cytoplasma und Kern zu ermessen: Das *Zusammenspiel beider Elemente regelt die Formbildung der Zelle; der Kern hat organisatorische, das Cytoplasma nutritive Funktionen.* Diese organisatorische Leistung des Zellkerns kann auch durch dünne Plasmafäden vermittelt werden.

bb) Der Zellkern und sein Formwechsel

Ebenso wie das Cytoplasma wächst der Kern durch Assimilation. Die dazu notwendigen Substanzen werden aus dem Cytoplasma aufgenommen. Neue Kerne entstehen lediglich durch Teilung schon vorhandener. Eine Neuentstehung von Kernen aus dem Cytoplasma kommt nicht vor: omnis nucleus e nucleo.

Drei verschiedene Zustände, in denen jeweils die Struktur tiefgreifende Differenzen aufweist, müssen unterschieden werden: Der *Mitosekern,* der *Ruhekern* und der *Arbeitskern.* Unter dem Mitosekern versteht man den Kern während des Teilungsablaufs, während dessen aus einem Kernindividuum zwei neue werden; unter dem Ruhekern den anscheinend unveränderlichen Zustand zwischen zwei Teilungen und unter dem Arbeitskern den abgeänderten Kern physiologisch differenzierter, nicht mehr teilungsbereiter Zellen. Der Ruhekern ist recht eigentlich das Stadium, auf welches die Bezeichnung „Kern" am zutreffendsten ist; es ist eine meist kugelige oder linsenförmige Masse, die deutlich als geformt von dem als flüssig erscheinenden Cytoplasma absticht. Freilich ist ein solcher Zellkern keine kompakte Masse, sondern besteht im einzelnen wieder aus einer *Kernmembran*, dem sehr fein verteilten *Chromatin*, der *Karyolymphe* oder Kern-saft, und endlich noch dem *Nucleolus*, auch wohl Kernkörperchen genannt. Nun ist es im allgemeinen üblich, die Schilderung der verschiedenen Zustände mit dem Ruhekern zu beginnen. Von unserem heutigen Wissen aus müssen wir aber darauf hinweisen, daß man Bau und Struktur auch der Ruhe- und Arbeits-kerne allein von den Chromosomen her verstehen kann; den Kernorganen also,

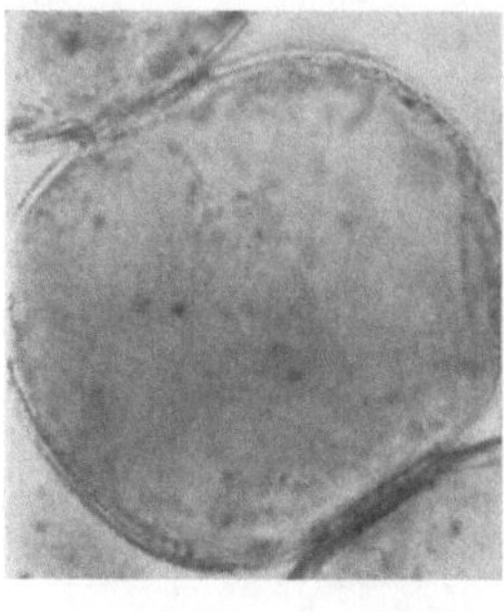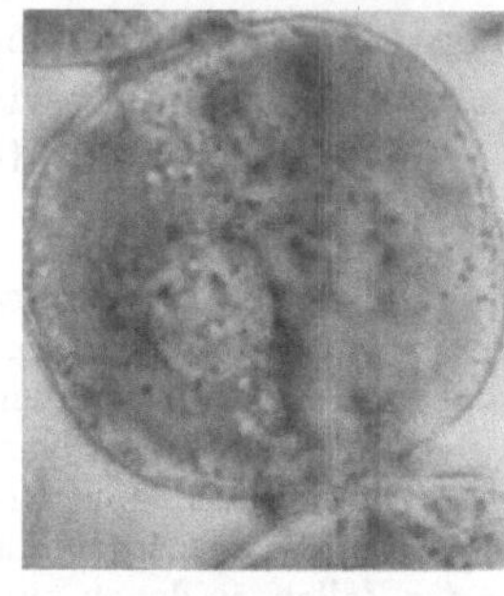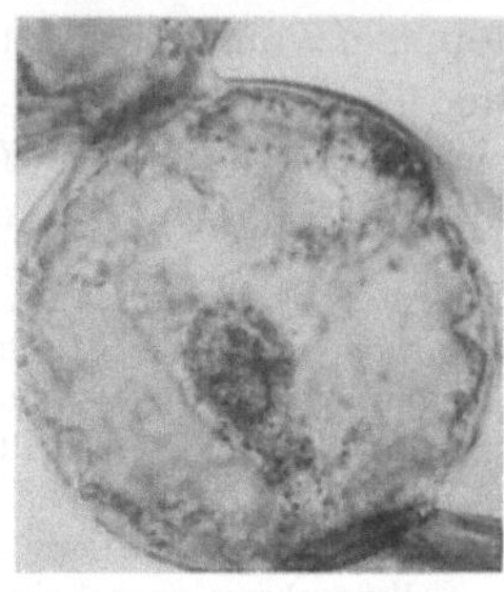

a   b   c

Abb. 15 a—c. *Tradescantia*, Staubfadenhaarzelle. a lebend; b fixiert; c fixiert und gefärbt (Orig.)

die lediglich während der Mitose als distinkte Körper deutlich erkennbar sind. Demnach müssen wir eine andere Darstellungsweise einschlagen und den Mitose-kern voranstellen.

Vorher sei noch auf folgendes verwiesen: Sowohl der ruhende als auch der im Teilungs-ablauf befindliche Kern unterscheidet sich in seinem Lichtbrechungsvermögen in nur ganz geringem Maße von dem Cytoplasma. Daher ist das mikroskopische Studium lebender Kerne eine höchst mühevolle und erst neuerdings mit verbesserten Methoden und besonderen optischen Geräten eine einigermaßen ergiebige Angelegenheit. Die Klassiker der Karyologie kamen erst zu brauchbaren Einsichten über die Struktur der Kerne, als sie gelernt hatten, ihre Objekte zu „fixieren" und zu „färben". Fixierung lebenden Protoplasmas bedeutet Tötung und Koagulation derart, daß die Strukturen der lebenden Zelle möglichst nicht durch diesen Vorgang verändert werden (Abb. 15). Als Fixierungsmittel sind eine ganze Reihe verschiedener bekanntgeworden, die empirisch ausprobierte Gemische aus den unter-schiedlichen koagulationserzeugenden Substanzen darstellen und gewöhnlich nach ihrem Autor genannt werden. So besteht FLEMMINGS Gemisch aus Chromsäure, Osmiumsäure und Essigsäure; VOM RATHS Gemisch aus Pikrin-, Osmium-, Essigsäure und Platinchlorid; die CARNOYsche Fixierungsflüssigkeit aus Alkohol-Eisessig, um nur einige Beispiele anzuführen. Tatsächlich ist das Lichtbrechungsvermögen der Kerne von so behandelten Zellen schon ein stärkeres wie im lebenden Zustand. Wirklich gut unterscheidbar werden die einzelnen Organe jedoch erst dann, wenn man die starke Tinktionsfähigkeit der chromatischen Elemente in Anspruch nimmt. Zu diesem Behuf müssen die pflanzlichen oder tierischen Gewebe erst in dünne durchsichtige Schnitte zerlegt werden, was in Form von Serienschnitten mit dem Mikrotom geschieht, und diese werden dann auf Objektträgern gefärbt. Besonders bekannt und sehr viel verwendet ist die Färbung mit Hämatoxylin nach HEIDENHAIN, wobei die Objekte zuerst in Eisenalaun gebeizt, dann in Hämatoxylin gefärbt und schließlich in Eisen-alaun wieder differenziert werden. Gerade der letzte Prozeß ist von Wichtigkeit; er läßt aus dem Cytoplasma die Farbe schneller entweichen als aus dem Kern und seinen Organen, wodurch diese im Kontrast gut studiert werden können. Andere Färbungen mit Gentianaviolett, Methylenblau und einer Unzahl anderer haben prinzipiell denselben Sinn. Neuerdings haben zwei Färbungsweisen größere Bedeutung gewonnen, einmal diejenige mit Carmin, weil sie in Verbindung mit Essigsäure und gewöhnlich anschließend an eine Fixierung mit Carnoy angewandt wird, wobei die Objekte so flexibel bleiben, daß man sie breitquetschen kann und nicht in Schnitte zu zerlegen braucht. Zum anderen die Färbung mit fuchsinschwefliger Säure nach FEULGEN, die eine ausgesprochen chemische Reaktion auf die Thymonucleinsäure darstellt. Auf diese Weise können die damit ausgestatteten Teile der Kerne bzw. der Chromosomen genau identifiziert werden.

Diese wenigen Bemerkungen über Fixierung und Färbung mögen hier genügen. Es gibt umfassende Handbücher der mikroskopischen, insbesondere der Färbetechnik, angesichts derer man leicht zu dem verzweifelten Eindruck kommt, als sei die Methode in unserem „technischen Zeitalter" an die Stelle der Einsicht getreten.

Der Mitosekern. Bald nachdem man die Fixierungs- und Färbemethoden anzuwenden begonnen hatte, konnte man konstatieren, daß der Teilungsprozeß der Zellkerne äußerst kompliziert ist. Da er besondere Bewegungen und Umgruppierungen im Kernraum erkennen läßt, bezeichnet man den Vorgang der *Mitose* oder Kernteilung auch wohl als *Karyokinese.* Das Entscheidende daran ist, daß während dieses Zustandes die *Chromosomen* erscheinen und einen eigenartigen Formwechsel durchführen. Wir wissen heute, daß diese Gebilde die eigentlichen Träger der Kontinuität von Kern zu Kern sind, aus denen bzw. durch deren Tätigkeit die übrigen Bestandteile der beiden anderen Kernzustände, des Ruhekerns und des Arbeitskerns, entstehen.

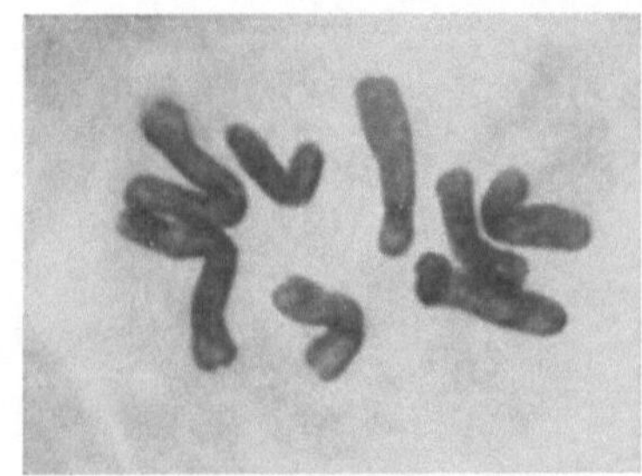

Abb. 16. Metaphase aus dem Mitosekern von *Bellevalia romana.* Die homologen Chromosomen der beiden Genome sind identifizierbar (Orig.)

Man pflegt den ganzen Ablauf der Mitose folgendermaßen zu gliedern: In der Prophase erfolgt die Ausbildung der Chromosomen aus dem Ruhekern; Anaphase und Telophase enthalten Übergang und Rückbildung in die neuen Kerne. Zwischen diesen Stadien steht die *Metaphase,* in der allein über eine nur kurze Entwicklungsspanne hinweg die Chromosomen in klarer Formung zu sehen sind; zugleich zeigt dieses Stadium den von dem Ruhekern am extremsten verschiedenen Kernzustand. Es handelt sich also dabei um den typischen *Mitosekern* (Abb. 16). Wir stellen hier allein die drei Zustände einander gegenüber. Der Ablauf der Mitose findet sich in allen Einzelheiten an anderer Stelle, dort nämlich, wo er mit der Meiosis kontrastiert werden kann, und wo zugleich die Phasen des Geschehens in ihrer Bedeutung für die Lehre von der Fortpflanzung erfaßt werden können.

Während der Mitose liegen in der Metaphase inmitten der Zelle gewöhnlich strahlig in sternförmiger Anordnung die Chromosomen, eine Serie von stark färbbaren, stäbchenförmigen Körpern. Sie enthalten in diesem Stadium den Hauptanteil des Kernes an Thymonucleinsäure. Vergleicht man viele Metaphasen von Zellen in den Bildungsorganen ein und derselben Species miteinander, dann kann man erkennen, daß sie stets nach Zahl und Form ihrer Chromosomen miteinander übereinstimmen. Daraus hat sich die Einsicht in die Gesetze von der Konstanz der Chromosomenzahl und der Konstanz der Chromosomenform ergeben. Wir fassen sie heute zusammen als das *Gesetz von der Chromosomenindividualität.*

Die Formeigentümlichkeiten der Chromosomen werden in diesem Stadium zunächst durch die Lage der Insertionsstelle und durch die absolute Länge bestimmt. Die Insertionsstelle, der Ansatzpunkt für die aus dem Plasma gebildeten Spindelfasern, ist ein Ort am

Chromosom, der meist geringer färbbar ist als die übrigen Teile. Zugleich weisen die Chromosomen hier leicht einen Knick auf, der den Eindruck macht, als sei das ganze Gebilde durch den Faserzug deformiert. In einzelnen Chromosomen kommt zuweilen eine „sekundäre Einschnürung" als weiteres Formelement hinzu, wodurch ein Satellit von dem Chromosomenkörper abgegliedert werden kann (Abb. 17). Abgesehen von den eben angegebenen Momenten lassen sich im Chromosomenbau zwei verschiedene Chromatinsorten unterscheiden: Euchromatin und Heterochromatin. Der Unterschied zwischen beiden Substanzen läßt sich folgendermaßen charakterisieren: In noch nicht völlig kontrahiertem Zustand in der Prophase sind die heterochromatischen Teile stärker mit Carmin färbbar als die euchromatischen. Rein heterochromatische Chromosomen, die freilich nur selten vorkommen, sind also in toto dunkler gefärbt als die übrigen Glieder des Genoms. Partiell heterochromatische weisen dunklere Teile auf, die besonders häufig zu beiden Seiten der Insertionsstelle liegen (Abb. 18).

An Hand aller dieser Formmerkmale kann man feststellen, daß in den Zellen der höheren Pflanzen, soweit sie sich noch ständig teilen, stets je zwei Chromosomen miteinander

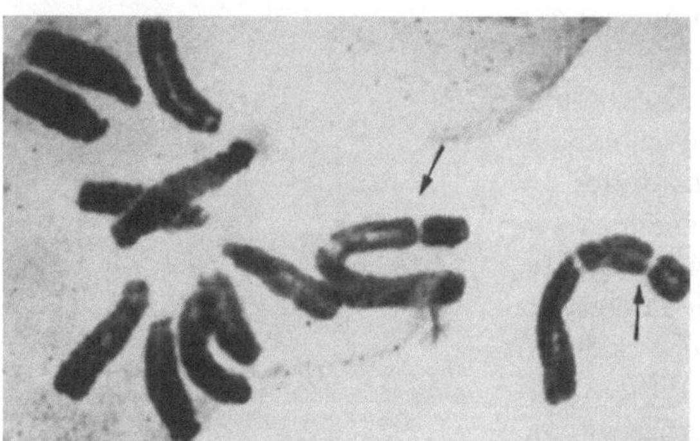

Abb. 17. Metaphase aus dem Mitosekern von *Vicia faba*. Pfeil = SAT-Chromosom mit der sekundären Einschnürung (Orig.)

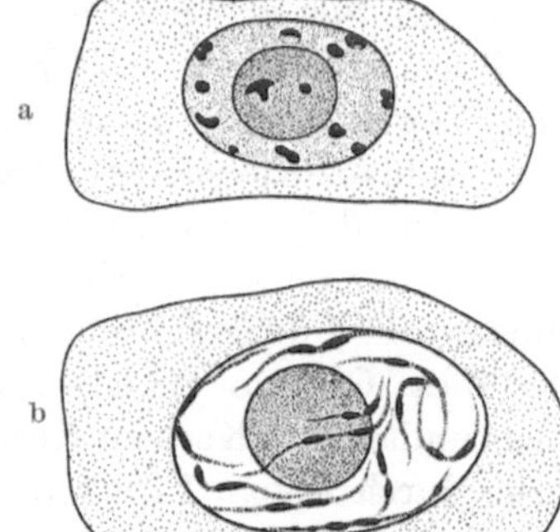

Abb. 18 a u. b. a Ruhekern; b Prophase des Mitosekerns von *Impatiens balsamina* (Orig.)

übereinstimmen, so daß wir es de facto mit Chromosomenpaaren zu tun haben. Dementsprechend steht ein ganzer Satz von unter sich verschiedenartigen Chromosomen einer ebensolchen Serie in den vegetativen Zellen einer vielzelligen höheren Pflanze gegenüber. Einen derartigen Chromosomensatz bezeichnet man als ein *Genom*. Die normale Zelle im Bildungsorgan einer höheren Pflanze ist im Besitz von zwei Genomen.

Es ist unwahrscheinlich, daß derartige der Zahl und Form nach fest bestimmte Individualitäten, als die sich die Chromosomen in den aufeinanderfolgenden Mitosen stets erweisen, periodisch im Ruhekern völlig verschwinden und sich auflösen sollten, um bei Beginn jeder neuen Mitose wieder gebildet zu werden, so wie es zunächst den äußeren Anschein haben könnte. Der anderen Möglichkeit, das Verschwinden der Chromosomen im Ruhekern stelle nur den Übergang in eine andere Erscheinungsform dar, muß die größere Wahrscheinlichkeit zugebilligt werden. Um das zu erweisen, sei der Mechanismus erläutert, durch den die Chromosomen ihre Gestalt verändern können; wir meinen den *Spiralisationsmechanismus*. Die relativ kurzen, dicken Stäbchen, die wir in dem Mitosekern erkennen, sind das Produkt der Aufspiralisation eines langen dünnen Fadens in exakt festgelegte Windungen, die zuletzt in der Metaphase so eng aneinander gedrückt sind, daß das Ganze den Eindruck eines kompakten Körpers macht. Die Übereinstimmung der auf diese Weise entstandenen Chromosomenkörper mit solchen vorhergehender und nachfolgender Metaphasen kann nur dann verstanden werden, wenn man voraussetzt, die Spiralisationsweise sei ganz genau festgelegt (Abb. 19).

Ein weiterer Mechanismus der Gestaltsveränderung, eine Sonderung im Chromosomenfaden selbst, läßt sich unter Einhaltung bestimmter Präparations- und Färbemethoden sichtbar machen, die Sonderung in *Matrix* und *Chromonema* (Abb. 20). Bei Anwendung dieser Methoden sieht jede der Spiralwindungen eines Chromosoms so aus, als läge ein stark gefärbter, dünner Faden in einer nahezu glasklaren Umgebung. Diese Sonderung in Matrix und Chromonema ist wohl stets vorhanden: nur mag die Matrix während des Ruhekernstadiums völlig verquollen sein, so daß sie überhaupt nicht erkennbar ist. Während der Prophase der Mitose mag eine Entquellung der Matrix erfolgen; sie zieht sich zusammen und verdichtet damit zugleich auch die Chromonemafäden, die sich während der Verquellung in Einzelbestandteile gelockert haben können. Im Entquellungsvorgang während der Mitose werden sie wiederum zusammengefaßt, so daß zuletzt das dünnere Chromonema von einer etwas dickeren, aber klar als Schlauch erkennbaren Hohlform, der Matrix, umgeben ist.

Diese beiden Mechanismen, der Spiralisationsmechanismus der Chromosomenfäden und der Quellungs- und Entquellungsvorgang der Matrix erläutern vollkommen, wie es möglich ist, daß dieselben fadenförmigen Organe, die Chromosomen, während des Mitose-Kernstadiums als leicht sichtbare kurze dicke Gebilde, während des Ruhe- und Arbeitskernstadiums dagegen dünn, gelockert und als nahezu einheitlich diffuses Chromatin erkennbar sind. Es kommt noch ein letztes Moment hinzu: Während der Mitose sind die Chromosomenfäden mit Desoxyribosenucleinsäure beladen, sie sind im ganzen also auch noch stärker färbbar als in anderen Stadien.

Ein weiteres Teilphänomen der Mitose muß hier ebenfalls kurz gestreift werden, obwohl es in

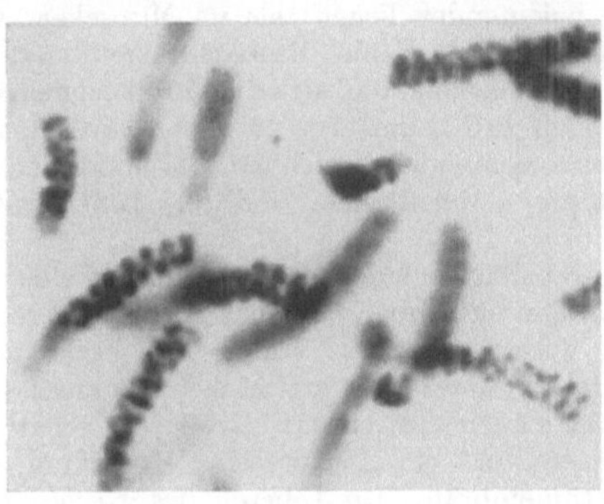

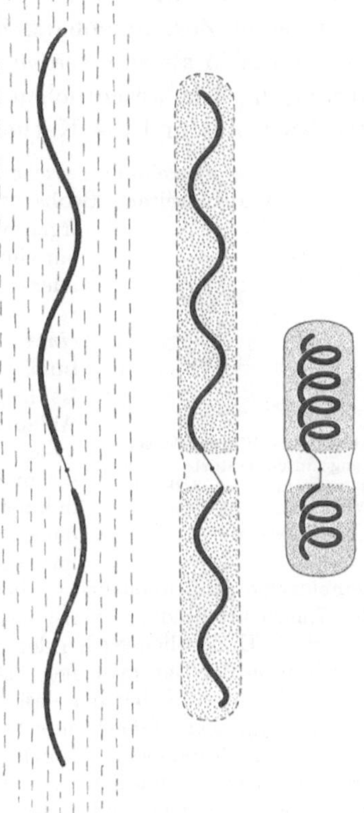

Abb. 19   Abb. 20

Abb. 19. Spiralisationsstruktur der Chromosomen von *Tradescantia*. (Nach MARQUARDT)

Abb. 20. Schematische Darstellung der Chromonemaspiralisierung und Entquellung der Matrix. Submedian die achromatische Stelle (Insertionsstelle) mit dem Centromer. Um deutlich zu bleiben, sind weder die Chromonemaspaltung, noch die Major- und Minorspirale, noch das Verhältnis von Heterochromatin und Euchromatin berücksichtigt (Orig.)

anderem Zusammenhang noch einmal ausführlich wiederholt wird; ohne seine Kenntnis kann nämlich die Struktur des Arbeitskerns nicht verstanden werden. Während der Mitose spalten sich die Chromosomen in Längshälften, d.h. es wird jeder einzelne Teil eines Chromosomenfadens halbiert, so daß zwei völlig identische Gebilde entstehen. Diese werden dann durch einen Trennungsmechanismus, die Spindel, voneinander entfernt, so daß zunächst zwei neue Chromosomenhaufen völlig identischer Chromosomen entstehen, aus denen sich dann wieder zwei neue Ruhekerne zurückbilden. Dabei ist bedeutungsvoll, daß der Spaltungsvorgang einerseits, der Mechanismus der Trennung von Spalthälften (Spindelwirkung) andererseits zwei voneinander unabhängige Phänomene sind, die zwar im Normalablauf streng miteinander koordiniert, unter dem Einfluß besonderer innerer oder äußerer Bedingungen indessen trennbar sind, wobei dann jedes für sich allein funktionieren kann. So kann die Zahl der Chromosomen durch Spaltung beliebig zunehmen, ohne daß die jeweiligen

2*

Hälftenkomplexe getrennt zu werden brauchen. Daneben gibt es auch Trennungen von Chromosomen, ohne daß Spaltungen vorherzugehen brauchten. Vorwiegend die erste dieser beiden Erscheinungen ist für das Verständnis bestimmter Formen des Arbeitskerns entscheidend.

Der Ruhekern. Unter einem *Ruhekern* (Abb. 18a) verstehen wir den Kern in einer teilungsbereiten Zelle in dem Stadium zwischen zwei Teilungsabfolgen. Der Ausdruck „Ruhe"-Kern weist also negativ auf die lebhafte Strukturierung, Formveränderung und Bewegung hin, die in der Mitose erfolgt. Bedeutungsvoll in unserem Zusammenhang ist, daß wir einen solchen Kern mit allen seinen Bestandteilen als eine *veränderte Erscheinungsform der Chromosomen* aufzufassen vermögen. Die wesentlichen Bestandteile sind Kernmembran, das Chromatin, der Nucleolus und die Karyolymphe.

Um diese Beziehung zwischen Mitosekern und Ruhekern zu klären, sei zunächst auf eine nicht allzu seltene Beobachtung aus der Cytopathologie verwiesen. Wenn es durch irgendwelche Anomalien geschieht, daß bei einer Kernteilung ein einzelnes Chromosom von dem ganzen Verband abgesprengt oder sonstwie isoliert im Cytoplasma liegenbleibt, dann *bildet sich auch dieses einzelne Chromosom in einen kleinen Kern, einen Mikronucleus, um* (Abb. 21). Damit stimmt ein Befund von HEBERER an *Cyclops* überein — bei den Pflanzen ist bisher keine Parallele gefunden worden —, wonach nach Ablauf der Mitose an Stelle eines einheitlichen Kernes ebenso viele kleine Kerne beieinander liegen, als im Mitosekern Chromosomen vorhanden waren. Beide Beobachtungen sind Ausnahmen; sie zeigen aber deutlich, daß sich die Chromosomen allein ohne andere Zellelemente in Ruhekerne umbilden können, wobei im Normalfall alle beieinander liegenden Chromosomen eine gemeinsame Außenkontur — die Kernmembran — entwickeln und alle Innenkonturen der Einzelchromosomen verschwinden.

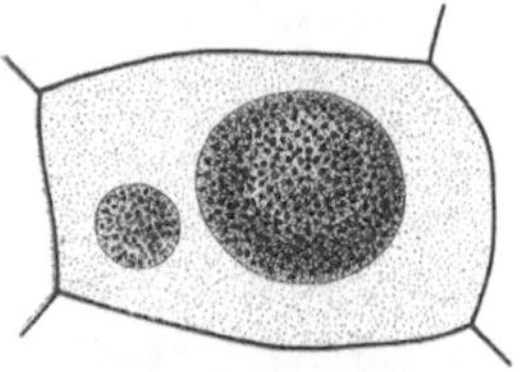

Abb. 21. Mikronucleusbildung durch gestörte Kernteilung in einer Zelle der Wurzelspitze von *Vicia faba*. (Nach WOLL)

Dieses Undeutlichwerden der einzelchromosomalen Außenränder beginnt mit einer Entspiralisation der Chromosomen. Da der Raum, den sie einnehmen, sich nicht entsprechend vergrößert, so muß bei der damit gegebenen Verlängerung der Fäden eine Verknäuelung zustande kommen. Gleichzeitig verquillt die Matrix, und damit breitet sich das anscheinend einheitliche Chromonema in mehrere sehr dünne Fäden aus, so daß damit jede scharfe Begrenzung vollends unerkennbar wird. Sodann entsteht ein geschlossener Kernraum durch die einheitliche nach außen abgesonderte Kernmembran. Im Inneren des Kernes findet sich dann zwischen dem chromatischen Material die *Karyolymphe*, eine vermutlich ebenfalls plasmatische Substanz. Dieser Kernsaft wird anscheinend bei jeder telophasischen Kernrekonstruktion wieder neu gebildet; der des Mutterkerns ist ja mit der Kernöffnung in das umgebende Cytoplasma übergegangen. — Noch eine andere Vorstellung über die Natur dieser etwas rätselhaften Karyolymphe wäre theoretisch denkbar. Es könnte sich dabei um die weitgehend verquollene Matrix der Chromosomen handeln, die den Ruhekern ausfüllt. Bei dem Beginn einer Mitose entquillt sie, und es tritt das Quellungswasser aus. Nach der Kerneröffnung im Zuge der Mitose ist nämlich eine Viscositätsherabsetzung des umgebenden Cytoplasmas konstatierbar. Dieser wichtigste empirische Befund für das Vorhandensein des Kernsaftes ist in beiden Erklärungsweisen verständlich.

Endlich entsteht im Inneren noch der *Nucleolus*. Es ist das ein runder einheitlicher Körper — ein kleiner Kern —, der als ein Bildungsprodukt eines ganz bestimmten Chromosoms auftritt. Dieses Chromosom ist stets ein Satellitenchromosom, wobei der Ort der Nucleolarbildung das chromatinarme Stück zwischen Satellit und Chromosomenkörper ist. Die Funktion des Nucleolus ist so aufzufassen, daß er im Ruhekern ein Reservoir an Ribosenucleinsäure darstellt, während der Mitose in dieser Form verschwindet, um nach Rekonstruktion des Ruhekerns wieder in einen neugebildeten Nucleolus in der alten Form zurückzukehren. Die Bedeutung dieser Umsetzung ist noch wenig durchsichtig. Sind mehrere nucleolusbildende Satellitenchromosomen im Kern vorhanden, so können diese in ihrer

Tätigkeit am Nucleolus zusammenwirken und ihn gemeinsam aufbauen, sie können aber auch jedes für sich einen solchen bilden, so daß danach zwei oder mehr Nucleolen im Kern vorhanden sind.

Was man als „Strukturen" im Ruhekern beschrieben hat, angeblich aus einem Liningerüst mit Chromatinkörnern bestehend, dürften Fixierungsartefakte sein. An Überkreuzungsstellen der Fäden bilden sich bei der Fixierung leicht Kontaktstellen, in denen dann das Chromatin zerläuft und kleine Klumpen bildet.

Etwas anders als eben geschildert verläuft die Rekonstruktion der Ruhekerne, wenn nicht allein euchromatische Chromosomenstücke, sondern auch heterochromatische Teile mit ihrem abweichenden Spiralisationsverhalten am Kernaufbau beteiligt sind. Jegliches Heterochromatin, und zwar sowohl solches, das in den total heterochromatischen Chromosomen ein ganzes Chromosom ausfüllt, als auch solches, das nur einen Teil des partiell heterochromatischen Chromosoms einnimmt, entspiralisiert in der Telophase nur wenig, sondern bleibt fast vollständig in dem neugebildeten Ruhekern als *Chromozentrum* liegen. Diese Chromozentren sind stark färbbare, deutlich als Einzelstücke im Ruhekern erkennbare Körper. Vergleicht man bei solchen Pflanzen die Zahl der Chromozentren mit derjenigen der Chromosomen mit nennenswerten heterochromatischen Anteilen, dann findet man stets weitgehende Übereinstimmung. Eine Entspiralisation oder, wie man sich auch wohl ausdrückt, eine „Dekondensation" der Chromozentren erfolgt erst ganz kurz vor der nächsten

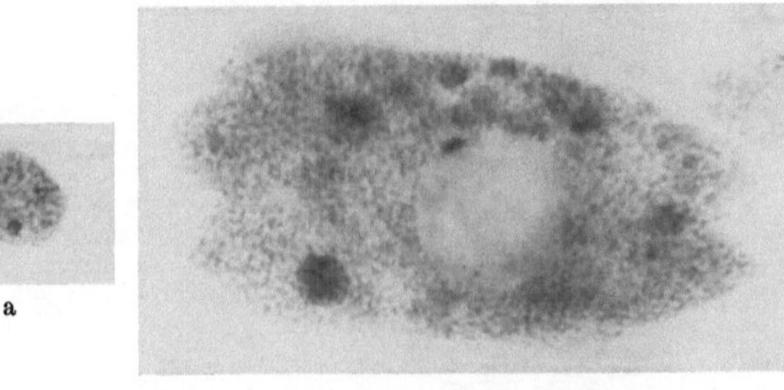

Abb. 22 a u. b. a Ruhekern; b Arbeitskern in der Sproßepidermis von *Vicia faba*. (Nach RESCH.) Vergr. etwa 1000mal

Prophase, um dann sogleich wieder in eine neue „Rekondensation" überzugehen. Es ist also die Struktur der mit heterochromatischen Chromozentren ausgestatteten Kerne nur in der ungewöhnlich kurzen Periode völliger Entspiralisation des Heterochromatins mit denen aus rein euchromatischen Chromosomen zusammengesetzter Kerne identisch.

Der Arbeitskern. Der Begriff „Arbeitskern" ist erst neuerdings aufgestellt worden. Man bezeichnet damit sehr anschaulich den Kern der differenzierten, nicht mehr teilungsbereiten Zellen, die im vielzelligen höheren Organismus eine bestimmte Funktion im Rahmen der Arbeitsteilung übernommen haben. Da in solchen Zellen keine Mitosen mehr vorkommen, hat man ihre Kerne zunächst auch als „Ruhekerne" betrachtet. Unter der heutigen Einsicht jedoch, daß die Zellkerne die dynamischen Zentren der Zellen sind, hat man die physiologische Aktivität, die der *ganzen Zelle* zukommt, wenigstens zum Teil in die Kerne verlegt — bestimmte darauf hinweisende Einsichten werden später in der Vererbungslehre abgeleitet — und dann angenommen, daß deren Zustand von dem der Ruhekerne grundsätzlich verschieden sein müßte (Abb. 22). Als man daraufhin die längst bekannte Struktur solcher Kerne überprüfte, konnte festgestellt werden, daß vielfach besondere morphologische Eigentümlichkeiten nur in den Arbeitskernen vorkommen, doch finden sich immer wieder auch solche, die sich in keiner besonderen Eigenschaft morphologisch von den Ruhekernen unterscheiden.

Als erstes sei darauf hingewiesen, daß in den Arbeitskernen das Gesetz von der Konstanz der Chromosomenzahl nicht mit derselben Präzision eingehalten wird, wie das in dem Formwechselumlauf zwischen Ruhekernen und normalen Mitosekernen der Fall ist; es lassen sich

oftmals entweder ganze Gewebe oder einzelne Zellen finden, deren Kerne ganz und gar
abweichende Zahlen bis zu ungeheueren Vielfachen der Grundzahl aufweisen. Das ist so
zu verstehen, daß bei Beginn der Gewebedifferenzierung die letzten Mitosen anomal ablaufen; sie vollziehen sich nach GEITLERS Bezeichnung als „Endomitosen". Wachstum und
Teilung der Chromosomen vollziehen sich noch normal, doch ähnlich wie nach der Einwirkung
des Alkaloids Colchicin unterbleibt dabei die Ausbildung einer Spindel. So bleiben die
gespaltenen Chromosomen beieinander liegen und bilden einen gemeinsamen Kern, der
nun zunächst mit dem doppelten Chromosomensatz, nach vielfacher Wiederholung mit
einem Chromosomensatz entsprechend hoher Zahl ausgestattet sein kann. Im übrigen kann
sich dieser endomitotische Vorgang auch abspielen, ohne daß eine morphologische Ausbildung der Chromosomen stattzufinden braucht, also im Zustand des Ruhekerns (maskierte
Endomitose) (Abb. 22). Zählbar oder mindestens abschätzbar ist die Chromosomenzahl bei

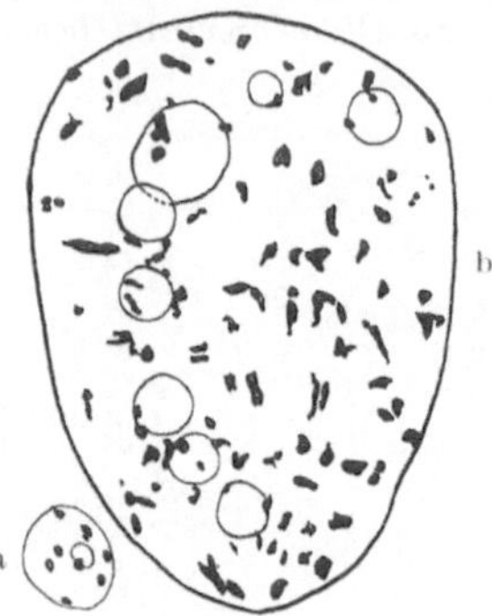

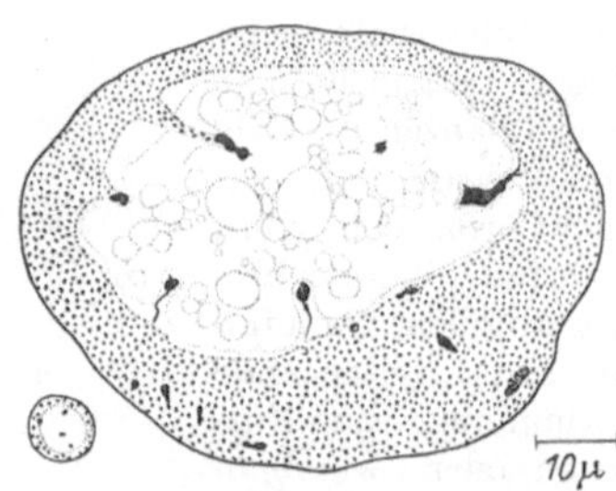

Abb. 23a u. b. a Ruhekern ($2n$); b Arbeitskern ($16n$)
aus der Rinde von *Impatiens balsamina*.
(Nach RESCH.) Vergr. etwa 1200mal

Abb. 24. Arbeitskern aus dem Elaiosom von *Corydalis
cava*, mit zerklüftetem und vacuolisiertem Nucleolus.
Links unten der Ausgangszustand. (Verändert nach
GEITLER.) Vergr. etwa 600mal

derartigen Kernen jeweils dann, wenn es sich um Objekte mit total oder partiell heterochromatischen Chromosomen handelt, an der Größe und Anzahl der in den Ruhekernen
vorgefundenen Chromozentren (Abb. 23).

Will man sich abgesehen davon weiterhin noch über die Struktur der Arbeitskerne
orientieren, so wendet man sich am besten an Zellen, die eine ganz besondere physiologische
Aktivität besitzen. Vielfach sind als solche Zellen studiert worden, die bei Pilzsymbiose
oder Pilzparasitismus unmittelbar von der Hypheninvasion betroffen werden. Dabei läßt
sich konstatieren, daß in diesen eine „Verdauung" der Pilze unmittelbar von dem Kern
selbst vorgenommen wird; er umschließt die Pilzmassen und nimmt sie durch amöboide
Fortsätze in sich auf, bis sie schließlich verschwinden. Gleichzeitig zeigen solche Zellen,
daß das Chromatin in den Kernen, die gewöhnlich auch vergrößert sind, eine erheblich ver-
gröberte Struktur aufweist und in Schollen und Klumpen innerhalb des Kernes färbbar ist.
Aber auch Zellen mit weniger intensiver Funktion zeigen das parallele Verhalten vergröberter
chromatischer Struktur. Auch in Objekten, die nahezu völlig euchromatische Kerne haben,
finden sich dabei zuweilen chromozentrenähnliche Gebilde, die Verdichtung des Chromatins
kann unter Umständen bis zu prochromosomenähnlichen Gebilden führen. Auch die Zellen
von Haustorien und Drüsen sind vielfach auf ihren Kernzustand untersucht worden. Überall
ist eine Strukturveränderung der Kerne zweifellos, wenn auch über das Ausmaß dieser
Veränderungen noch voneinander abweichende Auffassungen bestehen. So ist es z. B. nicht
ganz sicher, ob man wirklich im Rahmen der hier beobachteten Vorgänge normalerweise
auch eine Chromatinemission in das umgebende Cytoplasma annehmen darf, oder ob die
darauf hindeutenden Bilder bereits als pathologische zu werten sind. Sodann muß mit
besonderen, durch verschiedene Größenausbildung gekennzeichneten Funktionen des Nucleolus
gerechnet werden (Abb. 24). So findet man in Zellen, die sich durch Eiweißproduktion oder
mindestens durch Eiweißreichtum auszeichnen, eine starke Vergrößerung des Nucleolus
sowie ein färberisches Verhalten, das auf erhöhte Produktion von Ribosenucleinsäure hin-

deutet, während in Zellen mit erhöhtem Gehalt an Kohlenhydraten der Nucleolus klein bleibt. Diese wechselnden Zustände des Nucleolus lassen auf seine Tätigkeit als fermentproduzierendes oder mindestens -speicherndes Organ schließen. Ruhekern und Arbeitskern können also durchgreifende Unterschiede aufweisen.

Wir haben diese Ableitungen über den Arbeitskern zunächst auf die vielzelligen Pflanzen abgestellt, weil hier die Tendenz zur Differenzierung die davon betroffenen Zellen total erfaßt und sich darum ungemein nachdrücklich manifestiert. Es ist aber auch noch ein kurzer Blick auf die Einzelligen, die elementaren Organismen, zu werfen zur Feststellung, ob und wieweit das eben Erläuterte auch für diese Geltung hat. Freilich muß gesagt werden, daß noch nicht allzu viele Untersuchungen unter dem genannten Gesichtspunkt vorliegen.

Bei den Einzellern ist eben die eine Zelle zugleich teilungsbereite, also meristematische Zelle und ausgebildeter, funktionierender Organismus. Danach ist es für die meisten Einzeller wahrscheinlich, daß Ruhekern und Arbeitskern nicht nur phasenmäßig zusammenfallen, sondern sich auch nicht morphologisch unterscheiden. Gewiß wäre denkbar, daß mit der geänderten Funktion, die ein Ruhekern eines Einzellers zwischen zwei Teilungen übernimmt, auch gewisse morphologische Veränderungen sich einstellen, die später vor einer erneuten Teilung wieder verschwinden. Doch müßte das noch festgestellt werden. Indessen gibt es bei einigen hochentwickelten Einzellern auch ganz besondere Ausbildungen, die nur in dem hier gegebenen Zusammenhang verstanden werden können. Gemeint ist damit die Differenzierung in Makro- und Mikronucleus bei *Paramaecium* und die Kernverhältnisse bei *Acetabularia*.

Acetabularia, eine zu den Siphonalen gehörige Grünalge, erwächst als vegetativ ausgebildete Pflanze aus der diploiden Zygote (Abb. 298). Es bilden sich basalwärts ein Rhizoid und apikal ein Stiel, der schließlich nach einigen Haarwirteln einen flachen Hut trägt. Das ganze 2—3 cm große Gebilde ist bis zur fertigen Ausbildung des Hutes eine einzige Zelle. Der eine Kern dieser Zelle befindet sich in einem Zweige des Rhizoids. Dieser Kern hat während des Heranwachsens zweifellos die Funktionen eines Arbeitskerns, und zwar eines exzessiven Eiweißproduzenten. Er vergrößert sich ganz außergewöhnlich, wobei er das 100fache vom Volumen des Zygotenkerns erreichen kann. Wie sich dabei die Chromosomen verhalten, ist noch ungeklärt. Sicher ist mindestens, daß ein einzelnes Genompaar sozusagen unverändert aufbewahrt wird, weil bei Beginn der Mitosen, die nach Abschluß des Hutwachstums einsetzen, sogleich die diploide Chromosomenzahl vorhanden ist, zählbar in einer Metaphase normaler Größe. Jedenfalls dürfte der größte Teil der Größenzunahme des Kernes auf ein enormes Wachstum des Nucleolus zurückzuführen sein: er wird so unförmlich groß, daß er sich sogar aus dem Kern herauspräparieren läßt. Zugleich ist er stark vacuolisiert und läßt Stoffaustritt vermuten. Also ist auch dieses wieder ein eiweißproduzierender Arbeitskern, der in seiner Veränderung mit dem bei den Vielzellern gefundenen Verhalten übereinstimmt und dieses durch sein Ausmaß noch unterstreicht.

Wir fassen unsere Erfahrungen über den Zellkern und sein Verhältnis zum Cytoplasma noch einmal kurz zusammen. In dem Mitose- und Ruhekerncyclus bleiben in den Kernen als exakt bestimmbare Individuen nur die Chromosomen, von denen offenbar alle Aktivität ausgeht, durchlaufend erhalten. Der Mitoseformwechsel selbst, gleichzeitig als ein Mechanismus zur exakten Halbierung der Chromosomen und einer genauen Verteilung der Spalthälften auf die Tochterkerne aufzufassen, zeigt zugleich die Chromosomen auch morphologisch als Individuen an. Abgesehen davon erfolgt in dem Mitosekern ein vollständiger substanzmäßiger Übergang von Kernmembran und Karyolymphe in das Cytoplasma, teilweise auch wohl von denen des Nucleolus, soweit sie nicht als Desoxyribosenucleinsäuren die Mitosechromosomen beladen; umgekehrt, bei der Neubildung der eben genannten Kernorgane durch die Chromosomen im Ruhekern müssen die dazu notwendigen Stoffe wiederum aus dem Cytoplasma aufgenommen werden. Es zeigt sich also neben dem Chromosomenmechanismus, der deren Fortbestand garantiert, ein *Kreislauf der Substanzen, der jeweils* — ohne sichtbaren Substanzverlust — *von einem Zellindividuum zu anderen neuen und zu einer totalen Regeneration führt.*

Der Arbeitskern steht in einem andersartigen Stoffumsatz mit dem Cytoplasma offenbar in dem Sinne im Zusammenhang, daß bestimmte formative oder sonstwie in die Gesamtfunktion der Zelle eingreifende Substanzen den Kern verlassen und in das Cytoplasma übergehen. In beiden Umsatzweisen prägt sich die organisierte Einheit des lebenden Protoplasten aus.

c) Die Plastiden

Das dritte lebende Element in der Pflanzenzelle wird durch die *Plastiden* repräsentiert, zugleich Spezifica der Pflanzenzelle. Analoge Organellen gibt es in der Tierzelle nicht. Auch diese Zellbestandteile sind selbständig, was für die Algen schon SCHMITZ 1885 und für die höheren Pflanzen SCHIMPER 1883—1885 nachgewiesen hat. Alle Plastiden nehmen durch Assimilation an Masse zu und vermehren sich nur durch Teilung von ihresgleichen. Nicht ganz einfach ist die Frage nach der „Notwendigkeit" der Plastiden für das Zelleben zu beantworten. Als Träger des Chlorophylls sind die Organe der Kohlendioxydassimilation zweifellos für das Leben der Zellen notwendig. Da aber assimilierte Kohlenhydrate von Zelle zu Zelle wandern oder gar von außen aufgenommen werden können, so gibt es stets auch in den Pflanzen Zellen ohne ausgebildete Plastiden oder — so wie es die Tiere durchgehend sind — völlig plastidenfreie Organismen, deren Zellen sehr wohl zu leben vermögen, solange ihnen organisches Material zugeführt wird. Würden aber in toto unter unseren Lebewesen die Zellen mit chlorophyllhaltigen Plastiden ausfallen, dann würde damit alle CO_2-Assimilation aufhören und alles Leben erlöschen. *Plastiden mit Chlorophyll können demnach im aktuellen Einzelfall für eine Zelle entbehrlich sein, im geschlossenen Ganzen der Organismen auf unserem Planeten sind Zellen mit Chloroplasten absolut notwendig und eine Bedingung jeglichen Lebens.*

Die Plastiden sind scharf umrissene, geformte Gebilde, die sich mit dem umgebenden Cytoplasma niemals mischen. Man unterscheidet drei Differenzierungstypen, die *Chloroplasten,* die *Leukoplasten* und die *Chromoplasten.*

Die drei eben genannten Plastidensorten lassen sich bei den höheren Pflanzen alle auf ein und dieselbe undifferenzierte Plastidenform in den Meristemzellen zurückführen. Hier sind sie kleine, meist runde ungefärbte Gebilde, in den lebenden Zellen kaum feststellbar. Ihre Vermehrung erfolgt durch Teilung, die als einfache Durchschnürung ohne besonderen Formwechsel vor sich geht. Die Teilungsrate der Plastiden muß sich in den meristematischen Geweben in der Weise der Teilungsrate der Gesamtzelle anpassen, daß stets die gleiche Zahl von Plastiden erhalten bleibt. Während des Differenzierungsprozesses ändert sie sich freilich und kann, je nach der prospektiven Potenz der Zellen, erhöht oder herabgesetzt werden, so daß nun in verschiedenen Geweben der Funktion entsprechend auch verschiedene Plastidenzahlen vorkommen.

aa) Die Plastiden der höheren Pflanzen

Die Chloroplasten. Die Chloroplasten der höheren Pflanzen haben im wesentlichen eine einzige Form; es sind relativ kleine, linsenförmige Gebilde, klein genug, daß bis zu 20—30 störungsfrei in einer Zelle im cytoplasmatischen Wandbelag liegen können. Sie bestehen wie alle Plastiden aus einer protoplasmatischen Grundsubstanz, dem Stroma, und den eingelagerten Pigmenten, hier vier verschiedenen: Chlorophyll a, Chlorophyll b, Carotin und Xantophyll.

Die Plastiden sind von einer erstaunlichen Einheitlichkeit in den Maßen. Möbius hat die Chloroplastengröße von 200 Arten gemessen und findet bei 50% einen Durchmesser von 5 μ, bei 75% einen solchen von 4—6 μ. Da demgegenüber jedoch eine außerordentliche, über diese Werte hinausgehende Variation der Chloroplastengröße innerhalb genetisch ver-

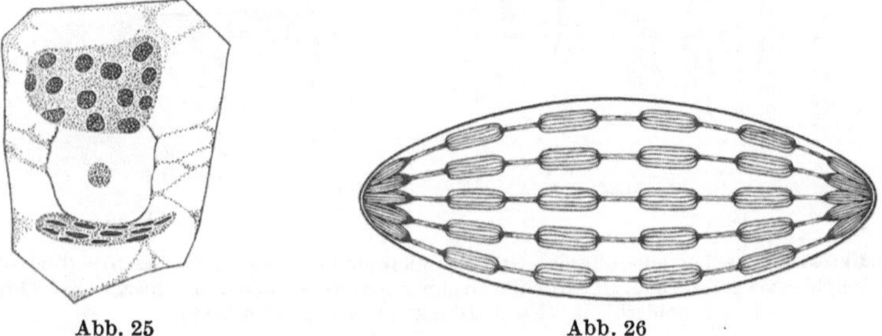

Abb. 25   Abb. 26

Abb. 25. Granastruktur der Chloroplasten von *Selaginella Watsoniana*. Oben die Aufsicht, unten die Seitenansicht des gleichen Chloroplasten, der sich bei *Selaginella* um den Kern wölbt. (Nach Heitz)

Abb. 26. Feinbau eines Chloroplasten, halbschematisch, Trägerlamellen mit Grana. (Verändert nach Strugger)

schiedener Rassen gleicher Arten vorkommen kann — bei den Maisrassen finden sich Grenzwerte von 3 μ und 20 μ —, so ist die Normalgröße der Chloroplasten nur als ein Produkt ständiger strenger Selektion verständlich.

Die Feinstruktur der Chloroplasten, insbesondere die Art und Weise, wie die Pigmente im Stroma untergebracht sind, war lange Zeit hindurch Gegenstand lebhafter Kontroversen. Heute dürfte mit Frey-Wyssling folgende Vorstellung am einleuchtendsten sein. Es hat sich nachweisen lassen, daß in den Chloroplasten die Farbstoffe nicht diffus verteilt sind, sondern daß farbstoffhaltige „Grana" in den farblosen Körnern liegen (Abb. 25). Diese Grana sind kleine Scheiben von 0,2—0,5 μ Durchmesser, von denen bis zu 12—15 in einem Chlorophyllkorn liegen (Abb. 26). In diesen Grana befinden sich abwechselnd Protein- und Lipoidschichten. An die in den Lipoidschichten liegenden Lecithinmoleküle sind die Chlorophylle und auch die anderen Farbstoffe als monomolekulare Filme adsorbiert. Das Chlorophyllmolekül ist bipolar gebaut; es enthält ein lipophiles und ein hydrophiles Ende. Nach sehr sorgfältigen Berechnungen muß ein Granum von 0,2—0,3 μ Dicke etwa 20—30 Pigmentschichten besitzen (Abb. 27). Die Grana selbst sind wie gesagt Scheiben, von denen mehrere im diskusförmigen Chloroplasten übereinander liegen. Die Kleinheit der Chloroplasten erlaubt eine größere Menge von ihnen in den chloroplastenführenden Zellen, so daß eine große relative Oberfläche entsteht. Oberflächenentwicklung ist also das Bauprinzip der Chloroplasten.

Die Chloroplasten führen in den Zellen, in denen sie liegen, mancherlei Bewegungen durch. Einmal werden sie passiv von der Cytoplasmabewegung mitgenommen, zum anderen kennt man eine funktionell gerichtete Stellungsveränderung, deren Bewegungsmechanik wenig durchsichtig ist und wahrscheinlich ebenfalls vom Cytoplasma ausgeführt wird. Am bekanntesten ist wohl das Beispiel von *Schistostega*, dem Leuchtmoos (Noll 1883) geworden, in dessen Protonemazellen sich die Chloroplasten an der lichtabgewandten Seite sammeln, wo sich der Brennpunkt der von der Zelle gebildeten Sammellinse befindet. Blätter mit dünnflächiger Lamina (Moos- und Farnblätter, auch solche von Wasserpflanzen) haben einen von Stahl (1888) studierten Modus der Chloroplastenstellung, der in unmittelbarer

Abhängigkeit von der Belichtung steht. Bei mittlerer Lichtintensität verteilen sich die
Chloroplasten an den Außenwänden der Zellen, die dazu senkrecht stehenden bleiben leer.
Bei sehr intensiver Belichtung dagegen suchen die Chloroplasten die zur Außenfläche senk-
recht stehenden Wände auf und die Parallelwände bleiben ihrerseits leer (Abb. 28). Im
Dunkeln wird gewöhnlich die Stellung bei schwacher und mittlerer Beleuchtung eingehalten.

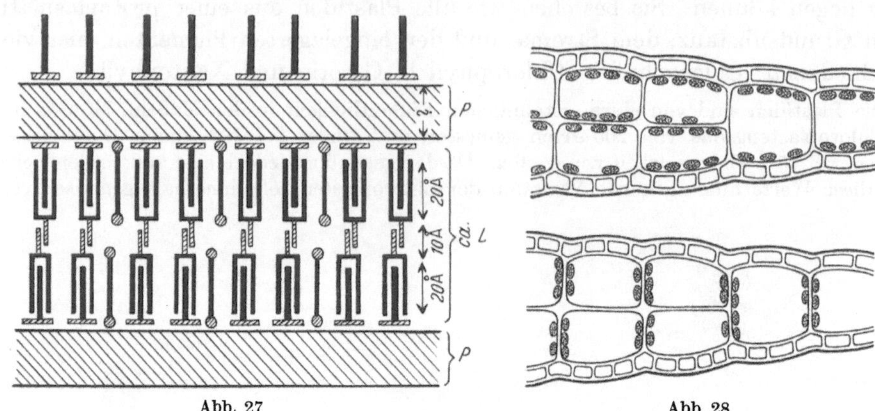

Abb. 27   Abb. 28

Abb. 27. Submikroskopische Lamellierung der Grana. Chlorophyllmoleküle T-förmig, Lecithinmoleküle gabel-
förmig, Xanthophyllketten stabförmig. Hydrophile Gruppen schraffiert, lipophile schwarz. P = Proteinschicht;
L = Lipoidschicht. (Nach HUBERT aus FREY-WYSSLING)

Abb. 28. Chloroplastenstellung bei verschiedener Beleuchtung von *Lemna trisulca*.
(Nach STAHL, verändert aus HABERLANDT)

Über die Funktion der Chloroplasten, die Assimilation der Kohlenhydrate wird im Abschnitt über den Stoffumsatz ausführlich zu berichten sein.

Die Leukoplasten. Die *Leukoplasten* schließen sich den Chloroplasten unmittelbar an; es sind Gebilde, die den Chlorophyllkörnern der Gestalt nach
gleichen und ihnen auch funktionell nahestehen. Im Grunde genommen sind
es Chloroplasten, die nicht haben ergrünen können. Sie finden sich in allen

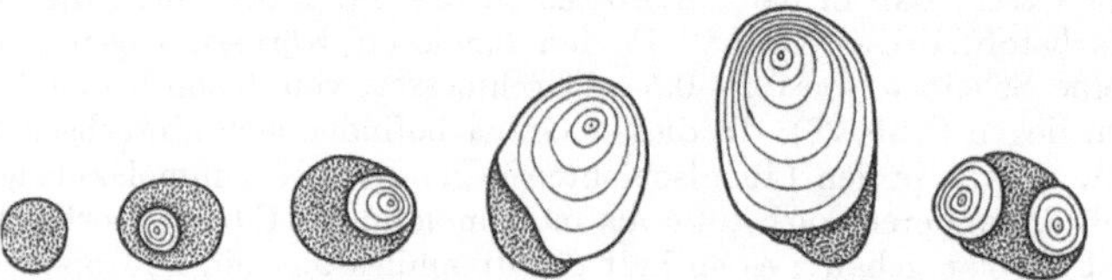

Abb. 29. Stärkekornbildung in ergrünten Leukoplasten von *Pellionia Daveauana*. (Orig.)

Zellen grüner Pflanzen, die so weit im Inneren liegen, daß sie nicht vom Lichte
getroffen werden konnten, in der Sproßachse, in den inneren Zellen der Rinde
und des Markes und in allen Zellen der Wurzel. Ihre Funktion besteht in der
Stärkeproduktion aus zugeführten niedermolekularen Kohlenhydraten; sie haben
also die Bedeutung von Speicherorganen (vgl. S. 33—34, Abb. 34—39). Das in
ihrem Inneren ausgebildete Stärkekorn kann die mehrfache Größe des Leukoplasten annehmen, wobei dieser selbst so weit ausgedehnt wird, daß er schließlich
nur noch als dünne Haut erkennbar bleibt (Abb. 29). Bei einem späteren Abbau
des Stärkekornes kann sich der Leukoplast wieder auf seine ursprüngliche
Größe zusammenziehen.

Es gibt von zahlreichen grünen Gewächsen Rassen, in denen, genetisch bedingt, die Chloroplasten nicht zu ergrünen vermögen, sondern hellgelb oder weiß bleiben. Man kann solche pathologischen Gebilde nicht als Leukoplasten bezeichnen, weil sie einfach kranke Chloroplasten sind und durchaus nicht den für die Leukoplasten typischen Funktionswechsel zum Stärkebildner aufweisen. Die eben genannten Gewächse vermögen sich nur am Leben zu erhalten, wenn sie „panaschiert" sind, d.h. wenn sie neben den Zellen mit „kranken" Plastiden auch noch solche mit „gesunden", normal ergrünenden besitzen. Wie diese eigenartigen „chimärenhaften" Zusammensetzungen entstehen können, ist später zu erörtern. Anders ist es bei den „Schmarotzern" unter den Phanerogamen. Auch bei diesen finden sich mangelhaft entwickelte, meist farblose Plastiden; doch ist ihre gesunde Entwicklung von dem Vorhandensein grüner Plastiden in ihrem eigenen Körper unabhängig, weil sie sich an eine parasitische Existenz angepaßt haben und anderen Pflanzen mit grünen Chloroplasten die organischen Substanzen entziehen.

Die Chromoplasten. Die *Chromoplasten* endlich als Träger der Färbungen in den Blütenblättern sowie gefärbten Früchten haben keinerlei Anteil mehr an dem Kohlenhydratstoffwechsel; sie enthalten entweder Carotin oder Xantophyll. Dabei können sich diese Farbstoffe sowohl in gelöster Form als Tropfen im Stroma, als auch dort in Form von Kristallen vorfinden (Abb. 30). In letzterem Fall kann es geschehen, daß das Stroma an Masse schwindet und das ganze Gebilde die Form des darin befindlichen Kristalls annimmt (Abb. 31).

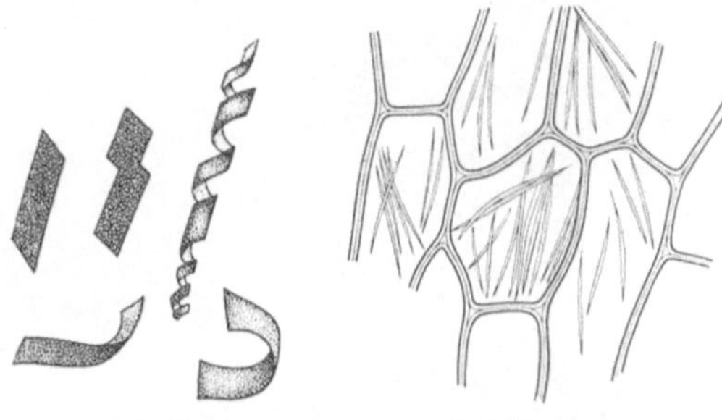

Abb. 30   Abb. 31

Abb. 30. Carotinkristalle (deformierte Chromoplasten) aus den Parenchymzellen der Wurzel der Möhre.
(Nach KOHL aus KÜSTER)

Abb. 31. Chromoplasten im Blütenblatt von *Strelitzia regina*

bb) Die Plastiden der Thallophyten

Für Bau und Gestalt der Plastiden bei den Thallophyten ist typisch, daß hier die Variabilität weitaus größer ist als bei den höheren Pflanzen. Zwar gibt es — besonders unter den umfangreicheren und komplizierter gebauten Meeresalgen — auch solche, deren Plastiden denen der Cormophyten ganz und gar ähnlich sind; es gibt aber zahlreiche Gruppen, die sich ganz abweichend verhalten. Sie besitzen weitaus größere, oftmals platten- oder bandförmig ausgebildete Plastiden, die zudem auch noch besondere Organe, die Pyrenoide (Stärkeherde) enthalten können. Die Rhodophyceen und Phäophyceen enthalten neben den in jedem normalen Chlorophyllkorn vorkommenden Pigmenten noch das Phycoerythrin, das die rötliche Färbung der ersteren oder das Phäophyll, das die braune der letzteren bedingt. Neuerdings sind für die Algen auch noch zwei weitere Chlorophyllarten bekanntgeworden.

Besonders die Gruppe der Conjugaten ist durch ihre eigenartigen, meist plattenförmigen Chloroplasten ausgezeichnet. Bei der Gattung *Spirogyra* finden sich solche als einzelne oder mehrere lange Schraubenbänder, die, innerhalb der Zelle aufgewunden, ein Mehrfaches der Länge der Zellen aufweisen können (Abb. 32). Die Ränder dieser Bänder sind buchtenförmig ausgerandet, und an den breiten Stellen liegen die oben erwähnten Pyrenoide. Bei den einzelligen Conjugaten wie der Gattung *Cosmarium* und *Micrasterias* handelt es sich ebenfalls um flache, sehr große Chloroplasten, die oftmals als Sterne gestaltet sind. Bei *Closterium* sind eine Reihe von langgestreckten Platten zusammengesetzt, so daß das ganze Gebilde einen sternförmigen Querschnitt hat (Abb. 33). Bei den Siphoneen weisen die plattenförmigen Chloroplasten von sehr großem Umfang vielfach Foramina auf, so daß sie wie ein Gitter aussehen. Die Möglichkeiten der Gestaltung sind hier nahezu unbegrenzt. Die auf solchen großen Chloroplasten liegenden Pyrenoide sind meist runde, sehr eiweißreiche Gebilde, die als Ablagerungsorte für die Assimilations- produkte dienen, so daß sie bei reichlicher Tätigkeit völlig davon eingehüllt erscheinen können. Über den Feinbau dieser Plastiden ist noch nichts Genaueres bekannt.

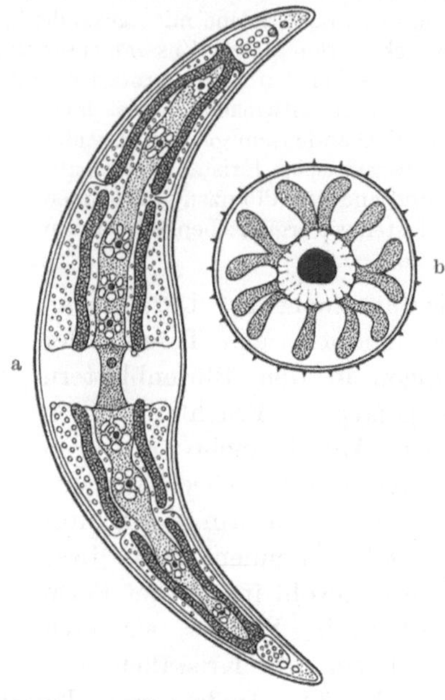

Abb. 32   Abb. 33 a u. b

Abb. 32. Zelle von *Spirogyra crassa* mit schraubenbandförmigen Chloroplasten. An den Verdickungen des Bandes die Pyrenoide; in der Zellmitte der Kern, an Plasmafäden aufgehängt. (Verändert nach WETTSTEIN)

Abb. 33 a u. b. *Closterium moliniferum.* a Seitenansicht; b Querschnitt (aus OLTMANNS)

d) Die Chondriosomen

Als letzte der lebenden Bestandteile der Zelle seien die *Chondriosomen* und *Mitochondrien* behandelt. Es sind das sehr kleine, rundliche oder längliche, oftmals etwas eingeschnürte Gebilde, die Ähnlichkeit mit undifferenzierten Plastiden aufweisen und wie diese im Cytoplasma liegen, meist in der Nähe des Zellkerns; sie werden heute als Orte der Fermentaktion angesehen.

Typisch für die Chondriosomen ist, daß sie nur durch ganz bestimmte Fixiergemische sichtbar zu machen sind; bei der Anwendung von anderen, und zwar vor allem solcher, die Alkohol oder Essigsäure enthalten, gehen sie zugrunde. Nach GUILLERMOND bestehen sie aus Lipoidproteinen; sie sind jedoch von den unlebendigen Mikrosomen rein lipoider Natur durchaus unterscheidbar und somit keineswegs ergastische Bestandteile. In umfassenden Studien hat man eine genetische Beziehung zwischen den Chondriosomen und Plastiden auffinden wollen. So ist die Vorstellung vertreten worden, gewisse Gruppen von Chondrio- somen würden sich zu Plastiden entwickeln, und der Unterschied zwischen einem Chloro- phyllkorn und einem unveränderten Chondriosom bestünde allein darin, daß die Chloro- plasten an Masse außerordentlich durch die mit ihrer Funktion zusammenhängenden Stoff- wechselprodukte zugenommen hätten und ebenso angeschwollen seien wie etwa Leuko- plasten, die in ihrem Inneren Stärke gebildet hätten. Nach Abschluß dieser Stoffwechsel- tätigkeit sollen solche Chloroplasten wieder an Umfang auf den Zustand des Chondriosoms zurückkehren, ein zwar besonders geistvoll gezeichnetes, doch wohl nicht hinreichend erwiesenes Bild vom Zellgeschehen. Vorläufig kann über die Chondriosomen nicht viel mehr gesagt werden, als daß es sich um lebende Bestandteile der Zelle handelt.

2. Die nichtlebenden Bestandteile der Zelle

Unter den nichtlebenden Bestandteilen der Zelle kann man nach der Art ihrer Lagerung zum Zellganzen zweierlei unterscheiden, die *Einschlüsse* und die *Ausscheidungen*. Die Einschlüsse betreffen vor allem die Vacuole mit ihrem so sehr variablen Inhalt, aber auch sonst alles, was sich außerhalb der Vacuole an Inhaltsstoffen findet. Dabei muß man berücksichtigen, daß unter den Stoffen des Vacuoleninhalts sich manche befinden werden, die auch sonst als Komponenten des lebenden Protoplasmas bekannt sind. So wird also der Stoffkatalog des Vacuoleninhalts zwangsläufig auch eine Reihe von „allgemeinen" Pflanzenstoffen enthalten müssen, und es scheint uns hier der gegebene Ort zu sein, um vorher Zurückgestelltes mit den gegenwärtigen Aufgaben zusammenzufassen und eine etwas umfangreicher zugeschnittene Übersicht über die Pflanzenstoffe zu geben.

a) Die Einschlüsse

Die Vacuolen. Zunächst sei einiges Nähere über Entstehung und Verhalten der Vacuolen gesagt. Wir verstehen unter einer Vacuole einen Hohlraum im Cytoplasma, der natürlich nicht „leer", sondern mit irgendeinem Einschluß, meist mit einer wäßrigen Lösung, gefüllt ist. Für die Unterscheidung von Pflanzen und Tierzellen ist der Hinweis von einiger Bedeutung, daß Vacuolen von dem Ausmaß, wie sie die meisten Zellen der ausdifferenzierten Pflanzengewebe besitzen, solche, die den größten Teil der Zelle einnehmen, als „Saftraum" bezeichnet werden müssen und das Plasma nur noch als Wandbelag zurücklassen, bei tierischen Zellen nicht vorkommen. Auch bei den meristematischen Zellen der höheren Pflanzen, die anscheinend vollkommen gleichmäßig mit Cytoplasma angefüllt sind, finden sich bei genauer Beobachtung kleine rundliche tröpfchenförmige Vacuolen. Derartige kleine Einzelvacuolen können bei Größenzunahme miteinander fusionieren und größere bilden. Wir haben zwischen solchen zu unterscheiden, die in ihrem Umfang stabil sind, höchstens an Größe zunehmen, und solchen, die nicht stabil sind, sondern sich mit wechselndem Umfang als pulsierende erweisen. Letztere sind bei einer kleinen Gruppe von Protisten, außerdem noch bei den Geschlechtszellen einiger höher organisierter Algen zu finden. Diese Vacuolen nehmen periodisch an Größe zu und wieder ab. Dabei geht die Zunahme (Diastole) langsamer vor sich als die Abnahme (Systole). Die Entstehung der Vacuolen ist auf Einlagerungen von Wasser bzw. Salzlösungen zurückzuführen, wobei bemerkenswert ist, daß keine Zellen gänzlich ohne Vacuolen angetroffen werden.

Eine experimentelle Grundlage der Vacuolenbildung hat PFEFFER (1890) gegeben. Er brachte nahezu vacuolenfreie Plasmodien von dem Schleimpilz *Didymium difforme* in eine gesättigte Asparaginlösung. Dadurch werden in das Plasmodium kleine, in der Lösung befindliche Splitter von Asparaginkristallen aufgenommen und vom Cytoplasma des Plasmodiums umflossen. Wurde nun hernach das so ausgestattete Plasmodium in Wasser überführt, so umgaben sich die Asparaginkristalle im Plasmodium mit Wasser, lösten sich darin auf und das Ganze bildete eine Vacuole im Plasmodium. So ist also zweifellos durch die osmotische Wirksamkeit der durch die Kristalle gesättigten Lösung von Asparagin das Wasser von außen hineingeholt worden und bleibt nun in den Vacuolen mit dem Plasma ungemischt.

Die nun anzuschließende Zusammenfassung der wichtigsten Pflanzenstoffe, die sich als Einschlüsse finden, benutzt die übersichtliche Gliederung von BOYSEN-JENSEN in seiner Pflanzenphysiologie. Er gliedert nach *Konstitutionsstoffen* und *Wirkstoffen*; beide Gruppen werden mehrfach unterteilt.

aa) Die Konstitutionsstoffe

Diese Stoffgruppe gliedert sich ihrerseits wieder in vier Untergruppen, die anorganischen Verbindungen, die plastischen Stoffe, die Baustoffe und die aplastischen Stoffe. Wir gehen im folgenden die einzelnen Gruppen durch.

α) Die anorganischen Verbindungen

Als häufigste anorganische Verbindung findet sich überall im Pflanzenkörper das Wasser. Seine Bedeutung ist mannigfach. Es dient als Transportmittel, als Quellungsmittel bzw. als Dispersionsmittel für die lebenden und nichtlebenden Kolloide und endlich tritt es als Bestandteil in die verschiedensten chemischen Umsetzungen ein. Es ist besonders an der CO_2-Assimilation beteiligt.

Sowohl in den Vacuolen als auch im Protoplasma verteilt finden sich saure und neutrale Salze verschiedener anorganischer Säuren. Wir nennen:

Die Anionen.	Die entsprechenden Kationen.
Die Säurereste von	
Salzsäure	Kalium
Schwefelsäure	Calcium
Phosphorsäure	Magnesium
Salpetersäure	Zinn
Kohlensäure	Eisen
Kieselsäure	Mangan
Borsäure	Natrium
	Aluminium

Die Substanzen der Reihe von Zinn an kommen nur in Spuren vor, sind aber offenbar auch als solche unentbehrlich.

β) Plastische Stoffe und Baustoffe

Unter den plastischen Stoffen versteht man mit BOYSEN-JENSEN diejenigen, die als erste Assimilationsprodukte in den Zellen gebildet wurden und als Ausgangsmaterialien für die eigentlichen Baustoffe dienen. Dieselben jedoch können wieder von neuem beim Abbau hochmolekularer Stoffe — und das sind meist die Baustoffe — entstehen, die ihrerseits innerhalb der verschiedenartigsten Zusammenhänge auftreten. Diese genetische Beziehung der beiden Stoffgruppen läßt es sehr wenig tunlich erscheinen, sie in der Darstellung zu trennen. So teilen wir die Stoffe innerhalb der ganzen Gruppe nach ihrer Konstitution ein. Zwei Abteilungen haben wir zu unterscheiden, einmal die hydrophilen Stoffe, zum anderen die hydrophoben.

Hydrophile Stoffe. *Kohlenhydrate.* Die niederen Stufen der Kohlenhydrate müssen als plastische Stoffe aufgefaßt werden, die abgesehen davon, daß sie Baustoffe zusammensetzen können, nun auch noch im Energieumsatz gebraucht werden. Die höheren Stufen gehören als Bestandteile des Reservestoffwechsels ebenfalls noch zu den plastischen Stoffen oder aber sie gehören zu den Baustoffen. Gerade hier bei den Kohlenhydraten gehört der Aufbau vom einfachen zum komplizierten und umgekehrt der Abbau vom komplizierten zum einfachen zu den häufigsten Umsätzen, die sich in der Zelle abspielen. Folgende sollen genannt werden:

Monosaccharide	Disaccharide	Trisaccharide	Polysaccharide
Arabinose	Saccharose	Raffinose	Stärke
Xylose	Maltose		Cellulose
Glucose	Cellobiose		
Ribose			

Proteinstoffe. Hierbei handelt es sich — mindestens bei den höheren Stufen — meist um kolloidal gelöste Substanzen, die als besonders wichtige Bauelemente des Protoplasmas funktionieren. Die Proteine sind einfache Eiweißstoffe, die im wesentlichen aus den Aminosäuren zusammengesetzt werden können. Letztere vereinigen sich unter Wasseraustritt zu langen Ketten und bilden so die Polypeptide.

Aminosäuren	Polypeptide
Glykokoll	Albumine
Asparaginsäure	Globuline
Lysin	Gluteline
Cystin	Psolamine
Tyrosin	

Die Proteide sind komplizierter gebaut; so sind z. B. die *Nucleoproteide* in den Zellkernen Verbindungen der Proteine mit Nucleinsäuren. In letzteren ist Phosphorsäure enthalten.

Die Pflanzensäuren. Organische Säuren finden sich oft frei oder in Form ihrer Salze im Zellsaft der Vacuolen. Dahin gehören die

Apfelsäure
Oxalsäure
Malonsäure
Bernsteinsäure
Weinsäure
Citronensäure } und ihre Salze
Ameisensäure
Fumarsäure
Brenztraubensäure
Oxal-Essigsäure
Essigsäure

Hydrophobe Stoffe. Hierbei handelt es sich um alle diejenigen Substanzen, die nicht in Wasser löslich sind, sondern in Fettlösungsmitteln wie z. B. Äther. Vielfach ist ihre Bedeutung unbekannt. Eine Reihe von ihnen müssen als Bestandteil des Protoplasmas unter die Baustoffe gerechnet werden, aber auch als Reservestoffe kommen sie vor. Drei Gruppen sind hier zu nennen, die Fette und von den Lipoiden die Phosphatide, zu denen das Lecithin gehört, und die Sterine.

γ) Aplastische Stoffe

Dabei handelt es sich im wesentlichen um Abfallprodukte, die aus dem Stoffumsatz ausgeschieden mindestens unmittelbar für die lebende Zelle keine Bedeutung mehr haben. Das sagt natürlich nicht, daß sie nicht etwa für die Gesamtfunktion einer Pflanze wichtig sein könnten. Als Exkrete ausgeschieden können sie vielfältige Bedeutung erlangen. Anders wäre es auch nicht zu verstehen, daß gerade die aplastischen Stoffe oftmals ungemein komplizierte Verbindungen sind, deren Darstellung beträchtlichen chemischen Aufwand erfordert.

Es gehören dazu die Glykoside, wozu man auch die weitverbreiteten Anthocyane rechnet, die im Zellsaft gelöst vorkommen. Ferner die Gerbstoffe, die ätherischen Öle und Harze, die Alkaloide und Toxine.

bb) Die Wirkstoffe

Unter diese sind ihrer Wirkungsweise nach zwei Gruppen von Stoffen zu rechnen. Einmal die in großen Mengen in den assimilierenden Pflanzenteilen vorkommenden Farbstoffe und zum anderen solche Stoffe, die oligodynamisch sind, ihre Wirkung also in ganz besonders geringer Verdünnung zeigen, während sie oftmals in hoher Konzentration gegenteilige oder gar schädliche Wirkungen haben.

Die Farbstoffe in assimilierenden Zellen. Chlorophyll a und b, Carotin und Xantophyll.

Die Enzyme. Diastase, Cytase, Pectinase, Invertase sind die Enzyme der Kohlenhydrathydrolyse. Ferner die Proteasen, Peptidasen, Tryptasen, Desaminasen, die Enzyme der Eiweißspaltung. Endlich die Lipase, das Enzym der Fettspaltung.

Die Regulatoren. Die Enzyme sind spezifisch und lösen ganz bestimmte Vorgänge aus, eine Tätigkeit, die sie zumeist in vitro ausüben können. Davon muß noch eine Gruppe von anderen, ebenfalls im Lebensgeschehen regulierend wirkenden Stoffen unterschieden werden, die nicht in der Weise spezifisch sind wie die Enzyme und vor allem niemals außerhalb des Organismus wirken. Es sind das die Regulatoren, die entweder intracellulär in der Zelle, in der sie entstanden sind, wirken, oder sie werden in der Pflanze von dem Ort ihrer Entstehung nach dem Ort der Verwendung transportiert. Von außen zugeführte Substanzen ganz anderer Art können oftmals dieselben Wirkungen ausüben.

Es gehören zu dieser Gruppe die Biosgruppe, die das Wachstum der Mikroorganismen beeinflußt, die Auxine, die das Streckungswachstum regulieren, das Blastokolin, das die Keimung der Samen in saftigen Früchten hemmt, die Meristeme, die Zellteilung auslösen.

Alle diese Stoffe, die bisher genannt sind, kommen im wesentlichen in gelöster Form in den Pflanzen vor.

cc) Feste Einschlüsse

Im Anschluß an diese Erörterung löslicher Substanzen sei nun noch eine etwas genauere Darstellung derjenigen festen Einschlüsse gegeben, auch wenn sie vorher schon genannt wurden, die ihrerseits Gestalten in der mikroskopischen Dimension besitzen.

Als erste seien die Stärkekörner aufgeführt. Die Stärke ist eine der wichtigsten Pflanzensubstanzen, ebenso bedeutungsvoll für die Pflanze selbst wie auch für die Verbraucher von Pflanzen. Sie ist ein Polysaccharid, das überall dort in der Pflanze gebildet wird, wo es gilt, Kohlenhydrate in unlöslicher Form als Reservesubstanz zu lagern. Man nimmt zwei typische Bestandteile im Stärkekorn als gegeben an, die Amylose, die sich mit Jod blau färbt, und das Amylopektin, das durch Jod rotviolett gefärbt wird. Die Stärkekörner, die in den Leukoplasten der Pflanzen gebildet werden, sind individuell je nach den Arten verschieden, so daß man nach Größe, Form und Struktur die Pflanze bestimmen kann, die die Stärkekörner ausgebildet hat (Abb. 34 und 35). Kristallographisch bezeichnet man die Gebilde als Sphärokristalle. Es handelt sich dabei um sehr dünne kristallinische Elemente an der Grenze der Sichtbarkeit, sog. Trichite, die radial in Schichten angeordnet werden.

Werden Ablagerungen verschieden stark lichtbrechender Trichitschichten übereinandergeordnet, so entstehen mikroskopisch wahrnehmbare Schichtungen (Abb. 36). Durch Größe und Form, Schichtung und vielfach radial verlaufende Risse kommt die ungeheuere Mannigfaltigkeit der Stärkekörner zustande. Wird die Stärke wieder in den Stoffwechsel einbezogen, so müssen ihre Kohlenhydrate wieder in lösliche Form gebracht werden. Das geschieht durch die Einwirkung des Fermentes Diastase. Der Sitz der Diastaseproduktion ist nach

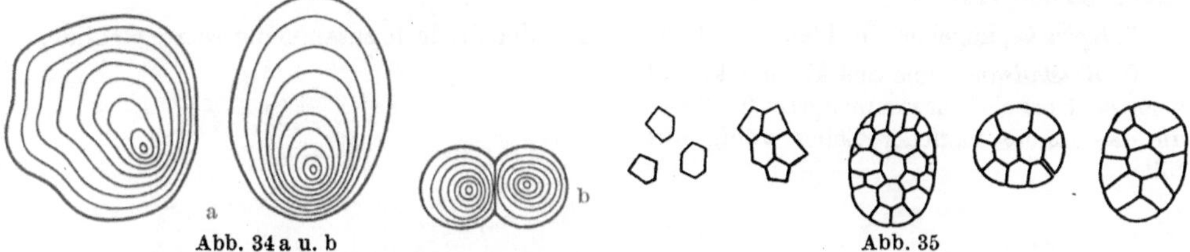

Abb. 34 a u. b   Abb. 35

Abb. 34 a u. b.   Stärkekörner von der Kartoffel. a normale exzentrische Stärkekörner; b bizentrisch zusammengesetztes Stärkekorn. (Orig.)

Abb. 35.   Zusammengesetzte Stärkekörner vom Hafer, links einzelne, nach Zerstörung der Plastidenhaut frei gewordene Körner. (Orig.)

A. Meyer (1895) in den Plastiden zu suchen. Von diesen aus vollzieht sich der Abbau der Stärkekörner keineswegs gleichmäßig; die sog. Korrosion der Stärkekörner zeigt vielmehr völlig unregelmäßige Zerstörungsbilder, wonach die abbauende Substanz von den verschiedensten Seiten her eindringt und sich unregelmäßig im Stärkekorn ausbreitet (Abb. 37). In ähnlicher Weise wie Stärke bildet das Polysaccharid Inulin ebenfalls aus Sphäriten zu

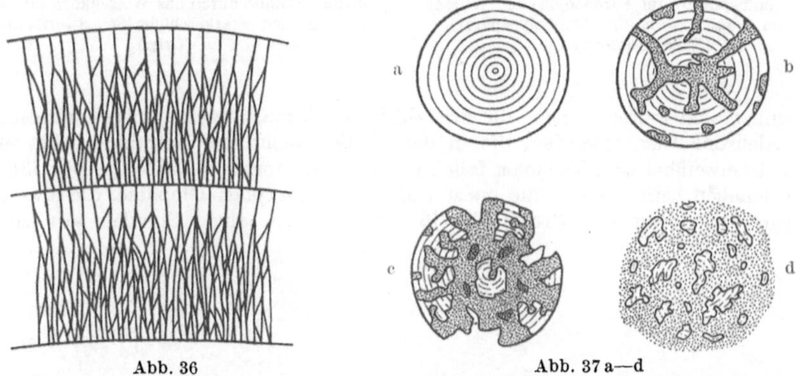

Abb. 36   Abb. 37 a—d

Abb. 36.   Submikroskopische Struktur der Schichtung eines Stärkekornes. Das Zentrum der Schichten ist weit unterhalb der Zeichnung zu denken. Die innere Partie jeder Schicht besitzt ein dichtes Stärkefibrillennetz und hohe Lichtbrechung. Dichte und Brechungsindex nehmen nach außen zu allmählich ab, um an der Schichtgrenze sprungartig anzusteigen. (Verändert nach Frey-Wyssling.)

Abb. 37 a—d.   Korrosionsfiguren der Stärkekörner von Gerste. a—d fortschreitende Auslösung. (Verändert nach Strasburger.)

sammengesetzte Körner, die freilich erst in Alkoholpräparaten sichtbar werden (Abb. 38). Weiterhin sind die Kristalle von Calciumoxalat zu nennen. Sie zeichnen sich durch häufiges Vorkommen und durch besondere Vielgestaltigkeit aus. Das Calciumoxalat vermag in zweierlei verschiedener Form zu kristallisieren, entweder als Calciumoxalat-Monohydrat $Ca(C_2O_4) \cdot 1\,H_2O$ oder als Calciumoxalat-Trihydrat $Ca(C_2O_4) \cdot 3\,H_2O$. In der ersten Form kristallisiert es in Form monokliner Kristalle, isodiametrisch und rhomboederähnlich. Das Trihydrat kristallisiert tetragonal. Daraus ergeben sich sehr verschiedene Kristallformen, die sich nach Küster (1935) wie folgt überblicken lassen:

1. *Solitäre* oder isodiametrische Einzelkristalle. Als Trihydrat entstehen Oktoeder, als Monohydrat rhomboederähnliche Formen.

2. *Styloide*, langgestreckte prismatische, einzeln auftretende oder als Zwillinge erscheinende Kristalle, die vom Monohydrat und Trihydrat geliefert werden können.

3. *Rhaphiden*, nadelähnliche, stets zu Bündeln vereinigte Kristalle des Monohydrates (Abb. 177).

4. *Kristalldrusen*, von beiden Systemen gebildete Kristallaggregate, die sich aus vielen kleinen Kristallindividuen zusammensetzen, um einen oftmals fremden organischen Kern (Abb. 155 und 173).

5. *Sphärite*, kugelige, aus kleinsten Einheiten des Monohydrats zusammengesetzte Gebilde.

6. *Kristallsand*, eine aus kleinen kristallisierten Körnchen zusammengesetzte Masse, die das Innere mancher Zellen völlig ausfüllen.

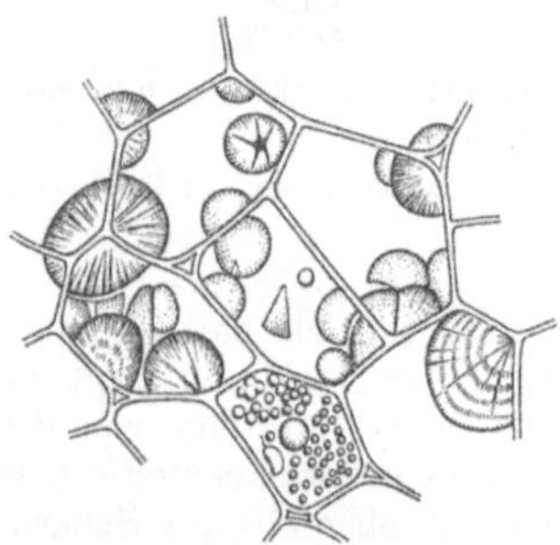

Abb. 38. Inulinsphärite im Parenchym der Wurzelknolle von *Dahlia variabilis* (Alkoholpräparat). (Nach MOLISCH)

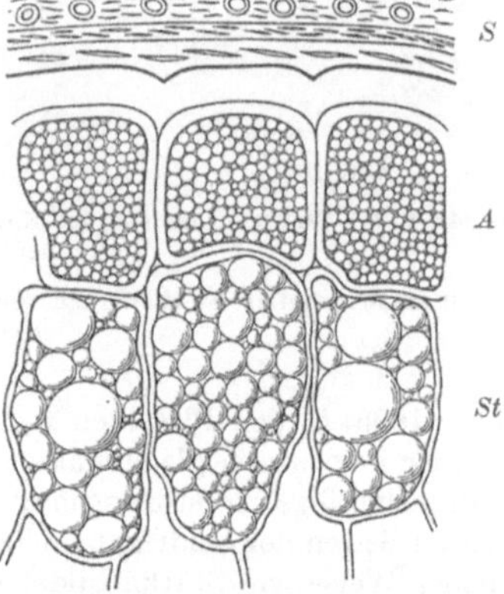

Abb. 39. Schnitt durch das Weizenkorn mit Aleuronschicht *A* und Stärkeschicht *St*. *S* = Samenschale. (Orig.)

Zu nennen sind weiterhin noch die kristallisierten *Eiweißkörper*. Am bekanntesten sind die sog. Aleuronkörner geworden, die in der Kleberschicht des Getreides (Abb. 39) vorkommen. In eiweißhaltigen Vacuolen fallen als scharf begrenzte Gebilde die Eiweißkristalle aus, und daneben befinden sich die meist rundlichen amorphen Globoide, die eiweißärmer sind. Abgesehen davon kristallisiert Eiweiß auch in Form langer Spindeln aus (Abb. 40).

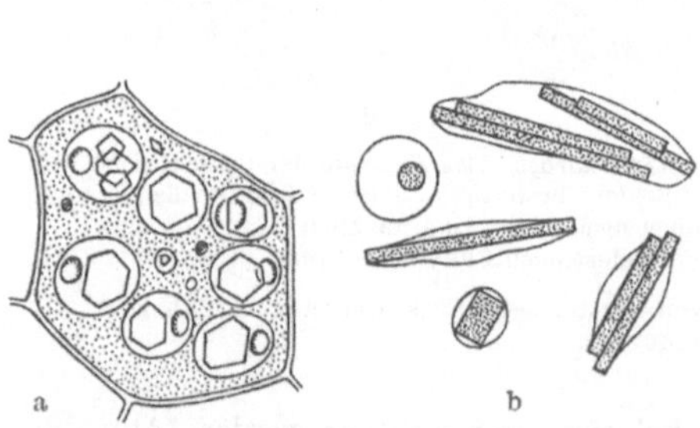

Abb. 40a u. b. a Zelle aus dem Endosperm von *Ricinus* mit Aleuronkörnern und Globoiden. (Nach STRASBURGER.) b Kristallvacuolen mit Eiweißkristallen aus dem Milchsaft von *Musa chinensis*. (Nach MOLISCH)

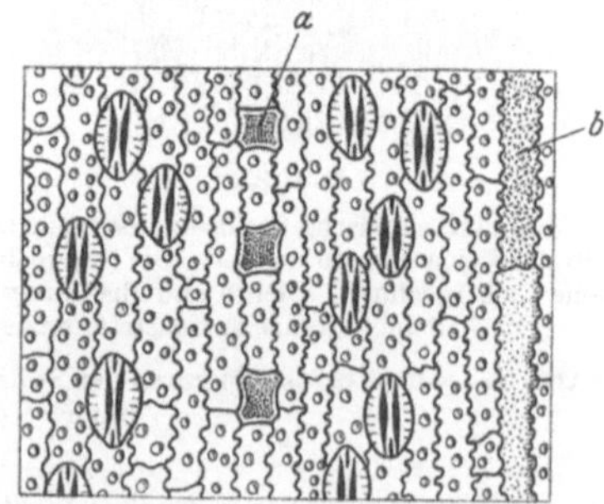

Abb. 41. Aschenbild eines Blattes von *Bambusa*, nach Behandlung mit Salzsäure. a „Kieselkurzzellen"; b mit Kieselsäure erfüllte langgestreckte Epidermiszellen. (Nach MOLISCH.) Vergr. etwa 250mal

Als geformte Einschlußstoffe kommen sonst noch die *Kieselkörper* vor, die sich vor allem in der Epidermis verschiedener Pflanzen finden. Sie können in ihrem Aussehen verschieden sein, entweder hart und dicht oder porös, wobei sie den Raum in der Zelle ganz oder nur teilweise ausfüllen können. Besonders die Epidermis von Gräsern ist damit erfüllt (Abb. 41).

b) Ausscheidungen

Unter den nichtlebenden Ausscheidungen nehmen wir kurz die flüssigen und gasförmigen vorweg; es sind die gleichen Stoffe, die wir als Einschlüsse kennenlernten. Alles, was sich in den Zellen befindet, kann in irgendeiner Form, oftmals in molekularer reduzierter, auch ausgeschieden werden. Was hier ausführlich behandelt werden muß, sind die festen Ausscheidungen oder Membranen; in dem Vorhandensein einer als Grenze und Stütze nach außen abgeschiedenen unlebendigen Cellulosemembran um die Zellen kann eines der wesentlichsten Unterscheidungsmerkmale zwischen tierischen und pflanzlichen Zellen erblickt werden. Obwohl es auch einwandfrei pflanzliche Zellen gibt, die unbehäutet sind, ist umgekehrt das Vorhandensein von Cellulosemembranen bei tierischen Zellen unbekannt.

Die Membranen haben für die Formgebung der Zellen die größte Bedeutung. Da der Hauptbestandteil des Zellkörpers, das Cytoplasma, ein nahezu flüssiges Kolloid ist, so nimmt es jede Form an, die ihm durch ein Widerlager aufgezwungen wird. Von sich aus kann der cytoplasmatische Körper bei seiner Strukturarmut nur die durch die Oberflächenspannung gegebene Form, nämlich die Kugel, annehmen, und alle Zellen müßten gleichgestaltet sein. Nun aber schafft sich das Plasma die nichtlebende Zellwand selbst und setzt sich damit ein geformtes

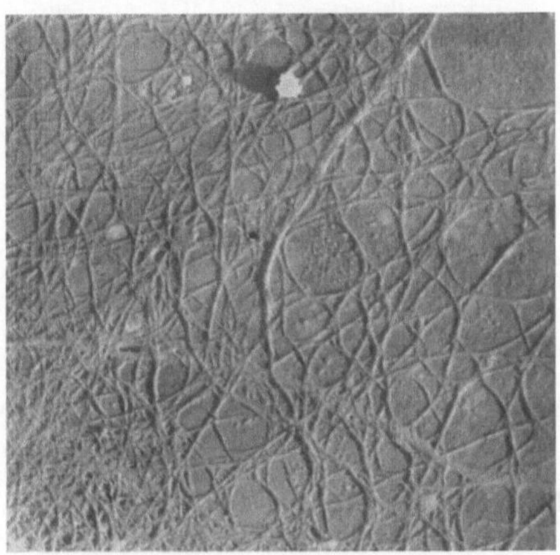

Abb. 42. Primärwand einer Zelle aus der Hafercoleoptile in elektronenoptischer Darstellung, das Cellulosefibrillennetz zeigend. (Nach MÜHLETHALER.) Vergr. etwa 20000mal

Widerlager, das ihm eine Form aufzwingt. *In der Fähigkeit des formlosen Cytoplasmas zur aktiven Gestaltung nichtlebendiger ausgeschiedener Bauelemente, hier der Cellulose, und in der dauernden Beherrschung und Umgestaltung dieser Ausscheidungsprodukte besteht das formspezifische Gestaltungsvermögen der Zelle.*

Die Membranen sind weitgehend differenziert. Neuangelegte Zellwände bestehen meist nur aus einer einzigen dünnen Pektinlamelle. Diese Schicht wird sehr bald von anderen Stoffen überlagert, unter denen vor allem Cellulose auftritt, erkennbar an einer typischen Färbungsreaktion: mit Chlorzinkjod färbt sie sich blau. Eine solche einfache Wandung mit Pektin als Mittelschicht kann mit der ganzen Zelle wachsen. Dabei geht die Aktivität bei diesem Vorgang wieder von dem lebenden Protoplasma aus und kann in zweierlei Weise erfolgen: als Einlagerung (Intussuszeption) oder als Auflagerung (Apposition).

Dabei wird der Endzustand, der durch einfaches Flächenwachstum erreicht wird, heute als „primäre Wand" bezeichnet. Ihr Wachstum, das unter Umständen später als Spitzenwachstum fortgesetzt werden kann, erfolgt im wesentlichen durch Einlagerung neuer Cellulosefibrillen. Da der Anteil an Nichtcellulosebestandteilen (Pektinen und Wachsen) der primären Wand sehr groß ist, besteht nur ein lockeres Gerüst aus Cellulosefibrillen, die sich elektronenoptisch unmittelbar aufweisen lassen (Abb. 42 und 43 als entsprechendes Modell).

Die Cellulose baut sich aus Glucosemolekülen auf, die kettenartig miteinander verbunden sind. Etwa 220 davon bilden ein Cellulosemolekül, und eine größere Anzahl solcher Celluloseketten lagern sich zu Micellen zusammen, die bei entsprechender Mächtigkeit elektronenoptisch als Fibrillen sichtbar werden können. Diese langgestreckten Gebilde ordnen sich in den wachstumsfähigen Membranen so an, daß sie zu einem weitmaschigen Netz miteinander durch kreuzweise Überlagerung mit Haftpunkten verbunden sind. Jeder Wachstumsvorgang beginnt mit einer Dehnung der Membran. Ist diese Dehnung eine lediglich elastische, dann bleiben die Haftpunkte erhalten, und die Dehnung geht nur so weit, als die innere Deformation der Maschen des Netzes zuläßt. Hört der Druck oder Zug auf, dann kehren die Strukturen in ihre alte Lage zurück (Abb. 44a, b). Rein elastische Dehnung ist also als Einleitung zu einem Wachstumsprozeß ungenügend, und die Membrandehnung, die dem Wachstum vorhergeht, ist eine plastische Dehnung. Dabei werden die Haftpunkte gelöst und in einiger Entfernung von ihrem ursprünglichen Ort wieder gesetzt. Die Maschen des Micellnetzes werden also erweitert. Nun können nachträglich neue Micelle bzw. Fibrillen eingelagert und damit die ursprüngliche Dichte des Netzes wiederhergstellt werden (Abb. 44c). So kann die Dicke der Membranen erhalten bleiben bei zunehmendem Flächenzuwachs.

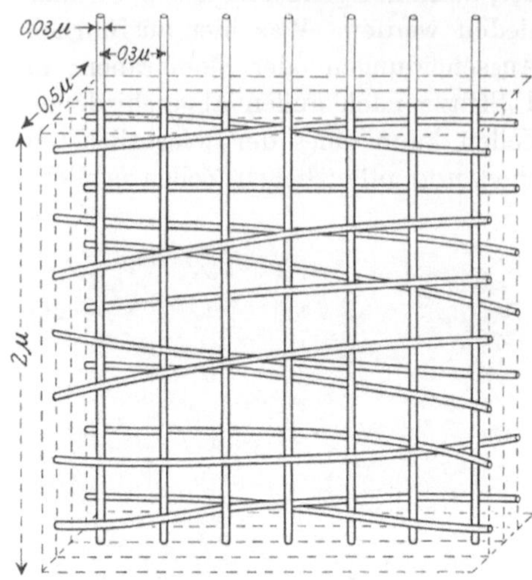

Abb. 43. Modell des Cellulosegerüstes einer lebenden Zelle. (Nach FREY-WYSSLING)

Nach Abschluß des Flächenwachstums der primären Wand kann ein erheblicher Zuwachs in die Dicke erfolgen, der als appositionelle Anlagerung zunächst

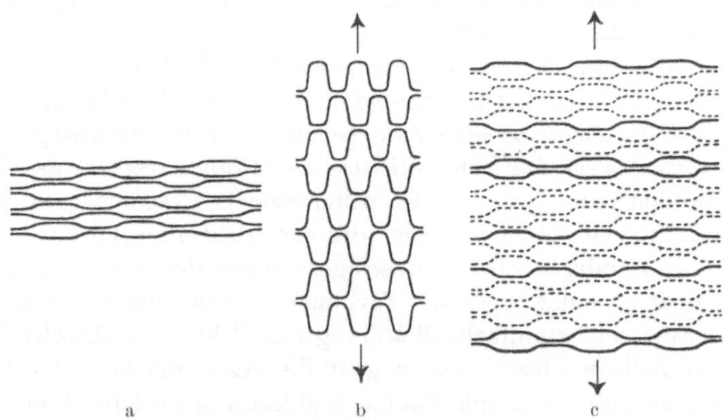

Abb. 44a—c. Elastische und plastische Dehnung des Micellargerüstes der Primärwand, idealisiert. a Ausgangszustand; b elastische Dehnung, ohne Lösung der Haftpunkte; c plastische Dehnung, Haftpunktlösung. In die Zwischenräume werden neue Cellulosestränge eingebaut. (Nach FREY-WYSSLING)

von Cellulosefibrillen erfolgt. Während also die intussuszeptionelle Einlagerung ein relativ loses und ungeordnetes Maschenwerk von Cellulosefibrillen zuwege brachte, führt die appositionelle Anlagerung zu dichter und gerichteter Ordnung der Cellulose (Abb. 45).

Das appositionelle Wachstum zeichnet sich einfach ab: Man kann vielfach an Querschnitten starker Membranen die durch Anlagerung herbeigeführte Schichtung ohne weiteres mikroskopisch erkennen; im elektronenmikroskopischen Bild stellt sie sich freilich noch wesentlich anschaulicher dar (Abb. 46). Solche Wachstumsvorgänge können sich über einen

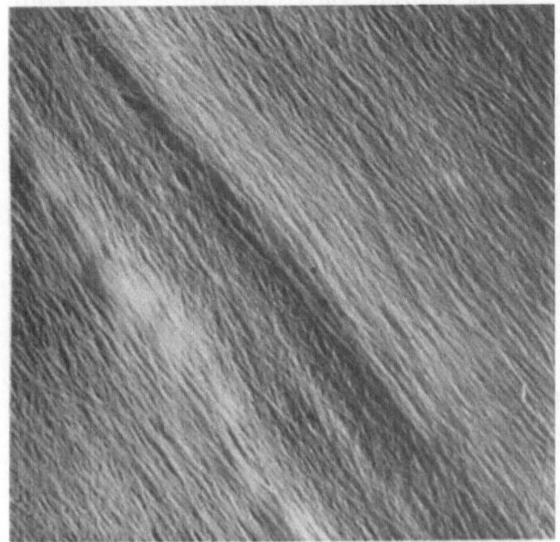

Abb. 45. Sekundärwand einer Zelle aus der Hafercoleoptile in elektronenoptischer Darstellung, die enge und parallele Lagerung der Cellulosefibrillen zeigend. (Nach MÜHLETHALER.) Vergr. etwa 20000mal

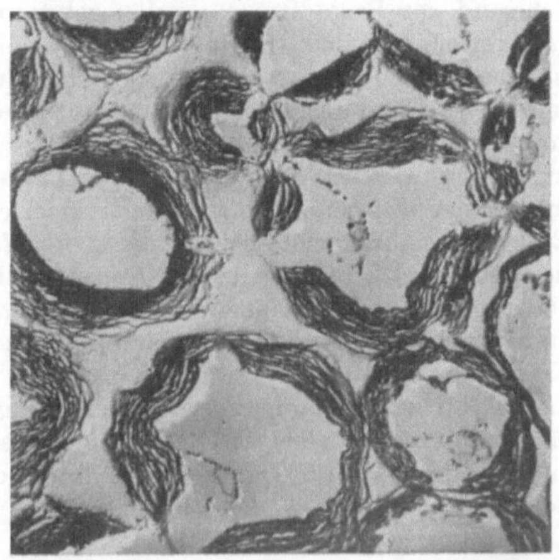

Abb. 46. Querschnitt durch stark wandverdickte Markzellen mit einzelnen Tüpfeln von *Sedum*. Die zuletzt abgeschiedenen, inneren Cellulosefibrillen sehr dicht. (Nach MÜHLETHALER.) Vergr. etwa 16000mal, Elektronenmikroskop

großen Teil des Zellebens erstrecken; es kann kontinuierlich erfolgen oder in einzelnen aufeinanderfolgenden Perioden vor sich gehen. Bei starken Wandverdickungen werden einzelne unverdickte Stellen ausgespart, Tüpfel genannt, in denen nur die Mittellamelle Zelle von Zelle trennt. Neben gleichmäßiger Verdickung der Membran kommen außerdem noch be-

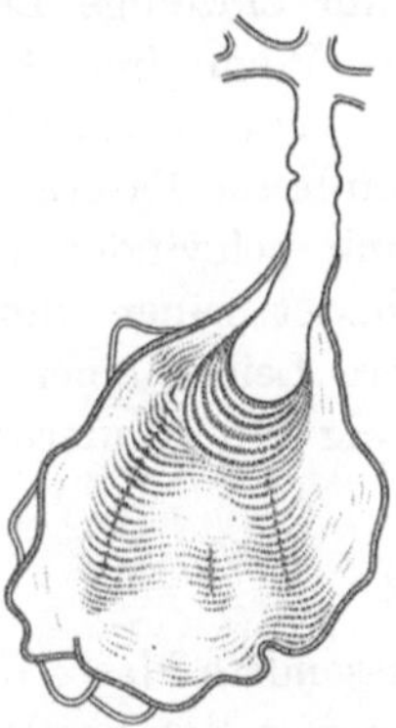

Abb. 47. *Ficus elastica*, Längsschnitt durch den Cellulosekörper des erwachsenen Cystolithen. (Nach GIESENHAGEN)

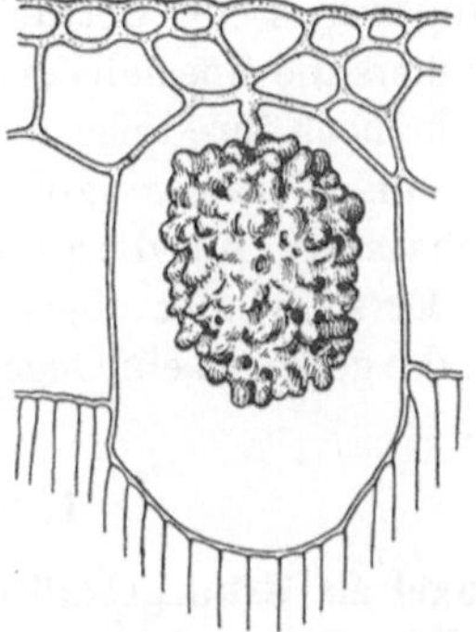

Abb. 48. *Ficus elasitca*, Schnitt durch die mehrschichtige Blattepidermis mit Kalkinkrustation und Ausscheidung (Cystolith). (Nach MOLISCH)

sondere Bildungen vor, die etwa darin bestehen können, daß bestimmte Teile der Wand eine Verstärkungsspirale erhalten, oder die Ecken, wo verschiedene Wände zusammenstoßen, allein eine besondere Verdickung erfahren. Besonders ausgefallene Eigentümlichkeiten finden wir in den bei den Moraceen so verbreiteten Cystolithen. Es handelt sich dabei um einen von einer Wand in die Zelle hinein entwickelten Faden, der in geschichteten Celluloseaggregaten endigt, die später mit Calciumcarbonat inkrustiert werden (Abb. 47 und 48).

Außer Pektin und Cellulose sind noch eine ganze Reihe von anderen Membransubstanzen an dem Wandaufbau beteiligt, die im wesentlichen in den Intermicellaren, von den Cellulosefibrillen ausgesparten Räumen, erfolgt. Zu den wichtigsten gehört das Lignin, der Holzstoff, erkennbar an seinen Reaktionen: es färbt sich mit Phloroglucin und Salzsäure kirschrot und mit Anilinsulfat gelb. Die Imprägnierung der Membran mit Lignin kann nun mit einem Schwund des Protoplasten parallel gehen oder so weit führen, daß überhaupt kein Zellvolumen übrigbleibt. Damit haben wir bereits Fragen der Gewebebildung gestreift. Lignin ist eine hochpolymere aromatische Verbindung und wird nur in Pflanzenmembranen aufgefunden. Diese Lignineinlagerung, auf deren Vorhandensein die Festigkeit des Pflanzenkörpers beruht, ist reversibel. Auch der Holzstoff kann wieder so weit abgebaut werden, daß schließlich wieder reine Cellulosemembranen zurückbleiben. Weiter sind als Membransubstanzen noch zwei zu den Fetten gehörige Körper zu nennen, das Cutin und das Suberin. Einlagerung bzw. Auflagerung dieser Stoffe macht die Membranen wasserundurchlässig; sie finden sich also vor allem in Außenmembranen, auf oder in denen sie sehr verschiedene Mächtigkeit besitzen können. Calciumcarbonat endlich kann in einer Verteilung, die unterhalb der mikroskopischen Sichtbarkeitsgrenze liegt, in Membranen eingelagert werden. Auch Kieselsäure kann entweder ganze Lamellen imprägnieren oder in den Membranen als geformte Einschlüsse auftreten. Durch Einlagerungen von Eisen oder Mangan können die Membranen auch „vererzen", was — recht selten — bei Wasserpflanzen und einigen wenigen anderen der Fall ist. Damit ist die Reihe der nichtlebenden Membranausscheidungen der Zelle abgeschlossen.

II. Die Zelle als Ganzes

Bevor wir uns den speziellen Erscheinungsformen der Zellen als elementarer Organismen und als Strukturelemente im vielzelligen Pflanzenkörper zuwenden, sei die Zelle als Ganzes behandelt. Selbst bei äußerster Spezialisierung in Form und Funktion im Gewebeverband bleibt die Zelle, solange sie lebt, immer noch eine abgeschlossene Einheit, ein Eigenschaftsmoment, das an der Fähigkeit zu vollständiger Regeneration erkennbar sein kann. So hat es durchaus Sinn, auch differenzierte Zellen höherer Pflanzen und nicht nur einzellige Lebewesen in die hier angeschlossene Betrachtung einzubeziehen. Wenn freilich im Körper eines Vielzellers die Spezialisierung einzelner Zellen bis zum Verlust ihres Lebens geht und nur noch ihre abgestorbenen Reste als membrane Fasern oder Röhren Leistungen im Gesamtorganismus verrichten, dann schwindet jeder eigene Totalitätscharakter für dieses Element — unbeschadet seiner sinnvollen Verwendung. Er schwindet ebenso wie für jede andere Leiche einer gestorbenen Zelle auch, die genau so ein Gegenstand der Ausnutzung durch andere Organismen sein kann.

1. Die Gestalt der Zelle

Die Kugel als Grundgestalt der Zelle. Die umfassendste Masse der lebenden Zelle, das Cytoplasma, hat, soweit es die Oberflächengestaltung angeht, Flüssigkeitscharakter. Die Strukturen, die es konstituieren, sind gegeneinander so leicht verschiebbar, daß sie als formbildende Elemente für die Zelle als einem Ganzen nicht in Frage kommen. Auch die ihrerseits geformten Bestandteile der Zelle, Kern und Plastiden, können zu einer Formgestaltung der Zelle selbst nicht beitragen, da sie völlig vom Cytoplasma umhüllt sind. So ist also die Zelle von den hier gegebenen Gesichtspunkten aus als Flüssigkeitstropfen zu bewerten und aus dieser Natur sind die Prinzipien ihrer Formung abzuleiten. Nach dem Gesetz der Oberflächenspannung muß jeder Tropfen, der sich ohne Widerlager allseitig im statischen Gleichgewicht befindet, gemäß dem Ausgleich der Oberflächenspannung die *Kugelform* annehmen. Und in der Tat sehen wir, daß ebenso wie künstlich isolierte Plasmaportionen auch jede völlig unbehäutete Zelle, unabhängig von jeglicher art- oder gattungsgemäßen Herkunft, sofern sie nicht durch feste Elemente umgeformt wird, faktisch eine Kugelgestalt annimmt. So wird also für alle rein morphologischen Betrachtungen über organische Gestalten und ihren Gestaltswechsel stets die Kugelform der notwendige Ausgangspunkt sein.

Unter organographischem Gesichtspunkt ist aber sogleich die Überlegung geboten, welchen Einfluß die Kugelgestalt unmittelbar auf die funktionellen Reaktionen der Zelle hat.

Die funktionelle Bedeutung der Kugelform. Die Kugel ist stereometrisch als Körper betrachtet derjenige, bei welchem das größtmögliche Volumen mit der kleinstmöglichen Oberfläche vereinigt ist. Jede andere Gestalt als die Kugel besitzt bei gleichem Volumen eine größere Oberfläche. Da sich jeglicher Stoffumsatz zwischen der Zelle und ihrer Außenwelt durch Vermittlung oder als Funktion der Grenzfläche vollzieht, so ist Geschwindigkeit und Massenbewältigung solcher Vorgänge für eine bestimmte Plasmamenge von der Größe der Oberfläche je Volumeinheit abhängig. Daraus ergibt sich, daß *unter allen Gestalten, die denkbar sind, die Kugel als Grundgestalt der Zelle die ungünstigste ist.*

Schon hier also in der physikalisch gegebenen Grundform der Zelle stößt die reale Gestaltung an die Begrenzung durch den funktionellen Effekt. Die physiologische Forderung verlangt große Oberflächen. Dem entspricht auch durchaus die Gesamtgestaltung der vielzelligen höheren Pflanzen. Überall stoßen wir auf Gebilde mit ganz ungewöhnlich großen relativen Oberflächen. Nun fragt es sich nur, wie sich die Zelle dazu verhält. Finden wir auch hier eine Gestaltung, die der eben entwickelten Forderung entspricht? Oder ist etwa gerade darin das Geheimnis des Vorzugs der Vielzelligkeit zu suchen, daß die dadurch ermöglichte freiere Gestaltung eine umfangreichere Oberflächenentwicklung gestattet? Die beiden folgenden Abschnitte werden zeigen, daß auch die Gestaltungsweise der Zelle selbst den gleichen Prinzipien folgt; sowohl die Zellgrößen als auch die Zellformen unterliegen den Gesetzmäßigkeiten der Flächenentwicklung.

Die autonome Gestalt der Zelle. Hinsichtlich der Gestalt der Zellen können wir zweierlei feststellen. Reine Kugelgestalt kommt nur bei Zellen in physiologisch inaktivem Zustand vor. Bei physiologisch aktiven Zellen wird die Kugel entweder durch Bewegungsvorgänge deformiert, oder es wird nicht nur im Gewebeverband, sondern auch bei Einzellern durch die Ausscheidung einer festen Membran ein deformierendes Widerlager geschaffen.

Im einzelnen ist dazu noch folgendes zu sagen. Unter physiologischer Inaktivität in dem hier gebrauchten Sinne sollen Zellen verstanden werden, die durch einen Vorrat an eigenen Reservestoffen und durch eine Ruheperiode nicht unmittelbar auf den Stoffaustausch mit der Umgebung angewiesen sind. Eizellen, Zygoten, Überdauerungsorgane sind als solche Zellen aufzufassen; überall sehen wir die Kugel als Gestalt erscheinen. Ferner kann man feststellen, daß unbehäutete Zellen in semiletalem Zustand sehr leicht die Kugelform annehmen. Setzt man die Lebenstätigkeit der *Euglena viridis* herab, läßt man dadurch ihre Bewegungsaktivität erlahmen, dann ruhen die Zellen als Kugeln. Plasmolysierte Protoplasten behäuteter Zellen runden sich ebenfalls zu Kugeln ab.

Im Gegensatz dazu sehen wir überall bei physiologisch aktiven Zellen andere Gestalten als Kugeln auftreten, und es gilt nun zunächst zu fragen, wie umfassend das Ausmaß der Deformation von der Kugel her zu anderen Gestalten sein muß, um eine Oberflächenvergrößerung von einigem Belang zu erzeugen. Eine Kugel von 10 cm Durchmesser hat ein Volumen von 523,6 cm³ und eine Oberfläche von 314,16 cm². Denkt man sich nun eine solche Kugel aus plastischem Material bestehend und deformiert sie zu einem Würfel, so muß das Volumen genau das gleiche bleiben wie das der Kugel. Die Kantenlänge dieses Würfels würde 8,06 cm betragen, und der Betrag der daraus berechneten Oberfläche wäre 389,8 cm². Mithin wäre eine Flächenvergrößerung der Oberfläche des Würfels gegenüber der Fläche der Kugel um 24,07 % erfolgt. Daraus wird ersichtlich, daß schon so verhältnismäßig geringfügige Deformationen einen beachtlichen Betrag an Flächenvergrößerung herbeiführen.

Methoden der Oberflächenvergrößerung. Zwei verschiedene Weisen relativer Oberflächenvergrößerung kennen wir bei den Pflanzenzellen. Die eine besteht darin, daß bei unbehäuteten Zellen durch die ständige Bewegungsaktivität der Zelle eine fortgesetzte Deformation der Oberfläche stattfindet, und die andere darin, daß die Zelle an ihrer Oberfläche eine formgestaltete feste Membran ausscheidet, die eine ständige, oftmals weit von der Kugelform abweichende Gestalt herbeiführt.

Im einzelnen seien bezüglich des Gestaltswechsels durch die Bewegungsweise die *Amöben* und *Plasmodien* genannt, wie sie unter den Pflanzen bei den Myxomyceten vorkommen. Durch die Ausbildung von Pseudopodien wird eine ständige Veränderung der Außenfläche erzeugt, die zugleich eine außerordentliche Vergrößerung der Oberfläche darstellt, weil sich die einzelnen Plasmastränge in feinster Verästelung vorschieben. Eine etwas andere Weise haben die eigenbeweglichen Einzeller, die im Wasser schwimmen. *Euglena* etwa, ein grüner Flagellat, oder die verschiedenen *Chlamydomonas*-Arten besitzen an ihrem Vorderende eine Geißel, mit der sie durch das Wasser bewegt werden. Durch den Zug der Geißel im Wasser werden sie zu einem langgestreckten, spindelförmigen Gebilde ausgezogen, weit abweichend von der Kugelform.

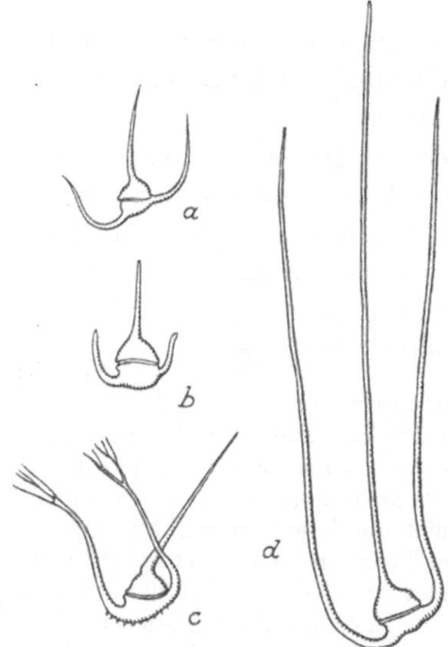

Abb. 49a—d. *Ceratium hirundinella*, Planktontypen. a und b Kaltwasserformen; c und d Warmwasserformen. (Nach SCHÜTT und SCHIMPER)

Ganz besonders auffällig wird die von der Kugel abweichende Gestalt jeweils dann, wenn zu der für alle Zellen geltenden Nötigung der Oberflächenvergrößerung noch ein spezieller Anlaß hinzukommt. Das ist z. B. bei denjenigen Einzellern der Fall, die als Planktonorganismen im Wasser schweben. Bei diesen ist die relative Oberfläche so groß zu halten, daß die Sinkgeschwindigkeit der Zelle im Wasser nahezu gleich Null wird. Sind schon die normalen Desmidiaceen unter den Conjugaten als Sterne, Halbmonde usw. besonders schöne Beispiele für oberflächenvergrößerte Gestaltung, so trifft das in besonders erhöhtem Maße für die planktontischen zu. Ganz lang ausgezogene Fortsätze, zahlreiche dünne Spitzen und Zacken sind dafür charakteristisch. Besonders eindrucksvoll verhalten sich die planktontischen *Ceratien*, eine Peridineen-Gattung. Es sind das Flagellaten mit sehr eigentümlichem Cellulosepanzer. Gewöhnlich besteht der Körper aus einem oberen, helmartigen Teil mit lang ausgezogener Spitze und einem unteren, mit zwei Fortsätzen versehenen. Die Länge von Spitze und unteren Fortsätzen hängt von der spezifischen Dichte des Wassers und diese wiederum von der Temperatur ab. So sehen wir, daß die *Ceratien* südlicher warmer Meere wesentlich längere Fortsätze haben als diejenigen nördlicher; ferner, daß aufeinanderfolgende Generationen gleicher Arten, die im Sommer oder im Herbst und Winter entstanden sind, ebenfalls beträchtliche Differenzen hinsichtlich der Fortsatzlänge aufweisen (Abb. 49).

2. Die Größe der Zellen

Die Zellgröße ist zwar variabel, doch in verhältnismäßig geringe Grenzen eingeschlossen, was vor allem dann besonders auffällig ist, wenn man damit die Größe ganzer Organismen vergleicht. Die Zellen der Vielzeller variieren von ganz seltenen Ausnahmen abgesehen zwischen 1 und 100 μ Durchmesser, die Größe der ganzen Organismen zwischen 1 μ und 100 m. Daraus geht also als Gesetzmäßigkeit hervor: *Die Vergrößerung der Vielzeller ist im Laufe der Phylogenie niemals durch Zellvergrößerung, sondern allein durch Zellvermehrung erfolgt.*

Dazu ist noch folgendes zu bemerken: In diese Überlegungen sind irgendwie extrem differenzierte Spezialzellen wie etwa die Samenhaare der Baumwolle, die 5 cm, oder lange Pollenschläuche, die bis zu 30 cm lang werden können, nicht miteingeschlossen. Sie sind infolge ihrer besonderen Ausbildung nicht mehr auf die Dauer lebensfähig und keinesfalls mehr teilungsfähig. So muß man sie als Bildungen auffassen, die unmittelbar unter der Gesamtdifferenzierung des Körpers stehen und die eigentliche Zellselbständigkeit verloren haben.

Die hier gegebenen Zusammenhänge kann man auch an den niederen Pflanzen erkennen. Man darf dann freilich nicht derartig umfangreiche Zellräume, wie sie etwa bei den *Siphoneen* vorkommen, als einzelne Zellen auffassen. Tatsächlich enthalten ja auch die Plasmabeläge der Wände sehr viele Kerne, woraus ersichtlich ist, daß es sich tatsächlich um viele Zellen handelt, denen lediglich die Wandseptierung fehlt.

Absolute Größe und Oberflächenerweiterung. Versucht man sich eine Begründung für diese Zusammenhänge zu suchen, dann stößt man auf das gleiche Prinzip wie bei der Gestaltung der Zellen. Je geringer die absolute Größe eines Körpers ist, desto größer ist relativ dazu seine Oberfläche. Das Volumen eines Würfels variiert mit der dritten Potenz seiner Kantenlänge, die Fläche dagegen mit der zweiten; Verhältnisse, die besonders deutlich durch die Tabelle 1 (OSTWALDsche Tabelle) über Kantenlänge und Oberfläche von Würfeln veranschaulicht werden.

So ist also auch in der Einhaltung der geringen Zellgröße für die Pflanzen ein Mittel zur Vergrößerung relativer Oberflächen einzelner Zellen gegeben.

Sehr deutlich wird die von uns vertretene These illustriert, wenn wir noch weiter nach abwärts gehen und uns den Bakterien zuwenden. Hier haben wir es mit Organismen zu tun, die um eine ganze Größenordnung kleiner sind als die normalen Zellen. Wir können deren Größe mit etwa 0,2—5 μ festlegen, wobei untere und obere Extreme nicht eingerechnet werden. So liegen also die Bakterien nach der OSTWALDschen Tabelle in einer Größenordnung, in der auf 1 cm³ eine Gesamtfläche von 60—6 m² angenommen werden muß. Morphologisch sind sie zwar äußerst primitiv, ihre physiologische Aktivität ist aber eine ganz außerordentliche und von keinem anderen Organismus erreicht. So ist — um ein Beispiel zu nennen — die Wachstums- und Teilungsgeschwindigkeit eines Choleravibrio so groß, daß — gleichbleibend günstige Außenbedingungen und Nahrungsverhältnisse vorausgesetzt — in 24 Std ein Erdball an Bakteriensubstanz von einem Ausgangsvibrio erzeugt werden könnte.

Tabelle 1. *Vergrößerung der Oberfläche eines Würfels von 1 cm Seitenlänge bei zunehmender Aufteilung*

Seitenlänge	Anzahl der Würfel	Gesamtoberfläche
1 cm	1	6 cm²
0,1 cm	10^3	60 cm²
0,01 cm	10^6	600 cm²
0,001 cm	10^9	6 000 cm²
1 μ	10^{12}	6 m²
0,1 μ	10^{15}	60 m²
0,01 μ	10^{18}	600 m²
1 mμ *	10^{21}	6 000 m²
0,1 mμ **	10^{24}	60 000 m²

* Durchmesser kleinster Kolloidteilchen.
** Durchmesser der Elementarmolekeln.

Dafür, daß im übrigen die Zellgrößen art- und gattungsgemäß festgelegt sind, bieten die Diatomeen ein besonders gutes Beispiel. Die Diatomeen sind Einzeller, die eine feste, durch Kieselsäure verhärtete Membran besitzen, die wie eine Schachtel aus zwei Schalen besteht. Bei jeder Teilung übernimmt jedes neue Individuum eine der beiden Schalen. Die jeweils neue wird jedoch stets als innere Schale gebildet. Dadurch entsteht bei aufeinanderfolgenden Teilungen stets eine Zelle, die ebenso groß ist wie die vorhergehende, und eine, die kleiner ist. So muß sich aus den im Laufe vieler Teilungen erwachsenen Individuen eine Reihe von stets kleiner und kleiner werdenden Zellen zusammenstellen lassen. Wenn ein arteigenes Minimum erreicht ist, dann tritt Auxosporenbildung ein, d.h. die Zelle, oder auch ihr Sexual-abkömmling, befreit sich von den Schalen, wächst heran und umgibt sich mit einer neuen Membran und bildet so wieder Zellen normaler Größe. Unterbleibt aus irgendwelchen Gründen die Auxosporenbildung, dann geht die immer kleiner werdende Zellreihe schließlich zugrunde. Maxima sowie Minima liegen also art- und gattungsgemäß fest.

3. Die Herkunft der Zelle

Schon bei der Frage nach der Entstehung des Protoplasmas (S. 10) hatten wir darauf hingewiesen, daß es nur aus seinesgleichen durch Selbstvermehrung, durch einen Vorgang gebildet wird, den man als Assimilation oder Autokatalyse bezeichnet. Der gleichzeitig formulierte Grundsatz von der Unwiederholbarkeit des ersten Auftretens der Zellen: „omnis cellula e cellula" sagt für unseren Zu-sammenhang aber noch mehr über das bloße Phänomen der Assimilation hinaus aus. Er bedeutet, daß aus einer gegebenen Zelle, die als elementarer Organismus und in gewissem Sinne auch als Strukturelement ein Individuum, ein geschlossenes Ganzes darstellt, allein wiederum Zellen als neue Individualitäten entstehen können. Das geschieht stets nur durch Teilung: aus einer Ursprungs- oder Mutter-zelle, deren Existenz als Individuum damit beendigt ist, gehen zwei neue Tochter-zellen hervor. Diese Vorgänge sollen im folgenden betrachtet werden.

Zellteilung und deren Voraussetzungen. Wir haben als Voraussetzungen für den Eintritt einer Zellteilung zwischen *Teilungsfähigkeit* und *Teilungsbereitschaft* zu unterscheiden. Teilungsfähig sind im wesentlichen alle lebenden Zellen; allein ganz weitgehend differenzierte, mehr oder weniger senile Teile verlieren auch bei noch bestehender Lebendigkeit schließlich die Teilungsfähigkeit. Der tatsächliche Eintritt von Teilungen kommt erst beim Vorliegen besonderer Bedingungen zustande, die man zusammengefaßt als Teilungsbereitschaft be-zeichnet. Ständig vorhandene Teilungsbereitschaft bedeutet, daß die Zellen in regelmäßiger Abfolge in Teilungen eintreten, gewöhnlich in der Weise, daß in den Pausen ein hinreichendes Wachstum stattfindet, so daß jeweils die Normal-größe der Zellen wieder erreicht wird. Teilungsrate und Wachstumsrate stehen also meistens in teilungsbereiten Zellen in enger Korrelation. Unter der Teilungs-rate versteht man die Anzahl der in einer Zeiteinheit ablaufenden Teilungsschritte; unter der Wachstumsrate die in derselben Zeiteinheit assimilierte Menge lebender Substanz.

Wird die Korrelation zwischen diesen beiden Größen gestört, so können folgende Ände-rungen eintreten: Nimmt die Teilungsrate bei gleichbleibender Wachstumsrate zu, so werden die aufeinanderfolgenden Zellindividuen kleiner an Masse. Nimmt die Wachstumsrate bei gleichbleibender Teilungsrate zu, dann werden sie größer. Ein solcher Wechsel in den Zell-größen kommt vielfach bei besonderen Teilungsabläufen vor, so beispielsweise bei der Aus-bildung von Keimzellen. Er zeigt zugleich auch noch folgendes: Wir müssen annehmen, daß die Individualität der Zelle durch eine sehr große Anzahl einzelner Bestandteile zusammen-gesetzt wird. Alle diese Einzelbestandteile sind aber in einer „normalen" Zelle stets in *großer*

Auflage vorhanden, so daß ihre Anzahl gefahrlos, ohne den artspezifischen Charakter der Zelle zu ändern, auf den 16. oder gar 32. Teil herabgesetzt werden kann (Abb. 301 und 346).

Der Ablauf der Zellteilung. Für jede Zellteilung ist es erforderlich, daß die zum Minimalbestand der Zelle gehörigen Einzelelemente in doppelter Anzahl vorhanden sind. Wie die Verdoppelung dieser Bestandteile zustande kommt,

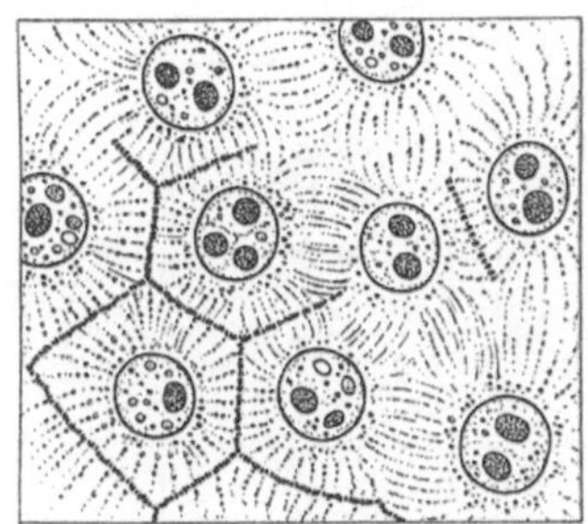

Abb. 50. Freie Kernteilung im Embryosackwandbelag von *Agrimonia eupatoria* mit beginnender Zellabgrenzung. (Nach STRASBURGER aus TISCHLER)

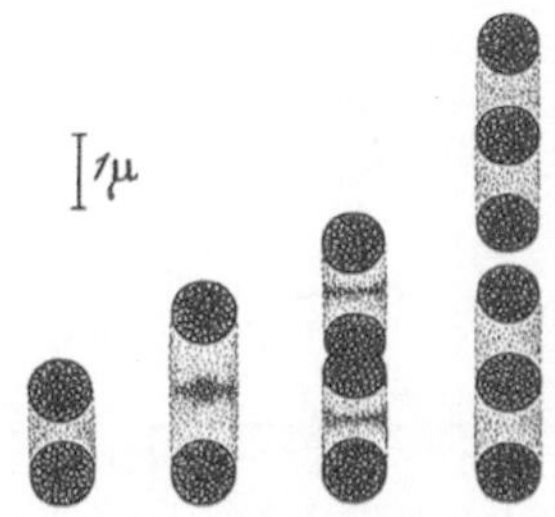

Abb. 51. Schema der wachsenden und sich teilenden Bakterienzelle (Phasenkontrastpräparat). (Verändert nach KNÖLL und ZAPF)

ist jeweils bei deren Darstellung gesagt. Hier soll nur noch einmal darauf hingewiesen werden, daß eine Zellteilung immer erst als letztes Phänomen des Gesamtvorganges eintritt, erst dann also, wenn die Verdoppelung oder Vermehrung der Einzelelemente endgültig erfolgt ist. Es ist sogar so, daß prinzipiell beide Vorgänge bis zu einem gewissen Grade voneinander unabhängig sind. Das ist schon daraus zu ersehen, daß es entwicklungsgeschichtliche Ereignisse gibt, wobei zunächst eine größere Anzahl von Kernen unter lebhaftem Plasmawachstum gebildet werden, und daß dann nachträglich durch schnell aufeinanderfolgende oder gar simultan ablaufende Zellteilungen wieder Einzelzellen aus dem gemeinsamen Raum herausgeschnitten werden (Abb. 50).

Teilung kernloser Zellen. Bei den Bakterien und Cyano-

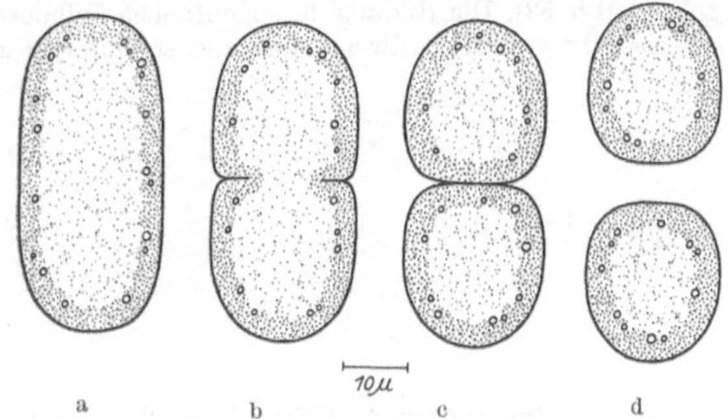

Abb. 52 a—d. *Synechococcus major*. a—d vier Stadien der Zellteilung. Zentripetale Querwandbildung. Das Chromato- und Centroplasma ist durch verschiedene Tönung gekennzeichnet. (Verändert nach GEITLER)

phyceen (Abb. 51 und 52) erfolgt die Vermehrung der Einzelteile unterhalb der Sichtbarkeitsgrenze einheitlich als Plasmawachstum. Ist die Ausgangszelle groß genug, dann teilt sie sich, bei allen stäbchenförmigen Bakterien stets senkrecht zur Längsachse der Zelle. Es wird zunächst im Plasma eine aufgehellte Stelle quer durch die Zelle sichtbar, und in dieser erscheint dann nach einiger Zeit die Membran.

Teilung kernhaltiger Zellen erfolgt, soweit sie in unmittelbarem Anschluß an eine Kernteilung einsetzt, im Zusammenhang mit der Spindelumbildung. Wenn nach Beendigung der Kernteilung die Spalthälften der Chromosomen an den

Polen versammelt sind, dann wird die sodann nicht mehr als Chromosomen-
trennungselement funktionierende Spindel zum Substrat des Zellteilungs-
mechanismus.

Man kann feststellen, daß in dem kompakten Spindelgebilde zwischen den beiden neuen
Tochterkernen, dem Phragmoplasten, Verdickungen der Fäden entstehen, die dann zu
einer Platte zusammenlaufen. Diese Bildung setzt in der Mitte der Zelle zwischen den Kernen

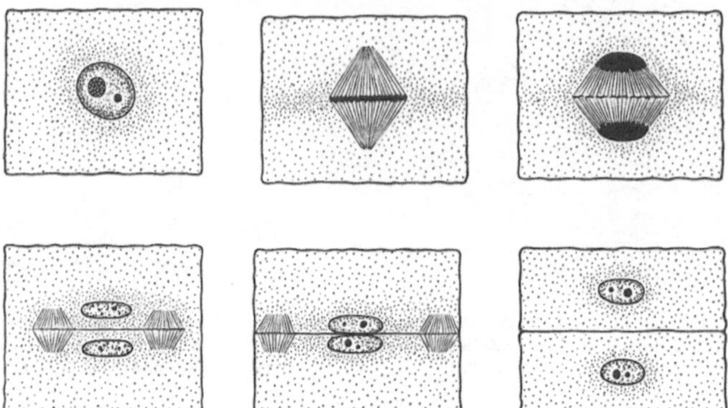

Abb. 53. Schema der Teilung kernhaltiger Zellen; vgl. Text. (Verändert nach SINNOTT und BLOCH)

ein, um dann immer weiter zentrifugal nach außen zu wandern, wobei jeweils außen stets
neue Fasern im Cytoplasma vor der weiterrückenden Wand erscheinen und gleichzeitig im
Inneren an den Orten der schon gebildeten Wand verschwinden. Wenn die alte Wand
erreicht ist, verschwinden die Fasern im Cytoplasma endgültig und die Teilung der Zelle ist
gegeben (Abb. 53). Die Bildung der eigentlichen Cellulosewand erfolgt in umgekehrter Richtung, sie geht von der Zellwand aus und schreitet in zentripetaler Richtung vor.

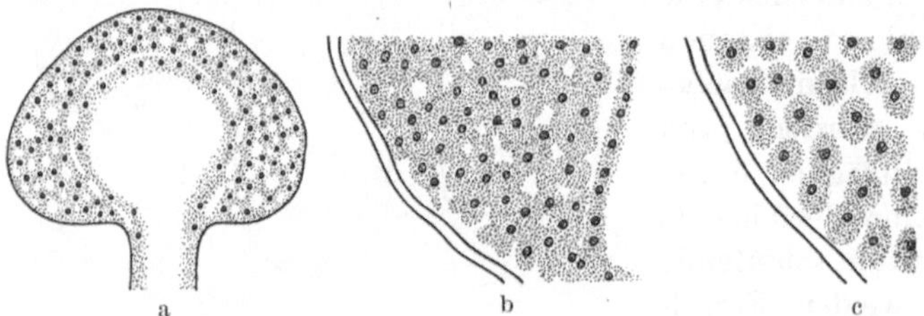

Abb. 54 a—c. *Pilobolus crystallinus.* Differenzierung der Protosporen. a. das ganze Sporangium mit Kernen;
b Beginn der Protoplasmazerklüftung; c fertige Protosporen. (Nach BREFELD und HARPER aus GÄUMANN.)
a Vergr. etwa 15mal; b und c etwa 370mal

Ein anderer Modus der Zellteilung vollzieht sich stets dann, wenn Kern- und Zellteilungen
voneinander unabhängig sind. Es bilden sich in einem solchen Fall durch nacheinander
erfolgende Kernteilungen in einer einzigen, durch Wachstum an Menge ständig zunehmenden
Plasmamasse eine große Zahl von Kernen, die dann durch nachträglich entstehende Membranen auf ebenso viele Einzelzellen verteilt werden. Da die eben geschilderte Erscheinung
vielfach in Fortpflanzungsorganen auftritt, in denen einzelne Keimzellen isoliert wurden,
so läuft hier die nachträgliche Zellbildung in Form der „Protoplasmazerklüftung" ab. Es
werden einzelne Plasmaportionen mit je einem Kern aus dem Ganzen herausgelöst, die sich
dann noch mit einer Membran umgeben können und als isolierte Sporen funktionieren
(Abb. 54).

Die Verteilung der Zellelemente auf die Tochterzellen. Bei der Zellteilung
gibt es keinerlei Mechanismus, der die plasmatischen Elemente, die geformten

wie die ungeformten, verteilt. Die Verteilung erfolgt durch die Ausbildung der Wand. Normalerweise wird die Wand in der Mitte der Zelle gebildet. Dann kann bei den abgestimmten Teilungsraten der Zellelemente eine etwa äquale Verteilung stattfinden. Falls aber — und das kommt vielfach vor — die Teilungen irgendwie einseitig in eine der beiden Zellhälften verschoben ist, dann kann von einer äqualen Verteilung nicht mehr die Rede sein. Das kann in extremen und im gleichen Sinne aufeinanderfolgenden Fällen dazu führen, daß gewisse Elemente, z.B. die Plastiden, aus einer Zelle bei der Teilung ausgeschaltet werden.

B. Histologie (Gewebelehre)

Die Histologie ist die Lehre vom Zellgewebe. Sie wird gewöhnlich der Cytologie, der Zellenlehre, unmittelbar angeschlossen. Dabei muß freilich bedacht werden, daß zwar eine Zelle ein elementarer Organismus, also ein selbständiges Lebewesen sein kann, ein „Histos", ein Gewebe dagegen niemals. Anders ist es wieder mit dem dritten Teil, der sich daran anzuschließen pflegt, der „Organographie". Gewiß ist ein „Organ" als Einzelelement auch nicht selbständig. Versteht man aber die Organographie als Entwicklungsgeschichte der Lebewesen unter funktionellen Gesichtspunkten, dann erfaßt man damit wieder einen Organismus in seiner Geschlossenheit und Lebensfähigkeit. Demnach fällt die Histologie insofern aus dem Rahmen heraus, als sie keine selbständigen Lebenseinheiten behandelt. Was sie aber in unserem Zusammenhang trotzdem leisten kann, läßt sich in die beiden Fragen zusammenfassen: Wie verhält sich die Zelle als Gewebeelement, um bei der Vielzelligkeit eines Organismus dessen Ganzheit nicht zu gefährden?, und sodann: welches ist der Differenzierungsmodus der Zellen in einem vielzelligen Organismus? Wie werden die Zellen vermehrt und erneuert? — Danach teilen wir unsere Erörterung ein. Des weiteren schildern wir nach der Beantwortung dieser Fragen noch einige Beispiele besonders bedeutsamer Pflanzengewebe.

I. Die Probleme der Vielzelligkeit

Jeder vielzellige Organismus kann sich prinzipiell aus einer einzelnen Zelle entwickeln. Das ist z.B. überall dort der Fall, wo die Neuentstehung einer Pflanze bei sexueller Fortpflanzung etwa aus einer befruchteten Eizelle oder einer Gonospore[1] erfolgt. Die Vielzelligkeit kann danach aus anfänglicher Einzelligkeit durch aufeinanderfolgende Zellteilungen erworben werden, allerdings — wie wir nachher sehen werden — Zellteilungen besonderer Art. Den umgekehrten Weg, daß nämlich ursprünglich vorhandene zahlreiche Einzeller ihre Individualität aufgeben und sich zu einem vielzelligen Organismus zusammenschließen, gibt es auch, freilich sehr selten.

Ein Beispiel für diese höchst merkwürdige Gewebebildung möge genügen. In den Zellen des Wassernetzes, der Protococcale *Hydrodictyon*, bilden sich im Gefolge sehr zahlreicher aufeinanderfolgender Kernteilungen eine Unzahl von einzelnen Zellen aus, die sich zu einzelnen Schwärmsporen abrunden. In der übrigbleibenden alten Zellhaut schwärmen diese

---

[1] Vgl. den Abschnitt über die Fortpflanzung.

zunächst umher, um sich schließlich in der Form des späteren Netzes aneinander zu legen, die Geißeln abzuwerfen, sich in die Länge zu strecken und an den Enden meist zu je drei miteinander zu verwachsen. So wird in dem Raum je einer alten Zelle wieder ein neues Netz gebildet. Durch Zerfall der alten Membran wird es befreit und wächst dann weiterhin durch Streckung der Zellen zu einem neuen großen Netz heran (Abb. 344). Die Tendenz der freien Schwärmsporen, sich in einem bestimmten vorgegebenen Muster anzuordnen, ist ebenso rätselhaft wie manches, was uns im folgenden bei der Gewebebildung begegnen wird.

Unvollständige Zellteilung. Durch vollständige Zellteilungen, bei denen sich die beiden Tochterzellen völlig voneinander trennen, entsteht in allen Fällen nicht nur eine Zellvermehrung, sondern es kommt auch zur Selbständigkeit der neuen Zellindividuen (Abb. 55). Anders ist es, wenn die Zellteilung unvollständig verläuft; dann bleiben die in aufeinanderfolgenden Teilungen entstehenden

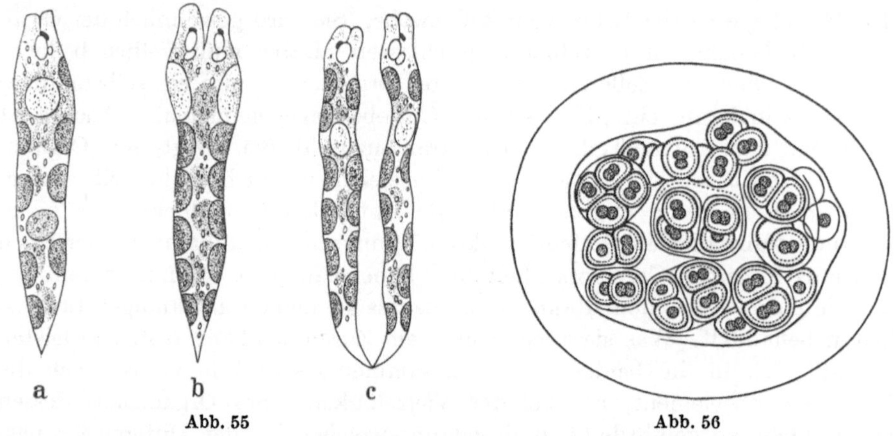

Abb. 55   Abb. 56

Abb. 55a—c. Zellteilung bei Flagellaten (*Euglena*). a Geißelloses Vorstadium zur Teilung; b erfolgte Teilung der Vacuole und des Kernes und beginnende Zelldurchteilung; c erfolgte Zellteilung. (Leicht verändert nach KLEBS.) Vergr. etwa 150mal

Abb. 56. *Gloeocapsa alpina*, Koloniebildung (vgl. Text). (Nach GEITLER)

Zellen beieinander; Vielzelligkeit kommt zustande, wobei zwei Möglichkeiten bestehen. Einmal kann die *Unvollständigkeit der Zellteilung allein die Membran betreffen, dann kommt es zur Koloniebildung, oder aber die Unvollständigkeit der Teilung bezieht sich auch auf die Plasmakörper, woraus sich Gewebebildung ergibt.*

Zellkolonien. Unter einer Kolonie versteht man einen Verband von Zellen, die beinahe zufällig, allein durch ihre Membran, miteinander verknüpft sind. Demnach sind die lebenden Zellkörper in jeder Kolonie völlig für sich abgesondert, jede Zelle ist ein selbständiger Organismus, sie gleicht der anderen ohne jede Differenzierung; das Ganze ist ein Zellaggregat.

Ein typisches Beispiel für Koloniebildung ist die Cyanophycee *Gloeocapsa*, deren Zellen stark quellbare, meist durch mehrere Pektinschichten strukturierte Membranen haben. Nach einer Zellteilung werden zwar die beiden Tochterzellen durch eine neue Zellwand voneinander getrennt, doch umschließt die alte, ohne sich an der „Nahtstelle" zu trennen, zunächst noch das ganze Gebilde. Das kann sich nun nach mehreren weiteren Teilungsschritten wiederholen, so daß ein „vielzelliges" Gebilde von einer gemeinsamen Membran umschlossen wird (Abb. 56). Bei anderen Cyanophyceen kommt es so weit, daß schließlich viele Hunderte von Zellen in einer gemeinsamen Gallerte als Kolonie beieinander liegen, wenn sich auch die Entstehungsweise bei diesen nicht so exakt verfolgen läßt wie bei *Gloeocapsa*. In solchen

Kolonien kann sich dann auch eine Pseudodifferenzierung einstellen. Es ist einleuchtend, daß sich tief im Inneren einer derartig großen Kolonie ganz andere Lebensbedingungen finden als am Rande. So ist es durchaus denkbar, daß hieraus Verschiedenheiten unter den Zellen resultieren, die aber reine Modifikationen sind.

Gewebebildung. Die Unvollständigkeit der Zellteilungen gibt sich dabei äußerlich daran zu erkennen, daß als Grenzschicht zwischen den beiden aus einer Teilung hervorgehenden Tochterzellen nur *eine* Membran ausgebildet wird und nicht deren zwei. Dadurch haben eben diese beiden Zellen, wie das für alle benachbarten Zellen eines Gewebes gilt, eine Zellwand oder mindestens die Mittellamelle einer solchen miteinander gemeinsam, durch die sie fest verbunden sind.

Nicht ohne weiteres erkennbar ist die Unvollständigkeit in der Trennung der Protoplasten während des Teilungsvorganges; hier können wir lediglich das spätere Resultat feststellen, nämlich die *Plasmodesmen* als plasmatische Verbindungen zwischen zwei benachbarten Zellen und die *Tüpfel* als die Membrandiaphragmen.

Als *Plasmodesmen* bezeichnet man die plasmatischen Verbindungsfäden von Zelle zu Zelle, die von vornherein bei der Zellteilung erhalten geblieben sein müssen. Wenn wir differenzierte, aber lebende Zellen mit besonders stark verdickten Wänden daraufhin untersuchen, dann findet man einmal, daß in diese Wände besondere *Tüpfelkanäle* eingelassen sind, die von den beiden angrenzenden Zellen her miteinander korrespondierend bis an eine dünne Membran heran eine massive Portion Cytoplasma vorstrecken. Die dünne Wand, die nun noch die beiderseitigen Cytoplasmen voneinander trennt, bezeichnet man auch wohl als Schließhaut des Tüpfels. Durch diese Schließhaut hindurch von einem Protoplasten zum anderen kann man nun noch die „Plasmodesmen" als feine Plasmafäden nachweisen (Abb. 57). Oftmals finden sich solche Plasmodesmen auch neben den Tüpfelkanälen direkt durch die verdickten Wände hindurch von Zelle zu Zelle vor. Typisch sowohl für die Tüpfelkanäle wie für die Plasmodesmen ist, daß sie jeweils genau korrespondierend in je zwei Zellen ausgebildet werden. Daraus dürfte zu schließen sein, daß die Ausbildung der beiden Einrichtungen mit der Zellteilung anfängt.

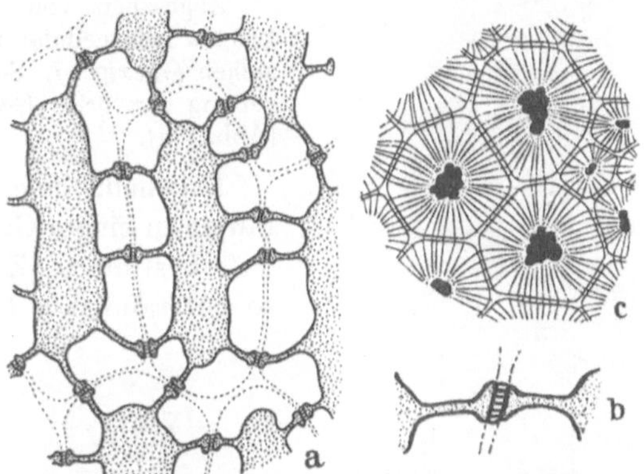

Abb. 57a—c. Plasmodesmen. a aus dem Endosperm von *Phytelephas macrocarpa*, wobei die Trennwand in den Tüpfelkanälen von Plasmodesmen durchbrochen ist; b einzelner Tüpfelkanal stärker vergrößert; c Endosperm von *Strychnos nux vomica*, Plasmodesmen durch die dicken Wände mit Jod sichtbar gemacht. (a und c nach MOLISCH.) Vergr. 190mal

Zellfusion. Es gibt noch eine andere Weise, in der Einzelzellen zu einem gemeinsamen Gebilde vereinigt werden können, nämlich durch Zellfusion. Hierbei werden bereits vorhandene Zellwände wieder aufgelöst, so daß dann anschließend die Protoplasten nicht nur durch die Plasmodesmen verbunden sind, sondern in freien Kontakt treten können.

Im Gegensatz zu der Plasmodesmenbildung, die als Grundvoraussetzung jeder Gewebebildung anzusehen ist, erfolgt die Zellfusion nur in ganz speziellen Ausbildungsweisen: bei der Bildung von längeren Röhren, Milchröhren oder Tracheen. Der Zellfusion geht dabei gewöhnlich eine umfangreiche Längsstreckung der Zellen voraus, und anschließend erfolgt die Auflösung der Querwände.

Intercellularen. In den Geweben müssen die Zellen durchaus nicht immer allseitig geschlossen aneinanderstoßen, vielmehr gibt es in ausdifferenzierten

Geweben auch vielfach Lücken, denen sogar eine fest umschriebene Funktion
zugeordnet werden kann. Man pflegt sie dann als Intercellularen zu bezeichnen.

Die Bildung der Intercellularen beginnt mit der Differenzierung und gibt sich gewöhnlich
zunächst an den Zellecken zu erkennen, wobei die Zellwände je zweier benachbarter Zellen
in der Mittellamelle nach verschiedenen Modi auseinanderzuweichen beginnen (*schizogene*
Entstehung, Abb. 58). Im Schwammparenchym der Blätter
oder dem Aerenchym der Wasserpflanzen finden diese Bildungen ihre extremste Ausprägung (Abb. 59). Hier besteht
die Verbindung der Zellen untereinander nur noch in schmalen
Bändern, so daß ein Maschenwerk zustande kommt, in welchem
dann die Luft den übrigen Teil der Zellen umgibt.

Abgesehen von der eben angeführten Entstehungsart
können Intercellularen auch durch Zerreißen von Zellen entstehen *(rhexigen)*. Sehr typisch erfolgt das stets in der Umgebung zerstörter Gefäßprimanen monokotyler Sproßachsen
(Abb. 134).

Lacunen. Noch in anderer Weise können Hohlräume in einem Gewebe erscheinen, dadurch nämlich,
daß bestimmte Zellen der Auflösung verfallen. In
so entstandenen Lücken können sich dann noch die

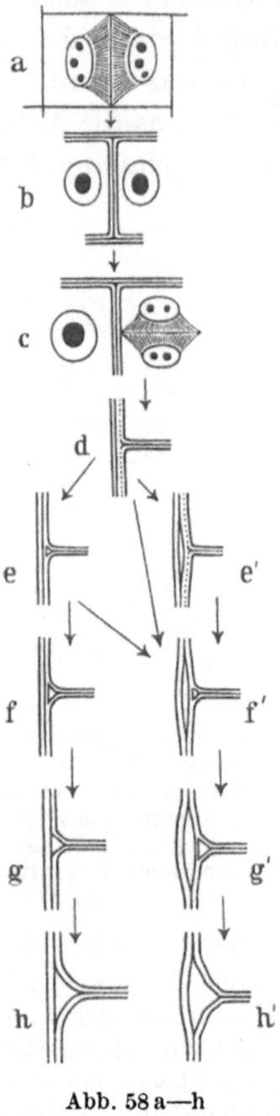

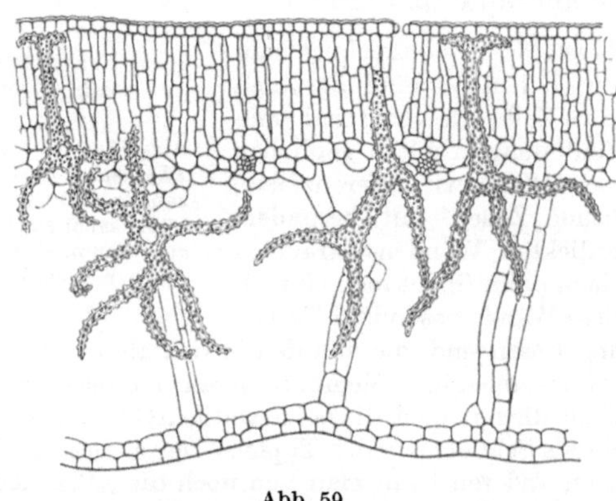

Abb. 58 a—h   Abb. 59

Abb. 58a—h'. Entstehung von Intercellularlücken. a Zellteilung; b Mittellamelle und Cellulosemembranaus-
scheidung; c 2. Zellteilung in einer der beiden Zellen. Die neue Mittellamelle berührt die alte nicht (d); e—h Auseinanderweichen an der Mittellamelle, ausgehend von der zuletzt gebildeten Membran; e'—h' Intercellularen-
bildung von der „alten" und neuen Mittellamelle ausgehend und zuletzt verschmelzend. (Nach MARTENS)

Abb. 59. Blattquerschnitt von *Nymphaea alba*; in die Hohlräume (Aerenchym) ragen sklerenchymatische Zellen
(sog. Idioplasten), die zugleich Stützfunktion haben können

Reste der aufgelösten Zellen und vor allem besondere, von diesen Zellen gebildete
Produkte befinden; sog. *lysigene* Sekretbehälter, die Pollensäcke, Haustorial-
schläuche und ähnliche Gebilde entstehen auf diese Weise (Abb. 71 und 88 b).

<h2 align="center">II. Die Differenzierungsweise der Zellen
in einem vielzelligen Organismus</h2>

Auf dem Vorhandensein von Tüpfeln, Plasmodesmen oder Zellfusionen, d. h.
auf der Einheitlichkeit des lebenden Protoplasmakörpers, beruht die übergeordnete
Ganzheitsreaktion mehrzelliger Gebilde. Diese kann aber nur dann über die

Möglichkeiten einzelliger Elementarorganismen hinausgehende Leistungen erreichen, wenn eine *Differenzierung*, d.h. eine Arbeitsteilung der einzelnen in einem vielzelligen Organismus zusammengefaßten Zellen nach Gestalt und Funktion stattfindet, und je nach der Leistung unterscheidet man die verschiedenen „Gewebearten".

Es soll hier nicht weiter untersucht werden, ob und wieweit ein völlig gleichartiges Gewebe überhaupt existieren und funktionieren kann. Das wird später Sache der eigentlichen Organographie sein. So ist beispielsweise schon eines der einheitlichsten Gewebe im Pflanzenreich, das Hautgewebe, mindestens an der Blattunterseite mit einer „Musterbildung" behaftet (Abb. 60), wodurch in ganz bestimmten Abständen die Spaltöffnungen entstehen. Durch solche „Muster", d.h. Einsprengsel mit funktionellen Besonderheiten entstehen aus einzelnen „Geweben" dann ganze „Organe". Organe sind eigene Gestaltabschnitte eines Organismus mit einer bestimmt zugeordneten Funktion. Es zeigt sich also auch von dieser Betrachtungsweise her, daß die „Gewebelehre", die Histologie, weitgehend auf Abstraktionen beruht, jedenfalls keineswegs in ihren empirisch ermittelten Gegenständen mit derselben Präzision erfaßt werden kann wie die „Zelle" oder ein „Organismus".

Differenzierung. Der einzellige Fortpflanzungskörper, aus dem prinzipiell jeder noch so komplizierte Vielzeller heranwachsen kann, ist totipotent; diese eine Zelle enthält alle Anlagen für den ganzen Organismus. Die Gewebedifferenzierung im Laufe der Entwicklungsgeschichte von diesem einzelligen Anfang aus besteht funktionell-physiologisch in der Übernahme einer bestimmten Aufgabe durch eine Gruppe von Zellen unter Verlust anderer Eigenschaften. So

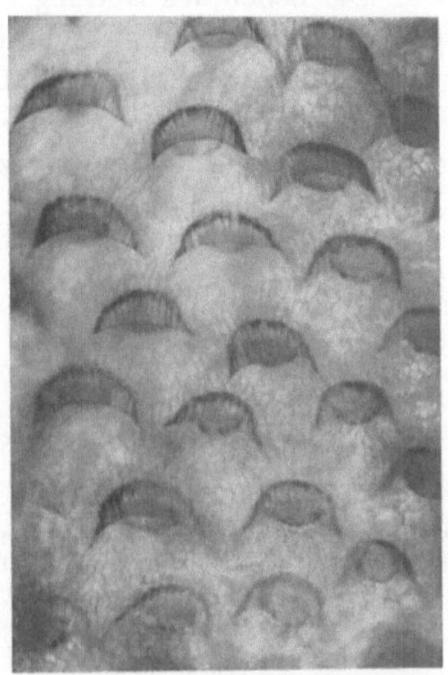

Abb. 60. *Nepenthes Chelsoni.* Regelmäßige Musterbildung in der Innenseite der Kanne bei der Anordnung der Drüsen. Diese sind teilweise von halbkugelförmigen Kappen überdeckt. (Orig.) Vergr. etwa 40mal

wird das Prinzip der Arbeitsteilung, welches bei den einzelligen Organismen intracellulär gilt, hier nun auf Einzelzellen oder meistens ganze Komplexe solcher ausgedehnt. Dadurch werden im vielzelligen Pflanzenkörper Leistungen ermöglicht, die weit über diejenigen der Einzelzelle hinausgehen.

Sofern die Differenzierung mit einer besonderen morphologischen Ausgestaltung verbunden ist, was nicht immer der Fall zu sein braucht, dann werden entweder bestimmte Zellorganellen quantitativ vermehrt oder vermindert, oder aber es werden bestimmte Teile — unter Umständen sogar nichtlebende — überbetont ausgebildet. Danach kann man eine Systematisierung der Differenzierungsweisen versuchen.

Bildungsgewebe und Dauergewebe. Diese einfache Unterscheidung trennt zunächst einmal diejenige Gewebe, in denen fortgesetzt durch Teilung neue Zellen entstehen, von solchen ab, in denen das nicht der Fall ist. Erstere sind die *Bildungsgewebe*, letztere *Dauergewebe*. Die Zellen des Dauergewebes haben ihren Ursprung in Abkömmlingen des Bildungsgewebes. Obwohl die Zellen des Dauergewebes die ständige Teilungsbereitschaft aufgegeben haben, verlieren sie die Teilungsfähigkeit meist erst im Tode. Sie leben in differenziertem Zustand ihr Zelleben zu Ende, das länger anhält als das Einzeldasein einer Zelle des Bildungsgewebes.

Mit dem Übergang der Zellen des Bildungsgewebes oder ihrer Abkömmlinge in solche des Dauergewebes ist zugleich der Beginn der Differenzierung verbunden. So wird vielfach mit der Unterscheidung dieser beiden Gewebegruppen zugleich auch noch die Meinung verbunden, daß die Zellen des Bildungsgewebes „undifferenziert" seien. Das ist freilich nur bedingt richtig, sofern nämlich damit der einheitliche Ursprung verschiedenartigen Dauergewebes gekennzeichnet werden soll. Die Zellen des Bildungsgeschehens erfüllen ihrerseits eine ganz bestimmte, fest umschriebene Funktion im Organismus unter vorläufiger Zurückstellung — nicht unter Aufgabe! — aller anderer.

Reversibilität des Übergangs zum Dauergewebe. Die Zellen des Bildungsgewebes können ohne weiteres in diejenigen des Dauergewebes übergehen. Der umgekehrte Übergang von Dauerzellen oder deren Abkömmlingen in solche des Bildungsgewebes ist davon abhängig, wieweit eine Reversibilität in der eingeschlagenen Differenzierung besteht. In der Hinsicht sind außerordentliche Unterschiede vorhanden, wenn wir allein die Cormophyten von den Moosen an aufwärts im Auge haben.

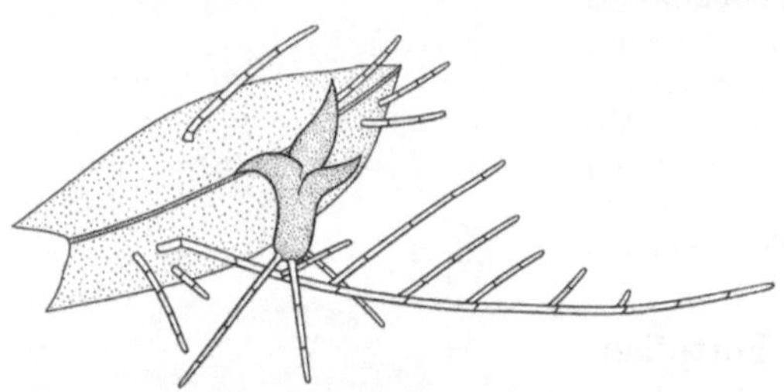

Abb. 61. Regeneration eines Protonemas mit anschließender Stämmchenbildung aus einer einzelnen Zelle eines isolierten Moosblattes von *Funaria hygrometrica*. (Nach BOPP)

Bei den Moosen besteht sowohl im vielzelligen Gametophyten wie Sporophyten durchaus eine Differenzierung, ein Übergang zum Dauergewebe. Zweierlei unterscheidet sie aber scharf von den Blütenpflanzen: einmal gibt es bei den Moosen noch einzellige, sich selbständig entwickelnde Fortpflanzungskörper, sowohl solche der vegetativen wie der sexuellen Fortpflanzung, zum anderen ist jede Zelle, welche Differenzierungsweise auch immer sie eingeschlagen haben möge, prinzipiell als einzelne regenerationsfähig, d.h. sie kann isoliert oder aus einem isolierten Gewebeverband heraus durch Übergang in ein Protonema wieder einen vollständigen Organismus hervorbringen (Abb. 61). Ungeachtet der Differenzierung und der Arbeitsteilung im Gesamtverband bleiben alle Zellen hier dennoch totipotent und lassen sich als solche in dem für diese Fragen entscheidenden *Regenerationsexperiment* erweisen. Bei den Farnen gibt es noch einzellige Sporen, die isoliert entwicklungsfähig sind, auch besitzt der Gametophyt noch einige Regenerationsfähigkeit auch einzelner Zellen; im Sporophyten hat hingegen die Differenzierung schon zu abgestorbenen Zellen geführt und isolierte Zellen oder Gewebestücke sind nicht immer regenerationsfähig. Bei den Blütenpflanzen endlich tritt ein grundsätzlicher Wandel ein. Hier sind die einzelligen Fortpflanzungskörper nicht mehr isoliert entwicklungsfähig; sie machen vielmehr ihre entscheidende Entwicklung allein in einem speziellen Ausbildungsgerät des Diplonten durch; das Pollenkorn wächst in dem Griffelgewebe zum Pollenschlauch heran und die befruchtete Eizelle in dem Embryosack zum Embryo. Eine Regeneration aus einzelnen isolierten Zellen findet auch nicht mehr statt, sondern nur noch Regenerationen aus Zellen im Gewebeverband. Hierbei sowie bei wenigen anderen Vorgängen können auch Abkömmlinge von Dauergeweben wieder als Zellen eines neuen Bildungsgewebes erscheinen. Diese Unterschiedlichkeiten, die uns in der Lehre von der Fortpflanzung den Übergang von den terrestrischen Gewächsen zu den eigentlichen Land-pflanzen demonstrieren, zeigen uns hier, daß in der gleichen Abfolge von den Moosen bis zu den Blütenpflanzen ein tiefgreifender Unterschied in dem Ausmaß der Differenzierung besteht.

Meristeme. Die Bildungsgewebe im Körper der höheren Pflanzen pflegt man als Meristeme zu bezeichnen und gibt an, sie seien „meristematisch und embryonal". Das soll heißen, sie befinden sich in ständiger Teilungsbereitschaft und sind pluripotent. Die Zellteilungen als Funktion dieser Gewebe führen zu immerwährender Vermehrung der Zellen. Doch nimmt die Anzahl der meristematischen Zellen des Bildungsgewebes dabei nicht zu. Das bedeutet, daß bestimmte Abkömmlinge der Meristeme mit derselben Geschwindigkeit, in der neue Zellen entstehen, in differenzierte Dauergewebe übergehen. Mit der Funktion der Meristeme ist also sogleich die Differenzierung derjenigen Zellen, die über ihre eigene Anzahl hinausgehen, gegeben. Der Stop in der ständigen Teilungsbereitschaft, das Aufhören also des rhythmischen Zellteilungsablaufs, ist das erste Kennzeichen beginnender Differenzierung.

Gestalt und Struktur meristematischer Zellen charakterisiert sich wie folgt: Sie sind relativ zu den differenzierten Zellen sehr klein und mit dünnen Wänden versehen. Der Raum, den sie einnehmen, ist meist gleichmäßig mit Cytoplasma erfüllt, Vacuolen sind kaum vorhanden. Da die Kerne von vornherein die normale Größe haben, die sie auch in ausdifferenzierten Zellen beibehalten können, erscheinen sie in den Meristemen in Ansehung der Zellgröße als relativ groß. Die Plastiden befinden sich als kleine undifferenzierte aber ständig in Teilung begriffene Körper in der Nähe des Kernes.

Gerade in dem Verhalten der Plastiden in den Cormophyten verglichen mit dem in einzelligen, aber plastidenhaltigen elementaren Organismen kennzeichnet sich der entscheidende Unterschied zwischen Einzelligen und Vielzelligen besonders deutlich. Bei den Einzellern hat eben diese eine Zelle die Fortpflanzungsfunktionen mit allem anderen zu vereinigen, während bei den Vielzellern die Teilungsvorgänge beendigt sind, wenn andere Funktionen, z. B. die der autotrophen Ernährung, beginnen. Dementsprechend sind die Zellen der Meristeme in diesem Zustand ernährungsphysiologisch unselbständig mit allen Konsequenzen, d. h. die Plastiden sind undifferenziert, z. B. noch nicht grün, aber sie sind in ständiger Teilung begriffen. Da die Zellen des Urmeristems in gerader Linie von der Eizelle abstammen, die sich im gleichen Zustand befindet, die Eizelle aber wiederum in ebenso gerader Linie von einem Meristem ihrer Mutterpflanze, so reiht sich von einer Generation zur anderen stets eine unveränderte Reihe von Meristemzellen mit undifferenzierten Plastiden aneinander. Und erst deren Abkömmlinge jeweils beim Aufbau eines vielzelligen Individuums gehen in den Zustand der Dauerzellen über mit der Umwandlung der Plastiden, z. B. zu Chloroplasten. So ist es möglich, daß bei dem Übergang der Zellen in ein Dauergewebe irreversible Veränderungen aller Zellorgane, wie hier für die Plastiden geschildert, vor sich gehen können, die in den Einzellern unmöglich sind. Bei letzteren müssen die Veränderungen, die sich an den Organen im Sinne einer Differenzierung vollziehen, stets reversibel sein. Die Plastiden sind bei den grünen Einzellern nur als Chloroplasten zu finden. Sie sind hier aber grün und funktionieren als Assimilatoren, wie sie zugleich auch teilungsfähig sind. Geht die Zelle, wie in einer Zygote, in anabiotischen Zustand über, dann verlieren die Plastiden weitgehend ihre charakteristische Form, sie verlieren die Farbe, nähern sich also dem Zustand der undifferenzierten Plastiden in den Meristemzellen. Beginnt sich dann in den Zygoten bei der Keimung eine Zellteilung vorzubereiten, dann teilen sich auch die Plastiden in so viele Tochterabkömmlinge, als notwendig sind, um die zu erwartende Anzahl von Zellen normal auszustatten, und danach beginnt wieder ihre normale Ausgestaltung sowie die Übernahme assimilatorischer Funktionen (vegetative Zellen und Zygoten von *Cylindrocystis*, Abb. 333 und 335). Gerade die Irreversibilität der Veränderungen bei der Differenzierung der Blütenpflanzen bedeutet den entscheidenden Fortschritt. Damit reicht die Arbeitsteilung der Vielzeller in ihrem Endeffekt entscheidend über die der Einzeller hinaus. Natürlich gibt es auch gewisse Übergangserscheinungen wie z. B. bei den Moosen, bei denen sich ausdifferenzierte Chloroplasten noch teilen können.

Das *System der Differenzierungen in den Zellen des Dauergewebes* soll hier nur ganz kurz und als Übersicht, nicht aber in einzelnen Beispielen behandelt werden. Letztere sollen vielmehr zugleich mit den Gewebebeispielen selbst dargestellt werden; denn in der empirischen Gegebenheit wird sich kaum je *eine*

Differenzierungsweise allein einstellen, sondern meistens höchst komplizierte Kombinationen mehrerer.

Der Beginn der Differenzierung wird stets durch das Streckungswachstum der Zellen bezeichnet, das abgesehen von der Größenveränderung als eine *Differenzierung im Bereich des Cytoplasmas* infolge des Auftretens von Vacuolen erkennbar ist. In diesem Zustand verbleiben dann anschließend alle Parenchyme, d.h. alle lebenden Dauergewebe ohne besondere morphologische Differenzierung. Vielfach wird dann der Chemismus des Plasmas in besonderer Weise entsprechend den sehr unterschiedlichen Funktionen dieser Parenchyme umgestellt. Die *Differenzierungen im Bereiche des Zellkerns* können nach den beiden Richtungen gehen, welche die Ausgestaltung des Arbeitskerns anzeigen. Einmal kann eine Polyploidisierung im Zuge endomitotischer Prozesse erfolgen, zum anderen können Strukturveränderungen im Kern, am Nucleolus oder an den Chromozentren erscheinen. Wesentlich ist aber, daß der Kern stets eng mit dem Funktionswechsel der Zelle verknüpft ist, selbst dann, wenn kein Strukturwechsel sichtbar geworden ist. Die *Differenzierung im Bereiche der Plastiden*, die in den meristematischen Zellen stets einheitlich sind, kann nach zweierlei Richtungen gehen. Einmal kann eine quantitative Vermehrung der Plastiden je Zelle zustande kommen, so daß die Funktion einzelner Gewebe vorwiegend durch die Überzahl der Plastiden bestimmt wird. Damit verknüpft sich gewöhnlich die Ausgestaltung der Plastiden nach ihren drei Möglichkeiten der Chloro-, Chromo- und Leukoplasten, woraus ebenfalls funktionsbestimmende Momente für ein Gewebe resultieren. Die *Differenzierung im Bereich der Zellwände* endlich wird stets als morphologisch erkennbare Ausgestaltung der ursprünglich bei einer Zellteilung angelegten Wand, der Mittellamelle erfolgen. Aus unserer Kenntnis der Wandsubstanzen (vgl. diese) wissen wir, daß es zwei Gruppen gibt, einmal die reinen Mechanika, die Verstärkungssubstanzen, die die Zellwand so weitgehend zu einem mechanischen Instrument machen, daß unter Umständen nichts als die Wand mehr übrigbleibt und keine lebende Zelle mehr vorhanden ist. Das ist die Bedeutung der Formveränderungen in der Zellwand, die durch Auflagerung von Cellulose oder Einlagerung von Lignin und Kieselsäure erfolgen kann. Zum anderen gibt es die Fettstoffe, Cutin oder Suberin, die den Charakter der Wände wieder in einer besonderen Weise ändern: sie werden wasserundurchlässig und wirken als Abschluß.

III. Die wichtigsten Gewebetypen

Abschlußgewebe. Das primäre Abschlußgewebe ist die Epidermis; wie sie entsteht, wird später zu erörtern sein. Die auffälligsten epidermalen Bildungen finden sich auf den Blättern und den primären Sprossen der Cormophyten. Die Blattoberseiten vor allem sind durch einen Belag völlig gleichartiger Zellen gekennzeichnet. Wir haben es also hier wirklich mit einem regelrechten „Gewebe" zu tun; es zeigt sich jedoch sogleich, daß dieses erste und stets an den Anfang der „Gewebelehre" gestellte Beispiel schon Differenzierungen im Bereich des Cytoplasmas, des Zellkerns, der Plastiden und der Zellwände aufweist, also überaus komplex ist.

Die Umrisse dieser Zellen von der Fläche her betrachtet sind geschwungen, so daß die Vorsprünge der einen Zelle in die Einbuchtungen der nächsten eingreifen (Abb. 62). Dadurch kommt eine sehr feste und dichte Verbindung zustande. Auch sind zwischen ihnen keine Intercellularen, sondern die Epidermis besteht aus einer einheitlichen ununterbrochenen Schicht lebender Zellen. Sie besitzen einen dünnen Cytoplasmabelag, eine sehr große Vacuole, meist einen vollständigen Saftraum. Die Zahl ihrer Plastiden ist gering, sie liegen kaum differenziert in der Umgebung des Kernes. Wenn solche Plastiden überhaupt eine gewisse Differenzierung besitzen, dann geht diese in der Richtung zum Chloroplasten. Eine weitere Differenzierung, sogar wohl mit die Entscheidendste, weisen die Epidermiszellen im Bereiche der Zellwand auf insofern, als sie eine „Cuticula" besitzen. Cutin ist eine Sammelbezeichnung für verschiedene Fettsäure-Ester, ist also hydrophob, und eine damit imprägnierte Membran demnach wasserdicht; die Epidermiszellen funktionieren als Wasserabschluß. Die Cutinisierung als Einlagerung dieser Substanzen in den Celluloseschichten der Außenmembran erfolgt so, daß nach außen zu das Cutin an Masse ständig zunimmt, so daß sie

sich schließlich außen als zusammenhängende „Cuticula" auch färberisch von der Cellulosemembran unterscheidet. Von der Fläche her gesehen besitzen solche Membranen eine Musterung, die sehr vielfältig ist und eine Unterscheidung nach Herkünften erlaubt. Die Dicke der Cuticula ist von den Erfordernissen des Transpirationsschutzes der betreffenden Pflanze abhängig. Schattengewächse haben eine dünne, kaum wahrnehmbare, Trockenpflanzen hingegen eine dicke Cuticula, die in extremen Fällen die Dicke der Cellulosewand übersteigen kann. Die Cuticula kann so fest in sich zusammenhängen, daß sie mitunter als Schicht von mehreren Zellen gemeinsam abgehoben wird, wie das bei besonderen epidermalen Bildungen zuweilen vorkommt. Cutinisierte Membranen sind äußerst resistent gegen bakterielle Zerstörung. Darauf beruht die gute Erhaltung solcher Membranen an fossilen Resten von Blättern und Pollenkörnern.

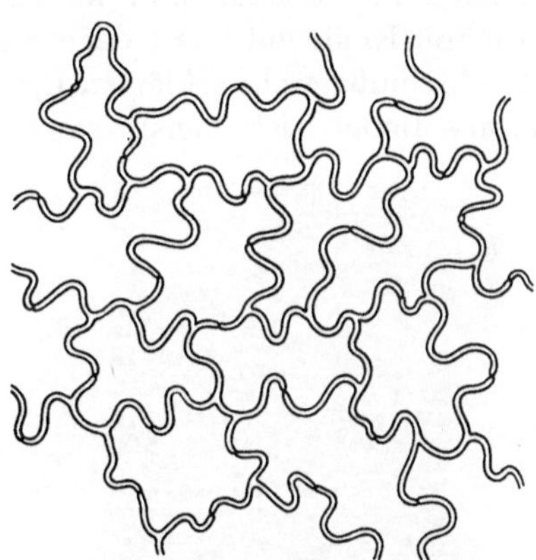

Abb. 62. Blatt von *Helleborus*. Epidermis der Oberseite in der Aufsicht. (Orig.)

Die Epidermis kann sich unter Umständen an der Färbung der Blätter dadurch beteiligen, daß in ihren sehr großen Vacuolen Anthocyane ausgeschieden werden. Das kann in den Blütenblättern je nach der Art der Anthocyane bzw. je nach der Reaktion des Zellsaftes zu der ungeheueren Variation der Farben führen. Aber auch an Laubblättern sind in manchen Gattungen Farbmusterungen häufig, die durch verschieden gefärbten Zellsaft der Epidermen hervorgerufen werden.

So angesehen, ist die Epidermis in der Tat ein zusammenhängendes und einheitliches Gewebe. Anders freilich wird die Situation, wenn wir beachten, daß auf den Epidermen der Blattunterseite die Spaltöffnungsapparate eingelassen sind, bestehend aus zwei Schließzellen, die zwischen sich einen Spalt lassen. Dieser Spalt, der in das Innere des Blattes führt, kann durch die Funktion der Schließzellen geöffnet und geschlossen werden. Zudem hängt mit dieser Funktion zusammen, daß ihre Plastiden als zahlreiche große grüne Chloroplasten ausgebildet sind. Alles geht aus der gleichen undifferenzierten meristematischen Gewebeschicht hervor. Bedenken wir dann weiterhin noch, daß sowohl die obere wie die untere Epidermis der Blätter außer dieser „Musterbildung" durch die Spalten außerdem noch durch die Einfügung von Haaren unterbrochen werden kann, die ebenso in einem Muster über das Ganze verstreut sein und ebenfalls zu der Funktion der Epidermis als Abschlußgewebe in enger Relation stehen können, dann erhellt auch aus dieser Betrachtung, daß man schon allein hier kaum mehr von einem Haut„gewebe" sprechen kann, sondern die Epidermis in ihrem höchst komplizierten Aufbau als *Abschlußorgan* auffassen muß. Auf diese Schwierigkeit werden wir überall stoßen, wenn wir versuchen, auch nur gedanklich ein „Gewebe" zu isolieren.

Eine ähnliche Membrandifferenzierung wie in der Außenwand der Epidermis findet sich in den Zellen des sog. sekundären Abschlußgewebes, des *Korkes*, in

allen Zellwänden (Abb. 63). Es erfolgt hier eine Einlagerung von hochmolekularen
Fettsäure-Estern, die meistens einheitlich als „Suberin" bezeichnet werden.

Die Korkzellen unterscheiden sich von den cutinisierten Epidermiszellen im übrigen
auch noch dadurch, daß in ihren Wänden wenig oder kaum Cellulose erhalten bleibt, und
endlich, daß die an der Korkbildung beteiligten Fettsäure-Ester weniger resistent gegen
bakterielle Zersetzung sind als die das „Cutin" bildenden. Die Gestalt der Korkzellen ist
gewöhnlich so, daß die Zellen flach plattenförmig dem Organ aufliegen. Die Epidermiszellen mit ihrer Cuticula sind während ihrer Funktion lebende Zellen. Die Korkzellen anfänglich auch; im Alter sterben sie ab,
ohne daß damit die Funktion der
Schicht gestört würde.

Assimilationsparenchym. Im
Inneren der Blätter und in der
primären Rinde unterhalb der eben
als Abschlußgewebe erklärten Epidermis findet sich meist, soweit

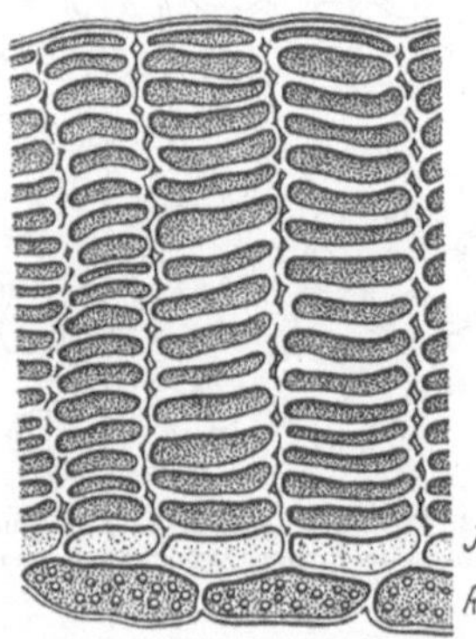

Abb. 63. Korkgewebe von *Tilia plathyphyllos*.
J = Korkinitialschicht; *R* = Rindenparenchym.
Vergr. etwa 440mal. (Nach DIPPEL)

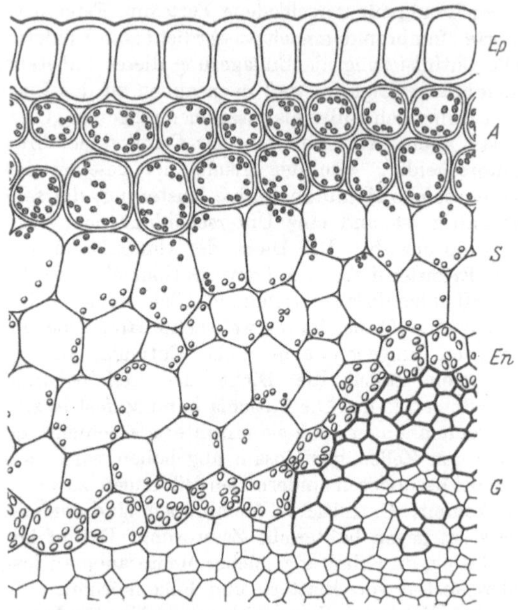

Abb. 64. Stengelquerschnitt von *Vicia faba*. Das Assimilationsparenchym *A* der primären Rinde unter der Epidermis umfaßt 2—3 Zellschichten. Dann folgt ein Speicherparenchym *S*,
das mit der Endodermis *En* abschließt; *Ep* = Epidermis;
G = Gefäßbündel. (Orig.) Vergr. etwa 100mal

das Licht eindringen kann, ein Assimilationsgewebe ausgerichtet auf die CO_2-
Assimilation. Die entscheidenden Merkmale dieser Gewebe sind einmal: sie
bestehen ebenfalls aus *lebenden Zellen*, daher die Bezeichnung Parenchym; zum
anderen: die *Plastiden sind als Chloroplasten* differenziert. Im übrigen können
sehr große Unterschiede unter den assimilierenden Zellen verschiedener Pflanzen
bestehen. Wohl stets werden sie eine Verbindung mit der Außenluft oder bei
Wasserpflanzen mit dem umgebenden Wasser aufweisen; es finden sich also
zwischen den einzelnen Zellen mehr oder weniger große Intercellularen. Diese
können im Assimilationsgewebe der primären Rindenschichten in der Sproßachse
(Abb. 64) relativ gering, im sog. Palisadenparenchym der Blätter etwas aus-
gedehnter sein; im Schwammparenchym der Blätter endlich, wie der Name schon
andeutet, sind dann umfangreiche Lufträume zu finden (Abb. 65, 66 und 67).

Daß auch im Assimilationsparenchym wiederum Differenzierungen in allen drei möglichen Bereichen der Zelle vor sich gehen, erhellt einmal aus der Formgestaltung in Palisaden-
und Schwammparenchym, die naturgemäß eine spezifische Wandgestaltung sein muß, zum

anderen ist die Zahl der Plastiden erhöht und alle sind als Chloroplasten ausgebildet, und endlich zeigt die Tatsache, daß bisher isolierte Chloroplasten vollständige assimilatorische Leistungen nicht vollbracht haben, daß auch an dieser Funktion das Cytoplasma eine spezifische Mitwirkung leistet, für die es höchst wahrscheinlich speziell ausgebildet ist.

Speicherparenchym. In den primären Rinden der Sproßachsen kann das Assimilationsgewebe nach und nach ohne scharf erkennbare Grenze in das Speicherparenchym übergehen (Abb. 64, S. 54). Die äußere Form der Zellen bleibt die gleiche; es erfolgt nunmehr hier eine Differenzierung der Plastiden in Leukoplasten. Wenige Objekte, wie *Pellionia Daveauana*, zeigen eine äußere Übereinstimmung der Leukoplasten mit den Chloroplasten, so daß man annehmen kann, in solchen Fällen würden die Chloroplasten sich gleichzeitig wie Leukoplasten verhalten (Abb. 29, S. 26). Der funktionelle Unterschied besteht in normalen Fällen darin, daß

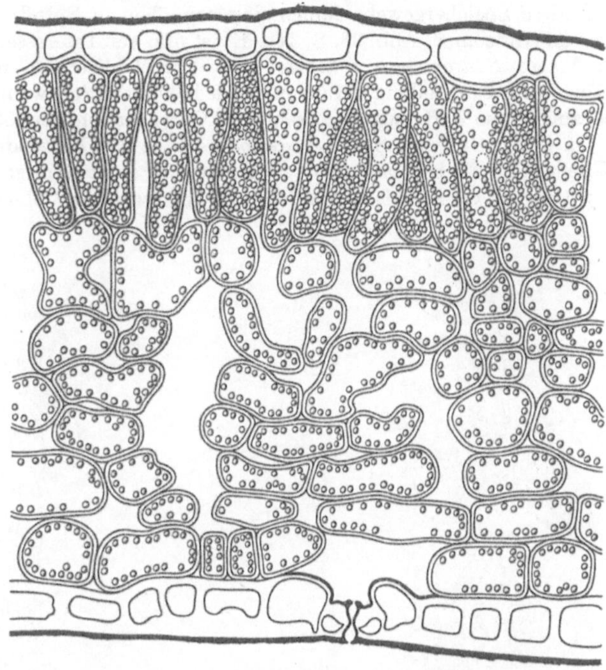

Abb. 65. Querschnitt durch das Blatt von *Helleborus*. An der oberen Epidermis anliegend das Palisaden-, an der unteren das Schwammparenchym. Die untere Epidermis mit einer Spaltöffnung. Cuticula schwarz eingezeichnet. (Orig.)

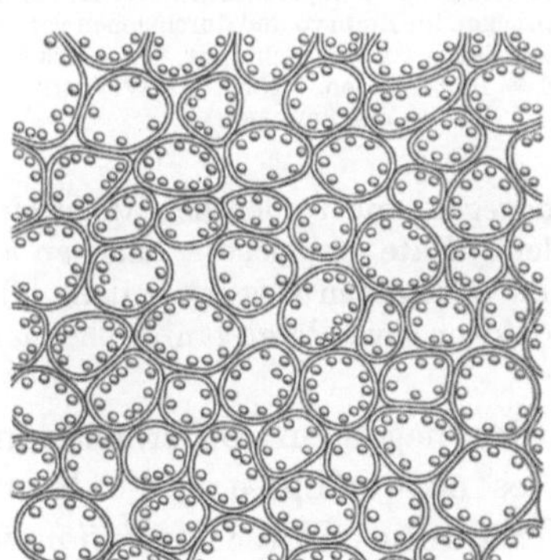

Abb. 66. Palisadenparenchym von *Helleborus* im Flächenschnitt. (Orig.)

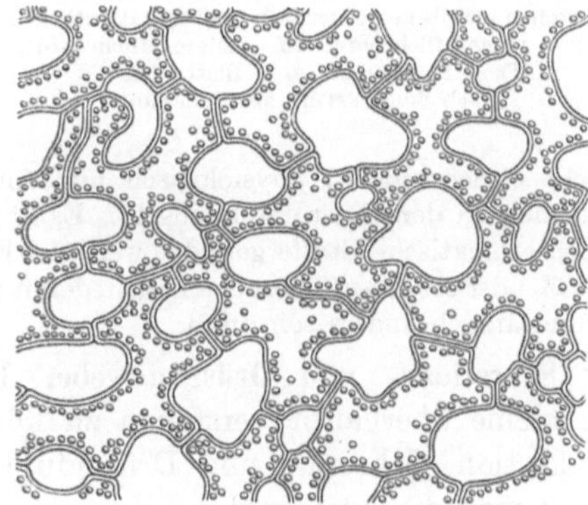

Abb. 67. Schwammparenchym von *Helleborus* im Flächenschnitt. (Orig.)

in den Assimilationszellen von Kohlendioxyd und Wasser als Ausgangsmaterial die Kohlenhydrate bis zur Stärke gebildet werden, in den Speicherzellen hingegen von der Glucose aus. Kein Zweifel, daß die Unterschiede zwischen beiden

Gewebeanteilen sehr viel tiefgreifender sein müssen, als sich sichtbar in dem
Vorhandensein von Chlorophyll in dem einen der beiden ausdrückt.

Andere Speichergewebe finden sich vor allem in Sproß- und Wurzelknollen bzw. Erd-
sprossen (Rhizomen, Abb. 38, S. 34). Es ist nun von Interesse, daß in den Zellen der Knollen
der Aracee *Sauromatum guttatum* hohe Polyploidiestufen nachgewiesen sind, octoploide
Kerne wurden in Teilung gefunden, noch höhere Stufen wahrscheinlich gemacht. Es spielt
also auch diese Differenzierungsweise im Kernbereich bei solchen Geweben eine Rolle.

Im übrigen kommt Speichergewebe noch in den Kotyledonen solcher Samentypen vor,
bei denen die Embryonen selbst Reservestoffe aufstauen, sowie im Wandgewebe mancher
Fruchtknoten, die zu fleischigen Früchten heranwachsen. Morphologisch sind die Differenzen

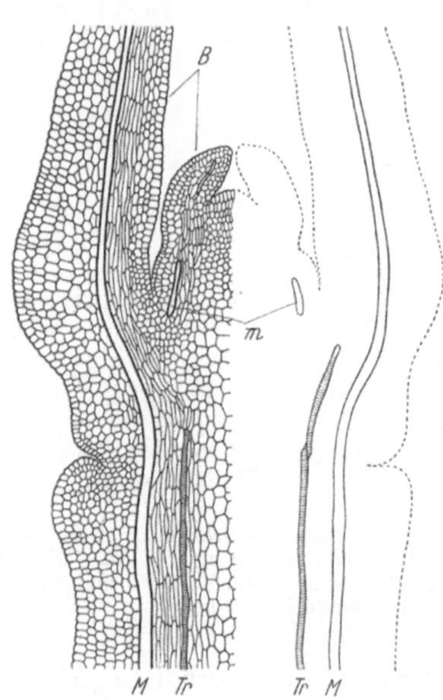

Abb. 68.   Längsschnitt durch die Sproßspitze von
Vinca minor (Apocynaceen). Die einzelnen Milchröhren
entstehen jeweils neu unterhalb des Vegetationskegels.
m = junge Milchröhre; *M* = ältere Milchröhre;
Tr = Tracheiden; *B* = Blattanlagen.
(Nach SCHAFFSTEIN aus SPERLICH)

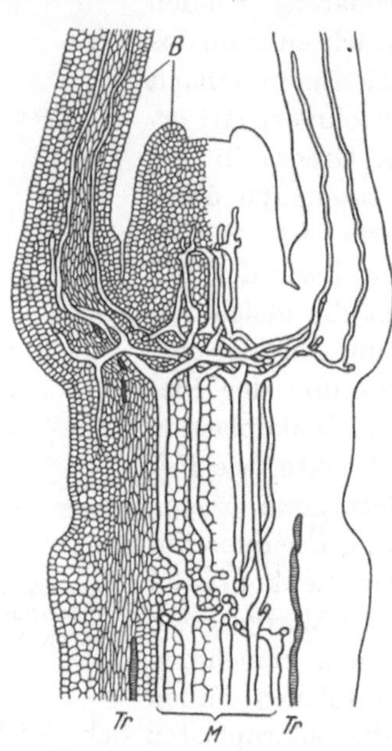

Abb. 69.   Längsschnitt durch die Sproßspitze von
Ceropegia Twatessii (Asclepiadaceen). Die Milchröhren
entstehen schon im Embryo und durchziehen verzweigt
die ganze Pflanze. *M* = Milchröhre; *Tr* = Tracheide;
B = Blattanlagen. (Nach SCHAFFSTEIN
aus SPERLICH)

nicht einschneidend, physiologisch und funktionell dagegen außerordentlich tiefgreifend,
wie sich an dem Resultat kundgibt. Es können Kohlenhydrate gespeichert, daneben auch
noch aromatische Stoffe gebildet werden. Einen besonders scharfen Gegensatz dazu bilden
die öl- oder eiweißspeichernden Zellen, deren Enzymproduktion sowie deren ganzer Chemismus
grundsätzlich anders sein muß.

Sekretions- und Drüsengewebe. Um die hier liegenden Differenzierungs-
probleme überhaupt verstehen zu können, ist es notwendig, erst die Begriffe
Exkretion, Sekretion und Drüsenfunktion zu erläutern. Unter *Exkretion* versteht man die Ausscheidung von verbrauchten Substanzen, also Entfernung von
Stoffwechselschlacken. Bei dem so besonders intensiven Stoffwechsel der Pflanzen
erfolgt eine Exkretion zu einem sehr großen Teil als CO_2, d. h. verbrauchte organische Substanzen werden bis zur höchsten Oxydationsstufe verbrannt. Dazu
bedarf es weiter keiner besonderen Zurichtungen, das geschieht vielmehr überall
im lebenden Cytoplasma. Im übrigen lassen sich ganze Organe, durch die ver-

brauchte Substanzen entfernt werden, als Exkretionssysteme auffassen; doch das soll später erörtert werden. Unter „*Sekretion*" verstehen wir die Produktion von bestimmten Stoffen und Stoffgruppen, sofern sie im Funktionszusammenhang des Organismus bedeutungsvoll sind. Die Lehre von dem Stoffumsatz in der Pflanze wird zeigen, daß bestimmte Organe nachweislich so funktionieren, aber keine erkennbare Differenzierung in diesem Sinn besitzen. Als *Drüsen* endlich bezeichnen wir Zellkomplexe, welche Substanzen nach außen, mindestens in einen äußeren Raum, hinein entlassen, sofern sie dann noch in einem Funktionszusammenhang mit dem Organismus stehen. Dabei ist es selbstverständlich schwierig zu entscheiden, wo die Grenze gegenüber der Exkretion ist und ob letztere als primäre Eigenschaft eventuell im Sinne einer Funktionsübertragung im Laufe der Phylogenie anderweitig „ausgenutzt" wurde. Im übrigen ist noch zu bemerken, daß das Sekretions- und Drüsengewebe

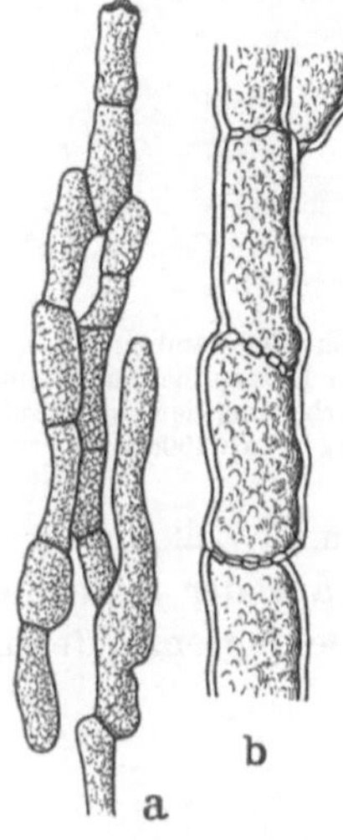

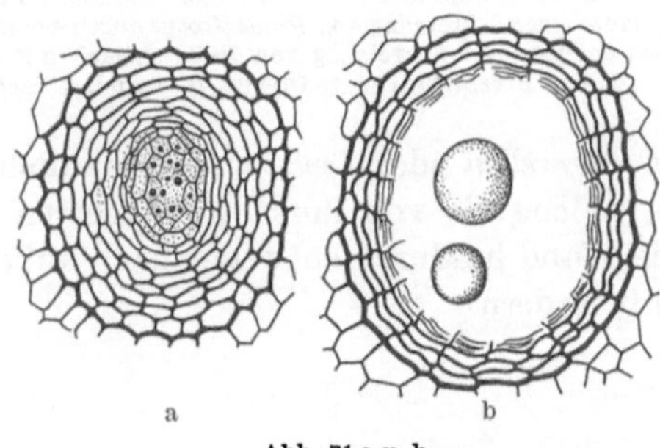

Abb. 70 a u. b   Abb. 71 a u. b

Abb. 70a u. b. Gegliederte Milchröhren von *Chelidonium majus* (Papaveracee), mit siebartiger Durchbrechnung der Querwände. Vergr. a etwa 150mal; b etwa 370mal. (Nach DIPPEL)

Abb. 71a u. b. Ölbehälter aus der Fruchtschale von *Citrus vulgaris*. a vor der Auflösung; b nach der Auflösung. (Nach TSCHIRCH)

oftmals nur aus einzelnen Zellen besteht, die eine ganz extreme Ausgestaltung in völlig andersartiger Umgebung aufweisen.

Sekretzellen und -schläuche. Das beste Beispiel dafür sind die Milchröhren. Diese sind entweder ungegliedert, d.h. sie bestehen aus einzelnen langgestreckten Zellen und durchziehen andersartige Gewebe auf weite Strecken hin, oder sie sind gegliedert, d.h. sie bestehen aus sehr vielen Zellen, die hintereinander angeordnet gemeinsam die Röhren bilden.

Die ungegliederten Milchröhren, unverzweigte wie verzweigte, die bei zahlreichen Familien, so bei den Euphorbiaceen, Asclepiadaceen und Apocynaneen vorkommen, gehen aus einzelnen meristematischen Zellen hervor und wachsen in der Längsrichtung der Pflanzen über lange Strecken (Abb. 68 und 69). An Stelle eines Zellsaftes enthalten sie innerhalb eines dünnen Plasmabelags eine milchige weiße Flüssigkeit, die aus verletzten Röhren austretend an der Luft schnell gerinnt. Die gegliederten Milchröhren (Abb. 70), die ebenfalls bei Euphorbiaceen, sodann bei den Papaveraceen und einzelnen Compositen vorkommen, sind ebenfalls Schläuche, meist indessen aus vielen Zellen bestehend, die durch Zellfusion ein wirkliches Gewebe als Netzwerk bilden. Die Milchröhren jeder Art können in dem Milchsaft die verschiedensten Substanzen: Gerbstoffe, Alkaloide, Enzyme sowie Kautschuk und Gummitröpfchen enthalten.

In die gleiche Kategorie gehören nun noch die lysigenen Sekretbehälter. Es sind das Gruppen von Zellen, die eine einseitige und übermäßige Produktion bestimmter Substanzen, Harze, Öle oder anderer weniger genau definierbarer Stoffe durchführen und diese zunächst in ihrem eigenen Inneren lagern. Nach Abschluß dieser ihrer Funktion verfallen sie der Auflösung, so daß das ursprüngliche Zellgewebe in eine Lacune übergeht, die vorwiegend mit jenen Zellprodukten angefüllt ist (Abb. 71).

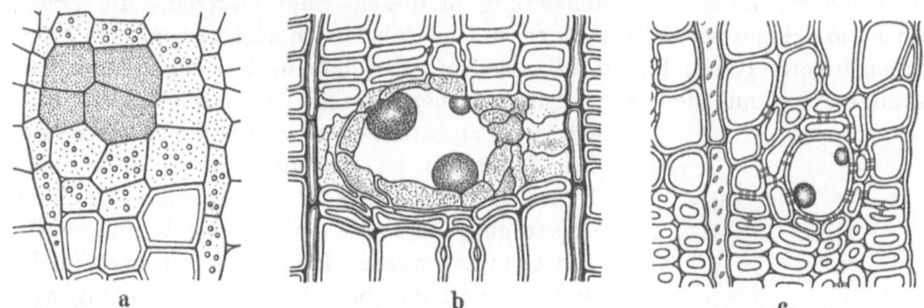

Abb. 72a—c. Harzgänge der Coniferen. a junges Stadium; Frühholz in der Nähe des Cambiums von *Pinus silvestris*; b schizogener Sekretgang von *Pinus strobus* durch Auseinanderweichen der Harzepithelzelle entstanden; c schizogen entstandener Sekretgang von *Picea vulgaris* mit nachträglicher Verholzung der Epithelzellen. (a und c verändert nach DIPPEL, b verändert nach Gen. Bot.) Vergr. etwa 400mal

Als *Drüsenzellen* oder *Drüsengewebe* endlich bezeichnet man Zellen oder Zellgruppen, welche die von ihnen produzierten Substanzen aus der Zelle heraus durch die Wand hindurch entweder nach außen oder in eine angrenzende Intercellulare befördern.

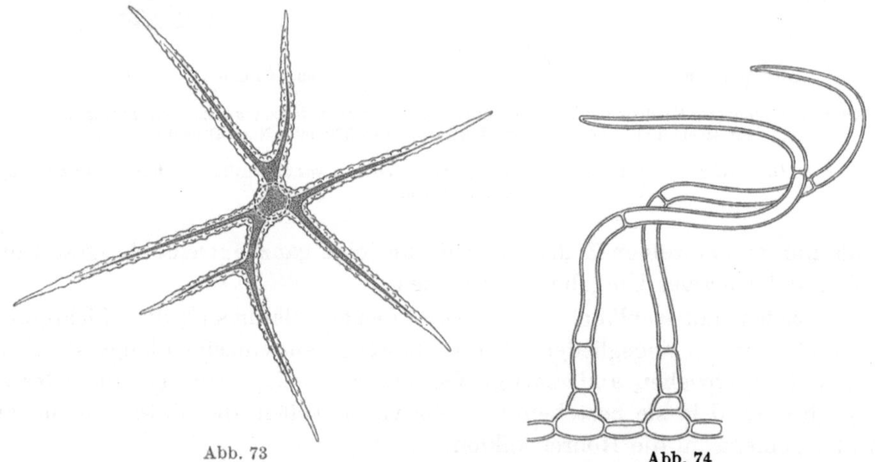

Abb. 73   Abb. 74

Abb. 73. Einzelliges, aber verzweigtes sog. Geweihhaar von *Alyssum*, Aufsicht; in der Mitte schimmert der Fuß durch. (Orig.)

Abb. 74. Einfache mehrzellige Haare von *Silene Zawadsky* in Seitenansicht. (Orig.)

Das beste Beispiel für ein solches Gewebe liefern die Drüsenschuppen der Labiaten (Abb. 171). Diese bestehen hier aus einer Gruppe meist von 8 oder auch von 16 Zellen, die von einem Trichom gebildet werden, also Abkömmlinge der Epidermis sind. Diese zu einer flachen Scheibe miteinander vereinigten Zellen geben hier ätherisches Öl nach außen ab. Es wird durch die Cellulosewand hindurch ausgeschieden und sammelt sich zwischen den äußeren Cellulosewänden sowie der von diesen gemeinsam abgehobenen Cuticula, die dann als vorgewölbte Blase den Öltropfen auffängt.

Solche Drüsengewebe können auch an Intercellulargänge oder an größere Intercellular-räume angrenzen und die produzierten Substanzen in diese hineinbefördern. Da sie als Zellen des Inneren von Blättern oder Sprossen keine Cuticula besitzen, sammelt sich das Sekret in ihrer Umgebung an. Die Entstehung der Intercellularräume ist stets schizogen. Wenn dann noch die Drüsenepithelien, die eine solche Intercellulare auskleiden, der Auf-lösung verfallen, dann kommt ein histologisches Kuriosum zustande, ein sog. schizo-lysigener Sekretbehälter; eine Kombination von Drüsen- und Sekretzellen, von echten Intercellularen und Lacunen. Die Harzgänge der Coniferen sind zuletzt solche Gebilde (Abb. 72).

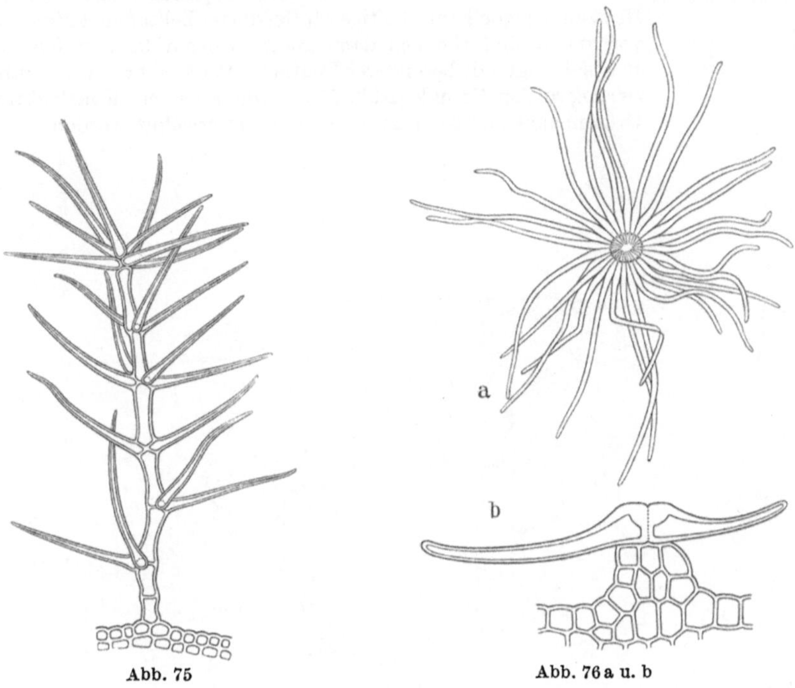

Abb. 75   Abb. 76 a u. b

Abb. 75. Mehrzelliges verzweigtes, sog. Etagenhaar von *Verbascum*. (Orig.)

Abb. 76a u. b. Mehrzelliges Sternhaar von *Shepherdia*. a Aufsicht; b Seitenansicht. (Orig.)

Trichome. Unter einem Haar oder Trichom versteht man ein ein- oder mehrzelliges Gebilde, das über das Niveau eines Abschlußgewebes, meist der Epidermis, herausragt und meistens in *einer* Zelle dieses Gewebes seinen Ursprung hat. Die Zellen, aus denen sie zusammengesetzt sind, können lebend sein und als lebende Zellen funktionieren, sie können aber auch absterben, und dann kann auch noch eine Funktion der leeren Zellwände aufgezeigt werden.

Aus dem Vorhergehenden erhellt, daß man strenggenommen nur die mehr-zelligen Haare als Gewebe bezeichnen kann. Weil aber Differenzierungsweise und Funktion der ein- wie mehrzelligen völlig gleichartig ist, so ist es sinnvoll, sie dennoch zusammenzufassen.

Man unterscheidet sie demnach folgendermaßen: Sie können einzellig sein, dann sind es entweder einzellige lebende Papillen und sonstige Vorwölbungen, oder lebende mit steifen Wänden, die man tunlichst als Borsten bezeichnet (Abb. 77a). Sie können aber auch mehr-zellig sein, entweder unverzweigte oder verzweigte Zellreihen, oder aber es können sich Zell-flächen bilden, die von einem ein- oder mehrzelligen Fuß getragen werden (Abb. 73—76).

Besondere Komplikationen weisen die Brennhaare, die Drüsenhaare und die Absorptions-
haare auf. Die Brennhaare der Brennessel sind besonders bekannt. Der Fuß des Haares,
d.h. der basale Teil, der sich noch innerhalb des Niveaus der Epidermis befindet, ist stark
angeschwollen und ist mit Zellsaft reichlich gefüllt. Er wird von den benachbarten Epidermiszellen wie von einem Becher umwachsen. Das lang herausragende Ende des einzelligen
Haares ist in der Wand verkalkt, das äußerste Ende verkieselt. Bei Berührungen bricht das
kleine rundliche, schräg stehende Köpfchen sehr leicht ab. Durch
einen besonderen Ausfall der Wandverdickung erhält das abgebrochene Ende dann die Form einer Injektionsnadel, die in die
Haut eindringen kann. Giftige Stoffe, die im Zellsaft des Brennhaares
vorhanden sind, können dann Hautreizungen hervorrufen. Dieses
Beispiel zeigt mit besonderer Deutlichkeit die subtile Einzeldifferen-
zierung solcher Gebilde (Abb. 77). — Die besondere Konstruktion der
Drüsenhaare ist schon an anderer Stelle erwähnt worden.

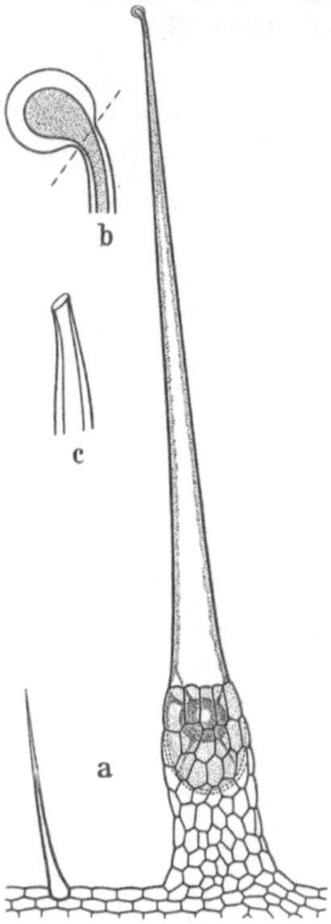

Abb. 77 a—c 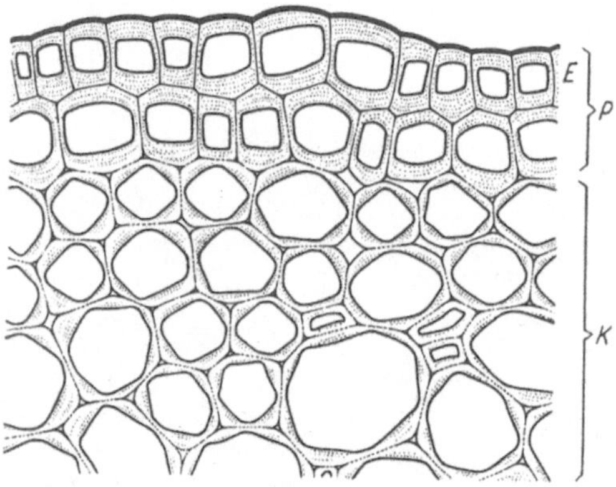   Abb. 78 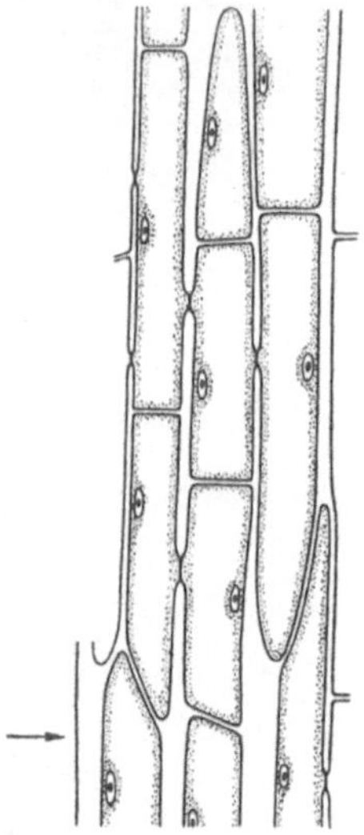   Abb. 79

Abb. 77a—c. Brennhaar von *Urtica diocia.* a ganze Darstellung eines Stückes der Blattoberfläche, links Borstenhaar, rechts Brennhaar, beide einzellig (vgl. Text); b Köpfchen des Brennhaares mit Abbruchstelle; c zur Injektion
bereites Brennhaar. (Orig.)

Abb. 78. Kollenchym im Stengel von *Sinapis alba.* Querschnitt. Außen Plattenkollenchym P, zu dem auch die
Epidermis E umgebildet wird; innen Kantenkollenchym K. (Orig.)

Abb. 79. Längsschnitt durch das Kantenkollenchym des Blattstiels von *Salvia sclarea.* Sofern der Schnitt eine
Zelldecke getroffen hat, zeigen sich die verdickten Wände. (Verändert nach HABERLANDT)

Mechanische Gewebe. Differenzierungen im Bereich der Zellwände bringen
die mechanischen Gewebe hervor. Dabei sind einmal solche erkennbar, denen
allein mechanische Funktionen zugeschrieben werden müssen, zum anderen solche,
die wie die Gefäße eine Doppelfunktion besitzen und neben mechanischen Aufgaben noch eine andere, z.B. als Leitungsbahnen, erfüllen. Es gibt mechanische
Gewebe mit lebenden Zellen und solche, bei denen die Zellen zwar im Leben
eine ganz bestimmte Differenzierung erfahren, deren eigentliche Funktion aber
erst beginnt, wenn der protoplasmatische Zellkörper abgestorben und nur noch
die Wand übriggeblieben ist.

Lebende mechanische Gewebe sind die sog. *Collenchyme.* Hier erfolgt in isodiametrischen
oder nur leicht in einer Richtung gestreckten Zellen eine Verstärkung der Wände. Erfolgt
sie an den Ecken, d.h. dort, wo mehrere Zellwände infolge der Musterung des Gewebes zu-

sammenstoßen, so spricht man von *Kantencollenchym*. Sind dagegen zwei gegenüberliegende Wände, meist die Tangentialwände, gleichmäßig verstärkt, so nennt man es *Plattencollenchym*. Das Material der Verdickung besteht vorwiegend aus Cellulose. Gewebe aus solchen Zellen können Versteifungsleisten oder -ringe bilden, die meistens die Rinden krautiger Stengel aussteifen (Abb. 78 und 79).

Tote mechanische Gewebe sind die Fasern, das *Sklerenchym*. Man unterscheidet dabei Bastfasern und Holzfasern. Erstere finden sich in der primären und sekundären Rinde.

Die Holzfasern, auch Libriformzellen genannt, finden sich im Inneren der Achsen im Holzteil der Gefäßbündel, vor allem im sekundären Holz (Abb. 83b, S. 62). An diesen Wandverdickungen beider Elemente sind Cellulose und Lignin beteiligt. Typisch für die *Sklerenchymfasern* ist einmal, daß sich die Zellen ganz außerordentlich in die Länge strecken, so daß ihre Längsausdehnung den Querschnitt meist um weit mehr als das 10fache übersteigt. Die Längen bemessen sich durchschnittlich nach 1—2 mm. Es gibt freilich auch einzelne besondere Typen, deren Fasern sich nach Zentimetern bemessen. Die Querwände, welche die in der Längsrichtung aneinanderstoßenden Zellen miteinander verbinden, sind extrem schräg gestellt, so daß die in Längszeilen verlaufenden Zellen sehr fest in langer gemeinsamer Wand miteinander verbunden sind. Außerdem werden diese Wände so sehr verdickt, daß sie schließlich nahezu das gesamte Zellumen einnehmen, der

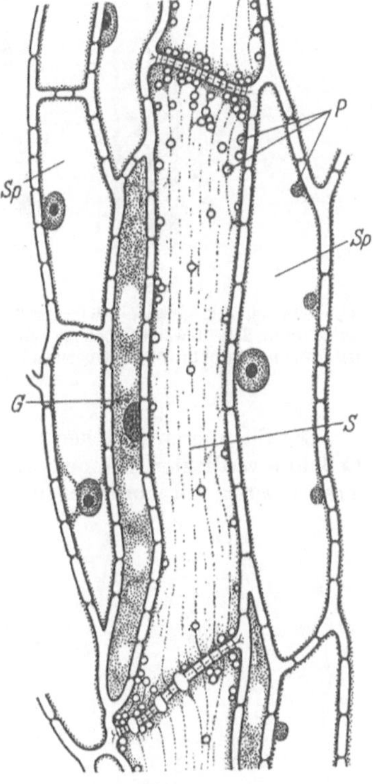

Abb. 80   Abb. 81

Abb. 80. Sklerenchymfasern *SK* und Steinzellen *St* in der primären Rinde von *Alnus tinctoria* (Querschnitt). (Orig.)

Abb. 81. Siebröhrenteilstück von *Nicotiana*. *S* = Siebröhre mit Plasmasträngen, die die Siebplatten durchsetzen; *G* = Geleitzelle mit dichtem Plasma und Kern; *Sp* = Siebparenchym mit wandständigem dünnen Plasmabelag; *P* = Plastiden. (Nach CRAFTS aus Gen. Bot.)

Protoplast also zugrunde geht. Man kann auf Schnitten durch die Wände noch erkennen, daß durch diese hindurch schmale Tüpfel führen, Poren also, durch die hindurch der Transport der außerordentlichen, für diese Verdickung notwendigen Stoffmassen gegangen ist.

Die Sklereiden endlich oder Steinzellen sind isodiametrische Zellen, die ebenfalls stark verdickte Wände aufweisen, durch die hindurch sehr starke Tüpfel gehen. Die Sklereiden finden sich meist in Geweberbänden mindestens in Gruppen und können so besondere Festigungselemente darstellen (Abb. 80). Vor allem stellen sie die Elemente, welche die so außerordentlich hohe Druckfestigkeit von Nußschalen und ähnlichen Gebilden erzeugen.

Leitungsbahnen. Die andere Gruppe von Differenzierungen im Bereich der Zellwand betrifft die Leitungsbahnen; sie haben, wie oben erwähnt, eine Doppelfunktion. Der Gewebecharakter dieser Gebilde besteht allein darin, daß die einzelnen Zellen, die an der Bildung solcher Leitungsbahnen beteiligt sind, im Längszusammenhang miteinander verknüpft sind und somit Röhren bilden.

Auch hier sind lebende und nichtlebende Elemente zu unterscheiden. Zu den ersteren gehören die assimilatleitenden *Siebröhren*, zu den nichtlebenden die wasserleitenden *Tracheen* und *Tracheiden*.

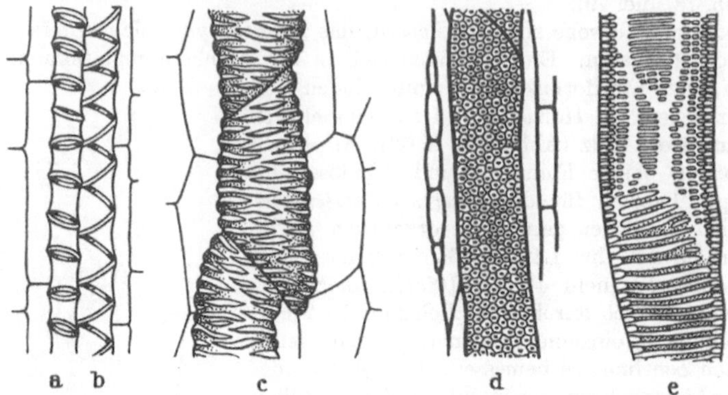

Abb. 82a—e. Holzgefäße. a Ringgefäß; b Schraubengefäß von *Impatiens*; c Netzgefäß von *Beta*, die Reste der aufgelösten Scheidewände noch zu sehen; d Tüpfelgefäß von *Tilia*; e Treppengefäß von *Pteridium*, unten die leiterförmig durchbrochene Querwand. (a—d nach MOLISCH, e nach DE BARY.) Vergr. a u. b etwa 110mal, c etwa 380mal, d etwa 170mal, e etwa 90mal.

Die Siebröhren bestehen aus langgestreckten Zellen mit nur mäßig, meist allein durch Cellulose verdickten Wänden, die sich zu Röhren hintereinander anordnen. Die Querwände sind siebartig durchbrochen in einem Umfang, der über die normale Plasmodesmenbildung weit hinausgeht, so daß man das Phänomen schon als „lokale Auflösung" der Querwände bezeichnen muß; somit ist also eine Zellfusion als Grundlage der Gewebebildung gegeben. Durch die Poren dieser „Siebplatten" genannten Querwände geht der lebende Plasmabelag der Zellen hindurch, der zwar nicht mehr den Kern, doch Plastiden enthält (Abb. 81).

Die wasserleitenden Gefäße sind nichtlebende Gebilde. Auch hier haben wir es mit einer Reihenanordnung von langgestreckten Zellen zu tun, die entweder miteinander in Fusion treten oder durch die Tüpfel ihrer meist etwas schräg gestellten Querwände miteinander in Kontakt stehen. In beiden Fällen sind die so gebildeten Leitungsbahnen dann, wenn sie in Funktion treten, nicht mehr lebende Gebilde, sondern bestehen nur noch aus den Zellwänden. Jede Spur eines Protoplasten ist verschwunden. Die Wände werden durch Lignineinlagerungen verstärkt, wobei zur besonderen Aussteifung der Röhren auch noch besondere Strukturen, Ring-, Schrauben- oder Netzauflagerungen, gebildet werden können (Abb. 82). Dies ist um so notwendiger, als in den Wasserleitungsbahnen infolge der besonderen Art der Wasserbewegung in den Pflanzen, mindestens bei lebhaftem Umsatz, ein Unterdruck herrscht. Die Gefahr, daß nicht nachdrücklich versteifte Wände zusammengedrückt werden, ist also groß.

Man nennt die Röhren, welche die Querwände völlig auflösen, so daß eine größere Anzahl von Zellen ein einheitliches Rohr bilden, Tracheen; diejenigen, bei denen die Wände der Einzelzellen erhalten bleiben, Tracheiden (Abb. 83); sie sind zugleich enger als die Tracheen. Im Cormus der Gymnospermen finden sich allein Tracheiden. Die Leitung des

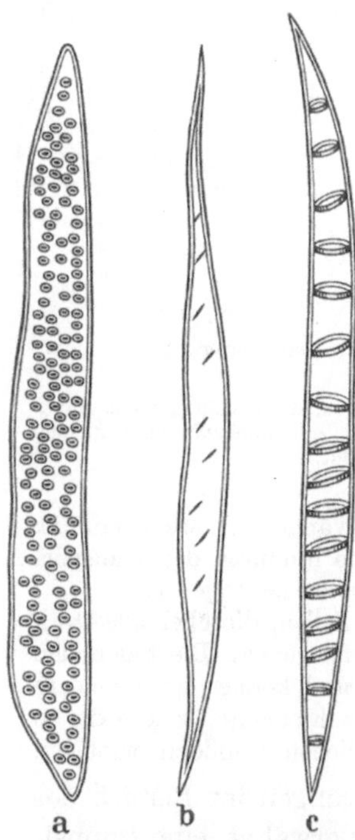

Abb. 83a—c. Tracheiden, a Tüpfeltracheide (*Liquidambar*); b Holzfaser (*Tilia*); c Ringtracheide (*Tilia*). a aus Gen. Bot., b u. c (Orig.)

Wassers erfolgt hier also durch die schräg gestellten Querwände. In den Wänden der Tracheiden sind besonders sorgsam ausgestaltete Tüpfel vorhanden; man nennt sie „Hoftüpfel". Bei den Angiospermen finden sich dann in den Leitungsbahnen der Sprosse und Wurzeln die Tracheen (Abb. 82a—d). Im übrigen sind hier daneben auch Verbände von Tracheiden vorhanden; die feinen Endigungen der Gefäßbündel in den Blättern bestehen schließlich nur noch aus solchen.

Unter Tracheen und Tracheiden gibt es Übergänge; als solche sind die Treppengefäße der Pteridophyten zu werten. Hier ist der Durchbruch der Querwände, die wie bei den Tracheiden schräg gestellt sind, nicht vollständig, sondern es bleiben Querleisten wie die Sprossen einer Leiter in dieser stehen (Abb. 82e).

C. Organographie

Einführende Bemerkungen

Ein Organismus besitzt Organe. Gemeint ist damit: der Körper der Pflanzen und Tiere sei in Regionen aufgeteilt, die bestimmten Einzelfunktionen zugeordnet sind. Wenn man nun aber die Wissenschaft von dem Aufbau und der Struktur des *ganzen* vielzelligen Organismus als „Organographie" bezeichnet, so könnte das eine unstatthafte Einschränkung bedeuten; denn wir haben ja schon früher klargestellt, daß es ebensowenig selbständige Gewebe wie Organe als isolierte lebensfähige Gebilde gibt, sondern nur ganze Zellen oder ganze vielzellige Lebewesen. Zielt man hier trotzdem terminologisch allein auf die Organe, so ist das dennoch äußerlich damit gerechtfertigt, daß man einen Organismus in seiner Ganzheit gar nicht veranschaulichen kann, sondern seine Teile einen nach dem anderen vornimmt und betrachtet. In tieferer Begründung freilich ist zugleich auch noch damit gemeint, daß ein Lebewesen in seinem Aufbau niemals zu verstehen ist ohne Berücksichtigung des Funktionellen. Die Funktionsganzheit des Organismus gliedert sich aber klar nach einzelnen Organen.

Wir stellen bei der Betrachtung der Vielzeller die Sproßpflanze an den Anfang und beziehen uns damit ausdrücklich auf JULIUS SACHS und seine klassischen „Vorlesungen über Pflanzenphysiologie". SACHS, der selbst den Übergang von der alten zur modernen Botanik bezeichnet, hat nicht mehr aus Unkenntnis anderer Typen wie die Alten, sondern aus voller Einsicht in die paradigmatische Bedeutung das Bild des gegliederten Cormophyten für die Beurteilung anderer Gewächse an den Eingang der „Organographischen Vorbereitung" seiner Pflanzenphysiologie gestellt.

Der Körper der Sproßpflanzen, als Cormus bezeichnet, weist im Bereich der Vegetationsorgane stets eine ausdrückliche Zweiteilung auf, eine polare Gliederung in Sproß und Wurzel. In der typischen Gestaltung der Landpflanzen strebt der Sproß stets aufwärts in den Bereich der Atmosphäre, die Wurzel abwärts in den Boden. Der Sproß ist der assimilierende und wasserabgebende Teil, Ort stärkster Stoffproduktion, die Wurzel das Wasseraufnahme- und Haftorgan, zugleich vielfach ein umfassender Reservestoffspeicher. Bemerkenswert ist schließlich noch, daß die Fortpflanzungsorgane ganz vorwiegend, freilich keineswegs ausschließlich, im Bereich des Sprosses auftreten. Diese so gegebene Gliederung, die bei den Cormophyten besonders klar und durchgestaltet erscheint, findet sich — wie SACHS schon demonstrierte — auch sehr häufig bei „Nichtsproßpflanzen"; zudem bestehen in diesen Fällen auch die gleichen Korrelationen.

Wir werden uns nun im folgenden im wesentlichen mit den *Vegetationsorganen* der Pflanzen beschäftigen. Von der anderen großen Gruppe, die man davon abzutrennen pflegt, den *Fortpflanzungsorganen,* kann in diesem Zusammenhang nur Anlage und Übergang erörtert werden. In ihrer Ausgestaltung sind sie ohne ihre spezifische Funktion nicht zu verstehen, und diese wird in dem Abschnitt über Fortpflanzung und Vererbung mit der Gestalt dieser Organe zu einem Ganzen zusammengefaßt werden. Diesen beiden Organbereichen zusammen ist nun noch ein dritter gegenüberzustellen und sogar vorweg zu behandeln: die *Bildungsorgane.* Schon in der Gewebelehre war gezeigt worden, daß dem Gegensatz von Meristemen und Dauergeweben nur in einem bestimmt abgegrenzten Sinn zugleich auch ein solcher von undifferenzierten Geweben ohne besondere Funktion und differenzierten mit spezieller Funktion zugeordnet ist. Die meristematische Zelle stellt in gewissem Sinn eben auch eine funktionelle Ausgestaltung dar, in dem Sinn nämlich der Einhaltung einer ständigen Teilungsbereitschaft. Da die meristematischen Zellen im Pflanzenkörper in ganz bestimmten Anordnungen zusammengefügt sind und ihrerseits sowohl die eigentlichen Vegetations- wie Fortpflanzungsorgane hervorbringen, so tut man gut daran, sie ebenfalls als Organe zu bezeichnen und sie den anderen, die aus Dauergeweben bestehen, gegenüberzustellen.

In unserer Darstellung der Organographie soll weiterhin in höherem Maße als bisher die Entwicklungsgeschichte verwendet werden. Recht eigentlich bei den Vielzellern, von denen auch die kompliziertesten aus einer einzigen Zelle entstehen können, haben die Begriffe: Wachstum, Entwicklung und Differenzierung erst ihren vollen Sinn. Um die grundsätzlichen Gestaltsprobleme aufzuzeigen, die für die Entwicklung eines Cormophyten aus einer einzigen Zelle in Frage kommen, ist es notwendig, diesen selbst in seiner Gestalt zu betrachten. Wir müssen das Ziel der Entwicklung kennen und wissen, zu welcher Gestalt hin sich eine befruchtete Eizelle entwickelt, um eben diesen Entwicklungsgang richtig verfolgen zu können. Dafür nun verwenden wir die schönen Schemata, die SACHS für die „Normalpflanze" entworfen hat (Abb. 84 und 85).

Der Sproß besitzt eine Achse von rundem Querschnitt, die in die Länge gestreckt ist und apikalwärts konisch in einen Vegetationskegel ausläuft, wodurch sie prinzipiell ein unbegrenztes Wachstum hat. Mit der Achsenentstehung werden zugleich die flachen dorsiventralen Seitenorgane, die Blätter, gebildet, die im Gegensatz zur Achse nur ein begrenztes Wachstum besitzen. Durch ihre Entstehungsweise charakterisieren sie sich als integrierende Bestandteile des Sprosses. Am basalen Ende schließt sich der Sproß an das basale Ende der Wurzel. Letztere ist ein rein achsiales Gebilde ohne jegliche Seitenorgane im Sinne der Blätter. Sie läuft ebenso wie die Sproßachse konisch in einen Vegetationskegel aus, der seinerseits ebenfalls unbegrenztes Wachstum besitzt. Beide Gebilde, Sproß wie Wurzel, können Seitenzweige oder Seitenwurzeln entstehen lassen. Dikotylen wie Monokotylen zeigen sich im Typus gleichartig. Die Abwandlungen beziehen sich auf eine frühzeitige Dickenerweiterung in der Sproßachse der Monokotylen, die dann aber zugleich auch eine endgültige ist. Ferner zeigt sich eine Unterentwicklung der Hauptwurzel, womit eine gleichmäßige Ausgestaltung der Seitenwurzeln verbunden ist. Neue Wurzeln können aus den unteren Sproßknoten sukzessive entstehen.

Diese vorläufige Schilderung zeigt, daß die Cormophyten ihrer Gestalt nach Lebewesen sind, die eine außerordentlich umfangreiche *Außenoberfläche* entwickeln. Die Blätter sind flach und dünn, alles ist auf Flächenentwicklung abgestellt, und ebenso ist es mit den Wurzeln, wenn auch zunächst nicht so augenfällig. Wir werden aber später noch sehen, daß bei genauerem Eindringen in die Gestaltsverhältnisse der Wurzeln das gleiche Phänomen deutlich wird.

Die Gesamtentwicklung einer Sproßpflanze, etwa von einer befruchteten
Eizelle her, läßt sich in eine Reihe von Perioden gliedern, die sich durchgreifend
voneinander unterscheiden. In der ersten, der *embryonalen Phase*, befindet sich
die junge Pflanze noch innerhalb der Mutterpflanze, wird von dieser in ihrer
Entwicklung gesteuert und mit allem Material dafür versehen. Es schließt sich

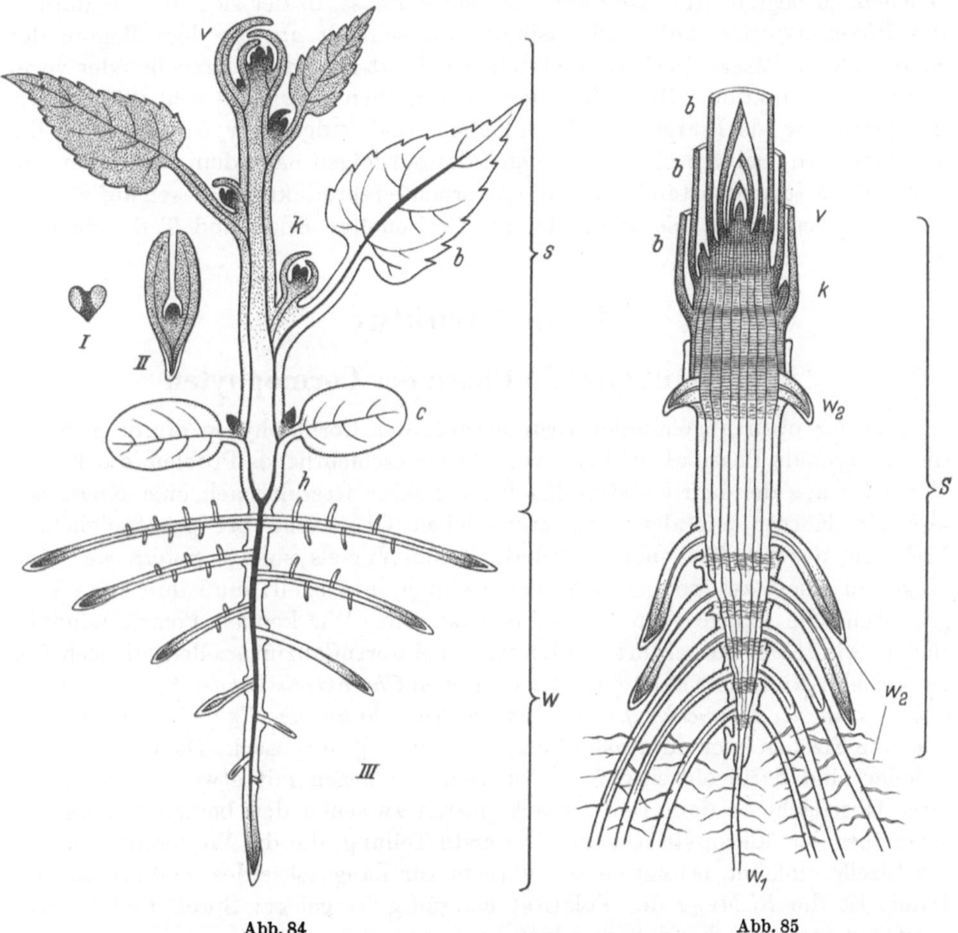

Abb. 84   Abb. 85

Abb. 84. Schema einer dikotylen Pflanze. *I* junger Embryo; *II* ausgereifter Embryo mit den beiden Kotyledonen;
III Sproßpflanze in selbständiger vegetativer Phase; *S* Sproß; *W* Wurzel; *h* Hypokotyl; *c* Kotyledonen; *b* Laubblätter; *k* Achselknospen; *v* Vegetationskegel. (Nach SACHS, leicht verändert)

Abb. 85. Schema einer monokotylen Pflanze. *S* Sproß, W_1 Primärwurzel; W_2 sproßbürtige Wurzeln; *b* Blätter;
k Achselknospe; *v* Vegetationskegel. (Nach SACHS, leicht verändert)

daran die vegetative Phase der Entwicklung, die sich nun wiederum in eine
unselbständige und eine selbständige gliedert. Die *unselbständige vegetative Phase*
beginnt mit der Trennung des Samenkornes von der Mutterpflanze; es schließt
sich daran der anabiotische Zustand einer mehr oder weniger lang dauernden
Samenruhe. Nach der Keimung des Samenkornes erfolgt die Entfaltung des
Keimlings und seine nachfolgende Entwicklung zur Keimpflanze. Hierbei ist
der junge Nachkömmling noch völlig auf die Nahrung angewiesen, die ihm in

den Reservestoffbehältern von der Mutterpflanze mitgegeben worden ist. Das Ziel dieses Entwicklungsabschnitts für die junge Pflanze ist die Ergreifung einer neuen Umwelt, in die hinein sie ihre Wurzeln zur Aufnahme von Wasser und Nährsalzen versenken und in die hinaus sie ihre Zweige und Blätter zur Absorption von Kohlensäure und Sonnenenergie entfalten kann. Ist das geschehen, so beginnt die *selbständige vegetative Phase*, in der sich die Gesamtheit des Pflanzenkörpers auf- und ausbaut. Sie schließt ab mit dem Beginn der *reproduktiven Phase*. In diesem letzten Abschnitt erfolgt die sexuelle oder vegetative Reproduktion. Im Leben der hapaxanthen Gewächse schließt sich die Fortpflanzung als Endphase, als einmaliger und endgültiger Abschluß, an die vegetative an; bei den überdauernden Pflanzen folgen nach dem Auslaufen rein vegetativer Jugendzustände stets wieder erneute reproduktive Phasen auf wiederkehrende vegetative, bis auch hier im Greisenalter Ende und Tod artgemäß eintritt.

I. Die Struktur

1. Die embryonale Phase der Cormophyten

Aus der oben abgeleiteten Grundgestalt der Cormophyten ergibt sich für die embryonale Phase als erstes entwicklungsgeschichtliches Problem die Frage: Wie wird aus der befruchteten Eizelle, die ihrer Gestalt nach eine Kugel ist, also ein Körper mit der geringstmöglichen Oberfläche bei größtmöglichem Volumen, das oberflächenentwickelnde Sproß-Wurzelsystem? Sofern sich eine Kugel zu einem zweipoligen achsialen Gebilde entwickelt, muß ihre erste Umgestaltung die Anlage eben dieser Polarität sein. Wir kennen Polaritätsinduktionen, wie später ausgeführt werden wird, bei Fortpflanzungszellen, die sich frei entwickeln. Nun ist es aber eines der typischen *Charakteristika der Sproßpflanzen, daß sie keinerlei Entwicklung freier Einzelzellen mehr kennen.* Es befinden sich also auch die Eizellen in einem Ausbildungsorgan, dem Embryosack. Die befruchteten Eizellen sind darin einseitig festgewachsen; sie liegen mit etwa einem Drittel ihrer Oberfläche in dem Embryosack mitten zwischen den beiden Synergiden gegenüber der Mikropyle fest an. Die erste Teilung, die die Weiterentwicklung der Eizelle einleitet, erfolgt stets senkrecht zur Längsachse des Embryosackes[1]. Damit ist die *Richtung* der Polarität endgültig festgelegt: Sproß und Wurzel werden dementsprechend angeordnet.

Embryoentwicklung bei den Dikotyledonen. Als Beispiel schildern wir im folgenden die Embryoentwicklung von *Capsella bursa pastoris*, dem klassischen Objekt, durch dessen Bearbeitung JOHANNES V. HANSTEIN im Jahre 1870 die Embryologie der Pflanzen begründete (Abb. 86).

Nach der ersten Teilung im befruchteten Ei, die, wie schon gesagt, senkrecht zur Längsachse des Embryosackes vor sich geht, erfolgt die nächste gewöhnlich in der basalen Zelle in der gleichen Richtung. Damit ist ein kurzer dreizelliger Zellfaden, auch Proembryo genannt, entstanden (Abb. 86a—c) und in der apikalen Zelle, die ein wenig anschwillt und darum weiterhin als Köpfchenzelle bezeichnet wird, geht die entscheidende Ausbildung des Embryos vor sich. Die beiden basalen Zellen teilen sich noch während der Entwicklung

---

[1] Wenn man von der „Richtung" oder der „Lage" einer Teilung spricht, so bezieht man sich dabei auf die neueingezogene Wand.

des Köpfchens einige Male, jedoch stets in derselben Richtung weiter, so daß daraus der
schließlich etwa neunzellige Suspensor wird, der den Embryo tiefer in das inzwischen erheblich
vergrößerte Endosperm hineinschiebt. Die erste Teilung in der Köpfchenzelle, die zur Ausbildung des Embryos führt, verläuft parallel zur Längsachse des Fadens. Das Köpfchen
wird dadurch zweizellig (Abb. 86d). Darauf folgt in jeder Zelle eine Teilung, ebenfalls parallel
zur Längsachse, doch so, daß die Ebene der beiden neuen Wände um 90⁰ von der ersten
abweicht, womit aus dem Köpfchen ein Quadrant entstanden ist (Abb. 86e, f). Die nächsten

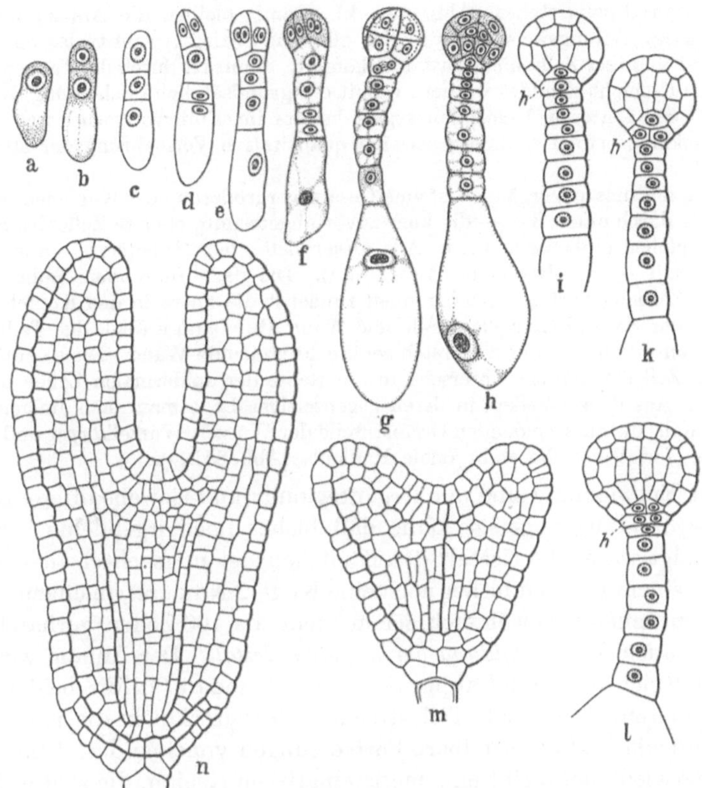

Abb. 86a—n. Embryoentwicklung der Dikotylen (*Capsella bursa pastoris*). a befruchtete Eizelle; b und c Bildung
des Suspensors; d—f erste Teilungen in der Köpfchenzelle bis zum Quadranten; g Oktantenstadium, Köpfchen
räumlich dargestellt; h—k Tangentialteilungen unter Einbeziehung der Hypophyse (h); l—n Ausbildung des
Embryos. Vergr. a—l etwa 300mal, m und n 200mal. (Nach SOUÈGES aus SCHNARF und nach v. HANSTEIN,
leicht verändert)

Teilungen erfolgen nun in der Weise, daß ihre Wände wiederum in einer Ebene liegen, jedoch
senkrecht zu den beiden vorhergehenden stehen: die Oktantenteilung (Abb. 86g).

Auf diese Weise sind in dem Raum der ursprünglichen Köpfchenzelle vier
Regionen abgegliedert worden, die aus je zwei Zellen bestehen und die erste
Organeinteilung darstellen. Aus den oberen vier Oktantenzellen entstehen später-
hin die beiden Kotyledonen oder *Keimblätter*, und aus den darunter liegenden
das *embryonale Achsenstück*. Beide gehören zusammen und bilden den embryonalen
Keimsproß. Die *Keimwurzel*, die Radicula, ist anderer Herkunft und wird auch
erst später angelegt. Sie entsteht aus der obersten Zelle des Suspensors, die sich
noch einmal teilt und die als *Hypophyse* bezeichnet wird. Wie sie sich in das
Ganze des Keimlings einfügt, läßt sich erst später klarstellen. In der nächsten

Phase der Embryonalentwicklung erfolgt nun die *Organisation der Struktur*, nachdem in der ersten die Verteilung der Organregionen deutlich geworden war.

Die Teilungen, welche auf die Oktantenteilung im Embryoköpfchen folgen, nennt man Tangentialteilungen, weil die für sie charakteristischen Teilungswände schräg durch die Oktantenzellen laufen und damit Kugelkappen rings um das ganze Köpfchen abschälen. Alle Teilungen, die von nun ab in den äußeren, den Kugelkappenzellen, vor sich gehen, sind ausschließlich „antikline", d.h. solche, deren Teilungswände senkrecht zur Oberfläche des ganzen Organs stehen (Abb. 86h—k). Damit bleiben die Abkömmlinge dieser Zellen durch diese Teilungsweise stets in der gleichen Schicht, womit also eine Flächenvergrößerung eben dieser Zellschicht zustande kommt. Somit ist durch die Tangentialteilung eine äußere Hautschicht gebildet worden, womit die grundsätzliche Scheidung in „Tunica" und „Corpus" des späteren Vegetationskegels bereits im Embryo vorbereitet wird. Die weitere Entwicklung erfolgt nunmehr als eine quantitative Vermehrung der strukturellen Elemente.

Gleichzeitig mit diesen Vorgängen ist eine Gesamtvergrößerung des Köpfchens erkennbar, wodurch — wie durch einen Sog — die kurz zuvor abgetrennte oberste Zelle des Suspensors mit in das Köpfchen einbezogen wird. Aus dieser Zelle, der Hypophyse, entsteht — wie oben schon gesagt — die Radicula (Abb. 86h, i). Die dazu führenden Teilungen lassen sich noch eine Zeitlang verfolgen; sie trennen zunächst die obere in das Köpfchen hineinragende Spitze der Hypophysenzelle durch eine Wand ab. Dann erfolgt eine Teilung in der Zelle basal davon durch eine auf der ersten senkrecht stehende Wand. Die so entstandenen beiden basalen Zellen fügen sich ihrerseits in die Reihe der epidermalen Zellen des ganzen Köpfchens ein. Aus diesen Zellen, in deren gegenseitiger Lage man nach einigen weiteren Teilungen ebenfalls die entscheidenden Organanteile der Wurzel: Wurzelkörper und Calyptra, erkennen kann, formt sich die embryonale Radicula (Abb. 86k, l).

Mit dieser Entwicklung sind alle Organregionen und Gewebedifferenzierungen in der Embryobildung angelegt, ohne daß bisher noch irgendeine Gestaltveränderung erfolgt wäre; die Gestalt des Köpfchens ist ungeachtet aller Verschiedenheiten in seinem Inneren bisher noch eine Kugel. Nun erst, in einem Stadium, in welchem im Inneren gewöhnlich schon mehr als 100 Zellen vorhanden sind, beginnt dann auch die *Ausbildung der äußeren Gestalt*. Der Anfang wird damit erkennbar, daß sich der Gipfel abplattet, um sich sodann in die beiden Kotyledonen auszubreiten. Der basale Teil streckt sich weiterhin in die Länge, Hypokotyl und Radicula sind unmittelbare Fortsetzungen voneinander. Und zwischen den beiden Kotyledonen bleibt eine meristematische Region, die später die Fortsetzung des Keimsprosses in den vegetativen Sproß erlaubt (Abb. 86, l—n). Damit ist die *ursprüngliche Kugel der Eizelle und der Keimkugel in die typische Gestalt der dikotylen Sproßpflanze ausgeformt*.

Anhangsweise sei noch einiges über den Suspensor bemerkt. In den meisten Fällen wird er kaum eine besondere Funktion besitzen und nur die ursprüngliche Verbindung der Eizelle mit dem mikropylaren Teil des Embryosackes bedeuten. Daß zuweilen dennoch eine umfänglichere Ausgestaltung auch dieses Gebildes gefunden wird, ist wohl so zu verstehen, daß im Embryosack wachstumsfördernde und -regelnde Stoffe in beträchtlicher Menge vorhanden sind. So ist möglicherweise die umfängliche Gestaltung des Suspensors bei den Leguminosen eine bloße Zufallsbildung (Abb. 87). Freilich gibt es für einzelnes auch noch eine andere Deutung. Die Entwicklungsgeschichte des Embryosackes zeigt in bestimmten Fällen haustoriale Bildungen, die vermutlich mit der Ernährung des Embryos im Zusammenhang stehen. Haustorien sind Aufsaugeorgane, die als schlauchartige, lacunäre Gebilde in umgebendes Gewebe unter Auflösung der Zellen hineinwachsen. So geht bei den mit ungegliederten Embryonen versehenen Orchideen die Haustorialbildung faktisch vom Suspensor aus (Abb. 88). Ebenso — übrigens als gänzliche Ausnahme — bei Tropaeolum, woselbst er sogar die beiden Integumente der Samenanlage durchdringt. Da auch die massiven Zellkörper der Leguminosensuspensoren in späteren Zuständen zerfallen, so ist es möglich, daß sie schließlich zur Ernährung des Embryos mit verwendet werden. Gewonnen ist freilich nichts dabei; denn vorher sind eben diese Suspensorbildungen auf Kosten des Embryosackes herangewachsen.

Embryoentwicklung der Monokotyledonen. Es ist erstaunlich, daß die Frühentwicklung der Monokotyledonenkeimlinge in genau derselben Weise beginnt wie die der Dikotylen. Der Unterschied, ob ein oder zwei Keimblätter, ist schon allein darum so eingreifend, weil dadurch — zumal wenn das eine Keimblatt wie in vielen Fällen terminal steht — die gesamte Gestaltsymmetrie durchgehend bestimmt wird. Die Embryoentwicklung von *Luzula Forsteri* läuft nach Souèges folgendermaßen ab.

Nach der ersten Teilung in der Eizelle senkrecht zur Längsachse des Embryosackes erfolgt bereits in der oberen Zelle die Quadrantenbildung und anschließend sofort in den Quadranten die Dermatogenbildung durch Tangentialteilungen, womit auch hier die histologische Differenzierung beginnt. Kurz darauf wird durch Einbeziehung der Hypophyse die Radicula angelegt. Soweit ist alles wie bei den Dikotylen, lediglich etwas abgekürzt, was im übrigen bei manchen Dikotylen auch vorkommen kann (Abb. 89a—i). Eine sogleich darauf ablaufende, im Inneren beginnende und sich auf die Randzellen fortsetzende Querteilung in der Keimkugel trennt die obere kotyledonare Region von einer unteren, die den unteren Teil des Keimblattes und das Hypokotyl umfaßt (Abb. 89i, k). Die nächste ebenfalls bis außen hin durchgeführte Querteilung im unteren Teil der Keim-

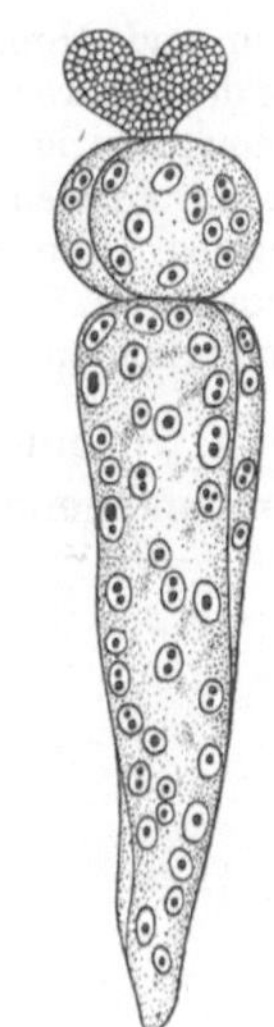

Abb. 87. Embryo von *Orobus angustifolium* (Leguminosae) mit mehrkernigem großen Suspensor. Vergr. etwa 80mal. (Nach Guignard aus Schnarf)

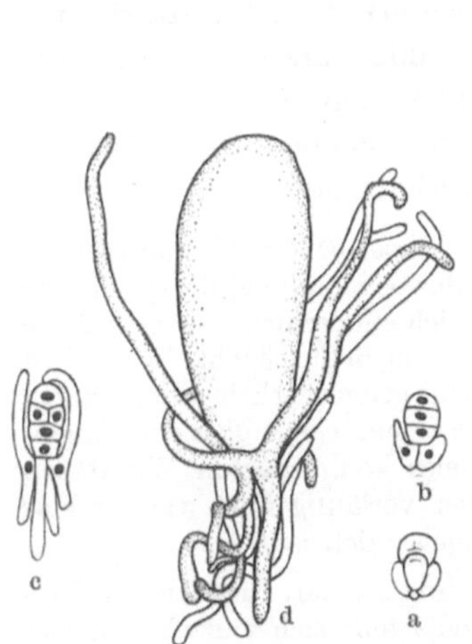

Abb. 88a—d. Embryoentwicklung von *Palaenopsis grandiflora.* a—c Entwicklungsgeschichte des Embryos; d fertiger ungegliederter Embryo mit den Suspensorfortsätzen. Vergr. etwa 150mal. (Nach Treub aus Schnarf)

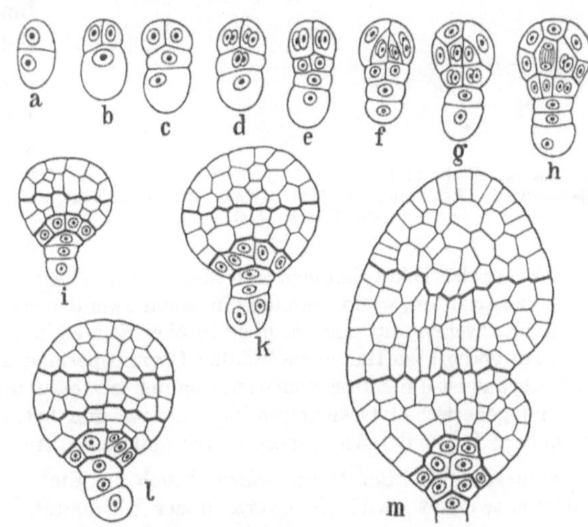

Abb. 89a—m. Embryoentwicklung der Monokotylen (*Luzula Forsteri*). a—h Entwicklungsgeschichte des Embryos, ähnlich dem Dikotylentyp; i, k erste Querteilung (stärker gezeichnete Wände); l zweite Querteilung; m äußere Gestaltung des Embryos. (Nach Souèges aus Schnarf)

kugel trennt die ganze kotyledonare Region endgültig von dem Hypokotyl, wodurch der apikale Teil des Embryos gegenüber dem basalen etwas überhöht erscheint (Abb. 89, l). Diese beiden Teilungen kennzeichnen die Differenz in der ersten Entwicklungsgeschichte der

Dikotylen und Monokotylen. Deutlicher freilich wird der Unterschied erst bei der Aus-
formung der äußeren Gestalt. Dann entsteht an einer der beiden Flanken des Embryos eine
Einkerbung, die den Kotyledon und das Hypokotyl nun auch morphologisch voneinander
scheidet. Am unteren Rand der Kerbe wird sodann das Meristem für den künftigen Vegetationskegel angelegt (Abb. 89m). Der apikal überwölbende Teil des Keimlings wächst zu dem einen
Kotyledon heran, dessen Scheide später den Vegetationskegel des heranwachsenden Sprosses
und seine primären Blätter mehr oder weniger umgreift.

Wenn wir nun diese beiden so gleichartig beginnenden und so grundverschieden endigenden Entwicklungsabläufe vergleichen, so können wir daraus
sogleich schon eine stets sich von
neuem bestätigende Gesetzmäßigkeit ableiten: *Das Schicksal einer
ursprünglich gleichmäßigen Zellgruppe ist unter anderem davon abhängig, an welcher Stelle ein Meristem bleibt oder sich ausbildet.* So
wird bei den Dikotylen die Mitte
des apikalen Teiles der Keimkugel
zum Meristem und damit zur
späteren Achse. Bei den Monokotylen liefert eine seitlich ein-
gestülpte Partie der einen Flanke
das Meristem und der Apex differenziert zum begrenzten Keimblatt. Daß das ursprünglich seitlich inserierte Meristem die Hauptachse bildet und das terminale
Keimblatt zur Seite drängt, ergibt sich aus eben diesen Wachs-
tumsverhältnissen.

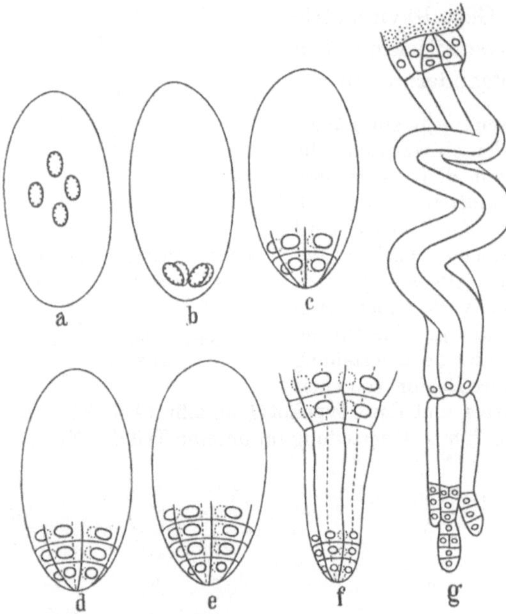

Abb. 90a—g. Embryobildung der Gymnospermen (*Pinus*)
halbschematisch. Erklärung im Text. (Nach BUCHHOLZ aus
SCHNARF, leicht verändert)

An diese beiden Grundtypen in
der Embryoausbildung, die spezifische
Entwicklung der Dikotyledonen und Monokotyledonen, reiht sich eine schier unerschöpfliche
Fülle von Varianten, wenn man die einzelnen Familien und Gattungen durchgeht. Wir wollen
hier davon absehen und uns nur noch in aller Kürze einigen mehr grundsätzlich andersartigen
Typen zuwenden; wir finden sie bei den Gymnospermen und Farnen. Gegenüber dem Angio-
spermentypus ist die Embryoentwicklung der letzteren um vieles komplizierter. Wir stellen
alle phylogenetischen Gesichtspunkte beiseite und betrachten vorläufig nur, wie der klar
übersehbare Typus der Angiospermen bei anderen Formen abgewandelt ist.

Gymnospermen. Bei *Pinus* vollzieht sich die Embryobildung so, daß zunächst ein Proembryo entwickelt wird. Der Kern in der befruchteten Eizelle teilt sich zunächst in vier
Kerne, die an das nach innen gerichtete Ende der Eizelle wandern (Abb. 90a, b). Hier teilen
sie sich weiter, so daß zuletzt vier Stockwerke von je vier Zellen entstehen, von denen das
innerste nicht durch eine Membran gegen die Eizelle abgegrenzt wird und später zugrunde
geht (Abb. 90c—e). Das nächste Stockwerk wird zwar durch eine Wand von dem Inneren
abgetrennt, bleibt aber als „Basalplatte" dauernd in dem Bereich der ursprünglichen Eizelle.
Die Zellen des nächsten Stockwerkes werden zu „Suspensoren", sie strecken sich außerordentlich in die Länge, teilen sich später noch mehrfach zur Bildung akzessorischer Suspensorzellen und schieben damit die vordersten Zellen in das Prothalliumgewebe hinein (Abb. 90f—g).
Die Suspensorzellen und die vier jeweils vor ihnen liegenden Zellreihen trennen sich sodann seitlich voneinander. Aus den vier vorderen wird zuletzt je ein Embryo, die alle vier

Abkömmlinge der einen befruchteten Eizelle sind (Abb. 90g). In den meisten Fällen bleibt freilich nur ein Embryo übrig, gewöhnlich der am tiefsten in das Prothalliumgewebe versenkte, die anderen sterben ab. Aus der vordersten Zelle erwächst schließlich ein Keimling mit 5—8 Keimblättern (Abb. 95) und wie bei den Angiospermen in Kotyledonen, Hypokotyl und Radicula gegliedert.

Pteridophyten. Bei *Selaginella Martensii* liegen die Archegonien[1], die Behälter der Eizellen, die hier die „Ausbildungsgeräte" für die Embryonen darstellen, wegen der Befruchtung durch bewegliche Spermatozoiden oberflächlich. So ist es notwendig, den heranwachsenden Embryo, den Sporophyten, aus dem Archegonium in die Tiefe des Gewebes zu versenken. Dazu dient ähnlich wie bei den Gymnospermen der Embryoträger oder Suspensor. Dieser liegt aber bei *Selaginella* nicht in der geradlinigen Fortsetzung der Embryonalachse, sondern seitlich neben der Wurzelanlage. Noch ein weiteres Embryonalorgan kommt hier hinzu. Die Nahrungsaufnahme für den heranwachsenden Embryo wird durch ein besonderes Saugorgan, den Fuß, bewerkstelligt. Hier sind also vier verschiedene embryonale Organregionen aufweisbar: Sproßanlage, Wurzelanlage, Embryoträger und Fuß (Abb. 91). Durch eine erste Teilung in der befruchteten Eizelle senkrecht zur Längsachse des Archegoniums wird apikal eine zum Embryoträger und basal die zur Embryoanlage bestimmte Zelle abgetrennt. Eine weitere Teilung der letzteren verläuft senkrecht zur ersten Wand und trennt nun die Segmente, die der Stammanlage mit den Keimblättern einerseits, andererseits Wurzel und Fuß den Ursprung geben (Abb. 91 c). So sehen wir auch bei dieser komplizierteren Entwicklung, wie die ersten Teilungen schon die Bestimmung der Organregionen zur Folge haben.

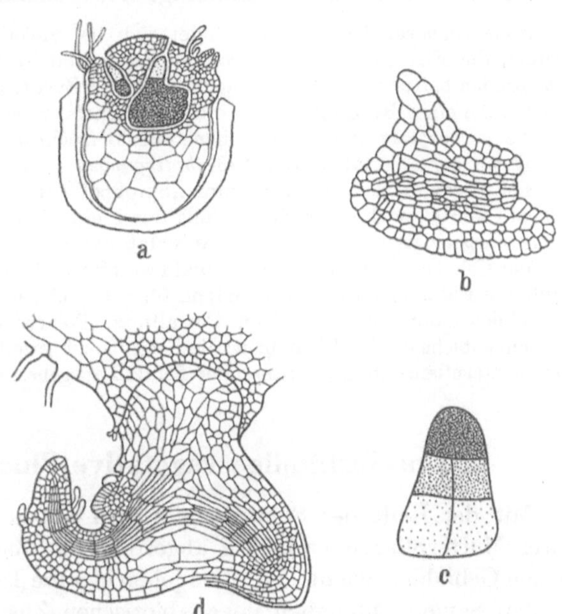

Abb. 91 a—d. Embryoentwicklung der Farne. a *Selaginella Martensii*, gekeimte Makrospore mit zwei Embryonen; b Embryo von *Selaginella selaginoides* im Längsschnitt, links oben Embryoträger, rechts die Sproßanlage, links Wurzelanlage; c die ersten Teilungen in der befruchteten Eizelle von *Lycopodium*. Vergleiche Text; d Embryo von *Pteridium aquilinum* im Prothalliumgewebe. Oben und rechts Fuß und Wurzel, links Stammanlage und Keimblatt. (a nach PFEFFER; b und c nach BRUCHMANN; d nach HOFMEISTER)

Einfacher zwar, wenngleich nach dem gleichen Prinzip, erfolgt die Embryonalentwicklung bei den *isosporen Farnen* (Beispiel *Pteridium aquilinum*). Hier fehlt dem Embryo der Embryoträger, er besteht allein aus Blatt- und Stammanlage, Fuß und Wurzel. Stamm und Wurzelanlage sind dem Archegonienhals zugewendet, der Fuß bleibt im erweiterten und heranwachsenden Archegonienbauch mit dem Prothallium im Zusammenhang (Abb. 91 d). Der Sporophyt der *Moose* ist erheblich vereinfacht. Bei *Funaria hygrometrica* teilt sich die befruchtete Eizelle durch eine Wand senkrecht zur Längsachse des Archegoniums. Aus der basalen Zelle wird ein kurzes Haustorium, aus der apikalen, sie sich lebhafter teilt, wird Seta und Kapsel.

Auf einen prinzipiellen Unterschied zwischen den Blütenpflanzen und den Archegoniaten sei noch verwiesen. Die Teilungsweise schon bei der Embryoentwicklung ist bei letzteren, und zwar den Farnen wie Moosen, anders als bei

---

[1] Vergleiche hier auch den Abschnitt über die Fortpflanzung.

den Blütenpflanzen. Es kommen nämlich durch eine schon sehr frühzeitige Einziehung schräger Zellwände Scheitelzellen, zweischneidige oder dreischneidige, am Gipfel der Meristeme zur Entstehung. So ist also der Teilungsablauf jeglichen wachsenden Organs auf eine einzige Initialzelle zurückzuführen, die ihrerseits bei jeder Teilung wieder eine neue Gewebesonderung beginnt. Es gibt also bei den Archegoniaten nicht eine einheitliche, einmal durch Tangentialteilungen entstandene Hautschicht, sondern lediglich eine stets erneut sich aus der Teilungsabfolge der Scheitelzellabkömmlinge neu bildende.

Freie Embryonalentwicklung findet sich bei vielen Algen. Bei der Braunalge *Fucus* werden die Eier in das Meerwasser entlassen und hier von den ebenfalls befreiten Spermatozoiden befruchtet. Bald danach keimen die Zygoten, um sogleich eine Polarität im Vorhandensein eines Rhizoidpols und eines Sproßpols erkennen zu lassen. Die befreite kugelige Eizelle vorher war apolar; bald nach der Befruchtung sind indessen Möglichkeiten einer Induktion der Polarität durch *Außenbedingungen* — vor allem durch das Licht — gegeben, die lichtzugewandte Seite wird zum „Sproßpol", die lichtabgewandte zum „Rhizoidpol". Alsbald werden nach einer Kernteilung durch eine Wand die beiden Regionen des Embryos auch morphologisch getrennt. Im Anschluß daran wölbt sich am Rhizoid eine Papille vor, mit der sich das Ei auf dem Untergrund festheftet. Die folgenden Teilungen, die im Sproßpol zahlreicher ablaufen als im Rhizoidpol, führen zunächst wieder zu Gewebedifferenzierungen, schließlich dann auch zu äußerer Gestaltung. Polarisierung durch äußere Bedingungen ist hier ein entscheidendes Phänomen; die Fortpflanzungszelle ist nicht eingeschlossen, sodaß von der Mutterpflanze kein induzierender Einfluß ausgehen kann.

2. Unselbständige vegetative Phase der Keimpflanze

Mit der Reife des Samenkornes wird die junge Keimpflanze zu einem von ihrer Mutterpflanze endgültig abgetrennten, aber dennoch nicht selbständigen neuen Gebilde gemacht. Wir übergehen hier die Tatsache, daß sich die Embryonen in den Samen anfänglich im anabiotischen Zustand befinden, eine Samenruhe durchmachen können, vielfach sogar müssen, und beschäftigen uns unmittelbar mit der Entwicklungsgeschichte der Keimpflanze. Für alle keimenden Samen ist es charakteristisch, daß stets die *Keimwurzel* zuerst aus dem geschlossenen Samen hervorbricht. Sie wächst anschließend positiv geotropisch abwärts in den Boden hinein, wobei das Gewicht des Samenkornes, verstärkt durch die Adhäsion der Samenschale an den feuchten Boden, das Widerlager für das Eindringen bildet.

Bei den Dikotylen finden sich zwei grundsätzlich verschiedene Typen von Keimlingen, je nachdem ob ein Endosperm, ein besonderes und länger persistierendes Nährgewebe vorhanden ist (Abb. 92a), oder ob die Kotyledonen gleichzeitig als Reservestoffspeicher funktionieren (Abb. 93). Im ersten Fall werden vielfach schon die Kotyledonen als ergrünende und assimilierende Blätter entfaltet, wenn sie auch in ihrer Gestalt von den normalen Laubblättern abweichen. Die Keimblätter der Ricinuspflanze funktionieren zunächst während der Entwicklung der Wurzel als Saugorgane, welche zugleich die notwendigen Enzyme sezernieren, um die Reservestoffe des Endosperms zu mobilisieren (Abb. 92b). Ist letzteres erschöpft, dann beginnen die Kotyledonen ein starkes Flächenwachstum und ergrünen zugleich. Das vorher gekrümmte Hypokotyl richtet sich auf und die im Samen zusammengelegten Oberseiten der Kotyledonen breiten sich durch stärkeres Wachstum aus (Abb. 92c). Während des letzten Vorgangs hat sich das Hypokotyl stark gestreckt und nach der Entfaltung der Kotyledonen beginnt sogleich die zwischen ihnen liegende Knospe ihre weitere Entwicklung. Die ersten Blätter, die an dem daraus heranwachsenden Sproß entstehen, pflegt man als Primärblätter zu bezeichnen. Mit der Verwurzelung im Boden und der Entfaltung der ersten assimilierenden Blätter ist die unselbständige Periode der vegetativen Entwicklung der Sproßpflanze abgeschlossen und die selbständige beginnt.

Diese Weise der Keimung und Verwendung der Kotyledonen wird als die *epigäische Keimung* bezeichnet (Abb. 92 b). Im Gegensatz dazu steht die *hypogäische Keimung*, bei der die Kotyledonen nicht entfaltet werden, sondern an ihrem Orte am oder im Boden bleiben, während als Keimsproß das Epikotyl, der Sproßteil oberhalb der Kotyledonen, und als erste assimilierende Blätter die Primärblätter funktionieren.

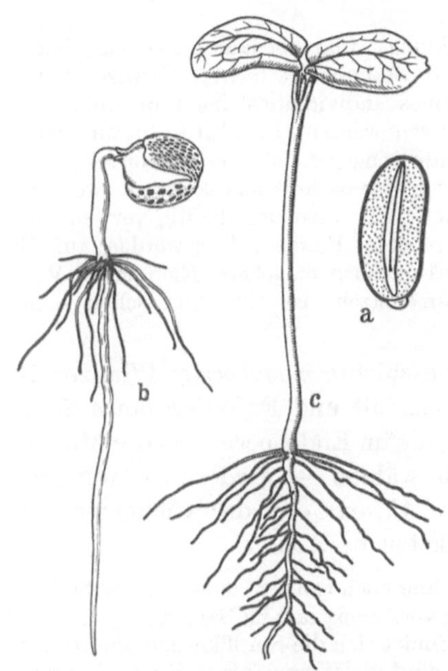
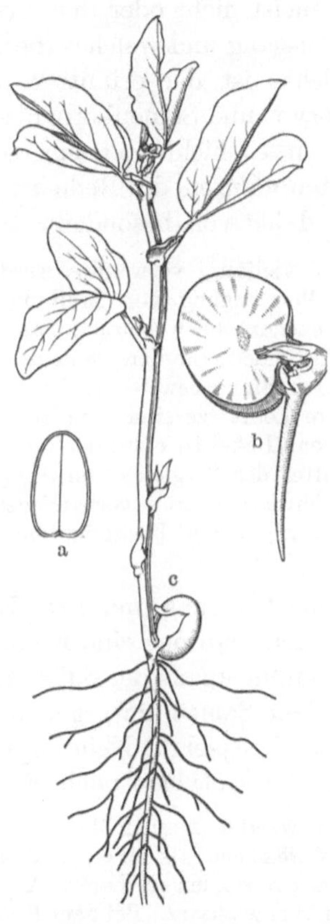

Abb. 92a—c. Epigäische Keimung des Samens von *Ricinus communis*. a ruhender Same, Längsschnitt, Embryo im Endosperm (punktiert) als Nährgewebe eingebettet; b keimender Same; c Keimpflanze. (Nach TROLL)

Abb. 93a—c. Hypogäische Keimung des Samens von *Vicia faba*. a ruhender Same, Querschnitt, die Kotyledonen zeigend, die hier das Nährgewebe darstellen; b Beginn der Keimung; c Keimpflanze mit den Kotyledonen, Niederblättern und Primärblättern. (b und c nach TROLL)

Bei *Vicia faba* sind die Keimblätter ausschließlich Speicherorgane und nicht mehr weiterentwicklungsfähig. Nach Sprengung der Samenschale und der Ausbildung eines Wurzelsystems bleiben die Kotyledonen am Boden liegen, zwischen ihnen wächst sogleich der Vegetationskegel heran, bildet als Keimsproß das Epikotyl und mit ihm die beiden Primärblätter als erste assimilierende (Abb. 93). Das Hypokotyl ist also ganz kurz, unmittelbar basalwärts schließt sich die Hauptwurzel daran an, aus der dann Seitenwurzeln hervorbrechen. Damit ist hier auch wieder das unselbständige Dasein in der vegetativen Periode der Sproßpflanze abgeschlossen.

In einem Lehrbuch können immer nur einzelne typisch erscheinende Beispiele herausgegriffen und zur Darstellung gebracht werden. Dabei besteht stets die Gefahr, daß solche nebeneinandergestellte Typen als grundsätzlich und unüberbrückbar verschieden angesehen werden. Das kann sich jeweils dann ändern, wenn man größere Reihen übersieht, wobei deutlich werden kann, daß es Übergänge von einem Typus zum anderen gibt, so daß diese durchaus nicht mehr als gegensätzlich angesehen zu werden brauchen. Eine solche Übergangsreihe verführt indessen sogleich zu der phylogenetischen Fragestellung, wieweit der eine Typus sich aus dem anderen entwickelt habe. Damit taucht dann sofort die weitere, meist nicht oder nur unvollkommen beantwortbare Frage auf: Welches ist der Ausgang und welches die Richtung der Entwicklung? Oder vom Typus her, welches ist der primitive und welches der abgeleitete? Gerade hier bei der Embryo- und Samenkornentwicklung ist Wesentliches dazu zu sagen. Doch können wir es nicht hier tun, sondern allein dort, wo von der Fortpflanzung der Blütenpflanzen die Rede ist; denn die Vorgeschichte der Embryoentwicklung ist dabei von besonderer Bedeutung.

Der so vielfältig verwandte Ausdruck „Entwicklung" führt bedauerlicherweise leicht zu einer Vermengung von Individualgeschichte und Stammesgeschichte. Demgegenüber sei hier nachdrücklich betont: Die Entwicklung eines Individuums kann in ihren einzelnen Zuständen, Stadien genannt, direkt aufgewiesen werden, ist also in naturwissenschaftlichem Sinne beweisbar. Die Stammesgeschichte hingegen ist eine historische Disziplin, ihre Lehrsätze sind vom Standpunkt der Naturwissenschaft aus schwer beweisbare Hypothesen. Dabei ist eines der unglücklichsten, aber leider besonders häufig verwendeten Beweismittel der Vergleich von Ähnlichkeitsreihen rezenter Formen. Wir werden auf die äußerst schwierigen hier vorhandenen Probleme später noch eingehen. Eine erste Warnung indessen, deren Komplikation nicht zu unterschätzen, ist aber hier schon angebracht.

Für die Keimung und erste Entwicklungsgeschichte *monokotyler* Pflanzen ist zu bedenken, daß das eine Keimblatt häufig Gestalt und Funktion eines Saug- und Aufnahmeorgans der Substanzen darstellt, die im Endosperm von der Mutterpflanze dem Samen mitgegeben werden. Wir wählen — wiederum SACHS folgend — als Beispiel die Keimungsgeschichte von *Allium Cepa*, der Küchenzwiebel, weil hier der Kotyledo noch eine zweite Funktion besitzt.

Die Entwicklungsgeschichte des Embryos verläuft hier noch von dem monokotylen Schema insofern abweichend, als der Kotyledo sich übermäßig verlängert und im Samen innerhalb des Endosperms gewunden erscheint. An seiner Basis befindet sich die Sproßknospe unmittelbar über dem Wurzelansatz. Bei dem Keimungsvorgang wird die Wurzelanlage durch die Strekkung des Kotyledos aus dem Samen herausgeschoben. Der Austritt erfolgt meist nach oben, und wenn das Ganze einige Millimeter lang geworden ist, erfolgt eine Abwärtskrümmung im Kotyledo selbst durch einen scharfen Knick in seinem mittleren Teil, so daß sein basales Ende mit Wurzelanlage und Sproßknospe in den Boden gebracht wird. Nach Aussaugung des Samens richtet sich das ganze Gebilde auf, der Knick gleicht sich aus und der Kotyledo ist inzwischen ergrünt. Sodann geht die haustoriale Spitze zugrunde und das Ganze funktioniert nun als erstes Blatt. Die Hauptwurzel hat im Boden nur eine begrenzte Länge, sie bildet keine Seitenwurzeln, sondern es entstehen zunächst aus dem Kotyledonarknoten, später noch aus anderen Knoten neue Seitenwurzeln. Die Sproßknospe entwickelt sich zum Keimsproß, der seitlich den Kotyledon aufbricht (Abb. 94).

Wir haben eine Schilderung des inneren Aufbaus, der Struktur der Keimpflanze unterlassen; denn es gilt ja lediglich den Übergang vom Embryo zur Sproßpflanze in ihrer selbständigen vegetativen Periode plausibel zu machen. Bei der Darstellung der selbständigen vegetativen Phase wird auch wieder das Widerspiel von Struktur und Gestalt seine Anwendung finden.

Es sei auch hier wieder im Anschluß an die Angiospermen noch kurz auf die Verhältnisse bei den *Gymnospermen und Farnen* verwiesen. Für die Keimungsgeschichte von *Pinus* sei wieder auf die Erörterung von SACHS zurückgegriffen (Abb. 95). Im reifen Samen, an dessen mikropylarem Ende die Radicula des Embryos liegt, befindet sich innerhalb der Samenschale der Embryosack mit Endosperm und Embryo. Bei der Keimung drückt die Keimwurzel zunächst den Embryosack, der hier eine vertikale Haut darstellt, aus der geöffneten Samenschale hinaus und durchbricht ihn dann; seine Reste sind bei weiterem Wachstum noch an der Basis der Wurzel wahrnehmbar. Die zahlreichen Kotyledonen des Keimlings befinden sich zunächst noch im Samen; sie mobilisieren die Reservestoffe des Endosperms und wachsen dann schließlich aus der Samenschale hinaus, um zuletzt die leere Hülle des Samens abzustoßen. Danach entfalten sich die Kotyledonen, ergrünen und funktionieren als Assimilationsorgane. Die Keimwurzel entspricht dem Typ der Dikotylen: eine kräftige Hauptwurzel, aus der dann bald Seitenwurzeln entspringen.

Bei den Farnen ist ein Überdauerungszustand nicht mit der Embryobildung verbunden, sondern ist — wenn überhaupt vorhanden — eine Eigenschaft der Gonosporen. Dementsprechend gibt es bei der Entwicklungsgeschichte des Embryos keinen Ruhezustand, keine Anabiose, vielmehr läuft die Entwicklung von der befruchteten Eizelle her geradlinig weiter und geht ohne Unterbrechung in den Zustand der Keimpflanze über. Zwar kann man durchaus eine embryonale Phase von einer unselbständigen vegetativen unterscheiden, nur sind sie nicht so klar geschieden wie bei den Blütenpflanzen. Und die Ernährung in der unselbständigen vegetativen Phase erfolgt bei *Pteridium* nicht durch aufgehäufte Reservestoffe, sondern unmittelbar durch die Assimilationsleistung des Prothalliums, in das der Embryo mit seinem Fuß noch eingelassen ist so lange, bis Sproß und Wurzel zu selbständiger Nahrungsaufnahme befähigt sind. Das Vorhandensein des „Fußes", des Saug- und Auf-

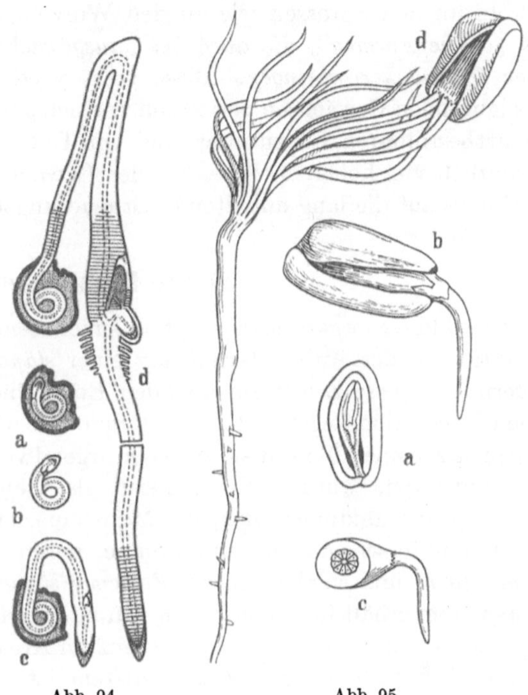

Abb. 94   Abb. 95

Abb. 94a—d. *Allium cepa*. a ruhender Same; b herauspräparierter Embryo; c erstes Stadium der Keimung; d Keimling vor dem Ausbrechen der Sproßknospe. Etwas vergrößert. (Nach SACHS aus TROLL)

Abb. 95a—d. Keimung von *Pinus pinea*. a ruhender Same im Längsschnitt; b beginnende Keimung; c Querschnitt, die vielen Kotyledonen zeigend; d Keimling. (Nach SACHS, leicht verändert)

nahmeorgans der notwendigen Baustoffe aus dem Prothallium, überläßt die Kotyledonen sogleich ihrer eigentlichen Funktion, nämlich, so bald wie möglich ein Assimilationssystem an dem Keimsproß zu entwickeln.

Von hier aus gesehen ist nun auch das Verständnis dafür leicht zu gewinnen, daß bei den eigentlichen Landpflanzen von den Gymnospermen an keine selbständige Entwicklung einzelliger Fortpflanzungskörper mehr vorkommt. Das mit jeder Fortpflanzung verbundene Ergreifen einer neuen Umwelt setzt im Bereich der Landpflanzen einen umfassenden Entwicklungs- und Energieaufwand voraus, so daß dafür eine fertige Pflanze mit schon vollzogenen Differenzierungsanfängen und Tausenden von Zellen erforderlich ist, und das ist in der Embryoentwicklung gegeben.

3. Die selbständige vegetative Phase

Mit dem Beginn dieses Lebensabschnitts ist im Bereich der Cormophyten recht eigentlich die „fertige Pflanze" gegeben, und hier finden wir nun sowohl im Sproß wie in der Wurzel die Scheidung in Bildungsorgane und Dauerorgane endgültig vollzogen, so wie wir unter den Geweben meristematische von Dauergeweben unterschieden. *Mit dem Vorhandensein von besonderen Bildungsorganen* sowohl an den Sprossen wie an den Wurzeln *charakterisieren sich die Pflanzen als „offene Formen", die auch bei „ausgewachsenen" Individuen ständig wieder neue Organe hervorbringen.* Diese stets wiederholte Erneuerung, die bei den ausdauernden Gewächsen periodisch vor sich geht, hat ihren natürlichen Abschluß im artbestimmten Lebensalter und im Tod des Individuums. Das so außerordentlich viel höhere Lebensalter der Gewächse gegenüber den Tieren ist ganz zweifellos auf die lang anhaltende Erneuerungsbereitschaft der Pflanzen zurückzuführen.

a) Die Bildungsorgane

Die Bildungsorgane setzen sich aus meristematischen Zellen zusammen, deren Funktion in der Aufrechterhaltung einer *ständigen Teilungsbereitschaft* besteht. Sofern sich diese Zellen am apikalen Ende eines Sprosses oder einer Wurzel in einen Vegetationskegel ordnen, hat man das Gebilde auch bisher schon als ein Organ bezeichnet. Sofern sie indessen irgendwo in Schichten geringerer Mächtigkeit auftreten, wurden sie zumeist als Gewebe definiert. Wir. werden im folgenden die Bildungszonen, die Meristeme, einheitlich als Organe betrachten.

Man unterscheidet Bildungsorgane, deren Gewebe *ihrer Herkunft nach als Urmeristem,* und solche, die als *Folgemeristeme* aufgefaßt werden müssen. Ein Urmeristem erhält in seinen Zellen den meristematischen Charakter vom Embryo her und verliert somit in einem begrenzten Areal von Zellen niemals die ständige Teilungsbereitschaft. Ein Folgemeristem ist aus einer Zellgruppe entstanden, die vorübergehend ihre Teilungsbereitschaft verloren, sekundär jedoch wieder neu aufgenommen hat. *Der Anordnung nach unterscheidet man apikale, basale und intercalare Bildungsorgane.* Die apikalen schließen die zylindrischen Achsen der Sprosse und Wurzeln an ihren Spitzen konisch ab, es sind das die Vegetationskegel, die wichtigsten Bildungsorgane überhaupt. Die basalen Bildungsorgane liegen im Gegensatz dazu am Grunde der von ihnen erzeugten Gebilde; sie sind selten und eigentlich Ausnahmeerscheinungen. Wichtiger ist wieder die dritte Kategorie der intercalaren Bildungsorgane, solche nämlich, die zwischen zwei aus ihnen gebildeten Schichten differenzierter Gewebe liegen.

aa) Apikale Bildungsorgane: Vegetationskegel. An der Spitze der Sprosse und der Wurzeln ist das Bildungsorgan als Vegetationskegel gestaltet, der damit die zylindrische Achse konisch abschließt. Hier sind die meristematischen Zellen in mehreren gleichmäßigen Reihen übereinander angeordnet. Am oberen Ende des Kegels liegen die Zellen, auf deren Teilungstätigkeit zuletzt alle übrigen als Teilungsabkömmlinge zurückzuführen sind; sie werden als *Initialzellen* bezeichnet.

Sofern in einem Vegetationskegel nur eine einzige Initialzelle vorkommt und diese sich zugleich auch durch Form und Größe vor den übrigen Zellen des Kegels auszeichnet, wira sie *Scheitelzelle* genannt. Alle Initialzellen einschließlich der Scheitelzelle liefern bei jeder Teilung ungleiche Tochterzellen. Die eine davon bleibt Initialzelle, die andere wird basalwärts abgedrängt, um nach einer begrenzten Anzahl weiterer Teilungsschritte in ihren Abkömmlingen vollkommen in die Differenzierungszone überzugehen. So bleibt in den Bildungsorganen trotz ihrer ständigen Neuproduktion dennoch stets die gleiche Anzahl von meristematischen Zellen erhalten, alle diese Zahl übersteigenden, von den Initialzellen abgedrängten verlieren die ständige Teilungsbereitschaft und verfallen der Differenzierung.

Die *Einziehung der neuen Wände* in einem Bildungsorgan ist von der Richtung des stärksten Wachstums abhängig, in der sich die Ausgangszelle vergrößert hat: sie steht meist senkrecht dazu (HOFMEISTERsche Regel). Es gibt jedoch Fälle, in denen die neuen Zellwände dieser Regel nicht folgen. Dann findet sich

Abb. 96. Sproßspitze von *Hippuris vulgaris*. Längsschnitt. *b* Blattanlagen; *k* Achselknospen; *v* Vegetationskegel; *i* Intercellulare in der primären Rinde. (Orig.)

eine andere Beziehung von nicht minderer Bedeutung: die Tochterzellen wiederholen in einem solchen Falle die Eigenform der Mutterzellen möglichst genau. Wenn diese Eigenform eine Kugel ist — und als solche kann man die einzelne meristematische Zelle unabhängig von ihrer Nachbarschaft ansehen —, dann ordnet sich die Gesamtheit aller Wände so an, daß die Summe ihrer Oberflächen ein Minimum erreicht, ein offenbar rein physikalisches Phänomen: denn ebenso sind die Lamellen im Seifenschaum geordnet. Sofern durch eine neu ablaufende Teilung diese Anordnung der „minima area" gestört wird, erfolgt ein Ausgleich durch spätere Verschiebung der Wände.

Die Sproß- und Vegetationskegel der Blütenpflanzen. Die Initialzellen und die daraus abgeleiteten teilungsbereiten Zellen liegen hier in mehreren Stockwerken übereinander und bilden einen in der Zellanordnung etwas unregelmäßiger gestalteten Kern sowie einen Mantel, der, je weiter nach außen, in desto regelmäßigeren schalenförmigen Schichten von Zellen erscheint. Eine Übersicht über die Schichten kann man nach der Einziehungsweise der neuen Wände vornehmen,

die hier durchaus der HOFMEISTERschen Regel nach erfolgt und damit zugleich
die Richtung des stärksten Wachstums anzeigt. Zur Kennzeichnung pflegt man
die Wände nach ihrer Lage zur Oberfläche des Vegetationskegels zu bezeichnen.
Antikline Wände nennt man diejenigen, die senkrecht zur Oberfläche stehen.
perikline dagegen solche, die parallel zur Oberfläche eingezogen werden. Man
kann nun feststellen, daß entweder nur in der äußersten
oder nur in wenigen weiteren Schichten *allein antikline*
Teilungen auftreten. Diesen äußeren Teil des Kegels, soweit
allein antikline Teilungen vorkommen, nennt man *Tunica*,
der innere, wo sich antikline *und* perikline Teilungen finden,
wird als *Corpus* bezeichnet. Durch die Teilungen mit anti-

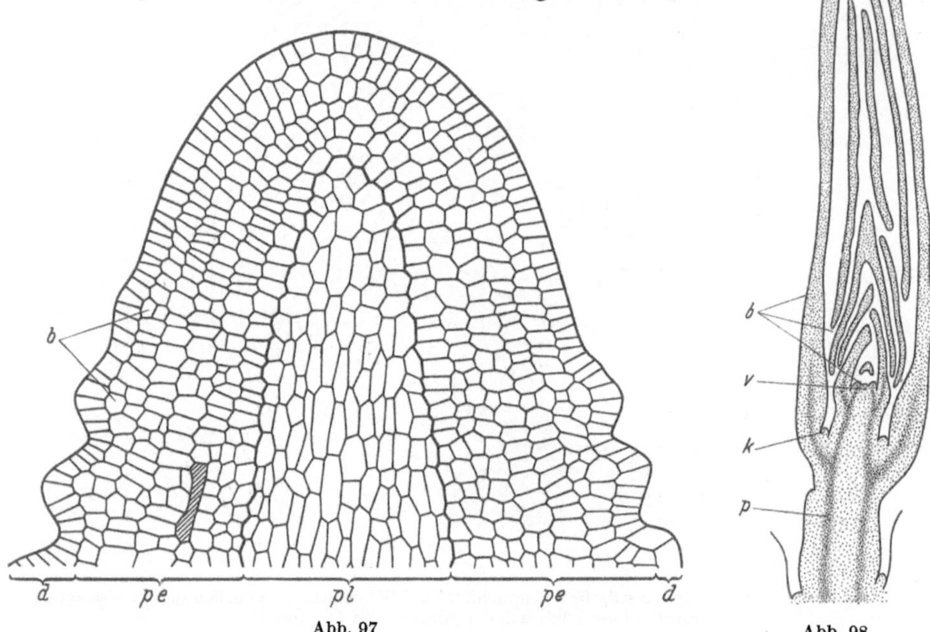

Abb. 97   Abb. 98

Abb. 97. Vegetationskegel von *Hippuris vulgaris*, Längsschnitt. *d* Dermatogen; *pe* Periblem; *pl* Plerom; *b* Blattanlagen. Intercellulare schraffiert. (Orig.)

Abb. 98. Längsschnitt durch eine Sproßknospe von *Syringa vulgaris*. *b* Blattanlagen; *k* Achselknospen; *v* Vegetationskegel; *p* Prokambium. (Orig.)

klinen Wänden wird die Zahl der Zellen in den Schichten vermehrt, letztere
erfahren also eine Flächenvergrößerung. Durch perikline Teilungen wird die
Schichtenzahl vermehrt, die Schichtenfläche jedoch nicht vergrößert.

Diese Einteilung der Schichtenfolge nach der Teilungsweise der Zellen läßt sich bei allen
Vegetationskegeln durchführen. Die Kegel der als Wassergewächse ausgebildeten Sproßpflanzen lassen noch mehr erkennen. Sie sind besonders groß, schlank und besitzen eine innere
Partie von Zellen, die etwas langgestreckter und schmaler sind als die übrigen (Abb. 96). Aus
diesem Kern entsteht später der Zentralzylinder der Sproßachse; man hat ihn als das *Plerom*
bezeichnet. Den darumgelegten Mantel nennt man das *Periblem*, daraus wird später die
primäre Rinde, und schließlich findet sich noch eine einzellige äußere Schicht, das *Dermatogen*,
die Initialschicht für die Epidermis (Abb. 97). Faktisch ist das eine Bezeichnung der Schichten
nach ihrer prospektiven Bedeutung; nach dem Ziel also, dem sie durch die Differenzierung
entgegengehen. Das ist darum schon allein unzweckmäßig, weil sich diese Schichtenfolge bei

den Vegetationskegeln der Landpflanzen gar nicht erkennen läßt (Abb. 98). Die Scheidung in *Tunica* und *Corpus* hingegen ist überall auffindbar (Abb. 99).

Sproßvegetationskegel mit Scheitelzellen. Die Vegetationskegel der Gymnospermen lassen sich durchaus nach dem Muster derjenigen der Angiospermen begreifen. Abweichend sind die der Farne, Moose und Algen, bei denen sich Vegetationskegel mit Scheitelzellen finden. Man klassifiziert sie nach der Weise, wie die Teilungswände in die Scheitelzellen eingezogen werden.

Die Scheitelzellen der Farnvegetationskegel stellen, wie auch die der Schachtelhalme, eine dreiseitige Pyramide dar, deren etwas vorgewölbte Bodenfläche die Spitze des Kegels abschließt, während die drei Seitenflächen nach innenzielen. Die neuen Wände werden jeweils reihum parallel zu einer der drei Seitenwände ein ezogen, wobei *die Teilung stets inäqual* ist. Es

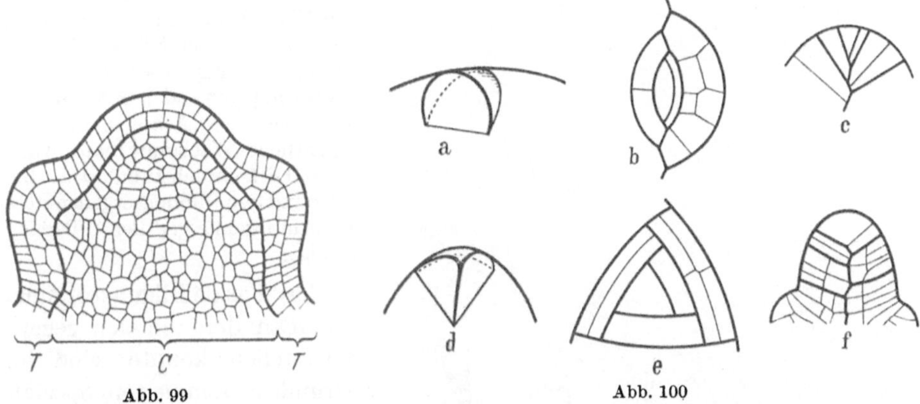

<table>
<tr><td align="center">Abb. 99</td><td align="center">Abb. 100</td></tr>
</table>

Abb. 99. Sproßvegetationskegel von *Clematis paniculata*, Tunica *T*, Corpus *C* zeigend. (Nach SCHNABEL aus TROLL)

Abb. 100a—f. Zweischneidige (a—c) und dreischneidige (d—f) Scheitelzellen. a und d räumliche Darstellung; b und e Aufsicht auf die Scheitelzelle mit den abgegebenen Segmenten; c und f Längsschnitte davon. (a und d nach SCHÜEPP; b, c und e nach NAEGELI und SCHWENDENER; f nach STRASBURGER)

entsteht nämlich jeweils eine verkleinerte pyramidale Zelle, die als Scheitelzelle persistiert, und außerdem eine mehr flächenförmige. Das Verhältnis von Wachstumsrate und Teilungsrate ist so geordnet, daß das Plasmawachstum der Scheitelzelle das der übrigen meristematischen Zellen erheblich übersteigt. Die Scheitelzelle ist also relativ groß, die sich daran anschließenden, durch Teilung entstandenen, aber noch meristematischen Zellen des Kegels werden sukzessive sehr rasch kleiner, um dann erst wieder nach dem Erlöschen der ständigen Teilungsbereitschaft an Größe zuzunehmen, wenn sie in die Streckungszone eintreten. Alle Segmente, die von der Scheitelzelle abgeteilt werden, teilen sich weiterhin mehrere Male durch Scheidewände (Abb. 100 d—f).

Die späteren Wände in den flächenförmigen Zellen entstehen gewöhnlich der HOFMEISTERschen Regel entsprechend. Eine so wie bei den Farnen funktionierende Initiale bezeichnet man als eine *dreischneidige Scheitelzelle*; sie kommt auch bei den meisten Moosen vor.

Zweischneidige Scheitelzellen sind solche, bei denen die neuen Wände lediglich nach zwei Richtungen des Raumes eingezogen werden. Infolgedessen ist das daraus hervorgehende Gebilde nicht zylindrisch, sondern flächig. Bei verschiedenen Lebermoosen und einigen Algen — die Braunalage *Dictyota* sei als Beispiel genannt — kommen zweischneidige Scheitelzellen vor. Ebenso werden, freilich bei begrenztem Wachstum, die Blätter der Farne und Moose durch ebensolche Gebilde entwickelt. Wieweit das entstehende Organ seinerseits ein- oder mehrschichtig ist, hängt davon ab, ob in den Zellabkömmlingen der Scheitelzelle die Wände lediglich parallel zu den Teilungswänden der Scheitelzelle eingezogen werden, oder ob und in welchem Maße auch noch Wände senkrecht zu dieser Richtung auftreten. Es gibt alle Übergänge von dem einschichtigen Moosblatt zu dem vielschichtigen Algenkörper bei *Dictyota* und den massiven Gewebekörpern mancher Farnblätter (Abb. 100 a—c).

Einschneidige Scheitelzellen. Die achsialen Teile der Vegetationskörper von Braunalgen (Sphacelariales) schließen apikal mit einer einzigen außerordentlichen großen Scheitelzelle ab, die, in ihrem unteren Teil zylindrisch, mit halbkugeliger Vorderfläche versehen ist. Diese Vorderfläche schiebt sich durch ein ungewöhnlich massiges Plasmawachstum nahezu in der ganzen Breite der Achse nach vorne (Abb. 101). Wenn ungefähr eine Verdoppelung der Masse erreicht ist, dann erfolgt streng nach der HOFMEISTERschen Regel eine Zellteilung mit einer Wandbildung senkrecht zur Längsachse, die einzige Weise, in der von der Scheitelzelle ein Segment abgetrennt wird. Erst in den basalen Zellen kommt es auch zu Teilungswänden, die der Längsachse parallel laufen und damit eine Vermehrung in der Achse nebeneinander liegender Zellen hervorrufen. Es ist typisch, daß mit den aufeinanderfolgenden Teilungen in den basalwärts von der Scheitelzelle abgetrennten Zellen die Wachstumsrate nahezu völlig sistiert bleibt, so daß es wohl eine Zellvermehrung, aber keine Vergrößerung gibt und damit in diesen Regionen der Achse auch kein eigentliches Wachstum, namentlich kein Dickenwachstum, was bei allen anderen Bildungsorganen stets auch in ihrem eigentlichen Bereich erfolgt.

bb) Basale Bildungsorgane, die man den apikalen gegenüberstellen könnte, sind im Grunde genommen ein Spezialfall der intercalaren; denn es ist nie so, daß von einem basalen rein meristematischen Gewebe aus allein apikalwärts differenzierendes Gewebe abgegeben würde, vielmehr allein so, daß eine ursprünglich intercalare meristematische Zone mehr oder weniger früh nur noch einseitig apikalwärts Gewebe abgibt.

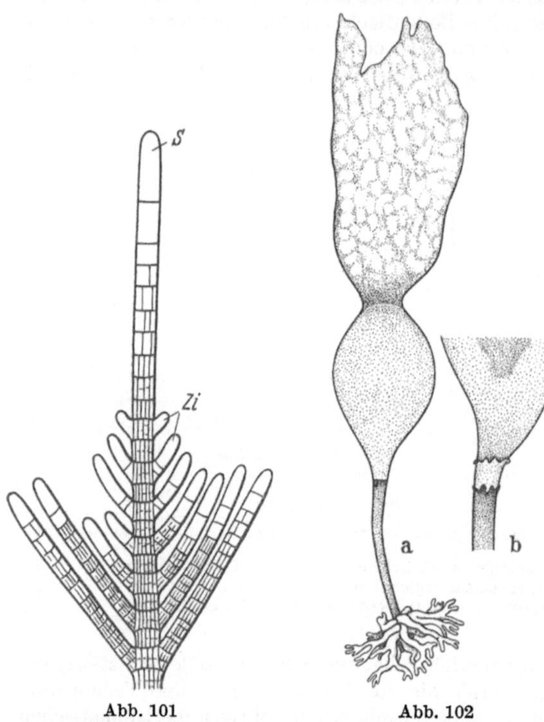

Abb. 101   Abb. 102

Abb. 101. Sproßspitze von *Sphacelaria plumigera* mit einer einschneidigen Scheitelzelle. *S* Scheitelzelle; *Zi* Zweiginitialen. (Nach REINKE aus OLTMANNS)

Abb. 102a u. b. a Keimpflanze von *Laminaria*; b Laubwechsel, stärker vergrößert. (Nach SETCHELL aus OLTMANNS)

Typisch dafür sind die Zonen an der Basis der großen Thalluslappen (der Blätter!) verschiedener Laminariaarten, die Jahr für Jahr jeweils in apikaler Richtung das alte Gewebe vor sich herschieben und gleichzeitig darunter neues produzieren. So entsteht bei *Laminaria saccharina* zunächst eine teller- oder scheibenförmige Vorbereitung, die durch eine deutliche Einschnürung von dem alten „Blatt"-Teil gesondert ist. Diese Scheibe wächst dann nach und nach zu einem neuen blattartigen Thallus heran (Abb. 102).

cc) Intercalare Bildungsorgane sind solche, deren Initialzellen nach zwei einander entgegengesetzten Seiten hin differenziertes Gewebe abgeben. Der Prototyp solcher Gebilde ist das Cambium, wobei ein schmaler Streifen meristematischer Zellen gleichmäßig durch seine Teilungstätigkeit nach beiden Seiten differenzierte Gewebe abgibt (S. 83).

Strenggenommen gehören die Vegetationskegel der Wurzeln auch zu den intercalaren Bildungsorganen, denn es werden differenzierende Zellen nicht nur basalwärts von den Initialen abgegeben, sondern auch apikalwärts. Es ist die Spitze von der durchaus speziell differenzierten Wurzelhaube, der Calyptra, bedeckt. Da aber die nach beiden Richtungen hin abgegebene Zellenzahl zweifellos inäqual ist, da zudem die äußeren Zellschichten der Wurzelhaube im Zuge ihrer Funktion abgestoßen werden und somit die Ausdehnung dieser Schichten gleichmäßig gering bleibt, reiht man sie meist unter den apikalen Bildungsorganen ein. Wir werden hier die Wurzelvegetationskegel an den Anfang stellen, sozusagen auf die Grenze zwischen apikalen und intercalaren Bildungsorganen, ebenso wie auch die eben genannten basalen Bildungsorgane in ähnlicher Weise auf der Grenze stehen.

Vegetationskegel der Wurzeln. Die Gewebeanordnung in Tunica und Corpus wird bei den Vegetationskegeln der Wurzeln nicht als durchgängiges Einteilungsmerkmal erkennbar wie bei den Bildungsorganen der Sprosse, dafür ist aber die Gruppierung nach den Gewebepartien der fertigen Wurzel bis in die Region der Initialzellen hinein zu sehen, und man hat darum eine Gliederung allein danach hier durchgeführt. Wir gehen in unserer Erörterung von HABERLANDTs klassischer Darstellung eines Längsschnitts durch die Wurzel von *Eriophorum vaginatum* aus (Abb. 103). Hier kann man ein inneres, in exakten Reihen angeordnetes Gebiet des Pleroms erkennen, davon dann deutlich abgesetzt den Periblemmantel, der von einem exakt einreihigen Dermatogen außen begrenzt wird. Diese Schichten erfahren basalwärts von der Initialzone ihre Differenzie-

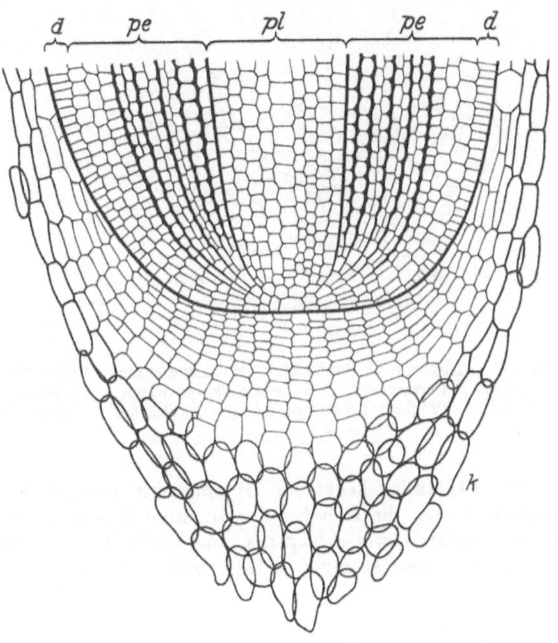

Abb. 103. Längsschnitt durch den Wurzelvegetationskegel von *Eriophorum vaginatum. d* Dermatogen; *pe* Periblem; *pl* Plerom; *k* Calyptra. (Nach HABERLANDT)

rung. Außen um das Ganze findet sich dann noch einmal ein Hohlkegel, die Calyptra oder Wurzelhaube, die apikalwärts differenziert.

Die Initialzellen selbst — hier in größerer Anzahl vorhanden — versorgen die einzelnen Schichten getrennt mit Zellabkömmlingen. So ist deutlich zu sehen, daß das Dermatogen und das Periblem zusammen auf eine einzelne Initialzelle auslaufen; die Trennung dieser beiden Schichten erfolgt stets erst durch eine perikline Teilung in den antiklin abgeteilten Seitenabkömmlingen der Initiale. Ferner ist in der Abbildung erkennbar, daß das Plerom mehrere Initialzellen besitzt, die jede für sich eine basalwärts verlaufende Zellreihe absondert. Die Wurzelhaube beistzt in ihrem mittleren Teil ebenfalls eigene Initialzellen.

Sehen wir die große Zahl der verschiedenen Typen durch, die im Laufe der Zeit untersucht wurden, so ergibt sich, daß alle Möglichkeiten für eine Zusammenordnung der Initialen und ihrer Schichten zu gemeinsamer Entstehungsweise realisiert sind.

So sind beispielsweise bei den Cruciferen (Abb. 104) die Initialzonen von Dermatogen und Calyptra zusammengefaßt (Dermatocalyptrogen), während hier für das Periblem im

Gegensatz zum Gramineentyp eine eigene Initialschicht besteht. Ein anderes, dem der abgehandelten beiden Typen gänzlich entgegengesetztes Extrem findet sich bei den Leguminosen wie bei Lupinus. Hier besteht ein sogenanntes Transversalmeristem, d. h. es ist eine gemeinsame sozusagen quer durch den Wurzelvegetationskegel hindurchgehende Schicht von Initialzellen vorhanden, gleichmäßig und unabgesetzt, aus denen nun in ihren Abkömmlingen nach und nach alle Schichten entstehen.

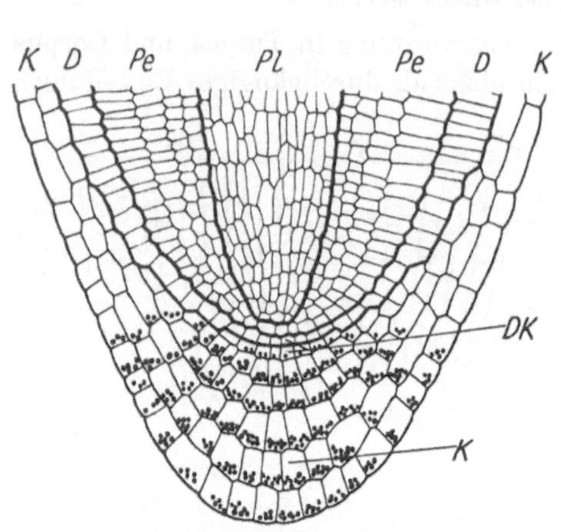

Abb. 104. Längsschnitt durch eine Cruciferenwurzel (*Brassica*). *D* Dermatogen; *DK* Dermatokalyptrogen; *Pe* Periblem; *Pl* Plerom; *K* Calyptra, unten mit Stärke. (Nach KNY)

Abb. 105. Längsschnitt durch den Wurzelvegetationskegel von *Juniperus oxycedrus*. *Pl* Plerom; *I* Initialen von Periblem, Dermatogen und Haube. (Nach DE BARY)

Die Vegetationskegel der Gymnospermenwurzel zeichnen sich vielfach durch eine Besonderheit aus, die sich bei der Gattung *Thuja* am nachdrücklichsten, aber auch bei anderen Coniferen wie *Juniperus*, manifestiert. Hier ist im Inneren ein scharf abgesetztes Plerom mit wenigen eigenen Initialzellen vorhanden, die Initialzone des Periblems dagegen ist durch reichliche perikline Teilungen eigentümlich vergrößert, so daß man von einer Periblemcolumella spricht. Tatsächlich umfaßt diese Periblembildung an der Spitze der Wurzel alle außerhalb des Pleroms liegenden Gewebeschichten, also sowohl das Dermatogen wie die Calyptra, die ihrerseits keine eigenen Initialen besitzen (Abb. 105).

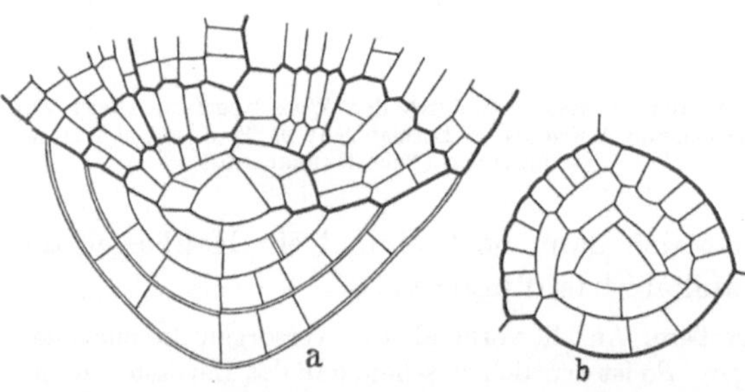

Abb. 106a u. b. Aufbau der Farnwurzelspitze. a Wurzel Längsschnitt mit Scheitelzelle (die alten Segmentgrenzen stärker ausgezogen) von *Pteris hastata*. b Querschnitt durch die Scheitelzelle der Wurzel von *Asplenium filix femina* mit den abgegebenen Segmenten. (Nach NAEGELI u. LEITGEB aus SACHS)

Vegetationskegel der Farnwurzel. Bei den Wurzeln der Farne sind Vegetationskegel mit einer Scheitelzelle vorhanden, genau so wie an der Spitze ihrer Sprosse (Abb. 106). Die Scheitelzelle bildet wieder eine dreiseitige Pyramide, doch funktioniert sie nicht als drei-, sondern als vierschneidige Scheitelzelle, weil sie in der Wurzel nun auch noch nach vorne in der Richtung der Bodenfläche der Pyramide durch Teilungen Zellen abgibt. Aus diesen Zellen entsteht die Calyptra. Die basalwärts abgegebenen Segmente sondern sich später wie die der Angiospermen in Dermatogen, Periblem und Plerom.

Sproßgipfel der Algen mit intercalarer Wachstumszone finden sich bei der Braunalgengattung *Nereia* in besonders instruktiver Ausprägung. Am Sproßgipfel ist eine einzellige

Meristemschicht, die apikalwärts einen dichten Schopf von Haaren von der Basis her absondert, so wie überhaupt die vielzelligen Haare bei den Braunalgen meist basale Bildungsorgane haben. Basalwärts hingegen wird von jenem Meristem der geschlossene „Sproß" der Alge gebildet, den man durchaus als eine Serie miteinander verwachsener Haare auffassen kann (Abb. 107).

Die Cambien. Intercalare Bildungsorgane recht eigentlich sind die Cambien. Es sind das Streifen meristematischen Gewebes, die als Urmeristeme parallel zur Oberfläche der Sproßachsen im Inneren des Zentralzylinders angeordnet sein können, um deren Dickenwachstum nach beiden Seiten zu bewerkstelligen, sowohl auf das Zentrum gerichtet wie auf die Peripherie. Als Folgemeristeme werden sie an den verschiedensten Stellen der primären oder sekundären Rinde oder des Zentralzylinders eingeordnet. Sie können aus bereits in die Differenzierung eingetretenen Zellen durch inäquale Teilungen entstehen. Die so gebildeten meristematischen Zellen behalten in jeweils einem ihrer Abkömmlinge entweder auf eine Reihe weniger Teilungen begrenzt oder unbegrenzt die neuerworbene Teilungsbereitschaft wieder bei. Die Funktion solcher sekundärer Cambien besteht außer ihrer Einordnung zu den übrigen Teilen primärer cambialer Ringe als Ergänzung vor allem darin, neue besondere Gewebe als Abschluß oder als Ausstoß verbrauchter zu bilden, sowie das Trennungsgewebe bei dem Laubfall der Blätter.

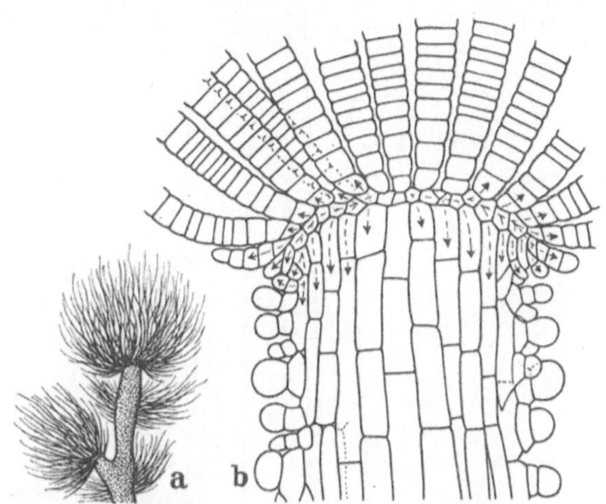

Abb. 107a u. b. Sproßgipfel von *Nereia*. a *Nereia montagnei*, Totalansicht, schwach vergrößert, (nach OLTMANNS); b *Nereia filiformis* Längsschnitt. (Nach KUCKUCK aus OLTMANNS)

b) Die Dauerorgane

Die Dauerorgane sind die „fertigen" Teile einer Pflanze; solche also, die aus Dauergeweben bestehen, deren Zellen sich nicht mehr teilen, sondern ausdifferenziert und einer bestimmten Funktion zugeordnet sind.

Immerhin darf der Ausdruck „Dauerorgan" und „Dauergewebe" nicht zu der Annahme verführen, diese Gebilde würden nach ihrer Entstehung stets den Rest der Lebenszeit des zugehörigen Pflanzenindividuums überdauern. Das ist faktisch allein bei kurzlebigen (einjährigen) Pflanzen der Fall. Bei den ausdauernden Pflanzen gibt es kein lebend funktionierendes Gewebe, welches das Alter des Individuums erreichte, so wie das — als extremstes Beispiel — in tierischen Körpern mit dem Zentralnervensystem der Fall ist. Jedes Gebilde aus lebenden oder differenzierten Zellen ist bei den ausdauernden Pflanzen nach relativ kurzer Funktion dem Absterben ausgesetzt und wird von den Bildungsorganen her ständig wieder durch neue ersetzt.

Dementsprechend besteht auch in der „fertigen" Pflanze sozusagen ein immerwährendes Gefälle von den Bildungsorganen über die Dauerzustände zum

Teiltod einzelner Organe hin. Dieses Gefälle sichtbar zu machen, ist die Aufgabe der entwicklungsgeschichtlichen Betrachtungsweise.

Polarität. Hier sei vorausgenommen, daß das morphologisch-entwicklungsgeschichtlich feststellbare Gefälle noch unter einem anderen Gesichtspunkt betrachtet werden kann, der

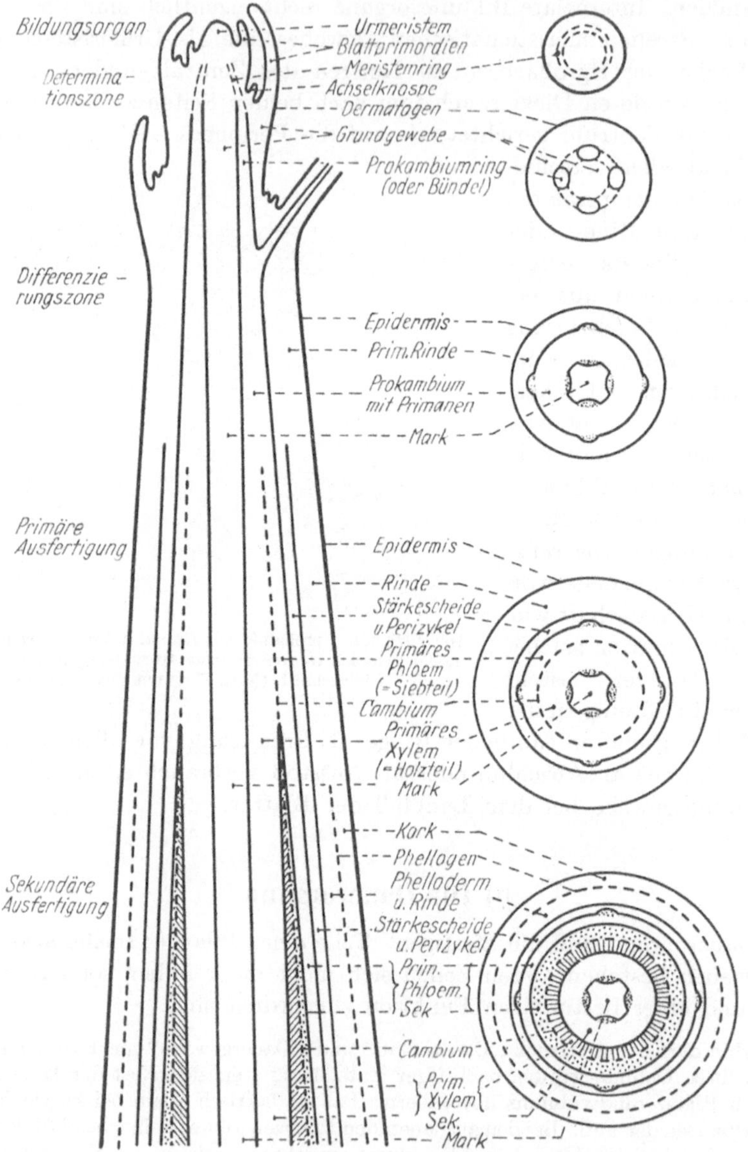

Abb. 108. Schema der Zoneneinteilung eines Sprosses. (Nach Textbook Gen. Bot., etwas verändert)

in einem späteren Abschnitt eingehende Behandlung erfahren wird. Die Basis, das „untere" Ende eines Sprosses, geht in das „obere" Ende der Wurzel über, das aber ebenfalls Basis, nämlich die der Wurzel, darstellt. Man bezeichnet die beiden diametral verschiedenen Wachstumsweisen als *polar* entgegengesetzt. Das Wachstum des Sprosses geht aufwärts *entgegengesetzt* der Erdschwere, das der Wurzel abwärts, also *mit* der Erdschwere. Diese

Polarität des Sproß-Wurzelsystems findet aber ihren Ausdruck zugleich auch *in jedem der beiden Teile selbst*; morphologisch in eben jenem entwicklungsgeschichtlichen Gefälle von Geweben embryonalen Charakters bis zu jenen, die aus fertigen Dauergeweben bestehen.

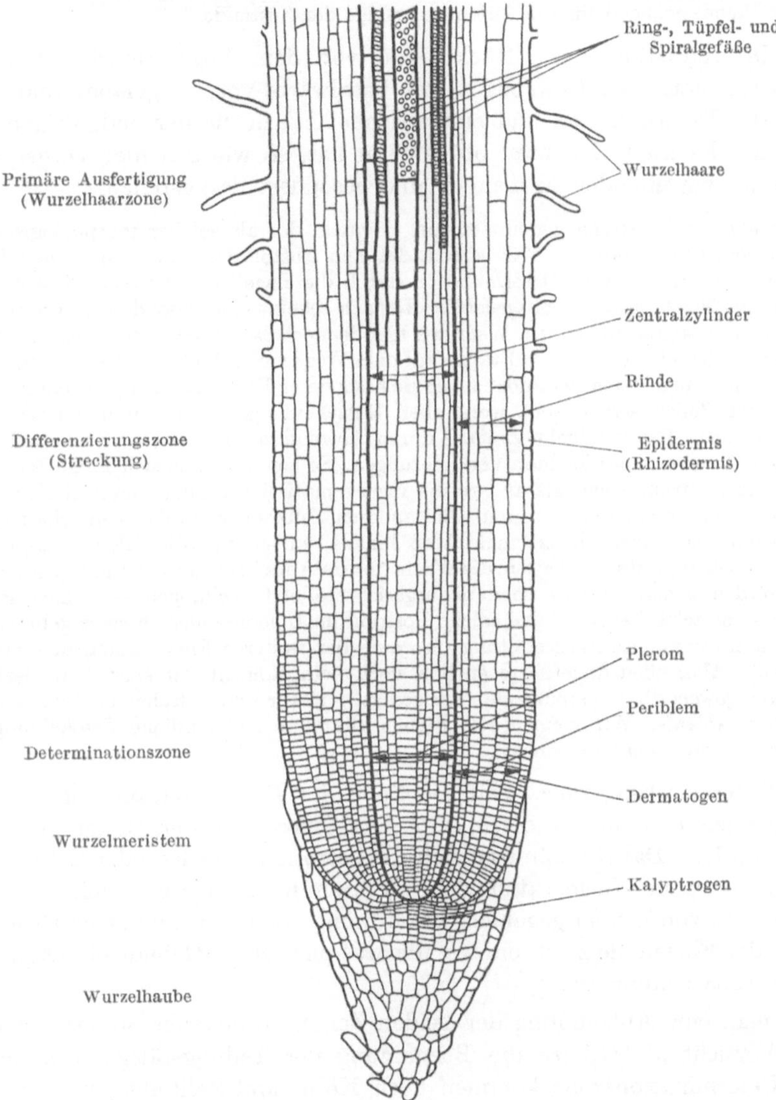

Abb. 109. Schema der Zoneneinteilung einer Wurzel. (Nach Textbook Gen. Bot.)

Die Zonen

Jedes Organ hat seinen Ursprung in den Orten der Bildung, woselbst es noch nicht sichtbar zu sein braucht. Es kennzeichnet sich sodann eine Zone der Determination, ferner eine solche der Differenzierung und endlich eine der primären und zuletzt der sekundären Ausfertigung (Abb. 108 und 109).

Dabei wird es den einzelnen Organen nach verschieden sein, ob und wieweit man in der Abfolge der Zonen gelangt. Die achsialen Organe, Sproßachse und Wurzel, haben eine

Reichweite, die sich über alle Zonen erstreckt, Seitenorgane hingegen wie die Blätter reichen
nur bis in die primäre Ausfertigung, um danach sogleich abzusterben, und Anhangsorgane wie
die Haare und Emergenzen können unter Umständen schon im Laufe primären Daseins vor
dessen Beendigung absterben. Es folge vor einer Darstellung der Organe die Charakteristik
der Zonen, kennzeichnend für die Aufeinanderfolge der Zustände.

Die Determinationszone. Rückt man von dem Vegetationskegel aus der
Zone meristematischen Gewebes weiter basalwärts vor, so gelangt man in die
Gebiete der Determination und erst anschließend in die der endgültigen Differenzierung. Es fragt sich nun, ob es Sinn hat, so wie das hier vorgeschlagen
wird, beides voneinander zu trennen und gesondert darzustellen.

Determination ist streng genommen ein Vorgang, der als solcher morphologisch nicht
wahrnehmbar zu sein braucht. Wir wissen, daß den Anstoß dazu die „Lage" der Zelle im
Organismus erbringt. Diese „Determination durch die Lage" ist also zweifellos mit jeder
Zellteilung im Meristem schon mitgegeben. Danach scheint eine besondere Determinationszone gar nicht existieren zu können. Wenn wir hier dennoch davon reden, so ist damit gemeint,
daß es sinnvoll ist, eine bestimmte Etappe auf dem Wege zur endgültigen Differenzierung für
sich abzugrenzen, in der sich zwar noch nicht die besonderen Eigentümlichkeiten endgültig aus-
differenzierter Zellen abzeichnen, wohl aber Entscheidungen fallen und Vorbereitungen
getroffen werden. Das geschieht vielfach durch Abtrennung bestimmter Zellkomplexe mit
verschiedenerlei an sich nur leichten Veränderungen. So kennzeichnen sich einige Zellgruppen
dadurch, daß sie frühzeitiger als andere die meristematische Teilungsbereitschaft aufgeben
und in Streckungswachstum eintreten. Bei anderen Zellkomplexen dagegen erhält sich die
Teilungsbereitschaft über das normale Maß hinaus, wobei, um die Gleichmäßigkeit des
ganzen Gewebekomplexes zu erhalten, die Wachstumsrate des Plasmawachstums hier abnimmt.
Endlich werden oftmals durch besonders ausgerichtete letzte Teilungen — vielfach inäquale
Teilungen — einzelne Zellen in eine solche Position im Inneren eines Organes gebracht, daß
sich eine ganz bestimmte Ausgestaltung im Laufe der weiteren Entwicklung in ihnen vollziehen muß. Alles eben Angeführte enthält noch kein Moment der speziellen Gestaltung
eines „Dauergewebes", es bereitet sie, wie gesagt, nur vor und entscheidet über die Weise
des späteren Ablaufs. Wir können also füglich alle diese und ähnliche Erscheinungen als
solche der *Determination* bezeichnen.

Die Differenzierungszone. Auf die Zone der Determination folgt diejenige
der Differenzierung, in der die spezifischen Charaktere der Dauergewebe ausgebildet werden. Dabei verändern sich die betroffenen Zellen oder Zellkomplexe
oftmals in krassester Gegensätzlichkeit zu ihren unmittelbaren Nachbargebilden.
Und die stets von neuem gegebene Einordnung ständig veränderter Größenver-
hältnisse der Einzelteile zeigt, ein wie überaus plastisches Gebilde ein Organismus
in seiner Entwicklung ist.

Will man eine Abtrennung der beiden Zonen vornehmen, so kann man mit
einiger Vorsicht als Grenze die Beendigung der Teilungstätigkeit annehmen.
In der Determinationszone kommen noch Kern- und Zellteilungen vor, in der
Differenzierungszone höchstens vereinzelt: die Zellen befinden sich nunmehr
vorwiegend im Streckungswachstum, womit zugleich die endgültige Ausgestaltung
einsetzt.

Im Einzelfall ist eine derartige Abgrenzung schwierig, kommt es doch vor, daß übereinander in der gleichen Sproßachse liegende Gewebeschichten sich am gleichen Entwicklungs-
ort verschieden verhalten. Abgesehen davon erlischt das gesamte Längenwachstum in einem
bestimmten Achsenteil, etwa in einem gegebenen Internodium, keineswegs stets gleichmäßig
in apikal-basaler Richtung, sondern oftmals in Abständen. Das kann so weit gehen, daß
unmittelbar *oberhalb* der Knoten bei einigen Gewächsen eine intercalare Wachstumszone
erhalten bleibt.

Sichtbare Differenzierungen zeigen sich an allen Organen der Zelle. Daß der Zellkern, das Organisationszentrum der Zelle, in erster Linie davon betroffen ist, ist begreiflich; so ist Auflockerung oder Kondensation der Gesamtstruktur des Kernes mit vielen besonderen Gestaltungen verbunden. Zellen, die starke Vergrößerungen erfahren, zeigen zugleich um das Vielfache vergrößerte Kerne, und es steht zu vermuten, daß der Anstoß zu dieser Bildung von dem Kern ausgeht. Dieses Kernwachstum nun wiederum kann mit einer Zunahme der Chromosomen durch Endomitose verbunden sein (S. 21—23 und 92). Vermehrung oder Verminderung der Nucleolarsubstanz kann im Zusammenhang mit besonderen physiologischen Leistungen stehen, ja es kann sogar Nucleolarsubstanz aus dem Kern ausgestoßen werden und vermutlich direkt im Zellgeschehen eine Rolle spielen. Besonderer Reichtum oder Armut an Cytoplasma ist ein weiteres Kennzeichen der Differenzierung, wobei freilich über die unendliche Variabilität plasmatischer Eigenschaften im Zusammenhang mit der physiologischen Funktion der Zelle nichts auszumachen ist.

Die Plastiden sind ferner Gegenstand besonderer Ausgestaltung, ob sie zu Chloroplasten, Leukoplasten oder Chromoplasten werden. Ebenso die Zellmembranen, ob diese dünn und biegsam bleiben, ob sie mit irgendwelchen besonderen Substanzen — Cutin, Suberin, Lignin — ausgestaltet werden, oder endlich, ob sie besondere Strukturen erhalten.

Die primäre Ausfertigung der Organe. In dieser Zone ist nun die völlige Funktionstüchtigkeit erreicht, die nunmehr bis zum Tode der betreffenden Zellen, Zellkomplexe oder der ganzen Organe anhält. Hier ist also der Ort, die organographische Betrachtungsweise, die Beziehung auf die Funktion der Organe, anheben zu lassen.

Die sekundäre Ausfertigung der Organe. Von „sekundären" Bildungen ist stets nur dann die Rede, wenn die zugehörigen primären nicht als tote abgestoßen werden, sondern in verwandelter Form im ganzen erhalten bleiben wie der tote Holzzylinder im Inneren der Sproßachse, wobei im Absterben noch ein Funktionswechsel vor sich geht. Dabei wird die frühere Funktion dieser Gewebe stets wieder aus intercalaren, in solchen Organen vorhandenen Bildungsorganen erneuert.

c) Entwicklungsgeschichte des Sprosses

Die Darstellung des Entwicklungsablaufs über die eben abgeleiteten Zonen hinweg kann lediglich an Einzelteilen: Sproßachsen, Blättern, Blüten, Wurzelachsen usw. erfolgen. Für den Sproß aber sind vorweg noch einige allgemeine Erörterungen zu erledigen.

Der Sproß als Ganzes und seine Begrenzung. Bereits bei der Betrachtung der SACHSschen Schemata erwähnten wir: Der Sproß ist ein Gebilde, das aus der Achse und den Blättern besteht. Das Bildungsorgan, der Vegetationskegel, an seiner Spitze vermittelt das „unbegrenzte Wachstum" des Sprosses. Diese Funktion des Meristems, ständig auch bei „ausgewachsenen" Pflanzen wieder neue Organe hervorzubringen, kennzeichnet die Pflanzen als „offene Formen". Daß diese Unbegrenztheit des Sproßwachstums dennoch nur relativ ist und lediglich das eng und scharf begrenzte Blattwachstum zu dem umfassenderen der Achse in Vergleich stellt, muß betont werden: Auch das Wachstum der Sprosse ist in Wirklichkeit begrenzt. Dreierlei Begrenzungsweisen sind erkennbar:

Das natürliche Ende des Sprosses ist die Blüte. Sofern die vegetative Periode der Sproßausbildung in die reproduktive übergeht, bringen die Vegetationskegel nunmehr Blüten hervor. In der Ausbildung einer solchen wird das gesamte meristematische Material der Kegel völlig ausdifferenziert und damit restlos aufgebraucht. Die allein weiterhin entwicklungsfähigen Zellen in den Blüten: Eizellen und Pollenkörner, werden im Zuge des Fortpflanzungsvorgangs abgestoßen. Im Laufe der Entwicklungsgeschichte eines ganzen Sproßsystems können bestimmte Einzelsprosse ihr *Wachstum durch Absterben der Vegetationskegel* aus inneren Gründen *einstellen,* so wie die Hauptsprosse bei sympodialem Wachstum, wobei der oberste Seitenzweig dann weiterwächst (Abb. 244). Nach Ablauf der artgemäß festgelegten Lebenszeit sterben alle Sprosse ab, wobei auch die Vegetationskegel zugrunde gehen.

Bei allen Erscheinungen, die eine vegetative Kontinuität des Sproßwachstums vortäuschen, wie bei dem Rhizomwachstum, der natürlichen Ausläufer- oder der artifiziellen Stecklingsvermehrung, ist stets ein totaler Regenerationsvorgang eingeschaltet, also ein Prozeß vegetativer Fortpflanzung, der die abgetrennten Teile zu neuen Individuen macht. Wir können also als Lehrsatz zusammenfassen: *Im Individualverband sind dem Wachstum der Sprosse trotz wiederholter Neuproduktion dennoch natürliche Grenzen gesetzt.*

Der Vegetationskegel als Bildungsorgan des ganzen Sprosses gibt nicht nur dem achsialen Teil des Sprosses den Ursprung, sondern darüber hinaus auch den Blättern.

An der Basis des Vegetationskegels, dort, wo er noch durchaus meristematisch ist, stehen die Blattanlagen. Ein Längsschnitt, der in basaler Richtung über den eigentlichen Kegel hinausgeführt ist, zeigt, wie in regelmäßigen Abständen in bestimmten kurzen Arealen erhöhte Teilungstätigkeit einsetzt, kenntlich an den periklinen Teilungen in der subepidermalen Zellschicht. Dadurch entsteht ein Höcker, und da gleichzeitig in der darüber liegenden äußeren Schicht gleichfalls die Teilungen an Zahl zunehmen, so entsteht eine flache Falte, die mit einer mehr oder weniger breiten Basis den Vegetationskegel umfaßt. Durch energisches Wachstum vergrößert sich diese Falte zu einem flächigen Organ, auf beiden Seiten, der adachsialen Oberseite und der abachsialen Unterseite, von der Außenschicht, der späteren Epidermis, überzogen. Das Wachstum dieser Blattfalte ist zunächst intensiver als das der Achse, doch eng begrenzt, während die Achse über ihre jeweiligen Blätter hinauszuwachsen vermag.

Knoten und Internodien. Die Entstehung der Blätter als Seitenorgane besonderer Art an einer Achse hat auch für diese ihre Konsequenzen. Man pflegt die Achsenteile, an denen die Blätter stehen, als Knoten (Nodien) zu bezeichnen und die blattfreien Teile zwischen zwei Knoten als Internodien (S. 157).

Knospenbildung. Die Blätter überwachsen mit erhöhter Wachstumsgeschwindigkeit den Achsenteil, an dem sie stehen, und die älteren schließen sich über dem Vegetationskegel zusammen. Diesen Dom über dem zarten meristematischen Bildungsorgan, der von außen durch derbere ältere Blätter schützend begrenzt wird, bezeichnet man als eine *Knospe* (S. 119).

Seitenachsen. Meistens etwas später, doch ebenfalls unter Einbeziehung der äußeren Schichten, entstehen in den Winkeln, die von den Blattfalten mit der Achse gebildet werden, andere kleine Höcker, die Anlagen der Seitensprosse. Im Unterschied zu den Blattfalten handelt es sich dabei nie um flächig wachsende Organe, sondern um reguläre Vegetationskegel, die zu Seitenachsen auswachsen können.

Im Laufe ihrer Entwicklung erhalten sie Anschluß an alle Schichten der Hauptachse, wie ja auch die Blätter mindestens mit den Leitungsbahnen ihrer „Nerven" Anschluß an die inneren Achsenteile gewinnen. Wenn man nun die Entstehungsweise sowohl der Blätter wie die der Seitenachsen als *exogen* bezeichnet, so soll das heißen: die Anlage ist *unter Einbeziehung der äußeren Schichten* erfolgt, unabhängig von der Anzahl der Schichten, die früher oder später an ihrem inneren Aufbau teilnehmen.

Die Blattanlagen der Farne besitzen an ihrer Spitze bis auf wenige Ausnahmen eine zweischneidige Scheitelzelle. Diese entsteht dadurch aus einer der Oberflächenzellen des Vegetationskegels, daß sich diese mit erhöhtem Plasmawachstum nach außen vorwölbt und anschließend von einer schrägen Wand wiederum als Scheitelzelle aus dem Gewebekörper herausgeschnitten wird. In den Achseln der Blätter stehen die Seitensproßanlagen, deren Entstehung ebenfalls auf eine einzige Zelle zurückzuführen ist. Durch die zweischneidige Scheitelzelle entsteht die Anlagemöglichkeit für ein flächiges Organ, weil hier nur nach zwei einander entgegengesetzten Richtungen neue Segmente abgegliedert werden.

Die Blatthöcker der Moose dagegen besitzen an ihrer Spitze ebenfalls eine zweischneidige Scheitelzelle, und im Anschluß daran entstehen Blattanlagen und Blätter, die bis auf die Mittelrippen bei einigen Formen sogar einschichtig sein können.

Die *Entstehung der Seitenorgane bei den Braunalgen* (Sphacelariales), und zwar der Haare, Seitensprosse und Sexualorgane — von Blättern kann man hier nur so weit reden, als diese Organe assimilieren — erfolgt so, daß eine seitliche Hervorwölbung entweder der Scheitelzelle selbst oder einer einzelnen Segmentzelle durch eine Teilungswand abgetrennt und dann ihrerseits zu einer Spitzenzelle wird, die einschneidig basalwärts Segmente abgibt.

aa) Die Sproßachse

Auch bei entwicklungsgeschichtlicher Betrachtung ist es notwendig, die einzelnen Teile: Achse, Blätter und Seitenachsen, für sich zu behandeln, obwohl sie an ein und demselben Vegetationskegel entweder zugleich oder in unmittelbarer Sukzession entstehen. So wenden wir uns zunächst dem Achsenkörper zu und erst im Anschluß daran den übrigen Teilen des Sprosses.

Man kann in der fertigen primären Sproßachse die Teile erkennen, von denen zwei als Hohlzylinder einen massiven Kern umgeben: von außen nach innen die einschichtige *Epidermis*, die *primäre Rinde*, und im Inneren den *Zentralzylinder*. Diese drei Teile bilden anfänglich das fertige Ganze der Achse; später erneuert sie sich allein aus dem Zentralzylinder.

α) Die Determinationszone

An der Basis des Vegetationskegels ist der Querschnitt des Achsenzylinders kreisrund und aus gleichartigen Zellen zusammengesetzt. Rückt man weiter basalwärts vor, so gelangt man zunächst in die Zone der *Determination*.

Die *Determination der Epidermis* erfolgt bereits sehr früh, entweder schon im Embryo oder mindestens im Vegetationskegel, bei den Formen nämlich, die mit einer Scheitelzelle am Gipfel des Kegels ausgestattet sind. Sie wird bei der Betrachtung der Blätter genauer behandelt werden (S. 121 ff.).

Determination im Sproßkern. Im Inneren der Sproßachse lassen sich anfänglich primäre Rinde und Zentralzylinder unterscheiden. Die Abtrennung der Bereiche beider Elemente ist freilich in der Determinationszone noch nicht möglich, und bei manchen Sproßachsen ist diese Grenze im Gegensatz zu den Wurzeln überhaupt nie genau feststellbar. Im Zentralzylinder selbst erscheint in dieser Zone eine besonders wichtige Sonderung: das Procambium tritt auf.

Bei den Dikotylen geht das so vor sich, daß zunächst nur ein schmaler *Meristemring* (Abb. 110) mit unverminderter Teilungsfähigkeit und embryonalem Charakter seiner Zellen aus dem Bildungsorgan, dem Vegetationskegel, zurückbleibt, während die davon nach außen und innen liegenden Zellen ihr Teilungswachstum früher einstellen und mit einem Streckungswachstum beginnen. Für die weitere Entwicklung des Meristemringes bis zum Procambium bestehen zwei Möglichkeiten, einmal kann der ganze Meristemring geschlossen in einen

Procambiumring übergehen (Abb. 111 und 112), zum anderen können aus dem Meristemring isolierte *Procambiumbündel* (Abb. 113) entstehen, die durch andersartige Gewebeelemente vorläufig in ihrer Ringkontinuität unterbrochen sind. Die Zellen des Procambiums liegen im Querschnitt noch regellos durcheinander, sind aber gegenüber den Meristemzellen schmale, parallel zur Längsachse verlängerte Zellen, die plasmareich und ständig teilungsbereit sind.

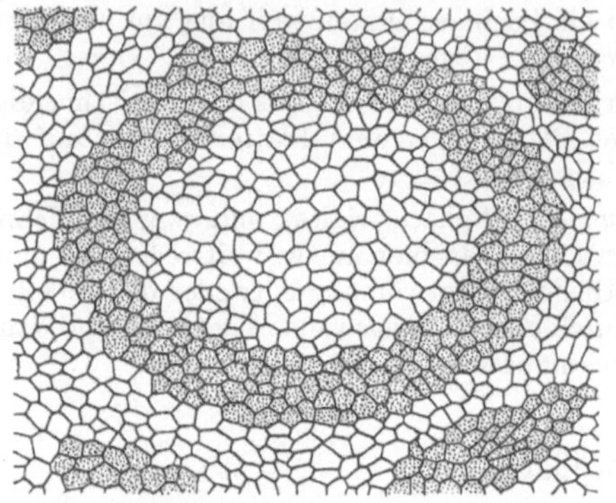

Abb. 110. Querschnitt durch die Determinationszone des Sprosses von *Ricinus communis*, den Meristemring zeigend. Außen blatteigene Bündelanlagen. (Nach HELM.) Vergr. etwa 240mal

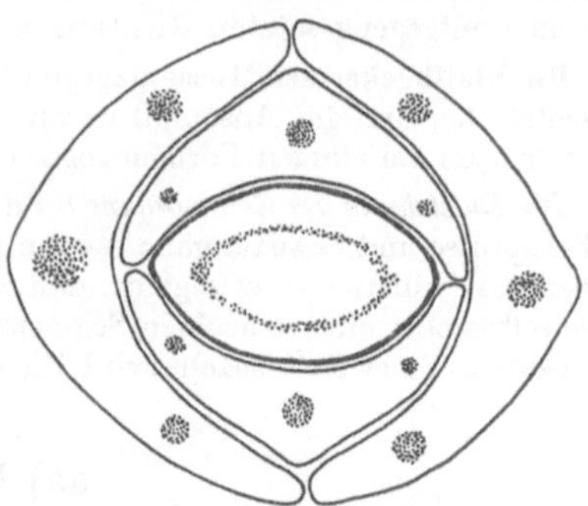

Abb. 111. Schema des Querschnitts durch eine Sproßknospe von *Veronica traversii* mit einem Procambiumring in der ovalen Sproßachse, die von zwei Blattpaaren mit Procambiumbündeln eingehüllt wird. (Orig.)

Es besteht also kein Zweifel, daß während des beginnenden Streckungswachstums der Parenchymzellen der Achse die procambialen sich ebenfalls „strecken". Indessen ist diese Streckung nicht auf die Membran beschränkt, sondern muß auch mit einer Vermehrung des ganzen Zellinhalts verbunden sein, weil die Zellen plasmaerfüllt bleiben. Die Ausbildung des sogenannten „Reihencambiums" aus dem Procambium kommt erst mit beginnender Differenzierung zustande.

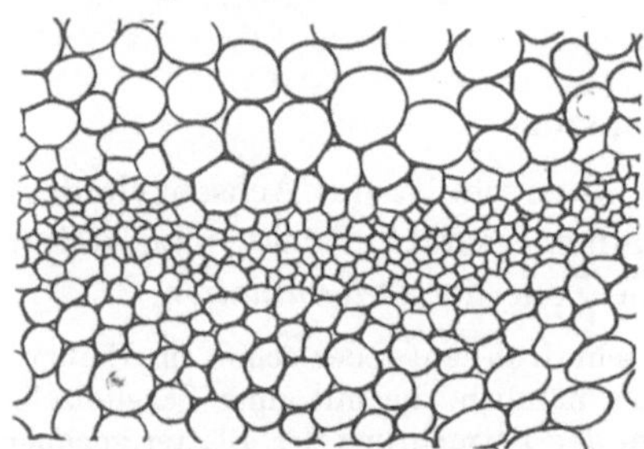

Abb. 112. Stücke des Procambiumrings von *Veronica traversii* (Abb. 111). Vergr. etwa 200mal (Orig.)

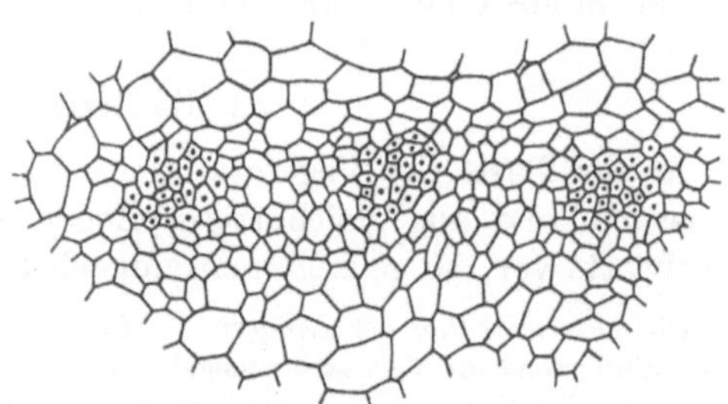

Abb. 113. Procambiumbündel von *Ricinus communis*. Vergr. etwa 240mal. (Nach HELM)

Bei den Monokotyledonen liegen die Verhältnisse grundsätzlich anders. Hier bleiben von vornherein isolierte Initialbündel als prosenchymatische Komplexe in einem Grundgewebe übrig. Sie werden entweder als „desmogene Komplexe" oder isolierte Procambiumbündel bezeichnet.

Mit der eben geschilderten Bildung ist also in der Sproßachse die Determination für alle folgenden Differenzierungen entscheidend vorbereitet, ohne daß diese selbst schon erfolgt wäre.

β) Die Differenzierungszone der Sproßachse

Die äußere Begrenzung jeder primären Sproßachse ist die Epidermis. Von deren Ausgestaltung sei hier nur ein Moment karyotischer Differenzierung hervorgehoben, das bei der Entwicklungsgeschichte der Blätter, in deren Bereich diese Schicht sehr eingehend behandelt wird, kaum berücksichtigt zu werden braucht. In der Achsenregion kommt es im Gegensatz zu den Blättern auch noch darauf an, das Verhältnis der Epidermis zu den nächstinneren Schichten zu erläutern, also den äußeren der in Entwicklung begriffenen primären Rinde. Wir werden sehen, daß gerade in deren gegenseitigem Verhältnis weitgehende Verschiedenheiten je nach einzelnen Arten bestehen.

Bei *Vicia faba* kommt diese Flächenvergrößerung in der Epidermis der Achse durch eine sehr erhebliche Zellstreckung in Richtung der Längsachse zustande, sodaß die Zellen ihre ursprüngliche isodiametrische Form völlig verlieren und langgestreckten Schläuchen gleichen. Der Formveränderung der Zellen geht eine solche der Zellkerne parallel: auch sie verlieren ihre kugelige Gestalt und werden spindelförmig gestreckt. Gleichzeitig kommt eine Volumvergrößerung maximal bis auf das 50fache zustande, ebenfalls derjenigen der Zellen entsprechend (Abb. 22). Daß beide Phänome, Kernvergrößerung und Zellstreckung, miteinander in korrelativem Zusammenhang stehen, wird besonders durch die Verhältnisse in der benachbarten subepidermalen Schicht verdeutlicht.

In derselben Entwicklungszone, in welcher in der Epidermis die *Flächen-Vergrößerung* durch *Längsstreckung der Zellen* verbunden mit *Volumzunahme* ihrer Kerne erfolgt, laufen in der subepidermalen Schicht noch Zellteilungen ab. Somit hält diese Schicht durchaus mit der Vergrößerung der Epidermis Schritt, jedoch durch Teilungswachstum verbunden mit lediglich partieller Zellstreckung. Die Zellteilungen erlöschen hier also später als in der angrenzenden epidermalen Schicht, so daß später einer Epidermiszelle zwei bis drei subepidermale entsprechen. Demzufolge nimmt die Volumvergrößerung der Kerne in den subepidermalen Zellen auch nur um etwa das 10fache zu.

Absonderliche *Kernvergrößerungen* im Differenzierungsprozeß hängen fast stets mit einer Chromosomenvermehrung durch Endomitose zusammen. Prüft man nun den Polyploidiegrad durch künstliche Mitoseanregung, dann findet man, daß die Epidermiskerne bei Vicia faba mit Ausnahme derjenigen, deren Zellen an der Bildung des Spaltöffnungsapparates beteiligt sind und diploid bleiben, bis zur 8- bzw. 16fachen Genomauflage kommen können, die der Subepidermis erreichen regelmäßig nur die 4fache, vereinzelt bleiben sie sogar nur diploid (Abb. 114 a und b).

Diese Erörterung zeigt also, daß Kernvergrößerung durch Endomitose und Zellvergrößerung durch Streckung in diesem Fall zusammenhängen; sie zeigt sodann, daß unmittelbar nebeneinander liegende Zellschichten wie Epidermis und Subepidermis sich ganz verschieden mit dem Abbruch des Teilungs- und dem Beginn des cellulären Streckungswachstums verhalten können.

Das hier für *Vicia faba* geschilderte Verhältnis von Epidermis und Subepidermis ist bei anderen Typen gerade umgekehrt. So bleiben bei *Impatiens* die Zellen der Epidermis während der Internodialstreckung im Kern diploid, die Schichtvergrößerung erfolgt allein durch Teilungswachstum. Die Subepidermis hingegen hat große gestreckte Zellen, von denen einzelne bis zur 16fachen Genomauflage gelangen. Bei *Bryophyllum* treten die Teilungen periodisch in langen Abständen in der Epidermis erneut wieder auf.

Die Differenzierungsweise in der primären Rinde. Bereits mit der Behandlung der subepidermalen Schicht waren wir in den Bereich der primären Rinde vorgedrungen. Die übrigen Zelldifferenzierungen der primären Rinde sind mit einigen Ausnahmen entweder in den Blättern oder im Zentralzylinder deutlicher ausgeprägt und sollen dort behandelt werden. Die eben genannten Ausnahmen sind die hier vorhandenen Elemente mechanischer Verstärkung: *Collenchym* und *Bastfasern*, eine Betrachtung, in die wir nun auch gleich die Holzfasern mit einbeziehen (S. 107). So reden wir am besten von Sklerenchym und meinen damit sowohl Bast- wie Holzfasern.

Beide Elemente, Collenchym wie Sklerenchym, sind prosenchymatisch. Sklerenchymfasern sind mehr oder weniger parallel zur Längsachse des Organs langgestreckte Zellen, die von Bruchteilen von Millimetern bis zu 22 cm variieren können. Ihr Entwicklungsbeginn erfolgt aus dem meristematischen Zustand durch ein bipolares Spitzenwachstum der Zellen, wobei sich die ursprünglichen Querwände, an denen es sich ab-spielt, in immer spitzerem Win-kel aufstellen. Der Betrag dieses Wachstums kann entsprechend den oben angegebenen Längen-verhältnissen sehr verschieden sein. Das gegenseitige Verhältnis der überaus stark sich strecken-den Fasern zu ihren Nachbar-zellen, die — eventuell parenchy-matisch — nahezu isodiametrisch bleiben, läßt sich nach der Weise beurteilen, wie sich nach der früher gegebenen Darstellung Epidermis und subepidermale Schicht ver-halten; es kann in der einen Schicht bereits Streckung erfol-gen, in der angrenzenden indessen kommen durch Teilungen noch Vermehrungen der Längselemente zustande. So ist es also durchaus

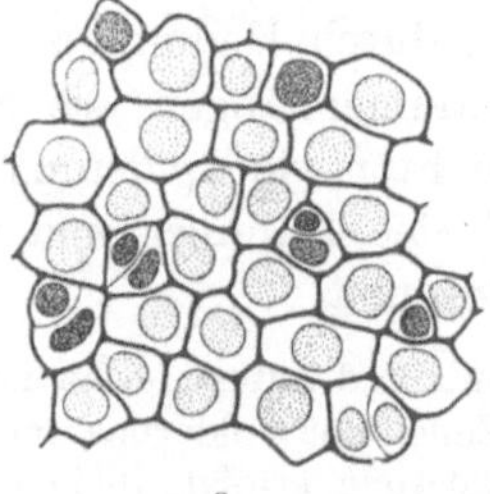

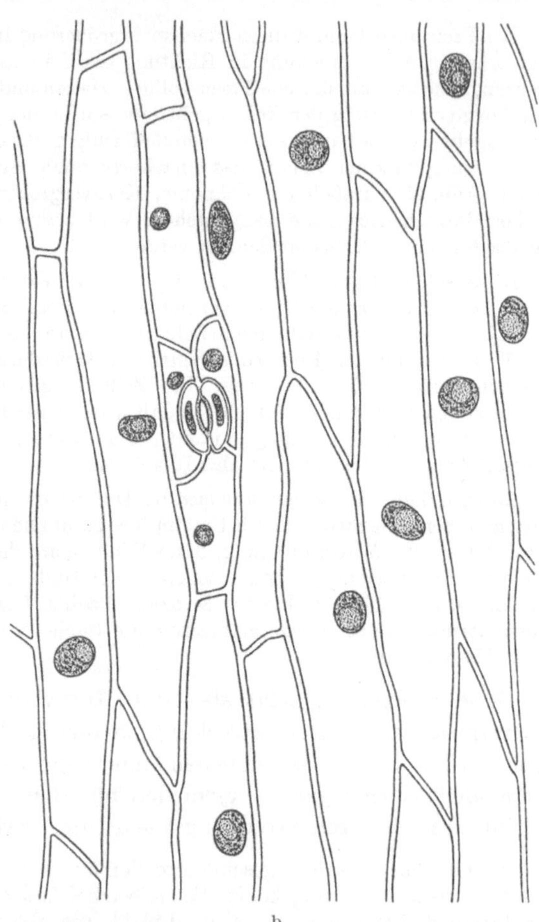

Abb. 114a u. b. Stengelepidermis von *Vicia faba*. a vor der Streckung. Die inäqualen Zellteilungen, die zu den Spezialmutterzellen der Schließzellen führen, sind noch kenntlich. b nach der Streckung. Die Schließzellen der Spaltöffnungen sind bereits gebildet und die Differenzen in der Kerngröße sehr auffällig. Original. Vergr. etwa 200mal

möglich, daß in den primären Teilen, die später gestreckt sind, die Fasern un-mittelbar aus dem Meristem entstanden sind, ohne noch später weitere Teilungen zu erleiden. Betrachtet man nun unter dem gleichen Gesichtspunkt die Fasern, die in sekundärem Holz oder sekundärer Rinde aus dem Cambium entstanden sind, so müßten sich hier im Querschnitt der Sproßachse die Fasern als radial liegende Zellreihen kennzeichnen, so wie alle anderen Elemente auch. Tatsächlich zeigen aber besonders die sekundären Bastfasern eine starke Vermehrung der Glieder je radiale Zellreihe (Abb. 115 und Abb. 154). Da nun postkambiale Längsteilungen in diesen Reihen nicht aufzufinden sind, so bleibt nichts anderes übrig, als diese scheinbare Zellvermehrung darauf zurückzuführen, daß sich bei dem Spitzenwachstum der Fasern zugleich auch die Flächen der davon betroffenen Wände aneinander vorbeischieben. Damit wäre ein „gleitendes Wachstum" konstatiert, ein häufig diskutiertes, doch stets von neuem in seiner realen Existenz angezweifeltes Phänomen. Für die entsprechende Gewebeveränderung in vielzelligen Gebilden muß dabei vorausgesetzt werden, daß die Plasmaverbindungen von Zelle zu Zelle während des Wachstums der Wände ständig aufrechterhalten bleiben. Es ist bemerkenswert, wie treffend HABERLANDT die Entwicklungsgeschichte der Sklerenchymfasern bereits formulierte, wenn er sagt: „*Jede Faserzelle keilt sich zwischen ihre Nachbarzellen ein.*"

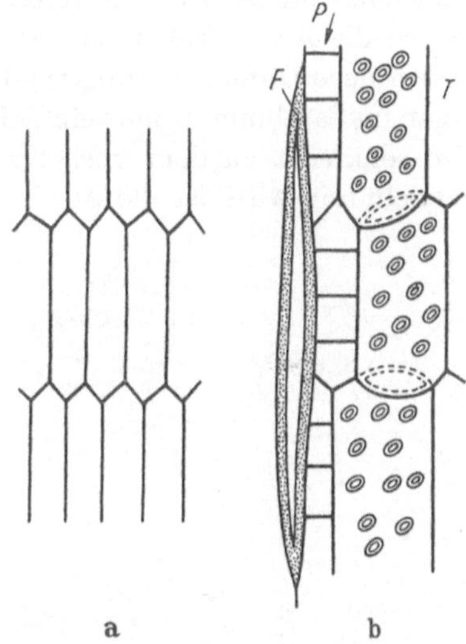

Abb. 115a u. b. Cambium und Cambiumabkömmlinge, schematisch. a Cambium im Tangentialschnitt; b Formveränderung der Zellen bei weiterem Wachstum; *F* Spitzenwachstum der Fasern; *P* Unterteilung des Holzparenchyms; *T* Verbreiterung der Tüpfeltracheenglieder. (Nach ESAU)

Während dieser Periode der Gestaltsveränderung, die ein zweifellos autonomer Vorgang ist, sind Kern und Plasma vorhanden. Mit der Zellvergrößerung und Längsstreckung geht auch hier eine Kernvergrößerung parallel; vermutlich wird er zuweilen polyploid und nimmt spindelförmige Gestalt an. Später, im Laufe der anschließenden Wandverdickung, kann der ganze Protoplast zugrunde gehen.

Die Wandverdickung, die für diese Differenzierungsformen typisch ist, geht bei den Fasern schließlich so weit, daß ihr Zellumen zuletzt auf einen ganz schmalen Spalt beschränkt ist. Während der Periode der Wandverdickung werden von dem Protoplasten eine größere Anzahl sekundärer Celluloselamellen abgeschieden: man kann sagen, „der Protoplast häutet sich" (NAEGELI). Zunächst werden die spitz verlaufenden Enden mit Wandsubstanz angefüllt und der Protoplast daher im zentralen Teil abgerundet. Zuletzt geht er ganz zugrunde, vermutlich durch cellulosige Degeneration. Die ausgeschiedenen Celluloselamellen werden durch Lignin, eine amorphe Füllsubstanz, miteinander verkittet. Der notwendige Stoffaustausch wird meist durch schmale spaltenförmige, longitudinale oder schräg verlaufende Tüpfel gewährleistet. Die Schichtung der Primärwand zeigt meist eine Ringstruktur, die der se-

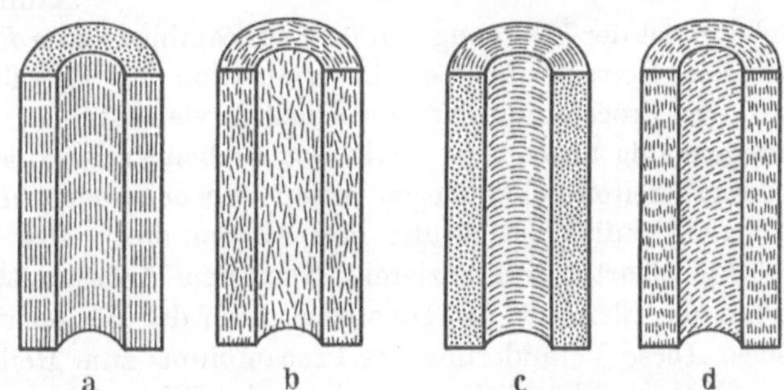

Abb. 116a—d. Schema der Fibrillenstruktur der Zellwände. a Faserstruktur; b faserähnliche Struktur; c Ringstruktur; d Schraubenstruktur. (Nach FREY-WYSSLING, verändert)

kundären Lamellen dagegen eine Faserstruktur, dem Verlauf der Fasern entsprechend (Abb. 116). Sofern zuletzt überhaupt noch ein nennenswertes Lumen übriggeblieben ist, ist es mit Zellsaft oder mit Luft gefüllt. Es gibt Sklerenchymfasern, die anfänglich in ihrer Entwicklung durchaus collenchymatischen Zellen gleichen.

Die Differenzierungsweise im Zentralzylinder. Der Zentralzylinder ist der geschlossene massive Körper im Inneren der Sproßachse. Die Differenzierungsrichtung seiner Organe und Gewebe ordnet sich im primären Zustand parallel zur Längsachse dem normalen Polaritätsgefälle ein. Je weiter basalwärts man von dem an der Spitze liegenden Bildungsorgan aus vorschreitet, desto entschiedener prägen sich die funktionell bestimmten Unterschiede der Zellen aus. Sofern die Achse früher oder später in ein sekundäres Wachstum eintritt, entstehen neue Differenzierungsrichtungen. Diese besitzen ein intercalares Bildungsorgan im Cambium, womit ein Differenzierungsgefälle nach innen und nach außen, also senkrecht zu dem vorherigen, zustande kommt. Wie später noch zu behandeln sein wird, ist die Ausdehnung echter primärer und sekundärer Zustände bei den verschiedenen Formen außerordentlich verschieden. So gehen die meisten Holzgewächse unmittelbar aus der Determinationszone in das sekundäre Wachstum über, andere hingegen wie die Sprosse vieler Monokotylen verbleiben zeitlebens im primären Zustand. So ist also bei der Behandlung der Differenzierungsweise sowohl auf primäre wie auf sekundäre Bildungen Bedacht zu nehmen.

Ein entscheidender Differenzierungsschritt, der bei den Holzgewächsen aus der Zone der Determination hinausführt und zugleich den Beginn sekundären Wachstums

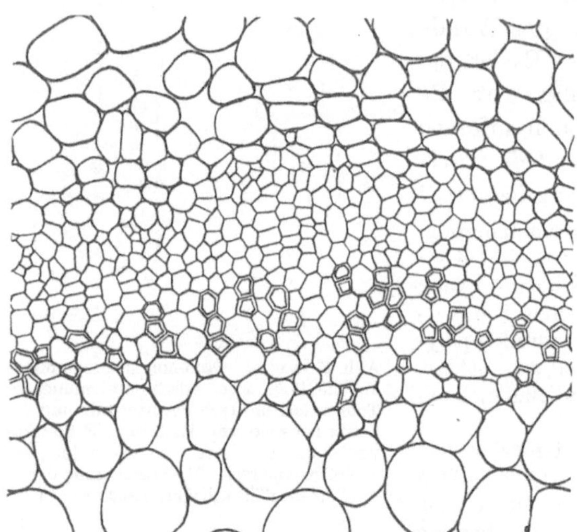

Abb. 117. *Veronica traversii.* Reihencambium mit Holz- und Siebprimanen. Original. Vergr. etwa 200mal

einleitet, ist der Übergang von dem Procambium zum *Reihencambium* (Abb. 117). Bei der Betrachtung der Determination im Sproßkern hatte sich gezeigt, daß das Procambium verhältnismäßig vielzellig ist, daß seine Zellen jedoch unregelmäßig angeordnet sind. Das Reihencambium ist wenigzellig, die ständig teilungsbereiten Zellen liegen genau nebeneinander, und von ihnen gehen nun in streng radialer Richtung ihre Abkömmlinge aus, die sich vielfach reihenweise gleichartig differenzieren. Nach dem Achsenmittelpunkt zu gerichtet entstehen die Elemente des Holzteiles, nach der Peripherie zu diejenigen des Siebteiles. Diese Veränderung des Procambiums zum Reihencambium hin ist so zu verstehen, daß letztlich nur noch wenige Zellen des ursprünglichen Procambiums ihre ständige Teilungsbereitschaft behalten, im Minimum nur *eine Reihe von Zellen* (Abb. 118). Alle übrigen werden schließlich doch mit in die Differenzierungsvorgänge einbezogen.

Weiterhin sei auf das merkwürdige Phänomen hingewiesen, daß oftmals von einer einzelnen Zelle des Reihencambiums aus nach innen oder außen gerichtet *völlig gleichartige Differenzierungsprodukte abgegliedert werden,* und von einer möglicherweise unmittelbar danebenliegenden Kambialzelle ebenfalls, jedoch Zellen andersartiger Differenzierungsweise. Wir werden dem Phänomen, daß *eine bestimmte Zellgestaltung* in den anliegenden Bildungszellen die gleiche Gestaltung hervorruft, noch öfter begegnen. Dieses entwicklungsgeschichtlich feststellbare Phänomen ist ebenso rätselhaft wie das gegenteilige, ebenfalls aufweisbare, daß nämlich bei einer Musterung in einem Organ gerade die *Ausbildung gleichartiger Differenzierungsprodukte in der unmittelbaren Nachbarschaft gehindert wird.* Entscheidende Beispiele für das erste Phänomen, die Hervorrufung des gleichen in der Nachbarschaft, werden in dem Abschnitt über die Ursachen der Entwicklung bei dem Restitutionsvorgang noch gegeben werden, für das zweite

bei der Blattentwicklung und den dabei so mannigfaltig auftretenden Musterungen.

Als Paradigmata der Entwicklungsgeschichte einzelner Elemente, aus denen sich der Zentralzylinder zusammensetzt, verwendet man am besten die ganz und gar extrem differenzierten Zellgebilde, die Tracheen, Tracheiden, die Holzfasern und im Siebteil die Siebröhren mit ihren Geleitzellen.

Wenden wir uns zunächst den *Tracheen und Tracheiden* zu, die — auch in der Funktion — sehr viele Gemeinsamkeiten haben. Beide sind wasserleitende Elemente und mit stark strukturierten, verdickten Wänden versehen; der lebende Inhalt geht vor Funktionsbeginn zugrunde (Abb. 82 und 83). Betrachtet man bei der entwicklungsgeschichtlichen Ableitung ein einzelnes Tracheenglied, dann kann

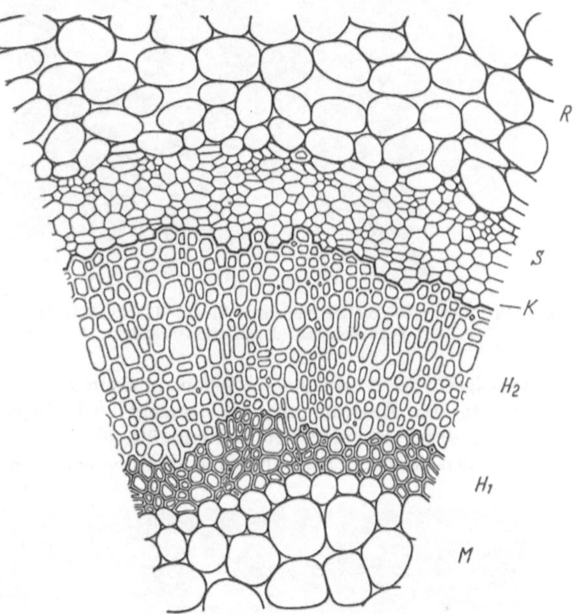

Abb. 118. *Veronica traversii. R* Rinde; *S* primärer und sekundärer Siebteil; *K* Cambiumring; $H_{1,2}$ primärer und sekundärer Holzteil; *M* Mark. Original. Vergr. etwa 200mal

man ein solches durchaus einer einzelnen Tracheide gleichsetzen; beide gehen aus einer einzelnen Zelle hervor. Als erste Veränderung erfolgt an dieser die Herstellung der endgültigen Größe des künftigen Gebildes, bevor irgendeine Wandverstärkung beginnt. Diese Zellvergrößerung steht mit einer Kernvergrößerung in korrelativem Zusammenhang, diese möglicherweise wiederum mit einer endomitotischen Chromosomenvermehrung. Bei den Tracheengliedern bleibt der Kern mehr oder weniger kugelig, bei den Tracheiden hingegen wird er wurstförmig verlängert (Abb. 119). Die Zellen sind zunächst plasmareich mit wenigen Vacuolen, im Verlauf der gesamten Vergrößerung beschränkt sich das Plasma mehr und mehr auf einen Wandbelag; im Inneren entsteht eine große Vacuole. Sodann beginnt die Wandverdickung. Diese wird durch mikrosomenreiche Plasmastränge bereits vorgebildet und schließlich durch Cellulose mit späteren Ligonineinlagerungen nachgebaut. In diesem Stadium kann man polarisationsoptisch bereits die gerichteten Cellulosefibrillen in der Wand an den Stellen erkennen, die später Ringtüpfel oder Spiralverdickung erhalten werden. Die kommende Wandstruktur ist also bereits feststellbar, bevor sie grobmorphologisch ausgebildet ist. In dieser Entwicklungsperiode werden bei den Tracheengliedern die Querwände aufgelöst, so daß lange wegsame Röhren entstehen. Bei den Tracheiden bleiben die Querwände zwar schräggestellt und langgestreckt bestehen, erhalten aber, wie später noch erörtert wird, vielfach besonders große Tüpfel. Danach schwindet auch der Kern, und seine Färbbarkeit wird immer geringer. Zunächst bleiben noch große amorphe Chromatinbrocken liegen, die schließlich verschwinden. Das Restplasma der Zelle wird vermutlich in Cellulose umgebaut.

In dem Zustand des Kernverlustes ist die Wandausbildung noch nicht vollendet, und es steht zu vermuten, daß die umgebenden lebenden Parenchymzellen dabei mitwirken. Feststellbar ist nämlich, daß solche Zellen mit den Tracheen und Tracheiden enger verbunden sind

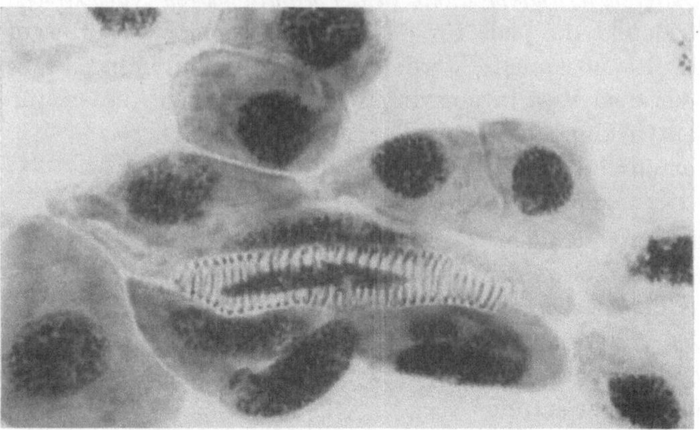

Abb. 119. *Vicia faba*, Blattnervenentwicklung. Tracheide in Differenzierung; der langgestreckte Kern in dieser noch sichtbar. Macerationspräparat. Vergr. etwa 900mal. (Nach RESCH)

als sonstige — auch lebende — Zellen untereinander (Abb. 120). Deutlicher noch wird sich dieser intensive Zusammenhang besonders hoch differenzierter Zellen mit ihren lebenden Nachbarn, deren Assistenz bei ihrer endgültigen Ausgestaltung darum vermutet werden kann, im folgenden bei den Siebröhren und Geleitzellen zu erkennen geben.

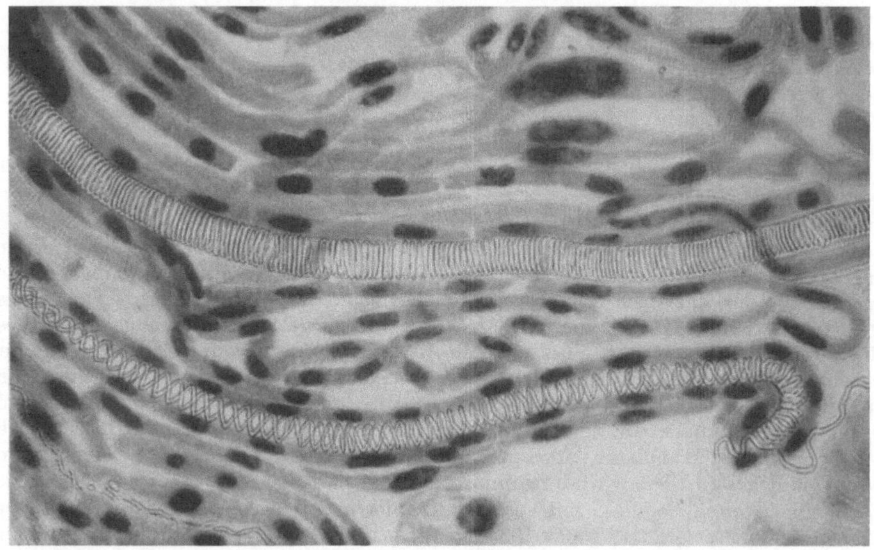

Abb. 120. Gefäße von *Vicia faba*, die die anschließenden Parenchymzellen deutlich erkennen lassen. Macerationspräparat. Vergr. etwa 200mal. (Nach RESCH)

Die Siebröhren. Die entscheidenden Elemente des Siebteils der Gefäßbündel, welche der Assimilationsleitung dienen, setzen sich ebenso wie die Tracheenglieder aus einzelnen, von besonderen Zellen stammenden Teilstücken zusammen (Abb. 81). Auch hier beginnt die Ausbildung zum Siebröhrenglied mit einer Zellvergrößerung in Korrelation mit einer Kernvergrößerung. Das Plasma bildet bald eine große zentrale Vacuole, doch ziehen sich Plasmastränge durch den Saftraum hindurch (Abb. 121 und 122). Die Querwände zwischen den Siebröhrengliedern werden zu Siebplatten umgebildet, d. h. es werden jeweils Gruppen von Plasmodesmen durch lokalisierte Auflösung der Wände zu Plasmasträngen zusammengefaßt, die anschließend durch

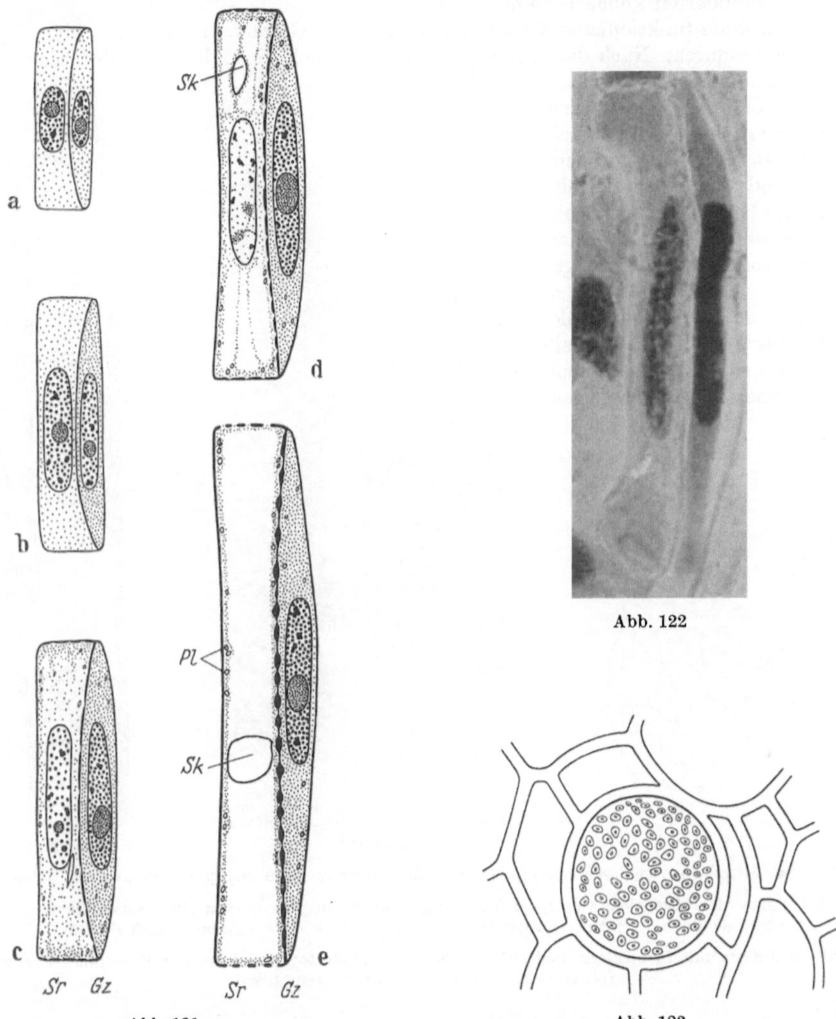

Abb. 121   Abb. 123

Abb. 121 a—e. *Vicia faba*, Entwicklung eines Siebröhrengliedes *Sr* mit Geleitzelle *Gz* aus dem primären Siebteil, halb schematisch. a abgetrennte Geleitzelle nach inäqualer Zellteilung; b, c Streckung; d Vacuolisierung, Kernauflösung und Schleimkörperbildung *Sk*; e fertiges Siebröhrenglied mit Geleitzelle, starke Tüpfelung gegen die Geleitzelle; *Pl* Plastiden. (Nach RESCH)

Abb. 122. *Vicia faba*, junges Siebröhrenglied mit Geleitzellen in Entwicklung. Beide mit Kern. Vergr. etwa 700mal. (Nach RESCH)

Abb. 123. Siebplatte von *Cucurbita pepo* in der Aufsicht. Beginn der Porendurchbrechung. Vergleiche auch Abb. 124. (Orig.)

Callosezylinder markiert werden. Diese so gekennzeichneten Poren sind im Gegensatz zu den Plasmodesmen mit normaler Lichtoptik leicht sichtbar; sie haben die Bezeichnung Siebplatte und Siebröhre veranlaßt (Abb. 123, 124, 125).

Schon vor der Perforation der Siebplatte beginnt der Abbau des Kernes, wobei es sich im Falle der Siebröhrenglieder um einen ganz spezifischen Auflösungsprozeß handelt. Dabei bleiben keine Chromatinklumpen zurück, wie das sonst bei einem Kernzerfall die Regel ist.

Gleichzeitig entstehen im Cytoplasma eiweißhaltige Verfestigungen, Schleimkugeln oder Schleimtropfen, die aber — außer bei den Leguminosen — später im Zellsaft in Lösung gehen. Cytoplasma und Plastiden bleiben bei der Funktion der Siebröhrenglieder erhalten, so daß es sich bei einer ganzen Siebröhre um ein lebendes Gebilde handelt, das aus fusionierten, wenn auch veränderten Zellen besteht.

Die Siebröhren funktionieren auch bei ausdauernden Gewächsen meist nur eine Vegetationsperiode hindurch. Nach deren Abschluß verdickt sich die Callose auf den Siebplatten zu einer massiven Auflagerung, wonach die Siebröhren mit ihren Geleitzellen gewöhnlich kollabieren (Abb. 126). Bei der Linde und dem Weinstock indessen, die im Frühjahr energischer Stoffleitung bedürfen, wird der Callosebelag einiger Siebröhren als Übergangserscheinung wieder aufgelöst, sie können also noch so lange funktionieren, bis durch die Tätigkeit des Cambiums hinreichend neue Leitungsbahnen produziert worden sind.

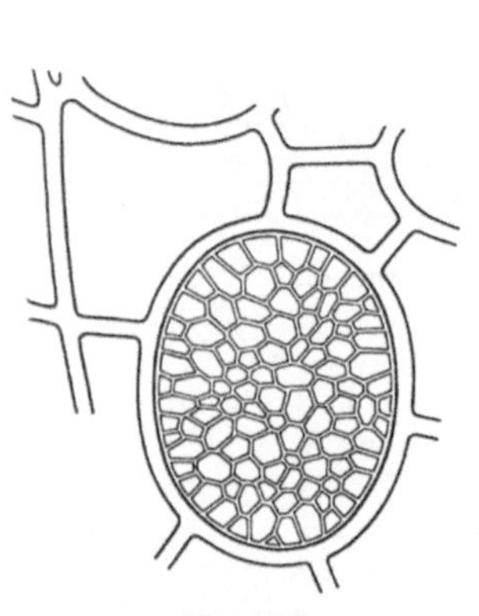

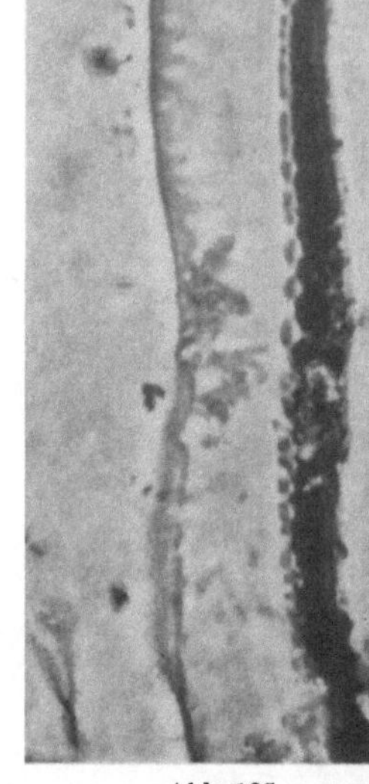

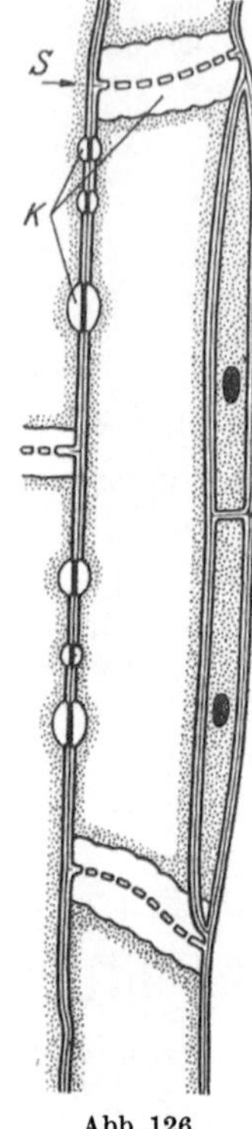

Abb. 124   Abb. 125   Abb. 126

Abb. 124. Siebplatte von *Curcurbita pepo* (Aufsicht), fertiger Zustand. Original. Vergr. etwa 500mal

Abb. 125. Fertiges Siebröhrenglied von *Vicia faba*, aufgelöster Kern. Im Plasma ein Plastidenhaufen. Rechts gegen die dunkel gefärbte Geleitzelle die besonders großen Wandporen. (Nach RESCH)

Abb. 126. Siebröhre mit Siebplatten und Callosebelag. *S* Siebplatte; *K* Callose der End- und Seitenwände, rechts zwei Geleitzellen. (Aus STRASBURGER)

Jeder Siebröhre liegen *Geleitzellen* an. Diese sind jeweils aus den Mutterzellen der Siebröhrenglieder gleichzeitig mit letzteren durch inäquale Zellteilung entstanden, so daß also zunächst jedem Siebröhrenglied je eine Geleitzelle anliegt (Abb. 121). Während der Streckung der Siebröhrenglieder können sie diese Größenveränderung mitmachen und also die gleiche Länge erreichen wie die zugehörigen Abschnitte der Siebröhren, sie können sich aber auch noch ein oder mehrere Male unterteilen, so daß auch mehrere Geleitzellen ein und demselben Siebröhrenglied zugeordnet werden können. Sie sind jedoch erheblich schmaler als die Siebröhren, dazu sehr plasmareich, fast ohne Vacuolen und mit einem stark färbbaren, also hyperchromatischen Kern versehen. Sehr auffällig ist, daß sie durch besonders große und zahlreiche Tüpfel mit ihrer Siebröhre verbunden sind. Es steht zu vermuten, daß sie sozusagen die lebenden Hilfszellen sind, die bei Ausbildung und Funktion der Siebröhren assistieren (Abb. 120).

Die entwicklungsgeschichtliche Bedeutung inäqualer Zellteilungen. Bei der eben gegebenen Behandlung von Siebröhrengliedern mit ihren Geleitzellen war auf die inäquale Zellteilung verwiesen worden, durch welche die Geleitzellen ihren Ursprung nehmen. Eine solche Teilung kennzeichnet sich dadurch, daß die beiden Tochterzellen in der Zellgröße, der Plasmadichte, der Kerndichte, dem Gehalt an Nucleoproteiden, in deren Plastidengehalt und noch anderem differieren können. Es besteht kein Zweifel darüber, daß es sich um ein typisches Determinationsgeschehen (S. 86) handelt; denn es wird zwar ein Differenzierungsbeginn eingeleitet, dieser selbst ist jedoch noch in keiner Weise qualitativ bestimmt. Daß wir bei der Sproßachse erst bei der Differenzierung darauf zu sprechen kommen, versteht sich daraus, daß solche Teilungen zwar bei der allgemeinen Determination in der Cormophytensproßachse sicherlich eine entscheidende Rolle spielen, daß sich aber dennoch genaue einzelne Hinweise nicht erreichen lassen. Anders ist es bei der Entwicklungsgeschichte der Blätter und der Wurzeln, dort wird das Phänomen noch einmal in klar übersichtlicher Weise an seinem Ort behandelt werden.

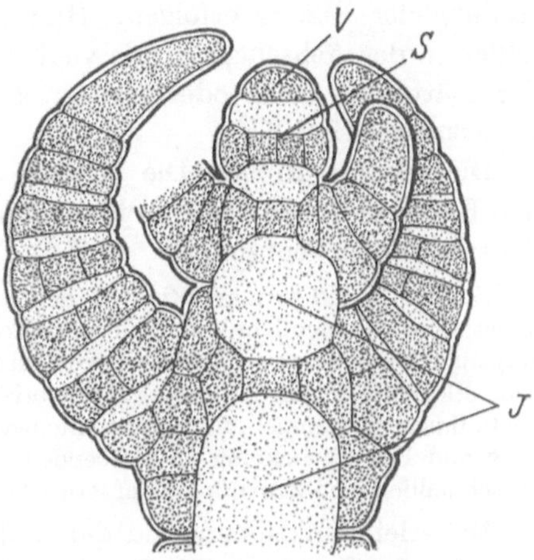

Die Entwicklungsgeschichte der Characeen gibt indessen Gelegenheit, auch hier schon darauf einzugehen. Allerdings sind dabei Determinations- und Differenzierungserscheinungen so sehr miteinander verschachtelt, daß wir es für zweckmäßig angesehen haben, Chara als Anhang den vorhergehenden Abschnitten nachzustellen, um zugleich damit auch wieder rückwärts auf die Sproßähnlichkeit nichtcormophytischer Formen zu verweisen.

Ein Längsschnitt (Abb. 127) durch den Sproßthallus von Chara zeigt an der Spitze der Achse, so wie bei vielen Algen mit differenziertem sproßähnlichem Aufbau, eine große Scheitelzelle, deren Teilungen, wie stets in solchen Gebilden, inäqual sind. Durch die erste Teilung wird die Scheitelzelle, also das Bildungsorgan, von den Körperzellen getrennt. Die nächste, ebenfalls wieder inäquale Teilung in der basalen Zelle bezeichnet determinativ die Gliederung des Sproßthallus. Stets verliert die jeweils untere Zelle die Teilungsbereitschaft und die obere behält sie, doch um sich nun einer Serie von Teilungen parallel zur Längsachse zu unterziehen und nicht mehr senkrecht dazu, wie das bis hierher geschah. Aus der teilungsbereiten Zelle entstehen die Knoten, welche die Wirteläste mit den Sexualorganen tragen, und aus den unteren, nicht mehr teilungsbereiten Zellen die Internodialzellen. Die Differenzierung beginnt mit der sofort einsetzenden Streckung dieser Zellen; sie geht schließlich ins Riesenhafte. Zunächst geht eine Kernvergrößerung, sodann eine Kernvermehrung und zuletzt ein Kernzerfall diesem Vorgang parallel.

Abb.127. Längsschnitt durch die Scheitelregion von *Chara fragilis*. *V* Scheitelzelle; *S* bereits unterteiltes Segment; *I* Internodialzellen. (Nach SACHS aus OLTMANNS)

γ) Die Zone der primären Ausfertigung der Sproßachse

Die „fertigen" Pflanzenteile charakterisieren sich einmal durch die endgültige Größe aller in Differenzierung eingetretenen Zellen, durch die funktionsbedingte Ausbildung der Zellwände und der drei möglichen Plastidensorten. Dazu kommen noch rein physiologische Funktionsbestimmungen einzelner Zellen oder ganzer Gewebe, die zunächst morphologisch nicht zum Ausdruck kommen.

Ebenso wie die Determinationszone gleitend aus dem Meristem erwächst, geht selbstverständlich auch die Differenzierungszone gleitend ohne scharfe Begrenzung apikalwärts in die Determinationszone, basalwärts in das Gebiet der „fertigen" primären Sproßachse über.

Da es aber einen endgültigen Stillstand in einem Organismus nicht gibt, muß man sich
darüber klar sein, daß die „Fertigstellung" der primären Achse auch wieder nur ein Übergang
zu immer neuen sekundären Zuständen ist, bis der Tod die Entwicklung beendet. Unter dem
Ausdruck „fertig" haben wir also im Bereich der primären Achse die Ausdifferenzierung eines
Großteils der Gewebe zu Dauergeweben zu verstehen sowie die Übernahme einseitiger und
endgültiger Funktionen durch die Zellen.

Die Epidermis. Den äußeren Hohlzylinder unter den drei oben geschilderten
Teilen der primären Achse bildet die *Epidermis*; sie ist relativ einfach, gewöhnlich
eine einschichtige geschlossene Schicht chloroplastenfreier Zellen. Die Behandlung
ihrer besonderen Ausgestaltung wird — wie mehrfach erwähnt — bei der Darstellung der Blätter erfolgen. Hier sei lediglich bemerkt, daß die Gestalt der
Zellen in der Achsenepidermis vielfach parallel zur Längsachse gestreckt ist, die
der Blätter ist mehr oder weniger isodiametrisch, mit allerdings mehrfach aus-
gebuckeltem Umriß.

Die primäre Rinde. Die primäre Rinde ist ebenfalls ein Hohlzylinder, der
den Raum zwischen der einschichtigen Epidermis und dem Kern der Achse, dem
Zentralzylinder, einnimmt.

Epidermis und primäre Rinde haben insofern etwas Gemeinsames, als sie, einmal vom
Vegetationskegel gebildet, nicht wieder reproduziert werden können. Sie sind also als Schichten
vergänglich und verschwinden, weil sie kein meristematisches Gewebe enthalten, aus dem sich
neue Elemente bilden könnten. Akzessorische meristematische Gewebe wie Korkcambien,
die in ihnen vorkommen, haben nur eine begrenzte, bald wieder erlöschende Tätigkeit. Übergang und Fortentwicklung zu bleibenden sekundären Zuständen ist im Bereich der Achse
ausschließlich dem Zentralzylinder vorbehalten.

Dreierlei Funktionen und damit drei Gruppen von Gewebedifferenzierungen
kommen der primären Rinde zu: assimilatorische Funktionen, solche der Stoff-
speicherung und endlich mechanische Funktionen. Die ersten, die assimilatorischen Funktionen, können sich allein in den äußeren Schichten unmittelbar unter
der Epidermis vollziehen, nur soweit die helle farblose Epidermis das Licht in
das Gewebe eindringen läßt. Die Speichergewebe schließen sich an die assimilatorischen an (Abb. 64). Auch dazu bedarf es lebenden, parenchymatischen
Gewebes, das anstatt der assimilierenden Chloroplasten nunmehr speichernde
Leukoplasten ausbildet. Die primäre Rinde ist zugleich auch der Abschluß der
Achse, der aber meist nur kurze Zeit funktioniert; später kann er durch peridermale Bildungen ersetzt werden. Endlich sind an verschiedenen Stellen je nach
dem Typus des betreffenden Organs über die primäre Rinde Elemente des mechanischen Systems verteilt.

Die mechanischen Leistungen des Pflanzenkörpers. Hier sei eine kurze Erörterung der
mechanischen Leistungen des Pflanzenkörpers eingeschaltet. Seit Schwendeners klassischer
Abhandlung läßt sich durch den Hinweis auf die rein physikalisch orientierte Mechanik und
Statik ein Verständnis der Pflanze als Konstruktionseinheit erreichen, eine Betrachtungsweise,
die bis in die neueste Zeit hinein beachtliche Erfolge aufzuweisen hat. Freilich hat man
ursprünglich die hier gegebene Analogie etwas zu eng aufgefaßt; so ist es gegenwärtig notwendig geworden, auch auf die für die Botanik bestehenden Grenzen des Verfahrens hinzuweisen und zu zeigen, daß mancherlei Voraussetzungen gar zu einfach gewählter Modelle aus
der Mechanik für die Pflanze nicht zutreffen, und demnach keine unmittelbar für den Pflanzenkörper gültigen exakten Berechnungen aus deren mathematisch-physikalischen Prinzipien
möglich sind. Indessen stellen die Lehrsätze der Statik auch nach den heutigen strengeren
Maßstäben eine so weitgehende Annäherung an die gegebenen Verhältnisse dar, daß sie immer
noch das maßgeblichste Erklärungsprinzip bedeuten. Weiter sei noch bemerkt, daß die im
folgenden gegebene Ableitung für den ganzen Sproß und die ganze Wurzel gilt, und also bei

der Darstellung dieser Systeme nicht mehr wiederholt wird. Wir fügen sie hier schon bei der primären Rinde ein, weil die Prinzipien der Statik bei der Lagerung der mechanisch wirksamen Elemente in der letzteren zum ersten Male deutlich erkennbar werden.

Die meisten Sproßachsen sind Zylinder, deren Durchmesser im Verhältnis zur Höhe oftmals auffallend gering ist. Da sie zudem auch noch die Träger der Blattflächen sind, auf denen wie auf einem Segel ein starker Winddruck liegen kann, so ist eine ungewöhnliche Inanspruchnahme ihrer Biegungs- und Knickfestigkeit vorhanden. Es kann aber eine Sproßachse keineswegs ein kompakter Zylinder aus mechanischen Elementen, Sklerenchymfasern, Steinzellen und ähnlichen sein, weil außer den mechanischen Aufgaben noch viele andere Funktionen ganz andersartige Gebilde verlangen. Das Prinzip der Materialsparsamkeit aus der technischen Mechanik wird also im Pflanzenkörper durch die Notwendigkeit vielfältiger Funktionen erzwungen. Demnach steht zur Frage, wie ein Maximum an Knick- und Biegungsfestigkeit in einer Sproßachse bei durchaus begrenzter Menge von mechanischen Elementen ermöglicht werden kann. Tatsächlich läßt sich das durch die Anordnung der mechanischen Elemente an der Peripherie erreichen. Die technische Physik lehrt nämlich, daß bei gleichem Aufwand an wirksamen Elementen ein kompakter Zylinder viermal soviel Material beansprucht, um die gleiche Knick- und Biegungsfestigkeit zu erreichen, wie ein Hohlzylinder, dessen Innendurchmesser demjenigen des kompakten Zylinders entspricht (Abb. 128). Bei entsprechender Lagerung der mechanischen Elemente in den Sproßachsen ist also der Hohlraum des Hohlzylinders in der Pflanze frei für Zellmaterial, dem andere als mechanische Funktionen zugeordnet werden können.

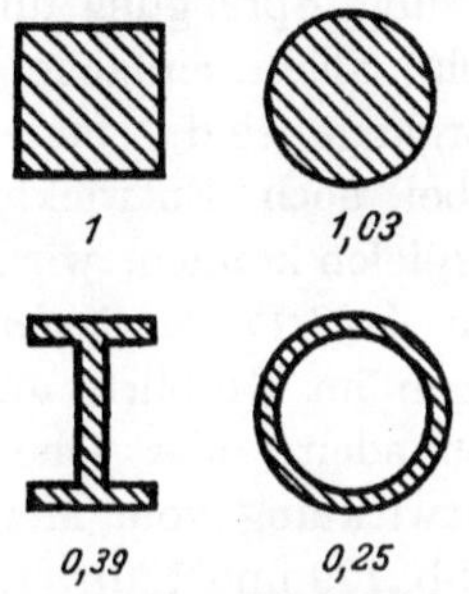

Abb. 128. Stabquerschnitte mit gleichem Flächenträgheitsmoment, d. h. gleicher Festigkeit bei Biegung. Die relativen Flächeninhalte = Bedarf an mechanischen Elementen, sind angegeben. Der Hohlzylinder ist allen anderen, vor allem dem Vollstab, überlegen. (Nach R. W. POHL, Einführung in die Mechanik)

Fragt man nun nach der zweckmäßigsten Lagerung der *einzelnen* mechanischen Elemente im Pflanzenkörper, dann ergeben sich die statischen Gesetze des sogenannten „Verbundbaus". Hierzu sind in der Bautechnik relativ zugfeste Elemente, etwa Eisenstäbe, miteinander verknüpft und in eine leichtere und mechanisch weniger wirksame Füllmasse, den Beton, eingelassen. Im Pflanzenkörper entsprechen die Sklerenchymfasern, unter sich vielfach verknüpft, den Eisenstreben, und das Grundgewebe, in das sie eingefügt und mit dem sie verwachsen sind, dem Beton. So werden in beiden Fällen besonders wirksame Festigungen erzielt, wie in jedem krautigen Stengel nachweisbar.

Es ist von einiger Bedeutung, daß diese eben gegebene Analogie nun auch noch für ältere Sproßachsen gilt, die bereits nachdrücklich in das sekundäre Dickenwachstum eingetreten sind. Bei diesen nämlich kommt zu der Notwendigkeit besonderer Knick- und Biegungsfestigkeit hinzu, daß sie vielfach ungeheure Druckbelastungen auszuhalten haben, die durch das Gewicht des darauf lastenden Astwerkes erzeugt werden. Auch hier bewährt sich das Gleichnis des Verbundbaus: Ebenso wie in Eisenbetonpfeilern die Eisenstäbe die ganze Druckfestigkeit ihres Materials dem gesamten Gebilde mitteilen, weil sie in dem Zement, in den sie eingefügt sind, nicht seitlich ausweichen können, ist es mit den längsorientierten Holzelementen in einem älteren Stamm, die auch von anderen Gewebeteilen, Parenchymzellen und ganzen Markstrahlen, eingeschlossen sind.

Grundsätzlich anders sind die mechanischen Ansprüche, denen das Wurzelsystem ausgesetzt ist. Bei solchen in den Boden fest eingelassenen Achsensystemen kommt eine Inanspruchnahme auf Biegung oder Knick niemals in Frage, vielmehr werden sie ausschließlich auf Zug beansprucht. Zugfestigkeit aber ist einfach proportional dem Querschnitt der zusammenhängenden Festigungselemente; den besten Vergleich bietet ein Drahtseil. Dementsprechend sind die mechanischen Elemente in einer Wurzel zu einem Zentralstrang zusammengefaßt. Daß bei alt werdenden und sekundär in die Dicke wachsenden Wurzeln ebenso wie bei alten Sprossen noch Druckbeanspruchung und entsprechende Ausbildung in einigen Teilen dazukommt, versteht sich von selbst.

Die primäre Rinde ist in ihrer Abgrenzung gegenüber dem Zentralzylinder vielfach durchaus erkennbar, was die Wurzelachse noch deutlicher zeigen wird als die Sproßachse. Indessen läßt sie sich auch in letzterer wenigstens als sogenannte Stärkescheide, d. h. als eine Reihe von Zellen mit recht zahlreichen und meist losen Stärkekörnern erkennen.

Von einiger Bedeutung ist, daß das sekundäre Dickenwachstum der Achse inseits von Epidermis und primärer Rinde vor sich geht. Beide Elemente müssen also eine Dehnung in tangentialer Richtung erfahren, wobei die lebenden Zellen deformiert und verzerrt werden (Abb. 152). Schließlich werden sie gesprengt und abgestoßen. Daß Verzerrung, Sprengung und Abstoßung nicht allein einfache mechanische Vorgänge sind, sondern daß sich dabei noch Entwicklungsvorgänge abspielen können, wird das Beispiel von *Aristolochia Sipho* zeigen. Wir geben im Hinblick auf das später Behandelte hier schon die ganze Entwicklung vom Meristemring an (Abb. 129 und 130).

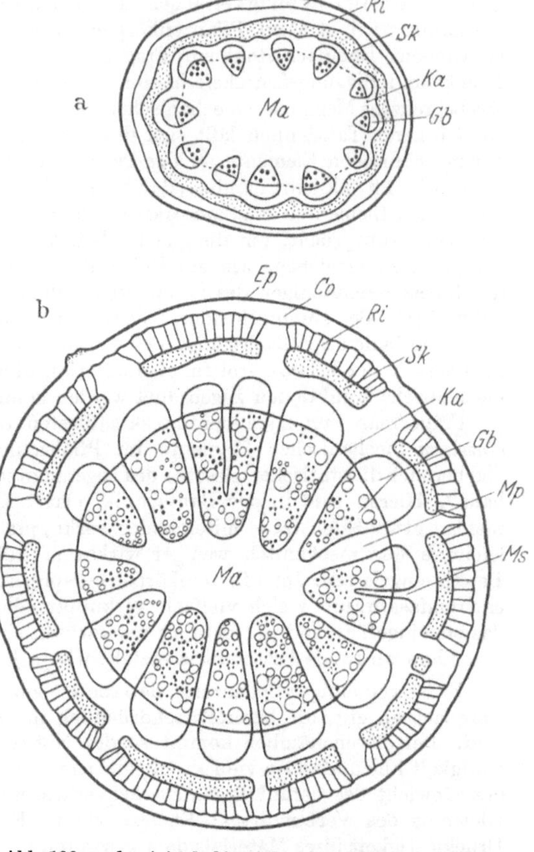

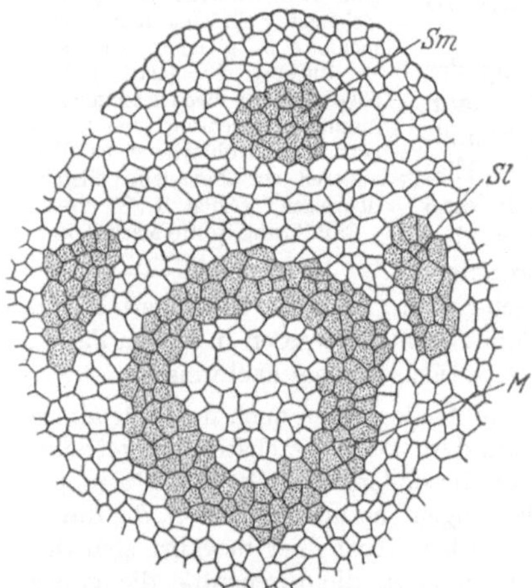

Abb. 129. Stengelquerschnitt von *Aristolochia sipho* in der Höhe des ersten Knotens. *M* Meristemring; *Sm* medianes; *Sl* laterale Bündel des zugehörigen Blattgrundes. Vergr. etwa 180mal. (Nach HELM)

Abb. 130a u. b. *Aristolochia sipho*, Querschnitt. Primärer und sekundärer Bau der Sproßachse. a Zweig zu Ende des ersten Jahres; b zweijähriger Zweig. *Ep* Epidermis; *Co* Kollenchymring; *Ri* primäre Rinde; *Sk* Sklerenchymring; *Gb* Gefäßbündel; *Ka* Cambium; *Mp* primärer Markstrahl; *Ms* sekundärer Markstrahl; *Ma* Mark. (Nach MIEHE)

Unterhalb der Epidermis des primären Sproßteiles von *Aristolochia Sipho* findet sich eine Schicht Collenchym und assimilierendes Gewebe. In der nächsten Schicht, dem Speicherparenchym, dessen Zellen an Größe gewöhnlich nach innen hin etwas zunehmen, finden sich statt der Chloroplasten nunmehr stärkespeichernde Leukoplasten. Hieran anschließend liegt der Sklerenchymring, ein relativ breiter — er nimmt etwa $^1/_4$ des Rindendurchmessers ein — fest geschlossener Ring von Fasern, die im primären Zustand der Rinde schon völlig ausdifferenziert sind (Abb. 130a). Dann liegt in der Rinde bis zu der Stärkescheide noch eine schmale Parenchymschicht.

Diese so beschaffene primäre Rinde wird nun bei Beginn des sekundären Dickenwachstums im Inneren des Zentralzylinders dilatiert, d. h. sie wird in tangentialer Richtung gedehnt.

Die am weitesten außen liegenden Schichten werden davon natürlich am stärksten betroffen. So wird die Epidermis, die noch dazu relativ starr ist, am ersten zerstört und durch peridermale Bildungen ersetzt, die später behandelt werden. Die unter der Epidermis liegenden Schichten werden zunächst tangential dilatiert, später reißen sie, gehen auch zugrunde und werden abgestoßen. Diese sehr beträchtliche Dilatation kann der Sklerenchymring von Anfang an nicht mitmachen, er zerreißt sofort in einzelne Stücke (Abb. 130b). Die so entstandenen Zwischenräume werden aber sogleich von dem umliegenden Parenchym durch erneute Zellteilungen aufgefüllt (Abb. 131a). Dieses eingewanderte Parenchym erfährt nun sogleich eine Differenzierung: seine Zellen werden zu *Steinzellen* und damit ist der Sklerenchymring zunächst wieder ergänzt (Abb. 131b), ein anschauliches Beispiel für die *Determination durch die Lage*. Bei weiteren Dilatationen zerreißt die primäre Rinde grundsätzlich, es entstehen tiefe Risse, und schließlich wird sie durch die sekundäre Rinde ersetzt.

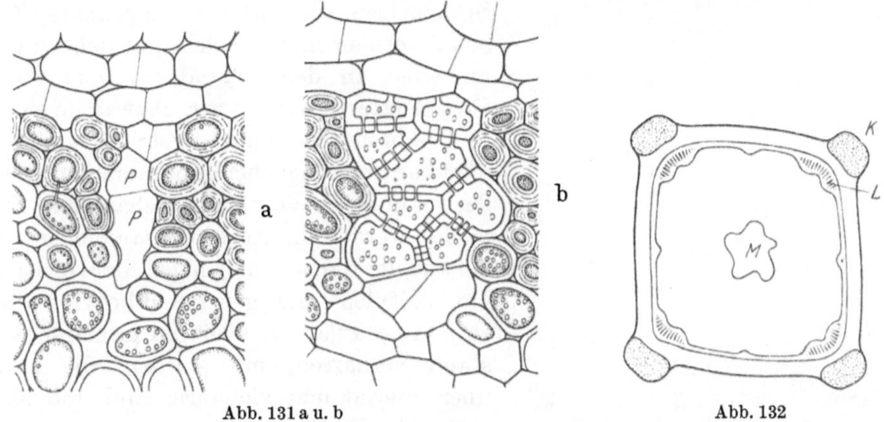

Abb. 131 a u. b   Abb. 132

Abb. 131a u. b. Bastring von *Aristolochia sipho*. a bei Beginn der Sprengung; *P* eingewanderte Parenchymzellen. b Neue Versteifung durch Steinzellen. (Nach HABERLANDT)

Abb. 132. Querschnitt durch den Stengel von *Lamium album*, halbschematisch. *K* Kollenchym an den Ecken; *L* Leitbündel; *M* Markhöhle. Vergr. etwa 10mal. (Nach HABERLANDT)

Etwas anders sind die Verhältnisse bei einjährigen Pflanzen, deren Zentralzylinder kein sekundäres Dickenwachstum aufweist. Als Beispiel sei die Sproßachse von *Lamium album* verwendet.

Lamium album hat wie alle Labiaten eine scharf vierkantige Sproßachse, die im primären Zustand verbleibt. Unter der einschichtigen Epidermis befinden sich an den flachen Seiten in der Rinde etwa 4—6 Schichten chloroplastenführender, also assimilierender Zellen, weiter nach innen folgt, wieder mit etwas vergrößerten Zellen, ein stärkeführendes Speicherparenchym, und dann schließt die primäre Rinde mit der Stärkescheide ab.

Anders sind die vier Ecken gebaut. Hier befindet sich die gesamte mechanische Verstärkung der Rinde in Form einer reichlichen Collenchymauflagerung (Abb. 132). Die Collenchymzellen, in der Mittellinie der Ecken bis zu 18 Schichten übereinander, müssen aus den ersten subepidermalen Zellschichten hervorgegangen sein; denn inseits der Collenchymauflage sind meist nur noch eine, höchstens zwei chloroplastenführende Zellen, an die sich drei bis vier stärkeführende Zellschichten bis zur Stärkescheide anschließen. Das Collenchym ist also zweifellos auf Kosten des Assimilationsparenchyms entstanden; es liegt weit außen und dürfte nach den oben gegebenen Ausführungen über die mechanischen Verhältnisse als besonders knickfestes Verstärkungsmittel aufzufassen sein.

Der Zentralzylinder. Inseits der Stärkescheide findet sich der Zentralzylinder als nunmehr massives Gebilde; er ermöglicht die gesamte Stoffleitung durch die Gefäßbündel erneuert senkrecht zur Längsachse durch ein intercalares Bildungsorgan, das Cambium, bei allen ausdauernden Pflanzen ständig das ganze

Achsenorgan. Hinzugefügt sei noch, daß die Achse zugleich auch ganz wesentlich an der Festigung des Planzenkörpers beteiligt ist. Hier ist aber im Gegensatz zur primären Rinde jegliche mechanische Funktion mit dem Leitsystem verbunden. Das hängt damit zusammen, daß die Wasserleitung selbst erhebliche Ansprüche an die Festigkeit der Röhren stellt, in denen sie verläuft: Das Wasser wird in den Gefäßen durch Saugkräfte hochgezogen; in diesen herrscht demnach ein erheblicher Unterdruck. Sie können also nur funktionieren, wenn sie ausgesteifte Wände haben, die diesem Unterdruck entgegenwirken. Damit dienen sie aber zugleich der Festigung der ganzen Achse.

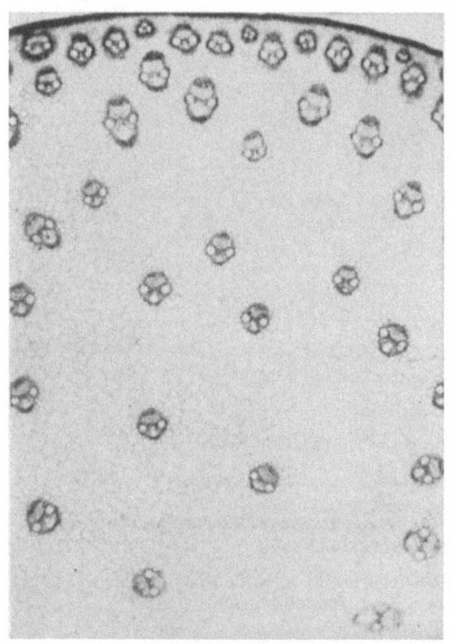

Abb. 133. Querschnitt durch die Sproßachse von *Zea Mays*, Teilübersicht. Vergleiche Text. (Orig.) Vergr. etwa 12mal

Zwei Extreme lassen sich unterscheiden: Sproßachsen, die zeitlebens im primären Zustand verbleiben, und solche, die nahezu unmittelbar in den sekundären übergehen. Diese letzteren werden wir, obzwar sie einen weitverbreiteten Typus darstellen und die offenbar ursprünglicheren sind, erst eingangs des sekundären Verhaltens behandeln. Zunächst werden die Achsen zusammengefaßt behandelt, die wie diejenigen der meisten Monokotylen und gewisse dikotyle, aber einjährige Pflanzen allein im primären Zustand verharren, mit solchen, die zwar überdauernd und vieljährig sind und also sekundäre Zustände besitzen, bei denen aber das primäre Stadium umfangreich und für die Lebensverhältnisse der betreffenden Pflanze entscheidend ist. Solche Formen, wie sie vor allem bei den Lianen realisiert sind, repräsentieren den Übergang zwischen den beiden oben genannten Endtypen.

Bei *Zea Mays*, dessen ausgewachsene primäre Achse eine beträchtliche Dicke hat, 2—3 cm im Durchmesser, wird als Gesamtgebilde allein von dem Vegetationskegel produziert. Das hängt damit zusammen, daß bei den monokotylen Sprossen — Dendrocalamus, Bambusa und Palmen usw. gehören dazu, deren Achsenstärke die vom Mais noch weit übertreffen — an der Basis des Vegetationskegels außerordentlich massierte perikline Teilungen ablaufen, die dann auf kurzer Strecke die Sproßachse stark verdicken. Es ist aber zugleich dabei unvermeidlich, daß die Gesamtentwicklungszone ungleich viel größer und länger ist, als bei den Typen, die das Dickenwachstum frühzeitig von dem Vegetationskegel auf das intercalare Bildungsorgan, das Cambium, umschalten. Das ist für die Ausbildung der Leitungsbahnen von besonderer Bedeutung. Es ist unmöglich, daß in so massiven und kompakten Gewebemassen, wie sie bei diesen Monokotylen in der Bildungs- und Determinationszone vorliegen, der Stoffbedarf allein auf dem Wege der Diffusion von Zelle zu Zelle befriedigt wird. Dementsprechend findet sich hier die fertige Ausbildung von leitenden Elementen in zwei Etappen ganz besonders ausgeprägt: es werden Leitungsbahnen gebildet, die schon während des Längenwachstums funktionieren, und außerdem solche, die erst nach dessen Abschluß in Funktion treten. Selbstverständlich werden nichtlebende leitende Elemente, die während des Längenwachstums schon fertig sind, in seinem weiteren Verlaufe zugrunde gehen müssen: sie werden in die Länge gezerrt und zerrissen.

Der Sproßquerschnitt von *Zea Mays* wird nahezu vollständig von dem Zentralzylinder eingenommen; Epidermis und primäre Rinde umfassen nur wenige Zellschichten mit fast ausschließlich mechanischer Funktion. Im Zentralzylinder erkennt man ein parenchymatisches Grundgewebe, dessen Zellgröße zur Mitte hin zunimmt (Abb. 133). Eingebettet in dieses mit Reservestoffen leicht angefüllte Parenchym sind die Gefäßbündel. Ein solches enthält als abgeschlossener Strang beide leitende Elemente, den wasserleitenden Holzteil und die als Siebteil zusammengefaßten Assimilationsleitungsbahnen. Die Bündel von *Zea Mays* sind geschlossen, d. h. es befindet sich zwischen Holzteil und Siebteil kein Cambium; dementsprechend ist nach einmal beendeter Ausbildung keine Erweiterung mehr möglich. Sie sind „kollateral", d. h. es liegt jedem Holzteil[1] ein Siebteil gegenüber. Der Holzteil besteht aus Tracheen, Tracheiden, Holzfasern und Holzparenchym. Dabei finden sich in jedem

Xylem nebeneinander liegend zwei besonders weitlumige Tracheen. An der zentralen Seite des Holzteils ist stets eine Intercellulare vorhanden, zerrissenens Gewebe, worin die Reste, meist die Verdickungsleisten der Gefäßprimanen, Ringe oder Spiralen, hängen, der Leitungsbahnen also, die während des Längenwachstums der Sproßachse die Wasserversorgung leisteten und in seinem Verlauf zerstört wurden (Abb. 134).

Man pflegt die Anordnung der Leitbündel über den Querschnitt der Sproßachsen von Monokotylen als „zerstreut" zu bezeichnen; sie ist aber streng gesetzmäßig. Sie ist so, daß 1. in allen Bündeln, wo sie auch liegen mögen, der Holzteil stets dem Mittelpunkt zu gerichtet ist, der Siebteil gegen die Peripherie, 2. die einzelnen Bündel vom Achsenmittelpunkt nach der Peripherie zu an Umfang abnehmen, und 3. zugleich in eben dieser Richtung stets enger beieinander liegen (Abb. 133 und 135).

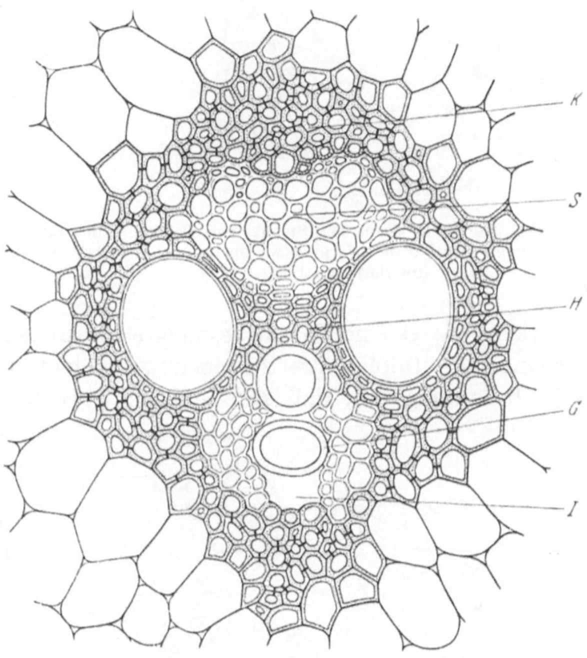

Abb. 134. Gefäßbündelquerschnitt von *Zea Mays*. *K* Sklerenchymkappen; *S* Siebteil; *H* Holzteil; *G* Gefäßprimanen; *I* Intercellulargang. (Nach SACHS)

Die Ausstattung und Anordnung der Gefäßbündel ist also stets so, daß sie neben ihrer sonstigen Funktion auch noch als mechanische Elemente im Sproßaufbau funktionieren; beides stimmt im Sproß von *Polygonatum multiflorum* durchaus mit den oben abgeleiteten Prinzipien des Ausgleichs mechanischer Inanspruchnahme überein.

Neben geschlossenen kollatateralen Gefäßbündeln gibt es bei den Monokotylen auch noch geschlossene konzentrische, bei denen der Siebteil von dem Holzteil umgeben wird. Solche Bündel, leptozentrische genannt, gibt es im Rhizom von *Iris* (Abb. 136); wir werden später bei ganz anderen Gruppen, den Farnen, noch das gegenteilige Verhalten kennenlernen, die Ausbildung hadrozentrischer Gefäßbündel, deren Holzteil vom Siebteil umfaßt wird (Abb. 137).

---

[1] Im Laufe des 19. Jahrhunderts sind eine ganze Reihe von Bezeichnungen für die beiden Gefäßbündelteile in Gebrauch genommen worden. Sie seien hier aufgereiht, weil sie zuweilen noch verwendet werden:

Holzteil	—	Siebteil
Xylem	—	Phloëm
Hadrom	—	Leptom
Vasalteil	—	Cribralteil

Auch unter den Dikotyledonen finden sich einige Formen mit ausgedehnteren primären Zuständen, wenn auch nie von solchem Ausmaß wie bei den eben

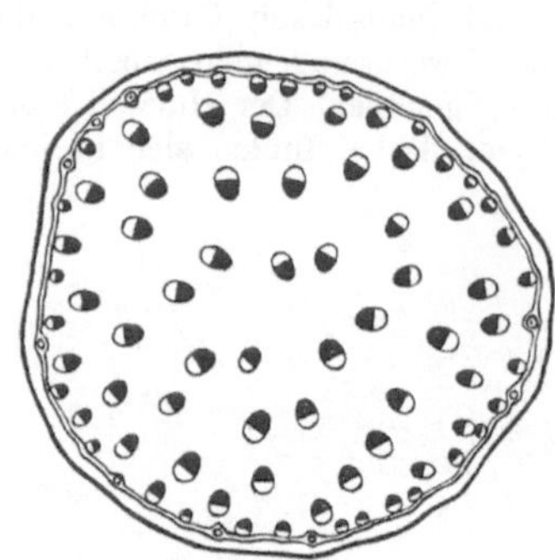

Abb. 135. Querschnitt durch den Stengel von *Polygonatum multiflorum*. Vergr. etwa 9mal. (Nach ROTHERT aus JOST)

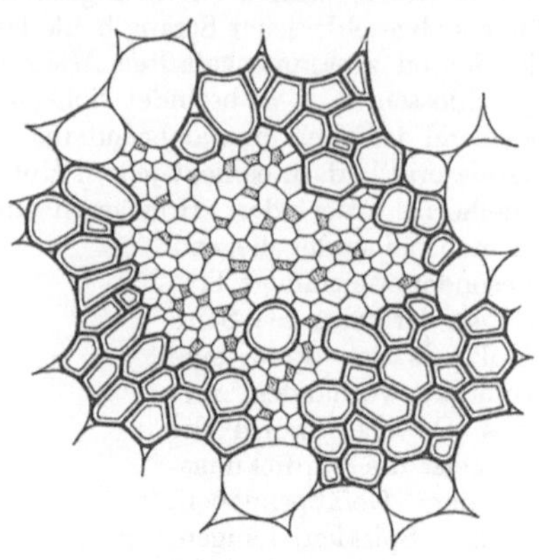

Abb. 136. Konzentrisches Gefäßbündel (leptozentrisch) aus dem Rhizom von *Iris*. Vergr. etwa 280mal. (Nach PRANTL)

beschriebenen; es sind das insbesondere die Lianen, bei denen die Sproßachsen sehr lang sind. Infolge ihrer Lebensweise als kletternde und schlingende Pflanzen ist es bedeutungsvoll, daß ihre Achsen beweglich sind und eine weitgehende Verschiebbarkeit der Elemente im Inneren aufweisen.

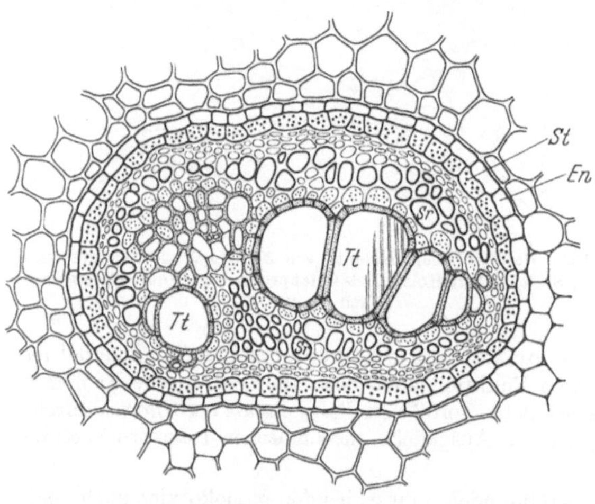

Abb. 137. Konzentrisches (hadrozentrisches) Gefäßbündel von *Pteris aquilina*. *St* Stärkeschicht; *En* Endodermis; *Tt* Treppentracheiden; *Sr* Siebröhren. Vergr. etwa 160mal. (Verändert nach STRASBURGER)

Die primäre Sproßachse von *Aristolochia sipho* (Abb. 129 und 130a) ist aus einer Differenzierungszone erwachsen, in welcher der Meristemring in einzelne procambiale Stücke zerfallen war. Aus diesen allein entstehen in derselben Weise — wie bei den Holzgewächsen von dem ganzen cambialen Ring — nach innen Holzteile (Abb. 138, sie zeigt den Längsschnitt des Holzteils eines Ausläufers von *Glycyrrhiza glabra*) und nach außen Siebteile. So kommen auch hier einzelne mehr oder weniger in sich abgeschlossene Gefäßbündel zustande. Diese sind kollateral, aber im Gegensatz zu den Gefäßbündeln beim Mais „offen", d.h. zwischen Holz- und Siebteil befindet sich das meristematische Cambium. Während der primären Ausbildung treten im Bereich jedes Bündels noch Teilungen mit nachfolgender Differenzierung auf. Das anschließende parenchymatische Gewebe vergrößert sich gleichzeitig schon durch Zellstreckung. So kann man den *primären* Zustand der Sproßachse durchaus damit limitieren, daß in dem parenchymatischen Gewebe der Achse ein weiteres Streckungswachstum nicht mehr möglich ist. Daran anschließend nämlich bildet sich neben den Gefäßbündeln im parenchymatischen Gewebe ein sekundäres Meristem, wodurch die Cambiumstücke zwischen den beiden Teilen des Gefäßbündels von neuem wieder zu einem Ring geschlossen werden (Abb. 130b). Zugleich damit beginnt die Phase sekundären Wachstums bei Aristolochia. Bei anderen Achsen dikotyler Pflanzen — beispielhaft dafür sind die Ausläufer von *Ranunculus repens* (Abb. 139) — findet sich genau dieselbe Entstehung einzelner offener Gefäßbündel mit dem Unterschied gegenüber Aristolochia, daß sie zeitlebens im primären Zustand verharren und keinen geschlossenen Cambiumring mehr auszubilden vermögen.

Die Elemente, aus denen sich die Gefäßbündel bei Aristolochia zusammensetzen, sind dieselben wie beim Mais, wir brauchen sie nicht zu wiederholen. Außer diesen gibt es noch bikollaterale Gefäßbündel, z. B. bei den Cucurbitaceen, solche also, an deren Innenseite sich noch einmal ein Siebteil befindet (Abb. 140). Da dieser von dem peripherwärts liegenden Holzteil durch kein

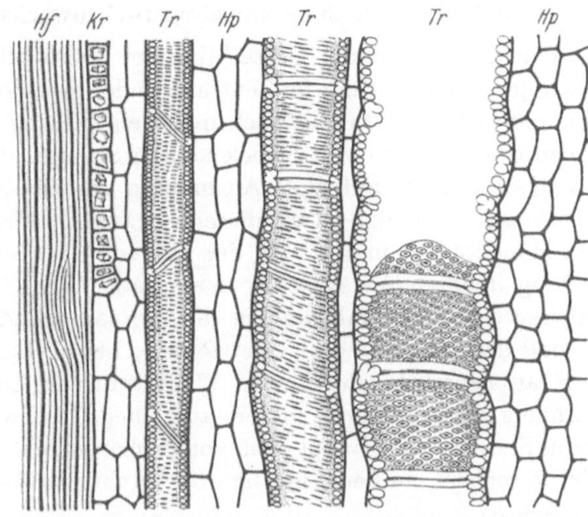

Abb. 138. Längsschnitt durch den Holzteil eines Ausläufers von *Glycyrrhiza glabra*. *Hf* Holzfasern; *Kr* Kristallzellen; *Hp* Holzparenchym; *Tr* Tüpfeltracheen. Die Ränder der aufgelösten Querwände sind erhalten. (Nach Tschirch)

Cambium abgesetzt ist, kann er am sekundären Wachstum nicht mehr teilnehmen. Meistens sind es auch krautige Gewächse wie die Solanaceen, bei denen diese Erscheinung — anatomisch-systematisch als Vorhandensein von intraxylärem Weichbast bezeichnet — vorzukommen pflegt. Sekundäre Ausbildungen sind bei diesen irrelevant.

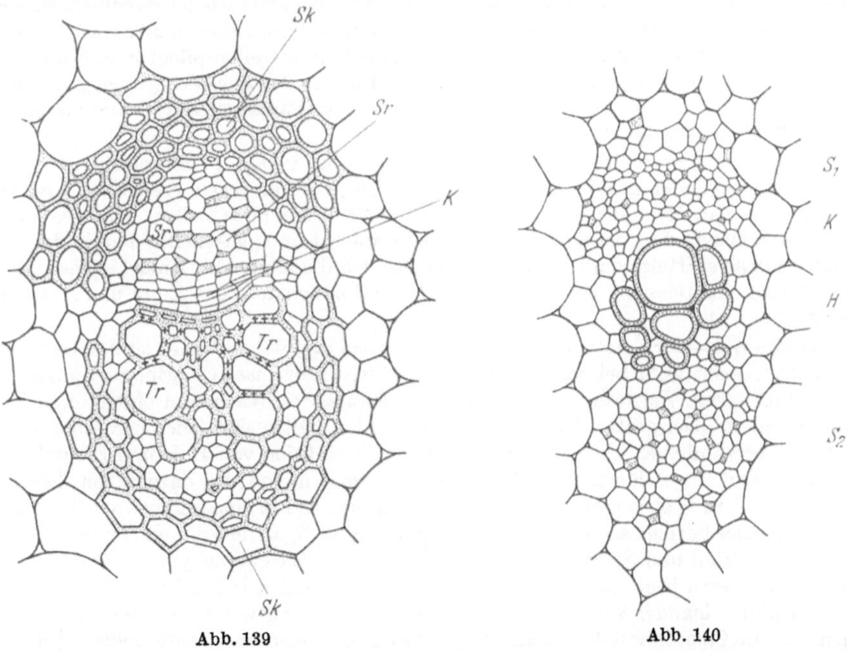

Abb. 139   Abb. 140

Abb. 139. Offenes kollaterales Gefäßbündel von *Ranunculus repens*. *Sk* Sklerenchymkappen; *K* Cambium; *Sr* Siebröhren; *Tr* Tracheen. (Verändert nach Stasburger aus Rothert-Jost)

Abb. 140. Bikollaterales Gefäßbündel von *Bryonia dioica*. $S_{1,2}$ äußerer, innerer Siebteil, Geleitzellen punktiert; *K* Cambium; *H* Holzteil. Vergr. etwa 190mal. (Verändert nach Rothert-Jost)

δ) Der Einsatz des sekundären Dickenwachstums in der Sproßachse

Von der sekundären Gestaltung der Achse pflegt man erst dann zu reden, wenn der cambiale Ring im Zentralzylinder geschlossen als intercalares Bildungsorgan in Aktion tritt und nach innen einen Ring von Holzelementen und nach außen einen solchen von Siebelementen erzeugt. Bei den meisten unserer Holzgewächse nun beginnt diese Ausbildung unmittelbar im Anschluß an die *Determinationszone*, so daß es bei diesem — zum mindesten in dem Sinn, wie das bei den Monokotylen und Lianen der Fall ist — nur eine ganz geringe primäre Ausbildung in ihren Achsen gibt. Man kann allenfalls davon reden, solange noch außerhalb des Zentralzylinders die primäre Rinde erhalten bleibt, doch geht oftmals deren Dehnung und Zerstörung, bei solchen Pflanzen schon in der ersten Vegetationsperiode durch die Wachstumsvorgänge im Inneren des Zentralzylinders herbeigeführt, mit erstaunlicher Geschwindigkeit vor sich, so daß es kaum Sinn hat, überhaupt noch von primären Bildungen zu reden. Darum stellen wir sie sogleich an den Eingang des Abschnitts über die sekundäre Ausfertigung der Achsen.

Bei den meisten Holzgewächsen, den Gymnospermen und bei einer Reihe von Dikotyledonen — als Beispiel sei hier *Quercus pedunculata* oder *Veronica Traversii* genannt — geht der procambiale Ring in der Zone der Differenzierung in ein *Reihencambium* über (Abb. 117). Damit beginnt in gleitendem Übergang und praktisch kaum abtrennbar mit der Differenzierung auch die sekundäre Ausfertigung der Achse. An der Innenseite eines solchen Cambiums entsteht ein Holzzylinder, an der Außenseite ein Rindenzylinder. Im Holz befinden sich alle dafür typischen Differenzierungseinheiten: Tracheen, Tracheiden, Holzfasern und Holzparenchym. Gewöhnlich finden sich diese einzelnen Elemente in radialen Reihen nebeneinander, weil aus den vom Cambium abgeschiedenen Zellen stets wieder dieselben Differenzierungsprodukte nachrücken, die vorher dem Cambium anlagen, also Gefäße nach Gefäßen, Parenchym nach Parenchym usw. Diese radialen Parenchymstreifen pflegt man übrigens als Markstrahlen zu bezeichnen; sofern sie bis in den im Inneren der Achse liegenden gleichmäßig parenchymatischen Kern reichen, als primäre, später vom Cambium zwischen anderen Zellreihen neugebildete als sekundäre Markstrahlen.

Peripheriewärts vom cambialen Ring entsteht, wie oben gesagt, in der gleichen Weise der *sekundäre* Rindenzylinder mit Siebröhren, Geleitzellen, mechanischen Elementen und zahlreichen parenchymatischen bzw. Einschlüsse und Sekrete führenden Zellen. Diese sekundäre Rinde ist ein Hohlzylinder, der an seiner Innenseite wächst und gleichzeitig dem in die Dicke wachsenden massiven Holzzylinder aufsitzt. So ist auch die sekundäre Rinde, ebenso wie die primäre, ständig der Dehnung von innen her und damit außen der Zerstörung und Abstoßung ausgesetzt.

Eine zweite Weise der Entstehung eines geschlossenen cambialen Ringes ist bei *Aristolochia Sipho* gegeben, auch wohl bei solchen Kräutern, deren sehr massive primäre Sproßachsen im Laufe ihrer einen Vegetationsperiode noch in sekundäres Wachstum eintreten, wie bei *Rhizinus communis* oder großen Umbelliferen. In beiden Fällen sind, wie oben schon gesagt, nur Teile des procambialen Ringes unmittelbar zur Produktion von Holz und Siebteil übergegangen; es sind abgeschlossene Gefäßbündel entstanden und die dazwischen liegenden Cambialteile sind in Speicherparenchym ausdifferenziert. Ein Beginn sekundären Wachstums wird bei derartigen Formen so eingeleitet, daß an den Stellen, an denen vom Gefäßbündel aus das zwischen Holzteil und Siebteil liegende Cambium auf das Parenchym ausläuft, letzteres in Teilung einzutreten beginnt. In der Reihe der dort liegenden Parenchymzellen vollziehen sich schnell hintereinander zwei Teilungen, wobei die Teilungswände in gleicher Richtung streichen wie die Cambialwände zwischen den Leitungselementen. Diese beiden Teilungen sind sozusagen in entgegengesetzter Richtung inäqual; es entstehen drei Zellen, von denen die mittlere vergleichsweise aus der ursprünglichen Parenchymzelle herausgeschnitten wird; sie ist schmal wie eine Cambiumzelle und plasmareich. Gleichzeitig wird deren ständige Teilungsbereitschaft wiederhergestellt (Abb. 141, dazu auch Abb. 130a und b).

Die ganze Reihe solcher Zellen funktioniert von nun an als Cambialmeristem unbegrenzt weiter. Damit haben wir es mit der Entstehung eines typischen *Folgemeristems* zu tun, das sich nunmehr mit dem zwischen den beiden Teilen der Gefäßbündel liegenden Urmeristem zu einem vollständigen Cambiumring schließt. Den Cambialteil innerhalb der Gefäßbündel nennt man das *fasciculäre*, den neugebildeten dazwischen liegenden das *interfasciculäre Cambium*.

Die fasciculären Cambien produzieren bei *Aristolochia sipho* nach innen Holz, nach außen Bast. Dementsprechend vergrößern sich die ursprünglichen Gefäßbündel ständig, und da sie im Kreise angeordnet sind, müssen sie damit zugleich den Achsenquerschnitt ausdehnen. Daraus folgt aber nunmehr wieder, daß sie sich selbst nach außen zu keilförmig erweitern müssen. Das wiederum geschieht durch freilich seltene, aber in entsprechender Anzahl ablaufende antikline Teilungen im fasciculären Cambium. Das interfasciculäre Cambium produziert bei Aristolochia ausschließlich parenchymatische Zellen, die sich in weiterem Dickenwachstum als primäre Markstrahlen kennzeichnen. Die hier ebenfalls vorhandenen sekundären Markstrahlen entstehen inseits des fasciculärenCambiums.

Bei *Ricinus communis* werden von dem interfasciculären Cambium neben Zellstreifen parenchymatischen Gewebes auch noch neue Gefäßbündel gebildet, die sich dann mit den primären zusammen zu einem Ring anordnen. Bei *Peucedanum*, einer zwar krautigen, aber durch ein Cambium in die Dicke wachsenden Umbellifere, wird vom interfasciculären Cambium ein mechanisches Gewebe neben schmalen Parenchymstreifen ausgebildet.

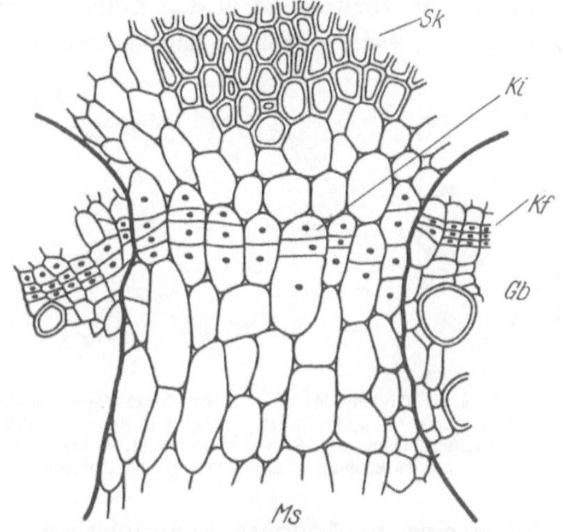

Abb. 141. Bildung des interfasciculären Cambium *Ki* von *Aristolochia sipho*. *Kf* fasciculäres Cambium; *Gb* Gefäßbündel; *Sk* Faserzellen; *Ms* Markstrahl. (Nach Textbook Gen. Bot.)

ε) Der Ablauf des sekundären Dickenwachstums in der Sproßachse

Bis hierher haben wir den *Beginn* des sekundären Dickenwachstums erläutert. Ein solcher Beginn braucht nicht fortgeführt zu werden; vielmehr kann er auf jedem der geschilderten Stadien stehenbleiben und damit seine Existenz abschließen.

In dem nun folgenden Abschnitt sollen Sproßachsen Gegenstand der Betrachtung werden, bei denen sich ein Dickenwachstum über sehr viele Vegetationsperioden erstreckt, das also, verglichen mit den eben geschilderten Typen, relativ unbegrenzt ist. Ein solches wird stets durch einen wie auch immer entstandenen geschlossenen Cambiumring verursacht und läuft fast überall gleichartig ab. Stets wird nach innen Holz und nach außen Siebteil abgegliedert. Dadurch kann also der im Inneren liegende Holzzylinder durch jährlich neue zylindrische Schichten an seiner Außenseite einfach erweitert werden, ohne daß an seinem weiter innen liegenden Bestand den räumlichen Verhältnissen nach etwas geändert zu werden brauchte. Anders ist es mit der Rinde. Die hohlzylindrische sekundäre Rinde wird von innen her verdickt. Infolgedessen werden die äußeren Schichten mit jedem neuen Wachstumsschritt zu eng. Es müssen also deren räumliche Verhältnisse durch das jeweilige neue eigene Wachstum und das des Holzzylinders grundsätzlich geändert werden. Auf diese Unterschiede haben wir bei der nun folgenden Betrachtung Rücksicht zu nehmen. Sie sind hier noch einmal ausführlich wiederholt, weil sie für die sekundäre Rinde genau so gelten, wie für die primäre.

Die Ausgestaltung des Holzzylinders. Die Holzzylinder der Achsen sehr verschiedenartiger Holzgewächse zeigen insofern Übereinstimmung, als sie prinzipiell dieselben cellulären Elemente enthalten, und also das Wachstum in gleichartiger Weise erfolgt. Diese Elemente sind dieselben wie in den Holzteilen der Gefäßbündel. Die parenchymatischen, die Reservestoffspeicherung vollziehenden Zellen befinden sich vorwiegend in den radial verlaufenden Streifen der Markstrahlen. Eine andere, weitverbreitete Eigenschaft des Holzwachstums ist die Periodizität der Schichtenanlagerung, wie sie sich im Vorhandensein von Jahresringen anzeigt. Bei den Hölzern wechselwarmer Klimate, bei denen ein Winter eingeschaltet ist, fällt das Auftreten von Frühholz und Spätholz mit den entsprechenden Jahreszeiten zusammen. Bei den Hölzern rein tropischer Klimate gibt es wenige Ausnahmen eines vollkommen kontinuierlichen Wachstums; doch besteht bei den meisten der dortigen Hölzer auch eine feststellbare Periodizität. Die Kenntlichkeit der Jahresringe im Holz kommt so zustande, daß der jährliche Zuwachs im Frühjahr bei Beginn des Wachstums sogleich mit den weitlumigsten Elementen besonders unter den Gefäßen einsetzt, gegen den Herbst zu nimmt das Lumen der Leitungsbahnen und der sonstigen Holzbestandteile kontinuierlich ab, um im Frühjahr wieder unvermittelt weitlumiges Holz des nächsten Jahres anzuschließen (Abb. 143, 148 und 150).

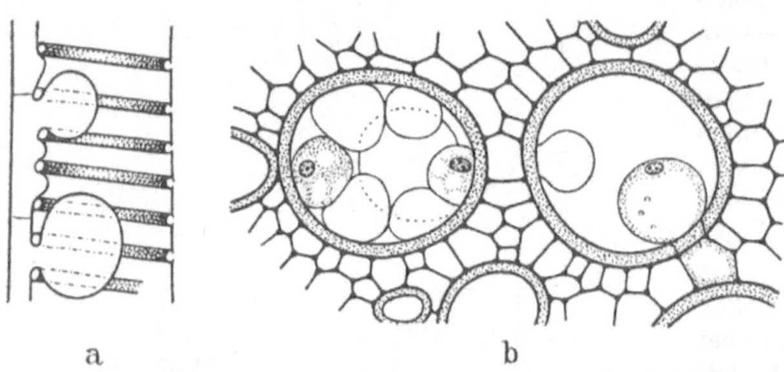

a   b

Abb. 142a u. b. Thyllenbildung. a Längsschnitt eines Schraubengefäßes von *Musa ensete*. b Querschnitt der Gefäße von *Cucurbita pepo*. Bei einigen Thyllen Plasma und Kern eingezeichnet. Vergr. a etwa 270mal; b etwa 200mal. (Nach MOLISCH aus ROTHERT)

Die Verkernung des Holzes

Im Holzkörper der Achse bleiben die Elemente der leitenden und speichernden Funktionen nur relativ kurze Zeit hindurch ihrer ursprünglichen Funktion erhalten, höchstens zwei bis allenfalls drei Jahre. Daran anschließend leistet der innere Teil des Holzzylinders allein noch mechanische Dienste. Wenn aber die weiten Lumina der großen Gefäße nicht mehr ständig von Wasser durchströmt werden, dann sind sie ein gefährlicher Infektionsherd, weil sie als tote Elemente gegen Bakterien und Pilze, die sich in ihnen ansiedeln, selbst keine Aktivität entwickeln können. Durchgreifende Veränderungen dieses inneren Teiles der Achse sind also noch notwendig. Diese Veränderungen, die man als „Verkernung des Holzes" bezeichnet, sind im wesentlichen zweierlei Art: Einmal verholzen alle Wände, auch die der bisher noch lebenden Holzparenchymzellen, zum anderen werden die Gefäße verschlossen. Letzteres kann in zweifacher Weise erfolgen: entweder durch Ausbildung von Thyllen (Abb. 142), das sind lebende Zellen des anliegenden par-

enchymatischen Gewebes, die in das Innere der Gefäße sozusagen als Blase hineinwachsen und dadurch die Tracheen vollkommen verstopfen, oder durch Aus-
füllung der Gefäße mit Harz. Dadurch wird nicht nur das Gefäß geschlossen,
sondern gleichzeitig auch desinfiziert, woran im übrigen auch noch die Imprägnierung mit Gerbstoffen beteiligt ist. So sondert sich ein innerer Teil des Holzes
heraus, der frei von Wasserleitung und Reservestoffen ist und ein sehr viel härteres
Holz besitzt als der äußere Teil.
Vielfach ist das innere schon an der
Farbe von dem äußeren Holz unterscheidbar. Man pflegt in Anlehnung an die Praxis terminologisch
die beiden Teile des Holzzylinders
als *Kernholz* und *Splint* gegeneinander abzusetzen.

Gymnospermenholz. Das Holz
der Gymnospermen ist etwas anders
konstruiert als das der Holzpflanzen
unter den Angiospermen. Vor allem
fehlen einerseits die Tracheen, zum
anderen die Holzfasern (Abb. 143
bis 145). Wasserleitung sowohl wie
auch mechanische Festigung sind
hier ausschließlich Funktion der
Tracheiden. Sie sind relativ groß
und besitzen, um ihre Wegsamkeit
für Wasser zu erhöhen, große be-
hofte Tüpfel, die Durchbrüche
durch die verholzte Wand darstellen; sie sind auf S. 63 bereits
geschildert. Jahresringe markieren
sich auch im Gymnospermenholz
schon makroskopisch durchaus
deutlich; sie kennzeichnen sich
durch verschiedene Weite der
Tracheiden.

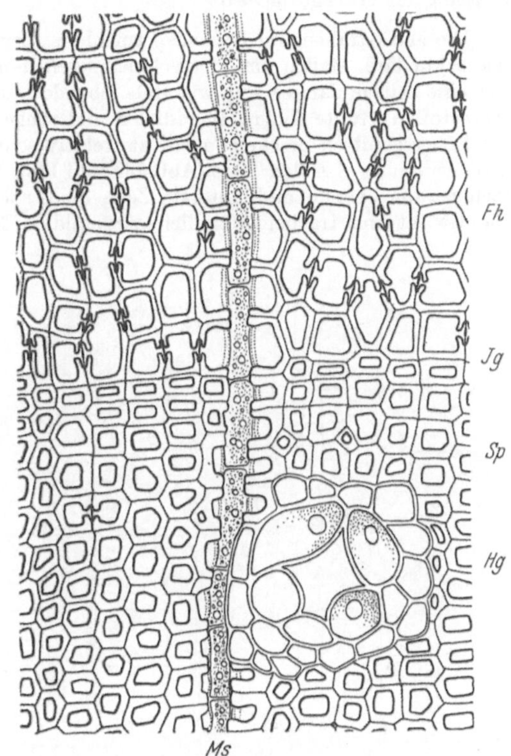

Abb. 143. *Pinus.* Querschnitt des Holzes an der Grenze
eines Jahresringes. *Fh* Frühholz, mit Hoftüpfeln; *Jg* Jahresgrenze; *Sp* Spätholz; *Hg* Harzgang; *Ms* stärkeführender
Markstrahl, an der Grenze gegen die Tracheiden
mit Fenstertüpfeln. (Orig.)

Die Hoftüpfel sind bereits auf S. 63 kurz erwähnt; es sind Durchbrüche durch
verholzte Wände, wobei die Wand um den Durchbruch etwas abgesetzt ist
(Abb. 146 b, c). Dadurch entsteht bei der Aufsicht auf die radialen Wände der
Tracheiden, auf denen sie meistens gefunden werden, der Eindruck zweier konzen-
trischer Kreise: der innere ist der Durchbruch, der äußere die Grenze der ab-
gespreizten Wand (Abb. 146 a, b und c). Die Mittellamelle der Wand ist nun
nicht mit durchbrochen, sie bildet vielmehr die „Schließhaut“. In ihrer Mitte
befindet sich der „Torus“, eine verdickte Stelle, durch die der „Porus“, der
Durchbruch der Wand, geschlossen werden kann (Abb. 146 c). Noch nicht ganz
sicher ist, ob die Schließhaut außerhalb des Torus eine geschlossene Membran ist,
oder ob der Torus nur an Fäden aufgehängt ist, zwischen denen volle Wegsamkeit
zwischen den Tracheiden besteht. Eine Zeichnung von MOLISCH (Abb. 146 c) und

eine moderne elektronenmikroskopische Aufnahme eines Holzabdruckes lassen
letzteres vermuten (Abb. 147).

Abgesehen von den wasserleitenden festigenden Tracheiden findet sich noch
Parenchym im Gymnospermenholz, Gewebe aus lebenden Zellen also. Diese
Holzparenchymzellen sind entweder in Mark-
strahlen angeordnet, oder sie kleiden die schizogen
angelegten Harzgänge aus.

Die Markstrahlen im Gymnospermenholz, primäre
wie sekundäre, stellen im Querschnitt gesehen meist
nur eine Zellage dar; es sind wie stets lebende mit Reservestoffen erfüllte Zellen. In radialen und tangentia-
len Längsschnitten erscheinen sie als relativ schmale
Bänder von 4—8 Zellen Tiefe (Abb. 144 und 145). Vielfach ist die oberste und unterste Zelle eines solchen
Bandes tot und tracheidenähnlich ausgebildet. Mög-

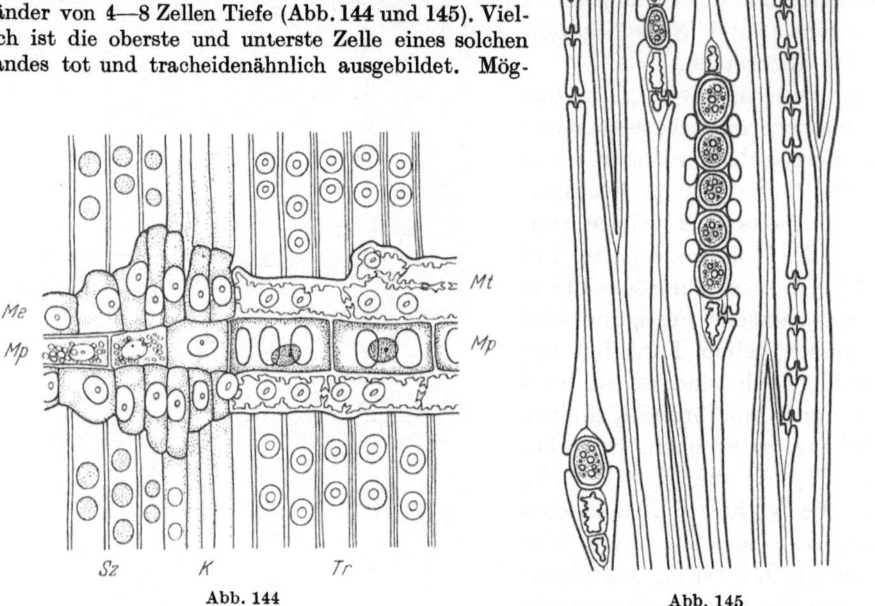

Abb. 144   Abb. 145

Abb. 144. *Pinus*. Radialschnitt an der Cambialgrenze. Der tracheidale Markstrahl *Mt* des Holzes setzt sich in
den eiweißführenden Markstrahl *Me* des Siebteils fort. Der stärkeführende Markstrahl *Mp* im Holz mit großen
Fenstertüpfeln geht in den Siebteil durch. *Tr* Tracheiden; *K* Cambium; *Sz* Siebzellen mit Tüpfelfeldern.
(Nach HABERLANDT)

Abb. 145. *Pinus*, Tangentialschnitt des Holzes. *Mt* Tracheidaler Markstrahl; *Mp* stärkeführender Markstrahl.
(Orig.)

licherweise ist es auch von einiger physiologischer Bedeutung, daß sich entlang den Markstrahlen Intercellularen finden.

Im Gymnospermenholz sind außerdem noch Harzgänge vorhanden; sie sind gewöhnlich
im Anschluß an einen Markstrahl ausgebildet. Es sind parallel zur Längsachse verlaufende
schizogen entstandene Kanäle, die von flachen lebenden Zellen ausgekleidet werden (Abb. 143).
Sie können mit radial in größeren Markstrahlen verlaufenden Harzgängen zusammenhängen,
so daß aus angeschnittenem Gymnospermenholz größere Mengen von Harz ausfließen können.

Die Verkernung des Gymnospermenholzes erfolgt vor allem durch das Verholzen der bisher noch lebenden Zellen und durch Auffüllung der Harzgänge mit
Harz. Dabei wird auch der Zellraum der zugrunde gehenden, ursprünglich
lebenden sezernierenden Zellen in Anspruch genommen, die den Harzgang aus-
kleideten.

Dikotylenholz. Unter den Angiospermen besitzen allein[1] die Holzpflanzen der Dikotyledonen einen regulären massiven Holzzylinder, der sich mit dem der Gymnospermen vergleichen läßt und als Gemeinsamkeit die Entstehung aus einem geschlossenen Cambiumring sowie eine ebensolche Periodizität besitzt, die sich im Vorhandensein von Jahresringen ausdrückt.

Der Unterschied zwischen den beiden Gruppen besteht einmal darin, daß im Holz der Dikotylen weitlumige und aus vielen Einzelgliedern zusammengesetzte Tracheen neben den Tracheiden vorkommen (Abb. 148). Diese Leitungsbahnen besitzen in ihren Wänden entweder ringförmig oder schraubig oder auch tüpfelig

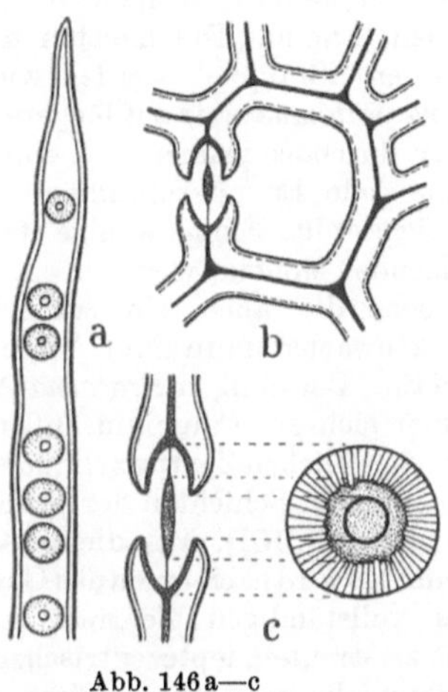

Abb. 146a—c

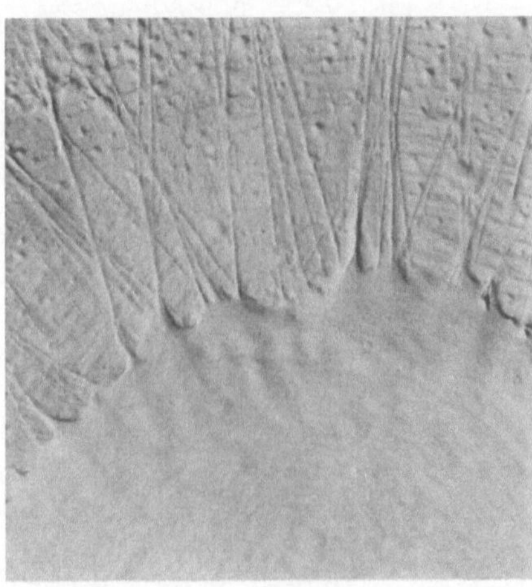

Abb. 147

Abb. 146a—c. Hoftüpfel von *Pinus silvestris*. a Teil einer Tracheide mit Hoftüpfeln auf der Radialwand; b ein Hoftüpfel im Querschnitt; c ein Hoftüpfel, links Tangentialschnitt, rechts in der Aufsicht. Vergr. a etwa 240mal; b etwa 720mal; c etwa 1000mal. (Nach MOLISCH)

Abb. 147. Hoftüpfel, elektronenoptische Aufnahme (Abdruckverfahren). Unten Teil des Torus, oben Fibrillen, dahinter die innere Hofwand, mit Warzenstruktur. Vergr. etwa 7500mal (Nach LIESE)

angeordnete Verdickungsleisten. Obwohl also die Wände erheblich ausgesteift sind, ist es dennoch begreiflich, daß durch solche weitlumigen Elemente die mechanische Beanspruchbarkeit des Holzkörpers herabgesetzt wird. Dementsprechend finden sich bei den Dikotylen noch besondere, nur der mechanischen Festigung dienende Elemente, die Holzfasern, eingebaut (Abb. 138). Ein weiterer Unterschied gegenüber dem Gymnospermenholz besteht darin, daß sich bei den Dikotylen eine größere Variation in der Ausgestaltung des Holzparenchyms findet: es gibt langgestreckte lebende reservestofffreie Zellen (Ersatzfasern) und außerdem Reihen von kürzeren, die vermutlich ebenfalls aus ein und derselben Cambiumzelle hervorgegangen sind (Abb. 82 und 115).

Vergleicht man Dikotylenhölzer miteinander, dann kann man sie nach der Art der Verteilung der Tracheen gruppieren. Es gibt zerstreutporige Hölzer, bei denen die Tracheen ungefähr in der gleichen Weite über den ganzen Jahresring verteilt sind, der Jahresring selbst sich also lediglich durch die Weite oder Enge der übrigen Elemente bzw. die Zunahme der

---

[1] Von einigen in dieser Hinsicht bemerkenswerten Monokotyledonen wird später die Rede sein.

mechanischen im Spätholz markiert (Abb. 149). Außerdem gibt es ringporige Hölzer, bei denen sich die weitlumigen Gefäße vorwiegend im Frühholz befinden, während das Spätholz höchstens Tracheiden, vorwiegend jedoch Holzfasern bildet (Abb. 150).

Die Verkernung des Dikotylenholzes erfolgt wie bei den Gymnospermen durch Verholzung auch der Wände bis dahin noch lebender Zellen und außerdem durch den Verschluß der Gefäße. Das kann wie beim Guajakholz durch Anfüllung der Gefäßräume mit Harz geschehen. Eine andere Weise des Gefäßverschlusses besteht in der Ausbildung der oben schon erwähnten *Thyllen*, wie es sehr deutlich das Holz von *Robinia* zeigt.

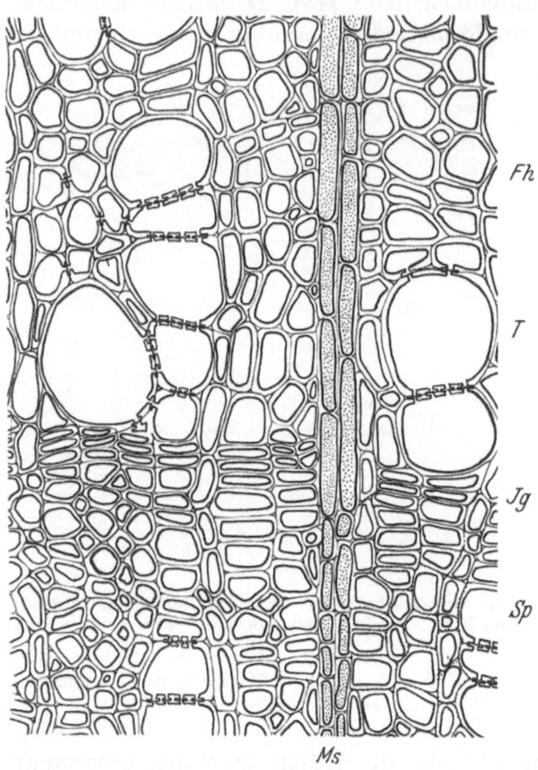

Abb. 148. *Tilia*, Querschnitt des Holzes an einer Jahresgrenze. *Fh* Frühholz; *Jg* Jahresgrenze; *Sp* Spätholz; *T* Tracheen, mit Tüpfeln; *Ms* Markstrahl. (Orig.)

Das Holz der Monokotylen. Die meisten Monokotylen sind krautige geophile Pflanzen, die wohl Rhizome oder Zwiebeln und ähnliche Bildungen besitzen, kaum je aber einen eigentlichen Stamm. Die meisten monokotylen „Stämme" werden wie bei *Dendrocalamus* zwar auf längere Zeit, aber durchaus primär und einmalig ohne jede Erweiterungsmöglichkeit fertiggestellt. Einige wenige stammbildende Monokotyledonen gibt es jedoch, die auch ein sekundäres Dickenwachstum in ihrer Achse aufweisen. Bei einigen *Dracaena*-Arten bildet sich ein Cambium außerhalb des eigentlichen Zentralzylinders aus den inneren Schichten der primären Rinde (Abb. 151). Von diesem Cambium aus wird nach innen das Gewebe des vollständigen Zentralzylinders mit zerstreuten, leptozentrischen Gefäßbündeln produziert. Diese Leitbündel, die nun beide Elemente enthalten, also auch die Siebteile, gehen jeweils aus einer einzelnen Cambialzelle hervor.

Aus dem Gesagten wird deutlich, daß es eine sekundäre Rinde im Sinne der Dikotylen nicht gibt. Doch werden auch von dem Cambium der Monokotylen nach außen Zellen abgegliedert, nämlich ein der primären Rinde entsprechendes Gewebe. An ihrer Peripherie wird diese Gesamtrinde nach Zerstörung der ursprünglichen Epidermis von peridermalen Bildungen begrenzt. Von einer Verkernung monokotyler Hölzer ist nichts bekannt.

Die sekundäre Rinde umfaßt die Siebteile der Gefäßbündel außerhalb des Cambiumringes. Diese werden in ganz ähnlicher Weise wie das Holz von Markstrahlen unterbrochen. Auf die Differenz der räumlichen Verhältnisse gegenüber dem Holzzylinder wurde schon mehrfach hingewiesen, sie ergab sich stets aus der Tatsache, daß der Rindenzylinder hohl ist und von seiner Innenseite her wächst, Außenschichten also nun stets dilatiert, verzerrt, gesprengt und endlich abgestoßen werden müssen (Abb. 152). Alles was über die primäre Rinde gesagt wurde, gilt also auch für die sekundäre (Abb. 153). Jedenfalls ist ohne weiteres einleuchtend, daß die Rinde aus den eben angeführten Gründen auch bei ständigem Zuwachs

Abb. 149. Zerstreutporiges Holz der Buche. (Orig.)   Abb. 150. Ringporiges Holz der Ulme. (Orig.)

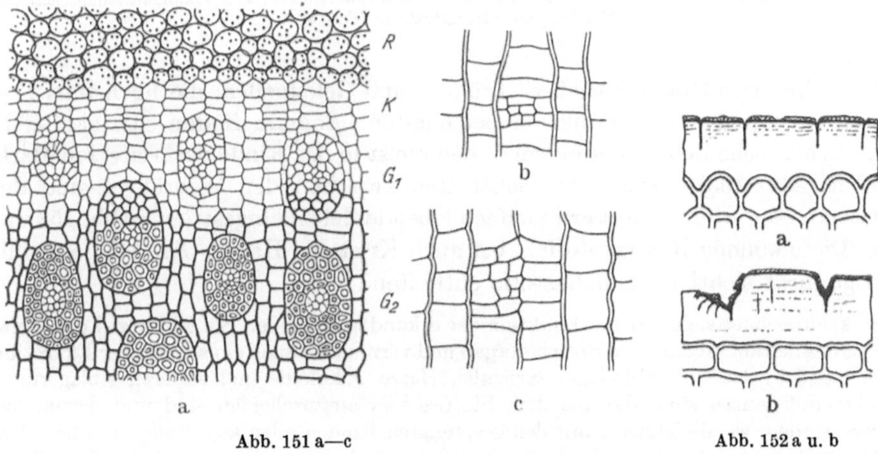

Abb. 151 a—c   Abb. 152 a u. b

Abb. 151a—c. Sekundäres Dickenwachstum von *Dracaena marginale*. a Querschnitt aus der Cambiumzone. *R* Rinde; *K* Cambium; G_1 Gefäßbündel in Differenzierung; G_2 die in das parenchymatische Grundgewebe eingebetteten leptozentrischen Gefäßbündel. b, c Entwicklungsgeschichte der Gefäßbündel aus einer Cambiumzelle. (Nach HABERLANDT)

Abb. 152a u. b. Epidermis von *Acer striatum*. a von einjährigem Zweig; b von sechsjährigem Zweig. Die Epidermis tangential gedehnt, deren mächtige Außenwand und Cuticula mit Rissen und Verwitterung. Vergr. etwa 330mal. (Nach HABERLANDT)

8*

stets ungefähr die gleich geringe Mächtigkeit einhält, auch wenn die Achse noch
so alt wird.

Ob die sekundäre Rinde einen Zuwachs von gleichem Ausmaß besitzt wie
der Holzkörper, ist schwer abzuschätzen. Anzeichen einer besonderen Periodizität
wie die der Jahresringe im Holz lassen sich nicht auffinden; doch findet sich wie
bei *Tilia* eine Aufeinanderfolge verschiedener Elemente in der Rinde, die nicht mit
der Jahresperiodizität im Zusammenhang stehen. Bei Beginn und am Schluß
einer gerade laufenden Vegetationsperiode werden in der Rinde gleichgroße
Elemente gebildet.

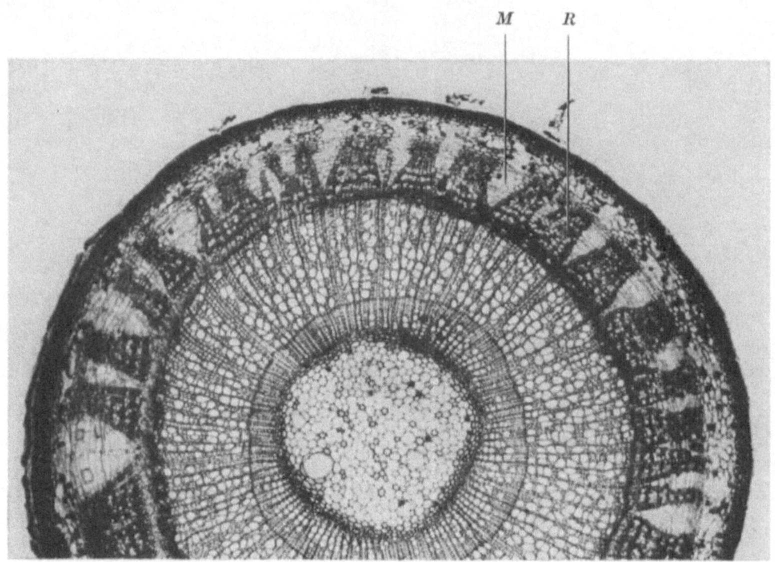

Abb. 153. Querschnitt eines Zweiges von *Tilia argentea* am Ende des zweiten Jahres. *R* Sekundäre Rinde (schwarz);
M verbreiterte Markstrahlen. (Orig.)

Die sekundäre Rinde enthält Siebröhren und Geleitzellen, die höchstens 1—2
Vegetationsperioden ihre Funktion beibehalten. Sodann finden sich zahlreiche
parenchymatische Zellen, besonders in den meist in der Rinde verbreiterten Markstrahlen (Abb. 153). Aber auch sonst sind zwischen den Siebröhren und den
Bastfasern oder Steinzellnestern vielfach lebende Zellen eingestreut (Abb. 154 und
155). Diese können Reservestoffe, aber auch Kristalle, Harze, Öle, Alkaloide und
sonstige nicht sichtbare Inhaltsstoffe enthalten.

So kennzeichnet sich klar die Funktion der sekundären Rinde. Sie ist einmal das Organ
der Assimilatleitung, sodann ein Speicherorgan und vermutlich auch ein solches der Exkretion.
Es ist möglich, daß die zahlreichen Kristalle, Harze, Alkaloide und anderen Ablagerungs-
produkte Substanzen sind, die aus dem Stoffwechsel auszuscheiden sind und darum hier
gelagert werden, wo sie letztlich mit den gesprengten Rindenteilen abgestoßen werden. Daß
der Großteil der mechanischen Inanspruchnahme von dem massig gewordenen Holzkörper
aufgefangen und erfüllt wird, ist nicht zu bezweifeln. Dennoch bleiben der Rinde auch solche
Funktionen. Druckfestigkeit, nicht im Sinne des Longitudinaldruckes — dieser lastet im
wesentlichen auf dem Holzzylinder —, ist hier zu finden als Festigkeit gegen Lateraldruck.
Sodann der Abschluß nach außen, der zugleich auch eine Abwehr von Infektionen zu sein hat,
wobei die stete Erneuerung und Abstoßung der Rinde auch einen stets wieder erneuten
sterilen Abschluß erfordert.

Periderm. Nach der Behandlung der Rinden ist hier nun auch der Ort, um zusammengefaßt die Bildung und Ausgestaltung des Periderms zu behandeln; sie hat freilich eine weiter über die Rinden hinausgreifende Bedeutung. Seinen

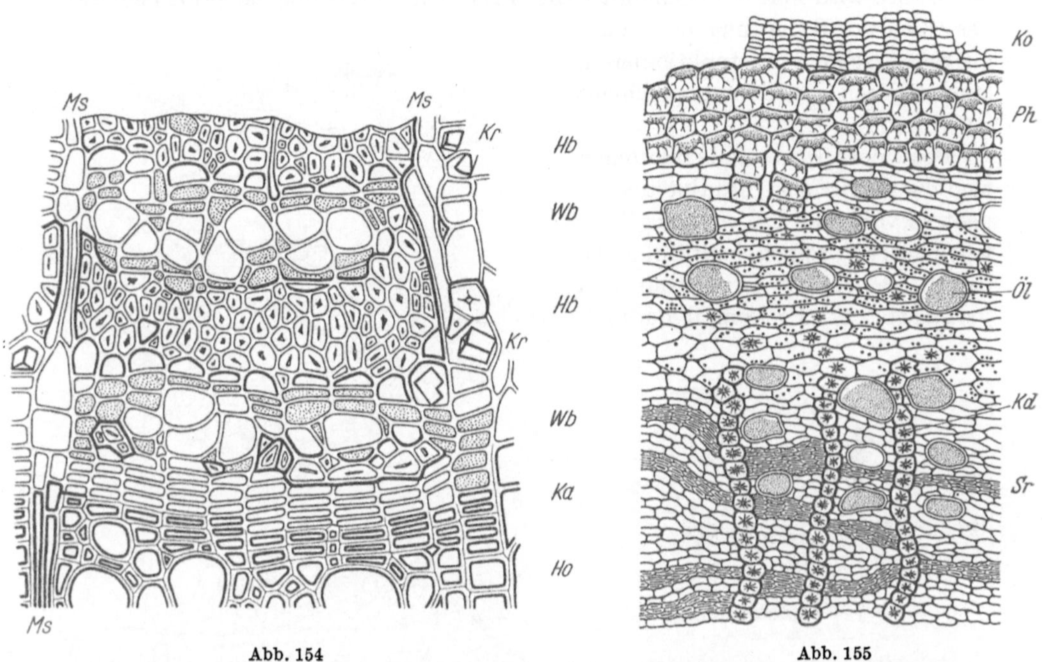

Abb. 154   Abb. 155

Abb. 154. Querschnitt durch den inneren Bast von *Tilia argentea*, im November geschnitten. *Hb* Hartbastschicht mit Faser- und Kristallzellen *Kr*; *Wb* Weichbastschicht mit weitlumigen Siebröhren, Geleitzellen und Bastparenchym; *Ms* Markstrahl; *Ka* Cambiumzone; *Ho* Holzteil. Vergr. etwa 200mal. (Nach DE BARY)

Abb. 155. Querschnitt durch die sekundäre Rinde von *Canella alba*. *Ko* Kork; *Ph* Phelloderm; *Öl* Ölzellen; *Kd* Kristalldrusenführende Zellen (Markstrahl), *Sr* kollabierte Siebelemente. (Nach TSCHIRCH)

Ursprung nimmt ein Periderm jeweils durch die Ausbildung eines Streifens von Folgemeristem in einem bereits ausdifferenzierten parenchymatischen Gewebe. Dieses Folgemeristem wird im Hinblick auf seine Funktion als *Phellogen* be-

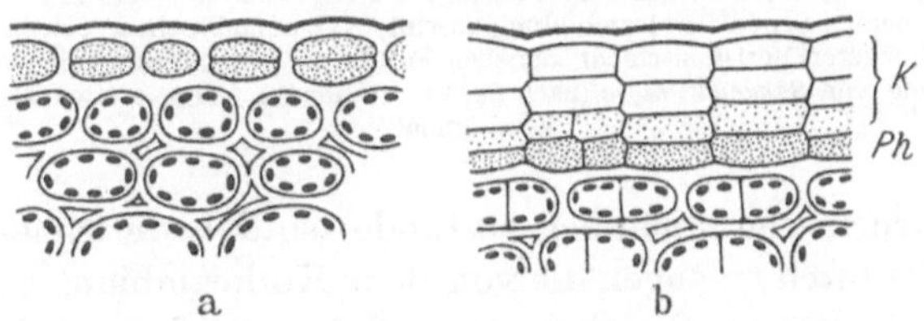

a   b

Abb. 156a u. b. Peridermbildung im Stengel von *Scutellaria splendens*. a die Phellogeninduktion erfolgt hier in der Epidermis; b das Phellogen *Ph* hat nach außen Zellen *K* abgeschieden, die unter Korkbildung allmählich absterben. In der primären Rinde antikline Dilatationsteilungen. (Leicht verändert nach HABERLANDT)

zeichnet (Abb. 156). Es bildet entweder nur nach außen oder nach beiden Seiten, meistens in nur begrenzter Zellteilungsfolge Zellen, die gewöhnlich recht regelmäßig plattenförmig gebaut sind. Die vom Phellogen nach außen gebildete Schicht, der Kork, wird wasserundurchlässig durch Einlagerung von Suberin in

seinen Zellwänden, wodurch ein entsprechender Schutz für das betreffende Organ
entsteht. Suberin ist ebenso wie Cutin ein Gemisch von Fettsäuren. Die Schicht,
die das Phellogen nach außen bildet, nennt man Kork, nach innen Phelloderm;
das Ganze wird Periderm genannt (Abb. 157). Dieses Gewebe hat prinzipiell zwei
verschiedene Bedeutungen, einmal
als Schutzschicht zu funktionieren,
zum anderen als Trennungsschicht
zu wirken.

Besondere peridermale Bildungen
sind die *Lentizellen.* Ihre Entstehung
geht so vor sich, daß sich das Phellogen unter einzelnen Spaltöffnungen
der Rindenepidermis verfrüht und
vermehrt teilt. Es kommt dadurch

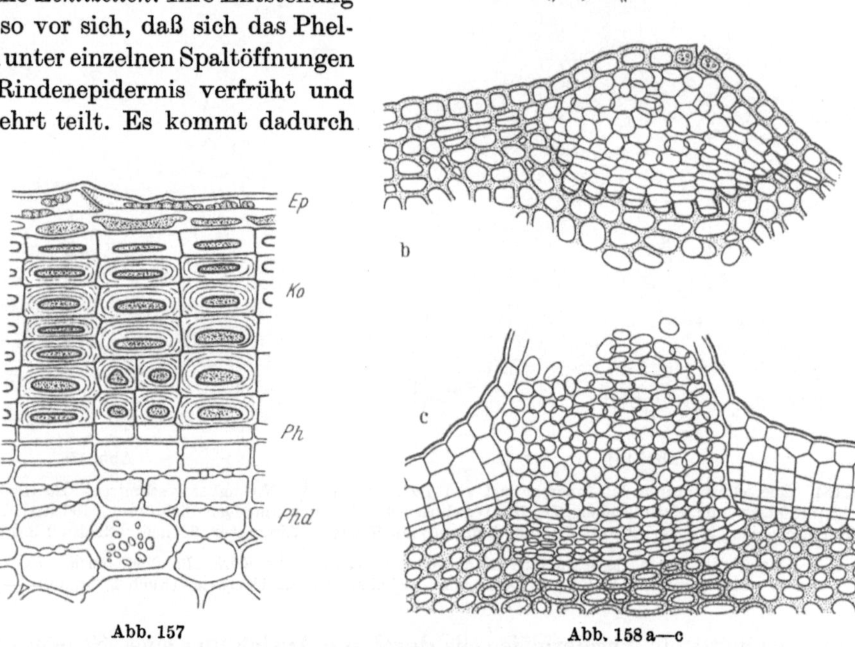

Abb. 157
Abb. 158 a—c

Abb. 157. Periderm von *Cytisus laburnum* im Winter. *Ep* abgestorbene Epidermis mit Pilzsporen; *Ko* Kork
(Phellem); *Ph* Phellogen; *Phd* Phelloderm. (Nach HABERLANDT)

Abb. 158 a—c. Lentizellenentwicklung im Querschnitt. a Beginn der Teilungen in den Schichten unterhalb der
Atemhöhle einer Spaltöffnung; b das daraus hervorgegangene Füllgewebe mit dem unten liegenden Phellogen,
an das sich bereits nach beiden Seiten Peridermbildung anschließt; c aufgebrochene Lentizelle mit dem lockeren
Füllgewebe und dessen lockerer Meristemschicht, daneben Periderm. a, b junge Zweige von *Betula alba* (nach
DE BARY.) c junger Zweig von *Sambucus nigra* (nach STAHL verändert.) Vergr. a etwa 300mal; b etwa 220mal;
c etwa 72mal

ein besonderer Druck von innen her zustande, so daß die Epidermis an dieser
Stelle aufreißt. Dadurch gelangen die von dem Korkcambium gebildeten Zellen
als Füllmasse nach außen. Sie sind intercellularenreich und lösen die Spaltöffnungen in der Funktion des Gasaustausches mit der Außenluft ab (Abb. 158).

Das Periderm als Schutzschicht. Die Ausbildung des Periderms findet sich gewöhnlich
zunächst in der primären Rinde, in vereinzelten Fällen in der Epidermis (Abb. 156). Falls die
Epidermis anfängt abzusterben, wird in den darunterliegenden Schichten ein dünnes Periderm
gebildet, das nunmehr den Abschluß nach außen gewährleistet. Dann sehen wir, daß nach
einiger Zeit weiter innen Peridermschichten auftreten und schließlich immer weiter nach innen
fortschreitend in der sekundären Rinde. Die so entstehenden Peridermschichten können
zueinander parallel verlaufen, oder sie können sich als etwas gebogene Lamellen gegenseitig

schneiden. Jedenfalls werden auf beide Weisen Schichten der Rinde von dem innen liegenden Teil getrennt und auf diese Weise nach außen abgestoßen. Größere Mengen solcher aufeinanderfolgender Schichten nennt man Borke. Die beiden Möglichkeiten, die sich dabei ergeben, bezeichnet man als Ringelborke bei parallelem Periderm und Schuppenborke bei Periderm, das in Lamellen angeordnet ist (Abb. 159).

Periderm als Wundverschluß. Besondere Bedeutung hat das Periderm als Wundverschluß, wobei es in zweierlei Weise auftreten kann. Entweder so, daß es eine zufällig erfolgte Verwundung durch Ausbildung eines Phellogens in unmittelbarer Nachbarschaft abschließt, oder dadurch, daß an Stellen, wo eine Verwundung zu erwarten ist, schon vorher als notwendige Trennungsschicht eine Korklamelle entsteht. Das geschieht beispielsweise bei dem herbstlichen Laubfall. Das Abfallen der Blätter kann dadurch zustande kommen, daß schon vorher als Trennungsschicht durch den Blattgrund hindurch eine Korkschicht gelegt wird. Die innersten Teile dieser Korkschichten haben sehr dünne Wände, und das Gewebe bricht hier leicht ab. Gleichzeitig ist dann die Wunde auch schon geschlossen, bevor sie überhaupt entsteht (Abb. 199). Nicht immer verläuft der herbstliche Laubfall so. Es gibt auch noch andere Möglichkeiten, wie später erörtert wird.

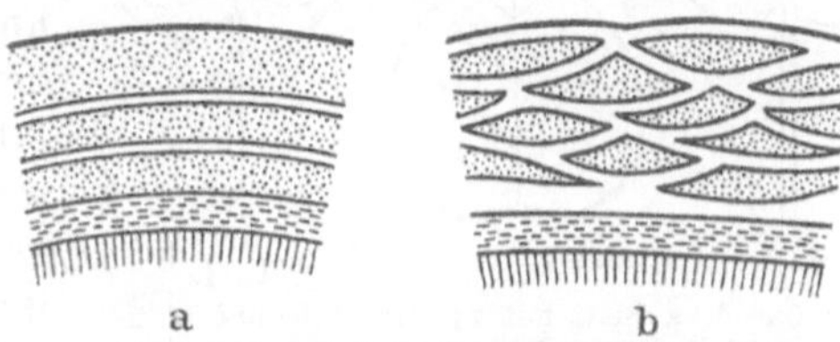

Abb. 159 a u. b. Schema der Ringelborke a und der Schuppenborke b. Die Korkschichten sind hell gezeichnet. (Etwas verändert nach HEGI)

bb) Die Blätter

Die **Frühentstehung der Blätter** am Vegetationskegel ist schon kurz geschildert worden. Das typische Blatt ist in seinen ersten Anfängen am einfachsten als Falte zu verstehen, die dadurch entsteht, daß eine erhöhte Teilungsgeschwindigkeit der subepidermalen Schicht an ganz bestimmten Stellen des Kegels einsetzt, der sich dann sogleich die darüberliegende epidermale Schicht anpaßt. Die Orte dieser Faltenbildung sind artgemäß in einem ganz bestimmten Muster über die Kegelbasis verteilt, wobei uns die Ursachen der auftretenden Musterung unbekannt sind. Zunächst erfolgt über die ganze Ausdehnung des Blatthöckers eine gleichmäßige Teilungsabfolge, ein Wachstum, das intensiver ist als das der darüberliegenden Sproßachsenteile. Es überwölben also die Blätter sehr bald die Sproßachse und bilden in mehr oder weniger festem Zusammenschluß mit dem Vegetationskegel eine *Knospe.*

Je nachdem, ob es sich um Knospen wachsender oder blühender oder ruhender Sprosse handelt, werden sie aus normalen Laubblättern, aus Blütenblättern oder aus Niederblättern (Knospenschuppen) gebildet. Entwicklungsgeschichtlich angesehen sind die Blätter sowie alle Gebilde, die als modifizierte Blätter angesehen werden können, Bildungen gleichen Ursprungs von Epidermis und subepidermalen Schichten. An ihnen hat der Zentralzylinder unmittelbar keinerlei Anteil, indessen besteht durch die Ausbildung von Leitungsbahnen in die Blätter hinein und deren Durchtritt aus dem Zentralzylinder der Achse durch die Rinde als sogenannte Blattspur ein ganz tiefgreifender Einfluß der entstehenden Blattanlagen auf die Achse. Das Wachstum der Blätter ist begrenzt gegenüber dem der Achse, das relativ unbegrenzt ist.

Im übrigen sei noch vorweggenommen, daß sich jedes normale Laubblatt in seinem strukturellen Aufbau aus zwei Teilen zusammensetzt, aus den beiden *Epidermis*schichten, die der Faltenherkunft nach sowohl die Ober- (der Achse zugekehrte) Seite des Blattes wie auch die Unter- (der Achse abgekehrte) Seite überziehen, und dem *Mesophyll*, der Zwischenschicht zwischen beiden Epidermen. Letztere kann vielzellig und sehr vielfältig gegliedert sein, wie später noch genauer erörtert wird (S. 132).

Die Wachstumsverteilung in den Blattanlagen steht nach der ersten Ausbildung in engem Zusammenhang mit der äußeren Gestalt, so daß sie tunlichst

dort behandelt wird. Wir greifen hier nur insofern vor, als man für die weitere
Entwicklung stets zwei Teile, das *Oberblatt*, den vorderen Teil, und das *Unterblatt*,
den an der Achse befindlichen Teil, zu unterscheiden hat. Im normalen Laubblatt
wird aus dem Oberblatt Stiel und Spreite, aus dem Unterblatt der Blattgrund
gebildet. Es ist nun im übrigen von der Gesamtsituation des betreffenden Blattes
im Ganzen eines Sproßes oder eines Gewächses abhängig, welcher dieser beiden
Teile vorzügliche und besondere Ausbildung erfährt (Abb. 160). Davon wird in
der Lehre von der äußeren Gestalt
später noch die Rede sein.

α) Das Oberblatt

**Die Determination von Epidermis
und Mesophyll.** Die äußere Zellschicht
der Blätter erfährt stets eine Ausbildung als Epidermis. Nun haben wir
schon bei der Embryoentwicklung darauf hingewiesen, daß eben diese Schicht
ihren Ursprung in den Tangentialteilungen des Embryos nimmt. Im Anschluß daran vollziehen sich in ihr meist
nur antikline Teilungen, so daß die neu

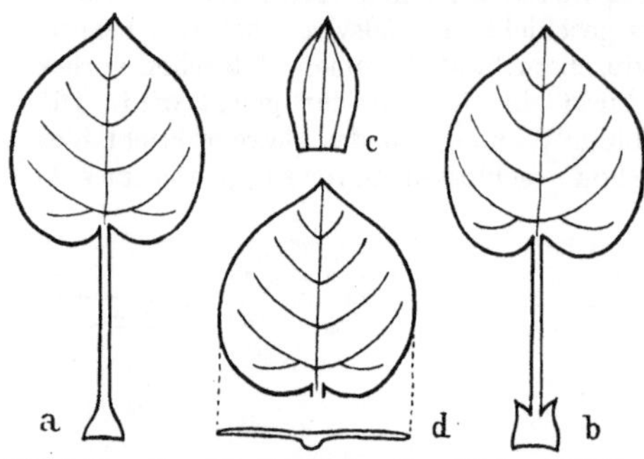

Abb. 160a—d. a Blatt mit Spreite, Stiel und Blattgrund; b Blatt mit Spreite, Stiel und Nebenblättern;
c Schuppenblatt; d Spreite auf ihren Querschnitt
bezogen. (Nach TROLL)

entstehenden Zellen in dieser Schicht bleiben und allein flächenvergrößernd
wirken. So scheint also mit den ursprünglichen embryonalen Tangentialteilungen
die Epidermis schon angelegt zu sein, und es fragt sich nun, ob damit *zugleich auch
schon die entscheidende Determination als Epidermis gegeben ist*? Man erfährt etwas
darüber, wenn in der äußeren Schicht doch noch einmal perikline Teilungen ablaufen und damit neuentstandene Zellen aus der äußeren Schicht in die subepidermale, also das Mesophyll, geraten. Werden sie dann auch noch in der anschließenden Differenzierung zu Epidermiszellen gestaltet oder nicht?

Entscheidbar ist diese Frage an den Blättern einiger Periklinalchimären. Darunter
versteht man Pflanzen, deren Vegetationskegel aus Schichten verschiedener genetischer
Konstitution zusammengesetzt sind. Recht häufig sind Periklinalchimären ein und derselben
Art, deren Epidermis aus Tunicazellen herstammt, die nicht ergrünungsfähige Plastiden
besitzen. Sofern daraus allein eine Epidermis entsteht, kann es unerkennbar sein, weil die
Epidermis von Achse und Blättern chloroplastenfrei ist. Nun sieht man aber, daß solche
Formen häufig unregelmäßig verlaufende weiße Blattränder besitzen (Weißrandpanaschüren).
Das bedeutet, daß bei der Ausbildung des Blattrandes, also der Spätentwicklung der Blätter,
auch perikline Teilungen abgelaufen sind. Damit gelangen Zellen epidermaler Herkunft mit
ihrer spezifischen genetischen Konstitution in die des Mesophylls. Sogleich erhalten sie aber
eine geänderte Determination: es werden Zellen daraus, die ihre Plastiden in Chloroplasten
umbilden sollten. Da die Plastiden der ursprünglich äußeren Schicht aber nicht ergrünungs-
fähig sind, so werden die Blätter nur so weit grün, als die Zellen des Mesophylls nicht dorther,
sondern aus der zweiten Schicht des Vegetationskegels stammen. Die Zellen, die aus der
äußeren Schicht stammen, ergeben weiße Zellen des Palisaden- und Schwammparenchyms.
Damit ist also klar bewiesen, daß nicht schon die Tangentialteilungen der Embryoentwicklung
determinierend wirken, sondern jede spätere Zellteilung ist dazu auch noch fähig, sofern sie
die Lage der Zellen grundsätzlich verändert, sie also wie in diesem Fall aus der äußeren
Schicht in eine mittlere bringt.

**Inäquale Zellteilungen als Kennzeichen der Determination bei der Ausbildung
epidermaler Organe.** Nachdem wir gesehen hatten, daß die allgemeine Deter-

mination: Epidermis-Mesophyll in dem Situs der prospektiven Epidermis als Außenzellen gegeben ist, müssen wir uns nun weiter fragen, welches die Determinationsweisen der besonderen epidermalen Organe, der Spaltöffnungsapparate sowie der Haare und verwandter Gebilde ist. In der Zone, die der Determinationszone der Sproßachsen entspricht, ist die Außenschicht, die später zur Epidermis wird, noch ein gleichförmiges Gewebe, das dann schließlich die Teilungsbereitschaft aufgibt. Einige Zellen indessen, die in einem regelmäßigen Muster über die Fläche verteilt sind (BÜNNING), behalten die Teilungsbereitschaft bei — man bezeichnet sie mit STRASBURGER als Urmutterzellen —, und aus diesen entstehen dann durch typisch inäquale Teilungen entweder die ganzen Spaltöffnungsapparate oder mindestens die Schließzellen.

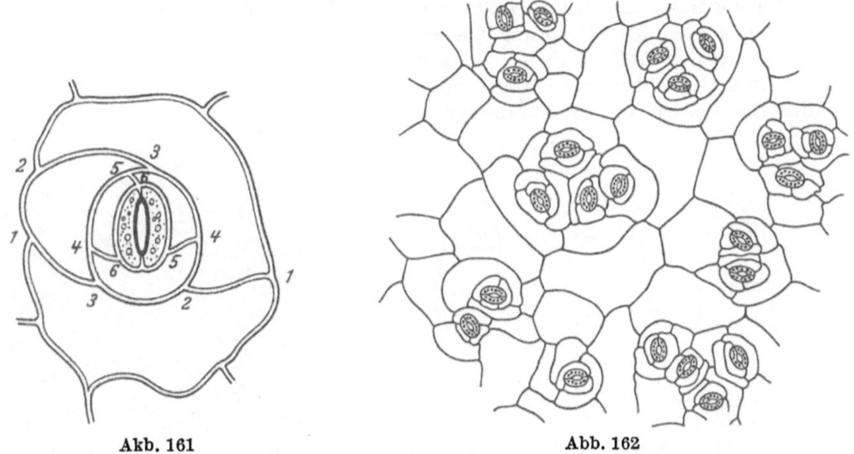

Akb. 161   Abb. 162

Abb. 161. Spaltöffnungsapparat von *Sempervivum* in der Aufsicht. Die Reihenfolge der Zellabtrennungen in der Urmutterzelle ist durch 1—1, 2—2 usw. gekennzeichnet. (Nach HABERLANDT)

Abb. 162. *Begonia semperflorens.* Unter den Spaltöffnungsgruppen befindet sich ein gemeinsamer Intercellularraum. (Nach BÜNNING und SAGROMSKY)

Für die Abfolge solcher inäqualer Teilungen seien zwei Typen geschildert, wie sie einmal in Blättern dikotyler und zum anderen in solchen monokotyler Pflanzen ablaufen. Bei *Sempervivum* oder *Sedum* verändert sich die Teilungsweise in den Spaltöffnungs-Urmutterzellen in mehrfacher Hinsicht: einmal in dem Sinn, daß gegenüber den vorherigen Teilungen eine Veränderung des Verhältnisses von Teilungs- und Wachstumsrate statthat, zum anderen darin, daß die Teilungen inäqual sind insofern, als jedesmal eine plasmaärmere und eine plasmareichere Zelle gebildet wird, und endlich noch darin, daß jeweils eine ganz bestimmte, stets veränderte Richtung in den neuen Wänden eingehalten wird, was STRASBURGER höchst anschaulich als „Spiralteilungen" bezeichnete (Abb. 161). Die Zahl der ablaufenden Teilungen ist verschieden; man kann sagen, daß die Segmente 1—2mal im Kreise innerhalb des Raumes der ursprünglichen Urmutterzelle herumgeführt werden. Die innerste Zelle zuletzt wird Spezialmutterzelle genannt; durch die letzte Teilung wird sie in genau zwei gleiche Hälften geteilt, aus denen in der anschließenden Differenzierung die Schließzellen entstehen.

Das Spaltöffnungs*muster* kommt dadurch zustande, daß ablaufende Teilungen in ihrer näheren Umgebung weitere Teilungen verhindern. Bei spätem Erlöschen der Gesamtteilungstätigkeit in der epidermalen Schicht können nach Abschluß einer Spiralteilung auch noch in der unmittelbaren Nachbarschaft von Spaltöffnungen weitere Ausbildungen von Spaltöffnungen erfolgen. So kommt es bei einigen dikotylen Typen zur Bildung ganzer Nester von Spaltöffnungen (BÜNNING). Solch eine Gruppenbildung kommt auch bei einigen Begonien an den Stellen in der Epidermis zustande, an denen sie sich von der subepidermalen Schicht heben und sich zwischen Epidermis und Mesophyll eine größere Intercellulare bildet (Abb. 162).

Etwas anders läuft die Determination der Spaltöffnungen bei den Monokotylen ab. Hier sind die Epidermiszellen vielfach sehr langgestreckt und in einigen von diesen — wiederum als Muster regelmäßig verteilt — finden sich dann inäquale Zellteilungen in der Weise, daß der zunächst in der Mitte liegende Zellkern mit der größten Plasmamenge dem oberen Ende der Zelle zu verlagert wird. Hier erfolgt dann die Zellteilung, und die plasmareiche kleinere Zelle ist sogleich die „Spezialmutterzelle", die durch eine weitere Teilung die Schließzellen bildet (Abb. 163). Bei den Gramineen kommen nach der ersten inäqualen Teilung noch zwei weitere hinzu, die die Nebenzellen abtrennen und die Spezialmutterzelle bilden (Abb. 164).

Besonders eindrucksvoll sind die inäqualen Zellteilungen für die Determination der verschiedenartigen Blattzellen von Sphagnumblättern, wobei es sich freilich um die Bestimmung eines ganzen, allerdings einschichtigen Blattes handelt. Hier wird jeweils aus einer von den zunächst gleichförmigen Blattzellen, die wie stets bei den Moosen ihren Ursprung in einer zweischneidigen Scheitelzelle haben, je eine Chlorophyllzelle und eine Hyalinzelle abgetrennt. Die Hyalinzellen werden mit Membranausstei-

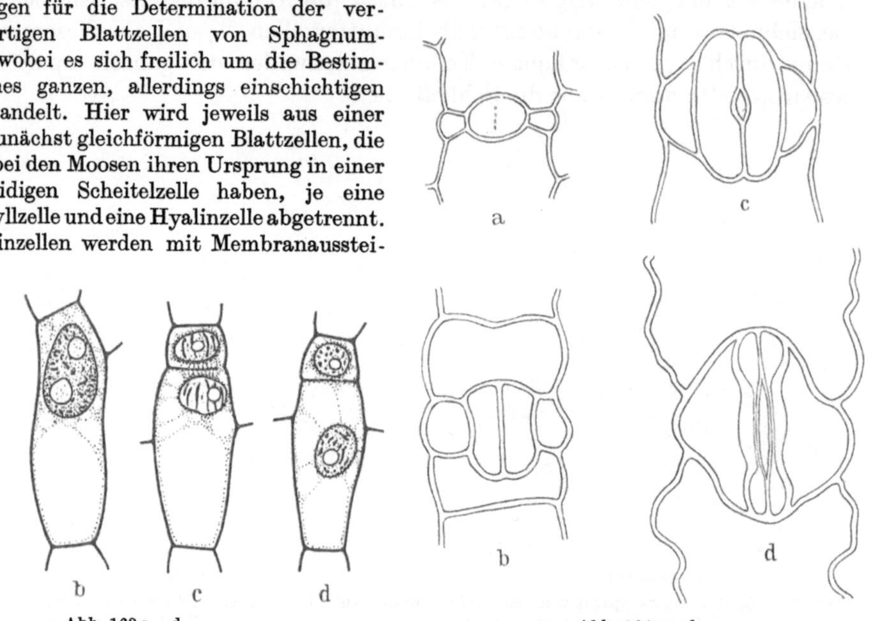

Abb. 163 a—d   Abb. 164 a—d

Abb. 163 a—d. Spaltöffnungsentwicklung von *Allium cepa.* a vor der inäqualen Zellteilung; b Kern- und Plasmaverlagerung an den apikalen Pol der Zelle; c nach der inäqualen Zellteilung; d Rückverlagerung des einen Tochterkerns. Größenunterschied! (Nach Bünning und Biegert)

Abb. 164 a—d. Spaltöffnungsentwicklung von *Zea Mays.* a Spezialmutterzelle vor der Teilung mit bereits abgetrennten Nebenzellen; b Schließzellen und Nebenzellen in Differenzierung; c Beginn der Spaltbildung; d fertiger Spaltöffnungsapparat mit den typischen Celluloseversteifungen (Abb. 170). (Orig.)

fungen und einer Öffnung nach außen versehen und sterben dann völlig ab. Die Chlorophyllzellen hingegen bleiben die Lebensdauer des Blattes hindurch lebend chloroplastenhaltig und assimilieren; sie entstehen aus den jeweils kleineren, plasmadichteren und mit kompakteren Zellkernen versehenen Zellen.

Die Blätter in der Zone der Differenzierung und primären Ausfertigung. Bei der Darstellung der Blätter ist es unzweckmäßig, die beiden Zonen voneinander zu trennen: Wir gehen hier der Entwicklungsgeschichte nunmehr bis zu ihrem Endresultat nach.

Im übrigen kann man die Blätter nach ihrem inneren Aufbau, insbesondere dem der Epidermis und des Assimilationsgewebes, so gruppieren, daß man bifaciale, äquifaciale und unifaciale unterscheidet. Die bifacialen Blätter sind sozusagen die Normalblätter, deren beide Seiten, Oberseite und Unterseite, voneinander verschieden sind, und die dementsprechend dorsiventral gestaltet sind. Bei den selteneren äquifacialen Blättern sind die beiden Seiten völlig gleich gestaltet und endlich die unifacialen besitzen allein *eine* Seite, meist die Unterseite, die das ganze Blatt umwächst, so daß von der Oberseite keine oder nur ganz geringe Spuren im ausgebildeten Zustand aufzufinden sind (Abb. 165).

Die Blattspreite der Landpflanzen ist in erster Linie Assimilationsorgan; alle übrigen Funktionen sind abgeleitete, die aus der letzteren verständlich gemacht werden können. Die CO_2-Assimilation erfordert, daß die so überaus geringen Mengen $CO_2(0,03\%)$ aus der Luft herausgeholt werden. Um das zu erreichen, ist eine außerordentliche Oberflächenentwicklung unerläßlich. Da aber die Absorption des gasförmigen CO_2 nur an Membranen erfolgt, die wasserdurchtränkt sind, so macht sich das meist in der Luft vorhandene Wasserdefizit nachteilig bemerkbar. Die dadurch eingeleitete, meist sehr starke, zugleich aber auch unvermeidliche Wasserabgabe an die Luft bedarf der Regulation; diese ist freilich nur durch die Drosselung des gesamten Gaswechsels möglich. Für die Blätter als Assimilationsorgane

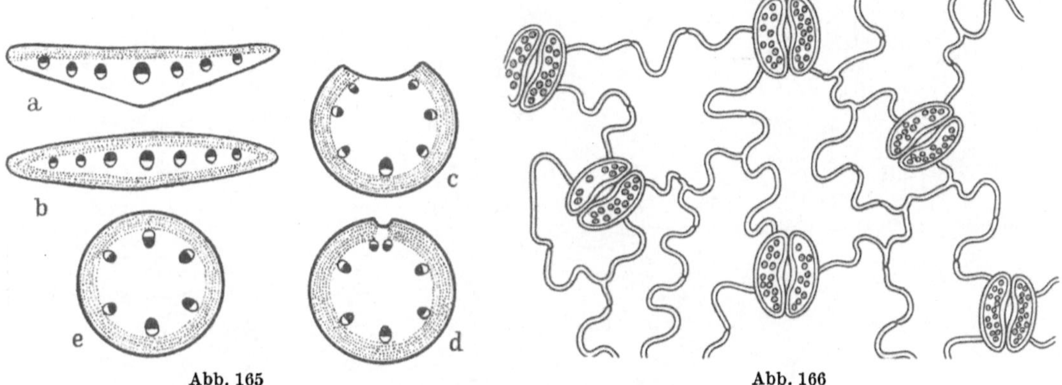

Abb. 165   Abb. 166

Abb. 165a—e. Schema des Blattaufbaus. a bifaciales Laubblatt; b äquifaciales Laubblatt; c, d, e Ableitung eines unifacialen Rundblattes. Assimilationsparenchym punktiert. (Nach RAUH)

Abb. 166. Epidermis der Blattunterseite von *Helleborus* mit Spaltöffnungen (Aufsicht, Abb. 62). (Orig.)

ergibt sich also folgende Zwangslage: sofern assimiliert wird, muß transpiriert werden, wenn die Luft — was meistens der Fall ist — trocken ist. Ist dazu der Wasserbedarf zu groß, dann kann der drohenden Lebensgefahr nur dadurch begegnet werden, daß durch Drosselung des Gaswechsels *beides*, Transpiration und Assimilation, eingestellt wird.

Daraus ergibt sich, daß die Funktion der Blätter nur bei Entwicklung zweier Oberflächen möglich ist, einer Außenoberfläche, die wasserundurchlässig, und einer Innenoberfläche, die wassergesättigt ist. Zugleich müssen sich in der äußeren Abschlußfläche die Regulationsmechanismen finden, geeignet, den Gaswechsel zu regeln. Beides wird durch die Ausgestaltung einmal der Epidermis, zum anderen des Mesophylls erreicht.

Die Epidermis der Spreite ist in der Histologie abgehandelt worden (vgl. S. 53) und braucht nicht wiederholt zu werden.

Die Spaltöffnungsapparate befinden sich in sehr viel größerer Anzahl in der Epidermis der Blattunterseite (Abb. 166) als in derjenigen der Oberseite, wenn sie in letzterer nicht — wie das meistens der Fall ist — vollkommen fehlen. Die vollständigen Apparate bestehen aus zwei Schließzellen und zwei oder mehr Nebenzellen, alle zusammen nehmen gewöhnlich nicht mehr als den Flächenraum einer normalen Epidermiszelle ein (Abb. 167).

Die Schließzellen sind in der Aufsicht halbmondförmig gebogen; sie stoßen mit den Spitzen aneinander und lassen zwischen sich auf etwas mehr als der Hälfte ihrer Länge einen Spalt. Auffällig ist, daß sie stets mit zahlreichen Chlorophyllkörnern versehen sind (Abb. 166), während die sonstigen Epidermiszellen zwar meist nicht völlig plastidenfrei, doch so arm an solchen sind, daß sie erst bei größter Aufmerksamkeit überhaupt gefunden werden können. Die Funktion der Schließzellen ist aus ihrem Bau zu verstehen, der besonders klar aus den Querschnitten zu entnehmen ist.

Die Schließzellen besitzen an ihrer dem Spalt zugekehrten Seite eine eigenartige Wandbildung insofern, als an der Blattaußen- wie innenseite vielfach je

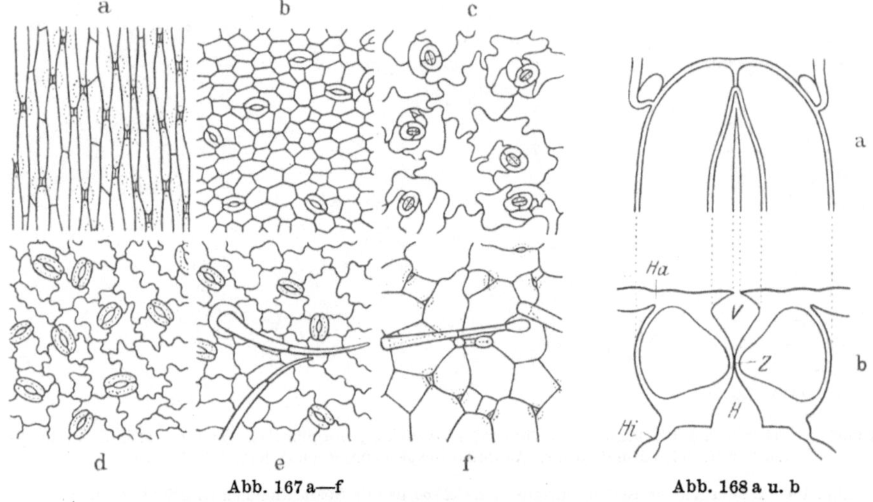

Abb. 167 a—fAbb. 168 a u. b

Abb. 167a—f. Epidermisstruktur der Blattunterseite mit der Verteilung und Lage der Spaltöffnungen. a *Iris*, Schließzellen versenkt; b *Vitis*, in einer Ebene mit den Epidermiszellen; c *Sedum*; d *Capsicum*; e *Lycopersicum*, Schließzellen bei allen erhöht; f *Oxalis*, versenkte Schließzellen. (a, c, f nach ESAU; b, d, e nach ARTSCHWAGER)

Abb. 168a u. b. Spaltöffnungen von *Narcissus biflorus* in Aufsicht a (die Hälfte) und quer b. *Ha, Hi* äußeres, inneres Hautgelenk; *V* Vorhof; *H* Hinterhof; *Z* Zentralspalt. (Nach HABERLANDT)

ein Hörnchen aus verdickter Membran mit Cuticulaanflügen vorgezogen ist (Abb. 168). Sodann tritt die Membran zurück, um in der Mitte zwischen den beiden Hörnchen wieder in einer Vorwölbung bis auf das Niveau der letzteren vorzustoßen. Von den übrigen Wänden ist gewöhnlich die den Nebenzellen zugewandte, vom Spalt abgekehrte Seite die dünnste. Am Spalt gleich unterhalb der Hörnchen sind die Wände stark verdickt, so daß hier das Zellumen spitz in den mittleren Wulst hinein zuläuft. Denkt man sich eine mit solchen Wänden versehene Zelle prall mit Wasser gefüllt, dann muß die stärkste Ausdehnung der Membran an der von dem Spalt abgekehrten Seite erfolgen, wodurch eine Krüm-, mung der ganzen Zelle zustande kommt. Die Bewegung dieser Schließzellen gegenüber den Nebenzellen erfolgt in einem Gelenk, einer dünnen Stelle der Verbindungsmembran zwischen Nebenzelle und Schließzelle.

Mit der Krümmung der beiden Schließzellen ist der Spalt zwischen ihnen geöffnet, also bei erhöhtem Turgor (Innendruck) infolge reichlicher Wasserversorgung. Bei mangelhafter Wasserversorgung und abnehmendem Turgor strecken sich die Zellen durch die Elastizität der dem Spalt zugewandten Membran und schließen den Spalt fest zu. Nur kurz sei bemerkt, daß dieselbe Reaktion auch auf den Einfluß von Licht (Öffnung) und Dunkelheit (Schluß) erfolgt.

Die eben gegebene Interpretation des Spaltöffnungsmechanismus ist die sozusagen klassische, die sicher auch in vielen Fällen zutrifft. Da aber der Spaltöffnungsapparat eine ungeheuere Variation zeigt, die wir im einzelnen nicht erörtern können, spielen auch noch eine ganze Reihe anderer Mechanismen bei der Öffnung und Schließung des Spaltes eine Rolle. So kann es sich dabei um Hebung und Senkung der Zellen gegenüber den Nebenzellen handeln oder um ein Ausweichen der Schließzellen über ihre ganze Länge nach beiden Seiten (Abb. 169); noch mancherlei andere Weisen sind gefunden worden (Abb. 170). Der maßgebliche Einfluß für die Öffnung des Spaltes indessen ist stets der erhöhte Turgor, der für die

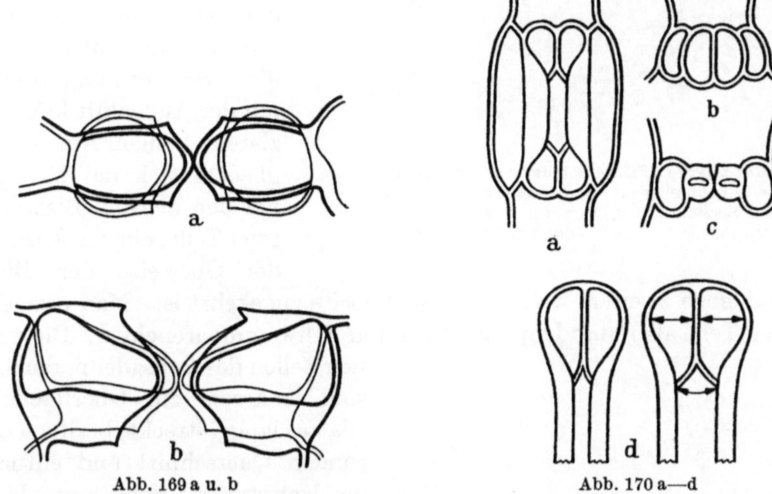

Abb. 169 a u. b   Abb. 170 a—d

Abb. 169a u. b. a Spaltöffnung von *Adiantum capillis veneris*. Bewegungsmechanismus durch Hebung und Senkung der Zellen. Die Rückenwand bewegt sich nicht. Der geschlossene Zustand stark ausgezeichnet. b Spaltöffnung von *Helleborus*. Bewegungsmechanismus durch Ausweichen nach der Seite. Stark ausgezeichnet der offene Zustand. (a nach KRAUS aus HABERLANDT; b nach SCHWENDENER aus SACHS)

Abb. 170a—d. Spaltöffnung von *Poa annua* (Gramineentyp). a Oberflächenansicht; b Querschnitt durch das Ende; c Querschnitt durch die Mitte; d Spaltöffnungsende bei geschlossener und offener Spalte. (Nach HABERLANDT)

Schließung sein Nachlassen, wobei auch der Lichteinfluß stets über eine Turgescenzänderung wirksam wird. Im übrigen ist nichts so sehr in seiner Gestaltung der An- und Einpassung in die Umwelt unterworfen wie die Blätter.

Haare. Unter einem Haar versteht man ein Gebilde, das aus einer Epidermiszelle entstanden, in seiner Basis einzellig geblieben, im Ganzen indessen über das Niveau der Epidermis hinausgewachsen ist. Die Entwicklungsgeschichte und Funktion dieser Gebilde ist bereits in der Histologie S. 59 erörtert worden. Im folgenden sei allein der Aufbau eines Blattes von *Mentha piperita* gebracht, um das Nebeneinander verschiedener Haartypen zu demonstrieren (Abb. 171).

Der Querschnitt des Blattes von *Mentha piperita* zeigt nebeneinander nichtsezernierende, meist drei- bis vierzellige Borstenhaare, daneben Drüsenhaare mit mehrzelligem Tragstück und einzelligem Exkretionsorgan, und endlich Drüsenhaare — auch wohl Drüsenschuppe genannt — mit einzelligem Tragstück und achtzelligem Exkretionsorgan. Zu dieser Kategorie gehören vielfach auch die sogenannten „extranuptialen Nektarien", Drüsengewebe, die (Abb. 172) außerhalb der Blüten angeordnet sind. Die Zuckerexkretion in den Blüten wird meist von ganzen Epidermislagen durchgeführt, ähnlich wie bei den extranuptialen Nektarien von *Passiflora* (Abb. 173).

Das Mesophyll ist der stets mehrschichtige innere Teil des Blattes. Wir werden im folgenden zu zeigen haben, daß dieses Gewebe zugleich als aktive, aufnehmende oder abgebende Oberfläche tätig ist. Das Mesophyll ist kein fest geschlossenes Gewebe wie die Epidermis, sondern es befinden sich überall in seinem Inneren Intercellularen: mit Luft gefüllte Räume zwischen den Zellen, die, unter sich in Verbindung, zuletzt durch die Spaltöffnungsapparate mit der Außenluft kommunizieren. Seinem Aufbau nach gliedert sich das Mesophyll bei den meisten Blättern in zwei Teile, einen solchen, der der Oberseite der Blätter

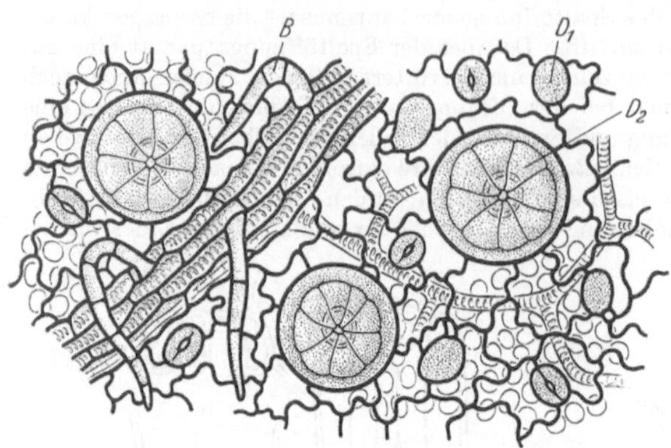

Abb. 171. *Mentha piperita.* Flächenschnitt von der Blattunterseite. D_1 Drüsenhaar mit einzelligem; D_2 Drüsenhaar mit mehrzelligem Köpfchen und Borstenhaar *B*, Nervatur und Palisadengewebe durchscheinend. (Nach VOGL aus TSCHIRCH)

anliegt, und einen zweiten, welcher der Unterseite zugekehrt ist. Man bezeichnet diese beiden Teile als Palisadenparenchym und Schwammparenchym. Die einzelnen Zellen des Palisadenparenchyms sind senkrecht zur Oberfläche des Blattes langgestreckt, besitzen einen runden Querschnitt und enthalten die Hauptmasse der Chloroplasten,

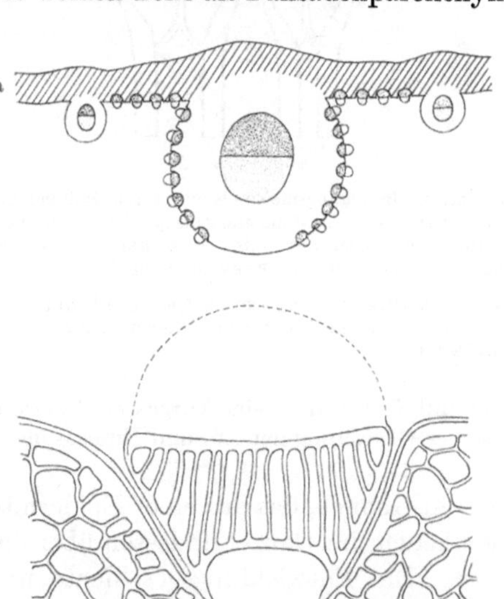

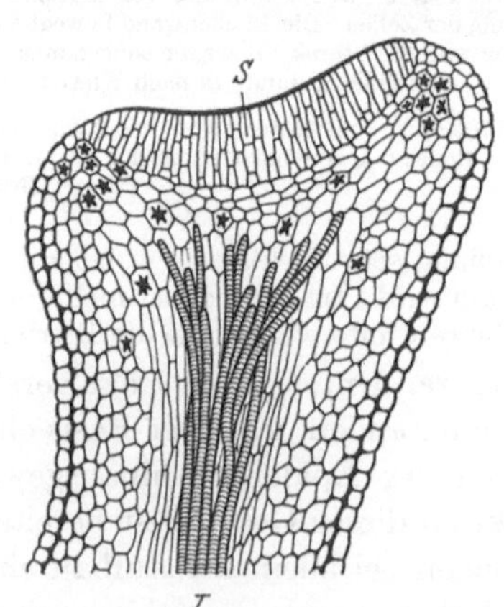

Abb. 172a u. b. Extranuptiale Nektarien von *Catalpa bungei.* a Anordnung an den Blattrippen der Unterseiten; b Querschnitt durch eine Nektardrüse mit abgehobener Cuticula. (Orig.)

Abb. 173. *Passiflora coerulea.* Extranuptiales Nektarium. Oben das Sekretgewebe *S*. Im Parenchym Kristalldrusen; *T* Tracheiden des Leitbündels. Vergr. etwa 110mal. (Nach MOLISCH)

die in dem Blatt vorhanden sind, etwa 70% (Abb. 65—67). Den Übergang zum eigentlichen Schwammparenchym bilden sogenannte Sammel- oder Trichterzellen, einzelne größere Zellen, die manchmal deutlich eine Anzahl von Palisadenzellen der ersten Schicht zusammenfassen. Daran anschließend findet sich das ebenfalls wieder mehrschichtige Schwammparenchym mit Zellen von unregelmäßigem Umriß, die große Intercellularen zwischen sich lassen. Auch diese enthalten Chloroplasten, jedoch erheblich weniger als das Palisadenparenchym. Unmittelbar an der Innenseite der Spaltöffnungsapparate findet sich meistens ein etwas größerer Luftraum — als Atemhöhle bezeichnet —, der dann mit den Intercellularen des Schwammparenchyms in Verbindung steht.

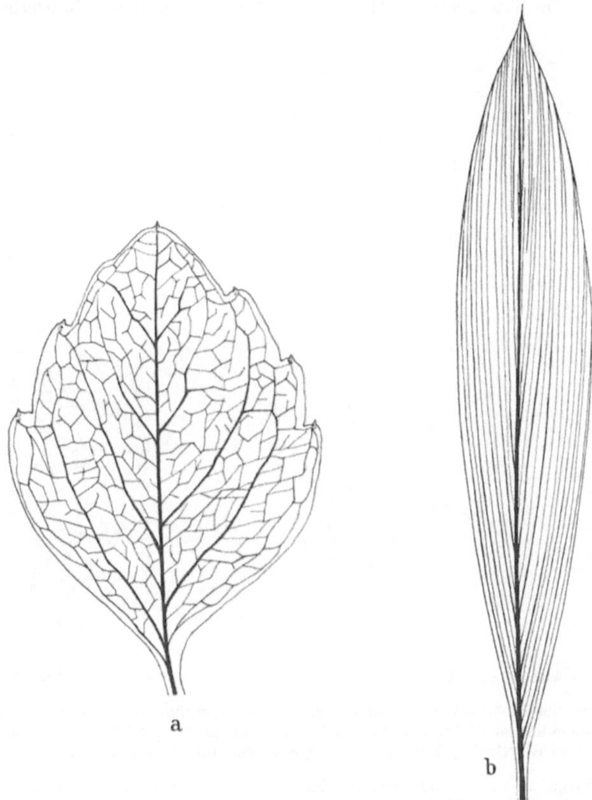

Abb. 174a u. b. Gefäßbündelverlauf in den Blättern. a Blatt vom *Impatiens noli tangere* (Dikotyle); b Blatt von *Curculiga recurvata* (Monokotyle). (Orig.)

Die oben geschilderten beiden Teile des Mesophylls sind funktionell Organe der CO_2-Assimilation. So allein ist Lage und Ausgestaltung zu verstehen. Notwendig ist der ungehinderte und bis in die Tiefen des Blattes führende Gasaustausch mit der umgebenden Luft. Ebenso notwendig ist weiterhin eine möglichst weitgehende Lichtausnutzung, der die Lage und die Anordnung des Palisadenparenchyms dienen.

Die Blattnerven. Weitere dem Mesophyll zugehörige Organe sind die Blattnerven. Sie treten aus dem Stiel in die Blattspreite ein und verzweigen sich darin bei den Dikotylen in netzförmigen Verzweigungen, bei den Monokotylen streifig als parallel laufende Gebilde (Abb. 174). In den größeren Blattnerven ist stets ein vollständiges Gefäßbündel enthalten. Da aber ein Blatt ein Organ ist, dem normalerweise jedes sekundäre Wachstum fehlt, so sind auch seine Gefäßbündel geschlossen: zwischen Holzteil und Siebteil findet sich kaum jemals ein Cambium. Der Oberseite des Blattes ist stets der Holzteil zugekehrt, gegen die Unterseite wendet sich der Siebteil. Besonders an der Unterseite der Blätter ragen die Hauptnerven oftmals recht erheblich aus der Fläche heraus, was durch eine starke Collenchymauflagerung bewerkstelligt wird. Auch an der Oberseite findet sich eine solche zuweilen, doch selten in derselben Stärke wie auf der Unterseite.

Die Nerven nehmen in den Blättern bei ihrer Verzweigung an Dicke ab und endigen zuletzt vielfach frei in der Spreite. Verfolgt man sie in ihrem Verlaufe genauer, so läßt sich erkennen, daß zuerst die Tracheen im Holzteil, sodann die ganzen Siebteile aufhören und

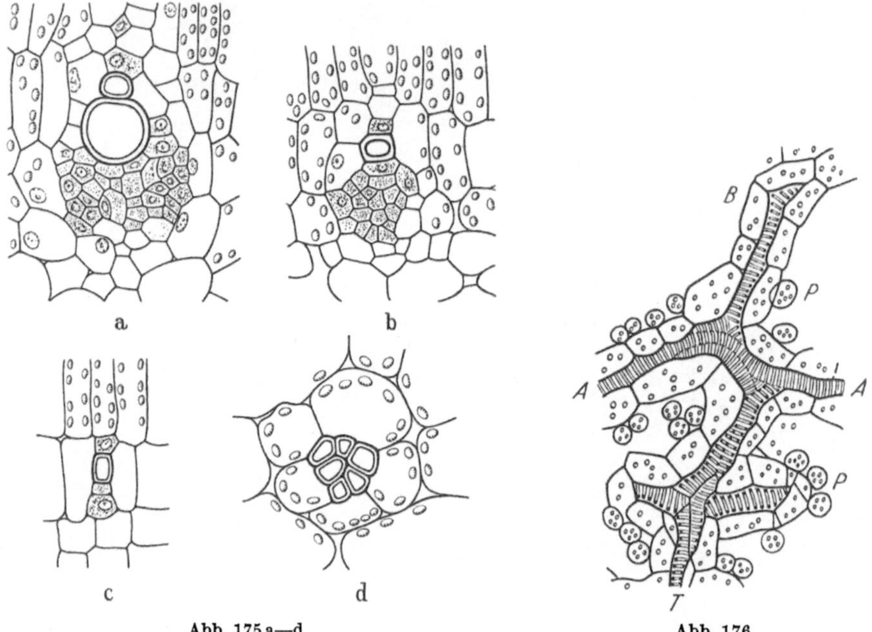

a   b

c   d

Abb. 175 a—d   Abb. 176

Abb. 175a—d. Reduktion der Blattnerven im Querschnitt. a—c *Cucurbita pepo*. a vollständiges Gefäßbündel mit großer Trachee, Tracheide und Siebteil; b Gefäßbündel verkleinert, es fehlt die Trachee; c nur noch eine Tracheide mit Siebröhre und Geleitzelle; d *Ranunculus repens*, ausschließlich Tracheiden. (Nach STRASBURGER)

Abb. 176. Nervenendigungen im Längsschnitt aus der Blattlamina von *Psoralea bituminosa*. *A* Anastomosen, keine freien Enden! *P* quergeschnittene Zellen des Palisadenparenchyms; *B* Begleitzellen des Tracheidenstranges *T*. Vergr. etwa 200mal. (Verändert nach DE BARY)

schließlich allein Tracheiden übrigbleiben (Abb. 175). Letztere sind dort, wo sie frei endigen, von einer geschlossenen Scheide parenchymatischer Zellen umgeben, so daß sie niemals unmittelbar an eine Intercellulare angrenzen. Diese Scheide von parenchymatischen Zellen besitzt Chloroplasten nur an der von den Tracheiden abgewandten Seite. Im übrigen endigen nicht alle dieser letzten und dünnsten Tracheiden frei in der Blattspreite; vielmehr besteht oft die Möglichkeit, daß sie mit anderen anastomosieren, so daß wieder ein allmählicher Übergang in ein größeres Gefäßbündel erfolgen kann (Abb. 176).

Die Funktion der Blattnerven ist einmal die der Stoffleitung. Keines der Organe einer höheren Pflanze hat einen so umfangreichen Wasserverbrauch wie ein Laubblatt. Wasserzufuhr durch die Holzteile, die — wie oben gezeigt — in feinster Verteilung endigen, ist also unerläßlich. Ebenso wichtig ist die Ableitung der gebildeten Assimilate durch die Siebteile. Da aber hinsichtlich der Assimilatableitung niemals ein so kurzfristiger und rasanter Mangel auftreten kann wie im Wasserbedarf, so endigen die Siebteile schon früher als die Holzteile, und es macht offenbar nichts aus, daß die Leitung der Assimilate eine längere Strecke von

Zelle zu Zelle des Mesophylls erfolgt als die Wasserzuleitung. Daneben ist die mechanische Versteifung der Blattspreite ein wichtiges Moment. Winddruck, Regen und Hagelschlag würden sonst die zarten und dünnen Blattflächen ständig zerstören, was trotz dieser Aussteifung noch vielfältig geschieht. Auch von hier aus betrachtet ist die relativ kurzfristige Erneuerung der Blattflächen bei allen ausdauernden Gewächsen eine dringende Notwendigkeit.

Besondere Bildungen des Mesophylls. Es gibt Zellen oder Zellkomplexe, die anderen als den assimilatorischen oder Leistungsfunktionen im Mesophyll zugeordnet sind. Solche Besonderheit kann entweder in der Ablagerung oder Ausscheidung spezifischer Inhaltsstoffe bestehen oder darin, daß Gruppen von Zellen mechanische Aufgaben übernehmen, die normalerweise allein durch die Blattnerven ausgeübt werden.

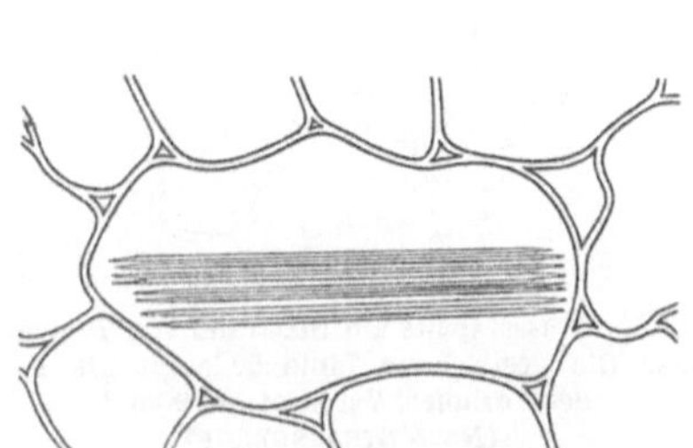

Abb. 177. Raphidenzelle aus dem Blatt von *Impatiens noli tangere*. Die Kristallstäbe sind gebündelt. (Orig.)

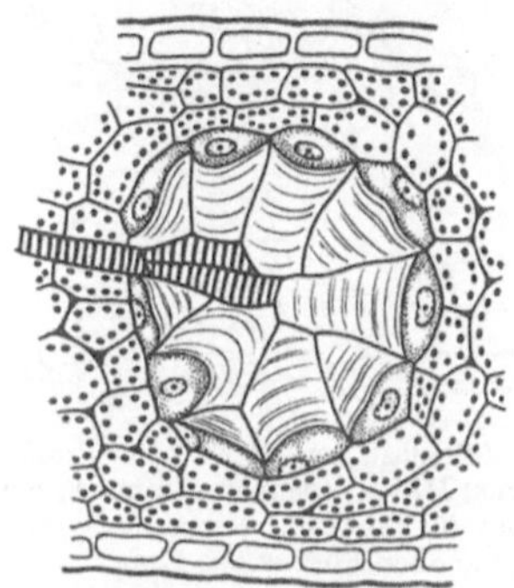

Abb. 178. Querschnitt durch eine Schleimkugel des Blattes von *Loranthus europaeus*. (Aus HABERLANDT)

Die häufigsten Inhaltsstoffe in besonderen Mesophyllzellen sind Kristalle von Calciumoxalat; sie können als Kristallsand, Kristalldrusen (Abb. 155), in Form von Raphiden (Abb. 177) oder als Einzelkristalle auftreten. Meist sind die damit ausgestatteten Zellen völlig davon erfüllt. Es finden sich ferner Zellen, die Öl enthalten, seltener auch wohl solche, die Gerbstoffe führen. Endlich kommen größere Sekreträume vor. In diesem Fall ordnet sich eine Reihe von Zellen zusammen, die nach einem inneren schizogen entstandenen Hohlraum Öl, Harz oder Schleim absondern (Abb. 178). Während dieser Tätigkeit können sie sich vielfach vollkommen auflösen, so daß sich dann schließlich ein mit Sekret erfüllter, relativ großer Hohlraum im Mesophyll befindet.

Als besondere mechanische Elemente werden im Mesophyll zuweilen ganze Gewebeteile zu Steinzellen oder sklerenchymatischen Zellen ausgestaltet, die dann mit assimilierenden Gewebestreifen abwechseln. Oder aber einzelne Zellen verändern ihren Umriß, erfahren zugleich eine erhebliche Streckung und nehmen unregelmäßige Gestalt an, um dann schließlich die Wände außerordentlich zu verstärken und abzusterben. Solche Zellen werden Idioblasten genannt (Abb. 179).

Wasserspalten (Hydathoden) finden sich als besondere Organe bei einer ganzen Reihe von Blättern meist an den Rändern und dort meist an den Blattzähnen. Sie bestehen aus zwei relativ großen halbmondförmigen Zellen, größer als die Schließzellen der Spaltöffnungen, und lassen ebenso wie diese einen Spalt zwischen sich (Abb. 180). Letzterer kann freilich nicht geschlossen werden, sondern bleibt stets offen.

Solche Hydathoden sind meist mit sogenannten Epithemen verbunden. Es sind das etwas kompakte Gewebestücke aus kleinen chlorophyllfreien Zellen, die wassergefüllte Intercellularen zwischen sich lassen. In der Nähe liegen meist noch angeschwollene Tracheiden als Gefäßbündelendigungen. Wasserausscheidung in Tropfenform ist die Funktion dieser Gebilde (Abb. 181).

Abgesehen davon gibt es noch einzellige Hydathoden in der Epidermis und sogenannte Trichomhydathoden, die über die Epidermis hinausragen (Abb. 182).

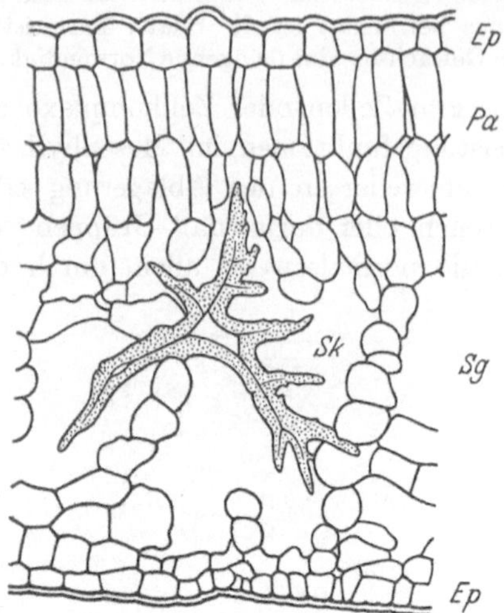

Abb. 179. Idioblast im Blatt von *Trochodendron*. *Ep* Epidermis; *Pa* Palisadenparenchym; *Sg* Schwammgewebe; *Sk* Sklereide. Vergr. etwa 140mal. (Nach FOSTER aus ESAU)

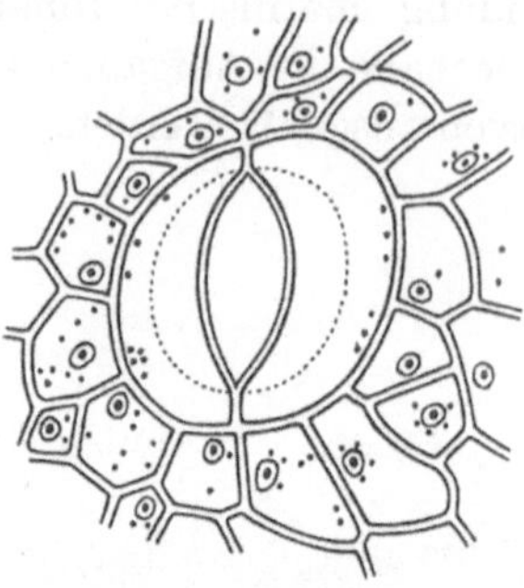

Abb. 180. Wasserspalte am Blattrand von *Tropaeolum majus*. Die gestrichelte Linie bedeutet die Kontur des Vorhofes. Vergr. etwa 190mal. (Nach STRASBURGER)

Die Blattstiele sind ebenfalls noch Bildungen des Oberblattes; sie gleichen bei dorsiventraler Ausbildung der Blätter vielfach nahezu den Hauptnerven der Blattspreiten, in die sie dann auch unmittelbar eintreten. Es ist bei ihnen — ähnlich wie bei den unifacialen Blättern — die Blattunterseite bevorzugt entwickelt. Die Gefäßbündel sind in einem nach oben offenen Bogen in ihrem Inneren angeordnet; es finden sich meist mächtige Collenchymeinlagerungen (Abb. 183 und 190).

Besondere Verteilung von sklerenchymatischen Elementen und auch von einzelnen Gefäßbündeln können in den Blattstielen vorkommen. Subepidermale Schichten, die Chlorophyllkörner enthalten, sind jedoch

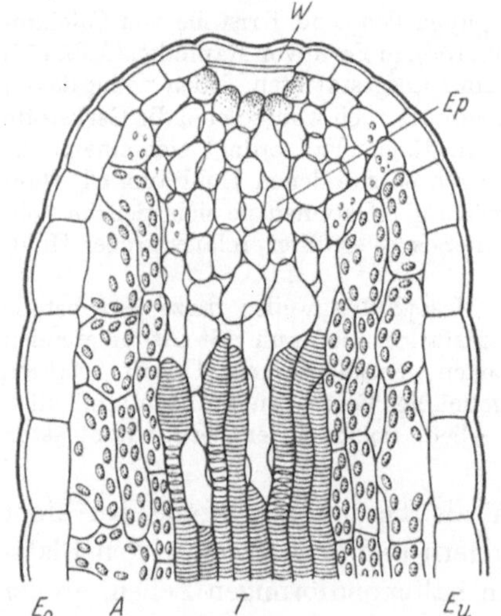

Abb. 181. Längsschnitt durch einen Blattzahn von *Primula sinensis*. *W* Wasserspalte; *Ep* Epithem; $E_{o, u}$ obere und untere Epidermis; *T* angeschwollene Tracheiden; *A* Assimilationsgewebe. (Nach HABERLANDT)

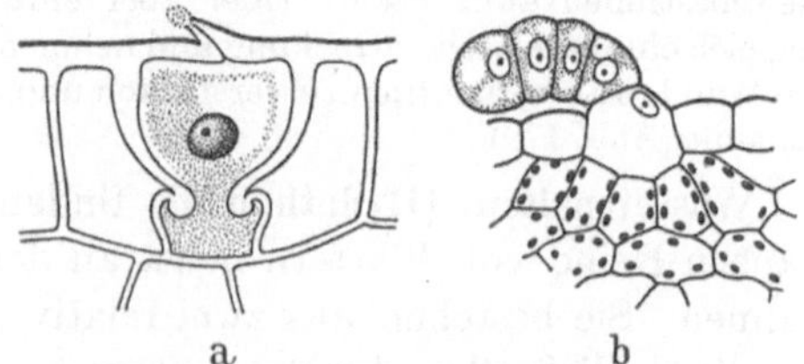

Abb. 182a u. b. a Einzellige Hydathode von *Gonocaryum pyriforme*; b Trichomhydathode von *Phaseolus multiflorus*. (Nach HABERLANDT)

keineswegs wie die Assimilationsschichten des Spreitenmesophylls ausgebildet, sondern als einfaches Parenchym. Bei äquifacialer Ausbildung der Blätter können die Blattstiele einem Stengelinternodium gleichen insofern, als sich im Inneren ein Ring von mehreren Gefäßbündeln vorfindet.

Die Funktion der Blattstiele ist wie die der Blattnerven einmal Stoffleitung, zum anderen mechanischer Halt der ganzen Spreite. Sodann sind die Stiele in der Lage, durch ihr aktives Bewegungsvermögen die Spreiten in eine geeignete Lage zum Licht zu bringen. Dieses Bewegungsvermögen, von dem später noch die Rede sein wird, ist in einigen Fällen auf die Blattgelenke, d. h. besondere Gebilde des Unterblattes, beschränkt.

β) Das Unterblatt

Es ist nach der ausführlichen Behandlung des Oberblattes nicht mehr notwendig, das Unterblatt in den einzelnen Stadien seiner Entwicklung zu verfolgen; wir beschränken uns also darauf, einzelne besondere Eigenschaften anzu-

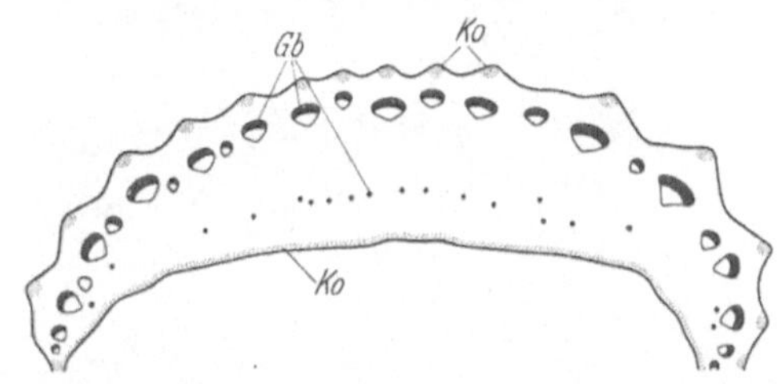

Abb. 183. Blattstiel quer von *Apium graveolens* (Sellerie). *Gb* Gefäßbündel; *Ko* Kollenchym. Vergr. etwa 10mal. (Nach ESAU)

geben. Es braucht nicht immer als ein abgrenzbares Organ ausgebildet zu sein, sondern ist bei vielen Blättern allein die etwas verbreiterte Ansatzstelle des Stiels an der Sproßachse. Indessen können aus dem Unterblatt auch besondere Gebilde hervorgehen wie Blattscheiden, Nebenblätter, oder Dornen. Sie werden auf S. 154 und 155 behandelt.

Der strukturelle Aufbau des Unterblattes ist in Fällen, in denen es nur den Blattansatz darstellt, wenig vom Blattstiel unterschieden. Auch hier finden sich collenchymatische und sklerenchymatische Auflagerungen besonders an der Unterseite; die Gefäßbündel liegen wie im Blattstiel und gehen von dort aus in die Sproßachse über. Aus dem Unterblatt gehen sodann die Knospenschuppen unter Reduktion des Oberblattes hervor; sie weichen weitgehend von dem Normalblatt-Typus ab. Ihr struktureller Aufbau sei in einem Fall, nämlich als Knospenschuppe von *Fagus silvatica*, geschildert. Im Querschnitt ist die Schuppe halbmondförmig gebogen und mit zahlreichen Gefäßbündeln in paralleler Anordnung durchsetzt, wie Abb. 184 zeigt. Ferner ist zu sehen, daß das gesamte Mesophyll sklerenchymatischen Charakter

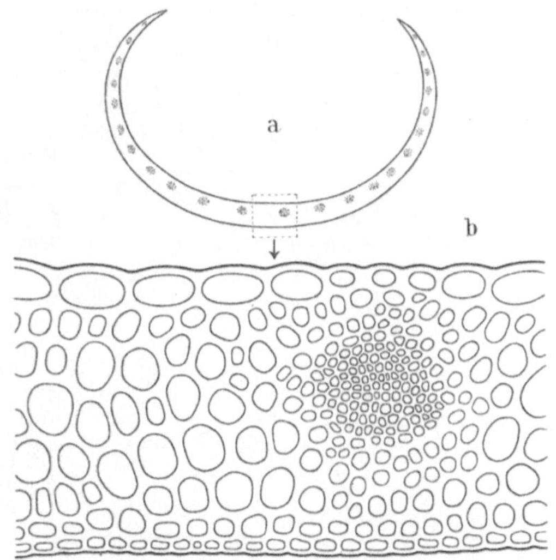

Abb. 184a u. b. Knospenschuppe von *Fagus silvatica* im Querschnitt. a total; b Ausschnitt. (Orig.)

angenommen hat. Die Gefäßbündel sind recht kleinzellig und kommen für eine Leitungsfunktion nach Fertigstellung der Knospenschuppe kaum mehr in Frage.

Verschiedene Blatt-Typen. Im folgenden seien zur Illustration der Vielgestaltigkeit noch einige ausgewählte Beispiele geschildert. Bei aller Gleichförmigkeit im Grundsätzlichen ist eine so durchgreifende Verschiedenheit der Arten zu konstatieren, daß es sogar noch möglich ist, aus Blatttrümmern, wie sie in den Drogenpulvern der Pharmazie gegeben sind, eine Identifikation nach den Ausgangspflanzen durchzuführen. So ließen sich die Einzeldarstellungen ins Endlose vermehren, demgegenüber die hier gegebenen Einblicke ärmlich erscheinen.

9*

Das bereits abgebildete Blatt von *Helleborus niger* stellt sozusagen eine Art Normalblatt dar (Abb. 62 und 65—67). Angeschlossen sei hier zunächst der Blattquerschnitt von *Artemisia absin-*

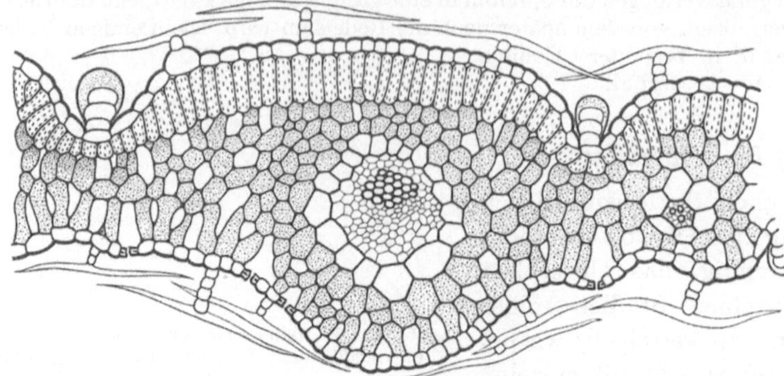

Abb. 185. Querschnitt durch ein Blatt von *Artemisia absinthium*. (Erläuterung s. Text.) (Nach TSCHIRCH)

thium. Hier haben wir es wie bei Helleborus mit einschichtiger Epidermis und mehrschichtigem Schwammparenchym zu tun. Als besondere epidermale Bildungen sind Haare mit zwei- bis fünfzelligem Tragstück zu verzeichnen, deren oberste Zelle weit nach beiden Seiten auswächst

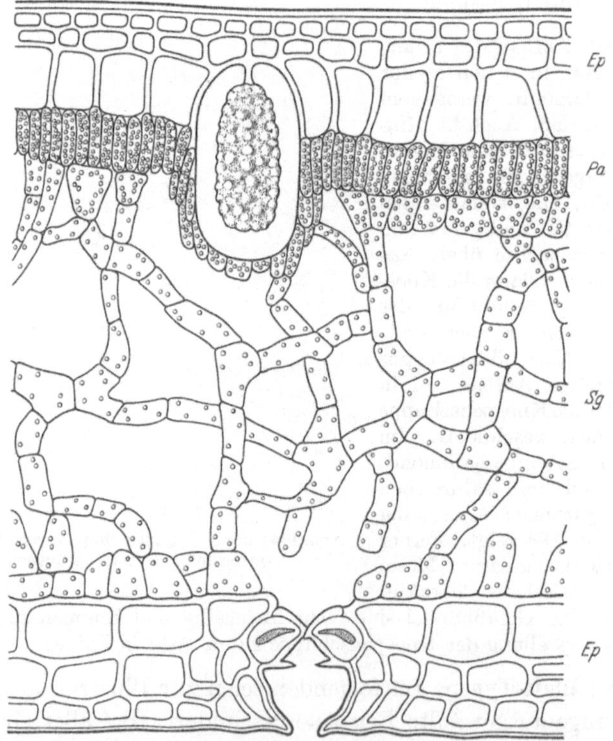

Abb. 186. *Ficus elastica*. Blatt quer. *Ep* mehrschichtige Epidermis, die obere mit Cystolith, die untere mit Spaltöffnung; *Pa* Palisadenschicht; *Sg* Schwammgewebe. (Orig.)

und dadurch ausgezeichnete windstille Räume über der Blattfläche erzeugt. Sie sind auf der Blattunterseite besonders zahlreich, und die relativ kleinen, aber zahlreichen Spaltöffnungen liegen in der Ebene der Epidermis. Zudem finden sich Drüsen auf der Oberseite des Blattes in Gruben eingesenkt, die das typische ätherische Öl der *Artemisia* sezernieren. Sie zeigen den Compositentyp der Drüsenhaare an: ein Tragstück von zwei Zellen und darauf ein Drüsenköpfchen, das aus zwei Etagen von je zwei Zellen besteht, von denen gemeinsam die Cuticula abgehoben wird (Abb. 185).

Völlig anders wiederum ist das Blatt von *Ficus elastica*, dem Gummibaum, konstruiert. Wir finden sowohl auf der Ober- wie auf der Unterseite des Blattes eine dreischichtige Epidermis, wobei die Epidermiszellen von außen nach innen an Größe zunehmen. In einige besonders vergrößerte Zellen der innersten Epidermisschicht der Oberseite wächst von einer darüberliegenden antiklinen Zellwand ein Cystolith hinein. Die Epidermis der Blätter ist völlig haarlos, von vollkommen glatter Oberfläche. So gibt es keine windstillen Räume; dementsprechend sind die Schließzellen der Spaltöffnungen eingesenkt, sie befinden sich auf der Höhe zwischen

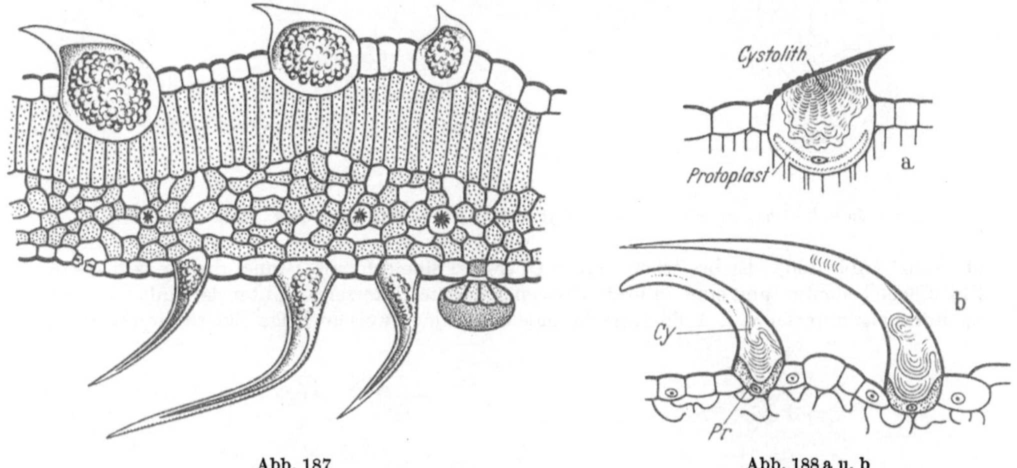

Abb. 187
Abb. 188 a u. b

Abb. 187. Blattquerschnitt von *Humulus lupulus*. (Erläuterung s. Text.) (Nach TSCHIRCH)

Abb. 188a u. b. Cystolithenhaare, den Protoplasten zeigend. a Humulus; b Cannabis. *Cy* Cystolith; *Pr* Protoplast. (Nach ESAU.)

der zweiten und der innersten Epidermisschicht, und in letzterer liegen die Nebenzellen. Der windstille Raum wird also hier durch eine Grube in der Epidermis gebildet. Das Mesophyll besitzt ein ein- oder zweischichtiges Palisadenparenchym, je nachdem ob die Sammelzellen so dicht sind, daß sie eine geschlossene Schicht darstellen, oder ob sie als einzelne der stets vorhandenen oberen Palisadenschicht einzeln zugeordnet sind. Das Schwammparenchym ist vielschichtig, relativ locker; auch sind darin einige Sekretzellen zu finden (Abb. 186).

Cystolithen kommen in anderen Fällen in haarähnlichen Gebilden vor. Bei dem Hopfen, *Humulus lupulus*, sind in der oberen Epidermis einzellige breite, mit einem scharfen inseits gerichteten Haken versehene Haare entwickelt, in deren großem Lumen sich Cystolithen befinden. Auf der Blattunterseite stehen einzellige Borstenhaare, die ebenfalls Cystolithen enthalten, und Drüsenschuppen. Zellen mit Drusen von Calciumoxalat finden sich im Mesophyll, das sonst nichts Besonderes aufweist (Abb. 187 und 188).

Von *Crataegus chlorosarca* sei zuletzt noch ein Blatt in allen drei Teilen, Spreite, Stiel und Nebenblättern, dargetan. Der Schnitt durch die Blattspreite zeigt ein haarloses Normalblatt, freilich mit zweischichtigen Palisaden; die zweite Schicht indessen ist etwas lockerer gestaltet, also mit mehr Intercellularen versehen. Daran anschließend finden sich Trichterzellen, die in ein recht lockeres Schwammparenchym überleiten. Die Schließzellen der Spaltöffnungen liegen genau in der Ebene der unteren Epidermis (Abb. 189). Die Nebenblätter sind hier besonders groß und völlig laubblattartig ausgestaltet. Doch finden sich gegenüber der Blattspreite entscheidende Unterschiede. Einmal ist die Dicke der Nebenblattfläche eine geringere, und sodann ist der ganze Bau wesentlich vereinfacht: die zweite Palisadenschicht ist zur ganz lockeren Schicht der Trichterzellen geworden, und ebenso finden sich ein vereinfachtes

Schwammparenchym und eine untere Epidermis mit sehr wenig Spaltöffnungen. Zuletzt der Blattstiel, der als Gebilde des Oberblattes zwischen der Blattspreite und den hier laubblattartigen Nebenblättern vermittelt, zugleich aber auch die Gefäßbündel in die Sproßachse

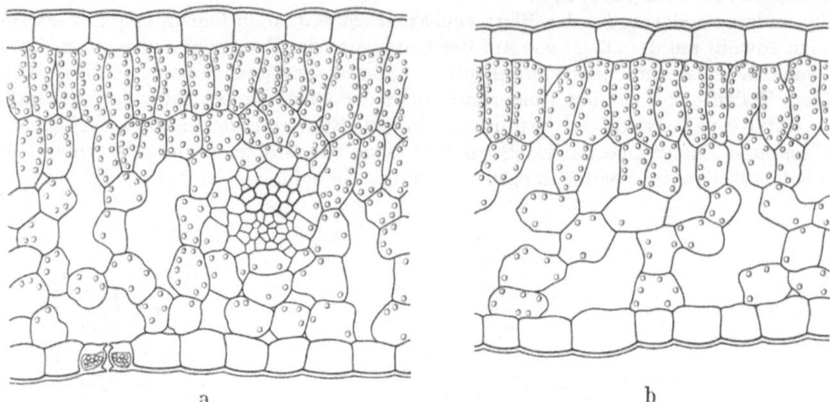

Abb. 189a u. b. *Crataegus chlorosarca.* a Blattspreite quer; b Nebenblatt quer. Siehe Text. (Orig.)

überführt (Abb. 190). Er besitzt an seiner Oberseite eine schmale Rinne, die die reduzierte Blattfläche bedeutet, und eine im weiten Bogen gebildete Unterseite. Unter der einfachen mit Spaltöffnungen versehenen Epidermis befindet sich eine zweischichtige Sklerenchymschicht

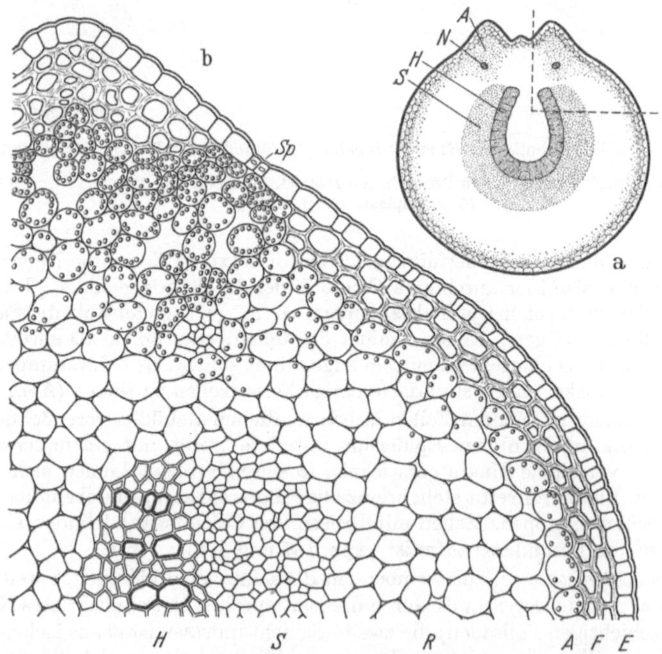

Abb. 190a u. b. *Crataegus chlorosarca.* Blattstiel quer. a total; b Ausschnitt wie angegeben. *A* Assimilationsparenchym; *N* abzweigende Nerven; *H* Holzteil; *S* Siebteil; *Sp* Spaltöffnung; *E* Epidermis; *F* Festigungsgewebe (Sklerenchym); *R* Rinde

und erst darunter ein ein- bis mehrschichtiges Assimilationsparenchym. Bedeutungsvoll ist, daß dieses Assimilationsparenchym gelockert und mit Intercellularen versehen an den Stellen unmittelbar ohne sklerenchymatische Auflagerung an die Epidermis stößt, an welchen sich

Spaltöffnungen befinden. Es folgt nach innen ein Markparenchym, dem vermutlich Funktionen der Speicherung zukommen, sodann eine stattliche Collenchymauflagerung um die bogenförmig gekrümmten Gefäßbündel, die an der Außenseite des Bogens (der Blattunterseite) die Siebteile, an der Innenseite (der Blattoberseite) die Holzteile zeigen. Davon abgetrennt finden sich auch noch einfache Leitbündel, die weiter nach der Sproßachse zu mit dem Hauptbündel zusammenlaufen.

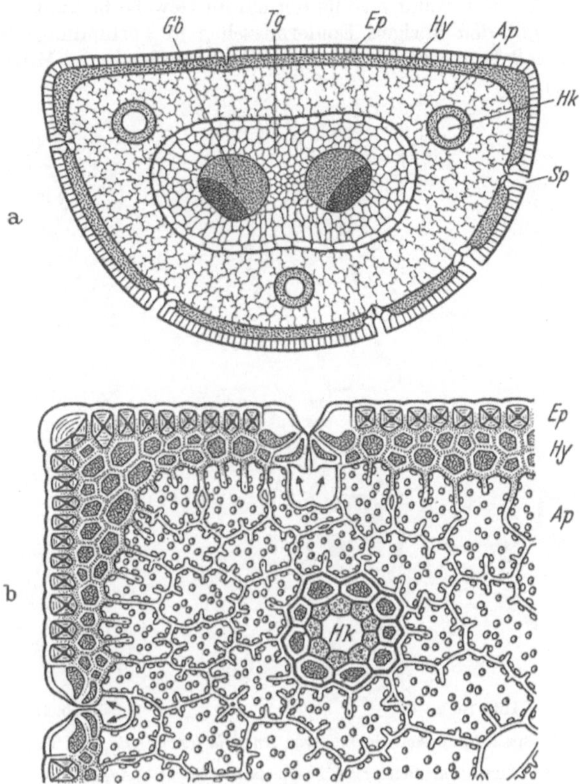

Abb. 191 a u. b. *Pinus*, Blatt quer. a Übersicht; b Detail. *Sp* Spaltöffnung, die versenkten Schließzellen mit Pfeilen bezeichnet; *Hk* Harzkanal mit Epithelzelle; *Ap* Armpalisaden; *Hy* Hypodermis (Sklerenchym); *Ep* Epidermis; *Tg* Transfusionsgewebe; *Gb* Gefäßbündel (Siebteil dunkel gezeichnet). (a nach WETTSTEIN, verändert; b nach KNY, leicht verändert

Die Blätter der Gymnospermen. Als Beispiel sei das Blatt von *Pinus nigra* verwendet. Es hat bekanntlich die Form der „Nadel", wobei außenmorphologisch Ober- und Unterseite zu unterscheiden sind (Abb. 191). Der strukturelle Aufbau hingegen ist ein äquifacialer, insofern als die Elemente der Epidermis sowie das Assimilationsgewebe gleichmäßig auf beiden Seiten verteilt sind. Die Epidermis ist kleinzellig und mit sehr stark verdickten Wänden versehen; sie zeigt tief eingesenkte Spaltöffnungen. Unter der Epidermis befindet sich eine Hypodermis von 1—3 Zellschichten, deren Wände ebenfalls verdickt sind. Dann erst folgt das Assimilationsparenchym, das hier einheitlich drei- bis vierschichtig und mit nur geringen Intercellularen ausgebildet ist. Die Wände seiner Zellen weisen eigentümliche Vorsprünge nach innen auf. Zentral befinden sich ein oder zwei kollaterale Gefäßbündel; das Xylem wie stets der Ober-, das Phloëm der Unterseite zugekehrt. Umgeben wird das Gefäßbündel von einem mehrschichtigen parenchymatischen Gewebe, das man als „Transfusionsgewebe" bezeichnet. Im Assimilationsparenchym finden sich vielfach ebenso wie im Holz der Gymnospermen Harzgänge schizolysigener Herkunft.

Die Blätter der Farne sind meistens nach dem gleichen System gebaut wie die der Blütenpflanzen und bedürfen somit kaum genauerer Erörterung. Sie sind auf der Ober- und Unterseite

von einer Epidermisschicht überzogen wie jene; das Mesophyll und die Entwicklungsgeschichte, der Bau sowie die Funktion der Schließzellen in den Spaltöffnungsapparaten ist
analog gestaltet. Einige Extreme sollen Erwähnung finden.

Bei dem Spaltöffnungsapparat der Blätter von *Aneimia* findet sich die Merkwürdigkeit,
daß die beiden Schließzellen in fertigem Zustand vollkommen von einer Epidermiszelle umschlossen sind. Die Entwicklungsgeschichte zeigt jedoch, daß die Ausgliederung der Schließzellen auch hier mit inäqualer Teilung völlig normal im Gewebe beginnt, daß aber die letzte
Wand, durch die sie mit den übrigen Epidermiszellen in Verbindung stehen, zuletzt der
Auflösung verfällt, so daß dann faktisch die beiden Schließzellen in der Mitte einer Epidermiszelle liegen (Abb. 192).

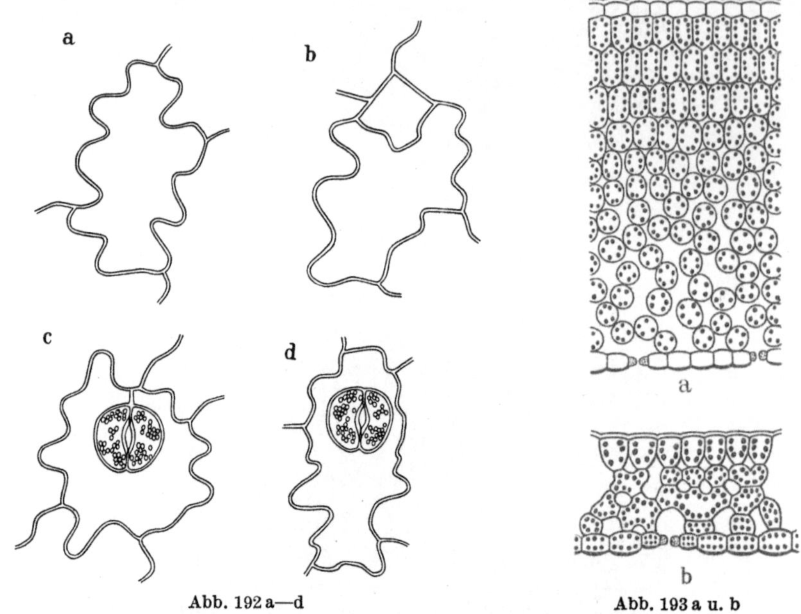

Abb. 192 a—d   Abb. 193 a u. b

Abb. 192a—d. Spaltöffnungsentwicklung von Aneimia fraxinifolia (vgl. Text). (Orig.)

Abb. 193a u. b. Querschnitt durch Farnblätter. a Polypodium Oonoei; b Adianthum trapeziforme (vgl. Text).
(a Nach OGURA; b nach MÖVIUS)

Ein besonders extremer Typus sei noch genannt: das Blatt von *Polypodium Oonoei* ist
sehr kompakt gebaut; ein drei- bis vierschichtiges Palisadenparenchym an der Oberseite unter
einer normalen Epidermis, daran schließt sich ein deutliches, merkwürdig kompaktes Schwammparenchym mit rundlichen Zellen und nur geringen Intercellularen an. Die andere Epidermis
trägt die sehr kleinen und wenigen Spaltöffnungen (Abb. 193a).

Das entgegengesetzte Extrem zeigt das Blatt von *Adiantum trapeziforme*. Es sieht so aus,
als fehle sowohl auf der Ober- wie auf der Unterseite des Blattes die Epidermis; auf der Oberseite wird statt dessen das Blatt von einer geschlossenen Schicht chlorophyllhaltiger Palisadenzellen, der einzigen überhaupt vorhandenen, bedeckt, auf der Unterseite von einer ebenso
chloroplastenhaltigen geschlossenen des Schwammgewebes. Natürlich sagt diese Ausgestaltung der beiden Schichten nichts über die entwicklungsgeschichtliche Herkunft aus. Zwischen
den beiden Außenschichten finden sich wenige äußerst lockere Schwammparenchymzellen
(Abb. 193b). Kurz erwähnt sei noch, daß die Gefäßbündel in den Blättern der Farne meist
kollateral sind ebenso wie in denjenigen der Blütenpflanzen; es ist oben schon darauf hingewiesen worden, daß das in den Sproßachsen der Farne meist nicht der Fall ist.

Die Blätter der Moose sind meistens relativ einfach gebaut. Größtenteils
bestehen sie nur aus einzelligen Schichten ebenso wie Blätter vieler Laubmoose
als auch diejenigen mancher folioser Lebermoose. Die wie die Blätter funktio-

nierenden Assimilationsorgane verschiedener der thallösen Lebermoose sind wesentlich komplizierter gestaltet. Einige Beispiele seien angeführt.

Das Blatt von *Mnium undulatum* ist einschichtig; es besteht aus regelmäßig geformten Zellen, die etwas in der Richtung der Mittelrippe gestreckt sind. Die Mittelrippe selbst ist mehrschichtig und aus sehr schmalen langgestreckten Zellen aufgebaut, jedoch gibt es bei den Moosen keine echten Gefäße, die also auch in den Mittelrippen fehlen. Der Rand der Blätter ist zwar ebenso einschichtig wie der übrige Teil der Lamina, indessen aus schmalen Zellen mit verstärkten Wänden gebildet (Abb. 194).

Die Blätter von *Polytrichum* sind komplizierter gebaut. Als Grundlage sozusagen kann man auch hier wieder eine einschichtige Lamina mit verstärkter Mittelrippe annehmen. Zugleich erheben sich jedoch in einer bestimmten Region auf der Blattfläche auf der Mittelrippe und noch etwas seitlich davon Lamellen, die parallel zur Längsrichtung des Blattes verlaufen und in ihrer Höhe aus etwa 4—10 Zellen bestehen, was von Art zu Art verschieden ist. Die Zellen sind chloroplastenhaltig; diese Lamellen sind also als Vergrößerung der Assimilationsfläche anzusprechen (Abb. 195).

Ein Schnitt endlich durch den Thallus von *Marchantia polymorpha* zeigt ein dorsiventrales Gebilde, das an seiner Oberseite eine mit Chloroplasten erfüllte Epidermis hat. Darunter befinden sich Höhlen mit Assimilatoren, mehrzelligen mit Chloroplasten erfüllten Fäden, die — oftmals verzweigt — in den Höhlen von allen Seiten von Luft umgeben sind. Diese selbst stehen durch eine Öffnung (*A*), die wie eine oben und unten offene Tonne gebildet ist, mit der Außenluft in Verbindung. Die Zellen dieser Tonne entstehen entwicklungsgeschichtlich aus der Epidermis. Am Grunde dieser Höhlen mit den Assimilatoren findet sich nur noch eine einzige zusammenhängende Schicht chloroplastenhaltiger Zellen. Alle übrigen in etwa 12—14 Schichten übereinanderliegenden Zellen sind einschließlich der unteren Epidermis chloroplasten-

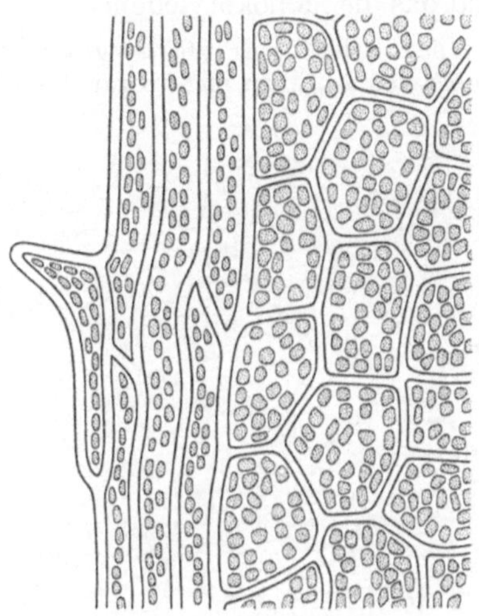

Abb.194. Blattrand von *Mnium undulatum*. (Orig.)

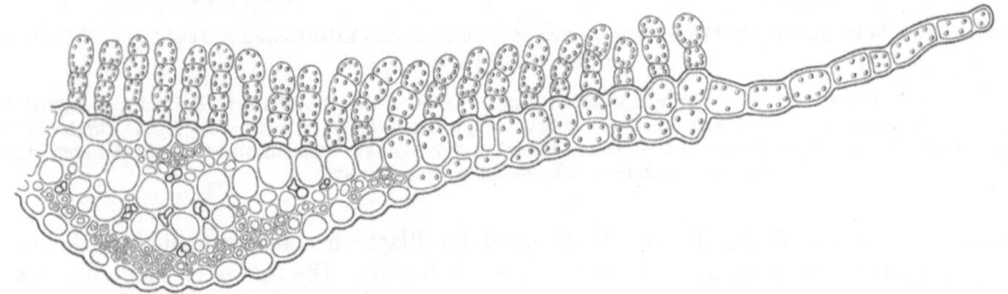

Abb. 195. Blattquerschnitt von *Polytrichum*. (Orig.)

frei, also vermutlich ein Speicherparenchym. Eingestreut finden sich in dieses Gewebe einmal tote, meist tracheidale Zellen (*T*) mit Wandverstärkungen, die der Wasserspeicherung dienen, und zum anderen zahlreiche Ölzellen (*O*). An der Unterseite entwickeln sich die „Ventralschuppen" (*V*) und die Rhizoide, mit denen der Thallus am Boden festgeheftet ist (Abb. 196).

Blattspuren. Darunter versteht man den Anschluß des Leitbündelsystems der Blätter an das der Sproßachse. Man sollte annehmen, daß die Sproßachse durchgehende Leitungsbahnen besäße, stammeigene Leitbündel, an die sich seitlich die der Blätter anschließen (blatteigene Leitbündel). Solch eine Anordnung gibt es in der Tat bei einigen Farnen. Bei den Blütenpflanzen dagegen wurden phylogenetisch offenbar in steigendem Maße die blatteigenen Gefäßbündel bevorzugt. Da wir die Anthophyten stets als Paradigmata voranstellen, werden wir hier mit denen beginnen, die ausschließlich blatteigene Bündel besitzen; es sind das die Monokotyledonen.

Die Blätter dieser Pflanzengruppe setzen vielfach mit einer breiten Blattbasis an der Sproßachse an, wenn nicht sogar das Unterblatt als Blattscheide die ganze Achse auf ein

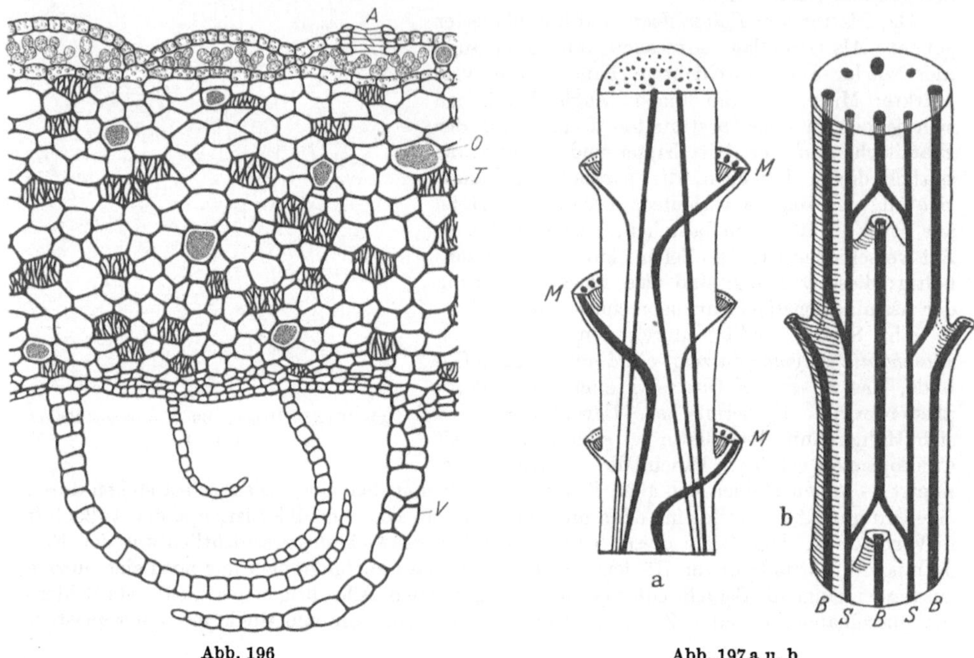

Abb. 196   Abb. 197 a u. b

Abb. 196. Querschnitt durch den Thallus von *Marchantia polymorpha* (Erläuterung s. Text.) Die Rhizoide sind weggelassen. (Orig.)

Abb. 197 a u. b. Schematische Darstellung des Gefäßbündelverlaufs. a Monokotylentyp (Palmen), Längshalbiert; *M* der Mittelnerv getroffen, Blätter an der Basis abgetrennt; b Dikotylentyp (*Cerastium*). Rinde durchscheinend gedacht. Dekussierte Blattstellung. Die Blattspurbündel *S* durch Abzweigungen aus den schwächeren stammeigenen Bündeln *S* entstehend. (Nach PRANTL)

längeres Stück hin umfaßt. Da die Leitbündel im Blatt ebenso wie auch im Blattgrund parallel verlaufen, treten sie nebeneinander in die Achse ein. Die in der Mediane des Blattes liegenden Bündel schwenken in einem großen Bogen zunächst bis in die Mitte der Achse ein, um dann in ihrem Verlauf basalwärts immer mehr der Peripherie der Sproßachse zuzurücken und hier dann mit älteren blatteigenen Bündeln zu verschmelzen. Die weiter am Blattrande diesseits und jenseits der Mediane liegenden Bündel der Blätter — sie werden auch immer kleiner — verlaufen in um so flacheren Bogen, also immer näher der Peripherie, je weiter sie von der Mediane entfernt sind. Diese sind es, mit denen dann die mehr median im Blatt liegenden und in die Mitte der Achse übergehenden Bündel jüngerer Blätter an der Peripherie zusammenlaufen (Abb. 197a).

Anders liegen die Verhältnisse in den primären, noch Blätter tragenden Sproßachsen der Dikotyledonen. Hier sind die Bündel entweder in einem geschlossenen Ring oder zwar als getrennte Gefäßbündel, aber doch wenigstens ringförmig im Zentralzylinder der Sproßachse angeordnet. Nun läßt sich konstatieren, daß die einzelnen Bündel nach einigem Verlauf in der Sproßachse seitlich in die Blätter austreten. Sie sind also faktisch ebenso blatteigene Gefäßbündel wie die der Monokotylen. Freilich sind innerhalb der Knoten insofern kompliziertere Zustände vorhanden, als dort seitliche Verbindungen der Bündel untereinander bestehen. Die Blattspurbündel laufen also höchstens ein Internodium entlang, dann teilen sie sich seitlich in die eben erwähnten seitlichen Verbindungen auf. Diese letzteren müssen also als reale stammeigene Bündel aufgefaßt werden. Die gleiche Anordnung wiederholt sich in jedem Internodium. Je nach der Größe und dem Alter der Blätter sind es ein oder mehrere Bündel, die als Blattspur in die Sproßachse eintreten (Abb. 197b).

Anders zuletzt verlaufen die Bündel bei den Farnen. Hier gibt es stammeigene Bündel, die von der Wurzel bis zu dem Gipfel der Sproßachse hinauf verlaufen. Von diesen stammeigenen Gefäßbündeln treten dann Bündel in die Blätter aus (Abb. 198).

Der Laubfall. Der Ansatz des Blattes an die Sproßachse ist zugleich auch noch der Ort

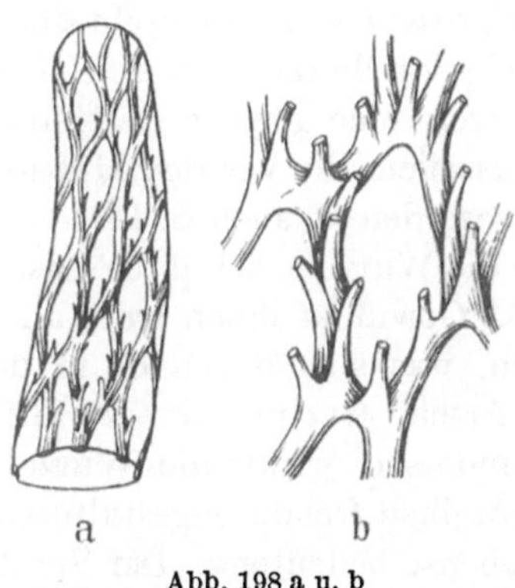

Abb. 198 a u. b   Abb. 199 a u. b

Abb. 198a u. b. Dictyostele von Farnen (*Aspidium filix mas*). a Bündelnetz nach Entfernung der Rinde; b Masche eines solchen Netzes mit Ansatzstelle der Blattbündel. (Nach SACHS leicht verändert.) a etwa natürliche Größe

Abb. 199a u. b. Trennungsgewebe bei Laubfall. a Längsschnitt durch Sproßachse und Blattbasis (Stiel). Der Mittelnerv *M* intakt, die Korkschicht und das Trennungsgewebe ausgebildet (*P* Periderm). b Detail, das Trennungsgewebe zeigend. (Aus EAMES und MAC DANIELS, Plant Anatomy)

eines höchst eigenartigen Vorgangs, sofern die Blätter, wie das am eindruckvollsten bei den laubwechselnden Holzpflanzen jeweils am Schluß einer Vegetationsperiode geschieht, abgestoßen werden. Es wird nach der Ableitung aller wichtigen Stoffe aus den Blättern unmittelbar an der Sproßachse durch den Blattgrund ein „Trennungsgewebe" angelegt, wodurch das Blatt vom Sproß abfällt (Abb. 199).

Dieses Trennungsgewebe kommt folgendermaßen zustande: Eine vollständige Fläche der noch lebenden Parenchymzellen quer durch den Blattansatz unmittelbar an der Achse tritt als Ganzes erneut in Teilung ein, um eine schmale Schicht von Periderm zu bilden. Die innere Schicht der neugebildeten Zellen hat weiche Wände gegenüber den älteren Zellen. So bricht hier der Blattstiel oftmals schon bei leichten Windstößen oder gar bei stärkerem Temperaturwechsel durch, und das Blatt fällt ab. Der an der Sproßachse verbleibende Teil des Korkes wirkt als Wundverschluß und Infektionsschutz.

d) Entwicklungsgeschichte der Wurzel

Sproß und Wurzel sind die beiden Pole des Cormus. Ihre Gegensätzlichkeit bestimmt sich zunächst aus Entwicklungsgeschichte und Gestalt. Die Basis der Sproßachse geht in die Wurzelbasis über, und die beiderseitigen apikalen

Bildungsorgane, in beiden Fällen Vegetationskegel, weisen in entgegengesetzte Richtung. Der Sproß erwächst aufwärts frei in den Luftraum; er zeigt negativen Geotropismus. Die Wurzel wächst abwärts in den Boden; sie zeigt positiven Geotropismus. Die Sproßachse hat Blätter; sie kann sie ungehindert eigengesetzlich entfalten und besitzt somit ein ungleich viel ausgeprägteres Gestaltungsvermögen, als das der Wurzel zukommen kann. Letztere ist ein rein achsiales Organ ohne Blätter als begrenzt wachsende Seitenorgane. Seitenorgane gibt es lediglich als Seitenwurzeln, sie entsprechen den Seitenzweigen der Sproßachse. Auch bei deren Entwicklung finden sich tiefgreifende Unterschiede. An der Sproßachse entstehen die Seitenzweige allein in den Achseln der Blätter und dazu noch exogen, d.h. unter Einbeziehung der äußeren Schichten. In der Wurzel entstehen die Seitenwurzeln endogen, d. h. aus der äußeren Schicht des Zentralzylinders, dem Perizykel; sie müssen also die ganze primäre Rinde, die bei den Wurzeln noch besonders massiv ist, sowie die Epidermis durchbrechen. Da vorgebildete Orte der Seitenwurzelentstehung, die für die Seitensprosse die Blattachseln sind, an den Wurzeln fehlen, so können theoretisch an jeder Stelle der Achse Seitenwurzeln entstehen. Daß es dennoch auch an den Wurzeln eine gewisse Bestimmung des Ortes der Seitenachsen gibt, nämlich in Längszeilen, die vor den Holzteilen der Gefäßbündel liegen, wird später noch erörtert werden (s. auch S. 147).

Der Gegendruck des Bodens bewirkt, daß die Wurzeln sich ihrer Gestalt nach nicht so frei entfalten können wie der Sproß. Gewiß ist ihnen trotz allem noch eine gewisse Gestaltungsmöglichkeit gegeben, was sich durchaus in den Verschiedenheiten der Wurzeln verschiedener Arten, Gattungen oder differenter ökologischer Typen ausprägt; im ganzen indessen wirkt die Wurzel relativ gestaltlos, amorph gegenüber dem in jeder Einzelheit frei durchgestalteten Sproß.

Die funktionellen Verschiedenheiten sind ebenso bedeutend. Der Sproß ist der Träger der Chloroplasten, damit der CO_2-Assimilation, also der entscheidenden Stoffproduktion der Pflanze. Zugleich aber sind die Blätter auch die Organe der Transpiration, der Wasserabgabe. Die Wurzeln sind demgegenüber die Organe der Wasser- und Salzaufnahme, Substanzen, die miteinander aufwärts zu den Blättern befördert werden. Zwei Ströme gehen also ständig in entgegengesetzter Richtung: Der Wasser-Salzstrom aufwärts von den Wurzeln in die Blätter, und der Assimilatstrom abwärts von den Blättern in die Wurzeln. Sproß wie Wurzel sind in ihren Leistungen aufeinander angewiesen und bilden ein unteilbares Ganzes. Gemeinsam ist beiden Gebilden in den inneren, nicht vom Licht erreichten parenchymatischen Teilen die Funktion der Reservestoffspeicherung.

Sexuelle Fortpflanzung vollzieht sich bei den Cormophyten allein an Gebilden von Sproßcharakter. An den Wurzeln kann das nie geschehen, schon allein deshalb nicht, weil ihnen die Blätter fehlen, die in den Blüten in modifizierter Gestalt die Träger der Sexualorgane sind. Es kann indessen durch die Wurzeln auch Fortpflanzung erfolgen, freilich nur vegetative (S. 308). Auch die mechanische Inanspruchnahme ist bei beiden Gebilden unterschiedlich. War es im Falle des Sprosses im wesentlichen in der Jugend Knick- und Biegefestigkeit und im Alter Druckfestigkeit, die sich konstatieren ließen, so ist es im Falle der Wurzeln in der Jugend vorwiegend Zugfestigkeit und im Alter ebenso wieder Druckfestigkeit. Bezüglich der dabei maßgeblichen Prinzipien sei auf die Ableitung (S. 101) verwiesen.

Das Bildungsorgan der Wurzel wurde schon bei der Behandlung ersterer mit erörtert. Hier bleibt nur noch darauf hinzuweisen, daß aus dem Wurzelvegetationskegel basalwärts dieselbe Schichtenfolge hervorgeht wie in der Sproßachse: Epidermis, primäre Rinde und Zentralzylinder (Abb. 109).

Die Zone der Determination. Allgemein gilt dasselbe, was über die Sproßachse gesagt wurde. Das Kennzeichen beginnender Determination ist einmal die Herausgliederung prokambialer Elemente im Inneren und zugleich damit der Verlust der Teilungsbereitschaft in den übrigen Teilen. Nach Erlöschen der Teilungsbereitschaft erfolgen endomitotische Chromosomenvermehrungen in allen den Zellen, die besondere Größe erreichen.

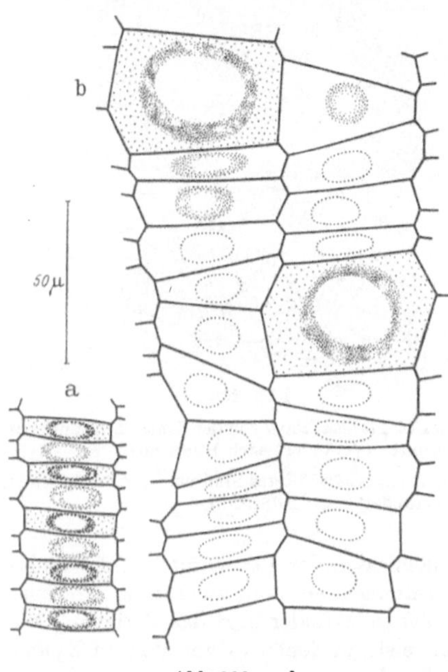

<table>
<tr><td>Abb. 200a u. b</td><td>Abb. 201</td></tr>
</table>

Abb. 200a u. b. *Trianaea bogotensis*, Differenzierung der Wurzelepidermis durch Mitose und Endomitose. a Nahe der Wurzelspitze; durch inäquale Teilungen ist ein regelmäßiges Muster von Trichoblasten und Atrichoblasten zustande gekommen. Trichoblasten: kleiner Kern und dichteres Plasma. b Differenzierungszone; 32ploide Trichoblasten innerhalb mehrerer diploider Zellen. (Nach GEITLER)

Abb. 201. Medianer Längsschnitt durch die Wurzel von *Sinapis alba*. Teilbild aus der Initialen und Determinationszone. Z Zentralzelle. (Nach BÜNNING)

Bezüglich der Determination der Wurzelhaare sind für *Trianaea bogotensis* bemerkenswerte Feststellungen gemacht (GEITLER). In dem Dermatogen der äußeren Zellschicht der Wurzel, aus der später die Epidermis wird, zeichnen sich in dieser Zone inäquale Teilungen ab: es werden stets in Aufeinanderfolge je eine plasmareichere und eine plasmaärmere Zelle gebildet. Die plasmareicheren Zellen teilen sich nicht mehr weiter, wohl aber die plasmaärmeren. Aus den letzteren gehen später, nach Ablauf dieser Teilungen, die normalen Epidermiszellen hervor, die plasmareicheren hingegen stellen, so wie sie sind, die Trichoblasten dar, die Zellen, die später Wurzelhaare bilden. GEITLER konnte feststellen, daß eben diese Trichoblasten ebenso viele Endomitoseschritte durchführen, wie die plasmaärmeren Zellen zwischen ihnen Mitosen, wobei die Kerne der Trichoblasten meist 32ploid werden. Durch diese Teilungsweise und die entsprechenden Endomitosevorgänge wird regelmäßige Musterbildung zwischen den zu Wurzelhaaren auswachsenden und den normalen Epidermiszellen zustande gebracht (Abb. 200).

Die Determination der Elemente des Zentralzylinders bei der Cruciferenwurzel beginnt mit Teilungen in der Reihe von Zellen, die sich basalwärts an die Zentralzelle anschließen (Abb. 201). Dabei kennzeichnet sich im Querschnitt eine radiale Polarität sowohl durch die

Teilungsweise wie auch durch die Form der Zellen, die in dieser Richtung gestreckt sind. Diese Zellreihe ergibt später die für die Cruciferenwurzel typischen zwei Gefäßstrahlen (Abb. 202). Das Phloëm entwickelt sich nun an den beiden Stellen des Pleroms, die am weitesten von den gefäßbildenden Zellen entfernt sind. Hier wird eine Zelle durch größeren Plasmareichtum deutlich, sie teilt sich alsbald durch eine perikline Wand inäqual. Die äußere,

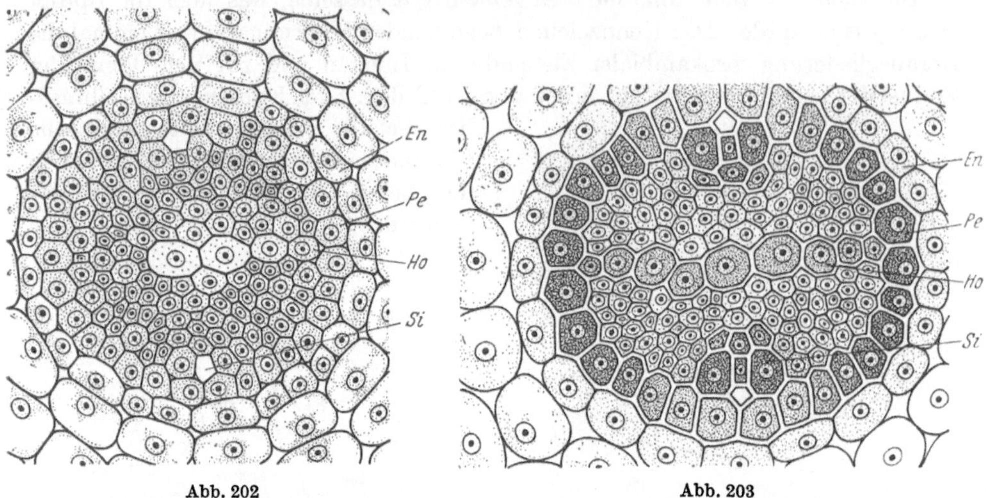

Abb. 202   Abb. 203

Abb. 202. Querschnitt durch den Zentralzylinder der Wurzel von *Sinapis alba*, 200 μ von der Zentralzelle entfernt. Bezeichnung s. Abb. 203. *Si* deutet auf die Ursiebröhre. (Verändert nach BÜNNING)

Abb. 203. Querschnitt durch den Zentralzylinder der Wurzel von *Sinapis alba*, älteres Stadium. *En* Endodermis; *Pe* Perizycel; *Ho* Holzteil; *Si* Siebteil. (Verändert nach BÜNNING)

sie wird zur „Ursiebröhre", zeigt anschließend ein Nachlassen der Plasmamenge, die innere dagegen ein zunehmendes Plasmawachstum. Durch Teilungen entsteht zuletzt ein Komplex von Siebröhren. Außen um diesen so determinierten Zentralzylinder liegt das Perizykel, das besonderen Plasmareichtum an den beiden Stellen aufweist, an denen es von den zu Xylemsträngen determinierten Zellen erreicht wird (Abb. 203) (BÜNNING).

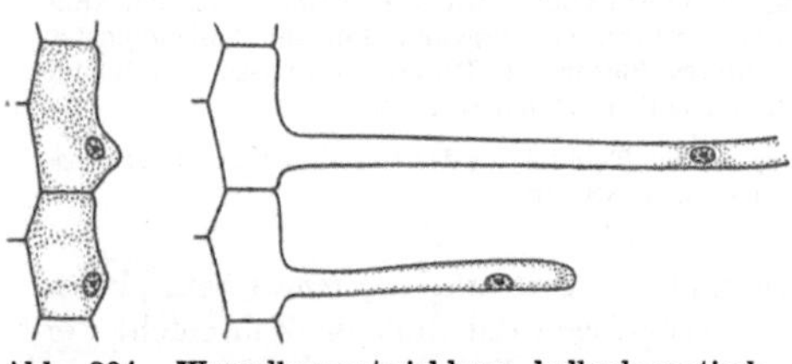

Abb. 204. Wurzelhaarentwicklung halbschematisch (vgl. Text). (Nach ROTHERT-JOST)

Zone der Differenzierung. In diesem Abschnitt braucht nicht viel über das hinaus gesagt zu werden, was für die Sproßachse bereits abgeleitet wurde. Das besondere Phänomen der Bildung der Wurzelhaare sei noch verfolgt. Die Ausdifferenzierung der Elemente des Zentralzylinders erfolgt aus den determinierten Zellen wie im Sproß.

Die Ausbildung der Wurzelhaare aus den determinierten Trichoblasten geht so vor sich, daß senkrecht zur Oberfläche ein langer Fortsatz entwickelt wird, der im Querschnitt sehr viel schmaler ist als die Epidermiszelle, aus der er entsteht. Gewöhnlich bilden sich diese Fortsätze am apikalen Ende des Trichoblasten, anfänglich als Vorwölbung, in die der Kern einwandert (Abb. 204). Danach wächst sie als langes Haar aus, mit dem Kern im vordersten Teil. Je nach den einzelnen Arten können diese Fortsätze die Länge zwischen 0,1 und 8 mm erreichen, also Ausdehnungen, die die normale Zellgröße weit übersteigen.

Die primäre Ausfertigung der Wurzel. Für alle Wurzeln, die rein achsiale und meist zylindrische Organe sind, ist typisch, daß die primäre Rinde relativ breit und massiv gebildet, der Zentralzylinder hingegen äußerst eng und in der

Mitte zusammengedrängt wird. Oftmals findet sich innerhalb der Gefäßbündel keinerlei Mark mehr vor, sondern es stoßen die Holzteile dort zusammen, wobei sich sogar genau im Mittelpunkt ein zentrales großes Gefäß finden kann.

Wir beginnen unsere Erörterungen mit der Epidermis, indem wir zunächst die schon in den beiden vorangegangenen Abschnitten begonnene Entwicklungsgeschichte der Wurzel-haare beendigen. Diese werden zu sehr langen dünnwandigen, schleim-überzogenen Auswüchsen, die ebenso wenig wie alle übrigen Epidermis-zellen eine Cuticula besitzen. Die Spitzen der Wurzelhaare verkleben und verwachsen nach und nach mit den Bodenteilchen, wobei durch ihre Länge sowie ganz besonders durch diese ihre eigentümliche Umfassung der Bodenteilchen die absorbierende Oberfläche der Wurzeln ganz außer-ordentlich — um ein Vielfaches — erhöht wird (Abb. 205). Freilich ist die Lebensdauer der gesamten Epi-dermis nur kurz, bei einigen Formen nur wenige Tage; es werden aber durch die fortwachsenden Wurzel-spitzen immer wieder neue Wurzel-

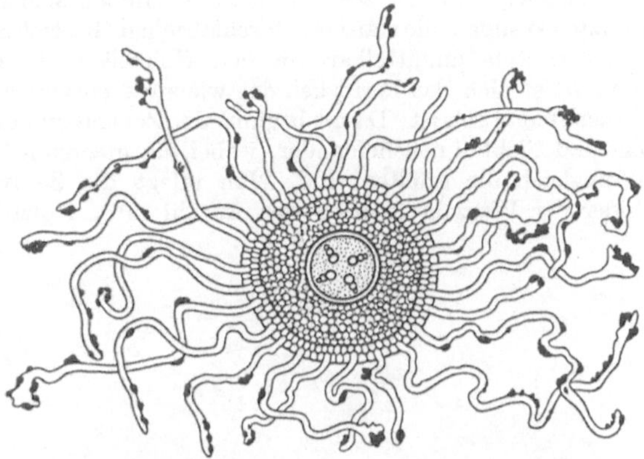

Abb. 205. Querschnitt durch eine junge Wurzel; Wurzelhaare mit Bodenteilchen verwachsen. (Nach FRANK aus ROTHERT-JOST)

haare angelegt. Die Schutzfunktion dieser so bald absterbenden Epidermis wird durch die subepidermale Schicht ersetzt, die hier Exodermis genannt wird. Ihre Bedeutung als Ab-schlußgewebe wird durch Einlagerung von Suberin (S. 54) in die Celluloselamellen unter-stützt (Abb. 206).

Es folgt die primäre Rinde, ein mächtiges parenchymatisches Speichergewebe, großzellig und in zahlreichen Schichten. Die innerste Schicht der primären Rinde ist in allen Fällen besonders ausgebildet, man nennt sie die „Endodermis". Stets ist sie eine einzellige geschlossene Schicht mit eigentümlich aus-gestalteten Wänden. Innerhalb der Endodermis beginnt der Zentralzylinder, dessen äußerste Schicht meristematisch ist; hier können die Seitenwurzeln ent-stehen. Gewöhnlich liegen un-mittelbar daran anschließend und meistens den ganzen Raum

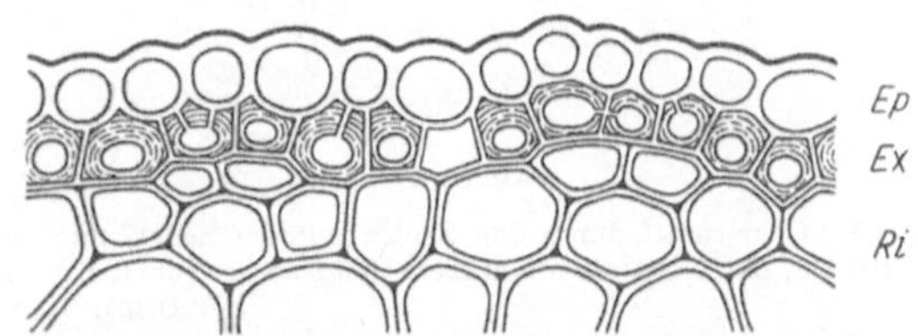

Abb. 206. Querschnitt durch die Wurzel von *Smilax*, Epidermis *Ep*; *Ex* Exodermis mit Durchlaßzelle und den Beginn der Rinde *Ri* zeigend. Vergr. etwa 300mal. (Nach ESAU.)

des Zentralzylinders ausfüllend die Gefäßbündel. Sie sind so eng zusammengescho-ben, daß man den Zentralzylinder als ein einzelnes zusammengeschlossenes zentrales, aus Holz- und Siebteilen bestehendes Gefäßbündel bezeichnen kann. Typisch ist, daß in den Wurzeln die beiden Elemente nie kollateral einander gegenüberliegen, sondern radial verteilt sind, d. h. Holzteile und Siebteile liegen je auf einem Radius des Wurzelquerschnitts für sich; sie wechseln also miteinander ab. Dabei liegen die Siebteile stets weiter außen, die Holzteile weiter innen und können so einen mehrstrahligen Stern formieren.

Kurz seien einige Einzelbeispiele dargestellt. Wir beginnen mit der Wurzel einer Mono-kotylen, mit *Iris*, weil sich hier eine besonders typische Endodermis findet. Die Abmessungen

von Rinde und Zentralzylinder sind hier noch extremer wie die in Abb. 209 von *Vicia faba* als
Übersicht gegebenen. Abb. 207 zeigt nun allein den innersten Teil der primären Rinde mit
der Endodermis und dem Zentralzylinder. Außen ist noch eben das parenchymatische
Speichergewebe erkennbar, sodann sieht man die ringförmige Abgrenzung der Endodermis.
Die Außenwände der dazugehörigen Zellen sind stets unverdickt, während die Innen- und die
Radialwände erhebliche Verdickungen aufweisen; zwischen die Celluloselamellen wird später
Lignin eingelagert (Abb. 208). Eingestreut finden sich einige wenige Zellen mit völlig un-
verdickten Wänden, die man als ,,Durchlaßzellen'' bezeichnet.
Sie liegen stets unmittelbar vor den Holzteilen. Inseits
davon findet sich das Perizykel, das wie stets einschichtig
und meristematisch ist. Damit beginnt der Zentralzylinder:
Holz- und Siebteil nebeneinander, wobei die innersten Gefäße zugleich die größten sind. Man pflegt die Zentralzylinder der Wurzeln je nach der Anzahl ihrer Holzteile

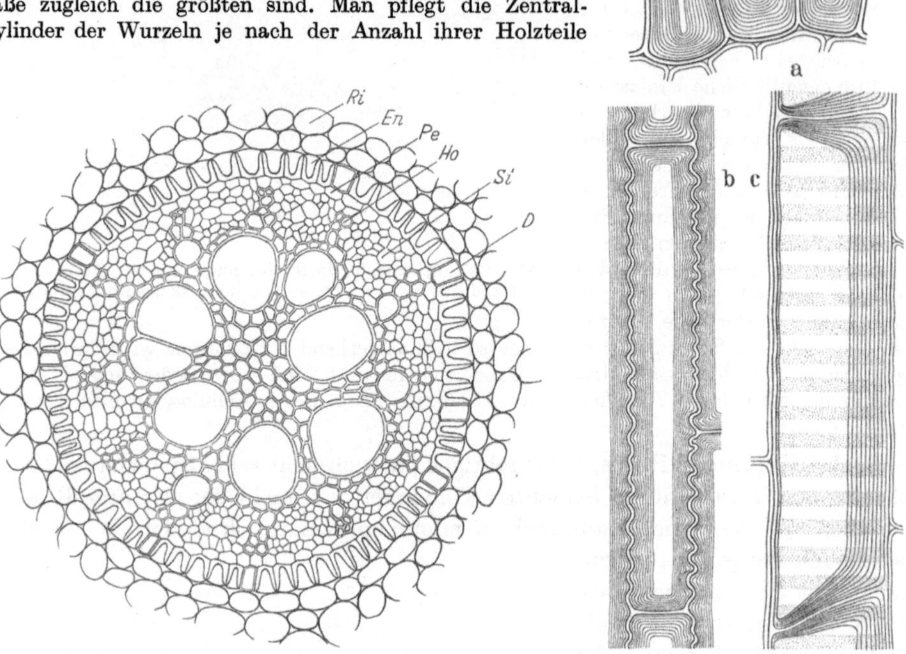

Abb. 207   Abb. 208 a—c

Abb. 207. Querschnitt durch den Zentralzylinder der Wurzel von *Iris*. *Ri* primäre Rinde; *En* Endodermis;
Pe Perizykel; *Ho* Holzstrahl mit großem Gefäß an der Innenseite; *Si* Siebteil; *D* Durchlaßzelle in der Endodermis.
(Orig).

Abb. 208 a—c. Zellstruktur der Endodermis von *Iris Guldenstaedtiana*. a Querschnitt; b tangentialer; c radialer
Längsschnitt. (Nach v. WISSELINGH)

als diarch, triarch bis polyarch zu bezeichnen. Iris hat also demnach einen polyarchen
Zylinder, in dessen Zentrum sich noch ein schmaler Streifen parenchymatischen Gewebes
findet. Sekundäres Dickenwachstum kommt in den Wurzeln der Monokotylen nicht vor.

Prinzipiell ebenso gebaut, lediglich mit der Möglichkeit zu sekundärem Dickenwachstum
versehen, ist die Wurzel der dikotylen *Vicia faba* (Abb. 209). Die primäre Rinde grenzt hier
mit einer Endodermis ab, in der allein die Radialwände und diese nur schwach verholzt sind
(CASPARYscher Streifen, Abb. 210). Inseits davon findet sich ein pentarcher Zentralzylinder.
Zur Einleitung des sekundären Dickenwachstums, das hier eintreten kann, bildet sich im
parenchymatischen Gewebe, das — gewiß spärlich, aber ausreichend — Holz- und Siebteil
umgibt, ein Folgemeristem. Infolge der Lagerung der beiden Elemente muß das Cambium zunächst in einer Schlangenlinie entstehen (Abb. 209, 211). Das Wachstum beginnt stets an der
Innenseite der Siebteile, und zwar mit einer Bildung von Gefäßelementen. So werden die Siebteile hinausgedrängt; die primären Holzteile bleiben ohne Erweiterung als ein fünfstrahliger

Stern im Zentrum des Zentralzylinders liegen. Sehr bald formiert das Cambium einen geschlossenen Ring; es bildet außerhalb der primären Gefäßteile Streifen parenchymatischen Gewebes: die Markstrahlen. Von nun ab verläuft das sekundäre Dickenwachstum durchaus wie das der Sproßachse.

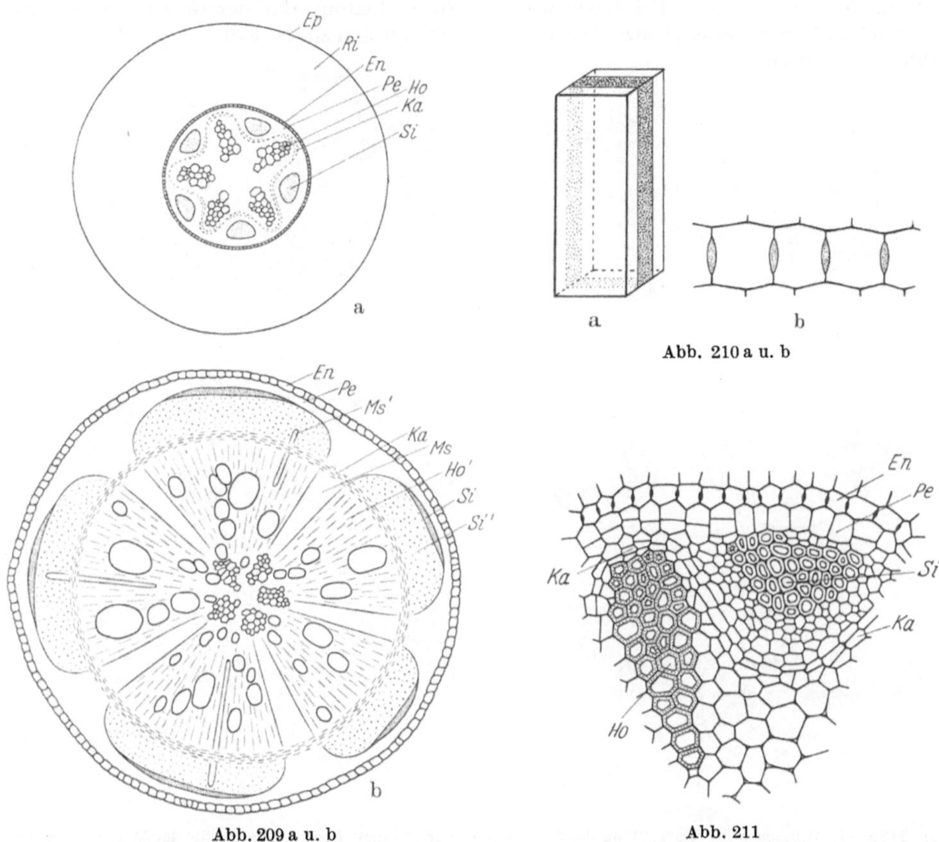

Abb. 210 a u. b

Abb. 209 a u. b

Abb. 211

Abb. 209 a u. b. Querschnitt durch die Wurzel von *Vicia faba*. a primärer; b sekundärer Zustand (nur Zentralzylinder gezeichnet). *Ep* Epidermis; *Ri* Rinde; *En* Endodermis; *Pe* Perizykel; *Ho* primärer Holzteil; *Ho'* sekundärer Holzteil; *Ka* Cambium; *Si* primärer Siebteil; *Si'* sekundärer Siebteil; *Ms* primärer Markstrahl; *Ms'* sekundärer Markstrahl. (Orig.)

Abb. 210 a u. a. CASPARYscher Streifen. a Schematische Darstellung einer Endodermiszelle mit der Streifung auf den Radialwänden; b Querschnitt durch solche Zellen. (Nach STRASBURGER.)

Abb. 211. Anlage des Cambiums in der Wurzel von *Vicia faba*. (Ausschnitt aus Abb. 209 a.) *En* Endodermis mit CASPARYschen Streifen; *Pe* Perizykel; *Si* Siebteil; *Ho* Holzteil; *Ka* Cambium. (Nach HABERLANDT)

Die Gymnospermenwurzeln unterscheiden sich keineswegs von denen der Angiospermen; sie brauchen also nicht genauer dargestellt zu werden. Anders ist es mit den Wurzeln der Farne. Diese sind genau wie der Farnsproß mit einer Stele ausgestattet, in deren Ausgestaltung ungeheuere Vielfältigkeit besteht.

Die Moose besitzen keine echten Wurzeln; ihre Gametophyten endigen basalwärts sozusagen blind. Sie bleiben dort an der Stelle stehen, an der sie als Knospen am Protonema entsprungen sind, und ihre basalen Zellen wachsen zu ,,Rhizoiden'' aus, d. h. zu Fäden, die aus einzelnen hintereinandergereihten Zellen mit schräg gestellten Zellwänden bestehen. Mit diesen werden die Stämmchen im Substrat befestigt; abgesehen davon ermöglichen sie auch eine Stoffzuleitung. Ähnlich verhält es sich mit den meist dorsiventralen Lebermoosen. Hier entspringen die Rhizoide auf der morphologischen Unterseite. Vielfach haben sie dort die Struktur sogenannter Zäpfchenrhizoide, d. h. von sehr lang ausgewachsenen einzelligen

Organen, bei denen in regelmäßiger Musterbildung die Zellwände in Vorsprüngen in das
Zellumen hineinragen. Auch hier dürften die Rhizoide neben der Funktion der Befestigung
im Substrat auch die der Stoffzuleitung versehen.

Anders ist es bei den Algen, soweit diese nicht frei im Wasser flottieren, sondern an ein
Substrat festgeheftet sind. Bei diesen wird die Stoffaufnahme mit der Gesamtkörperober-
fläche getätigt. Basalzellen, Rhizoide und ähnliche Organe haben also lediglich Haftfunktionen
(Abb. 297c und 298g).

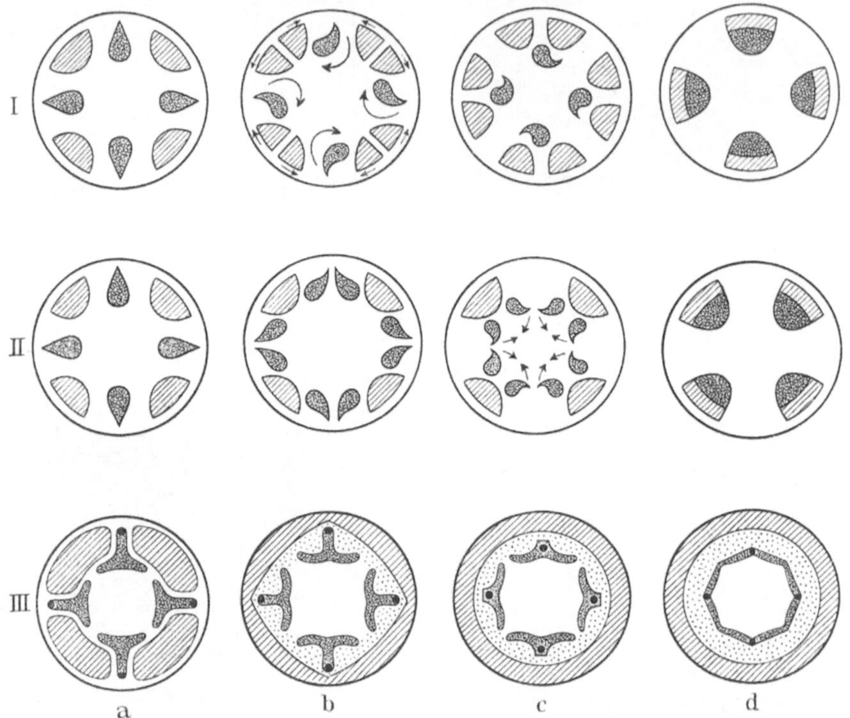

Abb. 212a—d. Schematische Darstellung der Umordnung der radialen Leitbündelstruktur der Wurzel a in die
kollaterale des Sprosses d in der Übergangszone b—c. Primärer Holzteil dicht punktiert, sekundärer (in III)
weit punktiert, Siebteile schraffiert. Die Holzprimanen in III schwarz eingezeichnet, In I und II liegen sie an der
spitzen Seite des Holzteiles, gelangen also von der exarchen zur endarchen Stellung. Dieser Vorgang ist durch die
Pfeile, die die „Drehung" des Holzteils angeben, verdeutlicht. (I und II verändert aus STRASBURGER Lehrbuch,
III Keimpflanze von Acer. Orig.)

Der Übergang von Sproß und Wurzel. Die verschiedene Lagerung der Holz- und Siebteile
in den Zentralzylindern von Sproß und Wurzel läßt die Frage notwendig erscheinen, wie bei
den Typen, die primär kollaterale Gefäßbündel in der Sproßachse besitzen, der Übergang der
Gefäßbündel von dem einen Organ in das andere zustande komme. Zwei verschiedene Möglichkeiten haben sich auffinden lassen; entweder die Holzteile gehen unverändert von der
Wurzel in den Sproß, dann spalten sich an der Übergangsstelle die Siebteile und je zwei
Hälften rücken so zusammen, daß sie kollateral an der Außenseite des etwas nach innen
gerückten Holzteils liegen. Oder umgekehrt: es geht ihr Siebteil unverändert durch, der
Holzteil spaltet sich, und je zwei Hälften rücken an die Innenseite des Siebteiles (Abb. 212).

Bei den Holzgewächsen, die in der Sproßachse sogleich mit der Bildung eines geschlossenen Ringes von Holz- und Siebteilen im Zentralzylinder beginnen, finden sich in der Hauptwurzel des Keimlings radiär angeordnete Gefäßbündel. Der Übergang in den Doppelzylinder
der Sproßachse erfolgt wie bei dem zweiten Typ der krautigen Dikotylen durch Spaltung der
Holzteile. Indessen geht auch in den Hauptwurzeln ein sekundäres Dickenwachstum vor sich,
so daß bald die beiden Doppelzylinder von Wurzel und Sproßachse aneinanderstoßen. Bei

den Monokotylen sind die Wurzeln sproßbürtig, die Hauptwurzel stirbt bald ab, der Anschluß der radial angeordneten Elemente der Wurzel erfolgt an einzelne kollaterale des Sprosses in ähnlicher Weise wie bei den Dikotylen.

Die Entstehung der Seitenwurzeln. Die Seitenwurzeln nehmen ihren Ursprung nicht wie die Seitenzweige unmittelbar an der Basis des Vegetationskegels, sondern in beträchtlicher Entfernung davon, in einer Region, in der bereits vollständige Ausdifferenzierung besteht. Sie entstehen „endogen", nicht „exogen" wie die Seitensprosse. Letztere bilden sich unter Einbeziehung der äußeren Schichten; an der neuen Anlage nimmt auch die Epidermis teil. Die Seitenwurzeln hingegen

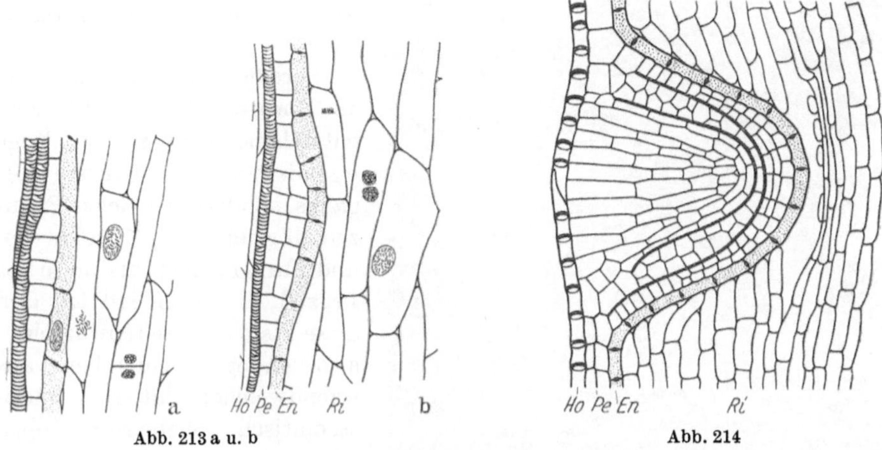

Abb. 213 a u. b   Abb. 214

Abb. 213a u. b. Bildung der Seitenwurzeln aus dem Perizykel. a mit antiklinen Teilungen beginnend *(Carum carvi)*; b Fortsetzung durch perikline Teilungen *(Beta vulgaris)*. In beiden Fällen Teilungsinduktion in den darüberliegenden Rindenzellen. *Ho* Holzteil; *Pe* Perizykel; *En* Endodermis mit CASPARYschen Streifen; *Ri* Rinde. (Nach TSCHERMAK-WOESS und DOLEZAL)

Abb. 214. Durchbruch einer Seitenwurzel durch die Rinde. (Bezeichnungen wie Abb. 213.) (Nach VAN TIEGHEM aus Gen. Bot.)

gehen aus dem Perizykel hervor, der einzelligen meristematischen Schicht inseits der primären Rinde. Die Ausbildung beginnt mit antiklinen Teilungen, denen perikline folgen, zunächst in wenigen Zellen, die unmittelbar vor einem Gefäßteil liegen; danach dehnen sich die Teilungen auch auf die seitlich davon liegenden Zellen aus (Abb. 213). Die Stellung der Seitenwurzeln vor den Gefäßteilen ist die einzige Ortsbestimmung an der Hauptwurzel; sie finden sich also in Längszeilen den Gefäßen entsprechend angeordnet. Diese eigentümliche Entstehungsweise bedingt, daß die Seitenwurzeln primäre Rinde und Epidermis ihrer Abstammungsachse durchbrechen müssen. Sie entwickeln sich im Rindengewebe zu recht massiven Gebilden, bevor sie die Außenoberfläche der Hauptwurzel erreicht und sich nunmehr gegen den Widerstand des Bodens durchzusetzen haben (Abb. 214). Darin dürfte die Bedeutung dieser merkwürdigen Bildungsweise liegen.

Die Mitte einer Seitenwurzel liegt unmittelbar vor einem Holzteil; dadurch sind die zentralliegenden Holzteile der Seitenwurzeln leicht an die Gefäße der Hauptwurzel anzuschließen, die weiter außen liegenden Siebteile werden zu den seitlich davon liegenden der Hauptwurzel geleitet.

Bei den Farnen entstehen die ebenfalls endogen angelegten Seitenwurzeln aus einer einzigen Zelle der Bildungsschicht, die hier freilich die innerste Rindenschicht, also die Endodermis ist. Diese Zelle vergrößert sich und bildet in aufeinanderfolgenden Teilungen eine dreischneidige Scheitelzelle aus, die dann ebenfalls eine Seitenwurzel heranwachsen läßt. Parallel zur Längsachse der Hauptwurzel gesehen erfolgt diese Ausbildung als regelmäßiges Muster in den übereinanderliegenden Zellen.

Bei einigen Lycopodiales erfolgt eine Verzweigung der Wurzeln durch Dichotomie, d. h. durch eine Spaltung des Vegetationskegels. Da es sich dabei um Pteridophyten handelt, so sind (S. 82) die Vegetationskegel der Wurzeln mit Scheitelzellen versehen. Die Spaltung wird durch eine äquale Teilung der Scheitelzelle eingeleitet, so daß daraus zwei gleichwertige Zellen entstehen, von denen jede einen neuen Vegetationskegel formiert.

Sproßbürtige Wurzeln. Auch an Sprossen können Wurzeln entstehen; nicht nur im Zuge irgendeines Restitutionsvorgangs, sondern bei vielen Pflanzen, vor allem den Monokotylen und Farnen, auch als normaler Prozeß. Entscheidend ist, daß diese stets als „Seitenwurzeln", also endogen entstehen aus irgendwelchen entweder meristematisch gebliebenen Geweben oder wieder in Teilung eingetretenen Dauergeweben. Bevorzugte Orte der Entstehung sind beispielsweise bei den Monokotylen die Stengelknoten (Abb. 215).

Abb. 215. Sproßbürtige Wurzeln von *Dendrocalamus giganteus*. Man sieht die Entstehung an den Stengelknoten. (Orig.)

II. Die äußere Gestalt

Wir können für die nun folgenden Betrachtungen an den Teil unserer Darlegungen anknüpfen, in dem wir Struktur und Gestalt gemeinsam entwickelten: das war bei der Embryoentstehung. Im Anschluß an diese hatten wir uns allein dem inneren Aufbau der Sproßpflanze als unserem bevorzugten Paradigma zugewandt mit gelegentlichen Seitenblicken auf andere Formen. Nach Beendigung dieses Abschnitts können wir nunmehr die äußere Gestalt mit dem Wissen behandeln, daß ihr bei ihren Umformungen jeweils eine ganz bestimmte, stets veränderliche und veränderte innere Struktur entspricht.

1. Der Sproß

Als Beispiel für den Sproßaufbau diene zunächst die einjährige Pflanze. Sie bricht aus dem Samenkorn als Keimling hervor, entfaltet ihre Kotyledonen als ihre ersten Blätter, die in vielfältiger Weise von den übrigen Blättern abweichen. Sodann richtet sich der Sproß entgegengesetzt zur Erdschwere aufwärts, indem

er an seiner Spitze durch die Tätigkeit des Vegetationskegels wächst. Die Blattansätze, die an der Basis des Kegels entstehen ,schieben sich während des Strek-
kungswachstums auseinander. Sie selbst formieren die Knoten an der Achse, und
zwischen je zwei Knoten liegt ein Internodium, ein Zwischenstück. Seitenzweige
stehen allein in den Achseln der Blätter; sie *können* sich dort entwickeln, *brauchen*
es aber nicht: es ist möglich, daß die Achselknospen als sogenannte „schlafende
Augen" liegenbleiben. Die vegetative Entwicklung eines Sprosses wird zuletzt
durch eine Blüte abgeschlossen, die insofern als natürliches Ende zu gelten hat,
als in ihr allein das meristematische Material des Vegetationskegels eine endgültige
und nicht weiterführende Ausdifferenzierung erfährt. Somit gliedert sich jeder
Sproßaufbau in drei Regionen, die durch die jeweils daran ansetzenden Blätter
bestimmt werden: Die Region der Keim- oder Niederblätter, die Region der
Laubblätter und die Region der Hoch- und Blütenblätter (Abb. 84, III). Daß
dabei Übergangsbildungen möglich sind und — besonders in der Region der
Hoch- und Blütenblätter — auch die Sproßachse Modifikationen erfahren kann,
wird später noch zu erörtern sein.

Die Jahrestriebe der vieljährigen Pflanzen. In diesen läßt sich das eben gegebene Schema
der einjährigen Pflanzen wiedererkennen. Es schließen hier die Sprosse keineswegs alle mit
einer Blüte ab; vielmehr stellt ein Teil der treibenden Sprosse gegen Ende einer Vegetationsperiode ihr Wachstum ein, beendigt es aber nicht. Sie bilden die *Niederblätter* aus, Bildungen
des Blattgrundes, die den Vegetationskegel mit einer sicheren Schutzhülle umgeben. Nach
Abwerfen der Blätter, Blüten und Früchte gehen die ganzen Pflanzen in Winterruhe über;
so vermögen sie die Lebensbedingungen ungünstiger Jahreszeiten zu überstehen. Bei Beginn
einer erneuten Vegetationsperiode brechen die Winterknospen auf, so daß ein neuer belaubter
Sproß in ganz ähnlicher Weise aus der Winterknospe hervorbricht wie die einjährige Pflanze
aus dem Samenkorn. Auch bei diesen Jahrestrieben findet sich wieder am Grunde eine Region
der Niederblätter, es folgt eine Region der Laubblätter, und dieser neue Sproß kann entweder
wieder in einer Winterknospe oder in einer Blüte endigen. So wird also auf jede vieljährige
Pflanze in jeder Vegetationsperiode ein neuer Mantel von Jahrestrieben aufgesetzt, der
zugleich mit der neuen Belaubung die Pflanze des vergangenen Jahres um ein Beträchtliches
an Masse und Ausdehnung vermehrt. Daß dabei gleichzeitig auch ein Erstarkungswachstum
der tragenden Stämme und Äste erfolgen muß, ist schon gesagt.

Die Blätter. Die Blätter sind seitlich der Sproßachse ansitzende flache, meist
dorsiventrale Organe von begrenztem Wachstum und engbegrenzter Lebensdauer.
In ihrer Ausbildung nach Gestalt und Struktur besteht eine ungewöhnliche
Variation, die weit über das hinausgeht, was von den Lebensbedingungen erzwungen sein kann. Ist doch die Typenmannigfaltigkeit der Pflanzen, nach
GOEBELs weisem Ausspruch, ungleich viel umfassender als die Mannigfaltigkeit
der Lebensbedingungen. Das bedeutet, daß in der Ausgestaltung von Sproßachse und Blatt über alle äußeren Einwirkungen hinaus echte Autonomie besteht.

Blattentwicklung. Die hier gegebenen Phänomene müssen nur so weit erörtert
werden, als das nicht schon bei der Darstellung des inneren Aufbaus der Blätter
geschehen ist. Das Teilungswachstum des Blatthöckers ist anfänglich im wesentlichen ein Spitzenwachstum, erfolgt also apikal. Bei einer für die verschiedenen
Formen unterschiedlichen Größe ereignet sich ein Wachstumsumschlag, durch
den der größte Teil der Blattanlage in ein Streckungswachstum übergeht. Die
übrigbleibenden meristematischen Zonen sind bei den einzelnen Typen verschieden
verteilt. Sie können entweder auf die Basis des Blattes beschränkt bleiben;
dann bezeichnet man die weitere Entwicklung als „basiplast", oder aber die

meristematische Zone bleibt an der Spitze erhalten, man spricht dann von einer „akroplasten Entwicklung" (Abb. 216 und 218). Daneben gibt es noch eine dritte Weise der Ausbildung, bei der die Spreite in der Entwicklung voranschreitet und die meristematische Zone lateral angeordnet ist (pleuroplaste Entwicklung) (Abb. 217).

Die Größe der Blattanlagen, bei der in der eben charakterisierten Weise der Wachstumsumschlag erfolgt, wird als die „kritische Größe" bezeichnet. Die der dicotylen liegt bei 0,8 mm, der Monokotylen bei 0,3 mm und die der Coniferen bei 0,2 mm. Alle diese Größen stellen untere Grenzen dar.

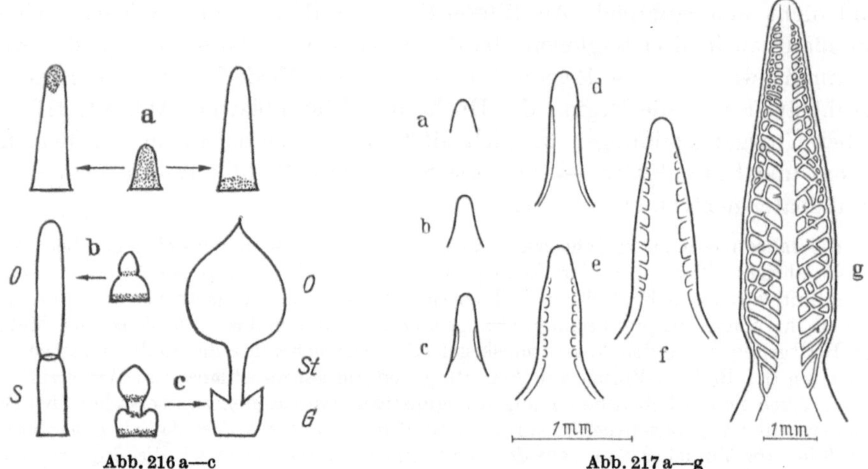

Abb. 216 a—c   Abb. 217 a—g

Abb. 216 a—c. a links akroplaste und rechts basiplaste Blattentwicklung aus dem meristematischen Blatthöcker abgeleitet; b und c weitere Entwicklung bei basiplaster Entstehungsweise; b Gliederung der Blattanlage in Oberblatt *O* und Blattscheide *S* durch eine intercalare Meristemzone (Monokotylen); c Gliederung der Blattanlage in Oberblatt *O*, Blattstiel *St* und Blattgrund *G* durch zwei intercalare Meristemzonen (Dikotylen). Meristematische Bezirke getüpfelt. (Nach RAUH)

Abb. 217 a—g. Pleuroplaste Blattentwicklung bei *Nicotiana tabacum*. a, b einfache Achse (spätere Mittelrippe): c—g Anlage der Spreite mit Nervatur. Das Netzwerk zwischen den Seitenrippen basal zuletzt differenzierend. (Verändert nach AVERY aus ESAU)

Die Gliederung der Blattanlage. Es gibt — freilich selten — Blätter ohne jegliche Längsgliederung, bei denen die Blattform durch ein einziges Meristem hergestellt wird. In den meisten Fällen jedoch erfolgt eine Aufteilung der basalen Zone, so daß eine Oberblattvegetationszone und eine Unterblattvegetationszone entsteht, womit die schon früher angegebene Gliederung des Blattes erreicht ist.

Eine Dreigliederung erfolgt bei allen Blättern, die in Oberblatt, Stiel und Unterblatt aufgeteilt sind. Der Blattstiel entsteht zwischen Ober- und Unterblatt und hat seine eigene Vegetationszone, die sich gewöhnlich aus dem Oberblatt abgliedert (Abb. 216), so daß der Blattstiel durchaus zum letzteren gehört. Daß die in den Frühstadien der Entwicklungsgeschichte angelegten Teile nicht alle bei den verschiedenen Formen zu endgültiger Entfaltung zu gelangen brauchen und andere dagegen ganz besonders gefördert werden können, ist vielfach zu konstatieren. Viel von der ungeheuerlichen Mannigfaltigkeit der Erscheinungen ist darauf zurückzuführen.

Das Oberblatt. Bei der Gestaltung der *Blattspreite,* des entscheidenden Teiles des Oberblattes, ist zunächst zwischen der Konturierung des Blattrandes und der eigentlichen Gliederung der Spreite zu unterscheiden. Die erstere ist funktionell bedeutungslos, lediglich Ausdruck des Formgestaltungsvermögens der Pflanze.

Die letztere hingegen ist funktionell von äußerstem Belang, wie besonders auch die Erörterung der mechanischen Inanspruchnahme der Blätter zeigen wird.

Die möglichen verschiedenen Blattrandformen hat man in der Morphologie von alters her in verschiedene Bezeichnungen eingefangen, die heute noch in den Pflanzenbeschreibungen viel gebraucht werden. So kennzeichnet man gesägte, gezähnte, gekerbte und gebuchtete Blattränder (Abb. 219). In ähnlicher Weise hat man früher die Blattspreite nach gelappten, gespaltenen, geteilten, gefingerten und gefiederten unterschieden; doch ist es ein bedeutungsvoller Fortschritt, sie mit TROLL unter entwicklungsgeschichtlichem Aspekt überhaupt nur als Fiederung zu begreifen (Abb. 220).

Zwischen den Blättern mit ganzrandiger, höchstens schwach konturierter Spreite und typischen *Fiederblättern* lassen sich bei vergleichender Betrachtung alle nur möglichen Übergänge auffinden. Es gibt Blätter, die

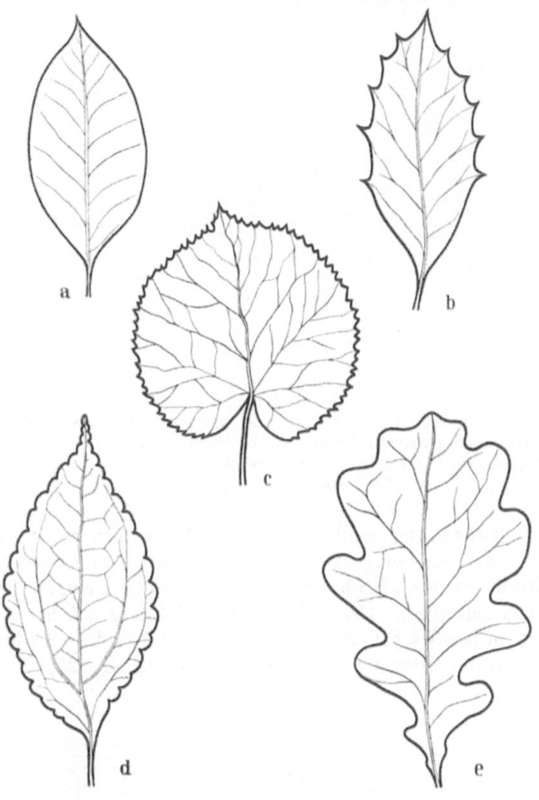

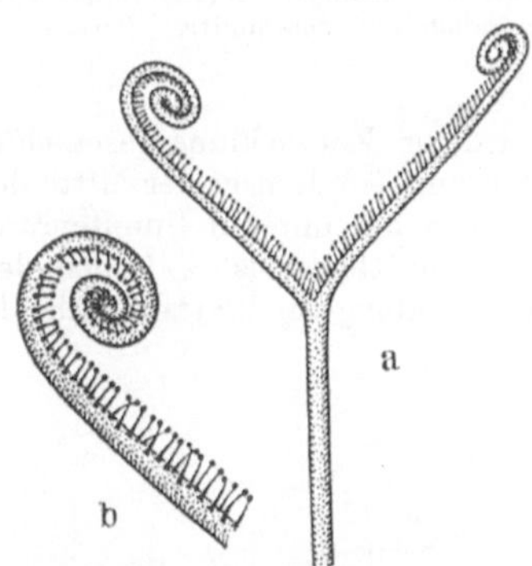

Abb. 218 a u. b. Akroplaste Blattentwicklung beim Sonnentau *(Drosera dichotoma)*. a vollständiges Blatt; b eine Hälfte mit der eingerollten wachsenden Spitze. (a natürliche Größe.) (Orig.)

Abb. 219 a—e.
Typen der Blattrandausbildung. a, b *Ilex*, glattrandige und gezähnte Blätter (Heterophyllie); c *Tilia*: gesägt; d *Pilea*: gekerbt; e *Quercus*: gebuchtet. (Orig.)

durch relativ mäßige Einschnitte vom Rande her nur gebuchtet erscheinen, andere hingegen durch tiefere gelappt (Abb. 219). Fiederblätter im strengen Sinn können freilich erst solche genannt werden, bei denen sich die Abschnitte wie Einzelblättchen verhalten und einer „Blattachse" ansitzen, die hier „Spindel" oder „Rachis" genannt wird. Es kann eine einfache oder doppelte Fiederung bestehen, dementsprechend sind Haupt- und Seitenspindeln zu unterscheiden (Abb. 221).

Die in verschiedenartiger Weise erfolgende Ausbildung der Spreitenteile läßt sich gerade bei den Fiederblättern durch Vergleich der Fiedergröße auch an fertigen Blättern besonders deutlich erkennen (Abb. 222). *Akropetal* entwickeln sich Blätter beispielsweise bei den Leguminosen. Bei diesen erscheinen die spitzenwärts entstehenden Spreitenteile zuletzt und werden meist in dieser Richtung kleiner, können sogar bei gewissen Entwicklungshemmungen völlig ausfallen. Solche Entwicklungsweise kann bei akroplasten und einigen pleuroplasten Blättern

eingeschlagen werden. Basipetal entwickelnde Blätter zeigen die Differenzierung der Spreitenteile zuletzt in der Basisregion. So können sich basiplaste Blätter verhalten wie bei den
Rosaceen (Abb. 223). Eine seltenere Entwicklungsform ist die *divergente* Spreitenentwicklung,
bei der die Mittelteile zuerst differenziert werden und nach der Spitze und der Basis des
Blattes allmählich die weitere Differenzierung erfolgt.

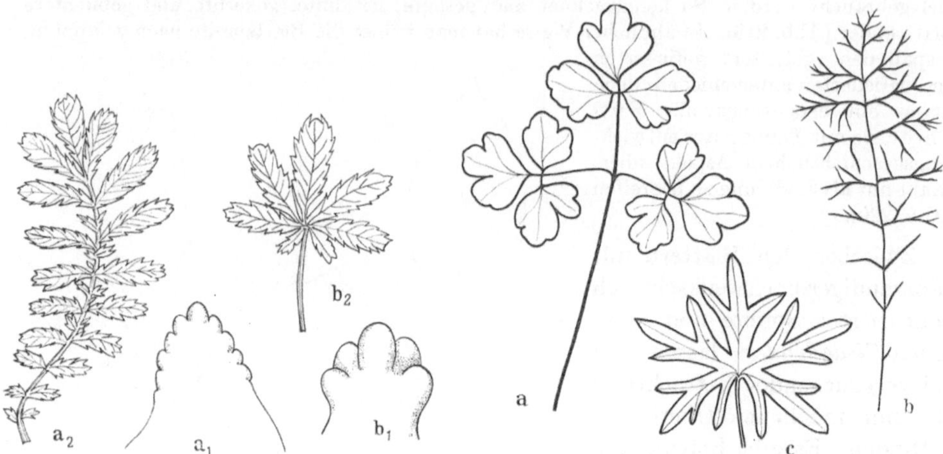

Abb. 220 a₁—b₂. Gefiederte a₂ und gefingerte b₂
Blätter von *Potentilla*-Arten. a₁, b₁ vergleichbare
Jugendstadien dazu. a *P. anserina*; b *P. reptans*.
(Nach GOEBEL)

Abb. 221 a—c. Mehrfach unterteilte Blätter. a *Aquilegia
vulgaris*; b *Geranium sanguineum*, fingerförmiger Typ;
c *Senecio adonifolius* (fiederschnittig). (Orig.)

Schildblätter sind eine Sonderform mit recht merkwürdiger Entwicklungsgeschichte.
Der Stiel solcher Blätter setzt bekanntlich nicht am Spreitenrand, sondern in der Mitte der
Unterseite an. Frühe Entwicklungsstadien zeigen jedoch einen am unteren Spreitenrand
sitzenden Stiel. Bei weiterer Entwicklung wächst adachsial ein Querwulst zwischen den
beiden basalen Spreitenlappen heran, durch dessen Flächenentwicklung der Blattstiel schließlich in die Mitte der Unterseite gelangt (Abb. 224).

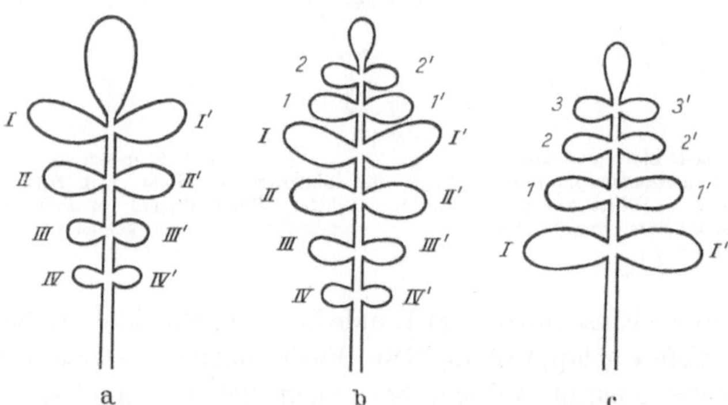

Abb. 222 a—c. Schema der basipetalen a, divergenten b und akropetalen c Blattspreiten-(Fieder-) Entwicklung.
Die Reihenfolge der Entstehung ist angegeben. (Nach TROLL)

Eine Sonderform wiederum des Schildblattes ist das *Schlauchblatt* (Abb. 225), bei dem die
Entwicklungsgeschichte ähnlich verläuft, wobei aber durch geringe Spreitenausdehnung der
Blattrand in Form eines Ringwulstes heranwächst.

Der Blattstiel kann ein kürzeres oder längeres spreitenloses Einschiebsel
zwischen Oberblatt und Unterblatt darstellen, mit seinem Ursprung gewöhnlich
in letzterem; er kann auch gänzlich fehlen. Der Stiel ist das Tragstück der Blätter,

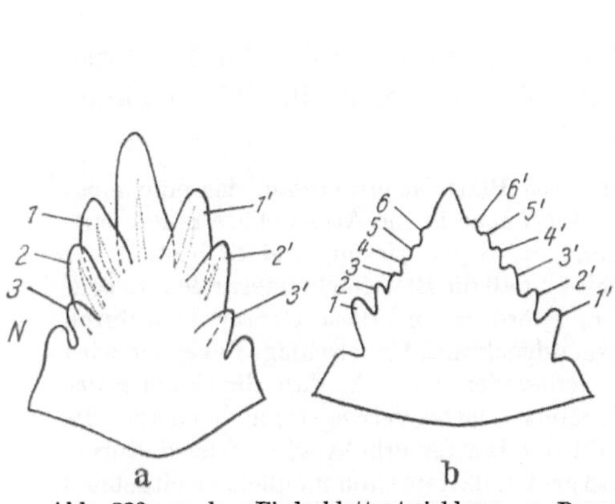

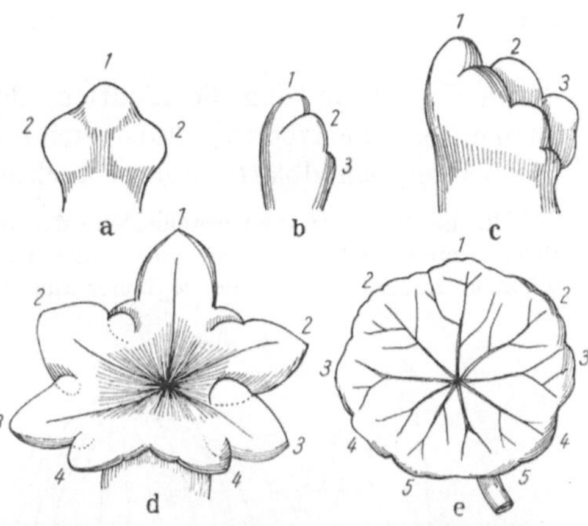

Abb. 223 a u. b. Fiederblattentwicklung. a Rose: basipetal; b Kümmel: akropetal; *N* Nebenblattanlage. (Nach RAUH)

Abb. 224 a—e. Entwicklung eines schildförmigen Blattes von *Hydrocotyle vulgaris*. Die Zahlen an den Entwicklungsstadien a—e bezeichnen die Abstammung. (Vgl. Text.) (Nach GOEBEL)

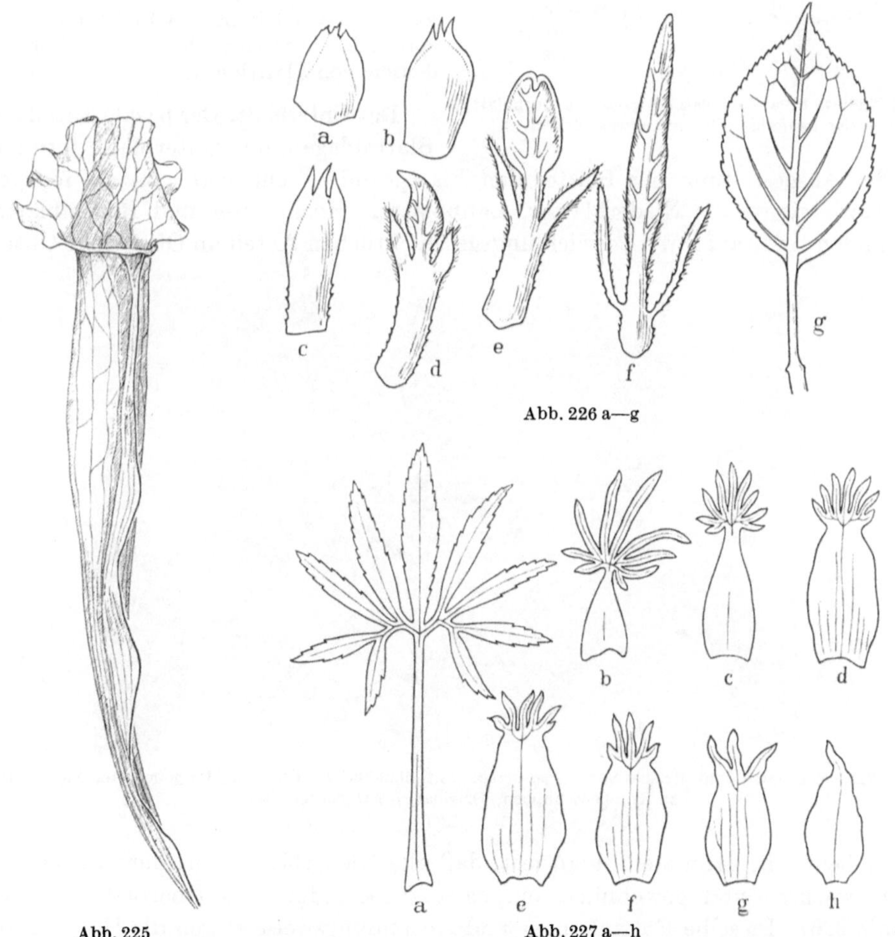

Abb. 226 a—g

Abb. 225

Abb. 227 a—h

Abb. 225. Schlauchblatt einer insektenfangenden *Saracenia*-Art. (Orig.)

Abb. 226 a—g. Übergangsreihe von Knospenschuppen a—c zum ausgebildeten Laubblatt d—g an einem aufbrechenden Jahrestrieb von *Malus baccata*. (a—f etwa 3mal; g fast natürliche Größe.) (Nach TROLL)

Abb. 227 a—h. Fortschreitende Reduktion des Oberblattes in der Blütenregion von *Helleborus foetidus*. a Laubblatt; b—h verschieden starke Spreitenreduktion und Förderung des Blattgrundes. (Nach TROLL)

durch dessen Haltung die Lichtlage des Blattes bestimmt wird. Der Blattstiel
ist meistens dorsiventral, also bifacial wie die Blätter gebaut, in einigen Fällen
wie bei den Schildblättern ist er auch unifacial.

Die mechanische Inanspruchnahme der Blätter. Das Blatt ist ein Organ, das eine möglichst umfangreiche und zugleich möglichst dünne Oberfläche in die Atmosphäre hinein entwickelt. Darum muß es bei jeglicher Luftbewegung als Segel wirken, und es besteht die
Gefahr, daß die Blattflächen zerreißen. Beson-
ders gefördert wird diese Gefahr noch durch
Regendruck und Hagelschlag. Begegnet wird
ihr entweder dadurch, daß die Fläche des
einzelnen Blattes verringert, zugleich aber die
Zahl der Blätter erhöht wird, oder dadurch,
daß große Blattspreiten möglichst weitgehend
unterteilt und gegliedert werden (Abb. 221).
Die Festigkeitsinanspruchnahme der Blätter
selbst bezeichnet man als „Scherfestigkeit".
Ihr wird in erster Linie durch eine Verstärkung und Versteifung des Blattrandes ent-
sprochen, natürlich auch durch das Vorhandensein von Blattrippen.

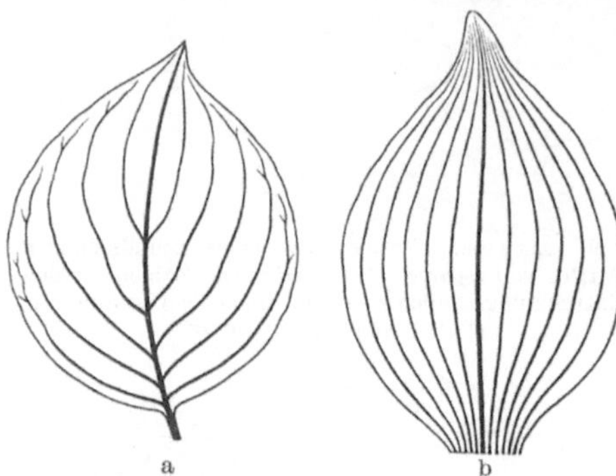

Abb. 228 a u. b. a Laubblatt; b gefärbtes Hochblatt
von *Cornus florida*. Original, etwas verkleinert

Das Unterblatt. Der basale Anteil der
Blattanlagen, das Unterblatt, formiert
in der Ausgestaltung der Blätter den Blattgrund. Wenn man nun die fertigen
Blätter, wie sie als Niederblätter, Laubblätter, Hochblätter und Blütenblätter
zu finden sind, auf ihren entwicklungsgeschichtlichen Anteil an Ober- und Unter-

Abb. 229. Ende eines Jahrestriebes von *Carya porcina* mit allmählichem Übergang der gefiederten Laubblätter
zu Knospenschuppen. Original, ¹/₂ natürlicher Größe

blatt beurteilt, dann stellt man fest, daß alle Niederblätter aus dem Unterblatt
heranwachsen und gewöhnlich ein ganz stark reduziertes Oberblatt besitzen
(Abb. 226). Dieselbe Entstehungs- und Ausbildungsweise zeigen die Hochblätter
(Abb. 227). Kenntlich in seiner Herkunft aus dem Unterblatt ist ein fertiges
blattartiges Organ daran, daß es auch bei den Dikotylen meist eine streifige
Nervatur besitzt (Abb. 228).

Betrachtet man das Aufbrechen der Knospen im Frühjahr, so kann man in der Blattabfolge alle Übergänge zwischen Knospenschuppen als Niederblättern mit völlig rudimentärer Spreite und fortschreitender Entwicklung zu normalen Laubblättern mit typischer Ausgestaltung der Spreite aus dem Oberblatt erkennen (Abb. 226). Ganz ebenso kann man im Herbst die Reduktion der Spreite zur Knospenschuppe hin feststellen, wobei wiederum umgekehrt das Unterblatt fortschreitend quantitativ bevorzugt wird (Abb. 229).

Abgesehen von solchen Bildungen kann das Unterblatt auch in Form von Nebenblättern, auch Stipeln genannt, ausgebildet werden. Sie gleichen dann oftmals teilweise oder ganz den Laubblättern; sie können aber auch als drüsig-schuppige oder häutige Anhängsel auftreten, die oftmals — wie bei der Buche — eine weitaus kürzere Lebendauer als die zugehörigen Laubblätter haben.

Eine bei vielen Monokotylen, bei einigen Polygonales und auch noch anderen gegebene Form der Ausbildung des Unterblattes ist die der *Blattscheide* (Abb. 230). Das kann wie bei den Gräsern dazu führen, daß vom Knoten an aufwärts bis nahezu zur Hälfte des anschließenden Internodiums eine stengelumfassende Blatthülle aus dem Unterblatt entsteht, die erst an ihrer Spitze seitlich die — gewöhnlich stiellose — Spreite absetzt. Sofern sich die Blatt-

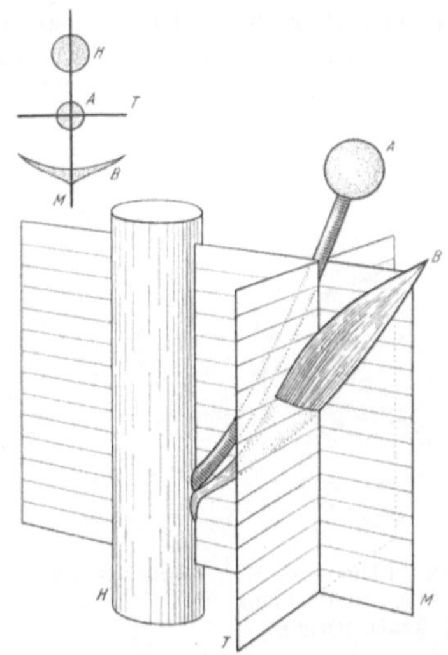

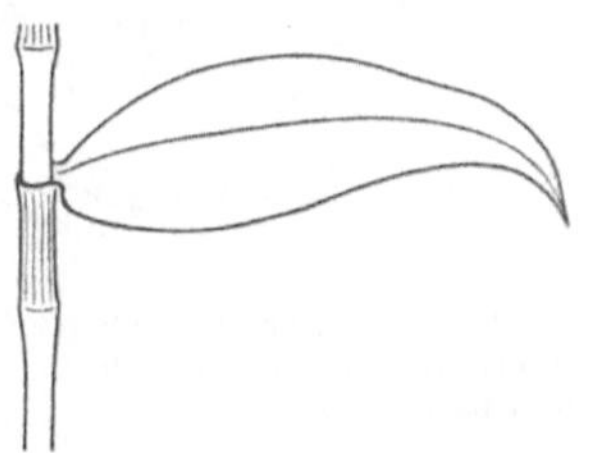

Abb. 230. Blattscheide bei Monokotylen *(Tradescantia)*. Original, fast natürliche Größe

Abb. 231. Kennzeichnung der Lage eines Blattes *B* und seines Achselsprosses *A* an der Hauptachse *H*. (Schema.) Links oben Diagramm dazu. *M* Mediane; *T* Transversale. (Orig.)

scheide über den Rand des Blattansatzes hinaus als häutiges Gebilde fortsetzt, pflegt man sie als „Ligula" zu bezeichnen. Bei den Polygonales ist es anders; hier setzen Blattstiel und -spreite unmittelbar am Knoten an, und von hier an aufwärts, also über dem nächsten Blatt, bildet sich das Unterblatt als stengelumfassende, meist häutige Scheide, die *Ochrea*, aus.

Die Blattstellung. Um die Stellung der Blätter an der Sproßachse zu behandeln, sei zunächst erläutert, wie man ihre Lage an der Achse kennzeichnet (Abb. 231).

Man pflegt die Ebene, die man durch die Mittelrippe eines Blattes und durch die zugehörige Achse legen kann, als Medianebene zu bezeichnen. Im Schnitt einer Blattansatzstelle ist die Medianebene demnach die Mittellinie der Blatthauptrippe; sie führt zugleich durch den Mittelpunkt des Achsenquerschnitts. Die Mediane geht im übrigen auch durch die Längsachse der Seitensprosse, die in den Achseln der Blätter stehen. Das ist, wie später deutlich werden wird, für eine Darstellung von Seitensprossen bedeutungsvoll, ganz besonders, wenn diese Blüten sind. Die Ebene, die zur Mediane senkrecht steht und ebenfalls durch die Längsachse des Seitensprosses führt, bezeichnet man als die Transversalebene. Projiziert man nun die Schnitte mehrerer Blattansatzstellen in eine Ebene, entwirft man also ein „Diagramm" der Blattstellung eines Sprosses, so zeigt sich, daß sich die Medianlinien schneiden und einen Winkel bilden, den man bei aufeinanderfolgenden Blättern als den „Divergenzwinkel" bezeichnet. In der klassischen Blattstellungstheorie von SCHIMPER und ALEXANDER BRAUN hat man auf die oftmals beachtliche Konstanz dieses Winkels großen Wert gelegt und besondere Schlüsse daraus gezogen. Heute bei entwicklungsgeschichtlicher Betrachtungsweise stehen die gleitenden Übergänge stärker im Vordergrund.

Man unterscheidet heute zwei prinzipiell voneinander verschiedene Blattstellungen. Einmal die wirtelige, auch wohl quirlige genannt, bei welcher an jedem
Knoten mehrere Blätter stehen, also mindestens zwei, oder die zerstreute Blattstellung, bei der an jedem Knoten nur ein Blatt steht.

Unter den wirteligen Blattstellungen ist die decussierte die häufigste (Abb. 232). Sie
findet sich bei *Syringa vulgaris* als dem häufigst zitierten Beispiel; ferner ist sie für eine große
Anzahl von Labiaten charakteristisch und außerdem noch bei vielen anderen. Hier stehen sich
an ein und demselben Knoten je zwei Blätter genau gegenüber, und ihre Medianen bilden mit
denen des nächsten Wirtels einen „Divergenzwinkel" von 90°. Durch diese decussierte Blattstellung muß das zweite Blattpaar genau in einer Längszeile an der Sproßachse über dem
übernächst vorhergehenden stehen, so daß dadurch eine Anordnung der Blätter in vier Längszeilen oder Orthostichen zustande kommt. Ein Diagramm davon findet sich in Abb. 222.

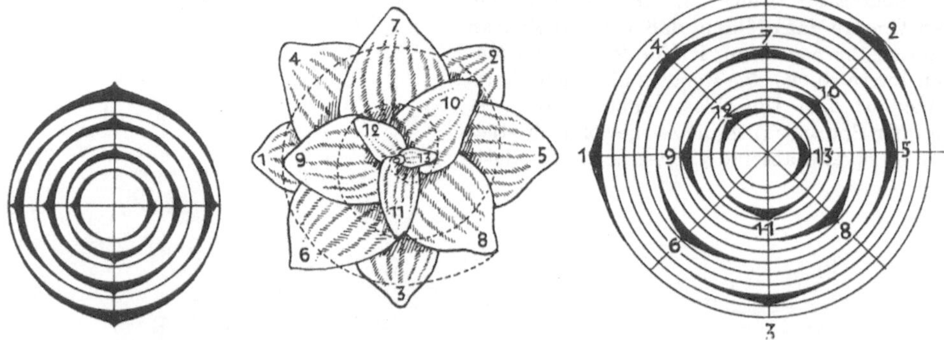

Abb. 232. Diagramm der   Abb. 233. Blattrosette (Kurztrieb) von *Plantago media*. Die aufeinanderfolgenden
dekussierten Blattstellung   Blätter mit 1—13 numeriert. Rechts Diagramm dazu.
(vgl. Text). (Orig.)   (Verändert nach TROLL)

Bei der zerstreuten Blattstellung steht an einem Knoten immer nur ein Blatt. Dabei
können verschiedene Divergenzwinkel der Medianen solcher Blätter eingehalten werden, die
artgemäß ungefähr festliegen, aber keineswegs unveränderlich sind; es ergibt sich eine spiralige
Blattstellung, deren Gesetzmäßigkeiten in der Mitte des vorigen Jahrhunderts sehr eifrig
bearbeitet wurden. Man sprach damals von einer $^2/_5$ (quincuncialer), $^3/_8$ — usw. Stellung, je
nach der Größe des Divergenzwinkels aufeinanderfolgender Blätter. Danach bestimmt es
sich, wie oft man die Sproßachse umkreisen muß (bei der $^3/_8$ Stellung 3mal), um wieder auf ein
Blatt zu stoßen, das in der Orthostiche des Ausgangsblattes steht, und auf wie viele Blätter
man dabei trifft (in der $^3/_8$ Stellung acht). An der Laubblattrosette von *Plantago media* läßt
sich z. B. recht gut eine angenäherte $^3/_8$ Stellung demonstrieren (Abb. 233 und 234).
Nach der Auffassung von TROLL ist die wirtelige Stellung insofern die ursprüngliche, als
sich bei den meisten Dikotyledonen in der Tat ein exaktes Gegenüberstehen der beiden
Kotyledonen vorfindet, und man kann feststellen, daß sich hieraus gewöhnlich erst langsam
eine zerstreute Stellung entwickelt, sofern eine solche bei der betreffenden Form überhaupt
besteht. Daraus versteht sich nun auch, daß bei genauer, nicht idealisierter Betrachtung
die Divergenzwinkel keineswegs besonders exakt festgelegt sind. Besonders lehrreich ist in
der Hinsicht *Antirrhinum majus*, das normalerweise dikotyl, als Anomalie jedoch recht häufig
trikotyle Keimlinge hat. In beiden Fällen stellen sich die nächsten Blätter in die Lücken der
Keimblätter ein, und es kommt langsam bei dem weiteren Sproßwachstum die für *Antirrhinum*
charakteristische zerstreute Stellung zustande. Das geht in jedem Fall mit einer ständigen
Verschiebung der Divergenzwinkel vor sich; doch ist ohne weiteres einleuchtend, daß es sich
bei den aus dikotylen Keimlingen aufwachsenden Pflanzen um eine gänzlich andere Winkel-
abfolge handeln muß, als bei den aus trikotylen entstehenden. Als ein Sonderfall der zerstreuten Blattstellung ist die Zweizeiligkeit oder Distichie anzusehen, wofür *Vicia faba*, die
Pferdebohne, als Beispiel zu nennen ist, außerdem noch besonders eine Reihe von Monokotylen.
Hier stehen die beiden Kotyledonen einander gegenüber, die sämtlichen folgenden Nieder-

und Laubblätter stehen einzeln an den Knoten der Blätter. Da aber jedes Blatt um 180° von dem vorhergehenden divergiert, kommt eine exakte Zweizeiligkeit zustande, wie Abb. 93 zeigt.

Knoten. Unter einem Nodium oder einem Knoten versteht man, wie oben schon gesagt, die Blattansatzstelle an der Achse. Es braucht das nicht immer in der äußeren Gestalt der Sproßachse eine morphologisch ausgezeichnete Stelle zu sein. Vielmehr ist allein die innere Struktur in Form der Blattspuren dafür bestimmend.

Es gibt jedoch eine Anzahl von Pflanzen, bei denen der Ausdruck „Knoten" wirklich auch für die äußere Gestalt zutrifft. So finden sich bei vielen Gräsern hohle Sproßachsen, die

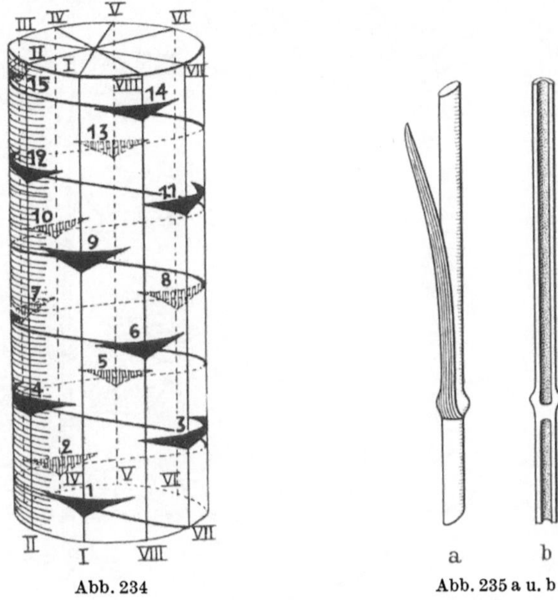

Abb. 234   Abb. 235 a u. b

Abb. 234. Schema der räumlichen Anordnung der 3/8-Stellung an einem Sproß mit gestreckten Internodien. I—VIII die Orthostichen. Die Entstehungsfolge der Blätter durch die „genetische Spirale" angegeben. Siehe auch Abb. 233. (Etwas verändert nach PRANTL)

Abb. 235a u. b. a Knotenanschwellung und Blattansatz bei *Bambusa*; b Längsschnitt dazu. Original, etwas verkleinert

lediglich an den Blattansatzstellen ausgefüllt sind, wobei sich auch äußerlich ein wirklicher Knoten, oftmals unter Mitwirkung einer Blattscheidenanschwellung, kennzeichnen kann. Ähnlich verhält es sich mit den vorhin schon genannten Polygonaceen und einer Reihe von anderen Gewächsen (Abb. 235).

Die Internodien. Man versteht darunter die Abschnitte der Sproßachsen zwischen je zwei Knoten. Dabei unterscheidet man zweierlei verschiedene Sprosse: Langtriebe und Kurztriebe, je nachdem ob die Internodien ein beträchtliches blattfreies Stück darstellen (Abb. 236) oder ob sie lediglich so lang sind, daß ein Blatt mit seinem Sproßknoten in unmittelbarer Nachbarschaft des vorhergehenden ansetzt.

Die meisten normalen vegetativen Sprosse sind Langtriebe mit deutlich erkennbaren Internodien. Kurztriebe mit gestauchten Internodien finden sich im vegetativen Bereich als Rosettenpflanzen, wozu z. B. der vorhin angeführte Wegerich (Abb. 233) gehört, außerdem noch in gesetzmäßiger Aufeinanderfolge mit Langtrieben, wie das für nicht sehr häufige, aber

typische Fälle bei der Sproßfolge erörtert werden wird. Im reproduktiven Bereich sind die
Blüten „gestauchte" Sprosse, Kurztriebe also, bei denen ein Knoten mit einem Blütenblatt-
wirtel unmittelbar auf den anderen folgt.

Die Internodien der Langtriebe sind niemals unter sich gleich lang, wie aus Abb. 236b
besonders deutlich hervorgeht. Im Anfang sind stets geringe Zuwachsgrößen, in der Haupt-
wachstumsperiode die nachdrücklichsten und gegen Ende wieder geringere zu finden. Über-

Abb. 236a—c. Langtriebe und Internodienfolge (Längenperiode) bei a *Erythraea Centaurium*; b *Musa violascens*
(entblättert); c *Syringa vulgaris*. (Nach TROLL)

verlängerte Internodien finden sich vielfach als plagiotrope Ausläufer bei Pflanzen, die mit
deren Hilfe vegetative Fortpflanzung durchführen. Davon wird noch an anderer Stelle die
Rede sein.

Verzweigung. Daß ein Cormophyt aufwärts lediglich einen einzigen Sproß
bildet, der mit einer einzigen Blüte abschließt, kommt vor *(Papaver Rhoeas)*, ist
aber selten. Häufiger sind Pflanzen, die zunächst vegetativ nur einen einzigen
Sproß besitzen, aber eine lebhafte Verzweigung in der Blütenregion haben: sie
bilden Inflorescenzen, Blütenstände, aus. Aber auch im vegetativen Bereich
finden sich vielfach Verzweigungen: Hauptachsen bilden Seitenachsen, und diese
wieder solche und so fort, bis ein dichtes gegliedertes System entsteht. Da sich
solche Verzweigungen vielfach wiederholen, nennt man die jeweiligen relativen
Hauptachsen, um Irrtümer zu vermeiden, am besten „Abstammungsachsen".

Achselknospen und Seitensprosse. Die Ausbildung von Seitensprossen an einer Abstammungsachse erfolgt gewöhnlich in den Achseln der Laubblätter (Ausnahmen sind selten), in deren jeder Achselknospen angelegt werden (Abb. 237 und 238). Das sind in allen Fällen sehr viel mehr, als in der laufenden und meist auch in einer der folgenden Vegetationsperioden zur Entwicklung kommen, so daß stets ein größerer Vorrat an Reserven vorhanden ist.

Um diese zu aktivieren, braucht man lediglich einen Sproß abzuschneiden, dann kommen unterhalb der Schnittstelle Knospen zur Entwicklung, die sonst niemals zum Treiben gelangt wären, oftmals sogar an vieljährigen Sprossen. Das Verhältnis des Blattes zu dem Seitensproß, in dessen Achsel es steht, kennzeichnet man durch den Ausdruck „Tragblatt" oder Deckblatt für das Blatt, im Hinblick auf den Achselsproß. Die bei der Darstellung der Blätter bereits erläuterten Begriffe der Mediane und Transversale sind auch für die Seitensprosse von Bedeutung (Abb. 231). Die Medianebene ist vielfach zugleich die Symmetrieachse der Seitensprosse.

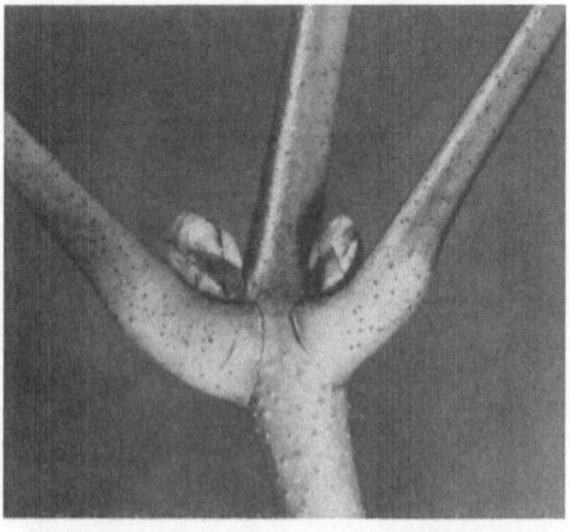

Abb. 237. Ruhende Knospen in den Achseln der gegenständigen Blätter von *Aesculus parviflorus*. Original, etwa natürliche Größe

Dieses Verhältnis von Abstammungsachse, Tragblatt und Achselsproß kann insofern Verschiebungen im Laufe der Entwicklung erfahren, als einmal die Achselknospe sich aus der Blattachsel entfernen und an der Abstammungsachse in die Höhe rücken kann (Koncauleszenz). Es ist außerdem möglich, daß die Achselknospe auf das

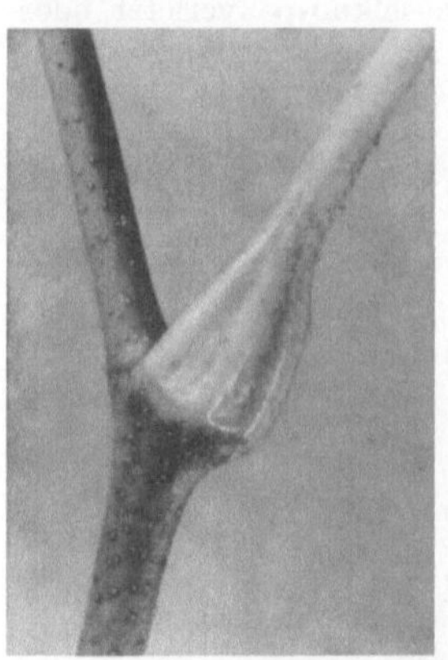
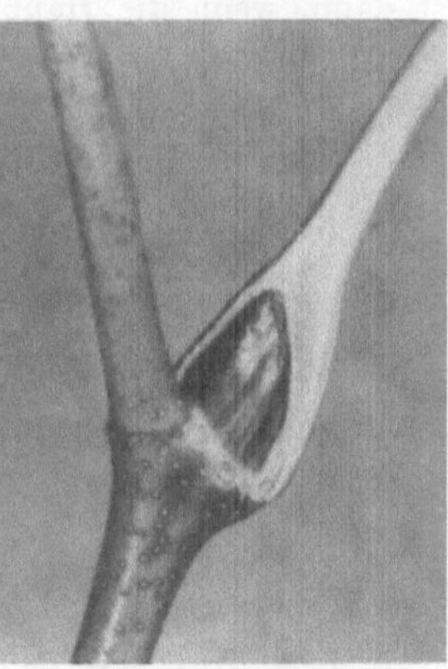
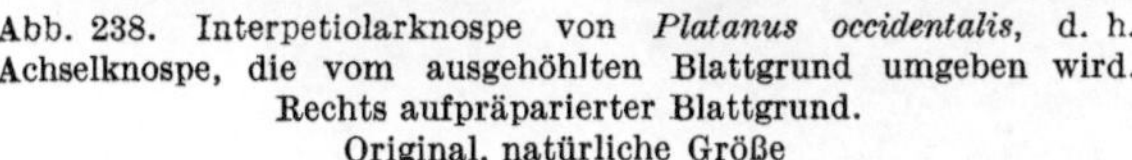
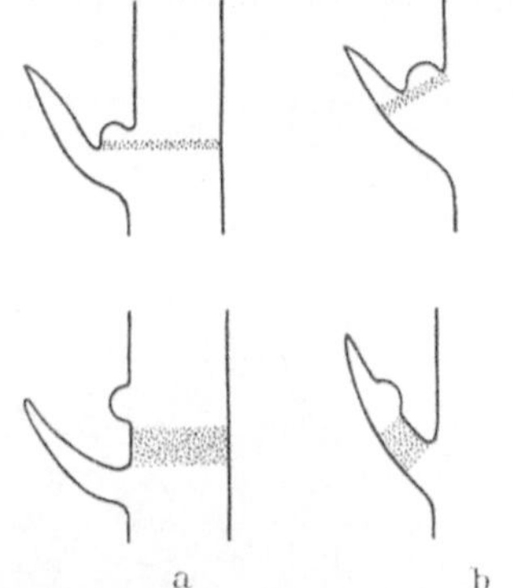

Abb. 238. Interpetiolarknospe von *Platanus occidentalis*, d. h. Achselknospe, die vom ausgehöhlten Blattgrund umgeben wird. Rechts aufpräparierter Blattgrund. Original, natürliche Größe

Abb. 239 a u. b. Schema der koncauleszenten a und der recauleszenten Verwachsung b. Die Wachstumszonen schraffiert. (Nach GOEBEL aus V. GUTTENBERG)

Tragblatt hinaufrückt (Recauleszenz). Alle diese Verschiebungen kommen durch intercalare meristematische Zonen zustande, die nach der Anlage der Knospen in Aktion treten (Abb. 239 und 240).

Beiknospen. Vielfach finden sich in den Blattachseln mehrere Knospen; es sind dann dort nicht allein die zuerst ausgebildeten, meist genau im Schnittpunkt der Mediane und Transversale stehenden eigentlichen Achselknospen, sondern auch noch sogenannte Beiknospen vorhanden (Abb. 241 a und b).

Das können einmal „serial" angeordnete sein, solche, die in absteigender Reihenfolge
nach dem Tragblatt zu genau in der Mediane angeordnet sind. Es können zum anderen
„kollaterale" sein, solche, die in ebenfalls absteigender Reihenfolge nach beiden Seiten von

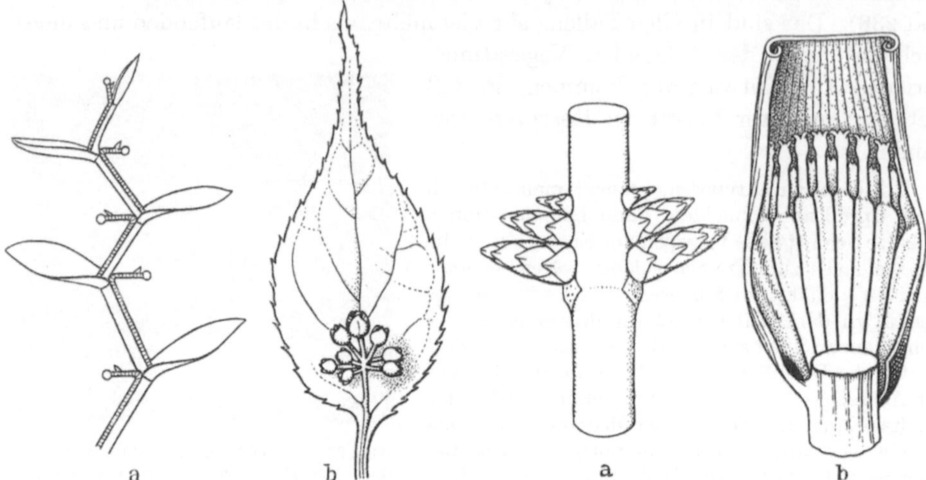

Abb. 240a u. b. a Koncauleszenz bei *Streptopus*. Die
Blütenachsen „entspringen" scheinbar den Blättern
gegenüber; b Recauleszenz bei *Helwingia*
(sog. Epiphyllie). (Nach TROLL)

Abb. 241a u. b. a Seriale Anordnung der Beiknospen
bei *Lonicera*; b kollaterale Anordnung der Beiknospen
von *Musa*, mit Tragblatt.
(Nach VELENOVSKY aus TROLL)

der Hauptachselknospe in der Transversale stehen (Abb. 241). Selten gelangen die Beiknospen zur Entwicklung, häufig erst dann, wenn die Hauptachselknospe verletzt oder
abgestorben ist. Ein besonders schönes Beispiel für die Ausbildung serial angelegter Bei-

Abb. 242. Seriale Beiknospen (Inflorescenzachsen) bei *Streptocarpus Wendlandii*. Original, ⅓ natürlicher Größe

knospen bilden die Inflorescenzen gewisser Arten der Gattung *Streptocarpus*, bei denen die
ganze Pflanze nur aus einem einzigen Blatt besteht. In der Achsel dieses Blattes entwickeln
sich dann Seitenzweige als Inflorescenzen bis zu 5—6 voreinander serial in der Mediane
(Abb. 242).

Die Blattstellung der Seitenzweige. Noch in anderer Hinsicht ist das Verhältnis von Tragblatt und Seitensproß von Bedeutung. Die ersten Blätter des Seitensprosses nehmen eine bestimmte Lage zum Tragblatt ein, man bezeichnet sie darum als die *Vorblätter*.

Bei den Dikotyledonen stehen völlig unabhängig von der sonstigen Blattstellung des betreffenden Sprosses zwei Vorblätter einander genau gegenüber und in einer Ebene, die in der Transversale liegt. Man bezeichnet sie danach als die beiden transversalen Vorblätter. Bei den Monokotyledonen findet sich nur *ein* Vorblatt, das dem Tragblatt gegenüber, also zwischen dem Seitensproß und seiner Abstammungsachse liegt. Man nennt es das „adossierte Vorblatt" der Monokotyledonen (Abb. 243).

Sproßverkettung. Man versteht darunter die unterschiedlichen Systeme der Verzweigungen. Würden sich alle in den Blattachseln angelegten Knospen zu Seitenzweigen entwickeln, dann wäre die Verzweigungsweise mit den jeweiligen Blattstellungen identisch. Da das aber nicht der Fall ist, sondern da stets nur einige Achselknospen, und artgemäß sehr verschieden angeordnete, austreiben, so erscheinen dadurch auch bei gleichen Blattstellungen die Sproßsysteme höchstlichst voneinander abweichend aus Einzelsprossen zusammengesetzt.

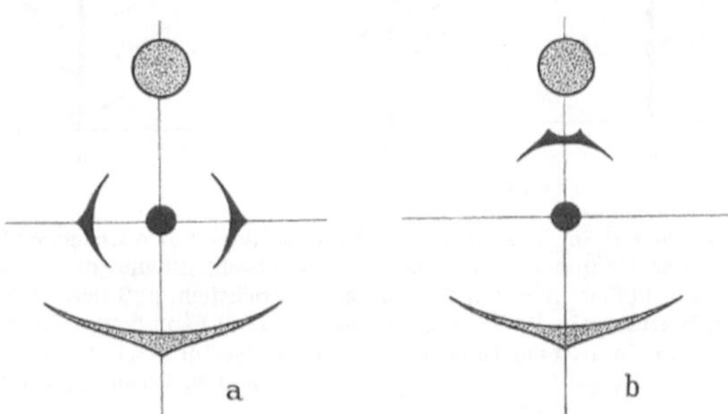

Abb. 243 a u. b. Diagramm der Vorblattstellung bei Dikotylen a und Monokotylen b. Hauptachse und Tragblatt punktiert, Vorblätter und Achselsproß schwarz. (Orig.)

Die Bildung der Hauptsprosse. Im Verzweigungssystem der Bäume findet sich anfänglich meist eine einzelne Hauptachse. Sie kann entweder bis zur äußersten Spitze und zugleich bis zum Lebensende vollständig durchgehen (Monocormie), oder sie kann sich früher oder später in eine Serie gleichwertiger Achsen aufgliedern (Polycormie). Gleitende Übergänge sind in dieser Hinsicht zu den Sträuchern zu konstatieren, bei denen vielfach von Anfang an eine größere Anzahl gleichwertiger Hauptachsen besteht.

Vollständig durchgehende Hauptachsen können ein *Monopodium* sein. In diesem Fall treibt stets die Terminalknospe aus, um am Ende der Vegetationsperiode als Winterknospe zu überdauern und in der jeweils nächsten wieder weiterzuwachsen. Bei Achsen, die als *Sympodium* gebildet werden, schließt nach einer Vegetationsperiode die jeweilige Hauptachse ihr Wachstum ab, um in der nächsten durch den Seitenzweig aus der Achsel des obersten Blattes fortgesetzt zu werden. Dadurch wird die betreffende Achse aus lauter verschiedenen Seitenzweigen zusammengesetzt (Abb. 244).

Die Bildung der Seitensprosse. Nur ein Teil der Achselknospen einer Abstammungsachse treibt entweder in der gleichen oder in einer der nächsten Vegetationsperioden zu Seitenzweigen aus. Je nachdem, ob dieses Hervorbrechen im wesentlichen im basalen, im mittleren oder im apikalen Teil erfolgt, spricht man von basitoner, mesotoner oder akrotoner Verzweigung (Abb. 245).

Sproßfolge. Unter der Sproßfolge versteht man die gesetzmäßige Aufeinanderfolge von Sprossen verschiedenen Charakters, z. B. die Abfolge von Langtrieben und Kurztrieben. Unter einem Langtrieb versteht man einen Sproß, bei dem zwischen je zwei Knoten, also Blattansätzen, längere Internodien eingefügt

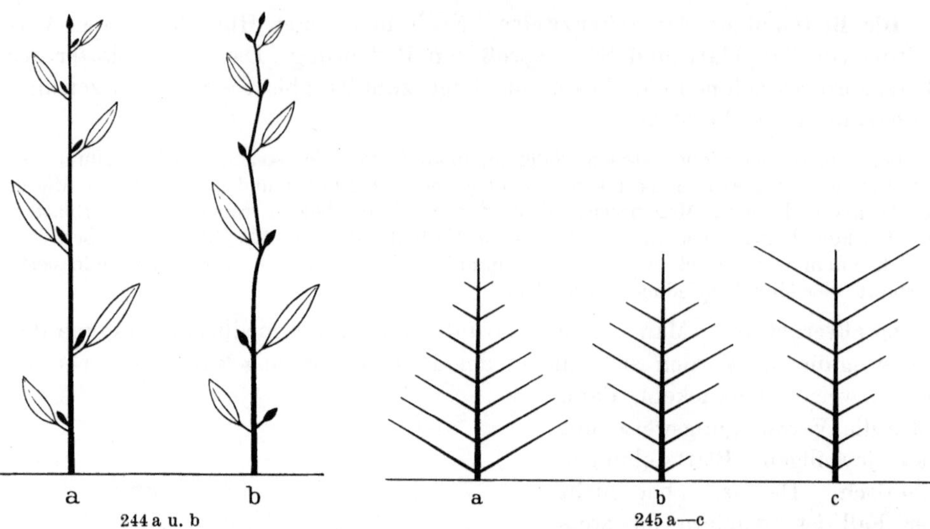

244 a u. b   245 a—c

Abb. 244 a u. b. Schema a eines Monopodiums mit durchgehender Hauptachse; b eines Sympodiums, wobei die jeweilige Hauptachse mit einer Knospe abschließt und die Seitenachsen aus der obersten Blattachsel die Fortsetzung bilden. Aus den Schemata ist ersichtlich, daß beim Monopodium an der durchgehenden Hauptachse in den Blattachseln die Knospen sitzen, während beim Sympodium die Knospen den Blättern gegenüberstehen. In dem älteren, basalen Teil des Sympodiums ist durch das Dickenwachstum die abgewinkelte Anordnung der Internodien verlorengegangen. (Orig.)

Abb. 245 a—c. Schema der Wuchsform bei Basitonie a; bei Mesotonie b und bei Akrotonie c; vgl. Text. (Orig.)

Abb. 246. Lang- und Kurztriebe von *Larix*. (Orig.)

Abb. 247. Rosette und Inflorescenzsproß (Kurz- und Langtrieb) von *Sempervivum*. (Orig.)

sind. Ein Kurztrieb hingegen ist ein Sproß mit einer gestauchten Achse, an dem die Blätter unmittelbar übereinandersitzen, und die Achse lediglich die Länge besitzt, die für die Blattansätze notwendig ist (Abb. 246).

Derartige Sproßfolgen finden sich in der Aufeinanderfolge von Rosettenkurztrieben und einem darauffolgenden Langtrieb, in welchem ein normales verzweigtes Sproßsystem gebildet wird, das dann wie bei *Oenothera biennis* in eine Inflorescenz auslaufen kann (Abb. 247). Besonders interessante und gesetzmäßig festgelegte Sproßfolgen finden sich bei verschiedenen Gymnospermen. So entwickeln sich im Frühjahr bei der Gattung *Abies* und *Picea* Langtriebe, und in den Achseln einiger Blätter, gewöhnlich in der Nähe der Spitze des Langtriebes,

werden Achselknospen gebildet, die in der nächsten Vegetationsperiode wieder zu Langtrieben werden. Es schließt sich also Langtrieb an Langtrieb. Bei der Gattung *Larix* werden im Frühjahr Langtriebe gebildet mit zerstreuter Blattstellung. In den Achseln einiger dieser Blätter stehen Achselknospen, die in der nächsten Vegetationsperiode zu Kurztrieben werden, während die Gipfelknospen wieder als Langtriebe auswachsen. Die Kurztriebe beblättern sich jedes Jahr wieder neu, indem sie durch viele Jahre hindurch nur ganz kurze Stücke wachsen, und zwar auch in zerstreuter Blattstellung, doch so dicht aneinander die Blätter bilden, daß sie wie kleine Rosetten wirken. Einige dieser Kurztriebe können schließlich auch wieder in einen Langtrieb übergehen. Bei der Gattung *Pinus* schließlich werden in jeder Vegetationsperiode Langtriebe gebildet, die schuppenförmige bräunliche Blätter in zerstreuter Anordnung besitzen. In den Achseln dieser schuppenförmigen Blätter entstehen sogleich in derselben Vegetationsperiode Kurztriebe, die zwei oder fünf normale Laubblätter besitzen, sich aber niemals weiterentwickeln (Abb. 248). Die Fortsetzung der Verzweigung geschieht durch besondere Achselknospen, die gleich zur Produktion von Lang

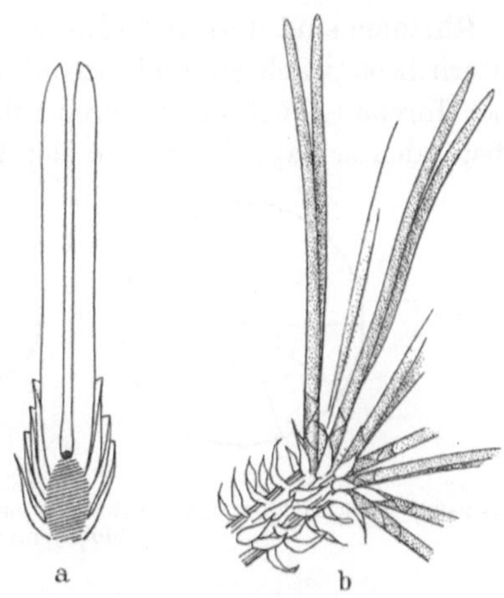

Abb. 248a u. b. a Längsschnitt durch einen Kurztrieb von *Pinus silvestris*. Die Achse schraffiert. b Ende eines Langtriebes von *Pinus montana* mit Schuppenblättern, in deren Achseln die Kurztriebe sitzen. (a nach TROLL; b Orig.)

trieben in der nächsten Vegetationsperiode angelegt werden. Eine mehr unregelmäßige Sproßfolge zwischen Lang- und Kurztrieben findet sich bei vielen Obstbäumen und auch noch bei anderen Bäumen.

Symmetrieverhältnisse. Unter der Symmetrie eines Sprosses versteht man die Verteilung der organischen Masse um die Längsachse; sie können durch Ebenen verdeutlicht werden, die man parallel zur Längsachse eingezogen denkt, und die dann *Symmetrieebenen* genannt werden. Jede dieser Ebenen teilt den Sproß in zwei spiegelbildlich gleiche Teile.

Unter *radiärer Symmetrie* versteht man eine Anordnung derart, daß ein Sproß durch viele Ebenen parallel zur Längsachse in spiegelbildlich gleiche Teile geteilt werden kann; unter *bilateraler Symmetrie* eine Verteilung, daß zwei aufeinander senkrecht stehende Symmetrieebenen solche Teile hervorrufen; unter *Monosymmetrie* oder *Dorsiventralität* endlich einen Bau, bei dem es nur eine Symmetrieebene gibt. Schließlich gibt es noch *asymmetrische Sprosse*, bei denen keinerlei spiegelbildlich gleiche Teile gefunden werden können (Abb. 249).

Neuerdings ist darüber hinaus noch der Terminus „longitudinale Symmetrie" in Gebrauch genommen. Er scheint uns nicht glücklich zu sein. Wir sprechen statt dessen von der „Längsgliederung des Sprosses" und haben schon gezeigt, daß diese durch die Blätter gekennzeichnet wird, die an ihm ansitzen. Das Phänomen der „Heterophyllie", der „Verschiedenblättrigkeit", das eben hierfür typisch ist, wird in etwas erweiterter Form noch einmal im Inflorescenzbau erscheinen.

11*

Besondere Sprosse und Sproßsysteme. Aus dem bisher Abgeleiteten lassen sich nun vielfältige besondere Bildungen verständlich machen, die im Zusammenhang mit bestimmten Funktionen stehen können, vielfach aber auch allein als Ausdruck der unerschöpflichen Variabilität der Lebewesen aufgefaßt werden müssen. Hier können wir allein ganz weniges als Paradigma herausgreifen. Das Ganze umfaßt das überaus reizvolle Gebiet der „vergleichenden Morphologie", das uns TROLL neuerdings wieder erschlossen hat. Zwei Bildungen wollen wir hier behandeln: die *Rhizome* als besondere Sprosse und die *Inflorescenzen* als besondere Sproßsysteme.

Rhizome sind dorsiventrale, also unsymmetrische Sprosse, die halb oder ganz unterirdisch wachsen und besonders häufig bei den Monokotylen vorkommen, aber durchaus auch bei anderen Pflanzen. Jährlich oder in sonstigen rhytmischen Abständen schlägt die Spitze der Rhizome oder die eines seiner Seitenzweige in

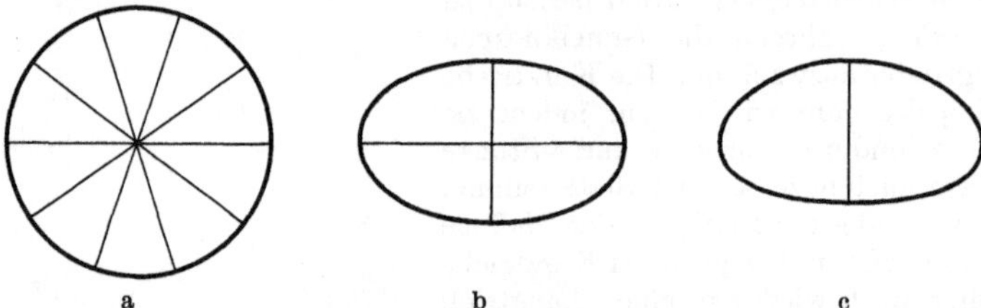

a   b   c

Abb. 249a—c. Schema der Symmetrieverhältnisse. a Radiäre; b bilateralsymmetrische; c monosymmetrische (dorsiventrale) Ausbildung. (Orig.)

orthotropes, aufrechtes Wachstum um und ändert damit Geotropismus und Symmetrie; es werden Laubblätter und Inflorescenzen entwickelt (Abb. 438).

Die Rhizome von *Iris* sind zugleich Erneuerungssprosse, Überdauerungsorgane und Reservestoffspeicher. Sie wachsen halb an der Oberfläche des Bodens, sind flach mit ovalem Querschnitt und besitzen eine massive, mit Reservestoffen angefüllte primäre Rinde. Auf der Oberseite älterer Rhizomteile finden sich die Narben der Blätter, die ihnen aufsaßen. An der Unterseite sind sproßbürtige Wurzeln, die das Ganze im Boden befestigen. Das apikale Ende der Irisrhizome erfährt periodisch einen Umschlag in orthotropes Wachstum, um dann in eine Inflorescenz auszulaufen und damit abzuschließen. In diesem Fall erfolgt die Fortsetzung des Rhizomwachstums aus einem Seitensproß; das Ganze stellt also ein sympodiales Wachstum dar.

Inflorescenzen. Man versteht darunter einen „Blütenstand", d.h. ein Verzweigungssystem, dessen jeweilige Enden (Seitenzweige 1., 2., 3. usw. Ordnung) in Blüten auslaufen. Wir haben schon oben den Sproß als „natürlich" allein in einer Blüte endigend angegeben. In der Tat gibt es einjährige Pflanzen, die einen unverzweigten Sproß ausbilden, der in einer einzigen Blüte ausläuft und damit endigt, so wie das bei *Papaver Rhoeas* oder *Tulipa* der Fall ist. Meistens beginnt aber in der Blütenregion eine lebhafte Verzweigung, wobei die Seitensprosse gleichzeitig eine besondere Ausgestaltung erfahren können insofern, als sie nicht mehr normale Laubblätter, sondern *abweichende Laubblätter, Brakteen* oder *Hochblätter* ausbilden.

Ersteres ist bei *Symplocos crataegoides* der Fall. Hier tragen die kurzen Seitenzweige, die am Ende in eine Inflorescenz auslaufen, auch an ihren basalen blütenlosen Teilen anders geformte und viel kleinere Laubblätter als die normalen vegetativen Sprosse (Abb. 250) (KIRCHHEIMER). Die Ausbildung von abweichenden Blättern in der Inflorescenzregion ist

außerordentlich weit verbreitet. Dabei sind zwei verschiedene Typen der Ausbildung zu
bemerken. Entweder erfolgt ein langsam gleitender Übergang, so daß — wie etwa bei
Oenothera biennis — die untersten Blüten der Inflorescenz noch in den Achseln normaler
Laubblätter stehen, während am Gipfel des Blütenstandes die in Blüten endigenden Seiten-
zweige in den Achseln von schmalen, lanzettlich gestalteten Blättchen stehen, die keine
Ähnlichkeit mit Laubblättern mehr haben und nur noch als Blütentragblätter (Brakteen)
Bedeutung haben (Abb. 251). Eine andere Ausgestaltung ist bei *Streptocarpus* realisiert. In
den Achseln normaler Laubblätter sind alle
Tragblätter der Seitenzweige von vornherein als
Brakteen, klein, schmal und lanzettlich ohne
eigentliche Assimilationsfläche ausgebildet.
Hochblätter endlich finden sich am Grunde der

Abb. 250   Abb. 251

Abb. 250. Heterophyllie bei *Symplocus crataegoides*. Oben die großen Blätter der sterilen Triebe, unten die kleineren
Blätter der Fruchttriebe. (Orig.)

Abb. 251. Allmählicher Übergang der Laubblätter in Brakteen in der Inflorescenz von *Morina longifolia*. (Orig.)

Inflorescenzen etwa von *Cornus Kousa* (Abb. 252); gleitende Übergänge von Laubblättern in
Hochblätter in den Blütenständen von *Salvia Horminum*.

Die Verzweigungsweise der Inflorescenzen ist entweder eine racemöse, d. h. es besteht
eine durchgehende Hauptachse, die Seitenachsen sind ihr gegenüber untergeordnet, so daß
ein „Monopodium" entsteht (Abb. 253). Oder aber die Verzweigung ist eine *cymöse*, d. h.
die Hauptachse schließt früh mit einer Blüte ab, und die Seitenachsen übernehmen weiterhin
Wachstum und Verzweigung; sie sind der ursprünglichen Hauptachse gegenüber über-
geordnet. Es entsteht also ein „Sympodium" (Abb. 255 und 256). In beiden Fällen bestehen für die endgültige Ausgestaltung noch vielerlei Möglichkeiten. So kann bei racemösen
Verzweigungen der Inflorescenzenhauptsproß unmittelbar in den Achseln seiner Blätter auf
kurzen einfachen Seitenachsen die Blüten tragen. Man spricht dann von einer *Ähre*. Sofern
die Hauptachse verdickt ist, nennt man den Blütenstand einen *Kolben*. Sind die Seitenachsen noch als solche erkennbar und endigen erst nach einigem Wachstum in einer Blüte,
dann entsteht eine *Traube*. Sind die Seitenzweige der Hauptachse ihrerseits verzweigt, bevor

sie in Blüten endigen, dann nennt man das Gebilde eine *Rispe*. *Dolde* oder *Köpfchen* pflegt man ebenfalls hierher zu stellen, obwohl es sich dabei um weitgehende Abweichungen von dem Ausgangstyp handelt. Bei der Dolde stehen zahlreiche Seitensprosse an der gleichen Stelle und sind ebenso lang wie die — angenommene — Hauptachse. Die Tatsache, daß in der Dolde von *Daucus carota* eine einfache Mittelblüte anders gefärbt ist, nämlich dunkelrot statt weiß wie alle anderen, mag darauf hindeuten, daß in der Tat ein durchgehender Hauptsproß besteht. Das Köpfchen besitzt eine weitgehend gestauchte Achse, auf der dann unmittelbar nebeneinander die Blütenseitenzweige sitzen. Sofern die Hauptachse noch etwas angeschwollen ist und die blütentragenden Seitenzweige völlig ohne Stiel nebeneinander sitzen, entsteht das „Pseudanthium" (Abb. 253 d und 254).

Abb. 252. *Cornus Kousa*. Laubblätter und weiße Hochblätter, letztere umschließen die kugelige Inflorescenz. (Orig.)

Für die cymöse Verzweigungsweise ist das *Dichasium* der grundsätzliche Modus, aus dem alle anderen abzuleiten sind (Abb. 255). Hierbei schließt die Hauptachse mit einer Blüte ab, und darunter entstehen zwei Seitenzweige, die ihrerseits wieder mit Blättern abschließen, und aus den Achseln ihrer beiden transversalen Vorblätter entspringen wieder Seitenzweige, und so kann es sich mehrfach wiederholen. Sofern eine Verzweigung in einem solchen dichasialen System allein einseitig erfolgt, bieten sich vier verschiedene Möglichkeiten je nachdem,

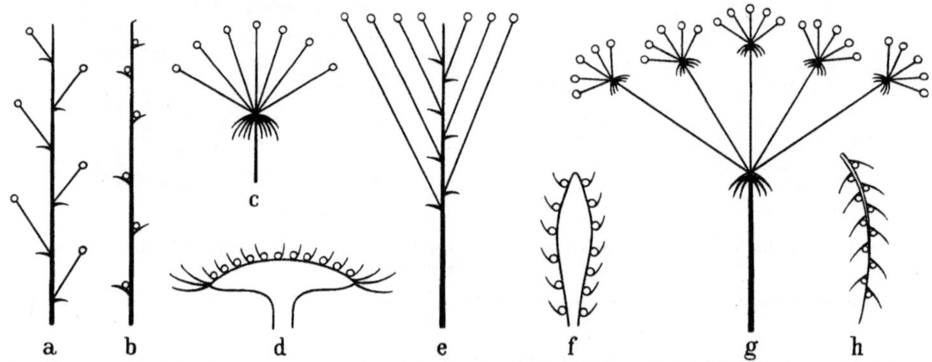

Abb. 253 a—h. Racemöse Inflorescenzen. a Traube; b Ähre; c Dolde; d Köpfchen; e Doldentraube; f Kolben; g zusammengesetzte Dolde; h Kätzchen. (Nach WETTSTEIN-SCHNARF)

ob der jeweilige Seitensproß stets auf derselben Seite entsteht oder auf jeweils entgegengesetzten. Endlich besteht noch die Möglichkeit der Anordnung aufeinanderfolgender Seitenzweige in derselben oder in verschiedenen Ebenen. So kommen die Inflorescenzen zustande, die man als Fächel, Sichel, Schraubel und Wickel bezeichnet (Abb. 256).

Weitere Besonderheiten der Sprossen und Sproßsysteme gibt es, wohin man blickt. Die Ausgestaltung überstehender Sproßenden in sympodialen Systemen zu Ranken; die Ausbildung von Seitenachsen zu Dornen; die Anlage von Speichersystemen entweder als Kohlenhydrat- oder als Wasserspeicher; Überverlängerung der Sproßinternodien und deren Ausgestaltung so, daß das ganze System zu einer Windepflanze wird. Die Ausbildung der merkwürdigen dorsiventralen kriechenden Erdsprosse, der Rhizome bei vielen Monokotylen. Alles

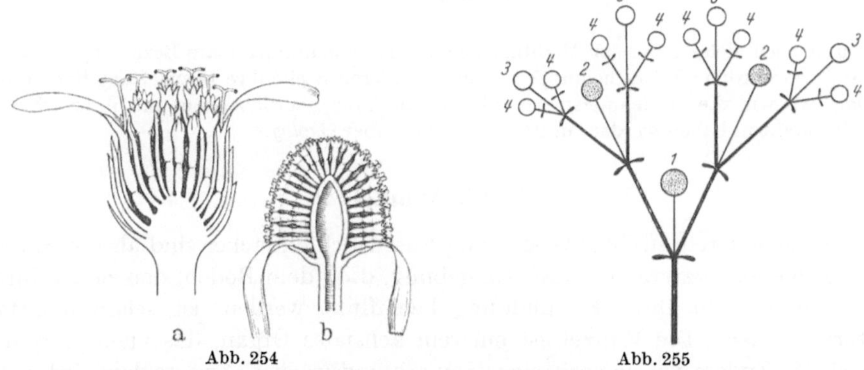

Abb. 254   Abb. 255

Abb. 254a u. b. Compositenblüten im Längsschnitt, in beiden Fällen Zungen- und Röhrenblüten. a *Achillea millefolium*, massive Blütenachse mit Spreublättern; b *Matricaria chamomilla* mit hohler Blütenachse. (Nach HEGI)

Abb. 255. Cymöse Blütenstände: *Dichasium* (Schema). Vgl. Text. (Nach HEGI)

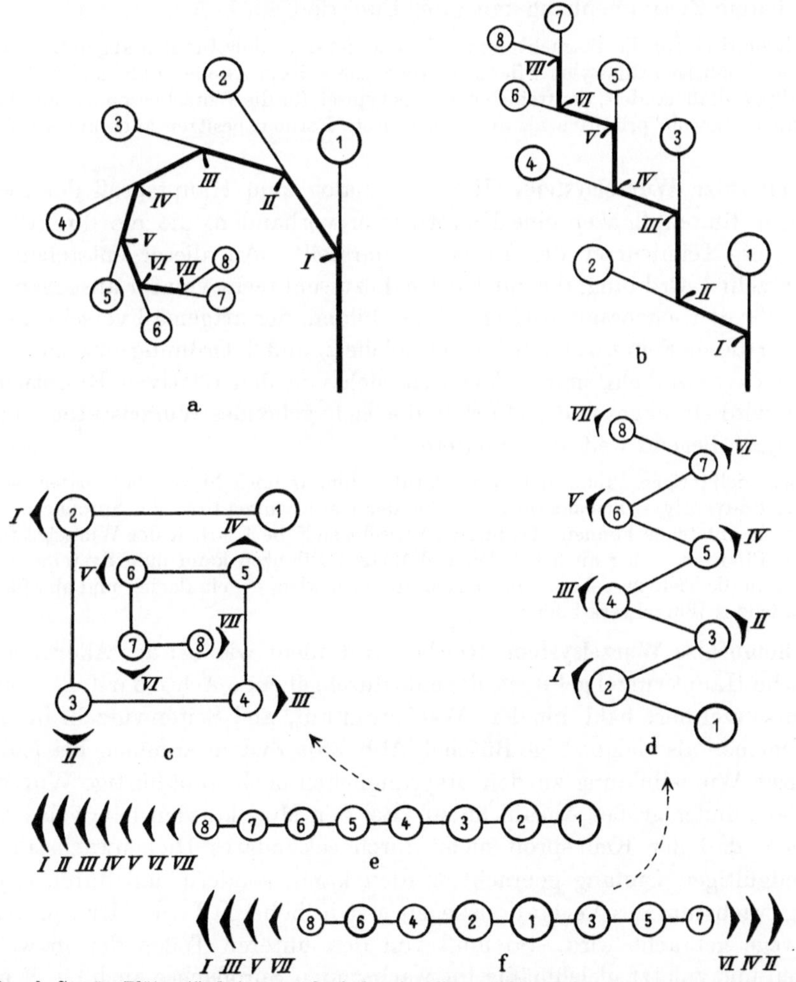

Abb. 256a—f. Cymöse Blütenstände in monochasischer Ausbildung. Oben Schema der Seitenansicht von Wickel bzw. Sichel a und Schraubel bzw. Fächel b. Darunter jeweils die Diagramme. Die einzelnen Blütenachsen biegen von der relativen Hauptachse ab, beim Wickel c immer nur nach links (oder rechts), beim Schraubel d alternierend. Liegen Hauptachse und Blütenstandachse in einer Ebene, entsteht bei der Verzweigungsart des Wickels ein Sichel e; bei der des Schraubels ein Fächel f. Die arabischen Zahlen geben die aufeinanderfolgenden Blütenstände an, die römischen die Deckblätter, I zu Blüte 2; II zu Blüte 3 usw. (a und b nach HEGI)

dieses und noch vieles andere an Modifikationen weist eine unmittelbare Beziehung zur Funktion auf. So werden die Erscheinungen an einer anderen Stelle ihre Bearbeitung finden, dort nämlich, wo wir die Beziehungen der Pflanze zu ihrer nichtlebenden und ihrer lebenden Umwelt darzutun haben werden, in dem Abschnitt über *Ökologie.*

2. Die Wurzel

Daß die Wurzeln in ihrer Gestaltung wesentlich einfacher sind als die Sprosse und stärker als letztere von ihrer Umgebung, d. h. dem Boden, den sie zu durchdringen haben, in ihrer Formbildung beeinflußt werden, ist schon mehrfach erörtert worden. Die Wurzel ist ein rein achsiales Organ, das niemals Blätter entwickelt. Zudem ist sie positiv geotropisch und wächst abwärts dem Erdmittelpunkt zu, in den Boden hinein. Beide Eigenschaften sowie die merkwürdige, bereits in der Organographie erörterte Weise ihrer Seitenwurzelbildung stehen in unmittelbarem Zusammenhang mit ihrer Funktion.

Paradigmatisch für die Betrachtung der Wurzel ist das völlig für sich abgesetzte Wurzelsystem der einjährigen dikotylen Pflanzen (Allorhizie). Kein Zweifel, daß es sich dabei nur um einen Spezialfall handelt, der freilich manches typisch für die Wurzel besonders anschaulich kennzeichnet. Sowohl primitive als auch abgeleitete Formen besitzen auch andere Wurzelsysteme.

Das allorhize Wurzelsystem. Hier ist analog zum Hauptsproß der meisten einjährigen Blütenpflanzen eine Hauptwurzel vorhanden, die die direkte Fortsetzung der Keimwurzel des Embryos darstellt. An dieser entstehen dann Seitenwurzeln 1. Ordnung, die zunächst nahezu senkrecht von ihr ausgehen, dann aber mit ihr den sogenannten Grenzwinkel bilden, der artgemäß verschieden sein kann. Von diesen Seitenwurzeln können solche 2. und 3. Ordnung ausgehen und je nach den Grenzwinkeln, mit welchen sie sich von den relativen Hauptwurzeln absetzen, wird ein enges und dichtes, in die Tiefe gehendes Wurzelsystem erzeugt, oder ein flach liegend weit ausgebreitetes.

Bei den vieljährigen Pflanzen kommt darüber hinaus noch hinzu, daß später — mehr oder weniger adventiv — aus den oberen Teilen der Hauptwurzel bzw. der Sproßachse selbst neue Wurzeln entstehen können. Dadurch verwischt sich die Klarheit der Wurzelgestaltung einjähriger Pflanzen. Aber auch bei den vieljährigen Pflanzen kann man Systeme, die geeignet sind, in die Tiefe zu gehen, von solchen unterscheiden, die ein flaches und oberflächlich weit ausladendes Wurzelwerk bilden.

Das homorhize Wurzelsystem. Hierbei wird nicht wie bei der Allorhizie eine einheitliche Hauptwurzel gebildet, die eine durchgehende Achse darstellt, sondern die Keimwurzel hört bald mit dem Wachstum auf, und Seitenwurzeln in großer Zahl erscheinen als vielgliedrige Büschel (Abb. 85). Zudem kommen bei jeglicher homorhizen Wurzelbildung zu den ursprünglichen noch sproßbürtige Wurzeln in mehr oder minder großer Anzahl hinzu. Bei den Monokotylen hängt das damit zusammen, daß der Keimsproß nicht durch sekundäres Dickenwachstum auf einen endgültigen Umfang gebracht werden kann, sondern daß durch ein Erstarkungswachstum des Vegetationskegels erst in höheren Lagen der Sproßachse dies zuwege gebracht wird. So muß von den unteren Teilen der inzwischen erstarkten und zuletzt gleichmäßig fortwachsenden Sproßachse auch ein Wurzelsystem entwickelt werden, das den herangewachsenen Sproß mit Wasser und Nährsubstanzen versorgt. Solche adventiv an dem Sproß entstandene Wurzeln können zunächst vielfach als *Luftwurzeln* ausgebildet werden (Abb. 257). Sie wachsen so lange unverzweigt abwärts, bis sie den Boden erreicht haben, um sich dann erst zu verzweigen.

Bei den Monokotylen kommen die homorhizen Wurzelsysteme in einer geschlossenen Gruppe höherer Pflanzen gleichmäßig vor. Sonst finden sie sich bei den Farnen, wo ja im Gegensatz zu den Moosen echte Wurzeln existieren. Hier handelt es sich also um eine durchaus primitive Gruppe, während die Monokotylen ganz und gar abgeleitet sind. Abgesehen davon findet sich Homorhizie noch vereinzelt bei einigen Dikotylen, wie etwa bei der Gattung Ficus. Hier werden sproßbürtige Wurzeln auch aus älteren Sproßteilen entwickelt, die dann bei den oftmals weit ausladenden Ästen zu Stützwurzeln werden können.

Besondere Bildungen der Wurzeln. Einige besondere Ausbildungsformen sollen noch behandelt werden, obwohl damit bereits das Gebiet der Ökologie gestreift

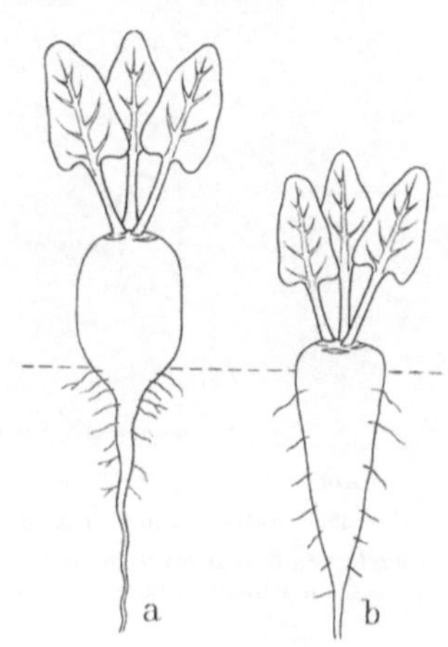

Abb. 257   Abb. 258

Abb. 257. Luftwurzeln von *Cissus gongyloides*. Im unteren Teil Verzweigung im feuchten Raum. (Orig.)

Abb. 258a u. b. Rübenbildung bei *Beta vulgaris*. a Runkelrübe, Verdickung unter Einbeziehung des Hypokotyls; b Zuckerrübe, Verdickung hauptsächlich in der Wurzelregion (Seitenwurzeln). Gestrichelte Linie Erdboden. (Nach Rauh aus Troll)

wird. Gerade besondere Bildungen werden gerne in auffällige funktionelle Zusammenhänge gestellt, weil dadurch am ehesten ein Verständnis erreichbar wird. Die Funktionen der Wasseraufnahme und -leitung sowie das der mechanischen Zugfestigkeit und der damit gegebenen Verankerung im Boden wurden bereits in der Organographie erwähnt; hier bleibt noch die weitere, als Speicherorgan zu dienen.

Hierbei können besondere Ausbildungen in Form ausgesprochener *Speicherwurzeln* zustande kommen, bei denen gewöhnlich die Rinde ein außerordentlich massives Gebilde wird, in dem Reservestoffe gespeichert werden können. Man findet beim Rettich die Hauptwurzel zum Speicherorgan umgeformt, im Gegensatz zum Radieschen, bei welchem ein ganz ähnliches Gebilde aus dem Hypokotyl des Keimlings hervorgegangen ist (Abb. 258). Solche abgeänderte Wurzeln sind bei den Dahlien in größerer Zahl nebeneinander; hier pflegt man auch von Wurzelknollen zu sprechen. In ständiger Wiederholung zur Reproduktion der Pflanze finden sich Wurzelknollen bei den Orchideen.

Als weitere spezielle Bildungen seien die eigentümlichen *Zugwurzeln* genannt, die durch Verkürzung die nach und nach sich ausbildende Zwiebel von *Lilium Martagon* in die Tiefe

des Bodens hineinbringen können, nachdem das Samenkorn an der Oberfläche gekeimt ist
(Abb. 259). *Haftwurzeln* endlich sind eine Bildung von Kletterpflanzen wie bei dem Efeu,
die an den Unterseiten der plagiotrogen Sprosse entwickelt werden (Abb. 260). Mit ihrer
Hilfe kommt das Klettern der Efeusprosse an einer Stütze zustande. *Atemwurzeln* schließlich

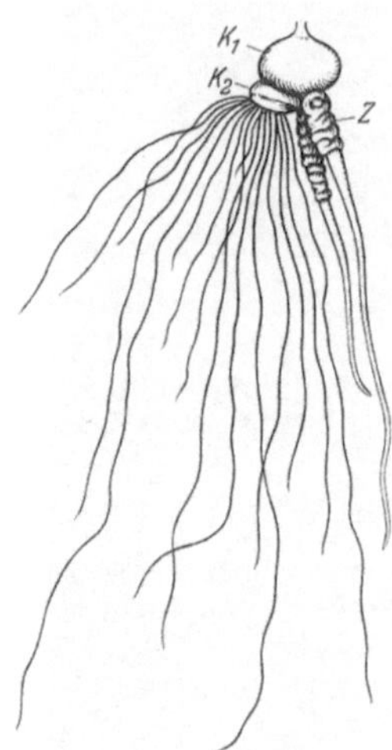

Abb. 259   Abb. 260

Abb. 259. Haftwurzeln von *Monstera elegans* an der Gewächshauswand. (Orig.)

Abb. 260. Zugwurzeln von *Crocus longiflorus*. K_1 die Erneuerungsknolle, die durch die Zugwurzeln Z in die Lage
der absterbenden Knolle K_2 gezogen wird. (Nach GOEBEL)

sind Bildungen, bei denen der positive Geotropismus der Wurzeln in einen negativen übergehen kann und Wurzelteile von Wasser- oder Sumpfpflanzen dadurch mit der Luft in Zusammenhang gebracht werden können. Freilich handelt es sich bei den letzteren Gebilden
bereits um so spezielle, an bestimmte extreme Lebensbedingungen angepaßte Erscheinungen,
daß wir hiermit schließen wollen und nunmehr nur noch auf das Gebiet der Ökologie verweisen können.

Zweiter Teil

Die Grenzen der Gewächse

Den *Grenzen der Gewächse* wenden wir uns nunmehr zu, ihrem Anfang in den Vorgängen von Fortpflanzung und Vererbung, ihrem Ende in Alter, Krankheit und Tod.

A. Der Anfang: Fortpflanzung und Vererbung

I. Die Fortpflanzung

Kein Organismus als Individuum ist unsterblich; alle Pflanzen und Tiere haben vielmehr eine zugemessene Lebenszeit, die art- und gattungsgemäß festliegt und sehr verschieden sein kann. Nach ihrem Ablauf tritt der Tod unvermeidlich ein. Darüber hinaus können Krankheiten oder Unglücksfälle die Lebenszeit noch durch vorzeitige Vernichtung kürzen. So würde unsere Erde bald entvölkert sein, wenn nicht immer wieder neuentstandene Lebewesen die Stelle der abgelebten einnehmen würden. Diese Neuentstehung der Pflanzen ist im folgenden Gegenstand unserer Überlegung.

Wir wissen heute, daß es eine „generatio spontanea" nicht gibt, daß eine Neuentstehung von Lebewesen aus dem Anorganischen nicht vorkommt. Jeder neue Anfang eines Gewächses oder eines Tieres ist vielmehr ausschließlich an das Phänomen der Fortpflanzung geknüpft und damit an schon vorhandenes Leben gebunden. Das erste Auftreten der Organismen auf unserem Planeten, das einmal stattgefunden haben muß, ist unwiederholbar.

In der uns gegenwärtig zugänglichen Erdperiode konstatieren wir, daß *Neuentstehung* lediglich als *Fortpflanzung aus Keimen schon vorhandener Lebewesen vor sich geht.* Dieser Vorgang verknüpft die Einzelindividuen zu Reihen von Generationen, in denen allein das Leben Dauer und Kontinuität hat und die Beschränkung aufgehoben ist, die in der ständigen Besiedelung der Erde durch den Tod der Einzelindividuen gegeben ist.

1. Einführende Erörterungen

a) Allgemeine Darlegungen

aa) Die Fortpflanzungsweisen

In den Lehrbüchern, in denen man Aussagen über die Fortpflanzung findet, wird zumeist auch unmittelbar auf die beiden in der Pflanzenwelt vorhandenen *Fortpflanzungsweisen, die vegetative und die sexuelle*, hingewiesen.

Dabei wird gewöhnlich die Meinung erkennbar, die vegetative Fortpflanzung sei die ursprünglichere, die sexuelle dagegen die abgeleitete. Daß diese Annahme zutrifft, ist gewiß durchaus wahrscheinlich; so werden wir später sehen, daß die Sexualität bei der Ausgestaltung der Fortpflanzungserscheinungen eine gegen die abgeleiteten Gewächse hin immer entscheidendere Rolle spielt. Indessen darf man nicht übersehen, daß bei den Pflanzen, ganz anders als in der Tierwelt, sowohl bei den primitiven als auch bis hinauf zu den kompliziertesten Typen beide Fortpflanzungsweisen nebeneinander vorkommen können, ja daß es sogar Fälle gibt, in denen augenscheinlich eine schon vorhandene Sexualität zugunsten der vegetativen Fortpflanzungsweise im Laufe der Phylogenie wieder aufgegeben worden ist. Ganz und gar fehlerhaft ist jedoch die Ansicht, daß mit dem Auftreten der Sexualität auch eine neue Fortpflanzungsleistung feststellbar, diese also für die Fortpflanzung in irgendeiner Weise notwendig sei. Aufmerksame Betrachtung der Pflanzen lehrt das Gegenteil: die Verknüpfung sexueller Einrichtungen mit der Fortpflanzung bringt lediglich einen neuen Unsicherheitsfaktor in den Vollzug des Vorgangs hinein. Wir müssen demnach annehmen, daß die Verbindung beider Prozesse ursprünglich einen mehr zufälligen Charakter hat und die eigentliche Bedeutung der Sexualität auf ganz anderem Gebiete zu suchen ist als auf dem der Fortpflanzung.

bb) Die Fortpflanzungsleistung

So werden wir also zunächst zu fragen haben, was unter der *reinen Fortpflanzungsleistung eigentlich zu verstehen ist*. Bei der Beantwortung wird sich zeigen, daß eine solche von beiden Fortpflanzungsweisen, der vegetativen wie der sexuellen, ebenso gleichmäßig und ebenso sicher durchgeführt werden kann.

Jegliche Fortpflanzung besteht darin, daß herangereifte Lebewesen von ihrem Körper Keime abstoßen, die ihrerseits den Anfang zur Entwicklung eines neuen Organismus darstellen. *Produktion und Abstoßung dieser Keime sowie ihre Zurichtung derart, daß sie zu neuen Pflanzen heranwachsen können, macht die eigentliche Fortpflanzungsleistung aus.*

cc) Fortpflanzung und Zellteilung

Die kleinsten aller Keime bestehen mindestens noch aus einer *einzelnen Zelle*. Keime, die kleiner als eine vollständige Zelle wären, also nur Bruchstücke einer solchen enthielten, kennen wir nicht. Umgekehrt: auch die kompliziertesten vielzelligen Organismen können aus einer einzigen Zelle als ihrem Anfang entstehen. Der Prozeß also, durch den ein Keim gebildet wird, muß dementsprechend unter allen Umständen eine *Zellteilung sein.*

Daneben gibt es aber auch vielzellige Fortpflanzungskörper, die, wie beispielsweise die Samenkörner der höheren Pflanzen, eine ungemein komplizierte Struktur annehmen können. Auch bei der Bildung vielzelliger Keime ist der entscheidende Prozeß, der ihre Selbständigkeit bestimmt und sie von der Elternpflanze absondert, eine Zellteilung. Doch kann es dabei geschehen, daß sich die faktische Trennung erst viel später vollzieht, nachdem nach der entscheidenden Zellteilung im Zusammenhang mit dem Ausgangsorganismus erst noch eine umfangreiche Entwicklung stattgefunden hat. In der Ausgestaltung der Fortpflanzungskörper, ob einzellig oder vielzellig, findet sich auch in Einzelheiten eine vollkommene Parallele zwischen vegetativer und sexueller Fortpflanzung.

dd) Fortpflanzung und Vererbung

Aus den Keimzellen eines Eichbaumes entstehen immer nur wieder Eichen, aus denen des Roggens stets nur wieder Roggen. So ist also der Entwicklungsablauf, den eine Keimzelle nimmt, prospektiv genau festgelegt: *Das Heranwachsen neuer Lebewesen aus den Keimen ist spezifisch durch die Ausgangsformen bestimmt.* Anders ausgedrückt: *es ist jeder Fortpflanzungsprozeß mit einem Vererbungsvorgang untrennbar verbunden.*

Eine einzelne Keimzelle ist — mindestens bei den höher differenzierten vielzelligen Organismen — im Vergleich mit ihrer Mutterpflanze so gut wie merkmalslos. Die befruchteten Eizellen einer Eiche und einer Roggenpflanze gleichen einander wie „ein Ei dem anderen" und unterscheiden sich nur unwesentlich; von den spezifischen Merkmalscharakteren, die ihre Ausgangspflanzen auf den ersten Blick als grundverschieden voneinander trennen, ist an ihnen nichts wahrzunehmen. Trotzdem zeigt die Entwicklung, die sie beide beginnen und die mit der Ausgestaltung der fertigen Pflanze endigt, einen schon von den ersten Schritten an völlig anderen Verlauf. Es muß also ein Steuerungsmechanismus in ihnen vorhanden sein, der so wirkt, daß die Entwicklung einen ganz spezifischen Ablauf einschlägt derart, daß eben wieder die Serien von Merkmalen hervorgebracht werden, durch die die Ausgangspflanzen ausgezeichnet waren.

Die Aufdeckung vom Vorhandensein und Wirken eines solchen Steuerungsmechanismus ist die Aufgabe der Vererbungslehre. *Fortpflanzungs- und Vererbungslehre bilden eine Einheit; die eine ist ohne die andere nicht zu verstehen.*

ee) Die Sicherung der Fortpflanzung

Die Fortpflanzung bedarf einer besonderen *Sicherung.* Diese Forderung ergibt sich schon allein aus der Tatsache, daß jede Ablösung eines Keimes von seiner Ausgangspflanze diesen zugleich aus seiner Umwelt herausnimmt und ihn nötigt, selbständig eine neue zu ergreifen. Erhöhtes Lebenrisiko und erhöhte Gefahren sind damit gegeben, denen viele, ja die meisten Keime erliegen.

Es sind vier Momente, die den Ablauf des Fortpflanzungsgeschehens entscheidend sichern. Je zwei davon gehören stets zusammen und ergänzen sich, *Vermehrung und Verbreitung einerseits, Ausstattung und Überdauerung andererseits.* In diesem Sinne hat die Ausbildung der Fortpflanzungsweise und der Fortpflanzungskörper zu erfolgen, abgewandelt natürlich im einzelnen je nach Organisationshöhe und Anpassungscharakter der einzelnen Formen, etwa ob Wasser- oder Landpflanzen. Beide Eigenschaftskomplexe können getrennt oder gemeinsam auftreten; sie lassen sich in gleicher Weise *an vegetativen wie an sexuell entstandenen Fortpflanzungskörpern aufzeigen.*

Die stets entstehenden Besiedelungslücken werden umso sicherer geschlossen, je größer die Anzahl der Fortpflanzungskörper ist, darum ist bei allen Pflanzen eine Tendenz zur Vermehrung, man kann sagen, zur Vermassenhaftigung der Fortpflanzungskörper vorhanden. Diese können sich selbstverständlich nicht alle in dem alten Lebensraum der Ausgangspflanze ansiedeln. So muß für ihre Verbreitung gesorgt sein. Die klimatischen Katastrophen, tiefe Winterkälte oder völlige Trockenheit, können nur überwunden werden, wenn die Keime vorübergehend den aktiv lebendigen Zustand verlassen, zu Dauerorganen umgebildet werden und für diese Funktion sowie ihr Wiederaufleben und die Neuergreifung eines Lebensraumes mit Reservestoffen reichlich ausgestattet werden.

Zur Terminologie sei noch bemerkt, daß wir der Abkürzung halber diejenigen Fortpflanzungskörper, die im wesentlichen der Vermehrung und Verbreitung dienen, als *Propagationsorgane* bezeichnen; die anderen, die durch Ausstattung und anabiotischen Zustand zur Überdauerung geeignet sind, als *Dauerorgane.*

ff) Vermehrungsrate und Resistenzgrad

Die spezielle Frage nach dem Grad der Sicherung kann erst im Zusammenhang mit der Erörterung des Einzelgeschehens im Fortpflanzungsverhalten behandelt werden. Doch lassen sich auch hier schon zwei allgemeine Gesetzmäßigkeiten nennen, die das Sicherungsverhalten entscheidend beeinflussen: Einmal ist stets *eine Übersicherung zu konstatieren*, und zum anderen bemerkt man, daß, *je isolierter die beiden Eigenschaftskomplexe* Vermehrung und Verbreitung einerseits, Ausstattung und Überdauerung andererseits, *erscheinen, desto weitgehendere Extreme der Übersicherung erreicht werden*.

Die meisten Fortpflanzungskörper treten tatsächlich in einer Vermehrungs- und Verbreitungsrate auf, die eine unmittelbare Anpassung an die gewöhnlicheren, in ständiger Wiederholung auftretenden Gefahren um ein Vielfaches überschreitet, und ebenso ist es mit der Resistenz und der Ruhefähigkeit der Dauerorgane; auch sie überschreitet die normalen Notwendigkeiten meist um ein Vielfaches. Weiterhin läßt sich leicht konstatieren, daß dann, wenn allen diesen Gefahren nur durch *einen* der beiden Eigenschaftskomplexe begegnet wird, die Übersicherung extreme Formen annimmt.

b) Die vegetative Fortpflanzung

Bei der *vegetativen Fortpflanzung geht die entscheidende Zellteilung*, durch welche der Keim als entwicklungsfähiger Anfang von der Ausgangspflanze abgetrennt wird, *unter Einhaltung einer besonderen Kernteilung* vor sich, die man als *Mitose* bezeichnet. Diese Fortpflanzungsweise besitzt also eine cytologische Basis, die mit der des „*Teilungswachstums*" identisch ist. Jede tiefere Einsicht in das Wesen der Fortpflanzung ist durch die Kenntnis der cytologischen Vorgänge bedingt, die sich dabei abspielen. So ist es notwendig, die Mitose in ihrem Ablauf hier darzustellen.

aa) Mitosekern und Ruhekern

In der Zellenlehre unterscheidet man drei verschiedene Zustände des Kernes, *den Mitosekern, den Ruhekern und den Arbeitskern*. Nur die beiden ersten Erscheinungsformen kommen in unserem Zusammenhang in Frage. Die dritte findet sich allein in hochdifferenzierten somatischen Zellen, nicht aber in solchen, die der Fortpflanzung dienen. Der Mitosekern ist ein schnell vorübergehender Übergangszustand, der während der Zellteilung zwischen zwei Ruhekernen in ständigen Umformungen allein deutlich die Chromosomen zeigt. Der Ruhekern ist ein länger persistierender und unveränderter Kernzustand während des individuellen Lebensablaufs einer Zelle.

Die Mitose als Prozeß ist der Übergang vom Ruhekern zum Mitosekern und wieder zum Ruhekern. Dabei ist aber die Struktur des Ruhekernes allein aus der des Mitosekernes verständlich zu machen und nicht umgekehrt. Der Mitosekern zeigt an, daß die entscheidenden Organe des Kernes die Chromosomen sind, fädige Organe, die sich in jeder Art in stets konstanter Anzahl vorfinden. Zugleich sind sie individuell bestimmt und bei genauer Bearbeitung stets morphologisch unterscheidbar. Die Chromosomen einer Art stellen zusammen das spezifische Genom dar: sie enthalten alle für den Aufbau des betreffenden Organismus notwendigen karyotisch lokalisierten Erbeinheiten, und jede Zelle, die als Fortpflanzungskörper funktioniert, enthält entweder ein oder zwei Genome, nur in Ausnahmefällen mehr. Die Chromosomen allein sind im Mitosekern und im Ruhekern vorhanden, wenn auch nicht in derselben Erscheinungsform: nur im Mitosekern sind sie als Individuen erkennbar. Alle anderen Bestandteile, die im Mitosekern oder Ruhekern so auffällig sind, die Spindel, die Membran, der Nucleolus, die Karyolymphe, verschwinden aus der entgegengesetzten Kernform und werden: die Spindel vom Attraktoplasma, die übrigen Bestandteile von den Chromosomen stets wieder neu gebildet. Das Entscheidende des Mitosevorganges besteht also in Gestaltswechsel und Teilung der Chromosomen.

bb) Die Zahlgesetze der Chromosomen

Bevor wir auf den Ablauf der Mitose eingehen, seien die *Zahlgesetze der Chromosomen* eingeschaltet; Chromosomenzahlen werden als einzelne Beispiele für die wichtigsten Pflanzengruppen in der folgenden Tabelle zusammengefaßt. Die daraus erkennbaren Gesetzmäßigkeiten werden gewöhnlich nur knapp mit dem Hinweis auf *die Konstanz der Chromosomenzahl* abgetan.

Tabelle 2. *Chromosomenzahlen der Pflanzen*

1. Algae

Cosmarium Botrytis	gegen 30
Penium digitus	15
Ulothrix zonata	4
Cladophora repens	4
Cladophora utriculosa	etwa 15
Cladophora glomerata	34
Acetabularia Wettsteinii	10
Bangia fuscopurpurea	2
Helminthera divaricata	8—10
Laurentia pinnatifida	20
Ectocarpus siliculosus	8
Sargassum	16

2. Fungi

Albugo Blitii	etwa 6
Plasmopara viticola	14—16
Erysibe Cichoriacearum	4
Microsphaera Berberidis	4
Lachena scutellata	4
Taphrina Betulae	2
Exobasidium spec.	2
Psalliota campestris	4

3. Musci

Riccia crystallina	4
Marchantia polymorpha	8
Sphaerocarpus Donnellii	8
Sphagnum squarrosum	20
Funaria hygrometrica	14
Bryum capillare	10
Polytrichum commune	6

4. Filices

Ophioglossum reticulatum	100—120
Alsophila excelsa	60
Cystopteris fragilis	32
Athyrium Filix femina	38—40

5. Gymnospermae

Cycas revoluta	12
Ceratozamia mexicana	12
Ginkgo biloba	12
Taxus baccata	8
Tuja occidentalis	8

6. Angiospermae

a) Dikotyledones

Populus nigra	19
Salix daphnoides	19
Salix cinerea	38
Rosa persica	7
Rosa Banksia	7
Rosa lucida	14
Rosa spinosissima	14
Rosa acicularis	21
Rosa acicularis var. fennica	28
Hypericum rumelicum	7
Hypericum quadrangulum	8
Hypericum pulchrum	9
Hypericum calycinum	10
Hypericum perforatum	16
Hypericum hircinum	20
Nicotiana alata	8
Nicotiana Langsdorfii	9
Nicotiana paniculata	12
Nicotiana rustica	24

b) Monokotyledones

Zea Mays	10
Avena strigosa	7
Avena sativa	21
Triticum orientale	14
Triticum vulgare	21
Bellevalia romana	4
Galtonia candicans	8
Muscari commosum	9
Lilium candidum	12

Die Tabelle enthält jeweils die Haploidzahlen (n), d. h. die Anzahl von Chromosomen, die zu *einem Genom* gehören; in den somatischen Zellen der höheren Pflanzen sind jeweils zwei Genome vorhanden, also die diploide Zahl ($2n$). Die Zahlen sind gering; sie variieren zwischen 2 und etwa 100. Doch sind diese Endglieder der Reihe auch schon Extreme; die meisten bewegen sich zwischen 4 und 20. So werden die Zahlen also häufig coincidieren, und das *Gesetz von der Konstanz der Chromosomenzahlen* ist nicht etwa so zu verstehen, daß einer bestimmten Species eine bestimmte Zahl zugeordnet sei, vielmehr nur so, daß eine einmal vorhandene Zahl über viele Generationen konstant weitergegeben wird, ohne sich zu ändern. Ferner läßt sich aus der Tabelle folgendes schließen. Die Pilze weichen in den Zahlen nach unten ab: sie haben sehr wenig Chromosomen, die Farne nach oben: sie haben besonders viel Chromosomen. Wir fügen hinzu, daß die Gymnospermen auffällig gleichartige Zahlen haben, wenn man eine größere Menge von Genera und Species durchmustert, als hier aufgeführt. Alle anderen Gruppen stimmen in der Variabilität annähernd überein. Eine weitere besonders für die Pflanzen typische Gesetzmäßigkeit ist folgende: die Zahlen der Arten einzelner Gattungen enthalten vielfach eine einfache Grundzahl, auf die sich andere als einfache Vielfache davon beziehen lassen. Man bezeichnet solche Zusammenhänge als polyploide Reihen, wie im Genus *Salix* oder *Rosa*. In anderen Fällen wie beim Genus *Hypericum* oder *Nicotiana* ist die Angelegenheit komplizierter; es finden sich hier mehrere Grundzahlen, die untereinander nur um eine oder wenige Einheiten abweichen. Konstante Chromosomenzahlen und konstante Chromosomenformen ergeben gemeinsam die *Konstanz und Individualität der Genome*. Die Chromosomen sind bekanntlich das Erbmaterial der Organismen, so werden Umfang und Bedingung von Abänderungen Gegenstand der Erblichkeitsforschung sein.

cc) Die Gestaltsgesetze der Chromosomen

Erst das *Gesetz von der Konstanz der Chromosomengestalt* führt in Verbindung mit dem von der Zahlkonstanz zu der Einsicht in die individuelle Bestimmtheit der Chromosomen und damit des Genoms, womit zugleich das Bild von der Konstanz des genetischen Materials der Zelle vervollständigt ist. Jedes Chromosom ist in allen Zuständen des Kernes ein dünner Faden von bestimmter Länge, der — vor allem im Mitosekern — durch seine Färbbarkeit auffällt und eine spezifische Längsstruktur aufweist. Die Kontraktion während der Mitose erfolgt im wesentlichen durch gesetzmäßige Spiralisationsvorgänge (Abb. 19 und 20), so daß die Längsgliederung in ihrer Aufeinanderfolge auch an den Metaphasechromosomen erkennbar bleibt (Abb. 17).

An jedem Chromosom ist stets eine achromatische Stelle erkennbar, *die Insertionsstelle*, die im Verlauf der Mitose eine nicht leicht zu deutende Verknüpfung mit den Spindelfasern eingeht. Sei es, daß dadurch ein Zug erfolgt, sei es, daß hier überhaupt die Stabilität der Chromosomen geringer ist, jedenfalls knicken die Chromosomen vielfach in der Insertionsstelle ein, so daß man gerne die beiden Enden hüben und drüben von dieser als die *Chromosomenschenkel* bezeichnet. Die Lage der Insertionsstelle ist für jedes Chromosom konstant; sie kann median — in der Mitte — liegen, aber auch terminal nach einem der beiden Enden zu verschoben sein. Die relative Länge der Chromosomen sowie der Ort der Insertionsstelle geben die ersten Anhaltspunkte für ihre morphologische Unterscheidbarkeit.

Ein weiterer Bestandteil spezifischer Chromosomengestalt ist das *Vorhandensein von Satelliten*. Bei einigen Chromosomen, mindestens bei einem bestimmten in jedem Genom, findet sich terminal, nahe einem der Enden, eine zweite achromatische Stelle, durch welche ein äußerstes Stück als Satellit abgehoben wird. In der Mitte dieser achromatischen Stelle vor dem Satelliten befindet sich meistens ein wiederum färbbares Körperchen, das mit dem Aufbau des Nucleolus im Zusammenhang steht (Abb. 17).

Das letzte Gestaltungselement der Chromosomen ist das Vorhandensein von *Euchromatin* und *Heterochromatin*. Es gibt total euchromatische Chromosomen und total heterochromatische, und schließlich solche, die partiell eu- und heterochromatisch sind (Abb. 272). Gestaltsmäßig äußert sich das Vorhandensein dieser beiden Chromatinelemente darin, daß das Euchromatin dünner und weniger färbbar ist als das Heterochromatin. Man kann also heterochromatische Teile oder ganze heterochromatische Chromosomen als dunklere und stärker gefärbte Stellen erkennen, freilich nicht in allen Stadien. Die Verteilung des Heterochromatins in den partiell heterochromatischen Chromosomen kann zusammenhängende Partien proximal von der Insertionsstelle umfassen, es kann aber auch in Form einzelner „Makrochromomeren" mit Euchromatin abwechseln oder in besonderen Fällen als heterochromatisches Endchromomer auftreten. Das Vorhandensein sonstiger „Chromomeren" ist umstritten.

Zum Schluß noch ein Hinweis auf die Quergliederung der Chromosomen. Durch eine bestimmte Behandlungs- und Färbmethode läßt sich deutlich machen, daß jedes Chromosom aus einer äußeren Hülle, der *Matrix*, und inneren Fäden, den *Chromonemen*, besteht (Abb.19 und 20).

Durch das Studium dieser morphologischen Elemente hat sich in allen eingehend untersuchten Fällen nachweisen lassen, daß jedes Genom aus individuell bestimmten Chromosomen zusammengesetzt ist. Die Chromosomen von Genomen bestimmter Verwandtschaftskreise weisen oftmals schrittweise Veränderungen der ganzen Gestalt bzw. des Gehaltes an Eu- und Heterochromatin auf, denen nach Entstehungsweise und Wirkungserfolg nachzugehen Aufgabe der Cytogenetik ist.

dd) Der Ablauf der Mitose

Die Schilderung des Ablaufs der Mitose hat in der üblichen Weise mit dem Ruhekern zu beginnen. Die Mitose ist ein Kernteilungsvorgang, mit welchem — durchaus nicht immer, aber meistens — eine Zellteilung verbunden ist. Ungeteilte, also als Individuen normale Zellen, von denen wir ausgehen müssen, weil hier gerade deren Abstoßung neuer Individuen interessiert, besitzen einen Ruhekern.

Der bekannteste und am häufigsten studierte Effekt der Mitose ist *die Durchführung der Chromosomenlängsspaltung* und die *Fortschaffung dieser Spalthälften voneinander weg zu den Spindelpolen*, so daß die daraus rekonstruierten *Tochterkerne vollkommene Identität mit dem Mutterkerne* aufweisen. Es besteht aber heute kein Zweifel mehr darüber, daß dieser Effekt keineswegs der einzige ist. Wir stellen fest, daß mit der Kerneröffnung die Karyolymphe in das umgebende Cytoplasma strömt, daß ferner das Attraktoplasma von außen in den alten Kernraum dringt und die Spindel bildet. Wir konstatieren ferner, daß der Nucleolus verschwindet und wieder gebildet wird, es konnte wahrscheinlich gemacht werden, daß die Chromosomen von der Nucleinsäure des Nucleolus beladen und wieder davon entladen werden. Kurzum, es finden Stoffumsetzungen der revolutionierendsten Art statt, denen kaum irgendein Bestandteil der Zelle entzogen ist. Die Einzelbedeutung aller dieser Vorgänge kennen wir heute noch nicht. Wir wissen, daß die exakte Verteilung der chromosomalen Elemente besondere Bedeutung für die *Vererbung* hat, und wir können ahnen, daß die umwälzenden Stoffwechselvorgänge eine solche für die *Fortpflanzung* besitzen, daß mit diesen die Umstellung einer alten abgelebten Zelle in zwei neue Anfänge gegeben ist, zugleich damit die Kontinuität des Lebendigen und das Phänomen, das AUGUST WEISMANN als *die Unsterblichkeit des Keimplasmas* bezeichnete.

Während des Ruhezustandes und auch noch kurz danach (Abb. 261, *1*) sind die Chromosomen nicht voneinander zu unterscheiden; sie sind langgestreckt und weitgehend entspiralisiert, ihre Außenschicht, die Matrix, ist verquollen, sie sind dünn und nur mangelhaft färbbar. Wirr durcheinander bilden sie im Ruhekern ein scheinbar feingranulöses Gefüge; sie werden von der Kernmembran nach außen begrenzt und umschließen die Karyolymphe und den Nucleolus. In der Prophase der Mitose (Abb. 261, *1—4*) werden die Chromosomen stärker färbbar und sind damit deutlicher zu sehen. Die Matrix beginnt zu entquellen und durch einen Spiralisationsvorgang werden die langgestreckten Fäden schließlich zu kurzen Spiralstücken. Form und Aussehen dieser kurzen Spiralstücke ist das, was unter einem „Chromosom" bekannt ist. Demnach muß dieser Spiralisationsvorgang ebenfalls höchst gesetzmäßig vor sich gehen; es werden je Längeneinheit des Chromosoms etwa die gleiche Anzahl von Spiralwindungen gebildet, wodurch Form und Aussehen der kurzen Spiralstücke konstant und individuell

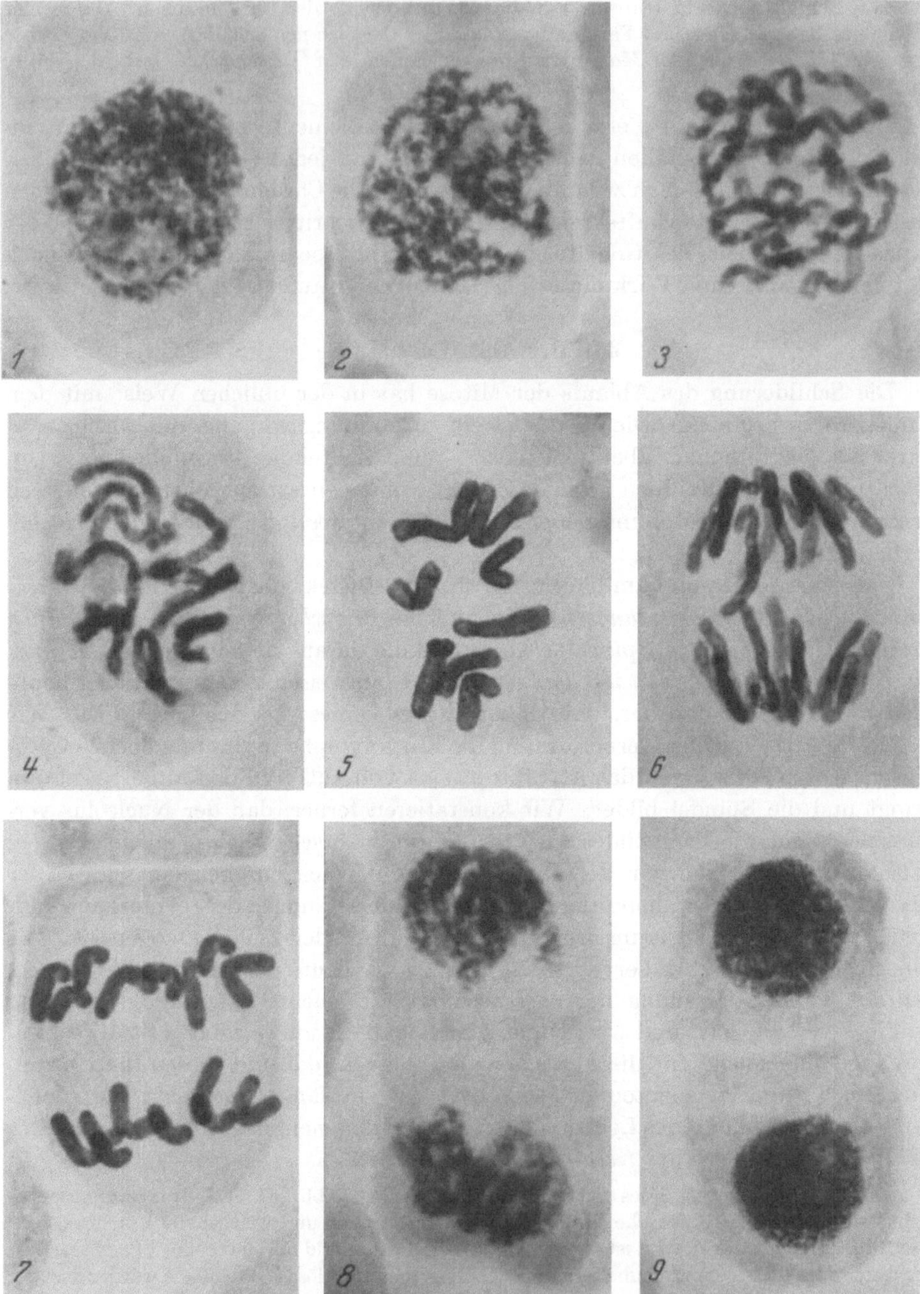

Abb. 261, *1—9*. Mitose aus der Wurzelspitze von *Bellevalia romana,* einer Pflanze mit nahezu rein euchromatischen Chromosomen. *1* Ruhekern oder leicht beginnende Prophase; *2—4* Prophase; *5* Metaphase; *6, 7* Anaphase; *8* Telophase mit beginnender Rekonstruktion der Ruhekerne; *9* Tochterkerne. (Original Vergr. etwa 2000 mal)

bestimmt sind. Nach dieser vollständigen Herausbildung der Chromosomen erfolgt die *Kern-eröffnung*: es verschwinden Kernmembran, Nucleolus und die Karyolymphe. Der Nucleolus ist offenbar ein Reservoir an Ribose-Nucleinsäure und gibt diese in das Plasma und vermutlich auch an die Chromosomen ab. Bei völliger Fertigstellung der Chromosomen liegen diese im Cytoplasma gewöhnlich in einer Ebene in sternförmiger Anordnung als sogenannte Äquatorialplatte. Ist in der Zelle nur ein Genom vorhanden, so sind alle Chromosomen voneinander verschieden, sind es deren zwei, so stimmen je zwei Chromosomen in Form und Größe miteinander überein, die man dann als „Paare homologer Chromosomen" bezeichnet, ohne daß in der Mitose eine deutliche Lagebeziehung konstatierbar wäre. Dieser Zustand, in welchem die Chromosomen nebeneinander angeordnet liegen, wird die Metaphase (Abb. 261, *5*) genannt. Der Chromosomenfaden, der hier spiralig aufgerollt ist, ist schon früh der ganzen Länge nach gespalten (Abb. 261, *3—4*). Die beiden Spalthälften je eines Chromosoms rücken nun im Anschluß an die Metaphase auseinander, die Spaltung wird morphologisch erkennbar (Abb. 261, *6*). Während dieses Vorgangs hat sich an den beiden einander gegenüberliegenden Seiten des Kernes senkrecht zu der Äquatorialplatte je ein Spindelpol aus dem Attraktoplasma gebildet, von dem eine streifige Struktur ausgeht, die Spindelfasern, die zuletzt in den ursprünglichen Kernraum hineinreichen. Diese treten mit den Insertionsstellen der Chromosomenspalthälften in Wechselwirkung (Abb. 261, *6—7*) und befördern je eine Spalthälfte jedes Chromosoms zum Spindelpol. Dort entspiralisieren die Chromosomen wieder und bilden erneut Ruhekerne (Abb. 261, *8—9*).

c) Die sexuelle Fortpflanzung

Wenn auch die Einschaltung eines Sexualvorgangs in einen Fortpflanzungsprozeß oftmals eine nicht unbeträchtliche Erhöhung der Unsicherheit bedeutet, so ist doch die Verknüpfung vielfach eine so enge, daß ohne Durchführung des Sexualprozesses zugleich auch die eingeleitete Fortpflanzung unterbrochen ist. Das allein schon läßt eine genaue Kenntnis der Sexualität hier notwendig erscheinen.

Die sexuelle Fortpflanzung ist diejenige, bei der ein Vorgang der *Zellverschmelzung und der Meisosis mit der Ablösung und Weiterentwicklung der Keime* verbunden ist.

aa) Die Gameten und die Ausgestaltung des Kopulationsvorgangs

Die Zellen, die bei einem Sexualvorgang zu einer Zygote miteinander verschmelzen, nennt man *Gameten*. Nach der Ausgestaltung der Gameten und der Art ihrer Kopulation sucht man die Fülle der Erscheinungen zu gruppieren. So können die kopulierenden Gameten morphologisch gleich sein, dann nennt man einen Kopulationsvorgang aus solchen *Isogamie* (Abb. 262). Sind sie morphologisch un-

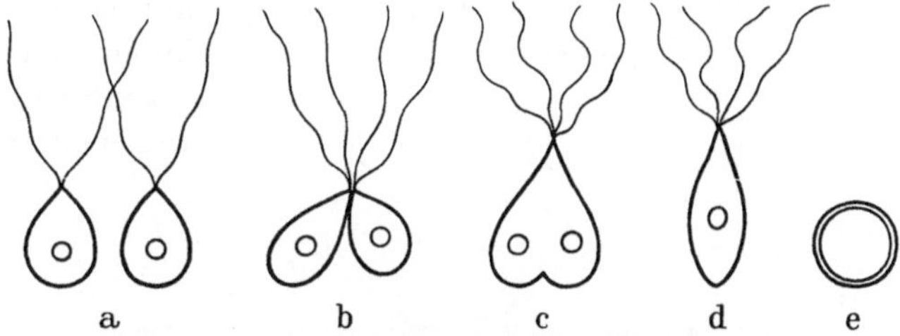

Abb. 262 a—e. Isogamie der Gameten von *Ulothrix zonata*. Schema. a die beiden Gameten; b beginnende Kopulation; c Plasmogamie; d Karyogamie; e Zygote. (vgl. S. 241)

gleich, spricht man bei einer Kopulation von *Anisogamie* (Abb. 263). Das ist der Beginn einer Arbeitsteilung, die mit der vollen *sexuellen Differenzierung in Ei und Spermatozoid endigt = Oogamie* (Abb. 264). Das Ei bezeichnet man als den weiblichen ♀, das Spermatozoid als männlichen Gameten ♂. Auch die Isogameten sind mindestens physiologisch verschieden. Die sexuelle Differenzierung braucht keineswegs auf die Gameten beschränkt zu bleiben, vielmehr kann sie sich auch

12*

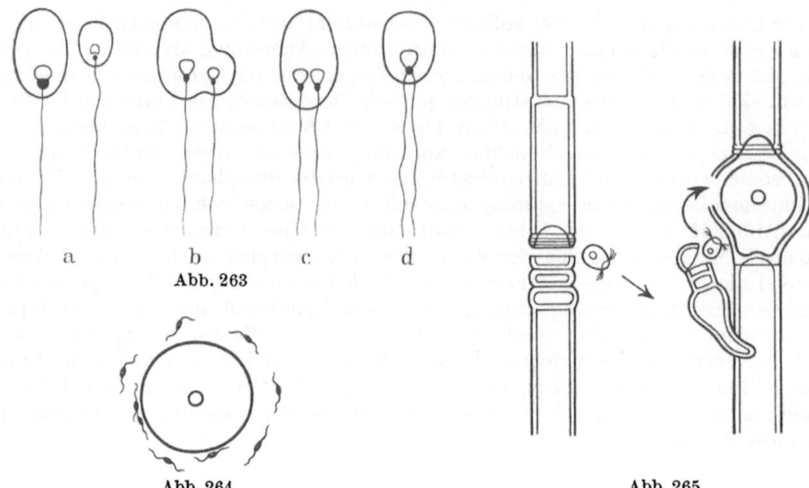

Abb. 263

Abb. 264   Abb. 265

Abb. 263a—d. Anisogamie der Gameten von *Allomyces javanicus*. Schema a Makro- und Mikrogameten; b, c
Plasmogamie; d Karyogamie. (Vgl. S. 253.) (Nach KNIEP)

Abb. 264. Oogamie von *Fucus vesiculosus*. Schema. Ei und Spermatozoiden. (Vgl. S. 218.) (Nach KNIEP)

Abb. 265a u. b. Schema eines nannandrisch-idioandrosporen Oedogoniums. a männliche Pflanze, die Androsporen entwickelt; b weibliche Pflanze mit daran entstehenden Zwergmännchen, das sein Spermatozoid in das
geöffnete, mit einem Ei versehene Oogonium entläßt. (Vgl. S. 245.) (Nach KNIEP)

auf die Organe erstrecken, in denen die Gameten gebildet werden — die Gametangien —, man nennt diese dann *Antheridien* und *Oogonien* — und schließlich
sogar auf ganze Pflanzen, die dann jeweils nur männliche oder weibliche Gameten hervorbringen.

Weiterhin ist eine Gruppierung nach der *Art des Kopulationsvorgangs* üblich. So pflegt man die *Chorogamie* abzugrenzen, wobei von der Mutter-pflanze in Freiheit gesetzte isogame, anisogame oder oogame Gameten kopulieren (Abb. 262—264). Dem-gegenüber steht die *Angiogamie*, wobei ein im Oogonium (oder Arche-

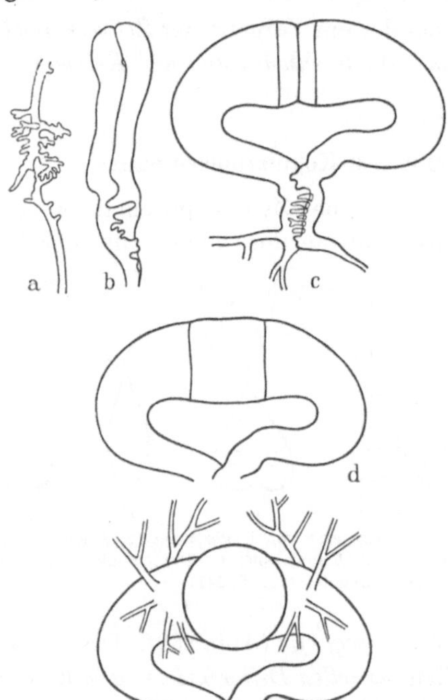

Abb. 266   Abb. 267

Abb. 266a—e. Schema der Gametangiogamie von *Phycomyces nitens*. a, b Ausbildung der Gametangien;
c beginnende; d erfolgte Kopulation; e Ausbildung der Zygote.

Abb. 267. Schema der Gametangiogamie von *Ascobolus myrificus*

gonium) eingeschlossenes und festsitzendes Ei mit hereinschwärmenden Spermatozoiden kopuliert (Abb. 265). Als nächstes kennen wir die *Gametangiogamie,* wobei nicht mehr einzelne Gameten, sondern ganze Gametangien in isogamer (Abb. 266) oder oogamer (Abb. 267) Ausbildung kopulieren. Zum Schluß endlich ist noch die *Siphonogamie* zu nennen, wobei die männlichen Gameten durch einen Pollenschlauch bei bestehender Oogamie übertragen werden (Abb. 419 bis 423).

Zwei besondere Aufgaben sind es, die den Gameten bzw. Gametangien abgesehen von der Kopulation selbst zugeordnet werden, einmal die Überbrückung des Raumes zwischeneinander. Die männlichen und weiblichen Gameten entstehen keineswegs stets direkt nebeneinander, vielmehr unter Umständen sogar auf verschiedenen Pflanzen. Die Notwendigkeit, daß sich die Gameten auch unter derart extrem ungünstigen Umständen zum Ablauf der Kopulation treffen müssen, bedeutet die neue Unsicherheit, die durch die Sexualität in den Fortpflanzungsprozeß gebracht wird und erfordert oftmals bedeutende Sicherungsmaßregeln. Die zweite Aufgabe der Gameten besteht in der Anhäufung von Reservestoffen zur Überdauerung oder Weiterentwicklung der Zygote. Die sexuelle Differenzierung der Gameten verteilt diese Aufgaben auf die beiden Gametensorten: die männlichen Spermatozoiden sind klein, beweglich und in sehr großer Zahl gebildet. Sie bestehen aus ganz plasmaarmen Zellen. Die weiblichen Eier sind groß, ruhend, plasmareich und reich mit Reservestoffen ausgestattet.

bb) Die Kopulation

Die *Kopulation der Gameten* ist eine Verschmelzung zweier Zellen zu einer neuen, der *Zygote,* die mit einem einfachen *Ineinanderverlaufen der beiden Cytoplasmen,* der *Plasmogamie, beginnt und erst mit der Verschmelzung der beiden Kerne (Karyogamie) beendet ist.* Wesentlich ist dabei, daß weder die Plastiden der beiden Zellen (wenn solche vorhanden sind) noch in den Kernen die Chromosomen miteinander verschmelzen. Daß die von beiden Zellen mitgebrachten Chromosomensätze ihre volle Individualität behalten, ist besonders bedeutungsvoll: einmal *erhöht* sich *dadurch die Chromosomenzahl n in den Gameten auf 2n in der Zygote, und zum andern können auch Genomverschiedenheiten in Kombination treten.* Die Erhöhung der Chromosomenzahl erfordert als Ausgleich die Meiosis, durch die die Zahl *n* wieder gewonnen wird.

cc) Die Meiosis

Die Meiosis ist eine abweichende Kernteilung, durch die in den neu erscheinenden Tochterkernen die Chromosomenzahl auf die Hälfte vermindert wird. Sie kann also nur im Zusammenhang mit einer Karyogamie als Ausgleich der dort gegebenen Verdoppelung der Chromosomenzahl kontinuierlichen Bestand in der Generationsfolge haben. Dieser Effekt, durch den die Meiosis — zunächst Reduktionsteilung genannt — unter Voraussage durch AUGUST WEISMANN aufgefunden wurde, schien anfänglich der einzige zu sein. Danach wäre der periodische Wechsel von haploider und diploider Chromosomenzahl als auffälligste Folge der Sexualität anzusehen; doch ist es wenig glaublich, daß sich das Phänomen hierin erschöpft. In der Tat wissen wir heute, daß darüber hinaus zwei andere und tiefer greifende Leistungen der Meiosis aufgewiesen werden können, wodurch sich das Wesen der Sexualität sehr viel näher kennzeichnen läßt als durch die bloße Zahlregulation. Alle drei Effekte sind im folgenden in der zeitlichen Abfolge angeführt, in der sie im aktuellen Teilungsgeschehen erscheinen. Es sind *1. der Umbau der Chromosomen, 2. die Umordnung der Genome, 3. die Reduktion*

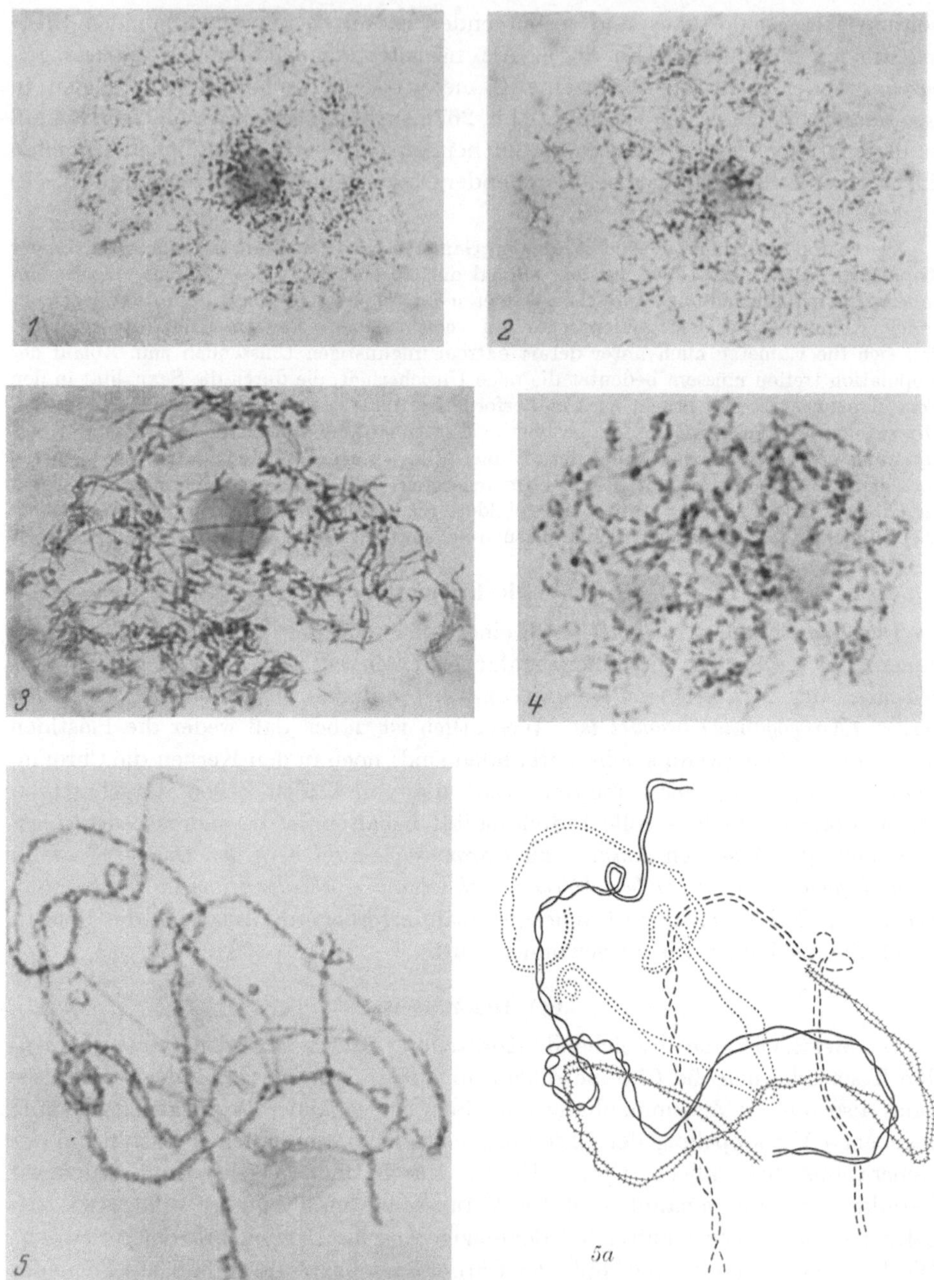

Abb. 268, *1—5a*. Meiosis aus den Antheren von *Bellevalia romana*. *1* Prämeiotischer Ruhekern; *2, 3* Leptotän; *4* beginnendes Zygotän; *5* Zygotän; *5a* Schema dazu. *1—5* Mikrophotographien. (Original Vergr. etwa 2000 mal)

der Chromosomenzahlen von 2n auf n. Zum Verständnis dieser drei Sätze muß der Ablauf der Meiosis in allen Einzelheiten dargestellt werden, wobei zur Bezeichnung des Stadienablaufs mit Rücksicht auf die Sondereigentümlichkeiten der Meiosis eine eigene Terminologie zu verwenden ist.

Der Ort der Meiosis ist sehr verschieden; sie kann in einzelnen isolierten Stadien ablaufen, aber auch, wie meistens bei den höheren Pflanzen, in ganz bestimmten Zellkomplexen innerhalb vegetativer Gewebe. In jedem Fall werden diese Zellen durch normale Mitosen von den übrigen Zellen des Gewebes ausgesondert, deren letzte man als „prämeiotische Mitose" bezeichnet. Zwischen dieser und der Meiosis wachsen die Kerne, in denen letztere ablaufen wird, stark heran, so daß sich die zur Meiosis bestimmten Kerne schon vor dem Einsetzen des Teilungsvorgangs deutlich in der Größe und der etwas lockeren Verteilung des Chromatins von den Mitosekernen unterscheiden (Abb. 268, *1*).

Der Beginn der Meiosis zeigt sich ebenso wie in der Mitose mit dem Sichtbarwerden der Chromosomenfäden an durch die gleichen Vorgänge wie in der Mitose, Entquellung der Matrix und Beladung mit Nucleinsäuren. Zunächst schließt die ganze Kernkugel ein ziemlich gleichförmiges Gewirr sehr dünner Fäden ein, ein Zustand, den man als *Leptotän* bezeichnet. Darauf folgt eine Verkürzung und Verdickung der Fäden, deren Mechanik genau so wie in der Mitose ein Spiralisationsprozeß ist. Dieser Vorgang der Fadenverkürzung durch Aufspiralisation geht durch alle folgenden Stadien unbeschadet aller anderen Ereignisse weiter, die sich daneben vollziehen (Abb. 268, *2—4*).

In dem auf das Leptotän folgenden Zustand kann man den Beginn eines spezifisch meiotischen Vorgangs erkennen: eine Konjugation der Fäden. Man kann zunächst im Stadium des sogenannten *Zygotäns* (Abb. 268, *5*) feststellen, daß einzelne Fadenabschnitte genau parallel verlaufen, solche Bilder vermehren sich, bis zuletzt überall im ganzen Kerne je zwei Fäden vollkommen gepaart verlaufen. In diesem Zustand, *Pachytän* genannt (Abb. 269, *1*) ist die Verkürzung so weit gediehen, daß man bei günstigen Objekten die Chromosomenfäden über ihre ganze Länge verfolgen kann. Dabei ist dann auch exakt feststellbar, daß die Paarung ein Ereignis unter *homologen* Chromosomen ist. Man kann erkennen, daß die Paarungspartner die gleiche Größe und die gleiche Spiralisationstendenz besitzen, ferner daß alle irgendwie morphologisch ausgezeichneten Punkte des einen Chromosoms lagemäßig den gleichen des anderen genau zugeordnet sind. So konjugiert Insertionsstelle auf Insertionsstelle, Satellit auf Satellit und — sofern vorhanden — Heterochromatin auf Heterochromatin. Es sind also die Homologen, die in der Meiosis eine Anziehung aufeinander ausüben und konjugieren (Abb. 269, *5* und 263, *1*).

Nach Abschluß des Pachytäns, in dem der Paarungsvorgang vollendet ist, wird der Prozeß von dem nun folgenden Stadium des *Diplotäns* (Abb. 269, *2*) an wieder rückgängig gemacht: die vorher gepaarten Chromosomen streben wieder auseinander. Dabei ist von Bedeutung, daß auch im Falle der Meiosis die Spaltung der Chromosomen in Längshälften von Anfang an vorhanden, möglicherweise ebenso wie bei jeder Mitose schon in der Telophase der vorhergehenden Teilung, hier der prämeiotischen Mitose, erfolgt ist. Tatsächlich konjugieren also im Zygotän-Pachytän nicht ganze Chromosomen, sondern zweimal zwei Spalthälften miteinander, so daß jeder Chromosomenpachytän-Paarling aus einer Fadentetrade besteht, in welcher vier gleichgeordnete Chromatiden eng aneinander liegen. Je zwei und zwei davon sind Schwesterchromatiden je eines Chromosoms.

Im Stadium des Diplotäns wird die vorher optisch kaum feststellbare Spaltung auch mikroskopisch an einem besonderen Vorgang erkennbar (Abb. 269, *3*). Die rückläufige Paarungsbewegung wird nämlich hier zwar eingeleitet, doch geht sie noch nicht vollständig vor sich. Man sieht, daß an einigen Stellen die vier Chromatiden der gepaarten Chromosomen auseinander gezerrt sind, und daß sich je eines von jedem Chromosom mit dem anderen überkreuzt, ein *Chiasma* bildet. Die gekreuzten Chromatiden scheinen also in ihrem Verlauf den ursprünglichen Partner genau an der gleichen Stelle zu wechseln und aneinander vorbei zum entgegengesetzten überzugehen, wodurch sie die Chromosomenbewegung aufhalten. Faktisch bedeuten aber die Chiasmen durchaus keinen Partnerwechsel; an einer solchen Stelle ist vielmehr ein Segmentaustausch zwischen den Chromatiden abgelaufen: die beiden Fäden sind hier gebrochen und ihre Abschnitte jeweils mit dem entsprechenden des anderen Chromatids zu einem vollständigen Faden wieder verheilt. Also kommt ein Chiasma gerade dadurch zustande, daß die Chromatidenabschnitte in diesem Stadium noch relativ fest mit ihrem ursprünglichen Partner vereinigt bleiben. Nach völligem Ablauf des Teilungsvorgangs stellen die Chromatiden selbständige Chromosomen dar. Sofern sie einem derartigen Segmentaustausch unterworfen waren, setzen sie sich also hernach aus Stücken der ursprünglich elterlichen Chromosomen zusammen. *Die Chiasmen im Diplotän sind also das äußere Anzeichen für den Umbau der Chromosomen,* der als solcher nicht beobachtet werden kann.

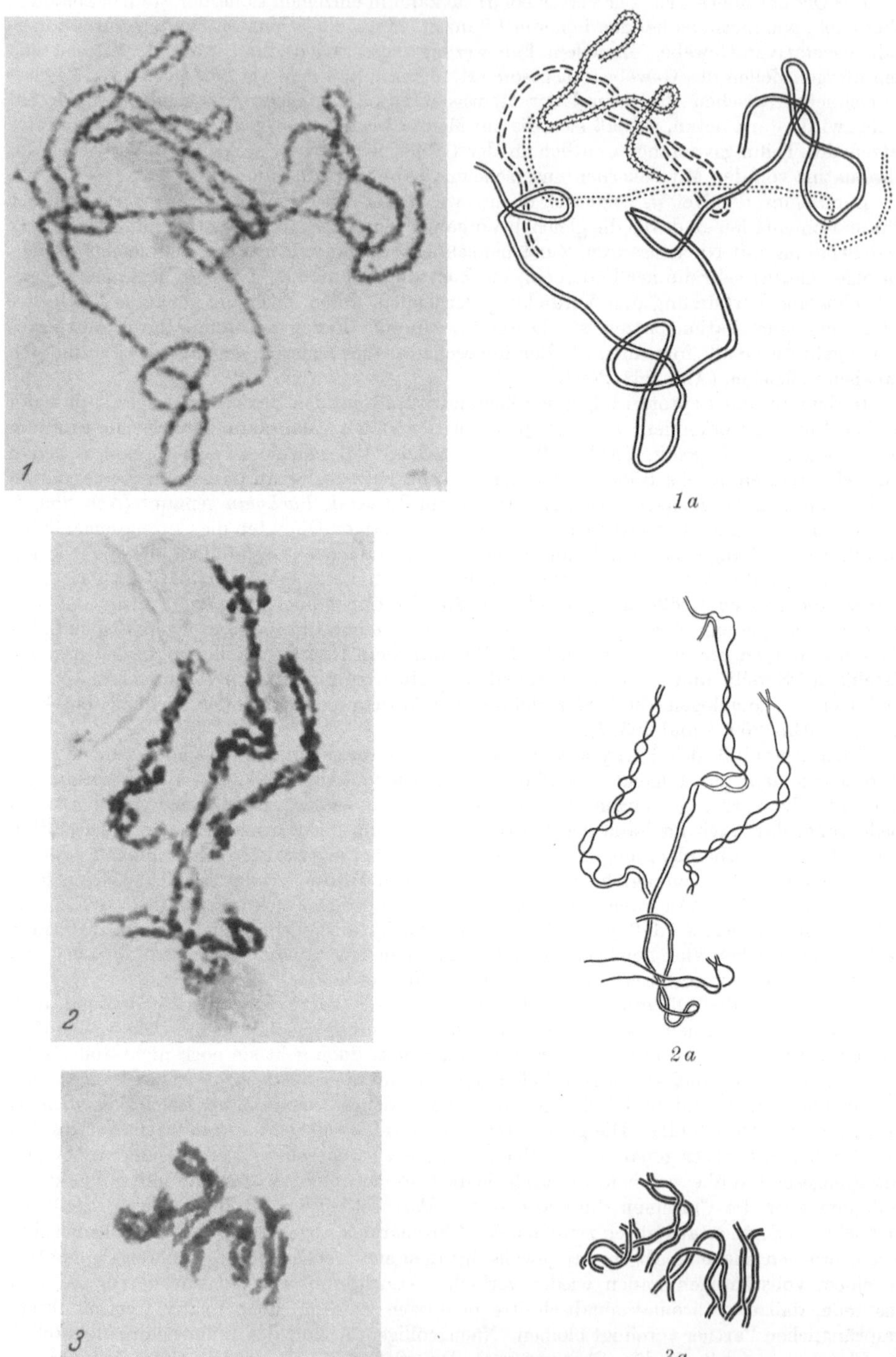

Abb. 269, *1—3a.* Meiosis aus den Antheren von *Bellevalia romana*; *1* Pachytän; *1a* Schema dazu; *2* Diplotän; *2a* Schema dazu, um die Chiasmen deutlich zu machen; *3* ganz spätes Diplotän; *3a* Schema dazu. *1—3* Mikrophotographien. (Original Vergr. etwa 2000 mal)

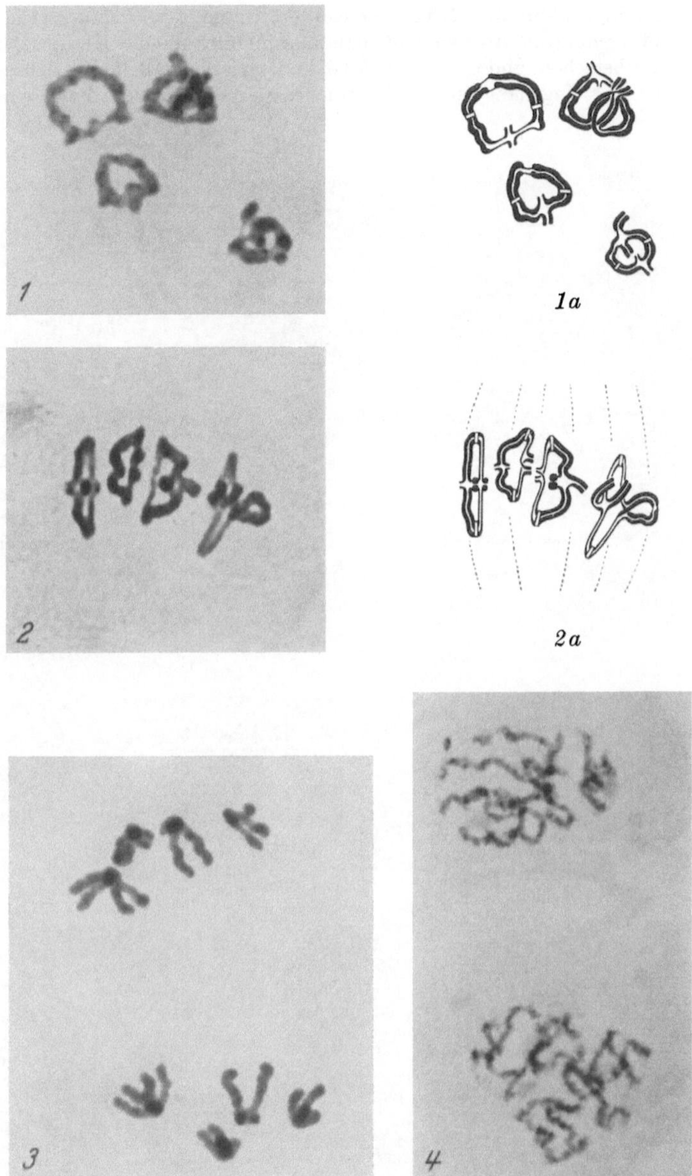

Abb. 270, *1—4*. Meiosis aus den Antheren von *Bellevalia romana*; *1* Diakinese; *1a* Schema dazu; *2* beginnende Anaphase; *2a* Schema dazu; *3* Telophase; *4* Interkinese. *1—4* Mikrophotographien. (Original Vergr. etwa 2000 mal)

In den folgenden Stadien sind zwei Typen von Pflanzen unterscheidbar: solche, bei denen die Chiasmen an das Ende des Chromosomenpaares rücken — sie „terminalisieren" —, und solche, bei denen sie an der Stelle liegenbleiben, an der sie gebildet werden — die Chiasmen bleiben lokalisiert (Abb. 269, *3*). Gleichzeitig erfolgt eine noch stärkere Verkürzung der „Bivalente", wie man von nun an die Chromosomenpaarlinge gerne bezeichnet, was besonders bei Chromosomen mit terminalisierenden Chiasmen dazu führt, daß die Spalthälften so fest aneinander gepreßt werden, daß man den Spalt nicht mehr sieht. Obwohl die Bilder der Bivalente mit terminalisierenden und lokalisierten Chiasmen ungemein verschieden sind, hat doch dieser Unterschied für den weiteren Ablauf der Meiosis keinerlei Bedeutung.

Im letzten Stadium (Abb. 270, *1*) vor der Kerneröffnung, der *Diakinese*, rücken die nunmehr weitgehend verkürzten Bivalente oftmals auseinander an die Kernperipherie. Dabei lassen sie sich gut übersehen, und man kann dabei konstatieren, daß die Bivalente in wechselnder Anzahl ineinander eingehängt sind. Ein solches Verhalten ist die Folge einer zufälligen

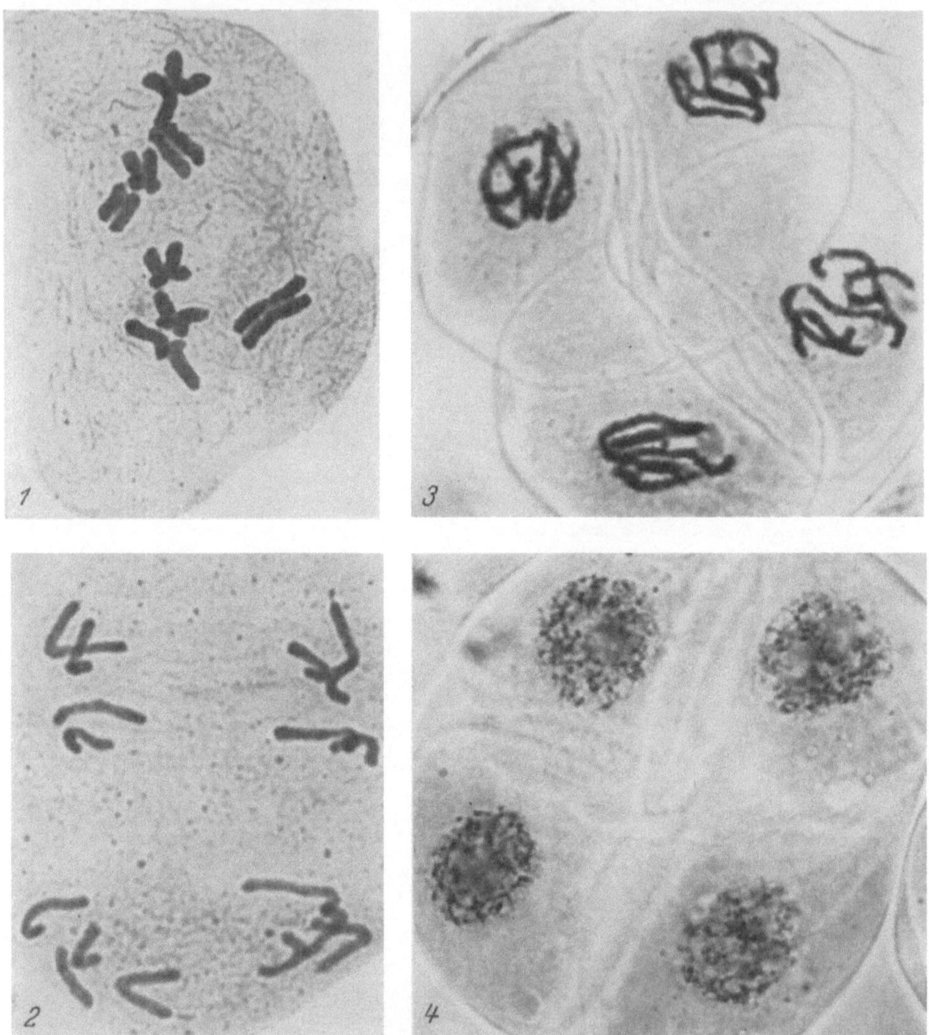

Abb. 271, *1—4*. Meiosis aus den Antheren von *Bellevalia romana*. *1* Metaphase der 2. Teilung; *2* Anaphase der 2. Teilung; *3, 4* Tetradenbildung. Mikrophotographien (Orig.)

Leptotänlagerung der Einzelchromosomen vor der Konjugation und so zu verstehen, daß einzelne Fäden nur durch einen dritten getrennt miteinander konjugieren konnten. Auch dieses „Interlocking", in englischer Terminologie, hat für den Gesamtablauf keine Bedeutung, doch haben sich Bilder auffinden lassen, die in ihrer Entstehung nur dann zu verstehen sind, wenn an bestimmten Stellen ein „Segmentaustausch zwischen Chromatiden" erfolgt ist. So ist dieses Phänomen für den Nachweis des Segmentaustausches, der sich sonst nicht kennzeichnet, von besonderem Wert geworden.

Mit der Diakinese ist die Prophase der Meiosis beendigt. Im Anschluß daran erfolgt Kerneröffnung und Spindelbildung, und die Auflösung des Nucleolus, die bereits in der Diakinese begann, wird zu Ende gebracht. So charakterisiert sich das nächste Stadium als typische *Metaphase* (Abb. 270, *2*), an die sich unmittelbar die *Anaphase* (Abb. 270, *3*), die Chromosomenbewegung an die Pole, anschließt. Letztere ist wieder ein besonderes meiotisches Phänomen, da sie die rückläufige Konjugationsbewegung der Chromosomen fortsetzt und beendigt. Es werden ganze Chromosomen, nicht einzelne Spalthälften, sondern jeweils zwei zusammengehörige an die Pole geschickt, doch werden dabei stets die Bivalente getrennt. Rückt einmal ein ganzes Bivalent zu einem Pol, so kommt dadurch eine Fehlverteilung zustande, die gewöhnlich Lebensunfähigkeit der davon betroffenen Tochterzellen zur Folge hat. Geht man der Herkunft dieser „ganzen Chromosomen" nach, die ja aus einem der beiden durch Karyogamie im Kern vereinigten Genome stammen müssen, dann zeigt sich, daß sie dem Zufall nach verteilt werden. Es besteht also für jedes der beiden Chromosomen in einem Bivalent dieselbe Wahrscheinlichkeit für Landung an einem bestimmten Pol. So muß sich

das dort erscheinende einfache Genom aus Chromosomen beider Genome zusammensetzen und wird nur selten nach den durch den Zufall bestimmten Kombinationsgesetzen die Genome der Eltern genau reproduzieren. Die zufällige Verteilung der Chromosomen stellt also den Modus dar, der die „*Umordnung der Genome*" herbeiführt.

Nach der Ankunft der Chromosomen an den Polen erfolgt eine Telophase, die freilich zu keiner vollständigen Rekonstruktion der Ruhekerne führt (Abb. 270, *4*). Zwar geht eine leichte Entspiralisation derChromosomen vor sich, auch eine Kernmembran wird ausgeschieden, doch kann man in dieser sogenannten „Interkinese" stets die Chromosomen noch deutlich

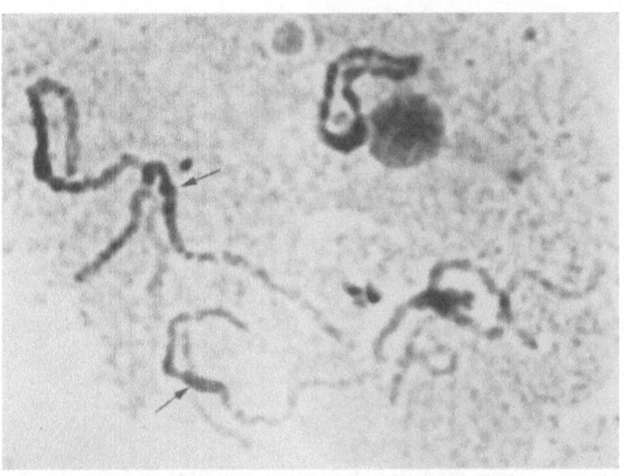

Abb. 272. Pachytän aus den Antheren von *Salvia canadensis*. Partiell heterochromatische Chromosomen mit heterochromatischen Mittelstücken → und euchromatischen Enden. (Nach Linnert)

erkennen, und nach ganz kurzer Pause wird wieder eine Teilung eingeleitet (Abb. 271, *1* und *2*). Diese folgt so schnell auf die erste, daß keine Möglichkeit zu einer erneuten Spaltung besteht und die hier nun eintretende normale Mitose allein in einer Verteilung der schon von der ersten Teilung her noch vorhandenen Spalthälften besteht. Somit gelangt in jeden der vier aus der zweiten Teilung entstehenden Kerne nur noch jeweils eine der vier in einem Konjugationsbivalent vereinigten Spalthälften, und es wird durch die zweite Teilung die *Reduktion der Chromosomenzahl von 2n auf n* vervollständigt, die schon durch die Verteilung ganzer Chromosomen auf die Pole der ersten Teilung eingeleitet war. Zur Durchführung aller drei Effekte der Meiosis sind also alle beiden Teilungen erforderlich (Abb. 271, *3*).

Nach Abschluß der zweiten Teilung erfolgt eine endgültige Rekonstruktion der Ruhekerne (Abb. 271, *4*); die vier Zellen, die einem meiotischen Vorgang entstammen, bezeichnet man als *Gonen*, das Ganze als eine *Tetrade*. So nennt man die Meiosis auch wohl eine Tetradenteilung.

d) Vegetative und sexuelle Fortpflanzungsweise in ihren Relationen

Nach der eingehenden Betrachtung der cytologischen Grundlagen aller Fortpflanzungsvorgänge der Mitosis und Meiosis soll nun noch einmal der entscheidende Unterschied zwischen vegetativer und sexueller Fortpflanzung herausgestellt werden. *Die vegetative Fortpflanzung ist diejenige, bei der die Ablösung der Keime von der Mutterpflanze durch eine Zellteilung mit lediglich mitotischer Kernteilung erfolgt; mit dem Vollzug der sexuellen Fortpflanzung dagegen ist die Kopulation der Gameten mit Karyogamie und einer Meiosis verbunden, wobei der vollständige Ablauf des Sexualvorgangs erst beendet ist, wenn beide Prozesse abgeschlossen sind.*

Die Verlegung der wesentlichen Unterschiede zwischen sexueller und vegetativer Fortpflanzung allein in karyotische Vorgänge kennzeichnet *als die Bedeutung der Differenz lediglich die Vererbungsweise.* Bei der mitotischen Kernteilung wird von einer Zelle zur anderen, ganz gleich, ob sie ein oder zwei Genome besitzt, *ein vollkommen identischer Chromosomenbestand weitergegeben. Durch Kopulation und Meiosis erfolgt dagegen eine durchgreifende Veränderung des chromo-*

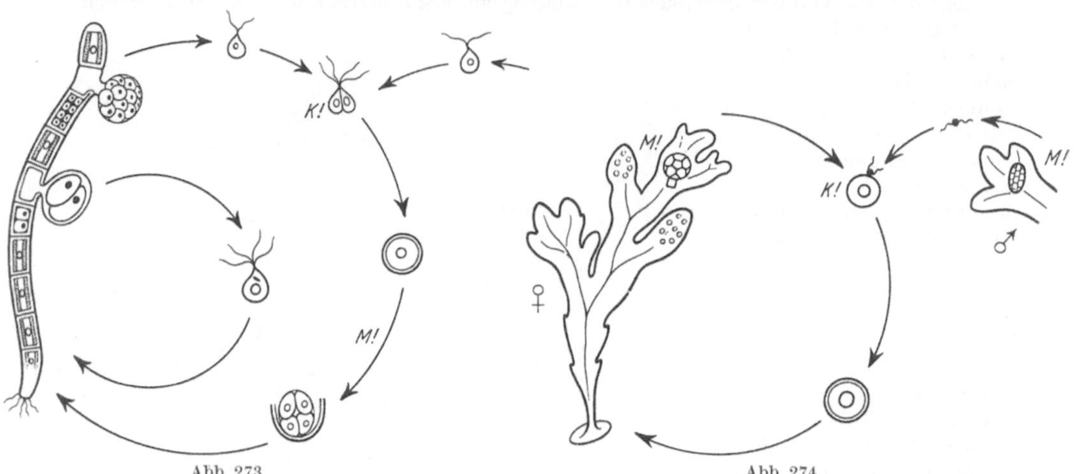

Abb. 273. Schema des Entwicklungscyclus von *Ulothrix zonata* (vgl. S. 241). Innerer Kreis: vegetative Fortpflanzung durch Schwärmsporen; äußerer Kreis: sexuelle Fortpflanzung mit der Meiosis in der Zygote unmittelbar *nach* der Kopulation, so daß eine vegetativ haplontische Form entsteht. Hier wie in allen folgenden Schemata bedeutet *K!* den Ort der Kopulation, *M!* denjenigen der Meiosis

Abb. 274. Schema des Entwicklungscyclus von *Fucus vesiculosus*. Hier ist allein sexuelle Fortpflanzung vorhanden bei der die Meiosis unmittelbar *vor* der Gametenbildung liegt und die vegetativ ausgebildeten Pflanzen Diplonten sind (vgl. S. 218)

somalen Zustands. Wir müssen also erwarten, daß im Gefolge vegetativer Fortpflanzung völlig identische Nachkommenschaftsgestaltung erfolgen *muß*, während im Anschluß an die beiden Schritte sexueller Fortpflanzung erhebliche Veränderungen gesetzmäßiger Art unter den Abkömmlingen mindestens auftreten *können.* Die Analyse dieser Zusammenhänge ist die Aufgabe der Vererbungslehre.

aa) Der Kernphasenwechsel

Mit der Kopulation der Gameten und der darauf folgenden Meiosis kommt ein *Wechsel in der Chromosomenzahl der Kerne*, anders ausgedrückt, *ein Kernphasenwechsel zustande, wobei mit der Kopulation die Diplophase mit der Chromosomenzahl $2n$, mit der Meiosis dagegen die Haplophase mit der Chromosomenzahl n beginnt.*

Für die Verteilung der beiden Prozesse, Kopulation und Meiosis, auf den Entwicklungsablauf des Organismus bestehen verschiedene Möglichkeiten: Die Meiosis kann unmittelbar auf die Kopulation folgen, dann besitzen die vegetativen Zellen des Organismus sowie die Gameten die haploide Chromosomenzahl, und nur allein das Zygotenstadium hat die Zahl $2n$. Eine solche Form wird als eine *haplontische* (Abb. 273) bezeichnet. Es kann die Meiosis der

Kopulation aber auch unmittelbar vorhergehen; dann besitzen lediglich die Gameten die haploide Chromosomenzahl, die Zygote sowie die vegetativen Zellen des Organismus, der somit *diplontisch* ist (Abb. 274), die diploide. Die dritte Möglichkeit besteht darin, daß Kopulation und Meiosis voneinander getrennt an verschiedenen Stellen des Organismus vorkommen. Da beide Vorgänge immer nur in einzelligen Stadien vor sich gehen, so müssen bei diesem Modus jeweils zwei getrennte Fortpflanzungsvorgänge ablaufen. Bei dem einen davon findet mit der Abstoßung der Gameten auch deren Kopulation statt, und bei dem anderen entstehen die Fortpflanzungskörper aus den Gonen der Meiosis, deren jeder wenigstens bei den vielzelligen Pflanzen einen umfangreichen Entwicklungs- und Formbildungsprozeß im Gefolge

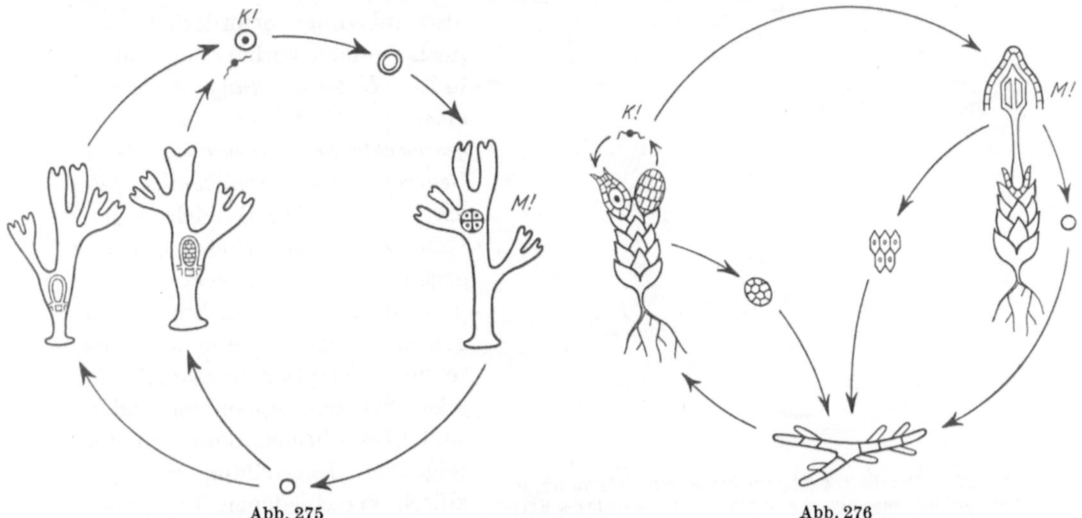

Abb. 275Abb. 276

Abb. 275. Schema des Entwicklungscyclus von *Dictyota dichotoma*. Getrennt geschlechtliche haploide Gametophyten entlassen chorogam kopulierende Gameten, wobei Oogamie besteht. Aus der Zygote erwächst der Sporophyt, auf dem die Meiosis abläuft, und aus den Gonosporen entstehen wieder die ♀ und ♂ Gametophyten. Ein Gestaltswechsel besteht nicht (vgl. S. 216)

Abb. 276. Schema des Entwicklungscyclus der Moose. Die Kopulation erfolgt auf dem haploiden Gametophyten, aus der Zygote erwächst der Sporophyt, in dem die Meiosis abläuft, und die Gonosporen bilden wieder Gametophyten. Eingreifender Gestaltswechsel. Innere Linie des Schemas vegetative Fortpflanzung, die stets über das Protonema zum Gametophyten führt

haben. Haploide und diploide Kernphasen in den Geweben wechseln also dann in konstanter Reihenfolge ab, ein Verhalten, das man als antithetischen *Generationswechsel* zu bezeichnen pflegt (Abb. 275 und 276).

bb) Der Generationswechsel

Unter dem *antithetischen Generationswechsel* versteht man die *gesetzmäßige Aufeinanderfolge zweier Generationen*, von denen die eine haploid ist und Gameten ausbildet und danach *Gametophyt* genannt wird. Die aus der Kopulation entstehenden Zygoten sind entwicklungsfähig und bilden die andere Generation aus, *Sporophyt* genannt, in der die Meiosis abläuft. Daraus entstehende Gonen bilden Fortpflanzungskörper, die als Sporen bezeichnet werden und wieder den Gametophyten reproduzieren. Da bei der Fortpflanzung durch Sporen keine Gametenkopulation erfolgt, bezeichnet man sie als eine ungeschlechtige, wie auch wohl die ganze Generation, den Sporophyten, und legt damit eine Verwechslung mit der vegetativen Fortpflanzung nahe. Nach unseren bisherigen Erörterungen muß die Meiosis als integrierender Bestandteil der Sexualität angesehen werden, so daß es widersinnig ist, die Generation, auf der sie abläuft, den Sporophyten,

„ungeschlechtlich" zu nennen. In der Tat läßt die Entwicklungsgeschichte erkennen, daß die sexuelle Differenzierung bei ihrem Übergreifen auf vegetative Gestaltungen sich keineswegs auf die sogenannte „geschlechtliche" Generation, den Gametophyten, beschränkt, sondern in ebenso eingreifender Weise die „ungeschlechtige", den Sporophyten, betreffen kann. Ferner zeigt das Vererbungsexperiment, daß sich Gonen als Fortpflanzungskörper durch eine Vererbungsweise kennzeichnen, die für die Sexualität typisch ist. Es ist also unbedingt erforderlich, die noch vielfach vorhandene fehlerhafte *Unterscheidung zwischen einer geschlechtlichen und ungeschlechtlichen Generation beim Generationswechsel vollkommen fallen zu lassen.* Die Bezeichnungen Gametophyt und Sporophyt dagegen sind durchaus verwendbar; man muß sich ohnehin daran gewöhnen, daß Sporen auch als sexuelle Fortpflanzungskörper in allen Pflanzengruppen vorhanden sind. Im übrigen sollen in der folgenden Darstellung die spezifisch verschiedenen Fortpflanzungskörper unabhängig von ihrer sonstigen meist rein entwicklungsgeschichtlich abgeleiteten Benennung stets eindeutig als vegetative oder sexuelle bezeichnet

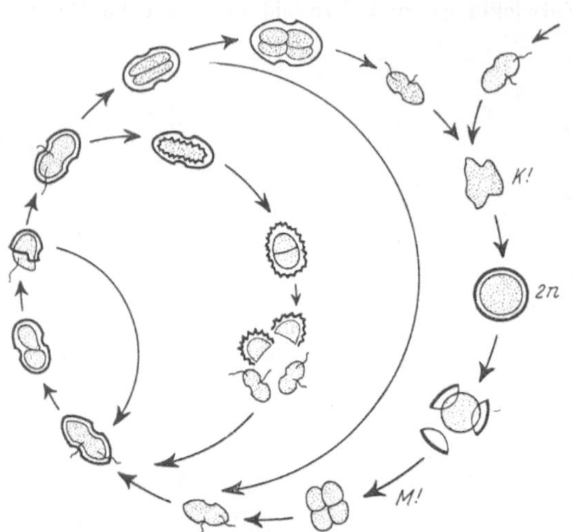

Abb. 277. *Glenodinium lubiniensiforme*, eine Süßwasserperidinee, bei der Dauerorgane außerhalb und innerhalb des Kernphasenwechsels vorkommen. 1. Kreis: vegetative Propagation. 2. Kreis: Cystenbildung bei vegetativer Fortpflanzung (Dauerkörper). 3. Kreis: Propagation wie bei Gametenbildung durch Längsteilung. 4. Kreis: Sexuelle Fortpflanzung mit Zygotenbildung (Dauerkörper) und anschließender Propagation durch zwei Gonen (vgl. S. 227—228)

werden. Zur Sicherheit sollen diejenigen Zoosporen oder Sporen, die als Gonen einer Meiosis entstammen, als *Gonozoosporen* bzw. als *Gonosporen* gekennzeichnet werden, um jede Verwechslung zu verhindern.

Indessen ist damit noch nicht alles geklärt, was mit dem Generationswechsel zusammenhängt. Es gibt Gewächse, bei denen mehr als zwei Generationen vorkommen. Dann kann dieser nicht mehr dem Kernphasenwechsel parallel gehen, und es können auch nicht die beiden durch die Sexualität gegebenen Fortpflanzungsweisen: Gametenbildung und Gonosporenbildung, zur Vermittlung der Generationen ausreichen; es muß vielmehr eine davon auf dem Wege vegetativer Fortpflanzung zustande kommen, so daß damit zwei der drei Generationen die gleiche Kernphase besitzen. Wenn nun schon damit erwiesen ist, daß *Generationswechsel* und *Kernphasenwechsel* trotz der Koincidenz im antithetischen Generationswechsel *voneinander unabhängige Phänomene sind*, so ist darüber hinaus zu fragen, ob nicht ein Generationswechsel auch vollkommen auf der Basis vegetativer Fortpflanzung zustande kommen kann. Das ist faktisch der Fall, wie einige Meeresflagellaten zeigen (Abb. 290 und 291).

Gerade dieser letzte Befund läßt vermuten, daß die Tendenz, in rhythmischer Abfolge verschiedenartige Generationen hervorzubringen, eine im Organischen tieferliegende ist, als daß sie durch den schon mehr mechanisch anmutenden Wechsel der Kernphasen allein veranlaßt sein könnte. Vielmehr darf man annehmen, daß ursprüngliches Vorhandensein endonomer Rhythmik sich den Kernphasenwechsel zu- und untergeordnet hat. Das deuten auch die entwicklungsgeschichtlichen Verhältnisse bei Glenodinium lubiniensiforme an, einer Peridinee, bei der gleichartige Fortpflanzungskörper, nämlich Dauerorgane, außerhalb oder innerhalb des Kernphasenwechsels ausgebildet werden (Abb. 277, zweiter und vierter Kreis).

cc) Der Gestaltswechsel

Man redet dann von einem Generationswechsel, wenn in gesetzlicher Abfolge *verschiedene* Generationen nacheinander erscheinen. Darin ist zweifellos enthalten, daß man es dabei auch mit einem Gestaltswechsel zu tun hat; das Bestehen eines solchen brauchte durchaus nicht noch durch eine besondere Bezeichnung hervorgehoben zu werden, sondern die klassischen Fälle der Moose und Farne taten das ganz von selbst. Indessen hat die unglückliche Beziehung des Generationswechsels auf die geschlechtliche oder „ungeschlechtliche" Fortpflanzung auch hier wieder ungünstig gewirkt. Danach mußte sozusagen der „Normalfall" derjenige sein, in welchem die *somatische Ausgestaltung* beider Generationen gleichartig ist und sie sich allein in der Ausbildung von entweder Gameten oder Gonosporen unterscheiden (Abb. 275). In diesem Fall liegt kein Gestaltswechsel vor. Wenn jedoch auch die somatische Gestaltung beider Generationen verschiedenartig ist wie bei den Moosen und Farnen, dann kommt zu dem Generationswechsel ein Gestaltswechsel hinzu. Besonders auffällig ist es, wenn sich nachträglich zwei verschiedenartige Formen, die man gesonderten Arten oder Gattungen zuordnete, als verschiedene Generationen einer Art herausstellen. Wir werden das eigenartige Phänomen auch noch vom Standpunkt der Erblichkeitsforschung zu betrachten haben.

Die im vorhergehenden gegebene kurze Übersicht über das Fortpflanzungsverhalten der Pflanzen ist das Ergebnis umfassender entwicklungsgeschichtlicher Arbeiten von mehr als einem Jahrhundert in der Botanik, an dem vier Forschergenerationen beteiligt waren. Wir werden sehen, daß es möglich ist, mit diesen wenigen Lehrsätzen die ungeheuere Vielfalt des Einzelgeschehens in der Fortpflanzungsweise der Gewächse zu systematisieren und übersichtlich zu durchdringen. Das soll im folgenden geschehen.

e) Die Gruppierung der Fortpflanzungserscheinungen

Jedes Lehrbuch der Botanik zeigt mit besonderer Eindringlichkeit, welche Bedeutung der Entwicklungsgeschichte, der Morphologie und dem Vollzug der Fortpflanzungserscheinungen unter systematisch-phylogenetischen Gesichtspunkten zukommt. Zustimmung oder schwerwiegende Bedenken gegen die bevorzugte Verwendung dieser Erscheinungen für die Systematik sind hier gleichgültig; für unseren Zusammenhang kommt es allein auf folgendes an. Aus der Verbindung des Fortpflanzungsphänomens mit der Systematik ist zwar keine Systematisierung der Fortpflanzungserscheinungen selbst erwachsen, wohl aber eine umfassende Übersicht sowohl über die großen Typen, in welchen sie sich darstellen, als auch über die Einzelheiten der Variation, in welcher die Typen abgewandelt werden können. Aus diesem Reichtum schöpfend, werden wir für eine übersichtliche Anordnung der Fortpflanzungsgegebenheiten zugleich auch die Lebensverhältnisse — was in einer systematischen Anordnung niemals geschieht — mit zu berücksichtigen, ja als Einteilungsprinzipien sogar weitgehend in den Vordergrund zu stellen haben.

aa) Fortpflanzung und Kernzustand

Die erste Gruppierung, die wir vornehmen, erfolgt nach dem Kernzustand. Wir haben in dem Vorhergehenden zeigen können, daß die Fortpflanzungsweise weitgehend eine Beziehung auf die Entwicklungsgeschichte der Zellkerne nötig macht. So ist ohne weiteres klar, daß bei denjenigen Organismen, bei denen Kerne nicht eigentlich vorhanden, oder vorsichtiger ausgedrückt, allenfalls nahezu ungegliederte Kernäquivalente nachweisbar sind, alle Fortpflanzungserscheinungen eine etwas andere Behandlung notwendig machen. Das ist der Grund, weswegen wir die Bakterien und Cyanophyceen unter diesem Gesichtspunkt von den kernhaltigen (karyotischen) Organismen abtrennen.

bb) Fortpflanzung und Lebensverhältnisse

Die Fortpflanzungsweisen der kernhaltigen Organismen ordnen wir nun nach den Lebensverhältnissen, unter denen sich die Pflanzen befinden, und so fassen wir alles in vier große Gruppen zusammen: nach Tiefwasserpflanzen, Flachwasserpflanzen und Amphibier, nach terrestrischen Gewächsen und endlich nach Landpflanzen. Innerhalb dieser Gruppen ordnen wir selbstverständlich nach natürlichen Formübereinstimmungen, Algen für sich, Pilze für sich, Moose und so fort. Man wird gegen diese Gruppierung einwenden, sie sei eine unstatthafte Vermengung ökologischer mit systematischen Gesichtspunkten. Möge dem so sein. Jedenfalls wird der Erfolg zeigen, daß auf diese Weise Fortpflanzungsleistung und -funktion in ungleich schärferer Deutlichkeit herausgestellt wird, als das bisher der Fall war. Wir erhalten dabei zugleich einen Einblick in Gestaltsübergänge, die sonst relationslos im Meer der Systematik verschwimmen. An verschiedenen Stellen wird deutlich, daß bestimmte Typen unter Lebensverhältnissen erscheinen können, unter denen sie noch keine zwingende Notwendigkeit darstellen, daß aber diese gleichen Formen unter anderen Lebensverhältnissen gerade eben die entscheidende Möglichkeit ergeben, wodurch ein Gewächs noch seine Fortpflanzungsleistung zu vollbringen vermag.

So werden wir sehen, daß wasserbewohnende Pilze schon Gametangiogamie erkennen lassen und gleichzeitig in einer interessanten Typenabfolge den Übergang von beweglichen Zoosporen zu unbeweglichen Conidien zeigen. Beides aber bildet für sexuelle wie für vegetative Fortpflanzung das notwendige Erfordernis für das Leben der terrestrischen Gewächse. Eine ähnliche „Vorbereitung" finden wir in der Ausbildung des Sporophyten bei den Archegoniaten für die Embryoentwicklung der Landpflanzen. So läßt also diese Anordnung mehr und Tieferes erkennen, als nur eine oberflächliche Beziehung auf die Lebensverhältnisse (vgl. S. 2 letzter Absatz).

2. Spezielle Darstellung

a) Akaryotische Gewächse

Bei den Kernlosen, worunter Bakterien und Cyanophyceen zu verstehen sind, scheint es wegen der abweichenden Organisation der Zelle zunächst sinnlos, den gleichen Unterschied zwischen vegetativer und sexueller Fortpflanzung zu machen, wie das für die Kernhaltigen geschah, die alle übrigen Pflanzengruppen umfassen. Für die Wesensbestimmung der Fortpflanzungsweisen ist die Beziehung auf das verschiedenartige Verhalten der Kerne in mitotischen und meiotischen Prozessen unerläßlich. Wo die Kerne als morphologisch-entwicklungsgeschichtliche Einheit fehlen, bleibt als Basis für einen Fortpflanzungsvorgang nur die Zellteilung als solche. Und doch läßt die damit gegebene einfache Zerlegung des Ausgangsindividuums in zwei Tochterzellen wenigstens eine Analogie zur vegetativen Fortpflanzung der kernhaltigen deutlich werden, welche die Zusammenfassung der Erscheinungen zu einer gemeinsamen Gruppe rechtfertigt. Neuerdings mehren sich nun die Anzeichen dafür, daß auch bei Bakterien und womöglich bei noch primitiveren Organismen wie den Bakteriophagen, daneben doch auch noch verschiedene Kopien des Sexualvorgangs gefunden werden können, möglicherweise auf anderer morphologischer Basis. Damit wird die Analogie auch auf dieser Seite des Fortpflanzungsverhaltens erkennbar. Das hier gegebene Gebiet ist freilich gerade eben betreten und bedarf noch weitgehender empirischer Bearbeitung. Somit bleiben wir für unsere Darstellung hauptsächlich bei einer Klärung der Analogie zur *vegetativen Fortpflanzung*.

Wir sahen, daß von unserer allgemeinen Definition hier nur eine Beziehung auf die Zellteilung, nicht aber auf die Mitose möglich ist. Für die Vertiefung der Analogie ist jedoch die weitere Konstatierung von besonderer Bedeutung, daß auch bei den *Bakterien und Cyanophyceen der Vererbungszusammenhang ebenso sicher gewährleistet ist wie bei den Kernhaltigen*: auch bei diesen gleichen die Abkömmlinge ebenso den Eltern, wie das für alle anderen Gewächse zutrifft. Und ebenso erscheinen auch hier gewisse Abänderungen vom Ausgangszustand in derselben Größenordnung wie bei den Kernhaltigen. Somit wird die Analogie eine vollkommene.

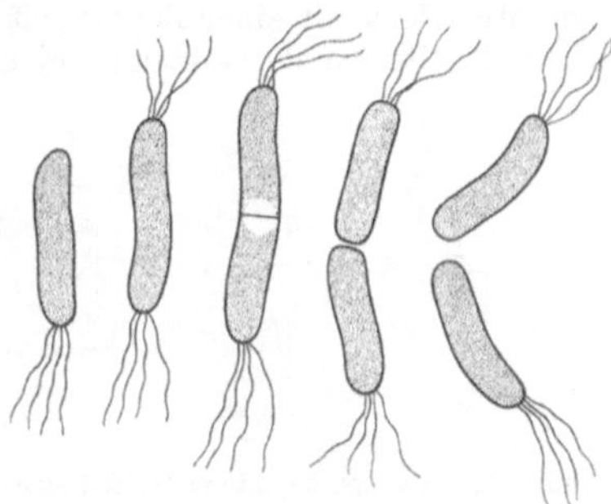

Abb. 278. Bakterienzelle in Teilung

α) Bakterien

Die Bakterienzellen können als morphologisch primitiv angesehen werden; ihre geringe Größe und eine mehr cytochemische als cytomorphologische Differenzierung in Cytoplasma und ein Kernäquivalent spricht dafür. Was diesen „Kern" anlangt, so lassen sich bei vielen Bakterien ein oder zwei Desoxyribose-Nucleinsäure-haltige Körperchen im Inneren nachweisen, die sich offenbar durch Teilung normal und auch in den Tochterzellen nach einer Zellteilung in gleicher Zahl finden. Freilich besitzen diese Körper keinerlei der für die Kerne der Karyoten typische Struktur (Abb. 278). So bezeichnet man den Körper der Bakterien als Archiplasten. Die physiologischen Leistungen der Bakterienzellen sind dagegen hoch spezialisiert und zeigen vielfach eine erstaunliche Aktivität, so daß die morphologische Einförmigkeit in einem merkwürdigen Gegensatz zur physiologischen Vielfalt steht. Derselbe Gegensatz äußert sich in den Fortpflanzungserscheinungen: für die vegetative Fortpflanzung stehen allein zwei Möglichkeiten zur Verfügung, *die einfache Zweiteilung und die Bildung von Dauersporen*. Nach ihrem entwicklungsgeschichtlichen Ablauf einförmig, kann die Fortpflanzungsleistung dennoch eine ganz außerordentliche und alle anderen Organismen weit übertreffende sein.

Befindet sich ein Bacterium, z. B. ein Choleravibrio, unter günstigen Existenzbedingungen, ist für die Zufuhr aller notwendigen Stoffe ausreichend gesorgt, sind die Temperaturverhältnisse angemessen, so erfolgt eine rapide Vermehrung und Verbreitung. Das heißt also: diese Form der Fortpflanzung tendiert zur möglichst umfassenden und beschleunigten Erfassung eines gegebenen Lebensraumes. Das Mittel der Vermehrung ist hier einfache Zweiteilung, wobei die Eigenbewegung durch Geißeln die Verbreitung besorgt. Da bei dieser Fortpflanzungsweise als Keim nichts anderes entsteht als die Zelle selbst, die zugleich ausgebildete Pflanze ist, so ist es selbstverständlich, daß die gleichen Lebensbedingungen für das Heranwachsen des Keimes wie für die Fortexistenz der Pflanze maßgeblich bleiben. *Einfache Zweiteilung als Vermehrung ist also für die Bakterien das Mittel, einen gegebenen Lebensraum möglichst schnell zu besiedeln.*

Es könnte scheinen, daß bloße Zweiteilung in ihrer Wirkung nur eine mäßige Vermehrungsrate bedeute; dabei darf aber nicht vergessen werden, daß die Grundlage jeglicher Vermehrung eine Zellteilung und damit stets nur eine Zweiteilung ist. Zur Kennzeichnung der Leistung ist noch die Beziehung auf die Zeit notwendig. So kann man die Größe der Vermehrungsrate eines Organismus nach der Zahl der Keime bestimmen, die er oder seine Generationsfolge in einer Zeiteinheit abstößt. Diese Größe nun ist bei den Bakterien eine außerordentliche und übersteigt diejenige aller anderen Gewächse bei weitem. So vermag sich ein Choleravibrio unter günstigen Lebensbedingungen alle 20 min zu teilen. Wäre es möglich, daß qualitativ und quantitativ diese Lebenbedingungen nur 24 Std lang zur Verfügung stünden, dann wäre die Zahl von 2^{71} Bakterien vorhanden: ein Erdball an Bakterienmasse! In der Realität werden jedoch die Lebensbedingungen zugleich die begrenzenden Faktoren und in Kürze erschöpft sein. Doch auch so können von einem Choleravibrio mehrere Millionen Nachkommen in 24 Std erzeugt werden.

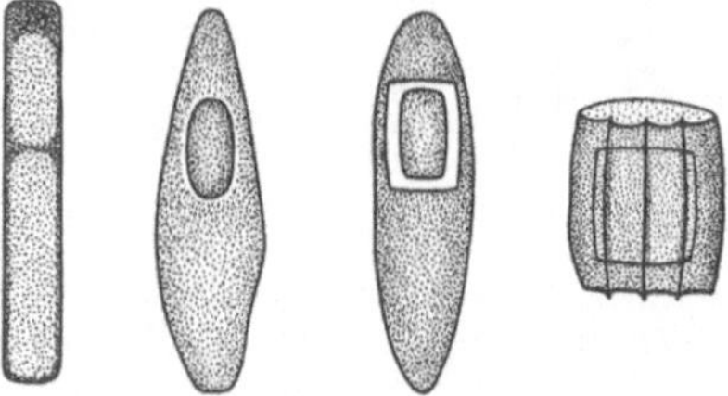

Abb. 279. Dauersporenbildung bei Bakterien

Ändern sich diese günstigen Lebensbedingungen für ein Bacterium, wird die Stoffzufuhr durch den rapiden Verbrauch geringer, lassen sich die Stoffwechselendprodukte nicht mehr entfernen oder trocknet das Substrat schließlich aus, dann geht das Bacterium mit einem Teil seines Körpers und meist nur mit *einem* Kernäquivalent in einen *Dauerzustand* über. Derartige Dauerkörper, anders ausgedrückt, die Zurichtung von Fortpflanzungskörpern irgendwelcher Art als Dauerorgane, haben stets dasselbe Muster zur Voraussetzung, wo auch immer es sich abspielt, und ob es sich dabei um einzellige oder um vielzellige Organe handelt. Wenn wir die Bakterien als Primtivformen ansehen, so können wir sagen, daß die Bakterienspore das ursprüngliche Muster ist, nach dem alle anderen Dauerkörper gefertigt werden. *Stets wird außen eine feste Membran ausgebildet, im Inneren geht das Cytoplasma der Zellen aus dem gequollenen und gleichzeitig aktiv lebendigen Zustand in einen entquollenen und inaktiven anabiotischen über, und endlich werden noch reichlich Reservestoffe darin abgelagert* (Abb. 279). Es können also die minimale Lebenstätigkeit, die solche Organe während der Ruheperiode besitzen, und vor allem der rapide Stoffverbrauch nach erneutem Wiederaufleben zunächst allein aus dem eigenen Vorrat bestritten werden. In den Dauersporen der Bakterien wird als Reservestoff gewöhnlich Öl abgelagert.

In diesem anabiotischen Zustand besitzen die Bakteriensporen eine Resistenz gegen ungünstige äußere Lebensbedingungen, die weit über solche von Zellen im aktiv lebendigen Zustand hinausgehen. So kann völlige Austrocknung oft jahrelang ertragen werden. Die Hitzeresistenz geht zwar auch über diejenige lebender Bakterien hinaus, ist jedoch absolut genommen nie sehr hoch, bei keinem Organismus. Auch hier erreichen die Bakterien ein Maximum; sie können in einzelnen Fällen die Siedetemperatur des Wassers von 100° bis zu 30 Std aushalten (*Bacillus subtilis*), so daß eine sichere Abtötung erst bei 110° erfolgt. Diese

Temperatur ist dann auch wohl als absolute Grenze der Hitzeresistenz für irgend einen lebendigen Körper anzusehen. Anders verhält es sich mit der Kälteresistenz. Hier gibt es überhaupt keine Grenze: es sind Bakteriensporen bekannt, welche die Temperatur des flüssigen Wasserstoffs zu ertragen vermögen, ohne die Lebensfähigkeit zu verlieren.

Diese beiden am Beispiel der Bakterien geschilderten Ausgestaltungen des Fortpflanzungsverhaltens können als typisch angesehen werden; überall im Gewächsreich läßt sich diese Gruppierung wiederfinden, ganz gleich, ob es sich um vegetative oder sexuelle Fortpflanzung handelt. Wir erinnern hier daran, daß wir den Fortpflanzungsmodus der Bakterien vorläufig nur als Analogie zur vegetativen Fortpflanzung der Kernhaltigen bezeichneten. Um so bedeutungsvoller ist es, daß sich hier dieselbe überlagernde Prägung findet, wodurch die analogen Phänomene der kernhaltigen Gewächse ausgezeichnet wurden. Daraus erhellt also, daß die Scheidung in Vermehrungs- und Überdauerungsorgane eine durchaus ursprüngliche ist und offenbar tiefer mit dem Wesen der Fortpflanzung verbunden als die Sexualität.

Abschließend fragt es sich, ob sich auch ein morphologisches Äquivalent für die Sexualität findet, das gewisse eigenartige Vererbungserscheinungen zu fordern scheinen, wie später noch gezeigt werden wird. Tatsächlich kommt es bei *Bacterium tumaefaciens* vor, daß die vegetativen Zellen zu zweit oder zu dritt oder zu noch mehreren eine Art Kopulation eingehen, indem sie mit den Enden zusammentreffend eine Art Stern bilden. Dabei rücken die DNS-haltigen Körper an die Vereinigungsstelle, um später wieder von dort fortzuwandern. Daran anschliessend erfolgt wieder ein normales vegetatives Teilungswachstum. Es fehlt also vor allem das entscheidende Phänomen; irgendwelche Andeutungen einer Meiosis sind bisher noch nicht gefunden.

β) Cyanophyceen

Die Cyanophyceen haben die Kernlosigkeit ihrer Zellen mit den Bakterien gemeinsam; ebenso, daß sie in ihrem Inneren DNS (Desoxyribosenucleinsäure-) haltige Körper besitzen. Sexualität als Karyogamie und Meiosis ist also unmöglich. Die allein vorhandene Fortpflanzung, die als einfache Zellteilung der vegetativen der Kernhaltigen analog ist, kennzeichnet sich hier ebenfalls als ein Reproduktionsvorgang, bei dem Ausgangsformen und Abkömmlinge in Generationsreihen nach Gestaltung und Funktion ihre Identität bewahren. Das setzt voraus, daß von Zelle zu Zelle gleichartiges und vollständiges Erbgut weitergegeben wird ebenso wie in den Bakterienzellen.

Hier sei ein Hinweis auf ein Phänomen eingeschaltet, das als solches noch eingehender empirischer Bearbeitung bedarf. Es ist von verschiedenen Beobachtern angegeben worden, daß in den Zellen der Cyanophyceen — besonders bei der Bildung von Fortpflanzungskörpern — nicht allein Zweiteilungen, sondern auch Simultanteilungen vorkommen, oftmals nach verschiedenen Richtungen des Raumes. Solche Simultanteilungen kommen in den Zellen kernhaltiger Organismen nur dann vor, wenn vorher eine größere Anzahl von Kernteilungen vor sich gegangen ist und somit an verschiedenen Stellen der Zelle identische Genome in den einzelnen Kernen verteilt sind. Etwas Analoges ist anscheinend in den Cyanophyceen nicht erkennbar; die Simultanteilungen scheinen aufzutreten, ohne daß vorher eine wahrnehmbare Veränderung in den Zellen festgestellt werden könnte. Demnach müßten in einer Cyanophyceenzelle die Nucleoproteide so angeordnet sein, daß die Vollständigkeit des „Genoms" stets an verschiedenen Stellen des Centroplasmas der Zelle gegeben ist.

Die Blaualgen zeigen gerade an dem Verhalten der hier reichlich in allen Abstufungen vorhandenen Übergangszustände den besonderen Effekt einfacher Zweiteilung der Zellen für einzellige und vielzellige Formen. Man kann auf die

Flagellaten, Chlorophyceen und Conjugaten, wie wir später zeigen werden, dieselbe Betrachtung anwenden; doch läßt sie sich aus Mangel an Übergangszuständen dort nicht so sicher aufweisen.

Jede Zellteilung der Organismen mit kernhaltigen Zellen setzt sich aus zwei
Teilprozessen zusammen: die vorangehende Mitose, die überall, ob es sich um
Einzeller oder Vielzeller handelt, völlig gleichartig ist, und die nachfolgende Zellteilung. Für das hier vorliegende Problem ist der zweite Prozeß, die Zellteilung,
der entscheidende, und darum können die Cyanophyceen als Paradigma dienen,
obwohl sie der Mitose entbehren. Es geht nun diese Zellteilung bei den Einzellern
stets vollständig vor sich, bei den Vielzellern dagegen unvollständig. Dadurch

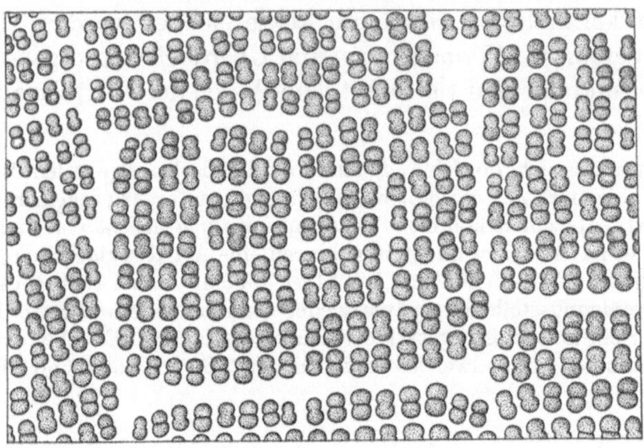

Abb. 280. *Merismopedia convoluta*. Durch Teilungsabfolge in *einer* Richtung entstandene Tafelkolonie.
(Aus GEITLER nach PASCHER etwas verändert)

entstehen bei den Einzellern sofort zwei neue Individuen, womit ein *Fortpflanzungsprozeß* gegeben ist. Bei den Vielzellern dagegen bleibt das Individuum, in
dem sich die Zellteilung abgespielt hat, infolge deren Unvollständigkeit erhalten.
Seine Zellen haben sich um eine vermehrt, es ist *ein Wachstumsvorgang* erfolgt.
Nun ist aber der Grad der Unvollständigkeit in der Teilung ein sehr verschiedener.
Es können die Protoplasten getrennt werden und nur die Membranen zusammenhaften. Dann handelt es sich genau genommen immer noch um Fortpflanzung;
denn die Zellen sind praktisch selbständig, gleichzeitig nimmt man dabei aber
auch das „Wachstum" der ganzen „Kolonie" wahr. Endlich: sowie sich die
Unvollständigkeit der Zellteilung auch auf die Protoplasten erstreckt, bleiben
die Zellen dadurch in plasmatisch-lebendiger Verbindung und die so geschaffene
vollkommene Zellgemeinschaft hört auf, eine Kolonie zu sein und wird wirklich
ein Individuum, das durch seine Zellteilungen sich nicht mehr „fortpflanzt",
sondern „wächst". Sowie aber ein solches vielzelliges Individuum sich *fortpflanzt,*
muß die *Unvollständigkeit der Teilung für die Abtrennung der Keime aufgehoben
werden.* Selbst wenn sie zunächst noch im Verbande des Ausgangsorganismus
bleiben, werden die Keime losgetrennt und völlig verselbständigt.

Die typische Ausgestaltung der Fortpflanzungsorgane nach ihrer besonderen
Funktion: Propagations- oder Dauerorgane, ist bei den Cyanophyceen stärker
differenziert als bei den Bakterien. Propagationsorgane entstehen bei allen Typen
durch einfache Zweiteilung; als Besonderheiten finden sich *Endo-* und *Exosporen-*

bildung bei fortgeschritteneren Gruppen, schließlich bei bereits gewebebildenden Formen die *Hormogonien*, mehrzellige Fadenstücke, die durch Schleimausscheidung beweglich sind, in seltenen Fällen noch sogenannte *Planococcen*, mit aktiver Bewegungsfähigkeit ausgezeichnete, gewissermaßen einzellige Hormogonien. Daneben gibt es einzellige und mehrzellige Dauerorgane, *Dauerzellen* und *Hormocysten*.

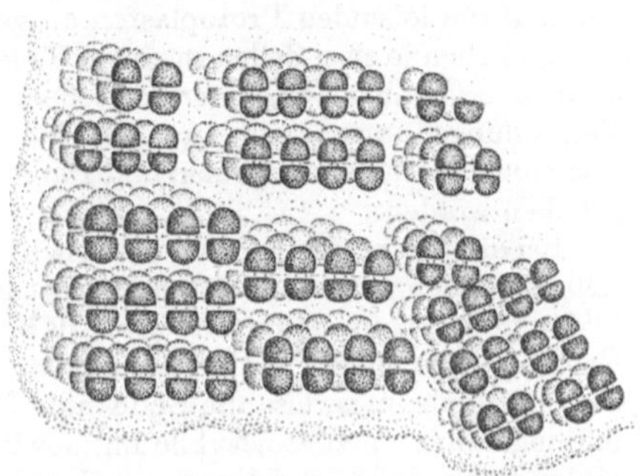

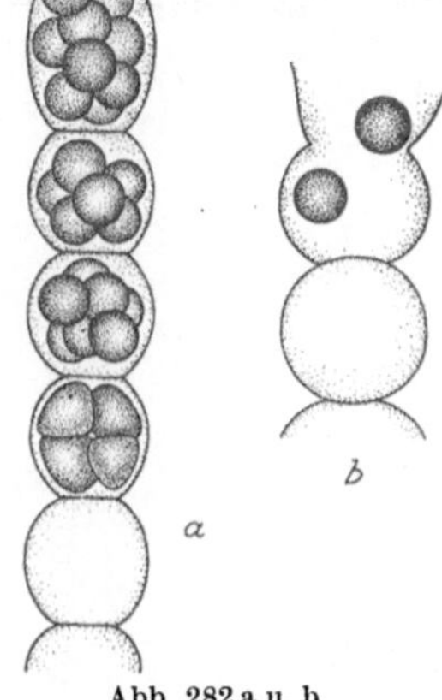

Abb. 281   Abb. 282a u. b

Abb. 281. *Eucapsis alpina.* Durch Teilungsabfolge in allen Richtungen des Raumes entstehen kompakte Kolonien. (Nach GEITLER)

Abb. 282a u. b. *Pascherinema moniliforme.* a Nannocyten-; b Endosporenbildung. (Nach GEITLER)

Nun einige Einzelbeispiele. Unter der Gruppe der Chroococcales zeigen die Gattungen *Synechocystis* und *Synechococcus* strenge Einzelligkeit. Nach jeder Zellteilung bleiben die Zellen zunächst noch kurze Zeit halbkugelig aneinander liegen, um sich dann aber völlig zu trennen. Mit jeder Teilung ist also ein exakt durchgeführter Fortpflanzungsprozeß verbunden. In der artenreichen Gattung *Gloeocapsa* sind durch die verschleimenden äußeren Membranen bei den Teilungen die Anfänge der Koloniebildung gegeben: zwei oder vier Tochterzellen aus einem oder zwei Teilungsschritten bleiben von einer gemeinsamen Membran umhüllt beieinander; sie bilden eine Kolonie, die zu „wachsen" scheint. Bald aber — meist schon nach der nächsten Teilung — wird die Membran gesprengt und die Zellen befreit; sie sind selbständig. So ist hier im Grunde noch kein Zweifel an der Fortpflanzungsfunktion der Zweiteilung. Zu sehr großen Kolonien können die Teilungsabfolgen bei *Merismopedia convoluta* (Abb. 280) oder bei *Eucapsis alpina* (Abb. 281) den Anlaß geben. Bei der ersten Form gehen die Teilungen stets nur in einer

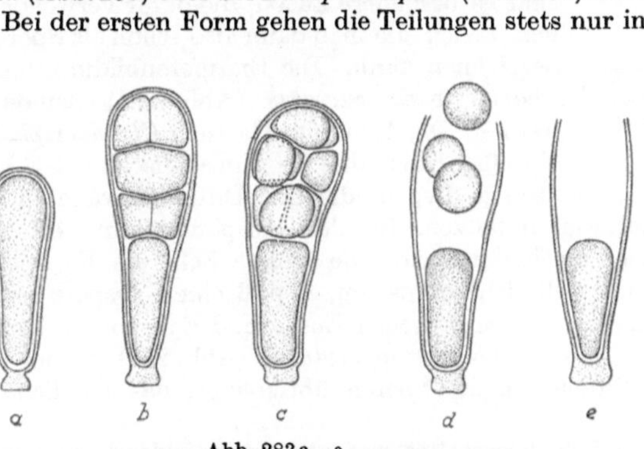

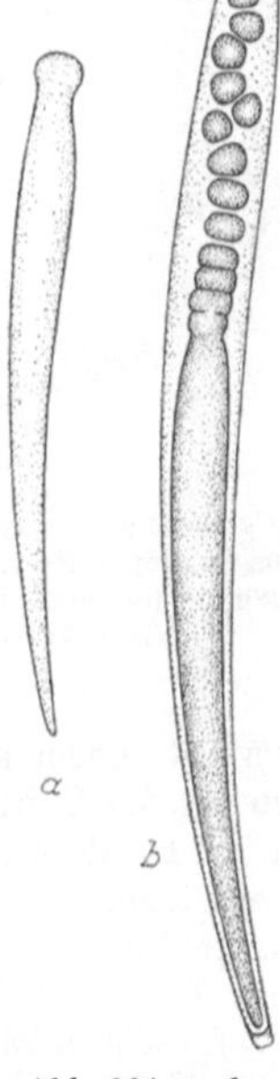

Abb. 283a—e   Abb. 284a u. b

Abb. 283a—e. *Dermocarpa aquaedulcis.* Endosporenbildung aus besonderen Zellen a—e. (Nach GEITLER)

Abb. 284a u. b. *Chamaesiphon curvatus.* Exosporenbildung. a Ausgangszellen; b laufender Exosporenabwurf. (Nach GEITLER)

Richtung des Raumes vor sich; es kommen also Flächenkolonien zustande. Bei *Eucapsis alpina* erfolgen die Teilungen nach allen Richtungen des Raumes; so entstehen ansehnliche kompakte Kolonien. Doch ist auch bei diesen Formen trotz des erheblichen Umfangs, den die Kolonien erreichen können, die Zellteilung stets noch Fortpflanzung; denn jeglicher Zusammenhalt der Zellen ist doch nur eine Angelegenheit der Membran. Eine andere Fortpflanzungsweise als bloße Zweiteilung gibt es bei den Chroococcales nicht. Erst bei den Hormogonales, den fadenbildenden Cyanophyceen, ist die Unvollständigkeit der Zellteilung mit Sicherheit auf die lebenden Protoplasten ausgedehnt; es sind zwischen je zwei Zellen in einem Faden Plasmodesmen erkennbar. Wir werden sehen, wie diese Verbindungen von Zelle zu Zelle bei der Fortpflanzung durch Hormogonien und Dauerzellen aufgehoben werden.

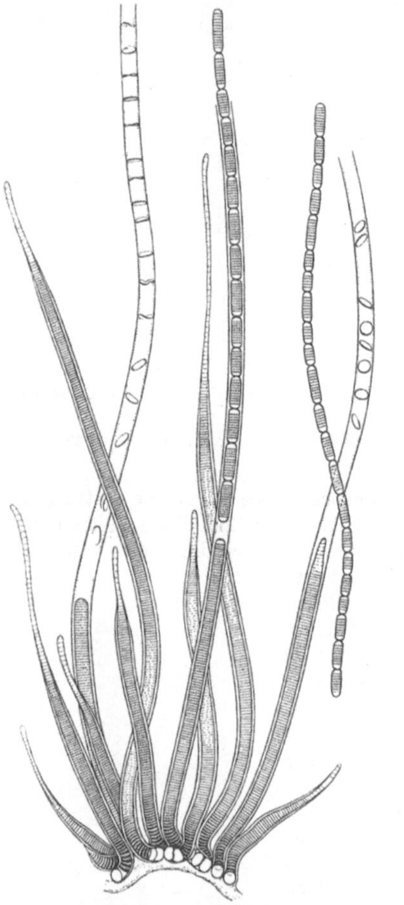

Bei den Chamaesiphoneen, bei denen diese Zweiteilungstendenz ebenfalls vorhanden ist und zu Gebilden führen kann, deren Charakter als Kolonie oder Gewebe etwas unentschieden ist, kommt als besondere Forpflanzungsweise die Endo- und Exosporenbildung hinzu. *Nannocyten*bildung sowie die Ausbildung von Endo- und Exosporen beruht entwicklungsgeschichtlich auf demselben Vorgang: die Zunahme der Teilungsrate auf Kosten der Wachstumsrate. Somit wird eine große Anzahl unter sich gleichwertiger, aber sehr kleiner Zellen in ein und derselben Ausgangszelle erzeugt. Daß solche Teilungen auch simultan erfolgen können, ist, wie oben schon angeführt, bedeutungsvoll für unsere Einsicht in die Verteilung des Erbmaterials. Bleiben nun diese produzierten kleineren Zellen in dem Raum der ursprünglichen Mutterzelle eingeschlossen, dann bezeichnet man sie als Nannocyten, die nicht als Fortpflanzungsorgane angesehen werden. Wenn sich aber die Mutterzelle öffnet und die eingeschlossenen Zellen frei werden und sich weiterentwickeln können, dann bezeichnet man sie als Endosporen. *Pascherinema moniliforme* (Abb. 282) zeigt, wie eine größere Anzahl, wenn nicht alle Zellen einer Kolonie, für einen solchen Vorgang in Anspruch genommen werden können. Bei *Dermocarpa aquaedulcis* (Abb. 283) sind es besondere Zellen, die dafür verwendet werden, Zellen, die man dann also schon als Sporangien bezeichnen kann. Die Exosporenbildung möge an *Chamaesiphon curvatus* (Abb. 284) demonstriert werden. Die Arten der Gattung *Chamaesiphon* sind einzellige, zylindrische ellipsoidische oder birnenförmige Typen, die mit Differenzierung in Spitze und Basis mit einem kurzen Gallertstiel festsitzen. Bei der Exosporenbildung öffnen sich die Zellen an der Spitze, nach einer Zweiteilung wird die äußere Zelle als Exospore abgestoßen, die basale wächst heran und teilt sich von neuem, so daß eine Exospore nach der anderen entstehen kann. Daß dabei Übergänge zwischen Endo- und Exosporenbildung bestehen, zeigt die Endosporenbildung bei *Dermocarpa aquaedulcis* (Abb. 283), wobei an der Basis noch Zellmaterial nach der Entleerung der Sporen übrigbleibt, das möglicherweise weiter heranwachsen kann.

Bei den Hormogonales, die fadenförmig gestaltet und als gewebebildend anzusprechen sind, kommt als besondere Fortpflanzungsweise neben der einfachen Zweiteilung der Fäden die Bildung von Hormogonien hinzu. Man versteht darunter kurze, mehrzellige Fadenabschnitte, die meist serienweise durch Neubildung in größeren vegetativen Fäden entstehen

Abb. 285. *Calothrix confervicola*. Hormogonienbildung, ausgeschlüpfte Hormogonien und Rest der Spaltkörper in einzelnen leeren Fäden. (Nach GEITLER)

und durch Schleimausscheidung selbständig beweglich sind. Die Hormogonienentstehung in den Fäden erfolgt durch die aus einzelnen Zellen gebildeten Spaltkörper, die einzelne kurze Fadenabschnitte voneinander trennen, die Plasmodesmenverbindung also aufheben. Reste dieser Spaltkörper können als eigentümliche Ringe nach dem Ausschlüpfen der Hormogonien, die offenbar an ihnen vorbei die Schleimmembran verlassen können, noch wahrgenommen werden, wie *Calothrix confervicola* (Abb. 285) zeigt. Nicht immer werden ganze Fäden zu Hormogonien umgebildet, vielmehr entstehen sie oft am Ende besonderer Seitenzweige gleich von vorn herein, wie bei *Stigonema hormoides* (Abb. 286). Bei dieser Form können sich die Hormogonien nach ihrem Ausschlüpfen noch durch Zerfall einer Zelle in der Mitte in zwei Einzelstücke mit wenigeren Zellen zerlegen.

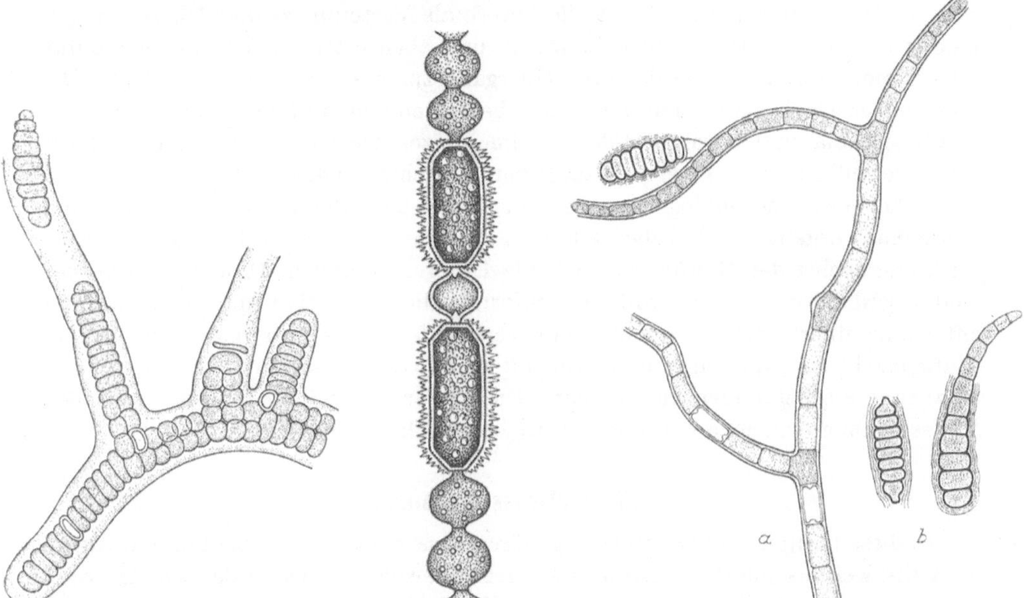

Abb. 286. *Stigonema hormoides.* Hormogonienbildung. (Nach GEITLER)

Abb. 287. *Anabaena echinospora.* Ausbildung der Dauerzellen. (Nach GEITLER)

Abb. 288 a u. b. *Westiella lanosa.* a Hormocystenbildung an „Seitenzweigen"; b Keimung der Hormocysten

Nun die Dauerorgane, die vor allem bei den Hormogonales, den fadenbildenden Formen, vorkommen. Hier können Dauerzellen entstehen, die entweder die gleiche Größe wie die vegetativen Zellen haben, oder sie können während ihrer Ausbildung stark heranwachsen; die Ausbildungsweise ist aber in allen Fällen gleich. Bei *Anabaena echinospora* (Abb. 287) werden innerhalb eines Einzelfadens zwei Dauerzellen gebildet, zwischen denen eine Heterocyste liegt, eine funktionslose Dauerzellenanlage, die als Trennungszelle aufgefaßt werden kann. Die Dauerzellen wachsen etwa auf die dreifache Größe normaler vegetativer Zellen. In ihrem Inneren verschwindet sodann der Assimilationsfarbstoff, das Chlorophyll; Reservestoffe werden gespeichert durch die Bildung zahlreicher und großer Öltropfen sowie von Stärkekörnern; das Plasma entquillt. Sodann erfolgt die Ausbildung der Membran, die zweischichtig und sehr dick ist, der äußere Teil ist oft stachelig und bräunlich gefärbt. Während und durch die Membranbildung erfolgt eine Abtrennung der Plasmodesmen von den Nachbarzellen, womit die entstehende Dauerzelle vollkommen aus dem Fadenverband isoliert ist. Solche Dauerzellen sind außerordentlich widerstandsfähig. Unter günstigen Bedingungen keimen sie, wobei in ihrem Inneren zugleich ein Hormogonium entstehen kann.

Die Hormocysten endlich sind Dauerstadien aus ganzen Fadenabschnitten. So werden sie bei *Westiella lanosa* (Abb. 288) als kurze Seitenzweige ausgebildet. Die 6—8 Zellen eines solchen umgeben sich mit einer gemeinsamen derben Membran, und werden dann als Ganzes von der Ausgangspflanze abgestoßen. Im Inneren der Zellen spielen sich ungefähr

die gleichen Vorgänge ab wie bei den entstehenden Dauerzellen. Nach der Keimung bilden
sich aus den Hormocysten in ähnlicher Weise wieder neue Fäden wie aus den Hormogonien,
nämlich durch fortgesetzte lebhafte Teilung aller Zellen.

b) Die Gewächse mit kernhaltigen Zellen

Die Differenz zwischen Kernlosen und Kernhaltigen besteht darin, daß bei den
letzteren überall eine Anordnung des Erbmaterials in abgegrenzten, geformten
Zellkernen erfolgt ist und in diesen wiederum in individuell bestimmten Chromosomen. Damit zugleich erscheint die Mitose als Verteilungs- und Übertragungs-
modus in der vegetativen Fortpflanzung, und ebenso tritt sofort die Sexualität
mit Kopulation und Meiosis auf. Übergangszustände kennen wir nicht: Die
morphologische Konstitution der Zellen, bei denen einmal die primäre Sonderung
in Cytoplasma und Kern besteht, ist im ganzen Gewächsreich bei Einzelligen
und Vielzelligen von einer erstaunlichen Gleichförmigkeit. Abstufungen und
möglicherweise eine phylogenetische Linie findet sich allein in der Ausgestaltung
des Sexualvorgangs und insbesondere in der Weise seines Einbaus in den Entwicklungscyclus der Gewächse. Daß die Differenzierung in Propagationskörper
und Überdauerungsorgane völlig gleichförmig die vegetative und sexuelle Fortpflanzung überlagert, ist nicht mehr verwunderlich, sofern man sich einmal
klargemacht hat, daß man es hierin mit einer Grundgesetzmäßigkeit der Fortpflanzungserscheinungen zu tun hat. Die weitere Einteilung unseres speziellen
Teiles nehmen wir nach den oben entwickelten Grundsätzen vor.

aa) Tiefwasserpflanzen

In diese Gruppe von Gewächsen gehören ausschließlich Flagellaten und Algen,
und die weitaus meisten davon sind Meeresbewohner. Die Pflanzen des Süßwassers sind zum allergrößten Teil unter die Flachwasserbewohner oder gar unter
die Amphibier zu rechnen. Die Meeresbewohner können entweder als Planktonten
frei im Wasser flottieren oder als Benthonten dem Grunde des Wassers aufsitzen.
In beiden Fällen werden sie dauernd vom Wasser umspült, und Außenbedingungen,
die ihnen das aktiv-lebendige Dasein völlig unmöglich machen, finden sich höchstens am Rande beider arktischen Zonen, wo vorübergehende Vereisung die Pflanzen periodisch einfrieren läßt. Dabei überdauern dann aber zumeist die ganzen
Pflanzen mit ihren vegetativen Körpern. Alle übrigen Gebiete, ganz besonders
natürlich die wärmeren Meere, bieten ihren Bewohnern das ganze runde Jahr
hindurch dieselben gleichmäßigen Lebensbedingungen. Dadurch sind diese
Typen entscheidend bestimmt. Man findet kaum jemals Dauerkörper. Man
findet sehr vielfach einen umfangreichen Generationswechsel und umfassende
vielzellige vegetative Entwicklung. Doch nicht nur diese ökologischen Momente
sind bei dieser Gruppe klar und übersichtlich, auch nach dem Konjugationstypus
läßt sich hier eine einfache Gliederung ohne Gewaltsamkeiten vornehmen, ganz
im Gegensatz zu der Gruppe der Flachwassergewächse, wie hier vorwegnehmend
bemerkt sei. Alle Flagellaten dieser Gruppe und alle sonstigen Einzelligen sind
chorogam, soweit sie überhaupt Sexualität besitzen bzw. diese bekannt ist, und
ebenso verhält es sich mit den Chlorophyceen und Phäophyceen. Davon trennen
sich als ebenfalls völlig einheitliche Gruppe die Rhodophyten ab, die *angiogam*

sind und zugleich einen höchst eigenwilligen Generationswechsel und Entwicklungsgang aufweisen. In seiner nahezu skurrilen Ausgestaltung ist dieser auch nur unter den ausgeglichenen Bedingungen des Tiefwassers möglich.

Auf eines sei noch hingewiesen. Die Meeresalgen kommen nur in einer begrenzten Region vor: unterhalb etwa 200 m Tiefe erlischt das Pflanzenleben. So ist demnach der Wuchs der Benthonten hauptsächlich auf einen Küstengürtel beschränkt, der nur relativ geringe Breitenausdehnung hat. An dem oberen Teil dieses Küstengürtels sind die Pflanzen aber Ebbe und Flut ausgesetzt, und viele der Meeresalgen leben in einer Zone — von den Algologen die Litoralzone genannt —, in welcher sie in periodischen Abständen vom Wasser frei sind. Im Hinblick darauf hat man die Algen der Litoralregion mit solchen des Süßwassers verglichen, die in kleinen, schnell fließenden Bächen an Steinen oder womöglich in Mühlbächen an Mühlrädern wachsen. Beiden Typen, einer Süßwasser-Ulothrix etwa und einer Cladophora des Meereslitorals, muß die Fähigkeit gemeinsam sein, in kurzperiodischem Wechsel auch das Dasein an der Luft zu ertragen. Faktisch wird in beiden Fällen von den Zellmembranen so viel Schleim ausgeschieden, daß der vorübergehende Entzug von Wasser nichts schadet. Diese Übereinstimmung hat aber kaum einen Einfluß auf die Fortpflanzungsweise. Die Süßwasser-Ulothrix ist im Gegensatz zu den Bewohnern des Meereslitoral einem weiteren periodischen, tief eingreifenden Wechsel der Lebensbedingungen ausgesetzt, wie sie in kleinen Süßwasserbächen mit Sommer und Winter mit Trockenperioden und Regenzeiten zustande kommen, und in deren einer Alternative jeweils das aktive lebendige Dasein für die Algen ausgeschlossen ist. Hierin besteht der entscheidende Unterschied zwischen den Lebensbedingungen, denen die Litoralgewächse und die Süßwasserpflanzen ausgesetzt sind. Wir werden sehen, welcher Einfluß von hier aus auf die Fortpflanzungsverhältnisse besteht.

α) Flagellatae

Die zu den Pflanzen gezählten Flagellaten sind einzellige Organismen, die sich durch Geißeln oder Flagellen bewegen und mit grünen, gelblichen oder braunen Chromatophoren assimilieren. Vielfach wurden die grünen einzelligen Typen, die eine wohlausgebildete Sexualität besitzen, zu den Chlorophyceen gestellt, weil man als Flagellaten nur Typen begriff, die keine Sexualität besitzen. Das kann man heute nicht mehr aufrechterhalten, weil die Sexualität sicherer Flagellaten inzwischen erwiesen worden ist. Doch ist die eigentlich systematische Anordnung für unseren Zusammenhang ganz unwichtig: Wir halten es für ganz übersichtlich, so wie HARDER es vorgeschlagen, die vegetativ durch Geißeln beweglichen Einzeller wie Euglenales und Volvocales den Flagellaten anzuschließen und die unbeweglichen wie die Protococcales den Chlorophyceen.

Als häufigste Fortpflanzungsweise findet sich bei allen Einzellern die vegetative; denn wie schon bei den Cyanophyceen ausgeführt, muß hier jede Zellteilung, die bei vielzelligen Gewächsen als Wachstumsvorgang begriffen werden kann, hier notwendig zur Fortpflanzung führen. Abgesehen davon kommt in rhythmischen Abständen die Bildung von unbeweglichen Zellen vor, sogenannten *Cysten.* Diese *können* zu Dauerzuständen ausgestaltet sein, doch ist das gerade bei den Tiefwasserformen nicht immer der Fall. Als weitere Möglichkeit kommt noch die sexuelle Fortpflanzung hinzu, deren typischen Ablauf wir jedoch erst später an den sehr viel genauer studierten Flachwasserbeispielen eingehender erörtern können.

Unter der Flagellatengruppe der Chrysomonadineen ist besonders die Gattung *Dinobryon* als Meeresplanktont bekannt (Abb. 289). Dinobryon besitzt einen länglichen Protoplasten, ist am Vorderende mit zwei Geißeln versehen und hat zwei gelbliche Chromatophoren. Jede Zelle ist von einer offenen becherförmigen Hülle umgeben, die am Hinterende spitz zuläuft und aus Cellulose besteht (Abb. 289a). Die vegetative Fortpflanzung kommt durch Längs-

teilung der Zellen zustande, wobei gewöhnlich eine der beiden Tochterzellen in dem alten
Becher bleibt, die andere dagegen hinausschlüpft, sich aber dann mit dem Hinterende auf
dem Rande des alten Bechers festsetzt (Abb. 289 b, c) wodurch größere Kolonien von bäum-
chenförmigem Aussehen entstehen (Abb. 289 d). Daneben besteht die Möglichkeit, Dauer-
cysten zu bilden; sie entstehen dadurch, daß der Protoplast der Zelle sich zusammenzieht und
mit einer festen Hülle umgibt. Dieser Vorgang vollzieht sich gerne am oberen Rand eines
Bechers. Sexuelle Forpflanzung ist nicht bekannt. Die Dinobryonarten treten in verschiedenen
Meeren gerne periodisch und dann in sehr großen Mengen auf.

Die Peridineen, ihrer abenteuerlichen Gestalten wegen auch Dinoflagellaten
genannt, kommen ebenfalls in großen Massen im Meeresplankton vor; doch finden
sich oftmals Arten der gleichen Gattung auch im flachen Süßwasser. Die Peridineen
besitzen sehr verschiedenartig gestaltete Protoplasten, oftmals mit mehr oder weniger
langen hornartigen Fortsätzen versehen, und sind bis auf wenige Ausnahmen mit einem
festen, aus Celluloseplatten gebildeten Gehäuse bedeckt. In der Mitte befindet sich
senkrecht zur Längsachse eine um den ganzen Körper führende Querfurche, in der
eine Geißel schwingt. Gewöhnlich sitzt an dieser einseitig eine kurze Längsfurche an,
in der ebenfalls eine Geißel eingeheftet ist und in der Richtung der Längsachse über
den Körper hervorragt. Die Fortpflanzungsweisen der marinen Dinoflagellaten sind
nicht besonders gut bekannt, die der Süßwasserformen immerhin etwas besser. Als
vegetative Fortpflanzung kann, wie bei allen Peridineen, einmal gewöhnliche Zellteilung,
zum andern Cystenbildung vorkommen.

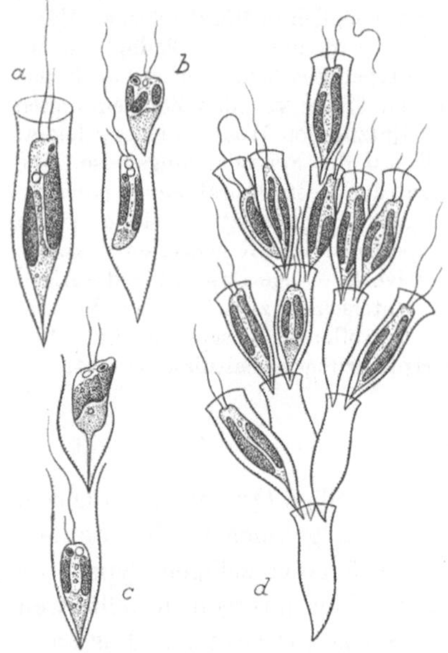

Abb. 289 a—d. *Dinobryon sertularia.* a einzelne
Zelle; b, c vegetative Fortpflanzung; d Kolonie.
(Nach KLEBS und SENN aus OLTMANNS)

Der Ablauf der sexuellen Fortpflanzung ist
nur an einer Flachwasserform genau ermittelt worden und wird dort geschildert
werden. Es steht zu vermuten, daß die Fortpflanzungsweisen der marinen Typen
ganz analoge sind, weil vielfach dieselben Gattungen hüben und drüben vorkommen. Hier sei nur ein besonderer Typus der marinen Planktonten angeführt,
worin sich eine bemerkenswerte Abwandlung der Cystenbildung darstellt. Die
Cysten sind hier zweifellos nicht Dauerorgane, sondern nur eine andere, nämlich
die unbewegliche Form des vegetativen Organismus.

Bei *Diplodinium lunula* (Abb. 290) kennt man vor allem die Cysten als unbewegliches
Stadium. Es sind relativ große aufgeblasene Zellen mit dünner Cellulosehaut, in denen der
Zellkern und die gelbgrünen Chromatophoren einseitig einer Wand anliegen, während der
übrige Teil der großen Zelle von dünnen Plasmasträngen durchzogen wird. Es teilt sich dann
der Kern in zwei Teilungsschritten in vier, wonach sich aus dem Plasma Einzelkörper formieren.
Diese teilen sich weiterhin der Länge nach, sodaß acht oder zwölf langgestreckte Zellen
entstehen, die dann durch Aufreißen der alten Membran frei werden. Es entstehen auf diese
Weise die langgestreckten halbmondförmigen Tochtercysten. In diesen setzen sich die
Teilungen nach einer Kontraktion des Plasmakörpers fort, und es entstehen in jeder dieser
halbmondförmigen Cysten bis zu 16 Zellen, die nun deutlich die Gestalt einer Peridinee
annehmen mit Quer- und Längsfurche sowie Geißeln, aber freilich nur einer dünnen Haut.

Diese so gestalteten Diplodinien schwärmen in der leeren Cystenhülle umher. Wie sie befreit werden, und wie aus dem beweglichen Diplodinium die Cyste entsteht, ist hier nicht bekannt. Man kann es ergänzen durch KLEBS' Untersuchung des *Cystodinium bataviense* (Abb. 291),

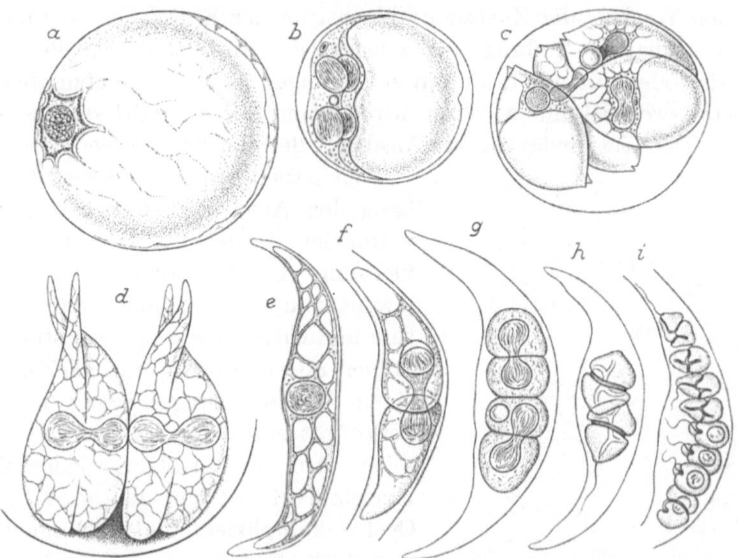

Abb. 290 a—i. *Diplodinium lunula.* a einkernige Cyste; b Cyste mit 4 Kernen, Protoplasma noch ungeteilt; c Einzelcysten im Beginn der Zweiteilung; d Bildung der sichelförmigen Cysten; f—h Teilungen in den Cysten; i Bildung der beweglichen Diplodiniumindividuen. (Nach DOGIEL)

allerdings einer — freilich tropischen — Süßwasserform. Das hier aus einer Cyste durch Verquellen der Wand frei werdende bewegliche Cystodinium stellt nach einiger Zeit die Bewegung ein; es zerreißt seine Cellulosemembran, der Plasmakörper streckt sich und wächst zu einer halbmondförmigen Cyste heran, in der sich wiederum neue Cystodinien bilden. Ähnlich wird der Übergang vermutlich auch bei Diplodinium vor sich gehen, nur daß bei letzterem zwei Cystenformen, die kugeligen und halbmondförmigen, aufeinanderfolgen.

Wir sehen also hier einen eigenartigen Gestaltswechsel in der Aufeinanderfolge der Zellgenerationen hintereinander vor sich gehen, und zwar bei einem Gewächs, das in wärmeren Meeren als Planktont unter nahezu stets gleichbleibenden äußeren Bedingungen lebt. Es ist somit nicht zu erwarten, daß von den Außenbedingungen her ein besonderer Eingriff in den Entwicklungscyclus erfolgen kann. Die Verknüpfung der einzelnen Glieder der Formenabfolge erfolgt allein durch vegetative Fortpflanzung; ein Kernphasenwechsel ist nicht eingeschaltet.

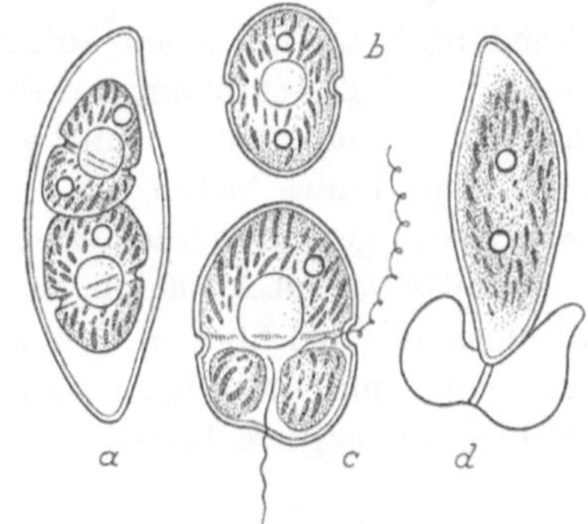

Abb. 291 a—d.   *Cystodinium bataviense.* a Teilung in der Cyste; b und c bewegliche Individuen; d Streckung zur Cyste. (Nach KLEBS)

Wir haben es hier offenbar mit dem Ausdruck eines „endogenen Rhythmus" — um einen Terminus aus der Physiologie zu verwenden — zu tun, der in gewisser Hinsicht mit jedem noch so einfachen, aber in regelmäßigen Abständen wiederholten Fortpflanzungsvorgang verbunden sein muß, hier jedoch ein etwas überraschendes und fremdartiges Ansehen gewinnt. Auch jede *gleichbleibende* Teilungsabfolge, in der durch die Zellteilungen unter unverändert günstigen äußeren Bedingungen ein gleichartiges Individuum auf das andere folgt, läßt auf einen rhythmischen Wechsel der Zustände: Wachstum der Einzelzelle — zunehmende Teilungsbereitschaft — Teilung — Wachstum der Einzelzelle schließen. Kommt nun mit jeder oder nur mit bestimmten Teilungen noch ein gesetzmäßig wiederholter Gestaltswechsel hinzu, dann wird damit der Grundrhythmus lediglich kompliziert. Doch ist beides nur ein Ausdruck der gleichen inneren Geschehnisse.

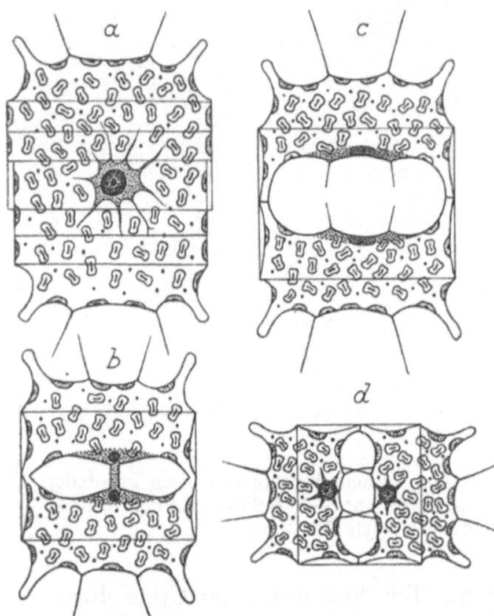

Abb. 292a—d. *Biddulphia mobiliensis*. a Ausgangsform; b und c Teilungsstadien; d Individuum aus einer kleiner werdenden Generationsreihe. (Nach BERGON)

Wir haben bisher in diesem Zusammenhang den Ausdruck „Generationswechsel" vermieden. In der Tat wird er auch nur auf vielzellige Formen angewandt, bei denen jeweils komplizierte, mit Zellteilung, Wachstum und Differenzierung ausgestattete Individuen und nicht nur einzelne Zellen durch einen Fortpflanzungsvorgang miteinander verknüpft sind. Die Fülle der in rhythmischer Aufeinanderfolge wiederkehrenden Einzelabläufe ist hier also groß, der ganze Cyclus kompliziert und zusammengesetzt, und doch steht dem nichts im Wege, einen autonom bedingten Formwechsel, wie ihn die Erfahrungen an den marinen Peridineen aufweisen, als Grundlage aller gesetzmäßig angeordneten Entwicklungsabfolgen anzusehen. So werden Generationswechsel im üblichen Sinn, die Aufeinanderfolge der Fortpflanzung durch Gameten und Gonosporen, es wird der Kernphasenwechsel als sekundäre Ausgestaltungen aufzufassen sein, die oftmals in höchst sinnreicher Weise, ebenfalls sekundär, auf den Eingriff der Außenbedingungen abgestimmt sind. Ein besonders anschauliches Beispiel einer solchen Umgestaltung des endonomen Rhythmus bieten die Süßwasserperidineen, wie an der entsprechenden Stelle später gezeigt werden wird.

Unmittelbar im Anschluß an die einzelligen Flagellaten beschäftigen wir uns nun noch mit den übrigen Gruppen einzelliger Pflanzen, die im Pflanzensystem sehr schwer unterzubringen sind, in unserer Gruppierung teils hierher, teils zu den Flachwassergewächsen gerechnet werden müssen.

β) Diatomeae

Die Diatomeen sind höchst speziell ausgebildete einzellige Organismen mit braunen Chromatophoren, deren Membran durch Kieselsäureeinlagen zu einer festen Schale ausgestaltet ist. Die typische Besonderheit dieser Formen besteht darin, daß die Gesamtmembran jeweils stets in zwei Hälften zerfällt, die an den Rändern wie die Deckel einer Schachtel übereinandergreifen. Man kann demnach bei jeder Diatomeenzelle zwei Aspekte unterscheiden: Die Schalenseiten (die Deckel der Schachtel von oben und unten!) und die Gürtelbandseiten (die beiden

Seiten der Schachtel, wo die Ränder übereinandergreifen). Diese Kieselschalen sind äußerst resistent und spielen oftmals sogar in der Größenordnung geologischer Ablagerungen eine erhebliche Rolle. Man unterscheidet der Form nach zwei Gruppen von Diatomeen, solche, die von der Schalenseite her gesehen rund sind, die zentrischen Diatomeen, und solche, die vom gleichen Aspekt her länglich, elliptisch oder unregelmäßig gestaltet sind, die pennaten Diatomeen.

Wenn auch die Diatomeen, wie OLTMANNS besonders hervorhebt, Kosmopoliten des See- und Süßwassers sind, und wenn darunter auch zweifellos Ubiquisten sind, so kann man doch ohne besondere Fehler die zentrischen Diatomeen als Angehörige des Meeresplanktons und die pennaten vorwiegend als solche des Süßwassers ansehen. Auch ist es wahrscheinlich, daß sich zwischen beiden Gruppen auch insofern noch ein sehr tiefgreifender Unterschied findet, als die zentrischen Diatomeen vermutlich haplontisch, während die pennaten sicher diplontisch sind. Die hauptsächlichste Fortpflanzungsweise der Diatomeen ist die Zweiteilung, ganz besonders bei den zentrischen, die sehr zur Koloniebildung in langen Ketten und Bändern von Individuen neigen.

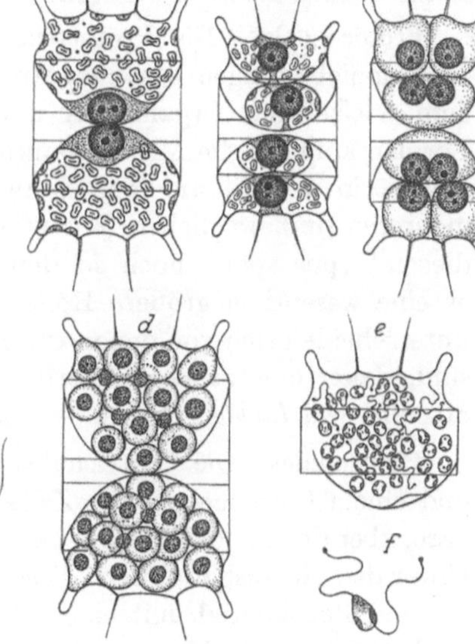

Abb. 293 a—d   Abb. 294 a—e

Abb. 293 a—d. *Biddulphia sinensis.* a—d verschiedene Stadien der Auxosporenbildung. (Nach SCHREIBER)
Abb. 294 a—e. *Biddulphia mobiliensis.* a—e verschiedene Stadien der Mikrosporenbildung; f einzelne Mikrospore.
(nach BERGON)

Wir wählen *Biddulphia mobiliensis* als eine sehr häufige Meeresdiatomee als Beispiel: Hier rücken wie bei allen Diatomeen nach der Kernteilung die beiden Schalenhälften auseinander, und nach der Zellteilung wächst in jeder dieser Hälften der Protoplast wieder zur vollen Zellgröße heran (Abb. 292). Dabei regeneriert jede Tochterzelle eine neue Schalenhälfte, doch stets so, daß die neue *innen* in die alte eingreift, auch dann, wenn diese selbst eine innere Hälfte war. Es ist klar, daß dabei eine bestimmte Generationsreihe immer kleiner und kleiner werden muß. Wenn eine bestimmte Mindestgröße erreicht ist, dann erfolgt zur Wiederherstellung des Körperumfangs die sogenannte Auxosporenbildung, die bei Biddulphia so verläuft, daß der Protoplast die zu klein gewordenen Schalen verläßt, sich zunächst abrundet und dann erheblich heranwächst (Abb. 293). Während dieser Zeit ist der Protoplast von einer dünnen Pektinhaut, dem Perizonium, umgeben, die nach Erreichung der endgültigen Größe aufreißt. Daran anschließend bildet der Protoplast die typischen Konturen einer Biddulphiazelle und scheidet zuletzt wieder zwei neue Schalen aus. Bei der Auxosporenbildung haben wir es also hier lediglich mit einem Vorgang der Größenregeneration zu tun; sie ist weder mit der Sexualität verbunden wie bei pennaten Diatomeen, noch sind diese Gebilde Dauerorgane.

Die Sexualität der Centricae ist immer noch umstritten. Es sind bei verschiedenen Formen, so auch bei *Biddulphia mobiliensis,* „Mikrosporen" (Abb. 294) beobachtet worden, die sowohl als Gameten wie als Zoosporen gedeutet werden. Dauerstadien sind auch hier nicht bekannt.

γ) Chlorophyceae

Bei den Chlorophyceen haben wir es mit einer Algengruppe zu tun, die nur wenige einzellige Formen umfaßt und von hier aus zu ausgesprochener Vielzelligkeit und Gewebebildung vordringt. Rein grüne Chromatophoren kennzeichnen sie außerdem; häufig sind diese mit deutlichen Pyrenoiden versehen; als Assimilationsprodukt findet sich Stärke. Schwärmer, soweit solche vorhanden, sind birnenförmig; sie besitzen am Vorderende zwei oder vier Geißeln und einen meist becherförmigen Chromatophor. Die Chlorophyceen sondern sich nach unseren Gesichtspunkten in zwei große Gruppen, die im Tiefwasser lebenden, vorwiegend Meeresalgen, und die Flachwasserbewohner, hauptsächlich Süßwassertypen. Letztere sind die zahlreicheren.

Protococcales. Die Protococcales sind meist einzellige Formen, die oftmals zu Koloniebildungen zusammentreten, wobei vielfach auch wohl schon die Grenze zum vielzelligen Organismus überschritten werden mag. Nur wenige dieser Formen kommen im Meeresplankton vor. Die Fortpflanzungsweise besteht dann jeweils in der Bildung von Schwärmsporen oder von Aplanosporen, d. h. von mehreren unbeweglichen Fortpflanzungskörpern aus einer Zelle. Wir werden diesen Typus später noch bei den Flachwassergewächsen zu schildern haben, wo er eine wesentlich größere Rolle spielt (Abb. 344). Die Tiefwasserprotococcales unterscheiden sich von denen des Flachwassers vor allem dadurch, daß sie kleiner sind, daher eine größere Oberfläche und Schwebefähigkeit besitzen und ferner oftmals, wie *Richteriella*, lange Fortsätze aufweisen.

Ulotrichales. Die Ulotrichales sind vielzellige Grünalgen mit je einem Kern und einem Chromatophor je Zelle, bei denen eine zwar durchaus schon erkennbare, aber doch noch keineswegs sehr ausgeprägte Gewebedifferenzierung besteht. Unter den Meeresbewohnern dieser Gruppe seien zunächst die Ulvaceen genannt; sie sind Benthonten, mit einem Rhizoid am Grunde befestigt und mit umfangreicher vegetativer Ausgestaltung. Sie haben einen antithetischen Generationswechsel: Auf einem haploiden Gametophyten werden Gameten entwickelt, nach deren Kopulation entstehen diploide Zygoten, die ohne weiteres keimen und zu einem Sporophyten auswachsen, der in den Fällen von Ulva und Enteromorpha dem Gametophyten gleicht. In den Zellen des Sporophyten entstehen unter Ablauf der Meiosis jeweils vier Gonozoosporen, die ihrerseits wieder Gametophyten hervorbringen. Wir wählen hier als Beispiel allein *Monostroma Wittrockii*, weil bei diesem Typ zu dem antithetischen Generationswechsel noch ein bemerkenswerter Gestaltswechsel hinzukommt.

Die haploiden Gametophyten von Monostroma haben eine als Hohlkugel angelegte Jugendform, die aber beim Weiterwachsen aufreißt und flache vielzellige Thalli erzeugt (Abb. 295), aus deren Zellen Gameten entstehen können. Diese Gameten, zweigeißelig und isogam, kopulieren nur, wenn sie von verschiedenen Pflanzen stammen; es besteht genotypische Geschlechtertrennung. Die Zygoten keimen nicht ohne weiteres wie bei den übrigen Formen mit glattem Generationswechsel, doch werden sie auch nicht zum Dauerorgan, sondern fangen an, langsam zu wachsen, um zwar einzellig zu bleiben, doch auf etwa die zwanzigfache Größe einer Ausgangszygote heranzuwachsen (Abb. 296). Sodann erfolgt die Meiosis und im Anschluß daran noch eine Reihe weiterer Teilungsschritte, bis 32 Zellen entstehen, die als viergeißelige haploide Zoosporen frei werden und nach dem Festsetzen und Keimen wieder die normalen Gametophyten entstehen lassen. Hier ist also mit dem Generationswechsel ein Gestaltswechsel gegeben: Es ist ein sehr kleiner, relativ primitiver Sporophyt vorhanden, der nacheinander Zygote, Sporophyt und Zoosporangium darstellt. Wesentlich ist noch, daß die nichtkopulierten Gameten als Parthenosporen funktionieren können und ihrerseits wieder Gametophyten hervorbringen. Andere Fortpflanzungskörper außer den Gameten und Gonozoosporen sind bei den meerbewohnenden Ulotrichales nicht bekannt.

Siphonocladiales. Die Siphonocladiales sind vielkernige Chlorophyceen, wobei die einzelnen Thallusabschnitte vielkernig und meist mit einem riesigen, vielfach zerklüfteten und mit vielen Pyrenoiden beladenen Chloroplasten versehen sind. Zu den bedeutendsten Repräsentanten dieser Gruppe gehört die Gattung Cladophora.

Abb. 295a—d. *Monostroma fuscum.* a—d Entwicklungsgeschichte des Gametophyten. (Nach ROSENVINGE)

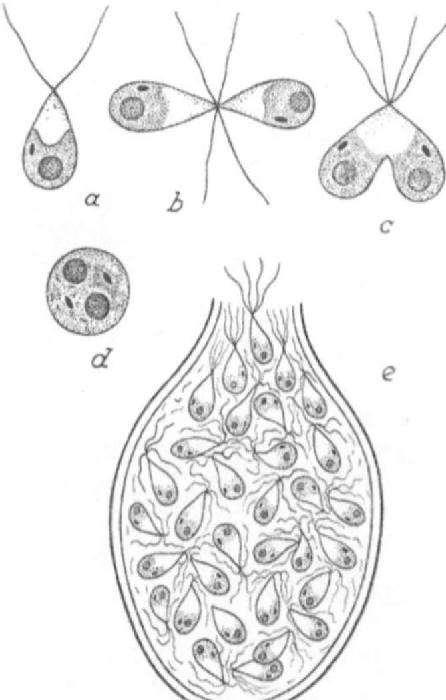

Abb. 296a—e. *Monostroma Wittrockii.* a Gameten; b und c Kopulationspaare; d Zygote; e Gonozoosporenbildung im Sporophyten. (Nach MOEWUS)

Wenn wir diese zu den Tiefwassergewächsen stellen, dann geschieht das durchaus unter der Einsicht, daß es sich dabei um Übergangstypen handelt: Es gibt Arten der Gattung im Süßwasser und solche im Meer; letztere aber gehören der Litoralregion an und sind damit Bedingungen ausgesetzt, die, wie schon früher erörtert, an die des Flachwassers erinnern. Zugleich wurde dort aber auch schon darauf hingewiesen, warum dennoch die Bewohner des Meereslitorals zu den Tiefwasserformen gehören.

Die Cladophoren sind Benthonten, mit einem Rhizoid am Boden befestigt; zugleich besitzt die Gattung umfangreiche vegetative Entwicklung mit einem großen vielverzweigten Thallus. In die sexuelle Fortpflanzung ist ein antithetischer Generationswechsel eingebaut: Der Haplont wird zum Gametophyten, der kopulierende Gameten entwickelt; die Zygote wächst zum Diplonten heran, auf dem unter Meiosis Gonozoosporen entstehen, aus denen wiederum neue Gametophyten aufwachsen. Die vegetative Ausgestaltung der beiden Generationen ist ununterscheidbar gleichförmig (Abb. 297).

Nach der Keimung der Gonozoosporen wird durch die erste Zellteilung eine Rhizoidzelle und eine Thalluszelle determiniert. Durch die erstere befestigt sich der Keimling am Substrat. Später beim Heranwachsen strecken sich weiter oben liegende Zellen als Hyphen, als sehr langgestreckte Zellen abwärts und beteiligen sich, sofern sie den Boden erreichen, an der Bildung eines vielzelligen Rhizoms, in dessen Zellen Reservestoffe abgelagert werden. Damit werden die Rhizome als Dauerorgane ausgestattet (Abb. 297c). Besonders bei den Süßwassercladophoren gehen die oberen Teile der Pflanzen unter ungünstigen Lebensbedingungen zugrunde, und allein die Rhizome überdauern, um dann wieder zu „keimen" und neue vegetative Pflanzen heranwachsen zu lassen. Die Überdauerung ist also hier allein an die vegetative Fortpflanzung geknüpft. Selten werden wie bei *Pitophora Kewensis* (Abb. 297 d) Dauerzellen auch außerhalb des Rhizoms in den oberen Teilen ausgebildet. Dabei füllen sich einzelne Zellen mit Reservestoffen, die Kerne versammeln sich in der Mitte der Zellen, und die Membranen verstärken sich. Solche Bildungen finden sich — leicht verständlich — besonders bei den frei flottierenden Arten, die keine Rhizome haben.

Vermehrung und Verbreitung ist bei den Cladophoraarten an die sexuelle Fortpflanzung geknüpft. In haploiden Gametophyten werden in einzelnen Zellen, die damit zu Gametangien werden, zahlreiche zweigeißelige gleichgestaltete Gameten ausgebildet, die nach der Entlassung kopulieren; es besteht also Isogamie. Doch erfolgt die Kopulation nur unter Abkömmlingen verschiedenen Geschlechts; am Kopulationserfolg läßt sich eine genotypisch bestimmte Geschlechtertrennung aufweisen. Gameten, die keinen Partner finden, können aber wie bei den meisten isogamen Formen ebenfalls keimen; aus ihnen gehen neue Gametophyten hervor. Die aus der Kopulation entstandenen Zygoten keimen ohne besondere Ruheperiode und entwickeln den diploiden Sporophyten. In den vielkernigen Sporangien (Abb. 297 a und b) der Sporophyten läuft in allen darin vorhandenen Kernen die Meiosis ab, aus den jeweils vier Gonen werden viergeißelige Zoosporen gebildet, die, ihrerseits haploid, wieder die beiden Geschlechtspflanzen des Gametophyten hervorbringen, womit der Kreis geschlossen ist.

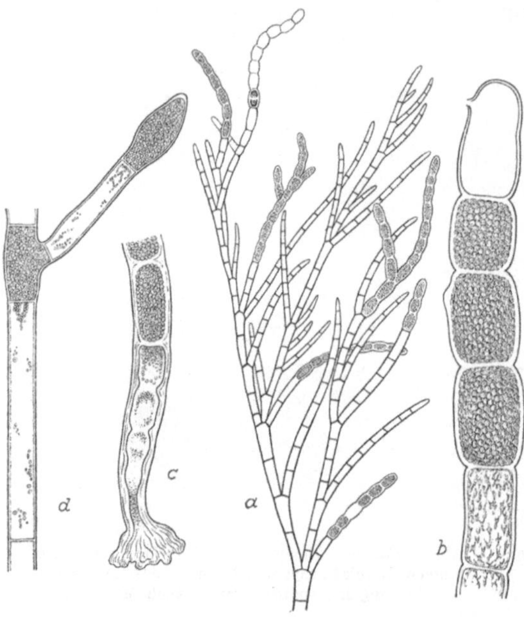

Abb. 297a—d. a Zweig von *Cladophora* mit Zoosporangien (nach OLTMANNS); b Zoosporangium von *Cladophora* (nach OLTMANNS, stark vergrößert); c *Chaetomorpha aerea*, basaler Teil einer älteren Pflanze (nach ROSENVINGE und THURET); d Dauerzellen bei *Pitophora Kewensis* (nach WITTROCK). (Alles aus OLTMANNS)

In der Gattung Acetabularia, ebenfalls zu den Siphonocladiales gehörig [1], ist der antithetische Generationswechsel wieder aufgehoben. Die Meiosis rückt durch Reduktion des Gametophyten an die Gametenbildung heran und liegt unmittelbar vor dieser. Beide Prozesse des Sexualvorgangs sind also wieder miteinander vereinigt, und eine diplontische Ausbildung des vegetativen Systems ist gewonnen. Im übrigen ist in sehr eigentümlicher Weise bei diesen Formen Propagation und die Überdauerung in den Entwicklungsablauf eingebaut; die noch diploiden Gametangien lösen sich, als Cysten zu Überdauerungsorganen geworden, aus dem Zellgewebe los; in Massen produziert dienen sie zugleich der Vermehrung. In ihnen läuft die Meiosis bei der Gametenbildung ab, wobei freie Isogameten gebildet werden, die mit und bei dem Kopulationsprozeß für die Verbreitung besorgt sind.

Über die Einzelheiten ist folgendes zu sagen: *Acetabularia mediterranea* und *A. Wettsteinii* kommen im Mittelmeer häufig vor und sind durch ihre eigenartige Form wohlbekannt: sei sehen aus wie kleine Schirme von 2—3 cm Höhe. Am freien Standort sind die Pflanzen

---

[1] Die Stellung von Acetabularia ist etwas umstritten; neuerdings wird sie auch wohl zu den Siphonales gestellt.

gewöhnlich mit Kalk inkrustiert. Die vegetative Entwicklung beginnt mit der Zygote (Abb. 298 d—g), die aus der Kopulation von Isogameten entstanden ist und ohne Meiosis, also diploid, auskeimt, und zwar zunächst als einzelliges Gebilde. Es bildet sich anfangs ein Rhizoid in einigen Verzweigungen, und von dort aus wächst der Stiel aufwärts. Daran entstehen hintereinander eine Reihe steriler Haarwirtel, wovon gewöhnlich der vorhergehende wieder abfällt, wenn der nächste erscheint. Zuletzt wird an der Spitze des Stiels der Hut gebildet, der durch Zusammenwachsen sehr regelmäßig angeordneter Haare oder Seitenzweige entsteht. Während dieser ganzen Entwicklungsperiode bis zur vollständigen Ausbildung des

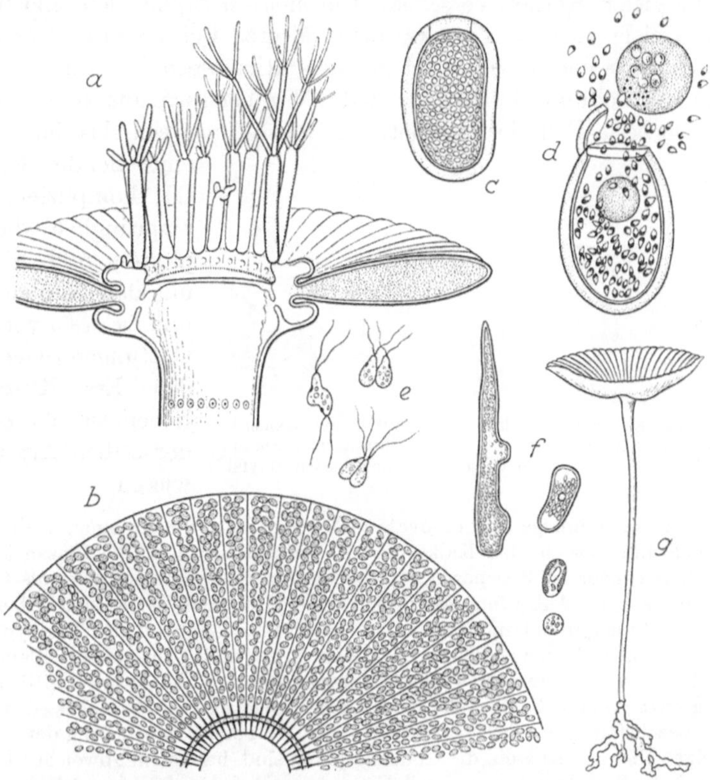

Abb. 298 a—g. *Acetabularia mediterranea*. a Schema des Aufbaus (zum Teil nach NAEGELI); b Schirm von der Fläche mit Cysten; c und d Cysten; e kopulierende Gameten nach STRASBURGER; f keimende Zygoten (nach DE BARY; a—f aus OLTMANNS); g Kulturpflanze mit maximalem Hut kurz vor der Cystenbildung. (Nach HÄMMERLING).

Hutes mit seinen einzelnen Fächern ist die Alge nicht nur einzellig, sondern auch einkernig geblieben. Dieser eine Kern befindet sich in irgendeinem Ast des Rhizoids (Abb. 298 g); er ist bei der excessiven Größe der Zelle zwar auch zu erstaunlicher Größe herangewachsen unter besonders nachdrücklicher Vermehrung seiner Nucleolarsubstanz, doch ist die Kern-Plasma-Relation trotzdem noch sehr weitgehend zugunsten des Plasmas verschoben. Nach der vollkommen fertigen Ausbildung des Hutes (Abb. 298 a) beginnt sich der Kern, wahrscheinlich noch im Rhizoid, zu teilen; es entstehen ohne Zwischenschaltung von Wachstumsvorgängen sehr viele Kerne so lange, bis diese schließlich wieder die normale Größe besitzen. Dann steigen die Kerne mit der Plasmabewegung im Stiel auf, wobei gleichzeitig die Chromatophoren mitgenommen werden. Die Kerne werden in die einzelnen Fächer des Hutes verteilt, und in diesen findet dann durch Abrundung einzelner Protoplasmaportionen jeweils um einen Kern eine Bildung von Cysten statt (Abb. 298 b und c). Diese sind mit einer festen — vielfach auch mit Kalk inkrustierten — Membran versehen; dann zerfällt der Hut, und die zahlreichen Cysten werden frei. In diesen erfolgt vermutlich vor der Keimung die Reduktionsteilung, und aus den Gonen werden durch einige weitere Teilungen die Gameten gebildet, Isogameten, die nach der Kopulation und Keimung der Zygoten wieder neue Pflanzen entstehen lassen. Die Cyste ist also als ein Gametangium aufzufassen, das aber als Ganzes losgelöst zugleich als Überdauerungsorgan, mindestens als Ruheorgan funktioniert.

Siphonales. Die Siphonales sind Formen, bei denen der Gesamtthallus ohne Septierung ist. Wie groß auch immer der Körper werden mag — und er kann recht erhebliche Dimensionen annehmen —, das gesamte Innere besteht aus einem zusammenhängenden Hohlraum, und der Plasmabelag der Wände dieses Raumes ist mit sehr vielen Kernen versehen. Die meisten Siphonalen sind Tiefwasserformen, und viele bewohnen die wärmeren Meere. Bei diesen gibt es Typen, die wie Cladophora einen antithetischen Generationswechsel besitzen, aber auch solche, die wie Codium diplontisch sind. Wir befassen uns zunächst mit dem Halicystis-Derbesia-Fall; der antithetische Generationswechsel ist hier durch einen

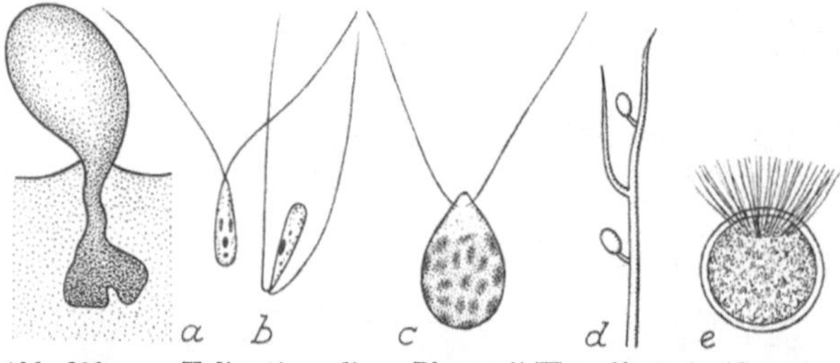

eingreifenden Gestaltswechsel kompliziert, so daß ursprünglich die Gametophyten und Sporophyten mit den Namen *Halicystis* und *Derbesia* verschiedenen Gattungen zugeordnet wurden. Erst Kulturversuche haben sie als zu ein und der selben Art gehörig erwiesen.

Abb. 299a—e. *Halicystis ovalis.* a Blase mit Wurzelfortsatz (Gametophyt); b Mikrogameten; c Makrogamet; d Derbesiaform = Sporophyt; e Gonozoospore. (a—c nach KUCKUCK, d und e nach DAVIS)

Halicystis ist eine einzige kugelig-ovale vielkernige Zelle, die mit einem „Wurzelfortsatz" am Boden befestigt bzw. in den Kalkuntergrund eingelassen ist. Die Blasen können ihren ganzen Inhalt entweder als Zoosporen zur vegetativen Fortpflanzung oder als Gameten zur Kopulation entlassen. Außerdem kann der Rhizoidschlauch nach dem Überwintern — Halicystis kommt auch in kalten Meeren vor — neue Blasen entwickeln. Die Zygoten keimen unmittelbar und entwickeln zunächst ebenfalls einen horizontal liegenden Schlauch, der dann aber ganze Rasen von aufrechten Fäden entstehen läßt, an denen sich seitlich durch eine Wand abgegrenzt größere keulige Zoosporangien entwickeln, ein Gewächs, das man bisher als Derbesia bezeichnet hat. Es ist wahrscheinlich, daß bei der Ausbildung der Zoosporen die Meiosis erfolgt. Diese Zoosporen, die Gonozoosporen sind, haben ein abweichendes Aussehen. Sie sind relativ groß und kugelig und mit einem von einem ringförmigen Blepharoblasten gesteuerten Wimpernkranz versehen. Bei ihrer Bildung gehen viele von den zahlreichen Kernen im Zoosporangium zugrunde, nur eine Minderzahl kann sich mit genügend Plasma ausstatten, um eine Zoospore zu bilden. Aus diesen Zoosporen, die ebenfalls wieder unmittelbar keimen. entstehen zunächst wieder horizontale Fäden, die dann aber meist nach einem längeren Entwicklungsstillstand wieder die Halicystisblasen hervorbringen (Abb. 299).

Die Halicystisblasen stellen also die Gametophyten, die Derbesiafäden den Sporophyten dar. Beides, Gameten und die Gonozoosporen, sind die Organe sexueller Fortpflanzung und gleichzeitig Vermehrungs- und Verbreitungsorgane, wozu ebenfalls auch die von den Blasen entwickelten Zoosporen dienen.

Die Gattung *Codium* kommt vorwiegend in den warmen Meeren der tropischen und subtropischen Gebiete vor. Auch hier finden wir wieder eine wohldifferenzierte vegetative Entwicklung, die sich wie bei den meisten anderen marinen Siphonalen auch quantitativ in den Grenzen hält, welche die Chlorophyceen gegenüber den Phäophyceen und Rhodophyceen auszeichnet. Der antithetische Generationswechsel ist hier durch Reduktion des Gametophyten aufgehoben: die Gonen, Abkömmlinge der Meiosis, werden hier nicht zu Zoosporen, sondern

unmittelbar zu Gameten. So liegt die Meiosis nunmehr unmittelbar vor der
Kopulation, und der vegetative Körper ist diploid.

Codium, als Gesamtkörper ein schlauchförmiger Thallus, sitzt mit Rhizoidteilen stets
dem Gestein auf; der freie Teil ist büschelig verzweigt. An den peripheren Teilen dieser
Thalli werden Gametangien durch eine Wand abgegliedert, wobei sich Mikro- und Makrogametangien unterscheiden lassen. Diese können auf verschiedene Individuen verteilt sein,
doch finden sich in der Gattung auch monöcische Formen. Die Gameten entstehen unter
Ablauf der Meiosis, die sich in den Gametangien in zahlreichen Kernen nebeneinander vollzieht. Daran anschließend werden aus dem Plasma die Zellen herausmodelliert, die dann zu
Gameten werden. Doch bleibt eine größere Menge von Plasma unverwendet. In der Spitze
der Gametangien sammeln sich offenbar unter der Mitwirkung des unverbrauchten Periplasmas starke Gallertmassen an, die anscheinend durch ihre Verquellung an dem Heraus-

schleudern der Gameten beteiligt sind. Mikro- und Makrogameten kopulieren, ergeben eine Zygote, die unmittelbar keimt und wieder
zu neuen diploiden Pflanzen
heranwächst (Abb. 300).

δ) Phaeophyta

Die Braunalgen sind
fast ausschließlich Mee-
resbewohner; die Zahl
der im Süßwasser leben-
den ist verschwindend
gering. Damit steht das
Fehlen besonderer Über-

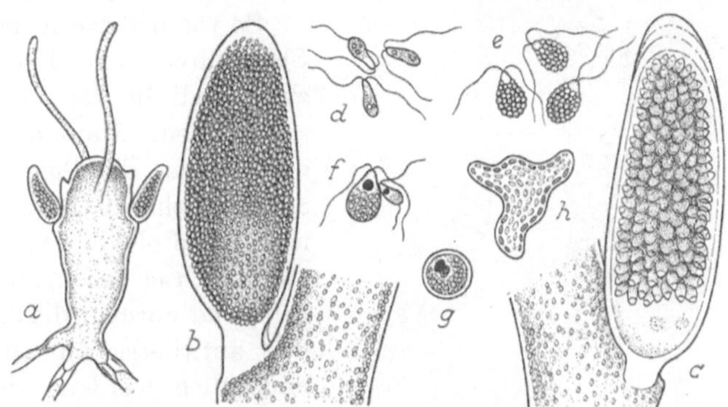

Abb. 300a—h. *Codium tomentosum*. a Thallus; b männliche; c weibliche
Gametangien; d männliche; e weibliche Gameten; f Kopulation; g Zygote;
h Keimling. (Nach BERTHOLD und THURET aus OLTMANNS)

dauerungsorgane in Übereinstimmung, eine Erscheinung, die auch bei den
meeresbewohnenden Chlorophyceen konstatiert werden konnte. Doch ist zu
bedenken, daß viele Braunalgen unter wesentlich ungünstigeren Bedingungen
leben als die marinen Chlorophyceen, weil sie weiter in die kälteren Meere und
durchaus bis in das arktische Gebiet vorstoßen. Dabei ist es dann meistens der
ganze Vegetationskörper oder mindestens Teile davon, die hier die rauhere Jahreszeit zu überdauern vermögen. Da also nun hier ähnlich wie bei vielen ausdauernden Landpflanzen unserer Klimate die Überdauerung nicht durchaus eine Funktion der Fortpflanzungskörper, sondern der somatischen Region zugeschoben ist,
kann sich die Fortpflanzung auch der arktischen Formen auf die günstigen
Vegetationsperioden beschränken. Die Skala der Fortpflanzungsweisen bleibt
also genau wie bei den marinen Chlorophyceen eine recht enge.

Noch etwas anderes sei erwähnt. Bei den Phaeophyceen und Rhodophyceen
kündigt sich zwar noch nicht so ausgeprägt, aber doch erkennbar, eine offenbar
endonome Tendenz an, die später vor allem bei den Eumyceten, sodann aber ganz
auffällig bei den Farnen und Samenpflanzen in Erscheinung tritt. Bei allen diesen
Typen, so grundverschieden und sicher phylogenetisch zusammenhanglos sie auch
sein mögen, ist es meist eine einzige Hauptfortpflanzungsweise, die alle Einzel-
effekte, Propagation und Überdauerung, gleichzeitig übernimmt und damit für
den Entwicklungsgang des Organismus die entscheidende Rolle spielt. Dieser
gegenüber, die gewöhnlich zugleich mit der Sexualität versehen ist, treten andere

Fortpflanzungsweisen als bloß akzessorische stark zurück oder stellen spezielle Anpassungserscheinungen dar, die irgendeinem Sonderverhalten zugeordnet sind. Ebenso findet sich bei allen eben genannten Typen dieselbe Form der Variabilität der Fortpflanzungserscheinungen. Es ist hier allein die Mannigfaltigkeit in der Abwandlung ein und desselben Grundtypus, worin sich der Erfindungsreichtum der lebendigen Gestaltungskraft äußert. Wir werden im folgenden Abschnitt sehen, daß sich gerade die Flachwasser- und amphibischen Typen vollkommen anders verhalten. Bei ihnen äußert der Reichtum in der Erscheinung sich durch die Vielgestaltigkeit der verschiedenen Fortpflanzungsweisen nebeneinander.

So wie bei den meisten meeresbewohnenden Chlorophyceen sind auch bei den Phaeophyta zwei Modi in der Verteilung der Kernphasen anzutreffen. Haplontische Typen fehlen; die einfachsten, die Phaeosporales, besitzen einen antithetischen Generationswechsel, worin haploide und diploide Zustände mit oder ohne Gestaltswechsel miteinander abwechseln. Die Fucales sind Formen, die diplontisch sind und damit den antithetischen Generationswechsel wieder undeutlich werden oder verschwinden lassen, wozu die Laminariales mit ständiger Reduktion des Gametophyten den Übergang bilden.

Phaeosporales. Unter den Phaeosporales ist die Gattung Ectocarpus weit verbreitet und in ihren Fortpflanzungsverhältnissen sehr häufig untersucht. Der Entwicklungsablauf von *Ectocarpus siliculosus* kann nach dem Schema von Cladophora interpretiert werden, wonach ein antithetischer Generationswechsel ohne erkennbaren Gestaltswechsel im vegetativen Bereich vorhanden ist. Es besteht Chorogamie bei Isogamie der Gameten, die aus den plurilokulären Gametangien des Gametophyten entlassen werden, wie die Terminologie der Algologen lautet. Diese Gametangien sind vielzellig und stellen Kurztriebe dar, zusammengesetzt aus sehr vielen und sehr kleinen Zellen, deren jede bei der Reife einen Gameten entläßt (Abb. 301d). Die Zygoten keimen unmittelbar ohne Meiosis und erzeugen die diploiden Sporophyten. An diesen entstehen nun Sporangien, unilokuläre Behälter, in denen die Zoosporen gebildet werden (Abb. 301a, b, c). Ursprünglich einzellig läuft in ihnen die Meiosis ab, und daran anschließend teilen sich die Gonen noch lebhaft, ohne daß es zur Zellwandbildung käme. Da hier keinerlei Gewebebildung erfolgt, kann man die hier gebildeten Zoosporen noch als Gonozoosporen auffassen. Aus den Zoosporen entstehen nach der Keimung wieder in Gechlechtertrennung die Gametophyten. Von diesem Schema sind aber so vielfältige Abweichungen festgestellt worden, daß man bis heute nicht sagen kann, ob es wirklich zutrifft, indessen kann man auch kein anderes an die Stelle setzen. Teilweise lassen sich die Unstimmigkeiten noch durch die Annahme einer Keimung von nichtkopulierenden Gameten und durch die Bildung von Zoosporen ohne Meiosis verstehen, was für *Pylaiella literalis* mit größerer Exaktheit aufgewiesen wurde. Doch fehlen zur endgültigen Einsicht noch umfassendere Kulturversuche. So würde Ectocarpus aus einer Lehrbuchübersicht besser fortbleiben, wenn es nicht zugleich das bedeutsamste Objekt zur Ableitung der „relativen Sexualität" wäre, die ihrerseits genau dargestellt werden muß. Schon die älteren Beobachter haben angegeben, daß sich die Ectocarpusgameten insofern unterscheiden lassen, als die einen sich sehr bald festsetzen und dann von den anderen, die

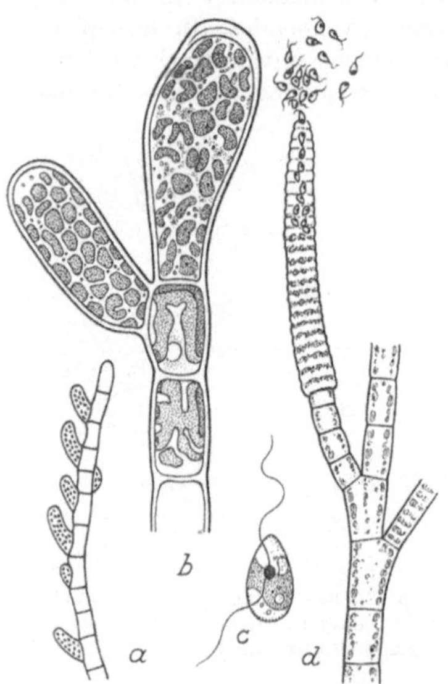

Abb. 301 a—d. *Ectocarpus*. a Zweig des Sporophyten mit unilokulären Sporangien; b E. lucifugus: 2 Sporangien stärker gepaart; c E. siliculosus: zweigeißlige Zoospore; d E. siliculosus: Gametophyt mit plurilokulärem Gametangium und ausschwärmenden Gameten. (Nach KUCKUCK, KLEBAHN und REINKE aus OLTMANNS)

ihre Beweglichkeit nicht verlieren, in großer Zahl umschwärmt werden, bis zuletzt je zwei miteinander kopulieren (Abb. 302). Isogamie besteht also lediglich hinsichtlich Form und Größe der Gameten, nicht aber nach dem Verhalten. Funktionell nach dem Kopulationsverhalten lassen sich weibliche und männliche Zellen durchaus unterscheiden. Bei genauerem Studium hat sich nun ergeben, daß sich alle Übergänge zwischen bald unbeweglichen, also weiblichen, und sehr stark beweglichen — männlichen — Gameten finden. Man kann dann also von mehr oder weniger stark oder schwach weiblichen und männlichen Zellen sprechen. Dementsprechend müssen sich dann auch solche sozusagen in der Mitte der Übergangsreihe finden, die „neutral" sind. Das ist tatsächlich der Fall, und zwar vermögen diese neutralen Gameten sowohl gegenüber stark weiblichen als männliche, und gegenüber stark männlichen Gameten als weibliche zu funktionieren. Dieser Effekt findet sich nicht gerade häufig, doch ist er bei den verschiedensten Formen sicher nachgewiesen. Wir werden gegebenenfalls darauf hinweisen. Wie auch sonst bei isogamen Formen, so sind auch die Ectocarpusgameten

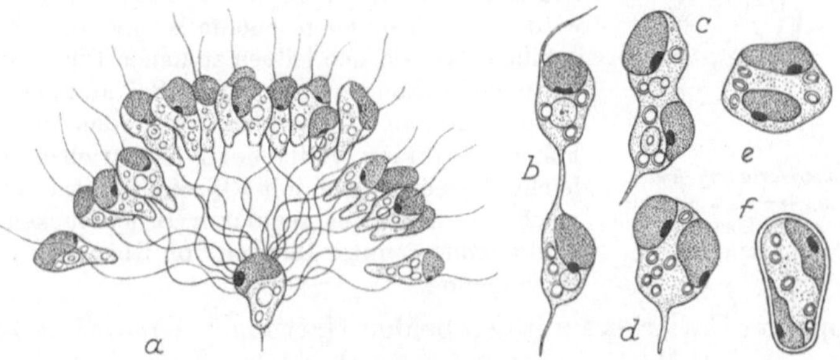

Abb. 302a—f. *Ectocarpus siliculosus*. Kopulation der Gameten. a ein weiblicher Gamet von vielen männlichen umschwärmt; b—e Kopulationsstadien; f Zygote. (Nach BERTHOLD und OLTMANNS aus OLTMANNS)

für ihre Entwicklungsfähigkeit nicht auf den Kopulationsvorgang *angewiesen*. Gameten ohne Partner, und zwar sowohl „weibliche" wie „männliche", keimen und entwickeln sich rein vegetativ weiter und werden vermutlich zu neuen Gametophyten.

Die theoretische Bedeutung dieser Konstatierung der relativen Sexualität bei Ectocarpus ist recht erheblich. Wir werden im Zusammenhang mit den Phänomenen der Geschlechtsvererbung und Geschlechtsbestimmung wieder darauf zurückkommen, doch sei hier schon das Wichtigste gesagt: Es zeigt der Effekt, daß auch dann, wenn das Geschlecht erblich festgelegt ist, also bei genotypischer Geschlechtsbestimmung, noch die Gameten bisexuelle Potenz besitzen, die noch des Anstoßes zum Ausschlag nach der einen oder anderen Seite bedarf. Dieser Anstoß geht in dem Fall der „neutralen" Gameten von der sexuellen Differenz gegenüber den entweder stark weiblichen oder stark männlichen Gameten aus.

Schon innerhalb der Reihe der Ectocarpales finden sich isogame, anisogame und oogame Typen nebeneinander; doch sind alle diese Formen nicht sehr bedeutungsvoll. Wichtiger ist die Gruppe der Sphacelariales, für die dasselbe bezüglich der sexuellen Differenzierung gilt. In unserem Zusammenhang seien sie jedoch aus einem anderen Grunde besonders aufgeführt. Hier ist offenbar sekundär die zwar noch vorhandene, aber seltener gewordene sexuelle Fortpflanzung durch die vegetative verdrängt worden, was sonst kaum bei den Phaeophyta vorkommt. Dabei ist im Vergleich der einzelnen Gattungen und Arten von besonderem Interesse, daß jeweils in dem Maße, in dem die sexuelle Fortpflanzung seltener wird, gleichzeitig jene andere vegetative durch Brutkörper und Brutkörner ebenso zunimmt.

Die Arten der Gattung *Sphacelaria* sind buschige Gebilde mit reicher Verzweigung, deren Wachstum durch eine an den Zweigspitzen vorhandene große Scheitelzelle und deren regelmäßige Segmentierungen gesteuert wird. Dabei entstehen die Seitenorgane aus den in der Abfolge dieser Segmentierungen regelmäßig angelegten Zweiginitialen. Aus diesen Initialzellen können nun aber auch wenigzellige Ästchen statt der sonst stattlichen Seitenzweige hervorgehen, und diese besonderen Ästchen können dann als Brutkörper abgestoßen werden. Die Scheitelzelle dieser Gebilde teilt sich meist in zwei relativ starke Seitensegmente, die zu kurzen Seitenzweigen auswachsen, und einem winzigen Mittelsegment, das liegenbleibt oder allenfalls zu einem Haar auswächst. Durch Abtrennung an der Basis wird ein so entstandener Brutkörper befreit und durch die Wasserbewegung fortgeführt. Nach dem Festsetzen wachsen die Seitenzweige der Brutkörper unmittelbar weiter und bilden die ersten Zweige der neuen Pflanze (Abb. 303). Die Brutkörper werden durch wiederholte Teilungen ebenfalls aus den Zweiginitialen gebildet; wie sie sich jedoch zu neuen Pflanzen entwickeln, ist nicht bekannt (Abb. 304). Bei anderen Formen wie Stypocaulon und Phloeocaulon werden die Seitenzweige höherer Ordnung vielfach zu Kurztrieben gestaltet, die leicht abbrechen, sich mit Rhizoiden festheften und weiterwachsen. Auch aus regulären Bruchstücken von Stypocaulon können unter Bildung von Rhizoiden neue Pflanzen hervorgehen.

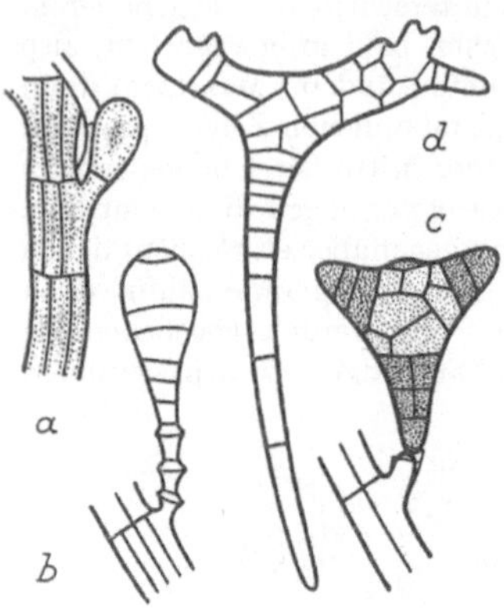

Abb. 303 a—d. *Sphacelaria tribuloides.* Bildung, Loslösung (a—c) und Keimung (d) der Brutkörper. (Nach PRINGSHEIM)

Die Gruppe der Cutleriales mit den beiden Gattungen *Zanardinia* und *Cutleria* enthält wieder den Fall eines mit dem antithetischen Generationswechsel verbundenen Gestaltswechsels. Die beiden Formen Cutleria und Aglaozonia hat man ehedem als zwei verschiedene Gattungen angesehen; der faktisch bestehende entwicklungsgeschichtliche Zusammenhang beider Formen indessen war sozusagen der klassische Fall in der Aufklärung solcher Beziehungen. Das der Grund, warum wir sie hier anführen, ungeachtet noch vielerlei bestehender Unklarheiten. Der Grundvorgang scheint auch hier so zu sein, daß die sexuelle Fortpflanzung auf zwei Generationen verteilt ist: Cutleria mit plurilokulären Gametangien ist der Gametophyt, und Aglaozonia mit unilokulären Sporangien der Sporophyt, in dem die Meiosis abläuft und Gonozoosporen gebildet werden.

Der Gametophyt von *Cutleria multifida* ist ein buschiges Gebilde, das im Aussehen noch einigermaßen den Ectocarpales gleicht, während die Aglaozoniaform, der Sporophyt, ein flaches, dem Substrat anliegendes Gewächs darstellt. Es besteht Anisogamie, fast schon Oogamie; auf dem Gametophyten werden Mikro- und Makrogametangien gebildet mit scharfer Trennung von weiblichen und männlichen Pflanzen, plurilokulär wie bei den Ectocarpales; diese entlassen langsam bewegliche Makrogameten, die gewöhnlich schon nach wenigen Minuten unbeweglich sind und damit reguläre Eier darstellen; die männlichen Pflanzen entlassen aus ihren Mikrogametangien, die man fast schon Antheridien nennen könnte, zahllose lebhaft bewegliche Spermatozoiden (Abb. 305). Die Zygote keimt nach spätestens 24 Std und bildet dann den vom Gametophyten abweichenden Aglaozoniatypus. Auf dieser Aglaozonia stehen nun Zoosporangien, in denen unter Reduktionsteilung Gonozoosporen entstehen, und aus diesen gehen wiederum die Gametophyten hervor (Abb. 306). Nun zeigt aber die Beobachtung der verschiedenen Standorte von Cutleria,

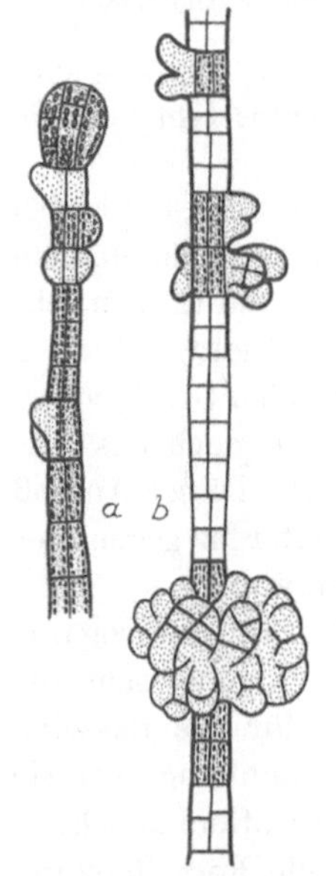

Abb. 304 a u. b. *Sphacelaria olivacea.* Bildung der Brutkörper. (Nach PRINGSHEIM)

daß die beiden Generationen keineswegs immer im gleichen Verhältnis vorhanden sind oder in regelmäßigem Wechsel alternieren, vielmehr lassen sich sowohl im Nordatlantik wie im Mittelmeer mancherlei Abweichungen konstatieren, die darauf schließen lassen, daß neben der eben geschilderten Fortpflanzungsweise auch noch eine vegetative vorhanden ist, durch die jede der beiden Generationen unter sich beliebig vermehrt wird. Das kann einmal eine parthenogenetische Entwicklung vermutlich der weiblichen Gameten sein, woraus immer wieder Gametophyten entstehen, und zum anderen eine Entwicklung von Zoosporen ohne Meiosis — also unter Apogamie —, woraus stets nur Sporophyten, also Aglaozonien reproduziert werden. So mögen die starken Verschiebungen in der gegenseitig abgestimmten Häufigkeit der beiden Generationen zu erklären sein. Indessen ist bis heute unbekannt, ob nicht möglicherweise der Gestaltswechsel auch unabhängig von dem Kernphasenwechsel Platz greifen kann und damit das ganze Schema eingreifend verändert.

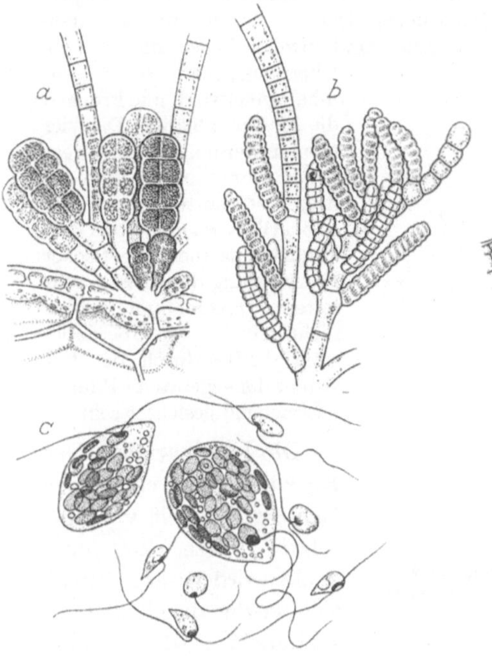

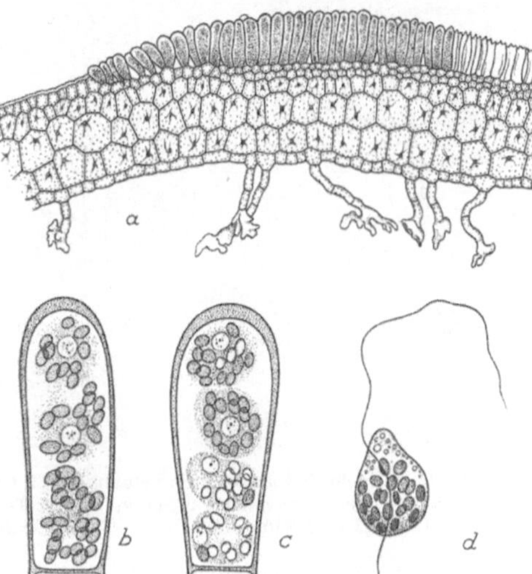

Abb. 305a—c. *Cutleria multifida.* a Gametophyt mit Makrogametangien; b mit Mikrogametangien; c Makrogamete von Mikrogameten umschwärmt.
(Nach THURET, STEINKE, FALKENBERG, KUCKUCK und YAMANOUCHI aus OLTMANNS)

Abb. 306 a — d. *Cutleria multifida.* Aglaozonienstadium = Sporophyt. a Querschnitt durch den Thallus; b und c Zoosporangien; d Gonozoospore.
(Nach FALKENBERG, KUCKUCK, SAUVAGEAU und YAMANOUCHI aus OLTMANNS)

Die Dictyotales gleichen den vorhergehenden Formen im Vorhandensein eines einfachen antithetischen Generationswechsels, der hier ohne Gestaltswechsel abläuft. Unterschiede finden sich in den Fortpflanzungskörpern: sowohl die Gameten als auch die Gonosporen sind gegenüber denen der vorhergehenden Gruppen verändert. Der Kopulationsvorgang vollzieht sich unter Gameten, die zu exakter Oogamie übergegangen mit Eiern, die von vornherein unbeweglich sind. Die Gonozoosporen auf dem Sporophyten sind besonders deutlich als solche kenntlich; sie entstehen in ursprünglich einzelligen Sporangien, in denen die Meiosis abläuft. Durch die alsbald erfolgende Ausbildung der vier Gonen zu unbeweglichen Sporen kennzeichnet es sich als ein „Tetrasporangium", eine Bildung, die uns bei gewissen Typen der Rhodophyta wieder begegnen wird.

Dictyota dichotoma ist eine Pflanze mit flachem, bandförmigem, gewöhnlich nur dreischichtigem Thallus, Gametophyt und Sporophyt völlig gleichartig. Auf dem Gametophyten entstehen die Gametangien auf der Oberfläche als Bildungen der Epidermis (Abb. 307). Die

Pflanzen sind getrenntgeschlechtig; so werden auf verschiedenen Individuen Oogonien und Antheridien ausgebildet. In den Oogonien wächst eine Serie von Zellen auf das Vielfache des Umfangs einer normalen Epidermiszelle heran. Bei der Reife öffnen sie sich und entlassen ein einzelnes unbewegliches Ei in das umgebende Wasser. Auf den männlichen Pflanzen entstehen die Antheridien durch den umgekehrten Prozeß; zwar vergrößert sich auch hier eine Serie von Zellen als ganze Schicht, das Wachstum erfolgt aber unter ungewöhnlicher Zunahme der Teilungsrate gegenüber der Wachstumsrate, sodaß sich zuletzt in jedem aus einer einzelnen Epidermiszelle entstandenen Teil eines Antheridiums eine Unzahl von spermatogenen Zellen finden, die bei der Reife je ein sehr kleines, durch zwei Geißeln bewegliches Spermatozoid ebenfalls in das Wasser entlassen. Nach der Kopulation von Eiern und Spermatozoiden wächst die Zygote unmittelbar zu einem neuen Thallus aus, der durchaus dem haploiden des Gametophyten gleicht. Die Tetrasporangien sind einzelne Zellen, die über die Oberfläche herausragen, sehr inhaltsreich sind, und in denen die Meiosis abläuft. Die vier Gonen werden zu unbeweglichen Gonosporen. Eine andere Fortpflanzungsweise gibt es bei Dictyota nicht, das Vorkommen parthenogenetischer Entwicklung der Eier ist sehr selten. Dauerorgane werden nicht gebildet, die Überdauerung dürfte durch die Resistenz der vegetativen Pflanze ausreichend gesichert sein.

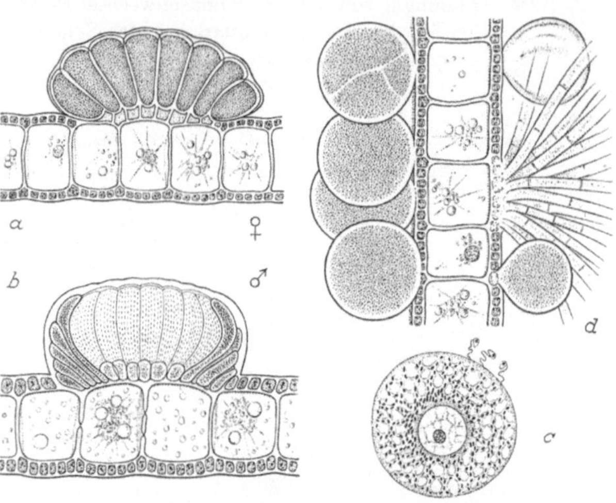

Abb. 307a—d. *Dictyota dichomata.* a Gametophyt ♂; b Gametophyt ♀; beide mit Gametangien; c Oogamie; d Sporophyt mit Tetrasporangien. (Nach Thuret und Williams aus Oltmanns)

Die Laminariales. Der Entwicklungscyclus der Laminariales ist vor erst relativ kurzer Zeit entdeckt worden; er zeichnet sich wieder durch eine besondere Weise des Generations- und Gestaltswechsels aus. War bei den bisher behandelten Gestaltsdifferenzen meist der Sporophyt etwas benachteiligt, so ist es hier durchaus der Gametophyt, und zwar nun sogleich in solchem Maße, daß man sich vorstellen kann, bei noch weitergehender Reduktion werde er völlig verschwinden und damit die Kopulation der Gameten unmittelbar an die Meiosis anschließen. Damit wäre ein Typus erreicht, wie ihn in der Tat die Fucales zeigen, die damit den Blütenpflanzen analog den diplontischen Zustand erreicht haben. Unter phylogenetischen Gesichtspunkten ordnet man die rezenten Formen ja gerne so an, daß man die haplontischen Typen als Ausgangspunkt betrachtet, diejenigen mit antithetischem Generationswechsel als Übergang ansieht und die wenigen diplontischen als Endglieder.

Lange Zeit hindurch waren nur die riesigen Sporophyten der Laminariales bekannt, die vegetativ die gewaltigsten Ausmaße erreichen können, die es unter den Meeresalgen überhaupt gibt. Erst als man Kulturversuche machte und die Zoosporen, die in den Zoosporangien der Sporophyten entstehen, kontrolliert aufwachsen ließ, wurden die mikroskopisch kleinen Gametophyten als solche erkennbar. Wir geben die besonders klar durchgearbeitete Entwicklung von *Chorda filum* im folgenden wieder.

Die Gametophyten sind getrenntgeschlechtig, oogam, und die männlichen und weiblichen Pflanzen auch in den wenigen vegetativen Zellen erheblich verschieden. Die männlichen Pflanzen sind kleine verzweigte Büschel; in den Endzellen entsteht je ein Spermatozoid

(Abb. 308 a). Die meist in der Ausdehnung noch kleineren, aber in den Zellen wesentlich größeren weiblichen Pflanzen entlassen aus den Oogonien ein verhältnismäßig großes unbewegliches Ei (Abb. 308 b). Nach der Kopulation keimt die Zygote sofort und wächst nun zu einem Sporophyten heran, der bei *Chorda filum* 3 bis 4 m lang werden kann und relativ einfach aufgebaut ist. Trotzdem ist auch hier wie bei allen Laminariales eine erhebliche Differenzierung des Gewebes vorhanden. So besitzt *Chorda filum* eine einfache Zellschicht als Rinde, die sich durch tangentiale Teilungen in eine äußere größere und eine innere kleinere trennt. Die äußeren Zellen wachsen zu Assimilatoren heran, keu-

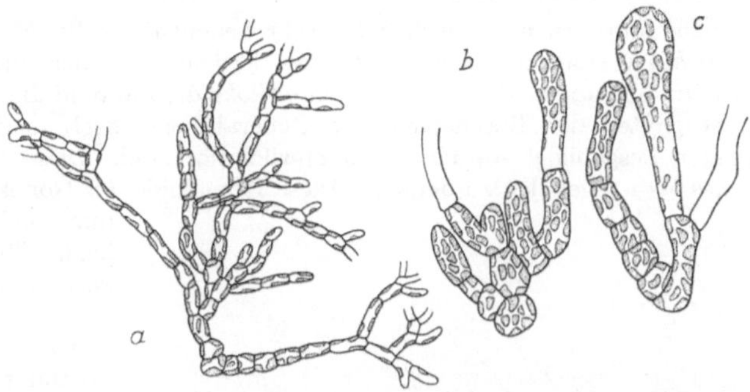

Abb. 308 a—c. *Chorda filum*. Gametophyten. a männlicher Gametophyt mit ausgeleerten Gametangien; b weiblicher Gametophyt. (Nach KYLIN)

lenförmigen Gebilden mit zahlreichen Chloroplasten. Die inneren Zellen strecken sich nun noch etwas, und in dem Maße, als damit die Assimilatoren auseinander rücken, entstehen zwischen ihnen die unilokulären Sporangien, in denen die Meiosis abläuft, und die dann später 8 oder 16 haploide Gonozoosporen entlassen, aus denen dann wieder die Gametophyten entstehen (Abb. 309).

Die Fucales, die man wegen ihrer diplontischen Ausbildung und ihres hochdifferenzierten Thallus als letztes Glied der Phaeophyta ansieht, sind für unsere Zusammenhänge in mehr als einer Hinsicht bedeutungsvoll. Der Generationswechsel ist hier aufgehoben; der vegetative Thallus ist diploid, und die Meiosis erfolgt *vor* der Gametenbildung. Die nach der Kopulation entstandene Zygote keimt ohne Reduktion und bildet wieder den diploiden Thallus. Man

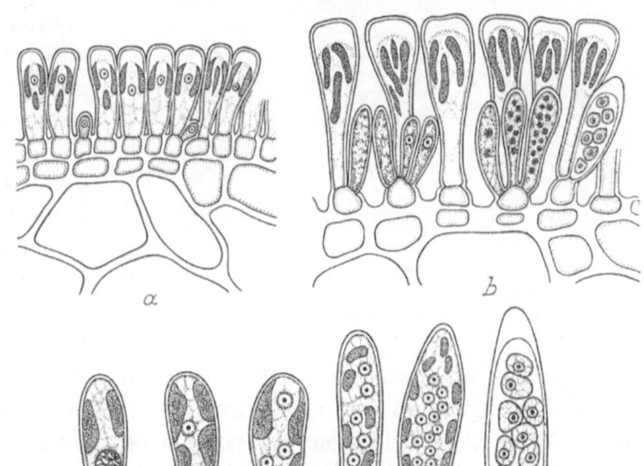

Abb. 309 a—h. *Chorda filum*. Sporophyt. a Querschnitt durch den Thallus mit Paraphysen und jungen Sporangienanlagen; b älteres Stadium; c—h Gonozoosporenbildung. (Nach KYLIN)

pflegt diesen Fucustyp von demjenigen von Laminaria herzuleiten unter der Annahme, der Gametophyt sei bei Fucus noch über Laminaria hinaus reduziert, so daß als Folge davon die Gonozoosporen mit dem Gameten zusammenfallen müssen. Schon bei Laminaria kommt es vor, daß unter ungünstigen Bedingungen gekeimte Zoosporen zwar nicht unmittelbar ein Ei bilden, aber immerhin ein Oogon, aus dem nach höchstens einer Zellteilung ein Ei befreit wird. Unterbleibt diese

Teilung, dann sind Gonozoospore und Ei homolog. Ist diese Auffassung zutreffend, dann muß man die Gametangien bei Fucus mit den Sporangien eines Sporophyten homologisieren können (Abb. 310).

Dafür läßt sich nun wirklich ein sehr bedeutungsvolles Merkmal anführen: Sowohl die *männlichen* wie die *weiblichen Gametangien*, in denen bei Fucus die Meisosis abläuft, sind genau so wie die Sporangien der Sporophyten *unilokulär*, während die Gametangien aller haploiden Gametophyten der Braunalgen mit Generationswechsel, in denen direkt, ohne Meiosis, Gameten ausgebildet werden, stets plurilokulär sind. Diese Generation ist eben bei den Fucales als fortgefallen zu denken. Diese Homologie der' Gonozoosporen mit Gameten zeigt nun auch auf das deutlichste, daß beide Typen von Fortpflanzungskörpern als Organe sexueller Fortpflanzung aufzufassen sind und gemeinsam den Organen vegetativer Fortpflanzung gegenübergestellt werden müssen.

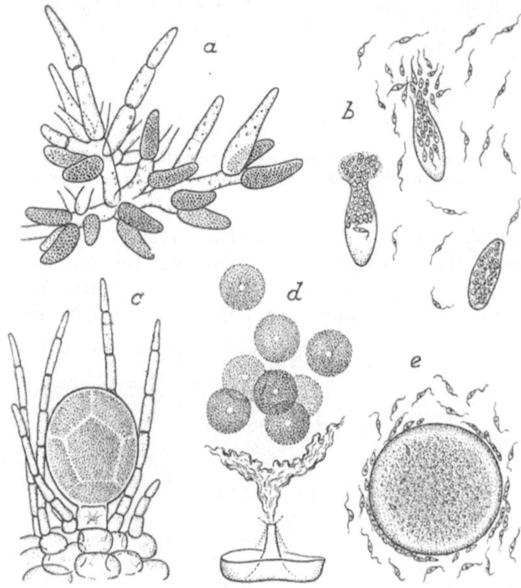

Abb. 310a—e. *Fucus vesiculosus.* a und b männliche Gametangien bzw. Gameten; c und d weibliche Gametangien und Gameten; e Kopulation

Noch eine zweite allgemeine Belehrung liefern die Fucales. Die Angaben über den Sicherheitsgrad im Vollzuge der verschiedenen Fortpflanzungsweisen sind im botanischen Schrifttum leider äußerst spärlich. Für Fucus liegen solche vor. Es hat sich gezeigt, daß von den entlassenen Eiern etwa 1% befruchtet wird und damit zur Weiterentwicklung kommt. Ohne Kopulation können weder Eier noch gar die Spermatozoiden irgendwie zum Wachstum kommen. Diese Einschränkung von 1:100 der produzierten Gameten kommt also offenbar allein durch den Vollzug der Sexualität zustande. Umgekehrt angesehen bedarf es also einer Übersicherung um das Hundertfache, um die Nachteile aufzuwiegen, die von der Sexualität in ihrer Verbindung mit der Fortpflanzung ausgehen. Darüber hinaus können noch eine ganze Anzahl von anderen möglichen Ausfällen eintreten dadurch, daß die heranwachsenden Diplonten nicht rechtzeitig eine geeignete Umwelt ergreifen können oder sonstige ungünstige äußere Bedingungen eintreten. Das heißt mit anderen Worten, alle diejenigen ungünstigen Verhältnisse, die auf eine Verminderung der Zahl einwirken, die auch genau so bei vegetativer Fortpflanzung eingreifen können. Aus dieser Betrachtung erhellt, mit welch geringem Prozentsatz allein gerechnet werden kann, um die Arterhaltung bei Fucus, die nur durch die sexuelle Fortpflanzung geschieht, zu sichern. Andersherum angesehen: Man sieht bei diesem Beispiel deutlich, welch eine außerordentlich hohe Übersicherung notwendig ist, um außer den normalen Gefahren von der Umwelt her nun auch noch diese auszugleichen, die von der Sexualität ausgehen.

Die Fucales sind entweder monöcisch oder diöcisch. In beiden Fällen entstehen im Thallus Einsenkungen — Konzeptakeln —, in denen die männlichen und weiblichen Gametangien stehen. Antheridien wie Oogonien sind zunächst einzellig. Nach der darin erfolgten Meiosis laufen in den Antheridien noch je vier weitere Teilungsschritte ab, so daß 64 Spermatozoiden entstehen, in den Oogonien noch einer, so daß acht Eier entlassen werden können. Und diese acht Kerne werden auch bei denjenigen Arten gebildet, die endgültig nur vier, zwei oder ein Ei je Oogonium fertigstellen. Eier wie Spermatozoiden werden aus den Konzeptakeln ins Meer entlassen, wo die Kopulation erfolgt. Die Zygote keimt unmittelbar; es erwächst daraus eine neue Fucuspflanze. Andere Fortpflanzungsweisen sind nicht bekannt, insbesondere auch keinerlei Ausbildung von Dauerorganen (Abb. 310).

ε) Rhodophyta

Die Rotalgen sind ebenso wie die Braunalgen nahezu ausschließlich im Meer wachsende Benthonten, gegenüber den Phaeophyta solche, die gewöhnlich in etwas lichtärmeren, tieferen Schichten leben und zugleich damit an die Ausnutzung der dort vorhandenen kurzwelligen Strahlen angepaßt sind. Auch für sie ist typisch, daß ihre Keime gewöhnlich dieselbe Resistenz wie die vegetativen Körper besitzen. So erfolgt in den nördlicheren Meeren eine Überdauerung ungünstiger Jahreszeiten in diesen beiden Formen, ohne daß besondere Dauerorgane gebildet werden.

Die bei allen Rotalgen vorhandene Sexualität tritt allein

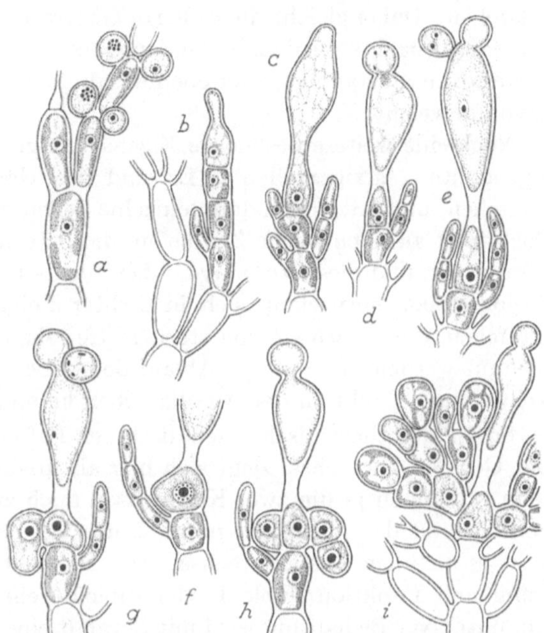

Abb. 311a—i. *Batrachospermum moniliforme.* a Zweig mit Antheridien; b und c Entwicklungsgeschichte der Karpogonien mit der Trichogyne; d—g Kopulation zwischen Trichogyne und Spermatium; h und i Entwicklung der sporogenen Fäden. (Nach KYLIN)

als Angiogamie auf. In dem Oogonium, hier *Karpogon* genannt, wird nur ein einziges Ei ausgebildet, das auch nach der Kopulation dort bleibt. Als Empfängnisorgan funktioniert der obere Teil des Karpogons, die *Trichogyne*; sie ist meist langgestreckt und fadenförmig und aus einer selbständigen Zelle entstanden, wobei ihr Kern gewöhnlich zugrunde geht und sich zum mindesten nicht an den Kopulationsvorgängen beteiligt. Die männlichen Gameten werden *Spermatien* genannt und entstehen in einzelligen Antheridien, die meist in größerer Anzahl am Ende kurzer Zweige stehen; es sind stets unbewegliche, runde, unbehäutete Zellen. Sie flottieren frei und kopulieren mit der Trichogyne, wobei ihr Inhalt in diese übertritt und der Kern in das Karpogon weitergeleitet wird. Nach der Kernverschmelzung im Karpogon beginnt die Zygote an Ort und Stelle mit ihrer Entwicklung; es bilden sich ,,sporogene Fäden“, die zu einem kleinen Büschel heranwachsen, und aus deren Endzellen unbewegliche Sporen, die Karposporen, entlassen werden (Abb. 311). Obwohl die Ausbildung dieses Karposporophyten überall morphologisch übereinstimmt, ist bei der einen Gruppe von Formen die erste Teilung im Karpogon die Meiosis, bei einer anderen dagegen nicht. Im ersten Fall sind Karposporophyt und Karposporen dementsprechend haploid, im zweiten diploid. Sind die Karposporen haploid, dann gehen daraus wieder unmittelbar die Gametophyten hervor; sind sie diploid, so entstehen daraus selbständige diploide Pflanzen, auf die nunmehr die Meiosis verlegt ist. Hier werden einzellige Tetrasporangien angelegt, in denen unter Ablauf der Meiosis vier haploide Sporen entstehen. Erst diese ebenfalls unbeweglichen Tetrasporen lassen nach ihrer Keimung wieder Gametophyten entstehen. Dabei gleicht die isolierte Generation des diploiden Tetrasporophyten der Gestalt nach stets dem haploiden Gametophyten, während die dazwischengeschaltete unselbständige, aber ebenfalls diploide Generation, der Karposporophyt, davon abweicht.

Noch eine weitere besondere Eigenart zeigt ein Teil der Florideen; sie bilden sogenannte „Auxiliarzellen". Es sind das Nährzellen, die am Gametophyten entstehen, und mit denen dann einzelne Zellen der sporogenen Fäden fusionieren. Doch folgt auf eine solche Zellfusion, die rein nutritive Bedeutung hat, keinerlei Kernfusion, und diese Vorgänge haben nichts mit der Sexualität zu tun. An den Fusionsstellen entwickeln sich in dichter Folge die Karposporen zu typischen Häufchen, die, sofern sie von sterilem Gewebe eingeschlossen sind, Cystokarpien genannt werden. Der übrige Ablauf des Generationswechsels erfährt durch Entstehung und Funktion der Auxiliarzellen keine Änderung.

So ist der theoretische Gehalt dieser Befunde an den Florideen beachtlich. Der Generationswechsel zeigt sich hier als unabhängig vom Kernphasenwechsel; denn es können ja die zwei Kernphasen auch zu drei Generationen ausgestaltet werden, und dann besitzen mindestens zwei davon die gleiche Phase. Ebenso steht es mit dem Gestaltswechsel: Der Karpophyt kann bei völlig analoger Formung und Funktion haploid oder diploid sein. Endlich: Bei Zellfusionen von rein nutritiver Bedeutung wird mit Sorgfalt eine Kernfusion vermieden. Nur eine solche allein würde eine Zellvereinigung zum Sexualvorgang ausgestalten.

Haplobiontische Rotalgen sind in der Gattung Batrachospermum zu finden, von der einzelne Arten in Süßwasser vorkommen. Die Gametophyten, als zierlich wirtelig verzweigte Büschel gebildet, sind monöcisch oder diöcisch und entwickeln sich aus einer Jugendform, die einfacher verzweigt ist als die endgültige Form. Hier können die bei den Florideen nicht eben häufigen vegetativen Fortpflanzungskörper gebildet werden: die sogenannten Monosporen. Als Monosporangien funktionieren die Endzellen kleiner Seitenzweiglein, die anschwellen und dann ihren Inhalt als abgerundete, unbewegliche und unmittelbar keimfähige Sporen entlassen. Sexualorgane stehen bei Batrachospermum nie auf der Jugendform, sondern stets erst auf der endgültigen. Die Antheridien, wiederum einzellig, sind zu Antheridienständen zusammengestellt und entlassen kugelige unbewegliche „Spermatien". Diese verschmelzen mit der hier etwas keulig angeschwollenen Trichogyne. Durch Kopulation der Kerne im unteren Teil des Karpogons wird die Zygote gebildet, und als erste Teilung läuft darin die Meiosis ab; alle vier Gonen werden zur Ausbildung des Karposporophyten verwendet, der also demnach ein Miktohaplont ist. Aus der Zygote sprossen die sporogenen Fäden hervor und verzweigen sich wirtelig. Dicht gedrängte Endverzweigungen bilden die Karposporangien, aus denen je eine unbewegliche Spore entlassen wird, die unmittelbar zu einem Gametophyten aufwächst (Abb. 311).

Komplizierter ist der Entwicklungsablauf einer diplobiontischen Floridee. Wir wählen *Delesseria sanguinea*, eine Form mit breitem flachem blattartigem, mit einer Mittelrippe versehenem Thallus. Diese vielschichtigen Mittelrippen stellen Überdauerungsorgane dar; aus denen in günstigen Jahreszeiten wieder neue Thalli hervorwachsen können. Bei Delesseria sind zwei selbständige, vegetativ einander gleichende Generationen zu unterscheiden: der haploide Gametophyt und der diploide Tetrasporophyt. Als dritte Generation kommt der ebenfalls diploide, aber unselbständige Karposporophyt hinzu; dieser bleibt auf dem weiblichen

Gametophyten und weicht als ein Büschel unregelmäßig wachsender Fäden der Gestalt nach von den beiden anderen Generationen ab, zwischen die er eingeschoben ist. Der Gametophyt ist getrenntgeschlechtig, die männlichen Thalli sind kleine hinfällige Blättchen, deren äußere Zellschicht bis auf einige Randzellen vollständig in Spermatangien übergeht. Die Zellen strecken sich senkrecht zur Fläche, werden sehr plasmareich und trennen durch eine Wand je ein Spermatangium von einer Tragzelle ab. Letztere kann durch einen seitlich schräg aufwärts gerichteten Fortsatz ein zweites Spermatangium abgliedern. In diesem rückt der Kern an die Spitze, rundet sich dort mit einer Plasmaportion zu einem Spermatium ab, das über die Fläche austritt (Abb. 312).

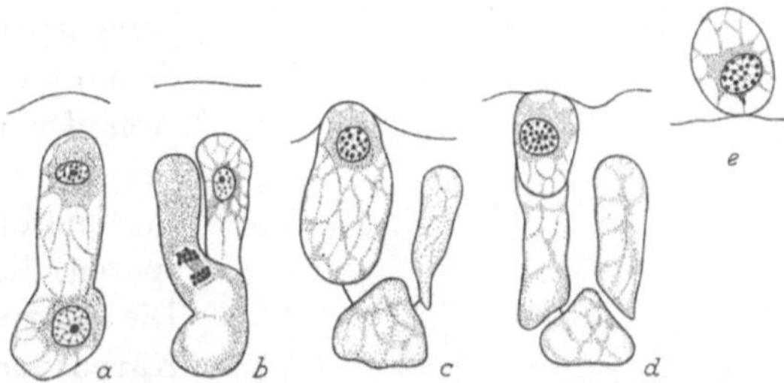

Abb. 312 a—e. *Delesseria sanguinea.* Querschnitt durch den männlichen Gametophyten mit der Entwicklung der Spermatien (a—e). (Nach SVEDELIUS)

Der weibliche Gametophyt entwickelt von der axilen Zellreihe aus eine Tragzelle, an der einerseits eine sterile Zelle, andererseits ein vierzelliger Karpogonast entsteht. Das Ganze wird als Praecarpium bezeichnet. Nun schiebt sich die Trichogyne schräg nach oben über die Blattfläche hinaus, während in ihrem Inneren der Trichogynenkern zugrunde geht. Dadurch wird das eigentliche Karpogon empfängnisfähig. Nach der Kopulation mit einem Spermatium verschmelzen die beiden geschlechtsverschiedenen Kerne am Karpogongrunde miteinander. Inzwischen ist von der Tragzelle eine Auxiliarzelle abgegliedert worden, in die der diploide Kern sogleich hineinwandert. Von dort aus werden dann die sporogenen Fäden gebildet (Abb. 313). Die sterile Zelle entwickelt sich zu einem Fadenbüschel, das später zugrunde geht und für die heranwachsenden sporogenen Fäden Platz schafft. Das Ganze wird von dem Gewebe des Gametophyten umhüllt und zum geschlossenen Cystocarp umgebildet, aus dessen oberer Pore die diploiden Karposporen austreten. In jedem weiblichen Karpogonblatt wird, obwohl mehrere Karpogonien vorhanden sein und auch befruchtet werden können, nur ein Cystocarp ausgebildet.

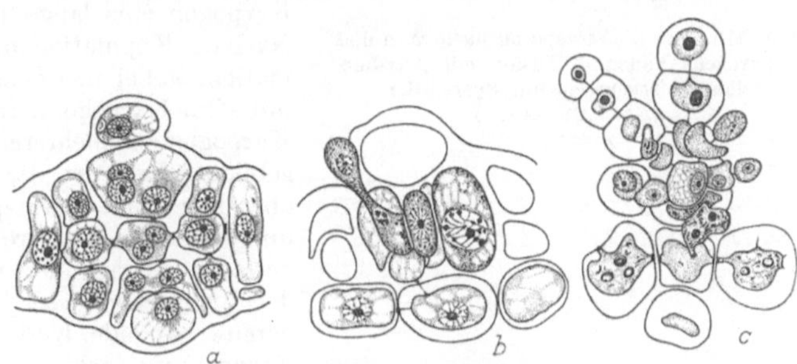

Abb. 313 a—c. *Delessaria sanguinea.* Querschnitt durch den weiblichen Gametophyten. a Anlage der mehrkernigen Perizentralzellen; b Karpogonast mit zweikernigem Karpogon, Tragzelle und steriler Zelle; c Entwicklung der sporogenen Fäden. (Nach SVEDELIUS)

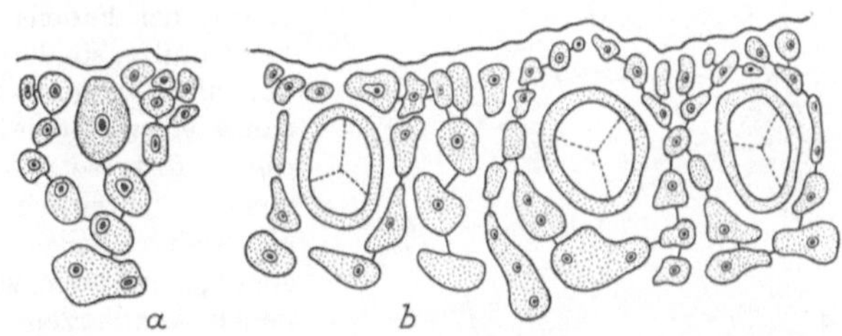

Abb. 314 a u. b. *Delessaria sanguinea.* Schnitt durch den Tetrasporophyten. a Anlage der Tetrasporenmutterzelle; b fertige Tetrasporangien. (Nach SVEDELIUS)

In den Tetrasporophyllen bilden sich die Tetrasporangien als Spitzenzellen besonderer Zellfäden, die senkrecht zur Blattfläche aufwachsen. Während sich diese Zellen vergrößern und zu ihrer besonderen Funktion umbilden, werden sie von den sich weiter teilenden Nachbarfäden überwachsen, sodaß sie schließlich tief im Gewebe liegen. Dann läuft in ihnen die Meisois ab; aus jeder Gone wird eine der vier Tetrasporen, die durch ihr Heranwachsen das Hüllgewebe auseinanderschieben und dadurch frei werden. Aus den Tetrasporen entstehen wieder die Gametophyten (Abb. 314).

Diese diplobiontischen Rotalgen mit ihren drei Generationen gehören zu den wenigen Biotypen, bei denen vegetative Fortpflanzung in die Gesetzmäßigkeiten des Generationswechsels eingebaut sind. Die Karposporen sind hier diploid und werden auf dem diploiden Karposporophyten allein unter Ablauf der Mitose gebildet. Sie unterscheiden sich also prinzipiell außer durch den diploiden Chromosomensatz in nichts von den Monosporen, die den Gametophyten reproduzieren. Die Karposporen dagegen überführen den Karposporophyten in die selbständige Generation des Tetrasporophyten.

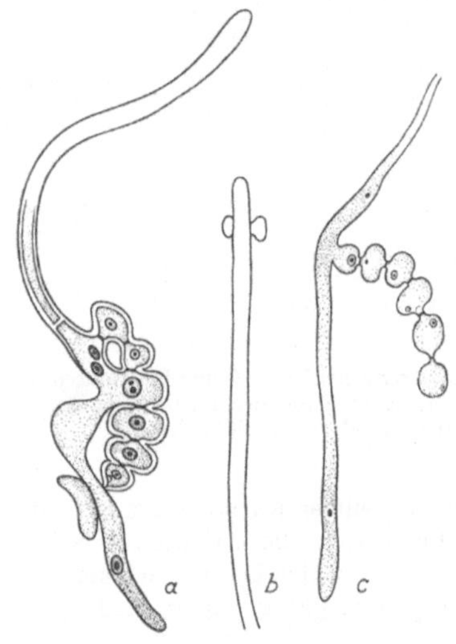

Abb. 315 a—c. *Dudresnaya purpurifera*. a und c sporogene Fäden in Fusion mit Auxiliarzellen; b Trichogyne mit Spermatien. (Nach OLTMANNS)

Die Bildung und Funktion der Auxiliarzellen wird bei einem anderen Typus noch anschaulicher. *Dudresnaya purpurifera* hat einen Thallusaufbau, der sich aus buschigen Wirteln zusammensetzt. Die Karpogonäste, ebenso wie bei Delessaria aus einer größeren Anzahl von Zellen bestehend, sitzen als Seitenzweiglein an den Wirtelästen und tragen am Karpogon eine lange und gewundene Trichogyne. Nach der Kopulation mit einem oder mehreren Spermatien, wobei nur einer der Kerne die Kopulation mit dem Karpogonkern erreicht, werden von dem Karpogon aus mehrere, meist drei, sporogene Fäden gebildet. Der Ort der Meiosis ist unbekannt; da aber hier keine Tetrasporophyten vorhanden sind und außerdem mehrere sporogene Fäden die Zygote verlassen, ist anzunehmen, daß die erste Teilung in der Zygote die Meiosis ist und die sporogenen Fäden bereits haploide Kerne besitzen. Die von diesen Fäden aufgesuchten Auxiliarzellen befinden sich zunächst auf dem Karpogonast. Es können hier beliebige Zellen der Wirteläste sein, doch werden deren plasmareiche Endzellen bevorzugt. Bei der Fusion hat sich genau beobachten lassen, daß der Kern des sporogenen Fadens nicht mit dem der Auxiliarzelle verschmilzt, sondern daß sich letzterer vollkommen von allen weiteren Bildungen fernhält. An der Fusionsstelle wird eine Zentralzelle gebildet, aus welcher durch fortgesetzte Teilung die Karposporen entstehen. Unter der Zentralzelle ist durch Teilung eine weitere Zelle entstanden, aus dieser wächst ein sporogener Faden weiter, um sich wieder mit einer neuen Auxiliarzelle zu vereinigen und nun Karposporenhaufen zu bilden und so mehrere Male (Abb. 315 und 316). Diese weiteren Auxiliarzellen, als besonders plasmareiche von vornherein kenntlich, stehen ohne nähere Beziehung zu einem Karpogonast in irgendwelchen Wirtelästen. Es hat den Anschein, als ob die sporogenen Fäden in ihrem Wachstum durch die Wirtel hindurch durch chemotropische Einflüsse den Auxiliarzellen zugeführt würden.

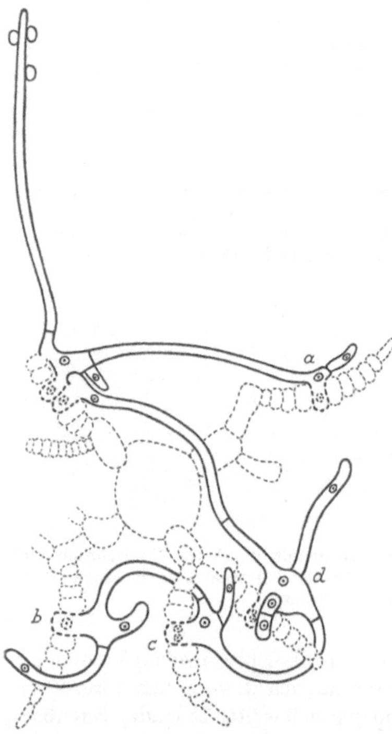

Abb. 316 a—d. *Dudresnaya coccinea*. Schema, den Verlauf der sporogenen Fäden und ihre Fusion mit mehreren Auxiliarzellen zeigend. (Nach OLTMANNS)

Diese bei den Rotalgen höchst speziell ausgestaltete sexuelle Fortpflanzung ist durch ihre Verteilung auf im Extremfall sogar drei Generationen außerordentlich vielgestaltig und ist mit ungemein verschiedenartigen Fortpflanzungskörpern versehen. So ist es verständlich, daß besondere vegetative Keime unter speziellen Ausprägungen nicht auch noch notwendig sind. Tatsächlich ist jegliche sonstige Fortpflanzungsweise über diese in den Generationswechsel eingeschlossene hinaus bis auf die bereits genannten Monosporen relativ selten.

Wir fassen noch einmal kurz zusammen, worin sich die Fortpflanzungsverhältnisse der Tiefwasserpflanzen charakterisieren, und da jede Betrachtung der Fortpflanzung den Generationswechsel notwendigerweise einschließt, und damit zugleich auch eine etwas umfangreichere Übersicht über den ganzen Entwicklungsablauf einbeziehen muß, so erbringt diese Betrachtung der Fortpflanzung jeweils dann, wenn wir sie nach der ökologischen Seite wenden, zugleich auch ein Mehr an Beziehungspunkten zwischen dem Dasein der Gewächse und ihren äußeren Lebensverhältnissen. Wir werden manche der aufgewiesenen „typischen" Eigenschaften „verstehen", d. h. wir werden bemerken, daß eine klare Relation zu den Lebensverhältnissen sozusagen auf der Hand liegt. Für eine Reihe anderer Eigenschaften dagegen wird das durchaus nicht zutreffen. Wir werden für sie auf die autonome Gestaltungskraft der Pflanzen zurückzuverweisen haben, die in ihren Auswirkungen hinzunehmen ist und kein besonderes Verständnis über das Allgemeine, daß sie eben existiert, hinaus mehr erlaubt. Eines ist immerhin zu bemerken: Die Tatsache, daß eben dieser Autonomie der Gewächse gerade hier bei dieser Gruppe von Pflanzen nun wiederum eine so besonders ungehinderte Auswirkung gegeben ist, kann ihrerseits dem Verständnis eine andersartige Handhabe bieten.

Die Fortpflanzungsvorgänge der Tiefwasserpflanzen sind einförmig. Wohl finden sich zuweilen Ruhezustände oder, bei den beweglichen Einzellern des Planktons unbewegliche, Cysten genannte Formen; doch sind sie nicht oder nur selten als echte Dauerzustände ausgebildet. Vielfach findet sich nur eine einzige Fortpflanzungsweise, und die ist dann meistens die sexuelle. Diese hat sämtliche Fortpflanzungsleistungen übernommen, genau so wie bei einer großen Zahl von Landpflanzen allein die Samenproduktion durch die Sexualität alles an Fortpflanzung aufbringt, was für die Pflanze vonnöten ist. Die Kopulationsweise in der Sexualität ist bei den Chlorophyceen und Phaeophyceen durchgängig die Chorogamie mit allen Ausgestaltungen der Gametendifferenzierung von der Isogamie bis zur Oogamie. Allein die Gruppe der Rhodophyta ist angiogam, zugleich aber auch in einer so exzeptionellen Ausgestaltung, wie sie sonst nicht wieder gefunden wird.

Bemerkenswert ist ferner, daß sich sehr wenige einzellige oder wenigzellige Typen finden. Letztere sind allein auf das Plankton beschränkt. Vergleichen wir die Algen des marinen Benthos in ihren einzelnen Gruppen mit solchen des Flachwasservorkommens der gleichen Gruppe — das gilt vor allem für die Chlorophyceen — dann zeigt sich, daß unter den Tiefwasserformen die ungleich viel umfangreicheren und vielfach auch differenzierteren Typen gefunden werden als unter den Flachwasserformen. Diese Tendenz führt bei den durch und durch marinen Phaeophyceen zu einer ungeheuerlichen Ausdehnung des ganzen Körpers, die damit zugleich die größten Thallophyten überhaupt enthalten.

Endlich der Generationswechsel. Es gibt wenig haplontische Typen und wohl einige, aber auch recht beschränkt nur, diplontische. Die meisten besitzen einen antithetischen Generationswechsel, der vielfach extrem ausgestaltet mit oder ohne Gestaltswechsel vorkommen kann. Die Gunst der Lebensbedingungen, die Leichtigkeit des Daseins im gleichförmigen Meer erlaubt dem Spiel der endonomen Gesetzlichkeit in der geruhsamen, variablen und anscheinend willkürlichen Ausgestaltung aller Möglichkeiten die Erreichung einer schier unerschöpflichen Mannigfaltigkeit.

bb) Flachwasserpflanzen und amphibische Gewächse

Die hierher gehörigen Pflanzen sind ausschließlich Süßwasserbewohner; denn allein die begrenzten, eng vom Land umschlossenen Gewässer, kleine Landseen, kleine Flüsse, kleine Bäche, Moore, Tümpel und Pfützen können einfrieren oder austrocknen und damit das aktiv lebendige Dasein ihrer Bewohner zuzeiten nicht nur herabsetzen, sondern radikal unterbrechen. Während aber die eingreifenderen Temperaturschwankungen gewöhnlich mit dem Wechsel der Jahreszeiten einhergehen, also exakt periodisch sind, kann es sich mit der Wasserversorgung ganz anders verhalten. Nennen wir einen extremen Fall: eine Regenpfütze; sie kann bei anhaltendem Regenwetter lange stehenbleiben, doch kann sie bei trockener Witterung auch schnell wieder austrocknen, sie kann im Jahresablauf wiederkehren, einmal oder mehrere Male, vielleicht aber auch nicht. Womöglich erscheint sie erst nach zwei oder drei Jahren wieder. Stets aber sind Gewächse in ihr zu finden, die mit ihr auch wieder verschwinden. Das ist aber nur möglich, wenn sich solche Pflanzen vollkommen anders verhalten wie die geruhsam und ungestört lebenden Meeresalgen. *Ständige angespannteste Bereitschaft, einer Lebenskatastrophe aus der Umwelt zu begegnen, ist die Grundlage ihrer gefährdeten Existenz.* Wie sich diese Notwendigkeit auf die Fortpflanzungserscheinungen auswirkt, und wie diese dementsprechend ausgestaltet sind, soll im folgenden Abschnitt geschildert werden. Die Tatsache, daß verschiedene Gruppen, ja sogar einzelne Gattungen in beiden Regionen im tiefen wie im flachen Wasser vertreten sind, erlaubt uns Betrachtungen darüber anzustellen, auf welcher Basis sich die Differenzen unter beiden Gruppen ausgebildet haben.

α) Flagellatae

Das Allgemeine über die Flagellaten ist bereits im vorhergehenden Abschnitt gesagt worden. Hier sei nur noch kurz darauf hingewiesen, daß vegetative Fortpflanzung noch die vorherrschende ist. Wo aber Sexualität vorkommt, ist es zunächst noch Chorogamie, wenn auch schon hier als Ausbildungsformen der Gameten alle Typen bis zur Oogamie vorkommen. Doch schon bei anderen Gruppen von Einzelligen beginnt sich Angiogamie einzustellen. Wie wir später sehen werden, ist oftmals beides: Chorogamie und Angiogamie bei nahe verwandten Formen vorhanden, so daß es hier nicht mehr möglich ist, nach diesem Typengesichtspunkt einzuteilen.

Unter den Flachwasserflagellaten ist für uns die Gattung Euglena eine der wichtigsten, deren Arten in Tümpeln und Pfützen, besonders bevorzugt in solchen mit hohem Stickstoffgehalt wie Jauche, oftmals nur in kürzester Lebensdauer zu finden sind. Die Euglenen besitzen allein vegetative Fortpflanzung als Vermehrungs- und Verbreitungseinrichtung und als Ausbildung von Dauerorganen.

Euglena viridis ist eine völlig unbehäutete Form, meist infolge der schnellen Bewegung im Wasser durch eine am Vorderende inserierte Geißel in dieser Richtung langgestreckt (Abb. 2a). Parallel zu dieser Längsachse erfolgt nun die Zweiteilung (Abb. 55a—c), die hier besonders rapid verlaufen kann, wenn es sich darum handelt, ein günstiges Verbreitungsgebiet wie etwa stark stickstoffhaltige Jauchepfützen oder Dorfteiche möglichst schnell zu besiedeln. In solchen Orten können so ungeheuerliche Mengen von Euglenen entstehen, daß ganze Teiche mit vielen Kubikmetern Wasser völlig grün gefärbt werden, was durchaus astronomische Individuenzahlen erfordert. Wenn aber solche Teiche austrocknen, dann gehen die Euglenen in Dauerzellbildung über, wobei die Ausgestaltung der Cysten davon abhängt, ob das Austrocknen der Wasserlachen schnell oder langsam vor sich geht. Bei schnellem Austrocknen rundet sich der Körper ab, doch ist die Ausstattung mit Reservestoffen und die Membranbildung nur mäßig. Bei langsamem Übergang zum Trockenzustand erscheint eine kräftige dicke Membran und reichlich Reservestoffe (Abb. 2b, c).

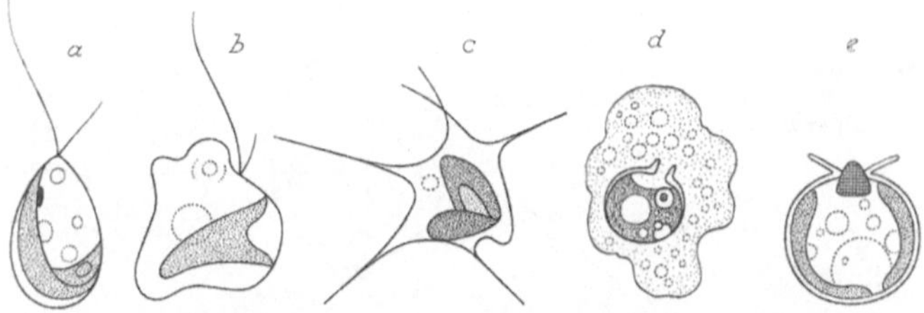

Abb. 317a—e. *Ochromonas.* a Übergang des begeißelten Flagellaten in amöboidem Zustand (b, c) und schließlich in eine Cyste (d, e). (Nach PASCHER)

Eine besondere, ebenfalls bei den Flagellaten häufiger vorkommende Form der Bildung von Dauerorganen zeigt die Chrysomonade Ochromonas. Es handelt sich dabei ebenfalls wieder um einen unbehäuteten, in liquidem Wasser „monadoiden", d. h. durch Geißeln beweglichen Flagellaten, der — wie auch manche andere — die Eigenschaft hat, auf nur feuchtem Substrat, also etwa auf feuchtem Boden von austrocknenden Tümpeln, die Geißeln abzuwerfen und in amöboiden Zustand mit Kriechbewegungen überzugehen (Abb. 317a—c). Folgerichtig geht Ochromonas bei weiterer Austrocknung des Substrates in Cystenbildung über, die hier eine sogenannte „endoplasmatische" ist. Es wird ein Dauerzustand mit einer festen Membran mit einer durch einen Pfropf verschlossenen Öffnung innerhalb der plasmatischen Massen gebildet, wobei Kern und Plastiden mit eingeschlossen sind. Eine nicht unbeträchtliche Menge Plasma bleibt außerhalb und geht zugrunde (Abb. 317d, e). Bei der Keimung der Cysten unter wiederhergestellten günstigen Lebensbedingungen entstehen meist mehrere Tochterzellen, die entweder unter Sprengung der Membran ausschlüpfen oder wie bei Ochromonas aus der von dem Pfropf befreiten Öffnung auskriechen.

Reichere Ausgestaltung erfahren die Fortpflanzungsvorgänge bei denjenigen Formen, die, obwohl einzellig, eine Differenzierung in vegetative Zellen und Fortpflanzungszellen erfahren. Als Beispiel dafür sei eine Art der Gattung Ophiocytium geschildert. *Ophiocytium majus* bildet eine langgestreckte, etwas gewundene Zelle, die polar gebaut an einem Ende einen Membranfortsatz mit einer Haftscheibe trägt. In diesen vegetativen Zellen können zweierlei Fortpflanzungsorgane gebildet werden, bewegliche Schwärmer und Dauersporen. Die Schwärmer treten zu vier, seltener zu acht aus der Zelle aus, wobei letztere zerstört wird. Jeder enthält ein oder zwei plattenförmige Chromatophoren und am basalen Ende eine weißglänzende Masse. Die Membran der vegetativen Zellen ist bei den Ophiocytien zweiteilig, der apikale Teil sitzt als kleinerer Deckel auf einem unteren größeren und urnenförmigen Becher auf. Diese Teile werden auseinandergesprengt und die Schwärmer werden frei. Sie können sich unmittelbar darauf festsetzen und an ihrem basalen Ende unter Einbeziehung der weißglänzenden Masse eine Fußplatte entwickeln und so eine neue vegetative Zelle ausbilden. Da sich bei diesen Typen die Abkömmlinge vielfach kaum von den Ausgangszellen entfernen, ja

oftmals sogar auf der geöffneten Mutterzelle haften bleiben, ist damit der Anfang der Koloniebildung gegeben (Abb. 318a—c). Unter ungünstigen Lebensbedingungen entstehen im
Inneren der vegetativen Zellen Dauersporen mit fester Membran, die nach der Wiederherstellung günstiger Außenbedingungen keimen. Dabei sprengen sie ihre feste Membran, die ihrerseits auch aus verschieden großen Teilen besteht, und wachsen dann zu einer neuen vegetativen
Zelle heran. Bei dieser Form, bei der allein vegetative Fortpflanzung vorkommt, werden
also wieder Propagationsorgane und Dauerorgane in typischer Ausgestaltung gebildet.

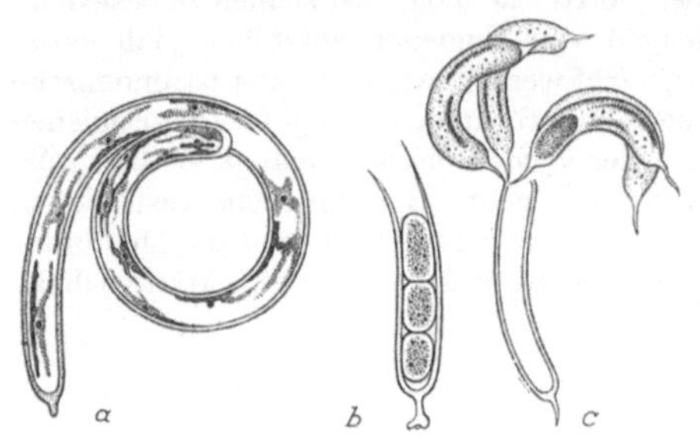

Abb. 318a—c. *Ophiocytium majus.* a vegetative Zelle;
b Ausbildung der Schwärmer; c Freiwerden der jungen
Pflanze.

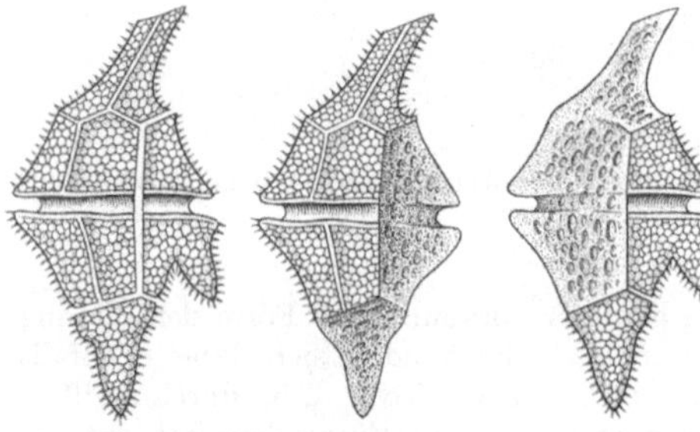

Die Peridineen des Süßwassers sind ebenso wie die des Meeres nahezu ausschließlich Planktonten. Da aber als Gewässer, in denen sie leben, auch flache Tümpel in Frage kommen, wo Austrocknung jederzeit möglich ist, so sind die Lebensbedingungen wesentlich andere als die der marinen Formen; zudem sind

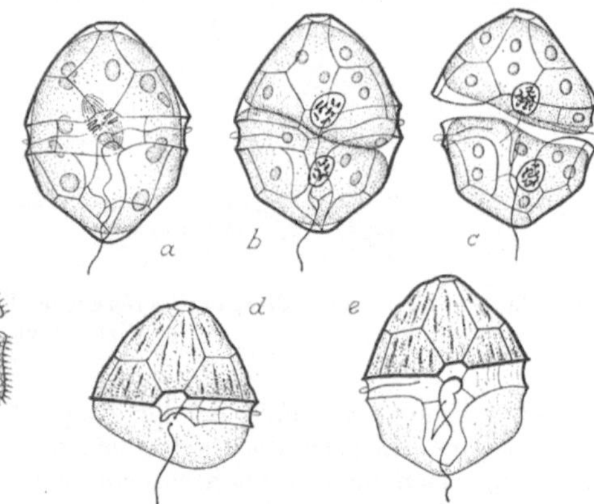

Abb. 319.   *Ceratium cornutum.*   Vegetative Teilung
mit Auseinanderweichen der Platten.
(Nach SCHILLING aus OLTMANNS)

Abb. 320a—e.   *Glenodinium lubiniensiforme.*   Vegetative Teilung. a—c Riß der Platten in der Querfurche; d und e Regeneration eines unteren Teiles.
(Nach DIWALD)

die Fortpflanzungsverhältnisse bei den Süßwassertypen weitaus besser bekannt,
so ist das Bild hier vielgestaltiger. Die vegetative Fortpflanzung findet sich als
gewöhnliche Zellteilung, als vegetative Schwärmerbildung und als Cystenbildung.
Die besondere Eigenart dieser Vorgänge hier beruht in dem Vorhandensein des
starren, aus Platten gebauten Cellulosepanzers, der, einmal ausgebildet, keine
Erweiterung mehr zuläßt. Infolgedessen teilt sich der Protoplast zunächst im
Inneren des Panzers, danach wird er durch den Druck der heranwachsenden
Tochterzellen in offenbar artgemäß vorgebildeter Weise gesprengt, es bleibt in
jedem Teilstück eine Tochterzelle und von hier aus wird unter Einbeziehung der
alten Panzerstücke ein vollständig neues Individuum regeneriert. Auf diese
Weise müssen nach einer Reihe von Zellteilungen Individuen zustande kommen,
die im Panzeralter ihrer Zellhälften ungemein verschieden sind. So ist es begreiflich, daß nach einer Reihe von Teilungsgenerationen vegetative Schwärmerbildung eingeschaltet wird, bei der die Schwärmer den alten Panzer verlassen
und nach dem Heranwachsen einen vollkommen neuen bilden. Das gleiche geschieht bei der sexuellen Fortpflanzung, bei der sowohl die Gameten als auch
später Gonozoosporen die alten starren Gehäuse völlig verlassen und neue bilden.

Bei *Ceratium cornutum* geht wie überall die Teilung des Protoplasten im Inneren des Körpers vor sich. Unter dem Druck der Tochterzellen reißt hier der Panzer in einer schrägen Linie, entlang den Nähten der Platten, aber quer durch die Furchen. Die Tochterprotoplasten in den Panzerhälften wachsen heran, ergänzen ihrerseits die typische Form und scheiden danach neue Platten aus (Abb. 319).

Glenodinium lubiniensiforme ist in allen seinen Fortpflanzungsweisen sehr gut untersucht. Die vegetative Teilung verläuft ähnlich wie bei *Ceratium cornutum* mit dem Unterschied, daß

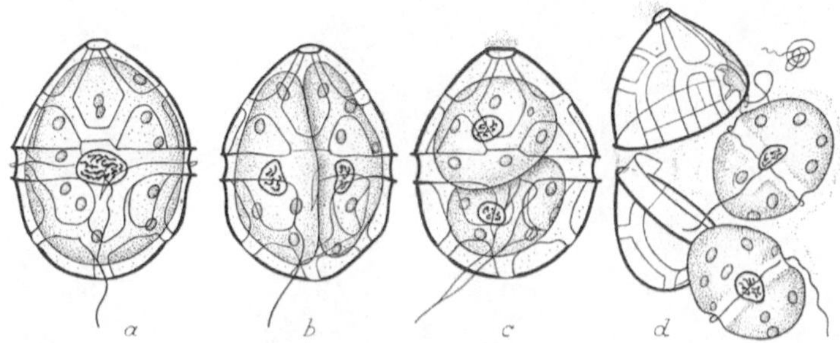

Abb. 321 a—d. *Glenodinium lubiniensiforme*. Vegetative Schwärmerbildung. a und b Längsteilung; c Drehung, d Sprengung des Panzers. (Nach DIWALD)

hier der Riß im Panzer in der Querfurche erfolgt. Auch hier werden die alten Hälften durch neue vom herangewachsenen Tochterprotoplasten ergänzt (Abb. 320). Nach 6—7 Teilungen wird eine vegetative Schwärmerbildung eingeschaltet. Diese beginnt damit, daß sich der Protoplast ringsum von dem Panzer loslöst. Anschließend erfolgt eine Zellteilung, die nach Flagellatenart parallel zur Längsachse vor sich geht. Sodann dreht sich die Teilungsebene, so daß sie schließlich in der Querrichtung liegt, wobei sich die beiden neugebildeten Zellen gegeneinander abrunden und danach durch den Druck von ihnen ausgeschiedenen Schleimes

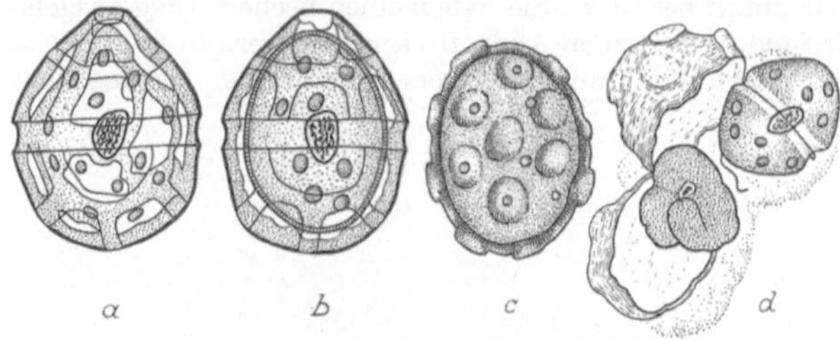

Abb. 322 a—d. *Glenodinium lubiniensiforme*. Cystenbildung. a und b Ablösung des Protoplasten im Inneren unter Beibehaltung eines Periplasmas; c freie Cyste; d gesprengte Cyste mit neuen Individuen. (Nach DIWALD)

den Panzer sprengen. Dadurch werden die beiden Tochterzellen als freie bewegliche Schwärmer entlassen; sie wachsen zunächst noch unbehäutet bis zur normalen Größe heran und scheiden schließlich einen neuen Panzer aus (Abb. 321). Unter ungünstigen Lebensbedingungen endlich geht bei dem gleichen Objekt eine Cystenbildung so vor sich, daß sich ebenfalls der Protoplast vom Panzer loslöst, jetzt freilich so, daß außerhalb der Trennungszone ein Periplasma übrigbleibt. Um den inneren Teil des Protoplasten bildet sich dann eine neue Membran, äußerst dick, mit warzigen Vorsprüngen, die offenbar durch die modellierende Tätigkeit des Periplasmas zustande kommen. Die Cyste wird durch Zerfall des alten Panzers frei, kann überdauern und schließlich wieder keimen. Vorher kommt es im Inneren zur Bildung von Schwärmern, die ebenfalls aus der durch Schleimausscheidung gesprengten Cystenwand frei werden. Es wächst davon oftmals nur einer heran und bildet einen neuen Panzer, während der andere degeneriert (Abb. 322).

Die sexuelle Fortpflanzung findet sich nur sehr selten; sie erfolgt so, daß durch zwei aufeinanderfolgende Teilungen im Inneren eines Individuums vier Gameten gebildet und durch Sprengung des Panzers frei werden. Gameten von verschiedener Herkunft — die

15*

Form ist getrenntgeschlechtig — kopulieren zu einer Zygote, die sich abrundet, mit einer festen Membran umgibt, anscheinend überdauern, aber auch unmittelbar keimen kann. Nach Austritt aus der Membran erfolgt im Protoplasten die Meiosis, wonach sich dieser in vier Gonen aufteilt, von denen meist zwei oder gar drei zugrunde gehen und nur die übrigen als frei bewegliche Gonozoosporen wieder zu neuen Individuen heranwachsen (Abb. 323).

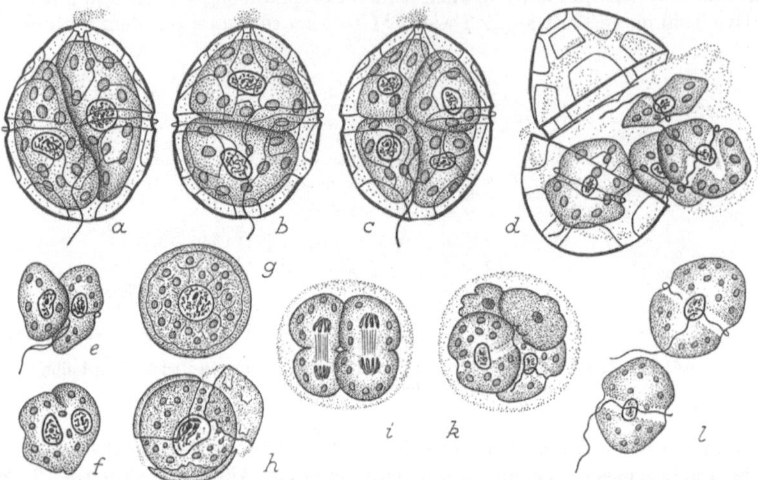

Abb. 323 a—l. *Glenodinium lubiniensiforme.* a—d Gametenbildung im Inneren eines Individuums; e, f Kopulation; g Zygote; h—k Keimung der Zygote und Meiosis; l ausgetretene Gonosporen. (Nach DIWALD)

Weiterhin ist die Gattung Chlamydomonas in verschiedener Hinsicht von Bedeutung. Es sind stets einzellige, kugelige, ei- oder birnenförmige Organismen, die im vegetativen Zustand eine feste Cellulosemembran besitzen. Sie haben einen becherförmig ausgehöhlten Chromatophor mit einem Pyrenoid, vorne einen Augenfleck, einen Kern in der Mitte und zwei Geißeln an dem vorderen mit einer Membranpapille versehenen Ende. Die vegetative Fortpflanzung

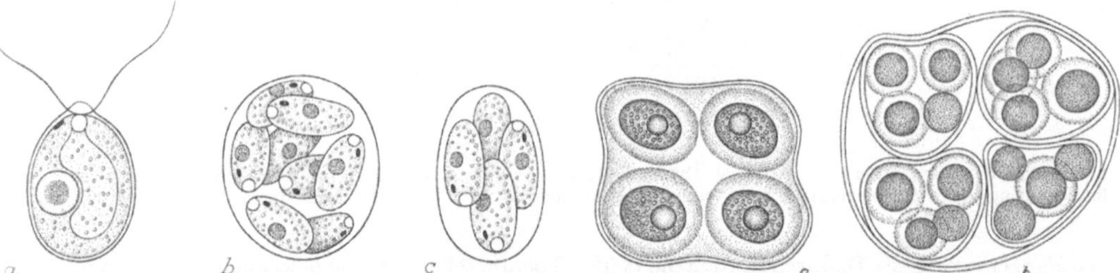

Abb. 324a—c. *Chlamydomonas media.* a vegetative Zelle; b vegetative Fortpflanzung durch 8 oder c 4 Tochterzellen. (Nach KLEBS aus OLTMANNS)

Abb. 325a u. b. *Chlamydomonas Braunii.* Verschiedene Palmellastadien. (Nach GOROSCHANKIN)

als Propagation erfolgt bei allen durch Teilung des Zellinhalts und Ausbildung von 2—8 Tochterzellen, meist wie bei *Chlamydomonas media* unter Teilungen parallel zur Längsachse (Abb. 324). Bei *Chlamydomonas Braunii* und *longistigma* findet sich dabei eine seltsame Besonderheit: Nach der ersten Längsteilung dreht sich der ganze Zellinhalt so in der Membran, daß die erste Teilungsebene nunmehr quer steht. Die neue Teilung, die wieder parallel zur ursprünglichen Längsachse abläuft, geht damit senkrecht zur ersten vor sich. Bei den Zellteilungen werden die Chromatophoren ebenfalls geteilt und jede Tochterzelle erhält einen solchen. Letztere runden sich bereits in der Muttermembran ab und werden aus dieser als zwar kleinere, aber normale Individuen entlassen. Mit dieser Fortpflanzungsweise kann ein günstiges Verbreitungsgebiet schnell ergriffen werden. Daneben gibt es noch eine andere vegetative, die etwas veränderten Lebensbedingungen angepaßt ist. Auf festen, aber immerhin noch feuchten Substraten (z. B. in künstlicher Kultur auf Agar) werden die Zellen unbeweglich, indem sie die Geißeln abwerfen. Doch bleiben sie grün und wachstums- wie teilungsfähig. Nach den Teilungen verquillt die Membran, und die Zellen können zwar isoliert, aber doch nahe zu Pseudokolonien geordnet beieinander liegenbleiben, Zustände, die man als *Palmellastadien* bezeichnet (Abb. 325). Gelangen diese Zellen wieder in Wasser, so entwickeln sie Geißeln und werden beweglich. Weiter können im Zusammenhang mit völliger Austrocknung des Substrats auch vegetative Dauerzellen gebildet werden. Der Plasmakörper kriecht dann aus der Membran heraus, rundet sich ab und wird unter Ausscheidung einer neuen festen Membran zur Dauerzelle.

Sexualität ist in der Gattung Chlamydomonas in allen Differenzierungszuständen von der Isogamie bis zur Oogamie zu finden. Bei *Chlamydomonas media* werden nach Übertragung der vegetativen Zellen von Nährlösung in Wasser im Lichte durch Teilung in 4—8 aus einer Mutterzelle kleine und schnell bewegliche Isogameten gebildet, die aber sonst genau so wie eine vegetative Zelle ausgestattet sind. Vor der Kopulation zieht sich der Plasmakörper

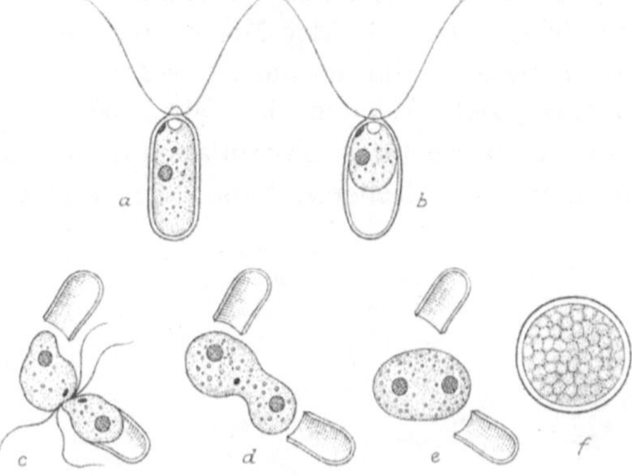

Abb. 326 a—f. *Chlamydomonas media.* a, b Gametenbildung; c—e Kopulation; f Zygote (Nach KLEBS)

zusammen und löst sich von der Membran ab. Es schlüpfen dann zwei Gameten, die sich zueinander orientiert haben, aus der Membran heraus und kopulieren mit den Spitzen voran (Abb. 326). Bei *Chlamydomonas Debaryana*, einer ebenfalls isogamen Form, erscheinen übrigens völlig unbehäutete Gameten. *Chlamydomonas Braunii* ist anisogam. Es kopuliert hier stets ein großer und ein kleiner Gamet. Beide bleiben zunächst in ihrer Membran; nach der gegenseitigen Zuordnung kriecht der kleinere aus seiner Membran in die des größeren hinüber

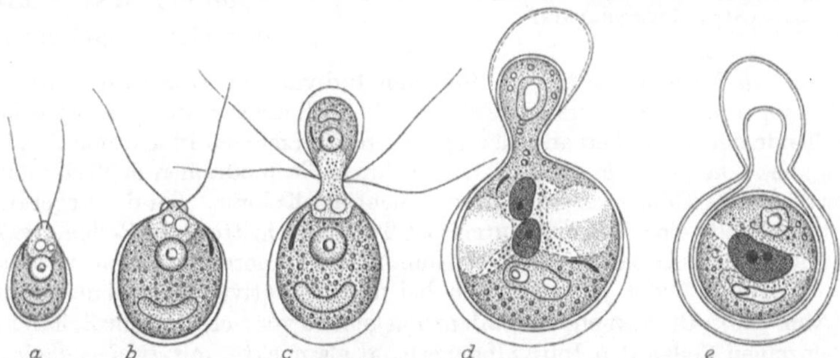

Abb. 327 a—e. *Chlamydomonas Braunii* zeigt Anisogamie. a, b Gameten; c—e Kopulation und Zygotenbildung. (Nach GOROSCHANKIN)

(Abb. 327). *Chlamydomonas coccifera* endlich zeigt reguläre Oogamie. Aus einem Teil der vegetativen Individuen wachsen Makrogameten heran; es vergrößern sich die Zellen um etwa das Doppelte. Danach werden sie zu regulären Eizellen, indem sie die Geißeln verlieren und unbeweglich werden. Die Mikrogameten, die man hier schon fast Spermatozoiden nennen könnte, entstehen zu 16 aus einer vegetativen Zelle (Abb. 328). Nach der Kopulation werden bei allen Formen Dauerorgane gebildet, die mit derben, vielschichtigen, je nach den Arten höchst verschieden ausgestalteten Membranen versehen und rot von Hämatochrom sind. Sie vertragen Austrocknung und sonstige ungünstige Lebensbedingungen. Bei der Keimung erfolgt die Meiosis, und es entstehen als Gonen vier neue Zellen, die nach Sprengung der derben Membran in einer gemeinsamen Gallerthülle austretend sich als bereits vollständig ausgebildete Individuen zu erkennen geben.

Unter den **Volvocales**, die man wegen der Beweglichkeit ihrer vegetativen Zustände zu den Flagellaten zählen kann, ist *Gonium pectorale* besonders gut untersucht, weil die vollständigen Lebenscyclen mit vegetativer wie sexueller Fortpflanzung in Reinkulturen darstellbar sind. Dabei hat sich herausgestellt, daß hier einer der wenigen Fälle gegeben ist, wobei die Ausbildung eines Miktohaplonten mit vollkommener Sicherheit bewiesen ist. Aus der keimenden Zygote entwickelt sich nach der Meiosis ein neues Individuum, das seinerseits aus vier Zellen besteht, die je eine Gone repräsentieren. *Dieses Keimindividuum ist ein Miktohaplont.* Aus den vier Zellen des Keimindividuums entstehen nämlich sehr bald durch vegetative Fortpflanzung neue Individuen mit nunmehr je 16 Zellen, die man leicht isolieren kann. So kann man die Abkömmlinge jeder einzelnen Zelle des Keimindividuums, anders ausgedrückt, jeder Gone, für sich in Kultur nehmen, und damit angestellte exakte Untersuchungen konnten zeigen, daß die Nachkommen der Gonen genetische Verschiedenheiten aufweisen, wie sie sich z. B. in der Geschlechtsverschiedenheit von je zwei und zwei Gonenabkömmlingen ausdrücken können. Damit ist der Charakter des Keimindividuums als Miktohaplont hier sicher nachgewiesen.

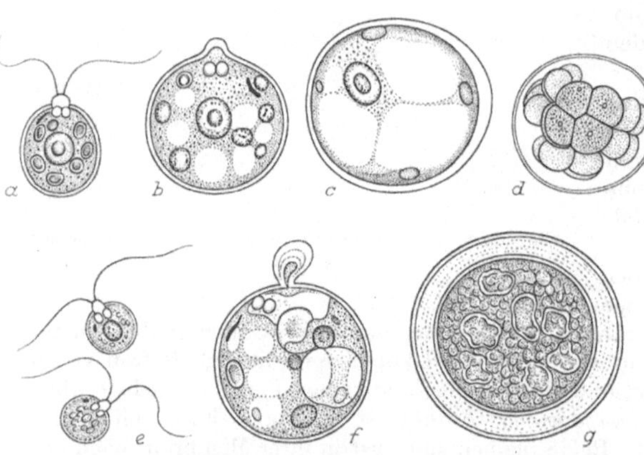

Abb. 328a—g. *Chlamydomonas coccifera.* a—c Bildung der Eizellen; d, e Bildung der Mikrogameten; f Kopulation; g Zygote. (Nach GOROSCHANKIN)

Gonium pectorale besteht aus einem 16zelligen Individuum, wobei alle einzelnen Zellen in einer Platte angeordnet sind, die die Geißeln alle nach einer Seite herausstrecken. Dabei liegen vier Zellen in der Mitte, und an jeder Seite dieser vierzelligen Platte sind drei Randzellen mit ihr verbunden. Da alle Zellen untereinander durch Plasmodesmen in Verbindung stehen, charakterisiert sich das Ganze als Individuum, nicht als Kolonie. Bei der vegetativen Fortpflanzung teilt sich jede einzelne Zelle durch vier Teilungsschritte in 16 Zellen, die sich schon innerhalb der Ausgangszelle zu einer neuen Goniumplatte anordnen. Dann verlassen sie die Mutterzelle, und somit bildet jedes Gonium bei der vegetativen Fortpflanzung je 16 neue Individuen (Abb. 329). Die sexuelle Fortpflanzung geht so vor sich, daß zur Zeit der Gametenbildung die einzelnen Zellen den Individuenverband als nackte, mit zwei Geißeln versehene Gameten verlassen und miteinander kopulieren. Diese Kopulation ist freilich nur unter Abkömmlingen verschiedengeschlechtiger Individuen möglich. Es besteht hier Chorogamie unter Isogameten, obwohl die Gameten nicht immer von gleicher Größe zu sein brauchen und manchmal auch in scheinbarer Anisogamie verschieden große Gameten kopulieren können. Diese verschiedene Größe ist aber nicht gesetzmäßig, sondern rein zufällig durch Alter und Ernährungszustand der Ausgangsformen bedingt. Die kopulierten Gameten werfen bald die Geißeln ab, wachsen zunächst noch heran und bilden dann eine derbe Zygotenmembran aus. Hämatochrom bildet sich in Flüssigkeitskulturen erst nach einigen Wochen, bei schnellem Eintrocknen dagegen in wenigen Tagen aus. Diese Zygoten sind Dauerzustände und vertragen Austrocknung durchaus. Werden sie wieder in Flüssigkeitskultur genommen, dann quellen die Zygoten auf, und der rote Farbstoff wird verbraucht. Weiterhin erfolgt im Innern eine Vierteilung, die offenbar die Meiosis ist. Danach wird die Membran gesprengt und der Inhalt der Zygote tritt als vierzelliges Goniumplättchen aus, das zunächst als Individuum davonschwimmt (Abb. 330). Daß dem so ist, konnte an der genauen Anordnung der Zellen in dem

Keimindividuum nachgewiesen werden. Dieses Keimlingsindividuum ist 2—3 Tage existenzfähig, dann teilt sich jede der vier Zellen in vier Teilungsschritten und bildet je ein normales
16zelliges Goniumindividuum. Nimmt man nun die Abkömmlinge der einzelnen Zellen des
ursprünglichen Goniumindividuums in Kultur, dann zeigt sich, daß je zwei davon verschiedenen Geschlechtern angehören. Die Geschlechtsbestimmung muß also bei der Teilung in der
Zygote stattfinden, die sich damit als Meiosis charakterisiert, und ebenso ist zugleich nachgewiesen, daß das ursprüngliche vierzellige Keimlingsindividuum ein Miktohaplont ist.

Endlich seien noch die Verhältnisse bei der Gattung Volvox geschildert. Sie
bieten zwar über das Bisherige hinaus nicht gar zu viel Neues, doch ist in der
Literatur immer so viel von Volvox die Rede gewesen, daß er wohl nicht umgangen
werden kann. Bei Volvox handelt es sich tatsächlich um vielzellige Organismen,

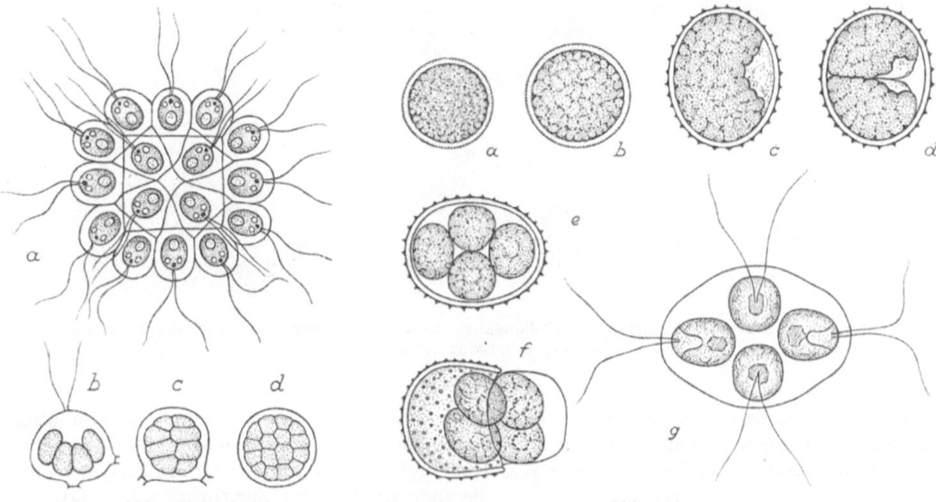

Abb. 329 a—d   Abb. 330 a—g

Abb. 329 a—d. *Gonium pectorale.* a Ausgebildetes Individuum; b—d Teilung der einzelnen Zellen zu neuen
Individuen. (a nach MIGULA, b—d nach HARPER aus OLTMANNS)

Abb. 330 a—g. *Gonium pectorale.* a—e Zygotenkeimung; f, g Miktohaplontenbildung. (Nach SCHREIBER)

obwohl das Aussehen der Zellen eine gewisse Selbständigkeit der einzelnen so weit
vortäuscht, daß man von einer Volvoxkolonie gesprochen hat. Die dafür geforderte Selbständigkeit ist aber durchaus nicht vorhanden; die Zellen stehen
vielmehr durch Plasmodesmen in lebendiger Verbindung untereinander und die
Differenzierung in somatische und generative Zellen ist insofern sehr streng durchgeführt, als auch die vegetative Fortpflanzung allein von ganz bestimmten, frühzeitig ausgesonderten Zellen aus erfolgt. Infolgedessen haben die somatischen
Zellen keine unmittelbaren Nachkommen, sondern gehen am Ende ihrer Lebenszeit gemeinsam zugrunde; sie bilden eine „Leiche". Damit erfährt hier wie bei
allen mit eingreifenderer Differenzierung versehenen Organismen der Tod des
Individuums eine stärkere Akzentuierung als bei den einzelligen und koloniebildenden Formen.

Volvox globator hat einen kugelförmigen, von kleinen relativ weit auseinander liegenden,
jedoch durch Plasmodesmen verbundenen Zellen gebildeten Körper. Es sind hier bis zu
20000 Zellen, bei *Volvox aureus* sehr viel weniger, deren jede zwei Geißeln nach außen streckt.
Nach innen in die Kugel hinein wird von jeder Zelle ein weit über ihre eigene Größe hinausgehender Gallertzylinder entwickelt. So bewegt sich der eigentümliche Körper gewöhnlich
langsam rotierend durch das Wasser, in der Vorwärtsbewegung mit dem sogenannten sensitiven

Pol voran und den generativen nachschleppend. Hier an diesem Pol, besser gesagt, in der dem generativen Pol zugewandten Hälfte der Kugel werden die Fortpflanzungsorgane erzeugt, sowohl vegetative wie sexuelle. Als vegetative Fortpflanzung werden allein Tochterkolonien

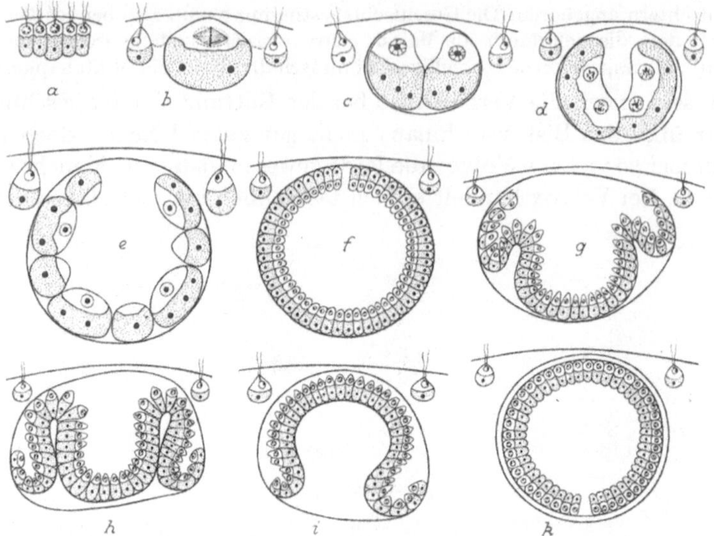

Abb. 331a—k. *Volvox aureus*. Vegetative Fortpflanzung. a—f Entwicklung einer Tochterkolonie aus einer Zelle, g—k Umstülpungsvorgang. (Nach ZIMMERMANN)

angelegt, die sich aus einzelnen Zellen der Kugel durch vielfache und streng gesetzmäßig ablaufende Teilungen bilden. Sind die Tochterindividuen zur fertigen Kugel geformt, dann lösen sie sich durch Umstülpung aus der Wandung, gelangen ins Innere der Mutterkugel und brechen dann unter Zerstörung der letzteren am generativen Pol hinaus. In Abb. 331 ist der Vorgang für *Volvox aureus* dargestellt. In Abb. 332 ist *Volvox aureus* mit Tochterindividuen kurz vor dem Durchbruch enthalten.

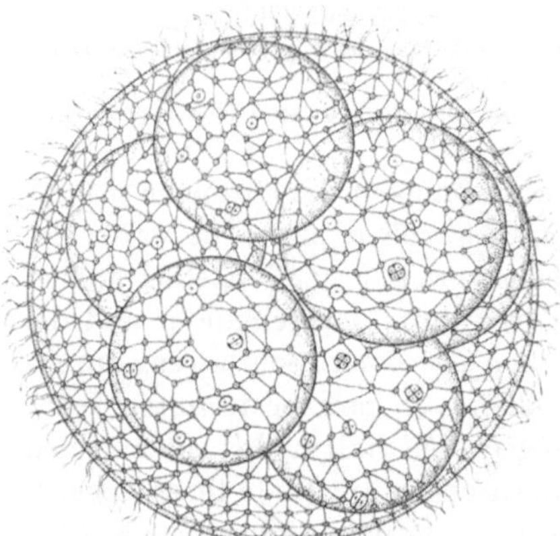

Abb. 332. *Volvox aureus* mit Tochterindividuen kurz vor dem Durchbruch

Die sexuelle Fortpflanzung erfolgt durch Ausbildung von Eiern und Spermatozoiden ebenfalls aus einzelnen Zellen der Kugel, wobei *Volvox globator* meist gemischtgeschlechtig ist, *Volvox aureus* dagegen getrenntgeschlechtig. ohne daß freilich diese Geschlechtsverteilung streng festläge. Die Eier entwickeln sich als einzelne aus einer Körperzelle, während die Spermatozoiden in einer sehr großen Anzahl aus einer solchen hervorgehen. Sie sind nach ihrer Fertigstellung zunächst eng nebeneinander in einer Platte angeordnet, sie sind spindelförmig mit zwei Geißeln versehen, von Hämatochrom etwas gelblich gefärbt, sonst aber komplette Zellen und auch mit Chromatophor. Die Platten lösen sich zunächst als Ganzes ab, dann zerfallen sie in die einzelnen Spermatozoiden. Die Kopulation erfolgt in der Ausgangskugel, in der sich die befruchteten Eier durch Hämatochromausscheidung, Ausbildung einer festen Membran zu einer festen Hypozygote entwickeln. Diese können überdauern, aber auch bald keimen. Es entsteht ein Keimling aus jeder Zygote. Vermehrungs- und Verbreitungsrate sind also bei jeder der beiden Fortpflanzungsweisen ungefähr gleich. Bei der sexuellen kommt die Zygote als Dauerorgan hinzu.

β) Conjugatae

Die Conjugaten sind ebenfalls vorwiegend einzellig wie die Flagellaten, doch so weitgehend übergangslos speziell durch starre Membranformen ausgebildet, daß man sie für sich zusammenfaßt. Es sind Süßwasserkosmopoliten, die höchstens bis ins Brackwasser vordringen, in den Meeren aber nicht zu finden sind. Ihre vegetative Fortpflanzung besteht in einfacher Zellteilung auch bei den fadenbildenden Typen, deren einzelne Zellen gegeneinander keine Differenzierung aufweisen und cellulären Wachstumsmodus besitzen — es ist prinzipiell jede Zelle befähigt, einen

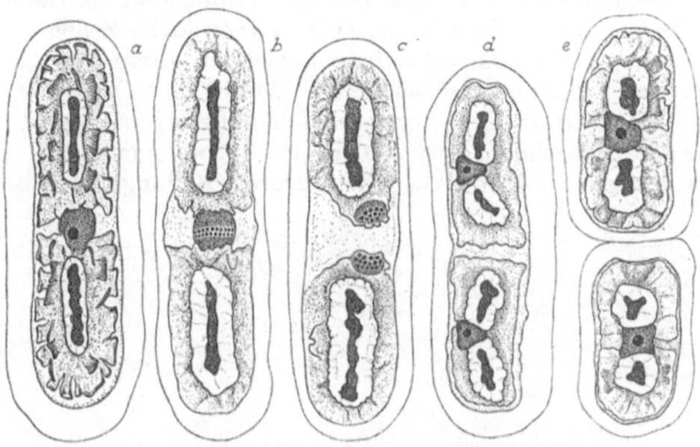

Abb. 333 a—e. *Cylindrocystis Brebissonii*. Vegetative Fortpflanzung durch Teilung der Individuen. a—c Mitose; d Wanderung des Kernes in die Chromatophorenmitte, e Neuformierung der Individuen.
(Nach KAUFFMANN)

neuen Faden zu bilden. Vermehrung kommt also im wesentlichen durch vegetative Fortpflanzung zustande, Überdauerung im Anschluß an die Kopulation.

Bei *Cylindrocystis Brebissonii* sind die Fortpflanzungsverhältnisse besonders gut untersucht; sie sind hier besonders leicht zu übersehen, weil die Mesotaeniaceen, zu denen Cylindrocystis gehört, die einfachsten Membranen aller Conjugaten besitzen. Die Zellen bestehen ebenso wie bei den Desmidiaceen aus zwei symmetrischen Hälften, deren jede von einem plattenförmigen Chromatophor ausgefüllt ist, und in der Mitte zwischen beiden liegt der Kern. Die

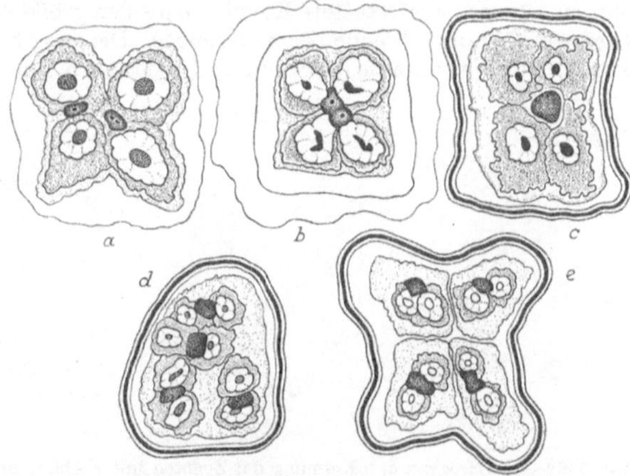

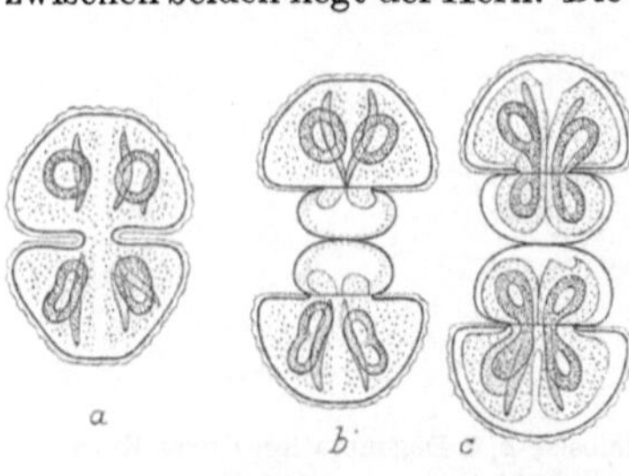

Abb. 334a—c. *Cosmarium botrytis*. Vegetative Fortpflanzung. a Ausgangsform; b, c Teilung und Regeneration der Schalen.
(Nach DE BARY)

Abb. 335a—e. *Cylindrocystis Brebissonii*. Sexuelle Fortpflanzung. a—c Konjugation und Zygotenbildung; d, e Neubildung von 4 Individuen aus den Gonen nach erfolgter Meiosis.
(Nach KAUFFMANN)

Teilung von Cylindrocystis beginnt mit einer Mitose (Abb. 333 a—c), deren Tochterkerne bald von der Zellmitte fortrücken und sich in den Spalt einschieben, der durch die beginnende Durchschnürung je eines Chromatophors zustande kommt (Abb. 333d). So entstehen in jeder Zellhälfte zwei neue Chromatophoren und ein Kern. Anschließend bildet sich in der Mitte der Ursprungszelle eine neue Membran aus (Abb. 333e). Bei den Desmidiaceen, wie z. B. *Cosmarium botrytis*, ist die Membran eine reguläre Schale und so starr, daß innerhalb der

Ursprungszelle keine Vergrößerung möglich ist. Infolgedessen trennen sich die beiden Schalenhälften bei der Teilung voneinander, und jede alte Hälfte regeneriert eine neue symmetrische (Abb. 334a—c).

Die sexuelle Fortpflanzung erfolgt durch Kopulation der vegetativen Zellen, die ohne vorherige besondere Teilung bei allen Conjugaten als Gameten funktionieren können. Bei *Cylindrocystis Brebissonii* legen sich zwei vegetative Zellen aneinander und können bei ihrer Schleimmembran ohne weiteres miteinander verschmelzen (Abb. 335a—c). Anschließend erfolgt die Karyogamie, dann desorganisieren die Chromatophoren und sind in der Zygote nur noch als geringe Schatten erkennbar. Durch Bildung einer

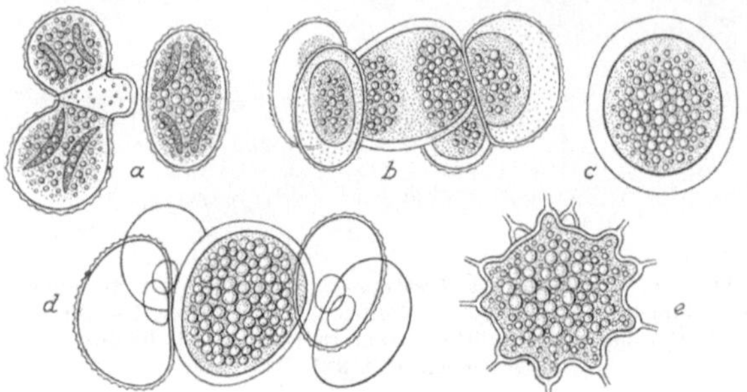

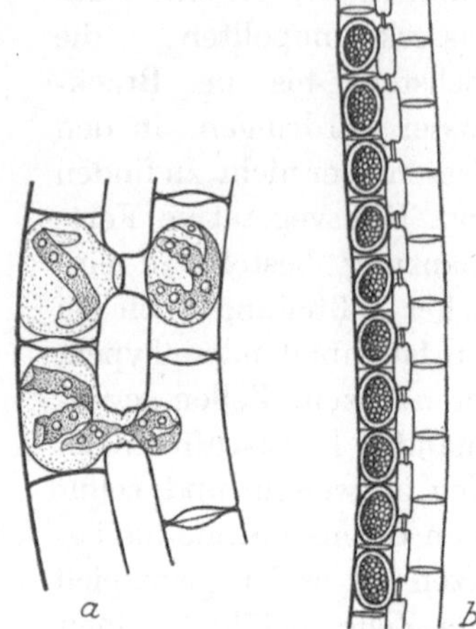

Abb. 336a—e. *Cosmarium botrytis.* Kopulation und Zygotenbildung. (Nach DE BARY)

Abb. 337a u. b. *Spirogyra.* a Kopulation; b Ausbildung von Zygoten. (a nach DE BARY, b nach KNIEP)

starken Membran und Reservestoffspeicherung wird ein Dauerorgan gebildet. Bei der Keimung läuft die Meiosis ab (Abb. 335d) und vier mit je einem, bald in zwei geteilten Chromatophoren ausgestattete Keimlinge werden gebildet (Abb. 335e), die dann die Zygote als vegetative heranwachsende Zellen verlassen. Die starr behäuteten Desmidiaceen können erst dann kopulieren, wenn sie die Schale verlassen haben. Bei *Cosmarium Botrytis* findet man neben

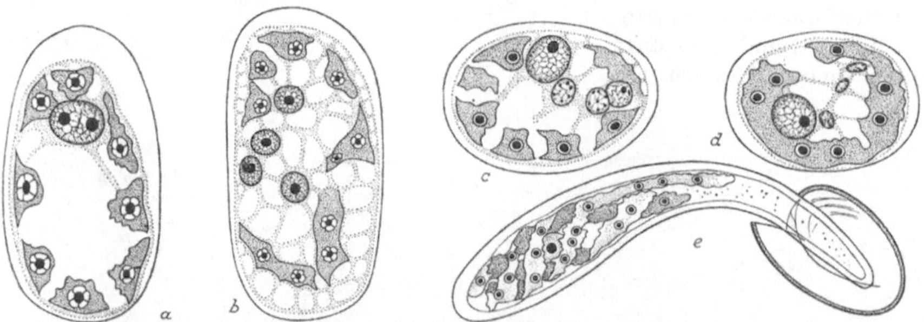

Abb. 338a—e. *Spirogyra.* a, b Keimung der Zygoten unter Ablauf der Meiosis; c, d Degeneration dreier Kerne; e Entwicklung nur eines Keimlings. (Nach TRÖNDLE)

den Zygoten, die selbst auch eine besonders nachdrücklich ausgebildete Membran besitzen, vielfach die alten Schalen der als Gameten verbrauchten Individuen noch liegen (Abb. 336a—d).

Besonders interessant ist die Sexualität von den Zygnemaceen. Bei diesen funktioniert jede einzelne Zelle des Fadens als Gamet, auch ohne daß sie die Fäden verlassen. Bei diöcischen Formen kopulieren alle Zellen nebeneinander liegender Fäden. Dabei wandert der Inhalt der Zellen des einen Fadens in diejenigen der anderen hinüber, so daß man also die Anfänge einer sexuellen Differenzierung konstatieren kann (Abb. 337a und b). Bei der Zygotenkeimung von Spirogyra degenerieren drei von den vier Gonenkernen, und nur einer wird zu einem Keimling ausgebildet (Abb. 338).

So ist also Vermehrung und Verbreitung bei den Conjugaten an die vegetative Fortpflanzung durch einfache Zellteilung gebunden, Überdauerung dagegen an die Sexualität mit der Zygotenbildung. Die Gametenbildung ist etwas abgewandelt; dennoch läßt sich der Kopulationsvorgang auch hier durchaus als Chorogamie (Cosmarium) und Angiogamie (Spirogyra) begreifen.

γ) Diatomeae

Bei den Diatomeen handelt es sich ebenfalls um eine höchst speziell ausgestaltete Gruppe von einzelligen Gewächsen, von denen wir die eine ihrer beiden

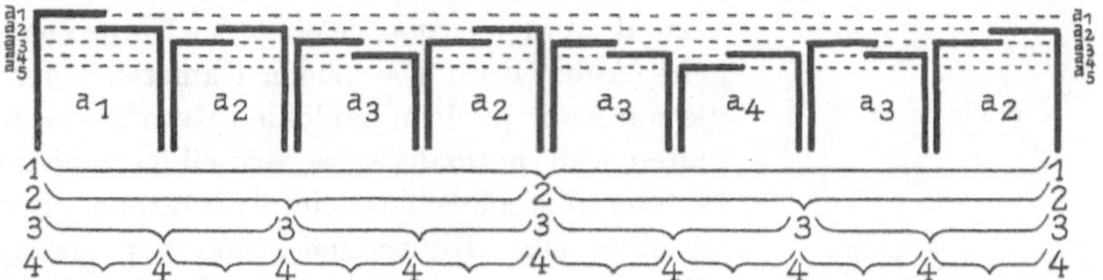

Abb. 339. Schema der Zellteilungsfolge einer Bandkolonie von *Eunotia*. (Nach PFITZER aus GEITLER)

Untergruppen hier zu besprechen haben. Auch bei diesen Formen ist die Membran durch Kieselsäureeinlagerung zu einer wie bei den Conjugaten vollkommen starren Schale ausgestaltet. Und damit ergibt sich ebenso wie dort die Notwendigkeit, sie

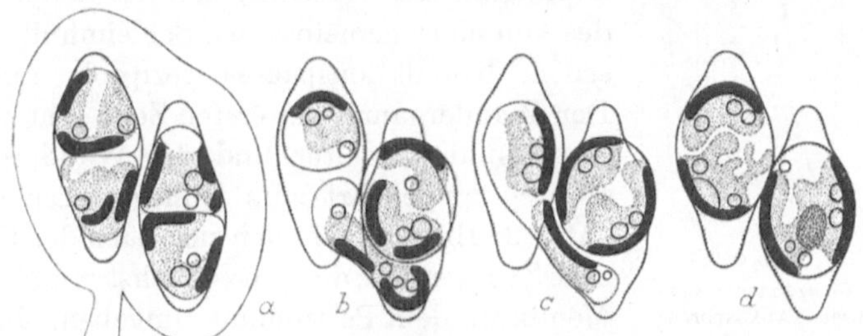

Abb. 340 a—d. *Gomphonema parvulum*. a Kopulationspaar mit dem fertigen Gameten; b, c Stadien der Kopulation eines der beiden Wandergameten; d Zygote. (Nach GEITLER)

in zwei Teile anzuordnen. Die verkieselte Membran greift hier stets wie die beiden Teile einer Schachtel übereinander. Zwei Gruppen sind unterscheidbar, die pennaten Diatomeen, deren Schalen langelliptisch, stab- oder schiffchenförmig sind, und die zentrischen, deren Schalen rund sind. Die Pennaten sind Formen, die am Grund von Gewässern, meist des Süßwassers, vielfach auch auf Wasserpflanzen und auf Moospolstern vorkommen, die Centricae dagegen gehören vorwiegend dem Meeresplankton an.

Es gibt zwei Fortpflanzungsweisen, einfache vegetative durch Zellteilung und eine sexuelle, die recht kompliziert vor sich geht. Die vegetative Fortpflanzung durch Zellteilung erfolgt immer so, daß nach erfolgter Teilung die beiden Schalen auseinander rücken, so daß jede Tochterzelle je eine alte behält und nun eine neue Schale stets so bildet, daß sie in die alte als kleinere eingreift (Abb. 339). So wird unter den Generationen vegetativer Fortpflanzung stets eine Linie vorhanden sein müssen, die immer kleiner und kleiner wird. Zum Ausgleich wird in einer

Auxosporenbildung die Zelle wieder vergrößert. Die Schalen werden abgeworfen, der Protoplast wächst heran, bis er die artbestimmte normale Größe wieder erreicht hat, und dann werden neue Schalen gebildet. Diese Auxosporenbildung steht bei den pennaten Diatomeen in den meisten Fällen im Zusammenhang mit der sexuellen Fortpflanzung.

Diese geht bei *Gomphonema parvulum* folgendermaßen vor sich. Zwei vegetative Zellen, die bei den pennaten Diatomeen stets diploid sind, legen sich aneinander und umhüllen sich mit einer Schleimschicht. Sodann läuft in ihnen die Meiosis ab, und es entstehen vier Kerne, die aber auf nur zwei Gameten verteilt werden, wobei je einer der Kerne zugrunde geht (Abb. 340a). Die beiden Gameten jeder Zelle, die nunmehr je einen haploiden Kern besitzen, verhalten sich normalerweise sexuell verschieden; es besteht eine physiologische Anisogamie. Der eine ist stets ein „Ruhegamet" und der andere ein „Wandergamet". Daher gibt es Formen, bei denen die beiden Gameten ein und derselben Zelle miteinander kopulieren, so daß eine sogar extreme Autogamie vorkommt. Bei Gomphonema jedoch und überhaupt in den meisten typischen Fällen kopulieren die verschiedenen Gameten innerhalb des von einer gemeinsamen Schleimhülle umschlossenen Kopulationspaares reziprok miteinander. Der Wandergamet der ersten Zelle geht zum Ruhegameten der zweiten und der Wandergamet der zweiten umgekehrt zum Ruhegameten der ersten (Abb. 340b—d). So finden sich nach der Kopulation zwei Zygoten vor, die sich zunächst mit einer dünnen Membran, dem Perizonium, umgeben. Bald jedoch wird diese gesprengt und die Zygote wächst als Auxospore erheblich heran und bildet dann erst wieder die beiden typischen Kieselschalen aus, womit die vegetativen Zellen wiederhergestellt sind (Abb. 341). Erwähnt sei noch die Gattung Nitschia, bei der während der Kopulation ein Kopulationsschlauch von einer Zelle zur anderen entsteht, weil hier von den Kopulationspaaren keine Schleimhülle zustande kommt (Abb. 342).

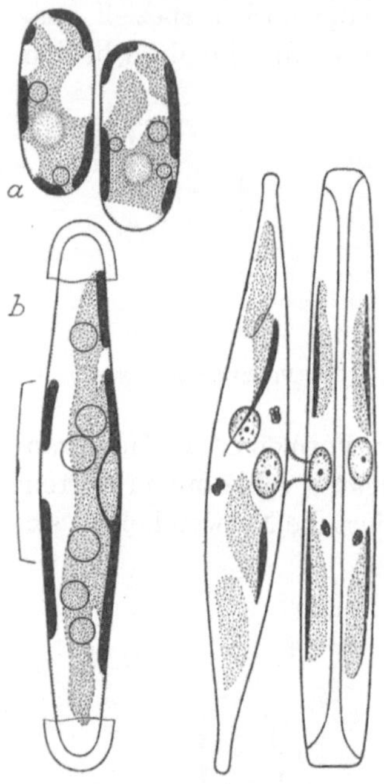

Abb. 341 a u. b.   Abb. 342.

Abb. 341 a u. b. *Gomphonema parvulum.* a heranwachsende Auxosporen; b Auxosporen mit den polaren Kappen und einem anhaftenden mittleren Teil der Perizoniums. (Nach GEITLER)

Abb. 342. *Nitschia subtilis.* Konjugation mit einem Kopulationsschlauch. (Nach GEITLER)

Bei dieser Fortpflanzungsweise ist besonders auffällig, daß jegliche *Dauerformen* fehlen, obwohl gerade die pennaten Diatomeen ihrer Lebensweise halber solcher dringend bedürftig zu sein scheinen. In dem flachen Wasser, worin sie vorkommen, kann jederzeit extreme Trockenheit einfallen. Und tatsächlich läßt jede Erdprobe, die man in eine Nährlösung bringt, unter anderem auch massenhaft Diatomeen erscheinen. Wir haben es nun bei den Diatomeen mit einer Ausnahmeerscheinung zu tun, die uns später noch einmal bei den Moosen in ähnlich extremer Weise wieder auffallen wird. Die vegetativen Zellen vertragen, ohne dabei zugrunde zu gehen, monatelanges Austrocknen. Der Protoplast schrumpft

einfach ein, ohne sich in irgend einer Weise aktiv auf einen solchen Überdauerungszustand vorzubereiten. In diesem Zustand können die Zellen sogar durch den
Wind verbreitet werden. Ebenso vertragen sie tiefe Temperaturen; sie können
in arktischen Gebieten, wo sie weit verbreitet sind, im Eis einfrieren und auch auf
diese Weise verbreitet werden.

Der eigenartige Kopulationsprozeß, bei dem von jedem Ausgangsindividuum
zwei in der Meiosis gebildete Kerne absterben und von den in toto übrigbleibenden
vier Gameten nun zwei neue vegetative
Individuen gebildet werden, bewirkt also,
daß hier durch den Gesamtvorgang:
Meiosis und Kopulation weiter nichts geschieht, als daß die Ausgangszahl genau
reproduziert wird. Es ist hier so klar wie
selten, daß mit der Sexualität keine „Fortpflanzung", jedenfalls keine Vermehrung
verbunden zu sein *braucht*.

δ) Chlorophyceae

Die Grünalgen sind schon im vorigen
Abschnitt kurz charakterisiert worden;
hier haben wir nur hinzuzufügen, daß die
weitaus meisten von ihnen dem Süßwasser
angehören, und daß sie, aufs Ganze gesehen, wohl eben aus diesem Grunde —
besser gesagt, damit im Zusammenhang,
weder solche Dimensionen und eine so
scharfe Differenzierung aufweisen wie die
Phaeophyceen, noch auch so eigenwillige,
Spezialbildungen wie die Rhodophyta.
Eigen ist den Chlorophyceen eine un-
gemeine Vielgestaltigkeit der Fortpflanzungserscheinungen und eine geradezu
hysterische Reaktionsfähigkeit auf einen
Wechsel der äußeren Bedingungen.

Protococcales. Die hierher gehörigen
Typen, meist einzellige Formen zur Kolo-
nie- bzw. vereinfachten Individuenbildung

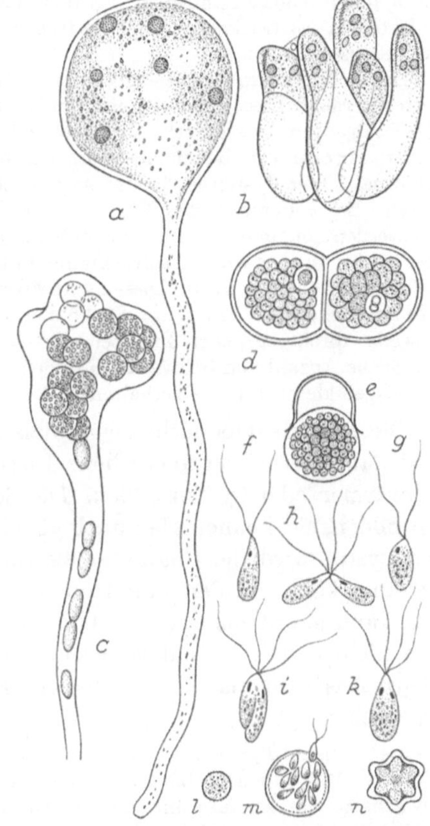

Abb. 343 a—n. *Protosiphon*. a, b vegetative Pflanzen; c solche in vegetativer Vermehrung; d—k Kopulation der Gameten; l—n Zygoten und Parthenosporen. (Nach KLEBS, b aus OLTMANNS)

geneigt, spielen hier eine weitaus größere Rolle wie im Plankton des Tiefwassers,
was die Darstellung der Einzelfälle deutlich machen wird.

Die Gattung Protosiphon mit nur sehr wenigen Arten lebt als Erdalge in feuchtem Boden
an Rändern von Teichen und Tümpeln. Es sind kugelige Zellen, die einen langen rhizoid-
ähnlichen Fortsatz in den Boden entwickeln können (Abb. 343a). In Wasser oder Nährlösung sind die Zellen abgerundeter, ohne Fortsatz, aber deutlich polar (Abb. 343b). Vegetative Fortpflanzung kann durch einfache Teilung erfolgen, wobei jüngere Zellen oftmals in
eine größere Anzahl von Zellen zerlegt werden, ältere dagegen seitlich aussprossen. Sofern
sie in der Erde leben, entwickeln alle Tochterzellen neue Rhizoide. Alle derartigen Zellen
können nun „Schwärmer" bilden, wobei in dem protoplasmatischen Wandbelag Kernteilungen
erfolgen, sich anschließend daran einzelne Kerne mit einer Portion Cytoplasma abrunden und

zwei Geißeln entwickeln. Diese Bildung wird mit Sicherheit hervorgerufen, wenn die in Erde wachsenden Pflanzen mit Wasser überdeckt werden. Die Schwärmer können als Gameten funktionieren und einen Kopulationsprozeß eingehen, was offenbar von äußeren Bedingungen abhängig ist (Abb. 343 d—k). So werden die Schwärmer am sichersten an der Kopulation verhindert, wenn sie in eine Nährlösung eingebracht oder auf 26—27° erwärmt werden. In beiden Fällen, ob mit oder ohne Kopulation, entsteht eine Dauerzelle (Abb. 343 n). Eine aus einem einfachen Schwärmer entstandene nennt man Parthenospore (Abb. 343 l, m), eine solche aus einem Kopulationspärchen dagegen eine Zygote. Die Parthenosporen sind einfache runde Zellen, die sehr bald nach ihrer Bildung auch schon wieder keimen können. Die Zygoten dagegen umgeben sich mit dickerer Membran, haben eine sternförmige Gestalt und können Austrocknung lange vertragen. Bei der Keimung der Zygoten wird vermutlich die Meiosis ablaufen.

Dieser Entwicklungsvorgang kann nun durch die Cystenbildung (Abb. 343 c) noch komplizierter werden. Diese entstehen in Pflanzen verschiedenen Alters in Abhängigkeit von starker Besonnung und Wasserverlust. Dabei teilt sich der protoplasmatische Wandbelag in eine größere Anzahl von Ballen, die durchaus nicht gleich groß zu sein brauchen. Das weitere Schicksal dieser Cysten ist besonders von den Lichtverhältnissen abhängig, unter denen sie stehen. Bei weiterer starker Besonnung und Austrocknung erhalten sie eine derbe Membran und werden mit Reservestoffen angefüllt, werden also zu Hypnocysten[1]. In intensivem Licht, aber nicht allzu starker Austrocknung füllen sie sich mit Hämatochrom an, bei mäßiger Helligkeit bleiben sie grün. Diese letzte Form der Cysten keimt unter günstigen Bedingungen bald am leichtesten wieder aus. Sie können dann ebenso wie die anderen, die schwerer keimen, entweder direkt zu neuen Pflanzen werden oder als etwas herangewachsene Cysten direkt eine große Anzahl von Schwärmern bilden, die sich genau wie die Schwärmer oder Gameten der ausgebildeten Pflanze verhalten.

Diese kurze Übersicht zeigt, daß hier bei Protosiphon alle Fortpflanzungsmodi labil ineinander übergehen. Dieselbe vegetative Zelle kann sich teilen, kann Schwärmer oder Cysten bilden. Die Schwärmer können unmittelbar neue Pflanzen bilden, sie können aber auch als Gameten funktionieren und kopulieren. Bei den Cysten wird der Charakter als Dauerorgan gradweise erworben, offenbar in Abhängigkeit von den unmittelbar darauf einwirkenden äußeren Bedingungen. Man kann gewiß einen solchen Organismus als primitiv bezeichnen, man darf dabei aber nicht vergessen, daß er rezent existieren kann, und daß seine „Primitivität" allem Anschein nach eine seinen Lebensbedingungen förderlich angepaßte Eigenschaft ist.

Als nächster Typ der Protococcales sei *Hydrodictyon utriculatum*, das Wassernetz, geschildert. Wir haben es dabei nicht wie im vorhergehenden Fall mit einem „amphibischen" Gewächs zu tun, sondern mit einer reinen Wasserpflanze, die aber auch stets der Gefahr der Austrocknung ausgesetzt ist. Dem Aufbau nach steht diese Form auf der Grenze zwischen Kolonie- und Gewebebildung. Der vegetative Körper besteht aus sehr langgestreckten zylindrischen Zellen, wobei je drei oder vier mit den Enden verwachsen sind, so daß im ganzen ein vielfach gegliedertes Netz zustande kommt. Die hier vorhandene vegetative Fortpflanzung ist außerordentlich seltsam. In den einzelnen Zellen des Netzes teilen sich die in Einzahl

---

[1] Der Terminus *Hypnocyste*, ebenso *Hypnozygote* und *Hypnospore*, wird in der Algologie häufig verwendet. Er bedeutet nichts anderes als was wir mit dem Ausdruck Dauerorgan oder Dauerzelle meinen. Auf eine nicht ganz unwichtige Nebenbedeutung sei hier jedoch verwiesen, die sich wohl am deutlichsten an dem Unterschied von Parthenosporen und Zygoten bei Protosiphon demonstrieren läßt. Beide Organe vertragen Austrocknung und können damit als Dauerorgane funktionieren. Doch sind unter unverändert günstigen Lebensbedingungen die Parthenosporen unmittelbar keimfähig, während die Zygoten erst längere Zeit ruhen. Obwohl nicht immer mit Genauigkeit auf solche Unterschiede Rücksicht genommen wurde, scheint mir der Ausdruck Hypnozygote besonders für solche Dauerorgane verwendet zu werden, die nicht nur eine Ruheperiode überdauern *können*, sondern eine bestimmte Ruhezeit einhalten *müssen*.

vorhandenen Kerne und vermehren sich zunächst sehr rasch, ohne daß Zellteilungen einträten. Die Plasmaschicht mit den Kernen liegt dem einen großen plattenförmigen Chromatophor innen auf, der während der Kernteilung und vor dem Beginn der Zellbildungen im Inneren der Mutterzelle in einzelne Platten, schließlich in immer kleinere Stücke zerlegt wird. Zuletzt bildet sich aus je einem Kern mit einem Chromatophor und ein wenig Cytoplasma je ein Schwärmer. Diese Schwärmer, in außerordentlichen Massen in den großen zylindrischen Zellen entstanden, bewegen sich zunächst auf das lebhafteste in völligem Durcheinander. Dann läßt die starke und zufällige Bewegung nach, die Schwärmer orientieren sich zueinander und zwar so, daß sie sich in netzförmiger Anordnung nebeneinanderlegen. Schließlich

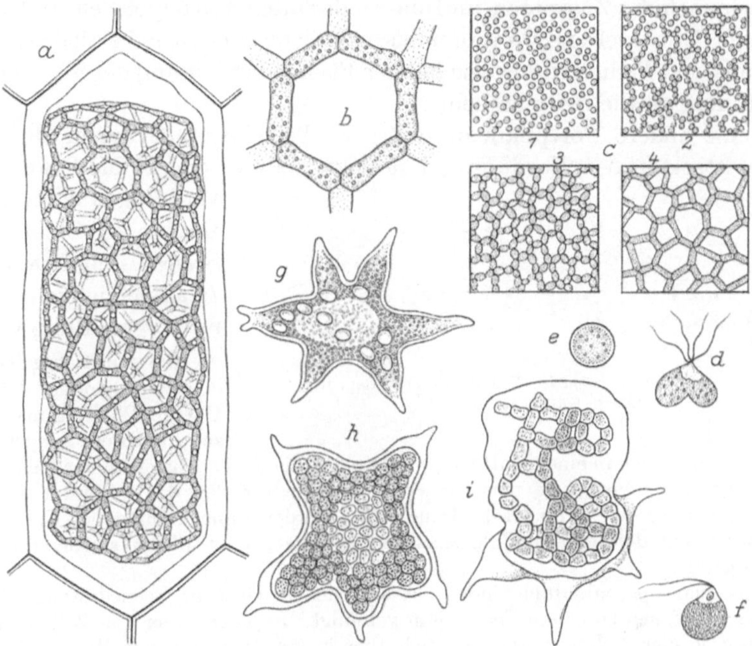

Abb. 344a—i. *Hydrodictyon utriculatum.* a—c vegetative Fortpflanzung, Schwärmerbildung in einzelnen Zellen des Netzes und ihre Zusammensetzung zu neuen Netzen; d Kopulation der Gameten; e Zygote; f Schwärmer aus der Zygote und g—i zum Polyeder und neuen Netzen heranwachsend.
(Nach KLEBS, PRINGSHEIM und HARDER, einiges aus OLTMANNS)

beginnen sie sich zu vergrößern und zylindrisch zu strecken, wobei sie mit ihren Enden aneinander festwachsen, so daß zuletzt in jeder der zylindrischen Zellen eines Netzes wiederum ein kleines Netz vorhanden ist. Schließlich reißt die Membran der alten Mutterzelle, und das junge Netz wird befreit. Nun wachsen dessen einzelne Zellen auf die Größe ihrer Mutterzellen heran (Abb. 344a—c).

Es ist von den Außenbedingungen abhängig, ob statt der Zoosporen Gameten entstehen. Deren Entstehungsweise ist die gleiche wie die der Schwärmsporen, nur werden sie aus den Mutterzellen befreit und kopulieren dann außerhalb. Es besteht Isogamie und Gemischtgeschlechtigkeit. Gameten, die aus ein und derselben Zelle stammen, können miteinander kopulieren. Aus dem Kopulationsprodukt entsteht eine Zygote, die eine feste Membran besitzt und als Dauerorgan funktioniert. Nach einer längeren Ruhezeit wächst die Zygote langsam heran. Schließlich gehen aus ihr vier Schwärmer hervor, die relativ groß sind und, mit zwei Geißeln versehen, sich lebhaft bewegen. Diese Schwärmer setzen sich zur Ruhe und erhalten eine Cellulosemembran. Die daraus entstehenden Zellen sind aber nicht abgerundet, sondern mit einer größeren Anzahl unregelmäßig vorspringender Zacken versehen; man pflegt sie als Polyeder zu bezeichnen. Diese Polyeder nehmen an Größe zu, ohne zunächst ihre eigentümliche Gestalt zu verändern. Dabei werden die Chromatophoren mit ihren Pyrenoiden denen der vegetativen Zellen immer ähnlicher. Schließlich erfolgt auch in diesen

Polyederzellen durch wiederholte Teilung eine Vermehrung der Kerne, dann Schwärmerbildung und Zusammenschluß der Schwärmer zu einer gemeinsamen Netzgestalt, und schließlich reißt die derbe Stachelmembran auf, und es tritt ein neues kleines Netz heraus (Abb. 344e—i).

Hier ist also die reine Propagation, das Ergreifen des günstigen Verbreitungsgebietes, an die vegetative, die Ausbildung von Dauerorganen an die sexuelle Fortpflanzung geknüpft. Welche von beiden Fortpflanzungsweisen aber eingeschlagen wird, hängt wiederum von den äußeren Bedingungen ab.

Die Gemeinschaftsaktion, die aus einem Haufen individueller gestaltlos durcheinander wimmelnder Zoosporen im Inneren der alten Mutterzelle ein Individuum hervorbringt, ist ein seltenes Vorkommnis. Ähnliche Ereignisse bei den Gattungen Scenedesmus und Pediastrum sowie bei der Plasmodienbildung der Myxomyceten lassen sich dem an die Seite stellen.

Noch eine andere Fortpflanzungsweise ist bei einigen Gruppen der Protococcales so stark in den Vordergrund gerückt, daß sie andere Modi weitgehend verdrängen kann. Bei den Gattungen Chlorella und Scenedesmus kommt nahezu ausschließlich die Aplanosporenbildung vor.

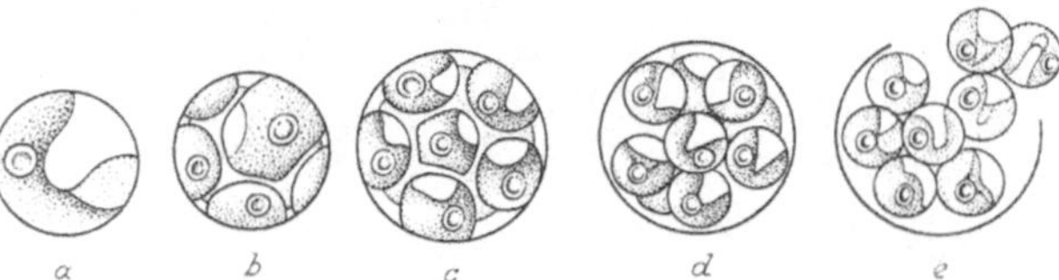

Abb. 345a—e. *Chlorella vulgaris.* Vegetative Fortpflanzung.
(Nach GRINTZESKO)

Die meist kugeligen und einzeln lebenden Zellen der GattungChlorella machen sukzessive Zweiteilungen durch, womit bis zu acht Zellen in einer Mutterzelle entstehen, die durch Aufreißen der Membran frei werden. Es sind aber keine Schwärmer, sondern unbewegliche Zellen, die wie gesagt als Aplanosporen bezeichnet werden (Abb. 345). Dauerzellen werden ohne Teilung bei Eintrocknung des Substrates aus den ganzen Chlorellazellen gebildet; man pflegt solche Dauerzellen Akineten zu nennen.

Ähnliche Aplanosporenbildung findet sich auch in der Gattung Scenedesmus, doch sind hier meist je vier Zellen zu einem Coenobium vereinigt. In jeder dieser vier Zellen entstehen durch Teilung je vier Aplanosporen, die sich aber in der Membran der Mutterzelle bereits wieder zu einem Coenobium zusammenlegen und nach der Befreiung aus der Muttermembran zu viert zusammenbleiben.

Ulotrichales. Auch diese Gruppe der Grünalgen ist im vorigen Abschnitt kurz charakterisiert worden. Wir wiederholen noch einmal: Vielzelligkeit mit kaum ausgeprägter Differenzierung ist das Wesentliche. *Ulothrix zonata*, eine der wichtigsten Typenformen für das Flachwasser, besteht aus kurzen Fäden, deren Zellen bis auf eine Rhizoidzelle völlig gleichfömig sind und gleichmäßig reagieren.

Ulothrix zonata ist eine häufig und genau untersuchte Form, deren vegetativer Körper aus mehrzelligen unverzweigten Fäden besteht, die zu kleinen Büscheln vereinigt mit einer Rhizoidzelle den Steinen aufsitzen (Abb. 346a). Sie ist recht empfindlich gegen höhere Temperaturen und Mangel an Sauerstoff. Ihre Hauptvegetationszeit ist das Frühjahr, und ihr Standort kühle sauerstoffreiche, schnellfließende Bäche und kleine Flüsse; mit vorschreitendem Sommer verschwindet sie, um noch einmal im Herbst beim Vorliegen ähnlicher Bedingungen wieder aufzutreten. So wird Ulothrix durch ihre kurze Vegetationszeit gezwungen, das gerade vorhandene günstige Verbreitungsgebiet so schnell wie möglich zu besiedeln. Das geschieht nach ihrem ersten Wiedererscheinen aus Dauerzuständen durch vegetativ gebildete Schwärmsporen, die aus allen Zellen der Fäden entstehen können. Relativ rasch nacheinander erfolgen in jeder Zelle zwei Teilungen, jedes dieser Viertel wird als Schwärmer selbständig gemacht, der ganze Zellinhalt tritt als Blase ins Freie und entläßt die Schwärmer (Abb. 346b—e). Diese sind birnenförmige nackte Zellen, die an ihrem vorderen spitzen Ende vier Geißeln tragen, mit denen sie sich aktiv im Wasser bewegen. Die Schwärmer haben das Aussehen eines Flagellaten, sie besitzen Cytoplasma, Kern, grüne Plastiden, Augenfleck, Vacuole, Geißeln, aber keine Membran. Sie sind durchaus auf die gleichen Lebensbedingungen angewiesen, die auch dem ausgebildeten Algenfaden angemessen sind; sie können nicht als Dauerorgane funktionieren. Nach ihrer Befreiung aus der Mutterzelle entfernen sie sich von ihrem Ausgangspunkt, schwärmen eine Weile im Wasser umher, um bald die Geißeln zu verlieren und sich festzusetzen. Sodann wird durch Zellteilungen ein neuer Faden gebildet. Diese Fortpflanzungsweise ist also ausschließlich auf Vermehrung und Verbreitung gerichtet.

Anders verhält sich Ulothrix, wenn die äußeren Lebensbedingungen sich ändern. Wenn gegen den Sommer zu der Wasserspiegel sinkt und ein Teil der Steine, an denen die Fäden angeheftet sind, teilweise von der Luft bestrichen wird, dann werden nicht Schwärmsporen, sondern *Gameten* gebildet. Dabei handelt es sich ebenfalls wieder um freischwimmende nackte Zellen, die aber in ihren Ursprungszellen in größerer Anzahl entstehen, zwischen 8 und 32, und die nur zwei und nicht vier Geißeln besitzen. Diese Gameten können kopulieren, je zwei verschiedener Herkunft legen sich aneinander und verschmelzen mitein-

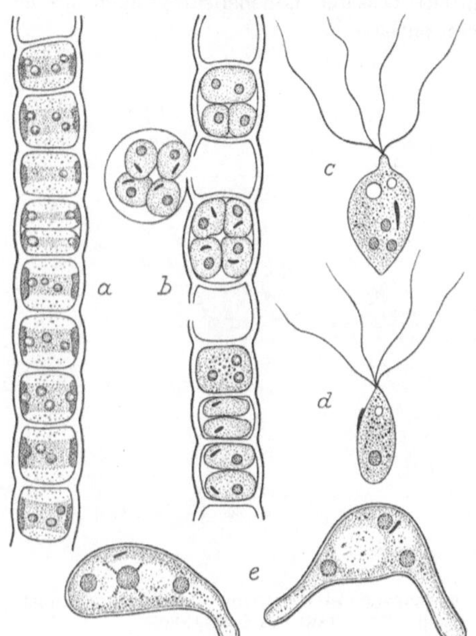

Abb. 346 a—e. *Ulothrix zonata*. a vegetativer Faden; b in Schwärmerbildung; c, d Schwärmsporen; e Schwärmsporen auskeimend. (Nach KLEBS)

Abb. 347 a—f. *Ulothrix zonata*. a Sexuelle Fortpflanzung durch Gametenbildung; b Gameten; c, d Gameten in Kopulation; e Parthenospore; f Keimling. (Nach KLEBS)

ander. Zunächst formiert sich aus diesen Zellen eine noch bewegliche mit nunmehr vier Geißeln versehene Zygospore, auch wohl Planozygote genannt; doch verliert diese bald ihre Beweglichkeit, kommt zur Ruhe und bildet sich zur Zygote um. Letztere ist kugelrund, mit einer derben Membran versehen und von Hämatochrom rot gefärbt (Abb. 347 a—f). Als Reservestoffe dienen Öl und Stärke, und das Zellplasma geht in entquollenen inaktiven Zustand über. Die Zygote ist also ein ausgesprochenes Überdauerungsorgan. Beim Wiedereinsetzen günstiger Lebensbedingungen kann die Zygote keimen: Die Meiosis läuft in ihrem Inneren ab, die Membran wird gesprengt und vier unbewegliche Aplanosporen, nach anderen Beobachtungen auch viergeißelige bewegliche Zoosporen, werden entlassen, aus denen neue Fäden hervorgehen. Diese aus einer Zygote entstandenen Aplano- oder Zoosporen sind Gonosporen und können keinesfalls mit vegetativ entstandenen identifiziert werden. Der Ablauf des Sexualvorgangs zeigt also, daß hier in der Ausbildung der Zygote ein Überdauerungsorgan gegeben ist, ferner daß die Meiosis unmittelbar auf die Kopulation folgt, die vegetativ ausgebildeten Pflanzen also haplontisch sind.

Mit diesen beiden Vorgängen ist die Fortpflanzungsleistung bei Ulothrix keineswegs erschöpft, vielmehr kommen — wenn auch seltener — noch eine ganze Reihe von anderen vor, die für das Verständnis dieses wichtigsten Flachwassertypus von einiger Bedeutung sind.

Neben den viergeißeligen und größeren „Makrozoosporen" kommen auch noch kleinere „Mikrozoosporen" vor, die in derselben Anzahl wie die Gameten, nämlich 8—32, aus einer Fadenzelle entlassen werden können. Diese Mikrozoosporen besitzen vielfach anfangs unmittelbar nach ihrer Entstehung vier Geißeln, doch werden bald darauf zwei davon abgestoßen, so daß sie dann nur noch zweigeißelig und morphologisch nicht mehr von den Gameten unterscheidbar sind. Ihr Verhalten zeigt die Differenz freilich deutlich an: Sie kopulieren nicht, sondern wachsen wie die viergeißeligen Makrozoosporen direkt zu neuen Fäden heran. Umgekehrt kann man natürlich danach nun auch die Frage stellen, was aus den Gameten wird, die keinen Partner finden und nicht zur Kopulation kommen. Faktisch gehen sie nicht einfach zugrunde, sondern können sich auch ohne Kopulation zu einer zwar kleineren, aber sonst normalen Dauerzelle entwickeln, die man als Parthenosporen zu bezeichnen pflegt (Abb. 347f). Diese können ebenso wie die Zygoten nach Eintritt besserer Lebensbedingungen wieder keimen, wobei sie zwei und nicht vier Aplanosporen entlassen.

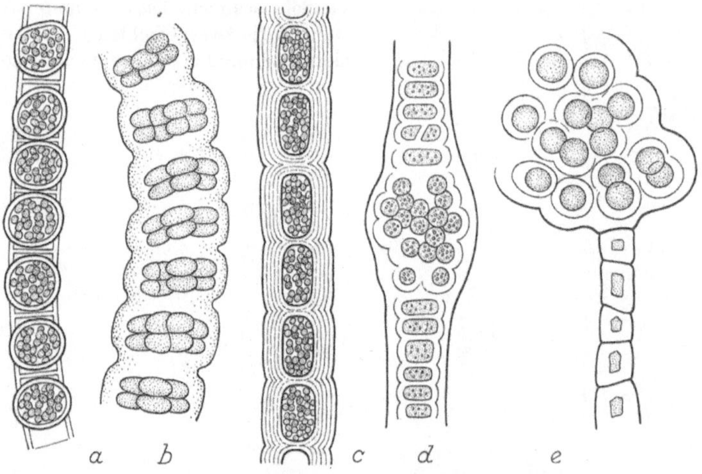

Abb. 348a—e. *Ulothrix*. Verschiedene Formen der Überdauerungsorgane. a Hypnosporen; b schizomere Stadien; c Akineten; d, e Palmellastadien. (Nach GAY und CIENKOWSKI aus OLTMANNS)

Die Bildung von Dauerorganen wird also hier bei Ulothrix meistens im Anschluß an einen Sexualvorgang vollzogen, ist aber durchaus nicht an den Vollzug dieses Vorganges gebunden, wie die Parthenosporen zeigen, sondern offenbar eine Eigenschaft, die schon den Gameten als solchen zukommt. Hierdurch unterscheiden sich die Gameten also ebenfalls grundsätzlich von den Mikrozoosporen.

Unter etwas extremeren Lebensbedingungen als den eben geschilderten werden auch noch andere Fortpflanzungsweisen bei Ulothrix gefunden. Einmal können Aplanosporen auch in gewöhnlichen Fadenzellen, also vegetativ entstehen, nicht erst auf dem Umweg über eine Zygote oder Parthenospore. Man kann sie hier ebenso wie in einer Zygote als unbeweglich gewordene Zoosporen auffassen; sie entstehen gewöhnlich zu zwei oder vier in einer Zelle. Doch treten sie nicht wie die Zoosporen in einer Blase aus, sondern werden durch Zerfall und Verschleimung der Zellmembran unmittelbar befreit, und solche Aplanosporen können dann bei *Ulothrix mucosa* durch weitere Teilung auf feuchtem Substrat palmellaähnliche Bildungen erzeugen, die bei stärkerer Benetzung unter Schwärmerbildung keimen können. Bei einer anderen Ulothrixart, *Ulothrix implexa*, können die in den Fäden gebildeten Aplanosporen auch zu Hypnosporen umgebildet werden, d. h. sie entsprechen durchaus den Parthenosporen, besitzen eine derbe Membran, entquollenes Protoplasma und Reservestoffe; sie sind ebenso wie Zygoten und Parthenosporen Überdauerungsorgane. Endlich kommen auch noch Akineten vor, d. h. ganze Fadenzellen, die durch Zerfall isoliert werden und ihrerseits wieder durch Teilung neue Fäden bilden können (Abb. 348a—d).

Ulothrix ist also der Typ der ephemeren Süßwasseralgen, deren Fortbestand bei dem schnellen Wechsel zwischen den für sie günstigen und ungünstigen Lebensbedingungen allein durch unmittelbar ansprechende Bildung zahlreicher und vielgestaltiger Fortpflanzungskörper gewährleistet werden kann. Propagations- und Dauerorgane sind gleichmäßig über beide Fortpflanzungsweisen verteilt; in der reinen Fortpflanzungsleistung sind vegetative und sexuelle Fortpflanzung völlig gleichwertig. Die hier vorhandene Sexualität ist — wie häufig bei isogamen Formen — völlig labil; es ist eben noch keine sexuelle Differenzierung vorhanden, jedenfalls keine, die morphologisch kenntlich wäre, so daß die Gameten ohne Kopulationsvorgang entwicklungsunfähig würden. Sie können auch ohne Partner in der Parthenosporenbildung einen der Zygotenentwicklung völlig analogen Ablauf einschlagen. Der Ablauf der Meiosis in der Zygote unmittelbar nach der Kopulation bewirkt haplontische Entwicklung der vegetativ ausgebildeten Pflanze.

Zuletzt seien noch die oogamen Ulotrichales behandelt, und zwar die Familien der Oedogoniaceen und Coleochaeten. Beide Gruppen, obschon in der Ausgestaltung der Fortpflanzungsweisen tiefgreifend verschieden, stimmen darin überein, daß Vermehrung und Verbreitung vorwiegend an die vegetative Fortpflanzung geknüpft sind, aber auch zu einem Teil im Anschluß an die sexuelle erfolgen

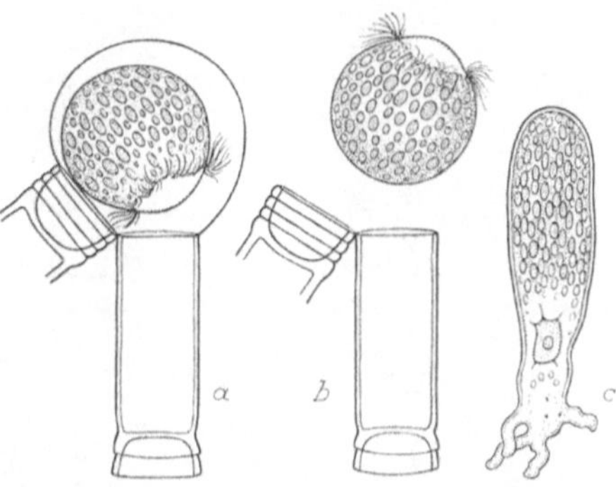

Abb. 349a—c. *Oedogonium concatenatum.*
a, b Schwärmsporenbildung; c daraus entstandener Keimling. (Nach HIRN aus OLTMANNS)

können, während als Überdauerungsorgane mit der interessanten Ausnahme einer Landform allein die sexuell entstandenen Zygoten dienen. An den Coleochaeten läßt sich ferner mit besonderer Deutlichkeit aufweisen, wie für typische Süßwasserformen ein exakter Wechsel der Fortpflanzungsweise ohne Generationswechsel mit den durch die Abfolge der Jahreszeiten gegebenen Notwendigkeiten im Zusammenhang steht.

Zu der Familie der Oedogoniaceen gehören die Gattungen Oedogonium, Bulbochaete und Oedocladium. Oedogonium und Bulbochaete sind Süßwasserbenthonten, erstere ist unverzweigt, letztere eine vielverästelte, mit charakteristischen Haaren versehene Form. Oedocladium ist ein amphibisches Gewächs. Die vegetative Fortpflanzung erfolgt bei allen durch Schwärmsporen, wie hier am Beispiel von *Oedogonium concatenatum* erläutert sei (Abb. 349). Diese Schwärmsporen sind sehr groß, da sie jeweils den ganzen Inhalt einer unverkleinerten Fadenzelle zusammenfassen, deren Protoplast sich vor der Umwandlung in eine solche etwas von der Membran abhebt und in der Zellmitte eine farblose Stelle erkennen läßt. Sodann öffnet sich die Mutterzelle durch einen Ringriß in ihrem oberen Ende und entläßt die Zoospore in einer dünnen Hüllblase, worauf sie, bald befreit, sich durch das Wasser fortbewegt. Es sind ovale bis runde Körper mit einem Vorderende aus durchsichtigem, d. h. chlorophyllfreiem, aber dichtem Protoplasma. Als Bewegungsorgan besitzen sie einen Wimpernkranz, der dem Zellvorderende dort angeheftet ist, wo es an den chlorophyllführenden Teil des Körpers anstößt. Die Zoosporen keimen nach kurzer Zeit; sie setzen sich mit dem farblosen Vorderende fest und bilden Haftfortsätze (Abb. 349). Durch nun einsetzende Teilungen werden sie zu neuen Fäden. Das eigenartige Oedocladium protonema bildet übrigens die einzige Ausnahme von der Regel, wonach die vegetative Fortpflanzung allein der Propagation diene: diese Form bildet vegetative Dauerorgane. Die Pflanze ist im Gegensatz zu den anderen

16*

Oedogonien ein amphibisches Gewächs; sie entwickelt bodenanliegende Fäden, von denen farblose Seitenzweige in den Untergrund hineingehen. An diesen schwellen zwei bis drei nebeneinander liegende Zellen an, werden mit Reservestoffen gefüllt und rot gefärbt. Sie können die Bodenaustrocknung vertragen und keimen bei erneuter Durchfeuchtung (Abb. 350).

Die sexuelle Fortpflanzung ist überall Oogamie, die aber eine Reihe besonderer Eigenschaften besitzt. Einmal verläßt die unbewegliche Eizelle nicht das Oogonium, in dem sie ohnehin nur in der Einzahl gebildet wird, sondern wird darin vom Spermatozoid bei der Befruchtung aufgesucht. Es besteht also *Angiogamie*. Diese Eigenschaft teilt Oedogonium übrigens mit einer ganzen Reihe anderer

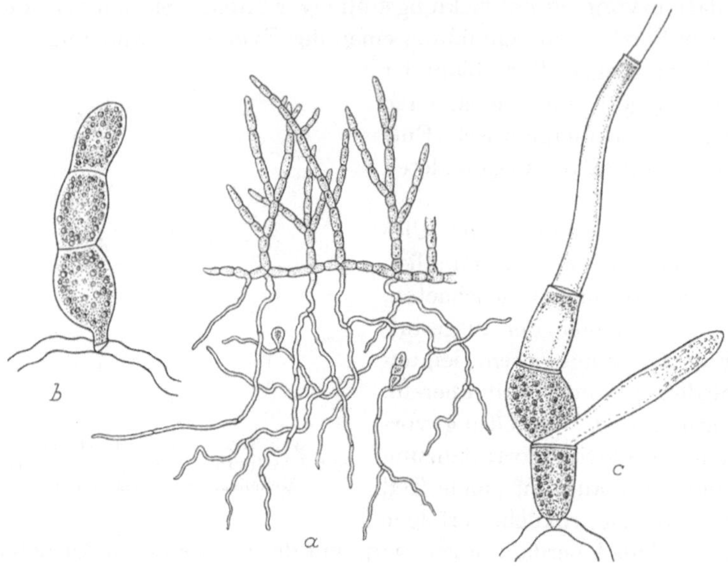

Abb. 350a—c. *Oedocladium protonema.* a vegetative Pflanze; b Dauerzellen im Boden; c deren Keimung. (Nach STAHL)

Formen, einigen Grünalgen, der gesamten Gruppe der Rotalgen sowie den Moosen und Farnen, und besonders bei den letzteren wird eingehend davon zu sprechen sein. Zum anderen findet sich bei einer Reihe von Oedogonien ein vollkommen einmaliges Verhalten im Gewächsreich, die sogenannte *Nannandrie*, die Eigentümlichkeit, daß allein im männlichen Geschlecht — auch bei bestehender Monöcie — ein Generationswechsel eingeschaltet wird, nicht aber im weiblichen. Es können nämlich die bei diesen Formen relativ sehr großen und nur in der Einzahl in einer antheridialen Zelle gebildeten Spermatozoiden ohne Kopulation keimen — nach einem Ausdruck von PRINGSHEIM nennt man sie dann *Androsporen* — und eine aus wenigen Zellen bestehende männliche Pflanze bilden, ein sogenanntes *Zwergmännchen*, das aus seinem oberen Teil dann real kopulationsfähige Spermatozoiden entläßt, womit die Eier in den Oogonien befruchtet werden. Wenn also auch androsporen- und oogoniumbildende Zellen auf ein und demselben Faden vorkommen können, die Geschlechtsbestimmung hier also nur phänotypisch sein kann, so entsteht durch die Einschaltung der Generation „Zwergmännchen" doch Diöcie. So wird die Geschlechtsverteilung bei den Oedogoniaceen sehr kompliziert. KNIEP unterscheidet monöcische und diöcische Formen und unter den letzteren drei verschiedene: die makrandrisch-diöcischen, die nannandrisch-gynandrosporen und die nannandrisch-idioandrosporen Formen (Abb. 264).

Als spezielles Beispiel verwenden wir *Oedogonium ciliatum*, eine monöcisch-nannandrisch-gynandrospore Form. Oogonien und Androsporangien befinden sich auf ein und derselben Pflanze, die Antheridien werden in Zwergmännchen gebildet. Der vegetative Aufbau ist klein: ein wenigzelliger, unverzweigter Faden mit einer Rhizoidzelle und einer als Haar gestalteten Apikalzelle. Die Ausbildung der Oogonien erfolgt stets unmittelbar nach einer vorangegangenen Zellteilung, und zwar erhält dabei die jeweils apikalwärts gelegene Zelle die Hauptmasse des Plasmas, so daß die basale Stützzelle relativ plasmaarm ist. In einem Faden können mehrere Oogonien gebildet werden: sie schwellen an und runden sich kugelig ab. Bei der Reife erscheint an der Spitze des Eies ein chlorophyllfreier Fleck, über diesem reißt die Zellmembran im Ringriß auf, womit der Faden knieförmig abknickt. In der so entstandenen Öffnung wird von dem oberen Teil der Eizelle von dieser eine neue Cellulosemembran angelegt, die sich seitlich etwas herauswölbt und vorne auf ihrer Spitze eine ovale Öffnung besitzt. Damit ist die Eizelle befruchtungsfähig (Abb. 351a).

Während dieser Zeit sind in den Zellen oberhalb der Oogonien ebenfalls noch Zellteilungen abgelaufen, aber unter Verminderung der Wachstumsrate, so daß eine Serie von Zellen entsteht, die zwar ebenso breit wie die normalen Fadenzellen sind, doch höchstens ein Drittel der Länge besitzen. Diese Zellen öffnen sich ebenfalls mit einem Ringriß, und es wird in einer bald aufreißenden dünnen Blase eine einzelne Zoospore entlassen, die zwar ebenso gestaltet ist wie die normalen Zoosporen vegetativer Fortpflanzung, nur erheblich kleiner. Diese Androsporen genannten Organe setzen sich nach einigem Umherschwimmen direkt auf oder in unmittelbarer Nähe der Oogonien fest (Abb. 351b). Sie entwickeln sodann eine größere Basalzelle, mit der sie festsitzen, und dann durch zwei Zellteilungen zwei kleinere übereinander liegende Apikalzellen. Aus diesen beiden wird — bei der oberen durch Abstoßen eines Deckels — je ein Spermatozoid entlassen, die wie noch kleinere Schwärmsporen aussehen (Abb. 351c). Durch das Loch in der Oogoniumwand können sie dann eindringen und mit dem Ei verschmelzen. Darauf löst sich das befruchtete Ei von der Oogoniumwand, umgibt sich mit einer festen Membran und wird unter Membranverdickung, Reservestoffspeicherung und Rotfärbung zur Hypnospore (Abb. 352a—c). Die Ruhezeit der Zygoten scheint nicht lange zu währen: unter günstigen Bedingungen erfolgt die Keimung; es reißt die Membran auf und vier von einer Blase umgebene Schwärmsporen schlüpfen heraus. So kann man annehmen, daß die Meiosis in der Zygote abläuft und die Schwärmer Gonozoosporen sind (Abb. 352d, e).

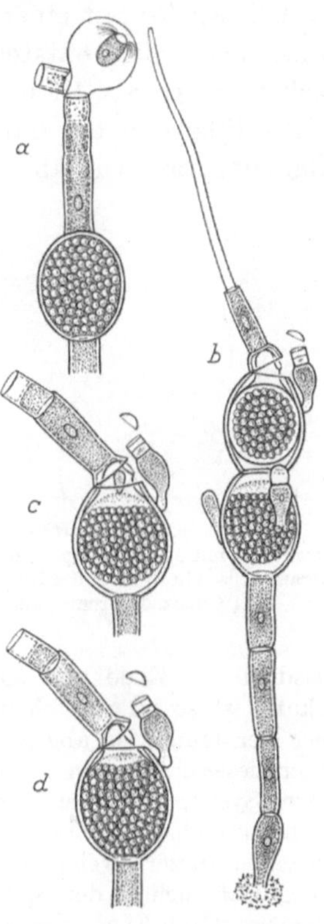

Abb. 351a—d. *Oedogonium ciliatum.* a Faden mit Oogonium und Androspore, b Zwergmännchen verschiedenen Alters in der Nähe der geöffneten Oogonien; c Befruchtung durch das Spermatozoid; d Hypnospore. (Nach PRINGSHEIM)

Vegetative wie sexuelle Fortpflanzung sind also durchaus auf Vermehrung und Verbreitung durch die Ausbildung von Schwärmsporen abgestimmt. Dauerorgane sind vorwiegend die Zygoten. Allein bei Oedocladium werden sie auch als rein vegetative Fortpflanzungskörper ausgebildet.

Eine wiederum andersartige Fortentwicklung der Oogamie findet sich bei den Coleochaetaceae, und auch sonst noch Eigenschaften, die sie bedeutungsvoll erscheinen lassen. Diese Formen sind so wie die gut untersuchte *Coleochaete pulvinata*, Süßwasserepiphyten auf Isoetes, Litorella oder Nymphaea; so leben sie in relativ flachem Wasser und überdauern den Winter nur in Form der Zygote als Dauerorgan. Diese bleibt als Zygotenfrucht an Ort und Stelle in dem Gewirr des im Winter absterbenden vegetativen Fadenbüschels. Bei der Keimung läuft wahrscheinlich in der ersten Teilung die Meiosis ab, und alle vier Gonen werden zur Ausbildung eines kleinen Gewebestückes von 18 bis maximal 32 Zellen verwendet. So haben wir es bei dieser Gewebebildung in der Zygotenfrucht vermutlich wieder mit einem Miktohaplonten zu tun. Immerhin kann man die aus sämtlichen Zellen entstehenden Zoosporen noch als Gonozoosporen bezeichnen, auch wenn es 8×4 sind. Aus diesen Schwärmern bilden sich im Frühjahr die ersten Pflanzen, die dann in Massen durch Schwärmer der vegetativen Fortpflanzung im Frühjahr und Frühsommer vermehrt werden (Abb. 353). Gegen den Hochsommer hin erlöscht die Schwärmerbildung, und es beginnt die Ausbildung der Sexualorgane, und mit der Ausbildung der Zygoten schließt sich der Kreis. Also kein Generationswechsel, aber ein regelmäßiger Wechsel sexueller und vegetativer Fortpflanzung!

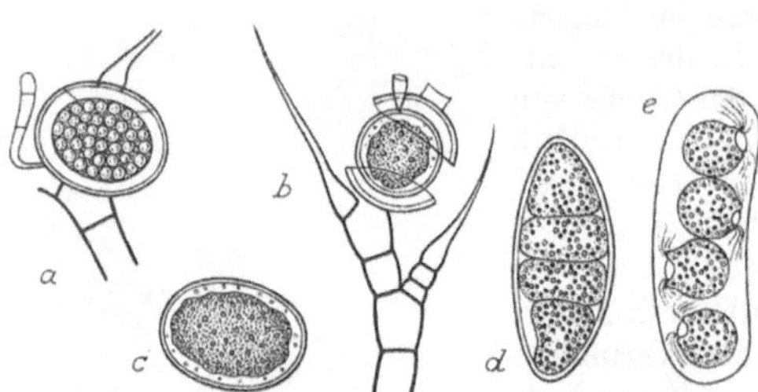

Abb. 352a—e. *Bulbochaete grassa* und *intermedia*.
a Oogonium mit Androspore; b bereits befruchtete Zygote; c heranwachsende Zygote; d 4 Keimlinge nach der Meiosis; e 4 Gonozoosporen. (Nach PRINGSHEIM)

Coleochaete pulvinata steht als halbkugelig angeordnetes Fadenbüschel von etwa 1 mm Durchmesser auf den Blättern von Nymphaea oder Isoetes. In diesen verzweigten Fäden finden sich die Antheridien am Ende von sonst grünen Fäden als völlig farblose Zweiglein. Ihre Entstehung ist so zu verstehen, daß zunächst in einer terminalen Zelle der obere Teil nach einer Kernteilung so abgegrenzt wird, daß kein Chromatophor mit in die Endzelle gelangt. Unter dieser entwickeln sich dann kurze Seitenzweige, an denen dasselbe geschieht, so daß ein ganzes System farbloser Zweigenden nebeneinander steht. Aus jeder dieser farblosen Endzellen wird ein einzelnes Spermatozoid entlassen (Abb. 353b). Die Oogonien entstehen als Endzellen kurzer Zweige und bilden sich zu einem relativ langen flaschenförmigen Organ aus, dessen Hals sich an der Spitze öffnet. Gleichzeitig rundet sich das Plasma um den Kern zu einem regulären Ei ab, das im übrigen auch noch Chloroplasten enthält. Die Spermatozoiden schlüpfen in den Halskanal und kopulieren mit dem Ei. Im Anschluß daran vergrößert sich das Oogon; es wird kugelig, und gleichzeitig wachsen von der Tragzelle und von den benachbarten Ästen aus Zweiglein gegen das befruchtete Oogon und umschließen es zuletzt völlig. Endlich entsteht eine Hypnozygote. Dabei wird die dicke Membran einerseits aus der Oogonienwand, zum anderen aus den ihr anliegenden inneren Wänden der Hüllzellen gebildet. Anschließend überdauert die Zygote den Winter (Abb. 353c—e). Bei der Keimung läuft bei den ersten beiden Teilungen vermutlich die Meiosis ab. Die erste Wand steht senkrecht zur alten Längsachse des Oogons, und alle übrigen werden so eingezogen, daß sie dazu wiederum senkrecht stehen. Die endgültige Zahl haploider Zellen in der Zygotenfrucht ist sehr verschieden; im günstigsten Fall sind es bis zu 32 Zellen, so daß auf jeder Seite der ersten Querwand 18 stehen. Da anscheinend alle vier Gonen zu der Zygotenfrucht verwendet werden, ist diese aus genotypisch verschiedenen haploiden Zellen zusammengesetzt, also ein Miktohaplont (Abb. 353f, g). Alle Zellen dieses Miktohaplonten werden zu Zoosporen, die man wohl noch als Gonozoosporen bezeichnen kann. Die ersten Pflanzen treten in lebhafte vegetative Zoosporenbildung ein. Prinzipiell können dafür alle Zellen in Anspruch genommen werden; bei der *Coleochaete pulvinata* sind es meist die Endzellen der Fadenbüschel (Abb. 353a). Im Hochsommer hört die Schwärmerbildung auf und die der Sexualorgane beginnt.

Siphonocladiales. Die Siphonocladiales, die Grünalgen mit abgegrenzten, vielkernigen Zellen, sind ganz vorwiegend Tiefwasserformen. Auch die im Süßwasser vorkommenden Cladophoraarten gehören zweifellos dazu. Zu den hier behandelten Pflanzen ist nur eine einzige Art unter den Siphonocladialen zu stellen, noch dazu die einzige oogame, nämlich *Sphaeroplea annulina*. Sie ist im vegetativ ausgebildeten Zustand eine äußerst sporadisch auftretende Fadenalge. Sie ist in ihrem Vorkommen besonders an flache, kurz während Überschwemmungsgewässer gebunden und dürfte wohl oftmals jahrelang als Dauerzustand vegetieren.

So ist es zu verstehen, daß sie allein unter den Siphonocladialen eine Form der sexuellen Fortpflanzung besitzt, deren Zygoten Dauerorgane bilden, und die gleichzeitig durch Massenentstehung die bei dem extremen Leben nötige Vermehrung bedingt. Eine Verbreitung der Form wird ebenfalls durch die Gonozoosporen, also auch noch im Vollzug der sexuellen Fortpflanzung erreicht.

Sphaeroplea ist eine unverzweigte Fadenalge, gebildet aus relativ großen zylindrischen vielkernigen Zellen; sie flottiert frei wie Spirogyra. In den Zellen wechseln farblose Bänder mit schmäleren grünen Ringen ab. An den farblosen Stellen findet sich nur ein protoplasmatischer Wandbelag; an den grünen Ringen sammelt sich das Plasma reichlicher an und durchsetzt zuweilen als Diaphragma das Lumen der Zelle. Hier liegen die Kerne und außerdem noch je ein Netzchromatophor. Bei der sexuellen Fortpflanzung kann jede Zelle der Fäden, die monöcisch sind, ein männliches oder weibliches Gametangium, ein Oogonium oder Antheridium bilden. In den Oogonien ballen sich um einzelne Kerne große Plasmaportionen zusammen; es entstehen die Eier, die ein

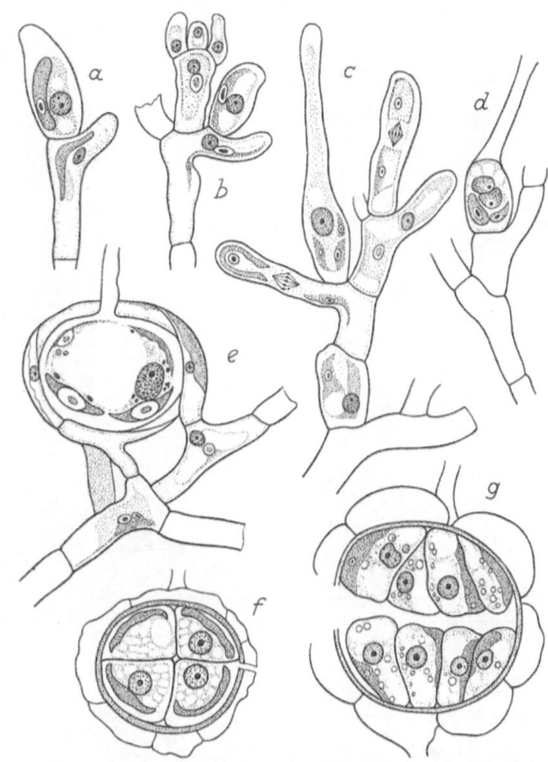

Abb. 353 a—g. *Coleochaete pulvinata*. a Zoosporangium; b Antheridienstände; c Oogonium kurz vor der Öffnung; d Kopulation; e Zygote durch Umwachsung mit vegetativen Fäden zur Frucht entwickelt; f Gonen nach der Meiosis; g Miktohaplont, aus dem Gonozoosporen entstehen. (Nach OLTMANNS)

helles Vorderende mit einer Art Empfängnisfleck und ein chromatophorenführendes Hinterende besitzen. Sind sie befruchtungsfähig geworden, dann treten in der Membran des Oogoniums kleine Öffnungen auf, durch welche die Spermatozoiden hineinschlüpfen können. Letztere sind in anderen Zellen durch lebhafte mitotische Teilung der Kerne in ungeheuerer Anzahl entstanden, wobei gleichzeitig die Chromatophoren in kleine Teile zerlegt und gelblich gefärbt werden. Die Spermatozoiden sind spindelförmig und mit zwei Geißeln versehen, kommen aus Öffnungen in den Antheridien heraus und schlüpfen in die Öffnungen der Oogonien hinein. Nach der Kopulation bildet die Zygote eine dünne Haut aus, unter der sich eine zweite derbe, mit Leisten und Vorsprüngen versehene, entwickelt. Wenn diese Membran fertig ist, wirft die Zygote die erste Haut ab. Unter der nunmehr äußeren dicken Hülle entsteht später noch eine glatte dünne Membran, die Cellulosereaktion zeigt. Danach füllt sich die Zygote mit Stärke und einem roten Öl; sie kann als Überdauerungsorgan mehrere Jahre in trockenem Zustand keimfähig verharren. Bei der Keimung werden vier Schwärmer aus der Zygote entlassen, was auf die dort erfolgte Meiosis schließen läßt. Die Schwärmer setzen

sich bald fest, werden zu spindelförmigen Körpern und wachsen durch weiteres Wachstum
und Teilung zu Fäden aus. Schwärmer und junge Keimlinge sind oft noch rot gefärbt. So
dürfte Sphaeroplea haplontisch und das diploide Stadium auf die Zygote beschränkt sein
(Abb. 354a—d).

Siphonales. Mit den Siphonales verhält es sich ganz ebenso wie mit den
Siphonocladiales: die Hauptsumme der Formen sind marine Gewächse der wär-

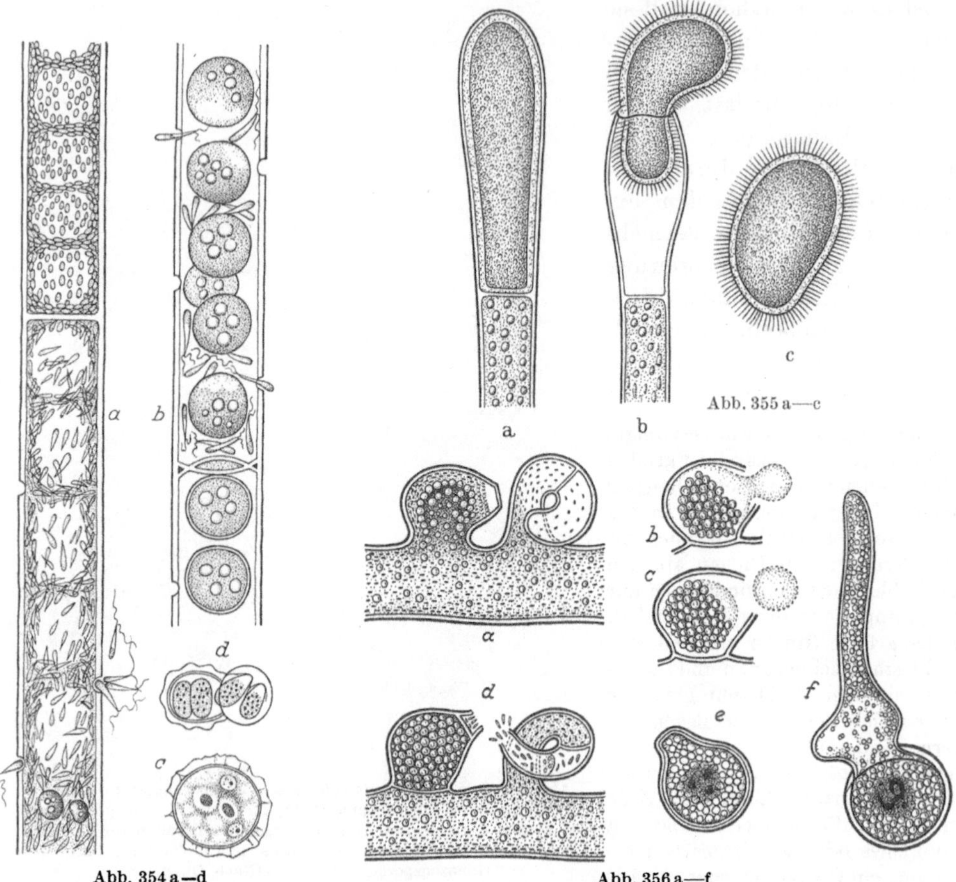

Abb. 354 a—d   Abb. 356 a—f

Abb. 354a—d. *Sphaeroplea annulina.* a Spermatozoidbildung; b Befruchtung der Eizellen; c Kernverschmelzung
im Ei; d Gonozoosporenbildung aus der Zygote. (Nach COHN und KLEBAHN)

Abb. 355a—c. *Vaucheria.*

Abb. 356a—f. *Vaucheria sessilis.* a Oogonien und Antheridien; b, c die Oogonien geöffnet; d Befruchtung;
e, f Keimung der Zygote. (Nach PRINGSHEIM)

meren Meere; nur wenige, die Gattungen Vaucheria und Dichotomosiphon, gehören dem flachen Süßwasser an. Sie gehören dabei zu den extremeren Typen, da
sie ausgesprochen amphibisch leben und sowohl im Wasser als auch auf feuchtem
Boden fortkommen. Zugleich ist ihr Thallus im Gegensatz zu den marinen dünn
und fadenförmig, und in ihrer Sexualität zeigen sie Oogamie mit einer intra-
oogonalen Entstehung der Zygote.

Die vegetative Fortpflanzung erfolgt bei der Gattung *Vaucheria repens* durch Zoosporen.
Bei ihrer Bildung werden Endstücke der Fäden durch Querwände abgegliedert, Räume, in

denen jeweils einzelne sehr große Zoosporen entstehen. Bei der Reife drängen sie sich aus einer apikalen Öffnung heraus, runden sich ab und schwimmen im Wasser durch einen ringsum vorhandenen Wimpernpelz bewegt davon. In der Zoospore befindet sich innerhalb jeden Cilienpaares je ein Kern. Die Zoospore ist also vielkernig und auch wohl als „Synzoospore" bezeichnet worden (Abb. 355). Sie keimt unmittelbar zu einem neuen Schlauch aus. Bei *Vaucheria geminata* können auch vegetative Überdauerungsorgane gebildet werden; dabei wird der ganze Faden durch dicke Gallertschichten in einzelne Cysten abgekammert, die mit

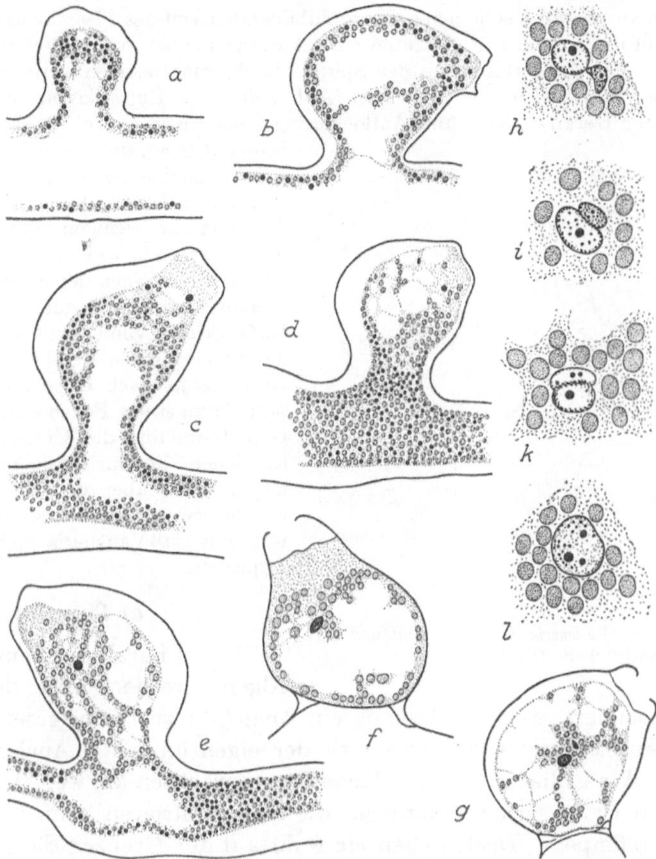

Abb. 357a—l. *Vaucheria clavata.* Ausbildung und Befruchtung der Oogonien. (Nach OLTMANNS)

derben Membranen und Reservestoffen versehen als Dauerorgane funktionieren. In Wasser gebracht können sie entweder direkt zu Fäden auskeimen, oder aber der Inhalt der Cyste tritt aus, kann in zahlreiche Portionen zerfallen, die ebenfalls wieder voneinander befreit bei Austrocknung als Aplanosporen mit derber Membran funktionieren. Schließlich können durch deren Keimung über ein amöboides Stadium wieder normale Fäden gebildet werden. Bei einigen anderen Formen werden auch Aplanosporen ohne besonderen Umweg ausgebildet.

Die sexuelle Fortpflanzung beginnt bei Vaucheria durch Ausbildung von Oogonien und Antheridien. Die Oogonien sind zunächst rundliche bis eiförmige Ausstülpungen der Fäden, die später seitlich dem meist daneben stehenden Antheridium zugewandt einen Schnabel entwickeln, dessen Membran verschleimt und sich damit öffnet (Abb. 356a—c). Vorher wandert an der dem Schnabel abgekehrten Seite ein Teil des Protoplasmas mit vielen Chromatophoren und sämtlichen Kernen außer einem einzigen sich etwas vergrößernden aus dem Oogonium in den Tragfaden wieder aus, so daß nur wenige Chromatophoren und lediglich ein Eikern in dem Oogonium verbleiben. (Vgl. hierzu die zytologischen Bilder von *Vaucheria clavata* Abb. 357 und 358.) Gleichzeitig sammelt sich Öl in großen Mengen als Reservestoff im Oogonium an, das dann gegen den Tragfaden durch eine Wand abgekammert wird. Zuletzt öffnet sich der Schnabel, und ein Protoplasmaballen tritt aus, womit das Oogonium befruchtungsfähig wird. Gleichzeitig hat sich meistens unmittelbar neben dem Oogonium ein Antheridium entwickelt. Ebenso wie das Oogonium als Fadenausstülpung entstanden, ist es selbst fadenförmig und wie ein Haken gekrümmt. In den vorderen, wieder abwärts gerichteten Teil wandern zahlreiche Kerne ein, vermehren sich dort auch wohl noch durch Teilungen. Nach der Abkammerung dieses Teiles durch eine Wand bilden sich im Plasmabelag die spindelförmigen Spermatozoiden aus. Typisch ist, daß sich die etwa noch im Antheridium verbliebenen Chromatophoren aus dem spermatozoidbildenden Teil des Plasmabelages entfernen und nicht mit in die männlichen Gameten eintreten: sie bleiben chlorophyllfrei. Nach der Reife öffnet sich das Antheridium an der Spitze, die Spermatozoiden schwärmen aus und treten durch den Schnabel in das Oogonium (Abb. 356d—f). Eines davon verschmilzt mit dem Eikern unter Heranwachsen und Auflockerung beider Kerne (Abb. 357f—i). Öffnung beider Organe, die wie bei *Vaucheria sessilis* nebeneinander stehen, sowie die Kopulation gehen mit einer kurzen Zeitdifferenz von wenigen Minuten vor sich, und zwar stets zwischen zwei nnd vier Uhr nachts. Nach der Kopulation bildet sich aus dem Ei im Oogon unter reichlicher Entwicklung von Öl und unter Ausscheidung einer dicken Membran eine Zygote. Diese keimt nach einer längeren Ruheperiode zu *einem* Faden aus. Daß bei der Gametenbildung die Meiosis nicht abläuft, ist sicher. So dürfte sie in der Zygote liegen. Wie aber die vier Gonen verwendet werden, ist unbekannt; sicher ist wohl nur, daß Vaucheria ein haplontischer Typus ist.

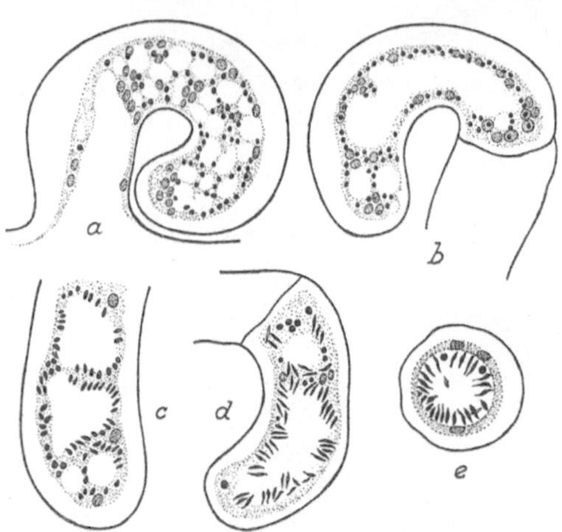

Abb. 358a—e. *Vaucheria clavata.* Ausbildung der Antheridien. (Nach OLTMANNS)

ε) Charales

Die Charales, ebenfalls grüne Algen, werden von den Chlorophyceen abgesondert, weil es nirgends ein Analogon zu ihrem gesetzmäßig differenzierten Aufbau und ebensowenig zu der eigentümlichen Ausbildung ihrer Oogamie gibt. Wir schließen sie den Flachwassergewächsen an, weil sie in unserem Klima stets in Gewässern vorkommen, die auch einfrieren können, oftmals in recht flachen Tümpeln. Doch stehen sie wohl auf der Grenze: Sie sind Kosmopoliten des Süßwassers, kommen auch in tieferen Seen vor, jedenfalls auch in wärmeren Klimaten, in denen sie solchen krassen Übergängen wie in Mitteleuropa kaum ausgesetzt sein dürften. Vegetative Fortpflanzung ist zwar bei einigen Formen bekannt und besteht vor allem darin, daß die sogenannten Knoten der sproßartigen Thalli überwintern und aufs neue austreten können. Die sexuelle Fortpflanzung ist die wesentliche; sie übernimmt die beiden entscheidenden Funktionen der Propagation sowie der Überdauerung.

Chara fragilis hat einen sproßähnlichen, durch eine Scheitelzelle abgeschlossenen Thallusaufbau, in welchem lange, aus einzelnen Zellen bestehende, von kürzeren Rindenzellen umhüllte Internodialglieder mit kurzen, mehrzelligen Knoten abwechseln, an denen die seitlichen Kurztriebe stehen. In den Achseln der Kurztriebe werden komplizierte Oogonien entwickelt, wobei eine große schon vor der Kopulation mit Reservestoffen angefüllte Eizelle von Hüllschläuchen umgeben ist, die an der Spitze in ein eigentümliches Krönchen auslaufen (Abb. 359a). Unterhalb des Oogons sitzen die Antheridien, die kugelförmig aus großen flachen Zellen zusammengesetzt sind, von denen jede ein nach innen gerichtetes Säulchen (Manubrium) trägt. Hieran befindet sich eine Köpfchenzelle, die seitlich eine große Anzahl von Schläuchen entwickelt, in denen zahllose kleine Zellen mit je einem zweigeißeligen chlorophyllosen Spermatozoid gebildet werden. Die später orangeroten Antheridien öffnen sich, und aus den Fäden werden die Spermatozoiden in Mengen entlassen, die dann das Oogonium umschwärmen, bis ein einzelnes in den schmalen Eingang zwischen den Krönchenzellen eindringt und mit der Eizelle kopuliert (Abb. 359b bis e). Nach der Kernverschmelzung entwickelt sich das Ei zu einer Zygote unter Ablagerung noch weiterer Mengen von Stärke. Gleichzeitig werden die Innenwände der Hüllschläuche verstärkt und ergeben eine äußerst starre Membran. Die äußeren Teile der Hüllschläuche degenerieren, wodurch die Zygote frei wird und im Schlamm überwintert. Bei der Keimung erfolgt die Meiosis; drei Kerne der Tetrade gehen zugrunde. Aus der vierten Gone entwickelt sich der Keimling, und zwar so, daß die erste Teilung in dieser Gone zwei Zellen entwickelt,

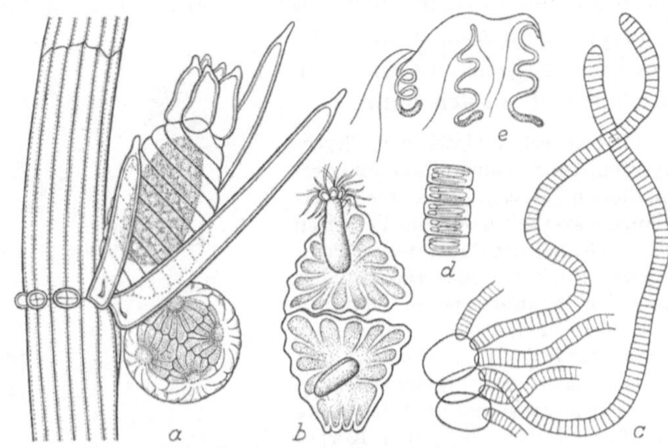

Abb. 359a—e. *Chara fragilis.* a Zweig mit Oogonium und Antheridium; b Schilder des Antheridiums mit den Manubrien; c, d die am Scheitel des Manubriums befindlichen Fäden; e Spermatozoiden. (a nach SACHS, b—e *Chara ceratophylla* nach MIGULA)

von denen die eine ihr Wachstum nach aufwärts richtet und die Anfangszelle für das sproßähnliche Organ bildet, während die andere, nach abwärts gerichtete, die Ausgangszelle für die Rhizoiden ist (Abb. 360). Da jede Pflanze große Mengen von Zygoten produziert, ist mit der Ausbildung dieser Überdauerungsorgane auch gleichzeitig für Vermehrung und Verbreitung gesorgt. Hinzuzufügen ist noch, daß es auch diöcische Characeen gibt, bei denen männliche und weibliche Pflanzen nebeneinander vorkommen. Eine dieser Formen, *Chara crinita*, lebt im weiblichen Geschlecht in größeren Arealen isoliert und vermehrt sich durch parthenogenetische Ausbildung der Zygoten.

Abb. 360. *Chara foetida.* Zygotenkeimung und Meiosis. (Nach OEHLKERS)

ζ) Fungi

Die Pilze sind eine Gruppe von Gewächsen, die unter ernährungsphysiologischem Gesichtspunkt eine besondere Einheitlichkeit aufweisen: Aus dem Mangel an Chloroplasten erwächst die Nötigung, organische Substanzen auf dem Wege parasitären oder saprophytischen Verhaltens zu erwerben. Wird nun aber plötzlich ein ernährungsphysiologisches Merkmal entgegen den sonstigen Gepflogenheiten systematisch bedeutsam und erklärt die in dieser Hinsicht bestehenden Konvergenzen zum phylogenetischen Leitfaden, dann darf es nicht wundernehmen, wenn auf dem Gebiete der Fortpflanzung plötzlich Divergenzen auftauchen. Das ist tatsächlich der Fall mindestens bei denjenigen Gruppen, die nicht zu den Eumyceten gehören. Bei letzteren wiederum steht eine neue Leistung auf dem Fortpflanzungsgebiet, die Gametangiogamie, so sehr im Vordergrund, wird durchaus die Hauptfortpflanzungsweise von einer solchen Einheitlichkeit, daß an ihrer genetischen Zusammengehörigkeit kein Zweifel besteht. Wir werden sehen, daß überhaupt von hier ab die Labilität im Fortpflanzungsverhalten immer mehr abnimmt.

Unter unserem Gesichtspunkt haben wir einen Teil der Pilze unter die amphibischen Gewächse zu ordnen; die meisten, und unter ihnen alle Eumyceten, gehören zu den terrestrischen Pflanzen: Mit der Gametangiogamie ist eines der Prinzipien gefunden, womit eine rein terrestrische Lebensweise durchgeführt werden kann.

Phycomycetes. Unter den Phycomyceten, den Schlauchpilzen mit querwandlosem Mycel, seien die Fortpflanzungsverhältnisse eines Parasiten aus der Gruppe der Chytridiales, *Polyphagus Euglenae*, dargestellt. Die haploiden Schwärmsporen kommen nach einigem Herumschwimmen im Wasser zur Ruhe, runden sich ab und treiben nach den verschiedensten Seiten lange, zarte, mehrfach verästelte Fortsätze. Sofern diese den Körper einer Euglena berühren, dringen sie

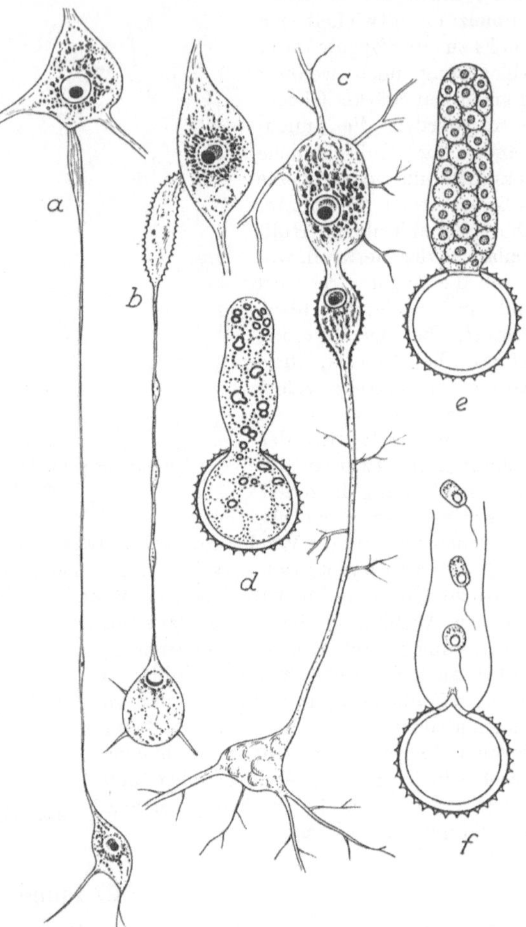

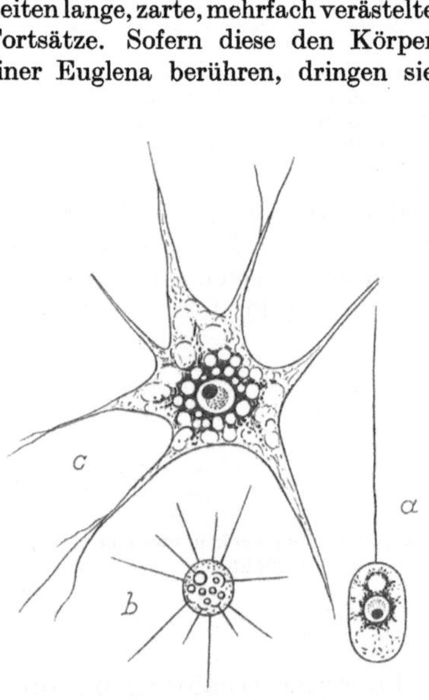

Abb. 361a—c. *Polyphagus Euglenae.* Schwärmsporen, die Fortsätze bilden. (Nach WAGNER)

Abb. 362a—f. *Polyphagus Euglenae.* Sexuelle Fortpflanzung. a Bildung des Kopulationsschlauches; b, c Wanderung des Kernes in die Anschwellung; d—f Zygotenkeimung. (Nach WAGNER)

in diese ein, erweitern sich darin und saugen sie aus (Abb. 361a—c). So kann eine einzelne Polyphaguszelle eine größere Anzahl von Euglenen vernichten. Vegetative Fortpflanzung erfolgt dadurch, daß die Polyphaguszelle ein Zoosporangium entwickelt, welches das ganze Plasma des Individuums aufnimmt. Es erfolgen mehrfache Kernteilungen, zuletzt Aufteilungen des Zellinhalts in Schwärmsporen, die durch eine Öffnung aus den Zoosporangium entweichen. Von diesen Schwärmern wiederholt sich die Entwicklung. Unter ungünstigen Ernährungsbedingungen kommt mit sexueller Fortpflanzung eine Zygotenbildung zustande. Zwei verschiedengeschlechtige Individuen kopulieren dadurch miteinander, daß ein kleineres einen längeren Schlauch entwickelt, der sich mit dem blasenförmigen Körper eines größeren vereinigt. Der Kern des kleineren, männlichen, Individuums wandert auf das größere, weibliche, zu. Kurz vor Eintritt in das weibliche rückt dessen Kern auch in den Kopulationskanal, vereinigt sich in unmittelbarer Nähe des weiblichen Körpers mit dem männlichen Kern und bildet hier die Zygote, die sich abrundet, eine derbe Membran entwickelt und als Dauerkörper funktioniert. Hierin bleiben die beiden Kerne längere Zeit nebeneinander liegen und vereinigen sich zu dem diploiden Zygotenkern erst kurz vor der Keimung. Diese erfolgt so, daß ein kurzer, dicker Keimschlauch entwickelt wird, in den der Kopulationskern hineinwandert. Unmittelbar darauf erfolgt die Meiosis und daran anschließend eine Reihe weiterer Kernteilungen. Die Kerne werden dann mit Plasmaportionen als Schwärmsporen ausgebildet, die sich aus dem Keimschlauch als dem Zoosporangium entfernen und den Cyclus von neuem beginnen (Abb. 362a—f).

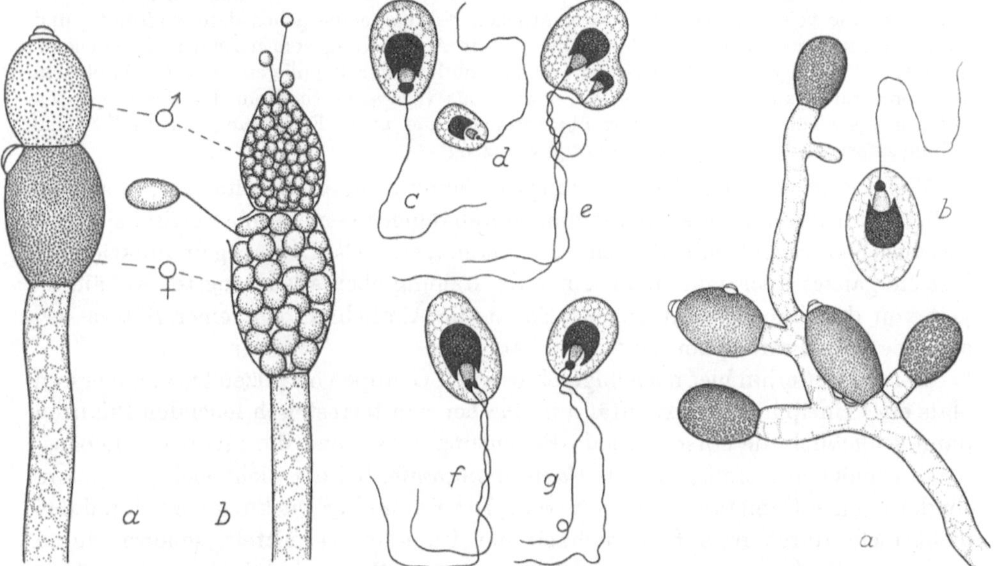

Abb. 363 a—g. *Allomyces javanicus.* Gametophyt. a, b Gametangienstände; c—g Kopulationsstadien der Makro- und Mikrogameten. (Nach KNIEP)

Abb. 364 a u. b. *Allomyces javanicus.* a Sporophyt mit 2 Sporangien und 3 Dauersporangien; b Zoospore. (Nach KNIEP)

Dieser Wechsel von vegetativer Fortpflanzung zur Vermehrung und Verbreitung und sexueller mit Zygoten, die als Dauerorgane ausgebildet werden, steht durchaus in Übereinstimmung mit dem Verhalten der Flachwasseralgen, etwa Ulothrix. In der Tat finden sich für letztere ganz analoge Lebensbedingungen. Auch darauf erstreckt sich die Übereinstimmung, daß dieser Wechsel der Fortpflanzungsweisen, offenbar in unmittelbarer Relation zu den Außenbedingungen stehend, nicht eigentlich ein Generationswechsel ist, weil er nicht dem endonomen Rhythmus entspringt. Eine besonders deutliche Analogie dazu findet sich auch bei *Coleochaete pulvinata.*

Der zu den Blastocladiales gehörige *Allomyces javanicus,* auch noch ein Phycomycet, ist ein erdbewohnender Flachwasserpilz, der mit einem reichverzweigten Mycel wie mit Rhizoiden im Boden sitzt. Aus haploiden Zoosporen bilden sich normalerweise die monöcischen Gametophyten, die anisogame Gameten in Makro- und Mikrogametangien auf derselben Pflanze nebeneinander hervorbringen. Diese entlassen bewegliche Gameten, von denen je zwei verschiedengestaltete miteinander zu einer Zygote kopulieren (Abb. 363). Die Zygote beginnt sofort zu wachsen und bildet einen diploiden Sporophyten, der zweierlei verschiedene Sporangien hervorbringt. Unter günstigen Lebensverhältnissen entstehen Zoosporangien, die diploide Zoosporen entlassen, aus denen neue Sporophyten hervorgehen. So kann unter

günstigen Bedingungen eine beliebige Anzahl von Sporophytengenerationen hintereinander
eingelegt werden. Falls sich die Lebensbedingungen verschlechtern, entstehen an dem Sporophyten mit dreifacher Membran versehene Dauersporangien, die in anabiotischen Zustand
übergehen können (Abb. 364). Bei der Keimung bildet ein Dauersporangium unter Reduktionsteilung haploide Zoosporen, aus denen nun wieder Gametophyten aufwachsen. Diese
Gametophyten können sich ebenso wie die Sporophyten in vegetativer Fortpflanzung reproduzieren und zwar dadurch, daß Makrogameten auch ohne Kopulation keimen und ihrerseits neue — übrigens stets wieder monöcische — Gametophyten hervorbringen. Die Mikrogameten sind dazu offenbar wegen ihrer zu weit gehenden Differenzierung nicht imstande.
Diese vegetative Fortpflanzung durch auskeimende Makrogameten kann auch experimentell
herbeigeführt werden. Bei sehr intensiver Belichtung kopulieren die Gameten nicht, selbst
wenn sie nahe beieinanderliegen. Die sämtlichen Mikrogameten gehen dann zugrunde, und
die Makrogameten keimen aus. Noch eine weitere Abweichung vom normalen Generationswechsel bei Allomyces ist bemerkenswert: hin und wieder kopulieren auch die haploiden
Zoosporen miteinander. Auf diese Weise wird das vegetative Stadium des Gametophyten
mit seiner sexuellen Differenzierung übersprungen und unter Einhaltung der Reduktionsteilung sofort wieder ein diploider Sporophyt erzeugt.

Vielgestaltigkeit der Fortpflanzungserscheinungen, ein fakultativer, in seinem
Vollzug stark von äußeren Bedingungen abhängiger Generationswechsel sind die
wesentlichen Eigentümlichkeiten von Allomyces. Als Dauerorgan funktioniert
hier ein ganzes Sporangium, in seiner Entstehung ebenfalls in engster Abhängigkeit von den Lebensbedingungen. So ist die Ähnlichkeit mit einer Süßwasser-
alge wie etwa Protosiphon unverkennbar.

Bei der weiterhin hier noch angeschlossenen Gruppe von Pilzen tritt zum ersten
Male ein Prinzip in der Sexualität auf, das bei rein terrestrisch lebenden Pflanzen
dann schließlich die entscheidende Bedeutung erhält und die besondere Lebensweise ermöglicht. Es ist das die *Gametangiogamie*, bei der nicht mehr Gameten,
sondern ganze Gametangien fusionieren. Die Raumüberbrückung wird nun dabei
nicht mehr durch freie Beweglichkeit der Gameten vermittelt, sondern durch
gerichtete Wachstumsvorgänge der Gametangien. Somit sind die Sexualvorgänge
nunmehr vom Wasser unabhängig; doch ist die Luft als übertragendes Medium
wie bei den Landpflanzen noch nicht in Anspruch genommen.

Indessen sind die zunächst zu behandelnden Pilze noch durchaus Übergangstypen. Sie sind ihrer Lebensweise nach zweifellos Amphibier, und ganz entscheidend: die vegetative Fortpflanzung erfolgt noch durch bewegliche Zoosporen.
Aber auch von der Zoospore führt eine gerade Linie in einer von HARDER (Lehrbuch der Botanik 23./24. Auflage) so besonders anschaulich zusammengestellten
Typenabfolge zu dem für die terrestrischen Pilze kennzeichnenden Organ vegetativer Fortpflanzung, der Conidie, dem einzelligen Keim, der die Luft als Verbreitungsmittel verwendet.

Saprolegnia mixta ist ein haplontischer Saprophyt, der im Süßwasser auf zerfallenden
Pflanzenresten oder Insektenleichen lebt. Der lebhaften Vermehrung und Verbreitung unter
günstigen Bedingungen ist die vegetative Fortpflanzung zugeordnet. An den Enden der
vielkernigen schlauchförmigen Mycelfäden werden kurze Stücke als Zoosporangien abgekammert, in denen sich die zahlreichen Kerne mit abgegrenzten Plasmaportionen als Zoosporen
ausbilden, worauf die zweigeißeligen Zoosporen aus einer Öffnung im Zoosporangium entlassen werden und unmittelbar zu neuen Mycelfäden auskeimen (Abb. 365a). Wird das
Nahrungssubstrat erschöpft, dann werden Sexualorgane angelegt. An den Enden der Mycelfäden entstehen durch Anschwellung runde Oogonien und werden durch eine Querwand
abgegliedert. Im vielkernigen Inneren des Oogons werden Eier ausgebildet. Ein Teil der
Kerne degeneriert, die übrigbleibenden vergrößern sich, vermehren sich unter Umständen
noch durch mitotische Teilung und werden zu Zentren der Eibildung. Abgeteilte Plasma-

portionen runden sich mit je einem Kern zu Eiern ab, deren Anzahl von Oogon zu Oogon wechselt. Die Antheridien gehen aus dem Stiel des Oogoniums hervor; ein jedes besteht aus einer relativ dünnen Hyphe, deren vorderer Teil ebenfalls durch eine Querwand abgetrennt wird. In diesem Raume entstehen nun keinerlei isolierte männliche Gameten; das ganze Antheridium kopuliert vielmehr als Ganzes mit dem Oogonium, auf das es — wohl chemotaktisch beeinflußt — zugewachsen ist. Es werden nun ein oder mehrere Schläuche in das Innere des Oogoniums getrieben. Diese können sich dort verzweigen und mit den einzelnen Eiern fusionieren, worauf in jedes Ei ein antheridialer Kern eintritt. Nach der Kernverschmelzung bilden sich Zygoten aus den Eiern, die durch das Aufreißen der Oogonienmembran frei werden (Abb. 365 b). Nach einer Ruhezeit erfolgt die Keimung im Anschluß an die Meiosis, worauf dann ein vielkerniger Keimschlauch entwickelt wird. Dieser ist offenbar ein Miktohaplont, weil die aus allen vier Gonen entstandenenen Kerne darin vorhanden sind. Die endgültige Verteilung aller aus der Meiosis entstandenen Kernsorten kommt erst in einem Zoosporangium zustande, das an dem Keimmycelium entsteht. Damit ist der Cyclus beendet.

In Versuchen mit der diöcischen Saprolegniacee *Dictyuchus monosporus* hat sich die miktohaplontische Beschaffenheit des Keimmyceliums beweisen lassen. An dem normalen haploiden Mycel dieses Pilzes werden die männlichen und weiblichen Sexualorgane nur dann gebildet, wenn verschiedengeschlechtige Mycelien miteinander in Berührung kommen. Isoliert aufgezogen bilden sie lediglich Zoosporangien. Wurde nun das Keimmycel einer Zygote vegetativ gezogen und mit männlichen und weiblichen Stämmen kombiniert, so reagierten sie „neutral", d. h. sie entwickelten je nach dem Partner Oogonien oder Antheridien. Eine Trennung der verschiedenen Kerne kann zufällig bei weiterem Wachstum oder durch die Ausbildung eines Zoosporangiums erfolgen. Wird ein solches unmittelbar nach der Keimung gebildet, so ist die Wahrscheinlichkeit, daß alle in der Meiosis gebildeten Kernsorten noch

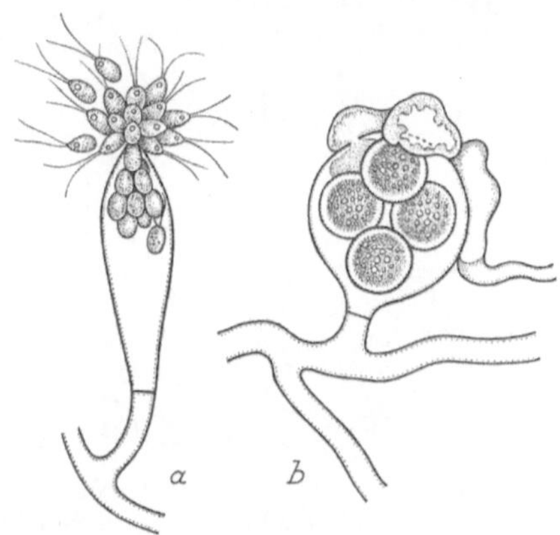

Abb. 365 a u. b. *Saprolegnia mixta.* a Zoosporangium mit austretender Zoospore; b Oogonium mit angelegtem Antheridium. (Nach KLEBS)

hineingelangen und im Zahlenverhältnis der Gonen verteilt werden, relativ groß. Es sind dann diese Zoosporen noch Gonozoosporen. Bei längerem Wachstum des Keimmyceliums können zufällige Selektionen zustande kommen und schließlich einheitliche Mycelien vorhanden sein. Deren Zoosporen unterscheiden sich in nichts mehr von denen normaler haploider Mycelien.

Die Familie der Peronosporen, die wir den Saprolegnien anschließen wollen, ist weitgehend zur parasitischen Lebensweise übergegangen. Daß wir sie dennoch zu den amphibischen Gewächsen stellen, rechtfertigt sich daraus, daß wir es zum mindesten bei einigen Formen noch in der vegetativen Fortpflanzung mit typischen Wasserpflanzen zu tun haben. Die oben schon erwähnte Typenabfolge zeigt nun auch hierin den Übergang zum Landleben mit den luftbeweglichen Conidien.

Die sexuelle Fortpflanzung von *Peronospora parasitica* vollzieht sich folgendermaßen. Durch Anschwellung an der Spitze abgekammerter Hyphen wird ein Oogonium entwickelt, in dem sich zunächst sehr viele Kerne befinden, die aber dann bis auf einen einzigen in eine randständige Plasmazone wandern. Um den einen zentralen Kern wird dann eine größere Plasmaportion abgegrenzt. Ebenfalls von derselben Traghyphe aus wächst ein Antheridium an das Oogonium heran und streckt einen Keimschlauch in das Innere des eineiigen Oogoniums. Dieser öffnet sich an der Spitze und entläßt von den vielen antheridialen Kernen nur einen in das Innere, der dann mit dem Eikern verschmilzt. Danach bildet sich im Inneren die Zygote, wobei das Periplasma mit den äußeren Kernen zur Bildung einer dicken äußeren Zygotenmembran verbraucht wird. Auch hier erfolgt die Keimung der Zygote unter Reduktionsteilung. Die Verhältnisse bei der Verteilung der Kerne im Anschluß daran sind nicht genauer untersucht (Abb. 366).

Nun die vegetative Fortpflanzung. *Pythium gracile* ist ein dauernd im Wasser auf Vaucheria parasitierender Pilz; hier wird in ähnlicher Weise wie bei Saprolegnia ein Zoosporangium ausgebildet, das im Wasser, ohne sich von der Traghyphe zu lösen, die Zoosporen entläßt, aus denen wieder neue Mycelien hervorgehen. *Plasmospora viticola* parasitiert im Gewebe der Weinblätter, lebt also nicht mehr durchaus im Wasser. Hier werden die Traghyphen, welche die Zoosporangien ausbilden, aus den Spaltöffnungen der Blätter ins Freie hinaus entwickelt; sie sind verzweigt und tragen an den zuletzt ziemlich kleinen Seitenzweiglein je ein Zoosporangium. Es entstehen also auf diese Weise größere Massen von Einzelsporangien. Die Zoosporangien werden nun als Ganze abgeworfen und sind klein genug, um durch den Wind verbreitet zu werden (Abb. 367). Wenn sie auf einem nassen Blatt in einen Wassertropfen gelangen, dann entlassen sie aus ihrem Inneren eine Anzahl zweigeißeliger Zoosporen, die nach dem Festsetzen wiederum Keimschläuche durch die Spaltöffnungen der Blätter in deren Inneres hinein entwickeln. Der Kartoffelblattparasit *Phytophtora infestans* verhält sich ganz analog mit dem Unterschied, daß die abgeworfenen Sporangien je nach dem Vorhandensein liquiden Wassers oder feuchter Luft entweder Zoosporen entlassen können oder als Ganzes einen Keimschlauch hervorbringen. Bei *Peronospora parasitica* endlich ist die Bildung von Zoosporen

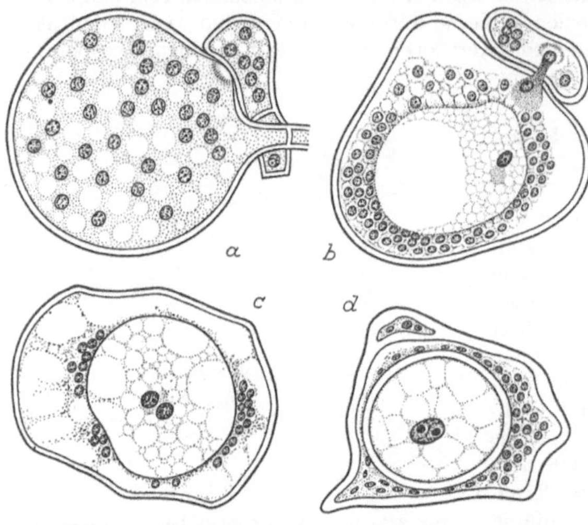

Abb. 366a—d. *Peronospora parasitica.* a Vielkerniges Oogonium und Antheridium; b Ooplasma mit einem Kern, Periplasma mit vielen Kernen; eingedrungener Befruchtungsschlauch mit einem Kern; c Abgrenzung des Ooplasmas mit gepaarten Kernen; d Zygote mit Karyogamie. (Nach WAGNER aus KNIEP)

völlig aufgegeben; die Zoosporangien werden als Ganze ausgeworfen, durch den Wind verbreitet und funktionieren als Conidien, indem sie als Ganze je einen Keimschlauch entwickeln.

Hiermit ist nun der Übergang vollendet: Die Gametangiogamie ist ausgebildet und auch in der vegetativen Fortpflanzung ist ein Anschluß an liquides Substrat nicht mehr notwendig, sondern die Luft als Verbreitungsbasis ist möglich geworden.

Wir fassen nun noch einmal die haupsächlichsten Eigenschaften der amphibischen Gewächse zusammen. Größte Vielgestaltigkeit in den Fortpflanzungsverhältnissen ist das Charakteristikum dieser Typen; ferner die Bildung von typischen und meist äußerst extremen Dauerorganen, die oftmals jahrelange Austrocknung und sehr tiefe Temperaturen aushalten. Aber ebenso wirkungsvoll sind auch gewöhnlich die Vermehrungs- und Verbreitungseinrichtungen: Der krasse Wechsel der Lebensbedingungen, dem diese Gewächse meistens ausgesetzt sind, bedeutet vielfach eine sehr kurze Periode günstiger Verhältnisse. Um so notwendiger ist es, daß ein gerade gegebenes Verbreitungsgebiet mit möglichster Beschleunigung ergriffen wird. Als Grundlage endlich für diesen Mechanismus des Wechsels ist eine besonders exakte Reaktion in der Einschaltung der verschiedenen Fortpflanzungsweisen auf die äußeren Bedingungen notwendig, wie sie bei allen diesen Gewächsen ebenfalls vorliegt. Auch alle übrigen Einzelheiten ordnen sich ohne weiteres in das Bild ein: Unter den hier zusammengefaßten Formen befinden sich auffallend viele einzellige oder wenigzellige Pflanzen. So ist die entwicklungsgeschichtliche Leistung im Generationsablauf eine geringe, und von wenigen Ausgangsformen aus kann in kurzen Generationsfolgen schnell eine reiche Vermehrung bewerkstelligt werden. Sodann fehlt den meisten Typen ein Generationswechsel: Meist sind sie haplontisch, d. h. allein die Zygote ist diploid, oder im Falle der Diatomeen diplontisch mit der Meiosis unmittelbar vor der Gametenbildung. Das bedeutet vor allem auch eine Abkürzung der Generationsdauer bei sexueller Fortpflanzung und zeigt zugleich an, daß ein und dieselbe vegetative Phase der Entwicklung in strenger Reaktion auf die Außenbedingungen Gameten oder vegetative Fortpflanzungskörper erzeugt.

Man pflegt unter phylogenetischen Gesichtspunkten die einzelligen bzw. wenigzelligen Formen als die primitiveren und damit phylogenetisch ursprünglicheren anzusehen. Ist das wirklich der Fall? Sind z. B. wirklich die wenigzelligen Ulotrichales des Süßwassers phylogenetisch älter als die vielzelligen Marinen? Oder gar noch deutlicher: Ist die oogame Siphonocladiale *Sphaeroplea*,

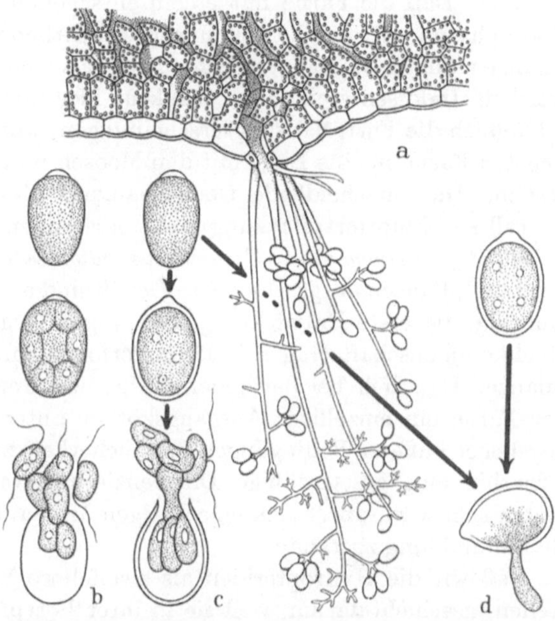

Abb. 367 a—d. *Plasmopara viticola, Phytophtora infestans* und *Peronospora parasitica.* a Teil eines Blattquerschnittes eines Rebblattes; aus einer Spaltöffnung an der Unterseite entwickelt der im Inneren des Blattes parasitierende Pilz (schraffiert) seine Zoosporangienträger. Diese sind verzweigt und lassen relativ kleine Zoosporangien als Ganze abfallen; b Aus diesen Zoosporangien entstehen im Wassertropfen auf Blättern die Zoosporen, die dann ihrerseits neue Blätter infizieren können; c Die Zoosporangien von *Phytophtora infestans* können in liquidem Wasser sowohl Zoosporangien entwickeln als auch in feuchter Luft als Ganze keimen; d Die Zoosporangien von *Peronospora parasitica* können nur noch als Ganze keimen und werden damit zur Conidie. (a nach MILLARDET aus HARDER, das übrige Schema nach HARDER entworfen)

dieses wenigzellige Fädchen, primitiver als die vielzelligen umfangreichen Formen des Tiefwassers? Sollte man nicht auch in Betracht ziehen, daß alle die Eigenschaften, die sich unter den hier gegebenen Betrachtungen so eindrucksvoll den Lebensbedingungen einpassen, auch gerade in diesem Sinne abgeleitet sein können? Diese Schwierigkeiten, die bei jeder phylogenetischen Betrachtung vorhanden sind, lassen es angezeigt erscheinen, diesen Begriff hier in unseren Zusammenhängen gar nicht zu verwenden, ihn vielmehr durch den Begriff „genetisch" zu ersetzen. Im Grunde wird damit nur das gewonnen, daß *dieser* Begriff von der Spekulation frei ist, und der Hinweis, es mögen, wenn möglich, die verwandtschaftlichen Relationen auf experimentellem Wege ermittelt werden.

cc) Terrestrisch lebende Pflanzen

Von den eigentlichen Landpflanzen hebt sich noch einmal eine Gruppe von Gewächsen ab, die gewiß durchaus auf dem Lande außerhalb des Wassers leben, aber durch ihre Fortpflanzungsweise doch ganz anders mit dem Substrat verbunden sind als die Blütenpflanzen, die wir später als Landpflanzen im engeren Sinne zusammenfassen werden. Pilze, Moose und Farne bilden den Kern dieser Gruppe. Daß die Farne mit einem entscheidenden Teil ihrer Gestaltung, dem Sporophyten, in der entwicklungsgeschichtlichen Differenzierung den Blütenpflanzen ungemein nahe stehen, näher als den Moosen, kann nicht bezweifelt werden. Indessen steht diese Struktur hier nicht zur Diskussion, vielmehr ausschließlich die Fortpflanzungserscheinungen, worin sich nun auch die fortschrittlichsten Farne in eine Linie mit den Moosen und schließlich sogar mit den Pilzen stellen. Die entscheidende Gemeinsamkeit dieser Gruppe besteht in den hier überall als Hauptfortpflanzung funktionierenden einzelligen Gonosporen, *die sich vollständig zu einem neuen Organismus entwickeln können.* Das ist bei der Gruppe der Landpflanzen ausgeschlossen. Gewiß sind auch bei den letzteren die Gameten einzellig, die erste Entwicklung der jungen Zygoten jedoch, die sich allein als Nachkommenschaftsträger loslösen, erfolgt immer im Inneren der Ausgangspflanze. Daß sich bei der hohen Differenzierung der Moose und ganz besonders der Farne ein einzelliger Ausgangskörper unter den zufälligen Konstellationen gegebener äußerer Bedingungen mit Sicherheit zu einem Gebilde entwickelt, das fernerhin eine gesetzmäßige Differenzierungsweise garantiert, kommt, wie zu zeigen sein wird, durch den eigenartigen Mechanismus von Protonema- und Prothalliumbildung zustande.

Daß wir die Hydropteriden als zweifellose Wasserpflanzen ebenfalls hierher stellen, geschieht darum, weil sie in ihrer Fortpflanzungsweise zwar modifiziert, aber nicht prinzipiell gegenüber den sonstigen Farnen verändert sind. Ganz offenbar sind sie sekundär angepaßt, ganz ebenso wie die Wassergewächse unter den Blütenpflanzen, die meist die Fortpflanzungsverhältnisse der Landpflanzen zeigen. Aus denselben Gründen werden in dieser Gruppe auch die besonders bizarren parasitären Pilze behandelt.

α) Algae

Die Anzahl der Algen, die außerhalb des Wassers leben, ist beträchtlich. Eine Reihe davon sind „Amphibier“; sie brauchen, wenigstens zeitweise, das flache Wasser. Andere — und nicht wenige — sind „Luftalgen“; sie wachsen auf feuchter Erde, an Mauern, Felsen und Baumrinden. Wenn wir sie trotzdem hier nicht behandeln, so darum, weil ihre Fortpflanzungsweise durchaus dieselbe ist wie bei den Wasserbewohnern und zumeist überhaupt nur dann eingeleitet wird, wenn die Pflanzen mit Wasser benetzt sind. Indessen gibt es eine kleine Gruppe, die der Chroolepideen unter den Ulotrichales, die eine Sonderstellung einnimmt, indem sie als Verbreitungsmittel für ihre *abtrennbaren Zoosporangien den Wind* verwendet. Es handelt sich dabei um vorwiegend epiphytisch meist in den Tropen auf Blättern lebenden Algen; einheimisch sind allein wenige fels- oder rindenbewohnende Trentepoliaarten. Auch sexuelle Fortpflanzung kommt bei diesen Formen vor, wobei — soweit bekannt — die Zygoten unmittelbar keimen. So besitzen die Chroolepideen keinerlei typische Dauerformen. Das ist bei ihrer

Lebensweise schwer verständlich, doch hat man Grund anzunehmen, daß die Zellen des vegetativen Körpers jeden Grad von Austrocknung vertragen und damit zugleich die Dauerorgane sind. Parallelen zu einem solchen Verhalten sind bekannt, wenn auch nicht gerade häufig. Wir erinnern an die pennaten Diatomeen, endlich werden wir bei den Moosen eine größere Gruppe antreffen, bei der die Unempfindlichkeit des Plasmas gegen Austrocknung zur entscheidenden Eigentümlichkeit wird.

Die kleinen flachen rasen- oder scheibenbildenden Formen können so wie *Cephaleuros minimus* auf den Blättern von Zizyphus vom anliegenden Thallus aus einzelne Auszweigungen in die Luft hinein entwickeln, an denen dann die Zoosporangien entstehen. Diese sind eiförmige, auf einer hakenartig gebogenen Tragzelle aufsitzende Gebilde. Sie lösen sich bei trockenem Wetter als Ganze durch einen besonders ausgebildeten Wandmechanismus von der Tragzelle ab und werden durch den Wind verstäubt. Bei Benetzung öffnen sie sich und entlassen die in ihnen schon vorgebildeten Zoosporen, deren Keimung auf geeignetem Substrat sogleich erfolgt. Auch sexuelle Fortpflanzung durch Isogamie ist vorhanden. Zu einem Gametangium kann bei verschiedenen Formen jede Zelle des Thallus werden, die ohnehin die Neigung haben, sich abzurunden und sich aus dem Zellverbande loszulösen. Die Gameten kopulieren und bilden Zygoten, sie können sich aber auch parthenogenetisch entwickeln. So wird Vermehrung und Verbreitung ganz besonders vegetativ durch die Zoosporangien bewirkt, aber ebenso durch die sexuelle Fortpflanzung. Von besonderen Dauerorganen ist nichts bekannt; dafür funktioniert der vegetative Thallus (Abb. 368).

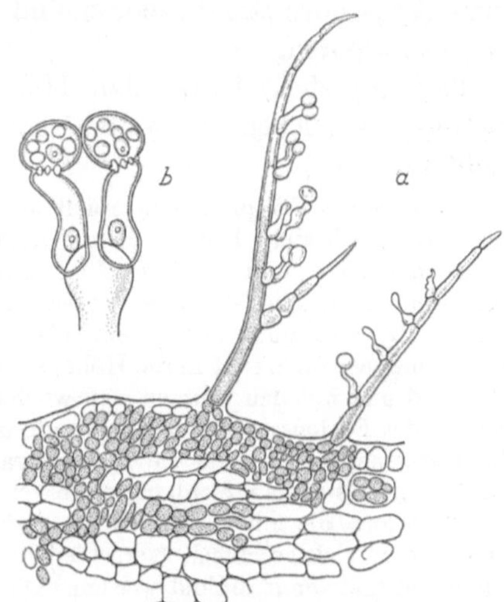

Abb. 368a u. b. *Cephaleuros minimus* mit Sporangien, im Blattgewebe von Zizyphus wachsend; b Sporangien von *Cephaleuros mycoidea*, stärker vergrößert. (Nach KARSTEN aus OLTMANNS)

β) Fungi

Der vorige Abschnitt über die Flachwasserformen und Amphibier hat uns gezeigt, daß zwischen den wasserbewohnenden und terrestrisch lebenden Pilzen die Grenzen fließen. So haben wir dort zuletzt mit einer eindrucksvollen Typenabfolge abgeschlossen, obwohl mit deren Endglied die Grenze zweifellos überschritten ist. Faktisch ist es also willkürlich, wie es nun geschieht, die Grenze mitten durch die Phycomyceten zu legen und die Mucorineen allein den terrestrischen Typen zuzuteilen.

Die bei allen hierhergehörigen Pilzen vorhandene Gametangiogamie ist ein Mittel, das die Sexualität von dem Wasser als Übertragungssubstrat für die Gameten unabhängig macht, weil die ganzen Gametangien durch chemotropisch gelenkte Wachstumsvorgänge aufeinander zuwachsen. In ihnen kopulieren die Gameten oder die als solche funktionierenden Kerne. Soweit dieser letztgenannte Zustand gegeben ist, kann sich eine weitere spezifische Eigenart der Pilze ausbilden: die *Trennung von Plasmogamie und Karyogamie*, eine eigenartige Komplikation, deren Bedeutung ebensowenig zu verstehen ist wie die der Auxiliarzellen bei den Rhodophyceen. Bei den Ascomyceten und Basidiomyceten verschmelzen nach der Fusion der Gametangien zwar die verschiedengeschlechtigen Plasmen sogleich, die zugehörigen Kerne legen sich jedoch lediglich aneinander, verschmelzen aber nicht. Daran anschließend können sie sich nebeneinander liegend teilen, wobei durch besondere Vorsichtsmaßregeln — die Haken- oder Schnallenbildung — dafür gesorgt ist, daß das Zusammentreffen gleichgeschlechtiger Kerne verhindert wird. Dieser Zustand als *Synkaryophyt* bezeichnet, ist völlig einzigartig im Gewächsreich; er kann sich über sehr viele Zellgenerationen erstrecken, bis er zuletzt bei der Fruchtkörperbildung durch eine Kernfusion in den Asci oder Basidien seinen Abschluß findet. Unmittelbar darauf erfolgt die Meiosis, und aus den Gonen entstehen entweder direkt oder nach nur einer Teilung die Sporen. Diese Asco- oder Basidiosporen sind also Organe der sexuellen Fortpflanzung, es sind Gonosporen.

Phycomycetes. Unter den Mucorineen ist *Phycomyces Blakesleeanus*, ein saprophytisch lebender haplontischer Phycomycet, besonders eingehend untersucht worden.

Die sexuelle Fortpflanzung spielt sich bei morphologischer Isogamie als Gametangiogamie ab. Es besteht Diöcie: physiologisch sind +- und --Mycelien unterscheidbar. Beim Zusammentreffen von zwei geschlechtsverschiedenen Mycelien bilden die Hyphenenden eigentümliche korallenähnliche Verzweigungen aus, mit denen sich die Partner beim Kontakt durch Verzahnung fest miteinander verbinden. Oberhalb davon wachsen die Hyphenenden nunmehr senkrecht in die Höhe, schwellen an, um dann mit einer Schleife auseinanderwachsend und mit den Spitzen sich wieder berührend, zuletzt zu fusionieren. Diesseits und jenseits der Fusionsstelle werden Wände gebildet, zwischen denen die Zygote heranwächst. Die Hyphenenden, welche die Zygote tragen, bezeichnet man als Suspensoren; sie bilden nachträglich seltsame hirschhornartige Verzweigungen aus, wovon die Zygote eingehüllt wird. In der Zygote, die mit einer dicken warzigen Membran versehen ist, sind in einem gemeinsamen Raum viele geschlechtsverschiedene Kerne, von denen eine größere Anzahl miteinander kopulieren und somit diploid werden. Die haploid bleibenden gehen zugrunde. Nach einem Ruhestadium keimt die Zygote, und es entwickelt sich nur ein ganz geringes Mycel, an dem sich sogleich ein Sporangium ausbildet. In den darin befindlichen diploiden Kernen läuft die Meiosis ab, und aus den haploiden Gonen entwickeln sich einkernige Sporen, die als Gonosporen aufzufassen sind (Abb. 266).

Die Gametangiogamie ist hier so ausgebildet, daß Oogonien und Antheridien nicht unterscheidbar sind, und ferner so, daß keine eigentlichen Gameten mehr entstehen. Die Plasmogamie erfolgt durch die Fusion der Gametangien, die Karyogamie anschließend als Fusion der zahlreichen Kerne.

In der Mykologie definiert man Fortpflanzungsorgane, die im Inneren eines Sporangiums entstehen, als „*Sporen*", solche, die von einem Hyphenende nach außen abgeschnürt werden, als „*Conidien*". Wenn dieses Hyphenende die Funktion mehrere Male hintereinander vollzieht, dann nennt man es auch wohl eine „Sterigme".

Bei Phycomyces und einer nahen Verwandten Thamnidium sind wiederum zwei Typen vegetativer Sporenbildung zu finden, von denen aus eine typenmäßige Überleitung zu den Conidien naheliegt.

Bei *Phycomyces Blakesleeanus* können zur vegetativen Vermehrung große Mengen von Sporangien gebildet werden, wobei von aufrecht wachsenden Hyphen der vordere Teil abgekammert wird. Die entstandene Querwand wölbt sich in den Innenraum hinein und bildet später die Columella. Der Raum vor der Querwand schwillt kugelig an; es erfolgen noch zahlreiche Mitosen darin, und um jeden der sehr vielen Kerne bildet sich mit einer Plasmaportion eine Spore aus, die bei der Reife durch Zerfließen der Sporangienmembran frei werden. Bei *Thamnidium elegans*, ebenfalls einer Mucorinee, werden ebenfalls in der oben geschilderten Weise Sporangien gebildet; doch sind die Sporangienträger übermäßig lang, und in mehreren Etagen übereinander entwickeln sich an diesen Seitenzweige, die sich mehrfach, jedoch akropetal abnehmend, dichter verzweigen. An den Enden dieser Verzweigungen werden dann

Sporangien — sehr zutreffend Sporangiolen genannt — ausgebildet, in denen sich nicht wie in den Spitzensporangien Tausende von Sporen befinden, sondern nur 3—4. Außerdem lösen sich die Sporangiolen als Ganze von ihren Trägern ab. In beiden Fällen ist also für eine außerordentliche Produktion derartiger vegetativer Fortpflanzungskörper gesorgt.

Ascomycetes. Bei den Ascomyceten und Basidiomyceten ist es angezeigt, einen einheitlichen zentralen Typus sozusagen in die Mitte der Betrachtung zu stellen; denn die im Gegensatz zum Vorhergehenden ungeheuere Formenfülle ist in einem ganz anderen Maße als bisher in ihrer sexuellen Fortpflanzung zugerichtet. Um diesen einheitlichen Typus gruppieren sich auch hier wieder Abweichungen in großer Zahl, von denen sich wiederum Typenabfolgen verschiedenster Art auf-

stellen lassen. Nur ist hier noch sehr viel schwerer als in sonstigen Fällen angebbar, ob überhaupt eine und dann welche Richtung in diesen Abfolgen einzuhalten ist. Was und welches Phänomen ist innerhalb dieser Fortpflanzungsweisen als primitiv, was als reduziert anzusehen? Oftmals finden sich Erscheinungen, die, in eine phylogenetische Reihe gestellt, einen erheblichen Schritt anzuzeigen scheinen, nebeneinander in ein und derselben Gattung oder gar Art. So ist es vorzuziehen, wenn wir hier alles vom Zentraltypus Abweichende in losem Kranz um diesen gruppieren.

Einer der am genauesten untersuchten Ascomyceten ist der Discomycet *Pyronema confluens*, ein erdbewohnender Pilz, der sich vorzugsweise im Wald auf alten Brandstellen findet. Die Gonosporen keimen zu einem haploiden, gekammerten, mit einkernigen Zellen versehenen Mycel aus. Der daraus erwachsene Pilz ist monöcisch und trägt beide Sexualorgane nebeneinander, doch werden die männlichen und weiblichen Gametangien, die Ascogone und An-

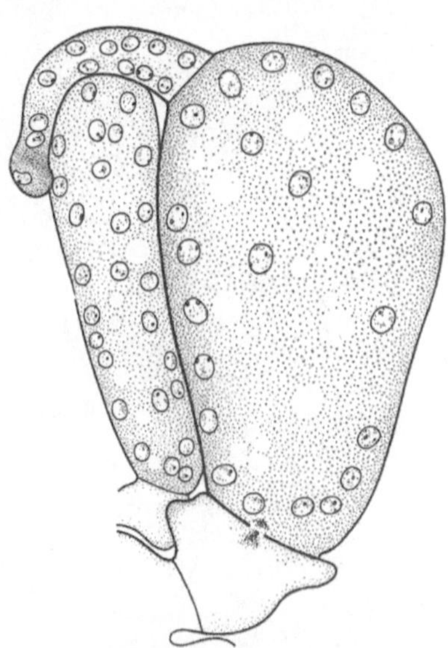

Abb. 369. *Pyronema confluens.* Schnitt durch ein Ascogonum mit Trichogyne und Antheridium. (Nach CLAUSSEN)

theridien, erst dann ausgebildet, wenn Lufthyphen miteinander in Kontakt getreten sind. Die Ascogone sind große keulenförmige mit einer Trichogyne versehene Organe, während die daneben stehenden Antheridien schlanker und zylindrischer erscheinen. Beide werden durch zahlreiche Kernteilungen vielkernig, allein in der Trichogyne, die zunächst durch eine Zellwand vom Ascogon abgegrenzt ist, gehen die Kerne zugrunde, worauf sich die Verbindung zwischen dem Ascogon und der Trichogyne öffnet. Letztere hat sich gleichzeitig auf ein Antheridium gelegt und auch mit diesem fusioniert (Abb. 369). Darauf wandern die antheridialen Kerne durch die Trichogyne in das Ascogon hinein, und die Verbindung mit der Trichogyne wird wieder geschlossen. Soweit besteht eine anisogame Gametangiogamie, ähnlich wie bei einigen Phycomyceten. Von nun ab ändert sich jedoch das Bild, denn auf den Kern- und Plasmaübertritt in das Ascogon folgt keine Karyogamie, sondern es legen sich die geschlechtsverschiedene Kerne nur nebeneinander und bleiben im weiteren Verlauf paarweise konjugiert. Man kann also sowohl bei den Asco- wie bei den Basidiomyceten den dadurch geschaffenen eigenartigen Übergangszustand auch als „Synkaryophyten" bezeichnen. Im Anschluß daran treibt das Ascogon mehrere Mycelschläuche, die sich verzweigen und zuletzt wieder einzelne Zellen abgliedern. Die ersten Räume dieser „ascogenen Schläuche" sind vielkernig, nach verschiedenen Verzweigungen werden normale Zellen mit je einem Kernpaar abgegrenzt, und bei den letzten Zellteilungen in den ascogenen Schläuchen teilen sich die Kernpaare und konjugieren. Dabei treten die Kerne zugleich in die Mitose ein und führen sie genau gleichzeitig durch, so daß nach Abschluß vier Tochterkerne vorhanden sind. Darauf biegt sich die Spitze der Haupt- und Seitenzweige nach rückwärts zu einem Haken um, und

der Bogen des Hakens wächst zu einem langen Schlauch, dem Ascus, aus. In den Ascus geht
das obere Tochterkernpaar über, das untere Paar wird auf den Haken und die Ursprungszelle
verteilt. Durch Fusion zwischen dem Haken und der Ursprungszelle vereinigen sich diese
Kerne in der basalen Zelle wieder zu einem Paar. Nach und nach wachsen von den verschiedenen Haupt- und Seitenzweigen der ascogenen Fäden die oberen Bogen der Haken nach oben
zum Ascus. Diese werden zuletzt in großer Zahl nebeneinander in einem „Hymenium"
stehend von Fruchtkörpergewebe umgeben, das — sehr verschiedenartig — meist von hap-
loidem Mycel gebildet wird (Abb. 370).

In dem Ascus erst verschmelzen die beiden bis dahin konjugierten Kerne zu einem diploiden. So sind hier — wie bei den Basidiomyceten — Plasmogamie und Karyogamie getrennt. Unmittelbar auf die Kernverschmelzung erfolgt in dem Ascus die Meiosis, nach deren

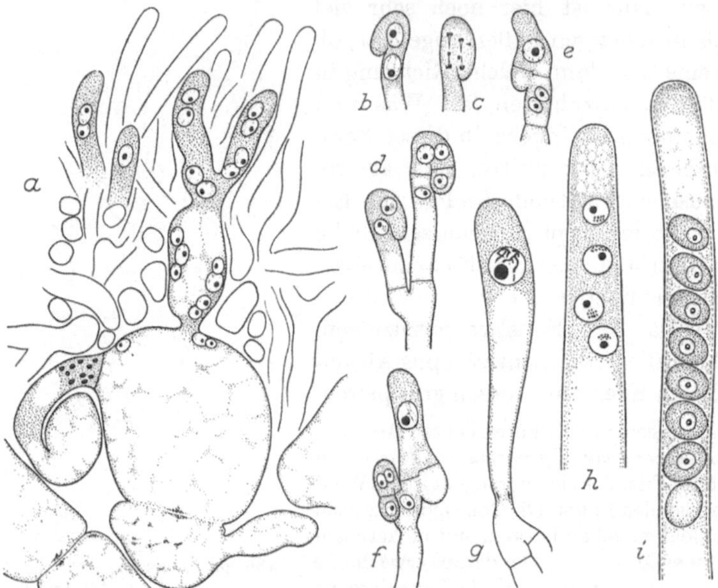

Abb. 370a—i. *Pyronema confluens.* a Ascogon mit ascogenen Schläuchen; b—d ascogene Schläuche in Hakenbildung und konjugierter Teilung; e Karyogamie; f—h Ascusbildung und Meiosis; i Ausbildung von 8 Ascosporen.
(Nach CLAUSSEN)

Ablauf gewöhnlich noch ein weiterer Teilungsschritt stattfindet, so daß aus den vier Gonen
acht haploide Kerne entstehen. Aus jedem dieser Kerne wird in dem Ascus eine Ascospore
gebildet, die — von der Meiosis nur durch einen Teilungsschritt getrennt — als Gonosporen
angesehen werden müssen. Die Asci stehen in einem Hymenium, einer an der Oberfläche
angeordneten, von sterilen Mycelfäden, den Paraphysen, durchzogenen Schicht, in größerer
Anzahl nebeneinander. Schon zur Zeit der Kopulation waren die Sexualorgane von einer
Schicht haploider Hyphen umgeben. Diese wachsen mit den ascogenen Fäden in die Höhe
und bilden ebenso die Wand des Fruchtkörpers wie auch die Paraphysen, die das Hymenium
durchziehen. Haploide und mit einem Paarkernstadium versehene Hyphen bilden hier also
eine Wachstumseinheit.

So kann das Fortpflanzungsverhalten der Ascomyceten als anisogame Gametangiogamie mit verzögerter Karyogamie charakterisiert werden; es entsteht daraus, wie gesagt, ein „Synkaryophyt". Dabei ist typisch, daß Asci und
Ascosporen stets in sehr großer Menge entstehen, also der Vermehrung dienen.
Es besteht ferner ein Ausschleuderungsmechanismus für die Sporen aus dem
Ascus, wodurch der Verbreitung gedient wird. Bis zu einem gewissen Grade endlich können die Sporen auch als Dauerorgane funktionieren. Doch ist dabei zu

bedenken, daß bei den Eumyceten sonstige Überdauerungsmöglichkeiten gegeben sind, insbesondere ist das Mycel bei vielen erdbewohnenden saprophytischen Pilzen ausdauernd, vermag immer wieder aufs neue in vegetatives Wachstum einzutreten, dadurch ist hier die Nötigung, Dauerzustände von härtester Resistenz auszubilden, nicht so dringend wie bei speziell angepaßten Formen, deren Lebensbedingungen selten realisiert sind.

Bereits bei den Eumyceten zeigt sich also, was sich später bei den Cormophyten zum entscheidenden Prinzip entwickeln soll, daß überall dort, wo ursprüngliche Vielgestaltigkeit der verschiedenen Fortpflanzungsweisen auf einen einheitlichen Typus vereinfacht wird, damit zugleich auch alle Funktionen umschlossen werden, selbst solche, die sich in ihren Entwicklungs- und Gestaltungsansprüchen zu widersprechen scheinen. Alle Vielgestaltigkeit entsteht dann nur noch durch Variation ein und desselben Typus, aber nicht mehr durch eine Typenmannigfaltigkeit.

Zwei Möglichkeiten von Abwandlungen dieser Grundfortpflanzung finden sich häufiger. Einmal können innerhalb

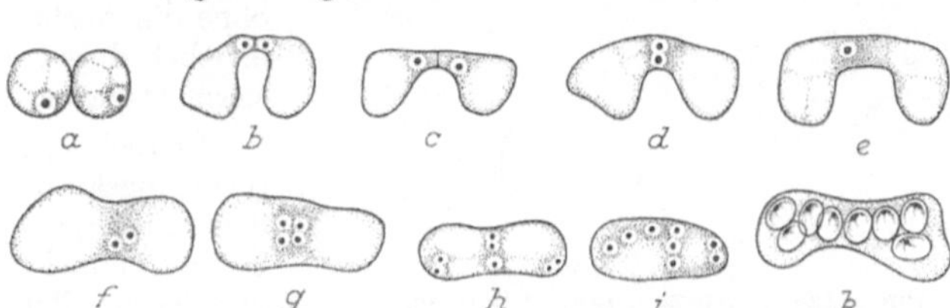

Abb. 371a—k. *Schizosaccharomyces oktosporus.* a—k in Kopulation und Sporenbildung. (Nach GUILLERMOND)

des hier gegebenen Typus der Sexualität noch besondere Umformungen erscheinen, und zum anderen kann auch die vegetative Fortpflanzung so sehr in den Vordergrund gelangen, daß die sexuelle überhaupt ausfällt. Für beides seien nur wenige charkteristische Beispiele gegeben.

Die besondere Ausbildung der Gametangien kann unterbleiben, und an Stelle dessen kann eine Kopulation zweier vegetativer Mycelfäden treten, wie bei *Tuber aestivum.* Diese Reduktion kann aber auch nur einseitig sein. Es kann ein wohlorganisiertes Ascogon mit Trichogyne ausgebildet werden, das dann mit einer vegetativen Zelle kopuliert. Besonders eigenartig ist es, wenn diese vegetativen Zellen gleichzeitig Conidien oder Sporen sind, die eigentlich der vegetativen Fortpflanzung dienen, wie das bei *Bombardia lunata* der Fall ist. Hier werden besondere Behälter gebildet, die eine größere Anzahl von Sporen entlassen, die keimen und ein neues Mycel bilden können. Kommen sie jedoch mit einer Trichogyne in Berührung, dann kopulieren sie mit dieser und entlassen ihren Kern in das Ascogon. Bei den Laboulbeniaceen geschieht etwas ganz Ähnliches, nur daß die „Spermatien", die hier ebenfalls in besonderen Behältern gebildet werden, nur dieser Funktion dienen und nicht ohne weiteres keimen können. So ist man natürlich geneigt, diese Gebilde hier als Antheridien zu bezeichnen und die Zellen als „männliche Befruchtungszellen". Bei sehr weitgehender Reduktion wie bei der Exoascale *Taphrina epiphylla* kopulieren gleichgestaltete vegetative Zellen, die unmittelbare Abkömmlinge von Ascosporen sind. Und schließlich bei der einzelligen *Schizosaccharomyces octosporus* fällt die Kopulationszelle unmittelbar mit dem Ascus zusammen, ein Zustand, den man unter phylogenetischem Aspekt lieber wieder als primitiv denn als reduziert ansehen möchte (Abb. 371).

Endlich seien noch einige Typen von Ascomyceten genannt, bei denen die vegetative Fortpflanzung eine besondere Bevorzugung zugunsten der sexuellen erfahren hat, so daß letztere vielfach ganz aufgegeben wurde. Dahin gehören die Saccharomyceten, bei denen vor allem unter den Kulturformen die ganze Fortpflanzung nurmehr durch Sprossung geschieht. (Abb. 372). Sie leben als Einzelzellen in zuckerhaltigen Flüssigkeiten, die sie bekanntlich vergären. Die Sprossung geht so vor sich, daß aus einer Ausgangszelle eine kleine Knospe hervorgeht, die schnell bis zur Zellgröße heranwächst. Gleichzeitig ist im Inneren eine Kernteilung abgelaufen und der eine der beiden Tochterkerne tritt durch den Verbindungskanal in die Knospe über. So können bei lebhafter Vermehrung Sproßverbände entstehen, deren

Zellen aber nur lose miteinander verknüpft sind und die sehr leicht auseinander fallen. Ein günstiges Verbreitungsgebiet, in diesem Fall ein Gärbottich, kann in kurzer Zeit völlig besiedelt werden.

Einen anderen Typus repräsentiert die Gattung *Penicillium* unter den Plectascales. Einige Arten davon besitzen noch sexuelle Fortpflanzung, viele jedoch pflanzen sich allein vegetativ fort. Auf verzweigten Lufthyphen, deren letzte Verzweigungsglieder man als Sterigmen bezeichnet, entstehen reihenweise hintereinander Conidien. Deren Bildung beginnt mit einer kegelförmigen Einschnürung der Spitze, auf die die Abschnürung einer kleinen Conidienkugel folgt. Sie können mit den Membranen miteinander verknüpft bleiben und so zu längeren Ketten heranwachsen, die aber bei der leichtesten Berührung zerfallen. Außerdem sind die Conidien so klein, daß sie in der Luft schweben, und die Vermehrungsrate ist so außerordentlich, daß praktisch die Atmosphäre ständig davon erfüllt ist. Eine Agarplatte, ein Stück Brot oder ein anderes offenstehendes organisches Substrat wird bekanntlich in kurzer Zeit von Penicillium besiedelt. So kommt hier eine Sicherung der Fortpflanzung auch ohne die Ausbildung besonderer Dauerorgane lediglich durch eine unmäßige Erhöhung der Vermehrungsrate zustande.

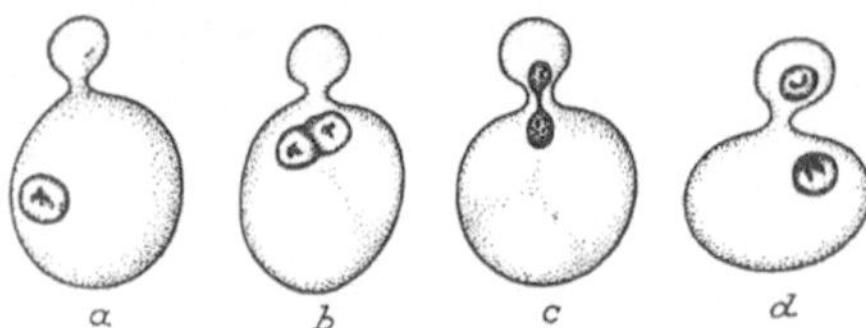

Abb. 372a—d. *Saccharomyces* in Sprossung. (Nach GUILLERMOND)

Endlich gibt es auch vegetative Fortpflanzungskörper bei Ascomyceten als Überdauerungsorgane. Bei *Sklerotinia Fuckeliana* besteht einmal lebhafte Conidienbildung, ähnlich der von Penicillium, zur Besiedelung günstiger Verbreitungsgebiete. Ist das Substrat aber erschöpft und sind die Lebensbedingungen ungünstig, dann bilden sich aus dem Mycel die Sklerotien, Hyphenkomplexe, die ein dichtes plektenchymatisches Gewebe bilden. Außen sind sie mit einer membranartigen dichten Verschlingung dickwandiger Hyphen, innen mit dünnwandigerem, reich mit Reservestoffen angefülltem Material versehen. Diese Gebilde, durchaus nach dem Typus aller Dauerkörper gestaltet, überwintern oder vertragen weitgehende Austrocknung. Unter günstigen Lebensbedingungen entwickeln sie gewöhnlich Fruchtkörper, aus denen Ascosporen frei werden. Im Verlauf ihrer Bildung vollzieht sich also der Sexualvorgang, die Überdauerung erfolgt aber in Form der Sklerotien, die selbst rein vegetative Bildungen sind.

Basidiomycetes (Holobasidiomycetes). In noch höherem Maße als bei den Ascomyceten ist bei den Basidiomyceten die Fortpflanzung von der nach einem Typus gestalteten sexuellen Fortpflanzung übernommen worden. Zugleich ist die Gametangiogamie zu einer „Somatogamie" abgeändert: Es werden keine Gametangien mehr gebildet, sondern die sexuellen Kopulationen erfolgen zwischen normalen Körperzellen, die daran anschließend paarkernig werden. Bei den zunächst zu behandelnden Holobasidiomyceten sind alle weiteren Kernteilungen in der nunmehr erfolgenden üppigen Entwicklung des Mycels konjugierte, wobei die Verteilung der Tochterkerne durch eine „Schnallenbildung" ganz analog zur Hakenbildung bei den Ascomyceten bewerkstelligt wird. Zu bemerken ist noch, daß das haploide Mycel mit einkernigen Zellen hier meist geringwüchsig ist und von dem Paarkernmycel sofort überwuchert wird. So nimmt es niemals an dem Aufbau der Fruchtkörper teil, wie das bei den Ascomyceten geschieht. Die eigentliche Karyogamie bleibt bei den Basidiomyceten ebenfalls bis in die Fruchtkörperbildung aufgeschoben. Hier erfolgt sie dann mit nachfolgender Meiosis in der Basidie, dem sporenbildenden Organ, homolog zum Ascus. Die Basidie ist ein keuliges Organ — bei den Holobasidiomyceten ohne Querwände — auf deren Spitze auf vier Sterigmen die vier Basidiosporen nach außen abgeschnürt werden. In jede Basidiospore wandert ein Gonenkern ein; so sind also die Basidiosporen als Gonosporen aufzufassen.

Die Paarkernmycelien der meist saprophytisch lebenden Basidiomyceten sind gewöhnlich ausdauernd; in rhythmischen Abständen werden oftmals umfangreiche Fruchtkörper gebildet, in denen in sehr verschieden gestalteten Hymenien zahllose Basidien nebeneinander stehen. Von diesen werden bei der Reife die Basidiosporen durch den Binnendruck abgeschleudert. Große Fruchtkörper können monatelang hintereinander täglich mehrere Milliarden Sporen ausstoßen. So ist die Vermehrung eine außerordentliche. Und da die Sporen zugleich auch bis zu einem gewissen Grad die Funktion der Überdauerung erfüllen, so ist es

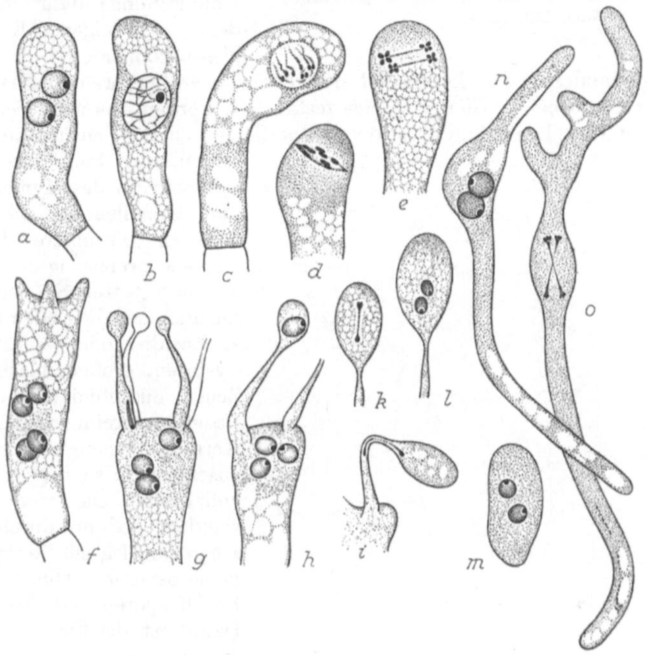

Abb. 373 a—o. *Hypochnus terrestris*. a—h Entwicklungsgeschichte der Basisien; i—m Übertritt des Gonenkernes in die Basidiosporen und Teilung darin; n, o ausgekeimte Sporen mit konjugierten Teilungen. (Nach KNIEP)

begreiflich, daß die vegetative Fortpflanzung bei den Basidiomyceten eine nur ganz geringe Rolle spielt. Es kommen zuweilen Conidienbildungen vor, auch wohl unter bestimmten Bedingungen die Abgrenzung von Oidien, der Zerfall ganzer Mycelien in einzelne keimfähige Stücke, doch sind alle solche Bildungen im großen und ganzen höchst peripher.

Der vollständige Ablauf des Fortpflanzungsvorgangs in der ganzen Entwicklungsgeschichte ist nicht immer bei den verschiedentlich untersuchten Formen gleichmäßig bekannt; seine Kenntnis muß von mehreren zusammengesetzt werden. Zunächst handelt es sich dabei um die Entstehung der Paarkernigkeit. Am einfachsten liegt der Fall bei dem gemischtgeschlechtigen *Hypochnus terrestris* (Abb. 373). Hier entwickeln die Einspormycelien von vornherein ein paarkerniges Schnallenmycel. In der ursprünglich einkernigen Basidiospore erfolgt noch eine Mitose, deren Abkömmlinge sogleich ein Paarkernstadium bilden. Die Somatogamie ist also auf eine intracelluläre Karyogamie beschränkt. Bei den getrenntgeschlechtigen Typen muß eine Zellkopulation erfolgen; man kennt diese als relativ einfach bei *Corticium serum*. Hier erfolgt eine solche bei bereits wenigzelligen Basidiosporenkeimlingen verschiedenen Geschlechts, eine offene Anastomose zweier Zellen, wobei die Protoplasten verschmelzen und die Kerne sich paaren (Abb. 374). Von da an teilen sich die Kerne konjugiert unter Schnallenbildung. Bei *Typhula erythrophus* ist, wie vermutlich bei den meisten Basidiomyceten, der Vorgang etwas komplizierter. Es sind die Mycelien hier erst in älteren Zuständen kopulationsfähig, dann aber setzt nach der Kopulation die Schnallenbildung, die stets das Anzeichen für die Paarkernigkeit ist, an den verschiedensten Stellen ein. Die mycelfremden Kerne haben nach der Anastomose eine Wanderung begonnen, die durch eine vorübergehende Auflösung der Hyphenquerwände ermöglicht wird. Vermutlich finden unterwegs Kernteilungen statt, deren Abkömmlinge dann mit verschiedenen myceleigenen Kernen konjugieren können.

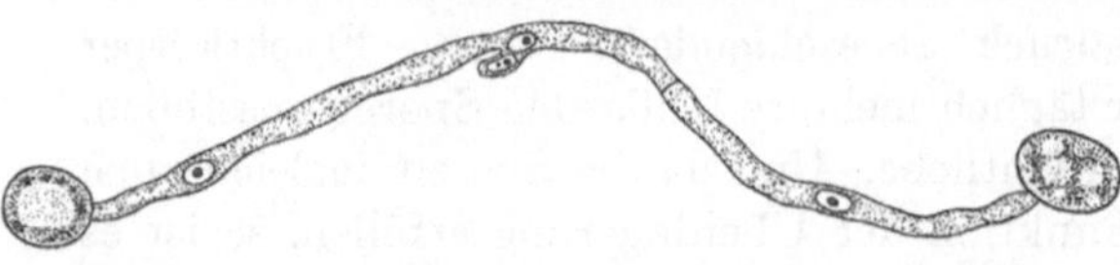

Abb. 374. *Corticium serum*. Kopulation der Keimungsmycelien. (Nach LEHFELD)

Die auf so entstandenem Paarkernmycel erfolgende Fruchtkörper- und Basidienbildung ist am eindrucksvollsten bei *Armillaria mucida* festgestellt worden. Es wird hier als Fruchtkörper ein Hut mit Lamellen gebildet, zu deren Oberfläche die Hyphen im Inneren parallel laufen, um dann umzubiegen und senkrecht in das Hymenium bis an die Lamellenoberfläche hineinzuwachsen. Die inneren Hyphen sind hier alle zweikernig und mit Schnallen ausgestattet. Sie verzweigen sich reichlich und die Enden werden dann zu Basidien oder — seltener — zu Cystiden, großen, blasigen, sterilen Zellen, ausgebildet. In den jungen Basidien vereinigen sich die beiden Kerne zu einem einzigen, um dann anschließend sogleich die Meiosis zu vollziehen. Die vier Gonenkerne wandern sodann durch die inzwischen angelegten Sterigmen in die Basidiosporen[1] (Abb. 375). Asco- wie Basidiosporen sind also Gonosporen. Damit ist der Fortpflanzungscyclus geschlossen.

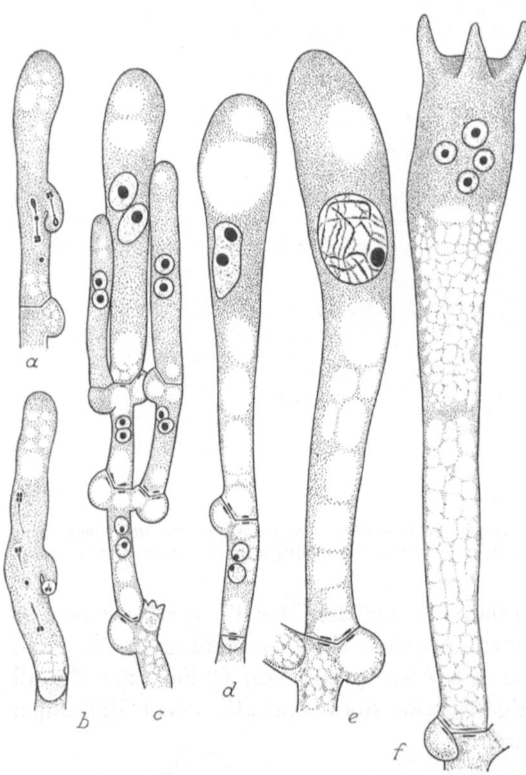

Abb. 375a—f. *Armillaria mucida*. a—c Entwicklung der Hyphen mit konjugierten Teilungen und Schnallenbildung; d—f Karyogamie und Entwicklung der Basidie. (Nach KNIEP)

Phragmobasidiomycetes. An die Gruppe der Holobasidiomyceten schließt sich mit neuen Abwandlungen des dort schon eigentümlichen Hauptfortpflanzungsvorgangs nun noch diejenige der Phragmobasidiomyceten mit den Brand- und Rostpilzen an. Man hat es dabei mit Formen zu tun, die eine aufs strengste durchgeführte Anpassung an ihre parasitische Lebensweise zeigen und in diesem Zusammenhang mancherlei tiefgreifende spezielle Abwandlungen aufweisen, wobei beide Gruppen,

---

[1] Es sei kurz darauf aufmerksam gemacht, daß die Mykologie mit erschreckender Inkonsequenz hier wieder den Ausdruck „Spore" verwendet, obwohl es definitionsgemäß eindeutig „Conidie" heißen müßte. Wir hätten nichts dawider, auch noch den Ausdruck „Gonoconidie" zu verwenden, denn für unseren Zusammenhang ist es allein wichtig, daß es sich um Fortpflanzungskörper handelt, die unmittelbar aus den Gonen entstehen.

die Ustilagineen und Uredineen, eine offenbar parallele Entwicklung erfahren haben. Die Ustilagineen gleichen den Holobasidiomyceten noch in der Ausbildung eines Schnallenmycels, doch sind sie im übrigen ungemein reduziert. Die Uredineen dagegen weisen besonderen Reichtum durch Ausbildung eines seltsamen Wirtswechselsystems und den gesetzmäßigen Einbau auch vegetativer Fortpflanzungsweise in ihren normalen Entwicklungsablauf auf, dafür aber keinerlei Schnallenmycel mehr und überhaupt nur eine relativ geringfügige vegetative Entwicklung in jedem Wirt. Im übrigen stimmen beide Formen darin überein, daß Karyogamie und Meiosis in der überwinternden Spore erfolgen, die dann damit eigentlich der Basidie der Holobasidiomyceten homolog wäre. Als Basidie bezeichnet wird freilich bei diesen Typen erst ein Keimschlauch aus der Spore, auf den die vier Gonenkerne verteilt werden, und der danach mit je einem solchen in vier Zellen fragmentiert wird. Diese vier Zellen stoßen dann in Einzahl oder Mehrzahl die Gonosporen nach außen ab.

Als Beispiel der Brandpilze sei *Ustilago Maydis* verwendet. Die Basidiosporen, die an dem von der Brandspore entwickelten quergeteilten Promycel, der Basidie, entstehen, sind haploid und einkernig. Sie haben ebenso wie auch die Basidie selbst die Fähigkeit zu lebhafter hefesproßartiger Vermehrung, auch zu geringer Mycelbildung unter saprophytischen Bedingungen. Treffen zwei geschlechtsverschiedene Basidiosporen oder deren Mycelien zusammen, so kommt es zu einer Kopulation. Von da an sind die Mycelzellen paarkernig und imstande, ihre Wirtspflanze, hier also den Mais, zu infizieren, was die haploiden einkernigen Mycelien nicht können. Sie durchwachsen nunmehr die Wirtspflanze, die gewöhnlich schon als Keimling befallen wird, ohne sie zu töten. Schließlich bilden sich an verschiedenen Stellen, zumal gerne im Fruchtstand, umfangreichere Lager von Mycelien, die dann als schwarzbrandige, abscheuliche Beulen aufbrechen, und in denen die einzelnen Mycelfäden perlschnurartig hintereinander in Brandsporen übergehen. Sie entstehen an diesen Stellen zu Millionen und Milliarden. Diese Brandsporen sind in der Jugend zweikernig, bei der Reife verschmelzen die beiden Kerne miteinander. Die Meiosis erfolgt bei der Keimung, und die vier Gonenkerne werden auf die vier Zellen des hervorgetriebenen Keimschlauches (die Basidie) verteilt, der damit wieder eines der nicht allzu häufigen Beispiele für einen Miktohaplonten darstellt. Die einzelnen Zellen der Basidie vermögen von ihren Zellen die Basidiosporen mehrfach nacheinander abzustoßen. Im Gegensatz zu den Holobasidiomyceten wandert hier der Gonenkern nicht unmittelbar in die Basidiospore, sondern nur ein Tochterkern nach einer Mitose, und der andere bleibt in der Basidienzelle, womit sich der Vorgang mehrfach hintereinander wiederholen kann. Die Brandsporen sind Dauerorgane und zugleich solche der Vermehrung und Verbreitung. Ebenso die Basidiosporen und die daraus entstehenden Sprossungszellen.

Die Uredineen zeigen noch Reste von Gameten- und Gametangienbildung, dafür aber keine Schnallenmycelien mehr, wie die Ustilagineen. Bei *Puccinia graminis*, dem Getreiderost sind Basidiosporen ebenfalls haploid und einkernig, aber als solche infektionsfähig; doch infizieren sie lediglich einen Zwischenwirt, der beim Getreiderost *Berberis vulgaris*, die Berberitze, ist. In den Blättern dieser Pflanze breitet sich das Mycel aber nur in geringem Umfang in der Gegend der Infektionsstelle aus. Treffen dabei Mycelien von zwei geschlechtsverschiedenen Basidiosporen zusammen, dann kommt es zu Mycelkopulation und damit zur Zweikernigkeit der Zellen. Ist das nicht der Fall, dann entwickelt das Mycel eine Kopulationshyphe über die Blattoberfläche hinaus. Inzwischen sind an den Blattunterseiten die Pyknidien entstanden, besondere Hyphenansammlungen, in denen massenhaft Pyknosporen gebildet werden, die selbst kein infektionsfähiges Mycel entwickeln können. Sie werden vielmehr durch den Wind verbreitet und kopulieren mit den Kopulationshyphen isolierter eingeschlechtiger Mycelien. Sind die Mycelien nun auf die eine oder andere Weise zweikernig geworden, dann bilden sie an den Blattunterseiten größere Mycellager, die reihenweise zweikernige Sporen abstoßen. Die Lager werden als Äcidien bezeichnet, die zweikernigen Sporen als Äcidiosporen. Diese vermitteln den Wirtswechsel: sie vermögen nur auf Gramineen zu keimen. Im neuen Wirt kommt eine Infektion durch zweikerniges Mycel zustande, das sehr bald zur

Ausbildung neuer Mycellager übergeht, in denen die Uredosporen entstehen. Das sind zweikernige Sporen, die der Vermehrung und Verbreitung des Pilzes in der gleichen Vegetationsperiode und auf dem gleichen Wirt dienen. In denselben Mycellagern nun, in denen anfänglich die Uredosporen entstanden, bilden sich gegen das Ende des Sommers die Teleutosporen, zweizellige Dauerorgane. Zunächst ist jede Zelle zweikernig, sehr bald verschmelzen die beiden Kerne, so daß jede der beiden Zellen mit einer Basidie homolog ist. Die Teleutosporen überwintern: bei der Keimung treibt jede Zelle für sich eine quergeteilte Basidie. Dabei läuft die Meiosis ab, und jeder der vier Gonenkerne wird auf eine Zelle verteilt, die ihn in eine abgegliederte Basidiospore einwandern läßt.

Der Wirtswechsel der Uredineen ist ein zweifelloser Generations- und Gestaltswechsel. Die Formbildung der Infektionsmycelien in den beiden Wirten ist durchgreifend verschieden: Pyknosporen und Äcidienlagerbildung auf der einen Seite, Uredo- und Teleutosporenlager auf der anderen. Und daß tiefgreifende physiologische Unterschiede damit einhergehen müssen, ist sicher, sonst könnte nicht eine so strenge Spezialisierung des Wachstums auf jeweils genau ausgewählte Wirtspflanzen bestehen. Der Teleutosporenkeimling ist eine dritte, ebenfalls gesetzmäßig eingeordnete Generation. Diese Umstellung von Generationen und Gestalten wird aber in zwei Fällen durch vegetative Fortpflanzung, im dritten Fall durch die Gonosporen, also sexuelle Fortpflanzung, vermittelt. Generationswechsel vermittelt durch vegetative Fortpflanzung ist selten und uns bisher nur bei den marinen Peridineen und bei den Rhodophyta begegnet. Schon dort wiesen wir darauf hin, daß damit die Unabhängigkeit des Generationswechsels vom Kernphasenwechsel und der Alternation von Kopulation und Meiosis klar bewiesen wurde. In der hier gegebenen Form kommt noch hinzu, daß sogar der protrahierte unabgeschlossene Kopulationsvorgang von einer vegetativen Fortpflanzung mit einer Generationsumstellung unterbrochen werden kann: Die Äcidiosporen sind zweikernig und bilden auf dem neuen Wirt auch wieder ein zweikerniges Infektionsmycel. So kann also praktisch an jeder Stelle des Entwicklungsablaufs ein Generationswechsel womöglich mit einem völlig veränderten Entfaltungsimpuls einsetzen.

Noch eine weitere Einsicht lehren die Pilze mit ganz besonderer Eindringlichkeit. Die gerade bei den Basidiomyceten gegebene Form der Gametangiogamie, die Somatogamie, zeigt, daß mit dem Kopulationsvorgang der Sexualität keinerlei unmittelbarer Fortpflanzungsprozeß verbunden ist. Infolgedessen ist den meisten Darstellungen auch eine leichte Verlegenheit darüber anzumerken, ob man nur von einer „Sexualität" der Pilze oder aber von ihrer „sexuellen Fortpflanzung" zu sprechen habe. Denn daß die Fortpflanzung durch die Basidiosporen eine „ungeschlechtige" sei, gilt von alters her als ausgemacht. Jede Schwierigkeit fällt aber sofort hinweg, wenn man sich klarmacht, daß die Basidiosporen sich als klare Gonosporen zu erkennen geben, womit die Erfordernisse sexueller Fortpflanzung gegeben sind. Im übrigen ist die moderne Genetik längst über diese Schwierigkeiten zur Tagesordnung übergegangen und behandelt die Basidiosporenaufzuchten nie anders denn als Abkömmlinge sexueller Vorgänge.

Fungi imperfecti. Mit dem Fortschreiten der mykologischen Forschung wird die Anzahl der „Fungi imperfecti" immer geringer. Es hatte sich ursprünglich vielfach um Formen mit vegetativer Fortpflanzung gehandelt, deren zugehörige sexuelle entweder unbekannt oder unter anderem Namen schon eingeordnet war; vor allem gründlich durchgeführte Kulturmethoden haben viele Zusammenhänge klargestellt. Doch besteht andererseits heute kein Zweifel darüber, daß es auch eine ganze Reihe von Typen gibt, deren Sexualität sekundär zugunsten vegetativer Fortpflanzung aufgegeben ist, wie das unter den Ascomyceten bei der Gattung Penicillium schrittweise verfolgt werden konnte. Dabei wurde die Sicherung der Fortpflanzung allein einer massenhaften Vermehrung und Verbreitung anvertraut. Für ein solches Verhalten ließen sich unter den Fungi imperfecti eine Fülle von neuen Beispielen finden; wir verzichten auf eine Darstellung, die lediglich Wiederholung wäre. Hier liegt uns vielmehr lediglich daran zu zeigen, daß auch vegetative Fortpflanzung bei den Pilzen genau so wie die sexuelle beide Erfordernisse zugleich übernehmen kann; neben der Vermehrung auch die Ausbildung von Dauerorganen. Dafür sind die Gattungen Alternaria und Dematium besonders instruktive Beispiele, zwei Formen, die besonders als Brauereischädlinge eine Rolle spielen.

Alternaria entwickelt oberflächlich auf flüssigen Nährsubstraten ein fädiges Mycel; beginnt sich die Lösung zu erschöpfen, dann bilden sich in den Mycelfäden in Ketten hintereinander Sporen aus. Doch kann man nicht eigentlich sagen, daß das Mycel nach Monilienstruktur zerfiele, vielmehr werden in einigen Zellen Reservestoffe angereichert; es erfolgen Kern- und Zellteilungen in ihnen, so daß zusammengesetzte Fortpflanzungskörper entstehen, die 5—6 Zellen umfassen, eine harte feste Wand entwickeln und in anabiotischen Zustand übergehen können. Diese Fortpflanzungskörper entstehen in größeren Mengen hintereinander, und die Mycelreste gehen zugrunde. Sie sind Dauerorgane, können Austrocknung vertragen und ebenso tiefe Temperaturen. Bei der Keimung entstehen aus den einzelnen Zellen dieser zusammengesetzten Körper neue Mycelfäden. Andere Fortpflanzungsweisen sind bei Alternaria nicht bekannt.

Die Gattung *Dematium* umfaßt Formen, die ebenfalls an der Oberfläche eines Nährsubstrats ein zwar fädiges, aber auch stark verschleimendes Mycel bilden. Im Inneren eines flüssigen dagegen werden kurze hefeähnliche Mycelstücke erzeugt. Ist die Nahrung verbraucht, so können sowohl an der Oberfläche im fädigen Mycel als auch an den kurzen Einzelzellen im Innern einer Flüssigkeit Dauerkörper erzeugt werden. Das fädige Mycel zerfällt dann auch in einzelne Zellen, die sich ebenso wie die einzelnen Zellen im Inneren des Substrats gegeneinander abrunden, mit einer festen Membran umgeben und Reservestoffe speichern. So können von einem einzelnen Mycel ungeheure Mengen derartiger Dauerkörper erzeugt werden. Gelangen diese wieder in ein neues Substrat, so keimen sie aus, und zwar können je nach den Bedingungen die ausgekeimten Zellen hefeartige Conidien in großen Massen abstoßen, die ihrerseits wieder an der Oberfläche Fäden bilden und in einem Flüssigkeitsinneren hefeartige Sproßzellen. So ist die Vermehrung und Überdauerung völlig von vegetativer Fortpflanzung übernommen worden.

Lichenes. Die Flechten sind von besonderem Interesse, weniger wegen ihrer Fortpflanzungsweisen, als vielmehr wegen der Tatsache, daß es sich dabei um symbiontische Organismen handelt, wobei lediglich durch das Zusammenwirken von Algen und Pilzen die besonderen Gestaltungen hervorgebracht werden. Die Fortpflanzung besteht gewöhnlich darin, daß sich die Algen durch einfache Zweiteilung und die Pilze durch die ihnen zugehörige sexuelle Fortpflanzung vermehren. Dabei bleibt die Neuentstehung einer Flechte dem Zufall überlassen, daß die entsprechenden Algen und Pilze auch wieder zusammentreffen. Indessen gibt es bei den Flechten auch eine Fortpflanzungsweise, in welcher gerade dieses Zusammentreffen nicht dem Zufall überlassen bleibt, nämlich durch Ausbildung der sogenannten Soredien. Darunter versteht man ein Flechtenthallusstückchen, das an bestimmten Stellen von dem Körper der Flechte abgestoßen wird und aus einigen Algen, umhüllt von ein wenig Pilzmycel, besteht. Hier ist also ein Fortpflanzungskörper gebildet worden, der aus zwei verschiedenen Organismen zugleich besteht und von vornherein einen Symbionten darstellt, eine Erscheinung, die sonst nirgends wieder vorkommt. Solche Soredien können entweder in abgegrenzten Orten entstehen, dann redet man von Soralen, oder es können einfach mehr oder weniger große Thallusteile in Soredien zerfallen. Somit haben wir es hier mit einer spezifisch der symbiontischen Lebensweise angepaßten vegetativen Fortpflanzung zu tun.

γ) Cormophyta

Die Moose, Farne und Samenpflanzen kann man ihrer nach einheitlichem Typus gebildeten Gestalt nach als Cormophyten zusammenfassen. Überall, mit Ausnahme weniger sekundär abgeänderter Formen, ist ein polar gegliedertes Gestaltsystem vorhanden, in Sproß und Wurzel gesondert. Aber mehr noch und in unserem Zusammenhang interessierender: Es ist auch überall eine homologe Grundfortpflanzung konstatierbar, wobei die Blütenpflanzen als Endentwicklung einer Reihe aufgefaßt werden können, die mit den Moosen beginnt.

Dabei ist — wie schon bei den Pilzen — die sexuelle Fortpflanzung der Träger dieser einheitlichen Ausgestaltung und zumeist gleichzeitig mit den Funktionen der Vermehrung und Verbreitung wie auch mit denen der Ausstattung und Überdauerung beladen. Sekundäre Besonderheiten können bald die eine, bald die andere Funktionsgruppe in den Vordergrund schieben. Neben dieser betonten Fortpflanzungsweise ist die vegetative bei den höheren Pflanzen keineswegs ausgeschaltet, sondern vermag auch bei den differenziertesten Typen einwandfrei zu funktionieren. Indessen ist sie nicht wie die sexuelle standardisiert und vereinheitlicht, sondern hat sich bis zu den höchsten Pflanzen hinauf eine Typenmannigfaltigkeit ohnegleichen bewahrt. Darum ist sie in besonderem Maße in der Lage, Einordnung in irgendwelche speziellen Lebensverhältnisse auszugestalten. So weit die Übereinstimmung *aller* Cormophyten untereinander.

Trotz dieser Übereinstimmungen sondern wir die Moose und Farne von den Blütenpflanzen ab und stellen sie mit den Pilzen zusammen als terrestrische Gewächse in eine Gruppe für sich; denn im speziellen Vollzug der sexuellen Fortpflanzung finden sich nun wieder Gemeinsamkeiten unter den Pilzen, Moosen und Farnen, die sie scharf von den Blütenpflanzen abtrennen. Die Gonosporen nämlich funktionieren hier als *einzellige, unbewegliche, durch die Luft verbreitete Fortpflanzungskörper, die sich nach ihrer Isolation von der Ausgangspflanze selbständig zu einem neuen Individuum entwickeln.* Und dieses zunächst entstehende neue Individuum, zugleich Träger der Sexualorgane, das Pilzmycel, das Moosprotonema mit dem Gametophyten als Anhang und das Farnprothallium nimmt *von terrestrischen, dem Boden anliegenden Gebilden seinen Ausgang.* Daß daneben von den Moosen zu den Farnen hin in steigendem Maße entwicklungsgeschichtlich bevorzugt ein Sporophyt erscheint, der keineswegs mehr terrestrisch ist, sondern zunehmend den Landpflanzen gleicht, stellt eben den typenmäßig seriierbaren Übergang zu den Blütenpflanzen dar. Der für die Fortpflanzungslehre entscheidende Schnitt ist dort zu vollziehen, wo sich keinerlei einzellige Fortpflanzungskörper mehr selbständig *ohne ein ganz spezifisches, von der Mutterpflanze bereitgestelltes Ausbildungsgerät entwickeln können,* und das ist allein bei den Blütenpflanzen der Fall.

Der Vollzug des Kopulationsvorgangs wird ebenfalls für die Unterscheidungen herangezogen; nicht gerade sehr glücklich! Die Pilze besitzen, von hier aus betrachtet, zweifellos in der Gametangiogamie einen Modus, der weitaus exakter der terrestrischen Lebensweise zugeordnet ist als die Angiogamie der Moose und

Farne mit beweglichen, im Wasser schwimmenden Spermatozoiden. Tatsächlich greift ja auch die Siphonogamie der Blütenpflanzen das in der Gametangiogamie der Pilze gegebene Prinzip wieder auf: Kopulation durch organisiertes, gerichtetes Wachstum. So scheinen die Moose und Farne wieder rückfällig in die Wasserpflanzen zu werden. Bedenkt man dann freilich, daß das Ausbildungsgerät für das polarisierte Embryowachstum schon in den Archegonien beider Gruppen vorgebildet ist, dann ist in der Anordnung der Gesamttypen kein Zweifel.

Musci. Die sexuelle Fortpflanzung ist bei allen Moosen parallel zum Kernphasenwechsel auf zwei Generationen verteilt; sie sind das klassische Beispiel eines antithetischen Generationswechsels. Die haploiden Gonosporen lassen zunächst ein *Protonema* entstehen, ein fädiges, algenähnliches, der Bodenoberfläche angeschmiegtes Gebilde. Nach Erstarkung des Protonemas bilden sich Seitenzweige aus, die nun durch eine dreischneidige Scheitelzelle das cormusähnliche Gebilde des *Gametophyten* hervorbringt. Damit vollzieht sich ohne Kernphasenwechsel der erste durchgreifende Gestaltswechsel bei den Moosen. Die Gametophyten sind monöcisch oder diöcisch und zeigen Angiogamie. Die Zygote — das befruchtete Ei — wächst ohne besondere Ruhepause zum Sporophyten aus, womit der zweite Gestaltswechsel erfolgt. Die eigentümliche Ausbildung des Sporophyten — ein Stiel mit Kapsel — erfolgt nur im Archegonium, dem weiblichen Sexualorgan. Isolierte selbständige diploide Zellen werden über eine Protonemabildung zu diploiden Gametophyten.

Weiterhin findet sich bei den Moosen eine ungemein vielgestaltige vegetative Fortpflanzung, die unter normalen Verhältnissen allein den Gametophyten betrifft. Die Art ihres Vollzuges ergibt sich aus der ungewöhnlichen Regenerationsfähigkeit der Moose. Jedes beliebige Stück eines Gametophyten bis hinunter zur Größe einer einzelnen Zelle, das zufällig oder vorsorglich von der Pflanze abgetrennt wird, vermag durch die Fähigkeit auch differenzierter Zellen, jederzeit zu einem Protonema heranwachsen zu können, wieder die ganze Pflanze herzustellen. Nach diesem Prinzip funktionieren die verschiedenen Brutorgane der Moose.

Besonders auffällig ist schließlich noch, daß die Moose keinerlei besonders ausgebildete Dauerorgane besitzen, obwohl sie bei der Besiedelung von Felsen und Mauern schwierigsten Lebensumständen ausgesetzt sind. Faktisch besitzt das Plasma der Mooszellen eine Trockenresistenz, die einzigartig ist und sich ähnlich nur an ganz wenigen Stellen des Pflanzenreichs wiederholt. So hat sich 50 Jahre altes Herbarmaterial in einigen Fällen nach Benetzung wieder als lebensfähig erwiesen. Angesichts dieser Eigenschaft ist es überflüssig, nach besonderen Dauerorganen zu suchen.

Die Keimung der Gonosporen bringt bei *Funaria hygrometrica*, einem häufigen Laubmoos, den haploiden Gametophyten hervor, der zu Beginn fädig gestaltet ist und so lange als Protonema bezeichnet wird. Gewöhnlich gliedert sich dieses verzweigte algenähnliche Fadensystem in einen oberirdischen grünen Teil und einen unterirdischen farblosen, das Rhizoid (Abb. 376a). Nach einigem Heranwachsen begibt sich ein Gestaltswechsel: Seitenzweige des erstarkten Protonemas (Abb. 376b) wachsen zu einem massiven Gewebekörper aus, dem Moosstämmchen, einem achsialen Gebilde, das mit Blättern in dreizeiliger und wirteliger Anordnung bedeckt ist (Abb. 377). Mit diesem ersten Gestaltswechsel vom Protonema zum Moosstämmchen ist aber weder ein Generations- noch ein Kernphasenwechsel verbunden, vielmehr ist das Verhältnis von Protonema und Moos das von Jugendform und endgültiger Gestaltung. Auf der Spitze der jeweiligen Hauptsprosse, umhüllt von Blättern und unter-

mischt mit haarähnlichen Gebilden, Paraphysen genannt, stehen die männlichen Sexualorgane,
die Antheridien, die nach ähnlichem Typ wie die plurilokulären Gametangien der Braunalgen

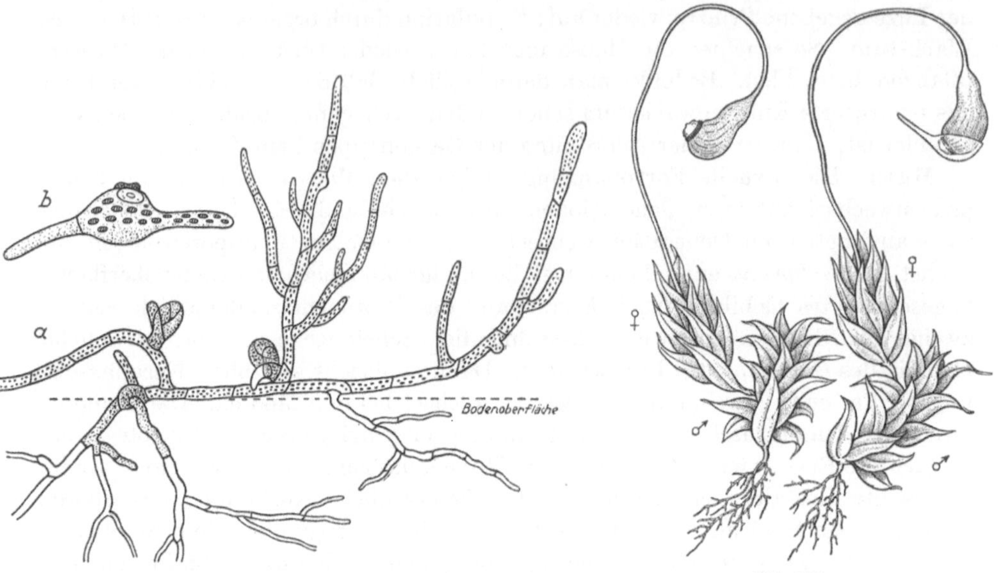

Abb. 376 a u. b   Abb. 377

Abb. 376a u. b. *Funaria hygrometrica.* a, b Protonema aus einer Spore. (Nach MÜLLER-THURGAU)
Abb. 377. *Funaria hygrometrica.* Monöcisches Stämmchen mit männlichen und weiblichen Zweigen und
Sporophyten auf letzterem.

gebaut sind (Abb. 378). Ein Unterschied zwischen letzteren und den Moosantheridien besteht
allein darin, daß eine geschlossene äußere Zellschicht der Antheridien steril bleibt und keinerlei
Spermatozoiden ausbildet.
Die inneren Schichten, deren
Zellen durch eine beschleunigte Teilungsrate sehr klein
sind, bilden je Zelle ein Spermatozoid aus, die gemein-
sam in Massen entleert werden. Die Archegonien, die
weiblichen Sexualorgane,
stehen bei Funaria auf Gip-
feln von Seitenzweigen, die
unterhalb der antheridien-
tragenden Gipfel der Hauptsprosse hervorgebrochen
sind. Sie weichen von den
Algengametangien und den
Moosantheridien ganz er-
heblich in der Gestaltung ab.
Zwar sind es ebenfalls vielzellige Gebilde, doch wird
darin nur ein einzelner weiblicher Gamet, die Eizelle,
ausgebildet, die am Grunde
eines etwas angeschwollenen
Bauches liegt. Darüber hin-

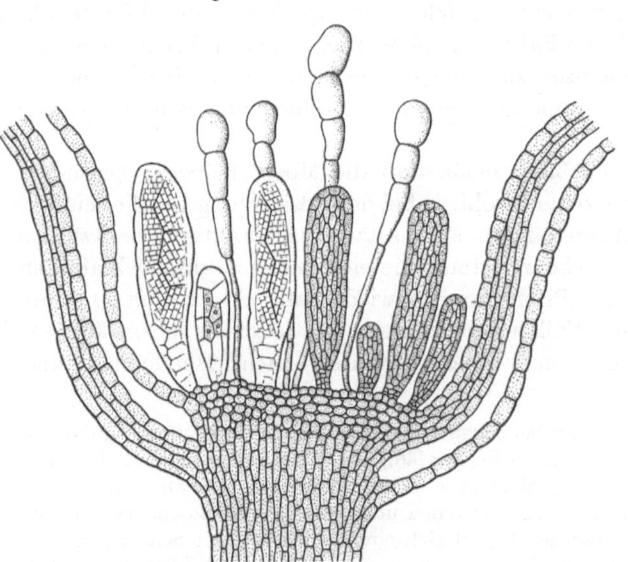

Abb. 378. *Funaria hygrometrica.* Spitze des männlichen Zweiges im
Längsschnitt mit Antheridien und Paraphysenhaaren.

aus ist ein langer Hals von außen ebenfalls steril bleibenden Zellen gebildet, wobei dadurch
eine Öffnung und ein Kanal durch den Hals hindurch in den Bauch hinein entsteht, daß die

dort liegenden inneren Zellen, die Halskanal- und Bauchkanalzellen, verschleimen. Damit zugleich wird nicht nur eine Öffnung erzeugt, sondern es werden auch Substanzen ins Freie gesetzt, die eine chemotaktische Wirkung auf die Spermatozoiden ausüben. Letztere schwimmen in der umgebenden Flüssigkeit herum und können, durch die Chemikalien dirigiert, in die Archegonien hineingelangen, wo sie mit der Eizelle verschmelzen (Abb. 379).

Nach der Kopulation beginnt die Zygote unmittelbar zu wachsen, zugleich auch die Wand des Archegoniums, vor allem der untere Teil, der den Bauch bildet. Zunächst wachsen beide Organe gleichmäßig. Schließlich reißt der Bauch des Archegoniums am unteren Rand von seiner Anheftungsstelle ab, und das ganze Gebilde gibt sich später als Haube (Calyptra) auf der Kapsel des Sporophyten zu erkennen (Abb. 377). Der unselbständige Sporophyt besteht

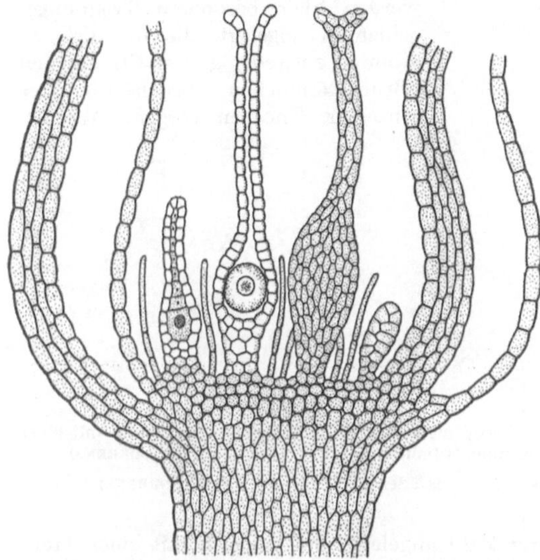

Abb. 379. *Funaria hygrometrica*. Gipfel der weiblichen Zweige im Längsschnitt mit Archegonien

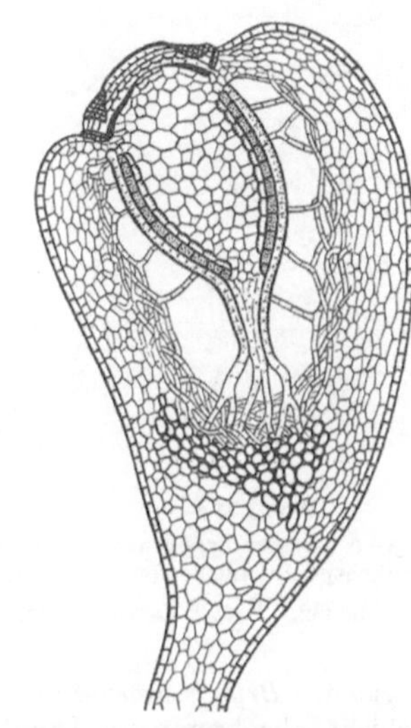

Abb. 380. *Funaria hygrometrica*. Längsschnitt durch eine unreife Kapsel. (Nach LÜERSEN aus GOEBEL)

aus chlorophyllarmen Zellen und zeigt morphologisch eine Gliederung in Stiel und Kapsel. So ist mit dem Beginn der diploiden Phase und der neuen Generation zugleich auch ein durchgreifender Gestaltswechsel gegeben. In der Mitte der Kapsel befindet sich eine Säule sterilen Gewebes, und um diese herum liegt ein Mantel von Zellen, die als Archesporzellen in die Meiosis eintreten (Abb. 380). Aus den vier Gonen, die aus jeder Archesporzelle entstehen, geht jeweils eine Spore hervor. Die Öffnung der Kapsel erfolgt durch das Abstoßen eines Deckels, von dessen Innenseite sich hygroskopische Wandstreifen, die Peristomzähne, loslösen und am Kapselrand verbleiben. Die Peristomzähne verschließen durch ihre Einwärtskrümmung bei feuchtem Wetter die Kapsel, lassen also ein Ausstreuen der Sporen nur bei trockenem Wetter zu, wobei letztere durch den Wind verbreitet werden können. Sie keimen unter günstigen Bedingungen sogleich, womit der Cyclus von neuem beginnt.

Während die sexuelle Fortpflanzung bei den Moosen ungewöhnlich einheitlich ist und die grundsätzlichen Verhältnisse lediglich an einem einzigen Beispiel aufgewiesen werden konnten, ist die vegetative Fortpflanzung ungemein vielgestaltig; sie bedarf zu ihrer Erläuterung einer Reihe von Beispielen. Zwei prinzipiell unterscheidbare Weisen lassen sich aufzeigen. Entweder können umfänglichere Teile des ausgebildeten Gametophyten, die zufällig oder durch eine vorgebildete Trennungsschicht abbrechen, am neuen Standort Rhizoiden entwickeln und sogleich eine neue Pflanze bilden. Der andere Modus besteht darin, daß bei kleineren, als Keimen isolierten Stücken des Gametophyten, die nicht unmittelbar als Sproß weiterwachsen können, die Erstarkung und das Heranwachsen über die Ausbildung eines Protonemas geht. Zu diesen mit Protonema heranwachsenden Gebilden gehören auch die ausdrücklich mit der Funktion als Keime angelegten Brutkörper.

Zufällig abgebrochene Moosstämmchen können sich in den verschiedensten Gattungen neu mit Rhizoiden festigen und weiterwachsen. Vielfach werden aber besondere Trennungsschichten angelegt, die für die Abstoßung entweder ganzer Stämmchen (Bruchstämmchen, Bruchäste) oder einzelner Knospen sorgen. Werden

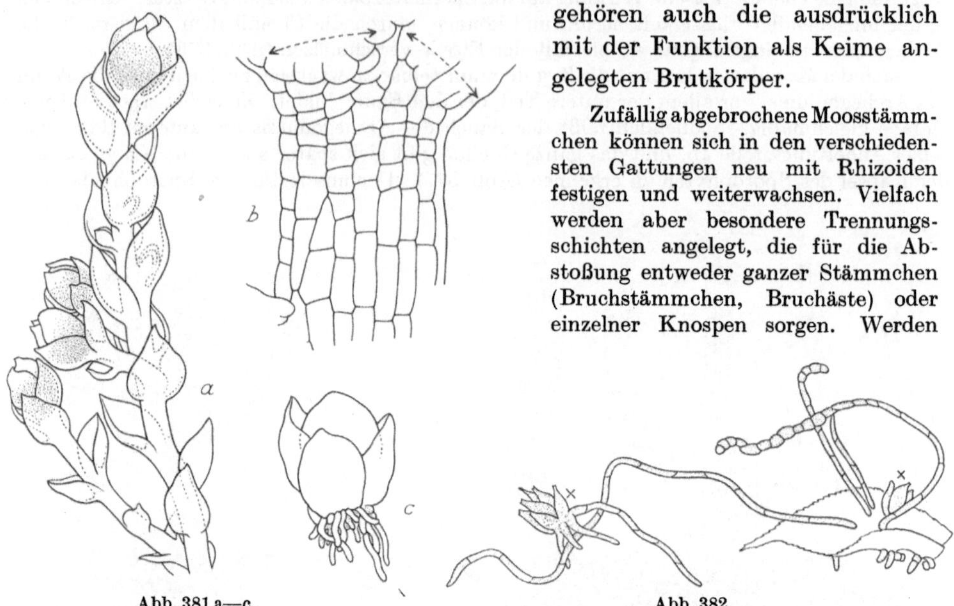

Abb. 381 a—c   Abb. 382

Abb. 381a—c. *Bryum argenteum.* a Zweig eines brutknospentragenden Pflänzchens; b Ende eines mit einer Brutknospe abschließenden Sprosses; c erstes Keimungsstadium der Brutknospe. (Nach CORRENS)

Abb. 382. *Tortula laevipila.* Brutblatt, das Protonemafäden gebildet hat. (Nach CORRENS)

solche wie bei *Bryum argenteum* in größerer Zahl angelegt und zugleich mit einer Trennungsschicht abgetrennt, so kann man von Brutknospen reden; sie sind in dieser Form auch noch an der Basis mit Initialen für die Rhizoiden versehen (Abb. 381).

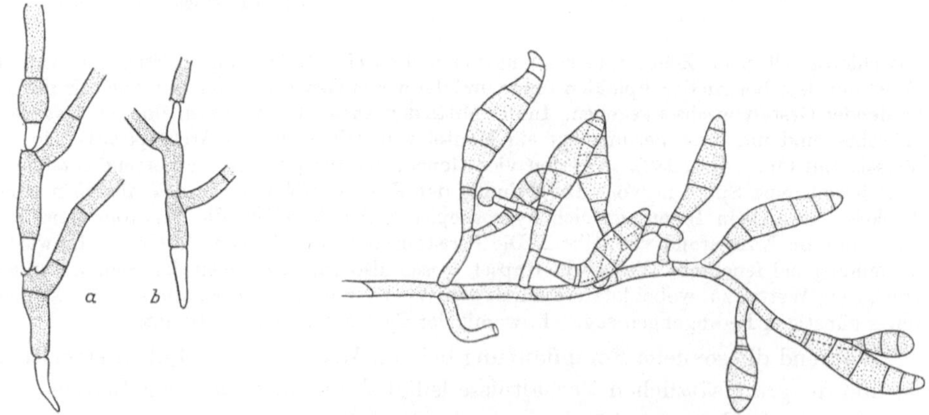

Abb. 383a u. b. *Funaria hygrometrica.* Protonemata mit Brutkörpern und Trennzellen. (Nach CORRENS)

Abb. 384. *Tayloria serrata.* Brutkörperträger mit reifen und unreifen Brutkörpern. (Nach CORRENS)

Einzelne abgebrochene Blätter des Gametophyten, Bruchblätter, oder wenn sie wie bei *Tortula laevipila* mit einer Trennungsschicht versehen sind, isolierte Brutblätter, haben nicht mehr das Vermögen, direkt weiterzuwachsen und einen neuen Gametophyten zu regenerieren; hier geht wie in jeder sonstigen vegetativen Vermehrungsweise der Umweg über die Protonemabildung einzelner Zellen. Abb. 382 zeigt eine solche aus einem Blatt von Tortula, wobei an den angekreuzten Stellen bereits neue Knospen von Gametophytenstämmchen entstanden sind.

Durch das Auseinanderweichen von Protonemazellen können in diesem einzelne Stücke isoliert werden, die ihrerseits dann wieder als Brutkörper funktionieren. Solche Bildungen kommen bei *Funaria hygrometrica* vor, wobei die Trennzellen sich plötzlich strecken und damit die Isolierung herbeiführen (Abb. 383). Damit sind wir bei den ausgesprochenen Brutkörpern angelangt, die in der verschiedensten Form und an den unterschiedlichsten Stellen des Gametophyten ausgebildet werden können. Wir beschränken uns auf drei Beispiele. So bildet das Protonema von *Tayloria serrata* Brutkörperträger, kurze Verzweigungen aus, von denen mehrzellige, etwas angeschwollene Körper gebildet und abgestoßen werden, die unter günstigen Bedingungen in neues Protonema auswachsen (Abb. 384). Aber auch am erwachsenen Gametophyten entstehen an mancherlei Stellen, so vielfach in den Blattachseln oder an der Sproßspitze, Brutkörperträger. In Abb. 385 sind zwei Typen ausgebildet, bei denen die Blattspitzen die Orte der Brutkörperbildung sind. Bei *Ulota phyllantha* gehen alle Zellen der Spitze in solche über, bei *Plagiothecium latebricola* nur einzelne sozusagen mehr zufällig. Die Brutkörper selbst sind gewöhnlich mehrzellig, wobei die Funktion einzelner Zellen bei der Keimung schon vorgebildet ist. Mit diesen wenigen Beispielen kann die ungeheuere Vielfalt der Ausbildung nur angedeutet, nicht aber erschöpft werden.

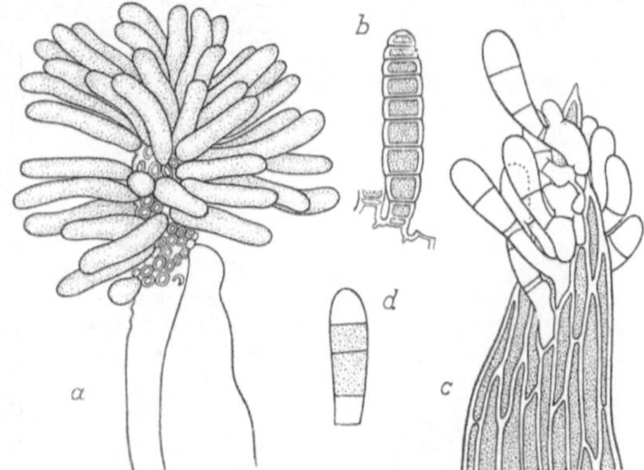

Abb. 385a—d. *Ulota phyllantha*. a Blattspitze mit festsitzenden Brutkörpern und den Narben abgefallener; b einzelner Brutkörper; c, d *Plagiothecium latebricola*; c Spitze eines Blattes mit Brutkörpern; d einzelner Brutkörper. (Nach Correns)

Von ganz besonderer theoretischer Bedeutung ist die vegetative Fortpflanzung der Sporophyten bei den Moosen. Diese ist nur artifiziell dadurch möglich, daß Seta oder Kapsel der Sporophyten zertrümmert wird und einzelne Stücke unter günstige Wachstumsbedingungen geraten. Stets bildet sich dann aus einzelnen Zellen ein Protonema, das aber nun, da noch keine Meiosis erfolgt ist, diploid ist. Auch diese Protonemata gehen zur Bildung eines nunmehr freilich diploiden Gametophyten über. Es liegt hier Aposporie vor, das Ausbleiben der Meiosis und der Gonosporen. Werden an den auf diese Weise entstandenen Gametophyten funktionsfähige Sexualorgane angelegt, dann können tetraploide Sporophyten hervorgebracht werden. So ist durch einmalige Umschaltung eine neue Sippe, eine Bivalenssippe, entstanden (das Schema Abb. 502). Wir werden in der Vererbungslehre hierauf noch näher einzugehen haben. Für unseren Zusammenhang zeigt dieses Phänomen, daß der Generationswechsel bei den Moosen und ebenso der zwischen Gametophyt und Sporophyt bestehende Gestaltswechsel in keiner Weise von der Kernphase abhängig ist, sondern davon unabhängig durch besondere Entfaltungsimpulse bei der Ausbildung im Archegonium zustande kommt.

Lebermoose. Die Fortpflanzungsverhältnisse bei den Lebermoosen bedürfen keiner besonderen Schilderung; sie sind ohne weiteres nach dem Schema der Laubmoose verständlich. Gewisse unwesentliche Differenzen sind erkennbar; so ist die Protonemabildung bei ihnen rudimentär, ferner die Regenerationsfähigkeit nicht so ausgeprägt wie bei den Laubmoosen, weswegen die vegetative Fortpflanzung auch meist auf bestimmt gebildete Brutkörper beschränkt ist, die schon auf den

Ausgangspflanzen in Brutbechern als Thallusstücke ausgebildet werden. Bei thallösen Lebermoosen wie bei der vielgenannten *Marchantia polymorpha* kommt die besondere Ausbildung bestimmter Teile des Gametophyten als Träger der Sexualorgane vor. Der Sporophyt der Lebermoose ist gewöhnlich wesentlich reduzierter als derjenige der Laubmoose.

Pteridophyta. Bei den Pteridophyten oder Farnpflanzen haben wir dieselben Grundverhältnisse wie bei den Moosen: sexuelle Fortpflanzung mit antithetischem Generationswechsel, wobei in genau derselben Weise die vom Sporophyten entwickelten Gonosporen durch die Luft verbreitet werden und in selbständiger Entwicklung den Gametophyten hervorbringen. Dieser trägt seinerseits die Archegonien, in denen die abhängige Frühentwicklung des Sporophyten vor sich geht. Später freilich wird dieser selbständig, und dann ist das Verhältnis insofern umgekehrt wie bei den Moosen, als der Sporophyt die wesentlich differenzierter gebildete Generation ist. Trotz dieser Ausgestaltung des Sporophyten, die ihn in vieler Beziehung in eine Linie mit den Blütenpflanzen rückt — man denke an die Baumfarne! — bleibt das Vorhandensein einzelliger Gonosporen als Fortpflanzungskörper und deren selbständige Entwicklung entscheidend für die Einordnung.

Zwei Typen von Farnen sind unterscheidbar: solche, bei denen die beiden Generationen schließlich selbständig und voneinander getrennt leben: die isosporen Formen, und solche, bei denen der Gametophyt reduziert ist und nun von den bereitgestellten Substanzen des Sporophyten, also nicht mehr völlig selbständig, lebt: die heterosporen Farne. Als Beispiele wählen wir zwei einheimische Gewächse, den isosporen *Aspidium filix mas*, und den heterosporen Wasserfarn *Salvinia natans*.

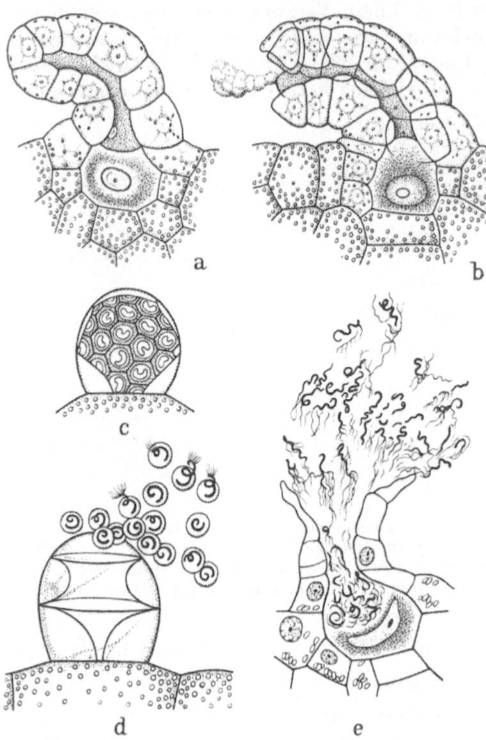

Abb. 386 a—e. *Dryopteris filix mas.* a ungeöffnetes; b geöffnetes Archegonium; c ungeöffnetes, d geöffnetes Antheridium; e Befruchtung durch die begeißelten Antheridien. (Nach KNY und YAMANOUCHI aus WETTSTEIN)

Die Sporen von *Aspidium filix mas* keimen unmittelbar nach ihrer Befreiung aus dem Sporangium und wachsen zu einem thallösen flächigen Gebilde, dem Gametophyten, hier Prothallium genannt, heran. Einen Gestaltswechsel zwischen einer Jugendform des Gametophyten und einer ausgebildeten wie bei den Moosen gibt es hier nicht. Das Prothallium ist ein herzförmiges Blättchen von $^1/_2$ cm Länge, das an seiner Unterseite mit Rhizoiden im Boden befestigt ist. Es ist monöcisch und trägt in der Nähe des herzförmigen Einschnitts die Archegonien, weiter unten die Antheridien. Beide Geschlechtsorgane sind kleiner, sonst ebenso gebildet wie die der Moose (Abb. 386). Auch hier ist eine Befruchtung nur möglich, wenn eine Verbindung durch liquides Wasser zwischen beiden Organen besteht. Nach der Befruchtung des Eies wächst unmittelbar der Sporophyt heran, wobei er zunächst als Embryo im Inneren des Archegoniums eine typische Form erhält. Die erste im Ei auftretende Wand nennt man die Basalwand; es wird dadurch in eine hypobasale und epibasale Hälfte geteilt, aus der epibasalen entsteht die Sproßanlage mit einem Vegetationskegel für den Sproß und zwei Kotyledonen. Aus der hypobasalen Zelle entsteht die Wurzel und ein Fuß, der als

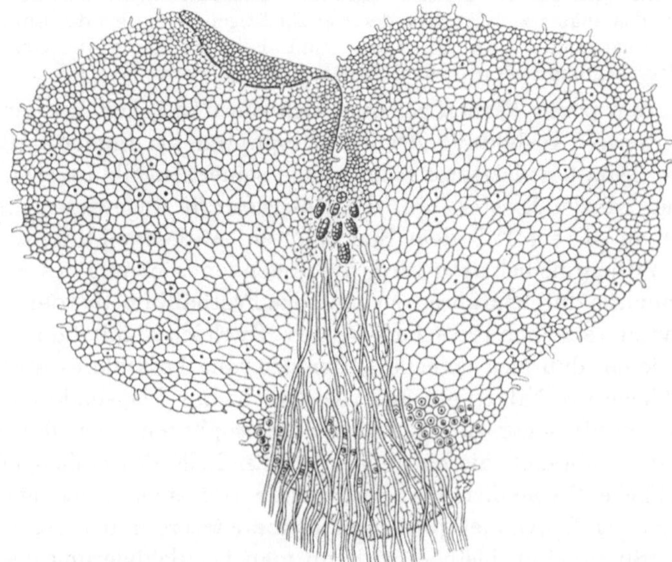

Abb. 387. Prothallium eines leptosporangiaten Farnes *(Dryopteris)* von der Unterseite gesehen, mit Rhizoiden, Archegonien im vorderen Teil, Antheridien im hinteren Teil des Prothalliums. (Nach KNY aus WETTSTEIN)

Saugorgan die Ernährung des Embryos aus dem assimilierenden Gewebe des Gametophyten vermittelt. So kann sich auf dem kleinen Gametophyten nur in einem einzelnen Archegonium ein Sporophyt entwickeln (Abb. 387).

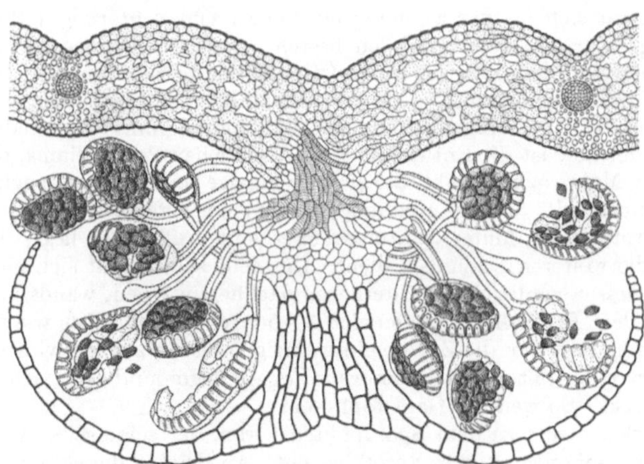

Abb. 388. *Dryopteris filix mas.* Querschnitt durch einen Sorus. Zahlreiche Sporangien von einem Indusium bedeckt. (Nach KNY aus WETTSTEIN)

Der Sporophyt der Farne ist ein Cormus; er besitzt Sproß und Wurzel. Auf den Blättern werden die Sporangien entwickelt, die bei den Farnen und Blütenpflanzen stets blatteigene Gebilde sind. Die Sporangien sind kleiner als bei den Moosen, werden aber in sehr großer Zahl gebildet. Sie sind bei Aspidium zu einem „Sorus" zusammengestellt, sitzen auf einer

Gewebewucherung, der „Placenta", und sind von einem Hüllgewebe, dem „Indusium" bedeckt (Abb. 388). Wir unterscheiden an ihnen einen kurzen Stiel und eine Kapsel. Die Wand der Kapsel besteht aus einer einschichtigen Lage steriler Zellen; die im Inneren liegenden Archesporzellen treten in die Meiosis ein. Zwischen diesen und der Wand geht eine Tapetenschicht von Zellen noch vor der Meiosis zugrunde, sie bildet ein Periplasmodium um die Archesporzellen, das später zum Aufbau der vielschichtigen Wand bei der Entwicklung der Gonen zu Sporen verwendet wird. Die Sporen sind also auch hier wieder Gonosporen und bringen nach der Keimung aufs neue den Gametophyten hervor.

Bei den heterosporen Farnen zeichnet sich die nun schon bei den isosporen kenntliche geringere Ausbildung des Gametophyten als immer weitergehende Reduktion ab. Damit ist letzterer nicht nur in seiner Ausbildung, sondern überhaupt in seiner ganzen Existenz auf die Reservestoffe angewiesen, die von der Mutterpflanze, in diesem Fall dem Sporophyten, mitgebracht werden, und da auch hier das Prinzip beibehalten wird, die Jugendentwicklung des Sporophyten in dem Archegonium durchzuführen, so kann das Prothallium, das die Archegonien trägt, nicht gar zu weitgehend reduziert werden. Zugleich ist mit dieser Bemerkung darauf hingewiesen, daß hier sexuelle Differenzierung besteht: es werden männliche und weibliche Prothallien erzeugt. Aber nicht nur das, sondern die sexuelle Differenzierung greift sogar zurück auf den Sporophyten. Auf diesem werden Sporangien hervorgebracht, die entweder nur männliche Prothallien, oder solche, die allein weibliche Prothallien hervorbringende Gonosporen erzeugen. Da bei der zugleich erfolgenden Gametophytenreduktion letztere in der Sporenhaut und die Sporen im Sporangium bleiben, so kann man bei Schilderung des Entwicklungsablaufs nicht mehr mit den befreiten Gonosporen beginnen, sondern muß auf die Sporangien zurückgreifen, in denen sie erzeugt werden. Als Beispiel diene *Salvinia natans*, der Schwimmfarn.

An bestimmten modifizierten Blättern seines Sporophyten entwickeln sich Makro- und Mikrosporangien. Im Mikrosporangium befinden sich meist 64 in Tetraden zusammen liegende Mikrosporen, die demnach aus 16 Archesporzellen entstanden sein müssen. Aus jeder Mikrospore entwickelt sich bei der Keimung ein kurzes schlauchförmiges Prothallium, das, wie Abb. 389 zeigt, nur aus wenigen Zellen besteht, zwei Antheridien enthält, die je vier Spermatozoiden bilden. Diese gelangen durch Öffnung der Wand ins Freie. Die Mikrosporen selbst keimen im Mikrosporangium, das als Ganzes abfällt. Die Prothallien werden durch die Streckung einer basalen Zelle durch die Wand des Mikrosporangiums hinausgedrückt. Ähnlich, nur etwas umfangreicher, ist die Entwicklung des weiblichen Prothalliums, das ebenfalls in der Spore, hier der Makrospore, bleibt, die sich als einzige im Makrosporangium von 32 angelegten Sporen entwickelt. Bei der Keimung entsteht am aufgerissenen Scheitel der Spore ein kleinzelliges Prothallium, hinter dem im Inneren eine große Zelle liegt, die als Reservestofflieferant für die weiteren Bildungen dient. Die Zelle selbst teilt sich nicht mehr, wohl aber deren Kern, dessen zahlreiche Tochterkerne nachher in einem wandständigen Plasmabelag liegen. Auf dem Prothallium finden sich 3—5 Archegonien, aber wie fast überall bei den Pteridophyten kommt nur die Zygote eines einzigen davon zur Entwicklung. Auch hier entsteht ein Embryo, der mit einem Haustorium im Archegoniumbauch, schließlich im Prothalliumgewebe steckt. So weit die Gametophyten.

Der Embryo wächst nun zu dem Sporophyten heran, der seinerseits aus einem kurzen, dorsiventralen, nur wenig verzweigten Sproß besteht. An Knoten dieses Sprosses finden sich je drei Blätter, von denen je zwei als Schwimmblätter ausgestaltet sind, das dritte, in lange fadenförmige Zipfel aufgeteilt, ist mit langen, als Wurzeln funktionierenden Haaren bedeckt. An den basalen Teilen der Zipfel sitzen auf einer Placenta die kugeligen Sporangienbehälter, die mit den Indusien der leptosporangiaten Farne zu homologisieren sind. Die Sporangienbehälter enthalten entweder nur Mikro- oder nur Makrosporangien. Die Wand der Mikrosporangien ist einschichtig, darauf folgt nach innen eine Tapetenschicht, die sich zu einem Periplasmodium auflöst und die 16 Archesporzellen umgibt. Die 64 zu Mikrosporen heranwachsenden Gonen liegen in den inzwischen schaumig gewordenen Periplasmodium eingebettet. Die Makrosporen liegen ebenfalls in einem mit einschichtiger Wand versehenen Sporangium. In diesem findet sich schließlich bei der Reife nur noch eine einzige Makrospore, obwohl die Makrosporangien von vorneherein größer als die Mikrosporangien angelegt und zugleich mit weniger Archesporzellen — 8 statt 16 — versehen sind als letztere. Diese Makrospore ist

reich mit Reservestoffen angefüllt, ihre umfassende Ausstattung geht auf Kosten der übrigen 31 nicht fertiggebildeten Sporen. Außen ist die Makrospore noch von einer dicken schaumigen Hülle umgeben, dem Perispor, entstanden aus den eingeschmolzenen Tapetenzellen. In beiden Fällen lösen sich die Sporangien als ganze Gebilde ab. Die keimenden Mikrosporen strecken das männliche Prothallium durch die Sporangiumwand hinaus, wodurch die Spermatozoiden frei werden. Das Makrosporangium reißt einseitig mit der Spore zugleich auf, und aus der Öffnung wächst das Prothallium heraus (Abb. 389).

Die Reduktion des Gametophyten, der damit seinerseits von Produkten des Sporophyten abhängig wird, muß nun dazu führen, daß sich hier schon in der Fortpflanzung ein Sporophyt an den anderen schließt. Geht die Reduktion noch um einen geringfügigen Schritt weiter: verlassen die Sporangien den Sporophyten nicht mehr, dann ist typenmäßig der Zustand der Blütenpflanzen bereits erreicht. In anderer Hinsicht bedarf es dabei allerdings noch eines weiteren Schrittes, nämlich den der

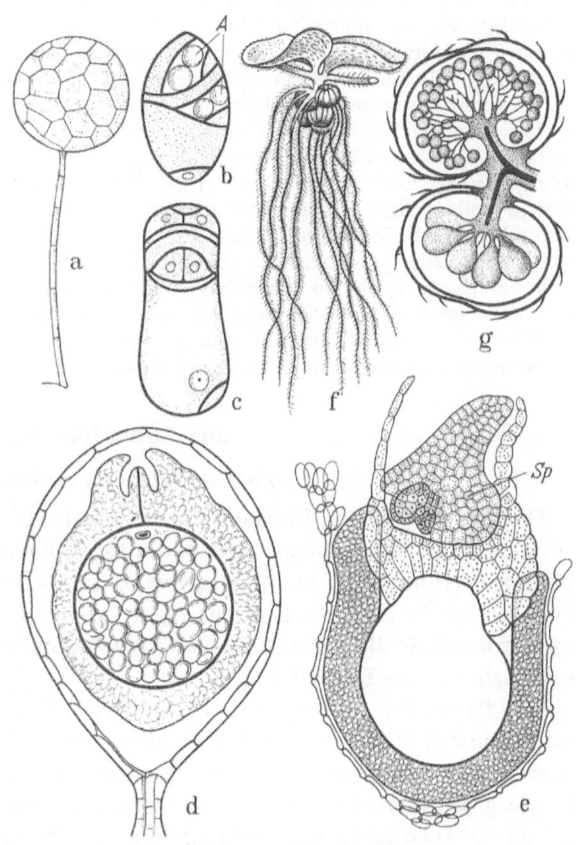

Abb. 389a—g. *Salvinia natans.* a Mikrosporangium von außen; b fertiges Mikroprothallium von der Flanke; c von der Bauchseite mit den beiden Antheridien *A*; d Makrosporangium mit Makrospore, diese vom Perispor umgeben; e Makrospore mit Makroprothallium und junger Sporophyt *Sp*; f einzelner Blattwickel mit den Schwimmblättern und den sporangientragenden Wasserblättern; d Längsschnitt durch einen Sorus mit Mikro- und Makrosporangien. a, d, e etwa 100mal; b, c etwa 600mal; g etwa 15mal. (Nach STRASBURGER, BELAJEFF, PRINGSHEIM, BISCHOFF, LÜERSEN aus STRASBURGER und WETTSTEIN.)

endgültigen Aufgabe der Angiogamie mit beweglichen Spermatozoiden. Faktisch entwickeln die Blütenpflanzen das Prinzip der Siphonogamie, wie später gezeigt werden wird, womit der Typus der Landpflanze unter dem Gesichtspunkt der Fortpflanzung vollendet ist.

An den heterosporen Farnen läßt sich ferner ein bedeutungsvolles Argument für die Beurteilung der Fortpflanzung durch die Gonosporen finden; freilich müssen wir dazu auf einige Fragen der Geschlechtsbestimmung eingehen, die als Ganzes erst später behandelt werden sollen. Die isosporen Farne erweisen sich als monöcisch, d. h. auf dem Gametophyten befinden sich männliche und weibliche Sexualorgane, und jede Gonospore einer Tetrade läßt gleichmäßig ein solches gemischtgeschlechtiges Prothallium entstehen. Aus welcher Zelle oder Zellgruppe eines derartigen Prothalliums nun ein männliches oder weibliches Organ entsteht, wird im Laufe der Entwicklung bestimmt. Die heterosporen Farne sind, soweit man die Gametophyten beurteilt, diöcisch, d. h. es finden sich männliche und weibliche Gametophyten, auf dem einen werden *nur männliche,* auf dem anderen *nur weibliche* Sexualorgane gebildet. Trotzdem sind diese Gametophyten genetisch betrachtet genau so gemischtgeschlechtig wie diejenigen der isosporen Farne; denn die Bestimmung des Geschlechts ist auf den Sporophyten zurückverlegt und ist hier eine bloß phänotypische. Im Laufe der Entwicklung entstehen auf ein und demselben Sporophyten Mikro- und Makrosporangien, und in jedem davon unter Reduktionsteilung entweder nur Mikro- oder nur Makrosporen. Die hier demnach vorhandene ebenfalls phänotypische Geschlechtsbestimmung greift aber auf die nächste Generation, den Gametophyten, über und bestimmt die Geschlechtsausbildung schon vor seiner Entstehung. Hier bei den Farnen, bei denen noch deutlich erkennbare und halbwegs selbständige Generationen vorhanden sind, finden wir schon diesen Übergang der geschlechtlichen Differenzierung auf den Sporophyten vor. Das zeigt besonders deutlich, wie unsinnig die bisher gebrauchte Terminologie ist: daß wir es mit geschlechtlich differenzierten ungeschlechtigen Sporen zu tun haben sollen, kann man nicht gut mehr gelten lassen. Die ganze Schwierigkeit löst sich jedoch glatt auf, wenn man sich klarmacht, daß die Produkte der Meiosis ebenso zur Sexualität gehören wie diejenigen der Kopulation, eine Anschauung die wir hier schon überall durchgeführt haben.

dd) Landpflanzen

α) Cormophyta (Gymnospermae)

Die Erwerbung der Einsicht durch WILHELM HOFMEISTER, daß die Gymnospermen ganz weitgehend entwicklungsgeschichtliche Ähnlichkeiten mit den höheren Pteridophyten aufweisen, war eines der klassischen Ereignisse in unserer Wissenschaft in dem an Entdeckungen so reichen 19. Jahrhundert. Und seine außerordentliche Bedeutung wurde ganz besonders dadurch unterstrichen, daß es zeitlich mit der Entstehung der Abstammungslehre zusammenfiel.

Der Typus der Blütenpflanzen, womit die Landpflanzen ihre endgültige Ausgestaltung erfahren, wird in der Sicht von den Pteridophyten her bezüglich der *sexuellen Fortpflanzung* durch einen letzten Schritt in der Reduktion des Gametophyten geschaffen: Das Makrosporangium verläßt nicht mehr den Sporophyten und damit auch nicht die Makrosporen und Makroprothallien. Die Funktionen dieser Gebilde bleiben indessen erhalten, vollziehen sich aber im Sporophyten eingeschlossen. Was schließlich als Fortpflanzungskörper abgeworfen wird — das Samenkorn — ist ein kompliziertes Gebilde, welches aus Teilen des alten Sporophyten besteht. Real wird dabei unter Überspringung des völlig unselbständigen und auf wenige Zellen beschränkten Gametophyten Sporophyt an Sporophyt geknüpft und die Geschlechtlichkeit von letzterem vollständig aufgenommen. Damit zugleich wird die Gametenübertragung, die bei Moosen und Farnen sogar noch nach der Weise der Wasserpflanzen durch bewegliche Spermatozoiden erfolgte, grundsätzlich neuartig, nämlich durch *Schlauchbefruchtung* vollzogen.

Weiterhin finden wir bei den Blütenpflanzen eine Eigenschaft, die mit den vorher erörterten entwicklungsgeschichtlich zusammenhängt und abgesehen davon auch noch tief charakteristisch für alle diese Formen ist. Es gibt hier niemals mehr einzellige Fortpflanzungskörper, die, in Freiheit gesetzt, sich isoliert zu entwickeln vermöchten. Dennoch muß überall dort, wo Sexualität besteht, die Fortpflanzung von einem einzelligen Stadium ausgehen. Daher ist bei den Blütenpflanzen in dem Embryosack ein Ausbildungsgerät gegeben, das das einzellige befruchtete Ei völlig umschließt und in jeder Weise für sein Heranwachsen sorgt. So ist es begreiflich, daß sogleich mit dem Beginn der Entwicklung ohne Rücksicht auf den Erwerb von Baustoffen unmittelbar ein Formbildungsprozeß beginnen kann, wie er sich in der typischen Embryoentwicklung ausdrückt.

Da die Fortpflanzungsverhältnisse der Blütenpflanzen mindestens ihrem äußeren Ablauf nach sehr viel länger bekannt sind als die entsprechenden Verhältnisse bei den Pteridophyten, so hat sich hier eine Terminologie entwickelt, die nicht mit der bisher verwendeten zusammenfällt.

In dreierlei Weise pflegt man typische Eigenschaften der Blütenpflanzen terminologisch hervorzuheben: Man bezeichnet sie als *Anthophyta* (Blütenpflanzen) oder als *Siphonogamae* (Schlauchbefruchter) oder endlich als *Spermatophyta* (Samenpflanzen). Der erste Terminus bezieht sich auf die besondere Anordnung und Gestalt der Sporophylle, mit deren besonderer Ausgestaltung gleichzeitig ein ganzes Sproßstück eine spezifische Umgestaltung eben zu einer Blüte erfahren hat. Die zweite Bezeichnung zielt auf den Kopulationsvorgang, der durch Ausbildung und Wachstum der Pollenschläuche eingeleitet wird, und die dritte endlich auf den typischen Fortpflanzungsvorgang, der in der Ausbildung und Abstoßung von Samenkörnern besteht, die zeitlich und entwicklungsgeschichtlich durchaus von Meiosis und Kopulation getrennt trotzdem auf deren Basis erfolgt.

Auch sonst erscheinen terminologische Änderungen. Sie sind unabweislich, weil von alters her eingebürgert und längst verwendet, bevor HOFMEISTERS Entdeckungen Allgemeingut wurden. Mikro- und Makrosporophylle nennt man im Bereich der Blütenpflanzen *Staubblätter* und *Fruchtblätter* — Mikrosporangien könnte man die *Theken* der *Antheren* ansprechen, obwohl die entlassenen Pollenkörner keine vollkommene Analogie zu den Mikrosporen bedeuten. Auf den Fruchtblättern sitzen die *Samenanlagen*, in etwas leichtherziger Analogie als Makrosporangien anzusehen. Die aus der Meiosis hervorgehenden Gonen bleiben nicht alle vier funktionsfähig, sondern nur eine davon, die *Embryosackmutterzelle* genannt wird. Sie keimt und bildet das Makroprothallium, den *Embryosack*, wie es nunmehr heißt. Hiermit haben wir es noch mit einem gametophytischen Restchen zu tun, in dem sich dann jeweils eine Eizelle findet. Wie weit sich noch Annäherungen an Archegonien zeigen, und was für besondere, nicht mehr analogisierbare Bildungen vorhanden sind, werden die speziellen Erörterungen zeigen.

Die vegetative Fortpflanzung ist ebenfalls bei den Blütenpflanzen weit verbreitet. Dabei hat ihre praktische Verwendung im Bereich gärtnerischer wie landwirtschaftlicher Kultur vielfach eine solche Bedeutung, daß man sich ihrer — man denke an Obstbäume und Rosen — auch in solchen Fällen künstlich bedient, in denen die sexuelle Fortpflanzung eigentlich die Hauptfortpflanzung ist und funktioniert. Entscheidend für den endgültigen Landpflanzentypus, den die Blütenpflanzen bezeichnen, ist, daß auch bei dieser Fortpflanzungsweise niemals die Abstoßung nur eines *einzelligen Keimes* erfolgt. Auch dort, wo die Ausbildung vegetativer Fortpflanzungskörper mit einer einzelnen Zelle beginnt — was keineswegs immer der Fall zu sein braucht — bleiben diese so lange mit der Ausgangspflanze verbunden, bis sie zu umfangreichen vielzelligen Gebilden herangewachsen sind. Allen Zellteilungen endlich, die an Abgrenzung und Aufbau eines vegetativen Keimes beteiligt sind, geht stets nur eine mitotische Kernteilung voran.

Schon die Überdauerung der einheimischen mehrjährigen Blütenpflanzen erfolgt vielfach im vegetativen Zustand, jedoch mit einem Mechanismus, der an Fortpflanzung erinnert. Solche Gewächse können in toto in anabiotischen Zustand übergehen, wobei zuvor an den Sproßgipfeln Winterknospen ausgebildet werden. In diesen wird ein meristematisches Gewebe im Ruhezustand von festen Schuppenblättern umschlossen; es wird also in gewisser Weise ein Samenkorn imitiert. Daß die Jahrestriebe vieljähriger Pflanzen mit den Keimpflanzen, die aus Samenkörnern erwachsen, vielfältige Ähnlichkeit haben, wurde schon im Rahmen der Organographie erörtert.

Gymnospermen. Wir können aus der ungeheueren Formenfülle, die bei den
Blütenpflanzen durch eine schier unendliche Variation der als Typus so einge-
engten Fortpflanzungsweise besteht, nur einige wenige als Beispiele herausgreifen.
Die Gymnospermen unterscheiden sich von den Angiospermen dadurch, daß die
weiblichen Sporophylle nicht zu einem Fruchtknoten geschlossen sind, sondern
daß die Samenanlagen offen auf den flachen Fruchtblättern liegen. Damit ist
auch ein unmittelbares Zusammentreffen von Samenanlagen und den Pollenkörnern gegeben, und diese können sogar bis in das Innere der Samenanlagen

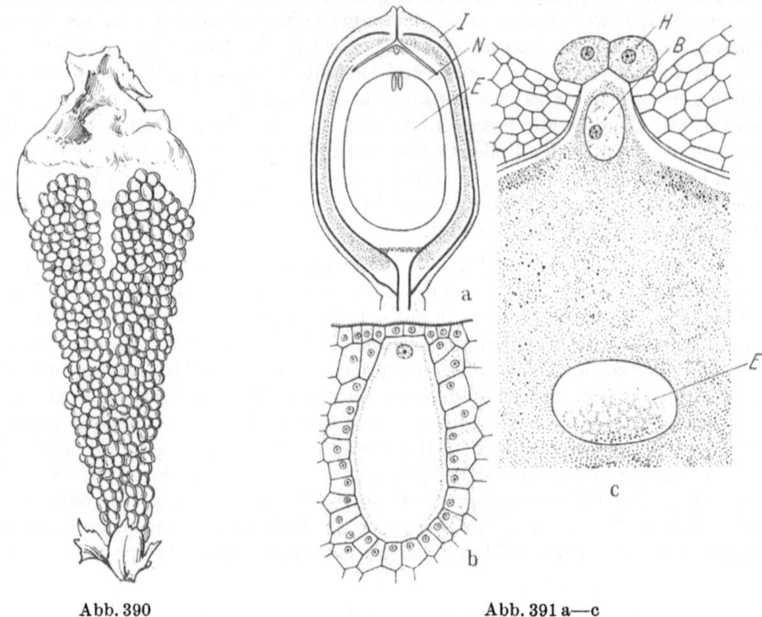

Abb. 390   Abb. 391 a—c

Abb. 390. *Dioon edule.* Unterseite eines Mikrosporophylls mit zahlreichen Pollensäcken. (Nach CHAMBERLAIN)

Abb. 391a—c. *Dioon edule.* Makrogametophyt. a Samenanlage mit Integument *(I)*, Nucellus *(N)* und Endosperm *(E)* mit den beiden Archegonien; b junges Archegonium, Eizelle stark herangewachsen; c voll entwickeltes
Archegonium mit Halskanalzellen *(H)*, Bauchkanalkern *(B)* und Eikern *(E)*. (Nach CHAMBERLAIN)

befördert werden. Außerdem ist bei den Gymnospermen die Ausbildung des
männlichen und weiblichen Gametophyten doch wesentlich umfangreicher als bei
den Angiospermen. Wir beginnen mit einem Beispiel aus der Familie der Cyca-
daceae recht ausführlich, weil hier klare und deutliche Homologien mit den
Pteridophyten bestehen.

Dioon edule ist ebenso wie alle Cycadeen diöcisch, männliche und weibliche Sporophylle
stehen auf verschiedenen Pflanzen. Bei einigen primitiveren Cycadeen hat die Blüte, d. h.
der Sproßabschnitt, an dem die Sporophylle stehen, noch kein begrenztes Wachstum. Bei
Dioon wie übrigens bei den meisten Cycadeen sind sie zu Zapfen ausgestaltet. Die Sporophylle
der männlichen Zapfen (Staubblätter) sind spiralig an der Achse angeordnet; sie tragen auf
der Unterseite Pollensäcke, die man mit den Mikrosporangien der Farne homologisieren kann,
in Gruppen zu mehreren nach Art der Farnsori nebeneinander (Abb. 390). Aus der subepidermalen Zellschicht der Pollensäcke gehen sowohl die Archesporzellen als auch eine
Reihe von äußeren Schichten hervor, von denen eine sich zu einem Tapetum ausbildet. In
den Zellen des Archespors — funktionell sind es die Gonotokonten, doch werden sie auch als
Mikrosporenmutterzellen und leider auch als Pollenmutterzellen bezeichnet — läuft die
Meiosis ab, wobei die Teilungen zuerst an der Peripherie beginnen und dann gegen die Mitte

zu fortschreiten. Aus den vier Gonen, die aus je einer Archesporzelle entstehen, entwickeln sich die zunächst einzelligen Pollenkörner, die bei Dioon dann bei der Keimung dreizellig werden. Man kann in diesem Stadium eine Prothalliumzelle, eine antheridiale und eine Pollenschlauchzelle unterscheiden.

Die Makrosporophylle (Fruchtblätter) von Dioon stehen in der ganzen Reihe, die man aus solchen Gebilden unter den Cycadeen zusammenstellen kann, ungefähr in der Mitte. Bei einigen Formen — man ist geneigt, sie als primitive zu bezeichnen — sind die Fruchtblätter mit einem gefiederten Endabschnitt versehen, der keine Samenanlagen trägt. Letztere stehen auf dem basalen Abschnitt in großer Anzahl. Bei Dioon ist der Endabschnitt nicht mehr gefiedert, aber durchaus als blattartiges Gebilde vorhanden. Die Zahl der Samenanlagen im basalen Abschnitt ist nur noch zwei. Bei anderen Formen wird das sterile Ende des Frucht-

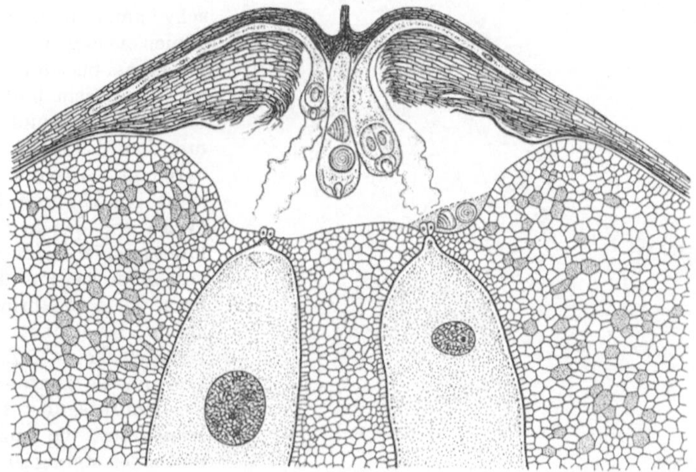

Abb. 392. *Dioon edule.* Vorderer Teil der Samenanlage mit 2 Archegonien und teils ausgewachsenen, teils schon entleerten Pollenschläuchen. Die linke Eizelle ist bereits befruchtet. (Nach CHAMBERLAIN aus STRASBURGER)

blattes zu einem schildförmigen Gebilde umgestaltet, so daß diese an der Außenseite des weiblichen Zapfens zusammenschließen, und die Zweizahl der Samenanlagen bleibt dann überall erhalten (Abb. 391).

Die Samenanlage auf dem Makrosporophyll besteht aus einem großen Nucellus, der mit dem einzigen Integument verwachsen ist. In dem Nucellus erscheint eine Archesporzelle, wahrscheinlich auch aus der subepidermalen Zellschicht; durch Teilung der umliegenden Zellen wird sie freilich weiter in die Tiefe verlagert. Sie tritt in Reduktionsteilung ein, und die vier Gonen bleiben im Gewebeverband. Aus einer der vier Gonen, anders ausgedrückt, aus einer Makrospore entsteht der weibliche Gametophyt, wobei zunächst durch Kernteilung eine große Anzahl von freien Kernen in dem plasmatischen Wandbelag einer immer stärker sich vergrößernden Zelle verteilt wird. Später wird Zellwände ausgebildet, und es wächst ein kugeliger bis eiförmiger Körper heran. In diesem entstehen die Archegonien aus einer Initialzelle, die sich dann in eine primäre Halskanal- und eine innere Zentralzelle teilt. Die primäre Halskanalzelle wird durch eine antikline Wand geteilt, so daß der Archegonienhals hier aus zwei Zellen besteht. Die Zentralzelle vergrößert sich zunächst sehr stark ohne Teilung. Der Kern liegt unmittelbar unter den Halskanalzellen. Er teilt sich kurz vor der Befruchtung in einen Bauchkanalkern und den Eikern. Der Bauchkanalkern geht bald zugrunde, und es bleibt der Eikern allein übrig (Abb. 392).

Inzwischen hat sich oberhalb des Nucellus unter den Integumenten eine Pollenkammer gebildet, und es wird aus dieser ein Safttropfen ausgeschieden, der durch die Mikropyle austritt. Darin werden die durch den Wind verwehten Pollenkörner aufgefangen, und durch Eintrocknen des Safttropfens in die Pollenkammer hineingezogen. Bald nach seiner Ankunft treibt das Pollenkorn dort einen Schlauch, der aber, wie auch das Pollenkorn liegen mag, stets seitlich in das Nucellusgewebe hineinwächst (Abb. 393). Diesen Teil pflegt man als den rhizoiden Teil des Pollenschlauches zu bezeichnen. Der andere Teil, der in der Pollenkammer liegt, vergrößert sich später. Er wird auch wohl als der generative Teil bezeichnet. In dieser Zeit teilt sich die antheridiale Zelle[1] in die Wandzelle und die spermatogene Zelle, und die letztere weiter in die beiden Spermazellen. Aus jeder von diesen entsteht ein frei bewegliches Spermatozoid, das bei Dioon auffällig groß mit einem schraubig gewundenen Wimpernband versehen ist. Die Pollenkammer, die sich durch Auflösung der äußeren Micellarschichten mit einer Aushöhlung am oberen Ende des Makroprothalliums, der Archegonienkammer,

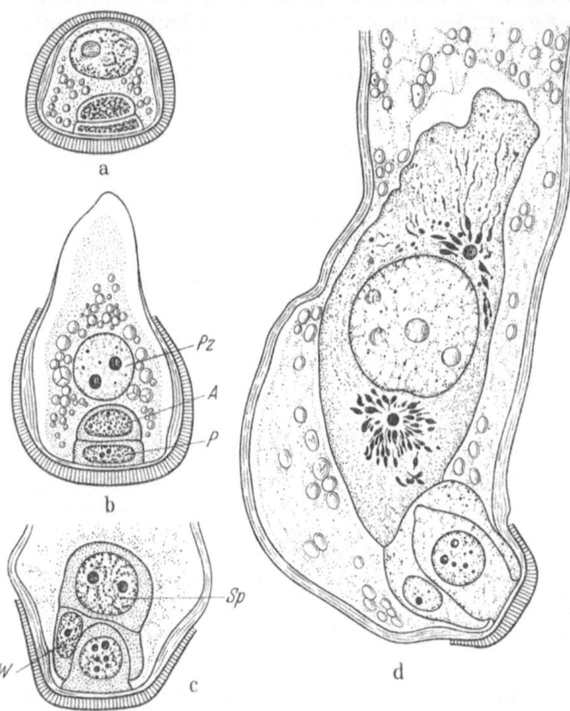

vereinigen kann, füllt sich mit einer Flüssigkeit, die möglicherweise auch aus dem Pollenschlauch stammt. Hierin können die Spermatozoiden herumschwimmen, dann zu den Archegonien gelangen und durch den Halskanal bis zur Eizelle dringen, wobei sie Plasmahülle und Geißelband abstreifen und ihr Kern sich mit dem Eikern in der Eizelle vereinigt. Aus der Zygote entsteht ein Embryo in ähnlicher Weise, wie das in der Entwicklungsgeschichte für die Coniferen geschildert wurde. Das Prothallium, auch als primäres Endosperm bezeichnet, bildet das Nährgewebe. — Zuletzt bildet sich um die ganze Samenanlage aus dem Integument eine Samenschale aus, die außen fleischig und innen steinig ist. Damit wird die Samenanlage zum Samenkorn. Dieses löst sich schließlich als Ganzes vom Fruchtblatt und funktioniert als Fortpflanzungsorgan.

Coniferae. Es sei *Picea excelsa* als Beispiel gewählt. Diese Form ist monöcisch, wie die meisten Coniferen, doch gibt es auch, wenn auch seltener, diöcische

Abb. 393a—d. Entwicklung des Mikrogametophyten von *Dioon edule*. a Pollenkorn; b auswachsender Pollenschlauch, Pollenkorn mit Prothalliumzelle (*P*), antheridiale Zelle (*A*) und Pollenschlauchzelle (*Pz*); c die antheridiale Zelle hat sich in die Wanderzelle (*W*) und die spermatogene Zelle (*Sp*) geteilt; d beginnende Teilung und Bildung der beiden Spermazellen aus der spermatogenen Zelle. (Nach CHAMBERLAIN.)

---

[1] Zum Terminologischen sei folgendes bemerkt: Wir haben hier die älteren Bezeichnungen „antheridiale und Pollenschlauchzelle" verwendet, die eben auf die hier so augenfällige Homologie mit den Pteridophyten zielen. Neuerdings hat nun FIRBAS den Ausdruck „generative Zelle" für antheridiale Zelle und „vegetative Zelle" für Pollenschlauchzelle gebraucht. Zwar überschneidet sich das mit der älteren Terminologie insofern etwas unangenehm, als man dort die beiden Teile des Pollenschlauches als den „rhizoidalen" und „generativen" bezeichnet, indessen enthält FIRBAS' Bezeichnungsweise den ebenso notwendigen Anschluß der fraglichen Gebilde an die höheren Blütenpflanzen und damit einheitliche Ausdrücke für die Blütenpflanzen überhaupt. Allerdings kommt noch einiges hinzu. „Fruchtblatt" für Makrosporophyll und „Staubblatt" für Mikrosporophyll. Daß man „Samenanlage" für Makrosporangium verwendet, versteht sich von selbst. Schwierig bleibt in der „Angiospermenterminologie" allein die Bezeichnungsweise des weiterentwickelten Embryosackes. Zwar ist dieser — sehr reduziert — dennoch durchaus homolog dem Makroprothallium der Cycadeen. Letzteres ist ein massives Gewebe und funktioniert nach der Befruchtung als Nährgewebe für die heranwachsenden Embryonen und wird dann „Endosperm" genannt. In dem wenigzelligen Embryosack der Angiospermen bildet sich — wie später genauer erörtert wird — ein neues und nun triploides Nährgewebe für den Embryo aus, das leider ebenfalls als „Endosperm" bezeichnet wird.

Typen. Bei Picea stehen also Staub- und Fruchtblätter in getrennten Blüten auf der gleichen
Pflanze. Die Pollenkörner bestehen aus Prothalliumzellen, Stielzellen, Körperzellen und
Pollenschlauchzellen. Dabei ist freilich die Variabilität in der Zahl der Zellen ziemlich groß.
Es scheint, daß auch einige Prothalliumzellen degenerieren und verschwinden können. Auf
den Fruchtblättern wird wiederum eine Samenanlage mit einem Nucellus ausgebildet. Sie enthält nur eine entwicklungsfähige Makrospore, in der sich der weibliche Gametophyt in Gestalt
eines vielzelligen Prothalliums mit mehreren Archegonien ausbildet. Gewöhnlich sind hier eine
Reihe von Halskanalzellen vorhanden. Der entscheidende Unterschied gegenüber den Cycadeen besteht darin, daß der Pollenschlauch, der sich aus dem Pollenkorn entwickelt, nicht
mehr allein der Befestigung dient, sondern daß durch ihn, der zur Eizelle hinwächst, die unbeweglichen Spermazellen übertragen werden. Nach der Befruchtung der Eizelle entwickelt
sich wie früher geschildert ein Embryo, dem das „primäre Endosperm" als Nährgewebe dient.
Auch hier entsteht aus der Samenanlage ein Samenkorn als Fortpflanzungskörper.

β) Angiospermae

Das Allgemeine auch über die bedecktsamigen Blütenpflanzen ist schon
gesagt. Hier sollen zunächst die Unterschiede gegenüber den Gymnospermen hervorgehoben und sodann die Einzelheiten erläutert werden.

Die Anordnung der Sporophylle in einem besonders gestalteten Sproßabschnitt, *Blüte* genannt, ist bei den Angiospermen auf den Höhepunkt ihrer Durch-
bildung gelangt. Die besonderen Eigentümlichkeiten solcher Gebilde bestehen vor
allem darin, daß deren Achse weitgehend gestaucht ist. Demgemäß stehen die
Blätter nur noch in seltenen Fällen zerstreut, sondern fast stets in mehrgliedrigen
Wirteln, von denen sich dann meistens mehrere dicht übereinander befinden.
Jedem dieser Blattwirtel ist eine besondere Gestaltung und Funktion zugeordnet;
sie folgen zumeist als Kelchblatt-, Kronblatt-, Staubblatt- und Fruchtblattkreis
apikalwärts nacheinander (Abb. 394). Gemischtgeschlechtigkeit in Form der Ausbildung von Zwitterblüten sowie die Übertragung der Pollenkörner durch Tiere
findet sich am häufigsten. Verschiedene andere Modi sind ebenfalls vorhanden,
wenn auch weitaus seltener.

Die Bildung geschlossener Fruchtknoten aus den Fruchtblättern, worin die
Samenanlagen eingeschlossen werden, ist eine weitere typische Eigenschaft. So
werden besondere Auffangorgane für die Pollenkörner notwendig, die Narben,
sowie die Organe, welche die Pollenschläuche zu den Eizellen leiten, die Griffel
(Abb. 413 und 414). Damit im Zusammenhang steht, daß es außer den Samenkörnern nun auch noch die Ausbildung von Früchten gibt.

Weiterhin findet sich eine so weitgehende Reduktion des weiblichen Prothalliums — es besteht nur noch aus den vier oder acht Zellen des Embryosackes —
so daß es nicht mehr, wie noch bei den Gymnospermen, als Nährgewebe für den
Embryo dienen kann. Das hier vorhandene neuartige Nährgewebe wird leider
ebenfalls als Endosperm bezeichnet, obwohl es völlig andersartigen Ursprungs ist
als das der Gymnospermen; von seiner Entstehung wird später die Rede sein.

Auch bei den Angiospermen sind die fertigen Pollenkörner, die in den Antheren der
Staubblätter ausgebildet werden, nicht mehr völlig homolog mit den Mikrosporen der Farne,
weil sie stets zweizellig sind. Allerdings nur zweizellig, nicht mehrzellig wie noch bei Picea;
eine Vereinfachung ist also erkennbar. Darum ist es auch nicht mehr sinnvoll, die Terminologie
in Ansehung der Homologie mit gekeimten Mikrosporen durchzuführen; man benennt die
beiden Zellen des Pollenkornes als die vegetative und die generative.

Anordnung der Blüten. Sie stehen entweder terminal am Ende eines vegetativen
Sprosses, wobei sie für dessen Wachstum das natürliche Ende darstellen, oder sie

erscheinen als abgeschlossene Seitensprosse in den Achseln von Blättern, wobei man letztere als Tragblätter (gegebenenfalls als Brakteen) bezeichnet.

Daß sich vielfach in der Blütenregion eine Veränderung und besondere Ausgestaltung der vegetativen Verzweigungsweise einstellt, ist schon in der Organographie behandelt worden; hier sei noch einmal auf die Stellung der Blüte zu ihrem Tragblatt ausdrücklich verwiesen; die Blüte steht als Seitensproß in der Achsel ihres Tragblattes, vielfach mit zwei deutlich erkennbaren Vorblättern am Grunde des Blütenstieles. Demgemäß ist die Medianebene des Tragblattes sowie die Ebene senkrecht dazu, welche die beiden Vorblätter trifft, die Transversale, bedeutungsvoll, weil sich die Symmetrieverhältnisse der Blüten darauf beziehen lassen (Abb. 231, S. 155).

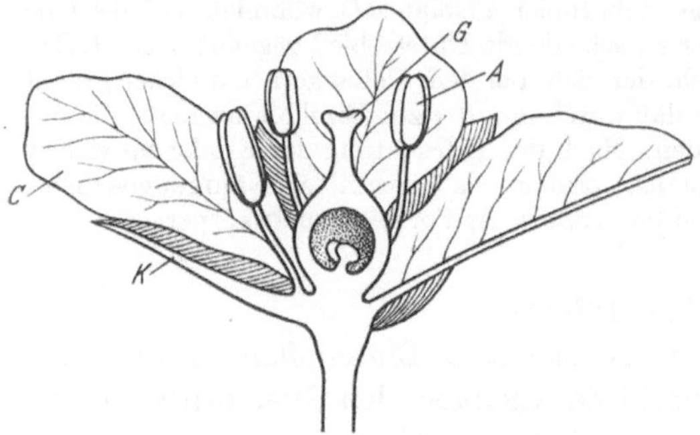

Abb. 394a. Schema einer Blüte im Schnitt, mit Kelchblatt- *(K)*, Kronblatt- *(C)*, Staubblatt- *(A)* und Fruchtblattkreis *(G)*. (Orig.)

Anordnung der Blütenblätter. Die Anordnung der Blütenblätter an der gestauchten Achse ist entweder acyclisch und dann schraubig, oder cyclisch, d. h. in Wirteln gestellt. Die Zahl solcher Blattkreise ist verschieden; am häufigsten sind 4 oder 5. Dabei entfallen 1 oder 2 Wirtel auf das Perianth, worunter die äußeren grünen Kelchblätter sowei die dabrauffolgenden, meist farbigen Kronblätter

b					c

Abb. 394b u. c. Entwicklungsgeschichte einer Blüte mit spiraliger Anordnung *(Ranunculus aconitifolius)* vgl. auch Abb. 395a. b Kelchblätter, zahlreiche Staubblätter in spiraliger Anordnung, einige Anlagen von Fruchtblättern und darüber der Vegetationskegel. Die Kronblätter sind in diesem Stadium noch sehr weit zurück und nicht zu sehen; c älteres Stadium, Kelchblätter auf der Außenseite stark behaart, Staubblätter, die Theken sind schon deutlich erkennbar, der Vegetationskegel ist fast vollständig zur Bildung von Fruchtblättern aufgebraucht. b und c Trockenpräparate. (Orig.)

zu verstehen sind. Sodann folgen 1 oder 2 Wirtel von Staubblättern und endlich 1 Wirtel von Fruchtblättern. Bei den Blüten mit schraubiger Stellung der Blütenblätter variiert die Anzahl der Glieder sehr stark; zugleich finden sich vielfach Übergänge in der Ausgestaltung. Die streng wirtelige Anordnung begünstigt eine exakte Trennung der Blütenkreise nach Gestalt und Funktion und ist zugleich auch mit einer Festlegung der Gliederzahl verbunden.

Am häufigsten sind die Zahlen 2, 4 und 5 bei den Dikotylen (Abb. 395), und 3 bei den Monokotylen.

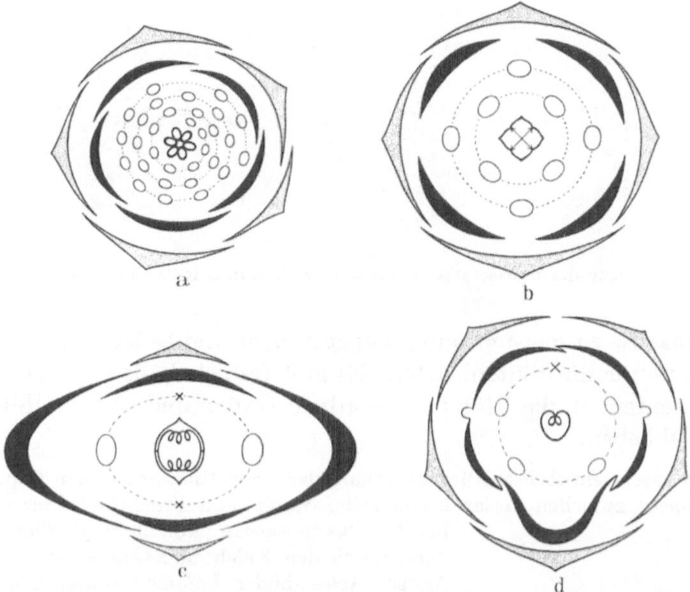

Abb. 395a—d. Blütendiagramme. a Spiralige Anordnung des Staubblattkreises *(Ranunculacee)*, Formel K5 C5 A∞ G∞; b cyclische Anordnung aller Blattkreise in der Blüte *(Onagracee)*, Formel K4 C4 A4 + 4 G(4); c bilateralsymmetrische Blüte *(Dicentra)*, Formel K2 C4 A2 G(2); d dorsiventrale Blüte *(Scrophulariacee)*, Formel K5 C(5) A4 G(2). (Orig.)

Als aktinomorphe oder strahlige Blüten bezeichnet man solche, die mehrere Symmetrieebenen besitzen; daneben gibt es — seltener — bilateral-symmetrischen Blüten und außerdem noch zygomorphe und asymmetrische. Die zygomorphen Blüten besitzen nur eine

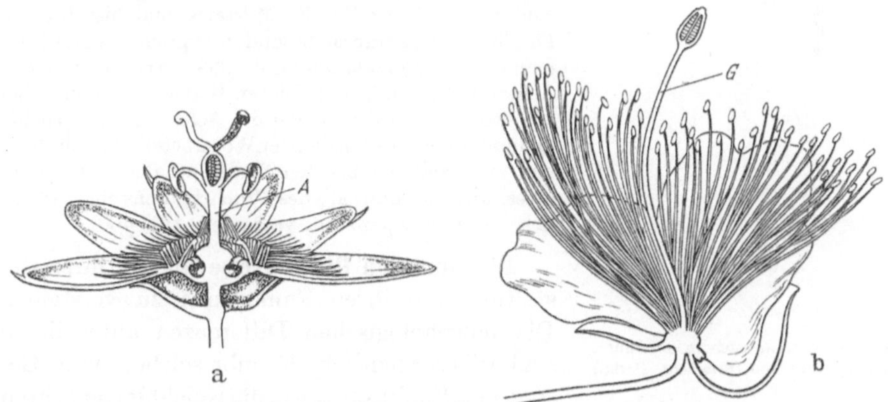

Abb. 396a u. b. a *Passiflora coerula*, Blüte mit Androgynophor *(A)* (nach BAILLON aus WARMING); b *Capparis spinosa*, Blüte mit Gynophor *(G)*. (Nach BAILLON aus LOTSY)

Symmetrieebene, die gewöhnlich mit der Mediane zusammenfällt. Davon gibt es freilich auch Ausnahmen, die meist durch Verschiebungen während der Entwicklung zustande kommen. Asymmetrische Blüten sind solche, die keinerlei Symmetrieebene besitzen. Blütenanordnungen pflegt man entweder als Diagramme (Blütengrundrisse) zu zeichnen oder in Form von

Blütenformeln kurz anzugeben. In solchen Blütenformeln bedeutet K = Kelch, C= Corolle,
P = Perigon, A = Androeceum, G = Gynaeceum. Als Beispiel möge folgendes dienen
(Abb. 395).

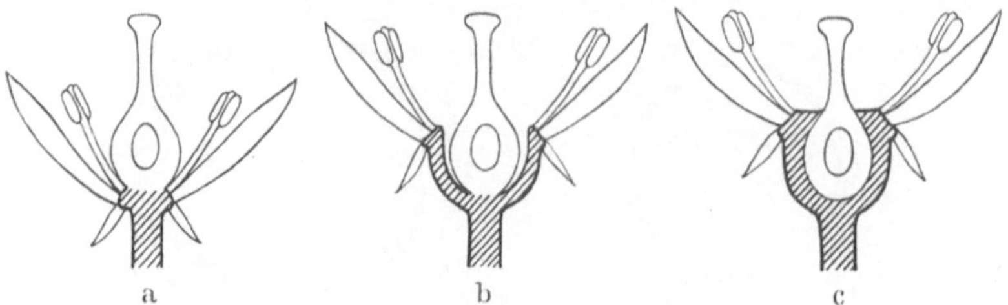

Abb. 397a—c. Stellung des Gynaeceums. a oberständig; b mittelständig; c unterständig. (Orig.)

Die Blütenachse ist meistens kurz und gestaucht und bedeutet gewöhnlich nur
die Ansatzstelle für die Blütenblätter. Es gibt freilich Fälle, bei denen stengel-
ähnliche Achsenteile in die Blüten eingeordnet werden und einzelne Blütenkreise
voneinander abheben.

So der *Gynophor*, ein Achsenstück unterhalb der Fruchtblätter bei den Capparidaceae,
der *Androgynophor* zwischen Perianth einerseits, Staub- und Fruchtblattkreis andererseits
bei den Passifloraceae (Abb. 396). Endlich der *Antho-
phor*, durch den Kelch und Corolle getrennt werden.
Andere Achsenbilder kommen durch den Stellungs-
wechsel des Fruchtknotens zustande: Das Gynaeceum
ist normalerweise *oberständig*, d. h. es steht apikal als
Abschluß der Blütenachse. Es kann aber auch in die
Achse eingesenkt sein und so *mittel-* oder *unterständig*
werden (Abb. 397). Diese Einsenkung und Unter-
ständigkeit kann so weit gehen, daß die Blütenachse
sich als Röhre über dem Fruchtknoten fortsetzt, corol-
linische Beschaffenheit annimmt und auf ihrem Rande
dann die drei anderen Blütenkreise trägt. Solch eine
Bildung — sie ist für die Myrtales und hier für die
Familie der Onagraceae besonders typisch — bezeichnet
man als ein *Hypanthium* (Abb. 398). Andere auffällige
Achsenbildungen in den Blüten finden sich einmal bei
den Rosales, bei denen sich die Achse an der Fruchtbildung in der verschiedensten Weise beteiligt (Abb. 399),
und zum anderen bei den Therebinthales und Rham-
nales, wo sich unterhalb des Fruchtknotens eine drüsige
Scheibe, *Discus* genannt, vorfindet (Abb. 400).

Die einzelnen Blütenkreise sind in ihrer Gestaltung aus ihren Funktionen zu verstehen.
Die morphologischen Differenzen unter ihnen
sind außerordentlich: Es gibt solche, die in Gestalt und Funktion so wie die Kelchblätter echten

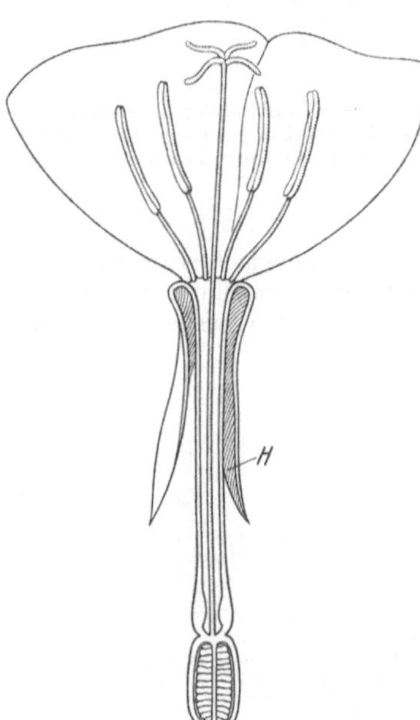

Abb. 398. Achsenbildungen in der Blüte.
Hypanthium *(H)* von *Oenothera*. (Orig.)

Blättern gleichen, und daneben andere, die wie die Staub- und meist auch die
Fruchtblätter lediglich aus Stellung und Entwicklungsanfängen noch als Blätter
zu erkennen sind.

Die Kelchblätter. Die Blätter des Kelches sind vorwiegend Schutz- und
Assimilationsorgane. Sie hüllen die noch unausgebildete Blüte als Knospe ein,
sind derb, aber grün und durchaus als Blätter gestaltet, wenn auch meist von

etwas anderer Gestalt als die vegetativen. Vielfach sind die Ränder der Kelchblätter an der Basis miteinander verwachsen.

Da ein wesentlicher Teil der Funktionen des Kelches nach dem Aufblühen beendigt ist, gibt es manche, die dann schrumpfen oder gar abfallen *(Papaver)*. In anderen Fällen freilich werden bei oder nach der Blüte noch neue Funktionen übernommen: Schutz für die

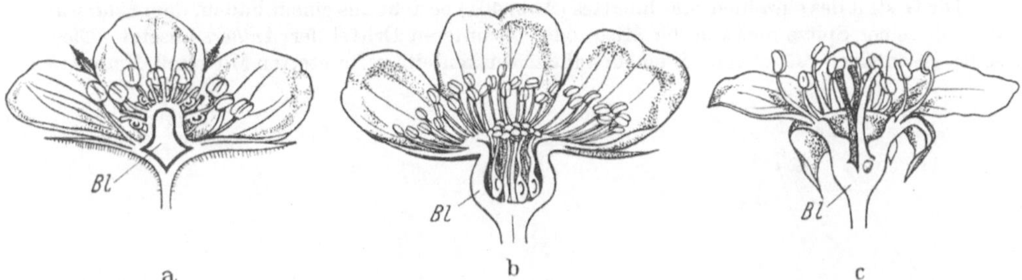

Abb. 399 a—c. Achsenbildungen in der Blüte. Verschiedene Ausbildung der Blütenachse *(Bl)* bei Rosaceen. a *Fragaria vesca*; b *Rosa pimpinellifolia*; c *Pirus communis*. (Nach BAILLON aus WETTSTEIN)

Frucht oder Einrichtungen zur Verbreitung der Früchte. In diesem Falle kann der Kelch nicht nur länger persistieren, sondern es können auch noch mancherlei sekundäre Veränderungen entstehen.

Die Kronblätter lassen ebenfalls an ihrem Blattcharakter keinen Zweifel bestehen; sie sind als Schauapparat ausgebildet, lebhaft gefärbt, fast niemals grün und relativ groß.

Die Mannigfaltigkeit ihrer Farben und Zeichnungen kommt durch die vielfältigsten Kombinationen verschiedener Farbstoffe, ihrer Menge, ihrer Verteilung in den Zellen und nicht zum wenigsten auch noch durch die Gestalt der Zellen selbst in den meist wenigschichtigen Blättern zustande. Auch die Kronblätter können frei oder miteinander verwachsen sein. In letzterem Fall kommt die Vereinigung ebenso wie beim Kelch durch ein gemeinsames Emporwachsen des Grundes zustande.

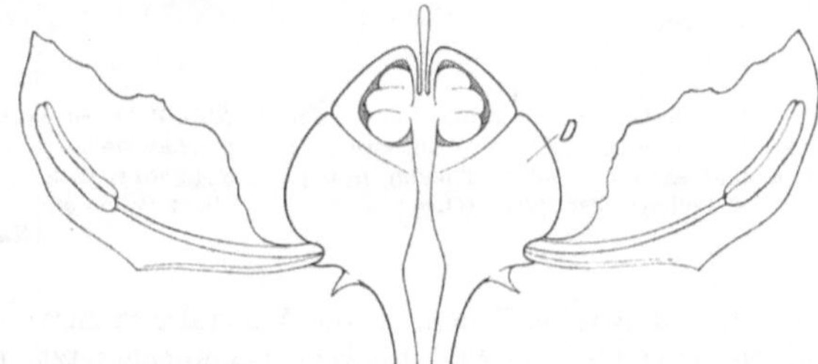

Abb. 400. Achsenbildungen in der Blüte. Discus *(D)* bei *Ruta graveolens*, einer Therebinthacee. (Orig.)

Die Blüten, bei denen Kelch und Krone streng getrennt sind, werden *heterochlamydisch* genannt. Es sind die bei weitem häufigsten. Blüten, bei denen Übergänge oder Übereinstimmungen zwischen Kelch- und Kronblättern vorhanden sind, nennt man *homoiochlamydische*.

Bei vielen monokotylen Blüten lassen sich Kelch und Krone nur durch die Stellung unterscheiden, nicht aber durch Farbe und Ausgestaltung, sondern beide Kreise sind beim Aufblühen corolinisch. In solchen Fällen pflegt man die beiden Teile der Blütenhülle gemeinsam als ein *Perigon* zu bezeichnen.

Im übrigen gibt es auch noch Blüten, die überhaupt kein Perianth besitzen, sondern *achlamydisch*, nackt, sind. Stets hängt das mit ursprünglicher oder abgeleiteter Anemophilie, mit der Windbestäubung, zusammen, so daß sich durch diesen Ausfall farbiger Blütenbestandteile bei den Windblütern deren Zusammenhang mit der Insektenbestäubung, also als Schauapparat, um so deutlicher kennzeichnet.

Die Staubblätter sind am blattunähnlichsten. Ihre Blattnatur läßt sich einmal aus ihrer Stellung an der Achse, zum andern daraus schließen, daß sie aus denselben Primordien am Vegetationskegel entstehen, wie andere Blätter auch, und endlich daraus, daß sie als Mißbildungen in gefüllten Blüten relativ leicht in echte Blätter, wenn auch in Kronblätter, umschlagen können.

Die Gestalt des einzelnen Staubblattes (Abb. 401) besteht aus einem Faden, dem *Filament*, der mit seiner Spitze meist in der Mitte oder im unteren Drittel der *Anthere* ansetzt. Diese selbst ist dorsiventral gebaut mit einem auf der Rückenseite verbreiterten Mittelteil, *Konnektiv*

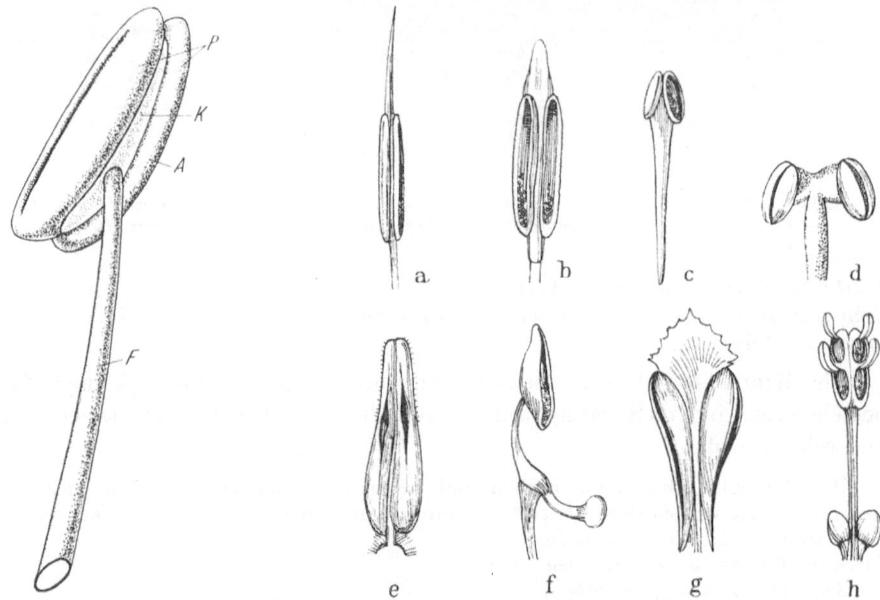

Abb. 401. Schema eine Staubblattes von der Rückseite. Filament *(F)* und Anthere *(A)* mit Konnektiv *(K)* und 2 Theken mit je 2 Pollensäcken *(P)*. (Orig.)

Abb. 402a—h. Verschiedene Staubblattypen mit ihrem Aufreiß-mechanismus. a *Paris quadrifolia*; b *Artemisia absynthium*; c *Actaea spicata*; d *Thymus serpyllum*; e *Solanum lycopersicum*; f *Salvia officinalis*; g *Abies excelsa*; h *Laurus nobilis*. (Nach KERNER und BAILLON)

genannt, und zwei seitlichen, an der Ventralseite zusammenneigenden Theken. Diese selbst sind wieder je aus zwei *Pollensäcken* zusammengesetzt, in denen die Pollenkörner entstehen. Diese Pollenfächer besitzen einen Öffnungsmechanismus, durch den sie mit einem Längsriß gemeinsam aufreißen, so daß sich in der geöffneten Blüte an jeder Seite der Antheren ventralwärts gerichtet je eine offene Theca befindet (Abb. 402).

Die Entwicklungsgeschichte der Pollenfächer. In dem noch undifferenzierten Antherenkörper beginnt die subepidermale Zellschicht sich zu teilen. In zwei Teilungsschritten werden vier Zellschichten entwickelt, die von außen nach innen folgende Funktionen haben (Abb. 403 und 404): Die unmittelbar unter der Epidermis liegende Schicht wird durch radial verlaufende Wandverdickungsleisten zu der *Faserschicht* (Abb. 405) ausgestaltet; sie liefert später den Kohäsionsmechanismus für das Aufreißen der Pollensäcke. Die nächstfolgende geht zugrunde; man nennt sie die *Wandschicht*. Daran schließt sich nach innen eine reich mit Plasma erfüllte Schicht an, deren Zellen dicht zusammenschließend radial gestreckt und vielfach zweikernig sind. Diese sogenannte *Tapetumschicht* bleibt entweder cellulär während der Ausbildung der Pollenkörner erhalten, oder sie löst sich früher oder

später, oftmals unter noch andauernder Kernteilung auf und bildet ein Periplasmodium, um sich schließlich ganz zu verbrauchen. Die innerste Schicht, die
vierte, bezeichnet man als das *Archespor*. Deren Zellen lösen sich, schon bevor
die Meiosis in ihnen abläuft, aus dem Gewebeverband los und sondern sich gegen-

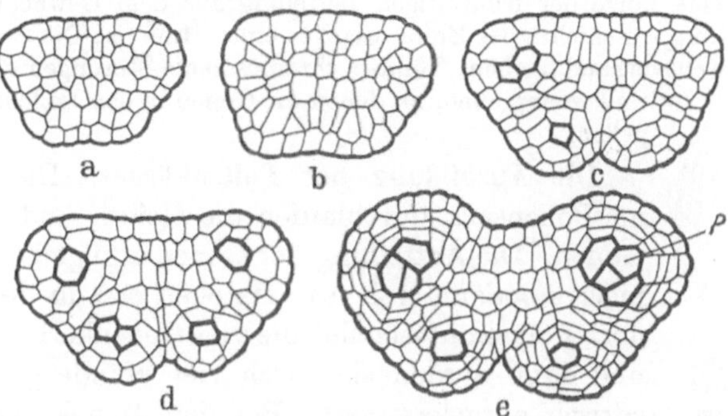

Abb. 403a—e. Entwicklung der 4 Pollensäcke *(P)* einer Anthere. a—e Ablauf der dazu führenden Teilungsschritte. (Nach WARMING)

einander ab. Sie werden von einer „Nährlösung" umgeben, die offenbar zunächst
von den Tapetenzellen sezerniert wird und in die hinein diese sich schließlich auflösen. In diesen Zellen, den *Gonotokonten*, die gewöhnlich höchst unkorrekt als
„Pollenmutterzellen" bezeichnet werden, läuft die Meiosis ab (Abb. 406). Aus
den jeweils vier Gonen entstehen die Pollenkörner.

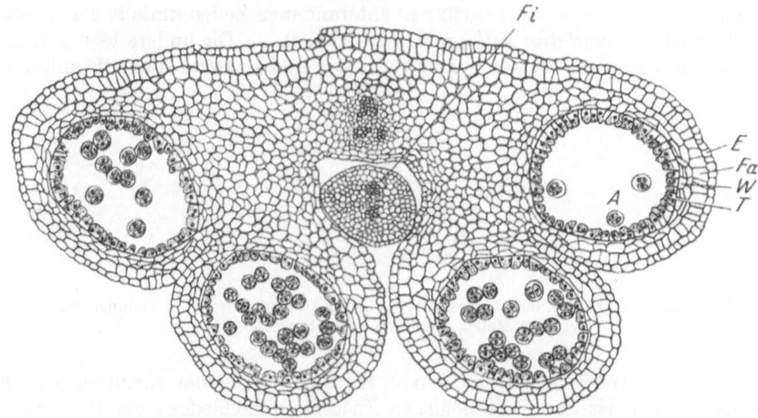

Abb. 404. Querschnitt durch eine Anthere von *Lilium*, zeigt die Schichten der Antherenwand. Epidermis *(E)*,
Faserschicht *(Fa)*, Wandschicht *(W)*, Tapetum *(T)*, Archespor *(A)*, der erste Teilungsschritt der Meiosis ist
bereits abgelaufen; Filament *(Fi)*. (Nach WETTSTEIN)

Bei Beginn der Meiosis ist meist noch ein verhältnismäßig enger Kontakt zwischen den
Zellen des Archespors, den Gonotokonten, vorhanden; faktisch sind sie jedoch schon isoliert.
Infolgedessen muß die gesamte Stoffbewegung, die für die umfassenden in diesen Zellen ablaufenden Wachstums- und Differenzierungsvorgänge erforderlich ist, allein auf dem Wege
der Diffusion erfolgen. Die vielfach exakte Synchronisierung der Meiosis, die entlang des
ganzen Streifens in einem Pollenfach in ihren Stadien völlig gleichzeitig abläuft und höchstens
ein leichtes Voraneilen der apikalen Teile erkennen läßt, ist also höchst erstaunlich. Daß dieses
offenbar komplizierte Steuerungssystem bei der Ausbildung der Körner im Pollenfach zugleich überaus empfindlich ist, wird nicht verwundern. So können Störungen, die sonst

durchaus nicht zur Unterbrechung der Entwicklung führen, an dieser Stelle einen Abbruch veranlassen. Bei aneuploiden Formen, solchen, die einzelne überzählige Chromosomen besitzen, können letztere durch alle somatischen Teilungen ohne Schaden für die Lebensfähigkeit der Zellen weitergegeben werden; die Gonen des Pollensackarchespors gehen indessen zugrunde, wenn ein unausgewogenes Genom in sie gerät. Dafür, daß es sich bei dieser besonderen Labilität wirklich um eine Folge der frühzeitigen Befreiung aus dem Gewebeverband handelt, bietet die Entwicklungsgeschichte des Embryosackes einen Hinweis: Die Gonen des Embryosackes, die im Gewebeverband bleiben, können chromosomale Störungen durchaus ertragen und weitergeben, an denen die Gonen in den Pollenfächern zugrunde gehen.

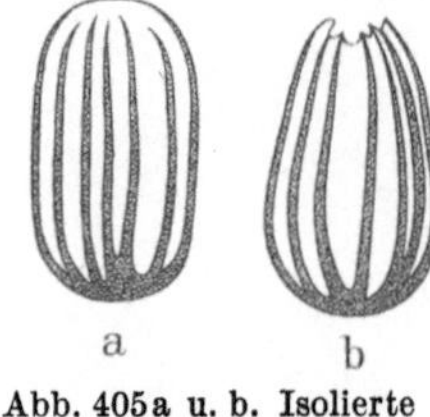

Abb. 405a u. b. Isolierte Zellen der Faserschicht der Antherenwand von *Lilium candidum*. a in befeuchtetem, b in ausgetrocknetem Zustand. (Nach STEINBRINK aus HABERLANDT)

Die Ausbildung der Pollenkörner. Die Gonotoknöten im Pollensack durchlaufen die Meiosis und entwickeln vier Gonen. Die Aufteilung der Gonen erfolgt bei den Dikotylen meist *simultan*, d. h. es entstehen erst in dem einen Raum der „Pollenmutterzelle" die vier Gonenkerne aus der Meiosis, und dann werden sie durch vier Wände gleichzeitig tetraedrisch ausgekammert. Bei den Monokotylen erfolgt die Wandbildung meistens *sukzedan*, d. h. es werden erst zwei Zellen und dann durch einen zweiten Teilungsschritt zwei weitere Zellen ausgekammert. Die Wand des Gonotokonten wird sodann aufgelöst und die vier Gonen werden frei. Ihre Entwicklung zum fertigen Pollenkorn erfolgt einmal durch sehr frühzeitige Ausbildung des männlichen Gametophyten und zum anderen durch besondere Wandausgestaltungen.

In der einzelligen Gone erfolgt eine Teilung des Kernes in der Nähe der Wandung als typisch inäquale; denn die eine der beiden neu entstandenen Zellen umfaßt den größten Teil des Kornes, sie wird die *vegetative Zelle* genannt (Abb. 407). Die andere legt sich zunächst uhrglasförmig an die Wand an, um sich später abzulösen und als freies spindelförmiges Gebilde

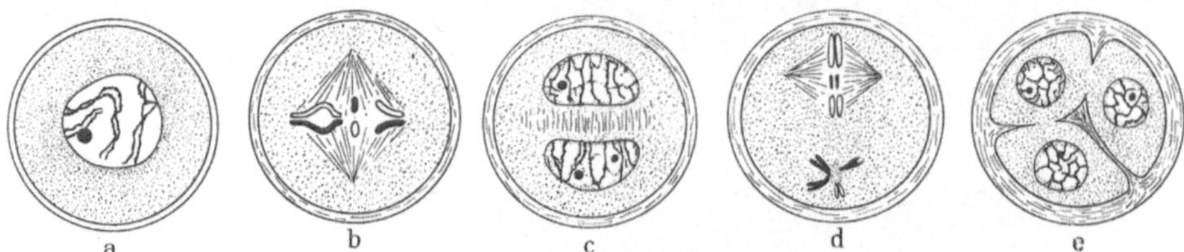

Abb. 406a—e. Bildung der Gonen aus einer „Pollenmutterzelle". a Gonotokont; b—d Teilungsschritte; e Tetrade (nur 3 Zellen sichtbar). (Nach SHARP)

vom Plasma der vegetativen Zelle umschlossen im Korn zu liegen; man nennt sie die *generative Zelle*. Abgesehen davon ist der physiologische Zustand verschieden: die Bestandteile der vegetativen Zelle sind stärker gequollen als die der generativen. Die Wandausbildung geschieht gleichzeitig: es finden sich endgültig zwei deutlich verschiedene Wände; die innere, *Intine* genannt, besteht aus Pektin und Cellulose, und die äußere, *Exine*, ist durch Einlagerungen von Cutinen und anderen resistenten Stoffen stark verfestigt sowie oftmals mit Leisten oder Stacheln versehen (Abb. 408). Die Intine vermag zu wachsen; sie bildet später den Pollenschlauch. Dieser kann aber die starre Exine nur an besonders dünnen Stellen, den Keimporen, durchbrechen. Zugleich finden sich auch besondere Falten in der Exine, die bei dem Eintrocknen der Körner eine Schrumpfung erlauben, ohne die vegetative Zelle zu gefährden. Poren wie Falten finden sich beim Pollen monokotyler Pflanzen gewöhnlich in der Einzahl, bei dem der Dikotylen sind sie meist dreifach ausgebildet.

Der Pollen windblütiger Pflanzen ist trocken, stäubend, also in seinen Körnern einzeln leicht isolierbar; derjenige insektenblütiger ist klebrig und haftet in Paketen zusammen. Fette oder Viscin sind die Kontaktsubstanzen. Es gibt Fälle, in denen die Pollenkörner in

Tetraden fest verbunden ihre endgültige Ausbildung erfahren und auch in diesem Zustand funktionieren, so bei Rhododendron, Salpiglossis. Bei einigen Orchideen sind die Pollenkörner zu größeren Verbänden (Massulae) vereinigt, bei anderen sowie bei den meisten Asclepiadaceen sind die sämtlichen Pollenkörner eines Faches zu einem *Pollinium* verbunden; solche Gebilde können durch Translatoren mit Klebscheiben, durch die sie an besuchende Insekten anhaften, übertragen werden (Abb. 409).

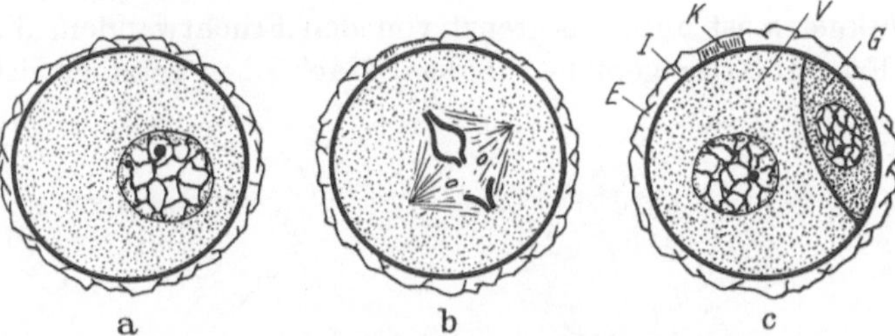

Abb. 407a—c. Bildung eines Pollenkorns aus den Gonen in der Anthere (a—c) und Entstehung der vegetativen und generativen Zelle (c) infolge der Pollenmitose (b). *G* generative Zelle; *V* vegetative Zelle; *K* Keimpore; *E* Exine; *I* Intine. (Nach SHARP)

Besondere Bildungen im Staubblattkreis. Staubblattrudimente, die keine Antheren besitzen oder mindestens keine Pollen ausbilden, bezeichnet man als *Staminodien*; sie können als Rückbildungsreste persistieren, aber auch petaloid oder zu Nektarien werden, also in andere funktionelle Zusammenhänge eintreten. Staminodialbildung bedeutet eine Verminderung der Gliederzahl des männlichen oder der beiden männlichen Wirtel. Aber auch Vermehrung ist bekannt: Spaltung einheitlicher Anlagen kommt bei den Guttiferales vor, Spaltung

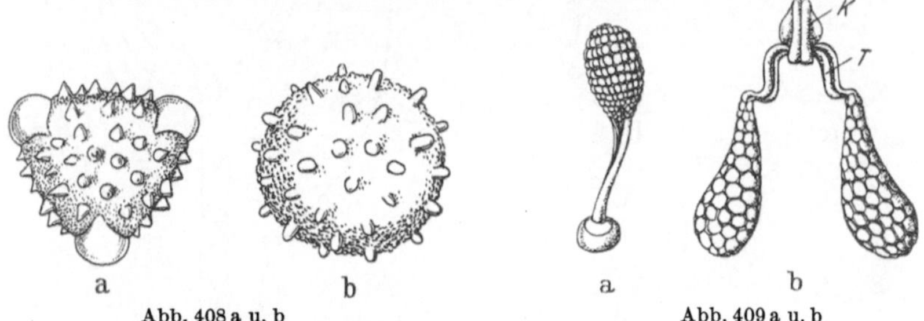

Abb. 408 a u. b   Abb. 409 a u. b

Abb. 408a u. b. Pollenkörner. Die Exine ist mit Warzen besetzt. Bei a ist die Exine aufgeplatzt und die Intine sichtbar. a Composite; b *Viscum album*. (Orig.)

Abb. 409a u. b. a Pollinium einer Orchidee (*Orchis maculata*, nach DARWIN aus WARMING); b Pollinium einer Asclepiadacee mit Translatoren *(T)* und Klemmkörper *(K)*. Die Pollinien gehen aus den Pollenfächern zweier benachbarter Antheren hervor. *(Asclepias currassavica)*. (Nach BAILLON)

und Wiederverwachsung bei den Columniferae. Abgesehen davon kommen auch Verwachsungen unter den Blütenkreisen vor. Solche sind, partiell oder total, zwischen dem Kron- und Staubblattkreis überaus häufig (Abb. 410).

Fruchtblattkreis (Gynaeceum). Der zentrale Typus der Angiospermenblüte ist die Zwitterblüte. In dieser steht am Blütenachsenende der Fruchtblattkreis. Die Fruchtblätter, die relativ häufig in der Gliederzahl von denen der anderen Kreise abweichen, haben ebenfalls den Blattcharakter weitgehend verloren; sie bilden einzeln oder zusammen ein hohles Gehäuse, den Fruchtknoten.

Nach der Art der Verwachsung unterscheiden wir *apokarpe* und *coenokarpe Gynaeceen.* Apokarpe sind solche, bei denen die Fruchtblätter je einzeln für sich zu einem Fruchtknoten verwachsen sind, so daß in einem Gynaeceum viele Fruchtknoten stehen können. Coenokarpe sind solche, bei denen mehrere Fruchtblätter gemeinsam zu einem einheitlichen Fruchtknoten verwachsen. Diese können nun *parakarp* sein, wenn der Fruchtknoten einfächerig ist, oder *synkarp*, wenn er ebenso viele Fächer wie Fruchtblätter hat. In diesem Falle dringen die Blattflächen der Fruchtblätter bis zum Zentrum vor und bilden miteinander „echte Scheidewände". Sofern sekundär noch irgendwelche Blatteile der Fruchtblätter bis zum Zentrum vorwachsen, kann die Fächerzahl erhöht werden, wie bei den Cruciferen, Linum oder den Labiaten; man nennt solche sekundäre Wände „falsche Scheidewände" (Abb. 411).

Der Fruchtknoten ist außen begrenzt von den Fruchtwänden, die durch die Flächen der Fruchtblätter gebildet werden. Nach oben setzt er sich in Griffel

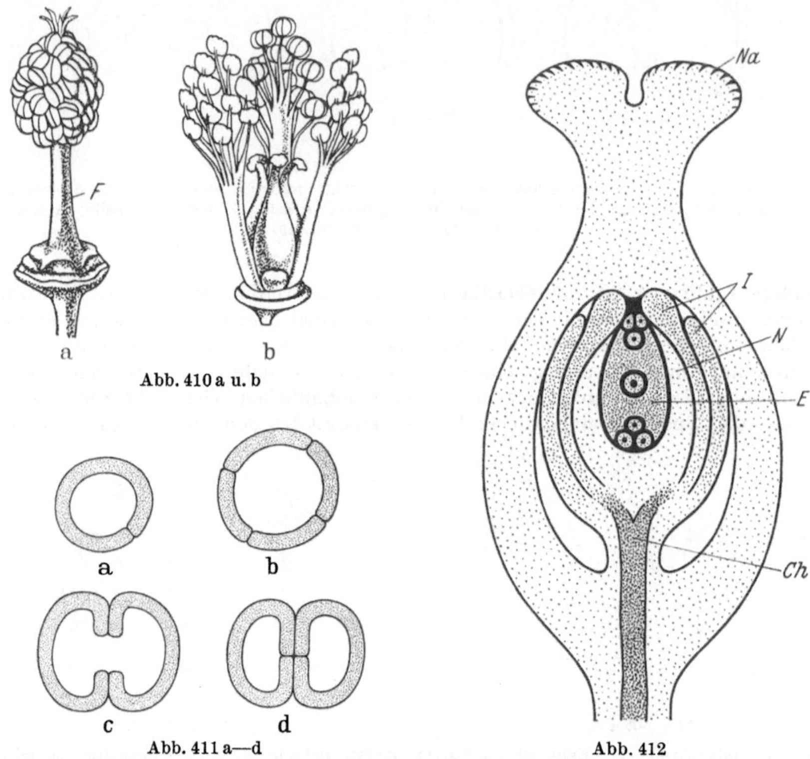

Abb. 410a u. b. Bildungen des Staubblattkreises. a Verwachsene Staubblätter eines Kreises bei *Malva silvestris*, *F* die verwachsenen Filamente (nach WARMING); b Spaltung von 3 Staubblättern bei *Hypericum aegyptiacum* (nach BAILLON)

Abb. 411a—d. Typen des Gynaeceums (schematisch). a apokarp; b coenokarp; c synkarp gekammert; d synkarp septiert. (Orig.)

Abb. 412. Längsschnitt durch einen Fruchtknoten mit Samenanlage (schematisch). *I* Integumente; *N* Nucellus: *E* Embryosack; *Ch* Chalaza; *Na* Narbe. (Orig.)

und Narbe fort, letztere, das Auffangorgan für die Pollenkörner, ist mit einer drüsigen Oberfläche versehen (Abb. 412). Diese sezerniert Substanzen, wodurch die Pollenkörner zugleich festgehalten und zum Keimen gebracht werden können. Der Griffel, das Leitungsorgan für die Pollenschläuche, ist ein kompaktes Gebilde, obwohl er vielfach aus mehreren Fruchtblättern gemeinsam entsteht. In seinem Inneren ist gewöhnlich ein lockeres Gewebe aus langgestreckten Zellen vorhanden, geeignet, die Pollenschläuche zu leiten. Wachsen viele Pollenschläuche die Bahn entlang, so kann das Gewebe kollabieren, und es entsteht ein „Griffelkanal".

In Form und Ausgestaltung der Narbe besteht eine außerordentliche Variation. Besondere Beziehungen zur Funktion finden sich beispielsweise im Unterschied zwischen den Narben windblütiger und insektenblütiger Pflanzen. Erstere haben, wie bei den Gräsern, umfangreiche flaumfederartig verzweigte Narben, die geeignet sind, aus dem vorbeistreichenden Wind etwaige Pollenkörner durch ihre große Oberfläche herauszufangen (Abb. 413). Letztere dagegen müssen vielfach den anfliegenden Insekten als Auffangorgan dienen, also massiv konstruiert sein. Sofern der Fruchtknoten bei solchen Pflanzen oberständig und zugleich so groß ist, daß er aus dem Androeceum hinreichend herausragt, bedarf es kaum eines Griffels, sondern die Narben können unmittelbar dem Fruchtknoten aufsitzen *(Papaver, Tulipa)* (Abb. 414). Bei Pflanzen mit unterständigem Fruchtknoten muß die Narbe als Auffangorgan von diesem durch den Griffel getrennt werden. Das kann wie bei *Oenothera* mit langem Hypanthium eine beträchtliche Strecke (20—25 cm) bedeuten, die von den Pollenschläuchen als einzelligen Gebilden durchwachsen werden müssen.

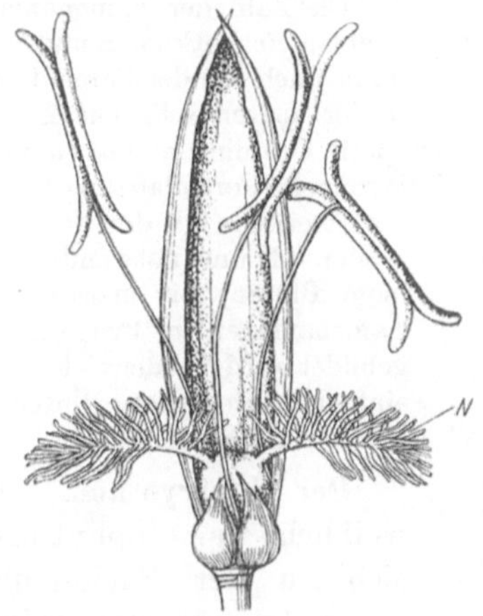

Abb. 413. Windblütige Pflanze mit großer verästelter Narbe *(N) (Festuca elatior)*. (Nach PILGER)

Abb. 414. Narbe *(N)* einer insektenblütigen Pflanze *(Tulipa silvestris)*. (Nach HEGI)

Die Samenanlagen und ihre Plazentationen. Die den Makrosporangien homologen Gebilde sind die Samenanlagen (Abb. 412). Sie bestehen im Inneren aus einem massiven, mehr oder weniger eiförmigen Körper, dem *Nucellus*, der meist von zwei oder seltener nur von einem *Integument* umgeben wird. Es sind das ringsum geschlossene Hüllen, die vom Anheftungsgrunde des Nucellus, *Chalaza* genannt, im Laufe seiner Entwicklung nach vorne wachsen, an der Spitze jedoch eine schmale Öffnung, die *Mikropyle*, frei lassen. Von der Chalaza her sind sie durch einen Stiel, den *Funiculus*, mit einer Gewebewucherung der Fruchtknotenwand, der *Placenta*, verbunden.

Drei Formen von Samenanlagen pflegt man zu unterscheiden. Zwei Typen, die einen gestreckten Nucellus besitzen und einen mit gebogenem. Zu den ersten gehören die *anatropen* und die *atropen* Samenanlagen. Die anatropen — zuerst genannt, weil sie die häufigsten von allen sind — werden auch als die „umgewendeten" Samenanlagen bezeichnet. Deren Nucellus ist um 180° an der Chalaza abgebogen, doch so, daß er gestreckt bleibt. Dabei legt sich das äußere Integument an einer Seite dem Funiculus an und verwächst mit diesem. Dementsprechend ist die Mikropyle nach der Anhaftungsstelle des Funiculus zu gerichtet. Die atrope Samenanlage setzt den Nucellus in gerader Richtung des Funiculus fort, letzterer ist gewöhnlich in diesem Fall nur sehr kurz. Die *campylotrope* Samenanlage ist ebenfalls eine umgewendete, doch kommt die Wendung hier durch eine halbkreisförmige Biegung des Nucellus zustande (Abb. 415).

Oehlkers, Botanik I

Unter der Plazentation der Samenanlagen versteht man die Art ihrer Anheftung an der Placenta. Die Ausdrücke *parietale* und *zentrale* Plazentation meinen eine Anheftung entweder an der Seitenwand des Fruchtknotens oder in der Mitte. Die Bezeichnungen *marginale* und *laminale* Plazentation zielen auf die Beziehung zu einem einzelnen Fruchtblatt und meinen die Anheftung entweder an den Rändern oder an der Fläche des Blattes (Abb. 416).

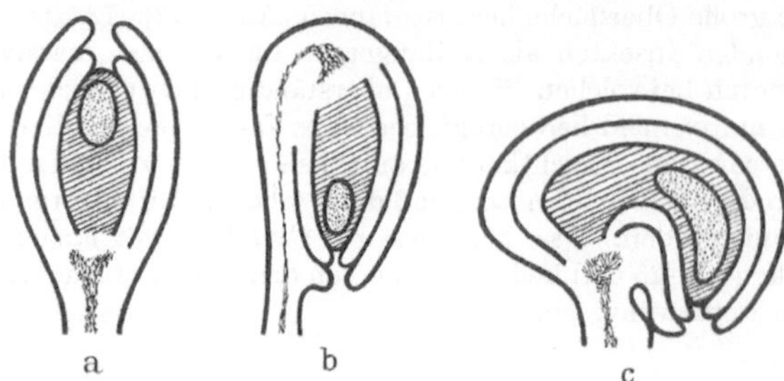

Abb. 415a—c. Schema einer atropen (a), anatropen (b) und einer kampylotropen (c) Samenanlage. Nucellus schraffiert. (Orig.)

verschieden: Sie kann von einer einzigen je Fruchtknoten (z. B. Gramineen) bis zu vielen Tausenden (z. B. Orchideen) in einem solchen variieren. Da die sexuelle Fortpflanzung bei den Blütenpflanzen die Funktion der Vermehrung und Verbreitung meistens mit der der Überdauerung verbindet, ist eine große Zahl von Samenkörnern sinnvoll und notwendig. Das kann auf zwei Wegen erreicht werden. Es können wenige Blüten mit massenhaften Samenanlagen im Fruchtknoten gebildet werden, oder viele kleine, einfach ausgestaltete Blüten mit nur je einer Samenanlage.

Die Zahl der Samenanlagen in einem Fruchtknoten und damit dann auch die der Samenkörner in der späteren Frucht ist sehr

Der Embryosack. Der weibliche Gametophyt bildet sich in der Samenanlage ebenfalls aus der subepidermalen Zellschicht, hier des Nucellus, doch ist es immer nur eine einzige Zelle je Samenanlage, die in die Meiosis eintritt. Diese, der Gonotokont, ist schon vor Beginn der Meiosis durch Plasmareichtum und Größe kenntlich und wird gewöhnlich, recht unzweckmäßig, als Embryosackmutterzelle bezeichnet. Die vier aus der Meiosis entstehenden Gonen werden nicht in einem Tetraeder, sondern in einer Reihe

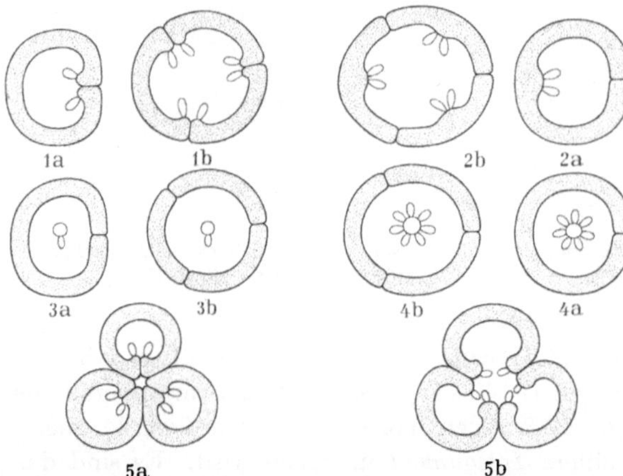

Abb. 416. Schema der verschiedenen Plazentationstypen. 1 u. 2 parietale Plazentation. 1a marginale Plazentation eines einblättrigen Fruchtknotens; 1b marginale Plazentation eines mehrblättrigen Fruchtknotens; 2a laminale Plazentation eines einblättrigen Fruchtknotens; 2b laminale Plazentation eines mehrblättrigen Fruchtknotens; 3a basiläre Plazentation eines einblättrigen Fruchtknotens; 3b basiläre Plazentation eines mehrblättrigen Fruchtknotens; 4a axilläre Plazentation eines einblättrigen Fruchtknotens; 4b axilläre Plazentation eines mehrblättrigen Fruchtknotens; 5a zentralwinkelständige Plazentation eines synkarp-septierten Fruchtknotens; 5b wie 1b. Die Ränder der Fruchtböden stärker verwachsen. (Orig.)

angeordnet. Dabei werden im Gegensatz zu dem Archespor in den Pollensäcken *weder der Gonotokont noch die Gonen aus dem Gewebeverband befreit.* Von diesen vier Gonen wird nur eine weitergebildet, die drei anderen sterben ab. Im Normalfall ist es die unterste, am meisten der Chalaza zugewandte Zelle, die zum Embryosack wird.

Vorausgesetzt ist dabei freilich, daß alle vier Gonen die gleiche entwicklungsgeschichtliche Aktivität besitzen. Das ist nicht immer der Fall und kann bei einer Spaltung nach

Vitalitätsfaktoren zu einer Konkurrenz der Gonen um die Embryosackbildung führen. In einem solchen Fall kann die Gone, die ihrer Lage nach zur Weiterentwicklung determiniert ist, von einer anderen, die sich zwar in ungünstigerer Lage befindet, aber vitaler ist, im Wachstum überholt und beiseite gedrängt werden. Eingehend nachgewiesen ist das in der Gattung

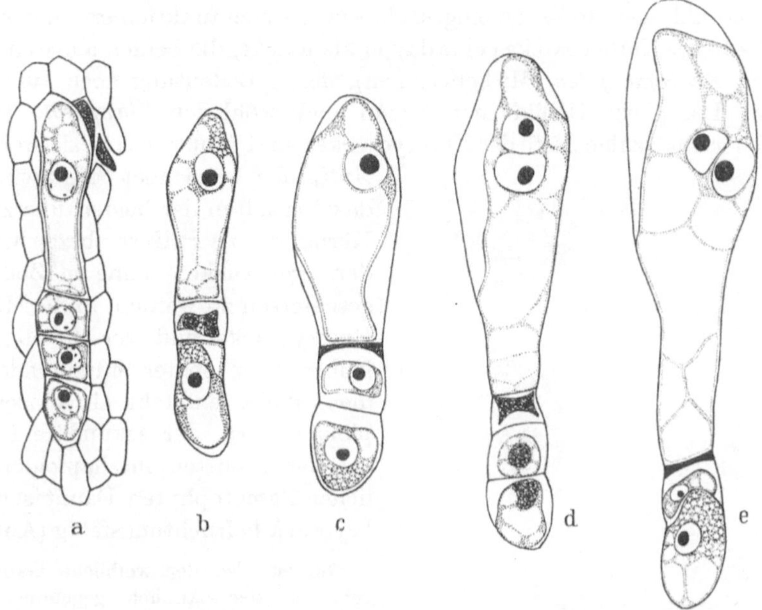

Abb. 417a—e. Normale Entwicklung des Embryosacks von *Oenothera*, die oberste (mikropylare) Gone entwickelt sich weiter. a Tetrade mit beginnendem Wachstum der mikropylaren Gone; d—e Entwicklung derselben. (Nach RENNER)

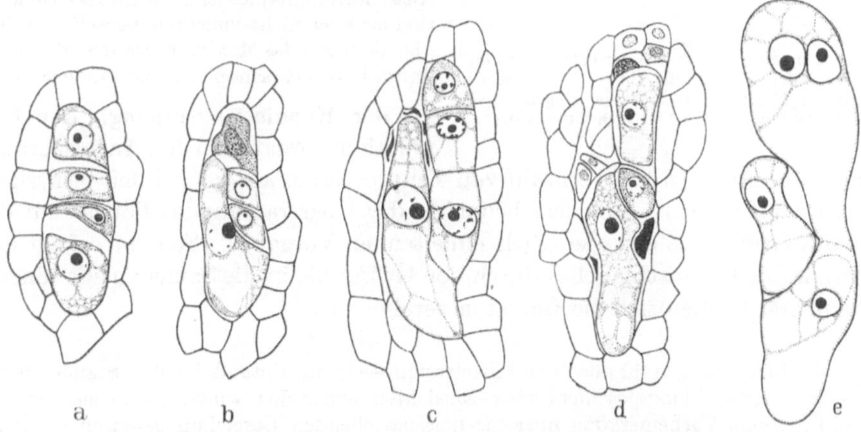

Abb. 418a—e. Die durch ihre Lage determinierte Gone ist in der Vitalität geschwächt, so daß sich eine andere (die chalazale) zum Embryosack entwickeln kann. a Tetrade; b—e Entwicklung der chalazalen Gone zum Embryosack. (Nach RENNER)

Oenothera (Renner), in der freilich als bemerkenswerte Besonderheit die reine Determination durch die Lage nicht die chalazale, sondern die mikropylare Gone zur Weiterentwicklung bestimmt (Abb. 417 und 418).

Nach der Vergrößerung der heranwachsenden Gone teilt sich deren Kern, der „primäre Embryosackkern", in drei Teilungsschritten in acht Kerne. Nach der ersten Teilung rücken die beiden Kerne an die beiden Enden der Zelle, die sich weiterhin stark vergrößert und damit zum Embryosack wird. Am chalazalen wie mikropylaren Ende des Embryosackes erfolgen zwei weitere Teilungsschritte, so daß aus jedem der beiden Kerne vier neue entstehen. Jeweils drei davon werden durch Wandbildungen in Zellen eingeschlossen; danach funktioniert an der mikropylaren Seite des Embryosackes eine davon als *Eizelle*, die beiden anderen, die sie flankieren, als *Synergiden* (Mithelferinnen), deren Bedeutung noch aufzuzeigen sein wird. Das ganze Gebilde nennt man auch wohl den *Eiapparat*. Die drei Zellen an der chalazalen Seite des Embryosackes sind funktionslos; sie werden als

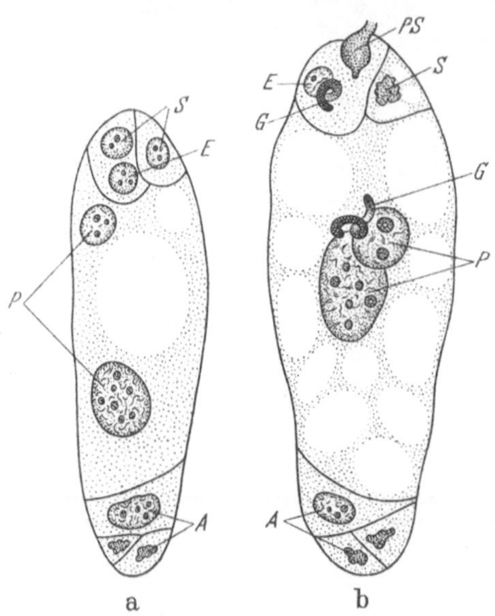

Antipoden bezeichnet. Merkwürdig ist das Verhalten der beiden überzähligen Kerne, die als *Polkerne* bezeichnet werden. Sie rücken, ohne in Zellen eingeschlossen zu werden, in die Mitte des Embryosacks und verschmelzen dort früher oder später miteinander. Auf diese Weise entsteht ein einzelner diploider Kern, der sekundäre Embryosackkern, mitten im haploiden weiblichen Gametophyten. Damit ist der Embryosack befruchtungsfähig (Abb. 419).

So ist also der weibliche Gametophyt genau wie der männliche gegenüber den Zuständen bei den Gymnospermen weiter reduziert, und die Meiosis ist noch erheblich näher an die Gametenbildung herangerückt. Die Ausschaltung haploider Elemente als Generation ist zwar nicht vollständig geschehen, hat aber dennoch das Maximum erreicht, das überhaupt bei den Cormophyten zustande kommt.

Abb. 419a u. b. Embryosack vor der Befruchtung (a) und während der Befruchtung (b). *S* Synergiden; *A* Antipoden; *E* Eizelle; *P* Polkerne; *G* generative Kerne; *PS* Pollenschlauch. (Nach GUIGNARD)

Der Kopulationsvorgang. Der Kopulationsvorgang bei den Angiospermen gliedert sich in eine größere Anzahl von Teilprozessen, als das bei den bisherigen Gruppen der Fall war. Zunächst bedarf es der Übertragung des Pollens auf die Narbe des Griffels als eines lediglich einleitenden Vorgangs. Sodann erfolgt das Wachstum des Pollenschlauches durch den Griffel bis in die Samenanlage hinein, und dann erst können sich die Gameten vereinigen[1].

---

[1] Da die Benennungen für alle diese Einzelereignisse in der Botanik bei dem Stande höchst verschiedener entwicklungsgeschichtlicher Einsichten eingeführt wurden, sind sie gänzlich uneinheitlich; eine Vorbemerkung über die hier bestehenden Bezeichnungsweisen ist daher angezeigt.

Die Gametenkopulation wurde in den vorhergehenden Abschnitten verschieden klassifiziert je nach der Gestalt und dem Verhalten der Gameten oder ihrer unmittelbaren Substitute. Danach unterscheiden wir: Isogamie, Anisogamie, Oogamie; ferner Chorogamie und Angiogamie; endlich Gametangiogamie und Somatogamie. Die typische Kopulationsweise im Sexualvorgang der Blütenpflanzen wird nun als *Siphonogamie* bezeichnet. Das Heranbringen der männlichen Gameten durch den Pollenschlauch an die Eizelle, also durch ein energisch und gerichtet wachsendes Gebilde, das allein in den geschlossenen Fruchtknoten einzudringen vermag, erscheint somit als das entscheidende Phänomen.

Die Bestäubung. Der Kopulationsvorgang bei den Angiospermen wird durch die Übertragung der Pollenkörner auf die Narbe des Griffels eingeleitet. Dazu bedarf es eines Überträgers. Als solcher funktioniert entweder der Wind oder Tiere, in verschwindenden Ausnahmefällen auch wohl das Wasser.

Bei Wind und Wasser als Überträger kann allein mit dem zufälligen Zusammentreffen von Pollenkorn und Narbe gerechnet werden; so sind besonders bei den zahlreichen Windblühern unwahrscheinliche Massen trockenen, ausstäubenden Pollens zu produzieren. Diese Mengen sind so groß, daß zur Blütezeit windblütiger Pflanzen die Atmosphäre bis auf 4—5000 m Höhe damit so dicht angefüllt ist, daß man aus Flugzeugen Pollen dort noch auffangen kann. Um das Auftreffen des Windpollens auf die Narben zu erleichtern, findet man bei windblütigen Pflanzen stets solche mit vergrößerter Oberfläche vor. Die Übertragung des Pollens durch Tiere ist insofern ökonomischer, als eine gewisse Gerichtetheit dabei besteht, weil die Tiere eine Blüte nach der anderen aufsuchen, um Pollen oder Nektar als Nahrung zu gewinnen.

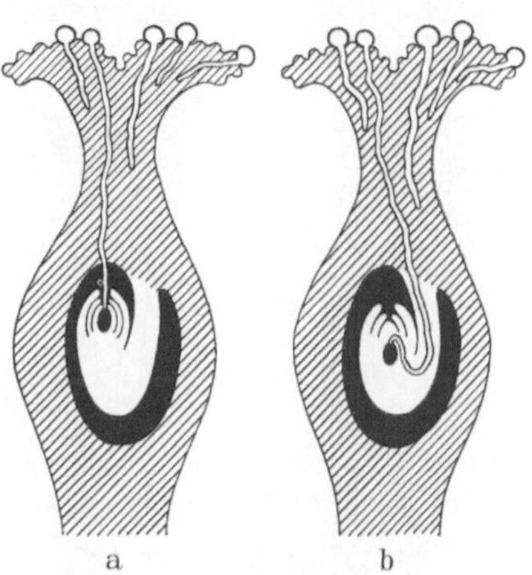

Abb. 420a u. b. Schema des Wachstums des Pollenschlauchs bei Porogamie (a) und bei Chalazogamie (b). (Orig.)

Auf den Narben beginnen die Pollenkörner zu „keimen", d. h. aus den Austrittstellen der Körner tritt der Pollenchlauch aus, der die wachsende Intine darstellt. Die Schläuche wachsen das Griffelgewebe entlang bis in den Fruchtknoten hinein. Hier kann der Pollenschlauch durch die Höhlung hindurch direkt zu der Mikropyle der Samenanlage gelangen und von hier aus durch eine der Synergiden hindurch bis zur Eizelle vordringen (Porogamie). In anderen Fällen bleibt der Pollenschlauch im Gewebe und wächst durch Funiculus und Chalaza hindurch bis an sein Ziel (Chalazogamie) (Abb. 420). Während des Wachstums des Schlauches teilt sich der Kern der generativen Zelle in diesem noch einmal, und es entstehen daraus die beiden männlichen Gameten.

Während des Pollenschlauchwachstums hat sich der Kern der vegetativen Zelle voranbewegt (Abb. 421); er regelt und dirigiert offenbar das Wachstum des Pollenschlauches, wobei er früher oder später zugrunde geht. Das Pollenschlauchwachstum als Prozeß ist übrigens ungemein kompliziert verschränkt; es wird später noch einmal davon die Rede sein. — Ob es sich bei den Teilungsprodukten der generativen Zelle im Pollenschlauch *nur* um Kerne oder auch um Kern und Plasma, also um Zellen handelt, ist schwer zu entscheiden, da man

Als die eben genannten cellulären Vorgänge bekannt wurden, waren die vorbereitenden gröberen Prozesse der Pollenübertragung auf die Narbe längst erforscht. Sie wurden jedoch bereits als Vollzug des Sexualvorgangs angesehen und mit denselben Wortzusammensetzungen bezeichnet, die dann später den eigentlich cellulären Kopulationsprozeß kennzeichneten. So spricht man auch heute noch von *Autogamie, Geitonogamie* und *Xenogamie* und meint die Selbst*bestäubung*, die Nachbar*bestäubung* und die Fremd*bestäubung*; ferner von *Chasmogamie* und *Kleistogamie*, wenn Bestäubung in offenen oder geschlossenen Blüten gemeint ist. Endlich von *Anemogamie* oder *Zoidiogamie*, womit die Übertragung der Pollenkörner von den Antheren auf die Narbe des Griffels durch den Wind oder durch Tiere gemeint ist. Der in der ersten und in der zweiten Gruppe von Bezeichnungen gemeinte Gebrauch der Endsilbe „gamie" zielt also auf völlig inkongruente Vorgänge. Da indessen die Termini der zweiten Gruppe ebenso tief in der Botanik verwurzelt sind wie die der ersten, sind sie nicht zu vermeiden.

optisch kaum etwas anderes als Kerne wahrnehmen kann. Sicher ist freilich, daß sich genetisch zuweilen väterliches Plasma oder Plastiden in der Zygote feststellen lassen. Wieweit es sich dabei jedoch um Pollenschlauchplasma oder um solches handelt, das dem generativen Kern als Zelle sozusagen fest zugeordnet ist, ist schwer entscheidbar. Das erstere ist wahrscheinlicher, weil die Übertragung väterlichen Plasmas höchst unregelmäßig und selten ist (Abb. 422 und 423).

Aus der Kopulation des einen männlichen Gameten mit der Eizelle (Abb. 419b) entsteht die Zygote, die sich dann weiterhin in der schon früher geschilderten Weise zum Embryo entwickelt. Der zweite männliche Gamet rückt bis zum sekundären Embryosackkern vor und verschmilzt mit diesem, so daß hier — höchst merkwürdig — ein triploides Gebilde, der Endospermkern, entsteht. Das hieraus entstehende *Endosperm* ist also entwicklungsgeschichtlich etwas völlig anderes als das haploide Endosperm der Gymnospermen; allein in der Funktion stimmen beide Gebilde überein. Die Entwicklung zum fertigen Samenkorn beginnt gewöhnlich mit einer starken Vergrößerung des Embryosackes, der vorerst einen plasmatischen Wandbelag um eine beträchtliche Vacuole darstellt. In diesem verteilen sich die Kerne, die aus den rapiden Teilungen des Endospermkernes entstehen, vielfach zunächst so, daß keine Wände zwischen ihnen ausgebildet werden (nucleäres

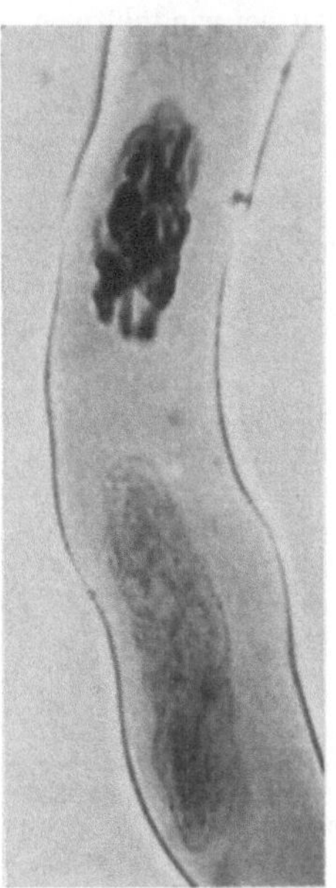 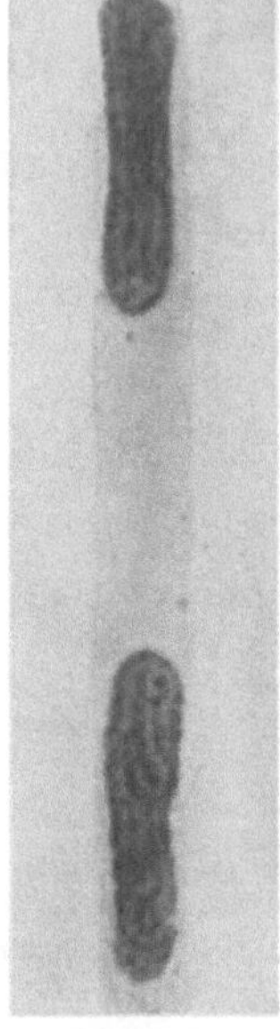 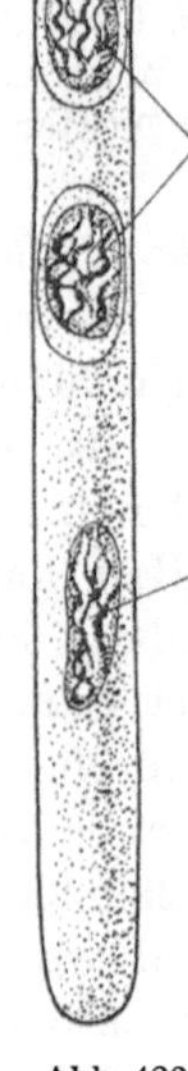

Abb. 421	Abb. 422	Abb. 423

Abb. 421. Pollenschlauchwachstum von *Agapanthus*. Unten der vegetative Kern *(V)*, oben der generative Kern *(G)*. Dieser befindet sich gerade in der Prophase der Teilung. (Nach LINDEMANN)

Abb. 422. Pollenschlauch von *Lilium candidum*. Die beiden generativen Zellen des Pollenschlauchs. (Nach LINDEMANN)

Abb. 423. Schematische Darstellung des Pollenschlauchs mit vegetativem Kern *(V)* und den beiden generativen Zellen *(G)*. (Nach GUIGNARD)

Endosperm). Erst später geht das nucleäre Endosperm in ein celluläres über durch Ausbildung von Zellwänden zwischen den Kernen (Abb. 50).

Bei einigen Typen beginnt das Endosperm auch sogleich bei seinen ersten Teilungen mit cellulären Bildungen. Seine Funktion ist in allen Fällen, als Nährgewebe zu dienen, wobei es anfänglich die Ernährung und Entwicklung der befruchteten Eizelle zum Embryo regelt. In dieser Funktion kann es völlig aufgebraucht werden und verschwinden, so daß die Speicherung notwendiger Reservestoffe dann in den Kotyledonen der Embryonen erfolgen muß. Unter solchen Umständen wachsen die Embryonen stark heran und füllen das ganze Samenkorn aus. Bei kleinbleibenden Embryonen speichert das celluläre Endosperm die Reservestoffe. Der Nucellus wird gewöhnlich bei dieser Anhäufung massenhafter Reservestoffe mit aufgezehrt, es sei denn, daß er — das kommt freilich höchst selten vor — als akzessorisches Nährgewebe verwendet wird; man pflegt ein solches sodann als *Perisperm* zu bezeichnen (Abb. 424). Ist der Nucellus besonders wenigschichtig (tenuinucellate Formen), wozu besonders die Tubifloren und Personaten gehören, dann erbringt seine Einschmelzung nicht genügend Material. Es können dann vom Embryosack aus der Mikropyle heraus oder auch von den Synergiden oder Antipoden her, lacunöse Schläuche in die Umgebung getrieben werden, sog. *Haustorien*, die in die Integumente eindringen, ja sogar vom Funiculus aus an der Fruchtknotenwand entlang vordringen können. Zweifellos stehen diese merkwürdigen Gebilde auch mit der Erwerbung von Reservestoffen im Zusammenhang (Abb. 88, S. 69).

Das Samenkorn schließt seine Reife mit der Bildung der Samenschale aus den Integumenten ab. Da die meisten Samenkörner zugleich Dauerorgane sind, ist eine feste äußere Hülle notwendig. So besitzt die Samenschale eine Cuticula, die vor Wasserverlust schützt, und die Gewebe der Integumente verkorken oder es werden Sklereiden oder sonstige feste Elemente ausgebildet. Sodann wird ein Ruhezustand durch den Übergang der lebenden Zellen in die Anabiose herbeigeführt unter weitgehender Entquellung des Protoplasmas. Die Minderung der

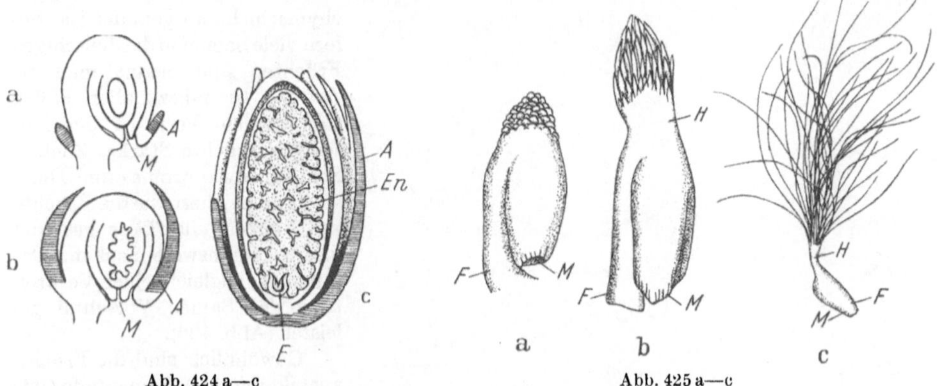

Abb. 424 a—c   Abb. 425 a—c

Abb. 424a—c. Entwicklung des Arillus *(A)* und des ruminierten Endosperms *(En)* von *Myristica fragrans*. *E* Embryo; *M* Mikropyle. Das Perisperm wächst zwischen das Endosperm vor. a, b stärker vergrößert als c. (Nach GOEBEL und WARMING, etwas verändert)

Abb. 425a—c. Haare, die sich am chalazalen Ende der Samenanlage von *Myricaria germanica* entwickeln. *F* Funiculus; *M* Mikropyle; *H* Haarschopf. (Nach GOEBEL)

Aktivität ist so stark, daß sich irgendwelche Lebensäußerungen an ruhenden Samen meist nur indirekt feststellen lassen. In diesem Zustand ist ein Samenkorn fertig, um abgestoßen zu werden. Die Loslösung erfolgt durch den Bruch des Funiculus in einer vorgebildeten Bruchstelle, die sich am Samenkorn später als *Hilum*, als Nabel, kennzeichnet.

Die Samen besitzen vielfach besondere Verbreitungseinrichtungen: Haare (Abb. 425) und Flügel, um ein Vertragenwerden durch die Luft zu erleichtern; Eleiosomen, fett- oder eiweißhaltige Anhängsel, die Tieren Nahrung bieten und dadurch Verschleppung bewirken; Samenmäntel oder Arilli (Abb. 424), die entweder auch die Tierverbreitung fördern oder — wie bei *Nymphaea* -- als Schwimmgürtel der Wasserverbreitung angepaßt sind. Von dieser Ökologie der Samen und Früchte — einem weiten und wohl durchgearbeiteten Gebiet — wird noch an anderer Stelle die Rede sein.

Die Frucht. Der Fruchtknoten wächst während der Samenreife zur Frucht heran, woran sich auch noch andere Blütenelemente, die Achse oder andere Blätter, beteiligen können. Die Fruchtwand bezeichnet man als das *Perikarp*; sie besteht aus einem *Exokarp, Mesokarp* und *Endokarp*. Das Perikarp als Ganzes wird sehr verschieden ausgebildet, je nachdem, ob es sich um trockene oder fleischige Früchte handelt. Im ersten Fall kann man wiederum *Schließfrüchte* und *Streufrüchte* (FIRBAS) unterscheiden.

　　Schließfrüchte sind solche, bei denen die Samenkörner ständig vom Perikarp umschlossen bleiben. Ist nur ein Samenkorn in einer Frucht vorhanden, so können sogar, wie bei der *Caryopse* der Gräser, Frucht- und Samenschale miteinander verwachsen, oder wie bei der *Achäne* der Compositen die Fruchtschale das Samenkorn ganz fest umschließen. Sind mehrere darin, dann können die Früchte wie die *Bruchfrüchte* oder *Gliederschoten* in Teilstücke mit je einem Samen zerfallen. Die Streufrüchte enthalten demgegenüber stets viele Samen in der Frucht; sie können entweder wie *Balg*, *Hülse* oder *Schote* völlig, jedoch in verschiedener Weise, aufspringen oder aber wie bei den verschiedenen *Kapsel*formen, enger begrenzte Öffnungen ausbilden.

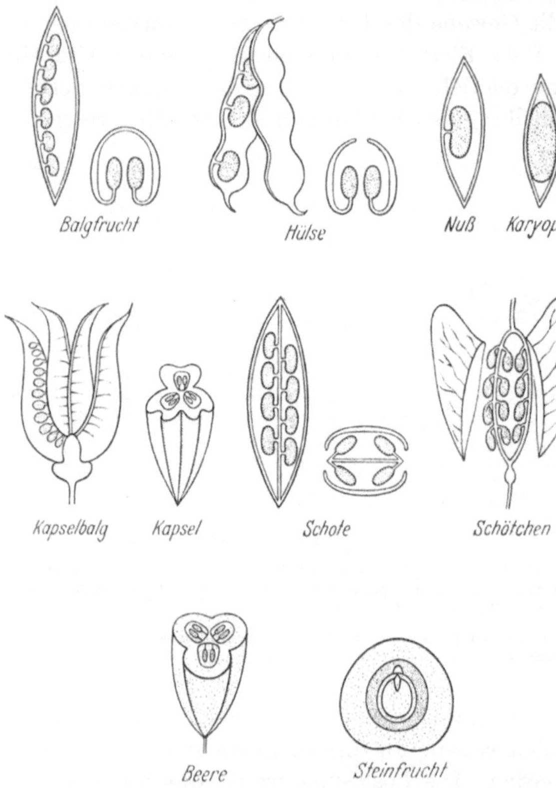

Abb. 426. Die verschiedenen Fruchttypen (schematisch)

Die fleischigen Früchte sind stets Schließfrüchte. Dabei ist es gleichgültig, ob sich nur ein Samenkorn oder viele in der Frucht befinden. Im ersteren Fall redet man von *Steinfrüchten*, wenn das Endokarp als Sklerenchymschicht ausgebildet ist. Sofern viele Samen in den fleischigen Früchten sind, nennt man sie *Beeren*. In nahezu allen Fällen sind in dem Perikarp der fleischigen Früchte Stärke, Zucker, Schleim sowie Aroma- und Duftstoffe gespeichert, die die Früchte zur Nahrung für Tiere geeignet und begehrenswert machen. Damit wird zugleich einer Verbreitung der Samen Vorschub geleistet (Abb. 426).

Gewöhnlich sind die Fruchtausbildung und Samenreife eng miteinander korreliert. Daß indessen die beiden Vorgänge auch unabhängig voneinander sein können, zeigt mindestens in einer Richtung die weite Verbreitung der Parthenokarpie. Solche Typen lassen, wie die Kulturbanane, ohne überhaupt die Möglichkeit zur Samenausbildung zu besitzen, dennoch samenlose Früchte heranreifen.

　　Die Darstellung des komplizierten und vielgestaltigen Ablaufs der Sexualität bei den Blütenpflanzen ist hiermit beendigt. Wohl kann man mit einem gewissen Recht die sexuelle Fortpflanzung bei den Blütenpflanzen als die zentrale bezeichnen; dient sie doch zugleich der Propagation wie der Überdauerung. Daß indessen die vegetative Fortpflanzung keineswegs fehlt, sondern ebenfalls höchst bedeutungsvoll ist, wird der folgende Abschnitt zeigen. Die nahezu völlige Vernachlässigung dieses Phänomens in den Lehrbüchern mag damit zusammenhängen, daß die Fortpflanzung so gut wie niemals anders als im Zusammenhang mit der Systematik erscheint.

　　Vegetative Fortpflanzung. Die vegetative Fortpflanzung spielte bei den Moosen eine außerordentliche, bei den Farnen eine untergeordnete, bei den Gymnospermen kaum eine Rolle. Die Blütenpflanzen indessen bedienen sich ihrer wiederum in überaus zahlreichen Variationen. Zugleich besitzt sie für die Praxis des Pflanzenanbaus bemerkenswerte Vorteile. Sie erlaubt es nämlich, ein irgendwie günstig erfundenes Individuum in allen seinen Eigenschaften ohne die bei der Sexualität stets gegebene Gefahr der Nachkommenschaftsspaltung exakt in beliebiger Menge auch bei Hybriden zu reproduzieren. So sind also in Gärtnerei, Land- und Forstwirtschaft nicht allein viele vegetativ reproduzierende Formen in Kultur genommen (Tulpen, Hyazinthen, Kartoffeln), sondern es sind darüber hinaus schon seit dem Altertum eine ganze Reihe artifizieller Verfahren entwickelt,

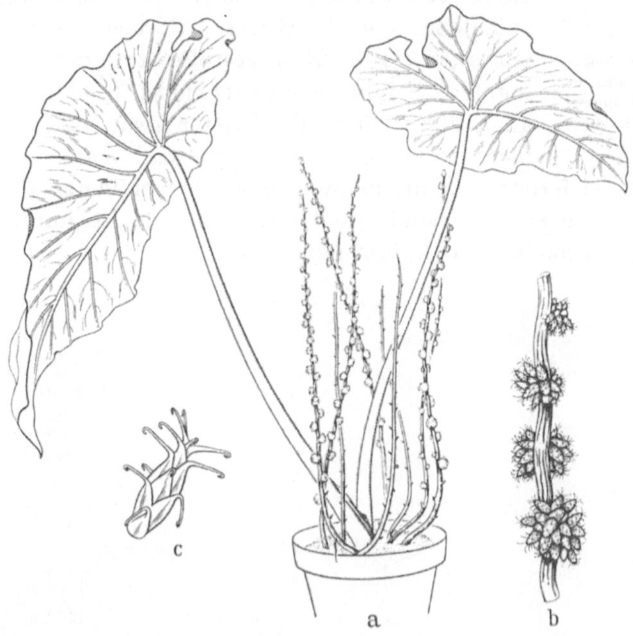

Abb. 427a—c. *Remusatia vivipara.* a Gesamte Pflanze (auf ¹/₅ verkleinert); b Sproßausläufer mit Büscheln von Bulbillen (natürliche Größe); c einzelne Bulbille mit Haken an den Enden der Niederblätter (Vergr. 5:1). (Orig.)

vegetative Fortpflanzung herbeizuführen (Stecklingsaufzucht, Pfropfen und Okulieren bei zahllosen Pflanzen). Für jeden Biologen ist es also unerläßlich, genau darüber unterrichtet zu sein.

Für die vegetative Fortpflanzung der Angiospermen trifft in einer Hinsicht dasselbe zu wie für die sexuelle: Auch hierbei entwickelt sich eine neue Pflanze niemals mehr *selbständig von einer einzelnen isolierten Zelle* aus, vielmehr wird der Fortpflanzungskörper entweder auf der Mutterpflanze oder mindestens in unmittelbarem Zusammenhang mit dieser so weit ausgebildet, bis er als vielzelliger Körper alle notwendigen Bestandteile einer Sproßpflanze besitzt.

Im übrigen besteht insofern eine Differenz zwischen den beiden Fortpflanzungsweisen, als die Ausbildung der Sexualorgane allein in strenger Ausschließlichkeit den Sproßsystemen zugeordnet ist. Vegetative Fortpflanzungskörper dagegen können auch von Wurzeln gebildet werden. Besonders häufig geschieht das auf dem Wege der Knospenbildung an Wurzeln; meist solchen, die einigermaßen oberflächlich im Boden entlang streichen. Die Gattungen *Linaria, Coronilla* und unter den Holzpflanzen *Ailanthus, Sassafras* und *Gymnocladus* enthalten die bekanntesten Beispiele.

Das Sproßsystem als Basis vegetativer Fortpflanzung. *Bulbillen, Brutzwiebeln und Brutknospen.* Alle diese Gebilde, die zahlreich über das System der Angiospermen verstreut vorkommen, hat TROLL anschaulich als „Brutsprosse"

bezeichnet. In allen Fällen handelt es sich um leicht abfallende Sprosse mit ver-
kürzter Achse, die nahezu ausschließlich als Achselsprosse entstehen. Gemeinsam
ist allen ein apikal liegendes meristematisches Gewebe,
mehr oder weniger zahlreiche Niederblätter und an der
Basis eine Wurzelanlage. Als Bulbillen bezeichnet man sie,
wenn die Achse zwar kurz, aber dick sowie mit Reservestoffen reichlich erfüllt ist, und die Blätter klein sind. Ist
die Achse kurz, jedoch aus breiter Basis scharf kegelförmig
zulaufend, sind die Blätter zahlreich, festgeschlossen und
enthalten sie die Reservestoffe statt der Achse, so nennt
man das Gebilde eine Brutzwiebel. Sind die Achsen länger,
aber relativ dünn, die Blätter zwar auch zahlreich, aber
nicht so fest geschlossen, so wird man von Brutknospen

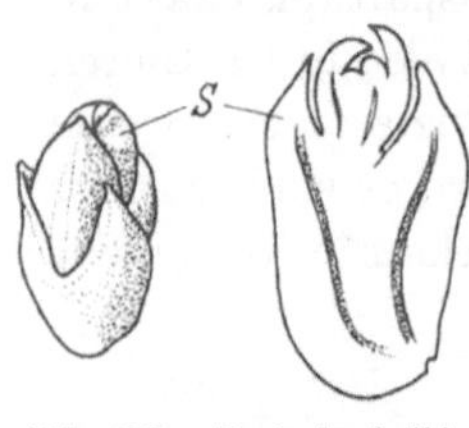

Abb. 428. *Dentaria bulbifera.* Bulbille total und im
Längsschnitt. *S* Schuppen-
blätter. (Nach TROLL)

reden. Typisch ist ferner, daß die meisten dieser so gebildeten Fortpflanzungskörper Überdauerungsorgane sind; sie besitzen also nicht nur morphologisch
eine gewisse Ähnlichkeit mit den Samenkörnern.

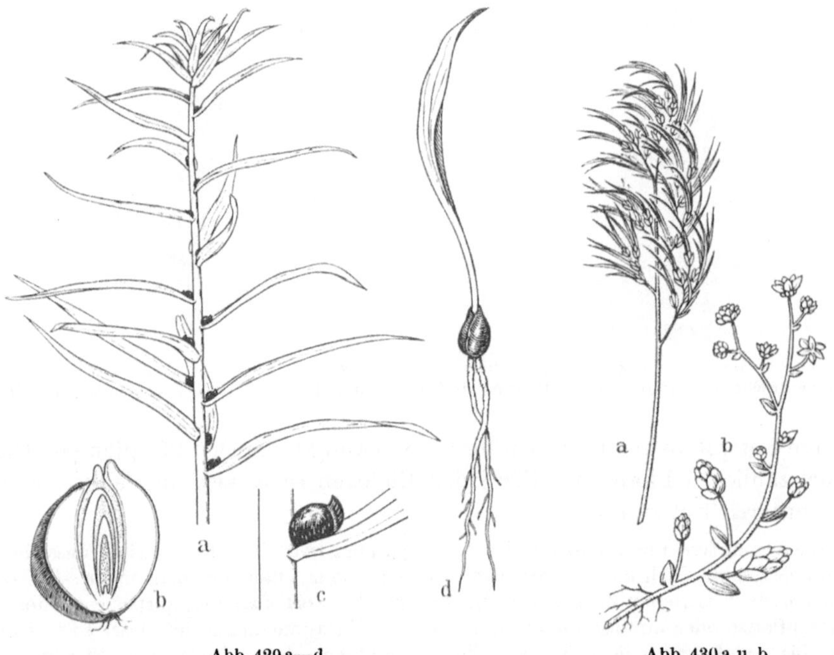

Abb. 429 a—d   Abb. 430 a u. b

Abb. 429a—d. *Lilium tigrinum.* a gesamte Pflanze, in den Achseln der Blätter sitzen die Brutzwiebeln (auf
¹/₄ verkleinert); b Brutzwiebel im Längsschnitt (Vergr. etwa 2:1); c Brutzwiebel in der Achsel eines Blattes
(natürl. Größe); d Brutzwiebel zu einem jungen Pflänzchen ausgewachsen (verkleinert auf ¹/₂). (Orig.)

Abb. 430a u. b. a *Poa bulbosa* mit Viviparie im Blütenstand (nach KERNER); b *Sedum dasyphyllum* (nach ULLRICH)

Die Bulbillen sind die kleinsten Einheiten unter den vegetativen Fortpflanzungskörpern
der Angiospermen, und unter diesen wiederum die winzigsten sind diejenigen einiger tropischer
Araceen. So entwickeln sich bei der Gattung *Remusatia* nach der Blütezeit aus den Achseln
von Schuppenblättern der Knolle Sproßausläufer, die sodann negativ geotropisch aus dem
Boden aufwärts wachsen und in den Achseln ihrer Niederblätter ganze Büschel wenige
Millimeter großer Bulbillen tragen (Abb. 427). Diese durchbrechen die Blattscheiden ihrer
Tragblätter, lösen sich leicht los und fallen zu Boden, wo sie sich bewurzeln. Die Achsen der

Remusatiabulbillen sind von niederblattartigen Bildungen umhüllt, die ihrerseits spitz zulaufend und gebogen sind. Mag sein, daß diese Häkchen zur Verbreitung durch vorbeistreifende Tiere beitragen. Am basalen Ende entwickeln sich bei der Berührung mit dem Boden sodann die Wurzeln, die auch schon wie bei den Blattachselbulbillen von *Polygonum viviparum* als Anlage vorhanden sein können. So wird es deutlich, daß eine Bulbille ebenso wie ein Embryo alle zur Ausbildung einer Sproßpflanze notwendigen Organe bereits angelegt besitzt ebenso wie die erforderlichen Reservestoffe, die hier in dem Sproßstück aufbewahrt werden (Abb. 428 die Bulbillen von *Dentaria bulbifera*).

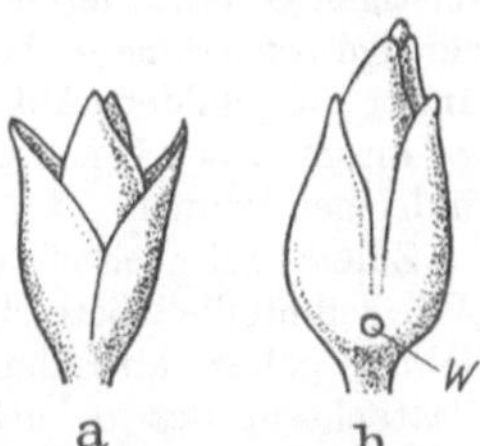

Abb. 431a u. b. *Helodea canadensis* (a) und *Stratiotes aloides* (b) Turionen. *W* Wurzelanlage. (Nach GLÜCK)

Brutzwiebeln kommen in der oben angegebenen Form in den Blattachseln von *Lilium bulbiferum* und *L. tigrinum* sowie in der Blütenregion verschiedener *Allium*arten vor. Im letzteren Fall können ganze Inflorescenzen aus solchen Zwiebeln zusammengesetzt und die wenigen dennoch entwickelten Blüten steril sein (Abb. 429).

Brutknospen mit zahlreichen, jedoch nicht so fest geschlossenen Blättern finden sich beispielsweise als Seitenachsen bei *Sedum dasyphyllum* (Abb. 430b). Hierher gehören sodann auch die bei vielen Wasserpflanzen vorhandenen „Turionen". Es sind das Brutknospen, die ähnlich wie die Winterknospen der Landpflanzen gebaut sind (Abb. 431). Sie besitzen eine verkürzte Achse, Niederblätter, und enthalten Reservestoffe. Entweder lösen sie sich von selbst von der

Abb. 432 a—c   Abb. 433 a u. b

Abb. 432 a—c. *Bryophyllum daigremontanum.* a ganze Pflanze mit Brutpflänzchen an den oberen Blättern (etwas verkleinert); b Blatt, an dessen Randkerben überall Brutpflänzchen entstanden sind (ungefähr natürl. Größe); c einzelnes Brutpflänzchen (etwas vergrößert). (Orig.)

Abb. 433 a u. b. *Ranunculus ficaria*, Wurzelbulbillen. a Die Lage der Bulbillen an der Gesamtpflanze (*B* Bulbillen); b einzelne Bulbille im Längsschnitt (*K* Knospe, *W* Wurzel). (Nach TROLL)

Mutterpflanze ab, oder sie werden durch den Zerfall der letzteren frei; im nächsten Frühjahr reproduzieren sie die Pflanze. Kleine, leicht abfallende Blattrosetten oder ‚kleine Laubsprosse werden an Stelle von Blüten verschiedener *Poa*arten (Abb. 430a) und einigen sonstigen Gräsern, ferner bei *Agave americana*, *Eryngium viviparum* und endlich — als merkwürdige Ausnahme — bei einigen Arten der Gattung *Bryophyllum* in den Kerben der Blattränder ausgebildet (Abb. 432). Diese Bryophyllumpflänzchen bilden an ihrer Basis bereits vor ihrem Abwurf mehrere Wurzeln aus, die dann nach der Ablösung sogleich in den Boden eindringen können.

Zuletzt sei noch ein eigenartiges Sondergebilde erwähnt, das TROLL sehr anschaulich als „Wurzelbulbille" bezeichnet und besonders an *Ranunculus Ficaria* demonstriert hat. Das Gebilde gehört aber dennoch in die hier zusammengefaßte Kategorie insofern, als in den Blattachseln des Scharbockskrautes zunächst Achselknospen entstehen, die zwar klein bleiben, dafür aber eine unverhältnismäßig große und dick mit Reservestoffen versehene Wurzel entwickeln. Tatsächlich bewurzelt sich nach dem Abfallen, wie die „Keimungsgeschichte" zeigt, der daraus heranwachsende beblätterte Sproß, während das Wurzelknöll-

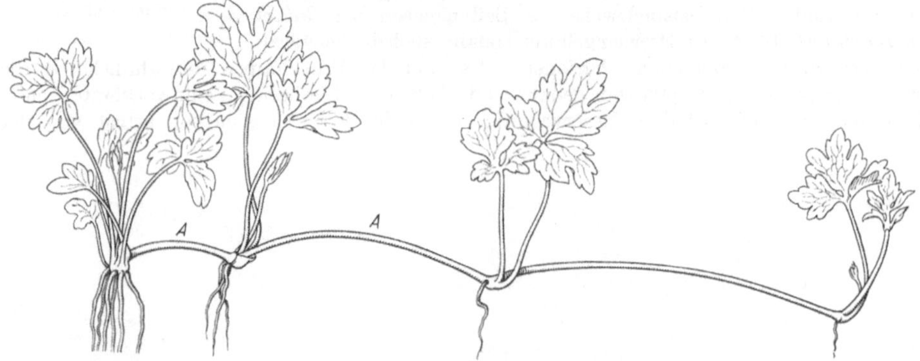

Abb. 434. *Ranunculus repens*, Pflanze mit Ausläufern *(A)* mit stark verlängerten Internodien. (Orig.)

chen nur als Reservestoffbehälter dient. Genau so verhalten sich die Wurzelknöllchen, die an Seitenknospen des alten Haupttriebes im Boden entstanden sind und die vegetative Reproduktion der Pflanze an Ort und Stelle übernehmen (Abb. 433).

Ausläufer. An diese oberirdischen Sproßbildungen, die ihrerseits bis auf solche Brutknospen wie bei Bryophyllum Dauerorgane darstellen, schließen sich nunmehr die Ausläufer an, vegetative Fortpflanzungskörper zur Vermehrung und Verbreitung, die sich durchaus unter denselben Lebensbedingungen entwickeln und in ihrer Fortpflanzungseigenschaft betätigen wie die ausgebildete vegetative Pflanze. Sie verhalten sich also durchaus analog zu den Schwärmsporen von Ulothrix. Ausläuferbildung ist sehr häufig: *Fragaria*, *Ranunculus repens*, *Ajuga reptans*, *Saxifraga sarmentosa* sind die bekanntesten Beispiele.

Die Weise der Ausläuferbildung sei hier für *Ranunculus repens* geschildert (Abb. 434). Der Hauptsproß der Pflanze schließt terminal mit einem Blütenstand ab. An den unteren Laubblättern entstehen als Seitenzweige die Ausläufer, die sich einmal durch ihr plagiotropes Wachstum auszeichnen, wodurch sie dicht über dem Boden hinkriechen, und zum andern durch ihre verlängerten Internodien, von denen stets das basale am stärksten entwickelt ist und eine Länge von 15—20 cm erreichen kann. Die Blattfolge an den Ausläufern beginnt mit einem Niederblatt. Das nächste Blatt ist ein Laubblatt, in dessen Achsel sich sogleich eine Rosette ausbildet, die Wurzeln treibt und sich sodann als neues Individuum verselbständigt. Auf das Laubblatt kann wieder ein Niederblatt folgen und auf dieses wieder ein Laubblatt. Sofern damit der Ausläufer mit einer Endrosette abschließt, erscheinen aus den Achseln der Niederblätter Seitensprosse, die sich ihrerseits als Ausläufer entwickeln; ist das nicht der Fall, dann können auch in den Achseln der Niederblätter Rosetten erscheinen, so daß dann mehrere hintereinander entstehen. Da von einer Ausgangspflanze aus eine ganze Reihe von Ausläufern ausgehen können und jeder mehrere bewurzelungsfähige Rosetten bildet, so kommt dadurch eine lebhafte Vermehrung zustande.

Knollen, Zwiebeln, Stolonen und Rhizome sind unterirdische vegetative Fortpflanzungskörper von Sproßcharakter. Sie dienen neben der Vermehrung zugleich auch meistens noch der Überdauerung; allein bei den Rhizomen braucht das nicht immer der Fall zu sein. Auch bei diesen Gebilden können sowohl die Sproßachse als auch die Blätter in wechselndem Maße an der Funktion teilnehmen.

Die Bildung der Knollen an den jungen Kartoffelpflanzen beginnt damit, daß in den Kotyledonarachseln und in denen einiger weiterer Blätter Ausläufer entstehen, die, wenn sie oberirdisch aufgetreten sind, die Tendenz haben, positiv geotropisch in die Erde hineinzuwachsen und sich mehrfach zu verzweigen. Am Ende jeweils einer Verzweigung wird zuletzt eine Knolle gebildet. Das geschieht dadurch, daß die gestauchten Internodien einer blattreichen Endknospe sich nicht mehr strecken, sondern in die Dicke wachsen und damit freilich doch wiederum die Blätter auseinanderzerren. Dieser Herkunft entsprechend charakterisiert sich die Kartoffelknolle als ein polar gebautes Sproßgebilde mit einem basalen Ende und einer Apikalknospe (Abb. 435). Die Blätter der Knollen sind ausgesprochene Niederblätter, die im Laufe der Entwicklung absterben und an der fertigen Knolle Narben hinterlassen, in deren Achseln Knospen stehen. Diese Knollen, die geradezu unmäßig mit Reservestoffen — besonders Stärke — angefüllt sind, stellen Überdauerungsorgane gegenüber einer Trockenperiode dar. Bei der Keimung entwickeln sich aus den Blattachseln der Niederblätter Sprosse, die dann ihrerseits an ihrer Basis Wurzeln hervorbringen. Damit ist dann eine neue Pflanze gebildet. Solche knollenbildenden Ausläufer sind nicht selten; *Petasites officinalis, Stachys tubiflorus* und *Cyperus esculentus* sind weitere Beispiele, denen sich noch zahlreiche anreihen ließen. Knollen, die aus einem Internodium des oberirdischen rankenden Sprosses entwickelt werden, finden sich bei *Cissus gongyloides* (Abb. 436).

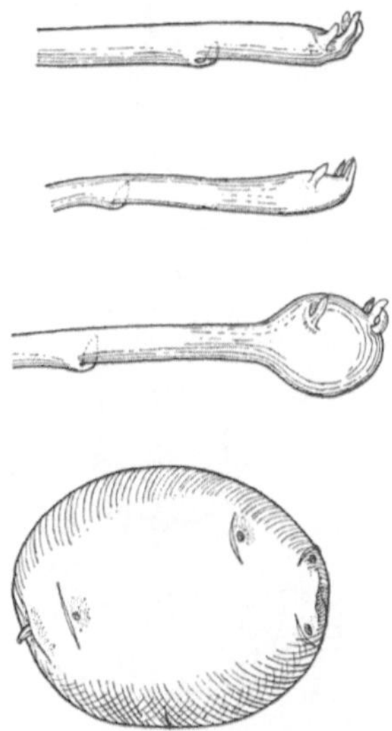

Abb. 435. *Solanum tuberosum*, Entwicklung einer Kartoffelknolle an einem unterirdischen Sproß. (Nach TROLL)

Zwiebeln brauchen nicht unbedingt als Organe der vegetativen Fortpflanzung aufgefaßt zu werden. Es gibt Zwiebelpflanzen, die sich ausschließlich durch Samen fortpflanzen, bei denen dann also die Zwiebel den anfänglichen Kurztrieb und Reservestoffspeicher darstellt. Die Morphologie der Zwiebeln wurde schon bei der Erörterung der Brutzwiebeln dargetan. Vielfach ist es so, daß Laub- und Niederblätter an der Zwiebelbildung beteiligt sind und in bestimmtem Rhythmus miteinander abwechseln, und daß Langtriebe als Inflorescenzen gebildet werden können. Für das hier gegebene Problem indessen ist von besonderer Bedeutung, daß in den Achseln der Zwiebelblätter auch noch Seitenachselzwiebeln erscheinen können, die sich dann von den Ausgangszwiebeln loslösen und ihrerseits heranwachsen. So kann die Zwiebelbildung, die übrigens im wesentlichen auf die Monokotylen beschränkt ist, die einfache Reproduktion und Überdauerung einer Pflanze herbeiführen, kann aber auch zu exzessiver Vermehrung führen. Eine solche kann bei verschiedenen Pflanzen, beispielsweise bei der Gartenhyacinthe, dadurch künstlich außerordentlich gesteigert werden, daß man die Zwiebeln senkrecht zu ihrer Achse durchschneidet. An den Blattwunden entstehen Calli, die ihrerseits neue Zwiebeln in Mengen hervorbringen.

Stolonen finden sich in der Gattung *Epilobium* und bei verschiedenen Gesneriaceen, wofür als Beispiel *Isoloma* verwendet sei. In beiden Fällen sind es plagiotrop und unterirdisch verlaufende Sprosse, die aus den Blattachseln basaler Blätter entstehen. Im Falle von Epilobium werden Reservestoffe vor allem in der Sproßachse, bei Isoloma dagegen in dicken Schuppenblättern gespeichert. In beiden Fällen wird Überdauerung und Vermehrung zuwege gebracht (Abb. 437).

Rhizome sind unterirdische, meist plagiotrope und horizontal in einer bestimmten Tiefenschicht wachsende Sprosse, aus denen sich jeweils im Jahrescyclus die betreffende Pflanze durch Ausbildung orthotroper Sprosse wieder reproduziert. Das würde genau so wenig in diesen Zusammenhang gehören wie die jährliche Reproduktion der sonstigen ausdauernden Gewächse. Da aber die Rhizome ständig weiterwachsen und an ihrem hinteren Teil absterben, da sie sich zugleich in ihren vorderen Teilen wie jeder Sproß verzweigen, so werden jeweils durch Absterben an Verzweigungsstellen nun auch Individuen getrennt, womit eine Vermehrung gegeben ist. Die Rhizome — wie die der Gattung *Iris* — gehören also in ihrer Wachstumsweise durchaus zu Organen vegetativer Fortpflanzung (Abb. 438 und 439).

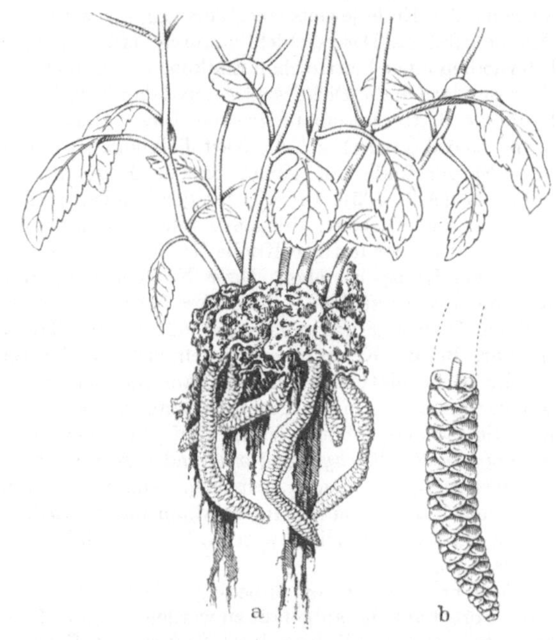

Abb. 436. *Cissus gongyloides.* Der vegetativen Fortpflanzung dienende Sproßknolle. (Orig.)

Abb. 437 a u. b. *Isoloma pictum,* Stolonen mit fleischigen Schuppenblättern. a ganze Pflanze; b ein Stolon. (Orig.)

Das Wurzelsystem als Basis vegetativer Fortpflanzung. Schon früher wurde darauf hingewiesen, daß auch bei der natürlichen vegetativen Fortpflanzung zunächst im Zusammenhang mit der Mutterpflanze ein fertiges vielzelliges Gebilde mit allen für eine Sproßpflanze notwendigen Bestandteilen ausgebildet werden muß. In der Tat erfolgt die Loslösung von der Ausgangspflanze stets erst dann, wenn mindestens eine „Knospe", d. h. eine Sproß-

Abb. 438. *Iris,* Rhizom, verzweigter vorderer Teil. (Orig.)

achse mit Blättern und basalen Wurzelanlagen, oder gar schon Wurzeln gebildet sind. Dieselbe Voraussetzung gilt auch notwendigerweise für eine vegetative Fortpflanzung, die ihren Ursprung an den Wurzeln nimmt. Das ist der Fall in der Ausbildung von Knospen aus den Wurzeln oder Wurzelsprossung, nach der Bezeichnung von TROLL.

Es sei hier vorweggenommen, daß die meisten der häufig vorkommenden Erneuerungs- und Vermehrungsknollen, auch wenn sie, wie bei den Gattungen *Orchis* und *Dahlia* und anderen als Wurzel- und nicht als Sproßknollen (Kartoffel!) anzusehen sind, dennoch nicht unter die Kategorie der wurzelursprünglichen vegetativen Fortpflanzungskörper fallen, weil hier die Bildung von einer Sproßknospe ausgeht und die knollige Wurzel allein den

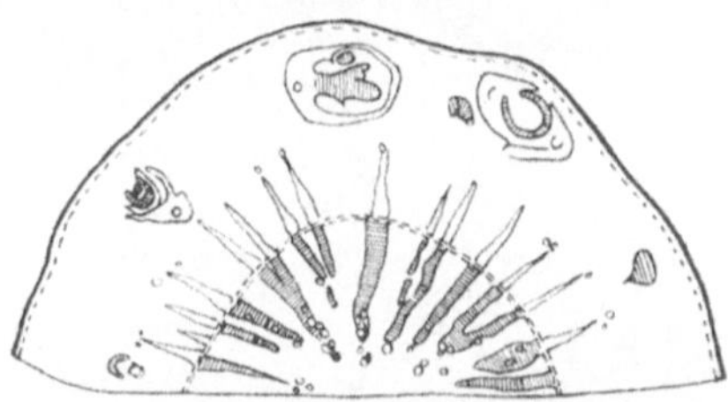

Abb. 439. *Paris quadrifolia*. Wuchsschema einer Pflanze mit verzweigten Rhizomen. (Nach TROLL)

Abb. 440. Peridermale Entstehung der Wurzelknospen von *Rumex sanguineus*. (Nach TROLL)

Reservestoffbehälter bedeutet. So sind diese Erscheinungen schon oben bei der Schilderung der sproßursprünglichen Wurzelbulbillen von *Ficaria verna* mit erfaßt. Einige weitere Beispiele dafür, daß eine echte Innovation von einer Wurzelknolle ausgehen kann, sollen später erörtert werden.

Wurzelknospen. Während die Knospenbildung an den Sprossen exogen erfolgt, ist das bei den Wurzeln nicht der Fall; vielmehr entstehen die Wurzelknospen

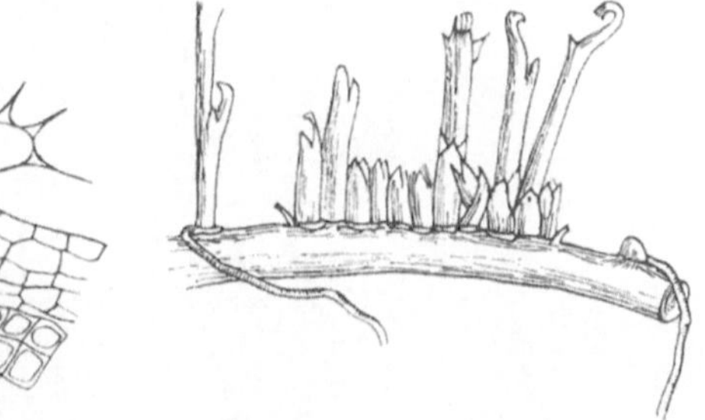

Abb. 441. Perikambiale Entstehung von Wurzelknospen. a und b *Linum flavum*. (Nach TROLL)

Abb. 442. Wurzelsprossung von *Coronilla varia*. (Nach TROLL)

ebenso wie die Seitenwurzeln endogen. Dabei sind es nach RAUH und TROLL offenbar zwei besonders bevorzugte Stellen, in denen deren Ausbildung einsetzt: das Phellogen der Rinde (peridermale Entstehung), das im übrigen das Periderm entstehen läßt, und zum anderen das Pericambium, aus dem außerdem noch die Seitenwurzeln entspringen (perikambiale Entstehung).

Peridermale Knospenbildung erfolgt bei *Rumex sanguinea* (Abb. 440), einer Form, bei der die primäre Wurzelrinde sehr bald von einem umfangreichen Periderm abgelöst wird. Durch die Tätigkeit von dessen Phellogen können nun auch Knospen erzeugt werden, die dann immerhin noch die äußeren Korkschichten zu durchbrechen haben.

Perikambiale Entstehung von Wurzelknospen erfolgt bei *Linum flavum*, wo, wie die
Abb. 441 zeigt, die Knospe im Perizykel und der Endodermis der Wurzel entsteht und die
ganze primäre Rinde durchbricht.

Abb. 443. *Euphorbia cyparissias*, freilebende Wurzeln mit Knospen *(K)* und zwei Wurzelsprossen. (Nach TROLL)

Wurzelsprosse. Es ist nicht gesagt, daß angelegte Wurzelknospen auch unter
allen Umständen zu Wurzelsprossen auswachsen. Vielmehr muß man zwei
Typen von Pflanzen unterscheiden, solche die wie *Coronilla varia* stets eine größere

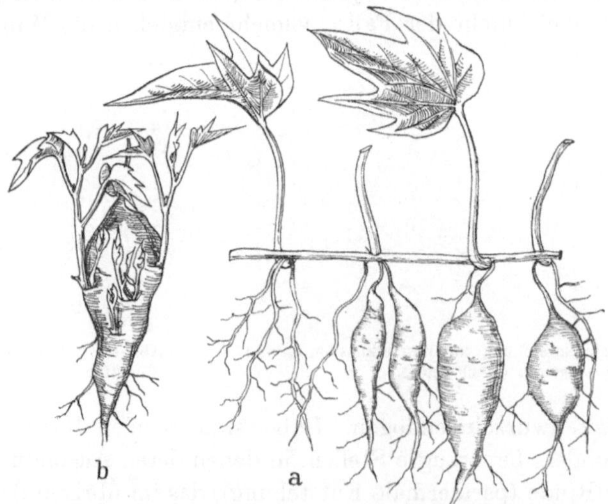

Abb. 444a u. b. *Ipomoea Batatas*, Knollenbildung aus Wurzeln (a); austreibende Wurzel, Knospen aus der Knolle (b).
(Nach TROLL)

Anzahl von Wurzelsprossen erwachsen lassen (Abb. 442), und solche, bei denen
sie lediglich als Organreserven funktionieren und allein dann regenerativ zur
weiteren Entwicklung kommen, wenn die Hauptpflanze abgestorben, zerstört oder

gehemmt ist, oder wenn Zerstörungen oder Abtrennungen innerhalb des Wurzelsystems stattgefunden haben.

Daß sich keine scharfe Grenze zwischen beiden Typen ziehen läßt, liegt auf der Hand. So sieht man in Abb. 443 von *Euphorbia cyparissias* beides nebeneinander. Zugleich zeigt diese Abbildung, daß sich die fortwachsende Wurzel durch die Assimilationsleistung des Sprosses erheblich verdickt. Eine ausgesprochen regenerative vegetative Fortpflanzung aus dem Wurzelsystem erfolgt oftmals, wenn Pflanzen in unzukömmlichen Klimaten kultiviert werden. So friert in einem schweren Winter in Freiburg ein Strauch von *Clerodendron Bungei* völlig aus, um sich im kommenden Frühjahr aus Wurzelknospen in oftmals erstaunlicher Entfernung von der Ausgangspflanze reichlich zu reproduzieren.

Von einer „Fortpflanzung" kann man freilich in allen diesen Fällen auch erst dann sprechen, wenn wie bei den Rhizomen und Stolonen die Verbindung mit der Ausgangspflanze aufgehoben ist.

Wurzelknollen, die wurzelursprünglich Sprosse erzeugen und damit Organe vegetativer Fortpflanzung sein können, gibt es nur sehr selten. Eines dieser wenigen Beispiele ist *Ipomoea Batatas.* Hier entstehen die Knollen aus Wurzeln, die von den Knoten eines Sproßausläufers ausgehen. Die Erneuerungssprosse an den Knollen indessen stammen aus dem Wurzelkörper selbst und entstehen, wie die Abb. 444 zeigt, aus Wurzelknospen.

Damit ist über Erscheinungsweise und Umfang der vegetativen Fortpflanzung bei den Angiospermen ein Überblick gegeben, und mit diesen Erörterungen schließen wir den ganzen Abschnitt über die Fortpflanzung ab.

II. Vererbung

1. Einführende Erörterungen

Jeder Fortpflanzungsvorgang ist mit einem Vererbungsprozeß verbunden und wird nie ohne einen solchen angetroffen. Das bedeutet: Fortpflanzung ist nicht frei; es kann nicht ein *beliebiges* Lebewesen aus einer Keimzelle entstehen, sondern es erwachsen lediglich Gebilde, die den Eltern gleichen. Auf diese Weise werden kontinuierliche Generationsreihen von Pflanzen oder Tieren erzeugt, welche die „Wiederkehr des Gleichen" mit außerordentlicher Präzision einhalten.

Dieser Zusammenhang von Fortpflanzung und Vererbung, diese „Merkmalslosigkeit" der Keimzellen und die „Merkmalsgestaltung" bei der Entwicklung einer neuen Generation wurden bereits auf S. 172 erörtert. Wir wiederholen den dort schon gegebenen Hinweis: ohne genaue Kenntnis des Phänomens der Vererbung ist auch das der Fortpflanzung nicht zu verstehen.

Die Keimzelle ist der Vererbungsträger, der Eltern und Kinder miteinander verbindet und den Ausbildungsmechanismus für das neue Individuum mitbringt. Ebenso muß das aber auch mit allen anderen Zellen der Fall sein; denn die Keimzellen sind im wesentlichen allein durch die Weise ihrer Abtrennung vom Ausgangsorganismus gekennzeichnet. So muß also in jeder Zelle ein Steuerungsmechanismus vorhanden sein, der jede Entwicklung, die von irgendeiner dieser Zellen ausgeht, in ganz bestimmter, für jede Form spezifischer Weise regelt. *Diesen Mechanismus auszumachen, in den Zellen zu lokalisieren und seine Wirkungsweise klarzustellen, ist die Aufgabe der Vererbungslehre.*

Daß die Frage nach der Vererbung in der Wissenschaft schon lange gestellt war und durch manche geistvolle Theorie interpretiert wurde, ist bekannt; es ist betrüblich, diese überaus reizvolle Geschichte der Vererbungslehre wie alle historischen Erörterungen hier beiseite lassen zu müssen. Die Möglichkeit freilich, hier experimentell vorzugehen, war erst nach der Wiederentdeckung der MENDELschen Gesetze gegeben. Das war die entscheidende Wendung in der Erblichkeitsforschung und ist bestimmend für den gegenwärtigen Stand dieses Arbeitsgebietes. Wir haben uns also über die Grundlagen der Vererbungsforschung seit 1900 zu unterrichten.

a) MENDELs Entdeckungen

Die Methode der MENDEL-Forschung besteht in dem einfachen Grundexperiment, Pflanzen mit unterscheidbaren Merkmalen miteinander zu kreuzen und die Nachkommenschaften davon zu beobachten. Um das im einzelnen klarzustellen, bedarf es der Erörterung einer Vorfrage: Was ist ein unterscheidbares Merkmal?

Die Merkmale — das sagt schon der Ausdruck — sind die Eigenschaften eines Organismus, die für eine Unterscheidung von anderen Lebewesen bestimmend sind. Wollen wir eine „Buche" etwa von einem „Pilz" unterscheiden, so haben wir hervorzuheben, daß erstere ein Cormophyt ist, eine Sproßpflanze, weiterhin eine Landpflanze, zugleich ein autotrophes Gewächs, daß ferner die Übertragung ihrer Pollenkörner, die den Sexualprozeß einleitet, durch den Wind geschieht, und endlich vielleicht noch, daß ihre sexuelle Fortpflanzung als Siphonogamie abläuft. Demgegenüber ist der Pilz ein Thallophyt, eine Nicht-Sproßpflanze; sein Körper besteht aus cellulären Fäden, einem Mycel; er ist ein terrestrisches, zugleich saprophytisches Gewächs, seine sexuelle Fortpflanzung vollzieht sich als Gametangiogamie oder Somatogamie, und die Ausbildung eines neuen Individuums kann von einer einzelnen isolierten Zelle aus erfolgen.

Angesichts solcher überaus tiefgreifender „unterscheidenden Merkmale" scheint es belanglos zu sein, ob es sich bei der oben erwähnten Buche um *Fagus silvatica* oder *Fagus ferruginea* handelt und bei dem Pilz um *Boletus edulis* oder *Boletus satanas*. Indessen lassen sich die beiden jeweils einander gegenübergestellten Arten durchaus und sicher unterscheiden. Aber nicht nur das, wir können auch innerhalb ein und derselben Art noch Verschiedenheiten auffinden und können etwa der gewöhnlichen grünen Fagus silvatica die rote Fagus silvatica forma purpurea entgegensetzen. So kann man in jeder Art zahlreiche Einzeltypen auffinden, die um so vielfältiger erkannt werden, je eingehender und sorgfältiger das Studium solcher Artgenossenschaften betrieben wird.

Die Erblichkeit der Merkmale. Für die Erblichkeitsforschung ist es nun von größter Bedeutung geworden, daß nicht allein die tief eingreifenden Gattungs- und Artmerkmale mit Sicherheit reproduziert werden, sondern daß das auch mit den oftmals gänzlich belanglosen sogenannten Rassen- oder Sippenmerkmalen der Fall sein kann.

Freilich gibt es auch nichterbliche Merkmale, solche, die einer Pflanze von den Außenbedingungen aufgezwungen werden; anders ausgedrückt: die als Reaktion auf die Außenbedingungen zustande kommen. So ist vor jedem Experiment, bei dem die Erblichkeit eines Merkmals etwas zu bedeuten hat, eine entsprechende Prüfung notwendig.

b) Das Kreuzungsexperiment

Unter einer „Kreuzung" versteht man die sexuelle Vereinigung zweier Eltern mit erblich verschiedenen Merkmalen. Das Produkt einer solchen Kreuzung bezeichnet man als einen Bastard oder eine Hybride.

Bei den Blütenpflanzen lassen sich solche Kreuzungen sehr leicht artifiziell einleiten. Bei Zwitterblüten kann durch Entfernen der ungeöffneten Antheren eine Selbstbestäubung und durch Einhüllen der Griffel mit Papier oder Gaze eine Fremdbestäubung ausgeschlossen werden. Die so hergerichteten Blüten können dann mit dem Pollen einer ganz bestimmten Pflanze bestäubt werden. Daß solche artifiziellen Kreuzungen bei der so überaus einfachen Technik schon sehr früh, bald nach der Entdeckung der Sexualität der Blütenpflanzen, gemacht wurden, ist leicht verständlich, und ebenso, daß man zuerst besonders umfassende Differenzen bei solchen Kreuzungen bevorzugte. Art- und Gattungsbastarde zu erzielen, war das Bestreben der ersten Bastardforscher. Dabei stellte sich dann freilich heraus, daß nur selten überhaupt über die Artgrenzen, kaum je über die Gattungsgrenzen hinweg eine Bastardierung möglich ist, und daß meistens schon die Artbastarde in ihrer Fertilität schwer geschädigt sind. Gerade letzteres macht aber die experimentelle Weiterführung solcher einmal eingeleiteten Bastardierungen unmöglich.

Die methodischen Kautelen eines MENDEL-Versuches sind folgende: Es ist zweckmäßig, 1. bei den Versuchen innerhalb ein und derselben Art zu bleiben und als Kreuzungspartner Pflanzen zu nehmen, die sich in den oben genannten Sippenmerkmalen unterscheiden, 2. leicht konstatierbare, möglichst alternative Merkmale zu verwenden, die auch in anderen Zusammenstellungen als in denen der Ausgangsformen nicht verwechselt werden können. (MENDELs klassische Merkmale waren innerhalb der Art *Pisum sativum*: gelbe oder grüne Samenfarbe, runde oder kantige Samenform, violette oder weiße Blüten und ähnliche), 3. die erbliche Konstanz der Merkmale vor Beginn eines Versuches zu bestimmen, 4. festzustellen, daß durch die Kreuzung die Fertilität des Bastards nicht gemindert wird, um möglichst in Selbstbefruchtung bei Zwitterpflanzen viele Nachkommen zu gewinnen und vor allem spezifische Ausfälle zu vermeiden.

2. Die MENDELschen Gesetze

Die *Terminologie* sei vorweggenommen. Man unterscheidet die *Parentalgeneration* (P_1), womit die Bastardeltern gemeint sind, von aufeinanderfolgenden *Filialgenerationen* ($F_1, F_2, F_3 \dots$ usw.). Pflanzen, deren Nachkommenschaften für bestimmte Merkmale konstant sind, bezeichnet man als in diesen Merkmalen reinerbig oder *homozygotisch*. Pflanzen hingegen, die als Bastarde solcher reinerbiger Eltern aufgefaßt werden müssen, werden mischerbig oder *heterozygotisch* genannt.

Die MENDELschen Regeln. Von den vier sogenannten MENDELschen Regeln können *drei* als allgemeingültige Gesetze bezeichnet werden. MENDELS *Regel der Dominanz* ist in ihrer ursprünglichen Form lediglich eingeschränkt gültig. Sie bezieht sich auf das Aussehen der ersten Filialgeneration einer Bastardierung und sagt aus, daß in dieser stets allein das Merkmal *eines* Elters, das *dominante*, sichtbar wird, während das des anderen, das *recessive*, verschwindet. Heute wissen wir, daß es alle Übergänge zwischen dominantem, *intermediärem* und recessivem Verhalten der Merkmale bei Bastardierung gibt.

Das erste MENDELsche Gesetz ist das der *Uniformität*. Es bezieht sich auf die erste Filialgeneration (F_1) und sagt aus, daß die aus einer Kreuzung reinerbiger Eltern hervorgegangenen Hybriden untereinander „uniform", also völlig gleichförmig sind. Von besonderer Bedeutung wird das Gesetz, wenn es unter *Einschluß der Reziprozität* ausgesagt wird. Das heißt, wenn auch die Bastarde der Kreuzung A ♀ × B ♂ und B ♀ × A ♂ gleichförmig sind, also unabhängig davon, ob die Merkmale durch die Mutter oder den Vater in den Bastard übertragen werden (Abb. 445).

Das zweite MENDELsche Gesetz ist das der *Spaltung*. Es bezieht sich auf die zweite Filialgeneration (F_2) eines Bastards von Eltern, die sich in einem Merkmalspaar unterscheiden; sie wird durch Selbstbefruchtung oder Geschwisterkreuzung der Bastardgeneration (F_1) gewonnen. In diesem Gesetz wird ausgesagt, daß die Merkmale der Eltern in voller Reinheit wieder auftreten, und zwar werden sie

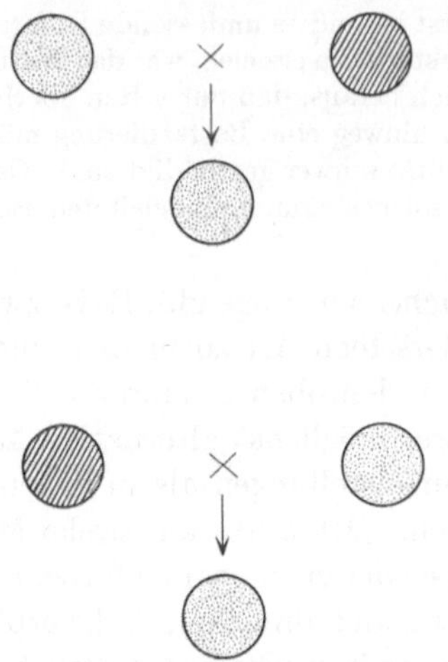

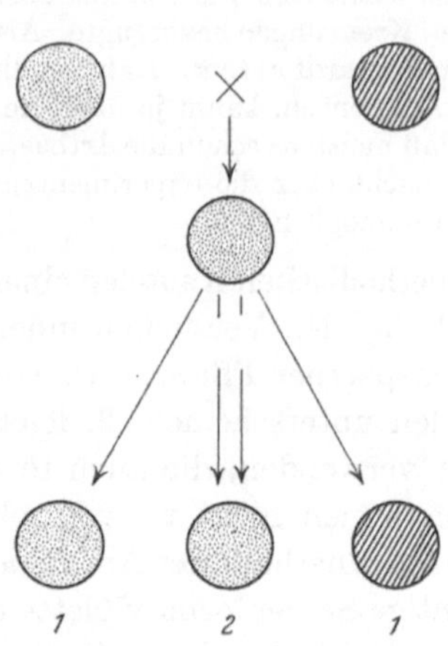

Abb. 445. Schema zum ersten MENDELschen Gesetz. Die Nachkommen in der F_1 sind alle uniform, unabhängig davon, welches der Vater und welches die Mutter ist. Erbsenversuch. (Orig.)

Abb. 446. Schema zum zweiten MENDELschen Gesetz. Die zweite Filialgeneration (F_2) spaltet im Verhältnis 1:2:1, wobei die Merkmale der Eltern wieder in voller Reinheit auftreten. Erbsenversuch. (Orig.)

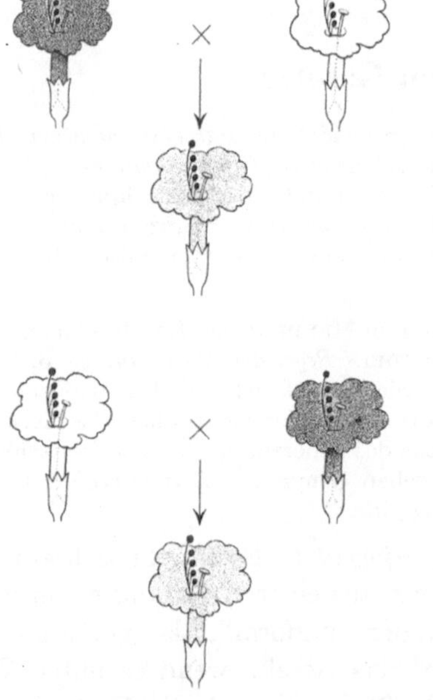

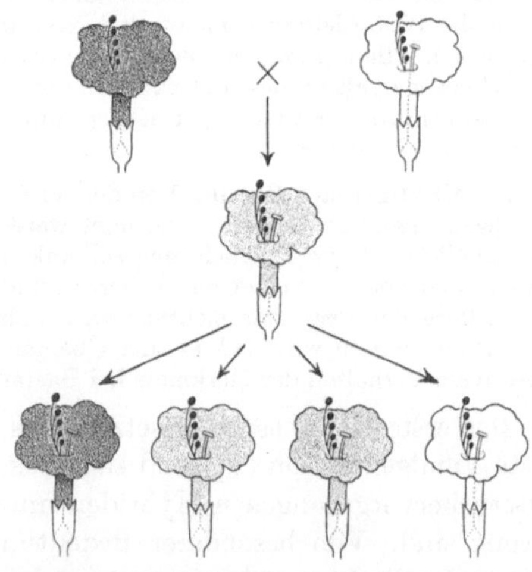

Abb. 447. Die Vererbung der Blütenfarbe bei *Mirabilis jalapa*. Die F_1 ist uniform rosa

Abb. 448. In der F_2 spalten sich die Nachkommen im Verhältnis 1 rot : 2 rosa : 1 weiß

die des einen Elters, die des Bastards und diejenigen des anderen Elters in Zahlenverhältnissen reproduzieren, die dem theoretischen Wert von 1:2:1 entsprechen (Abb. 446).

Sofern es sich um Merkmale handelt, die im Verhältnis dominant : recessiv bei Kreuzungen stehen, wird ein Zahlenverhältnis von 3:1 erscheinen, weil die Bastarde dem Elter mit dem dominanten Merkmal vollkommen gleichen. Daß dennoch ein Zahlenverhältnis von $1:2:1$ das eigentlich maßgebliche ist, wird durch F_3-Aufzuchten klargestellt. Unter den drei dominanten Typen der F_2 finden sich in einer daraus erzogenen F_3 im Verhältnis von $1:2$ nichtspaltende, also elterliche Typen, und spaltende, also Bastardtypen.

Das dritte MENDELsche Gesetz ist das der *unabhängigen Kombination*. Es bezieht sich auf Bastardnachkommenschaften, deren Eltern sich in mehr als einem Merkmalspaar unterscheiden. Es zeigt sich, daß die in den Eltern gegebene Kombination von Eigenschaften nicht gemeinsam, sondern unabhängig voneinander dem Gesetz der Spaltung folgt, so daß also neue, in den Eltern nicht vorhandene Zusammenstellungen von Eigenschaften möglich sind.

Erläuterung der Gesetze der Uniformität und der Spaltung. Wir können die ersten beiden Gesetze in einem gemeinsamen Schema (Abb. 447 und 448) erläutern. Wir wählen dazu das Beispiel von *Mirabilis jalapa*, wie es CORRENS beschrieben hat. Ob rot $\times$ weiß als P_1 verwendet wird oder weiß $\times$ rot, bleibt sich gleich; in beiden Fällen erhalten wir eine uniforme F_1. Werden diese Pflanzen selbstbestäubt, dann erhalten wir die in der Abb. 448 angedeutete Spaltung der F_2. Die erste, heute jedoch noch vollkommen gültige Interpretation solcher Versuche stammt von MENDEL. In seiner Arbeit von 1866 spricht er, dem Sinne nach völlig eindeutig, folgendes aus, was wir in etwas modernerer Form so formulieren: Jedes Außenmerkmal, das in einem Versuch faßbar ist, wird von einer Anlage hervorgerufen, die sich in den Zellen des Organismus befindet. In der Befruchtung werden die Anlagen beider Eltern vereinigt, um vor der Bildung der Gameten des Bastards wieder getrennt und im Verhältnis von $1:1$ auf die Gameten verteilt zu werden. Durch die zufällige Kombination von Gameten mit verschiedenen Anlagen wird das in dem Spaltungsgesetz konstatierte Zahlenverhältnis unter den Nachkommen erzeugt.

Aus den eben besprochenen von MENDEL bereits angestellten Überlegungen geht klar hervor, daß überall dort, wo eine Eigenschaft auf ihre Erblichkeit hin geprüft wird, das Verhältnis von Merkmal und Anlage, von Phänotypus und Genotypus ins Spiel tritt. Wir werden später noch einmal näher darauf eingehen.

Zur weiteren Klarstellung fügen wir ein Kombinationsschema an. Bezeichnen wir darin die eine der beiden Anlagen mit dem Buchstaben A (es möge die dominante sein), die andere mit dem Buchstaben a (es sei die recessive), dann wird deren Verteilung auf die männlichen und weiblichen Gameten und ihre nachfolgende Kombination in den neuen Zygoten wie folgt ablaufen.

Tabelle 3

	Gameten → ↓	A ♀	a ♀
1	A ♂	AA	Aa
1	a ♂	Aa	aa

Verhältnis (oben): $1 : 1$ Verhältnis (links): $1 : 1$

Bei Verwendung intermediär vererbender Merkmale ändert sich nichts als das Aussehen der mischerbigen Pflanzen, sowohl in der F_1 wie in der F_2.

Im Anschluß daran sei nun noch auf folgendes verwiesen: bei ständiger Selbstbefruchtung der Bastardnachkommen, so wie das bei den Erbsen der Fall ist, muß in den aufeinanderfolgenden Generationen die Anzahl der reinerbigen, der homozygoten, Pflanzen zuungunsten der mischerbigen, der heterozygoten, ständig zunehmen, weil die heterozygoten stets 50% homozygote abspalten, die homozygoten aber niemals heterozygote. Die Folge davon ist, daß bereits in der F_7 die heterozygoten praktisch ausgeschaltet sind; sie umfassen nur noch 1,6% aller Individuen. Das nachfolgende Schema nach CORRENS erläutert das deutlich.

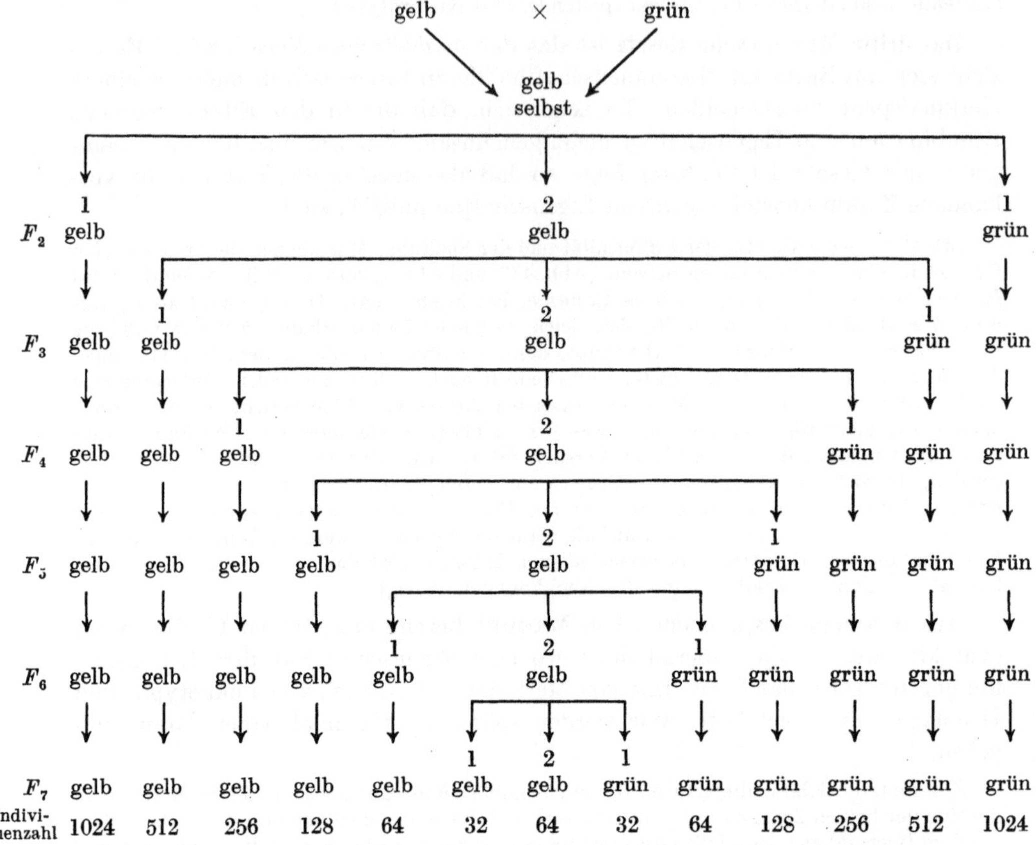

Diese Ausschaltung mischerbiger Pflanzen aus einer Bastardpopulation erfolgt freilich nicht mit solcher Sicherheit, wenn es sich um Formen handelt, die sich vorwiegend durch Fremdbestäubung reproduzieren. In diesem Fall ist es wahrscheinlich, daß eine Anzahl der heterozygoten Pflanzen eine größere Reihe von Generationen hindurch Bestand hat.

Erläuterung des Gesetzes von der unabhängigen Kombination. Ein klares und einfaches Beispiel bietet ein zweifach mischerbiger Bastard, wofür wir auf MENDELS Erbsen zurückgreifen. Kreuzt man eine Erbse mit gelben, glatten Samenkörnern mit einer solchen mit grünen, kantigen Samen, so erhält man einen solchen Bastard. Voraussetzung dafür ist freilich, daß beide Merkmalspaare gelb-grün und glatt-kantig unter sich dem Spaltungsgesetz folgen. Bei doppelter Heterozygotie bestehen hinsichtlich der darauffolgenden Nachkommenschaftsgestaltung theoretisch zwei Möglichkeiten: entweder alles, was von dem einen Elter kommt — für unseren Fall gelb-glatt — folgt gegenüber dem, was von dem anderen Elter kommt — grün-kantig — *gemeinsam* dem Gesetz der Spaltung; es gäbe also eine einfache 3:1 Spaltung nach der angegebenen Merkmalskombination, oder aber die Merkmale verhalten sich unabhängig voneinander und jedes Paar für sich folgt dem Gesetz der Spaltung. Die Entscheidung dieser Alternative bedurfte neuer experimenteller Prüfung. Diese ergab, daß zwei oder mehr in einem Bastard vereinigte Anlagenpaare jedes für sich unabhängig von dem anderen dem Gesetz der Spaltung folgt (Abb. 449).

Doppelte Heterozygoten werden dementsprechend nicht nur zwei, sondern vier Anlagenkombinationen bilden, die ebenfalls wieder im gleichen Verhältnis, nämlich in dem von 1:1:1:1 auf die männlichen und weiblichen Gameten verteilt werden, so daß auf diese Weise

16 Kombinationsmöglichkeiten entstehen. In diesem Schema entspricht nach MENDEL runde und kantige Samengestalt A—a und gelbe oder grüne Samenfarbe B—b. Im übrigen ist es ebenso angeordnet wie das letzte und sieht folgendermaßen aus.

Tabelle 4

Verhältnis:

1 : 1 : 1 : 1

Gameten → ↓	AB ♀	Ab ♀	aB ♀	ab ♀
1 : AB ♂	AABB	AABb	AaBB	AaBb
1 : Ab ♂	AABb	AAbb	AaBb	Aabb
1 : aB ♂	AaBB	AaBb	aaBB	aaBb
1 ab ♂	AaBb	Aabb	aaBb	aabb

(Verhältnis: 1 : 1 : 1 : 1 — linke Randspalte)

Bei dem Erbsenbeispiel ist bei beiden Merkmalspaaren: rund-kantig und gelb-grün, ein reines Dominanz-recessiv-Verhältnis vorhanden. Dementsprechend fanden sich runde gelbe Erbsen: kantigen gelben : runden grünen : kantigen grünen wie 9:3:3:1. Um die Anschaulichkeit des Dargelegten noch zu unterstreichen, geben wir die alten empirischen Zahlen MENDELS an. Er erhielt in einem solchen Versuch

315 runde und gelbe,
101 kantige und gelbe,
108 runde und grüne,
32 kantige und grüne Erbsen.

Suchen wir uns jedoch unter den 16 Kombinationen des Schemas wiederum diejenigen heraus, die in ihrer Nachkommenschaft konstant sind im Gegensatz zu denen, die eine Spaltung aufweisen, so finden wir genau wie bei den Nachkommen einfacher Heterozygoten eine größere Anzahl von Klassen. In dem hier gegebenen Fall doppelter Heterozygotie finden wir Klassenverhältnisse von 4 : 2 : 2 : 2 : 2 : 1 : 1 : 1 : 1. MENDELS empirische Zahlen ergeben: 138:67:60:68: 65:30:28:35:38.

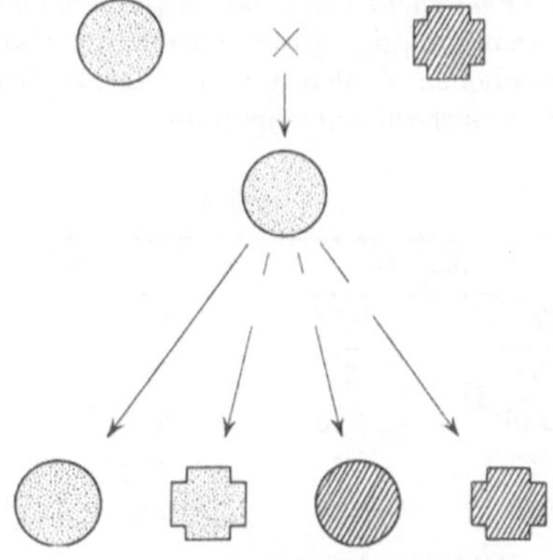

Abb. 449. Schema zum dritten MENDELschen Gesetz. In der F_2 werden die beiden Anlagen unabhängig kombiniert. Es treten vier verschiedene Phänotypen auf

Die vier Einerklassen: AABB, AAbb, aaBB, aabb — sie stehen im Kombinationsschema in der Diagonalen von links oben nach rechts unten — sind von besonderer Bedeutung. *Alle vier bleiben nämlich in ihrer Nachkommenschaft konstant.* Nur zwei dieser vier nunmehr konstanten Konstitutionen jedoch können diejenigen der Eltern gewesen sein; in dem Erbsenbeispiel waren es rund-gelb und kantig-grün, also AABB und aabb. Die beiden anderen: kantig-gelb und rund-grün, also AAbb und aaBB, sind im Verlauf der Nachkommenschaftsbildung des Bastards neu entstanden. *Durch Bastardierung und anchließende Umkombination können also neue Kombinationen schon vorhandener Erbanlagen entstehen.*

Sehen wir uns weiterhin in dem Schema von der Spaltung zweier Merkmalspaare die erste Horizontalreihe an, so enthalten sie die Kombinationen: AABB, AABb, AaBB, AaBb. Die ihnen entsprechenden vier Klassen von Erbsen gleichen einander äußerlich vollkommen; sie stimmen mit dem F_1-Bastard bzw. dem einen der beiden Eltern überein. Allein die Merkmale, die A und B entsprechen, sind sichtbar. Dennoch unterscheiden sich die vier Klassen in ihrem Wesen grundsätzlich.

Um hier Klarheit zu schaffen, bedarf es einer Nachkommenschaftsaufzucht aller vier Klassen. Dann bemerkt man nämlich, daß die erste der Kombinationen, AABB, konstant ist, ferner, daß AABb in dem einen der beiden Merkmale, der runden Samengestalt, konstant ist, jedoch nach gelb und grün spaltet, weiter, daß AaBB nach runder und kantiger Samengestalt spaltet, bezüglich der gelben Samenfarbe hingegen konstant ist, und endlich, daß AaBb nach beiden Merkmalspaaren genau so wie der F_1-Bastard spaltet.

Aus dieser Zusammenstellung geht besonders deutlich hervor, daß man zwischen dem Merkmalsgehalt eines Organismus oder seinem *Phänotypus* und seiner Anlagenkonstitution oder seinem *Genotypus* zu unterscheiden hat. Wir hatten das oben bereits kurz angedeutet. Der Augenschein des Phänotypus genügt nicht, um die genetische Konstitution beurteilen zu können. Um diese, den Genotypus, klarzustellen, bedarf es in allen Fällen eines Kreuzungsexperimentes. Auch terminologisch haben wir von nun ab mit Sorgfalt zwischen Genotypus und Phänotypus zu unterscheiden.

Die Umkombination weiterer Paare von Anlagen bedarf keiner besonderen Darstellung. Es ist erwiesen, daß drei, vier oder mehr einzelne Paare den MENDELschen Gesetzen ebenso gehorchen wie ein oder zwei. Das Prinzip ist stets das gleiche: Die angenommene Verteilung aller möglichen Anlagenzusammenstellungen auf die Keimzellen im Verhältnis von 1:1 und deren zufällige Kombination als Gameten ergibt dann das Zahlenverhältnis der F_2. Die möglichen Zahlen für eine tetrahybride Kreuzung werden in der folgenden Tabelle nach KAPPERT zusammengestellt.

Tabelle 5

3/4 A				1/4 a			
9/16 B		3/16 b		3/16 B		1/16 b	
27/64 C	9/64 c	9/64 C	3/64 c	9/64 C	3/64 c	3/64 C	1/64 c
$\frac{81}{256}$ D	$\frac{27}{256}$ D	$\frac{27}{256}$ D	$\frac{9}{256}$ D	$\frac{27}{256}$ D	$\frac{9}{256}$ D	$\frac{9}{256}$ D	$\frac{3}{256}$ D
$\frac{27}{256}$ d	$\frac{9}{256}$ d	$\frac{9}{256}$ d	$\frac{3}{256}$ d	$\frac{9}{256}$ d	$\frac{3}{256}$ d	$\frac{3}{256}$ d	$\frac{1}{256}$ d

Die charakteristische Spaltungspopulation einer „tetrahybriden" Kreuzung wäre also:
81 ABCD : 27 ABCd : 27 ABcD : 27 AbCD : 27 aBCD : 9 ABcd : 9 AbCd : 9 AbcD : 9 aBCd : 9 aBcD : 9 abCD : 3 Abcd : 3 aBcd : 3 abcCd : 3 abcD : 1 abcd.

So ist als die Grundlage des Phänomens der freien Kombination die Tatsache zu erblicken, daß jedes Anlagenpaar für sich dem Gesetz der Spaltung folgt. Das noch einmal hervorzuheben ist deswegen von Bedeutung, weil bei polyhybriden Bastarden die Gesamtkombination unter Umständen höchst unüberischtlich ist; dennoch ist man in der Lage, der Spaltungsweise einzelner Anlagenpaare nachzugehen.

Die Sicherheit der MENDEL-Zahlen. Bei der Behandlung der MENDELschen Gesetze ist es notwendig darzutun, daß die Zahlen durch die zufällige Kombination der Anlagen zustande kommen; demnach bedarf es, um die Sicherheit der Resultate zu gewährleisten, noch einiger allgemeiner Überlegungen. Besteht für einen Nachkommen die Wahrscheinlichkeit p dafür, den Phänotyp A zu tragen, sowie die Wahrscheinlichkeit $q = 1 - p$ den Phänotyp a, so ist die Wahrscheinlichkeit $w(r)$ dafür, daß r Nachkommen von insgesamt n den Phänotyp A haben nach BERNOULLI:

$$w(r) = \binom{n}{r} p^r q^{n-r}.$$

Man sagt, die Zahl r der Nachkommen mit A habe eine Binomialverteilung. In Abb. 450 sind die Binomialverteilungen für $n = 10$ und $p = 1/2$ sowie $p = 3/4$ aufgezeichnet, r ist in Prozenten ausgedrückt. Wir sehen, daß bei $p = 3/4$ Spaltungsverhältnisse, die von 75% weit abweichen, nicht so unwahrscheinlich sind, daß wir sie praktisch ausschließen können, ebenso bei $p = 1/2$. Bei einer Zahl von 10 Nachkommen ist es also kaum zu erwarten, daß wir bei $p = 3/4$ das Verhältnis 3:1 oder bei $p = 1/2$ das Verhältnis 1:1 genau bekommen. Da nach einem Lehrsatz von BERNOULLI eine Abweichung von r/n von p, die kleiner als $-\varepsilon$ oder größer als $+\varepsilon$ ist, mit wachsendem n immer unwahrscheinlicher wird, ist es nötig, die Zahl n der Nachkommen groß zu wählen. Abb. 451 zeigt die Wahrscheinlichkeit von r in Prozenten für $n = 100$ und $p = 1/2$ und $p = 3/4$. Ist nun eine Zahl r von Nachkommen mit A gefunden worden, so werden wir nach einem allgemeinen Prinzip diejenigen p ausschließen, für die das r eine verschwindend kleine Wahrscheinlichkeit hat. Um so mehr Werte von p können aber ausgeschlossen werden, je größer n gewählt wird. So zeigt sich also, daß n groß gewählt werden muß. Es ist eines der bedeutenden Verdienste von MENDEL, auch das erkannt zu haben. Seine Zahlen beweisen die Richtigkeit.

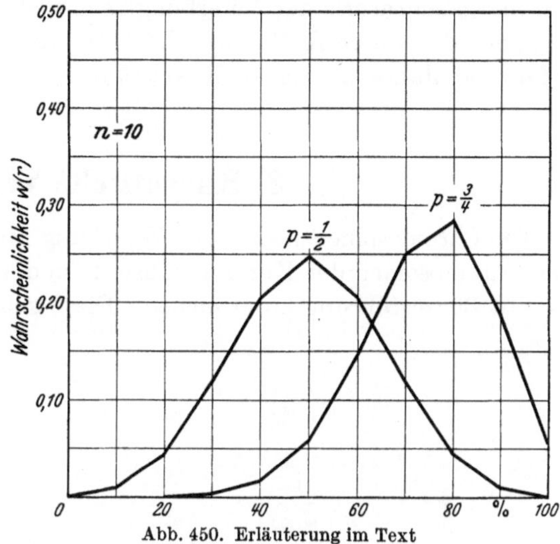

Abb. 450. Erläuterung im Text

Indessen besteht noch eine Schwierigkeit: So groß auch immer n gewählt werden möge, so ist dennoch p im Experiment nie genau zu erfassen, und auch das wird durch MENDELS Zahlen anschaulich demonstriert. Damit zeigt sich nun wiederum eine bedeutende Leistung von MENDEL für die Erblichkeitsforschung. Er ging von einfachen Annahmen aus und erkannte allein durch Nachdenken, daß nur einfache, ganzzahlige Spaltungsverhältnisse auftreten können, je nach der Art des Experiments verschieden. Diesen durch logischen Schluß erreichten Einsichten widersprechen die Resultate keineswegs, soweit sie sich empirisch sichern lassen. Man kann also hier sagen, und das gleiche gilt überhaupt für die Erblichkeitsforschung: Die Resultate stützen die Theorie!

Was der Wiederentdeckung der MENDELschen Gesetze im Jahre 1900 im Gegensatz zu der Zeit ihrer ersten Auffindung eine

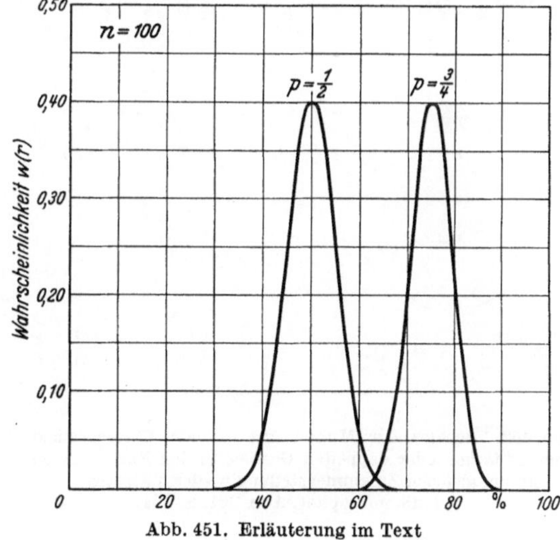

Abb. 451. Erläuterung im Text

so entscheidende Bedeutung gab, war die Möglichkeit, ihren Ablauf in unmittelbare Beziehung zum Mechanismus der sexuellen Fortpflanzung zu setzen. Da hierbei die Entwicklung stets ein einzelliges Stadium zu passieren hat, so ist damit zugleich auch die Frage gegeben, inwieweit *diese Zelle, die Keimzelle, der*

Vererbungsträger sei. Schon im Jahre 1902 wurde durch BOVERI und SUTTON der Ablauf der MENDELschen Gesetze auf den Chromosomenmechanismus in Kopulation und Meiosis bezogen, es begann damit die Beweisführung für die Chromosomentheorie der Vererbung, ein weitschichtiges und schwieriges Unternehmen, das unter Aufbietung höchster experimenteller Akribie dennoch ungefähr 30 Jahre zu seiner Beweisführung beansprucht hat.

3. Karyotische Vererbung

Die Chromosomentheorie der Vererbung nimmt an, die Erbanlagen seien auf den Chromosomen der Kerne lokalisiert, und versucht für diese Hypothese eine exakte Beweisführung zu erreichen. Diese geht davon aus, daß sich auf Grund der eben gegebenen Annahme ganz bestimmte Aussagen über den Geltungsbereich der MENDELschen Gesetze machen lassen, die ihrerseits experimentelle Ansätze zulassen. In fünf Thesen lassen sie sich zusammenfassen.

1. Sofern die Chromosomen die ausschließlichen Träger der Erbanlagen sind, besteht der *Lehrsatz von dem Primat des Kernes bei der Vererbung* zu Recht. Die Voraussetzung dafür ist, daß das Gesetz der Uniformität unter Einschluß der Reziprozität unbegrenzt gilt. Die Morphologie des Befruchtungsvorgangs lehrt, daß jeder Gamet, wie auch immer er ausgestaltet sein möge, unter allen Umständen einen Kern zur Zygote beisteuert.

2. Sofern die Erscheinungsweise der MENDELschen Gesetze auf das Verhalten der Chromosomen in Gametenkopulation und Meiosis zurückzuführen ist, *kann Spaltung und Umkombination nur bei sexueller Fortpflanzung gefunden werden, nicht aber*

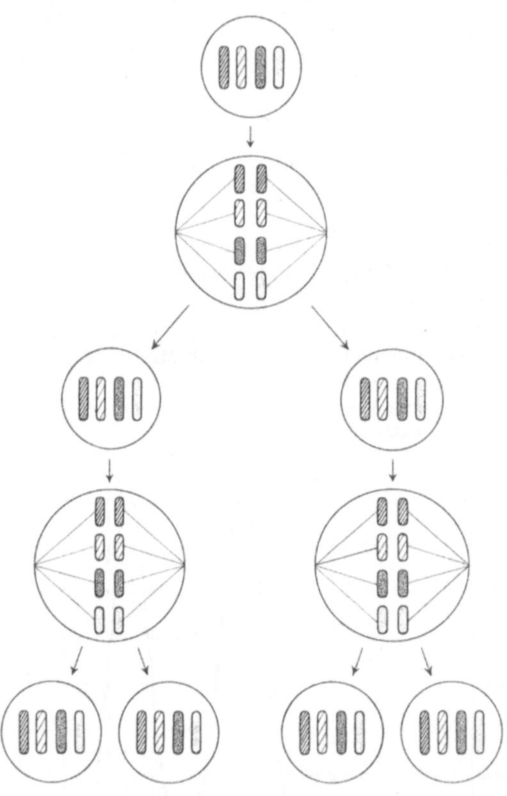

Abb. 452. Schema der Mitose, bei der alle Chromosomen eines einfachen oder doppelten Genoms in den Nachkommen in der gleichen Zusammenstellung wieder auftreten. Vgl. die mikrophot. Abb. 261, S. 178

bei vegetativer. Die vegetative Fortpflanzung stößt Keime auf der Basis mitotischer Teilungen ab; in einer solchen erfolgt aber eine identische Reproduktion aller Chromosomen. Demnach kann eine vegetative Nachkommenschaft von Heterozygoten nicht spalten, sondern alle Nachkommenschaftsangehörigen müssen unter sich und mit der Ausgangsform erblich identisch sein (Abb. 452).

3. Wenn die Meiosis der Mechanismus ist, durch den die Spaltung der Anlagen und ihre Verteilung im Zahlenverhältnis von 1:1 auf die Gonen erfolgt, dann muß sie sich *an erblichen Merkmalen unmittelbar aus den Gonen entstehender Keimzellen oder Individuen kennzeichnen.* Insbesondere muß sich zeigen lassen, daß auf die vier aus einer einzelnen Meiosis hervorgehenden Gonen die Anlagen zu je zwei und zwei aufgeteilt sind.

4. Sofern die Chromosomentheorie zutrifft und man annimmt, daß je zwei einander entsprechende Erbanlagen auf je zwei homologen Chromosomen lokalisiert sind, *muß das Gesetz der Spaltung unbegrenzte Gültigkeit haben.* Die typische Verteilungsweise der Anlagen beruht auf dem Widerspiel der homologen Chromosomen, die bei jeder Meiosis getrennt werden (Abb. 453).

5. Sofern die Erbanlagen auf den Chromosomen lokalisiert sind, kann die im dritten MENDELschen Gesetz erfahrbare freie Kombination der Anlagenpaare allein durch deren Lagerung auf verschiedenen Paaren homologer Chromosomen und deren besonderer Verteilungsweise in der Meiosis zustande kommen. Damit ist zugleich eine bestimmt definierte Grenze für das Gesetz gegeben: Es können nur so viele Paare von Erbanlagen umkombinieren, als die haploide Zahl der Chromosomen des betreffenden Organismus beträgt. *Das Gesetz der unabhängigen Kombination ist durch die Zahl der haploiden Chromosomen begrenzt.*

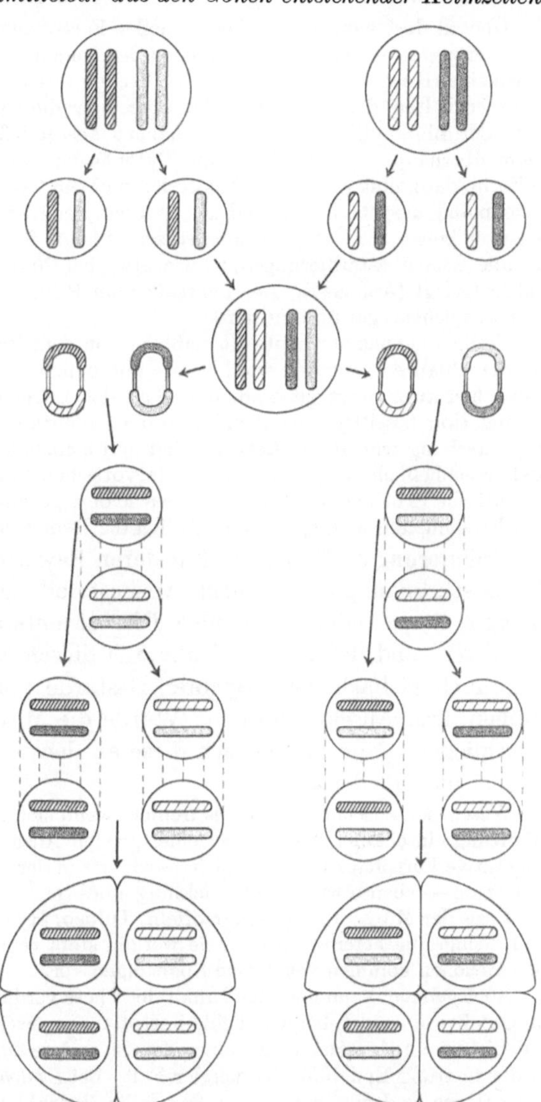

Abb. 453. Schema der Kopulation und Meiosis zweier Formen mit homologen, aber verschiedene Gene tragenden Chromosomen. Die in der Meiosis entstehenden Gonen zeigen die vier möglichen Chromosomenkombinationen an. Vgl. mikrophot. Abb. 268—271, S. 182—186

a) Die fünf Thesen. Der Chromosomentheorie erster Teil

Erläuterungen zur 1. These. Das Gesetz der Uniformität unter Einschluß der Reziprozität ist faktisch schon viel früher wiederentdeckt worden als 1900, nämlich bereits 1889 durch BOVERI. Freilich hat dieser damals nicht gewußt, daß

MENDEL es bereits einmal formuliert hatte; doch führte ihn die Tatsache, es selbst schon an Hand eigener experimenteller Befunde durchdacht zu haben, unmittelbar nach 1900 zur Aufstellung der Chromosomentheorie der Vererbung.

Überall dort nämlich, wo bei sexueller Fortpflanzung Oogamie besteht — und diese ist weit verbreitet — ist eine Inkongruenz der beiden Gameten insofern vorhanden, als die Eizellen einen Kern, sehr viel Cytoplasma (bei den Pflanzen auch die Plastiden) sowie die Reservestoffe enthalten, die Spermatozoiden aber, oder die generativen Kerne aus den Pollenschläuchen der Blütenpflanzen, bestehen nahezu ausschließlich aus einem Kern und besitzen — wenn überhaupt — nur sehr wenig Cytoplasma. Sind bei Oogamie reziproke Kreuzungen uniform, dann muß sich das Erbmaterial in einem Organ des Gameten befinden, das in beiden gleichmäßig ausgebildet ist, und das ist allein der Kern. Das Zutreffen des Uniformitäts- oder, wie wohl besser, des Reziprozitätsgesetzes ist heute für eine Unzahl von Fällen, ganz besonders für alle Rassenbastardierungen, so wie etwa bei CORRENS' Mirabilis-Kreuzungen, experimentell festgelegt (Abb. 447). Der Lehrsatz vom Primat des Kernes bei der Vererbung scheint also ausreichend gestützt zu sein!

Freilich kennen wir heute Ausnahmen von dem Reziprozitätsgesetz. Sie sind nicht allein bei den Pflanzen gefunden worden, wie anfänglich, sondern neuerdings auch bei den Tieren. Es sei hier kurz vorweggenommen, daß sie den Lehrsatz vom *Primat* des Kernes bei der Vererbung zwar beseitigen, nicht indessen die Bedeutung des Kernes und der Chromosomen für die Vererbung schmälern. Letztere sind und bleiben Träger von Erbanlagen, nur nicht allein und ausschließlich. Es gibt neben den karyotischen (im Kern lokalisierten) noch andere außerkaryotische Erbeinheiten; von diesen sowie dem gegenseitigen Verhältnis der beiden Gruppen von Erbeinheiten wird später ausführlich die Rede sein.

Erläuterung der 2. These. Für deren Beweisführung bedarf es im wesentlichen der Beschränkung auf die negative Feststellung: *es gibt keine vegetative Spaltung!* In dem Soma jeder vielzelligen Pflanze entstehen alle Zellen durch mitotische Teilungen, und dennoch sind alle aus diesen Zellen zusammengesetzten Einzelteile auch vielfach heterozygoter Bastarde völlig einheitlich genau so wie diejenigen ihrer Ausgangsformen. Würde die Mitose eine Spaltung wie die Meiosis einschließen, dann müßte sich diese an den vegetativen Körpern finden lassen. Das ist niemals der Fall.

Wesentlich anschaulicher ist es freilich, wenn sich zwischen zwei Somata vegetative Fortpflanzung einschaltet, wie das bei einer großen Anzahl unserer Kulturpflanzen der Fall ist. Vegetative Fortpflanzung spielt sich — wie wir in der Lehre von der Fortpflanzung eingehend erörterten — ebenso wie die Entwicklung eines Somas mit Hilfe ihrer Zellteilungen allein auf der Basis der Mitose ab. Alle Kartoffeln, Tulpen, Hyacinthen, Dahlien, Rosen, Äpfel, Birnen sind hochgradig heterozygotisch, sie werden stets vegetativ vermehrt und nie in unzähligen Generationen kommen vegetative Spaltungen vor.

Noch genauer kann man den Inhalt der These verdeutlichen, wenn man zur Beweisführung ein Objekt verwendet, bei dem beide Fortpflanzungsweisen nebeneinander vorkommen, so daß beliebig für ein Experiment die eine oder die andere oder beide herangezogen werden können. In der Gattung Epilobium ist das der Fall. Bei *Epilobium hirsutum* gibt es zwei Rassen: die Normalform und eine solche mit Sepalodie (kelchblattartiger Ausbildung der Kronblätter, sogenannte „cruciate Blüten"), eine Eigenschaft, die gegenüber der normalen Ausbildung der Kronblätter recessiv ist und in der F_2 normale Spaltung aufweist. Im folgenden sei ein Versuch (s. Tabelle 6) genauer geschildert.

Aus diesen Versuchen geht nun mit Deutlichkeit hervor, daß die Spaltung an den Sexualablauf gebunden ist und bei vegetativer Fortpflanzung ausbleibt, und überdies noch, daß der Status der Heterozygotie bei vegetativer Fortpflanzung ungeändert erhalten bleibt und in späterer sexueller Fortpflanzung wieder zu normaler MENDEL-Spaltung führen kann. Das Zutreffen dieser in der zweiten These zusammengefaßten Gesetzmäßigkeit ist von der Genetik eigentlich als mehr oder weniger selbstverständlich aufgefaßt worden. Befunde, die dagegen zu sprechen schienen, wurden gewöhnlich nicht besonders ernst genommen, und faktisch haben sie sich auch später als einem anderen Gebiet, nämlich den Mutationsphänomenen zugehörig erwiesen.

Tabelle 6

P_1 Epilobium hirsutum

	cruciat × normal blühend	normal blühend × cruciat
F_1	61 normal blühende Pflanzen	110 normal blühende Pflanzen

F_2 aus Samenansatz bei Selbstung

	normal : cruciat	normal : cruciat
	128 : 38	221 : 66
	theoretisch: 124,5 : 41,5 = 3 : 1	215,25 : 71,75 = 3 : 1

F_2 aus Wintersprossen (Stolonen)

	208 normal blühende Pflanzen	246 normal blühende Pflanzen
	keine Spaltung	keine Spaltung

F_3 durch Samenansatz aus Wintersprossennachkommen

	normal : cruciat	normal : cruciat
	113 : 45	110 : 42
	theoretisch: 118,5 : 39,5 = 3 : 1	114 : 38 = 3 : 1

Erläuterung der 3. These. Die 3. These, durch die der Ort der Anlagenspaltung in der Meiosis lokalisiert wird, hat ebenfalls lange Zeit zu ihrer Beweisführung erfordert. Bereits MENDEL hatte sich, ohne etwas von Kopulation und Meiosis zu ahnen, mit dem Problem befaßt und mit erstaunlicher Präzision ein Verfahren ausgearbeitet, *die Verteilung der Anlagen auf die Keimzellen der Bastarde* zu prüfen. Er verwendete dazu die Rückkreuzung eines Bastardes mit seinem recessiven (oder doppelt recessiven) Elter.

Zur Erläuterung führen wir zwei Versuche von MENDEL in extenso auf. Als Objekt wurde der Erbsenbastard zwischen den Ausgangsformen mit runden gelben Samen und kantigen grünen verwendet, also eine zweifache Heterozygote von der Konstitution AaBb (S. 317). Dabei wurde im ersten Versuch die doppelte Heterozygote AaBb mit dem Pollen einer Pflanze von der Konstitution aabb bestäubt. Sofern sich in den Eizellen der Heterozygote die Kombinationen AB, Ab, aB, ab in gleicher Anzahl befinden, müssen bei Bestäubung mit einheitlichem ab- Pollen Pflanzen von der Konstitution AaBb, Aabb, aaBb, aabb in gleicher Anzahl erscheinen. *Alle vier Klassen sind aber phänotypisch unterscheidbar*: das ist die entscheidende methodische Einsicht bei diesem Rückkreuzungsverfahren. MENDEL erhielt die Zahlen 31:26:27:26; theoretisch 27,5:27,5:27,5:27,5. Der analoge Versuch bei Bestäubung einer homozygotischen aabb-Pflanze mit Pollen einer AaBb-Heterozygote lieferte die vier Klassen im Verhältnis von 24:25:22:27; theoretisch 24:24:24:24. Diese Versuche — in vielfacher Wiederholung bestätigt — lieferten den Beweis dafür, daß *das Zahlenverhältnis der Anlagen in den Keimzellen* 1:1 *ist.* Später werden wir noch sehen, daß dieses von MENDEL erstmalig angewendete Verfahren der Rückkreuzung eines Bastards mit dem recessiven oder mehrfach recessiven Elter eine ungemein entscheidende Rolle in der Erblichkeitsforschung in anderem Zusammenhang gespielt hat.

Die genaue Bestimmung des Ortes der Anlagenspaltung war schwieriger. Daß man dabei eine sogenannte Tetradenanalyse als methodisches Mittel verwenden müsse, hat CORRENS schon 1902 völlig klar formuliert. Es handelt sich dabei darum, den Gehalt an Erbanlagen der je vier aus einer Meiosis entstandenen Zellen zu ermitteln. Das kann entweder durch das Studium erblicher Merkmale eben dieser haploiden Zellen geschehen, oder dadurch, daß man Nachkommen einzelner in Tetraden vereinigter Gonen aufzieht. Was dabei zu erwarten ist, stellen wir hier nach CORRENS' meisterhafter Disjunktion für ein Anlagepaar zusammen: Ergäbe sich, daß alle vier Körner einer Tetrade die gleiche Anlage besitzen — entweder alle A oder alle a — so müßte die Entscheidung vor der

Meiosis gefallen sein; doch ist das nach der vorhergehenden Beweisführung ganz unwahrscheinlich. Wenn dagegen jede Tetrade Gonen sowohl mit der Anlage A als auch mit der Anlage a aufweist, so ist sicher, daß die Pollenmutterzelle direkt vor der Teilung noch beide Anlagen besessen haben muß, eine Spaltung also nicht vorher erfolgt sein kann. Stellt sich nun weiter heraus, daß stets die beiden Anlagen A und a im Verhältnis von 2:2 auf die Gonen verteilt sind, dann muß die erste Teilung der Meiosis den Mechanismus der Spaltung enthalten. Daß es in gewissem Sinn unter Umständen auch die zweite Teilung sein kann, wird später erörtert werden.

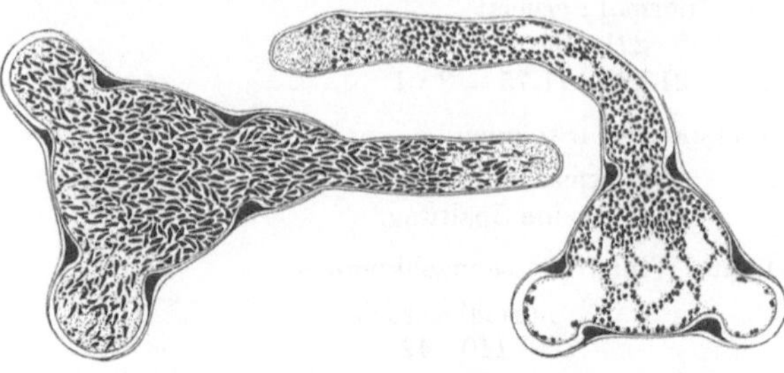

Abb. 454. Keimende Pollenkörner von *Oenothera* mit spindelförmigen und runden Stärkekörnern. (Nach RENNER)

Die experimentellen Lösungsversuche gingen in zwei Schritten vor sich; denn die von CORRENS schon so früh geforderte Tetradenanalyse stieß auf außerordentliche Schwierigkeiten. So sollte zunächst die 1:1-Spaltung an Pollenmerkmalen ermittelt werden, ohne daß man sich darüber im unklaren blieb, daß auch ein Erfolg prinzipiell nicht allzu weit über das MENDELsche Rückkreuzungsexperiment hinausführte. Faktisch stieß auch dieses Vorhaben auf Schwierigkeiten und gelang erst spät. In einem Oenotherenbastard hat man in den Pollenkörnern sowohl die spindelförmige Stärke des einen Elters wie die runde des anderen auffinden können (RENNER, Abb. 454), und bei Mais eine 1:1-Spaltung nach zucker- und stärkehaltigen Pollenkörnern bei einem entsprechenden Bastard.

Exakte Tetradenanalyse erfolgte zuerst an teilweise haplontischen Gewächsen, so an dem Pilz *Aleurodiscus*, wobei sich die vier an ein und derselben Basidie erwachsenen Gonosporen (S. 266) gewinnen und isoliert aufziehen ließen. Es ergab sich eine klare Trennung der beiden Geschlechter aus den Tetraden heraus wie 2:2 (KNIEP). Auch bei den Moosen

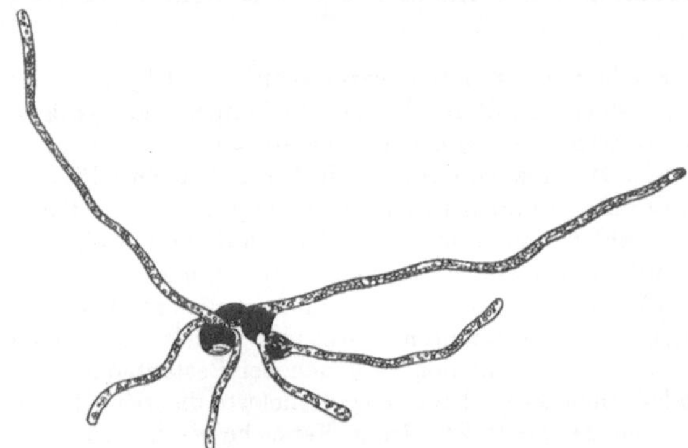

Abb. 455. Tetradenanalyse eines Funariabastardes. Zwei Sporen sind groß und bringen schnell wachsendes Protonema hervor. Zwei Sporen klein, mit langsam wachsendem Protonema. (Nach v. WETTSTEIN)

lassen sich ja die Gonen in Form von Gonosporen direkt zu Pflanzen aufziehen, die den Vorteil sehr viel umfassenderer Merkmalsgehalte gegenüber den vorgenannten haploiden Mycelanteilen der Pilze haben. F. v. WETTSTEIN konnte an einem vierfach heterozygoten *Funaria*-Bastard Tetradenanalyse durchführen. Es ließen sich von 35 Tetraden die Nachkommen bis zur Reife heranziehen, und stets waren alle einzelnen Anlagenpaare zu zwei und zwei auf die Tetraden verteilt (Abb. 455).

Damit ist die erste Teilung der Meiosis als Ort der Anlagenspaltung endgültig erwiesen. Wieweit dafür dennoch die zweite Teilung der Meiosis in Anspruch zu nehmen ist, wieweit also mit einem heute noch viel verwendeten, indessen keineswegs mehr zweckmäßigen Terminus Prä- oder Postreduktion besteht, kann erst an Hand der Verteilung zweier oder mehrerer Anlagenpaare erläutert werden. Doch sind die dabei auftretenden Phänomene hier noch nicht verständlich, sie können vielmehr erst nach der Beweisführung für die 5. These erörtert werden und sind zurückzustellen.

Beweisführung für die 4. These. Der Geltungsbereich des Gesetzes der Spaltung ist auch erst nach langer und mühevoller Arbeit klargestellt worden. Anfänglich wurden viele Fälle bekannt, in denen das Gesetz an eine Grenze stieß und anscheinend nicht mehr zutraf. Einer nach dem anderen mußte aufgearbeitet werden, und dabei war es typisch, daß diese Fälle, nach Klärung der Ursachen, für die Abweichung von dem erwarteten Spaltungseffekt gewöhnlich rückwärts die Geltung des Gesetzes um so deutlicher bestätigten. Nur wenige Beispiele von überaus zahlreichen seien angeführt.

Bei der Kreuzung von rot- und weißkörnigem Weizen blieb in der Nachkommenschaft des Bastardes anscheinend die Spaltung aus, mindestens so sehr, daß sie von viel zu vielen rotkörnigen Pflanzen gestört war, so daß von einer einfachen 3 : 1-Spaltung keine Rede sein konnte (NILSSON-EHLE). Nach sorgfältiger Arbeit ließ sich erkennen, daß die rot- und weißkörnigen Weizenrassen, die nach dem Phänotypus nur durch *ein* Merkmalspaar unterschieden sind, in ihrem Genotypus diese Differenz dagegen durch drei Anlagenpaare vererben. So findet sich in der Nachkommenschaft eines Bastards überhaupt erst auf 63 rotkörnigen Pflanzen eine solche mit weißen Früchten. Bei hinreichend großen Nachkommenschaftszahlen wurden die entsprechenden Pflanzen tatsächlich auch gefunden und ebenso die errechenbaren Umkombinationen unter diesen Erbanlagen.

Damit war geklärt, daß in diesem Falle das Gesetz der Spaltung völlig exakt zutrifft, und zugleich dabei die neue Einsicht erworben, daß einem anscheinend einfachen Unterschied in den Außenmerkmalen (dem Phänotypus) keineswegs auch immer eine einfache Differenz in den Anlagen (dem Genotypus) zu entsprechen braucht: es war damit das Prinzip der Polymerie, oder, wie wir heute sagen, der *Polygenie*, entdeckt.

Das entgegengesetzte Phänomen soll hier ebenfalls eingeordnet werden. Es besteht ebenso die Möglichkeit, daß einer einfachen genotypischen Differenz eine große Anzahl anscheinend unzusammengehöriger Einzelmerkmale entsprechen und dennoch gemeinsam vererbt werden.

Das sozusagen klassische Beipiel für dieses Phänomen ist die Erblichkeit der *Oenothera Lamarckiana brevistylis*, eines der Objekte, an denen DE VRIES die MENDELschen Gesetze wieder entdeckte. Der „brevistylis-Charakter" ist gegenüber der normalen Oenothera Lamarckiana recessiv und spaltet bei Bastardierung im Verhältnis von 1:3, ist also genotypisch einfach. Phänotypisch gibt er sich indessen in einer völligen Veränderung der ganzen Pflanze zu erkennen. Stumpfe Rosettenblätter gegenüber spitzen bei der *Oenothera Lamarckiana*, ein flacher Sproßgipfel, ein kurzer monströser Griffel, der meist in der Kelchröhre steckt, Fehlen des Trennungsgewebes vom Hypanthium gegenüber dem Fruchtknoten, endlich nahezu völlige Sterilität im weiblichen Geschlecht sind die auffälligsten Merkmale.

Damit war gleich zu Beginn der modernen Erblichkeitsforschung das Prinzip der Pleiotropie oder, wie es heute einheitlicher genannt wird, das der *Polyphänie*, aufgefunden worden. In den eben besprochenen Fällen war die Unstimmigkeit mit dem Gesetz der Spaltung nur eine scheinbare: das Gesetz erwies sich als gültig. In einem anderen Beispiel, das sehr viel von sich reden machte, ist die Bastardspaltung tatsächlich aufgehoben, wir werden aber feststellen können, daß es ebensowenig als Gegenbeweis für die These von der unbegrenzten Gültigkeit angesehen werden kann.

Die Kreuzung zweier Primelarten: *Primula floribunda* und *Primula verticillata* führte zu einem Bastard, der ein ungefähr intermediäres Aussehen zwischen den beiden Eltern besaß, sich aber, wie so häufig bei Artbastarden, als steril erwies, doch ausreichend vegetativ vermehren ließ. Schließlich entstand an einer solchen Pflanze ein sehr kräftiger Sproß, dessen Blüten zugleich fertil waren. Dessen Nachkommen glichen dem Elternbastard durchaus,

waren stets vollfertil und reproduzierten von da ab wie eine normale Pflanze ständig den
Bastardtypus, dazu noch schön ansehnlich und besonders kräftig, ohne in diesen Nachkommenschaften irgendwelche Spaltungen zu zeigen. Die neue Primel, die heute überall gezogen
wird, erhielt den Namen *Primula Kewensis*. Was war da geschehen? Ist wirklich aus zwei
Arten eine dritte neue konstante gewonnen? Und nichts mehr von dem Gesetz der Spaltung?
Besteht etwa ein grundsätzlicher Unterschied zwischen Rassen- und Artbastarden, wie zuweilen vermutet wurde?

Als man die drei Formen, die beiden Elternarten und die Primula Kewensis cytologisch
untersuchte, stellte sich heraus, daß letztere die doppelte Chromosomenzahl wie die Elternarten besaß (Abb. 456). Der daraufhin noch einmal wiederholte ursprünglich sterile F_1-
Bastard besaß die gleiche Chromosomenzahl wie die Ausgangsformen. Seine Meiosis freilich
ist gestört; die Chromosomen von Primula floribunda und verticillata paaren sich nicht miteinander, und die Gonen, die Keimzellen, sterben nach einer unregel-mäßigen Meiosis ab. Wird nun aber — hier ist das offenbar auf vegetativem Wege geschehen — die Chromosomenzahl verdoppelt, dann besitzt jedes flori-bunda-Chromosom ein zweites ihm gleiches, und jedes verticillata-Chromosom ebenfalls. Diese identischen Paare können nun wie in den Ausgangsformen mit-einander konjugieren, und mit einem Schlage ist die Meiosis wieder normal durchführbar. Daß nun keine Spaltung mehr zustande kommt, ist selbstverständ-lich; *denn jeder Gamet enthält nun alle beiden Genome*, deren Auseinanderweichen in einem normalchromo-somigen Bastard gerade das Gesetz der Spaltung hätte in Erscheinung treten lassen müssen. Weil also im Zuge der Bastardierung eine Neuregulation der chro-mosomalen Verhältnisse stattgefunden hat derart, daß die chromosomale Heterozygotie aufgehoben ist, ob-

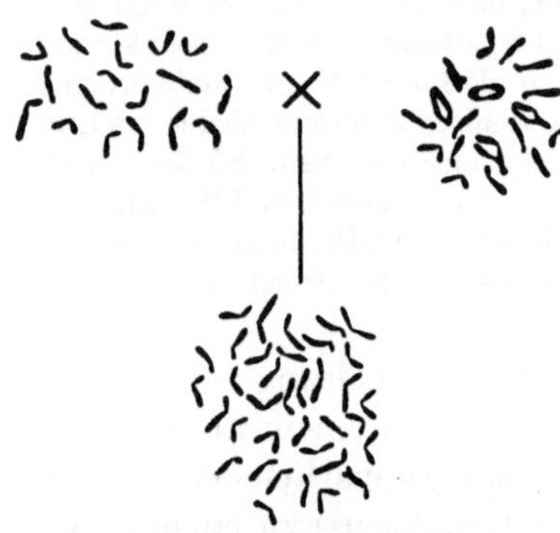

Abb. 456. Die Chromosomensätze von
Primula floribunda und *verticillata* mit je
18 Chromosomen, und *Primula Kewensis*
mit 36 Chromosomen. (Nach NEWTON und
PELLEW aus DARLINGTON)

wohl die Heterozygotie der Genome bleibt, darf gerade nach der Chromosomentheorie keinerlei
Spaltung auftreten. Das Primula-Beispiel, das zunächst ein Einwand schien, ist nach seiner
Aufklärung eine um so deutlichere Bestätigung geworden.

Es sind viele solcher Beispiele bearbeitet worden, und es haben sich stets
analoge Antworten ergeben. So können wir nun die empirischen Befunde zur
Verifikation der These 4 folgendermaßen zusammenfassen: Das Gesetz der
Spaltung gilt überall dort unbegrenzt, wo im Zuge der Bastardierung keine Veränderungen im entwicklungsgeschichtlichen Ablauf des Chromosomenmechanismus erfolgt. Geschieht das dennoch, so läßt sich aus der Art der Abweichung im
Chromosomenverhalten zugleich auch die Weise der Veränderung im Verhalten
des Spaltungsgesetzes vorausberechnen. Dieser Satz enthält im Grunde mehr als
nur eine Bestätigung des Gesetzes der Spaltung. Wir werden später sehen, daß
wir mit dieser Konstatierung schon den Grund zum zweiten Teil der Chromosomentheorie gelegt haben.

Erläuterungen der 5. These. Diese soll in dem hier gegebenen Zusammenhang nur ganz
kurz behandelt werden; denn die weitere Bearbeitung des dabei entdeckten Phänomens der
Koppelung führte zu völlig neuen Einsichten über die Chromosomentheorie, die hier allein
in ihren allgemeinen Umrissen behandelt wird. Von dieser eingehenden Ausarbeitung wird
später noch ausführlich die Rede sein.

Es war zu erwarten, daß nicht *alle* erblich gesteuerten Merkmale einer Pflanze oder eines
Tieres unabhängig voneinander kombiniert werden können, daß vielmehr dann, wenn die Zahl
der Anlagen die Zahl der Chromosomen übersteigt, auch je zwei oder mehr auf ein und demselben Chromosom liegen müssen. Fängt man sich nun freilich beliebige erbliche Unterschiede
aus irgendeiner Artpopulation heraus, um damit zu arbeiten, wie MENDEL das tat, so ist

es natürlich ein purer Zufall, ob man solche erwischt, die auf verschiedenen oder dem gleichen Chromosom lokalisiert sind. Bei MENDELS Erbsen war das erstere, bei CORRENS' Levkojen das letztere der Fall. Hierdurch wurde zum ersten Male festgestellt, daß Erbfaktoren auch gemeinsam manövrieren, daß sie, wie wir heute sagen würden, *gekoppelt* sein können. Nach der Chromosomentheorie darf es demnach nur *so viele Gruppen gekoppelter Erbanlagen im genetischen Versuch geben, als es im morphologischen Bild haploide Chromosomen gibt.*

Will man eine Prüfung der Anzahl von Koppelungsgruppen bei irgendeinem Organismus durchführen, so bedarf es dazu einer sehr großen Anzahl von einzelnen Erbfaktoren, die in einzelnen Versuchen miteinander kombiniert werden müssen, um ihre gegenseitige Abhängigkeit oder Unabhängigkeit zu erweisen. Das ist bisher nur bei wenigen Pflanzen möglich gewesen. Das Resultat läßt sich folgendermaßen zusammenfassen.

Bei wenigen Pflanzen wie *Zea Mays, Antirrhinum, Pisum, Lathyrus* und neuerdings auch bei *Neurospora* hat die Zahl der Koppelungsgruppen diejenige der haploiden Chromosomen erreicht, bei einer großen Anzahl anderer indessen bleibt sie darunter, was stets darauf zurückgeführt werden kann, daß noch nicht hinreichend viele erbliche Unterschiede aufgefunden sind. *Von besonderer Bedeutung ist, daß die Zahl nie überschritten wird.* Damit ist die letzte Forderung aus der *Chromosomentheorie der Vererbung erfüllt, und diese kann damit als bewiesen angesehen werden.*

b) Die Gesetze der Koppelung. Der Chromosomentheorie zweiter Teil

aa) Die empirischen Grundlagen

Im folgenden wird es notwendig, die Koppelungsexperimente einem etwas genaueren Studium zu unterziehen. Es muß die Frage gestellt werden: Worin besteht eigentlich das gemeinsame Manövrieren der auf einem Chromosom befindlichen Erbanlagen ? Man sollte meinen, sie würden sich verhalten, als wären sie alle nur *ein* Erbfaktor. Das war faktisch bei den Levkojenkreuzungenvon CORRENS der Fall. Doch sogleich mußte nun die Frage auftauchen: Wie läßt sich beweisen, daß man es dabei nicht etwa wirklich nur mit einer einzigen Erbanlage von lediglich sehr umfassend polyphäner Wirkung zu tun hat, sondern tatsächlich mit einer Serie solcher ? Das war zunächst nicht zu entscheiden, sondern das gelang erst, als das Phänomen der *partiellen Koppelung* entdeckt worden war (BATESON and PUNNET, MORGAN). Erst von da ab gelang ein neuer entscheidender Schritt. In diesen Versuchen stellte sich heraus, daß eine Koppelung der Erbfaktoren nur in dem Sinne besteht, daß die *zufallsmäßige Umkombination weitgehend eingeschränkt ist, aber dennoch zustande kommt, und zwar in Zahlenverhältnissen, die genau so festliegen und innerhalb der Fehlergrenzen reproduzierbar sind wie die Mendelzahlen.*

Methode des Nachweises. Will man heute ein solches Koppelungsbeispiel darstellen, so verwendet man dazu am besten die Rückkreuzung eines dihybriden Bastards mit dem doppelt recessiven Elter. Oben wurde darauf hingewiesen, daß das Gametenverhältnis von 1:1:1:1:1 für die vier möglichen Klassen von Erbanlagen bei unabhängiger Kombination besteht. Zum Vergleich mit den Gesetzmäßigkeiten untereinander gekoppelter Erbfaktoren sei hier noch einmal ein genaues Zahlenbeispiel für freie Kombination gegeben. Wir wählen dazu einen zweifach heterozygoten Bastard unter Gartenlöwenmäulchen von der Konstitutionsformel Del del E e. Dabei bezeichnet Del eine Erbanlage, die die rote Farbe über die ganze Blüte verteilt, del dagegen eine solche, die sie nur auf die Lippe setzt. Die Anlage E veranlaßt zygomorphe, e dagegen radiäre Blüten. Del und E dominieren über del und e. Der Bastard Del del E e produziert vier verschiedene Klassen von Keimzellen, und zwar Del E, Del e, del E und

del e. Wird dieser Bastard mit dem doppelt recessiven Elter von der Formel del del e e rückgekreuzt, so erhalten wir folgendes Ergebnis; wobei wir nur die Bastard-Gametenkombi-
nation anzuführen brauchen, denn auf diese allein kommt es an (Abb. 457).

	Del E	Del e	del E	del e
Gefundene Individuen	216	216	206	212
Theoretisch berechnet	212,5	212,5	212,5	212,5
	n_1	n_2	n_3	n_4

Man sieht, daß innerhalb der Fehlergrenzen eine ausgezeichnete Übereinstimmung mit den nach dem Gesetz der Unabhängigkeit berechneten Werten
besteht. Dabei entsprechen die mit n_1 und n_4 bezeichneten Gameten-
klassen den Anlagenkombinationen der beiden Eltern; n_2 und n_3 enthalten die Umkombinationen.

Partielle Koppelung. Die Gesetze der Koppelung bestehen in einer Abweichung vom dritten MENDELschen Gesetz, von der unabhängigen Kombination. Diese sind aber nicht regellos, sondern lassen sich in festen Zahlenverhältnissen darstellen. Wir können das nur an Hand von Beispielen demonstrieren, die ebenso dargestellt werden müssen wie jenes an Antirrhinum.

Es wurde hier eine Kreuzung zwischen zwei Maisrassen verwendet, die Unterschiede in Farbe und Form der Früchte besitzen. Wird der Mais mit gefärbten (C = coloured) und voll ausgefüllten (Sh) Körnern CCShSh mit einem solchen gekreuzt, der ungefärbte (c) und eingeschrumpfte (sh = shrunken) Körner hat, ccshsh, so bekommen

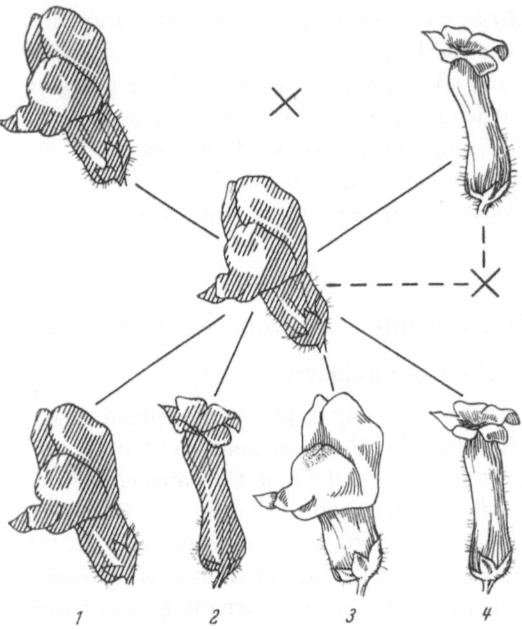

Abb. 457. Gartenlöwenmäulchen. Entstehung der 4 Individuenklassen nach Rückkreuzung mit dem recessiven Elter. Die Klassen *1* und *4* stellen die Anlagenkombination der Eltern, *2* und *3* die Umkombination dar

wir eine Heterozygote, bei der gefärbt über ungefärbt und voll über eingeschrumpft dominiert.
Wird diese Heterozygote nun mit dem doppeltrecessiven Elter, also ccshsh rückgekreuzt, so
bekommen wir wieder vier Klassen von Individuen, hier von Körnern auf dem Kolben der
Heterozygote! (Abb. 458), die den Gameten der Heterozygote entsprechen. Nach dem
Gesetz der Unabhängigkeit müßten alle vier in gleicher Anzahl vorhanden sein, tatsächlich
ist das nicht der Fall, vielmehr sehen wir hier recht extreme Unterschiede.

	P_1		CCShSh × ccshsh	
	F_1		CcShsh	
Gameten	CSh	Csh	cSh	csh
Gefundene Körner	4032	149	152	4035
Nach dem Gesetz der Unabhängigkeit berechnet	2092	2092	2092	2092
	n_1	n_2	n_3	n_4

Diese außerordentlich starke Abweichung von dem Gesetz der Unabhängigkeit
kann man vorläufig wie folgt zusammenfassen: C und Sh einerseits und c und sh
andererseits sind miteinander „gekoppelt", sie treten in den Keimzellen der

Heterozygote sehr viel häufiger auf als Csh und cSh; letztere „stoßen sich ab".
Bei den Anlagenkombinationen, die sich im Zustande der Koppelung befinden,
handelt es sich um solche, die in den *beiden Eltern vorhanden waren*, nämlich
$n_1 = CSh$ und $n_4 = csh$, bei den sich abstoßenden um diejenigen, die sich in der
Heterozygote umkombinieren, $n_2 = Csh$ und $n_3 = cSh$. Dabei ist noch besonders
wichtig, daß die Individuenzahlen, in denen sich
Koppelung und Abstoßung anzeigen, wie der Versuch zeigt, scharf übereinstimmen, und zwar n_1
und n_4 unter sich, sowie n_2 und n_3 unter sich.

Der Gegenversuch. Wenn diese Beziehung zu
Recht besteht, müßte sie auch zutreffen, falls die
Heterozygote ursprünglich durch faktoriell gleichartige, aber andersartig zusammengesetzte Homozygoten gebildet wurde.

Man kann dazu Ausgangspflanzen verwenden, bei denen
jeweils ein dominantes und ein recessives Anlagenpaar
miteinander vereinigt ist, also:

CCshsh × ccShSh

CcShsh

In der Tat findet sich in dieser Heterozygote dieselbe
Beziehung auf die elterlichen Gameten bei der Verteilung
auf die Bastardgenerationen. Von den vier möglichen
Kombinationen finden sich in den Eltern Csh und cSh, die
sich dementsprechend hier als gekoppelt erweisen, während
sie sich im vorhergehenden abstießen. Ein Zahlenbeispiel,
das wieder genau dieselbe innere Übereinstimmung zeigt
wie das vorhergehende, sieht folgendermaßen aus:

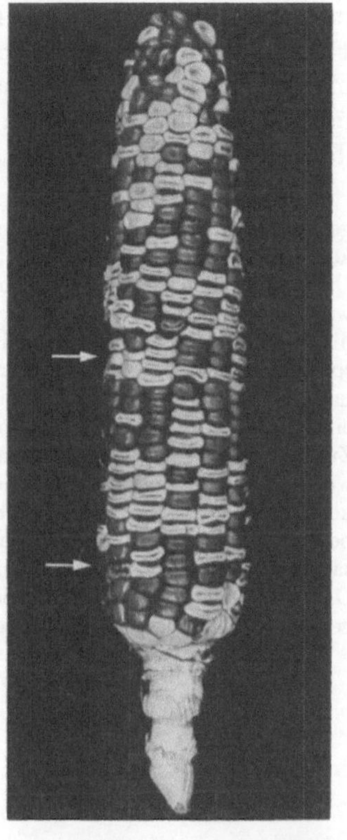

Abb. 458. Maiskolben mit gefärbten
ausgefüllten und ungefärbten ein-
geschrumpften Körnern. Daneben
sind in einem bestimmten Prozentsatz Körner mit unkombinierten Anlagen, ungefärbt ausgefüllt und gefärbt geschrumpft, vorhanden (Pfeil).
(Orig.)

	CSh	Csh	cSh	csh
Gefundene Körner	638	21379	21096	672
Nach dem Gesetz der Unabhängig-keit berechnet .	10948,25	10948,25	10948,25	10948,25
	n_1	n_2	n_3	n_4

Diese beiden Versuche zeigen wesentliche für
das Koppelungsphänomen bedeutungsvolle Gesetzmäßigkeiten mit voller Deutlichkeit an. Wir sehen:
es besteht eine feste Beziehung zu der Faktoren-
kombination der Eltern. *Die dort vorhandene ist zahlenmäßig bevorzugt* (gekoppelt).
Ferner: *das Zahlenverhältnis zwischen Koppelung und Abstoßung, anders ausgedrückt, zwischen der elterlichen und umkombinierten Faktorenzusammenstellung ist
stets das gleiche, unabhängig von der Art der Heterozygotie.*

Berechnung der Koppelungszahlen. Dieses Zahlenverhältnis pflegt man der Einfachheit
halber prozentual auszudrücken. Man berechnet dazu die Anzahl der Individuen *mit Faktoren-
umkombination* auf die Gesamtindividuenzahl der Rückkreuzung. Wir hatten in den oben
angegebenen Beispielen die Einzelklassen mit $n_1\,n_2\,n_3\,n_4$ und die Gesamtzahl mit n bezeichnet,
so haben wir nach der Formel

$$\frac{n_2 + n_3}{n} \cdot 100 \quad \text{bzw.} \quad \frac{n_1 + n_4}{n} \cdot 100$$

in diesen Versuchen einen Umkombinations- oder *Austauschprozentsatz* von

$$\frac{149 + 152}{8368} \cdot 100 = 3,6\% \qquad \text{bzw.} \qquad \frac{638 + 672}{43\,785} \cdot 100 = 3\%,$$

ein Wert, der innerhalb der gegebenen Grenzen als gleichartig anzusehen ist.

Koppelungszahlen. Die nächste Frage, die man bei der Erörterung des Koppelungsphänomens zu stellen hat, ist die, welche Zahlenverhältnisse überhaupt in Frage kommen. Anfänglich meinte man, es seien nur ganz bestimmte Zahlen möglich, später, nachdem man besonders durch MORGANS *Drosophila*-Forschungen über eine große Anzahl von Experimenten unterrichtet worden war, zeigte sich, daß jede beliebige Zahl zwischen 0 und 50% auftreten kann.

Bei diesem Prozentsatzverhältnis handelt es sich um die Anzahl der Neukombinationen gegenüber den Elternkombinationen bezogen auf die Gesamtzahl der Gameten. Treten Neukombinationen zu 50% auf, so sind damit Elternkombinationen ebenfalls in 50% vorhanden. Und da in allen diesen Koppelungsversuchen unter den Eltern- und Neukombinationen, wie wir gesehen hatten, exakte innere Übereinstimmung besteht, so zeigt ein Koppelungsverhältnis von 50% ein Gametenverhältnis von 1:1:1:1 an, d. h. also, es besteht keine Koppelung, sondern es liegt *unabhängige Spaltung* vor. 50% ist also der eine Grenzwert. 0% Neukombinationen zeigt an, daß *nur* die Elternkombinationen auftreten. Sie sind also so fest miteinander gekoppelt, daß Neukombinationen gar nicht zustande kommen können. Dieser Zustand, den man als denjenigen *absoluter Koppelung* bezeichnen kann, ist der andere Grenzwert gegenüber der unabhängigen Spaltung. Die dazwischenliegenden Werte von 49—1% kennzeichnen die *partielle Koppelung.* Das folgende Schema mit den allgemeinen Faktorenbezeichnungen AaBb für die Bastardheterozygote möge das eben Gesagte noch einmal zusammenfassen. Der Bastard sei aus den Eltern AABB×aabb entstanden, so müssen die Gameten AB + ab als Elternkombination den Gameten Ab + aB als Neukombination gegenübergestellt werden. Das ergibt folgende Übersicht:

$$
\begin{array}{ccl}
\text{AB} + \text{ab} & : & \text{Ab} + \text{aB} \\
50 & : & 50 \quad \text{unabhängige Spaltung} \\
51 & : & 49 \\
52 & : & 48 \\
53 & : & 47 \\
\vdots & & \vdots \quad \Big\} \;\text{partielle Koppelung} \\
97 & : & 3 \\
98 & : & 2 \\
99 & : & 1 \\
100 & : & 0 \quad \text{aboslute Koppelung}
\end{array}
$$

Damit haben wir die wichtigsten empirischen Gesetzmäßigkeiten des Koppelungsphänomens aufgezeigt, und es gilt nun zu überlegen, wie diese eigentümlichen Erscheinungen als Ausdruck bestimmter Eigenschaften des Erbgutes verstanden werden können.

Koppelungserscheinungen und Segmentaustausch unter homologen Chromosomen. Wir haben nun die eben dargelegten Gesetzmäßigkeiten auf die Chromosomentheorie der Vererbung zu übertragen. Daß die „Koppelungsgruppen" das genetische Äquivalent der in den einzelnen Chromosomen zusammengefaßten Erbanlagen darstellt, ist nicht zu bezweifeln. Dementsprechend sind die beiden Grenzwerte der Koppelungszahlen 50% und 0% Austausch ohne weiteres erklärbar; sie bedeuten einmal freie Kombination, also Lagerungen auf verschiedenen Chromosomen, zum anderen keinerlei Umkombinationen, demnach Lagerung auf dem gleichen Chromosom. Für die Erklärung dieser beiden Phänomene reichen die alten, sozusagen klassischen Effekte der Meiosis aus; Umordnung der Genome und Reduktion der Chromosomenzahl. Es fragt sich nun, wie die Austauschwerte von 1—49% zu verstehen sind.

Sie könnten bedeuten, daß Erbanlagen, die auf einem der beiden Homologen gelagert sind, dennoch in verschiedenen Prozentsätzen auf das andere der beiden homologen Chromosomen übergehen und in exakt dem gleichen Prozentsatz in einer neuen Meiosis wieder zurückkehren. Hierfür kommt der am spätesten und allein im Zusammenhang mit der Genetik entdeckte Effekt der Meiosis in Frage: *der Umbau der Chromosomen durch den Segmentaustausch zwischen den homologen Chromosomen.*

Bei der Darstellung der Meiosis hatten wir darauf hingewiesen, daß dieser Vorgang unmittelbar optisch nicht wahrnehmbar ist, sondern daß allein die sekundären Erscheinungen der sogenannten Chiasmen festgestellt werden können. So haben wir also zunächst die genetischen Konsequenzen zu erörtern, die der eben formulierten Theorie folgen, und danach zu versuchen, wie weit sich eine morphologisch-genetische Beweisführung für die ganze Vorstellung erreichen läßt.

bb) Theorie der linearen Anordnung der Erbanlagen im Chromosom und ihre genetischen Konsequenzen

Die Austauschzahlen in den Koppelungsgruppen. Da die Chromosomen lange dünne Fäden von einer differenzierten, festliegenden und stets wieder erkennbaren Struktur sind, so liegt es nahe anzunehmen, daß die Erbanlagen in einer Reihe hintereinander angeordnet sind (MORGANs Theorie der linearen Anordnung). Nimmt man weiterhin — zunächst einmal vorläufig, an, daß die Brüche, die zu einem Segmentaustausch führen, gleichmäßig über das Chromosom verteilt sind, so muß, nehmen wir in Versuchen irgendeinen bestimmten Erbfaktor als Ausgang, jeder andere in der gleichen Koppelungsgruppe gelagerte Faktor eine andere Austauschzahl besitzen. Daß das zutrifft zeigt Abb. 462.

Der Austauschprozentsatz als Entfernungsmaß. MORGANs Vorstellung von der Anordnung der Erbfaktoren auf den fadenförmigen Chromosomen und das Zutreffen der eben formulierten Konsequenz führte sogleich zu einer weiteren, der nämlich, daß die Austauschzahlen relativ zueinander zugleich ein Maß für die Entfernung der Erbanlagen auf den Chromosomen bedeuten. Dementsprechend wäre 1% Austausch die Einheit für die relative Entfernung.

Die Voraussetzung dafür ist sehr einfach, nämlich die, daß Bruch und Austausch um so häufiger zustande kommen, je weiter die Erbanlagen auseinander liegen. Auf diese Weise kann man von den Chromosomen Karten konstruieren, die die Serie auf ihnen bekannter Erbanlagen enthält.

Zur Terminologie sei noch bemerkt, daß man die im Kern auf den Chromosomen lokalisierten Erbanlagen auch als „Gene" bezeichnet, was heute noch meistens geschieht. Diese Bezeichnung meint eher distinkt lokalisierte Partikel als die etwas vageren wie „Erbanlage" oder „Erbfaktor", die man anfänglich verwendete. Eine Zeitlang nahm man an, man könne sie in unmittelbare Relation zu gewissen sichtbaren Chromosomenstrukturen, den Chromomeren, setzen, doch hat sich das als unzutreffend erwiesen.

Die aktuellen Koppelungszahlen und doppelter Austausch. Man sollte annehmen, daß die Koppelungszahlen, die sich auf einem Chromosom finden, den Werten zwischen 1% und 49% entsprächen. Faktisch ist das aber nicht der Fall. Zählt man die Austauschprozentsätze der einzelnen Gene gut analysierter Chromosomen (*Drosophila* allen voran, bei den Pflanzen Mais) zusammen, dann findet man Zahlen, die über 100 hinausgehen. Macht man jedoch auch mit weit auseinander liegenden Genen einen Einzelversuch, dann erhält man maximal nicht mehr als 40—50%.

Der Grund für diese Diskrepanz ist darin zu erblicken, daß, je weiter die Gene auseinander liegen, desto häufiger zwischen ihnen nicht nur ein einfacher, sondern ein *doppelter Segmentaustausch* stattfindet. Ein doppelter Segmentaustausch wird aber notgedrungen die beiden *Enden* in ihrem ursprünglichen Zusammenhang lassen, wenn auch dazwischen ein Stück ausgetauscht ist. Den Prozentsatz doppelten Segmentaustausches muß man also zu dem einfachen Wert hinzurechnen, um den Gesamtwert zu erhalten. Man kann ihn dann errechnen, wenn die zwischenliegenden Stücke des betreffenden Chromosoms auch noch mit Erbfaktoren markiert sind.

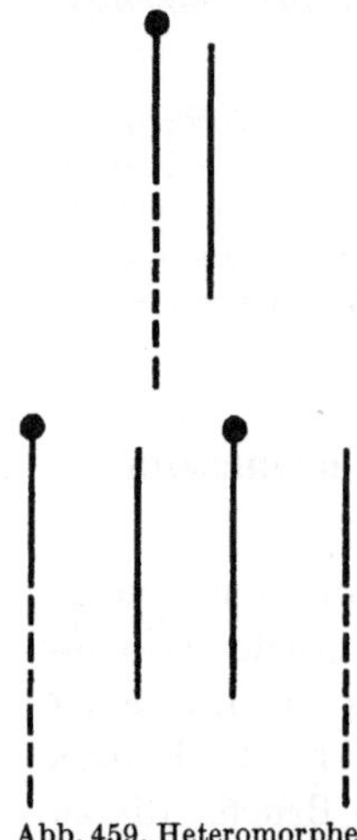

Abb. 459. Heteromorphes Chromosomenpaar (oben) von Mais mit den neu entstehenden Austauschklassen (unten). (Nach McCLINTOCK)

Interferenz. Der oben behandelte doppelte Segmentaustausch gibt noch Anlaß, ein weiteres Phänomen kurz zu erwähnen, das der Interferenz. Auch dieses läßt sich nur bei dichter Markierung der Chromosomen mit Erbfaktoren kennzeichnen. Wenn unmittelbar hinter einem Erbfaktor ein Chromatid gebrochen und ein Segmentaustausch erfolgt ist, so ist es unwahrscheinlich, daß in unmittelbarer Nähe sogleich ein zweiter erfolgt. In der Tat läßt es sich sowohl bei Mais als auch bei *Drosophila* stets in entsprechenden Versuchen konstatieren, daß erst ein gehöriges Stück von einem ersten Austausch entfernt ein zweiter erfolgt.

Nachweis des cytologischen Korrelates der Austauschvorgänge. Schon bei der Behandlung der Meiosis wurde deutlich, daß sich die Chromosomenumbauten unter den Chromatiden nicht unmittelbar optisch deutlich machen, sondern daß sie lediglich aus den später konstatierbaren Chiasmen allenfalls erschlossen werden können. Es gilt nun einen exakten Beweis dafür zu erbringen, daß der Segmentaustausch als Grundlage des genetischen „crossing-over"-Prozesses (wie der vielfach eingebürgerte Laboratoriumsausdruck MORGANs lautet) faktisch in Gestalt der Chiasmen nachweisbar ist. Das wurde um so dringlicher, seit WINKLER in seiner „Konversionstheorie" den theoretisch völlig geglückten Versuch gemacht hatte, die genetischen Erscheinungen ganz anders zu erklären.

Einer der geforderten Nachweise ist folgendermaßen geführt worden. Es wurde eine Kreuzung zwischen zwei Maisrassen gemacht, die sich dadurch unterscheiden, daß ein Chromosomenpaar bei beiden verschieden ausgebildet war, und zwar so, daß es in der einen der beiden Rassen an einem Ende einen Knopf, an dem anderen ein diffuses, schlecht färbbares Stück besitzt, während das homologe Chromosom der anderen Rasse an beiden Enden gleichförmig war (Abb. 459). Außerdem bestand eine Heterozygotie in zwei auf diesem Chromosomenpaar lokalisierten Genpaaren. Unter der Nachkommenschaft wurden sowohl Individuen gefunden, die keinen Austausch der Chromosomenenden aufwiesen und zugleich auch keinen der Erbfaktoren. Sodann wurden Individuen mit Austauschchromosomen gefunden, und diese zeigten zugleich auch die genetische Neukombination. Hiermit ist also zunächst ein allgemeiner Beweis für die Auswechselung der Chromosomenenden erreicht, zugleich auch, daß ein solcher mit dem genetisch konstatierbaren Faktorenaustausch koincidiert.

Ein zweiter Versuch befaßt sich mit der Frage, ob die Chiasmen wirklich die Orte des Austausches sind. Er ist bei verschiedenen Objekten durchgeführt worden und geht von der Beobachtung aus, daß die Zahl der Chiasmen in der Meiosis von äußeren Bedingungen abhängig ist. Bei tiefer Temperatur, insbesondere bei Temperaturschocks, bei Wassermangel, bei dem Absinken des Kohlenhydratspiegels sinkt auch stets die Zahl der Chiasmen auf allen

Chromosomen, und gleichzeitig sinkt auch die Frequenz des genetischen Austausches gekoppelter Faktoren.

Beide Versuchsgruppen können nur verstanden werden, wenn man annimmt, daß die Theorie der linearen Anordnung der Gene auf den Chromosomen sowie diejenige von Rekombination und Segmentaustausch zutrifft. Damit ist auch die im zweiten Teil der Chromosomentheorie der Vererbung gegebene vertiefte und spezielle Konzeption bewiesen.

c) Die Bedeutung chromosomaler Abweichungen. Der Chromosomentheorie dritter Teil

Mit der Theorie der linearen Anordnung der Gene im Chromosom hat die ursprüngliche Konzeption der Chromosomentheorie eine bedeutende Erweiterung und Vertiefung erfahren, und das bis hierher Erreichte erlaubt durchaus einen Analogieschluß auf alle anderen Formen, deren genetische Analyse noch nicht bis zum endgültigen Nachweis einer Koincidenz der Koppelungsgruppen mit der Anzahl ihrer haploiden Chromosomen vordringen konnte. Die Gruppe derjenigen Pflanzen indessen, bei denen das möglich war, ist doch bedenklich klein. Darum sollten noch weitere Beweise beigebracht werden, solche zwar, die im ganzen gesehen die umständliche Methode des Aufweisens von Koppelungsgruppen vermeiden. Das bedeutet eine etwas andersartige, aber ebenso konsequente Anwendung der Chromosomentheorie, die wir folgendermaßen formulieren können: *Trifft es zu, daß Struktur und Verhalten der Chromosomen in ursächlicher Beziehung zum Vererbungsgeschehen stehen, dann muß sich zeigen lassen, daß jede morphologisch oder physiologisch feststellbare Abweichung vom Normalgeschehen im Chromosomenapparat, insbesondere in der Reduktionsteilung, zu ganz bestimmten Änderungen im genetischen Verhalten der betreffenden Form führen muß* (OEHLKERS). Diese klare Folgerung aus der Chromosomentheorie hat im Laufe der Zeit eine so erstaunliche Erweiterung der Gesamttheorie erreicht, daß heute an ihrem endgültigen Beweis nicht mehr gezweifelt werden kann. Hier können nur einige besonders lehrreiche Beispiele genannt werden.

aa) Überzählige Chromosomen und die Identifikation der Koppelungsgruppen

Eine der häufigsten Abweichungen im Chromosomenapparat ist das *Vorhandensein eines überzähligen Chromosoms*. Es kann geschehen, daß im Laufe der Reduktionsteilung die *beiden* Glieder eines homologen Paares zu *einem* der beiden Pole wandern, so daß Keimzellen entstehen, die die haploide Anzahl der Chromosomen um eins vermehrt besitzen. Solche Keimzellen sind unter gewissen Umständen lebensfähig und können sich dann mit einer normalen verbinden. Es entstehen daraus Organismen, die an Stelle eines der homologen Paare (*Bivalent*) ein aus homologen Chromosomen bestehendes *Trivalent* besitzen, an Stelle eines normalen Zwillings also einen Drilling. Befindet sich in einem solchen Drilling eine Heterozygotie, so müssen unter der Voraussetzung, daß das MENDELsche Spaltungsgesetz von dem Verhalten eines normalen Paares homologer Chromosomen abhängig ist, nunmehr andere Zahlenverhältnisse entstehen. Es kombinieren sich nun nicht mehr zwei, sondern drei Faktoren miteinander. MENDELsche Vererbung in einem Trivalent muß dementsprechend zu einem Gametenverhältnis von 2:1 statt von 1:1 unter den normalen Gameten eines solchen Bastards führen.

Tabelle 7

Gametenbildung und Verteilung der Erbanlagen in einer

bivalenten Heterozygote Aa		sowie einer trivalenten Heterozygote AAa		
Möglichkeiten der Trennung $\dfrac{A}{a}$		$\dfrac{AA}{a}$	$\dfrac{Aa}{A}$	$\dfrac{Aa}{A}$
Gameten $\quad$ A $\quad$ a		AA $\quad$ Aa $\quad$ Aa	A $\quad\quad$ A	a
		$n+1$ Gameten	n-Gameten	
Verhältnis von A:a $\quad$ 1:1			2:1	

Das Zutreffen dieser Voraussetzung ist zuerst für *Datura* bewiesen worden (BLAKESLEE), später ebenso für *Zea Mays*. An und für sich war dieser Befund schon eine Bestätigung für die oben angegebene Voraussetzung: eine morphologisch-cytologisch konstatierte Anomalie des Chromosomenapparates hatte tatsächlich die erwartete genetische Abweichung zur Folge. Darüber hinaus konnte nunmehr mit Hilfe des leicht konstatierbaren anomalen Gametenverhältnisses in solchen Drillingsanordnungen bei Zea Mays die Zuordnung der genetisch aufgefundenen Koppelungsgruppen zu den inzwischen indentifizierten Chromosomen vorgenommen werden. Theoretisch muß es bei irgendeinem Objekt ebenso viele verschiedene $2n+1$-Formen geben, als seine haploide Chromosomenzahl beträgt. Auch das hat sich sowohl für Datura mit haploid 12 Chromosomen als auch für Mais mit deren 10 bestätigt. Nachdem es gelungen war, die Maischromosomen einwandfrei cytologisch zu identifizieren (McCLINTOCK), und im übrigen in der Maisgenetik 10 Koppelungsgruppen von Erbfaktoren genetisch aufgefunden waren, wurde nun jede der 10 $2n+1$-Rassen mit einem cytologisch normalen Merkmalsträger einer der Koppelungsgruppen gekreuzt und dann festgestellt, in welcher der verschiedenen Kreuzungsnachkommenschaften jeweils das abweichende Gametenverhältnis von 2:1 auftrat. Damit war dann sofort das Chromosom gekennzeichnet, in dem sich die Koppelungsgruppe befinden mußte.

bb) Deletionen und der Allelomorphismus der Gene

Künstlich erzeugte Chromosomenanomalien, die besonders durch die Einwirkung von Röntgenstrahlen entstehen können, wurden besonders bedeutungsvoll. Dahin gehören auch die *Deletionen*, die darin bestehen, daß ein Stück des Chromosoms ab- oder herausgeschlagen ist. Leicht kenntlich sind solche Deletionen, wenn sie am Ende eines Chromosoms liegen und dieses in der Meiosis mit einem normalen konjugiert. Man kann sie dann relativ leicht feststellen.

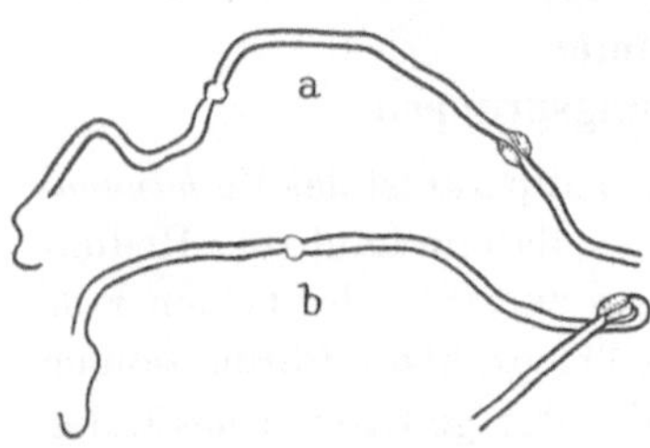

Abb. 460a u. b. Deletion bei Chromosomen von Mais. Jeweils ein Stück an einem der beiden gepaarten Pachytänchromosomen fehlt. (Nach McCLINTOCK)

Beim Mais liegt im Chromosom II am Ende der Faktor Lg, der die Ausbildung der Ligula am Blatt bedingt; die recessive Mutante lg hat keine Ligula. Wenn nun eine Heterozygote mit einer Deletion am Ende von Chromosom II zustande kommt, dann kann entweder Lg oder lg fehlen (Abb. 460). Fehlt lg, dann wird man keinen Unterschied gegenüber Lg lg bemerken: der Phänotypus von Lg muß manifest werden Fehlt jedoch Lg, dann konstatiert man den Phänotypus von lg, der sonst nie in einer Heterozygote wegen der Dominanz von Lg erscheint. Dieser Befund unterstreicht durch die anschauliche Beziehung auf das Chromosomengefüge das, was die rein genetischen Resultate schon nahegelegt hatten. Auf den Chromosomen befinden sich an ganz bestimmten Orten die Gene, und einem dominanten A entspricht an genau demselben Ort des homologen Chromosoms einer anderen Form das recessive a. So können von zwei *Allelomorphen*, wie man die beiden Gene hinsichtlich dieses ihres gegenseitigen Verhältnisses nennt, jeweils nur zwei in dem Bastard normaler diploider Formen vorhanden sein. Daß die Dominanz in der gegenseitigen Beziehung von Lg lg unmittelbar von der Anwesenheit von Lg abhängig ist, läßt der eben geschilderte Versuch ebenso deutlich werden, wie außerdem auch, daß in dem ganzen Konzert der Gene eines diploiden Organismus allein die einzelne Auflage eines recessiven Gens genügt, um seinem Phänotypus entsprechende Geltung zu verschaffen.

Multipler Allelomorphismus schließt sich an den vorhergehenden Abschnitt am zwanglosesten an. Fortschreitende genetische Analyse stellte vielfach fest, daß es auch eine größere Anzahl von Allelomorphen (oder wie man heute sagt, von Allelen) an ein und demselben Chromosomenort der Homologen verschiedener Rassen gibt. Vielfach sind sogar ganze Reihen der verschiedenen Allele desselben Gens gefunden worden, so daß man sie allgemein als A_1, A_2, A_3, ... a_1, a_2, a_3... formulieren kann. Typisch für dieses Phänomen bleibt stets, daß in einer diploiden Heterozygote nur je zwei dieser Allele vorhanden sein können (Abb. 461).

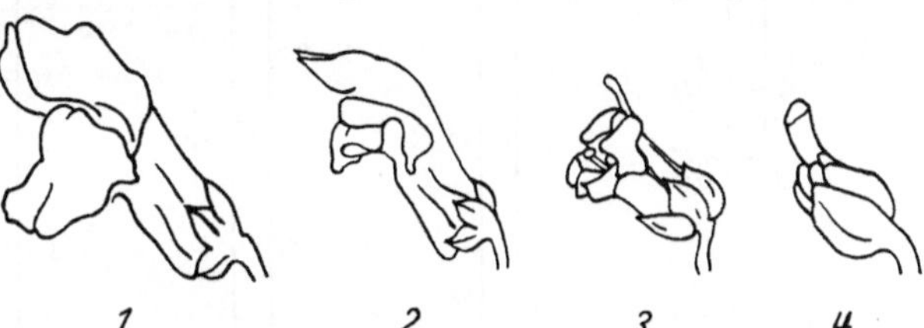

Abb. 461. Reihe multipler Allele für die Ausbildung der Blüte bei *Antirrhinum majus*. (Nach BAUR)

cc) Die reale Entfernung der Gene

Eine weitere Feststellung läßt sich mit der Methode des Vergleiches von Deletionen und ähnlichen Chromosomenanomalien durchführen, das ist die Beantwortung der Frage, ob die durch die Austauschwerte erschlossene relative Entfernung der Gene voneinander zugleich die reale Entfernung bedeutet.

Bleiben wir bei dem oben angegebenen Versuch mit der Maisheterozygote Lg lg. Bei umfassendem Ausbau des Versuches kann man feststellen, wie groß minimal das fehlende Ende des Chromosoms II bei Mais sein muß, damit gerade noch der Effekt im Sichtbarwerden des recessiven Faktors zustande kommt. So kann die Entfernung des Chromosomenortes für das Allelenpaar Lg lg von dem Chromosomenende ermittelt werden. Besonders in der Drosophilagenetik sind solche Arbeiten mit dem sicheren Ergebnis durchgeführt, daß die genetische und reale Entfernung *nicht* übereinstimmen, daß also der Segmentaustausch nicht gleichmäßig über die Chromosomen verteilt ist, sondern offenbar besondere Orte bevorzugt. Mit völliger Sicherheit haben diese Versuche jedoch *eine Übereinstimmung* hinsichtlich der *Reihenfolge der Gene* erbracht. Die Theorie der linearen Anordnung der Gene im Chromosom ist also nunmehr doppelt gesichert, während für die Entfernung der Gene im Chromosom genetische und cytologische Daten als verschieden einander gegenüberstehen können (Abb. 462—463).

dd) Die reziproken Translokationen und das Oenotherenproblem

Als Chromosomenanomalie, die sowohl spontan wie durch Röntgeneinwirkung recht häufig auftreten kann, hat auch der Segmentaustausch unter nichthomologen Chromosomen zu gelten. Ein solcher besteht darin, daß ein Stück eines Chromosoms gegen ein anderes eines nichthomologen ausgetauscht wird. Wenn derartige veränderte Chromosomen mit ihren normal gebliebenen homologen Partnern in der Meiosis zusammentreffen, dann müssen sich Besonderheiten in dem Konjugationsverhalten ergeben.

In der Gattung *Oenothera* sind die in reziproker Translokation ausgetauschten und erhalten
gebliebenen Stücke gewöhnlich Chromosomenhälften. Die Konjugation zwischen den Chromosomen des ausgetauschten und des nichtausgetauschten Genoms geht nun so vor sich, daß
die homologen Hälften im Pachytän konjugieren, völlig unabhängig davon, wie die chromosomale Zusammengehörigkeit ist. Beschränken wir uns zunächst auf zwei Paare, deren

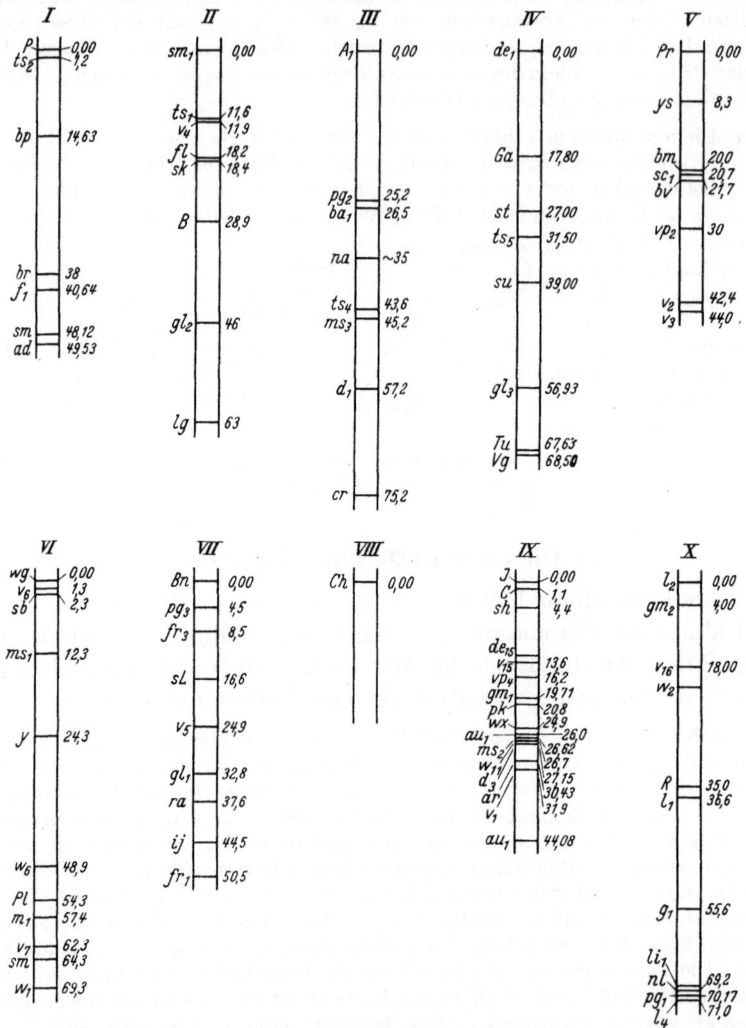

Abb. 462. Die Verteilung der Gene auf den Chromosomen von Mais und die daraus sich ergebende Länge.
(Nach BENL, etwas verändert; die Chromosomennumerierung wie in Abb. 463)

Hälften wir mit 1,2 3,4 bezeichnen können, dann wird im Normalfall die Konjugation mit
nachfolgender Chiasmenterminalisation zu den bei Oenothera bekannten Ringbivalenten
führen (Abb. 464a). Ist aber in dem einen der beiden Genome etwa die Hälfte 2 gegen die
Hälfte 3 ausgetauscht, dann wird bei Zusammentreffen mit dem normalen Genom im Pachytän
zunächst eine sogenannte Kreuzkonjugation erfolgen, d. h. es wird homologe Chromosomenhälfte mit homologer Chromosomenhälfte im Pachytän konjugieren, so daß ein Kreuz aus vier
Chromosomen entsteht (Abb. 465), und bei nachfolgender Terminalisation kommt ein Viererring von Chromosomen zustande, wobei die einzelnen Chromosomen mit den Endchiasmen in
der Diakinese zunächst aneinander hängen bleiben können (Abb. 464b). Weiterhin ist die

Frage von Bedeutung, wie die Chromosomen in der Meiosis aus einem Viererring heraus auf die Pole verteilt werden. Sofern die im Ring *nebeneinander liegenden* Chromosomen zu *verschiedenen* Polen wandern, kommt eine solche Verteilung zustande, daß beide Genome vollständig sind (Abb. 466a). Denken wir uns zur Vereinfachung den Viererring als offene Kette, so würde diese Verteilung durch eine regelmäßige Zickzackanordnung gegeben sein. Dabei gelangen alle vier Chromosomenhälften zu jedem Pol. Wenn aber die *nebeneinander liegenden* Chromosomen zu *demselben* Pol gelangen, dann entstehen daraus zwei unvollständige Genome. Es würde das die folgende Verteilung sein (Abb. 466b): Man sieht aus der Abbildung, daß das eine Genom die Chromosomenhälfte 2 doppelt besitzt, dafür fehlt die Hälfte 3. Im anderen Genom ist es umgekehrt: 3 ist doppelt, 2 fehlt. Es fehlen aber dem Genom lebenswichtige Teile, schon die damit versehenen Gonen gehen zugrunde. Man kennt nun zwei Typen von Pflanzen, solche, bei denen bei dem Vorhandensein von derartigen reziproken Translokationen die Verteilung der Chromosomen aus den Viererringen eine zufallsmäßige ist: zu gleichen Teilen wandern in der Meiosis nebeneinander liegende Chromosomen zu den gleichen oder verschiedenen Polen. Somit muß in beiden Geschlechtern eine Sterilität von 50% auftreten. Oder aber die Zickzackanordnung ist streng eingehalten, es wandern stets die nebeneinander liegenden Chromosomen zu den verschiedenen Polen, und damit kommen stets normale Gonen zustande, und die Sterilität bleibt aus. So ist es bei der Gattung *Oenothera*, bei der reziproke Translokation zur Basis für den Artbildungsprozeß geworden ist. Hier können nicht nur

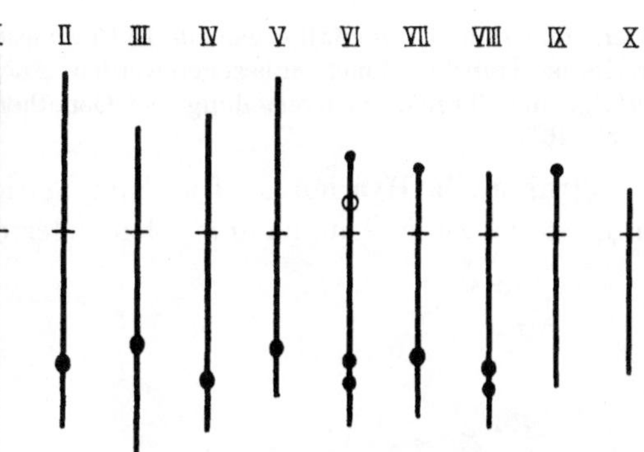

Abb. 463. Die reale Länge der Maischromosomen. (Nach EMERSON u. a. aus SHARP)

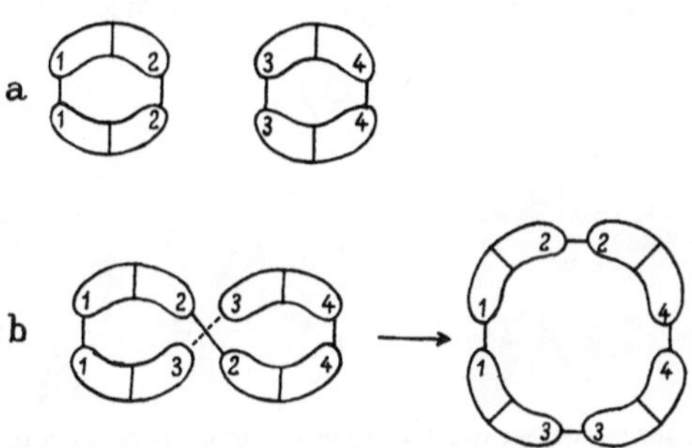

Abb. 464a u. b. a zwei Bivalente von *Oenothera*; b zwei Bivalente, die ihre Enden ausgetauscht haben, was zu einem Viererring führt. (Orig.)

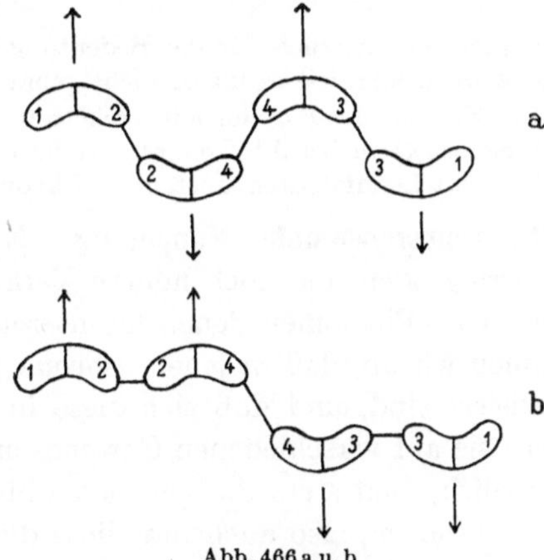

Abb. 466a u. b

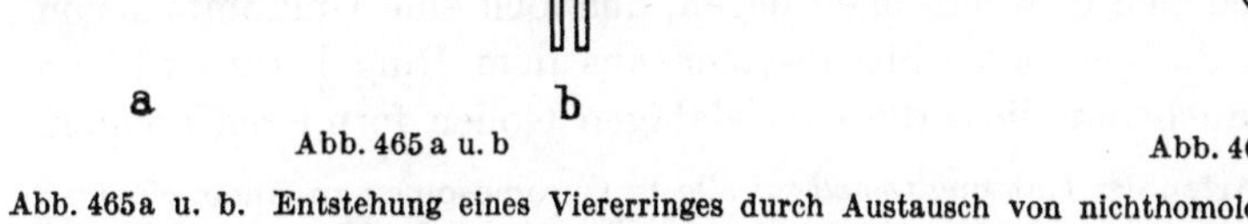

Abb. 465a u. b

Abb. 465a u. b. Entstehung eines Viererringes durch Austausch von nichthomologen Chromosomenstücken. a Paarung zweier normaler Chromosomenpaare; b Paarung zwischen zwei Chromosomenpaaren, die jeweils auf einem Chromosom reziprok ausgetauschte Hälften haben. (Orig.)

Abb. 466a u. b. Zickzackanordnung, die zur normalen Verteilung der ganzen Chromosomen führt; b Nicht-Zickzackanordnung, die zu unvollständigen Chromosomensätzen führt. (Orig.)

vier, sondern im Extremfall sogar alle 14 Chromosomen in Ring- oder Kettenbildungen durch reziproke Translokationen einbezogen werden. Auch aus solchen umfangreichen Verkettungen erfolgt die Chromosomenverteilung bei Oenothera durch regelmäßige Zickzackanordnung (Abb. 467).

Strukturelle Hybridität. Die Konjugation im Viererring hört sofort wieder auf, sowie zwei Genome mit abgeänderten unter sich gleichartigen Chromosomen zusammentreffen; damit tritt sogleich wieder normale Bivalentbildung ein. Um dieses eigenartige Verhältnis zu kennzeichnen, spricht man auch wohl von Translokationshomozygoten und -heterozygoten; ja man bezeichnet die letzteren direkt als strukturelle Hybriden.

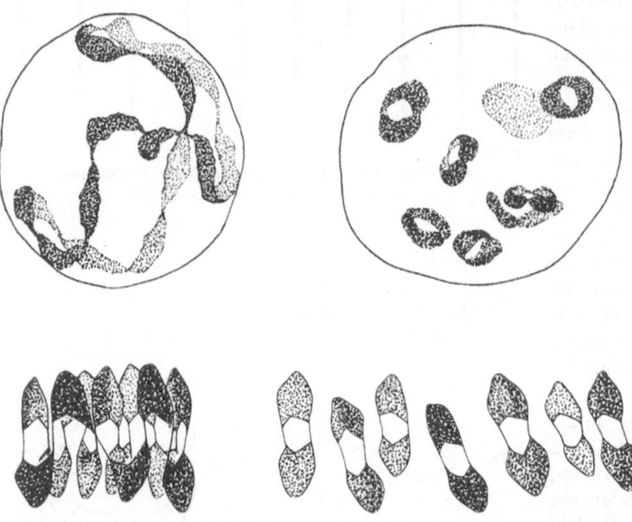

Abb. 467. *Oenothera* mit 14er-Ring und mit 7 Bivalenten in der Diakinese und in der Metaphase der Meiosis. In der Metaphase ist deutlich die Zickzackanordnung des 14er-Ringes zu sehen. (Nach CLELAND und OEHLKERS)

In der Tat verhalten sich Typen mit Viererringen in der Meiosis genau wie eine genische Heterozygote; sie spalten infolge ihrer Gametenkombination 50% konstant bleibende Formen mit Ringbivalenten und 50% weiterspaltende Formen mit Viererringen ab, und unter diesen 50% Translokationshomozygoten sind 25% — um auf das obige Beispiel zurückzugreifen — von der Konstitution

$$1 \cdot 2 \quad 3 \cdot 4 \qquad \text{und } 25\% \qquad 1 \cdot 3 \quad 2 \cdot 4$$
$$1 \cdot 2 \quad 3 \cdot 4 \qquad\qquad 1 \cdot 3 \quad 2 \cdot 4$$

ein experimentum crucis für die Bedeutung des Chromosomenapparates als Grundlage der MENDEL-Spaltung, wie es klarer nicht gebracht werden kann.

Die Kostanz der Formen mit verketteten Chromosomen, auf der die Artbildung in der Gattung *Oenothera* beruht, kommt erst durch ein weiteres genetisches Phänomen, die Verbindung mit Letalfaktoren, zustande. Davon wird später die Rede sein.

Interchromosomale Koppelung. Eine Chromosomenkonfiguration wie ein Viererring oder eine noch höhere Verkettung führt zwangsläufig zu besonderen genetischen Phänomen, denen der interchromosomalen Koppelung von Erbanlagen. Nehmen wir an, daß in jenem Chromosomenviererring irgendwelche Erbanlagen lokalisiert sind, und daß sich diese in Heterozygotie befinden. Dann ist, auch sofern sie auf verschiedenen Chromosomen liegen, dennoch eine Umkombination unmöglich, weil stets die gleichen Chromosomen aus dem Ring heraus zu den Polen wandern, also auch nur diese die lebensfähigen Gonen formieren können.

Falls wie in einigen Arten der Gattung *Oenothera* alle 14 Chromosomen zu einem einzigen Ring vereinigt sind, kann es bei Heterozygotie immer auch nur wieder die Elternkombination geben, d. h. es verhalten sich die Oenotherenheterozygoten bei vielfältiger Heterozygotie wie einfache Bastarde. Soweit es die chromosomale Umkombination angeht, verhalten sich alle Erbanlagen wie gekoppelt, jedenfalls lassen sich die Phänomene genetisch nicht unterscheiden.

So tut man gut, die eben genannte Eigentümlichkeit *inter*chromosomale Koppelung zu nennen und die Koppelung durch Lagerung der Erbfaktoren auf einem einzigen Chromosom *intra*chromosomale Koppelung.

Komplexe. Diese Gruppenheterozygotie durch interchromosomale Koppelung nennt man auch *Komplexheterozygotie* (RENNER). Das hat die folgende Bewandtnis.

Die ursprünglich für genetische Versuche verwendeten Arten der Gattung Oenothera besitzen hochverkettete Chromosomen. So hat die *Oenothera Lamarckiana* 12 in einem Ring, *Oenothera biennis* zwei Ringe von acht und sechs Chromosomen und *Oenothera muricata* alle 14 in einem einzigen Ring. Da zugleich bei allen diesen Formen gametische oder zygotische Letalfaktoren[1] vorhanden und so angeordnet sind, daß sich die strukturellen Homozygoten nicht realisieren können, so bleiben die Chromosomen in den Nachkommenschaften stets in der gleichen Weise verkettet, weil immer wieder dieselben Chromosomenzusammenstellungen in den Gameten erscheinen müssen. Wenn nun mit dieser strukturell heterozygotischen Anordnung der Chromosomen zugleich auch noch genische Verschiedenheiten verbunden sind, dann kann in den Nachkommenschaften keine Spaltung und Umkombination stattfinden. Diese Formen müssen sich wie ein einfacher Bastard verhalten, dessen Homozygoten bei Selbstbefruchtung ausfallen. Sofern in solchen Typen viele Chromosomen in die Verkettung einbezogen sind, so ist in diesen sozusagen sehr viel Raum für genische Heterozygotien, die im Laufe der Gruppenphylogenie entstanden nicht wieder herausgespalten werden können. Nun war der höchst vielfältige Charakter der hier gegebenen Hetrozygotie in der genetischen Analyse durchaus erkennbar. Darum wurden sie eine Komplexheterozygotie und die haploiden und in den Gameten entscheidenden Anteile Komplexe genannt (RENNER).

Diese Komplexe können mit besonderen Bezeichnungen versehen werden, weil man mit diesen dann in Kreuzungen wie sonst mit homozygoten Formen operieren kann. So ist die *Oenothera Lamarckiana* aus gaudens und velans, die *Oenothera biennis* aus albicans und rubens, die *Oenothera muricata* aus rigens und curvans zusammengesetzt.

Koppelungswechsel. Sofern bei Neuzusammenstellungen der Komplexe durch Kreuzungen nunmehr strukturell identische Chromosomen zusammentreffen, bleiben diese natürlich nicht mehr mit anderen verkettet, sondern bilden wieder — wie oben gezeigt — Bivalente. Zugleich aber können sie nun auch unabhängig mit allen anderen chromosomalen Anteilen umkombinieren. Auf diese Weise kommt je nach der Kombination ein Wechsel in der Koppelung für dieselben Erbfaktoren zustande, je nachdem, ob sie in einen Chromosomenring einbezogen sind, oder ob sie sich aus Bivalenten frei kombinieren. Näheres ersieht man aus dem nachfolgenden Schema.

Tabelle 8

Koppelungswechsel und Wechsel der Chromosomenkonfiguration bei *Oenothera*. Links sind die Kreuzungen in RENNERS Komplexbezeichnungen, in der Mitte die Koppelungsgruppen und rechts die Chromosomenkonfigurationen. (Nach CLELAND 1936, etwas erweitert).

Kreuzung	Faktoren					Chromosomen-konfiguration
	R	mP	B	Sp	Cu	
flavens × curvans	?	├───┤	├───┤	├──────	──────┤	6 6 2
flavens × percurvans	?	├─────	──────┤	├──────	──────┤	8 6
flavens × flectens	?	├───┤	├──────	──────┤	├───┤	6 4 2 2
flavens × velans	├──────	──────┤	├──────	──────┤	?	4 4 2 2 2
rubens × flavens	├──────	──────	──────┤	├───┤	?	12 2
rubens × curvans	├──────	──────	──────	──────	──────┤	14
curvans × velans	├──────	──────	──────	──────	──────┤	?
rubens × velans	├───┤	├──────	──────	──────┤	?	12 2

<hr>

[1] Näheres darüber S. 378.

22*

Mit dieser Konstatierung des Koppelungswechsels ist das alte klassische Oenotherenproblem aufgelöst. Es bildet in seiner klaren Beziehung besonderer genetischer Eigentümlichkeiten auf Struktur und Verhalten der Chromosomen eine der reizvollsten Materien des dritten Teiles der Chromosomentheorie der Vererbung. Wir schließen sie damit ab und zugleich damit auch das ganze Kapitel der karyotischen Vererbung.

4. Außerkaryotische Vererbung

Mit der Frage, wieweit die Zelle als Vererbungsträger angesehen werden kann, ist nach dem Beweis dafür, daß der Zellkern als Träger von Erbeinheiten betrachtet werden muß, nunmehr auch die weitere gegeben, ob und wieweit genetische Elemente auch noch in anderen Zellbestandteilen enthalten sind. Es ist das die Frage nach dem Bestehen einer *außerkaryotischen Vererbung*. Sie kann in genauer Formulierung folgendermaßen gefaßt werden: Gibt es neben der Übertragung von Erbanlagen durch den Zellkern auch noch eine solche durch die Plastiden (freilich nur bei Pflanzen) oder durch das Cytoplasma?

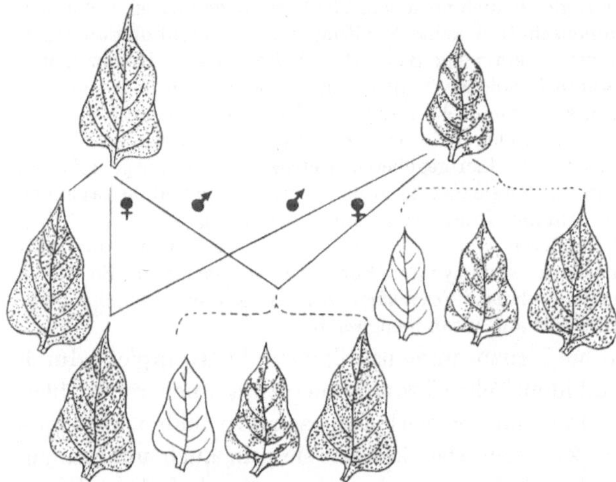

Abb. 468. Schema zur Vererbung der „Albomaculata" *Mirabilis jalapa* nach den Versuchen von CORRENS

Es war gezeigt worden (S. 321), daß die karyotische Natur der Erbanlagen aus dem Zutreffen des Uniformitätsgesetzes unter Einschluß der Reziprozität zu ersehen ist. So werden wir unsere Blicke nun auf diejenigen Fälle zu richten haben, in denen das Uniformitätsgesetz *nicht* zutrifft.

Die erste Konstatierung in der modernen Erblichkeitsforschung stammt von CORRENS. Er fand eine „albomaculata" *Mirabilis jalapa* auf, d. h. eine Pflanze, deren Blätter weiß gescheckt waren. Bei der Untersuchung der Erblichkeit dieses Merkmals zeigten sich folgende eigenartige Resultate. Bei Selbstbestäubung einer albomaculaten Pflanze erhielt man sowohl reingrüne als auch weißbunte als auch reinweiße Individuen. Letztere sind nicht lebensfähig und sterben bald ab. Bei Kreuzungen zwischen weißbunten und grünen Pflanzen erhält man jeweils dann, wenn grün als Mutter und weißbunt als Vater verwendet wird, lediglich reingrüne Pflanzen. Umgekehrt: wird weißbunt als Mutter und reingrün als Vater in eine Kreuzung eingesetzt, so erhält man genau dieselbe Zusammensetzung wie dann, wenn die weißbunte Pflanze selbstbestäubt wird, nämlich normalgrüne, weißbunte und weiße Nachkommen (Abb. 468).

In anderer Weise, ohne daß die Plastidenfarbe davon betroffen zu sein braucht, sind Unstimmigkeiten mit dem Gesetz der Uniformität bei Artbastarden zu konstatieren. Schon aus der vormendelistischen Zeit her bekannt sind derartige Bastarde aus der Gattung *Epilobium*, die auch später eingehend bearbeitet wurden (RENNER und KUPPER, LEHMANN, SCHWEMMLE, MICHAELIS). Kreuzt man beispielsweise *Epilobium hirsutum* × *Epilobium roseum*, dann ist Epilobium roseum × hirsutum groß, kräftig und fertil, so wie ein Mischling zwischen diesen beiden Eltern erwartet werden kann, und der Bastard Epilobium hirsutum × roseum zwergig klein, schwach und steril.

Aus den beiden eben angeführten Experimenten geht hervor, daß das Gesetz der Uniformität hier nicht zutrifft. Man kann das durch eine erbliche Verschiedenheit der Gameten erklären.

Erbliche Differenzen der männlichen und weiblichen Gameten einer Pflanze können im rein karyotischen System bleiben. Wenn sich, wie bei *Oenothera*, nebeneinander verschiedene Pollen- bzw. Eizellenletalfaktoren vorfinden und mit diesen jeweils noch weitere unterscheidende Gene in intra- oder interchromosomaler Koppelung vorhanden sind, wenn weiterhin noch zygotische Letalfaktoren die Homozygoten ausschalten, dann entsteht bei Selbstung eine gleichförmige Linie, die aber durch Pollen und Eizellen Differentes erreicht, für deren Bastarde also ebenfalls das Uniformitätsgesetz nicht zutrifft. Dabei wird diese Unstimmigkeit — gegeben ist sie am exaktesten in der *Oenothera muricata* — hier allein vom karyotischen System veranlaßt. Bevor man also bei Bestehen einer Abweichung vom Uniformitätsgesetz auf außerkaryotische erbliche Elemente schließt, muß man stets nachprüfen, ob nicht schon das karyotische System an die beiden Gametensorten geknüpfte Differenzen enthält.

Für die beiden oben angeführten Kreuzungsserien an *Mirabilis* und *Epilobium* ist das nicht der Fall. Bei Mirabilis muß auf besondere erbliche Eigenschaften der Plastiden, bei Epilobium auf eine solche des Cytoplasmas geschlossen werden. Beide Elemente wurden bei den Blütenpflanzen nahezu ausschließlich durch die Eizelle und nicht oder nur höchst geringfügig durch die generative Zelle übertragen. Das ist die Differenz der Gameten hinsichtlich der außerkaryotischen Elemente.

a) Plastidenvererbung

Daß die Chloroplasten in ihrer Ausfärbung von karyotisch lokalisierten Genen abhängig sind, ist vielfach erwiesen. So sind etwa 80 einzelne Gene bekannt, die irgendeinen Einfluß auf die Farbe der Chloroplasten von *Zea Mays* besitzen. Bei dem *Mirabilis*-Fall bestehen keinerlei genische Differenzen. Und die Verfärbungen der albomaculata Mirabilis wie vieler anderer Formen ist allein so zu erklären, daß es in diesen Formen neben den grünen Plastiden weiße gibt, und daß diese weißen Plastiden unabhängig von der genischen Konstitution *ihren spezifischen Charakter bei jeder Plastidenteilung weitergeben.*

Eine grün-weiß-Scheckung ist bei alleiniger karyotischer Bedingtheit als Musterung denkbar, dennoch selten; meist sind die so verursachten Farbabweicher einförmig. Sind sie reinweiß und können sie nicht assimilieren, dann gehen sie als Keimlinge nach Verbrauch ihrer Reservestoffe zugrunde. Grün-weiße Scheckung tritt meistens nur dann ein, wenn die Plastiden ihre individuellen Eigenschaften an jede ihrer Plastidennachkommen weitergeben, und wenn sich in den befruchteten Eizellen, von denen die Gesamtentwicklung ausgeht, spezifisch verschiedene Plastiden befinden.

Plastidenmischungen und -entmischungen. Eine grün-weiß gescheckte Pflanze mit spezifisch verschiedenen Plastiden kann ihre Eizellen, je nachdem an welcher Stelle sie entstehen, verschieden ausstatten. Sie besitzt solche mit reingrünen Plastiden, solche mit einem Gemisch grüner und weißer Plastiden und endlich solche mit reinweißen Plastiden. Aus den Eizellen mit grünen und weißen Plastiden gehen reingrüne und reinweiße Pflanzen hervor; allein aus denen mit beiden Plastidensorten entstehen wieder die gescheckten Pflanzen. Zellen mit Mischungen zweier Plastidensorten bilden also den Ursprung der gescheckten Pflanzen; das entwicklungsgeschichtliche Prinzip in der Ausbildung der Scheckung ist die Entmischung der Plastidensorten.

Da in einer Zelle stets eine größere Anzahl von Plastiden vorhanden ist und es außerdem keinen Verteilungsmechanismus gibt wie für die Chromosomen, bleibt es dem Zufall überlassen, welche Bestandteile der Mischung den Tochterzellen zugeteilt wurden. Dabei kann es natürlich auch geschehen, daß die eine der beiden Tochterzellen die grün werdenden, die andere allein die weiß werdenden erhält. Da von da ab Nachkommen dieser beiden Zellen je nur grüne oder nur weiße Plastiden enthalten müssen, werden sich je nach dem entwicklungsgeschichtlich bestimmten Ort und nach dem Zeitpunkt des Vorgangs verschieden große grüne oder weiße Areale herausbilden.

Die Ursache der Plastidenmischungen. Sind einmal zweierlei Plastidensorten in einer Pflanze vorhanden, so können — wie eben gezeigt — sowohl Entmischungen und damit reine Formen als Nachkommen entstehen, als auch wieder Keimzellen mit gemischten Plastiden, die neuen gescheckten Formen den Ursprung geben. Wie aber kommt die Mischung ursprünglich einmal zustande? Zwei Möglichkeiten bestehen: Einmal können sich einzelne Plastiden spontan ändern, und deren Nachkommen können mit normal gebliebenen eine Mischung herbeiführen, oder aber es können in einer Eizelle mit normalen Plastiden abweichende aus dem Pollenschlauch einer andersartigen Pflanze übergehen und umgekehrt.

Daß durch Pollenschläuche neben Plasma auch Plastiden übergehen können, ist bewiesen. Kein Zweifel besteht aber darüber, daß es innerhalb dergleichen Formen ein höchst verschiedener Betrag sein kann, der durch die Pollenschläuche der verschiedenen Kreuzungsserien hindurchgeht. Wovon das abhängt und wie das zustande kommt, ist noch unbekannt.

Das Plastom. Aus dem eben Erörterten geht hervor, daß auch in den Plastiden Erbmaterial enthalten sein muß. Nun ist aber die Hauptfunktion der Plastiden zweifellos eine sehr vielfältige physiologische. Darum ist es ausgeschlossen, daß die ganzen Plastiden als genetische Einheiten angesehen werden können; vielmehr kann das nur ein kleiner Teil davon sein. Zur Kennzeichnung bezeichnet man diesen als *das Plastom*, obwohl man es in keiner Weise morphologisch abgrenzen kann.

Zusammenwirken von Genom und Plastom[1]. Die *Mirabilis*-Versuche hatten es nahegelegt, daß die Plastiden eine genetische Konstitution besitzen, die sie zur Ergrünung oder Nichtergrünung befähigt, anscheinend unabhängig von der karyotisch genetischen Konstitution, also unabhängig vom Genom. Nun hatten wir oben schon erwähnt, daß gerade das aktuelle Ergrünen von einzelnen karyotisch gebundenen Genen meist in sehr großer Anzahl abhängig ist. Also wird vermutlich zwischen beiden genetischen Elementen eine Koordination bestehen. Diese hat sich in der Gattung *Oenothera* nachweisen lassen (RENNER).

Kreuzt man die *Oenothera Lamarckiana* mit der *Oenothera Hookeri*, dann erhält man, da die Oenothera Lamarckiana komplexheterozygotisch ist und die Oenothera Hookeri normal homozygotisch, in jeder Richtung Zwillingsbastarde, von denen die Pflanzen von der Kon-

---

[1] Hier ist wieder eine kurze terminologische Erörterung am Platze. Die Gesamtheit der karyotisch-genetischen Konstitution einer Pflanze bezeichnet man auch wohl als „*Genom*". Das ist zwar darum unkorrekt, weil dieser Ausdruck eigentlich den haploiden Chromosomensatz meint. Gewiß kann man heute nicht mehr annehmen, daß die Chromosomen in toto *Erbmaterial sind*, indessen hat man sich an den doppelten Gebrauch des Ausdrucks gewöhnt, und bei einiger Vorsicht können Verwechslungen vermieden werden. Gerade aber um solche Unstimmigkeiten von vornherein auszuschalten, sind analog zum genetischen Gebrauch des Ausdrucks Genom zwei andere gebildet worden: das *Plastom* zur Kennzeichnung des genetischen Anteils an den Plastiden und das *Plasmon* in derselben Bedeutung für denjenigen des Cytoplasmas.

stitution velans × ʰHookeri ganz bleichgrün und schwächlich sind, ʰHookeri × velans indessen normalgrün und kräftig. Da die Ausgangsformen beide völlig normalgrün sind, so bedeutet der Befund, daß die Plastiden, die jeweils von der Mutter stammen, verschieden sein müssen und diese Verschiedenheit auch in eine nächste Generation hinein festhalten. Die Plastiden der Oenothera Lamarckiana mit der durch velans × ʰHookeri gegebenen genomatischen Konstitution können nicht oder nur mangelhaft ergrünen, diejenigen von der Oenothera Hookeri aber durchaus. Daß sich diese Eigenschaft über viele Generationen des Zusammenlebens konstant erhält, wird auf folgende Weise bewiesen. Der andere Zwilling aus dieser Kreuzung von der Konstitution gaudens × ʰHookeri ist normalgrün in beiden Richtungen. Wird derjenige mit den Lamarckiana-Plastiden selbstbestäubt, so finden sich in der Nachkommenschaft Pflanzen von der Konstitution gaudens × ʰHookeri und ʰHookeri × ʰHookeri. Erstere Typen sind normalgrün und letztere blaßgrün. So oft man in aufeinanderfolgenden Generationen das Experiment wiederholt, ergibt sich immer dasselbe: die Lamarckiana-Plastiden behalten ihre Konstitution, mit der Genomkombination velans × ʰHookeri oder ʰHookeri × ʰHookeri nur höchst mangelhaft ergrünen zu können, durch viele Generationen unverändert bei.

Einfluß der Plastiden auf andere Merkmale. Daß die Ergrünung oder Nichtergrünung der Plastiden wegen ihrer assimilatorischen Tätigkeit von entscheidender Bedeutung ist, bedarf keiner Diskussion. Reinweiße Pflanzen sterben schon als Keimlinge ab, blaßgrüne können sich je nach ihrem Chlorophyllbetrage mehr oder weniger entwickeln. Diese Einflußnahme ist zwar eine indirekte, jedoch unmittelbar abhängig von dem Ergrünungsgrad, also von Eigenschaften der Plastiden selbst. Es gibt nun aber auch einen Fall, in welchem die Plastiden im voll ergrünungsfähigen Zustand unmittelbar ein plastidenfremdes Merkmal beeinflussen (Schwemmle).

In der Kreuzung *Oenothera odorata × Berteriana* läßt es sich durch geeignete Rückkreuzungen einrichten, daß die Berteriana-Plastiden mit odorata Cytoplasma und einem bestimmbaren Genompaar zusammentrifft. Dabei ändert sich die Länge des Hypanthiums um einen erheblichen Betrag. Dieser Befund ist außerordentlich bedeutungsvoll, wie der nächste Abschnitt zeigen wird.

b) Plasmatische Vererbung

Alle diejenigen reziproken Verschiedenheiten, die sich bei genauer Untersuchung als nicht genisch bedingt erweisen (S. 341) und sich nicht auf Plastidenunterschiede beziehen, müssen ebenfalls außerkaryotisch sein. Man nimmt an, daß sie plasmatisch bedingt sind. Solche Unterschiede ließen sich bisher in Art-, Gattungs- und sogar Sippenkreuzungen bei Moosen, bei *Epilobium*, *Linum*, *Aquilegia*, *Streptocarpus* und *Zea Mays* nachweisen.

Der Schluß auf die Mitwirkung des Cytoplasmas aus reziproker Verschiedenheit von Kreuzungen ist freilich nur bei oogamen Formen möglich, deren Eizelle Plasma und Plastiden für die Zygote liefert, deren Spermien oder wie bei den Blütenpflanzen deren generative Zelle nahezu ausschließlich einen Kern enthält. Allerdings wird, wie der vorhergehende Abschnitt zeigte, den Plastiden möglicherweise ein Einfluß auch auf Merkmale eingeräumt werden müssen, die nicht allein sie selbst betreffen. Da aber die oben genannte Beobachtung bisher die einzige ist, und da die Mitwirkung des Zytoplasmas bei der Vererbung auch bei plastidenfreien Organismen konstatiert wurde, bei Pilzen, Paramaecien und *Drosophila*, so ist die Annahme gerechtfertigt.

Das Plasmon. Für das Cytoplasma gilt ebenso wie für die Plastiden das eben Gesagte: es sind ihm in erster Linie vielfältige physiologische Funktionen zugehörig. Darum hat man für die genetischen Elemente im Cytoplasma wieder eine besondere Bezeichnung eingeführt, man nennt sie *das Plasmon*.

Neuerdings versucht man die Gesamtheit der genetischen Elemente im Cytoplasma — wenigstens theoretisch — in Einzelheiten aufzulösen und spricht auch wohl von einzelnen *Plasmagenen*. Eine morphologische Grundlage dafür ist bisher kaum faßbar.

Mütterliche Vererbung. Räumt man die Möglichkeit ein, daß sich das Cytoplasma an der Vererbung beteiligt, dann ist es denkbar, daß bestimmte Merkmale oder Merkmalsgruppen von diesem, also dem Plasmon, unmittelbar gesteuert und sozusagen zwischen die von den Genen bedingten eingeschoben werden. Verhielte es sich tatsächlich so, dann müßten reziproke Verschiedenheiten ausschließlich darin bestehen, daß die beiden Bastardgruppen ihren Müttern glichen. Anfänglich fanden sich in der Tat einige solche Bastarde, und so hat man vielfach bei Beginn der Forschung über außerkaryotische Vererbung auch von „mütterlicher Vererbung" gesprochen.

Zusammenarbeit zwischen Genom und Plasmon. Bei größerer Übersicht über zahlreichere Fälle wurde indessen deutlich, daß sich reziproke Verschiedenheiten tatsächlich nur in seltenen Fällen wirklich im verstärkten Auftreten mütterlicher

Abb. 469   Abb. 470

Abb. 469. *Streptocarpus (Rexii × Wendlandii) F_2.* Blüten alle verwachsenkronblättrig. (Nach OEHLKERS)

Abb. 470. *Streptocarpus (Wendlandii × Rexii) × (Rexii × Wendlandii).* Die Kreuzung entspricht der F_2 von *Streptocarpus (Wendlandii × Rexii),* die durch Selbstbestäubung nicht herstellbar ist. Es findet sich hier eine Spaltung nach Pflanzen mit normalen verwachsenkronblättrigen und solchen mit schlitzblättrigen Blüten. Abgebildet ist die Inflorescenz einer Pflanze mit schlitzblättrigen Blüten. (Nach OEHLKERS)

Merkmale äußern. Vielmehr erscheinen die verschiedensten neuen Außeneigenschaften, die *keinem* der beiden Eltern zukommen. Das ist nur durch eine Zusammenarbeit zwischen Genom und Plasmon zu verstehen.

Daß eine solche zwischen diesen beiden genetischen Elementen bestehen *muß*, ist sicher. Das ergibt sich ohne weiteres schon daraus, daß eine Zelle nur als Ganzes als Vererbungsträger funktionieren kann. Mütterliche Vererbung legt die eine der beiden Möglichkeiten einer solchen Zusammenarbeit nahe, die nämlich, daß beide Elemente aus sich selbst merkmalsbestimmend sind und sozusagen nebeneinander wirken. Es gibt aber auch eine andere, die nämlich, daß die beiden Elemente hintereinandergeschaltet sind. Letzteres soll heißen, es besteht die Möglichkeit, daß ein karyotisch gebundenes Gen im Plasmon der einen Form eine andere Manifestation erfährt als im Plasmon einer anderen.

So angesehen, würde die Bedeutung des Plasmons darin bestehen, daß die Gene aus dem Genom durch die jeweils ihnen zugeordneten Plasmoneinheiten in ihrer Wirkung entweder eine Förderung oder eine Hemmung erfahren.

Als Beispiel sei eine Kreuzung in der Gattung *Streptocarpus* gewählt. Die Streptocarpusarten gehören zu den Tubifloren, besitzen also verwachsenkronblättrige Blüten; sehr viele von ihnen lassen sich ohne Schwierigkeiten untereinander kreuzen. Bei der Kreuzung zwischen *Streptocarpus Wendlandii* und *Streptocarpus Rexii* ist die F_1 normal verwachsenkronblättrig, in der F_2 dagegen der beiden reziproken Bastarde ergibt sich ein charakteristischer Unterschied. In der F_2 des Bastardes Streptocarprs Rexii × Wendlandii finden sich rein verwachsenkronblättrige Blüten (Abb. 469), in der F_2 des Bastards Streptocarpus Wendlandii

× Rexii hingegen finden sich 3/4 verwachsenkronblättrige und 1/4 solche Blüten, bei denen die fünf Kronblätter mehr oder weniger voneinander frei sind (Abb. 470), d. h. es besteht eine klare MENDEL-Spaltung nach einem bestimmten Erbfaktor, der nur in einem der beiden Plasmonen manifest wird. Die Interpretation dafür ist folgendermaßen. Die Art Streptocarpus Rexii ist genetisch homozygotisch in dem Erbfaktor schiz schiz, wodurch Freikronblättrigkeit zustande gebracht wird. Sie besitzt aber ein Plasmon, welches die Manifestation dieses Erbfaktors nicht erlaubt, also ist Streptocarpus Rexii dauern verwachsenkronblättrig. Streptocarpus Wendlandii besitzt in seinem Kern den dominanten Faktor schiz$^+$ schiz$^+$ für Verwachsenkronblättrigkeit, das Plasmon von Wendlandii hingegen erlaubt die Manifestation des Faktors schiz. Wenn also die Heterozygotie schiz$^+$ schiz in Streptocarpus Wendlandii als Mutter angerichtet wird, kann eine Spaltung und Manifestation von schiz schiz erfolgen, bei Verwendung von Streptocarpus Rexii als Mutter hingegen nicht.

Nicht immer liegen die Dinge so einfach wie hier. Es gibt einige Fälle bei Streptocarpus, bei denen innerhalb normaler Nachkommenschaftsgrenzen von je etwa 100 Individuen erst in späteren Rückkreuzungsgenerationen neue Eigenschaften faßbar auftreten, so daß sie höchst polyfaktoriell bedingt sein müssen. Methodisch folgt daraus, daß es für eine Feststellung von Plasmonwirkungen mit dem einfachen Vergleich reziproker Kreuzungsserien nicht getan ist, daß vielmehr eine sorgfältige und langfristige genetische Analyse am besten durch ständige Rückkreuzung mit dem Vater zu erfolgen hat.

So können wir die Zusammenarbeit zwischen Genom und Plasmon folgendermaßen zusammenfassen: *Der Kern überträgt mit dem Genom im Chromosom die Bestimmungseinheiten, das Plasma überträgt mit dem Plasmon als Erbmaterial die Entfaltungseinheiten. Die Gene des Genoms können durch die jeweils ihnen zugeordneten Plasmoneinheiten in ihrer Wirkung entweder gefördert oder gehemmt oder völlig ausgeschaltet werden. Dabei ist die identische Weitergabe sowohl des Genoms wie des Plasmons von Zelle zu Zelle bzw. von Generation zu Generation als eigentliches Phänomen der Vererbung aufzufassen, das des Zusammenwirkens zur Merkmalsgestaltung bedeutet dagegen schon den ersten Schritt in die Entwicklungsphysiologie hinein.* Man darf eben nie vergessen, daß es stets einer „neuen Generation", d. h. eines totalen Entwicklungsablaufs mit seiner komplexen Bedingtheit bedarf, um einen einfachen Vererbungszusammenhang zu konstatieren.

Die Konstanz des Plasmons. Falls das Plasmon ein echtes Element des Vererbungsgeschehens einer Pflanze ist, muß es dieselbe Selbstreproduzierbarkeit und Konstanz besitzen wie das Genom. Für das letztere gibt es als anschauliche Grundlagen die Morphologie und Entwicklungsgeschichte des Chromosomenapparates in Mitosis und Meiosis, so daß nie ein Zweifel daran aufkommen konnte. Das ist für das Cytoplasma mit seinem Plasmon anders; hier ist zum mindesten nur ein höchst primitiver Verteilungsmechanismus vorhanden: die einfache Durchschnürung der Zelle. So ist es notwendig, die Konstanz des Plasmons auf dem Wege genetischer Experimente zu erweisen. Das ist um so notwendiger, als bis heutigentags die Auffassung vertreten wird, plasmatische Einflüsse ließen sich durch das Zusammenleben mit einem Kern fremder genetischer Struktur umprägen.

Zwei Möglichkeiten gibt es dafür: einmal die Methode der ständigen Rückkreuzung eines Bastards mit dem väterlichen Elter. Sofern das mütterliche Plasmon konstant von Generation zu Generation weitergegeben wird, müssen sich die durch die spezifische Zusammenarbeit zwischen dem mütterlichen Plasmon und dem väterlichen Genom etwa neuerschienenen Merkmale als ebenso konstant erweisen. Das ist zunächst an Mooskreuzungen festgestellt worden (v. WETTSTEIN) und sodann an Kreuzungen in der Gattung *Epilobium*. Hier wurde sogar über mehr als 25 Generationen die Kreuzung *Epilobium luteum × hirsutum* durch ständige Rückkreuzung mit dem Vater weitergeführt, ohne daß irgendwie nennenswerte

Veränderungen in der Pollensterilität auftraten, die das spezifische Merkmal der Zusammenarbeit des hirsutum-Genoms mit dem luteum-Plasmon darstellt (MICHAELIS).

Es gibt noch eine zweite Beweisführung, die von der Zahl der aufgezogenen Generationen unabhängig ist. In der Gattung *Streptocarpus* sind als einzelne Arten ausschließlich Zwitterpflanzen vorhanden. Kreuzt man *Streptocarpus Wendlandii* mit *Rexii*, so besteht eine reziproke Verschiedenheit in der Geschlechtsausprägung. Der Bastard im Wendlandii-Plasmon hat weibliche Blüten (die Staubblätter fehlen) (Abb. 472), der im Rexii-Plasmon tendiert — zwar nicht ganz so ausgeprägt, aber dennoch deutlich — zum männlichen Geschlecht (Staubblätter normal ausgebildet, Fertilität des Fruchtknotens eingeschränkt) (Abb. 471). Und wenn man diese Bastarde mit den jeweiligen Vätern rückkreuzt, dann kommt eine Spaltung von 1:1 zustande, indem einmal die Geschlechtsausbildung des Bastards reproduziert,

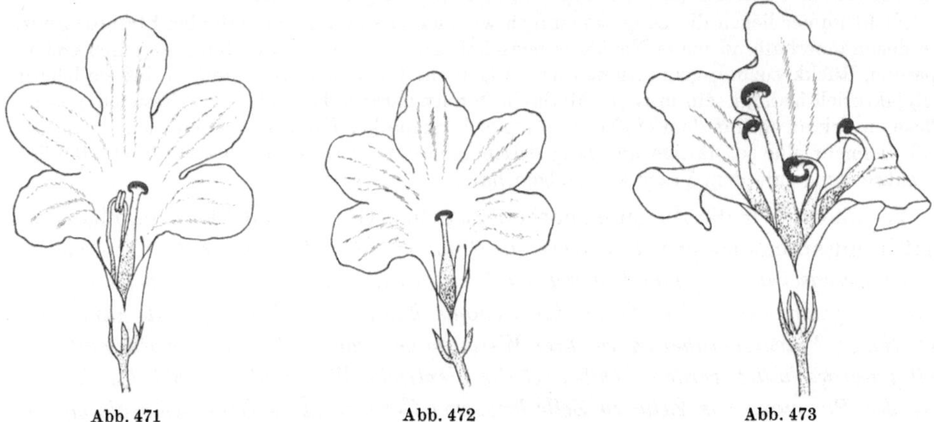

Abb. 471   Abb. 472   Abb. 473

Abb. 471. *Streptocarpus (Rexii × Wendlandii)*. Blüte mit normalem Androeceum. Die Abb. 471—473 sind nach Blüten gezeichnet, deren Kronröhre an der Dorsalseite aufgeschlitzt wurde, um die Sexualorgane deutlich werden zu lassen. (Nach OEHLKERS)

Abb. 472. *Streptocarpus Wendlandii × Rexii*, weibliche Blüte. Die Antheren fehlen. (Nach OEHLKERS)

Abb. 473. *Streptocarpus (Wendlandii × Rexii) × Rexii*. Blüte mit normalem Fruchtknoten und zu „Nebenfruchtknoten" umgewandelten Staubblättern (Überweibchen!). (Nach OEHLKERS)

zum anderen die Verweiblichung (Abb. 473) bzw. Vermännlichung noch mehr gesteigert wird, ein Zustand der bei weiterer ständiger Rückkreuzung mit den Vätern ebenso konstant erhalten bleibt wie die ursprüngliche Zwittrigkeit der Ausgangsformen.

Diese Versuche lassen sich nur so deuten, daß sowohl in Streptocarpus Rexii wie Streptocarpus Wendlandii ein ursprünglich gegensätzliches Balanceverhältnis zwischen Genom und Plasmon bezüglich der Geschechtsbestimmung besteht, wodurch beide Formen Zwitter bleiben. Würde jeweils das Plasmon im Sinne des Genoms verändert, dann müßten eingeschlechtige Formen wie in den Bastarden daraus werden. Damit ist die Konstanz des Plasmons unabhängig von der Aufzuchtsfolge von Bastardgenerationen bewiesen.

Plasmonische Heterozygotie. Überall dort, wo die beiden an einem Sexualprozeß beteiligten Gameten gleichgestaltet sind, muß mit dem Verschmelzungsvorgang zugleich auch dieselbe Menge Plasma von beiden Seiten her in die Zygote übergehen; es besteht Plasmogamie und Karyogamie. So ist es begreiflich, daß bei plasmonisch verschiedenen Ausgangsformen auch eine plasmonische Heterozygotie in einem aus einem solchen Sexualvorgang hervorgehenden Gebilde zustande kommen muß.

Zuerst nachgewiesen wurde ein solcher Zustand bei Pilzen; zugleich auch, daß in solchem Fall in der Nachkommenschaft derartiger Heterozygoten Mischungen verschiedenster Art der Plasmonanteile zustande kommen können (HARDER). Aber auch bei den Blütenpflanzen ist es durchaus nicht ausgeschlossen, daß durch den Pollenschlauch in vereinzelten Fällen

Cytoplasma in die Eizelle eintritt, und daß auch auf diese Weise eine plasmonische Heterozygotie zustande kommt. Befunde, die sich am einfachsten so interpretieren lassen, sind bei *Epilobium* gemacht worden. Auf das Fehlen eines besonderen Verteilungsmechanismus für die plasmonischen Elemente wurde oben schon hingewiesen. So ist es durchaus denkbar, daß verschiedenartige Mischungen und Entmischungen des gemischten Plasmons zustande kommen unter der Voraussetzung freilich, daß das Plasmon als Ganzes ebenso aus einzelnen Partikeln zusammengesetzt ist, wie das Plastom als Ganzes die Plastomanteile in den Einzelplastiden enthält. So kann man rückwärts auch aus den Entmischungsvorgängen auf die Aufteilung des Plasmons in Plasmaeinheiten schließen.

Damit ist derjenige Teil der Erblichkeitsforschung, der unmittelbar aus den MENDELschen Gesetzen erwuchs, mit seiner Frage nach der Zelle als Vererbungsträger abgeschlossen.

5. Akaryotische Vererbung

Ganz kurz und anhangsweise wollen wir im folgenden noch auf die Phänomene der akaryotischen Vererbung eingehen. Die Abhandlung der Fortpflanzungserscheinungen von Cyanophyceen und Bakterien hatte gezeigt, daß es sich hierbei im wesentlichen um eine Analogie zur vegetativen Fortpflanzung der höheren Pflanzen handelt. Damit ist die Vererbungsweise dieser Typen auch schon klargestellt: Eltern und Nachkommen sind identisch, sofern das Erbgefüge konstant bleibt. Wir werden später in der Mutationsforschung auf die Abänderungserscheinungen noch ausführlicher eingehen.

Bakterienvererbung. Abgesehen von der eben kurz erwähnten identischen Weitergabe des Erbgutes sind merkwürdige neuere Ergebnisse an einigen Bakterien (z. B. *Escherichia coli*) zutage gefördert worden, die so etwas wie Kreuzung und Austausch andeuten. Bei *Escherichia coli* gibt es verschiedene Stämme, die sich ganz ähnlich wie die Mutanten von *Neurospora* durch bestimmte biochemische Unterschiede kennzeichnen. Diese können darin bestehen, daß bestimmte Zwischenprodukte der Eiweißsynthese von den betreffenden Formen nicht selbst gebildet werden können, so daß sie auf sogenannten Minimalmedien, die diese Produkte nicht enthalten, nicht existieren können, während normale Bakterien darauf wachsen. Wenn man nun solche Bakterien, die sich in zwei Eigenschaften unterscheiden, miteinander mischt, also z. B. ein biotin- und methioninbedürftiges Bacterium mit einem solchen, das prolin- und threolinbedürftig ist, und dann die Mischung solcher Kulturen auf ein Minimalmedium bringt, dann dürften sie eigentlich nicht wachsen. Es hat sich nun herausgestellt, daß trotzdem aus dem Gemisch solcher Bakterien wieder sogenannte „Prototrophen" hervorgehen, d. h. Bakterien, die ein normales Koloniewachstum zeigen, während die bedürftigen Bakterien ungemischt, jedes für sich, niemals zu einem Wachstum auf einem Minimalmedium gelangen. Zur Erklärung gibt es nur zwei Möglichkeiten, einmal, daß eine Doppelrückmutation entstanden ist; doch muß diese ausscheiden, weil man die Häufigkeit einzelner Mutationsschritte kennt. Doppelrückmutationsschritte sind so absolut unwahrscheinlich, daß sie faktisch in den beobachteten Größenordnungen nicht vorkommen können. So bleibt tatsächlich nur die zweite Interpretationsmöglichkeit, und die besteht darin, daß ein Austausch der beiden Bedürftigkeitsgruppen zustande gekommen ist. Dementsprechend müßten sich auch alle vier Bedürftigkeitsanlagen in einem Bacterium vereinigen und alle vier Normalanlagen in einem anderen. Das sind dann die „Prototrophen". Wir können diesen Befund zunächst nur registrieren. Leider hat sich bei *Escherichia coli* keine morphologische Grundlage auffinden lassen, die etwa ähnlich der des *Bacterium tumefaciens* wäre und eine Pseudosexualität annehmen ließe. Die nunmehr noch zu behandelnde Phagengenetik indessen dürfte möglicherweise eine Interpretation in Aussicht stellen, die vielleicht in Zukunft einmal die Lösung dieses Rätsels geben wird. Vorläufig müssen wir noch diese Vererbungsweise als eine akaryotische bezeichnen.

Bakteriophagenvererbung. Bakteriophagen sind Viren, deren Körper neuerdings durch die Elektronenmikroskopie auch morphologisch erfaßt werden konnte. Ihre Lebensweise besteht darin, daß sie in Bakterien eindringen, für die sie eine Affinität besitzen, sich offenbar in dessen Innerem rapide vermehren und dann schon nach 20 min das Bacterium zum Platzen bringen, wobei eine Unzahl neuer Bakteriophagen in Freiheit gesetzt wird. Nun hat sich auch bei diesen Objekten gezeigt, daß es Bakteriophagen mit verschiedenen Eigenschaften, sozusagen

„Mutanten" der gleichen „Art" gibt. Läßt man Mischungen solcher auf ein und dasselbe Bacterium einwirken, so kann es dann, wenn es sich um doppelte Unterschiede handelt, auch zu verschiedener Kombination dieser Eigenschaften in den Nachkommen der Phagen kommen. Bedeutungsvoll ist dabei, daß von den Phagen in ein Bacterium nur die Nucleoproteide eindringen, die Proteine hingegen außerhalb bleiben. Im Inneren des Bacteriums müssen die Proteide während ihrer rapiden Vermehrung, wobei sie sich gleichzeitig mit Proteinen beladen, zugleich auch noch einen Austausch der Eigenschaften untereinander vollziehen. Sowohl bei den Bakterien als auch bei den Bakteriophagen erfolgt ein solcher Austausch in bestimmten Prozentsätzen. Vorläufig ist es wohl unangebracht, eine Analogie zum crossing-over Geschehen in diesen Vorgängen zu suchen; vielmehr muß man sie in die biochemische Seite der Umsetzungen verlegen.

6. Mutationsforschung

Einführende Erörterungen. Die Frage nach den „Mutationen", nach den Veränderungen des Erbgefüges, schließt sich an die MENDEL-Forschung als 2. Teil der Vererbungslehre unmittelbar an. Obwohl die Mutationsforschung eigenen Ursprungs ist — sie ist ein direktes Produkt der Abstammungslehre —, bestehen doch hinüber und herüber mannigfaltige Beziehungen. Will man Kreuzungsanalyse treiben, so bedarf es dazu der Ausgangsformen mit verschiedenen Merkmalen. MENDEL selbst verwendete die Rassen der Art *Pisum sativum* zu seinen Versuchen. Diese Rassen müssen einmal aus der vermutlich einheitlichen Ursprungsart hervorgegangen sein. Umgekehrt bedarf es der MENDELschen Gesetze als methodischen Mittels, um neuaufgetretene Mutationen zu klassifizieren.

Man könnte also eine Vererbungslehre auch anders beginnen, als das hier geschehen ist, und könnte anfänglich die Frage stellen, wie und woher erscheinen die vielen abweichenden Formen? Es ist von Interesse, daß das in einer modernen Darstellung der Bakteriengenetik tatsächlich erfolgt ist (MARQUARDT).

a) Das Auftreten der Mutationen

Die Mutationsforschung begann damit, abgeänderte Formen einzelner Arten aufzusuchen und auf ihre Bedeutung als neue „Art", also besonders auf ihre von dem Ursprungsschritt abgesehen weiterhin gegebene Konstanz zu prüfen (DE VRIES). Dabei stellte sich dann sehr bald heraus, daß ein Teil dieser Abweicher bei Kreuzung mit der Ausgangsform den MENDELschen Gesetzen folgt, ein anderer Teil hingegen nicht.

b) Klassifikation der Mutationen

Eine Einteilung ließ sich erst gewinnen, nachdem die genetische Analyse mit einer cytologischen verbunden worden war. So lassen sich folgende Typen von Mutationen unterscheiden:

1. Monohybrid spaltende Mutationen; sie folgen den MENDELschen Gesetzen und zeigen keinerlei Veränderung ihrer Chromosomenstruktur. 2. Chromosomenmutationen; sie folgen den MENDELschen Gesetzen nur begrenzt und zeigen eine Veränderung ihrer Chromosomenstruktur. 3. Genommutationen; sie folgen den MENDELschen Gesetzen ebenfalls nur begrenzt und zeigen eine Veränderung der Genome (Vermehrung oder Verminderung ganzer Genome oder einzelner Chromosomen). 4. Plastommutationen; sie folgen nicht dem Gesetz der Uniformität

und lassen eine besondere Beziehung zu den Plastiden auffinden. 5. Plasmonmutationen; sie folgen nicht dem Uniformitätsgesetz und zeigen veränderte plasmonische Erscheinungen.

aa) Monohybrid spaltende Mutationen

Um wirklich zuverlässige Einblicke in das Auftreten dieser Mutationen zu erhalten, waren exaktere Methoden notwendig, als in der alten Mutationsforschung angewendet worden waren. Dazu bedarf es folgender Überlegungen:

Theoretisch kann eine Mutation an jeder Stelle im Entwicklungsablauf eines Lebewesens entstehen. Dabei wird sie jeweils dann durch Veränderung irgendeiner Anlage auf einem Chromosom als neues Merkmal sofort sichtbar in Erscheinung treten, wenn sie in einem haploiden Organismus oder einer haploiden Generation zustande kommt. Geschieht es dagegen irgendwo in einem diploiden Organismus, so kann sie nur dann unmittelbar erscheinen, wenn sie dominanten Charakter hat, nicht aber, wenn sie recessiv ist. Je zwei auf einem homologen Chromosom einander entsprechende Anlagen sind in ihrem mutativen Verhalten stets unabhängig voneinander. Da die Mutationen nun in überwiegender Anzahl recessiv sind, so ist es notwendig, bei jedem Versuch von homozygotischem Material auszugehen und ihn über mehrere Generationen durchzuführen. Man wird mit einer einzelnen Pflanze — etwa von *Antirrhinum* — beginnen und eine möglichst umfassende Nachkommenschaft von ihr aufziehen, um festzustellen, daß darin keinerlei Spaltung auftritt. Dann wird man sehr viele dieser mit der Ausgangspflanze identischen Nachkommen selbstbestäuben und davon wiederum nach Ausgangspflanzen getrennt Nachzuchten aufziehen, in einem Umfang, der eine sichere Beurteilung einer Spaltung ermöglicht. Die Anzahl der spaltenden Nachkommenschaften zeigt an, wie viele Pflanzen der F_2 heterozygotisch waren und damit, wie viele mutierte Keimzellen der ersten Pflanzen zu dieser Heterozygotie geführt haben.

Die Mutationsrate. Über die Häufigkeit, in der Mutationen in der Nachkommenschaft einzelner Pflanzen gefunden werden können, waren bis zur endgültigen Klärung durch die *Antirrhinum*-Studien (E. BAUR) höchst widersprechende Meinungen verbreitet. Man trifft als allgemeine Angabe ungefähr das Richtige, wenn man für den Durchschnitt überhaupt 1% jeweiliger Nachkommen als in irgendeinem Gen mutiert annimmt. Grundsätzlich davon verschieden und weitaus geringer ist die Mutationshäufigkeit einzelner Gene. Sie differiert außerdem von Gen zu Gen in erstaunlicher Weise.

Im einzelnen ergab sich noch das Folgende. Es hängt von der Vertrautheit des Beobachters mit seinem Objekt ab, wieweit er in der Lage ist, geringe Unterschiede (Kleinmutanten) wahrzunehmen. Es wird sich also die Zahl der feststellbaren Mutanten erhöhen, je länger man mit einer Pflanze arbeitet. Und es ist typisch, daß die „klassischen Mutanten" so krasse Unterschiede gegenüber ihren Ausgangsformen aufweisen, daß sie jedem auffallen müssen. Weiterhin ist vielfach beobachtet worden, daß die Mutationshäufigkeit variabel ist. Man kann aus den einzelnen Arten Sippen mit verschiedenen Mutationsraten isolieren. Bei *Antirrhinum* gelang es, die Mutationsrate auf 20% zu steigern. Beide Phänomene sind für das Artbildungsproblem von Bedeutung (BAUR).

In einzelnen Fällen sind labile Erbanlagen bekanntgeworden, die eine so überaus erhöhte Mutationsrate haben, daß die Mutationen im einzelnen Individuum an verschiedenen Stellen des Somas ablaufen und dadurch genotypisch verschieden zusammengesetzte Pflanzen entstehen. Das ist dann besonders deutlich, wenn es wie bei den cruciaten Oenotheren (Formen mit kelchblattartiger Ausbildung der Kronblätter) sehr viele Stufen ein und desselben Gens gibt (multiple Allelie).

Rückmutationen. Wenn man Mutanten in derselben Weise wie ihre Ausgangspflanzen auf ihre Mutabilität prüft, dann stellt sich heraus, daß es auch Rückmutationen zum Ausgangszustand gibt. Diese können in denselben Prozentsätzen auftreten wie die erste Mutation. Es besteht aber auch die Möglichkeit, daß verschiedene Sippen solcher Mutanten mit höchst verschiedenen Rückmutationsraten ausgestattet sind.

Artifizielle Mutationsauslösung. Durch äußere Einwirkungen läßt sich die Anzahl der Mutationen steigern. Übertemperaturen waren die ersten Wirkungen, deren Effekt konstatiert wurde. Entscheidend freilich war dann die Entdeckung, daß kurzwellige Strahlung, vor allem Röntgenstrahlen, ungemein wirkungsvoll sind und die spontane Mutationsrate um das Mehrhundertfache erhöhen können (MULLER). Dabei treten stets dieselben Mutanten auf, die auch spontan erscheinen und außerdem noch weitere, von denen man annehmen kann, daß sie spontan besonders selten oder überhaupt nicht sichtbar werden. Weiterhin wirken auch ultraviolettes Licht sowie Radiumstrahlen und von diesen die β- und γ-Strahlen in gleicher Weise.

Über das Verfahren bei solchen Versuchen ist zu bemerken, daß man die Einwirkungen vorzugsweise auf die haploiden Keimzellen richtet und diese dann mit normalen verbindet. Das Produkt, die Röntgen-F_1, gleicht gewöhnlich der Normalform, weil die meisten Mutanten recessiv sind. Die F_2 aus einer solchen Verbindung muß gegebenenfalls eine Spaltung nach den neu induzierten Mutanten zeigen. Die Röntgenmutationsrate ihrerseits ist nun wiederum von der angewandten Dosis und vom physiologischen Zustand der getroffenen Zellen abhängig.

Mutationshäufigkeit und Strahlendosis. Die hier gefundene lineare Abhängigkeit zwischen dem Ansteigen der Strahlendosis und der als Folge davon erscheinenden Mutationshäufigkeit hat zunächst eine einfache Interpretation in der Annahme gefunden, daß ein „Treffer", d. h. ein Einbruch eines Ionisationsphänomens, unmittelbar am Orte seines Auftreffens auf das Chromosom eine Veränderung etwa einer Seitenkette seines molekularen Gerüstes veranlaßt.

Diese sogenannte „Treffertheorie" bleibt bis heute die einfachste Erklärung für das eben genannte Phänomen. Dennoch ist es aber unzulässig, daraus irgendwelche Schlüsse über die Natur der Erbfaktoren zu ziehen. Der Positionseffekt sowie die Möglichkeit, Mutationen durch Chemikalien auszulösen, und andere rein biologische Überlegungen stehen dem im Wege.

Wirkung von Chemikalien. Versuche, die Mutationsrate durch Einwirkung von Chemikalien zu steigern, sind in der experimentellen Mutationsforschung schon relativ früh unternommen worden, zum Erfolg gelangten sie freilich erst dann, als man die Methoden der Applikation in der richtigen Weise durchführte. Erst als man bei den Pflanzen die Chemikalien mit dem Transpirationsstrom in die Meiosis der Blüten aufsteigen ließ, erhielt man gesicherte Resultate (OEHLKERS). Als besonders wirksame mutagene Chemikalien erwiesen sich die Urethane, verschiedene Alkaloide, Senfgas, Schwermetallsalze und Eiweißabbauprodukte.

Die Ursache der spontanen Mutationen. Die Konstanz des Erbmaterials ist eigentlich als das Normalverhalten anzusehen. Setzt man das voraus, dann ist die Frage nach einem besonderen Anlaß, der eine spontane Mutation hervorruft, durchaus sinnvoll.

Das wird noch durch die Resultate der Mutationsauslösung durch die Strahlenwirkung nahegelegt, weil sich daraus ergibt, daß eine bestimmte Energiemenge dazu aufgewendet werden muß. So hat man anfänglich angenommen, es seien die normal vorkommenden Strahlen (kosmische Strahlen), welche die wirkende Ursache seien. Doch hat sich das nicht beweisen lassen.

Seit die Mutationslösung durch Chemikalien entdeckt wurde und zugleich, daß sowohl körpereigene Substanzen als auch anorganische Salze auslösende Agenzien sein können, besteht kein Zweifel mehr, daß hierin die Ursache für die spontanen Mutationen zu sehen ist.

bb) Chromosomenmutationen

Man versteht darunter eine Veränderung des Gefüges einzelner Chromosomen, deren einfachste ein Bruch, eine *Fragmentation*, ist (Abb. 474b). Sofern zwei Brüche in einem Chromosom vorkommen, ein begrenztes Stück ausfällt und die Bruchflächen zu seiten dieses Stückes miteinander verheilen, erhält man eine *Deletion* (Abb. 474c). Wenn das durch eine Deletion ausgefallene Stück sich umkehrt und wieder in den ursprünglichen Chromosomenverband einheilt, dann gibt es eine *Inversion* (Abb. 474d). Verdoppelt sich ein gegebenes Stück eines

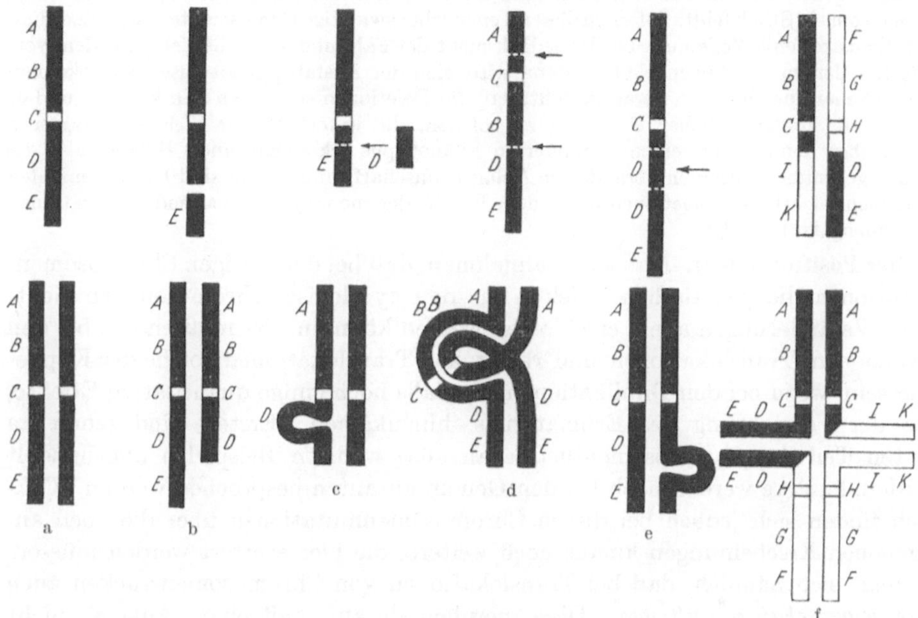

Abb. 474a—f. Schema der verschidenen Typen von Chromosomenmutationen. Die obere Reihe zeigt die Einzelchromosomen mit ihren spontanen oder artifiziellen Veränderungen. Die untere, jeweils zugehörig, deren Konjugationsweise mit einem normalen Chromosom. In der unteren Reihe, in den Paarungsbildern, steht links (a—e) stets das normale Chromosom. Bei f sind von zwei nichthomologen Einzelchromosomen Stücke transloziert; unten zeigt sich die Konjugationsweise mit den normalen homologen Chromosomen. a normales Chromosomenpaar; b Fragmentation; c Deletion; d Inversion; e Duplikation; f reziproke Translokation. (Orig.) (Vgl. auch Abb. 465)

Chromosoms, um eines hinter dem anderen in den Ausgangsfaden einzuheilen, dann findet sich eine *Duplikation* im Chromosomengefüge (Abb. 474e). Heftet sich ein Fragment mit seiner Bruchfläche einseitig an ein anderes Chromosom, so entsteht eine *Translokation*. Werden Stücke von zwei nichthomologen Chromosomen ausgetauscht, so kommt eine *reziproke Translokation* zustande (Abb. 474f). Das sind in Kürze zusammengefaßt die wichtigsten Chromosomenmutationen.

Cytologische und genetische Folgeerscheinungen der Chromosomenmutationen. Schon im Ablauf der Mitosis und Meiosis der Chromosomenmutanten müssen sich Unregelmäßigkeiten einstellen, die genetische Effekte haben können. Einiges sei kurz erörtert, zugleich aber bemerkt, daß alles das auch hierher gehört, was bereits im dritten Teil der Chromosomentheorie behandelt wurde.

Die cytologische Konstatierung solcher Chromosomenmutationen erfolgt am einfachsten in der Meiosis, sofern ein verändertes Genom mit einem normalen Partner konjugiert. Dabei wird eine Fragmentation einen Stückausfall deutlich werden lassen; bei einer Deletion wird das normale Chromosom eine Schleife machen müssen, damit in den noch vorhandenen Teilen Genort auf Genort fällt. Bei einer Duplikation fällt die Schleifenbildung dem veränderten Chromosom zu. Bei einer Inversion erfolgt an der entsprechenden Stelle entweder überhaupt keine Konjugation oder aber eine solche in einer verdrehten Schleife (Abb. 474d). Einfache Translokationen konjugieren mit dem translozierten Stück kaum jemals; die Konjugation bei reziproken Translokationen erfolgt zu vieren oder mehreren in Kreuzkonjugation in der Weise, wie das auf S. 337, Abb. 464—466 für die Gattung *Oenothera* erläutert wurde.

Sofern ein Fragment keine Insertionsstelle mehr enthält oder diese einem Chromosom durch eine Deletion verlorengeht, werden derart veränderte Elemente bei der nächsten Kernteilung liegenbleiben, und es entstehen dann Genome, in denen ein Chromosom oder in einem Chromosom ein Stück fehlt. Sofern in diesen Teilen lebenswichtige Genelemente vorhanden sind, fällt die betreffende Zelle aus. Ist das jedoch nicht der Fall, und kann die Zelle mit dem veränderten Genom am Leben bleiben, dann wird sich der Ausfall phänotypisch zu erkennen geben. Neuerdings hat sich herausgestellt, daß die Deletionen sehr klein sein können, und es besteht ein kontinuierlicher Übergang zu solchen, die unterhalb der Sichtbarkeitsgrenze liegen, aber dennoch an einem veränderten Phänotypus erkennbar sind. Hier ist also die Grenze gegenüber einzelnen veränderten Anlagen unscharf, und darum sind letztere mit den nicht mehr sichtbaren Deletionen unter dem Begriff der monohybrid spaltenden Mutationen zusammengefaßt worden.

Der Positionseffekt. Man sollte annehmen, daß bei den übrigen Chromosomenmutationen die genetischen Effekte aus den cytologisch-chromosomalen sichtbaren Veränderungen allein erschlossen werden könnten. Es müßten das bei den Inversionen, Translokationen und reziproken Translokationen solche der Koppelung sein, wozu bei den Duplikationen allenfalls noch einige quantitative Effekte, also der Vermehrung des Erbmaterials, hinzukämen. Erstere sind schon im dritten Teil der Chromosomentheorie an ausgewählten Beispielen abgehandelt worden, letztere werden noch bei den Genommutanten besprochen werden. Faktisch finden sich jedoch bei diesen Chromosomenmutationen über die eben angegebenen Erscheinungen hinaus noch weitere, die hier erörtert werden müssen. Es zeigt sich nämlich, daß bei Translokationen von Chromosomenstücken auch *neue Eigenschaften auftreten.* Diese beruhen darauf, daß eine „Anlage" nicht allein eine bestimmte Substanz an einer bestimmten Stelle des Chromosoms ist, sondern daß sie zugleich von *der Reihenfolge* abhängig ist, in der sie sich im Chromosom befinden. Man nennt das den Positionseffekt.

Beweisbar ist der Positionseffekt nur dann, wenn er alsbald verschwindet, sofern das Chromosomenstück wieder seinen alten Platz eingenommen hat, also eine Rücktranslokation stattgefunden hat. Das ist sowohl für *Drosophila, Zea Mays* wie *Oenothera* festgestellt worden. Darüber hinaus zeigt Drosophila noch eine Reihe anderer Erscheinungen mit besonderer Präzision, so daß ausnahmsweise hier ein solches Beispiel abgehandelt werden soll.

Am Ende des X-Chromosoms ist bei *Drosophila* eine mutierte, in ihrem Verhalten recessive Anlage bekannt, die gelbe Körperfarbe bedingt. Man kann nun bei Drosophila die Orte der Anlagen nach den Streifen (Banden) auf dem vergrößerten Speicheldrüsenchromosom sehr genau bestimmen und weiß, daß die eben genannte Anlage im Bereich der Banden 5/6 eines bestimmten Segments des X-Chromosoms liegt. Erfolgt nun auf dem normalen X-Chromosom, das die dominante Anlage enthält, innerhalb der Banden 3—8 irgend ein Chromosomenbruch, dann verhält sich die normale Anlage als sei sie nach yellow mutiert. Und zwar geschieht das stets, wenn 1. der Ort der Anlage an seiner Stelle bleibt, aber ein daneben liegender Teil an eine andere Stelle desselben oder eines anderen Chromosoms transloziert wird; 2. wenn neben der Anlage innerhalb des oben angegebenen Bereiches irgendeine Deletion erfolgt; 3. wenn der Ort der Anlage selbst durch eine Deletion verschwunden ist. 4. Endlich gibt es auch Mutationen von normal nach yellow, bei denen *nichts* an dem Chromosom zu sehen ist. Diese Befunde sind für unsere Vorstellung von der Natur der Erbanlagen von entscheidender Bedeutung.

Die Spezifität von Chromosomenmutationen. Die Frage nach der Möglichkeit spezifische Mutationen auszulösen, ist schon bald nach dem Beginn der Mutationsauslösungen gestellt worden. Zunächst wurde nichts dergleichen gefunden: Durch Röntgenstrahlen und andere Einwirkungen ausgelöste Mutationen glichen den spontanen durchaus und schienen sich in zufälliger Verteilung über die Genome einzustellen. Neuerdings zeichnen sich die ersten Andeutungen einer gewissen Spezifität bei der Verwendung verschiedener Chemikalien in der Verteilung der Bruchhäufigkeit auf bestimmte Chromosomen ab.

Vicia faba besitzt diploid, also in der Wurzelspitzenmitose, zwei große und zehn kleine Chromosomen. Das Größenverhältnis der zehn kleinen zusammen zu den zwei großen beträgt 5:2. Also sollte sich bei zufälliger Verteilung auch die Zahl der Brüche auf den zehn kleinen Chromosomen zu den zwei großen wie 5:2 verhalten. Das finden wir auch tatsächlich bei der Einwirkung von Röntgenstrahlen. Wir fügen hier nun die nebenstehende Tabelle ein, die zeigt, daß es steigende Abweichungen von diesem Verhältnis gibt, die eine stets weitergehende Zunahme der Brüche auf den großen Chromosomen anzeigen.

Tabelle 9

Einwirkung	Klein/groß	Theoretisch
150 r Röntgenstrahlen . .	5 : 2,1	5:2
Äthylurethan	5 : 3,4	5:2
Alkaloide	5 : 7,2	5:2
Schwermetallsalze	5 : 9,8	5:2
Nucleoproteide	5 :14,3	5:2
Nährlösung	5 :21,7	5:2

Die Tatsache, daß die letzte Kolumne genau die zehnfache Zahl von Brüchen auf den großen Chromosomen anzeigt, als theoretisch bei zufälliger Verteilung sein sollten, läßt es möglich erscheinen, daß die Stoffe auch bestimmte Erbanlagen bevorzugt in Erscheinung treten lassen.

cc) Genommutation

Darunter versteht man Veränderungen der ganzen Genome, wobei entweder die Zahl der Genome oder einzelner Chromosomen im Genom vermehrt bzw. vermindert werden kann. Da auf diese Weise quantitative Veränderungen des Erbmaterials zustande kommen, muß sich das irgenwie im Phänotypus auswirken. Es ist aber dennoch die Frage berechtigt, ob solche Genommutationen wirklich als Mutationen aufzufassen sind oder nicht.

Eine der ersten Mutanten[1], die überhaupt in der Mutationsliteratur besonders beachtet wurde, war die *Oenothera gigas* aus der *Oenothera Lamarckiana*. DE VRIES, der die Grundlage des Mutationsvorgangs, die Genomverdoppelung, nicht kannte, hat sie als neue Art beschrieben, denn sie erschien als grundsätzlich von der Ausgangsform verschieden; später fand man zwei Methoden, um Genomverdoppelungen artifiziell herbeizuführen, und in allen diesen Experimenten erhielt man ganz die entsprechenden Resultate wie DE VRIES bei seiner spontanen Form. In dem MARCHAL-V. WETTSTEINschen Regenerationsexperiment wird der Sporophyt eines Mooses zur Regeneration gebracht. Dabei entstehen aus den diploiden Sporophyten diploide Gametophyten und damit weiterhin tetraploide neue Sporophyten. Nach der Entdeckung der Hemmungswirkung auf die Ausbildung einer Kernspindel bei Mitosis und Meiosis durch das Alkaloid Colchicin ließen sich bei den meisten höheren Pflanzen Genomverdoppelungen zustande bringen. Die Folgen einer Genomvervielfachung lassen sich folgendermaßen zusammenfassen: 1. Sie hat nach oben hin sehr bald eine Grenze, bei allzu überhöhten Chromosomenzahlen funktioniert weder die Mitosis noch die Meiosis. 2. Nicht alle Erscheinungen an der Genommutante sind aus der quantitativen Vermehrung der Chromosomenmasse zu verstehen. 3. Es kommt hinzu, daß — wie die Zahlgesetze der Chromosomen

---

[1] Die Terminologie wird leider etwas inkonsequent gehandhabt. Es wäre zweckmäßig, den verändernden Schritt im Erbgut als „Mutation", den daraus neuentstandenen Typ als „Mutante" zu bezeichnen. Vielfach wird beides Mutation genannt.

für die Pflanzen auf S. 175 deutlich gemacht haben — vielfach polyploide Reihen von Arten innerhalb einer Gattung bestehen. Daraus ergibt sich, daß die Polyploidie eine der Grundlagen für die Artbildung darstellt. So ist es durchaus sinnvoll, Genomveränderungen als Mutationen zu bezeichnen.

Das gleiche läßt sich über die Vermehrungen und Verminderungen einzelner Chromosomen sagen. *Oenothera lata* war die erste spontan aufgefundene Form mit $2n + 1$ Chromosomen. Theoretisch muß es so viel verschiedene Formen geben, als die betreffende Species haploide Chromosomen besitzt. Bei der Gattung *Datura* ließ sich die vollständige Serie — 12 — zuerst feststellen. Für diese Vervielfachung einzelner Chromosomen gilt genau das gleiche, was auch für die ganzen Genome zutrifft, daß nämlich der neue Phänotypus nicht allein aus der quantitativen Vermehrung der Erbsubstanz des einzelnen Chromosoms zu verstehen ist. Vielmehr müssen wir annehmen, daß dabei auch das Gesamtgleichgewicht in der Relation zwischen den Chromosomen und den Genomen einerseits sowie andererseits zwischen dem Kern und dem Plasma zu berücksichtigen ist.

dd) Plastommutationen

In der Gattung *Oenothera* finden sich in der Häufigkeit von etwa 5 auf 10000 im Plastom mutierte Pflanzen. Diese besitzen entweder weiß bleibende oder — seltener — gelbe Plastiden, können freilich nur dann lebensfähige Pflanzen ergeben, wenn genügend normale Plastiden zur Scheckungsbildung vorhanden sind (RENNER).

Daß trotz dieses geringen Prozentsatzes dennoch so außerordentlich viele buntblättrige Formen bekannt sind, darunter auch zahlreiche Plastomabweicher, hängt damit zusammen, daß sie in der gärtnerischen Züchtung und als Schmuckpflanzen eine außerordentliche Rolle spielen. Neuerdings scheint sich auch die Möglichkeit abzuzeichnen, Plastommutationen durch Einwirkung von Röntgenstrahlen hervorzurufen; doch sind diese Untersuchungen an Moosen und Farnen noch in den Anfängen begriffen.

ee) Plasmonmutationen

Verschiedene Versuche, vor allem solche bei *Streptocarpus*, zeigen deutlich, daß das *Plasmon als Ganzes* das stabilere Element bezüglich der Mutationshäufigkeit gegenüber dem Genom darstellt. Das mag damit zusammenhängen, daß eben dieses Plasmon als Ganzes aus sehr vielen Plasmaeinheiten besteht. So kann möglicherweise eine plasmonische Veränderung erst dann als „Mutation" manifest werden, wenn sehr viele „Plasmaeinheiten" die abweichende Konstitution besitzen.

Bei *Aquilegia vulgaris* ist einmal eine spontane Plasmonmutation aufgefunden worden. Die entsprechende Pflanze war im männlichen Geschlecht steril und zeigte auch sonst noch einige Abweichungen. Daß es sich um eine Plasmonmutation handelte, ergab sich daraus, daß bei ständiger Rückkreuzung mit dem Vater die Sterilität erhalten bleibt (KAPPERT).

c) Die Bedeutung der Mutationen

Unter wissenschaftlichen und praktischen Gesichtspunkten erweisen sich die Mutationen als ungemein wichtig. Durch die heute bekannten vielfältigen mutationsauslösenden Mittel lassen sich von ein und derselben Art beliebig viele herstellen. Zugleich kann man sie unter bestimmten Gesichtspunkten auswählen, und so ist es möglich, abweichende entwicklungsgeschichtliche und physiologische Abläufe zu studieren, die ihrerseits wiederum Rückschlüsse auf den Normalverlauf der Lebensprozesse erlauben. Das großartigste Beispiel in dieser Hinsicht ist das Studium biochemischer Mutanten des Pilzes *Neurospora*, die geradezu

unwahrscheinliche neue Einsichten ergeben haben (BEADLE). Dabei besteht kein
Zweifel, daß wir uns erst am Anfang eines neuen umfassenden Arbeitsgebietes
befinden. Alles dieses gehört freilich bereits in den Bereich der speziellen Genetik,
die in diesem Lehrbuch nur kurz im Rahmen der Entwicklungsphysiologie behandelt werden wird.

Bakterienmutationen. Anhangsweise sollen noch einige Resultate der umfassenden For-
schungen auf dem Gebiet der Bakterienmutationen behandelt werden; sie sind ebenso wie die
Arbeiten über die Bakterienvererbung von besonderer Bedeutung als Korrektiv für unsere
Auffassung von den Vorgängen bei der Erblichkeit höherer Pflanzen.

Sehr viele der bei den Bakterien gefundenen Mutationen lassen sich am einfachsten aus
ihrer Lebens- und Kulturweise verständlich machen. Den Ausgangspunkt dafür bildet die
Tatsache, daß sich immer wieder „Anpassungen" von Bakterien an besondere, den Nährböden
zugesetzte, oftmals hochgiftige Stoffe gefunden haben. Bei genauerer Bearbeitung freilich
zeigte sich, daß es sich dabei um die Nachkommen weniger herausselektionierter resistenter
Mutanten handelte, die dann eben infolge ihrer Resistenz ungehindert Nachkommen hervorbringen können. So haben sich resistente Mutanten verschiedener Bakterien gegen Bakteriophagen, gegen Penicillin, Streptomycin, Schwermetallsalze und gegen Sulfonamide gefunden.
Es ist dabei bedeutungsvoll, daß sich durch Aussaat der Bakterienmutanten auf Nährböden
mit steigender Konzentration stets neuausselektionierte Mutanten von höherem Resistenz-
grad finden lassen. Auch strahlenresistente Bakterien sind gefunden worden.

Ebenso kann man bei den Bakterien durch die Einwirkung von Bestrahlungen sowohl wie
durch Chemikalien Mutationen auslösen. Und gerade auf diese Weise hat man im Anschluß
an die *Neurospora*-Untersuchungen zahlreiche biochemische Mutationen auffinden können, die
ähnliche Aufschlüsse über den Stoffwechsel ergeben, wie das bei Neurospora möglich gewesen
war.

Endlich sei noch darauf hingewiesen, daß es von vielen Mutanten in wechselnden Zahlenverhältnissen[1] auch Rückmutationen gibt. Dabei hat sich zeigen lassen, daß die meisten dieser
Rückmutationen nicht ganz präzis den Ausgangszustand wieder erreichen, sondern nur einen
ähnlichen. Auch das ist zwar an höheren Organismen schon bekanntgeworden, hat sich indessen nicht mit der Präzision nachweisen lassen wie bei den Bakterien.

Das sogenannte Transformationsproblem der Bakterien kann hier nur gestreift werden.
Es handelt sich dabei um die Tatsache, daß fremde Desoxyribosenucleinsäuren in die Bakterienzellen aufgenommen werden können, die dann später eine autokatalytische Reproduktion in
dieser erfahren. Dabei können neue Eigenschaften an dem Bacterium in Erscheinung treten.
Zweifellos handelt es sich dabei um einen Sonderfall.

7. Die Natur der Gene

Den Beschluß der allgemeinen Genetik macht die Frage nach der *Natur der
Gene*. Es ist das eine zwar schon sehr früh gestellte Frage, die aber dennoch heute
keineswegs als gelöst angesehen werden kann.

Die Problematik freilich, die sie veranlaßt hat, gehört in jedes Lehrbuch, in dem die Genetik
abgehandelt wird. Sowohl die MENDEL-Forschung wie die Mutationsforschung haben Ergebnisse geliefert, die bei der Einschätzung der Natur der Erbanlagen zu berücksichtigen sind. Wir
befassen uns zunächst mit den auf den Chromosomen gelagerten Genen, also den „Genen im
eigentlichen Sinn". Ob es zweckmäßig ist, auch noch andere Erbträger als „Gene" zu bezeichnen, sei später erörtert.

a) Allgemeine Grundsätze

Wir haben uns in unserer Darstellung der Genetik bisher noch nicht auf eine
bestimmte Terminologie zur Bezeichnung der Gene festgelegt. Wir haben — genau
so wie das im Ablauf der Genetik geschehen ist — von Erbfaktoren, Erbanlagen,

---

[1] Die Festellung der Mutationsrate bei den Bakterien ist sehr schwierig und bedarf
besonderer experimenteller wie mathematischer Zurüstungen.

Genen, Allelomorphen, kürzer Allelen, gesprochen und meinen damit stets dasselbe Phänomen. Es müssen sich in der Zelle als Erbträger ganz bestimmt lokalisierte Einheiten finden — z. B. an einer genau feststellbaren Stelle auf einem Chromosom —, die sicher abgrenzende Wirkungen im Entwicklungsablauf des betreffenden Organismus haben. Der Ausdruck „Gen" läßt sich nur dann verstehen, wenn nicht *mehr* damit gemeint ist. Dann freilich ist er eine handliche und einfache Bezeichnung. Im folgenden sei erörtert, was für die Bestimmung des Genbegriffes notwendig ist.

Die identische Weitergabe von Zelle zu Zelle, von Generation zu Generation setzt voraus, daß die Gene *selbstreproduzierende Elemente* sind. Wir wissen heute, daß die Fähigkeit zur Selbstreproduktion ausschließlich den Eiweißkörpern in der Zelle zukommt und daß an diesem Reproduktionsprozeß sicherlich die Nucleoproteide maßgeblich beteiligt sind.

In der Tat finden sich in den genetisch bedeutsamen Strukturen, den Zellkernen mit ihren Nucleolen und Chromosomen, sowohl Ribosenucleinsäure als auch Desoxyribosenucleinsäure. Man darf also mit Sicherheit schließen, daß mit dem Vorhandensein dieser Substanzen ganz besonders wichtige Selbstreproduktionsvorgänge zusammenhängen; vielleicht bestehen die Gensubstanzen sogar selbst daraus; doch bestehen auch andere Möglichkeiten.

Die Gene sind Eiweißkörper, die eine *Wirksamkeit* entfalten können. Es müssen also Substanzen sein, die entweder selbst Wirkstoffe sind oder mindestens geeignet, spezifische Wirkstoffe in den Zellen zu erzeugen.

Die Erfahrungen der außerkaryotischen Vererbung haben erwiesen, daß die karyotisch lokalisierten Gene vermutlich allein dann wirksam werden, wenn ihnen ein genetisches Element im Plasmon entspricht, das mit derselben exakten Reproduktionsweise von Zelle zu Zelle weitergegeben wird, wie die Gene im Kern.

Hier haben wir es mit zwei Elementen zu tun, von denen das eine ohne das andere keine Wirkung entfalten kann. Und in vielen Fällen ist es erwiesen, daß es Gene im Kern gibt, die durch unzählige Generationen hindurch aus Mangel an einem plasmonischen Antagonisten latent bleiben und erst bei Kombination mit einem zugehörigen plasmatischen Faktor manifest werden, was unter Umständen unerhörten Zufällen vorbehalten sein kann.

Die Spezifität der Wirkung einzelner Gene zeigt, daß Latenz und Aktivität nicht allein von dem zugehörigen Plasmon abhängig ist, sondern auch von ihrem „Wirkungsort im Organismus".

Gene für Blütenfarben oder -formen werden nur manifest, sofern und insoweit als Blüten gebildet werden, Gene für Blätter, Blattfarbe oder -form allein soweit diese gebildet werden, nie in Sproßachsen oder Wurzeln. Ein Moosgametophyt zeigt nichts von den Genen des Sporophyten, der Sporophyt keine solche des Gametophyten. Ein Moos, das durch eine Mutation sexuell steril geworden ist und sich nur noch vegetativ fortpflanzt, blockiert damit alle Gene des Sporophyten, obwohl sie wirkungsgehemmt ebenso darin vorhanden sein mögen wie vorher. Das zeigt, daß das Phänomen der Latenz oder Aktivität zugleich auch ein entwicklungsgeschichtlich-entwicklungsphysiologisch bestimmtes ist, deren Einzelaktionen uns noch weitgehend unbekannt sind.

b) Spezielle Grundlagen

Allelie und lineare Anordnung im Chromosom. Die Mendel-Forschung mit ihren Erweiterungen der Koppelungsuntersuchungen hat zunächst die Vorstellung erarbeitet, ein Gen sei ein distinkter, abgegrenzter Körper auf dem Chromosom, dem auf jedem Homologen an derselben Stelle ein entsprechender gegenübersteht.

Eine Zeitlang hat man die Gene mit den „Chromomeren" der Chromosomen identifiziert, sogar so weitgehend, daß in einigen Publikationen der Ausdruck „Chromomer" anstelle von „Gen" gesetzt wurde. Nun ist inzwischen die Existenz von Chromomeren in dem Sinne abgegrenzter genetischer Einheiten wieder problematisch geworden, und außerdem kommen noch Befunde der Mutationsforschung hinzu, die mit Sicherheit erweisen, daß ein sogenanntes „Gen" auch etwas sein kann, was nicht im mikroskopischen Bereich sichtbar ist. Und so hat man eine Zeitlang das „Gen" als eine molekulare Einheit aufgefaßt.

Der Nulleffekt. Man versteht darunter die Tatsache, daß ein Stückausfall eines Chromosoms wie ein Gen wirken kann. Die Tatsache, daß ein Ausfall, eine Null, ein Loch im Chromosom homozygotisch, d. h. in beiden homologen Chromosomen hier positiv eine ganz bestimmte Wirksamkeit besitzt, ist für die Frage danach, was ein Gen sei, höchst bedeutungsvoll.

Ein solcher Nulleffekt kann bei Mais z. B. die braune Mittelrippe sein, eine Erscheinung, die normalerweise bei der Homozygotie eines recessiven Gens zustande kommt. Sie tritt aber auch auf, wenn im Chromosom VIII ein Stück fehlt. Es wird ein wasserlösliches braunes Pigment in der Mittelrippe entwickelt, das sich am intensivsten zeigt, wenn die Pflanzen etwa sechs Wochen alt sind.

Der Positionseffekt. Die gleiche Bedeutung besitzt der Positionseffekt; er ist schon eingehend geschildert worden, so fassen wir nur kurz zusammen: Translokationen, Inversionen können einen genetischen Effekt haben, der einer „Gen"-mutation gleicht. Das Entscheidende dabei ist, daß dieser Effekt wieder aufgehoben werden kann, wenn eine Rückgliederung des betreffenden Chromosomenstückes in seine alte Lage erfolgt.

Geht man dem Positionseffekt außerdem räumlich genauer nach, so stellt sich heraus, daß es Gene gibt, die von einer Translokation oder einer sonstigen Alteration des Chromosomengefüges nur dann berührt werden, wenn sie in unmittelbarer Nachbarschaft erfolgen. Andere dagegen treten auch dann ein, wenn solche auch in weiter Entfernung von dem eigentlichen, durch normalen Segmentaustausch unter homologen Chromosomen ermittelten Genort stattfinden.

c) Das Gen

Aus dem eben Erörterten geht hervor, daß es zur Zeit keine Möglichkeit gibt, zwischen einem Geneffekt und einem Null- oder Positionseffekt zu unterscheiden. So haben wir heute zwei Interpretationen, die die Natur der Gene zu erklären versuchen. Eine noch halbwegs konservative, die der Meinung ist, das Gen sei zwar als molekulares Gebilde die letzte funktionelle Einheit auf dem Chromosom, sei aber in seiner Wirksamkeit von einer Wechselwirkung unter den Nachbargenen abhängig. Die zweite gibt den Genbegriff in diesem Sinne völlig auf und erklärt das ganze Chromosom als letzte Wirkungseinheit. Demnach wäre dann das einzelne „Gen" als ein Effekt der Chromosomenstruktur zu denken. Jede Änderung dieses Musters muß dann auch irgendeine Änderung im genetischen Verhalten hervorrufen. Das gilt genau so wie für den Positionseffekt bei den „Translokationen zwischen Nichthomologen" auch für die „Translokation zwischen Homologen", d. h. für den normalen Vorgang des Segmentaustausches, der zum Umbau der Chromosomen führt. Mit dieser vorläufig unaufgelösten Alternative ist die gegenwärtige Problematik des Genbegriffes bis zum letzten Stand herangeführt.

Das hat, wie im folgenden Abschnitt deutlich wird, vorläufig noch nichts mit der aktuellen genetischen Analyse zu tun. Dafür nämlich ist es gleichgültig, ob man das „Gen" als massiven wirksamen Körper auf einem Chromosom ansieht, oder ob man sich darüber im klaren ist, daß man faktisch nur den *Genort* daselbst bestimmen kann. Tatsächlich können — wie die multiple Allelie zeigt — an ein und demselben „*Locus*" homologer Chromosomen verschiedener Rassen höchst verschieden wirksame „Gene" liegen. Wodurch freilich deren Wirkungsweise verändert wird, ist vorläufig unaufklärbar, und alle noch so exakten quantitativen Beziehungen zu den Merkmalscharakteren sagen darüber nichts aus.

Zu allem anderen sind nun auch die Resultate der Bakterien- und Phagenvererbung zu bedenken. Die Tatsache, daß dort Resultate gefunden wurden, die eine Interpretation ähnlich wie die Chromosomentheorie möglich erscheinen läßt, ohne daß eine morphologische Grundlage dafür vorhanden wäre, gibt zu denken. Gewiß kann dadurch die Theorie der linearen Anordnung der Gene im Chromosom nicht erschüttert werden. Dennoch wird es notwendig werden, auf eine Theorie zu sinnen, die beides umfaßt.

Ob es angesichts dieser Problematik Sinn hat, nun auch noch die anderen genetischen Elemente im Plasmon und Plastidom als „Gene" zu bezeichnen und etwa von „Plasmagenen" zu sprechen, erscheint doch höchst zweifelhaft. Die Differenzen gegenüber den immer noch recht unbekannten Genen auf den Chromosomen sind gar zu groß. Von einem auf den Chromosomen lokalisierten Gen gibt es in einer normalen diploiden Form nur zwei. Von den plasmonischen Erbeinheiten gibt es sicherlich eine sehr große Anzahl, wobei es vermutlich gleichgültig ist, ob die eine oder andere Einheit ausfällt. Dazu kommt, daß es keinerlei exakten Verteilungsmechanismus gibt, der die doch offenbar höchst verschiedenen plasmonischen Elemente bei der Zellteilung auf die Tochterzellen verteilt. Hier hat also noch umfassende Forschung einzusetzen.

8. Die Analyse der erblichen Konstitution
a) Die genetische Grundlage

Einzelphänomene und besondere Beispiele der genetischen Konstitutionsaufklärung gehören in die spezielle Genetik. Ein gewisser Teil davon wird in der Entwicklungsphysiologie Platz finden. Das einzige, was im Anschluß an das bisher Erörterte hier noch notwendig ist, sind die allgemeinen Grundsätze des Vorgehens. Dabei sind einige Wiederholungen darum unvermeidlich, weil bereits erörterte Phänomene nunmehr in neuen Zusammenhängen auftauchen. Methodisch wird eine Analyse genetischer Konstitution meist auf dem Wege der Kreuzungsanalyse vorgenommen; eine solche kann freilich nur dann geschehen, wenn Mutanten in größerer Mengen von ein und derselben Form vorhanden sind.

Diese gibt es gewiß auch reichlich spontan, nach den Entdeckungen der Mutationsforschung indessen konnten sie in großem Maßstabe angereichert und vielfach in ganz bestimmter Hinsicht ausgewählt werden. So wird also die eigentliche Konstitutionsanalyse durch die beiden Forschungsgebiete MENDEL-Forschung und Mutationsforschung gleichmäßig beherrscht.

Allelie. Anfänglich war man der Meinung, daß dominante und recessive Allele im Verhältnis von Vorhandensein und Nichtvorhandensein stünden. Nun hatte zwar schon die intermediäre Vererbung gezeigt, daß außer Anwesenheit und Nichtanwesenheit noch etwas anderes vorhanden sein muß. Wirklich endgültig ist die Frage freilich erst gelöst worden, als man das Phänomen der *multiplen Allelie* entdeckte. Das heißt, daß es nicht nur zwei, sondern viele Allele gibt.

Von solchen Allelen können in einem diploiden Organismus dann stets je zwei miteinander durch Kreuzungen kombiniert werden. Eine solche Reihe multipler Allele ist beispielsweise bei *Antirrhinum* die Serie: Normalform der Blüte und die Mutanten *chloranta, nikotianoides, globifera*. Diese vier Formen unterscheiden sich quantitativ durch fortschreitende Verkürzung der Kronröhre, zugleich aber qualitativ durch veränderte Gestalt der Blüte (Abb. 461). Häufig sind größere Serien multipler Allele als Selbststerilitätsgene anzutreffen. Dabei wird das Wachstum der Pollenschläuche gehemmt, wenn die Gene vom Pollen und Griffel übereinstimmen; es funktioniert das Wachstum, wenn sie verschieden sind. Eine große Serie von solchen Allelen wird in einzelnen Sippen Selbstbestäubung verhindern, Fremdbestäubung hingegen zulassen. Derartige Serien multipler Allele gibt es vor allem auch bei labilen, häufig mutierenden Genen, wie das oben schon für die cruciaten Oenotheren erörtert wurde (S. 349).

Polygenie. Das Phänomen der Polygenie hatte sich bereits in der reinen MENDEL-Forschung abgezeichnet, als man daran ging, Typen eingreifenderer Verschiedenheit durch Kreuzungen untereinander genetisch zu analysieren. Dabei zeigte sich, daß es auch Eigenschaften gibt, die durch die gemeinsame Wirkung mehrerer Gene zustande kommen, also *polygen* bedingt sind.

Hierbei bestehen vielerlei Möglichkeiten. Einmal kann ein und dieselbe Außeneigenschaft durch sehr viele Gene veranlaßt werden, die sich einzeln in ihrer Wirkung überhaupt nicht oder kaum unterscheiden. So gibt es etwa 20 verschiedene Gene, die das Längen-Breitenverhältnis der Blätter bei *Antirrhinum* verändern und ungefähr 80 Gene, die die Ausfärbung der Chloroplasten beim Mais beeinflussen. Solche Gene können, wenn sie gemeinsam in demselben Organismus vorhanden sind, zusammenwirken und gemeinsam eine gesteigerte Wirkung hervorrufen. Sofern das der Fall ist, spricht man von *additiver Polygenie*. Es kann ferner geschehen, daß die Gene irgendwelcher Allelenpaare für sich allein entweder überhaupt keine sichtbare Wirkung entfalten oder spezifisch verschiedene Merkmale bedingen. Gemeinsam mögen sie sich dann in irgendeiner ganz neuen Eigenschaft äußern. In diesem Fall nennt man dieses Verhalten *komplementäre Polygenie*. Sehr häufig ist das Verhältnis der Gene so, daß für irgendeine Eigenschaft ein *Hauptgen* vorhanden ist und daneben noch sehr viele Modifikationsgene, welche die Eigenschaft steigern, abschwächen oder gar teilweise oder ganz unterdrücken können. Solche Genserien können über das Genom beliebig verteilt sein. In dieser Zusammenarbeit der Gene hat sich bei allen alten Formen ein absolut harmonisches Gleichgewicht eingestellt, das durch jede eingreifendere Änderung gestört wird. So ist es zu verstehen, daß Mutationen so oft als Letalmutationen erscheinen oder, wenn nicht durchaus als solche, dennoch mit schwerer Vitalitätsbeeinträchtigung verbunden sind.

b) Gen und Merkmal

Spezifität. Das einfache Gen eines Allelenpaares kann eine einfache, bestimmt lokalisierte Außeneigenschaft bestimmen, so wie die Samenfarbe bei der Erbse oder die Blütenfarbe bei *Mirabilis*. Sofern wirklich nur diese eine Eigenschaft erzeugt wird und keine andere, spricht man von einer *spezifischen Genwirkung*. Tatsächlich ist eine solche jedoch selten; meistens werden gleichzeitig die vielfältigsten Merkmale von ein und demselben Gen beeinflußt. Man nennt diese Erscheinung *Polyphaenie*, aber auch mit einer älteren Bezeichnung Pleiotropie.

Einen noch relativ einfachen Fall gibt es bei der Malvacee *Malope trifida*. Hier gibt es ebenso wie bei *Mirabilis jalapa* rot- und weißblühende Formen, die getrennt einfache MENDEL-Spaltung zeigen. Das Gen für rote Blüte beeinflußt jedoch auch noch die Epidermis der Sproßachse, in der bei der rotblühenden Form ebenfalls Anthocyan gelagert wird, bei der weißblühenden Form dagegen nicht. Ein komplizierterer Fall ist der der *Oenothera Lamarckiana brevistylis*, eine kurzgriffelige Form, deren Kreuzung mit der Ausgangsform, der Oenothera Lamarckiana, eines der Objekte war, an dem DE VRIES seinerzeit die MENDELschen Gesetze wiederentdeckte. Der Antagonismus Normalgriffel : Kurzgriffel dürfte auch auf ein einfaches Allelenpaar zurückzuführen sein. Die Gesamtdifferenz erschöpft sich jedoch keineswegs in der Griffellänge, vielmehr zeigen die kurzgriffeligen Formen gegenüber den langgriffeligen noch folgende Eigenschaften. Sie sind im weiblichen Geschlecht nahezu steril, nur ganz selten wird ein Samenkorn angesetzt. Das Hypanthium der Blüte fällt nach dem Abblühen nicht von dem Fruchtknoten ab, sondern bleibt daran haften. Die Blätter sind nicht spitz zulaufend wie bei der Normalform, sondern vorne abgestutzt. Hier werden also von einem Gen höchst heterogene Eigenschaften bestimmt.

Penetranz. Unter der Penetranz eines Gens versteht man die Häufigkeit seiner Manifestation. Es gibt Gene labiler Manifestation, die sich, obwohl homozygotisch, nicht immer auszuwirken und einen entsprechenden Phänotypus hervorzubringen brauchen. Ein Maß für die Penetranz ist die prozentuale Häufigkeit, in der der Phänotypus des Gens sich in den homozygotischen Individuen auswirkt.

Expressivität bezeichnet die Intensität, den Stärkegrad, wie ein Gen im Phänotypus ausgeprägt ist. Das soll heißen: es ist hier eine andere Weise der labilen Manifestation eines Gens ausgesprochen.

Es kann sich also ein Gen mit völliger Penetranz, d. h. in 100% seiner Homozygoten anzeigen, in seiner Expressivität hingegen sehr gering, also kaum auffällig sein. Umgekehrt kann ein expressiv durchschlagendes Gen mit geringer Penetranz nur in wenigen Exemplaren seiner Homozygoten erkennbar sein. Beide Erscheinungsweisen der Genmanifestation sind zudem auch noch von dem genotypischen Milieu abhängig, in dem sich das betreffende Gen befindet, sofern man es in dem Sinn einer besonderen Beachtung, die man seinem Verhalten schenkt, als Hauptgen bezeichnet, also vom Vorhandensein einer mehr oder weniger großen Anzahl und Kombination von Nebengenen.

c) Genwirkung und Außenbedingungen

Manifestationsbedingungen der Gene. Es gibt Gene, die in ihrer Wirkung sozusagen unabhängig von den Außenbedingungen sind, unter denen eine Pflanze lebt. Das soll heißen: Sofern unter gegebenen Bedingungen die betreffende Pflanze überhaupt zu existieren vermag, entfaltet sich auch das betreffende Gen. Daneben bestehen andere Möglichkeiten. Es können zwar die allgemeinen Lebensbedingungen realisiert sein, nicht aber diejenigen für die Manifestation eines ganz bestimmten Gens. Es sind in diesem Falle die Manifestationsbedingungen für das Gen engere als die allgemeinen Lebensbedingungen; so lassen sie sich also experimentell feststellen.

Das bekannteste Beispiel ist das Verhalten des Gens für rote Blütenfarbe bei *Primula sinensis*. Das Gen für rote Blütenfarbe entfaltet sich nur bei einer Temperatur unter 30°. Darüber blühen die Blüten genau so weiß wie bei einer nach weiß mutierten Rasse. Ein anderes Beispiel ist die Abhängigkeit der Blühbereitschaft von einer bestimmten Temperatur. So blüht die Art *Streptocarpus Wendlandii* nur dann, wenn sie in einem bestimmten Entwicklungszustand acht Wochen lang in einer Temperatur zwischen 10° und 15° verbracht hat. Bleibt sie ständig *über* 20°, so wächst sie allein vegetativ und pflanzt sich auch nur vegetativ fort. Also alle Gene für Inflorescenzgestaltung und Blütenbildung bleiben dann ständig blockiert. Daraus ergibt sich auch ohne weiteres, daß bei solcher spezifischer Reaktibilität jede Mutante eine neue Einstellung auf die Außenbedingungen haben kann. Der Nachweis, daß gewisse Mutanten von *Antirrhinum majus* unter extremen Lebensbedingungen eine stärkere Vitalität haben können als die Ausgangsform, was unter Normalbedingungen nicht der Fall ist, veranschaulicht das aufs deutlichste.

Variabilität. Die Abhängigkeiten von bestimmten Bedingungskonstellationen lassen Phänotypen gleichen Erbgutes vielfach nicht identisch erscheinen, sondern variabel. Das kann ohne weiteres vernachlässigt werden, wenn es sich um Merkmale handelt, die qualitativ eingreifend verschieden sind.

Wenn das Merkmalspaar rot-weiß in einer Kombination erscheint, dann wird alles das, was nicht weiß ist, unter rot gerechnet werden müssen, unabhängig davon, wie intensiv die Farbe bei den nicht-weißen Exemplaren ist. So wird die Spaltung nach rot-weiß nicht beeinträchtigt, denn weiß bleibt weiß, und jede Spur von Farbe muß das betreffende Exemplar sofort in die Kategorie „nicht-weiß" überführen.

Anders ist es mit gengesteuerten Merkmalen, die leichter eine quantitative Bestimmung zulassen als gerade Farben, also etwa Größen und Gewichte. Diese lassen sich in eine *Variabilitätsreihe* einordnen.

So hat JOHANNSEN die Größe der Samen einer bestimmten völlig homozygotischen Rasse einer „reinen Linie" von *Phaseolus vulgaris* gemessen. Das ergibt in einzelne Klassen eingeteilt eine Kurve, die durchaus als Zufallskurve mit einem bestimmten Mittelwert anzusehen ist. Mathematisch lassen sich die Werte nach der Binomialgleichung berechnen. Versucht man das Beispiel von der Bohnengröße verständlich zu machen, dann kann man annehmen, daß bei ihrer Ausbildung neben der identischen erblichen Konstitution noch zusätzlich fördernde oder hemmende Faktoren wirksam sind (Abb. 504).

Durch diese Forschungen von JOHANNSEN, die historisch am Beginn der modernen Erblichkeitsforschung standen, ist für unseren Zusammenhang eine ganz wesentliche Einsicht erworben worden. *Man muß zwischen der Vererbung und der Bestimmung einer Eigenschaft unterscheiden.* Vererbt wird sie durch den Genotypus; im Phänotypus erscheinen, also bestimmt werden, kann sie nur dann, wenn gewisse innere und äußere Bedingungen realisiert sind. Welche das sind, und wie sie wirken, ist der Beginn eines neuen Wissenschaftszweiges der Botanik, nämlich der Entwicklungsphysiologie. Wir schließen damit die reine Vererbungslehre ab.

9. Fortpflanzung und Vererbung

a) Die Bedeutung vegetativer und sexueller Fortpflanzung

Wir kehren am Schluß unserer Erörterung zu einer Frage zurück, die bereits am Anfang auftauchte: Welches ist die Bedeutung der beiden verschiedenen Fortpflanzungsweisen, der vegetativen und der sexuellen. Die Lehre von der Fortpflanzung zeigte, daß die bloße Fortpflanzungsleistung in beiden Fällen ganz dieselbe ist. Nur ist die vegetative Weise der Fortpflanzung in ihrem Vollzuge wesentlich einfacher als die sexuelle und darum sicherer. Die Sexualität bringt durch die oftmals komplizierten Übertragungsvorgänge der Gameten erneut Unsicherheiten in den Ablauf der Fortpflanzung hinein, die durch besondere Aufwendungen wieder ausgeglichen werden müssen. Vom Verstehen bloßer Fortpflanzungsleistung aus ist also nicht einzusehen, warum die Sexualität überall im ganzen Organismenreich aufrechterhalten wird.

Die vegetative Fortpflanzung läuft auf der Basis der Mitose ab. Die Keimzellen erhalten also mit der Ausgangsform nicht allein den identischen Chromosomensatz, sondern auch noch das gleiche Plasmon und Plastidom. Daraus folgt also, daß alle Nachkommen bei dieser Fortpflanzungsweise mit ihren Ausgangstypen vollkommen identisch sind. Die Sexualität dagegen vollzieht sich in Gametenkopulation und Meiosis. Nur dabei geht die Plasmo- und Karyogamie vor sich und es erfolgt der Umbau der Chromosomen sowie die Umordnung der Genome. Allein bei sexueller Fortpflanzung sind also neue Kombinationen zu erwarten.

Das bedarf noch näherer Erläuterung. Um- und Neukombinationen können nur dann zustande kommen, wenn die Ausgangsformen für eine sexuelle Fortpflanzung genetisch irgendwie verschieden sind. Solche Beeinflussungen können lediglich auf mutativem Wege zustande kommen. Nun können solche mutativen Änderungen überall eintreten und können sich bei haplontischen Organismen, selbst wenn sie recessiv sind, unmittelbar im Phänotypus auswirken. Wir haben aber in der Fortpflanzungslehre erfahren, daß die wenigsten Pflanzen noch haplontisch sind, es hat in der Phylogenie zweifellos eine Entwicklung zur Diploidie hin stattgefunden. Eine in einem diploiden Organismus eingetretene Mutation kann aber bei vegetativer Fortpflanzung nur dann manifest werden, wenn zufällig genau das gleiche Allel auf dem homologen Chromosom ebenso mutiert. Das ist so überaus unwahrscheinlich, daß es nur höchst selten eintreten wird. So bildet die Sexualität allein die gesteigerte Möglichkeit, daß neue Mutationen herausspalten können und zugleich auch, daß sie untereinander — sofern mehrfache Differenzen in den Ausgangsformen vorhanden sind — neue Kombinationen eingehen können.

b) Die Bedeutung der Diploidie

Bei Pflanzen, deren vegetativ ausgebildete Lebensform die haploide Kernphase enthält, muß jede Mutation, auch solche recessiven Charakters, stets unmittelbar erscheinen. Erweisen sie sich also nicht direkt vorteilhaft für den Organismus, dann werden sie zu seiner Ausschaltung führen. Anders ist es mit den Diplonten. Hier können recessive Mutationen vorwiegend gespeichert werden. Mag bei sexueller Fortpflanzung auch ·stets ein gewisser Teil homozygotisch hervortreten und eventuell ausgeschaltet werden, so bleiben doch stets noch heterozygotisch verborgene genug. Umkombinationen mit anderen mögen dann aber von Zeit zu Zeit günstige neue Typen hervorbringen.

Hiermit beenden wir unsere Erörterungen der Erblichkeitsforschung.

B. Das Ende: Alter, Krankheit und Tod

Einführende Erörterungen. Am Ende des Pflanzenlebens steht der Tod. Die Funktionen des Organismus erlahmen, er altert, dann hören sie gänzlich auf; Auflösung, Zerfall und Vernichtung sind die endlichen Folgen dieses Vorgangs. So ist das Leben in seiner Dauer begrenzt; freilich nicht überall gleich lang; das Lebensalter ist vielmehr artspezifisch festgelegt. Wollen wir die Probleme angehen, die diese Endphase des Pflanzenlebens zum Gegenstand haben, dann müssen wir als erstes das Alter der Pflanzen einer Betrachtung unterziehen. Bevor das geschieht, bevor wir die an sich noch primitive Frage beantworten, *wie lange das Pflanzenalter währt*, haben wir eine Vorfrage zu stellen, die nämlich, wem eigentlich das Alter zukommt. Den Pflanzenindividuen, ist die Antwort. Ist das nicht selbstverständlich? Gewiß, die Generationsreihen nämlich, die Verknüpfungen der Individuen, dauern unbegrenzt. Was aber sind Individuen und was Generationsreihen bei den Pflanzen? Hier liegt, wie wir sehen werden, eine schwierige Frage!

I. Das Lebensalter der Pflanzen

a) Der Lebensablauf der Einzeller

Das Leben einzelliger Organismen wird normalerweise unter Ausschluß besonderer Katastrophen durch den Teilungsvorgang abgeschlossen, der aus einem Individuum, auf dem Wege vegetativer Fortpflanzung zwei neue werden läßt. Dabei ist es gleichgültig, ob überhaupt, bzw. in welchem Rhythmus die Sexualität in derartige Generationscyclen eingeschlossen ist: auch dabei müssen notwendigerweise durch Teilungen neue Individuen entstehen.

Die seltsame Situation, daß bei der Teilung der Einzeller, bei der das alte Individuum verschwindet, also *stirbt*, „keine Leiche übrig bleibt", sondern der Körper vollständig, meist ohne jedes Restgebilde in den der Tochterzelle übergeht, hat August Weismann veranlaßt, von der „Unsterblichkeit der Einzeller" zu sprechen. Wir lehnen diese Meinung ab: Überall dort, wo eine einzelne Zelle ihr individuelles Leben beendet, steht der Tod, auch „wenn keine Leiche da ist", und auch wenn dafür zwei neue Zellen erscheinen. Was aber von diesen Betrachtungen Weismanns auch heute noch geblieben ist, das ist die Vorstellung von der „Kontinuität des Keimplasmas". Diese aber umgreift alle Organismen und ist gleichermaßen bei Einzellern wie Vielzellern vorhanden; ein jedes Lebewesen entsteht einzig und allein aus den Fortpflanzungskörpern schon vorhandener, und eben das setzt entweder Alterslosigkeit oder ständige regenerative Verjüngung des Keimplasmas von der ersten unwiederholbaren Entstehung bis zum Ende alles Lebens voraus. Und der Gegensatz: Altern und Sterben des Individuums, aber Kontinuität der Reihe, enthält ein bedeutungsvolles biologisches Problem.

Bei den Einzellern ist das alternde Individuum im Absterben zugleich die Mutterzelle für zwei Keimzellen, für zwei neue Anfänge. So muß also in dem Vorgang der Zellteilung gleichzeitig auch ein Moment der Regeneration enthalten sein, wodurch Alterserscheinungen restlos beseitigt und neue Anfänge gesetzt werden. Wir haben seinerzeit bei der Darstellung der Mitose darauf hingewiesen, welche der Einzelphänomene als Mechanismus für diesen Vorgang dienen können.

Das Alter der Einzelligen. Wir unterscheiden unter den Organismen geschlossene und offene Formen. Die geschlossenen sind solche, deren Körper in gleichmäßiger Entwicklung aus einer Keimzelle entsteht und als ganzer altert, ohne daß noch an irgendeiner Stelle entwicklungsfähiges Gewebe übrig wäre, woraus neue Teile des alten Individuums entstehen könnten. Offene dagegen sind solche, bei denen auch im höheren Lebensalter embryonale Gewebe neue Körperteile desselben Individuums hervorbringen können. Sehr viele, ja die meisten Tiere gehören zu den geschlossenen Formen, sehr viele Pflanzen, besonders die höheren, zu den offenen. Die Einzeller sind geschlossene; hier altert die einzelne Zelle, das Individuum als Ganzes. Durch die anschließende Zellteilung erfolgt mit dem Tod des Individuums unter totaler Regeneration die Umformung der beiden Tochterzellen in zwei Keimzellen. Die Lebensdauer dieser Einzeller ist verglichen mit derjenigen der vielzelligen ungemein kurz, sie bemißt sich gewöhnlich nach Stunden oder Tagen.

Man kann bei den Einzellern eine deutliche Korrelation zwischen Lebensdauer und Körpergröße finden: mit zunehmender Körpergröße wird die Lebensdauer eine längere. Die kleinsten Einzeller, die Bakterien, haben oftmals nur eine Lebensdauer von Stunden oder gar von Minuten. Der *Vibrio cholerae* kann unter günstigen Lebensbedingungen alle 20 min eine Teilung durchführen. Die Volvocale *Eudorina* hat in Hartmanns über 550 Generationen kultivierten Reihe eine durchschnittliche Lebensdauer von 6,8 Tagen (nach 212 Generationen berechnet). Und bei relativ großen Formen wie den *Desmidiaceen* können die Individuen mehrere Wochen leben. Vermutlich wird dieser Zusammenhang durch die Steigerung der physiologischen Aktivität kleiner Formen bedingt. Daß die kleinsten, die Bakterien, mit ihrer außerordentlich vergrößerten relativen Oberfläche eine unwahrscheinliche physiologische Aktivität besitzen, ist mehrfach erwähnt. Die erhöhten Leistungen führen vermutlich ein sehr viel schnelleres Altern herbei. Wird wie bei den Dauerformen die physiologische Aktivität herabgesetzt, dann verlängert sich die Lebensdauer beträchtlich. So allein ist die Paradoxie zu verstehn, daß schnelles Altern und kurze Lebensdauer gerade unter „günstigen Lebensbedingungen" gefunden wird.

Immer wieder ist in der Wissenschaft die Meinung aufgetaucht, die einfache Zellteilung genüge nicht, um eine kontinuierliche Generationsfolge zu garantieren. Man glaubte, die Sexualität müsse sich hier einschalten. Es ist das Verdienst Max Hartmanns, in exakten und scharfsinnigen Versuchen den negativen Beweis geführt und damit den Weg für eine zutreffende Beurteilung der Sexualität und ihrer Bedeutung freigemacht zu haben. Im Abschnitt über die Fortpflanzung wurde das ausführlich erörtert.

b) Lebensalter der vielzelligen Pflanzen

Bei der Behandlung des Alters der Vielzelligen gehen wir sogleich zu den Blütenpflanzen über. Über die Lebensdauer der Einzeller und der Sproßpflanzen sind wir gut unterrichtet, wenig oder kaum über das der vielzelligen Algen und Pilze.

Es ist zweckmäßig, bei den Blütenpflanzen noch zu der bisherigen Unterscheidung die halboffenen von den offenen zu trennen. Die *halboffenen Formen* sind die einjährigen bzw. hapaxanthen Pflanzen. Sie bilden anfänglich einen rein vegetativen Zustand, zumeist eine Rosette, um dann nach entsprechender Reservestoffspeicherung in eine reproduktive Phase überzugehen, wobei die entwicklungsfähigen Sproßvegetationskegel durch eine Blüte abgeschlossen werden: alles meristematische Material wird ausdifferenziert und dessen Wachstumsfähigkeit erlischt damit. Hinwiederum nennt man aber diese Typen halb*offene* Formen, weil während dieser Entwicklung fertige Zustände und unentwickelte Anfänge von Blättern und Blüten, Früchten und Samen zunächst nebeneinander stehen, bis sich dann zuletzt doch ein endgültiger Abschluß ereignet. Die *offenen Formen* haben im Gegensatz dazu theoretisch die Fähigkeit unbegrenzten Wachstums; von einem bestimmten Reifestadium ab gehen freilich auch hier stets eine größere Anzahl von Vegetationskegeln in Blüten über und fallen damit für die weitere Entwicklung des Individuums aus. Indessen sind stets genügende Mengen rein vegetativ bleibender Kegel vorhanden, um ständiges vegetatives Weiterwachsen zu ermöglichen.

Das Alter der halboffenen Formen. Das Lebensalter dieser beiden Gruppen ist grundsätzlich verschieden. Die meisten dieser Pflanzen sind einjährig oder zweijährig, und nur wenige überleben mehrere Vegetationsperioden. So ist das Lebensalter der Agaven, das bei der gleichen Konstitution 30—40 Jahre hindurch dauern kann, schon ein besonders hohes.

Übrigens sind die einjährigen Pflanzen ein gutes Beispiel dafür, daß man die Korrelation zwischen Lebensdauer und Größe nicht gar zu sehr verallgemeinern darf: *Draba verna*, das Hungerblümchen, und *Helianthus annuus* sind beide einjährig, haben also dieselbe Lebensdauer, die *Draba* wird wenige Zentimeter hoch, die Sonnenblume 2—3 m.

Das Alter der offenen Formen. Das Lebensalter der vieljährigen offenen Formen ist nun von außerordentlicher Variation und genetisch bedingt, weil jeder Art ein bestimmtes Alter zugeordnet ist.

Am einfachsten und gleichzeitig am genauesten ist die Altersbestimmung bei den Bäumen, weil die Jahresringe in einem Stammquerschnitt allenfalls ein zu geringes, niemals aber ein zu hohes Alter anzeigen können. Die Tabelle gibt ein anschauliches Bild von der Altersverteilung unter den Bäumen.

Tabelle 10

Obstbäume bis zu	100 Jahren	*Acer pseudoplatanus*	600 Jahre
Carpinus Betulus	150 Jahre	*Castanea vesca*	700 Jahre
Abies pectinata	300 Jahre	*Pinus montana*	1000 Jahre
Fagus silvatica	300 Jahre	*Quercus pedunculata*	1500 Jahre
Picea excelsa	400 Jahre	*Taxus baccata*	3000 Jahre
Larix decidua	500 Jahre	*Sequoia gigantea*	4—5000 Jahre

Aus dieser Zusammenstellung ersieht man, daß die Pflanzen ein ungeheueres Alter erreichen können, das das höchste Alter der Tiere weit übersteigt. Und doch ist es genetisch festgelegt und wird artgegebene Grenzen nicht überschreiten. Auch die alt werdenden Bäume wie die *Sequoia*, die so erstaunliche Zeiten überdauern können, sterben schließlich doch, obwohl sie offene Formen sind. Auch für diese Zeitgiganten gibt es keine individuelle Unsterblichkeit.

Die Bedeutung des Teilungswachstums für das Alter der offenen Formen. Die Differenz im Lebensalter zwischen den Einzellern und den offenen vielzelligen Blütenpflanzen, die im Extrem $1:10^9$ betragen kann, ist ungeheuerlich; wollen wir sie verstehen, so ist es angezeigt, Schritt für Schritt die Beziehung zwischen Einzellern und Vielzellern herzustellen. Daß das „Offensein", die Tatsache ständiger Entstehung neuer Zellen durch Teilung, eine der Ursachen des überhöhten Alters der offenen Blütenpflanzen ist, leuchtet von vornherein ein.

Die regenerative Fähigkeit der mitotischen Zellteilung, die bei den Einzellern unter Vernichtung abgelebter Zellen die Umwandlung von deren Substanz in zwei Keimzellen bewirkt, ist beim Teilungswachstum der Vielzelligen in das Individuum hineingeholt; denn der mitotische Vorgang, der bei den Einzelligen Fortpflanzung bedeutet, ist im vielzelligen Körper eine der Grundlagen des Wachstums. Wenn damit nun die regenerativen Vorgänge auf die vielzelligen Individuen übergegangen sind, dann erhebt sich sogleich wieder die neue Frage, warum das nicht vollständig geschah. Warum ist die „Unsterblichkeit der Reihe" nicht auch in die Individuen übernommen? Warum werden die offenen Pflanzen nicht selbst als Individuen unsterblich? Um den hier liegenden Problemen nachzugehen, betrachten wir zunächst das Alter geschlossener Organe an offenen Formen.

c) Das Alter geschlossener Organe an offenen Formen

Wenn die eben entwickelten Vorstellungen zutreffen, dann müssen die geschlossenen Organe an offenen Formen eine geringere Lebensdauer besitzen als der ganze Organismus. Bei den Sproßpflanzen findet sich in dieser Hinsicht eine besonders leicht übersehbare Beziehung: an der offenen Sproßachse werden seitlich kleine Areale meristematischen Gewebes mit begrenzter Teilungsabfolge ausgegliedert, die geschlossenen Blätter. Über die Lebensdauer der Blätter im Verhältnis zur Sproßachse sind wir wohlunterrichtet.

Das Alter der Blätter: Die Einjährigen und Laubwechselnden. Bei allen einjährigen und allen laubwechselnden Formen ist das Alter der Blätter nur in eine Vegetationsperiode eingeschlossen, d. h. es währt im Maximum 6—7 Monate.

Dabei ist die Entstehungsfolge der Blätter zu berücksichtigen. An jedem Gewächs, sei es einjährig oder mehrjährig, finden sich Blätter sehr verschiedenen Alters, die dann ungefähr gleichzeitig mit der Pflanze zugrunde gehen bzw. abgeworfen werden. Also haben auch bei den einjährigen Pflanzen, die selbst nur eine Vegetationsperiode überdauern, die meisten Blätter als geschlossene Organe stets eine kürzere Lebensdauer als der ganze Organismus.

Das Alter der Bätter: Die genetische Grundlage. Eine Betrachtung des Lebensalters der Blätter immergrüner Pflanzen gibt weitere Aufschlüsse. Es zeigt sich, daß die Lebensdauer der Blätter artgemäß, also genetisch, festgelegt ist.

Dabei schließen sich die Blätter der immergrünen dikotylen Pflanzen in ihrem Alter relativ nahe an die laubwechselnden Typen an; die angeschlossenen Coniferen zeigen ein meist höheres Blattalter.

Geht man diesen Beziehungen mit noch größerer Genauigkeit nach, dann kann man auch erbliche Rassendifferenzen feststellen.

Tabelle 11

Art	Blattlebensdauer	Art	Blattlebensdauer
Prunus Laurocerasus . .	15 Monate	*Pinus silvestris*	2—3 Jahre
Ilex aquifolium	25 Monate	*Picea excelsa*	4—6 Jahre
Rhododendron ponticum .	25 Monate	*Laurus nobilis*	6 Jahre
Olea europaea	26 Monate	*Abies pectinata*	5—7 Jahre
Hedera helix	28 Monate	*Abies pinsapo*	12 Jahre
Vaccinium vitis idaea . .	29 Monate		

Das Alter der Blätter: Korrelationen. Korrelative Beziehungen — also innere Bedingungen —, die das Alter der Blätter beeinflussen, seien an zwei Beispielen erläutert.

An jedem Baum findet man sogenannte schlafende Knospen. Das sind Vegetationskegel, von kleinen Blättchen eingehüllt, die normalerweise nicht zu weiterer Entfaltung kommen, aber andererseits auch nicht absterben. Werden nun die korrelativen Beziehungen innerhalb eines größeren Verzweigungssystems geändert, tritt z. B. Windbruch oder irgendeine andere Verletzung ein, so können solche schlafenden Augen zum Austreiben kommen, und es werden sich dann die als kleine Schüppchen angelegten Blätter in diesen schlafenden Augen nun noch nachträglich weiterentwickeln. Aber dann verhält es sich wie ein normales Blatt und stirbt wie ein solches auch wieder ab. Rechnet man jedoch die Entstehung des Blattes von der Anlage am Vegetationskegel an, dann kann ein nachträglich austreibendes Blatt einer schlafenden Knospe ein viel höheres Lebensalter erreichen als ein normales.

Man kann durch einen experimentellen Eingriff alle korrelativen Verhältnisse, welche die Lebensdauer der Blätter bestimmen, durchgreifend verändern. Schneidet man die Blätter von einem Sproß ab und bringt sie zur Bewurzelung, dann gibt es unter verschiedenen anderen Typen auch solche, bei denen eine unvollständige Restitution erfolgt und die Blätter sich lediglich bewurzeln. Derartige Blätter leben sehr viel länger als andere, die sich an einem normalen Sproß befinden. So hat man Efeublätter, deren normale Lebensdauer 28 Monate beträgt, 5—7 Jahre lang kultiviert. Später sind neue Versuche gemacht worden, bei denen man insofern sehr genau vorging, als man von *Coleus*, der decussierte Blattstellung besitzt, jeweils immer das eine Blatt eines Paares an dem Sproß ließ und das andere zur Bewurzelung brachte. Wie aus der folgenden Tabelle ersichtlich (nach SCHWARZ), leben die bewurzelten Blätter noch lange weiter, wenn das Schwesterblatt schon vergilbt und abgefallen ist.

Tabelle 12

Blatt 1	Blatt 1a	Blatt 2	Blatt 2a
15. 4. gesteckt	an der Pflanze	gesteckt	an der Pflanze
18. 9. bewurzelt, lebt	lebt	bewurzelt, lebt	lebt
26. 10. lebt	vergilbt	lebt	abgefallen
18. 12. lebt	abgefallen	lebt	—

Geht man den Veränderungen in den bewurzelten Blättern nach, so zeigt sich, daß in ihnen an verschiedenen Stellen noch Zellteilungen abgelaufen sind, die normalerweise nicht darin vorkommen (Abb. 475). Wir wissen heute, daß die Blätter Wuchsstoffe produzieren. Werden solche Blätter isoliert und zu einem selbständigen, wenn auch nicht vollständigen Ganzen formiert, müssen die Wuchsstoffe in ihnen selbst verwendet werden. Dadurch kommen auch im ausgewachsenen Blatt noch Zellteilungen zustande.

Es ergibt sich also, daß die bisher abgeleiteten Prinzipien auch für die Bestimmung der Lebensdauer von Blättern zutreffend sind. Auf einer genetisch spezifischen Basis sind äußere und normale innere Bedingungen für den Grad der physiologischen Aktivität und damit die Lebensdauer maßgeblich; sie sinkt mit der Steigerung der Aktivität ab und nimmt mit ihrer Verminderung zu. Zugleich wird deutlich, daß auch in geschlossenen Organen wie den Blättern nachträglich noch ablaufende Zellteilungen auf eine Verlängerung der Lebensdauer hinwirken können.

Die Lebensdauer der Zellen im vielzelligen Organismus. Auch die einzelnen Zellen sind im vielzelligen Organismus als geschlossene Organe zu verstehen und besitzen eine kürzere Lebensdauer als der ganze Organismus selbst. Da die verschiedenen Zellen desselben Organismus identisch genetische Basis haben, so muß sich sogleich die Differenz in der physiologischen Leistung anzeigen.

Die meristematischen Zellen haben die zweifellos kürzeste Lebensdauer. Bei lebhaftem Wachstum erfolgt im allgemeinen je Tag eine Teilung; die einzelne meristematische Zelle selbst wird also auch nur einen Tag alt. Das heißt aber andererseits zugleich, daß die Reproduktion plasmatischer Masse von Zellgröße auch in einem Tag geschieht, eine physiologische Aktivität von bemerkenswerter Intensität. Tritt in den meristematischen Geweben eine Ruheperiode ein, so gehen die Zellen des Vegetationskegels in anabiotischen Zustand über, die physiologische Aktivität sinkt und damit sogleich auch die Teilungsabfolge, und die Lebensdauer steigt. Daß die Vegetationskegel zugleich auch durch den Mitoseeffekt die Orte der Verjüngung sind, hat mit der Lebensdauer der einzelnen Zelle nichts zu tun; genau so wie dieser Erfolg bei den Einzellern nur eine Bedeutung für die Generationsreihe hat, so hat er hier bei den Vielzellern nur eine solche für den ganzen Organismus.

Bei den in Differenzierung eintretenden Zellen finden sich sehr verschiedenartige Verhältnisse. So ist die Lebendauer der Zellen, die ihre endgültige Funktion nur als abgestorbene Reste im Organismus durchführen, offenbar recht kurz. Das gilt für die Gefäßzellen, die sklerenchymatischen Elemente usf. Dabei ist es schwer zu sagen, ob der Beginn der Differenzierung, das Heranwachsen zu übermäßiger Länge und die Produktion der Stoffmengen, womit die Wandverdickung durchgeführt wird, als die entscheidende physiologische Aktivität zu werten ist, die ihrerseits die Zelle zugrunde richtet, oder ob die Zelle im Laufe dieser Ausbildung sozusagen von ihrem Differenzierungsort, also von außen her, zum Absterben gebracht wird.

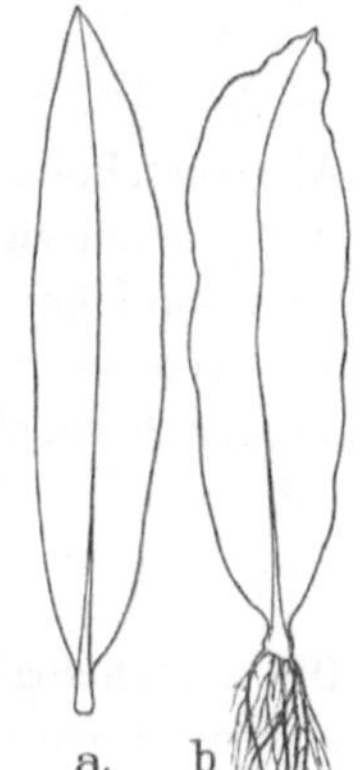

Abb. 475a u. b. *Nerium Oleander.* a an der Pflanze verbliebenes Blatt, b gestecktes und bewurzeltes Schwesterblatt. (Nach SCHWARZ.)

Abgesehen davon finden wir unter den lebenden Zellen des Organismus eine sehr unterschiedliche Lebensdauer. So haben z. B. die offenbar physiologisch äußerst aktiven Zellen der Wurzelhaare an den Wurzeln eine sehr viel kürzere Lebensdauer als die übrigen Zellen der Epidermis und diejenigen des Rindenparenchyms. Ferner ist bekannt, daß bei verschiedenen immergrünen Pflanzen die Palisadenzellen der Blätter eine verschiedene Absterbefolge haben, und die Blätter können noch funktionieren, auch wenn schon eine Reihe von Palisadenzellen zugrunde gegangen sind.

So ist also deutlich, daß bei identischem Genbestand eine Korrelation zwischen der physiologischen Aktivität und dem Lebensalter besteht. Sehr wenig freilich wissen wir darüber, welche *Einzelvorgänge im physiologischen Getriebe das Altern herbeiführen.* So ist es durchaus wahrscheinlich, daß die kurze Lebensdauer der meristematischen Zellen nicht allein davon abhängt, daß sie schnell altern, vielmehr ist es möglich, daß *unabhängig davon* teilungsauslösende Substanzen in schneller Aufeinanderfolge Teilungen herbeiführen, die ihrerseits immer wieder von neuem auch die geringsten Altersspuren in den Nachkommenschaftszellen beseitigen. Ganz andere Verhältnisse mögen bei assimilierenden oder speichernden Zellen herrschen. Die Einzelanalyse bedarf noch umfangreicher Arbeit.

Lebensalter und Samenruhe. Der anabiotische Zustand der Dauerorgane, die „vita minima", in der sich diese befinden, muß nun der eben erläuterten

Korrelation entsprechend „lebensverlängernd" wirken. Das ist faktisch der Fall und kennzeichnet sich am eindrucksvollsten bei kurzlebigen Pflanzen, beispielsweise bei einjährigen Blütenpflanzen.

So sind die Samen der einjährig erziehbaren Arten der Gattung *Oenothera* fünf Jahre hindurch keimfähig. Im sechsten Jahre keimen gewöhnlich noch einzelne, oftmals schon sichtbar geschädigt, darüber hinaus keimen sie kaum mehr. Das bedeutet also, daß völlig identische Embryonen ein, zwei bis sieben Jahre alt werden können, wobei die im anabiotischen Zustand verbrachte Zeit die des aktiven Daseins um das Vielfache übersteigen kann. Diese hier gegebenen Werte sind sozusagen Normalwerte und keineswegs Extreme. In Einzelfällen ist sehr viel höhere Lebensdauer ruhender Samen festgestellt worden, wie im Abschnitt über Entwicklungsphysiologie noch eingehend erläutert werden wird.

II. Der Vorgang des Alterns

Alterserscheinungen bei den Einzellern sind kaum studiert, auch über solche bei den offenen vielzelligen Formen als Ganzes sind wir nur mangelhaft orientiert; eine gewisse Übersicht haben wir indessen über die Vorgänge in den Blättern, die ja wegen ihres herbstlichen Verfärbens und Sterbens geradezu solche Untersuchungen herausfordern. So seien die Verhältnisse in den Blättern besonders betont.

a) Das Altern der Blätter

Die morphologischen Kennzeichen des Alters bei den Blättern. Als ein *junges* Blatt bezeichnen wir ein solches, das gerade völlig entfaltet aus überall ausdifferenzierten Zellen besteht und keinerlei meristematisches Gewebe mehr enthält. Ein solches Gebilde ist freilich aus Zellen zusammengesetzt, die gegenüber meristematischen eine ganze Reihe von Erscheinungen zeigen, die zunächst mit der Differenzierung zusammenhängen, bei stärkerer Zunahme jedoch als typische Alterserscheinung angesehen werden müssen. Eine exakte Grenze zwischen bloßer Differenzierung und zum Tode führender Alterserscheinung kann man nicht ziehen, die Übergänge sind gleitend.

So findet sich unmittelbar mit der Differenzierung eine rapide Vergrößerung der Zellen, mit der die Vermehrung des Cytoplasmas nicht Schritt halten kann: es entstehen die ersten Vacuolen. Mit zunehmendem Alter tritt nun eine immer weitergehende Vacuolisierung und weiterhin eine deutliche Verarmung an Cytoplasma ein. In steigendem Maße wird zugleich auch der Betrag an Nucleoproteiden geringer, und gegen den Herbst zu fangen die Chloroplasten an zu schrumpfen und schließlich sich zu verfärben. Anreicherung von Gerbstoffen und Ablagerung von Calciumoxalat kennzeichnet die Schlußphase im lebenden System der Blätter. Danach wird das Blatt als Leiche abgestoßen.

CO_2-Assimilation in alternden Blättern. Die Assimilationsleistung der Blätter verändert sich mit dem Alter. Dabei ist es von Interesse, daß sich hierbei auch bestimmte Beziehungen zu einer Gesamtveränderung der alternden Pflanze als Ganzes finden.

Es erreicht die Assimilation bei Weizen und Lein nach etwa 70 Tagen ein Maximum, beim Zuckerrohr nach 200 Tagen, um später wieder abzufallen. Dabei zeigt sich zwischen jungen, ausgewachsenen und alten Blättern insofern ein Unterschied, als — besonders in der Zeit des Maximums — die jungen Blätter am stärksten assimilieren, abfallend zu den alten. Die Zeit des Maximums ist aber überall die gleiche, unabhängig von dem Alter der einzelnen Blätter. Die Assimilationszahl, d. h. das Verhältnis zwischen der Menge assimilierter CO_2

und dem Chlorophyllgehalt, nimmt mit zunehmendem Alter ab, sowohl beim Vergleich verschieden weit entwickelter Blätter der gleichen Pflanzen als auch bei gleichzeitig angelegten Blättern von Pflanzen in steigendem Alter.

Die Atmung in geschlossenen Organen. Die CO_2-Assimilation geht nur in den chlorophyllhaltigen, also spezialisierten Zellen vor sich. So ist die Atmung und der Eiweißumsatz, Vorgänge die sich in *allen* lebenden Zellen abspielen, noch wesentlicher für die Kennzeichnung der Altersvorgänge. Hier sind übrigens auch Beobachtungen an reifenden, anders ausgedrückt, alternden Früchten gemacht, die wir hier anschließen.

In alternden Blättern sinkt die Atmung erst rasch, später langsam ab, um erst mit dem endgültigen Absterben völlig zu erlöschen. In reifenden Früchten sind die Vorgänge komplizierter, weil sie von anderen Umsetzungen überschnitten werden. Es findet sich bei Beginn der Reife ein Absinken der Atmung, dann ein Anstieg und schließlich ein endgültiges Absinken. Der erste Abfall kann als Hungerzustand verstanden werden, bei dem der Atmungszucker durch eine energische Stärkespeicherung fehlt. Ist diese erledigt, dann folgt eine Umschaltung auf Hydrolyse mit Bereitstellung von Atmungszucker, und endlich das zweite Absinken ist nun der eigentliche Altersprozeß mit einer nunmehr stetig erlöschenden Fermentaktivität.

Der Eiweißumsatz in alternden Blättern. Als Altersveränderung im Eiweißumsatz der Blätter wird man vor allem den Eiweißverlust einschätzen. Es zeigt sich nun, daß die Gesamtveränderungen auf diesem Gebiet in den Blättern wiederum in hohem Maße von dem Ganzen des Organismus abhängig sind. Das kann so weit führen, daß den Blättern an der Pflanze ihr Eiweißgehalt entzogen wird, daß sie nicht allein altern und sterben, sondern von der Pflanze getötet werden. Auch die oben schon erwähnte Tatsache, daß isolierte bewurzelte Blätter länger leben als Blätter am Sproß, kann man durch diese Beziehung des Organs auf das Ganze der Pflanze interpretieren.

Drei Beispiele seien im folgenden behandelt, der Eiweißumsatz von Blättern einjähriger, von vieljährigen Pflanzen und von Blütenblättern.

Bei den einjährigen Pflanzen findet sich anschließend an die Anlage des Blattes zunächst eine Zunahme im Eiweißgehalt, dann erfolgt etwa vom Mai ab ein starkes Absinken, wobei während der Blüte der Pflanze ein Minimum durchlaufen wird. Daran anschließend steigt der Eiweißgehalt wieder an, oftmals bis über den Frühjahrshöchstwert. Das geht bis zum Vergilben; dann gibt es einen scharfen Knick und ein endgültiges Absinken bis zum Tode. Bei den vieljährigen Pflanzen sieht der Eiweißumsatz ganz anders aus: es steigt der Gehalt an Eiweiß vom Mai bis zum September meist gleichmäßig an, um dann mit einem scharfen Knick kurz vor der Vergilbung abzusinken. So ist also anzunehmen, daß der Eiweißabfall bei den einjährigen Pflanzen mit dem Verbrauch durch die Blüten zusammenhängt, und daß die vieljährigen Pflanzen in ihrem so sehr viel umfangreicheren Körper anderweitig mehr Reserven besitzen als nur in den Blättern. Gerade in dem Eiweißumsatz, bei dem der Organismus nach dem Prinzip vorsichtigster Stickstoffsparsamkeit verfährt, kann man den übergeordneten Einfluß des Ganzen erkennen.

Zuletzt noch der Hinweis auf die Blütenblätter. Sie sind extrem kurzlebig, bei Pflanzen mit ephemeren Blüten besonders: nach der vollen Entfaltung sterben sie in wenigen Tagen, gar in wenigen Stunden ab. Im Eiweißstoffwechsel unterscheidet man nun zwei Typen: solche, bei denen die Blätter turgescent abfallen, und solche, bei denen sie vor dem Abfallen erst schlaff werden und welken. Die erste Gruppe behält ihren Eiweißgehalt bis zum Abfallen, in den Blättern der zweiten Gruppe erfolgt ein rapider Eiweißabbau oftmals in wenigen Stunden, wodurch das Zusammenfallen und Absterben der Zellen als Eiweißverlust zu erklären ist. Trennt man solche Blütenblätter von der Blüte, so ist zwar nicht die Erhaltung des Gesamteiweißes möglich, doch wird die Abwanderung der Spaltungsprodukte verhindert. Auch hierin gibt sich wiederum die korrelative Verknüpfung der Blätter mit der ganzen Pflanze zu erkennen.

Bei den Blütenblättern kann also im Zusammenhang mit sehr schnellem Abblühen im Eiweißumsatz ein sehr beschleunigter Abbau eintreten und damit zugleich ein Altern des Blattes, *das den Charakter einer plötzlich ausgebrochenen tödlichen Krankheit annimmt.*

Die plasmatischen Grundlagen des Alterns. Überall scheint am Altern ein plasmatischer Faktor beteiligt zu sein; sehr viel und Genaues ist freilich darüber noch nicht bekannt. Eine der entscheidendsten Veränderungen bezieht sich auf die Hydratation: In jungen Zellen besitzt mindestens ein Teil des Plasmas die Fähigkeit viel Wasser anzulagern, eine Fähigkeit, die mit dem Alter verlorengeht und bei ganz alten Zellen bis auf Null sinken kann. Diese Hydratationsveränderung beginnt ganz früh und geht irreversibel vor sich in monotonem Ablauf. Wahrscheinlich ist hierin eine der tiefsten Ursachen des Alterns zu erblicken, und die übrigen zellphysiologischen Befunde, soweit sie das Altern betreffen, sind darauf zurückzuführen.

Eine der interessantesten ist die Veränderung des Widerstandes, den ein Gewebe von reifenden Früchten einem elektrischen Strom entgegensetzt, wenn es durch Chloroform in Narkose versetzt wird. Dann steigt nämlich dieser Widerstandswert ganz erheblich über den Ausgangswert hinaus an. Dieser Anstieg bei Chloroformnarkose nun wiederum ist vom Alter der Früchte abhängig. So steigt dieser Wert bei grünen Tomaten durchschnittlich um 48%, bei gelben um 21%, bei orangeroten um etwa 5%, bei roten nur noch um 1% (PAECH).

b) Zellteilung, Restitution und das Altern der offenen Pflanzen

Im Zusammenhang mit den zuletzt gegebenen Darlegungen ist nun die Frage durchaus am Platze, warum überhaupt ein Altern und Sterben der offenen Formen eintritt. Wir haben gesehen, daß die Zellteilungen, die Träger der Regenerationskraft, zur Durchführung wesentlicher Wachstumserscheinungen in das Ganze offener Gewächse einbezogen sind. Warum also ist damit nicht auch den offenen vielzelligen Gewächsen die Kontinuität, also Unsterblichkeit der Reihe zugeordnet? Mit völliger Exaktheit ist die Frage wohl kaum zu beantworten, doch lassen sich genügend Hinweise finden, die das Problem wenigstens erläutern. Tatsächlich ist innerhalb eines Individuums, auch wenn Zellteilungen in ihm erfolgen, durch das Vorhandensein einer Differenzierung *die Restitution keine vollständige,* und damit allein erklärt sich schon der Tod offener Individuen.

Mit der Vielzelligkeit, insbesondere der umfangreichen und komplizierten der höheren Pflanzen, ist zugleich auch Differenzierung gegeben, und solche ist nur möglich unter Aufgabe der ständigen Teilungsbereitschaft der Zellen. Demzufolge müssen sie aber schließlich absterben, ohne daß ihre Substanz wieder durch einen Regenerationsvorgang in einen neuen Anfang umgesetzt wird; sie müssen absterben *unter Zurücklassung einer Leiche!* Im vielzelligen offenen Organismus gehen also zwei entgegengesetzte Vorgänge nebeneinander her, ohne das Individuum zu sprengen: während die Vegetationskegel an den Sproß- und Wurzelspitzen sowie die Kambien sich in ständiger Teilung befinden, sterben ebenso ständig ausdifferenzierte Zellen, ja ganze Organe ab. Ein nicht geringer Teil dieser „Leichen" wird abgestoßen: so ist hier der jährlich oder in anderen Rhythmen erfolgende Laubfall zu betrachten, ebenso die Abstoßung der Rinden. Trotz allem findet sich aber in dem fortgesetzt anschwellenden Holzzylinder, ferner in der immer größer werdenden Entfernung der Sproß- und Wurzelvegetationskegel voneinander eine ständig zunehmende Aufspeicherung eben dieser „Leichen". Gewiß ist die Gefahr einer akuten Vergiftung nicht gegeben. Wir haben ja bei der Behandlung des sekundären Wachstums alle Einzelmaßnahmen zur Desinfektion eingehend geschildert. Da aber die Masse der nicht mehr lebenden Substanz im ganzen immer zunimmt, muß schließlich doch eine steigende Beeinträchtigung des Ganzen zustande kommen, die endlich zum Tode führt.

Dafür, daß diese Vorstellung zutrifft, läßt sich folgendes als Beweis anführen. Bei der Ausläufer- und Senkerbildung sowie bei der artifiziellen Stecklingsvermehrung an offenen Pflanzen werden ganze Sprosse isoliert und als neue Pflanzen selbständig gemacht. Obwohl dieser Vorgang als Sproßwachstum und Verzweigung vor sich geht, also ebenso wie die Vergrößerung eines Individuums, so bleibt ein solcher Steckling, Ausläufer usw. doch so weitgehend von „Leichenteilen" frei, daß einmal in diesem Sinn, sodann aber auch durch die noch hinzukommende Wurzelneubildung eine totale Restitution stattfindet und jeder Steckling einen neuen Anfang gleichwie ein einzelliger Fortpflanzungskörper darstellt. In der Tat ist die Kontinuität über „Stecklingsvermehrung" als vegetative Fortpflanzung ebenfalls unbegrenzt.

Endlich ist eine natürliche Totalregeneration in dem Verhalten der Rhizome geophiler Gewächse gegeben. Ein *Iris*-Rhizom oder ein solches von *Polygonatum* wächst je Jahr ein bestimmtes Stück, bildet dann am vorderen Ende eine Knospe, die in der kommenden Vegetationsperiode einen orthotropen Sproß mit Blättern und Blüten hervorgehen läßt; und gleichzeitig werden in einer oder mehreren Verzweigungen plagiotrop als Rhizom fortwachsende Spitzen erzeugt (Abb. 438 und 439, S. 308 und 309). Am hinteren Ende geht jedes Jahr ein entsprechendes Stück des Rhizoms zugrunde, so daß die abgelebten Teile des Organismus vollkommen abgestoßen werden; denn der orthotrope Sproß ist einjährig und verschwindet mit der Vegetationsperiode. Da mit dem abgebrauchten Teil des Rhizoms auch die Wurzeln verschwinden und diese an der Bauchseite des hinzuwachsenden Rhizoms auch stets wieder neu gebildet werden, so wird hier durch die eigene Wachstumsweise meristematisches Gewebe sozusagen mit frischem lebensfähigem Material ständig von neuem wieder isoliert. Etwas schwieriger ist in diesem Fall die Frage zu beantworten, an welcher Stelle bei dieser Wachstumsweise ein neues Individuum entsteht. Daß in den verschiedenen Jahresfolgen des Rhizomwachstums schließlich auch neue Individuen faktisch vorhanden sind, kann eigentlich nicht bezweifelt werden. Zum mindesten liegt stets dann eine reguläre Fortpflanzung vor, wenn sich zwei Rhizomzweige voneinander trennen. Es läßt sich also das Verhalten der Rhizome exakter unter dem Begriff einer Kontinuität der Reihe fassen. Auch dieses Sonderverhalten braucht kein Beweis für die „Unsterblichkeit eines Individuums" zu sein.

Die Alterserscheinungen offener Gewächse. Eine besonders interessante Frage hinsichtlich der Alterserscheinungen an offenen Gewächsen ist die, wieweit sich solche am Vegetationskegel erkennen lassen. Bei den halboffenen Formen, den annuellen und hapaxanthen, ist der Übergang eines Sproßvegetationskegels in einen Blütenvegetationskegel die Möglichkeit, wodurch dem kontinuierlichen Wachstum eine frühzeitige Grenze gesetzt ist: In einer Blütenanlage geben schließlich sämtliche meristematische Zellen die ständige Teilungsbereitschaft auf, beginnen zu differenzieren und müssen damit schließlich auch als Ganzes absterben. Es ist das eine entwicklungsphysiologisch durch bestimmte Stoffe charakterisierte Umschaltung sämtlicher fortwachsender Vegetationskegel einer Pflanze in solche mit begrenztem Wachstum. Etwas Ähnliches gibt es in anders abgestufter Weise auch bei den offenen Formen. Einmal gehen auch hier — ist das Alter der „Blühreife" einmal erreicht — ständig eine Reihe von Vegetationskegeln in wiederholtem Rhythmus in Blüten über; das Entscheidende ist nur, daß es niemals alle sind wie bei den halboffenen Formen. Zum anderen gibt es Formen, bei denen auch die vegetativ bleibenden Vegetationskegel nicht alle ein Weiterwachsen ermöglichen, sondern aus inneren Gründen absterben. So geht bei allen Typen mit sympodialem Wachstum regelmäßig der Vegetationskegel des Hauptsprosses zugrunde, und ein Seitensproß bildet die Fortsetzung. Immerhin bleibt auch bei diesen dafür gesorgt, daß durch stets vorhandenes meristematisches Gewebe eine Fortsetzung des Wachstums ermöglicht wird. Demnach ist die für die offenen Formen entscheidende Frage: Lassen sich im Vergleich von jungen und alten Pflanzen in den vorhandenen meristematischen Geweben Alterserscheinungen finden ?

24*

Nicht durchaus und nicht leicht feststellbar sind morphologische Alterserscheinungen, wohl aber solche, die die Funktionen betreffen. Allein schon die Zuwachsgrößen einer jeden Pflanze streben einem Maximum zu, um danach mit zunehmendem Alter kontinuierlich abzusinken. Das bedeutet, daß die jeweilige Teilungsleistung eines Vegetationskegels ganz verschieden ist je nachdem, ob er an der Spitze eines 10- oder 20jährigen Baumes oder an solcher eines 80—100jährigen sitzt. Selbst wenn man berücksichtigt, daß die Einzelleistung eines einzelnen Vegetationskegels in dem Maße abnimmt, als die Gesamtzahl der Vegetationskegel eines Baumes zunimmt und damit die Gesamtleistung ein etwas anders gelagertes Maximum besitzt als die Einzelzuwachsleistung eines einzelnen Vegetationskegels, läßt sich doch nachweisen, daß auch die Gesamtleistung mit fortschreitendem Alter ebenfalls abnimmt. Schließlich stellen sämtliche Vegetationskegel ihr Wachstum ein, und damit stirbt die Pflanze.

Gehen wir nun auf die Differenzierungsweise der Organe ein, die von verschiedenalten Vegetationskegeln gebildet werden, so zeigt sich Ähnliches. Wir finden, daß die Regenerationsfähigkeit mit dem Alter abnimmt, daß also junge Triebe alter Bäume weniger leicht zu Stecklingen verwendet werden können als ebenso alte junger Pflanzen. Sodann ist die Differenzierungsweise einzelner ausdifferenzierender Zellen verschieden. So werden die Tracheiden der Kiefer bis zum 40. Jahre immer länger: danach bleiben sie konstant, und erst mit höherem Alter werden sie kürzer. Bei der Buche sind

bis	30 Jahre auf 1 mm² Holz	85 Gefäße
bis	60 Jahre auf 1 mm² Holz	110 Gefäße
bis	90 Jahre auf 1 mm² Holz	140 Gefäße
bis	120 Jahre auf 1 mm² Holz	130—135 Gefäße

wobei die Gefäße anfänglich groß sind und ihre Anzahl relativ gering, dann werden sie kleiner und ihre Zahl nimmt zu, und schließlich bleiben Zahl und Größe ungefähr konstant, bis beides im höchsten Alter abnimmt. Diese nicht sehr tiefgehenden Befunde deuten auf das Vorhandensein von Alterserscheinungen hin, die im ganzen Organismus sich verbreitend auch wachstumsfähige Teile betreffen.

Das Altern der Stämme. Wir haben zunächst vorausgesetzt, daß eine Reihe von Individuen, die durch Fortpflanzungserscheinungen miteinander verbunden sind, keine Alterserscheinungen zeigt, sondern in ihrerer Vitalität, d. h. dem bloßen „Lebenkönnen", wenn auch nicht in der Erscheinungsform, unverändert und unveränderlich fortbesteht. Es ist nun die Frage, ob das wirklich überall der Fall ist, oder ob wir auch irgendwo Anzeichen eines Alterstodes von Arten, Gattungen oder sonstigen phyletischen Reihen auffinden können. Darüber bestehen wenig präzise Ermittlungen. Der Grundsatz von der Unwiederholbarkeit des ersten Auftretens der Organismen schließt Neuentstehungen aus. So sind also vom ersten Anfang an eine große Anzahl von Reihen bis zum rezenten Zustand durchgelaufen. Aus dieser Überlegung geht mit Sicherheit hervor, daß mindestens innerhalb der für uns überblickbaren Abläufe biologischer Erdenzeit *ein Altern der Stämme so wie das der Individuen nicht notwendig ist*. Und die paläontologisch auffindbaren ausgestorbenen Formen, die keine Fortsetzungen mehr gehabt haben, müssen entweder durch Katastrophen oder im Anschluß an solche wegen nicht mehr bestehender Übereinstimmung zwischen Lebensform und Umgebung zugrunde gegangen sein. Alle die Annahmen ferner, die man innerhalb der Erfahrungen an rezenten Formen über das Absterben oder Zurückgehen bestimmter Reihen und deren Altern gemacht hat, haben sich später als unzutreffend erwiesen; denn die studierten Erscheinungen haben sich alle als Krankheiten zu erkennen gegeben.

Nun besteht aber, wie wir im folgenden Abschnitt sehen werden — mindestens definitorisch — eine Beziehung zwischen Altern und Krankheit. Da aber ein

„normales" Altern bei den Reihen nicht vorkommt, so ist jedes noch so allmähliche Abgleiten einer Reihe in den Tod bereits eine Krankheit, für die auch eine präzise Ursache auffindbar sein muß.

Das bezieht sich besonders auf alle die „Degenerationserscheinungen", die man bei Kulturpflanzen wahrgenommen hat. Weder der Kartoffelabbau noch derjenige von Obst- oder Rosensorten wird heute noch als ein Nachlassen der „phyletischen Potenz" gewertet, vielmehr als Krankheit interpretiert. Und ebenso sind nun auch die Befunde an *Alectorolophus* zu deuten, an denen der Begriff der phyletischen Potenz gebildet wurde. Es handelt sich dabei um eine Krankheitserscheinung, durch die nur wenige der jeweiligen Nachkommen einer Pflanze die volle Lebens- und Reproduktionsfähigkeit zugeteilt erhalten, die übrigen jedoch so geschwächt sind, daß sie entweder direkt absterben oder mindestens ständig verringerte Fortpflanzungsfähigkeit haben.

Derartige das Leben der Reihen bedrohende Krankheiten können entweder im eigentlichen Sinn den Individuen zukommen, wobei mehr oder weniger zufällig in jeder Generation eine Neuinfektion zustande kommt, oder sie werden von Eltern auf die Kinder konstitutiv mit dem Erbgut übertragen. In beiden Fällen gehören diese Erscheinungen nicht mehr zum Altern, sondern in das folgende Kapitel von den *Krankheiten der Pflanzen*.

III. Die Krankheiten der Pflanzen (Phytopathologie)
a) Einführende Erörterungen

Die erste Aufgabe des vorliegenden Abschnitts besteht darin zu definieren, was eine Krankheit eigentlich sei. Das ist nicht einfach: Ein kranker Organismus ist ein solcher, der „an der Krankheit" über kurz oder lang zugrunde geht. Der vorhergehende Abschnitt hat aber gezeigt, daß auch jeder gesunde Organismus altert und schließlich stirbt. Es bleibt also vorläufig nichts anderes übrig, als Krankheit darauf zu beziehen und zu formulieren: *Die Krankheit eines Organismus besteht in einem vorzeitigen, beschleunigten Altern.*

Obwohl diese Definition präzise ist, bestehen durchaus Schwierigkeiten bei der Entscheidung darüber, was im gegebenen Fall als gesund und was als krank anzusehen ist, denn Gesundheit und Krankheit stehen wiederum in Relation zu den Lebensbedingungen. Wie sehr und in welchem Maße, zeigen besonders die Kulturpflanzen. Wenn beispielsweise bestimmte Sorten von Apfelbäumen in reichblütigen Jahren Äpfelmengen hervorbringen, die die Zweige zusammenbrechen lassen, so daß die Pflanzen nur erhalten bleiben können, wenn man die Äste stützt oder dadurch, daß man sie schneidet und dafür sorgt, daß die Kronen eine bestimmte Form besitzen, dann müssen solche Bäume, sich selbst überlassen, als krank angesprochen werden. Niemals würden sie es unter natürlichen Verhältnissen auf das Alter eines Wildapfelbaumes bringen! Ganz ebenso ist es mit anderen Monstrositäten: Die Bildungsabweichungen vom Normalwuchs, die der Blumenkohl, der Kohlrabi oder der Weißkohl zeigen, würden eine Rasse, die damit behaftet ist, unter den Lebensbedingungen der Wildpflanzen selbstverständlich längst ausgeschaltet haben. In den Verhältnissen der Gartenkultur wachsen und gedeihen sie durchaus und haben das gleiche Alter wie die Wildpflanzen, sie sind also gesund. Relativ zu den Normalbedingungen dagegen sind sie mit einer schweren Krankheit behaftet.

Ein anderes Beispiel zeigt, daß eine Krankheit bestimmter äußerer Bedingungen bedarf, um manifest zu werden. *Phytophthora infestans*, ein Pilz, der Kraut- und Knollenfäule der Kartoffeln hervorrufen kann, ist stets auf jedem Kartoffelfeld vorhanden. Ein schwerer Ausbruch der Krankheit kommt aber nur dann zustande, wenn große Mengen der *Phytophthora*-Conidien vorhanden sind und außerdem die Kartoffelpflanzen durch die Einwirkung feuchter und warmer Witterung besondere Aufnahmebereitschaft zeigen.

Es ergibt sich also: Krankheit ist ein Zustand beschleunigten Alterns, der nach Ursprung und Ablauf in Relation zu äußeren und inneren Bedingungen steht. Obwohl hier schon rein definitorisch Krankheit auf Alter bezogen ist, lassen sich doch beide Phänomene voneinander scheiden. Altern ist mit dem Wesen des Lebendigen zutiefst verbunden und daher unaufhaltsam. Seine spezifischen Ursachen, die zu ermitteln sind, lassen sich jedoch nicht beseitigen; sie sind konstitutiv. Lebendigkeit in ihrer Funktion ist überhaupt nicht denkbar, es sei denn, ein Lebewesen altere zugleich. Das vorzeitige, beschleunigte Altern, die Krankheit also, kann ebenfalls ursächlich konstitutiv sein, dann ist sie unheilbar. Eine Krankheit kann aber auch auf inneren und äußeren Ursachen beruhen, die beseitigt, „überwunden" werden können: sie kann heilbar sein, kann schwinden, womit das normale „gesunde" Altern wieder hergestellt wird.

Die Analyse der Pflanzenkrankheiten. Die wissenschaftliche Bearbeitung der *Phytopathologie* geschieht terminologisch durchaus nach Analogie zur Humanmedizin. Tatsächlich handelt es sich um nichts anderes als eine morphologische und physiologische Analyse eines speziellen Phänomens der Biologie. Man wird also bei der Bearbeitung einer bestimmten Krankheit zunächst von einer möglichst umfassenden *Pathographie* ausgehen, die das Bild der Krankheit möglichst allseitig stets im Vergleich mit dem Normalzustand erfaßt, wobei man als *Symptomatik* eine kurze Zusammenfassung der entscheidenden Merkmale des Krankheitsverlaufs bezeichnet. Von hier aus wird man versuchen, zu einer *Pathogenie* oder *Ätiologie* vorzudringen, zu einer Einsicht in Ursache und Entstehung der Krankheit. Erst aus dieser kann dann die *Therapie* oder Heilmittellehre und endlich die *Prophylaxe*, die Lehre von der Vorbeugung entwickelt werden.

Aus dieser Übersicht ergibt sich schon, daß im Mittelpunkt der Pathologie wie bei jeder biologischen Disziplin die Ursachenforschung, hier die Ätiologie steht, die Frage nach den Krankheitsursachen, so daß man nun auch danach eine Gruppierung des ganzen Gebietes vornimmt. Angesichts der Vielfalt der möglichen Ursachen auch einer einzelnen Krankheit scheint das etwas schwierig. Das genaue Studium phytopathologischer Ätiologie hat freilich ergeben, daß in den meisten Fällen eine einzelne Ursache die entscheidende, die eigentliche Krankheitsursache ist. Und hiernach ist tatsächlich eine erfolgreiche Gruppierung möglich. Praktische Erfordernisse verlangen die Gebietsabgrenzungen der Therapie und Prophylaxe, die somit besonders charakteristische Disziplinen der Pathologie sind.

b) Konstitutive Krankheiten (Erbkrankheiten)

Unter Konstitution ist in diesem Zusammenhang allein das genetische Gefüge zu verstehen, das zu einer ungemein verbreiteten Krankheitsursache werden kann. Wie die Vererbungslehre gezeigt hat, wird jedes einzelne Merkmal, jede morphologisch oder physiologisch abgrenzbare Einheit von Genen gesteuert. Diese Gene sind zwar relativ stabil, doch immerhin so weit veränderlich, daß im Laufe einer begrenzten Anzahl von Generationen sehr viele davon betroffen werden können. Die Möglichkeit nun, daß die Gene bei einer Veränderung, einer Mutation, in eine ungünstige Wirkung umschlagen, ist ebenso groß wie umgekehrt. Ein abgeändertes Gen vermag also als Krankheitsursache zu wirken. Freilich ist die Genwirkung nun auch wieder von verschiedenen inneren und äußeren Bedingungen abhängig, so daß nicht jede als Krankheitsursache mögliche Genwirkung zugleich auch als solche manifest wird.

Von CORRENS stammt die Analyse der Sordago-Krankheit bei *Mirabilis jalapa*, die auf ein monofaktoriell spaltendes Gen zurückzuführen ist (Abb. 476). Bei der Entwicklung der Blätter runden sich im Palisadenparenchym einige Zellen in ungefähr gleichbleibender Entfernung voneinander ab und schwellen an, statt daß sie langgestreckte Form erhalten. In den älteren Blättern platzen die angeschwollenen Zellen, es entsteht ein nekrotischer Prozeß, der von dort aus so weit um sich greift, daß eine größere Anzahl von Zellen mit einbezogen wird. Dadurch sinkt die obere Epidermis zu einem makroskopisch sichtbaren Fleck ein (Abb. 477). Wie weit jedoch die Ausbreitung dieser nekrotischen Vorgänge verläuft, wie eingreifend also die Schwere der Krankheit ist, hängt von den äußeren Bedingungen ab.

In besonders eindrücklicher Form läßt sich die Abhängigkeit einer ähnlichen Krankheit von äußeren Bedingungen in der Gattung *Oenothera* verfolgen. Durch Umkombination im Anschluß an die Kreuzung zwischen der *Oenothera suaveolens* und *Oenothera strigosa*

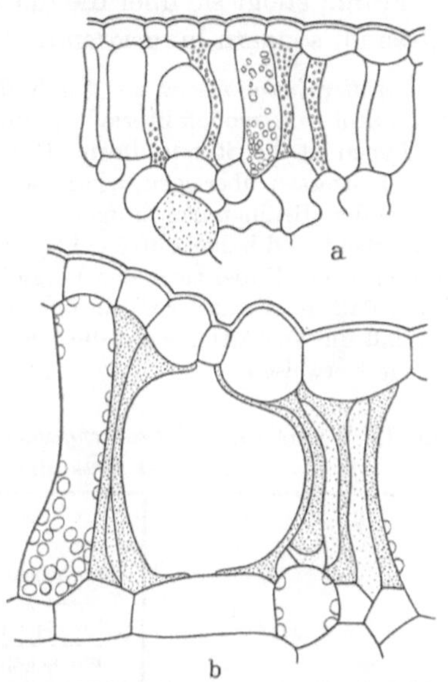

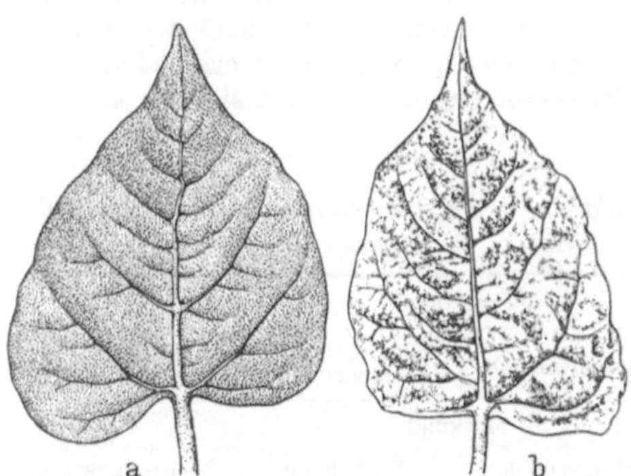

Abb. 476a u. b. a normales; b Sordago-krankes Blatt von *Mirabilis jalapa*. (Nach CORRENS)

Abb. 477a u. b. Querschnitt durch ein Blatt von *Mirabilis jalapa* mit einem Sordago-Flecken. a Anfangsstadium; b ausgebildetes Stadium

läßt sich in der Nachkommenschaft ein recessives, ebenfalls monohybrid spaltendes Gen isolieren und homozygotisch verwirklichen, das ganz ähnliche nekrotische Stellen auf den Blättern wie bei dem Sordago-Gen von *Mirabilis* bewirkt. Doch ist die Empfindlichkeit gegenüber äußeren Bedingungen hier weitaus größer: Die Rosetten werden auf dem Felde bei hellem Licht und einiger Trockenheit nur wenige Zentimeter groß und gehen dann allesamt mit verkrümmten und fleckigen Blättern zugrunde. Völlig anders ist das Verhalten der Pflanzen in feuchtwarmem Gewächshaus bei gedämpftem Licht. Hier bilden sich die nekrotischen Flecken auf den Blättern nur in geringem Maße aus, die Pflanzen werden zwar auch nicht sehr umfangreich, doch wachsen die Rosetten aus, die Pflanzen entwickeln einen Blütensproß, und es kann normale Blüten- und Samenbildung stattfinden (OEHLKERS).

Krankheit, Gesundheit, Vitalität. Die zuletzt geschilderte Erbkrankheit ist unter bestimmten, definierbaren Bedingungen eine Krankheit zum Tode, unter anderen dagegen eine zwar immer noch bedeutsame Krankheit, aber doch keine tödliche; denn die Pflanzen können sogar noch Nachkommenschaft hervorbringen. In beiden Fällen jedoch ist die Genwirkung stets, auch unter den günstigsten Bedingungen, eindeutig nach der Seite der Krankheit verschoben. Nun sind aber auch andere bekanntgeworden, die so auf der Grenze stehen, daß sie durch die Außenbedingungen nach beiden Richtungen verschoben werden können, nach der

Seite der Krankheit, also in das Unternormale, und andererseits nach der positiven
Seite über das Normalverhalten hinaus, wo sie eine Erhöhung bewirken können.
Diese unscharfe Grenze zwischen den Phänomenen Gesundheit und Krankheit,
die Tatsache ferner, daß sie stufenweise ineinander übergehen, nötigt uns, auch an
dieser Stelle darauf einzugehen, zumal dasselbe Grundverhalten beiden zugrunde
liegt. Wir bezeichnen den Grad, in welchem die Gesamtfunktion eines Organismus
erfolgreich oder erfolglos ist, als seine *Vitalität*, als deren Normalmaß diejenige
irgendeiner „Normalform" oder „Standardform" willkürlich festgesetzt werden
muß. Sinkt die Vitalität unter die der Standardform herab, so ist die betreffende
Form krank, steigt sie über die der Standardform hinaus, dann ist der Typ nicht
nur gesund, sondern luxurierend.

Bei *Antirrhinum majus* ist durch die vieljährigen Studien BAURS und STUBBES eine
große Anzahl von monofaktoriell spaltenden Mutanten bekanntgeworden. Bei den meisten
dieser Typen ist die Standardform, BAURS vielgenannte Sippe 50, unter den normalen Auf-
zuchtverhältnissen überlegen, wie Tabelle 13 zeigt. Wurden nun die gleichen Mutanten unter
abweichenden Bedingungen aufgezogen, unter Mangelbedingungen oder gar im Klimaraum
bei Dauerlicht und hoher Luftfeuchtigkeit, dann waren einzelne der Mutanten der Standardform überlegen. Dabei zeigt der Vergleich von Längenwachstum und Trockengewicht auch
noch an, daß die Veränderung in den beiden Bedingungskomplexen keineswegs gleichsinnig
ist, so daß die Verhältnisse auf die einzelnen Stoffwechselvorgänge bezogen sich als äußerst
kompliziert erweisen.

Tabelle 13. *Wuchshöhe und Trockengewicht der Standardform von Antirrhinum majus (Sippe 50)*
und zweier Mutanten unter verschiedenen Bedingungen[1]

	Bedingungen			
	Gewächshaus	Mangelversuch	Klimakammer Dauertag	Klimakammer Dauertag
	Merkmal			
	Wuchshöhe	Wuchshöhe	Wuchshöhe	Trockengewicht
Sippe 50	100	100	100	100
Mutante *argentea*	87,3	123,7	123,1	149,0
Mutante *matura*	50,8	97,6	100,9	78,8

Wie wenig der Gesamtkomplex, den wir „Vitalität" nennen, bis heute kausal-
analytisch wirklich aufgelöst ist, zeigt schon der oben angeführte Versuch: Unter
den Bedingungen der Klimakammer erreicht die Mutante *matura* die Standardform von *Antirrhinum* hinsichtlich des Längenwachstums (Tabelle 13), hinsichtlich
des Trockengewichtes ist sie ihr dagegen erheblich unterlegen. Die Mutante
argentea zeigt diese Differenz nicht, sie ist der Standardform in der Klimakammer
in jeder Hinsicht überlegen.

Erbkrankheit und Heterosis als Folge von Gen-Kombinationen. Beeinträchtigungen oder Förderungen der Vitalität sind nun nicht allein auf „veränderte"
Erbanlagen zurückzuführen, sondern in häufigen Fällen lediglich eine Folge
„günstiger" oder „ungünstiger" Kombination der Gene, also der gegebenen
genetischen Grundlage. Solche gesteigerte Vitalität findet sich sehr häufig bei
Bastarden, sie ist als Kombinationseffekt bestimmter Erbfaktoren aufzufassen

---

[1] Berechnet nach den Daten von BRÜCHER 1943. Die Zahlen sind auf die Sippe 50 = 100
bezogen.

und wird als *Heterosis*[1] bezeichnet. Daß eine Veränderung einer solchen Kombination nun ohne weiteres in ihr Gegenteil, schwere Erbkrankheit, umschlagen kann, zeigt folgender Versuch.

Kreuzungen unter den Arten der südafrikanischen Gesneriaceengattung *Streptocarpus*, merkwürdig reduzierten Gewächsen, die vielfach nur aus einem einzigen, ungewöhnlich vergrößerten Blatt, dem einen der beiden Kotyledonen, bestehen, in dessen Achsel eine Serie umfangreicher Inflorescenzen erwächst, zeigen fast ausnahmslos eine ungewöhnliche Heterosis (Abb. 501). Eine solche übernormale Vitalität, die sich hier im Wachstum zeigt, ist allein eine Folge der *Kombination* der Erbfaktoren in diesem Fall; denn diese selbst haben sich durch die Kreuzung nicht geändert.

Zieht man von solchen Bastarden sexuelle Nachkommen heran, dann werden die Erbfaktoren umkombiniert. Dabei können auch ausgesprochen ungünstige Kombinationen zustande kommen, so daß nunmehr nicht nur nicht mehr die Rede von einer bestehenden Heterosis sein kann, sondern ausgesprochen krankhafte Typen entstehen, solche, bei denen wie in Abb. 478 ein Mißverhältnis zwischen der Ausbildung der Spreite und der Mittelrippe der Blätter besteht, eine so massive Anomalie, daß die Pflanzen ohne Blüte vorzeitig absterben, und so gibt es noch zahllose andere, allein hervorgerufen durch die genetischen Bedingungen der Kombination von Erbfaktoren.

Sterilität und Letalität gehören zu den meistanalysierten Erbkrankheiten, weil sie darüber hinaus bei der Kreuzungsanalyse und in der Mutationsforschung eine vielfältige Bedeutung haben.

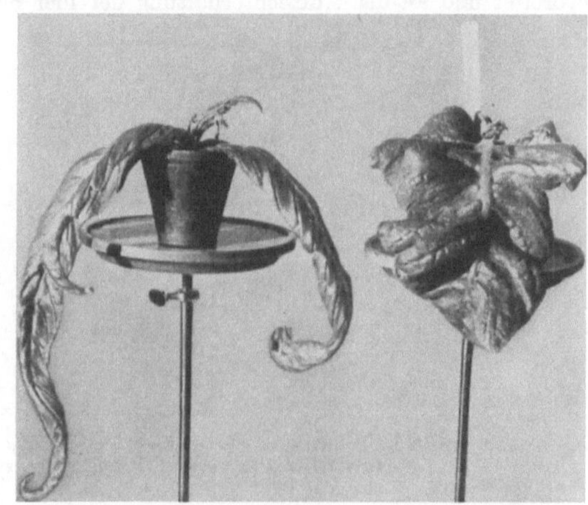

Abb. 478. *Streptocarpus (Rexii × grandis) F_2*; einzelne Spaltungstypen. (Nach OEHLKERS)

Sie gehören zusammen; denn ihre Auswirkungen können miteinander verschränkt sein. Unter Sterilität versteht man die Unfähigkeit eines Organismus, Nachkommen hervorzubringen. Dabei klassifiziert man als totale eine solche, die durch den Ausfall aller Gameten zustande kommt, als partielle Sterilität den Ausfall bestimmter Gametenklassen. Bei den höheren Pflanzen kann der Ausfall auch die Gonen betreffen, aus denen die Gameten hervorgehen. Die Ursache solchen Ausfalls kann in dem Bestehen gonischer oder gametischer Letalität gesucht werden, dem Absterben eben dieser Gebilde. Ein Erbfaktor also, der gametische oder gonische Sterilität bewirkt, ist zugleich im Hinblick auf das Absterben der Gameten oder Gonen ein Letalfaktor. Zygotische Sterilität bezeichnet die Fortpflanzungsunfähigkeit, die auf dem Ausfall von Zygoten, bei den Blütenpflanzen also den heranwachsenden Embryonen, beruht. Auch hier können wieder bestimmte Erbfaktoren als Ursachen wirksam sein: zygotische Letalfaktoren, welche die Gonen und Gameten ohne Beeinträchtigung passieren, jedoch früher oder später die heranwachsenden Embryonen töten, so

---

[1] Von der Heterosis wird noch einmal in dem Abschnitt über die Ursachen der Entwicklung die Rede sein. Daß dieser Abschnitt sich mit dem hier Gegebenen über Pathologie zuweilen überschneidet, liegt daran, daß es oftmals notwendig ist, experimentell eine Anomalie herbeizuführen, um die Bedingungen des normalen Verhaltens kennenzulernen.

daß taube Samen entstehen. Letalfaktoren, die nicht sogleich am Embryo manifest werden, sondern erst im Laufe der selbständigen Entwicklung einer heranwachsenden Pflanze, werden mit ihrem Phänomen als Subletalfaktoren und Subletalität zusammengefaßt. Wenn solche Faktoren nun so spät in Erscheinung treten, daß sie nur noch die letzten Etappen der Entwicklung betreffen, womöglich in der Blüte, allein die Ausbildung von Gonen und Gameten hemmen, so können sie ihrerseits wieder Sterilität hervorrufen, die man dann als somatische Sterilität bezeichnet. Die Gonen oder Gameten werden dabei nicht unmittelbar von irgendwelchen Erbfaktoren betroffen, sondern durch das Soma der Pflanze mittelbar beeinflußt.

In der Gattung *Oenothera* ist ein kompliziertes Gefüge von Letalität und Sterilität weit verbreitet und an der Aufrechterhaltung der hier bestehenden genetischen Besonderheiten

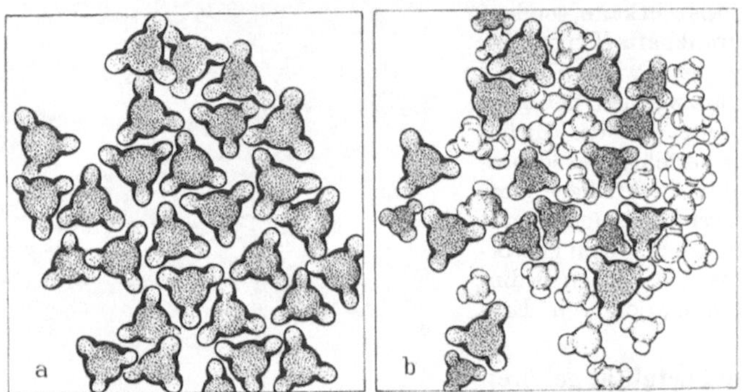

Abb. 479a u. b. Pollentypen von *Oenothera*. a *Oenothera Hookeri* (nur gute Körner); b *Oenothera* (*Lamarckiana* × *muricata*) *gracilis*; 50% sterile. (Nach RENNER.)

so maßgeblich beteiligt, daß es im Zuge der Erblichkeitsforschung in dieser Gruppe zugleich aufgeklärt wurde. Die genetische Besonderheit der Oenotheren ist die Komplexheterozygotie; die meisten Arten reproduzieren sich als Heterozygoten unter Ausschluß der Homozygoten (S. 339). Die Konstanz dieser Reproduktion kann einmal dadurch zustande kommen, daß die beiden Komplexe wechselseitig in den männlichen oder weiblichen Gameten ausfallen, weil für den einen Komplex in den männlichen Gonen oder Gameten Letalität besteht und für den anderen Letalität der weiblichen. Zum andern können die Komplexe in beiden Gametensorten zwar funktionieren, es besteht aber zygotische Letalität für die beiden Homozygotenklassen; diese gehen zugrunde. Als Beispiel für die erste Anordnung sei die *Oenothera muricata* genannt, bei der der Komplex rigens im Pollen ausfällt: es sind 50% inaktive Pollenkörner vorhanden (Abb. 479), und niemals werden unter den Pollennachkommen der *muricata* rigens-Abkömmlinge gefunden. Daß ein solcher Ausfall einer bestimmten Pollenklasse als Ursache auch einen bestimmten Letalfaktor haben kann, wurde für eine andere, aber ganz ähnlich konstruierte Form, die *Oenothera Cockerelli*, wahrscheinlich gemacht. Der Ausfall des Komplexes curvans in den Eizellen kommt dagegen durch Gonenkonkurrenz zustande. Nach der Meiosis liegen die vier Gonen im Nucellus bekanntlich in einer Reihe; von diesen wird bei *Oenothera* die vorderste zum Embryosack. Die beiden an dem Aufbau der Heterozygote beteiligten Komplexe müssen sich im Normalfall dem Zufall nach im Verhältnis von 1:1 in dieser Gone vorfinden. Wird die vorderste Gone stets zum Embryosack, dann muß auch das Komplexverhältnis in der weiblichen Nachkommenschaft wie 1:1 sein. Bei der *Oenothera muricata* sind es nur 50% der Fälle, in denen die vorderste Gone zum Embryosack heranwächst, in den übrigen 50% der Fälle dagegen eine der anderen (Abb. 417 und 418). Zuweilen kann man sogar wahrnehmen, daß die Lage am Vorderende der Gonenreihe der dort liegenden den Impuls zum Heranwachsen bereits gegeben hat, daß sie aber dennoch von einer der anderen Gonen überholt und beiseite gedrängt wird. Bedenkt man, daß zugleich mit diesem entwicklungsgeschichtlichen Phänomen curvans-Nachkommen in der weiblichen Nachkommenschaft fehlen, so ist der Zusammenhang gegeben. Es ist also in den abweichenden Fällen nicht die Lage der Gonen für die Embryosackausbildung bestimmend, sondern die genetische Konstitution, die hier eindeutig dem Komplex rigens einen Vorsprung in der Ausschaltung von curvans erteilt. Da es sich hierbei nur um ein Konkurrenzverhältnis handelt, nicht aber um eine prinzipielle Lebensunfähigkeit, so ist es begreiflich, daß in ganz geringem Prozentsatz doch curvans in der Konkurrenz durchkommt und sich in einer Eizelle vorfindet.

Das klassische Beispiel des Ausfalls der Homozygoten durch embryonale Letalität ist die *Oenothera Lamarckiana.* Die beiden hier vorhandenen Komplexe gaudens und velans erscheinen in annähernd gleicher Anzahl sowohl in den weiblichen wie in den männlichen Gameten, aus denen sie durch Kreuzung zu gewinnen sind. Bei Selbstbestäubung müssen Heterozygoten und Homozygoten im Verhältnis von 1:1 entstehen. Und die Homozygoten velans · velans und gaudens · gaudens werden durch 50% tauber Samen repräsentiert, wobei

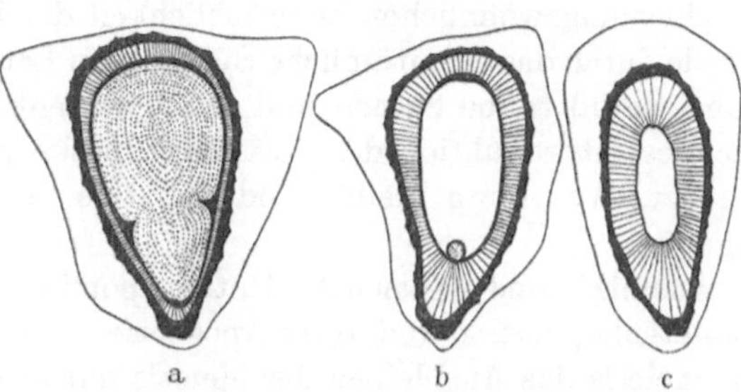

Abb. 480a—c. Embryonen von *Oenothera Lamarckiana.* a normaler Embryo, Konstitution: *velans* × *gaudens* oder *gaudens* × *velans*; b *velans* × *velans*; c *gaudens* × *gaudens*. (Nach RENNER.)

sich noch zeigen läßt, daß je 25% auf verschiedenen Stadien der Embryonalentwicklung absterben, so daß die beiden Homozygotenklassen, wie Abb. 480 zeigt, deutlich unterschieden werden können.

Das Absterben derartiger Embryonen braucht nun durchaus nicht auf der Wirkung eines einzelnen Letalfaktors zu beruhen, sondern es kann sich auch, wie in einem besonderen Fall genau erwiesen ist, um eine ganze Serie von Subletalfaktoren handeln. Bei der Selbstbefruchtung der *Oenothera suaveolens* realisiert sich die Komplexkombination flavens · flavens nur dann, wenn der Faktor sp gegen Sp aus einem anderen Komplex ausgetauscht wurde. Aber

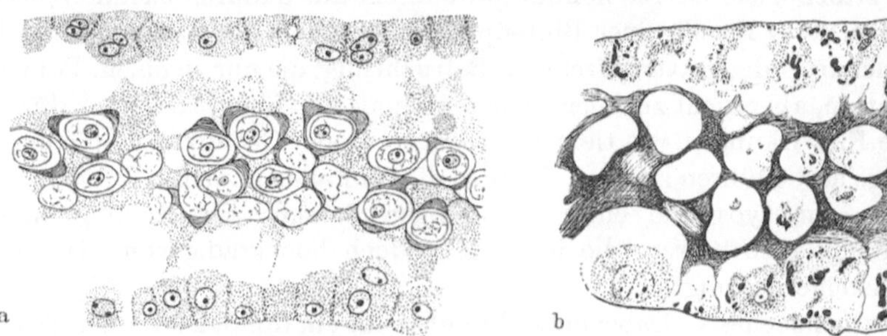

Abb. 481a u. b. Längsschnitt durch die Antheren einer sterilen *Oenothera* von der Konstitution *fr fr.* a jüngere Stadien; b völlig aufgelöste Pollenkörner. (Nach OEHLKERS.)

auch dann bleibt die Komplexhomozygote äußerst schwächlich; sie wurde von DE VRIES als die Mutante *lutescens* bezeichnet. Daran ist eine Reihe von anderen Faktoren beteiligt, die durch Kreuzung mit anderen Komplexen entfernt werden können. Damit wird die Homozygote suczessiv kräftiger, diese Faktoren erweisen sich also als Subletalfaktoren.

Aus der Verbindung des Komplexes flavens aus der *Oenothera suaveolens* mit stringens aus der *Oenothera strigosa* kann in der Nachkommenschaft der Faktor fr homozygotisch erscheinen, ein zygotischer Subletalfaktor, der sich schon recht früh höchst vielfältig manifestiert, seinen entscheidenden Eingriff jedoch erst so spät und so einseitig zeigt, daß er zu einer Sterilitätserscheinung im männlichen Geschlecht führt. Die Meiosis läuft in den Antheren noch völlig normal ab; anschließend daran kommt jedoch eine abnorme Vergrößerung der Tapetenzellen zustande, die offenbar zu einer Fehlsekretion mit nachfolgender Auflösung der Gonen und völligem Kollabieren der Antheren führt (Abb. 481). Diese Beispiele zeigen, daß sich in der Gattung *Oenothera* eine vollständige Übersicht über die so vielfältigen Manifestationen von Letalität und Sterilität auf genetischer Basis als Erbkrankheiten gewinnen läßt.

Man könnte sich fragen, ob diese verschränkten Systeme von Letalität und Sterilität bei *Oenothera* überhaupt noch unter den Begriff „Krankheit" subsumiert werden können. Die Gattung *Oenothera* ist von einer Vitalität ohnegleichen, befindet sich inmitten eines Artbildungsprozesses, wobei sie sich neue Areale in ausgedehntem Maße erobert. Dennoch besteht faktisch eine Krankheit, nämlich die einer ungewöhnlichen Schwächlichkeit der Homozygoten. Diese aber werden gerade durch das eigentümliche System von Letalität und Sterilität ausgeschaltet, wobei gewiß taube Samen und taube Pollenkörner in großen Mengen anfallen. Die Gesamtproduktion der Fortpflanzungskörper ist aber so groß, daß es nichts schadet. Was übrig bleibt, sind die stets kräftigen, ungeheuer vitalen Heterozygoten.

Apomixis und Aposporie. Unter Apomixis versteht man das Ausbleiben der Gametenkopulation und unter Aposporie — es ist das der ältere Ausdruck — oder Apomeiosis das Ausbleiben der Meiosis mit anschließender Gonenbildung.

So handelt es sich bei diesen Phänomenen nur dann um eine ausgesprochene Krankheit, die mindestens zum Aufhören der Reihe führt, wenn nur eins der beiden Ereignisse fortfällt. Entfallen beide, dann wird sich zeigen, daß unter Umständen allein eine Umschaltung auf vegetative Fortpflanzung erfolgen kann, die sich vielfach im entwicklungsgeschichtlichen Rahmen der sexuellen Einrichtungen abspielt. Alles in allem: es sind pathologische Vorgänge, die sich am besten hier einordnen lassen.

Parthenogenesis. Man versteht darunter die Weiterentwicklung eines weiblichen Gameten, insbesondere einer Eizelle einer höheren Pflanze, ohne Gametenkopulation. Dabei kann man zweierlei unterscheiden, nämlich 1. die haploide, 2. die diploide Parthenogenesis.

Haploide Parthenogenesis. Sie kommt gewöhnlich nur dadurch zustande, daß auf eine unbefruchtete Eizelle einer Blütenpflanze irgendein Reiz ausgeübt wird, so etwa der einer art- oder gattungsfremden Befruchtung, die nur zu einem Pollenschlauchwachstum, aber nicht zu einer Gametenkopulation führt, oder auch durch andere äußere Einwirkungen wie tiefe Temperaturen oder Chemikalien, die auch ähnliche Erfolge herbeiführen können. In allen diesen Fällen kann die Entstehung eines haploiden Embryos und eines keimfähigen Samens zur Bildung einer haploiden Blütenpflanze führen, die ihrerseits jedoch hochgradig steril ist und die Generationsreihe beendigt.

Diploide Parthenogenesis. Dabei entsteht entweder ein diploider Gametophyt, weil gleichzeitig Apomeiosis zustande gekommen ist, d. h. also die Meiosis im weiblichen Geschlecht unterbleibt, worauf eine Weiterentwicklung der diploiden Eizelle zu einem Embryo ohne Befruchtung erfolgen kann. Es gibt Fälle, in denen dann noch eine Embryonalausbildung aus den ebenfalls diploiden Antipodenzellen zustande kommt (Abb. 482).

Eine solche Ausbildung diploider Zellen zum Embryo kann sich aber auch noch in anderer Weise ereignen, dadurch, daß wie bei *Alchimilla pastoralis* eine Nucellarzelle in den Embryosack einwächst und sich zu einem Embryo umbildet (Abb. 483).

Apogamie — ein anderer Ausdruck für Apomixis — bei den Pteridophyten. Hier entsteht aus vegetativen Zellen auf der Unterseite des Prothalliums, wo normalerweise Archegonien sind, unmittelbar ein Sporophyt, ohne daß eine Befruchtung stattgefunden hat (Abb. 484).

Voraussetzung ist — wie alle genauer untersuchten Fälle lehren — daß der Gametophyt selbst diploid ist und der daraus entstandene diploide Sporophyt eine normale Sporenentwicklung durchführt. Ferner eine weitere Voraussetzung, daß eine Restitutionskernbildung in der prämeiotischen Mitose stattgefunden hat. Durch eine solche ist der Mitosekern tetraploid geworden.

Aposporie bei den Bryophyten wird an anderer Stelle unter dem Namen MARCHAL-V. WETTSTEINscher Regenerationsversuch (Abb. 502) behandelt werden.

Die Chlorophylldefekte als Erbkrankheiten. Besonders häufig erscheint gestörte Chlorophyllbildung unter den konstitutiven Krankheiten der Pflanzen. Die normale Chlorophyllbildung ist anscheinend überall von einer sehr großen Anzahl von Einzelfaktoren abhängig, von sehr vielen distinkt unterscheidbaren Genen ebenso wie sonstigen inneren und äußeren Bedingungen. So ist umgekehrt das Auftreten

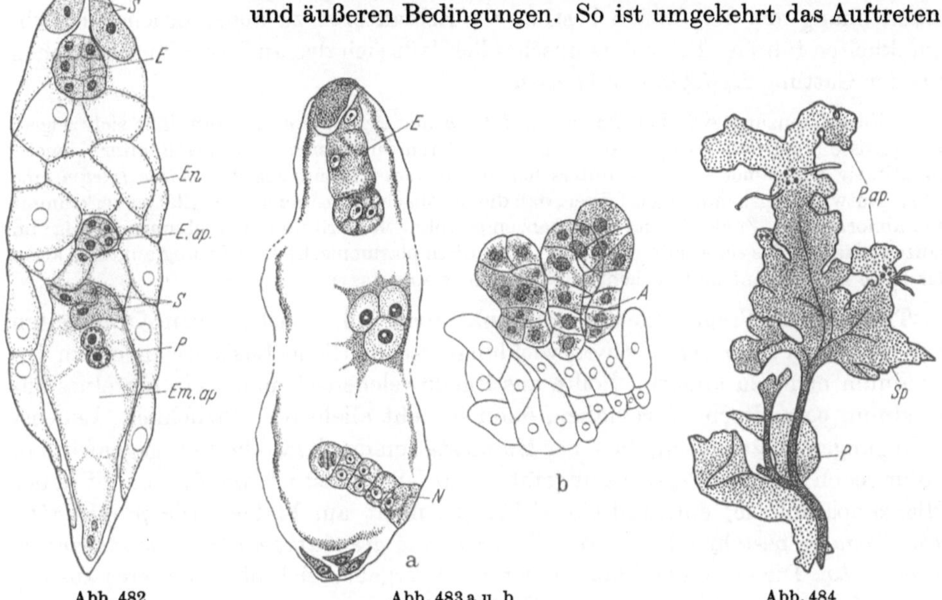

Abb. 482   Abb. 483 a u. b   Abb. 484

Abb. 482. Aposporie bei *Hieracium flagellare*. Im Nucellus haben sich zwei Embryosäcke entwickelt. Der eine mit Embryo *E*, Synergiden *S* und Endosperm *En*. Im Endosperm liegt ein zweiter Embryosack *Em. ap.* mit Embryo *E. ap.*, Synergiden *S* und Polkernen *P*. (Nach ROSENBERG)

Abb. 483a u. b. a apomiktische Embryobildung. Die Eizelle *E* entwickelt sich parthenogenetisch weiter. Außerdem entsteht ein Embryo *N* aus dem Nucellus, bei *Alchemilla pastoralis*; b Embryobildung aus den Antipoden *A* bei *Allium odorum*. (Nach MURBECK und TRETJATSOW aus WETTSTEIN)

Abb. 484. Prothallium *P* mit apogam gebildetem Sporophyt *Sp*, der in apospore Prothalliumbildung *P. ap.* übergeht, von *Nephrodium pseudomas*. (Nach LAY)

von Chlorophylldefekten durchaus nicht immer ein Kennzeichen für Erbkrankheiten, vielmehr werden wir solche Typen bei allen Krankheitsweisen, wie auch immer sie verursacht sein mögen, auffinden.

Schon in der Genliste von 1934 sind für *Zea Mays* 83 Gene aufgeführt, die auf 9 der 10 Chromosomen verteilt die Chlorophyllbildung beeinflussen. Es ist wohl so zu verstehen, daß sie je als einzelne irgendeine Einzelphase im Chlorophyllaufbau veranlassen. Ändert sich ein solches Gen oder fällt es mutativ aus, so ist es möglich, daß der ganze Bildungsablauf völlig unterbrochen wird und weiße Pflanzen entstehen. Indessen ist eine Chlorophyllkrankheit nicht immer eine vollkommene Unterbrechung des ganzen Entstehungsprozesses. Es kann sich auch allein quantitativ das Verhältnis zwischen grünen und gelben Farbstoffen verschieben, so daß Pflanzen mit geänderter Blattfärbung auftreten. Reinweiße Keimlinge gehen sofort zugrunde, sowie sie den von der Mutterpflanze mitgebrachten Reservestoffvorrat aufgebraucht haben. Pflanzen mit abgewandelter Färbung wachsen mehr oder weniger schlecht, bleiben klein und sind meist früher oder später auch dem Verfall ausgesetzt.

Erbkrankheiten und Plastidom. Gerade die „Weißkrankheit", wie man die pathologische Chlorophyllveränderung vereinfacht bezeichnet, ist ein Beispiel dafür, daß außer dem Kern und seinen Genen noch ein weiteres konstitutives genetisches Element maßgeblich an der Ausbildung einer Eigenschaft beteiligt sein kann, nämlich die Plastiden. Die in dieser Hinsicht besonders aufschlußreichen Kreuzungen zwischen der *Oenothera Lamarckiana* und *Oenothera Hookeri* ist bereits auf S. 342 und 343 eingehend behandelt worden.

Erbkrankheiten und Plasmon. Auch der Eingriff des Plasmons kann im Zusammenhang mit der Aktion bestimmter Erbfaktoren zu ausgesprochenen Erbkrankheiten führen. Besonders anschaulich läßt sich das an Kreuzungsversuchen aus der Gattung *Epilobium* aufweisen.

Bei der Kreuzung zwischen *Epilobium luteum* und *Epilobium hirsutum* läßt sich zeigen, daß gewisse hirsutum-Biotypen, die sich von anderen durch eine Reihe bestimmter — meist quantitativ wirksamer — Gene unterscheiden, in dem Plasma von *Epilobium luteum* eine solche Entwicklungshemmung erfahren, daß die Sproßachsen gestaucht, die Blätter verkrümmt und abnorm sind. Zugleich sind die Pflanzen gewöhnlich steril und entwicklungsunfähig; im ganzen also auf das schwerste erkrankt. Auch diese plasmonische Einwirkung auf die Aktion der Gene ist konstant und als echte Erbkrankheit aufzufassen.

Therapie und Prophylaxe der Erbkrankheiten. Alle konstitutiven Krankheiten sind unheilbar; die genetisch-entwicklungsgeschichtliche Basis ist in einem Individuum nicht zu ändern. Sollte aus irgendwelchen Gründen ein einzelnes Individuum besonderen Wert haben, dann besteht allein die Möglichkeit, Lebensbedingungen aufzusuchen, die einer Manifestation der Krankheit entgegenwirken, wofür schon mehrere Beispiele angeführt wurden. Sonst ist, wie überhaupt in der Pflanzenpathologie, eine Individualtherapie nicht am Platze. Die *prophylaktische Therapie* besteht allein in der *Verhinderung des Aufkommens von erbkrankem Nachwuchs*. Die einzelnen Maßnahmen dafür ergeben sich ohne weiteres aus der eben aufgewiesenen Grundlage der Krankheit.

So wird man z. B. in der Züchtung, soweit Kreuzungen zu irgendwelchen erwünschten Neukombinationen geführt haben, dafür sorgen müssen, daß das Pflanzenmaterial rein durchgezüchtet ist, daß also hinreichende Homozygotie in allen entscheidenden Genen besteht, so daß keine ungünstigen Genkombinationen mehr zustande kommen können. Man wird ferner kein Saatgut von Linien verwenden, die chlorophylldefekte Formen abspalten. Kurzum, man kann die Erbkrankheiten nur vermeiden, indem man erbkranke Stämme von der Fortpflanzung ausschließt.

c) Stoffwechselkrankheiten

Weiterhin finden sich unter den Pflanzenkrankheiten solche, die auf eine Veränderung des Stoffumsatzes zurückzuführen sind. Die letzte Ursache solcher krankhaften Veränderungen ist häufig in irgendeiner Mangelerscheinung zu suchen, wie sie durch bestimmte Anomalien der Umwelt entstehen können. So ist der Begriff der *Mangelkrankheit* in der Phytopathologie ein durchaus geläufiger, wenn er auch inhaltlich von dem der Humanmedizin oft weitgehend abweicht. In dem differenzierteren, aber weitaus abhängigeren Chemismus der höheren Tiere bezieht sich der „Mangel" vielfach auf hochmolekulare organische Wirkstoffe; Bei den Mangelkrankheiten der Pflanzen fehlt es vielfach auch an „Wirkstoffen", doch sind diese in dem zugleich umfassenderen wie aktiveren Stoffumsatz der Pflanzen vollkommen anderer Herkunft und Bedeutung.

Störungen des Wasserhaushaltes. Angesichts der Tatsache, daß 70—98 % der Pflanzensubstanzen aus Wasser bestehen, ist es begreiflich, daß als Krankheiten anzusprechende Störungen hauptsächlich vom *Wassermangel* herrühren. Krankheitserscheinungen aus Wasserüberfluß gehen meist auf einen dadurch bedingten Mangel an anderen Substanzen zurück. Die Folgen vorübergehenden Wassermangels ergeben gewöhnlich noch keine Krankheiten, da die meisten Pflanzen eine außerordentliche Regulationsfähigkeit in dieser Hinsicht besitzen, wovon später noch die Rede sein wird. Erst wenn diese Regulationsfähigkeit weit überschritten wird, können sich Krankheiten einstellen.

Besonders bei Bäumen, insbesondere an Obstbäumen, wird Wassermangel als Krankheitsursache leicht erkennbar. Er kann entweder dadurch zustande kommen, daß aus klimatischen Gründen zu wenig Wasser fällt, oder daß reichliches Wasser sich zu schnell entfernt, sei es, weil der Boden zu porös ist, sei es, weil das Gelände zu steil ist und das Wasser zu schnell abfließt. Bei Bäumen erscheint unter solchen Umständen die Gipfeldürre, das Vertrocknen des Laubes im oberen Teil der Krone, ferner das Abwerfen der Früchte gleich nach der Blüte, das Glasigwerden der Äpfel und Steinigwerden der Birnen. An den Wurzeln erfolgt eine geringere Ausbildung des Rindenparenchyms, und bei schnellem Wechsel von Wasser und Trockenheit reißen die Wurzeln oftmals der Länge nach auf. Solche Schäden können die Vorläufer für tiefergreifende sein; durch die Zellzerstörung in solchen geschädigten Organen können Wuchs- und Teilungshormone entstehen, Wucherungen gebildet werden. Die Mißfunktion derartig geschädigter Organe kann unmittelbar zum Tode führen, oder aber die Schäden stellen ein Einfallstor für den Angriff parasitärer Krankheiten dar, wie später noch gezeigt werden soll. Ein sehr anschauliches Beispiel für die *verschiedene Empfindlichkeit* der Pflanzen gegen Wassermangel bietet das Verhältnis von Getreide, also *Secale cereale* oder *Avena sativa*, zum Windhafer *Avena fatua*. Wenn auf einem Getreidefeld eine besonders trockene Bodenstelle ist, etwa unter einem Baum, wo der Regen oben vom Laubdach und das Bodenwasser von dem dichten Wurzelwerk weggefangen wird, dann geht das Getreide an diesen Stellen vielfach vollkommen zugrunde, während der Windhafer, der überall als Unkraut zu finden ist, ausgezeichnet an solchen Stellen gedeiht und sich nun ungehindert ausbreiten kann.

Nun das Gegenteil. Übermäßige Wassermengen im Boden verhindern, daß sich zwischen den Bodenteilchen hinreichende Luftpartikel finden, was dazu führt, daß das Wurzelgewebe nicht genügend atmet. Der Sauerstoffbedarf der Wurzeln kann nur in sehr beschränktem Maße von den oberirdischen Teilen zugeleitet werden, die Hauptmasse muß direkt aus der Umgebung der Wurzeln genommen werden. Daher ist ein Boden günstig, wenn er nicht vollständig mit Wasser durchtränkt ist, sondern wenn zwischen den einzelnen Wasserteilchen auch Luftpartikel im Boden vorhanden sind. Ein Boden, der ungefähr 1 m tief mit Wasser aufgefüllt ist, wirkt auf bereits darin vorhandene Pflanzen durch die Atmungssperre der Wurzeln absolut tödlich. Wird durch die Bildung von Rohhumus an der Bodenoberfläche ein Luftabschluß erzeugt, dann kann genau die gleiche Katastophe wie durch Verwässerung des Bodens eintreten. Rohhumus entsteht im Wald bei Monokultur von Bäumen mit schwer zersetzbaren Blättern. Bei gemischter Kultur ziehen die schnell zersetzbaren Blätter die anderen mit in die allgemeine Zersetzung hinein. Bei schneller Zersetzung werden die Bestandteile der Blätter bald mit den mineralischen Bestandteilen des Bodens vermischt, bei langsamer bildet sich an der Oberfläche eine vertorfte Schicht, die die tieferen Bodenschichten von der Luft abschließt.

Spurenelemente und Mangelkrankheiten. Bei den eben geschilderten Mangelkrankheiten hat es sich um den Ausfall massiver Stoffmengen gehandelt. Damit bei einem Baum Gipfeldürre eintritt, muß sich der Wasserverlust schon nach Kilogrammen berechnen. Und ebenso ist auch der Atmungsverlust, der zum Zusammenbruch des Wurzelsystems führt, quantitativ ein umfassender Eingriff.

Solche Beziehungen lassen sich nun in erdrückender Vielfalt verfolgen, ohne im einzelnen prinzipiell Neues zu bieten. Wir verweisen auf die Darstellung der für die Pflanzen unentbehrlichen Mineralstoffe. Wird einer Pflanze eine unvollständige Nährlösung verabreicht, in der der eine oder andere Stoff fehlt, dann stellen sich ganz spezifische Krankheiten mit meist unmittelbar tödlichem Effekt ein. So verzichten wir auf Einzelheiten in dieser Hinsicht.

Von besonderem Interesse sind dagegen die Mangelerscheinungen, die auf dem Fehlen von sogenannten Spurenelementen beruhen. Das uns am längsten bekannte ist das Eisen; es wird der häufig verwendeten KNOPschen Nährlösung lediglich in einigen Tropfen einer offizinellen Lösung von Eisenchlorid je Liter hinzugefügt. Das genügt vollkommen, um den Effekt des Eisenmangels auszuschalten.

Bei völligem Fehlen des Eisens tritt bei allen grünen Pflanzen Chlorose auf, Unfähigkeit zum Ergrünen und damit natürlich auch Unfähigkeit zur Assimilation, die Pflanze wächst schließlich nicht mehr und stirbt. Daß das Eisen bei der Chlorophyllbildung die Funktion eines Wirkstoffes besitzt, ergibt sich vor allem daraus, daß die Chlorophyllsubstanz selbst kein Eisen enthält. Weiter ist von Interesse, daß das Symptom der Chlorose, also des Chlorophyllverlustes, auf dessen Vorhandensein zugleich die Gefährlichkeit der Erkrankung beruht, ein Anzeichen für die verschiedenartigsten Krankheitsursachen sein kann. Dementsprechend hat man seine therapeutisch-prophylaktischen Maßnahmen auch ganz verschieden zu orientieren, wovon noch weiter unten die Rede sein wird.

Die Anzahl der unentbehrlichen Spurenelemente über das Eisen hinaus ist sehr groß. Wir wählen als weitere Beispiele von Mangelkrankheiten zwei Substanzen aus, die noch in ähnlichen Gewichtsgrößenordnungen notwendig sind wie das Eisen, nämlich Bor und Mangan. Nach HOAGLANDs Angaben sind etwa 0,6 mg H_3BO_3 und 0,4 mg $MnCl_2 + 4 H_2O$ je Liter Nährlösung erforderlich. Auch in natürlichen Böden kann sich zuweilen ein Mangel an diesen beiden Substanzen einfinden, der unterhalb der kritischen Grenze liegt, und bestimmte Pflanzen zeigen dann scharf umrissene Krankheitserscheinungen.

Die bekannteste Bormangelkrankheit ist die Herz- oder Trockenfäule der Rüben. Die Symptome sind folgende: Die sogenannten Herzblätter verwelken, werden schwarz und sterben schließlich ab, so daß anschließend der Vegetationskegel betroffen wird und zugrunde geht. Von dort aus kann sich dann eine Verfärbung auf den ganzen Rübenkörper ausdehnen. Es hat lange gedauert, bis man einsah, daß hier kein Parasit die primäre Krankheitsursache ist, weil natürlich dann, wenn die Blätter zerfallen und der Rübenkörper angegriffen wird, sich nachträglich auch noch Bakterien und Pilze an diesen Stellen einfinden.

Eine andere, ebenfalls spezifische Krankheit, die Dörrfleckenkrankheit, wird vom Manganmangel hervorgerufen. Besonders bekannt geworden ist sie als Krankheit des Hafers, doch kommt sie auch bei vielen anderen Pflanzen vor, bei Roggen, Weizen, Gerste, Kartoffeln, Rüben, Kohl, Bohnen, Erbsen, Lein, Klee und Spinat. Am gefährlichsten jedoch wird sie immer dem Hafer und hat hier folgenden Verlauf: Die Pflanzen gedeihen zunächst gut; Anfang Mai gewöhnlich bricht die Krankheit aus, und von da ab bleiben sie im Wachstum zurück. Dabei erscheinen an den älteren Blättern im unteren Teil der Blattspreiten kleine graue Flecken mit etwas dunklerer Umrahmung. Das Blattgewebe verdorrt, das Blatt knickt ab und hängt herab. In schweren Fällen vertrocknen nach und nach sämtliche Blätter auf ähnliche Weise. Solche Pflanzen vermögen zwar meist noch Rispen zu bilden, aber sie sind klein und jämmerlich; der Körnerertrag ist ungenügend. Am stärksten tritt die Krankheit auf Böden auf, die starke Kalkgaben erhalten haben, und zugleich wird sie durch Trockenheit in ihrem Verlauf nachdrücklich begünstigt. Es scheint so zu sein, daß aus alkalischen Böden das Mangan in nicht genügender Weise in Lösung geht.

Therapie und Prophylaxe der Mangelkrankheiten. Wir haben die Mangelkrankheiten darum so ausführlich dargestellt, weil ihnen in der Phytopathologie eine besondere Bedeutung zukommt. Sie gehören zu den wenigen Pflanzenkrankheiten, bei denen *eine Individualtherapie ganz analog zur Humantherapie möglich ist*. Wird die Krankheit rechtzeitig diagnostiziert, so bedarf es nur einer entsprechenden Zugabe des mangelnden Stoffes, um die erkrankten Pflanzen zu heilen, genau so wie bei einer Avitaminose des Menschen eine Vitamingabe ebenfalls die Krankheit beseitigt. Wir werden später sehen, daß bei nahezu allen parasitären Pflanzenkrankheiten ein anderes therapeutisches Verfahren eingeschlagen wird.

Eisenmangelchlorose ist auf natürlichen Böden kaum je zu finden; denn die notwendigen Eisenspuren sind überall vorhanden. Bor- und Manganmangelschäden sind dagegen gar nicht so selten. So ist die Herzfäule der Rüben dadurch zu beseitigen, daß man den erkrankten Pflanzen soviel Bor zur Verfügung stellt, wie sie etwa für eine normale Nährlösung oben angegeben ist. Darin findet sich das Bor als Borsäure und zwar so viel, daß 0,1 mg Bor je Liter Nährlösung gegeben wird. Man muß also dafür sorgen, daß die entsprechenden Mengen in dem Dünger den erkrankten Pflanzen zur Verfügung gestellt werden, wobei gewöhnlich Borax verwendet wird. Die angegebene Menge verlangt eine Anwendung von 12 kg Borax je Hektar Land.

Um die Dörrfleckenkrankheit als Manganmangelkrankheit zu vermeiden, muß Mangansulfat je nach der Stärke der Erkrankung in 50—120 kg je Hektar dazugegeben werden, auf gefährdeten Böden prophylaktisch möglichst unmittelbar nach der Saat. Die eigentlichen physiologischen Zusammenhänge dieser Krankheit sind sehr kompliziert, und es ist noch nicht vollkommen klargestellt, ob dem Mangan eine mehr direkte oder indirekte Wirkung dabei zukommt.

Giftkrankheiten. Vergiftungen als Krankheiten sind sozusagen die antagonistischen Erscheinungen zu den Mangelkrankheiten. Waren bei letzteren notwendige Stoffe zu wenig, so sind bei den Giftkrankheiten schädigende Stoffe im Übermaß vorhanden. Diese müssen dabei so in die Umwelt eingefügt sein, daß es für die betroffene Pflanze unmöglich ist, ihre Aufnahme zu vermeiden. Das werden vorzugsweise giftige Gase in der Atmosphäre sein oder gelöste Substanzen im Regen- oder Bodenwasser.

Unter den schädlichen Gasen kommt als eine der verheerendsten Krankheitsursachen schweflige Säure in Frage, durch die als Bestandteil des Steinkohlenrauches, insbesondere des Hüttenrauches, Pflanzenbestände in ihrem Strichbereich völlig vernichtet werden können. Namentlich die Coniferen sind überaus empfindlich gegen solche Einwirkungen: junge Fichten gehen in einer Atmosphäre, die im Volumenverhältnis von $1:10^{-6}$ SO_3-Gase enthalten, in zwei Monaten ausnahmslos zugrunde, während *Fagus silvatica* und *Acer platanoides* erst bei $1:10^{-4}$ auf die Dauer absterben. Das giftige Gas dringt mit der Luft in die Blätter ein; Welkwerden und Bräunung sind die äußeren Symptome, deren Ursache als schwere protoplasmatische Schädigung anzusprechen ist. Störung des Wasserhaushaltes gibt sich durch Ansammlung von Wasser in der Nähe der Gefäßbündel zu erkennen und ist wohl auf eine Störung der normalen osmotischen Eigenschaften des Protoplasten zurückzuführen. SO_3 ist also zweifellos ein ungemein energisch wirkendes Protoplasmagift. Auch hier ist eine Individualtherapie möglich, freilich nur bei Holzgewächsen, weil nur bei solchen das Achsensystem resistent genug ist, daß nach Beseitigung der Giftgasatmosphäre eine Restitution junger Sprosse mit neuen Blättern erfolgen kann.

Vergiftungen durch gelöste Stoffe im Wasser können ebenso auf die wasseraufnehmenden Organe, die Wurzeln, wirken wie die giftigen Gase auf die Organe des Gaswechsels, die Blätter; prinzipiell neue Einsichten sind nicht zu gewinnen. Besonders giftige Stoffe, die zuweilen in Fabrikationsabwässern vorkommen, sind vor allem Kupfersalze und Zinksalze.

d) Parasitäre Pflanzenkrankheiten

Das Thema der parasitären Pflanzenkrankheiten ist ein Ausschnitt aus dem übergreifenden Gebiet der *Symbiose*; denn es handelt sich dabei stets um zwei *Organismen, die eine gemeinsame Lebenseinheit bilden.* Bei typischer Symbiose —

wie Pilz und Alge im Flechtenkörper — ist ein vollkommenes Gleichgewicht zwischen beiden Symbionten gegeben; jeder von beiden ist an der Erstellung der Lebensgemeinschaft beteiligt, und beide haben Vorteile und Nachteile gleichermaßen zu tragen.

Anders ist es bei dem Parasitismus. Hierbei ist das Verhältnis einseitig verschoben: nur einer, der „Wirt", hat die Nachteile zu tragen, der andere, der „Parasit", einseitig und allein die Vorteile. Und so gibt es alle Übergänge von normaler Symbiose mit gegenseitigem Zusammenleben über Parasitismus mit einseitigem Verhalten der Partner, aber harmlosen Schädigungen, bis zu den Infektionskrankheiten, bei denen im Zuge des Zusammenlebens von Wirt und Parasit die Schädigungen den Charakter einer lebensgefährlichen Krankheit annehmen.

Da sowohl Symbiose wie Parasitismus weitgehend auf ein Zusammenleben autotropher und heterotropher Lebewesen hinausläuft, so kann man sagen, daß die Tierwelt zusammen mit den chlorophyllosen Pflanzen einen einzigen ungeheuerlichen Parasitismus an den grünen Pflanzen bedeutet. Für unseren Zusammenhang hat diese Feststellung freilich nur da einen Sinn, wo die gegenseitige Beziehung eine direkte ist und nicht eine so indirekte wie meistens. Aber selbst dort, wo ein solcher Parasitismus eine unmittelbare Zerstörung zur Folge hat, braucht er noch nicht eine Krankheit hervorzurufen. Schließlich sind die Zerstörungen, die eine Elefantenherde im Urwald anrichtet, genau die analogen, die durch Windbruch und die in quantitativ etwas verändertem Maßstab durch Nonnenfraß in einem Kiefernwald vorkommen: mechanische Zerstörung und Restitution sind die Ergebnisse. Von einer parasitären Krankheit reden wir erst dann, wenn die Erscheinungen nicht mehr so grob sind. Darum sind die eigentlichen Infektionskrankheiten, wobei die Parasiten dem mikroskopischen oder submikroskopischen Bereich angehören und vielfach intracellulär parasitieren, am lehrreichsten und seien vorangestellt. Von hier aus kann man nun wiederum rückwärts alle Übergänge bis zu grob-mechanischer Zerstörung finden. Symbiose und Parasitismus finden an anderer Stelle noch eine ausführliche Darstellung.

Infektionskrankheiten. Erst dann, wenn das Zusammenleben von Wirt und Parasit der mikroskopischen Dimension in die Lebensvorgänge des ersteren so nachdrücklich eingreift, daß das „beschleunigte Altern", also eine lebensgefährliche Krankheit, auftritt, redet man von Infektionskrankheiten. Allerdings geht dieser Eingriff keineswegs als ein glatt und einfach ablaufender Prozeß vor sich, vielmehr ist der Ausbruch einer Krankheit stets mit mehr oder minder gewaltsamen und stürmischen Reaktionen verknüpft, in deren Verlauf auch eine „Genesung" zustande kommen kann, ein Zurückdrängen und Überwinden des Parasiten, womöglich eine vollkommene Wiederherstellung des Ausgangszustands. Wegen dieser „Reaktionen", die bei einer Infektionskrankheit entstehen, wird der Parasit hier auch wohl als der „Erreger" bezeichnet.

Übrigens ist ein derartig reaktiver Verlauf kein prinzipieller Unterschied gegenüber dem Vorgang des Alterns. Auch diesem wirken Regenerationsprozesse entgegen, die aber in einem einzelnen Individuum nicht ausreichen, um den status quo ante wiederherzustellen. Das Altern ist eben eine unheilbare Krankheit, es ist *die* unheilbare Grundkrankheit, ohne die das Leben nicht bestehen kann. So ist es auch von hier aus selbstverständlich, daß normales Altern, Schädigung durch Parasitismus und Infektionskrankheiten durch gleitende Übergänge miteinander verbunden sind.

Die Erreger der Infektionskrankheiten sind in allen Fällen heterotrophe Organismen. Wir unterscheiden dreierlei: 1. Die Viren, und nennen die Krankheit eine Viruskrankheit oder Virose, 2. die Bakterien, die Krankheit ist die Bakteriose, 3. die parasitischen Pilze; die daraus entstandene Krankheit ist die Mykose. Die oftmals noch im Zusammenhang damit genannten parasitischen Blütenpflanzen,

z. B. Convolvulaceae *(Cuscuta)*, oder die parasitischen Tiere: Nematoden und gallenerzeugende Organismen sind für uns Beispiel für Symbiose und Parasitismus; sie erzeugen nicht eigentlich „Krankheiten". Wir behandeln sie an anderem Ort.

Die Gliederung der Infektionskrankheiten läßt sich in einem mehr oder weniger scharf begrenzten Ablauf bestimmter Stadien konstatieren. Sie beginnen stets mit einer *Infektion*, einem Angriff des Erregers auf den Wirt, es folgt die zweite Phase der *Inkubation*, in welcher die Parasiten eine Erstarkung im Inneren der befallenen Pflanzen erfahren, so daß es zum Ausbruch einer Krankheit kommen kann. So wird die dritte Phase, die der eigentlichen *Erkrankung*, erreicht, in welcher leicht feststellbare Krankheitserscheinungen auftreten. Damit beginnt nun der Antagonismus zwischen Wachstum, Lebenstätigkeit des Erregers und dessen Wirkungen auf die befallene Pflanze, zugleich mit der damit entwickelten regenerativen Abwehr. Die Krankheit erreicht dann bald eine Kulminationsphase, in deren Verlauf entschieden wird, ob sie geradenwegs zum *Tode* führt, womit die devastierenden Eigenschaften des Erregers überwiegen, oder ob die regenerativen Vorgänge im Wirt ihrerseits den Vorrang gewinnen und zur *Heilung* führen. Damit wird der Erreger überwunden und seine Schäden kompensiert, bis schließlich ein endgültiger stationärer Zustand erreicht ist.

Dieser kann im günstigsten Fall der Ausgangszustand sein. Doch ist meistens auch bei erfolgten Heilungen eine irreversible Schädigung vorhanden, die nicht wieder kompensiert werden kann. Es hängt das mit der Struktur der Pflanze zusammen, die nicht wie ein Tier ein geschlossener und von einem reaktionsfähigen Säftesystem durchzogener massiver Körper ist, sondern eine dünne Ausbreitung oberflächenhafter Organe, die sich an den Außenflächen entwickeln. Damit hat ein einzelnes Organ einer Pflanze eine weit größere Selbständigkeit als ein solches von einem Tier, zugleich aber auch eine weit größere Verletzlichkeit als ein tierisches Organ.

Die Infektion. Von den verschiedenen Phasen der Infektionskrankheiten bedarf die Infektion einer besonderen Behandlung. Gerade für die schweren, oftmals als gefährliche Epidemien auftretenden Infektionskrankheiten ist es typisch, daß zugleich mit einer erfolgreichen Infektion auch schon der Krankheitsablauf vorgezeichnet ist: er führt zum Tode oder mindestens zu einer so weitgehenden Schädigung, daß als Gesundung doch nur noch ein nicht mehr verwertbarer Zustand übrigbleibt. Infolgedessen erfolgt die Therapie dieser Krankheiten in der praktischen Phytopathologie *fast ausschließlich unter dem prophylaktischen Gesichtspunkt der Infektionsverhinderung*, während das bereits erkrankte Individuum kein Interesse mehr erregt. Es ist doch verloren, und seine lebenden oder nichtlebenden Überreste müssen so schnell und so vollständig wie möglich vernichtet werden, weil sie sonst doch nur als weitere Infektionsquellen anzusehen sind. In der Humanmedizin ist gerade das erkrankte Individuum besonderer Gegenstand der Behandlung, und der Kampf um seine Heilung ist in weitgehendem Maße Inhalt der ärztlichen Kunst. So ist es begreiflich, daß in der Phytopathologie eine besonders umfänglich und eindringlich ausgebildete *Infektionslehre* vorhanden ist, zusammengefaßt besonders in den ausgezeichneten Büchern von GÄUMANN.

Eine Infektion ist ihrerseits ein höchst vielfältiges Phänomen. Als erstes setzt es einen Angriff des Erregers auf den Wirt voraus und die verschiedenen Möglichkeiten, wie ein Erreger in das Innere des Wirtes eindringt: der Mechanismus der Infektion. Weiterhin ist eine Infektion von den verschiedensten äußeren Bedingungen abhängig. Die Keime eines Erregers keimen und wachsen nur unter bestimmten Temperatur- und Feuchtigkeitsverhältnissen, ihr

Wachstum aber und ihre weitere Entwicklung ist nur möglich, wenn sie anschließend daran in ihren Wirt eindringen. Dann aber ist die Abwehr des Wirtes entgegenwirkend und die verschiedenen inneren Zustände, unter denen diese sich ändert. Weitere Fragen, die sich hieran anschließen, sind, welche Zahl von Erregerkeimen und daran anschließend aktiven Erregern notwendig ist, damit eine Infektion wirklich zustande kommt. GÄUMANN nennt dieses Maß die numerische Infektionsschwelle. Und endlich noch, auf welche Weise der einmal festgesetzte, haftende Parasit nun den Wirt vollständig durchdringt und damit die Infektionskrankheit erst völlig und an allen Stellen hervorruft, welches also der Weg der Infektion im Inneren des Wirtes ist. Hier in diesem Vorstadium der eigentlichen Krankheit liegen die Möglichkeiten einer aktiven Bekämpfung, also der Therapie. Über den Einzelverlauf derartiger Infektionsvorgänge sei bei der nun folgenden Darstellung der verschiedenen Krankheitstypen berichtet.

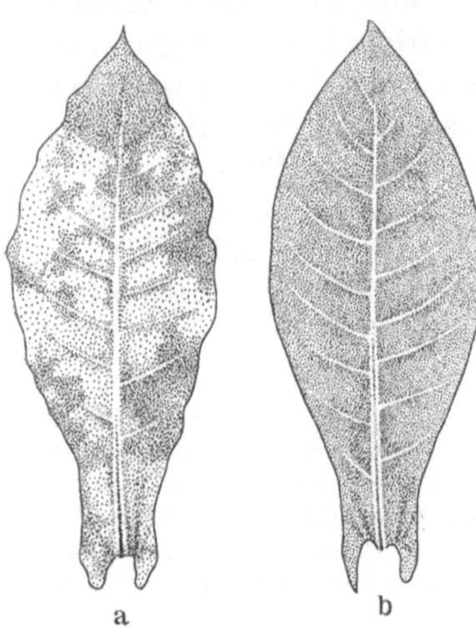

Abb. 485 a u. b. Tabakmosaikvirus. a Blatt einer erkrankten, b Blatt einer gesunden Pflanze

Virosen sind die durch Viren hervorgerufenen Pflanzenkrankheiten. Sie sind weiter verbreitet und bedeutungsvoller, als man lange Zeit hindurch meinte; ist doch auch eine große Anzahl gefährlicher Degenerationserscheinungen darunter zu begreifen, die man ursprünglich als „Abbau"krankheiten beschrieben und in ihren ursächlichen Zusammenhängen nicht durchschaut hatte. Viren sind sehr große Eiweißmoleküle, und zwar Nucleoproteide mit Molekulargewichten zwischen 2 und 20 Millionen, je nach den verschiedenen „Arten". Wesentlich ist ferner, daß die Viruseiweiße auch in einer mit physikalischen und chemischen Methoden gereinigten und kristallisierten Form ebenso infektionsfähig sind wie direkt aus der erkrankten Pflanze.

Dabei wird in dem Wirt während seiner Erkrankung das spezifische Viruseiweiß ständig neu gebildet. Ob man freilich den Viren selbst — besser gesagt, dem Viruseiweiß — damit die Fähigkeit zur Selbstreproduktion zuzubilligen hat und dieses also damit als Vorstufe der Organismen ansieht, hängt davon ab, welchem der beiden Komponenten dieses symbiontischen Verhältnisses, Pflanze oder Virus, die Aktivität in dieser Hinsicht zukommt. Das ist heute noch schwer zu entscheiden. Die Tatsache, daß die Reproduktion *nur* im Organismus geschehen kann, spricht für letzteres, die andere, daß die Produktion des Vireneiweißes mit äußerster Exaktheit spezifisch ist und Differenzen von der Größenordnung einer „Mutation" genau wiederholt, spricht für die Viren.

Für die Virosen ist ferner typisch, daß die Erreger geschlossene Zellwände nicht passieren können. So bedürfen die Viren stets besonderer „Überträger" zur Infektion, gewöhnlich Insekten, die Zellen verletzen oder anstechen. Künstlich infizieren kann man Pflanzen durch kräftiges Verreiben von Viruseiweiß auf den Blättern. Verletzte Epidermiszellen und zerbrochene Haare ermöglichen den Kontakt des Virus mit dem Plasma und eine Verbreitung von dort aus innerhalb der Pflanze, die besonders leicht und schnell entlang den Phloëmsträngen erfolgt. Viruserkrankungen können als relativ harmlose, gewöhnlich mosaikartige Flecken in der Blattfarbe erscheinen, woraus nur geringe Beeinträchtigung erwächst. Es können aber auch ernsthafte, ja tödliche Krankheiten sein.

Das Tabakmosaikvirus und seine Einwirkung auf *Nicotiana* und andere Solanaceen ist häufig studiert worden. Die Molekülgröße des Viruseiweißes reicht aus, um die Erreger im Elektronenmikroskop sichtbar zu machen, wobei sie bei 10000facher Vergrößerung als Stäbchen erscheinen. Übertragen wird die Virose unter natürlicher Verbreitung durch Insektenstiche, sonst in der Kultur durch Verreiben und sonstigen Kontakt, oder schließlich auch durch Pfropfung erkrankter Pflanzenteile auf gesunde. An der Infektionsstelle tritt zunächst ein Primärsymptom auf, das Gelb- und Nekrotischwerden eines gewöhnlich nur kleinen, aber scharf abgegrenzten Blattareales. Von dort aus findet dann eine Verbreitung der Viren vor allem entlang den Blattnerven statt. Im Anschluß daran treten dann die Sekundärsymptome, ebenfalls wieder gelbe Flecken, auf, die je nach der Resistenz des Wirtes und nach den Außenbedingungen nekrotisch werden und damit schwere Beeinträchtigungen, ja den Tod herbeiführen können (Abb. 485).

Als Gewächshauszierpflanze wird gerne ein südamerikanisches *Abutilon* gezogen. Davon gibt es eine virusinfizierte Form, die ein zierliches Muster scharf abgegrenzter heller und dunkelgrüner Flecken auf den Blättern zeigt. Diese kann hier nur durch Stecklinge vermehrt werden; die sexuell entstandenen Nachkommen sind rein dunkelgrün, da das Virus offenbar nicht in die Keimzellen eindringt, und auf andere Weise verbreitet sich diese Virose bei uns nicht. Es

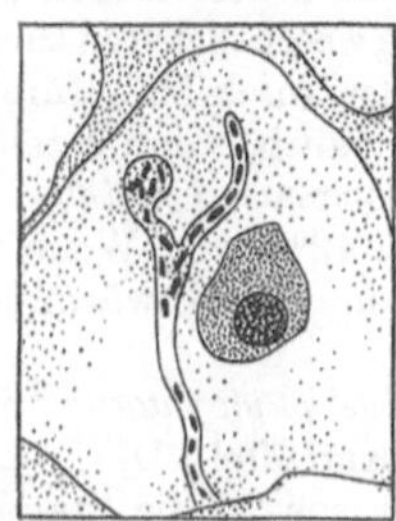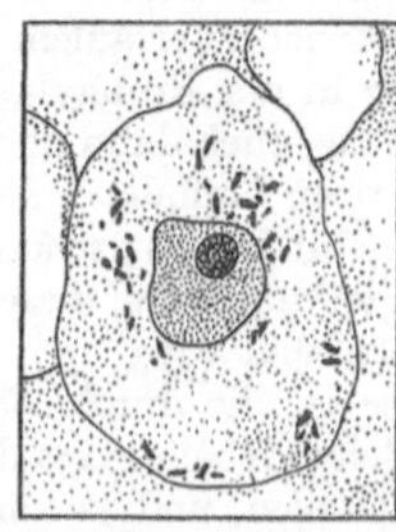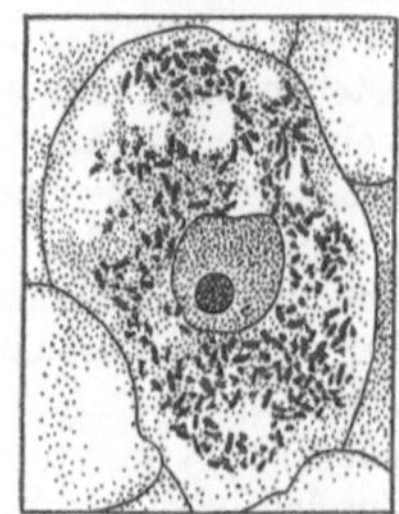

Abb. 486. Einwanderung und Vermehrung von Bakterien in die Wurzelzellen der Leguminosen. (Umgezeichnet nach SCHAEDE)

ist interessant, daß kürzlich in der Heimat Südamerika ein spezifisches Insekt gefunden wurde, das durch seine Stiche auf kranke und gesunde Pflanzen Neuinfektionen gesunder Pflanzen herbeiführt.

Bakteriosen. Darunter versteht man infektiöse, durch Bakterien hervorgerufene Pflanzenkrankheiten. Bakterielle Erreger sind sehr viel größer als die Viren, sie lassen sich mikroskopisch feststellen. Nachdem man zu Anfang dieses Jahrhunderts einmal darauf aufmerksam geworden war, daß Bakterien auch Pflanzenkrankheiten erzeugen können, ist die Kenntnis davon rasch angestiegen. Nach der Art der Infektion kann man drei Gruppen von Bakterien unterscheiden. Einmal solche, deren Erreger eine gesunde, unverletzte Pflanze anzugreifen, also primär zu infizieren vermögen, und zum andern solche, deren Bakterien stets nur als Wundparasiten auftreten und nur von Wunden, von Frostrissen, Hagelschlagoder Insektenschäden aus eine Infektion herbeiführen. Der dritte besondere Typus ist die Gefäßbakteriose, bei der die Bakterien, obwohl sie sich allein in den nichtlebenden Gefäßen der Pflanze ansammeln, doch durch die Verhinderung der Wasserleitung eine tödliche Krankheit verursachen können. Das Eindringen von Bakterien in unverletzte Pflanzen geht meist nur dort, wo keine Cuticula ist. An solchen Stellen sammeln sich die Bakterien in einer Zooglöa in einem Häufchen an, lösen die Membran enzymatisch auf und dringen nun eins hinter dem anderen in einem „Faden" ein, wie es die ungewöhnlich guten Mikrophotographien von SCHAEDE (Abb. 486), die hier leider nur als Zeichnungen wiedergegeben werden können, von dem Eindringen der Knöllchenbakterien in die Wurzelzellen der Leguminose *Neptunia* am besten veranschaulichen.

Der gelbe Rotz der Hyacinthen, hervorgerufen durch *Pseudomonas Hyacinthii*, ist eine gefährliche Bakteriose. Der Erreger ist ein stäbchenförmiges Bacterium, das gern in Zooglöen und in diesen in Fäden zusammenhaftet. Es überwintert anscheinend nicht im Boden; die

Neuinfektion geht vielmehr stets von kranken Pflanzen aus, von denen die Bakterien durch spritzendes Wasser, Regentropfen, durch Tiere oder Menschen auf die gesunden Pflanzen der Umgebung übertragen werden. Dort siedeln sie sich auf den Blättern an und erzeugen gelbe Pusteln — Zooglöen — von Bakterien, die von dort aus zwischen die Blätter auch der Zwiebel gelangen. Hier wirken sie besonders gefährlich: das Eindringen in die Zellen der Blätter ist hier besonders leicht möglich, weil diese nahezu frei von Cuticula sind. Die Bakterien bilden durch Auflösen der Wand an begrenzter Stelle von einer Zooglöa aus einen schmalen Infektionskanal, den ein Bakterien,,faden" ausfüllt. Anschließend daran breiten sie sich unter Vermehrung in der ganzen Zelle aus.

Die Zwiebelblätter der Hyacinthen verfaulen an die Bakterieninfektion anschließend in den schwersten Fällen zu einer stinkenden Masse. In leichteren Fällen werden nur einige Blätter der Zwiebel angegriffen; es kann sogar noch zu einem Austreiben in der nächsten Vegetationsperiode kommen, dabei können in den leichtesten Fällen nur einige Blätter umknicken und mit Pusteln bedeckt sein, in schwereren bleibt die Blüte stecken und die Basis der Inflorescenz sowie der Blätter in der Zwiebel verfaulen. Die wesentlichsten therapeutischen Maßnahmen bestehen auch hier wieder in der Prophylaxe der Infektion. Infolge einer besonderen Eigenschaft der Bakterien ist das auch dann noch möglich, wenn bereits Bakterienzooglöen sich zwischen den Zwiebelblättern befinden. *Pseudomonas Hyacinthii* hat eine ungewöhnliche Temperaturempfindlichkeit und stirbt schon bei 42° C ab. Wenn man also die Zwiebeln, bei denen man eine Infektion vermutet, auf diese Temperatur erwärmt, dann werden sie keimfrei, ohne daß die Zwiebel geschädigt wird.

Eine sekundär infizierte Bakteriose ist die durch *Bacillus phytophtorus* (Synonym mit *Bacillus atrosepticus*) hervorgerufene Schwarzbeinigkeit der Kartoffel. Die Infektion erfolgt durch kleine Wunden oder durch Lentizellen, und es können sowohl die Stauden selbst als auch die Kartoffelknollen ergriffen werden. Von einer einmal infizierten Knolle aus kann dann, falls diese überwintert und dabei nicht völlig verfault, ein infizierter Sproß aufwachsen. Der Name Schwarzbeinigkeit rührt daher, daß der untere Teil der Sproßachsen dunkelbraun bis schwärzlich verfärbt ist. An den Stellen erweichen die Bakterien das Gewebe von außen, es lösen sich die Zellen voneinander und kollabieren nach einiger Zeit vollständig, so daß ein fauler Fleck entsteht. Je nach der Stärke der Infektion und dem Alter, in welchem die Sproßachsen infiziert wurden, kann eine völlige Zerstörung der Pflanze oder auch nur eine starke Beeinträchtigung ihres Wachstums zustande kommen. Die befallenen Pflanzen sind sehr viel kleiner als die gesunden, haben im ganzen mehr xerophytischen Habitus und rollen die Blätter ein. Bei starkem Befall knicken die Sproßachsen an der Basis ab. Auch hier ist nur eine prophylaktische Therapie möglich und nur dadurch zu erreichen, daß keine angefaulten Kartoffeln als Saatgut verwendet werden dürfen. Weiterhin kann man nur noch durch Entfernen der Krankheitsherde dafür sorgen, daß keine Ausbreitung erfolgt.

Eine Gefäßbakteriose wird bei *Medicago sativa*, der Luzerne, durch Besiedelung mit *Aplanobacter insidiosum* herbeigeführt. Die Infektion geht hier durch die Wurzeln vor sich, und die Gefäße derjenigen Pflanzen, deren Laub welk wird und die jämmerliches Wachstum zeigen, enthalten große Mengen von Bakterien, wodurch eine geregelte Wasserversorgung unmöglich gemacht wird. Eine Therapie erkrankter Individuen ist unmöglich, und die Prophylaxe kann allein so gehandhabt werden, daß ein Anbau von Luzerne auf verseuchtem Boden vermieden wird.

Mykosen werden durch Parasitieren von Pilzfäden im Inneren eines Wirtes, meistens höherer Pflanzen, hervorgerufen. Mycelfäden bestehen aus kernhaltigen Zellen, die wesentlich größer sind als alle die bereits behandelten Erreger, und daraus bestimmen sich die entscheidenden Differenzen gegenüber den Bakteriosen und Virosen. Man kann unter den krankheitserregenden Pilzen fakultative und obligate Parasiten unterscheiden, solche, die auch saprophytisch leben können und nur unter bestimmten Außenbedingungen oder nur gegenüber ganz bestimmten Wirtspflanzen zum Parasitismus übergehen, und andere, die obligaten, die allein parasitisch leben. Unter den letzteren finden sich viele, die wie die Uredineen und Ustilagineen in ganz extremer Weise an bestimmte Wirtspflanzen angepaßt sind.

Die Infektion durch Pilze setzt das Eindringen von Mycelien meist von Keimschläuchen aus Fortpflanzungskörpern, Conidien oder Sporen, voraus. Die

Infektionsweise ist verschieden je nach dem Ort, an dem an einer höheren Pflanze der entscheidende Angriff des Parasiten erfolgt. Wurzeln, überhaupt unterirdische Organe, sind außen allein von chemisch leicht angreifbaren Cellulosemembranen begrenzt. Hier ist also ein Eindringen mit Hilfe von Auflösen möglich. Diese wird durch einfache Verquellung eingeleitet, wodurch die Lamellenstruktur der Wand manifest wird. In diesem hydratisierten Areal wird dann durch Ausscheidung von Cellulose ein Kanal erzeugt, durch den die Hyphe in die Zelle eindringt. Anders ist es an oberirdischen Organen wie vor allem den Blättern. Die Außenwand der Epidermis, mit Cutin überzogen und mit eingelagerten Wachslamellen versehen, ist gerade gegenüber chemischen Agenzien ungewöhnlich resistent, praktisch unangreifbar. Infektionen, die in die Epidermiszellen hinein oder durch sie hindurchgehen, müssen also die Cuticula mechanisch perforieren. Das geschieht, wie Abb. 487 zeigt, durch die Entwicklung eines kurzen spitzen Seitenzweiges von einer schon längeren Hyphe aus, die beträchtliche Drucke aufwenden können. Man hat von solchen Keimschläuchen Goldfolien durchbrechen lassen und im Modellversuch die Drucke gemessen, die danach bis zu sieben Atmosphären betragen können. Das weitere Durchwandern von Zellwänden geht dann wieder auf dem Auflösungswege vor sich.

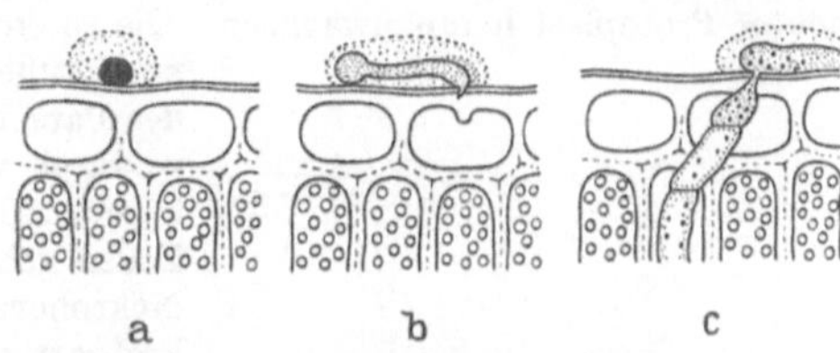

a   b   c

Abb. 487a—c. Infektionsvorgang von *Botrytis cinerea* auf den Blättern von *Vicia faba*. a Conidie mit Wasserhülle; b Keimschlauch bei Beginn der Infektion; c vollendete Infektion. (Nach BLACKMAN, WELSFORD und GÄUMANN aus GÄUMANN)

Abgesehen von dem Durchtritt durch die Zellwand stehen dem Parasiten mindestens auf der Blattunterseite nun aber noch die Spaltöffnungen als widerstandslose Eingänge zur Verfügung, und es gibt parasitische Pilze, deren Keimschläuche geradenwegs, offenbar chemotaktisch angezogen, auf eine geöffnete Spaltöffnung loswachsen und dann in diese einbiegen. Nach der Art des Parasitierens kann man unter intercellulären und intracellulären Parasiten unterscheiden, und es ist begreiflich, daß die in die Spaltöffnungen einpassierenden Pilze mehr dem ersten Typ angehören und sich von der Atemhöhle aus in den Blattintercellularen verbreiten. Freilich kann man diese beiden Typen nie ganz scharf trennen, auch die intercellulären Parasiten entsenden oftmals Haustorien in das Innere der Zellen, und umgekehrt wachsen auch primär intracelluläre Parasiten oftmals längere Strecken in den Intercellularen.

Unter der Resistenz eines Organismus versteht man seine Widerstandsfähigkeit gegen eine Krankheit, sie kann aus den mannigfaltigsten Einzelvorgängen zusammengesetzt sein. Während des Eindringens der Mycelien bis in die Epidermiszellen ist die Abwehr eine rein passive, allein aus der Struktur der Wände gegebene. Mit dem Moment des Betretens der lebenden Zelle wird sie zu einer aktiven: die Zelle versucht den Mycelfaden auszuschließen. Eine der interessantesten Abwehreinrichtungen, deren es zahlreiche gibt, ist die *Lignituberbildung*, ein Mitwachsen der Wand mit der Hyphe in die Zelle hinein mit der Tendenz, sie in ihrem Vordringen aufzufangen. Gelingt das, dann ist die Hyphe blockiert, sie muß absterben und die Infektion ist verhindert (Abb. 488). Kann die Hyphe den Lignituber durchbrechen, dann ist die Infektion dieser Zelle eingeleitet (Abb. 488c).

Besonders unter den Mykosen findet sich eine ganze Reihe, die epidemisch aufgetreten ist. Unter einer Epidemie versteht man Krankheiten, die in relativ kurzer Zeit ungeheuere Massen von Pflanzen befallen und meist in hohem Prozentsatz tödlich sind. Die besonderen Bedingungen, unter denen die Kulturpflanzen stehen, sind meist solche, daß dem Auftreten und Verbreiten von Epidemien nachdrücklich Vorschub geleistet wird. So werden wir im folgenden noch einige spezielle Beispiele aus diesem Umkreis wählen.

Der Kartoffelkrebs wird von *Synchytrium eudobioticum* hervorgerufen, einem sehr primitiven Pilz, der als intracellulärer Parasit in die Wurzel, sehr viel seltener in die Blätter der Kartoffelpflanze dadurch eindringt, daß haploide Schwärmsporen an die Außenflächen gelangen. Die Membran wird enzymatisch aufgelöst, der Pilz dringt ein, um in den Zellen als nackter Protoplast heranzuwachsen. Die so entstehenden plasmatischen Massen entwickeln nach außen einen Schlauch, aus dem der ganze Inhalt des Parasiten in mehreren Schwärmsporen ausschlüpft, wodurch wieder Neuinfektionen herbeigeführt werden können. Die von einer solchen Infektion betroffenen Zellen gehen zugrunde und produzieren dabei offenbar Nekrohormone, denn es erfolgen nun an den Knollen krebsartige Wucherungen, wodurch große Geschwülste entstehen. Die Schwärmer können auch paarweise zu nackten zweigeißeligen Zygoten kopulieren, die ihrerseits wieder in neue Kartoffelzellen eindringen, sich hier mit einer Membran umgeben und Dauerzellen bilden. Durch Zerfall des Wirtsgewebes werden sie frei, überwintern im Boden und bilden dann unter Reduktionsteilung wieder neue Schwärmsporen. Ungemein interessant ist die Entstehung dieser Krankheit. *Synchytrium* war ursprünglich nicht in der Heimat der Kartoffel, in Südamerika, vorhanden, sondern hat in Europa ver

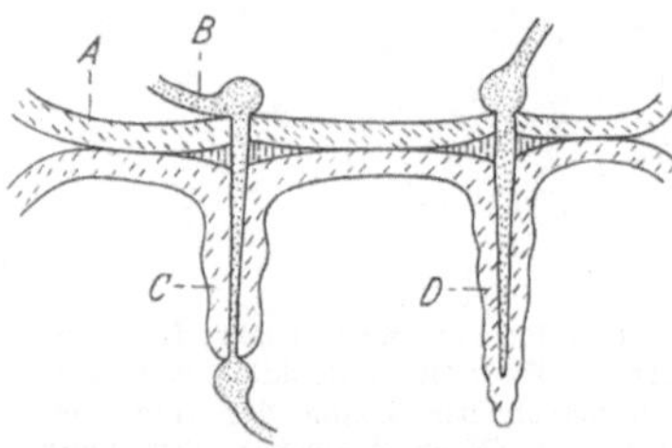

Abb. 488. Lignituberbildungen in den Wurzeln einer Weizenpflanze nach Infektion durch *Ophiobolus graminis. A* Zellwand; *B* invadierende Hyphe; *C* ein Lignituber unten durchbrochen; *D* ein zweiter, in welchem die Hyphe aufgefangen ist. Vergr. 3000×. (Nach FELLOWS aus GÄUMANN)

mutlich auf *Solanum nigrum, Solanum Dulcamara* und anderen Solanaceen ein unbeachtetes Dasein geführt. In den 70er Jahren des vorigen Jahrhunderts ist der Parasit plötzlich auf die Kartoffel übergegangen und war nun als neue Kartoffelkrankheit plötzlich von verheerender epidemischer Wirkung. 1896 trat der Kartoffelkrebs in Ungarn, 1908 in Deutschland, 1909 in Neufundland auf, 1918 in den Vereinigten Staaten und 1921 endlich in Südamerika. Damit hatte der Pilz dann auch die Heimat der Kartoffel erreicht.

Die Therapie kann zwei Wege einschlagen. Man kann den Boden, in dem sich die Dauerorgane finden, durch Veränderung der Bodenreaktion für eine Infektion ungeeignet machen. Das Optimum für eine solche liegt bei p_H 5. Bringt man Kalk in den Boden und verschiebt die Reaktion nach der alkalischen Seite, so wird die Infektionsmöglichkeit weitgehend verringert, aber nicht völlig ausgeschlossen. Ein anderer Weg ist sicherer. Unter Wildformen der Kartoffel gibt es zahlreiche Stämme, die gegen *Synchytrium* so resistent sind, daß eine Infektion durch diesen Pilz völlig ausgeschlossen ist, eine Eigenschaft, die den Kulturrassen offenbar verlorengegangen ist. Eine Züchtung resistenter Rassen wird heute so versucht, daß man die Kulturpflanzen mit resistenten Ausgangsformen kreuzt und durch Umkombination diese verlorene Eigenschaft mit den Neuerwerbungen der Kulturformen zu kombinieren trachtet.

Das Beispiel von der Bekämpfung des Kartoffelkrebses zeigt zwei der in ähnlichen Fällen stets wieder angewandten Maßnahmen zur Infektionsverhinderung: Bekämpfung des Erregers, in diesem Fall im Boden, außerhalb des infizierten Wirtes, und Züchtung von resistenten Rassen. Eine dritte bei einfachen Infektionskrankheiten gebräuchliche Methode, wie sie besonders im Wein- und Obstbau angewendet wird, besteht in der direkten Desinfektion der infizierbaren Oberflächen durch Chemikalien.

Wir wenden uns nun den komplizierteren Infektionsgeschehnissen zu, den Rostkrankheiten. Der Entwicklungsablauf hierher gehöriger Pilze wurde schon behandelt. Wir wissen, daß verschiedene Zustände in gesetzmäßigem Wechsel auf verschiedenen Wirten durchlaufen werden. So ist eine Bekämpfung dieser Krankheiten stets dadurch möglich, daß der eine der beiden Wirte im Anbaugebiet des anderen beseitigt wird, ein Verfahren, das freilich nur dann durchführbar ist, wenn der eine der Wirte wertlos ist.

Der endemische Schwarzrost des Getreides *(Puccinia graminis)* und der Blasenrost der Weymouthkiefer, eine Epidemie schwerster Art, die durch die Neueinführung einer anfälligen Art in ein Gebiet mit endemischer Krankheit zustande kam, sollen im folgenden miteinander kontrastiert werden. Zunächst noch der Begriff des *Endemismus*. Man versteht darunter ein geschlossenes Gebiet, in welchem eine ursprünglich schwere Krankheit ihre Gefährlichkeit verloren hat, indem sich ein gewisser Gleichgewichtszustand zwischen Parasit und Wirt eingestellt hat.

Der Wirtswechsel bei dem Schwarzrost beginnt bei *Berberis vulgaris,* der Berberitze, auf der die haploiden Mycelien Äcidien bilden. Die synkaryophytischen Äcidiosporen gehen auf das Getreide über, um hier Uredo- und Teleutosporen zu bilden. Nun hat gerade der Schwarzrost eine Vermehrungsrate und einen Propagationsdruck, die ganz ungewöhnlich sind. Nach GÄUMANN nimmt er folgenden Umfang an: Ein infizierter Berberisstrauch von mittlerer Größe erzeugt im Frühjahr $6{,}4 \times 10^{10}$ Äcidiosporen, die ihrerseits auf dem Getreide innerhalb von zehn Tagen ein Uredolager bilden können. Sofern von jeder Äcidiospore nur *ein* Uredolager ausgeht und ein Uredolager durchschnittlich 2×10^5 Uredosporen entwickelt, dann entstehen in zehn Tagen $1{,}28 \times 10^{16}$ Uredosporen. Bis Ende Juli können sechs Generationen folgen, wodurch deren Anzahl bei der Größenordnung von 10^{46} anlangt, was rein an Masse ein Vielfaches des Erdballes darstellt. Natürlich fallen viele Glieder dieser Schneeballkette aus. Doch ist es begreiflich, daß in allen getreidebauenden und mit Berberitzen versehenen Ländern die Luft bis in 4000 m Höhe völlig mit Schwarzrostsporen angefüllt ist. So ist es sicher, daß jede Getreidepflanze in solchen Gebieten je Sommer mehrere Male von Rostkeimen angegriffen wird. Daß es angesichts dieser ungeheueren Infektionsgefahr doch nicht zu verheerenden Epidemien kommt, ist allein so zu verstehen, daß sich im Laufe der Zeit weitgehend resistente Rassen herausselektioniert haben. So entstehen zwar stets neue Infektionen, aber keine katastrophalen epidemischen Krankheiten.

Bei dem Blasenrost der Weymouthskiefer ist diese ebenso wie alle anderen fünfnadeligen Pinusarten der Zwischenwirt, der dem Berberitzenstrauch entspricht; auf ihr entsteht die Haplophase und im Anschluß daran die Äcidiosporen. Die Uredo- und Teleutosporen werden auf fast allen Ribesarten gebildet. Auf dem europäisch-asiatischen Kontinent gibt es zwei Areale, in denen fünfnadelige Pinusarten *(Pinus Cembra,* die Arve) und Ribesarten zugleich vorkommen und mit dem Blasenrost endemisch behaftet sind. Es sind das die Alpen und Ostrußland. Als die fünfnadelige Weymouthskiefer nach ihrer Einführung in Europa diese Areale erreichte, brach die Blasenrostepidemie aus.

IV. Der Tod

Vom Tode der Pflanzen war schon mehrfach die Rede, so daß wir nunmehr ganz kurz nur noch einiges über den eigentlichen Ablauf zusammenzufassen brauchen. Letzten Endes ist der Tod auch der vielzelligen Pflanzen ein Tod ihrer einzelnen Zellen. Sofern noch eine einzige Zelle einer solchen am Leben bleibt, ist — wenigstens theoretisch — die Möglichkeit gegeben, daß durch „Regeneration" ein vollständiges Lebewesen wieder entstehen kann. Daß das auch faktisch, wenn auch nicht in so extremer Form, vorkommen kann, wird die Entwicklungsphysiologie zeigen. Jedenfalls stellen wir den Tod der einzelnen Zelle an den Anfang.

Es ist selbstverständlich Definitionssache, ob man, wie wir, das Aufhören eines Individuallebens durch Zellteilung auch als Tod bezeichnet, oder diesen nur dann als gegeben erachten will, wenn eine Leiche zurückbleibt. Wir ziehen es vor, wie schon vielfach auseinandergesetzt, das Aufhören des Individuallebens schlechthin als Tod anzusehen. Soweit dabei Beziehungen zur Fortpflanzung bestehen, sind diese bereits hinreichend erläutert worden (S. 363).

Der Tod der Einzelligen kann also durch Teilung zustande kommen, wobei deren Körpersubstanz unvermindert auf zwei freilich gleichzeitig durch diesen Vorgang verjüngte Nachkommen übergeht. Werden Einzeller jedoch unter Bedingungen gehalten, die keine Zellteilung zulassen, dann geht schließlich der Körper zugrunde. Es erfolgt eine Degeneration des Cytoplasmas, ein Abbau der Plastiden, und schließlich bleibt die Lebenstätigkeit aus, es bleibt eine Leiche zurück, die dann in kurzer Zeit zerfällt. Ganz ebenso verhält es sich mit dem Tod einzelner Zellen im vielzelligen Organismus. Dabei muß man unterscheiden zwischen dem Tod im Zuge der Differenzierung und dem Tod als Folgeerscheinung pathologischer Vorgänge.

Der Tod infolge der Differenzierung ist schon vielfach in der Entwicklungsgeschichte geschildert worden bei der Entstehung verholzter Elemente, Tracheen, Tracheiden und Holzfasern. Dabei kann sogar (vgl. Die Entwicklungsgeschichte der Siebröhren, S. 97) ein Teiltod der Zellen zustande kommen insofern, als der Kern der Siebröhrenglieder abgebaut und zerstört wird, während das Cytoplasma noch Lebenstätigkeiten durchführt. Jeglicher Zelltod im Zusammenhang mit der Differenzierung erfolgt nie in Form der Nekrose, d. h. Leichenbildung und Zerfall, sondern stets so, daß das Cytoplasma gewöhnlich bis auf winzige Restchen verbraucht wird. Dabei gibt es eine cellulosige Degeneration des Protoplasten, auch wohl — aber seltener — eine gallertige.

Anders ist es mit dem pathologisch bedingten Tod einzelner Zellen, der entweder durch innere oder äußere Bedingungen hervorgerufen werden kann. Durch innere Bedingungen wird z. B. die Degeneration dreier Angehöriger der Tetraden in den Embryosäcken erfolgen. Durch äußere Bedingungen geschieht das durch Verwundung oder Verletzung einzelner Zellen oder ganzer Zellkomplexe bzw. Organe. Auch Vergiftung oder Anätzung von außen, z. B. durch Insecticide oder giftige Industriegase, kann der Anlaß dazu sein. Typisch ist jedoch, daß hierbei stets die abgestorbenen Teile *nekrotisch* zugrunde gehen, also durch Schwund, Zersetzung und Verwesung.

Diese *Nekrose*, die bei entwicklungsgeschichtlich oder pathologisch bedingtem Absterben der Zelle zustande kommt, kann in sehr vielfältiger Form auftreten. Das Cytoplasma kann verflüssigt werden, wässrige Bestandteile aufgesogen und die Zellen kollabieren, oder aber es können andere Degenerationserscheinungen eintreten, die ein Braun- oder Schwarzwerden des Cytoplasmas hervorrufen und damit über den Zelltod entscheiden. Bedeutungsvoll ist, daß in fast allen solchen Fällen die Umgebung derartiger absterbender Zellen gegen die noch lebenden abgegrenzt wird, und zwar dadurch, daß diese durch das Auftreten von Wund- oder Nekrohormonen zu neuer Teilung angeregt werden und abdichtende Korkbeläge bilden. Unter Umständen können solche ursprünglich als Dichtungen angelegte Gebilde ihrerseits selbst zu pathologischen Erscheinungen (Maserknollen der Hölzer) werden.

Nach diesen Erörterungen über den Zelltod haben wir uns abschließend noch mit dem Tod ganzer vielzelliger Gewächse zu befassen. Kennzeichen wie Ursache ist stets — man erinnere sich an die einleitend gegebene Definition der Pflanze — das Aufhören des Wachstums und das damit verbundene Ausbleiben verjüngender Zellteilungen. Alle Pflanzen, auch die vieljährigen unter Einschluß der angeblich unbegrenzt weiterwachsenden, haben, wie schon vielfach gesagt, eine zugemessene Lebenszeit, nach deren Ablauf sie als Ganzes sterben. Dennoch gibt es einen Unterschied zwischen dem Tod der einjährigen und hapaxanthen Pflanzen und dem der vieljährig-pollakanthen.

Bei den einjährigen und hapaxanthen Pflanzen erschöpft sich der Lebensbetrieb restlos durch die Samen- und Fruchtbildung bzw. auch wohl in der vegetativen Fortpflanzung. Alles während der vegetativen Periode assimilierte Material wird zum Aufbau der Fortpflanzungs- körper verbraucht, und dieser Verbrauch geht so weit, daß, wie in absterbenden Blättern, sogar das Protoplasma der Zellen abgebaut, aufgelöst und wegtransportiert wird, und nur in ganz geringen nekrotischen Restchen übrigbleibt. Diese Gewächse sterben also auf einmal, mit einem Schlage, wie der sehr viel empfindlichere Organismus eines Tieres. Verhindert man solche Pflanzen an der Fortpflanzung, so kann man den Tod lange hinausschieben. Zieht man eine *Oenothera biennis* im Warmhaus bei 30⁰ C auf, dann blüht sie niemals, sondern wächst zu einer ungeheueren Rübe heran, die Jahr um Jahr fortwächst (GATES), bis sie in hohem Alter zugrunde geht.

Anders verhält es sich mit den vieljährigen pollakanthen Pflanzen. Diese haben theoretisch unbegrenzt wachsende Vegetationskegel und blühen und fruch- ten allein mit einzelnen Seitenzweigen wiederholt und häufig. Es ist also der Gesamtumsatz so geordnet, daß kein derartig rapider Verbrauch erfolgt, wie bei den einjährigen, deren Tod er zur Folge hat. Trotzdem sterben die vieljährigen Pflanzen ebenfalls nach dem Ablauf ihrer artgemäß festgelegten Lebenszeit, in- dessen häufig nicht gleichmäßig und vollständig.

Bei alternden Bäumen beginnt der Tod oftmals mit einzelnen Ästen; Wipfeldürre kommt vor und schließlich greift die Zerstörung nach und nach auf das Ganze über, jedoch vielfach erst im Ablauf vieler Jahre. Radikale Zerstörung, unmittelbares Sterben kann als Folge von Krankheiten eintreten; wenn beispielsweise *Graphium ulmi* die Gefäße einer befallenen Ulme verstopft hat und sich in ihrem Holz so ausbreitet, daß überhaupt kein Wassertransport mehr erfolgt, kann ein Baum im Laufe eines Jahres radikal vertrocknen, sterben und zugrunde gehen. Oder wenn Borkenkäfer oder andere Schädlinge einen Baum befallen haben, ist es ebenfalls möglich, daß er schlagartig vollständig zerstört wird.

Mit dem Tode setzt der Zerfall ein, der auf verschiedene Ursachen zurück- zuführen ist: Einmal auf die ungesteuerte Aktivität der vorhandenen Fermente und Enzyme, die letzten Endes in ungesteuerte Oxydationen auslaufen, sowie auf bakterielle Zerstörung bzw. diejenige durch Pilze, der nunmehr kein Widerstand entgegengesetzt werden kann. Was diesen Zerfall anlangt, so wird später in den Zusammenhängen des Stoffumsatzes noch darauf hinzuweisen sein, daß in den Pflanzen eine ungewöhnliche Stickstoff- und damit Eiweißsparsamkeit besteht. Es wird jegliches Eiweißrestchen vor dem Tode aus absterbenden Blättern oder sonstigen Teilen entfernt. So bleibt als Leiche bei den Gewächsen nahezu allein ein Gerippe von Kohlenhydraten übrig, das im Zerfall immer leichter wird und luftig entschwindet, im Gegensatz zu der massiven Eiweißfäulnis und der damit gegebenen grauenvollen Zersetzung tierischer Kadaver.

Dritter Teil

Die Ursachen der Entwicklung (Entwicklungsphysiologie)

Einführende Erörterungen

GEORG KLEBS, einer der stärksten Initiatoren der Entwicklungsphysiologie in der Botanik, unterscheidet drei Gruppen von Ursachen, die die Entwicklung bestimmen. Er nennt sie die spezifische Struktur, die inneren Bedingungen und die äußeren Bedingungen. Heute besteht kein Zweifel mehr darüber, daß die „spezifische Struktur" mit dem Erbgut eines Organismus identisch ist, ganz besonders, nachdem sich herausgestellt hat, daß eben dieses Erbgut eine breitere Organisation besitzt, als man anfänglich annahm; es sind nicht allein die Chromosomen im Kern, sondern auch die Plastiden und das Cytoplasma mit bestimmenden Elementen daran beteiligt. So hat hier also die Genetik zum zweiten Male zu erscheinen, jedoch in einer völlig veränderten Sicht. Lokalisation, Stabilität und Veränderlichkeit, Weitergabe und Umkombination des Erbgutes bezieht sich auf den unmittelbaren Zusammenhang zwischen Fortpflanzung und Vererbung und wurde dort bereits behandelt. Hier dagegen in der Physiologie der Entwicklung ist darzutun, daß jeder Entwicklungsablauf mit der Aktivität eines Erbträgers beginnt, und in welcher Weise das geschieht. Demnach umfaßt die Entwicklungsphysiologie auch das Gebiet, das sonst — wenn überhaupt — isoliert dargestellt als „spezielle Genetik" (OEHLKERS) bezeichnet worden ist.

Die erbliche (spezifische) Struktur einer Pflanze umfaßt den sozusagen innersten Kreis der Ursachen für die Entwicklung einer Pflanze. Als nächster Kreis — nach außen hin — gruppieren sich darum die „inneren Bedingungen". Diese setzen unmittelbar dort an, wo die erblichen Elemente in der Ontogenie eines Individuums zu wirken beginnen. Wir haben oben (S. 345) schon darauf hingewiesen, daß bereits der *Zusammenhang* zwischen einem Gen im Kern und dem zugehörigen cytoplasmatischen (genetischen!) Element den ersten Schritt in die Entwicklungsphysiologie hinein bedeutet. Als äußerster Kreis ursächlicher Einwirkungen finden sich die „äußeren Bedingungen", die Licht-, Wasser-, Ernährungs- und Temperaturverhältnisse. Alles zusammen in vielfältiger Komplikation läßt dann zuletzt ein Phänomen, sei es ein solches der Gestalt, sei es ein solches eines Prozesses, erscheinen. Und nach diesen Phänomenen, d. h. nach Formen, Eigenschaften, Ereignissen und Vorgängen im Leben der Pflanze, werden wir unsere nun folgenden Erörterungen einteilen und, wo es möglich ist, bei den Genmanifestationen beginnen. Daß sich dabei in dieser jüngsten Disziplin der Botanik nicht alle einzelnen Ursachenreihen klar trennen lassen, dürfte auf der Hand liegen.

Zum genaueren Verständnis sei noch auf folgendes hingewiesen. Jede lebende Zelle einer Pflanze besitzt das gesamte Erbgut, ist also von dort her gesehen „omnipotent". Daß nicht jede einzelne Zelle eines vielzelligen Organismus alle Eigenschaften, die dem Erbgut entsprechen, manifestieren kann, läßt sich rein äußerlich durch den Hinweis erläutern, daß sich vielfältige Eigenschaften allein durch eine Zusammenarbeit mehrerer oder gar vieler Zellen zeigen.

Das bedeutet zugleich für diese Zellen eine Blockade aller anderen in ihrem Erbgut vorhandenen Möglichkeiten. Wir kennen in einzelnen Fällen den entwicklungsgeschichtlichen Ort solcher Blockaden. Solange ein Moos als Gametophyt wächst, sind alle Eigenschaften, die den Sporophyten bestimmen, blockiert. Sobald ein befruchtetes Ei im Archegonium auswächst, sind die Eigenschaften des Gametophyten blockiert. Wenn man aber die Seta des Gametophyten zur Regeneration bringt, dann erscheinen die Eigenschaften des Gametophyten wieder von neuem, unbeschadet der Chromosomenzahl, dennoch modifiziert durch die Genomerhöhung. Wird im Erbgut des gleichen Mooses durch eine Mutation eine Blockade gesetzt, die jegliche Stämmchenbildung am Protonema unterbindet, so wird weder der vollständige Gametophyt noch ein Sporophyt ausgebildet. Solche Genblockaden zeigen einmal, wo im Normalablauf das Einsetzen eines neuen Gens beginnt, zum anderen läßt sich auf diese Weise oftmals die Wirksamkeit eines Gens erläutern, dann nämlich, wenn sich zeigt, daß im Normalfall die gleiche Aktivität oder Blockade durch innere oder äußere Bedingungen hervorgerufen werden kann.

Gleichsam am Rande sei vermerkt, daß hier noch unendliche Möglichkeiten verborgen liegen. Es ist genau so denkbar, daß durch Mutation Blockaden gelöst wie gesetzt werden. Vielfach wird mit dem anscheinenden Setzen einer Blockade zugleich eine solche gelöst sein. Eine Pflanze wird meist ein Maximum von Anpassung an ihre „normalen Lebensbedingungen" aufweisen. Mutiert sie irgendwie, dann tritt sie aus diesem eingespielten Gleichgewicht heraus, und so hat sich in der Tat gezeigt, daß in solchen Fällen andere als die „normalen Lebensbedingungen" gefunden werden können, unter denen sie besser, kräftiger, vitaler lebt als die Ausgangsform (BRÜCHER).

I. Physiologie der Keimung

Wir beginnen tunlichst mit den Fragen danach, auf welche Weise die Zustände der Aktivität und Inaktivität miteinander abwechseln können. Dabei haben wir uns zunächst darüber klarzuwerden, was man unter Aktivität und Inaktivität versteht.

1. Physiologische Aktivität

Es gilt zunächst Mißverständnisse zu vermeiden. Die Bezeichnung darf niemals bedeuten, daß man dem Organismus Unabhängigkeit von der Zwangsläufigkeit des energetischen Geschehens im Potentialausgleich zuschiebt. Unter diesem Gesichtspunkt betrachtet ist alles, was in einem Organismus vor sich geht, genau dem gleichen ursächlichen Geschehen unterworfen wie in der nichtlebendigen Natur.

Die Aktivität vielmehr, die man dem Organismus zuschreibt, bedeutet allein, daß durch ihn dem Ausgleich des Potentialgefälles ein ganz bestimmter unter vielen verschiedenen möglichen Wegen aufgenötigt wird. Es handelt sich also um ein geleitetes Energiegefälle; eine Ausnahme aus den physikalisch-energetischen Gesetzmäßigkeiten gibt es auch im Pflanzen- und Tierreich nicht (BÜNNING).

a) Aktivität bzw. Inaktivität von Potenzen

Daß ein Teil eines Organismus in inaktiven Zustand übergehen kann, bedeutet nichts Besonderes. Faktisch werden niemals alle in einem Organismus gegebenen Möglichkeiten realisiert; vielmehr bleiben irgendwelche stets inaktiv. Das, was oben über die genetischen Blockaden gesagt wurde, läßt sich auf jede andere Gestaltung oder Leistung übertragen.

Es hat ein Sproßstück oder ein Blattstück durchaus die Potenzen zur Wurzelbildung. Doch erscheinen diese Wurzeln immer erst dann, wenn man die Stücke aus dem Ganzen herausnimmt und isoliert. Diese Potenzen werden also in ihrer Entfaltung vorher durch die

Einfügung des Stückes in den Zusammenhang mit anderen Teilen begrenzt. So ist es auch nicht verwunderlich, daß es Zustände gibt, in denen vorübergehend überhaupt keine der vorhandenen Potenzen realisiert sind.

Die Bedingungen des Übergangs in inaktiven Zustand sind weitgehend unbekannt. Wir wissen allein, daß entweder ganze Pflanzen in periodischem Wechsel oder einzelne Pflanzenteile im Laufe ihrer normalen Entwicklung in inaktiven Zustand übergehen. Warum das der Fall ist und welche Ursachenketten dabei ablaufen, ist selten erkennbar.

Einige Kenntnisse besitzen wir. Es gibt Pflanzen, bei denen das Cytoplasma durch direkte Austrocknung nicht getötet wird wie meistens, sondern unmittelbar ohne sich vorher zu ändern, in inaktiven Zustand übergeht. So können zahlreiche Moose vollständigen Wasserentzug ohne Schaden ertragen und oftmals auch nach langer Zeit wieder in aktiv-lebendigen Zustand durch einfache Wasserzufuhr zurückkehren.

Noch eine andere Möglichkeit gibt es, aktiv-lebendige Objekte in inaktiven Zustand zu versetzen. Die Sporen von *Equisetum arvense* befinden sich normalerweise keineswegs im Ruhezustand; vielmehr läßt sich an ihnen eine hohe Atmungsintensität konstatieren, wobei Inaktivität ausgeschlossen ist. Demzufolge sterben sie unter ungünstigen Lebensbedingungen wenige Tage nach ihrer Entfernung aus dem Sporangium ab; sie können später nicht mehr keimen und in kein Wachstum mehr eintreten. Kühlt man sie jedoch vorsichtig auf $+4$ bis -4^0 C ab, so wird die Atmungsintensität weitgehend herabgesetzt, und sie bleiben lange Zeit hindurch keimfähig.

b) Kennzeichen der Ruhezustände

Viele Sporen, Samen, Winterknospen usw. stellen Ruhezustände dar, in welchen sie ungünstige Lebensbedingungen überdauern können. Das Kennzeichen der Ruhe — der Mangel an Aktivität — besteht darin, daß keine Veränderung sichtbar wird, kein Wachstum oder Stoffumsatz erfolgt. Ein besonders typisches und zugleich besonders exakt feststellbares Merkmal ist das Fehlen jeglicher Atmung. Das bedeutet zugleich, daß ruhende Samen auch unter völligem Sauerstoffabschluß am Leben bleiben können. Ein weiteres wesentliches Kennzeichen ist die weitgehende Entquellung, und damit zugleich ist die Resistenz gegen Trockenheit und gegen extreme Temperatur gegeben.

Daß die Ruhezustände trotzdem nicht tot, sondern lebend sind, ist allein schon daraus ersichtlich, daß sie jederzeit wieder unter geeigneten Bedingungen in den aktiv-lebendigen Zustand zurückkehren können, d. h. daß sie *keimfähig* sind. Erst Samenkörner, die ihre Keimfähigkeit verloren haben, sind tot. So ist es durchaus wahrscheinlich, daß sich auch an den ruhenden Samen noch andere Zeichen dafür finden, daß sich trotz der Anabiose Lebensvorgänge in ihnen abspielen.

c) Dauer der Keimfähigkeit

Diese ist artgemäß — also vermutlich genetisch — festgelegt und außerordentlich verschieden. Da sie jedoch weitgehend durch äußere Bedingungen während des Ruhens verschoben werden kann, ist ein Vergleich nur unter gleichartigen Bedingungen möglich. Als solche können die normalen Weisen trockener Aufbewahrung in gärtnerischen Betrieben oder in Laboratorien gelten. Die Tabelle 14 gibt einen guten Vergleich.

Diese Lebensdauer der Samen kann — wie oben schon erwähnt — durch äußere Bedingungen sehr weitgehend verschoben werden; im Sinne einer Verlängerung besonders dann, wenn sehr tiefe Temperaturen bestehen und ein gänzlicher Abschluß von dem Sauerstoff der Luft gegeben ist. So haben sich in alten Waldböden nach Auflockerung und Überführung ins Gewächshaus Keimlinge von Schlagpflanzen finden lassen, deren Samen dort weitaus länger gelegen haben müssen als ihrer Keimfähigkeitsdauer im Laboratorium entspricht.

Tabelle 14. Dauer der Keimfähigkeit verschiedener Samen

Rhizophora *Ardisia crenulata* *Monophyllaea Horsfieldii*	keimen in der Frucht
Oxalis rubella *Oxalis pentaphylla*	keimen unmittelbar nach Aufspringen der Frucht; werden durch Austrocknen getötet
Populus-Arten	3—4 Wochen Keimfähigkeit
Salix-Arten	bis zu 10 Monaten Keimfähigkeit
Streptocarpus-Arten	2—3 Jahre Keimfähigkeit
Oenothera biennis	5 Jahre Keimfähigkeit
Oenothera Berteriana	8 Jahre Keimfähigkeit
Secale cereale	5—8 Jahre (nach 10 Jahren tot)
Hordeum vulgare *Triticum sativum*	nach 10 Jahren noch zu 70—90% keimfähig
Trifolium caespititium	28 Jahre Keimfähigkeit
Solanum lycopersicum *Brassica nigra*	bis zu 50 Jahren Keimfähigkeit
Melilotus lutens	55 Jahre Keimfähigkeit
Mimosa pudica	60 Jahre Keimfähigkeit
Cassia bicapsularis	85 Jahre Keimfähigkeit

2. Keimung

Unter Keimung versteht man den umgekehrten Vorgang der Inaktivierung, nämlich die Rückkehr in den aktiv lebendigen Zustand. Dabei taucht auch das Problem auf, ob eben dieser erneute Beginn der Aktivität schon sogleich mit dem Wachstum identisch ist oder ob der Übergang — eben die Keimung — besonderen Gesetzmäßigkeiten folgt.

Wir beginnen mit der Frage, ob in allen Fällen eine Keimbereitschaft von Ruhezuständen unmittelbar nach der Abtrennung von der Mutterpflanze besteht. Dabei trifft man auf das Phänomen der

Nachreife. Vielfach muß nach der Loslösung von der Mutterpflanze noch eine gewisse Zeit verstreichen, bis die Keimbereitschaft erreicht ist.

So sind z. B. die Samen von *Antirrhinum majus* erst nach zwei Monaten keimbereit. Von *Barbaraea vulgaris* sind nach drei Wochen 7% der Samen keimbereit, nach drei Monaten 58% und nach sechs Monaten 80%. Abgesehen von Samen gibt es auch einige Sporen, also einzellige Fortpflanzungskörper, die ebenfalls nachreifebedürftig sind.

Drei Möglichkeiten der Erklärung dieses Phänomens gibt es: einmal kann es sich um rein physikalische Veränderungen der Membran handeln, die erst nach einiger Zeit wasserdurchlässig ist, zum andern ist es denkbar, daß sich die Fermentaktivität ändert. In den Samen endlich ist oftmals der Embryo bei dem Abstoßen von der Mutterpflanze noch nicht völlig ausgebildet, sondern wächst noch während der Nachreifezeit heran.

a) Die inneren Bedingungen der Keimung

Rhythmische Änderungen der Keimungsbereitschaft. Bei den Sporen von *Plasmopara viticola*, bei verschiedenen Samen und bei den Turionen (abgestoßenen Winterknospen) von *Hydrocharis morsus ranae* finden sich rhythmische Änderungen der Keimungsbereitschaft in Abhängigkeit von der Jahreszeit, die sich über mehrere Jahre — bis zu vier sind beobachtet worden — wiederholen können.

Die in Abb. 489 gegebene Kurve, welche die Periodizität der Keimfähigkeit der Samen von *Hypericum perforatum* und *Gratiola officinalis* über zwei Jahre verfolgt, zeigt das sehr anschaulich (Abb. 489). Eine Interpretation wird erst später im Zusammenhang mit dem Aktivitätswechsel der ganzen Pflanze gegeben werden. Für die Probleme der Keimungsphysiologie ergibt sich darum mit Sicherheit, daß selbst in ruhenden Samen und sonstigen anabiotischen Überdauerungsorganen echte Lebensvorgänge feststellbar ablaufen.

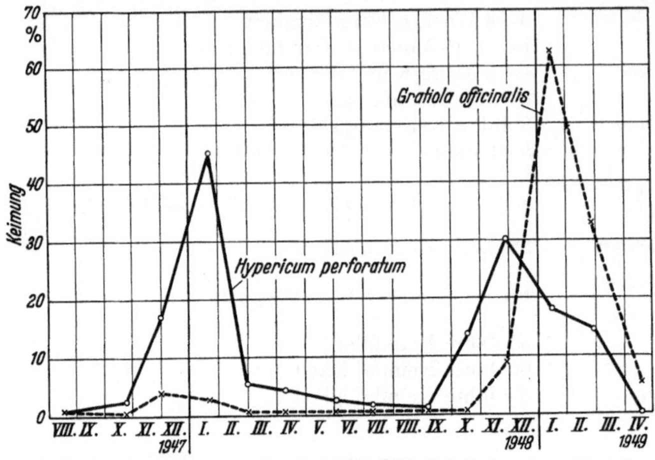

Abb. 489. Jahresperiodische Schwankungen der Keimfähigkeit bei Samen von *Hypericum perforatum* und *Gratiola officinalis*. Die Samen sind trocken und unter konstanten Bedingungen aufbewahrt worden. Der Prozentsatz der gekeimten Samen wurde bei Hypericum jeweils nach 7, bei Gratiola nach 14 Tage langem Aufenthalt der Samen im Keimbett bestimmt. (Nach BÜNNING)

b) Die äußeren Bedingungen der Keimung

Beseitigung keimungshemmender Substanzen. Besonders in fleischigen Früchten gibt es solche Stoffe, die Blastokoline genannt werden. Meist sind sie noch nicht chemisch identifiziert, doch scheint es, daß das Cumarin als keimungshemmendes Mittel besonders wirksam ist.

Diese Blastokoline können auf verschiedene Weise beseitigt werden, womit zugleich die Keimungsbereitschaft hergestellt wird. Das kann einmal durch Abspülen mit Wasser geschehen, zum anderen durch die adsorbtiven Eigenschaften des Bodens. Und endlich scheint es auch, daß diese Substanzen eine Umsetzung in wachstumsfördernde Stoffe erfahren können.

Wasser. In allen anabiotischen Ruhezuständen befindet sich das Plasma in weitgehend entquollenem Zustand. Um wieder in aktiv-lebendigen Zustand zurückzugelangen, muß eine Quellung vorhergehen; Vorhandensein von Wasser ist also eine unerläßliche Keimungsbedingung.

Gewiß ist Quellung und Keimung theoretisch unterscheidbar; einerseits können auch tote Samen quellen, aber nicht keimen; zum anderen ist die bloße Quellung keimfähiger Samen reversibel, die Keimung hingegen nicht. Dennoch ist es faktisch kaum zu entscheiden, wo Quellung aufhört und die aktiven Lebensvorgänge der Keimung anfangen.

Die Quellung beginnt in der toten Membran und wird durch diese vielfach gehindert. Dadurch können innerhalb der gleichen Form oftmals außerordentliche Differenzen in der Keimdauer zustande kommen. So hat MOLISCH Samen von *Gleditschia* zwei Jahre und 108 Tage in Wasser gequollen und während der ganzen Zeit von 838 Tagen traten stets neue Keimungen auf. Die erste nach vier Tagen, und nach 838 Tagen waren erst 42 von 50 gekeimt. Derartige „Trotzer" können durch Anschneiden der Samenschale, durch kurzfristige Einwirkung von H_2SO_4, durch Einpressen von Wasser unter Druck von 6—8 Atmosphären (DE VRIES) beschleunigt zur Keimung gebracht werden.

Temperatureinwirkung. Die allgemeinen Grundsätze der Temperatureinwirkung auf die Lebensvorgänge seien hier vorweg erörtert. Da alle Lebensprozesse mit chemischen Umsetzungen verbunden sind, finden die für diese gültigen allgemeinen Regeln der Temperatureinwirkung auch hier ihre Anwendung. Diese besagen nach VAN'T HOFF, daß bei Zunahme der Temperatur um 10⁰ C sich die Reaktionsgeschwindigkeit eines chemischen Vorgangs — gleichbleibende Systembedingungen vorausgesetzt — annähernd verdoppelt. Bei den Lebensabläufen haben wir es freilich mit außerordentlich empfindlichen Systembedingungen zu tun, solchen nämlich, die sich innerhalb des Cytoplasmas, d. h. eines Gemisches von hochlabilen Eiweißsubstanzen abspielen. Infolgedessen sind hier enge Temperaturgrenzen gegeben, innerhalb deren die reine Beschleunigung einer chemischen Reaktion stattfinden kann. Außerhalb dieser engen Grenzen nun findet sich eine Schädigung des Systems, so daß die chemischen Umsetzungen mehr oder weniger eingreifend sistiert werden können. Infolgedessen spielt sich die Temperaturwirkung auf einen Organismus stets in Form einer sogenannten Optimumkurve ab. Es findet sich ein Temperaturminimum, unterhalb dessen die fraglichen Vorgänge überhaupt nicht ablaufen, ein Temperaturoptimum, bis zu welchem sie ihre größte Beschleunigung erreichen, und ein Temperaturmaximum, bis zu dem sie wieder abnehmen, um nach diesem wiederum gänzlich aufzuhören. Diese drei Temperaturstufen bezeichnet man als die *Kardinalpunkte* für einen bestimmten Prozeß. Handelt es sich nun um Vorgänge gleichen Charakters im Organismus, so werden die Kardinalpunkte zusammenfallen, bei verschiedenen hingegen bei unterschiedlichen Temperaturen liegen.

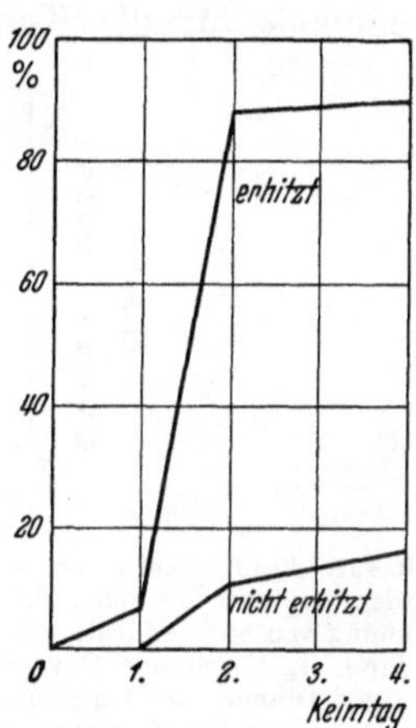

Abb. 490. Keimverlauf der Samen bei der Futtermalve *(Malva verticillata)*, die auf 70⁰ erhitzt waren, im Vergleich zum Keimverlauf nicht erhitzter Samen. (Nach RUGE und KRULL aus BÜNNING)

Die Keimung ist wie jeder Entwicklungsvorgang temperaturbedingt und ergibt in Abhängigkeit von ansteigender Temperatur eine Optimumkurve. Nun hat sich für verschiedene Formen feststellen lassen, daß die Kardinalpunkte der Temperatureinwirkung für den Keimungsvorgang etwas andere sind als für den Wachstumsprozeß. Obwohl sich dabei nur quantitative Verschiebungen zeigen, kann man doch schon annehmen, daß es sich um verschiedene Aktionen bei beiden Vorgängen handelt. Wesentlich bedeutungsvoller sind die qualitativen Unterschiede. So haben *kurzdauernde niedrige Temperaturen* (0⁰ bis — 5⁰) oder *kurzdauernde hohe Temperaturen* (zwischen 50⁰ und 70⁰) eine Beschleunigung des Keimungsvorganges bei nachfolgender Normaltemperatur von 20⁰, zur Folge (Abb. 490). Ebenso kann ein mehrfacher *Temperaturwechsel* eine ähnlich fördernde Wirkung besitzen, was alles beim Wachstum nicht bemerkt wird.

Licht- und Dunkelkeimung. Es gibt Samen und Sporen, die allein unter der Einwirkung des Lichtes keimen; dazu gehören beispielsweise die Samen von *Nicotiana, Verbascum, Epilobium, Veronica* und *Lythrum,* ferner solche, die nur bei Dunkelheit keimen. In dieser Kategorie finden sich die Samen von *Allium, Nigella, Nemophila* und *Phacelia.* Bei den letztgenannten hat also das Licht die gegenteilige Wirkung wie bei ersteren; es wirkt hemmend statt fördernd auf die Keimung.

Es besteht eine umfassende Literatur, die sich mit diesen Erscheinungen beschäftigt hat. Doch sind darin eine Unzahl schwer zu vereinender und eigentlich mehr verwirrender als klärender Tatsachen zutage gefördert worden. Zweierlei soll als bedeutungsvoll hervorgehoben werden. Einmal, daß es sich bei der Lichtwirkung um rein physikalische Veränderungen der Samenschale oder sonstiger Hüllen des Samens (Spelzen der Caryopse von *Chloris ciliata*) handeln kann. Es ist möglich, daß durch das Licht die Wegsamkeit solcher Membranen für Wasser oder Sauerstoff verändert wird, wobei sich diese Wirkung ausschließlich an gequollenem

Material konstatieren läßt. Die zweite ebenfalls wichtige Erkenntnis ist die, daß sekundäre Einflüsse modifizierend eingreifen können. So gibt es in beiden Kategorien Samen, die bei abweichenden Temperaturen auch unter hemmenden Lichtbedingungen (Licht oder Dunkelheit) zu keimen vermögen.

Besonders bedeutungsvoll für eine tiefere Erfassung des Phänomens erscheinen Versuche, in denen nachgewiesen worden ist, daß das Licht sowohl eine Förderung wie eine Hemmung induzieren kann je nach dem Spektralbereich, den man auf die Samen einwirken läßt. Allgemein läßt sich feststellen, daß der Spektralbereich im Rot und Orange, also zwischen 700—520 mμ eine Förderung, in den Bereichen kürzerer Wellenlängen eine Hemmung induziert. Besonders exakt ist diese Abhängigkeit für die Keimung der Achaenen von *Lactuca* aufgewiesen worden

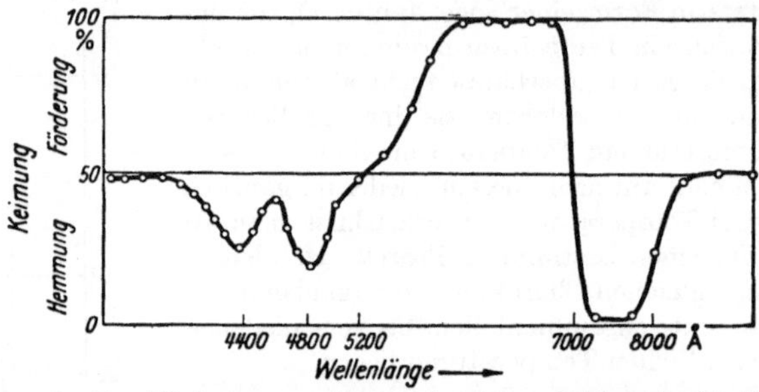

Abb. 491. Beeinflussung der Fruchtkeimung von *Lactuca* durch verschiedene Spektralbereiche. Die Früchte wurden zunächst mit rotem Licht vorbehandelt, welches so dosiert war, daß ohne weitere Behandlung eine Keimung von 50% eintrat. Sodann wurde noch zusätzlich mit den angegebenen Spektralbereichen bestrahlt. Dadurch ergab sich eine Abweichung des Keimprozentes vom Werte 50, und zwar bedingten einzelne Bereiche (Rot und Orange) eine Förderung der Keimung, andere (Grenze von Ultrarot und Rot, sowie Blau und Violett) eine Hemmung der Keimung. Ultraviolett und ferneres Ultrarot sind indifferent. Die Blauhemmung könnte einer Absorption in Carotinoiden, die Rotförderung einer Absorption im Chlorophyll entsprechen, während die für die Ultrarothemmung verantwortlich absorbierende Substanz noch rätselhafter ist. Jedenfalls entspricht jedem Förderungs- oder Hemmungsbereich ein Absorptionsmaximum in bestimmten, in Extrakten nachweisbaren Substanzen. (Nach FLINT und MCALISTER aus BÜNNING)

(Abb. 491), so daß zu erwarten steht, daß von hier aus eine Verbesserung unserer Einsicht in das Getriebe der Licht- und Dunkelkeimung erreicht werden kann.

Substratwirkung und Wirkung chemischer Faktoren auf die Keimung. Vielfach hat sich bei Versuchen auf Erde und ähnlichen Substraten eine erhebliche Förderung der Keimung ergeben; jedenfalls ist stets ein höherer Keimungsprozentsatz als bei entsprechenden Versuchen auf Fließpapier und destilliertem Wasser gefunden worden. Zweierlei Möglichkeiten bestehen dabei: einmal kann die Erde adsorptiv die oben erwähnten Blastokoline entfernen; zum andern können bestimmte Substanzen, die aus der Erde in Lösung gehen, eine stimulierende Wirkung ausüben.

Sehr viele solcher Substanzen, die eine keimungsfördernde Wirkung besitzen, sind bekannt geworden. Bei dem Frühtreiben der Winterknospen im Jahresrhythmus wird noch einmal davon die Rede sein. Hier sei lediglich eine ganz spezifische Wirkung genannt, nämlich daß das Bor für die Keimung der Pollenkörner förderlich, für viele unentbehrlich ist. Insbesondere ist der Seerosenpollen in seiner Keimung von Borsäure absolut abhängig, und zwar spricht er noch auf eine Konzentration von 0,00005% an.

II. Aktivitätswechsel ganzer Pflanzen
(Endogener Jahresrhythmus)

Ausdauernde Pflanzen, die mehr als eine Vegetationsperiode in einem dem mitteleuropäischen gleichenden Klima zu verbringen geeignet sind, erleiden als Ganze einen Aktivitätswechsel, der als ein endogener mit den Außenbedingungen in Übereinstimmung befindlicher und möglicherweise von diesen gesteuerter Rhythmus aufzufassen ist. Es ist von besonderer Bedeutung, daß auch organographisch solche Pflanzen als eine immer wieder erneute Kombination von einjährigen aufgefaßt werden können (S. 149).

Die Winterknospen, die im Frühjahr aufbrechen, haben an ihrer Basis Niederblätter, den Kotyledonen der Keimpflanzen vergleichbar. Die daraus entstehenden Triebe, die mit ungeheuerer Wachstumsintensität hervorschießen, setzen jährlich einen neuen Mantel von Zweigen auf die alte Krone. Sie sind mit Laubblättern besetzt und endigen entweder in einer Blüte, die Samenkörner (Ruhezustände) hervorbringt, oder in Winterknospen, die alsbald ebenfalls in Inaktivität übergehen. Bedeutungsvoll ist ferner, daß sich dieser Jahresrhythmus auch in sekundärem Dickenwachstum in der Ausbildung von Jahresringen bemerkbar macht und weiterhin, daß rhythmische Veränderung der Wachstumsaktivität auch bei Pflanzen gleichmäßig tropischer Klimate vorkommen.

Rhythmische Änderungen in der Keimbereitschaft der Samen. Dieses Phänomen, das wir oben (S. 399) als Kennzeichen dafür angesehen hatten, daß auch im Zustande der Inaktivität echte Lebensvorgänge konstatierbar sind, findet hier seine Einordnung: mit dem Jahresrhythmus der Aktivität vieljährig-ausdauernder Pflanzen stimmt der Rhythmus der Keimbereitschaft auch der Samen einjähriger Pflanzen überein (Abb. 489), so daß man annehmen kann, hier zeige sich ein gemeinsames in der Struktur der Pflanze verankertes Lebenselement an (BÜNNING).

Winterknospen sind die von Niederblättern eingehüllten meristematischen Teile der Sproßenden, die sich in inaktivem Zustand befinden. Sie sind zwar nicht völlig den Samenkörnern vergleichbar, aber immerhin doch annähernd. Eine der Differenzen zwischen Winterknospen und Samenkörnern bzw. anderen Ruhezuständen besteht darin, daß die Atmungsprozesse bei den Winterknospen nicht vollkommen sistiert sind.

Frühtreiben der Winterknospen. Die Bedürfnisse der Praxis in der Gärtnerei haben zu einer umfassenden Kenntnis geführt, wie man Winterknospen vorzeitig zum Austreiben bringen kann. Dabei hat sich herausgestellt, daß man die Gesamtruheperiode in drei Teile gliedern kann, eine Vorruhe, eine Hauptruhe und eine Nachruhe. In der Vorruhe und in der Nachruhe sind die Winterknospen relativ einfach zum Treiben zu bewegen, in der Hauptruhe nur schwer.

Durch ganz ähnliche Einwirkungen wie sie verwendet werden, um Samen zur Keimung zu bringen, läßt sich auch ein Frühtreiben der Knospen erreichen. Hinzu kommt die besondere Wirksamkeit von Giften, insbesondere der Blausäure. Unter dem Einfluß einer 1—2stündigen Behandlung lassen sich die Knospen selbst dann zum Treiben bewegen, wenn sie sich in der Hauptruhe befinden. Auch eine ganze Reihe von anderen Substanzen sind gefunden worden, die ähnliche Wirkungen besitzen. Vielfach dürfte es sich wohl um eine direkte Schädigung von Zellen dabei handeln, deren Ausgleich eine Aktivität verlangt, in die dann anschließend der Organismus eintritt.

III. Das Wachstum

Unter dem Wachstum versteht man die *irreversible Volumvergrößerung einer Pflanze*. Ein jeder Wachstumsvorgang ist also eine Massenvermehrung und setzt damit das Vorhandensein von Baustoffen voraus, die letzten Endes aus dem anorganischen Bereich durch Assimilation zu erstellen sind. Darum muß von dieser Seite des Wachstums in dem Abschnitt über den Stoffumsatz noch ausführlich die Rede sein. Hier sind allein seine entwicklungsphysiologischen

Grundlagen zu behandeln. Man unterscheidet drei Weisen, in denen es sich vollzieht: 1. das Plasmawachstum, 2. das Teilungswachstum und 3. das Streckungswachstum.

1. Plasmawachstum

Es handelt sich dabei nicht nur um eine bloße Massenvermehrung an Eiweiß, sondern vielmehr um den Einbau spezifischer, speziell geordneter Eiweißkörper, durch Autokatalyse an bestimmten Stellen der Zelle aus nichtspezifischem Ausgangsmaterial entstanden. Diese Fähigkeit zur Selbstreproduktion besitzen alle aus Plasma aufgebauten Einzelelemente der Zelle, Kern, Plastiden und Cytoplasma.

Die Bedingungen des Plasmawachstums. Zu einem geordneten Plasmawachstum sind als erstes die Baustoffe Kohlenhydrate, Aminosäuren usw. notwendig. Daneben bedarf es aber noch einer ganzen Reihe von *Wirkstoffen*, die lediglich in ganz geringen Konzentrationen vorhanden zu sein brauchen. Die meisten Pflanzen, vor allem die grünen, bilden diese Wirkstoffe im eigenen Stoffwechsel. Aufgedeckt wurde dessen Bedeutung bei den Pflanzen, die auf ihren Erwerb von außen angewiesen sind, weil sie sie nicht aufzubauen vermögen.

Die genetischen Grundlagen des Plasmawachstums sind die gleichen wie die für die Eiweißsynthese überhaupt. Die Studien über die biochemischen Mutanten der Ascomyceten *Neurospora* und *Penicillium* haben Einsichten in die erblich bedingte Steuerung dieses Vorgangs vermittelt, die bisher noch unbekannt waren (BEADLE).

Artifiziell hervorgerufene Mutanten solcher Pilze, die auf dem sogenannten Minimalmedium nicht mehr zu wachsen vermögen, wurden daraufhin geprüft, welcher Zusatz ein weiteres Wachstum vermittelt. Dabei sind, um ein Beispiel zu nennen, eine große Anzahl von Mutanten gefunden worden, die weiterwachsen, wenn man ihnen Arginin zusetzt, also eine Vorstufe der Eiweißsynthese in Form einer relativ hochmolekularen Aminosäure. Diese argininbedürftigen Mutanten unterscheiden sich jedoch noch untereinander. Denn nicht alle brauchen das Argininmolekül selbst, für einige genügt es, wenn ihnen Citrullin oder Ornithin zugesetzt wird, oder auch noch andere Vorstufen dieser Aminosäuren; so ergibt sich das folgende Schema:

$$
\begin{array}{cccc}
\text{Gene} & \text{Gene} & \text{Gen} \\
4,\ 5,\ 6,\ 7, & 2,\ 3 & 1 \\
\text{X} \longrightarrow \text{Ornithin} \longrightarrow \text{Citrullin} \longrightarrow \text{Arginin}
\end{array}
$$

Daraus ergibt sich also, daß jeder Schritt in der Synthese, die über die eben angegebenen Stoffe führt, von je einem Gen gesteuert wird. Im ganzen ist die genetische Abhängigkeit der meisten wichtigen Aminosäuren, auch der S-haltigen Aminosäuren, letztere sogar in ihrem Syntheseprozeß vom Sulfation aus verfolgt worden. Anfänglich schien es so, als wenn ein einzelnes Gen jeweils für einen einzelnen Syntheseschritt verantwortlich sei. Neuerdings freilich hat sich herausgestellt, daß es auch Gene gibt, die offenbar mehrere Syntheseschritte zugleich bewirken können. Diese Vorgänge werden vermutlich direkt durch genbedingte Wirkstoffe veranlaßt, die uns als solche gegenwärtig noch unbekannt sind.

Wirkstoffbedürftigkeit des Plasmawachstums. Schon vor den Untersuchungen an den Mutanten von *Neurospora* sind Versuche mit diesen und anderen Heterotrophen gemacht worden, die insofern dieselbe Arbeitsweise vorwegnehmen, als sie auch das Wachstum der Pilze — in diesem Fall differente Gattungen — auf artifiziellen Nährböden untersuchten und dementsprechend eine Seriierung nach der Bedürftigkeit für besondere Wirkstoffe erreichen konnten (SCHOPFER).

Penicillium hat allein die Fähigkeit zur CO_2-Assimilation verloren; es läßt sich faktisch auf einem anorganischen Nährboden mit Zucker (Glucose oder Saccharose) aufziehen. *Neu-*

rospora bedarf des Biotins als Zusatz zum anorganischen Nährboden. *Phycomyces nitens* braucht Aneurin, einen Bestandteil der Vitamingruppe B_1. Bei anderen Heterotrophen sind die Vitamine der Gruppe B_2, also im wesentlichen Nicotinsäurederivate, notwendig.

Wir wollen als Beispiel allein die Bedeutung des Aneurins behandeln. *Phycomyces nitens* wird durch geringe Zugaben von Aneurin (0,01 γ/20 cm² Nährlösung) zum Wachstum veranlaßt. Der Pilz kann also diese Substanz nicht selbst synthetisieren, wohl aber ist er in der Lage, Aneurin aus seinen beiden Teilmolekülen Pyrimidin und Thiazol zusammenzubauen.

Pyrimidin   Thiazol

Mucor Ramannianus vermag das Pyrimidin aus anorganischen Substanzen + Glucose zu synthetisieren, nicht aber Thiazol. *Rhodotorula rubra* synthetisiert Thiazol nicht, jedoch Pyrimidin. Beide zusammen können sich also ergänzen und vermögen auf synthetischem Nährboden zu wachsen.

Auch eine der möglicherweise vielfältigen funktionellen Bedeutungen des Aneurins ist inzwischen bekannt geworden. Man hat es als das Co-Ferment der Brenztraubensäurekarboxylase identifiziert. Es ist darin durch zwei Phosphorsäuremoleküle mit dem Apo-Ferment verbunden:

Co-Ferment

Damit ist also diese Substanz als ein Bestandteil eines der wesentlichsten Enzyme der alkoholischen Gärung aufgewiesen, und ihre Bedeutung im normalen Stoffwechsel dürfte in der gleichen Überführung der Brenztraubensäure in Acetaldehyd bestehen, nur daß dieses Produkt bei normaler Sauerstoffatmung anderweitige Verwendung findet und nicht zu Äthylalkohol reduziert wird.

Neuerdings ist festgestellt worden, daß auch die Wurzeln der meisten Pflanzen Aneurinheterotroph sind. Normalerweise erhalten sie den Wirkstoff aus den grünen Blättern. Will man also Wurzeln in Organkulturen wachsen lassen, so bedürfen sie der Zugabe von Aneurin. Eine Ausnahme bilden die Tomatenwurzeln, die auch ohne diesen Wirkstoff wachsen.

Der Ablauf des Plasmawachstums. Es ist denkbar, daß die identische Reduplikation artspezifischer Eiweißstoffe in allen protoplasmatischen Organen überall in der gleichen Weise erfolgt. Der Vorgang vollzieht sich nach neueren Vorstellungen (CASPERSSON, FRIEDRICH-FREKSA) unter Mitwirkung der Ribose- und Desoxyribosenucleinsäure; diese mögen aus dem Kern stammen, auch wenn sie im Cytoplasma wirksam sind.

Die Bausteine der Thymonucleinsäure, deren Reservoir unter anderem auch der Nucleolus des Kernes darstellt, lagern sich an die langgestreckten Eiweißmoleküle so an, daß je entgegengesetzt geladene Gruppen einander benachbart sind. Sie polymerisieren sich dann zu den ebenfalls hochmolekularen, langgestreckten Ketten der Ribosenucleinsäure, die auf diese Weise ein negatives Abbild des ursprünglichen Ladungsmusters des betreffenden Eiweißes geben. Sie können dann als Matrize wirken, an die sich die entsprechenden Aminosäuren in der gleichen

Weise anlagern und die dann ihrerseits zu einer Polypeptidkette sich vereinigen. Man könnte sich das nach folgendem Schema vorstellen:

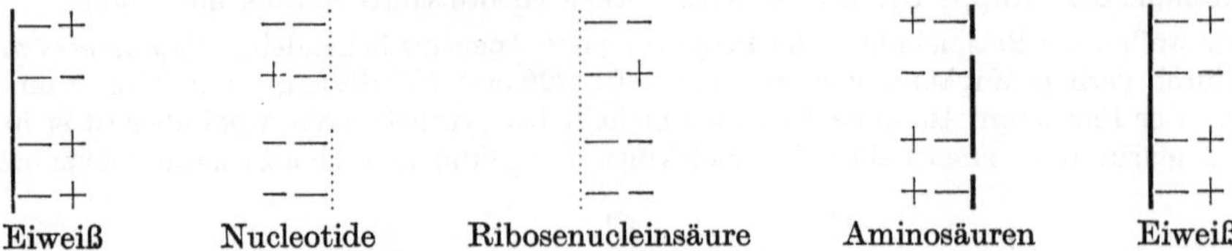

Am Schluß dieses Ablaufes liegt wieder ein Eiweiß mit der ursprünglichen Anordnung der Ladungen vor: es ist identisch reproduziert und die Ribosenucleinsäure kann wieder anderer Verwendung zugeführt werden. Exakt bewiesen ist dieser Vorgang noch keineswegs, indessen lassen sich mancherlei Befunde für seine Wahrscheinlichkeit anführen. Übrigens ist diese Vorstellung von FRIEDRICH-FREKSA zunächst für die identische Reproduktion der Chromosomenpolypeptidketten entwickelt worden, für die selbstverständlich bezüglich des Wachstums ihres spezifischen „Plasmas" genau dasselbe gelten muß, wie für die identische Reproduktion der Eiweiße im Cytoplasma.

2. Das Teilungswachstum

a) Kern-Plasmarelation und Zellteilung

Der Eintritt einer Zellteilung wird vielfach mit einer Verschiebung der Kern-Plasmarelation in Zusammenhang gebracht. Darunter versteht man den empirischen Befund, daß — artspezifisch verschieden — einem Zellkern bestimmten Volumens ein ebenso bestimmtes Cytoplasmavolumen zugeordnet ist. Wird dieses Verhältnis in dem Sinne überschritten, daß die Cytoplasmamenge gegenüber der Kernmasse zu groß wird, dann tritt erfahrungsgemäß die Kern- und anschließend die Zellteilung ein.

Es fragt sich nun zunächst, wie kann überhaupt in der Relation beider Größen eine Änderung zustande kommen? Wenn sich das normale Zellwachstum so vollzöge, daß Kern und Plasma beide gleichmäßig wachsen, also an Volumen zunehmen, dann könnte dem gleichen relativen Verhältnis jede absolute Größe entsprechen. Dem ist aber nicht so. Bei jeder Kernteilung wird das Volumen des Kerns auf die Hälfte reduziert, die des Cytoplasmas in der nachfolgenden Zellteilung ebenso. Die Wiederherstellung der ursprünglichen Größe geht aber beim Kern und bei dem Cytoplasma ganz verschieden vor sich. Unmittelbar anschließend an die Kernteilung, meist noch in der Telophase, wächst der Zellkern sehr schnell auf sein ursprüngliches Volumen wieder heran, um dann auf diesem nahezu bis zur nächsten Teilung zu verharren. Während dieses rapiden Kernwachstums hat das Cytoplasma kaum noch an Volumen zugenommen, so daß unmittelbar nach dem Kernwachstum die Hälfte des cytoplasmatischen Volumens dem normalen Kernvolumen gegenübersteht. Die weitere Vermehrung des Cytoplasmas erfolgt durch eine langsame und kontinuierliche Zunahme, die nicht wie die des Kernes begrenzt ist. Durch diese unterschiedliche Wachstumsweise der beiden Zellkomponenten wird demnach die Kern-Plasmarelation bei jeder Zellteilung verändert. Es ist wohl sicher falsch, aus dieser rein empirischen Konstatierung einen einfachen ursächlichen Zusammenhang konstruieren zu wollen. Abgesehen davon, daß die Relation in Wirklichkeit sehr viel seltener eingehalten wird, als man anfänglich annahm, liegen die Verhältnisse der Teilungsauslösung viel zu kompliziert, als daß sie so simplifiziert werden dürften.

b) Die Zellteilung

Für den Eintritt einer jeden Zellteilung ist es notwendig, daß die zum Minimalbestand der Zelle erforderlichen Einzelelemente mindestens in doppelter Anzahl vorhanden sind. Welches die Grundlage der Vermehrung dieser Zellorgane ist, wurde bei dem Plasmawachstum erläutert. Bei allen *geformten* Elementen der Zelle, Kern, Plastiden, Chondriosomen, kommt außer der autokatalytischen Vermehrung spezifischer Eiweißstoffe noch die *Teilung* des betreffenden Körpers hinzu. Die Zellteilung, d. h. die Ausbildung der Trennungswand zwischen den beiden Tochterzellen, ist stets das letzte Phänomen des Gesamtvorganges. Das vorletzte indessen, auf das mit außerordentlich hoher Wahrscheinlichkeit eine Zellteilung folgt, ist die *Kernteilung.* Deshalb wird vielfach als Lehrsatz formuliert: *Jeder Zellteilung geht eine Kernteilung unmittelbar voraus.* Und so kann man faktisch, ohne gröbliche Fehler zu begehen, *die Bedingungen der Kernteilung als diejenigen der Zellteilung deklarieren.*

Dennoch darf man nicht außer acht lassen, daß beide Vorgänge, so eng sie auch in den meisten Fällen verknüpft sein mögen, doch voneinander unabhängig sein können. Es gibt nämlich entwicklungsgeschichtliche Ereignisse, in deren Verlauf zunächst eine größere Anzahl von Kernen unter gleichzeitigem lebhaftem Plasmawachstum gebildet werden. Nachträglich können dann durch schnell aufeinander folgende oder gar simultan ablaufende Zellteilungen wieder Einzelzellen mit je einem Kern aus dem gemeinsamen Raum herausgeschnitten werden.

Die Bedingungen der Zellteilung. Als Voraussetzung für den Eintritt einer Zellteilung ist zwischen *Teilungsfähigkeit* und *Teilungsbereitschaft* zu unterscheiden. Teilungsfähig sind im wesentlichen alle lebenden Zellen; allein ganz weitgehend differenzierte bzw. mehr oder weniger senile verlieren auch bei noch bestehendem Leben schließlich doch ihre Teilungsfähigkeit. Der tatsächliche Eintritt von Teilungen kommt erst beim Vorliegen besonderer Bedingungen zustande, die man zusammengefaßt als Teilungsbereitschaft bezeichnet. Ständig vorhandene Teilungsbereitschaft bedeutet, daß die Zellen in regelmäßiger Abfolge in Teilungen eintreten, in der Weise, daß in den Pausen ein hinreichendes Plasmawachstum stattfindet, so daß jeweils die Normalgröße der Zellen wieder erreicht wird. Teilungsrate und Wachstumsrate stehen also in teilungsbereiten Zellen in enger Korrelation (Kern-Plasmarelation!). Unter der Teilungsrate versteht man die Anzahl der in einer Zeiteinheit ablaufenden Teilungsschritte, unter der Wachstumsrate die in derselben Zeiteinheit autokatalysierte Menge lebender Substanz.

Wird die Korrelation zwischen diesen beiden Größen gestört, so können folgende Änderungen eintreten: Nimmt die Teilungsrate bei gleichbleibender Wachstumsrate zu, so werden die aufeinander folgenden Zellindividuen kleiner an Masse. Nimmt die Wachstumsrate bei gleichbleibender Teilungsrate zu, dann werden sie größer. Ein solcher Wechsel in den Zellgrößen kommt vielfach bei besonderen Teilungsabläufen vor, so beispielsweise bei der Ausbildung von Keimzellen. Er zeigt zugleich auch noch folgendes: wir müssen annehmen, daß die besondere Individualität der Zelle als Zusammensetzung durch eine sehr große Anzahl einzelner Bestandteile zu verstehen ist. Alle diese Einzelbestandteile sind aber in einer „normalen" Zelle stets in *großer Auflage* vorhanden, so daß ihre Anzahl gefahrlos, ohne den artspezifischen Charakter der Zelle zu ändern, auf den 16. oder gar 32. Teil herabgesetzt werden kann.

Die Bedingungen der Teilungsbereitschaft. Alle Zellen, soweit sie elementare Organismen sind und sich im aktiv lebendigen Zustand befinden, sind in ständiger Teilungsbereitschaft; von den Zellen der Vielzelligen sind es die sogenannten meristematischen. Alle Zellen als Überdauerungsorgane, alle Dauerzellen im vielzelligen Organismus sind zwar teilungsfähig, aber nicht teilungsbereit. Der Übergang in die Teilungsbereitschaft aus Überdauerungsorganen wurde bereits im Kapitel über die Keimung erörtert; er erfolgt im Anschluß an eine Quellung, also vermutlich durch eine Erhöhung der Hydratation, woran sich eine Steigerung der Atmung anschließt. Hierin und zugleich in einem reichlichen Stoffumsatz, also in den „günstigen Lebensumständen", sind die Bedingungen der Teilungsbereitschaft zu erblicken.

Daneben sind es noch eine ganze Reihe von Einzelfaktoren, die in Korrelation zu der Teilungsbereitschaft stehen. Manche davon sind höchst umstritten und von keinem dieser Faktoren kann man sagen, er sei der sinnfällige Ausdruck der Teilungsbereitschaft. So ist die Plasmaviscosität der meristematischen Zellen erhöht. Gleichzeitig scheinen quellungsfördernde Stoffe die Teilungstätigkeit zu fördern, entquellende sie zu hemmen. Bestimmte Beziehungen zum p_H-Wert und zur Lage des isoelektrischen Punktes wurden aufgesucht, doch gelang es nie, sie als allgemeingültig zu erweisen.

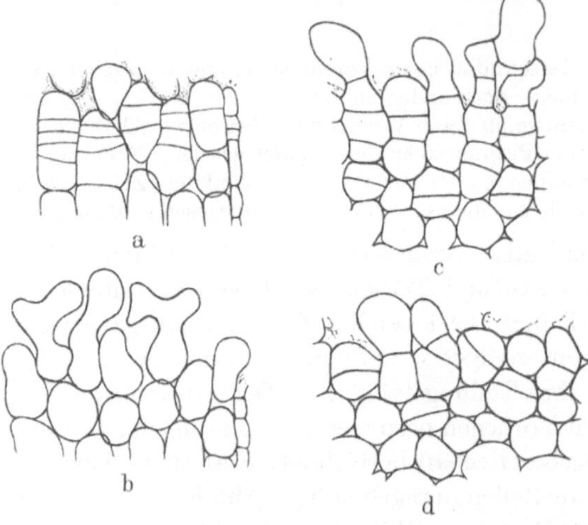

Schwieriger ist es — wie auch schon oben S. 49—50 ausgeführt — zu definieren, inwiefern die sogenannten Dauerzellen der Vielzeller die Bedingungen für ständige Teilungsbereitschaft *nicht* realisieren; denn die eben erwähnten Bedingungskomplexe können für sie bis zu einem gewissen Grade als gegeben gelten. Wir können demnach nur vermuten, daß durch die Differenzierung, die eine weitgehend einseitige Ausrichtung der Stoffwechselvorgänge herbeiführt, das Zellgeschehen sozusagen am Teilungsablauf vorbeigeführt wird. Erst wenn durch einen brutalen Eingriff Bedingungen für den unmittelbaren Eintritt einer Teilung gesetzt werden, dann ist es möglich, daß im Anschluß daran teilungsbereite Zellen als Nachkommen bereits differenzierter entstehen.

Abb. 492a—d. Wundhormone und ihre Wirkungen. a Regenerationsteilungen an der Schnittfläche eines durchschnittenen *Sedum*-Blattes; b an einer Rißfläche vergrößerten sich die Zellen ohne sich zu teilen; c Schnittfläche einer Kohlrabiknolle, nicht abgespült, mit zahlreichen Teilungen; d dieselbe mit Wasser abgespült. Hierbei zeigt sich nur eine geringe Anzahl von Teilungen. (Nach HABERLANDT)

Bedingungen für den Eintritt einer Teilung. Über die Genetik der Teilungsauslösung ist kaum etwas bekannt. Es gibt jedoch scharf definierte innere Bedingungen, an deren Vorhandensein das Eintreten einer Zellteilung unmittelbar geknüpft ist, nämlich bestimmte Konzentrationen eines der sogenannten „Teilungshormone" in der Zelle.

Schneidet man das succulente Blatt von *Bryophyllum* oder *Cotyledon* mit einem scharfen Messer durch, so daß die Blatt*zellen* verletzt werden, und läßt die Teilstücke in feuchter Luft liegen, dann werden in kurzer Zeit die der Schnittfläche anliegenden unverletzten Zellen zur Teilung angeregt, es bildet sich eine Schicht von Wundkork. Macht man das gleiche Experiment so, daß man das Blatt vorsichtig auseinander*reißt*, dann weichen die Zellen ohne Verletzung auseinander. In diesem Falle unterbleiben in den an die Wundfläche anschließenden Zellen die Teilungen (Abb. 492). Diese von HABERLANDT begonnenen Versuche haben sich noch in der mannigfaltigsten Weise variieren lassen; sie zeigen an, daß in verletzten oder absterbenden Zellen, auch in Preßsäften von Gewebeteilen, ein Agens gebildet wird bzw. enthalten ist, ein „*Mito-Hormon*", das Teilungen veranlaßt.

Neuerdings gelang es, aus dem Preßsaft der Perikarpien von Bohnen eine Substanz von relativ einfacher Struktur zu isolieren, Traumatinsäure genannt, die sich zudem auch noch synthetisch hat herstellen lassen. Es handelt sich um eine ungesättigte Fettsäure von der Formel: $HOOC—CH=CH—(CH_2)_8—COOH$ (ENGLISH und BONNER). Sie wirkt bis zu der Konzentration von 10^{-4} mol stark teilungsauslösend auf die Zellen der Innenfläche eben der

Bohnenperikarpien (Abb. 493). Allerdings hat sich bei weiterer Arbeit herausgestellt, daß die Wirkung mehr oder weniger gattungsspezifisch den Leguminosen zugeordnet und bei anderen Pflanzen kaum erkennbar ist. Hier steht also noch ein weites Feld biochemischer Arbeit offen.

Abgesehen von solchen möglicherweise spezifischen Teilungsstoffen kommen auch noch andere in Frage. Von den Meristemen aus werden — wovon später noch die Rede sein wird — die Wuchsstoffe für das Strekkungswachstum polar abwärts geleitet. Darunter findet sich als wesentlicher Bestandteil die β-Indolylessigsäure. In den relativ hohen Konzentrationen (von etwa 10^{-5} ab), in denen diese Stoffe vermutlich in den Meristemen vorkommen, lösen sie auch Zellteilungen aus. So ist also auch daran zu denken, daß *diese* Stoffe neben ihrer Wirkung auf das Streckungswachstum auch den unmittelbaren Teilungsanreiz im Meristem darstellen. Als weitere innere Bedingung ist der Bestand an Assimilaten zu nennen.

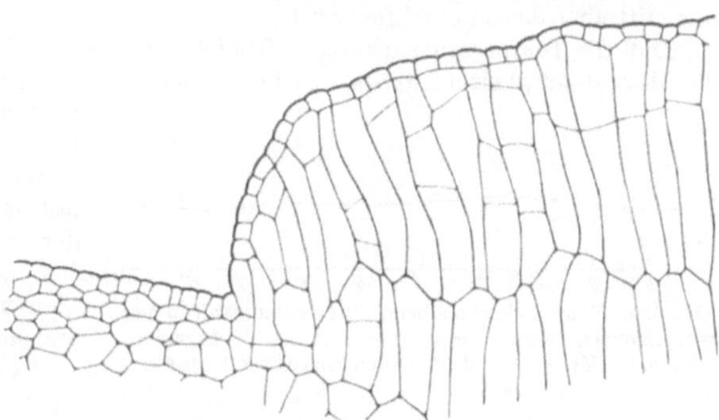

Abb. 493. Wirkung der Traumatinsäure auf die Innenfläche von Bohnenperikarpien. (Nach KELLER)

Man findet einen rhythmischen Wechsel in der Mitosehäufigkeit lediglich in den Sprossen, und zwar besonders des nachts einen erheblichen Anstieg (Abb. 494), nicht aber in den Wurzeln. In diesen findet sich in kaum gesicherter Schwankung vormittags und nachts je ein leichter Anstieg über sonst völlig gleichbleibender Mitosehäufigkeit (Abb. 495); welches aber im einzelnen die Relation zur Assimilation ist, scheint noch undurchsichtig. Mit dieser Beziehung der Zellteilung auf die Assimilation streifen wir bereits den Eingriff äußerer Bedingungen, die nun im folgenden erörtert werden sollen.

Äußere Bedingungen. Die äußeren auf das Teilungswachstum einwirkenden Bedingungen sind ungemein zahlreiche. Als Maßstab bei diesen Untersuchungen dient die Mitose*häufigkeit* und deren Erhöhung oder Erniedrigung. Das

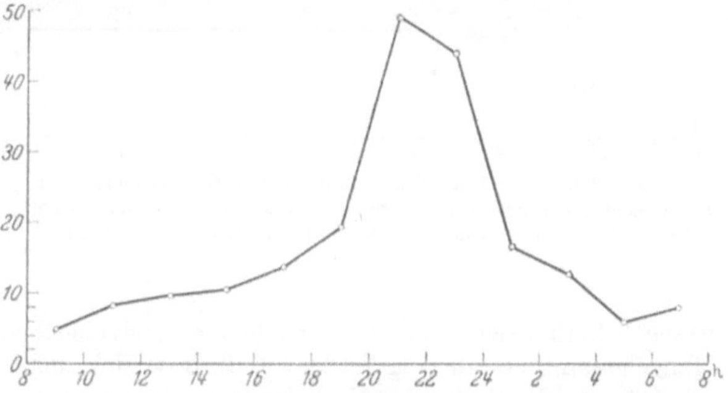

Abb. 494. Anstieg der Mitosehäufigkeit in Sprossen während der Nacht. Abszisse: Tageszeit, Ordinate: Mitosehäufigkeit. (Nach BÜNNING)

bedeutet, daß alle die einzelnen Bedingungen, die im folgenden genannt werden, nur als Extreme *entscheidend* eingreifen, indem sie etwa bei krasser Übersteigerung die Häufigkeit auf Null herabsetzen. Im Normalbereich wirken sie lediglich maßvoll regulierend.

Eine Bemerkung sei noch vor der Erörterung der Einzelheiten angefügt. Die Untersuchungen, von denen im folgenden die Rede sein soll, haben eine Entwicklungsphysiologie der *Mitose* zum Ziel. Für unser Problem des Teilungswachstums erinnern wir hier noch einmal an die oben bereits erläuterte Vereinfachung: auf jede Mitose (Kernteilung) folge eine Zellteilung. So können wir aus den umfassenden Untersuchungen der Mitose das für die allgemeinen Zellteilungsprobleme Gültige heraussuchen. Um den Gesamtzusammenhang nicht zu sehr zu belasten, können die Einzelheiten der Kernphysiologie höchstens angedeutet werden.

Die Einsichten in die äußeren Bedingungen des Zellteilungsgeschehens sind vor allem an Wurzelspitzen erarbeitet, einmal weil in diesen im Normalfall eine nahezu gleichmäßige Mitosehäufigkeit besteht, zum anderen, weil äußere Bedingungen der verschiedensten Art unmittelbar auf das Wurzelmeristem einwirken, anders als auf dasjenige der Sprosse, das vielfach nur mittelbar davon ergriffen wird.

Daß die Temperaturwirkung in freilich sehr weiten Grenzen sich in einer Optimumkurve der Mitosehäufigkeit ausdrückt, ist begreiflich, indessen ist das nicht eine besonders charakteristische Reaktionsweise. Diese besteht vielmehr darin, daß bei plötzlichen Veränderungen der Temperatur stets ein Abfall der Mitosehäufigkeit erkennbar wird, der sich nur langsam entweder unter neuen Normalbedingungen oder bei konstant bleibender Temperatur auf neue Werte einzustellen vermag.

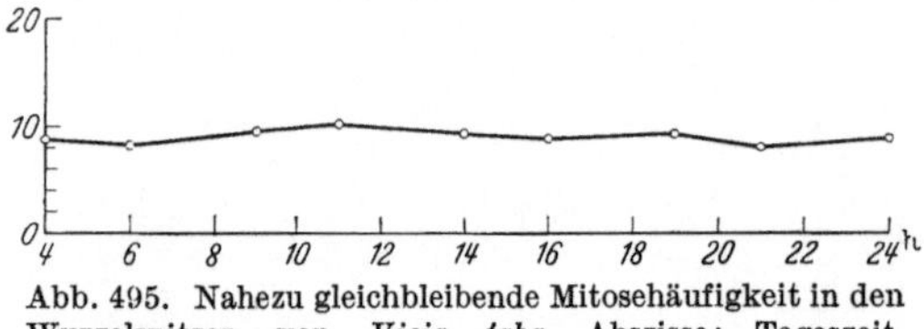

Abb. 495. Nahezu gleichbleibende Mitosehäufigkeit in den Wurzelspitzen von *Vicia faba*. Abszisse: Tageszeit, Ordinate: Mitosehäufigkeit. (Nach BRAUER-ZINECKER)

Ganz ähnlich wirkt der „Substratwechsel". Wird eine Keimpflanze, die vorerst in feuchtem Sägemehl kultiviert wurde, in eine normale Nährlösung überführt, so reagiert sie darauf anfänglich ebenso mit einem Abfall der Mitosehäufigkeit (Abb. 496). Welches die einzelnen Faktoren für diesen „Schock" sind, ist schwer zu eruieren. Neben einem momentanen kaum vermeidlichen Temperaturwechsel dürfte sowohl die mechanische Reizung, die Veränderung der Feuchtigkeitsverhältnisse sowie die Überführung in ein stofflich anders zusammengesetztes Substrat ausschlaggebend sein. Zwei prinzipiell verschiedene Einwirkungsweisen sind vielfach verwendet worden. Einmal wird an Stelle einer vollständigen Nährlösung eine solche geboten, in der die eine oder andere Substanz fehlt, die dann, um das Gleichgewicht der Nährlösung möglichst wenig zu stören, durch eine andere ersetzt werden muß. Oder aber man setzt der Nährlösung irgendwelche Substanzen zu, deren Wirkung dann im Vergleich mit der Normallösung geprüft werden kann. Dabei hat sich herausgestellt, daß in allen Fällen solcher Einwirkungen als erstes stets ein Abfall der Mitosehäufigkeit erfolgt. Es kann auf diesen in einzelnen Fällen wieder ein Anstieg bis zum Normalzustand erfolgen, oder aber auch ein meist langsamer Abfall bis zum endgültigen Stillstand. Dabei ist

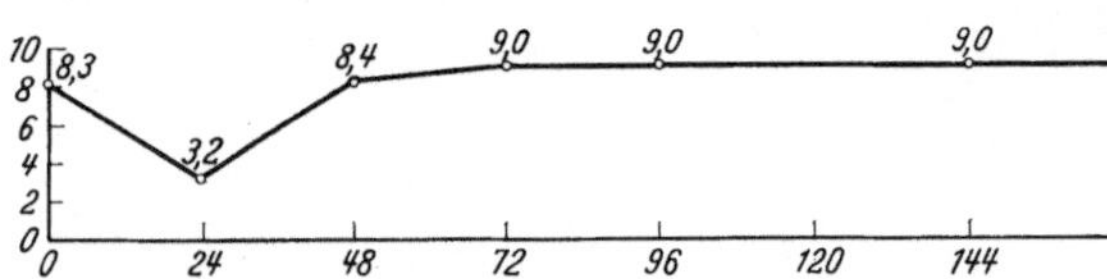

Abb. 496. Abfall der Mitosehäufigkeit in den Wurzelspitzen von *Vicia faba* nach Substratwechsel. Abszisse: Stunden nach dem Substratwechsel, Ordinate: Mitosehäufigkeit. (Nach BRAUER-ZINECKER)

wesentlich, daß sich bei den zahlreichen Mangelversuchen nur vier verschiedene Typen einer Mangelgesamtveränderung finden. Daß diese sich nicht allein auf die Mitosehäufigkeit beschränkt, sondern auch das Verhalten der Chromosomen, den Nucleinsäurestoffwechsel sowie cytoplasmatische Gegebenheiten betrifft, hat sich in Einzelheiten nachweisen lassen. Ganz ebenso verhält es sich mit der Einwirkung besonderer Substanzen und Energien (Schwermetallsalze, Nucleinsäurederivate, Röntgenstrahlen). Alle diese Untersuchungen geben eindringliche Aufschlüsse über die Physiologie und Pathologie der Zelle und Zellteilung. Die daraus gewonnenen Einsichten stehen gewiß in unmittelbarem Zusammenhang mit dem Teilungswachstum —, darum ist auch hier darauf verwiesen — die Erörterung der Einzelheiten müssen wir uns freilich an dieser Stelle versagen.

3. Das Streckungswachstum

Man versteht darunter die Vergrößerung von Zellen, die im Anschluß an ihre Neubildung zustande kommt und im wesentlichen eine Ausgestaltung ihrer Membran darstellt. Jedenfalls bedeutet sie eine vielfache Volumvergrößerung, dem ein Plasma- und Kernwachstum nur selten parallel geht, jedenfalls nicht in dem Gesamtausmaß der Raumvergrößerung. So entstehen — wie in der Cytologie dargestellt — Vacuolen im Inneren der Zelle, die mit wäßrigem Zellsaft gefüllt sind. Die entscheidenden Regulatoren für diesen Teil des Wachstums sind die Wuchsstoffe (Auxine).

Während das Plasma- und Teilungswachstum in verhältnismäßig geringen Arealen abläuft, erfolgt die eigentliche maximale Volumzunahme, die sich durch den „Frühjahrsschuß" kenntlich macht, vor allem durch das Streckungswachstum. Die steuernden *Wuchsstoffe* werden von der apikalen meristematischen Zone aus basalwärts geleitet und an der Basis schließlich wieder unwirksam gemacht. Der einzige native Wuchsstoff der Pflanzen scheint nach den heutigen Befunden die β-Indolylessigsäure und einige ihrer Derivate zu sein; ob noch andere Substanzen wirklich als aktive Wuchsstoffe vorkommen, ist zweifelhaft. Diese Wuchsstoffe stellen in ihrem Vorhandensein und ihrer spezifischen Aktion die entscheidenden inneren Bedingungen für das Streckungswachstum dar. Wir befassen uns zunächst mit ihrer Genetik.

β-Indolylessigsäure

Die genetische Grundlage für die Synthese der β-Indolylessigsäure ist bei *Neurospora* mit der Methode genetischer Blockaden bis zum Tryptophan zu verfolgen. Bei der Chinasäure ist der Beginn festgestellt, von dort steuern Gene den Fortschritt zum Indol, und endlich entsteht das Tryptophanmolekül durch Kondensation mit Serin. Von diesem aus ist die Synthese der β-Indolylessigsäure offenbar nur noch ein einfacher Schritt.

Bildungsorte des Wuchsstoffes und seine Leitung. Sproßspitze, meristematische Gewebe, die Spitze der *Avena*- oder Maiskoleoptile sind die be-

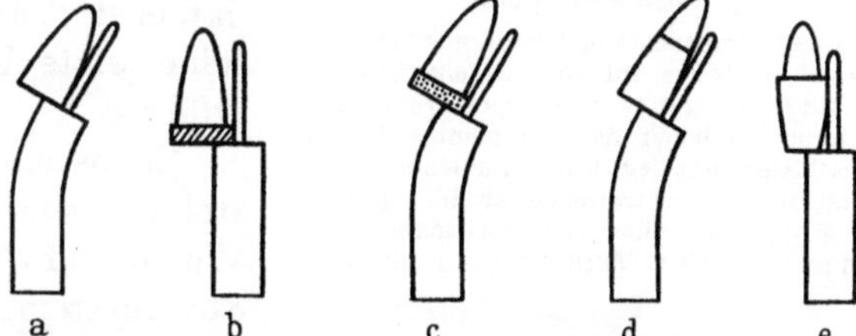

Abb. 497a—e. a abgeschnittene Koleoptilspitzen von *Avena*, seitlich dem Koleoptilstumpf aufgesetzt, ergibt eine einseitige Wuchsstoffleitung und damit eine Krümmung; b zwischen Koleoptilspitze und -stumpf ein Glimmer- oder Metallplättchen verhindert die Leitung; c zwischen Koleoptilspitze und -stumpf ein Agarplättchen läßt die Leitung erfolgen; d zwischen Koleoptilspitze und -stumpf ein zwischengeschaltetes Koleoptilzylinderchen in normaler Lage läßt die Leitung erfolgen; e zwischen Koleoptilspitze und -stumpf ein Koleoptilzylinderchen in inverser Lage verhindert die Leitung. (Nach POHL)

vorzugten Orte der Wuchsstoffbildung bzw. der Aktivierung. Von diesen Stellen aus wird der Wuchsstoff ausschließlich polar, d. h. basalwärts geleitet. Daß mit dieser Ableitung zugleich eine Verminderung der Konzentration verbunden ist, hängt mit der Inaktivierung des Wuchsstoffes zusammen, von der noch die Rede sein wird.

Setzt man abgeschnittene Spitzen der Avenakoleoptile auf ein Agarblöckchen, so kann man den ausströmenden Wuchsstoff auffangen. In dem Agar verteilt er sich nach allen Richtungen nach dem Gesetz der Diffusion. Aus dem Agar kann man ihn beziehen und zugleich mit seinem Effekt die Menge des aufgefangenen Wuchsstoffes kennzeichnen. Ganz und gar anders ist es in einem lebenden Gewebe. Schneidet man eine Koleoptilspitze ab und setzt sie dem Koleoptilstumpf wieder auf, dann bleibt die Wuchsstoffleitung völlig intakt. Ebenso wenn man zwischen die Spitze und den Koleoptilstumpf ein Agar- oder Gelatineplättchen oder auch ein abgeschnittenes Koleoptilzylinderchen einschiebt. Dreht man jedoch das Koleoptilzylinderchen um, so daß die Wuchsstoffleitung von der Spitze den Weg über dessen Basis nach seiner Spitze nehmen müßte, dann unterbleibt die Leitung ebenso als habe man ein Glimmerplättchen zwischen Spitze und Stumpf gesteckt (Abb. 497).

Mechanismus der Wuchsstoffwirkung. Anfänglich war man der Meinung, daß die Wuchsstoffwirkung auf das Streckungswachstum unmittelbar in einer Erhöhung der Plastizität der Zellmembran bestehe. Das ist jedoch darum unmöglich, weil die für eine Wachstumsförderung maßgebliche Konzentration des Wuchsstoffes viel zu gering ist. Für ein Wandgebiet nämlich, das mehrere 100 Cellulosebalken umfaßt und die Einlagerung einer Unzahl von Glucoseresten bei einem Wachstumsvorgang erfordert, ist nur ein einzelnes Auxinmolekül als Anstoß notwendig. So ist also viel wahrscheinlicher, daß der ganze Prozeß über eine Veränderung des Cytoplasmas geht und daß diese in einer Permeabilitätserhöhung des Plasmalemmas ihren Ursprung hat.

Abgesehen davon wirkt die β-Indolylessigsäure auch auf die Atmung ein; in welcher Beziehung allerdings die Atmungsförderung zu der Dehnbarkeitserhöhung der Membran steht, ist noch unklar. Entscheidend ist jedenfalls, daß die Wirkung des Wuchsstoffs auf die Membran den Umweg über das Cytoplasma der Zelle nimmt (POHL).

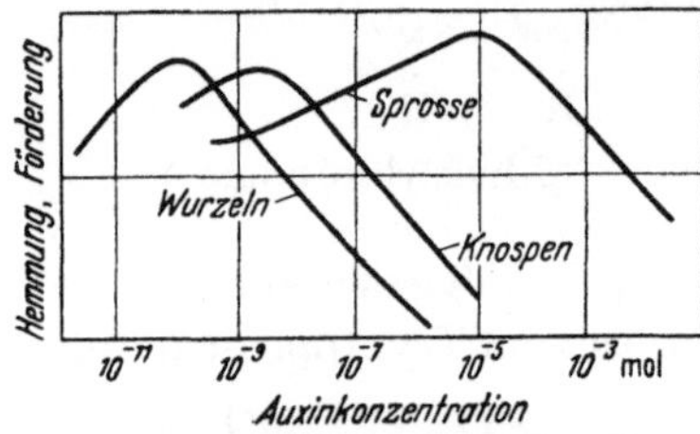

Abb. 498. Hemmende und fördernde Wirkung des Wuchsstoffes auf verschiedene Organe; er wirkt in geringer Konzentration stets fördernd, in hoher dagegen hemmend. Der Umschlagspunkt liegt jedoch für Knospen bei geringeren Konzentrationen als für Sprosse, für Wurzeln bei einer noch geringeren Konzentration. (Nach THIMANN aus BÜNNING)

Inaktivierung des Wuchsstoffes. Es ist nicht gesagt, daß der Wuchsstoff in seinen eben erwähnten Bildungsorten vollständig synthetisiert wird. Vielmehr ist es denkbar, daß er dort aus einer inaktiven Vorstufe nur seine letzte Umsetzung in die aktive Form erfährt.

Etwas anders liegt die Frage nach Entstehung und Bedeutung des Abfalls vom Wuchsstoff von der Spitze nach der Basis eines Sproßsystems. Zunächst war man der Meinung, er werde während seiner Aktion von den Zellen verbraucht. Doch hat sich neuerdings herausgestellt, daß nach der Basis zu eine Inaktivierung besonderer Art stattfindet.

Man hat nach der Basis der Sprosse zu ansteigend das TANG-BONNER-Enzym nachgewiesen, eine β-Indolylessigsäure-Oxydase, durch welche die Substanz sowohl dekarboxyliert wie auch zugleich der Indolring gesprengt wird.

Die Bedeutung der Wuchsstoffkonzentrationen. Die Wirkung des Wuchsstoffes auf das Streckungswachstum zeigt eine charakteristische Abhängigkeit von der Konzentration derart, daß zunächst mit ansteigender Konzentration eine zunehmende Förderung erfolgt, nach einem Optimalwert sodann eine Hemmung. Besonders bedeutungsvoll ist, daß die Lagen dieser Optimalwerte und zugleich damit der Werte für Förderung und Hemmung bei den Sproßzellen und Wurzelzellen völlig verschieden sind.

Während für die Sprosse das Optimum bei einer Konzentration von ungefähr 10^{-5} liegt, liegt das der Wurzel etwa bei 10^{-10}. Es ist also die Konzentration, die bei den Sprossen noch zur Förderung führt, in den Wurzeln bereits mit intensivem Hemmungsgeschehen verknüpft (Abb. 498).

4. Große Periode des Wachstums

Alle diese eben geschilderten Wachstumsphänomene zusammen ergeben das Gesamtwachstum einer Pflanze oder eines Pflanzenteils. Dieses läuft aber stets in Form der sogenannten „großen Periode" ab (SACHS). Das soll heißen: Das

Wachstum beginnt etwa bei einer Keimpflanze zunächst gering, dann steigt die Wachstumsgeschwindigkeit bis zu einer optimalen Größe an, um zuletzt wieder abzusinken.

Zwei Beispiele, die für alle gelten mögen, seien genannt: Eine 1 mm lange Querscheibe oberhalb des Vegetationskegels der in feuchter Luft wachsenden Keimwurzel von Vicia faba zeigte bei täglicher Temperaturschwankung von 18—21⁰ folgende Veränderung (SACHS):

Tabelle 15

1. Tag	1,8 mm Zuwachs	5. Tag	17,0 mm Zuwachs
2. Tag	3,7 mm Zuwachs	6. Tag	14,5 mm Zuwachs
3. Tag	17,5 mm Zuwachs	7. Tag	7,0 mm Zuwachs
4. Tag	16,5 mm Zuwachs	8. Tag	0,0 mm Zuwachs

Als Gegenbeispiel sind die Verhältnisse in einer Sproßachse aus Abb. 499 zu entnehmen. Dabei ergibt die Gesamtkurve, die sich anschaulich aus den Einzelkurven zusammensetzt, die Gesamtleistung der großen Periode dieser Sproßachse.

Äußere Bedingungen. Daß das Wachstum von den äußeren Bedingungen in weitgehendem Maße abhängig ist, ist seit langem bekannt. Vor allem die Temperatur und das Licht kommen in Frage. Die Abhängigkeit von der Temperatur stellt sich in einer Optimumkurve dar, sofern es sich um kurzfristige Vergleiche in gleichmäßiger Periode handelt (etwa der großen Periode).

Das Licht wirkt verschieden: auf das Wachstum der Internodien in den Sprossen hemmend, auf dasjenige der Blattspreite fördernd und auf das der meisten Wurzeln überhaupt nicht.

Die absolute Größe des Wachstums ist ganz außerordentlich verschieden. Man vergleiche nur einen Sproß von *Dendrocalamus* (Bambus), der je Tag bis zu 50 cm an Länge zurücklegt, mit solchen, die nur bei starker Vergrößerung je Tag einen erkennbaren Zuwachs zeigen.

Abb. 499. Wachstum eines Sprosses von *Polygonum sacchalinense*. Die Internodien, mit II—VIII angedeutet, sind alle auf gleiche Länge umgerechnet; VIII ist das jüngste Internodium. Die Ordinaten geben das Wachstum der einzelnen Zonen in jedem Internodium an. An den Knoten erfolgt kein Wachstum. (Nach BURKOM aus BÜNNING)

Die folgenden beiden Tabellen bieten recht anschauliche Vergleiche. Zunächst ist der absolute Zuwachs je Minute angegeben:

Tabelle 16

Dictyophora	5 mm	*Bambusa*	0,4 mm
Staubblattfilamente		*Coprinus*	0,23 mm
v. Gramineen	1,8 mm	*Botrytis*	0,03 mm

Man kann die Zuwachsgröße auch anders berechnen und sie in Prozenten der Wachstumszone je Minute angeben:

Tabelle 17

Pollenschläuche von		*Botrytis*-Hyphen	83%
Impatiens Hawkeri	220%	Staubblattfilamente	
Pollenschläuche von		v. Gramineen	60%
Impatiens Balsamina	100%	*Bambusa*-Sproß	1,27%
Mucor stolonifer-Hyphen	118%	*Bryonia*-Sproß	0,58%

Beide Tabellen zeigen die außerordentlichen Differenzen im Wachstum verschiedener Pflanzen deutlich an.

5. Die Bestimmung der Größe

Die Gesamtgröße, die eine einzelne Zelle oder ein vielzelliger Organismus erreicht, ist keineswegs unmittelbar aus der Wachstumsgröße zu entnehmen. So sind gerade einige der genannten Pflanzen mit absonderlichen Zuwachsgrößen ganz kleine Wesen, andere wie *Bambusa*, wiederum besonders große. Obwohl das Wachstum stets das Mittel der Vergrößerung ist, erfolgt die Bestimmung der Größe dennoch nach besonderen Gesetzmäßigkeiten, die im folgenden erörtert seien.

Die genetische Grundlage. Daß für die Größenbestimmung eines Lebewesens eine genetische Steuerung vorhanden sein muß, geht schon daraus hervor, daß sowohl die Zellgröße als auch die Individualgröße bei Einzellern und Vielzellern artgemäß festgelegt ist.

Tatsächlich haben sich bei allen genetischen Analysen stets Gene aufweisen lassen, die entweder die Gesamtgröße (z. B. *Antirrhinum majus mut. heroina*, Abb. 500) oder diejenige einzelner Teile bestimmen. In der Züchtung haben Anhäufungen solcher Gene durch Selektion zu besonderen Gestaltungen Anlaß gegeben: zu Riesenwuchs, Zwergwuchs, zur Ausgestaltung besonders großer Blüten oder Blätter oder sonstiger Teile. Es hat sich außerdem gezeigt, daß sich der Einfluß des Plasmons vielfach in dieser Richtung geltend macht. Gerade in den Kreuzungen in der Gattung *Epilobium*, deren Arten sich vorwiegend durch quantitative Gene unterscheiden, kann ein fremdes Plasmon die Entfaltung bestimmter Gene verhindern und dadurch größengehemmte Formen hervorbringen (MICHAELIS).

Heterosis. Die Größenbestimmung durch Heterosis ist ein bisher noch schwer durchschaubares genetisches Phänomen. Schon lange als „Bastardwüchsigkeit" bekannt hat man bis in die neueste Zeit hinein mit immer neuen Ansätzen seine Analyse versucht. Das Phänomen besteht darin, daß Bastarde oftmals sehr viel kräftiger, schneller und ausdauernder wachsen als ihre Ausgangsformen (Abb. 501).

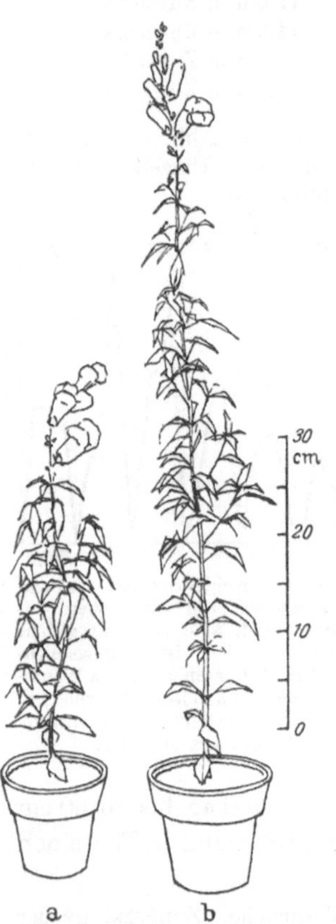

Abb. 500a u. b. a *Antirrhinum majus* Sippe 50; b *Antirrhinum majus mut. heroina*. (Nach STUBBE)

Vielerlei Erklärungen sind dafür versucht worden. Einmal hat man angenommen, es handle sich um eine mehr oder weniger zufällige Kombination von kompensierenden Wuchsgenen. Neuerdings häufen sich indessen die Angaben immer mehr, daß einzelne Gene in heterozygotischem Zustand heterotische Wirkung ausüben, die sofort wieder verschwindet, wenn sie durch Bastardspaltung homozygotisch geworden sind (STUBBE). Dabei hat sich sogar herausgestellt, daß die homozygotische Aktion eines der Gene eine subletale sein kann, um dennoch gemeinsam mit einem normalen dominanten eine heterotische Wirkung auszuüben. Auch das Plasmon kann an der Heterosis beteiligt sein.

Polyploidie. Es war bei dem Phänomen des Teilungswachstums schon die Rede davon, daß eine artbestimmte Relation zwischen der Kerngröße und der Plasmamenge besteht, nach deren Überschreitung eine Zellteilung eintritt. Demnach ist die Zellgröße durch dieses Verhältnis mitbestimmt. Durch zufällige Anomalien in der Entwicklung oder durch artifizielle Eingriffe läßt sich die Chromosomenzahl verdoppeln und damit auch die Kerngröße und in Korrelation dazu die Zell-

Abb. 501. Heterosis bei *Streptocarpus*; links *Str. Wendlandii*, in der Mitte *Str. Wendlandii* × *grandis*, rechts *Str. grandis*. Die Abschnitte des Maßstabes betragen 10 cm. (Nach OEHLKERS)

Abb. 502.   Abb. 503.

Abb. 502. Entstehung diploider, triploider und tetraploider Gametophyten von Moosen durch Sporophytenregeneration, Marchal-v. Wettsteinscher Versuch. (Nach BĚLAŘ aus BAUR)

Abb. 503. Taraxacum officinale, Rosette und Wurzel halbiert; links Regenerationsprodukt in der Ebene, rechts im Hochgebirge. (Nach BONNIER aus BAUR)

größe erhöhen. In Abhängigkeit davon verändert sich dann auch vielfach die Individuengröße.

Durch das Regenerationsverfahren, aus isolierten Teilen der Moossporophyten wieder Gametophyten zu erzeugen, lassen sich aufsteigende Reihen polyploider Moose gewinnen (Abb. 502). Ebenso ist das durch den Eingriff des Alkaloids Colchicin, wodurch bei der Mitose der Spindelmechanismus ausgeschaltet wird und Restitutionskerne mit der doppelten Chromosomenzahl entstehen, auch bei den höheren Pflanzen möglich. Der Vergleich solcher Reihen hat nun gezeigt, daß einer erfolgten Verdoppelung des Zellvolumens keineswegs stets eine besondere Vergrößerung oder gar Verdoppelung der Größe einzelner Organe parallel geht, daß ferner nach einigen Vervielfachungen bald eine obere Grenze erreicht ist, gegen die hin die Anomalien ständig zunehmen und über die hinaus das einfachste Zellgeschehen nicht mehr funktioniert. Welches — rein den Zahlen der Chromosomen nach — diese Grenze ist, ist wiederum artgemäß verschieden. Dabei bleibt zu bedenken, daß — wie die Zahlgesetze der Chromosomen (S. 175) gezeigt haben — Polyploidie bei der Artbildung der Pflanzen offenbar eine bedeutende Rolle spielt. So ist es einleuchtend, daß die Grenze gegen die Anomalien hin bei den einzelnen Arten je nach der Höhe ihrer ursprünglichen Chromosomenauflage früher oder später erreicht wird.

Ein besonders instruktiver Fall ist an *Bryum caespiticium* erarbeitet worden. Hier erweist sich die durch Setenregeneration entstandene tetraploide Stufe bereits als steril: es werden keine Sexualorgane mehr ausgebildet. Bei jahrelanger vegetativer Kultur dieser Pflanze begann sie nach und nach fertil zu werden, wurde das immer nachdrücklicher, um endlich wieder voll fertil zu sein. Die zytologische Untersuchung ergab den überraschenden Befund, daß die Chromosomenzahl die tetraploide Stufe eingehalten hat, daß aber die Zellgröße wieder auf das ursprüngliche Maß

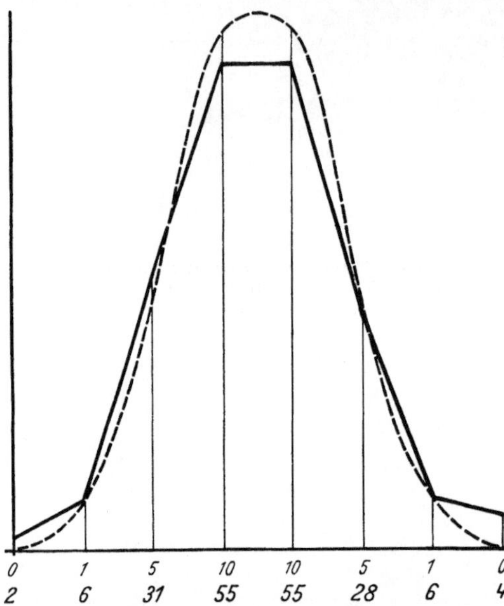

Abb. 504. Variationskurve einer einheitlichen Bohnenpopulation im Vergleich zu einer theoretischen Variationskurve (gestrichelte Linie). Die unteren Zahlen stellen die Anzahl der Bohnen verschiedener Gewichte dar. (Nach JOHANNSEN etwas verändert)

zurückgegangen ist, womit zugleich die Fertilität wieder erschien. Hier bestehen also Möglichkeiten für Regulationsvorgänge — für die Artbildungsprozesse offenbar von einschneidender Bedeutung —, von denen wir im einzelnen noch nichts wissen (v. WETTSTEIN und STRAUB).

Äußere Bedingungen. Daß mancherlei äußere Bedingungen wie günstige oder ungünstige Ernährungsverhältnisse, Wasser-, Licht- und Temperaturwirkungen hinzukommen und entscheidenden Einfluß auf die Größe haben können, versteht sich von selbst. Besonders eindrucksvoll ist in dieser Hinsicht der alte BONNIERsche Versuch, der eine Pflanze von *Taraxacum officinale* halbierte, von diesen leicht regenerierenden Hälften die eine Pflanze in der Tiefebene, die andere im Hochgebirge kultivierte und maximale Größendifferenzen bekam (Abb. 503).

Im einzelnen läßt sich zeigen, daß sich eine Einzelbestimmung, etwa die Größe eines Samenkornes einer genetisch einheitlichen Bohnenpopulation (reine Linie) in eine Variationskurve einordnen läßt (JOHANNSEN, Abb. 504). Man kann davon die nachstehende theoretische Interpretation geben, die mit der Bedeutung sowohl innerer wie äußerer Faktoren rechnet. Das können die folgenden sein, wobei die hemmenden mit kleinen, die fördernden Faktoren mit großen Buchstaben bezeichnet werden:

a eine große Zahl	A eine kleine Zahl von Samen in der Frucht
b eine große Zahl	B eine kleine Zahl von Früchten am Zweig
c viele andere Zweige mit Früchten an der Pflanze	C wenige andere Zweige mit Früchten an der Pflanze
d eine kleine Zahl von Blättern am Zweig	D eine große Zahl von Blättern am Zweig
e kleine Blätter	E große Blätter
f schwache	F starke Beleuchtung der Zweige

Da auf jeden Samen stets nur der eine der beiden alternativ wirksamen Faktoren einwirken kann, da sich ferner alle unabhängig voneinander kombinieren können, so sind 64 Kombinationen mit der gleichen Wahrscheinlichkeit möglich, die sich in sieben Klassen nach ihrer fördernden oder hemmenden Wirkung zusammenfassen lassen. Dabei zeigt sich, daß diejenigen mit 3 (—) und 3 (+) Faktoren die häufigsten Kombinationen sind und diejenigen mit allein je 6 (—) und allein je 6 (+) Faktoren die seltensten.

IV. Differenzierung

Undifferenziertes, also völlig gleichförmiges Gewebe findet man in einer vielzelligen Pflanze äußerst selten. Denn bereits in einem anscheinend so gleichförmigen Vegetationskegel sind insofern Verschiedenheiten zu konstatieren, als schon jede Teilung in einer Scheitel- oder Initialzelle eigentlich eine inäquale ist. Eine der beiden Zellen teilt sich unbegrenzt weiter, die andere dagegen nicht. Nun haben wir in der Entwicklungsgeschichte gesehen, daß eine inäquale Teilung noch keine Differenzierung darstellt, wohl aber Kennzeichen und Anlaß für eine solche sein kann. So kann man gewiß einen Vegetationskegel noch als ein undifferenziertes Gewebe bezeichnen, wenngleich bereits die Tendenz zur Differenzierung gegeben ist.

Gewebekulturen. Erst neuerdings ist es gelungen, Pflanzengewebe aus Cambien längere Zeit in Kulturen am Leben zu erhalten (GAUTHERET). Dabei besteht ein ungeordnetes Wachstum, bei welchem wohl einzelne Differenzierungsprodukte auftreten, im großen und ganzen aber ein Haufen meristematisches oder halbdifferenziertes Gewebe in ungeordnetem Zustand ein Konvolut bildet.

Die besonderen Bedingungen für eine solche Gewebekultur bestehen in einer Überdosis von β-Indolylessigsäure. Wird diese in einer Konzentration von 10^{-8} bis 10^{-7} zu dem Substrat gegeben, dann schreitet eine Art Wucherung wie in Tumorgeweben immer weiter, so lange, bis diese Wuchsstoffe verbraucht bzw. inaktiviert sind. Dann kann gegebenenfalls auch einmal eine endgültige Differenzierung, d. h. eine Knospe, Wurzel und dergleichen zustande kommen.

a) Polarität als Grundlage der Differenzierung

Setzt man eine Wuchsstoffgabe einem schon herangewachsenen Gewebehaufen in einer Kultur einseitig an, so entsteht ein Polaritätsgefälle und damit sogleich eine Differenzierungsstufe. Daraus geht hervor, daß die Polarität, wodurch auch immer sie induziert sein möge, die Grundlage der Differenzierung darstellt. Faktisch schließt sich in jedem Sproß und jeder Wurzel an einen apikalen meristematischen Vegetationskegel basalwärts eine geordnete Differenzierungsweise an.

Diese bestehende Polarität, die nur in primitiven Organismen umgekehrt werden kann, nicht aber in höheren Pflanzen sowie solchen Thallophyten, die diesen gleichen, ist schon früh in ihren Eigenschaften untersucht worden. Die Mittel dazu bestanden in „Defektversuchen", die eine „Regeneration" auslösen. So werden wir uns mit dem Phänomen der Polarität als solchem besser in dem dort gegebenen Zusammenhang befassen.

Differenzierung und polarer Wuchsstofftransport. Daß ein Einfluß des Wuchsstofftransportes auf die Differenzierung besteht, ist schon darum zu vermuten, weil
sie mit dem davon abhängigen Streckungswachstum beginnt. Daß indessen das
Wuchsstoffgefälle nicht *allein* für die Differenzierung verantwortlich sein kann,
geht wiederum daraus hervor, daß stets mit der Differenzierung eine „Musterbildung", d. h. die unmittelbar nebeneinander erfolgende Ausbildung verschiedenartiger Elemente verbunden ist.

Einige unmittelbare Wirkungen sind dennoch vorhanden. Solange ein Sproß ungehindert
wächst, bleiben seine Achselknospen in Ruhe, sie werden „gehemmt". Entfernt man die

a   b   c

Abb. 505 a—c. Hemmwirkung der Endknospe auf die Achselknospen der Blätter, schematisch. a wachsende junge
Erbsenpflanze; b Austreiben der Achselknospen nach Wegnahme der Endknospe; c Hemmung durch Aufsetzen
eines Agarblockes mit Auxinlösung. (Nach BONNER und GALSTON aus KÜHN)

Spitze des Sprosses, dann beginnen die unmittelbar darunter liegenden Achselknospen auszutreiben. Dekapitiert man die Spitze und setzt auf die Schnittfläche einen Agarblock mit
β-Indolylessigsäure, dann unterbleibt das Austreiben der Seitenknospen wie im normalen
Sproß (Abb. 505). Daß aber dennoch nicht *unmittelbar* von dem Wuchsstoffstrom die Hemmungswirkung ausgehen kann, ergibt sich aus einem zwar komplizierten aber geistreichen
Versuch. Es kann die Hemmwirkung eines ungehindert wachsenden Kotyledonarseitensprosses einer Erbse *aufwärts* in den zweiten, aber dekapitierten Kotyledonarseitensproß geleitet
werden und von diesem in einen weiteren ebenfalls dekapitierten einer anderen Pflanze, der
mit dem der ersten wegsam verbunden ist. Es geht also die Hemmung auch dem Polaritätsgefälle entgegengerichtet aufwärts. Daraus geht also hervor, daß alles kompliziert liegt und
daß der „Hemmstoff" vermutlich nicht mit dem „Wuchsstoff" identisch ist, sondern lediglich
durch diesen aktiviert wird (SNOW, Abb. 506).

b) Musterbildung

Ein entscheidendes Moment bei der Differenzierung ist die Musterbildung.
Wie schon in der Organographie (S. 163) gezeigt, kann eine solche als Längsmusterung parallel zur Längsachse (Blattanlagen und Achselknospen) auftreten,

oder auch als Quermusterung senkrecht zur Längsachse durch Ausbildung von Gefäßbündeln und sonstigen die Sproßachse bestimmenden Elementen. Es gibt aber durchaus noch eine andere Möglichkeit der Musterung, die hier vorweggenommen sei, nämlich die zufällige genetische Ungleichheit einzelner in einem Organismus vereinigten Gewebeelemente.

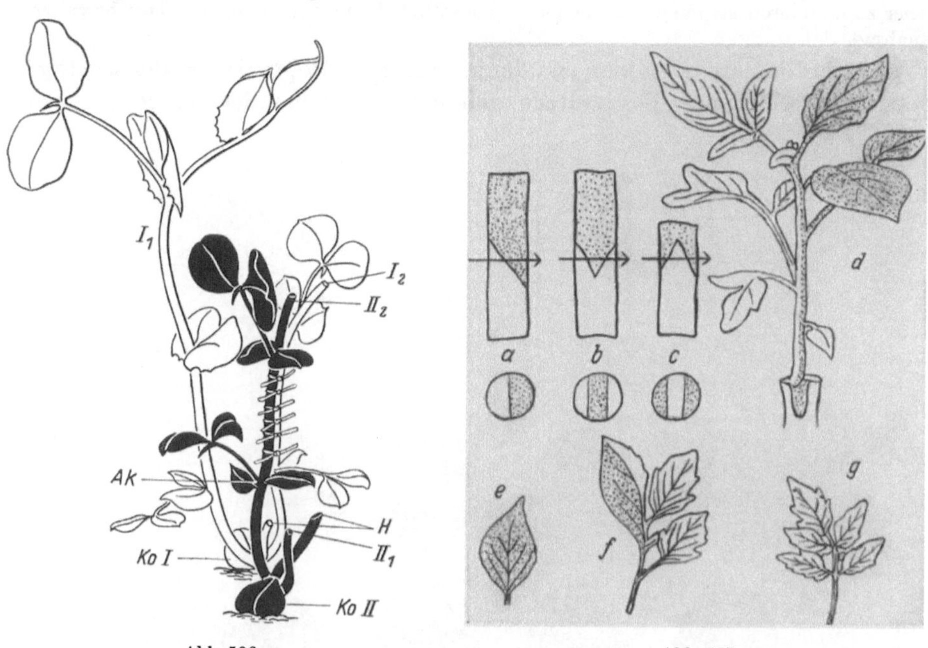

Abb. 506   Abb. 507

Abb. 506. Versuch zum Nachweis des Transports eines Seitenknospenhemmstoffs. Zwei Erbsenkeimlinge werden nebeneinander gepflanzt und von beiden die Hauptsprosse H abgeschnitten. Daraufhin treiben an den Kotyledonen *Ko I* und *Ko II* die Achselsprosse aus. Von diesen wird an der einen Pflanze einer entfernt II_1, vom anderen II_2 wird die Spitze abgeschnitten. Bei der anderen Pflanze wird dem einen Kotyledonar-Achselsproß I_2 die Spitze abgeschnitten, der andere I_1 bleibt unversehrt. Die dekapitierten Sprosse I_2, II_2 werden an einem Internodium entrindet und mit Bast fest verbunden. Die Hemmungswirkung des wachsenden Triebes der einen Pflanze I_1 auf die unter der Verbindungsstelle liegende Achselknospe Ak wird gemessen. Der Zuwachs dieser Knospe beträgt in mehreren Versuchen im Mittel 3,8 mm gegenüber 8,4mm der Kontrolle, die wie II behandelt, aber nicht mit einer anderen Pflanze verbunden wurde. Die Hemmwirkung wird also von dem wachsenden Sproß I_1 abwärts und in I_2 aufwärts auf eine Achselknospe übertragen und beeinflußt deren Spitzenwachstum.
(Nach Snow aus Kühn)

Abb. 507 a—c. Schematische Darstellung verschiedener Pfropfungsarten mit den zugehörigen Querschnitten der Pfropfstellen in der Höhe der Pfeile. Punktiert das Edelreis, nichtpunktiert die Unterlage. d Chimäre, unten die Tomatenunterlage (hell); e Blatt von *Solanum nigrum*; g Blatt der Tomate; f Chimärenblatt.
(Nach Winkler aus Bünning)

Chimären. Grundsätzlich gehört hierher auch schon das aus dem Altertum her bekannte und bis heute in umfangreichster Weise verwendete Verfahren der Pfropfung. Es wird dabei eine „Unterlage", d. h. ein Wurzelsystem mit mehr oder weniger langer Sproßachse zurechtgeschnitten und ein Zweig damit zur Verwachsung gebracht, der, mit Achselknospen versehen, dann später die Krone bildet. Zwar pflegt man bei so angeordneten „Pfropfsymbionten" nicht von einer „Chimäre" zu sprechen. Es bleibt aber grundsätzlich dasselbe Verhältnis: beide Pfropfpartner behalten ihre genetische Sonderung bei, was jeweils dann deutlich erkennbar wird, wenn auch die „Unterlage" aus irgend einem Grunde wieder austreibt. Dann produziert sie die ihr eigene Sproßform, Blätter und Blüten.

Von der Unterlage auf das Pfropfreis und umgekehrt gehen im allgemeinen allein quantitative Einflüsse aus, wie sie durch den Übergang unspezifischer Substanzen zustande kommen mögen. So kann eine „schwachwüchsige" Krone auf einer starkwüchsigen Unterlage ebenfalls

zu kräftigerer Ausbildung gelangen, offenbar weil der Wasser- und Salzstrom reichlicher strömt
als auf dem eigenen Wurzelwerk. Umgekehrt: es sind die Blätter die Orte der Bildung von
Assimilaten und auch von verschiedenerlei Hormonen (Wuchsstoffen). Mit beiden werden
Stamm und Wurzeln der Unterlage vom fremden Oberteil versorgt. In Versuchen, die später
noch zu besprechen sind, wird deutlich, daß auch die „Blühhormone" zu diesen geleiteten
Stoffen gehören. Daß spezifische Stoffe, etwa genbedingte Wirkstoffe, von einem Pfropf-
partner zum anderen strömen, ist eine ganz ungewöhnliche und nie ganz gesichert bewiesene
Ausnahme.

Von einer Chimäre redet man erst dann, wenn die Pfropfpartner oder sonstigen
genetisch verschiedenen Bestandteile sich nicht übereinander, sondern neben-

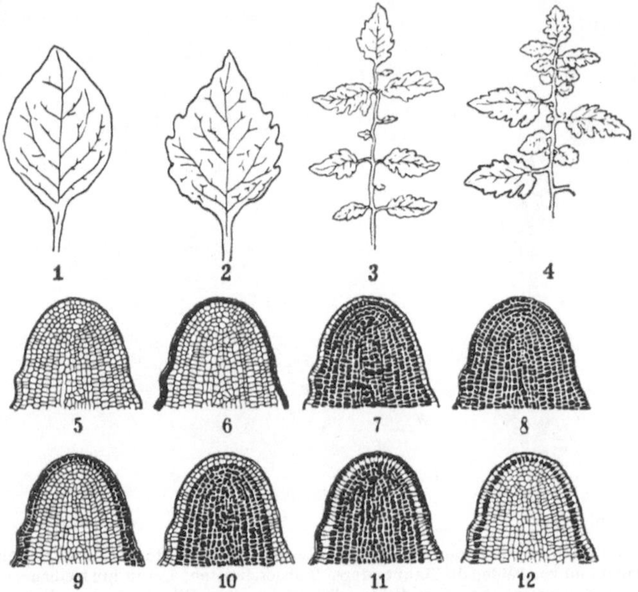

Abb. 508 1—12. Blätter von: 1 *Solanum nigrum*; 4 *Solanum lycopersicum*; 2 Monektochimäre *Solanum tubingense*;
3 Monektochimäre *Solanum Koelreuterianum*. Schemata von Vegetationspunkten: 5 von *Solanum nigrum*;
8 *Solanum lycopersicum*; 6 Monektochimäre *Solanum tubingense*; 7 Monektochimäre *Solanum Koelreuterianum*;
9 und 10 Diektochimären; 11 und 12 Monomesochimären. (Nach WINKLER aus BÜNNING)

einander in ein und demselben Sproß befinden. Dabei unterscheidet man zwei
Möglichkeiten, *Sektorialchimären* und *Periklinalchimären*.

Darunter versteht man einmal eine Zusammensetzung derart, daß ein einzelner Sektor
des Sproßquerschnittes aus einem anderen Element besteht wie der übrige Teil. Alle Blätter
und Achselknospen, die sich in den beiden Sektoren befinden, werden dem genetischen Gehalt
des betreffenden Elementes entsprechend ausgebildet. Die andere Möglichkeit besteht darin,
daß in dem ganzen Sproß, beim Vegetationskegel angefangen, ein Verhältnis der beiden
„Pfropfsymbionten" wie von Haut und Kern besteht. Dabei sind also auch Blätter und Blüten
aus beiderlei Elementen zusammengesetzt und damit sind *beide* Elemente an der Formgestaltung beteiligt und es kann sich äußerlich eine „Bastarderscheinung" anzeigen, besser gesagt,
ein intermediärer Zustand zwischen dem Formgestaltungsvermögen beider Elemente. Dabei
läßt sich dartun, daß das außen gelagerte Element (Epidermis usw.) die stärkere „Formkraft"
ausübt wie die innen liegende (Abb. 507 und 508).

Endlich sei noch eine dritte Möglichkeit chimärischer oder völlig ungeregelter Anordnung
erwähnt. Sie kommt durch gehäufte Mutationen labiler Gene zustande, wodurch erblich verschieden zusammengesetzte Individuen gebildet werden können.

Die Musterbildung in genetisch einheitlichen Objekten stellt in ihrem Ursachen-
gefüge ein besonderes Problem dar und sei im folgenden abgehandelt.

Die genetische Grundlage ist äußerst vielfältig. Genetische Analysen des Blatt- und Blüten-, Form- und Farbmusters sind so zahlreiche ausgeführt, daß sie hier im einzelnen nicht behandelt werden können.

Erinnert sei nur an das Beispiel der Kreuzung zwischen *Urtica urens* und *Urtica Dodoardii*. Hier läßt sich erweisen, daß ein einzelnes Gen für die Blattrandmusterung verantwortlich ist. Abgesehen davon sind zahlreiche Gene bei Mais erwiesen, die die Musterung der Blattfarben veranlassen. Von den Farben und der Musterung der Blütenblätter wird später noch die Rede sein.

Der Sperrmustereffekt. Man versteht darunter die Tatsache, daß eine einmal eingeleitete Differenzierung in einem begrenzten Gebiet eines meristematischen Gewebes das Nachbarareal an der Differenzierung verhindert (Bünning).

Auf diese Weise kann die Musterung der Epidermis durch regelmäßig eingestreute Spaltöffnungen zustande kommen (vgl. S. 121). Es ist durchaus möglich, daß es sich um einen ähnlichen Effekt handelt wie der, daß in der unmittelbaren Nachbarschaft eines meristematischen Gewebes keine Differenzierung zustande kommt, wohl aber dann, wenn dieses entfernt wird. Die inäquale Teilung nämlich, die den Beginn für die Ausbildung des Spaltöffnungsapparates darstellt, veranlaßt zugleich, daß das aus der davon betroffenen Epidermiszelle hervorgehende Areal länger teilungsbereit bleibt als das der umgebenden Zellen.

Musterbildung durch Induktion. Auch genau das entgegengesetzte Phänomen des Sperrmustereffektes kommt vor. Es besteht darin, daß eine einmal gegebene Differenzierung in der unmittelbaren Nachbarschaft ebendieselbe hervorruft.

Schneidet man eine Wurzelspitze in der Differenzierungszone ab, so wird ein neuer Vegetationskegel regeneriert, und genau an derselben Stelle, an der die durchschnittenen Gefäße sich befinden, werden neue Gefäße angelegt (Jost). Auch in diesem Fall dürften stoffliche Zusammenhänge bestehen, die noch weitgehend unbekannt sind.

V. Regeneration

In unmittelbarem Zusammenhang mit der Differenzierung stehen die Vorgänge der Regeneration. Man versteht darunter Prozesse, durch die „verlorene Teile eines Individuums ersetzt werden, indem sich ruhende Anlagen entfalten oder indem aus anderen Teilen heraus eine völlige Neubildung erfolgt" (Bünning). Es gibt noch eine andere Form der Wiederherstellung, die sich von den beiden eben genannten unterscheidet, bei der von der Wundfläche her unmittelbar verlorene Teile wieder ersetzt werden; sie werden als Reparationen bezeichnet.

a) Defektversuche

Regenerationserscheinungen jeglicher Art setzen also einen Defekt voraus. Defekte aber werden bei vielzelligen und einzelligen Lebewesen grundsätzlich verschieden sein müssen. Nehmen wir an, daß von einem Baum mit 200000 Blättern ein Blatt abgetrennt wird, dann wird dieser Defekt für den Baum keine besonderen Folgen haben. Die Wunde wird durch ein Wundgewebe geschlossen werden, ein paar andere in der Nähe stehende Blätter werden gewisse Kompensationen durchführen und damit wird in diesem Fall der „Defekt" ausgeglichen sein. Bedrohlicher freilich liegt die Situation, wenn man sie von der anderen Seite her betrachtet: wenn man sich klarmacht, daß ebenso *von dem Blatt der Baum abgeschnitten ist*. Dann besteht in voller Schärfe die grundsätzlich mit jedem Defekt bei einem Organismus gegebene Alternative: entweder der Defekt wird ausgeglichen (es wird regeneriert oder repariert), oder der defekte Organismus geht zugrunde. Selbstverständlich muß man in dieser Sicht ein abgetrenntes Blatt, so belanglos es für einen vielblättrigen Baum sein mag, dennoch als einen *defekten Organismus* betrachten. In der Tat wird die eben angedeutete Alternative sehr verschieden beantwortet. Es gibt Blätter oder Wurzelstücke oder andere Teile

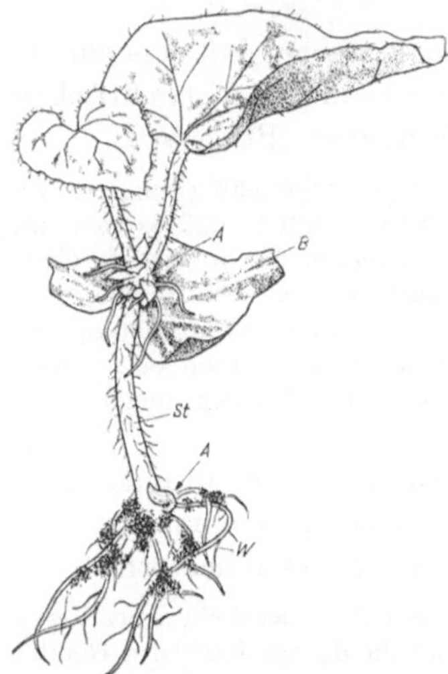

Abb. 509. Regeneration aus einem Blatt von *Begonia*. *A* Regenerate (vollständige Pflanzen bzw. Ansätze zu solchen). Sie stehen oben auf dem Übergang des Blattstiels *St* in die Spreite *B* und unten an der Basis des gesteckten Blattstiels unmittelbar über der Stelle, wo aus dem Callus die Wurzeln *W* hervorgehen. (Orig.)

einer vielzelligen Normalpflanze, die nach der Abtrennung vom Ganzen unmittelbar zugrunde gehen, es gibt aber auch solche, die selbst in kleine Fetzen zerschnitten (*Streptocarpus*, *Begonia*, *Ailanthus*) die ganze Pflanze wieder herzustellen vermögen. Dabei ist zu beachten, daß Blätter oder Sproßachsen oder Wurzelstücke als solche Gebilde sind, die aus einer Unzahl von Zellen bestehen. Theoretisch wäre die Regeneration eines vollständigen Organismus *aus einer einzigen Zelle* möglich. Tatsächlich kennen wir Regenerationsvorgänge vielzelliger Pflanzen, bei denen das wirklich geschieht. Abgesehen davon kann die Tatsache *wie*, bzw. *an welcher Stelle* eines Teilstückes eine Regeneration erfolgt, Aufschluß über die „inneren Bedingungen" des betreffenden Stückes geben, Bedingungen, die unter Umständen durch die Abtrennung als solche zustande kommen (Abb. 509).

Es ist überaus unwahrscheinlich, daß bei einem Defekt einer vielzelligen Pflanze auf der einen Seite nur ein *Teilstück einer einzelnen Zelle* übrig bleibt. Gerade das ist aber stets und ständig der Fall, wenn es sich um Defektsetzungen einzelliger, also elementarer Organismen handelt. Dabei kann es demnach geschehen, daß bestimmte Elementarorgane der Zelle selbst entfernt werden. Aus der Reaktion eines defekten Teilstückes läßt sich mancherlei über die Bedeutung eben der Elementarorgane schließen. Wir beginnen mit den hierher gehörigen Versuchen, die nahezu vollständig der Kategorie der Reparationen angehören.

b) Reparationen

Im Vorgang der Plasmolyse wird bekanntlich der Protoplast von der Zellwand abgehoben und für sich isoliert. Sorgt man dafür, daß er sich nicht wieder ausdehnt, sondern isoliert bleibt, so wird eine neue Cellulosemembran ausgebildet, die dann wieder dem Außenrand des Protoplasten anliegt. Wird ein solcher Versuch in einer langgestreckten Zelle gemacht, so kann dabei der Protoplast in einzelne Teile zerfallen. Es wird dann stets nur an demjenigen Teil des Protoplasten eine Wand regeneriert, der den Kern enthält. Die anderen kernfreien Teile sterben ab. Sind aber zufällig die isolierten protoplasmatischen Teile durch dünne Plasmafäden mit solchen verbunden, die einen Kern besitzen, dann können auch sie eine Membran regenerieren. In diesem Versuch wird also die Bedeutung des Kernes für die ganze Zelle sinnfällig (Abb. 14).

Bei der Grünalge *Acetabularia* handelt es sich, wenigstens in bestimmten Entwicklungszuständen, um eine außergewöhnlich große und vielfältig differenzierte einzelne Zelle, die während ihrer Ausbildung eine schirmförmige Pflanze von der Gesamtgröße einiger Zentimeter hervorbringt. Erst später, wenn die Ausbildung nahezu vollendet ist, teilt sich der einzige im

Rhizoid liegende Kern in eine große Anzahl solcher, die sich dann im ganzen Zellraum verteilen. Zerteilt man den heranwachsenden Stiel in einzelne Stücke, wobei in dem Rhizoid der Kern mit Cytoplasma und Plastiden erhalten bleiben mag, — in den anderen Teilen sind dann allein Cytoplasma und Plastiden — so ergibt sich folgendes: Nur aus Teilen, die Kern, Cytoplasma und Plastiden besitzen, kann eine totale Reparation wieder erfolgen, d. h. das ganze Lebewesen von der Wundfläche aus wiederhergestellt werden. Die anderen Teilstücke, die nur Cytoplasma und Plastiden enthalten, können noch eine Zeitlang am Leben bleiben und sogar noch Formbildungsprozesse durchführen. Dabei hat sich zeigen lassen, daß ein Gefälle von hutbildenden Stoffen und rhizoidbildenden Stoffen in dem Stiel vorhanden ist (Abb. 298). Je nachdem aus welcher Höhe heraus ein solches Stück geschnitten wird, erfolgt entweder an beiden Schnittflächen Hutbildung oder an der einen Hutbildung und an der anderen Rhizoidbildung. Aber auf die Dauer gehen diese kernlosen Teilstücke dennoch zugrunde.

Abgesehen von der erneuten Demonstration der Bedeutung des Kernes zeigt dieser Versuch, daß auch eine einzelne Zelle ausgeprägte Polarität besitzt; die in diesem Fall außer durch den formativen Effekt noch durch ein bestimmt angeordnetes Gefälle verschiedener Substanzen gekennzeichnet ist. Reparationen kommen auch bei vielzelligen Organismen vor. So können z. B. Teile eines entfernten Vegetationskegels unmittelbar von der Wundfläche aus wiederhergestellt werden. Sie spielen aber im großen und ganzen eine untergeordnete Rolle.

c) Regeneration durch Entfaltung bereits vorhandener Anlagen

Diese Regeneration ist ungemein weit verbreitet. Besonders häufig findet sich eine Aktivierung ruhender Knospen. Bekanntlich werden in allen Blattachseln Seitensprosse angelegt, doch nur wenige treiben aus. Wird der Gipfeltrieb entfernt, so treiben auch solche Knospen aus, die es normalerweise nicht getan hätten. Es ist wahrscheinlich, daß der Fortfall des Wuchsstoffes, der von der Sproßspitze gebildet wird, diese Aktivierung herbeiführt, denn der Wuchsstoff übt eine Hemmwirkung auf das Wachstum der Achselknospen aus (Abb. 505 und 506).

Abgesehen davon gibt es noch eine ganze Reihe von besonderen Erscheinungen, wie etwa die Aktivierung von meristematischem Gewebe an den Blatträndern von *Bryophyllum*. Solche Aktivierungen meristematisch gebliebenen Gewebes können unter Umständen auch erst dann zustande kommen, wenn die Blätter von dem Sproß abgetrennt sind.

d) Regeneration durch Übergang von Dauergewebe in den embryonalen Zustand

Daß man aus einem Sproß ein Stück herausschneiden kann und dieses dann zur Bewurzelung und erneuten weiteren Sproßbildung bringen kann, daß man also „Stecklinge" machen kann, ist eine Erfahrung, die schon auf das Altertum zurückgeht. Wir werden im Zusammenhang mit den Fragen der Polarität noch einmal darauf eingehen. Es ist bei den Sproßachsen zu berücksichtigen, daß hier embryonale Zellen im Zentralzylinder vorhanden sind, im Cambium, die zwar als Steckling etwas anderes bilden als im normalen Gewebezusammenhang; deutlicher für das, was hier gesagt sein soll, sind die Stecklinge, die man von Blättern macht.

Schneidet man Blätter von Begonien oder *Streptocarpus* von der Pflanze ab, wobei man sie durchaus in kleine Stücke zerteilen kann, so entwickeln sie von dem Wundgewebe der Basis aus Wurzeln und schließlich auch Sprosse. Vielfach kann eine solche Ausbildung ihren Ursprung in einer einzigen Zelle nehmen, die als bereits ausdifferenzierte Epidermiszelle wieder in Teilung eintritt und dann Wurzeln und Sprosse bildet.

Daß dieses Regenerationsvermögen genetisch bedingt ist, ist schon daraus zu schließen, daß es artgemäß außerordentlich verschieden ist. Es gibt Pflanzen, bei denen keinerlei Blattstecklinge gelingen, andere, bei denen sich ein Blatt zwar bewurzelt, auch noch einige Teilungen durchführt, aber in diesem Zustand „unvollständiger Regeneration" verbleibt, sogar seine Lebensdauer verlängert, niemals jedoch einen Sproß bildet, und andere endlich, bei denen sogar kleine Teile Wurzeln und Sprosse ausbilden können und also zu vollständiger Regeneration befähigt sind (Abb. 475).

Ganz besonders bekannt ist der Regenerationsversuch von MARCHAL-v. WETT-STEIN (Abb. 502). Es werden dabei Teile von Moossporophyten auf Agar, Erde

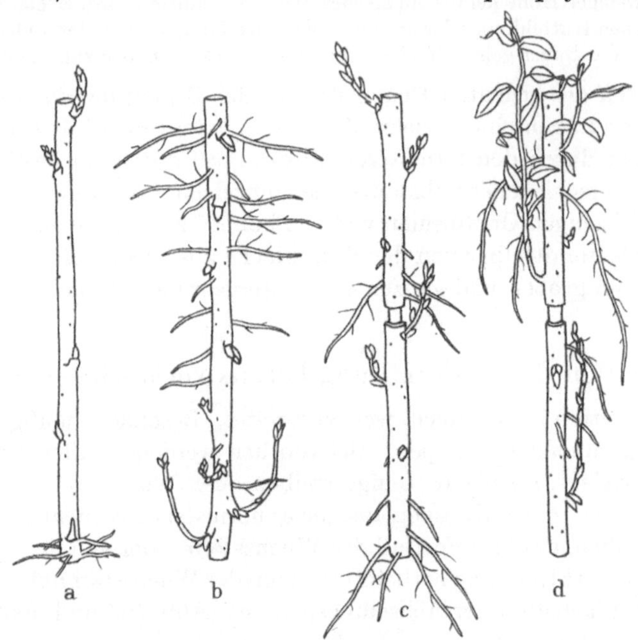

Abb. 510a—d. Regeneration von Weidenzweigen. a in normaler Lage in feuchter Luft aufgehängt; b in inverser Lage; c geringelt in normaler Lage; d geringelt in inverser Lage. (Nach VÖCHTING)

oder Torf ausgelegt und sie beginnen dadurch zu wachsen, daß sie wieder in den embryonalen Zustand zurückkehren, d. h. also in diesem Fall ein Protonema bilden. Im Anschluß daran entsteht der neue Gametophyt, der dann natürlich als Abkömmling eines Sporophyten die doppelte Chromosomenzahl besitzt. Hierbei ist typisch, daß dieses Wachstum des Sporophyten gewöhnlich von der Schnittfläche aus erfolgt. Es treten also die dem Schnitt anliegenden Zellen erneut in Teilungen ein, fallen dabei aber sozusagen auf den Zustand der Spore zurück, um von hier aus ein neues Protonema zu erzeugen.

Polarität. Alle vielzelligen Pflanzen sind, von verschwindenden Ausnahmen abgesehen, in ihrer Gestaltung mit einer ausgesprochenen Längsachse versehen, deren nach ihren beiden Enden deutende Richtungen verschiedene Ausbildungs- und Funktionsbereiche bezeichnen. Wenn wir dieses Phänomen *Polarität* nennen, dann meinen wir damit über die eben gegebene Definition hinaus noch etwas mehr, nämlich daß diese Ausrichtung auf basal-apikal gegebenen Verschiedenheiten bei Defekten zu einer Polarisierung der Einzelteile führen muß. Zunächst soll die Frage erörtert werden, ob und wieweit solche Bestimmungen auch auf die Einzelzelle zutreffen.

Die Zelle ist ihrer Grundgestalt nach eine Kugel; bedeutet das auch, daß es sich um ein Gebilde handelt, das nach jeder Richtung hin in seinen Lebensäußerungen gleich organisiert ist? Schon bei der Betrachtung der Zellgestalt hatten wir gesehen, daß die Kugelform vielfach dann auftritt, wenn die Zelle — auch nur vorübergehend — den aktiv lebendigen Zustand verläßt, wie bei den Fortpflanzungszellen. Jede Umformung der Kugelgestalt, wie das für den Normalzustand der Zelle charakteristisch ist, führt in den meisten Fällen zu Gebilden, die in der Tat eine *Längsachse* besitzen.

Ein weiteres Beispiel möge zeigen, wie die Polarität einer Keimzelle von äußeren Einwirkungen induziert werden kann und zugleich damit die Polarität der aus ihr hervorgehenden vielzelligen Pflanze bestimmen kann. Wenn die befruchteten kugeligen Eizellen von *Fucus* belichtet werden, dann orientiert sich die erste Teilung so, daß die neue Wand senkrecht zum Lichteinfall ausgebildet wird. Die beiden daraus entstehenden Zellen ergeben auf der lichtzugewandten Seite in der weiteren Entwicklung den Sproßpol, auf der lichtabgewandten Seite den Rhizoidpol. Erfolgt die Entwicklung dieser Keimzellen im Dunkeln, dann ist die Bildung der ersten Wand meist auch nicht regellos verteilt, vielmehr erfolgt sie senkrecht zu der Richtung, in welcher das Spermatozoid in das Ei eindrang. Diese letztere Induktion wird aber durch eine Belichtung stets außer Kraft gesetzt.

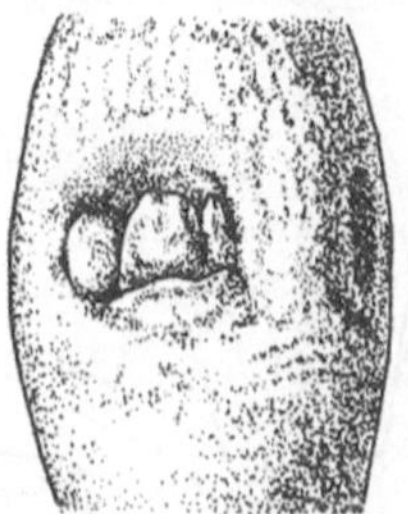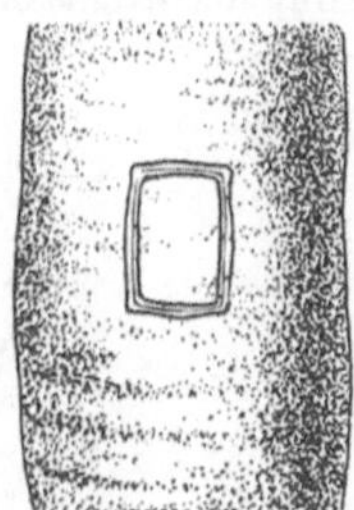

Abb. 511. Rechts: Stück aus einer Rübe herausgeschnitten und in normaler Lage wieder eingesetzt, links: Stück aus einer Rübe herausgeschnitten und in inverser Lage wieder eingesetzt, gibt erschreckende Vernarbung. (Nach VÖCHTING)

Bei den Sproßpflanzen ist die Polarität gewöhnlich schon mit der Embryobildung gegeben und wird durch die Ausrichtung der Eizelle, wie auf S. 66 gesagt, offenbar nach der Längsachse des Embryosacks erfolgen. Die Regenerationsleistung einer Sproß- oder Wurzelachse kennzeichnet die inhärente Polarität des Organs. Dabei ergeben sich verschiedene Fragen: einmal die, wie sich die Stücke eines Sprosses verhalten, die übereinander liegen, und zum anderen, wieweit sich eine schon vorhandene Polarität noch umkehren läßt. Beide Fragen sind durch die umfassenden Versuche VÖCHTINGS beantwortet worden.

Schneidet man einen Weiden- oder Pappelzweig in einzelne Stücke, so wird in feuchter Luft der jeweils basale Teil Wurzeln, der apikale Teil hingegen Sprosse entwickeln. Ein über dem apikalen Teil herausgeschnittenes Stück wird seinerseits wieder, obwohl es ursprünglich höher lag, an seinem unteren Teil Wurzeln, an seinem oberen Sprosse zustande bringen (Abb. 510). Dieses Verhalten ist nicht umkehrbar!

Dafür gibt es in VÖCHTINGS Versuchen ein besonders anschauliches Beispiel. Schneidet man aus einer Rübe ein vierkantiges Stück heraus und setzt es unmittelbar in derselben Lage in den Ausschnitt wieder hinein, dann wächst es sogleich wieder fest, ohne daß es eine besondere Vernarbung gibt. Dreht man jedoch das Stück um 180°, so wächst es nicht an, sondern geht zugrunde, und es gibt in der Rübe eine fürchterliche Vernarbung, so, als sei ein Fremdkörper in die Wunde eingefügt (Abb. 511).

VI. Der Gestaltswechsel

Ein Gestaltswechsel vollzieht sich an jeder Pflanze im Laufe ihrer Entwicklung. An eine Phase der Keimung und ersten Entwicklung, vielfach mit Jugendzuständen verbunden, schließt sich die vegetative Ausgestaltung und daran schließlich

eine reproduktive Periode. Durch die Einschaltung eines antithetischen Generationswechsels, der als solcher mit der Verteilung von Kopulation und Meiosis im
alternativen Wechsel verschiedener Ausbildungs-
zustände Angelegenheit der Fortpflanzungslehre
ist, kann das Ganze noch weitgehend kompliziert
und verändert werden. Die Entwicklungsphysiologie hat sich mit der Frage zu befassen, welches
die Ursachen dieser oftmals höchst auffälligen
Abläufe sind.

Die genetischen Grundlagen. Der typische
Entwicklungsablauf einer Pflanze ist selbst-

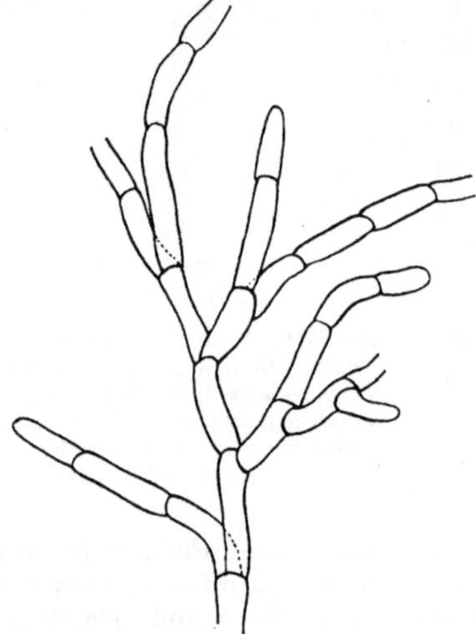

Abb. 512. Normales Chloronema von *Funaria hygrometrica*. (Orig.)

verständlich auch genetisch gesteuert. Dabei
müssen wir annehmen, daß eine festgefügte
Reihenfolge in der Manifestation einzelner Gene
bestehen kann, die gegebenenfalls für den
Wechsel des Entwicklungszustandes verantwortlich sind, während andere das Geschehen
von Anfang bis Ende beherrschen. So ließe sich
denken, daß das Wirkungsende eines früh mani-
festierten Gens zugleich auch die Bedingungen
für den Entwicklungsbeginn des nächstfolgen-
den erzeugt.

Die moderne Mutationsforschung erbringt dafür
ein anschauliches Beispiel. Der Entwicklungsablauf
einer Moospflanze von der Spore über Protonema zum

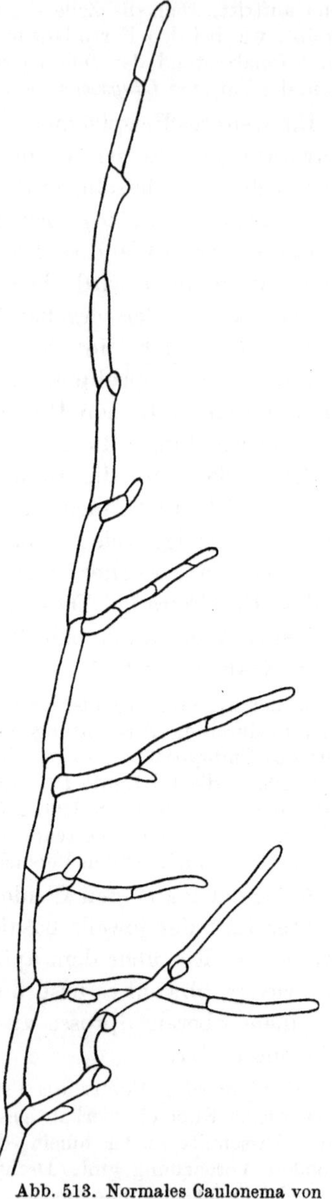

Abb. 513. Normales Caulonema von
Funaria hygrometrica. (Orig.)

Gametophyten und Sporophyten ist offenbar von einer Unzahl von Genen beherrscht, die sich
in der Manifestation ablösen. Bringt man eine normale Spore von *Funaria hygrometrica* in die
Mitte einer Knopagarplatte und hält sie unter günstigen Licht- und Temperaturbedingungen,
so beginnt normale Keimung und anschließendes Wachstum des Protonemas (Abb. 512). Dieses
überzieht den Agar von der Spore aus als Mittelpunkt radial nach allen Seiten. Bei lebhafter
Assimilation setzt alsbald die Bildung des Caulonemas (Abb. 513) ein, d. h. von Fäden mit
längeren und dickeren Zellen, braun gefärbten Wänden und schrägen Querwänden. An den

Seitenzweigen dieser Fäden entstehen sodann die Knospen mit dreischneidigen, aufwärts gerichteten Scheitelzellen. Aus diesen erwachsen weiterhin die Moosstämmchen mit Achse und Blättern, die mit einem Antheridienstand abschließen, während sich die Archegonienstände vorwiegend an Seitenzweigen entwickeln. Nach der Befruchtung eines Archegoniums erwächst daraus der Sporophyt mit langer Seta, seitlich übergebogener Kapsel, in der unter Meiosis die Sporen entstehen.

Verwendet man statt der normalen Sporen von Funaria solche, die eine Röntgenveränderung erfahren haben und vergleicht die daraus erwachsenen Mutanten miteinander, so ergibt sich folgendes. Es findet sich eine Anzahl solcher Pflanzen, die zwar aus grünem Protonema be-

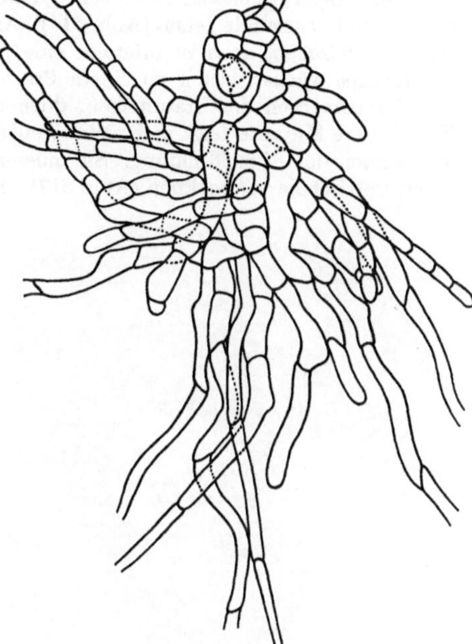

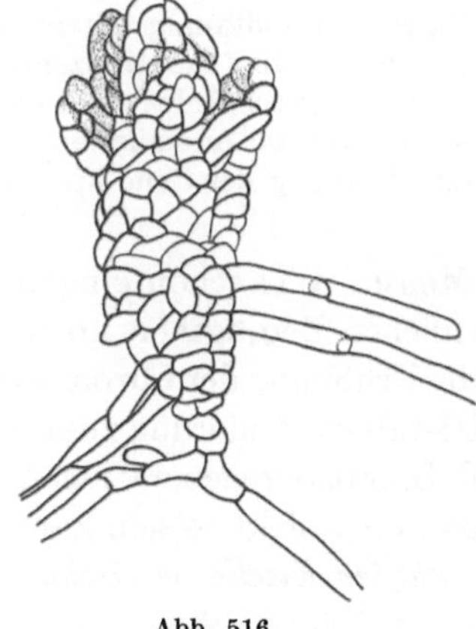

Abb. 514

Abb. 515

Abb. 514. Röntgenmutante von *Funaria hygrometrica*, deren Knospen zweischneidige Scheitelzellen besitzen (Nach OEHLKERS)

Abb. 515. Röntgenmutante von *Funaria hygrometrica*, Knospen, deren Zellen wieder in Protonema übergehen. (Nach OEHLKERS)

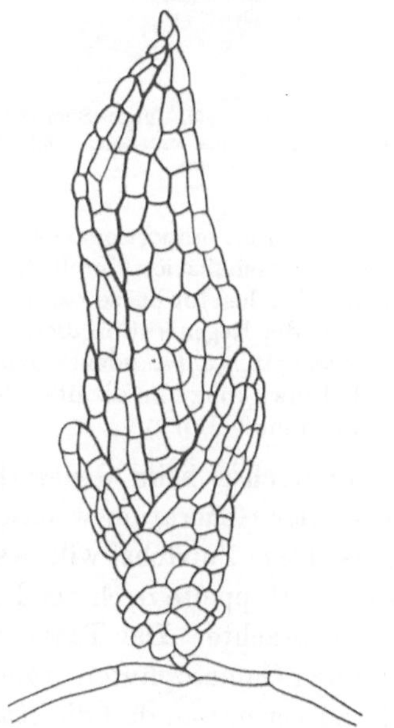

Abb. 516

Abb. 517

Abb. 516. Röntgenmutante von *Funaria hygrometrica*, Stämmchen mit anormalen Blättern. (Nach OEHLKERS)

Abb. 517. Röntgenmutante von *Funaria hygrometrica*, Stämmchen mit Blättern, aber ohne Rhizoide. (Nach OEHLKERS)

stehen und assimilieren können, dennoch aber keine Stämmchen bilden. Vergleicht man diese miteinander, so zeigt sich, daß einmal die Stämmchenbildung dadurch sistiert sein kann, daß das Caulonema fehlt. Gleichzeitig erfolgt in diesem Fall oftmals eine beträchtliche Reproduktion auf vegetativem Wege, durch Tmemenbildung (S. 274). Weiterhin gibt es solche, die Knospen ausbilden, indessen sind diese Knospen nicht mit dreischneidigen, sondern nur mit zweischneidigen Scheitelzellen versehen, ergeben also keine Stämmchen, sondern flache Scheiben, die bald zugrunde gehen (Abb. 514). Andere bilden wiederum Knospen mit dreischneidigen Scheitelzellen, doch ist offenbar eine physiologische Störung vorhanden und jede Zelle der Knospe wächst wieder zu einem Protonema aus (Abb. 515). Weitere Mutanten zeigen ein Heranwachsen der Stämmchen, doch mangelhafte Ausbildung der Blätter (Abb. 516). Eine andere Mutante zeigt mehr oder weniger normale Stämmchen, doch fehlt bei diesen die Möglichkeit der Rhizoidbildung. Sie müssen daher schon auf der Agarplatte in der geschlossenen Petrischale vertrocknen (Abb. 517). Diese Beispiele zeigen, daß eine große Anzahl von einzelnen mindestens durch einen Mutationsvorgang isolierbaren Genen vorhanden ist, die das normale Entwicklungsgeschehen beherrschen. Es ist nicht zu bezweifeln, daß es sich bei anderen Pflanzen ebenso verhält.

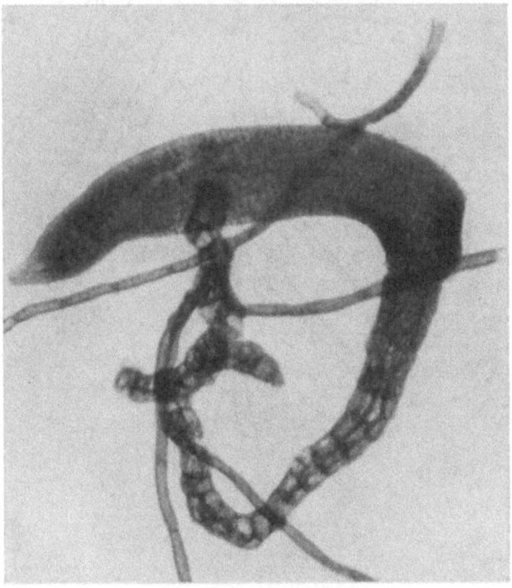

Innere und äußere Bedingungen für den Gestaltswechsel der Moose. Kultiviert man ein Moosprotonema fernab von Licht, so daß es nicht oder nur so viel zu assimilieren vermag, daß es sich gerade am Leben erhält, dann erfolgt weder Knospen- noch Stämmchenbildung. So steht also zu vermuten, daß die Assimilation als Innen- und damit CO_2 und Licht als unerläßliche Außenbedingungen auf den Gestaltswechsel bestimmend einwirken.

Abb. 518. *Georgia pellucida.* Junges Sporogon, das vegetativ am Protonema entstanden ist. (Orig. BAUER)

Das läßt sich im einzelnen noch genauer erweisen. Einmal ist die Knospenzahl, die von dem regenerierten Protonema eines isolierten Blättchens oder von isolierten Protonemateilen gebildet wird, direkt proportional der Fläche des assimilationsfähigen Gewebes. Zum anderen kann man die Assimilation durch die Einwirkung von Natriumfluoridlösung unterdrücken. Badet man Blättchen für kurze Zeit in einer solchen Lösung von $6{,}6 \times 10^{-2}$ mol Konzentration, so wird zwar die Regeneration dieser Organe nicht wesentlich eingeschränkt, wohl aber die an den Regeneraten entstandenen Knospen. Beides weist also auf die Assimilation als entscheidende Einwirkung hin, die über die bereits aufgewiesene Wirkung der Gene hinaus noch hinzukommen muß (BOPP).

Gestaltswechsel beim Generationswechsel der Moose. Wie schon eingangs erwähnt, ist der Generationswechsel in seiner ursächlichen Bedingtheit noch völlig undurchsichtig. Zunächst will es scheinen, als ob die Erhöhung der Chromosomenzahl auf das Doppelte nach der Befruchtung die Gestaltsveränderung zum Sporogon hervorbrächte. Die Tatsache indessen, daß Sporogonregenerationen stets wieder einen Gametophyten ergeben, zeigt aber, daß dem nicht so sein kann, und es steht zu vermuten, daß die *Ausbildung der befruchteten Eizelle im Archegonium* den entscheidenden Einfluß darstellt.

Daß das Archegonium überhaupt einen formgestaltenden Einfluß besitzt, geht aus Versuchen hervor, die zeigen können, daß die Form der Kapsel verändert wird, wenn die Kalyptra vorzeitig abgenommen wird (BOPP). Mutationsversuche bei *Physcomitrium pyriforme* erbrachten unter vielen anderen auch eine Mutante mit veränderter Kapselform, und es zeigte sich, daß das Aufsetzen der Kalyptra dieser Pflanzen auf unreife Sporogone normaler Pflanzen auch bei diesen die veränderte Kapselform hervorruft. Daraus geht also mit Sicherheit hervor, daß die Kapselform von der Kalyptra, also einem Teil des Archegoniums, abhängig ist. Nun haben sich neuerdings einige Bedingungen fixieren lassen, die auch außerhalb des Archegoniums den Übergang selbst haploider Moosprotonemen in sporophytische Organe oder sogar vollständige Sporophyten zuwege bringen (Abb. 518). Es handelt sich dabei im wesentlichen um eine Veränderung der Hydratation durch Kultur auf hochprozentigem Agar (BAUER). Möglicherweise lassen sich so die Bedingungen des Formbildungsvermögens eruieren, wie sie durch das Archegonium auf die heranwachsende Eizelle ausgeübt werden. Hier ruht also ein Gebiet, das verheißungsvolle Ansätze für weitere entwicklungsphysiologische Studien enthält.

Gestaltswechsel bei Sproßpflanzen. Auch der Gestaltswechsel bei den Sproßpflanzen ist in seiner ursächlichen Bedingtheit sehr wenig geklärt. Es ist bekannt, daß *Hedera helix*, der Efeu, eine ausgesprochene Jugend- und Altersform zeigt. Anfänglich ist die Pflanze ein Schlinggewächs, zugleich sind die Blätter tief eingeschnitten. Im Alter entwickelt die Pflanze feststehende Zweige, die ohne Anlehnung an ein Substrat sich in die Luft erheben. Gleichzeitig werden die Blätter ganzrandig und birnenförmig. Macht man von einem solchen Efeu im Alterszustand einen Steckling, dann erhält sich diese Form durchaus und geht nicht mehr in die Jugendform zurück. Die Ursachen dafür sind noch unbekannt.

VII. Die Bedingungen der Reproduktion

Besonderes Interesse hat man stets der Frage entgegengebracht, welches die Bedingungen dafür sind, daß eine Pflanze in die reproduktive Periode ihres Lebens eintritt; die Analysen indessen, die das Gebiet zu klären bestrebt waren, sind etwas ungeordnet vor sich gegangen, so daß eine Übersicht schwer zu gewinnen ist. Wir werden versuchen, das Ganze unserem Schema unterzuordnen.

1. Vegetative und sexuelle Fortpflanzung und deren genetische Bedingtheit

Es gibt eine Reihe von Pflanzen, bei denen ständig vegetative und sexuelle Fortpflanzung nebeneinander abläuft.

So macht beispielsweise *Epilobium hirsutum* an der Basis des Sprosses stets Ausläufer in Form von dicken, reich mit Reservestoffen angefüllten Wintersprossen, und gleichzeitig entstehen zahllose Samenkörner, die durch die Epidermishaare ihrer Samenschale weit vom Winde verweht werden. Fortpflanzung am Ort geschieht durch die Wintersprosse, Verbreitung weithin durch die Samen.

Andere Pflanzen gehen entweder nur vegetative oder nur sexuelle Fortpflanzung ein oder wieder bei anderen ist beides möglich; die Entscheidung fällt dann durch die Einwirkung äußerer Bedingungen. So ist es also höchst wahrscheinlich, daß beide Fortpflanzungsweisen genetisch bedingt sind.

Genauer läßt sich eine deratige Bedingtheit noch durch Mutationsversuche erweisen. *Funaria hygrometrica* ist ein Moos, dessen Protonema erst in höherem Alter in Tmemenbildung und damit in vegetative Fortpflanzung übergeht. Die „Hauptfortpflanzung" der normalen Formen besteht in der Sexualität, mit anschließender Sporogonbildung. Nun gibt es Röntgenmutanten, bei denen die Stämmchenbildung und damit die Sexualität aufgehoben ist, zugleich aber besitzen einige davon die Eigentümlichkeit, daß von Beginn der Protonemabildung an ungemein viele, an manchen Stellen alle Zellen durch Tmemenbildung zerfallen und zu leicht isolierten vegetativen Fortpflanzungskörpern werden. Damit läßt sich also erweisen, daß es bestimmende genetische Grundlagen auch für beide Fortpflanzungsweisen gibt.

Innere und äußere Bedingungen bei den Fortpflanzungsweisen. Man kann unser Wissen darüber folgendermaßen zusammenfassen: Alle Bedingungen, innere wie äußere, die einem vegetativen Wachstum der Pflanzen günstig sind, unterstützen zugleich die vegetative Fortpflanzung und umgekehrt. Alle Bedingungen, die diesem abträglich sind, befördern die sexuelle Fortpflanzung. Bei einzelnen Pflanzen lassen sich die Bedingungskomplexe einigermaßen trennen. Ein Beispiel möge für viele gelten.

Ulothrix zonata (S. 240) lebt vegetativ unter relativ tiefen Temperaturen und hohem Sauerstoffgehalt des Wassers. Man findet die Alge also vielfach in Bächen, in denen im Frühjahr das Wasser sprudelt. Und bei diesen Bedingungen wächst sie zugleich vegetativ und außerdem erfolgt ständig vegetative Fortpflanzung durch Zoosporenbildung.

Ungünstige Lebensbedingungen sind für Ulothrix stehendes Gewässer mit geringer Sauerstoffspannung, teilweise Austrocknung und Wiederbefeuchtung sowie höhere Temperatur. Alles dieses kann zugleich zur Bildung von Gameten führen, die ihrerseits dann durch Konjugation eine Zygote ergeben und Ruhezustände ausbilden (KLEBS).

2. Die Blühbereitschaft der höheren Pflanzen

Die Blütenpflanzen lassen sich hinsichtlich ihrer Blühbereitschaft in verschiedene Gruppen einteilen. Unter den einjährigen[1] Pflanzen findet man vielfach solche, die unter den normalen Lebensbedingungen nach einer gewissen vegetativen Entwicklung ohne weiteres zur Reproduktion schreiten, blühen, Samen bilden und einen neuen Anfang setzen, ohne daß sich im einzelnen erklären ließe, welche Bedingungen dafür maßgeblich sind. Es sind selbstverständlich innere Bedingungen, die uns unbekannt sind. Weiterhin gibt es solche, bei denen diese vegetative Entwicklung sehr lange hinausgezögert werden kann, vielfach über mehrere Jahresperioden hinweg, bis schließlich, offenbar ebenfalls im Zuge des Ablaufs innerer Bedingungen, diese erreicht ist und die Reproduktion eintritt, gewöhnlich dann mit großem Massenaufwand. Und endlich gibt es eine Gruppe von Pflanzen, die in jährlicher oder anderer Periodizität stets dann erst in eine Reproduktionsperiode eintreten und zu blühen und zu fruchten beginnen, wenn ganz bestimmte äußere Bedingungen sie dazu ermächtigen.

Die genetische Grundlage. Die Einstellung zum Erreichen der Blühbereitschaft, die von verschiedenen äußeren Bedingungen abhängig ist, kann wiederum eine Steuerung durch bestimmte Gene erfahren.

So gibt es zwei Rassen von *Hyoscyamus niger*. Eine davon blüht, nachdem sie zuerst eine Rübe mit einer Blattrosette gebildet hat und herangewachsen ist, ohne weiteres; eine andere dagegen erst dann, wenn sie eine Kälteeinwirkung erlitten hat (Vernalisation). Der Unterschied dieser beiden Rassen ist ein einfach mendelnder (MELCHERS). Somit ist ein einzelnes Gen dafür verantwortlich. Ähnliches ist bei *Arabidopsis Thaliana* gefunden worden mit dem Unterschied, daß es hier zwei mendelnde Gene sind (LAIBACH). Hier erfolgt also der Eingriff innerer und äußerer Bedingungen in ein festgefügtes bereitgestelltes System von Genen.

Vernalisationsbedürftige Pflanzen. Die Zahl der Blütenpflanzen, die erst dann entweder überhaupt blühen oder aber ihre Blühbereitschaft zum mindesten vorverlegen, wenn sie eine Zeit lang in einer tieferen Temperatur verbracht haben, als für die vegetative Entwicklung optimal ist, ist sehr groß. Außer dem schon genannten gehören noch viele andere dazu.

---

[1] Der Ausdruck „einjährige Pflanze" ist unscharf. Er soll nur heißen, daß *irgendwann* in *einer* Vegetationsperiode vegetatives Wachstum und Reproduktion beendigt ist. Es soll keineswegs bedeuten, daß dazu ein „Jahr" benötigt wird.

Insbesondere gehören auch die sogenannten winterannuellen Pflanzen dazu. Es sind das diejenigen, die im Herbst kurz nach der Samenreife zu keimen pflegen, den Winter über als Keimlinge oder Rosetten verbringen und im nächsten Frühjahr nach kurzer vegetativer Entwicklung sogleich in den Zustand der Blühbereitschaft eintreten so wie die Wintergetreide. Vielfach unterscheiden sich Winter- und Sommergetreide nur als Rassen durch einfache

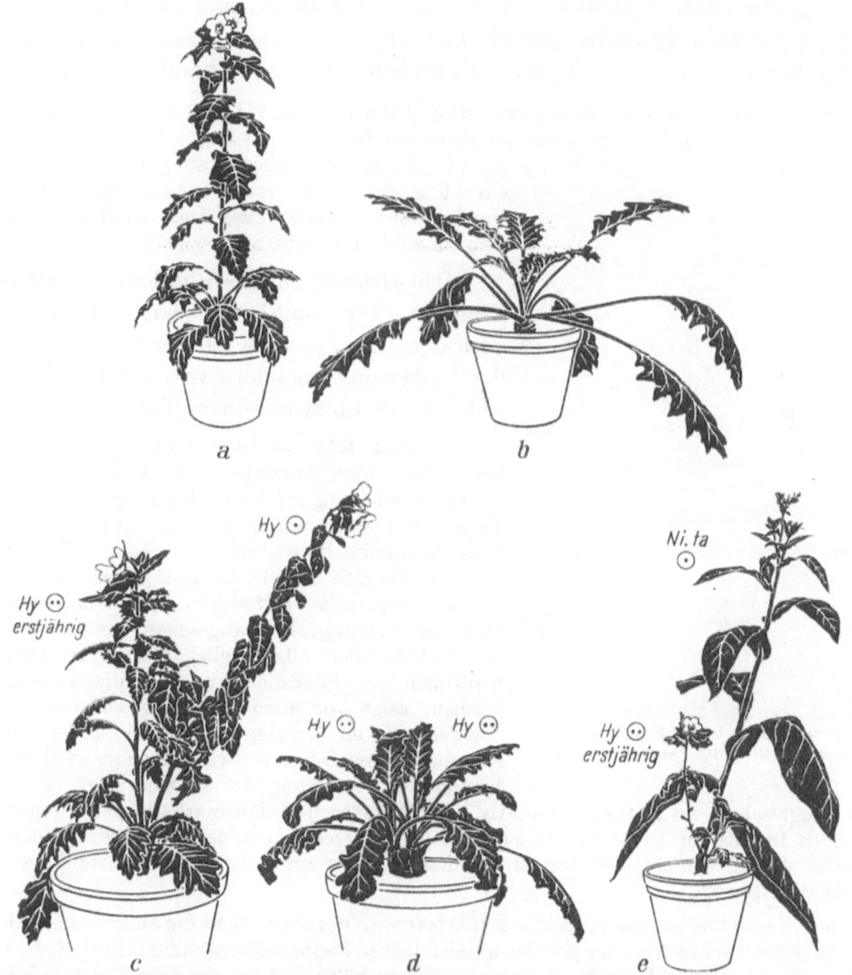

Abb. 519 a—e. *Hyoscyamus niger*. a einjährige; b zweijährige Rasse im ersten Vegetationsjahr; c—e Transplantationen; c erstjähriges Reis der einjährigen Rasse *Hy* ⊙ auf eine erstjährige, nicht vernalisierte Pflanze der zweijährigen Rasse *Hy* ⊙ ; d Kontrollpfropfung *Hy* ⊙ auf *Hy* ⊙ ; e Reis von einjähriger *Nicotiana tabacum* auf eine erstjährige *Hy* ⊙-Pflanze. (Nach MELCHERS und LANG aus KÜHN)

genetische Unterschiede. Bei gleichmäßig hoher Temperatur entwickeln sich diese Pflanzen entweder nur vegetativ oder gelangen *verzögert* zur Blüte. Der Vernalisationseffekt braucht also nicht unmittelbar die Blühbereitschaft hervorzurufen, sondern beschleunigt sie nur in einigen Fällen. Bemerkenswert ist dabei, daß dieser Effekt bei einigen Pflanzen (Roggen) nicht nur den Keimling oder die Keimpflanze betrifft, sondern sogar schon den Samen oder gar den Embryo in den ersten Stadien seiner Entwicklung, kurz nach der Befruchtung.

Der Ablauf der Vernalisation. Bei *Hyoscyamus niger* geht die Vernalisation bei 1—3⁰ über dem Nullpunkt in einigen Wochen vor sich, für andere Pflanzen sind andere Temperaturen typisch: bei *Streptocarpus Wendlandii* etwa $+15^0$ C.

Werden die Pflanzen unmittelbar nach der Vernalisation in hohe Temperaturen gestellt, 36—37°, so erfolgt eine „Devernalisation", d. h. eine Aufhebung des Temperatureffekts. Diese Devernalisation ist aber lediglich bis spätestens vier Tage nach der Vernalisation möglich, später ist der Effekt stabilisiert. Bei *Secale* hat sich zeigen lassen, daß der Devernalisationseffekt, der dort auch möglich ist, mit zunehmender Temperatur schneller verläuft.

Übertragung durch Pfropfung. Von besonderer Bedeutung ist, daß sich das „Prinzip der Blühbereitschaft" durch Pfropfung übertragen läßt. Daraus geht eindeutig hervor, daß es sich um Substanzen (Hormone) handelt (Abb. 519).

Die zweijährige Sippe von *Hyoscyamus niger* kann im ersten Jahr (ohne Vernalisation) zur Blüte gebracht werden, wenn man der Rübe ein Reis von der einjährig blühbaren aufpfropft. Dabei kann ebenso als „Hormonspender" ein blühender Zweig von *Nicotiana tabacum* verwendet werden (MELCHERS). Die betreffenden Substanzen sind also nicht artspezifisch.

Lichtwirkung auf die Blühbereitschaft der Pflanzen. Die Blühbereitschaft ist vielfach von der Tagesperiode abhängig, nicht von der Lichtmenge, sondern von der Dauer, mit welcher das Licht an einem Tag einwirkt.

Nicotiana tabacum ist hinsichtlich der Blühbereitschaft eine Kurztagpflanze, d. h. ihre vegetative Entwicklung erfolgt im Langtag (über 12 Std Tageslänge) während im Kurztag (unter 12 Std Tageslänge) die Blütenbildung einsetzt. *Nicotiana silvestris* dagegen ist eine Langtagpflanze, d. h. sie hat ihre vegetative Entwicklung im Kurztag und blüht im Langtag. Daß abgesehen von der Blühbereitschaft noch alle möglichen anderen Einzelmerkmale der Pflanzen dabei beeinflußt werden können, zeigt vor allen Dingen *Kalanchoë Bloßfeldiana*, die im Kurztag blüht, im Langtag aber eine starke vegetative Entwicklung mit weitgehend besonderer Ausbildung der Blätter zeigt. Ferner:

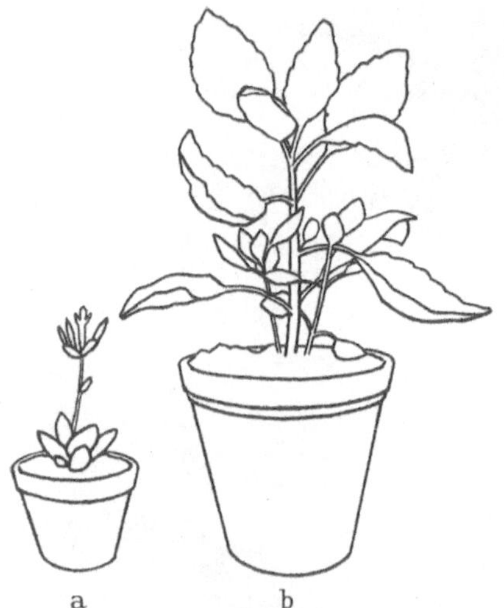

Abb. 520a u. b. *Kalanchoë Bloßfeldiana*. a Kurztagpflanze in Blüte; b Langtagpflanze in vegetativer Entwicklung. (Nach HARDER)

eine im Langtag bzw. im Kurztag vegetativ herangewachsene Pflanze erhält später den entscheidenden Impuls zur Blüte während einer relativ kurzen Zeit in der für sie maßgeblichen Tageslänge, wobei es nicht erforderlich ist, daß diese bis zur vollständigen Ausbildung der Blüte anhält (Abb. 520).

Weiterhin sind für die photoperiodischen Wirkungen durchaus nicht die außerordentlichen Intensitäten des Tageslichts oder gar der unmittelbaren Sonneneinstrahlung erforderlich. Zur Auslösung der Langtagwirkung kann vielmehr eine verhältnismäßig schwache Zusatzbeleuchtung in den an sich dunklen Stunden eines Kurztages die Leistung des ausfallenden Tageslichts übernehmen. So kann es demnach bei der Kurztags- und Langtagswirkung auch keineswegs auf die photosynthetische Leistung als solche ankommen, um den Effekt zu erzielen. Dennoch scheint es, als ob das photosynthetisch wirksame Licht den entscheidenden Einfluß ausübte (HARDER).

Photophile und skotophile Phase. Aus allen diesen Beobachtungen folgt, daß es für die Pflanzen verschiedene physiologische und rhythmisch abwechselnde Zustände gibt, in denen sie licht- oder dunkelheitsbedürftig sind. Diese Zustände sind als die photophile und skotophile Phase bezeichnet worden (BÜNNING). Wir werden später sehen, daß die hier gegebene Tagesrhythmik sich noch in anderer Weise geltend machen kann, nämlich bei den periodischen Schlafbewegungen.

3. Blütenfärbung und Musterung

Die Kronblätter mit ihren lebhaften und oftmals so besonders auffälligen Farben, Formen und Mustern stehen zwar nur in mittelbarer Beziehung zur Fortpflanzungsfunktion der Blüte, dennoch ist es aber aus mehr als einem Grunde angezeigt, die hier liegenden entwicklungsphysiologischen Probleme hierorts zu behandeln.

Die genetische Grundlage. Schon im Beginn der besonderen Erblichkeitsforschung und seitdem ständig erneuert ist mit besonderer Bevorzugung die Genetik der Blütenfarben bearbeitet worden. Es ist also fast trivial, darauf hinzuweisen, daß überall dort, wo Blütenfarben bestehen, deren bestimmende Gene haben ermittelt werden können. Zuweilen sind sie polyphaen, mit den Farbenausbildungen somatischer Teile korreliert, vielfach dagegen auch auf ein enges Gebiet im einzelnen in ihrer Wirkung beschränkt.

Besonders wichtig war das Studium der genischen Grundlagen der im Zellsaft gelösten Anthocyane und Anthoxanthine. Dabei haben sich z. B. je einzelne Gene für die Oxydationsstufen der Anthocyane nachweisen lassen. So haben die je von einem Gen gesteuerten drei Farbstoffe die folgenden Formeln:

Delphinidin   Cyanidin   Pelargonidin

Alle drei unterscheiden sich deutlich in der Farbausprägung (SCOTT-MONTCRIEFF, LAWRENCE und PRICE). Andere Untersuchungen haben gezeigt, daß es einzelne Gene gibt, die die Wasserstoffionenkonzentration — diese ihrerseits beeinflußt wiederum die Ausfärbung der Anthocyane — beeinflussen oder auch die Bildung von Plastidenfarbstoffen. Andere Gene bedingen die Musterung: Die Fülle der Möglichkeiten ist faktisch verwirrend.

Die inneren Bedingungen bestehen in diesem Fall oftmals in dem Vorhandensein einer besonderen sensiblen Periode der Entwicklung, in welcher äußere Bedingungen bestimmend eingreifen können. Diese Periode kann z. B. rein morphologisch an der Knospengröße abgeschätzt werden.

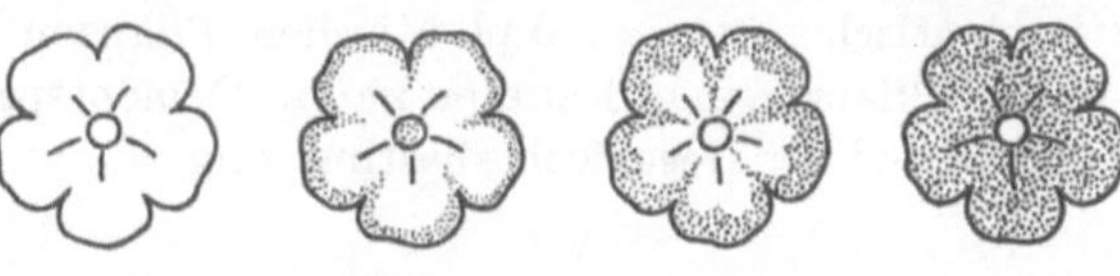

Abb. 521. Musterungsgrad von *Petunia* bei verschiedenen Temperaturen in der sensiblen Phase der Knospenbildung. (Nach HARDER aus KAPPERT)

So wirken die Musterungsgene, die die Ausbildung der Vorstufen der Anthocyane unterdrücken bei *Petunia*, wenn die Knospenlänge 1—2,5 mm beträgt. *Dahlia variabilis* hat eine sensible Phase, wenn die Knospen 0,5—1,5 cm lang sind (Abb. 521).

Die äußeren Bedingungen. Für die Auswirkung der Musterungsgene ist gewöhnlich eine bestimmte Temperatur in der eben geschilderten sensiblen Periode der Knospen notwendig. Auch das Licht kann hier eingreifen.

Bei *Petunia* sind die Blüten, falls in der sensiblen Periode hohe Temperatur einwirkt, nach der Entfaltung blau, bei tiefer farblos. Die Blütenblätter von *Mimulus tigrinus* besitzen einen hellen Grund mit verstreuten dunkelbraunen Arealen; letztere werden ganz wesentlich verengt, wenn hohe Temperatur einwirkt und bei tiefer nahezu auf die ganzen Blattzipfel ausgedehnt (HARDER und Mitarbeiter).

VIII. Die Geschlechtsbestimmung

Die Sexualität bedeutet über die bloße Fortpflanzungsbereitschaft hinaus zugleich auch noch die Entstehung eines sehr viel differenzierteren Mechanismus als das bei der vegetativen Fortpflanzung der Fall ist. Sexualorgane und Sexualprodukte (Gameten) müssen nicht allein in ihrer alternativen Verschiedenheit ausgebildet werden, sondern darüber hinaus funktionell auch noch die Fertigkeit besitzen, zur Zygote zu verschmelzen und damit den ganzen komplizierten Vorgang von Kopulation und Meiosis in Gang zu setzen. So ist es begreiflich, daß man sich mit den Fragen, wie das Geschlecht vererbt und bestimmt werde, schon sehr früh befaßt hat.

Die genetische Grundlage. Nach der Auffassung von CORRENS und HARTMANN besteht in den Zellen aller Pflanzen, sofern sie überhaupt Sexualität besitzen, eine bisexuelle Potenz, ein AG-Komplex als letzte Grundlage. Wir werden sehen, daß sich das faktisch beweisen läßt.

Strittig ist freilich noch die Frage, ob das A und das G in dem Komplex so etwas wie je ein Gen darstellt, die beide zugleich auch für die Ausbildung von Männlichkeit und Weiblichkeit verantwortlich sind, oder ob selbst dort, wo beide Sexualorgane und -produkte auf ein und demselben Individuum stehen, noch so etwas wie besondere Elemente für die Realisation der „alternativen Reaktionsnorm" des AG-Komplexes notwendig sind. Daß das letztere, nämlich das Vorhandensein von ganz bestimmten Realisatoren, bei allen getrenntgeschlechtigen Organismen der Fall sein muß, wird noch im einzelnen gezeigt werden.

Weiterhin ist von besonderer Bedeutung, daß die Geschlechtigkeit, und zwar sowohl als Gemischtgeschlechtigkeit wie als Getrenntgeschlechtigkeit, sich ebenso an haplontischen wie an diplontischen Pflanzen oder Entwicklungsphasen bestimmter Pflanzen manifestieren kann. Dementsprechend unterscheidet man vier Möglichkeiten der Geschlechtsbestimmung.

1. Haplophänotypische Geschlechtsbestimmung

Dafür sei auf das Beispiel von zwittriger *Vaucheria* verwiesen; hier werden an ein und demselben Algenfaden nebeneinander männliche Antheridien und weibliche Oogonien ausgebildet (Abb. 356). *Funaria hygrometrica* sodann ist ein gemischtgeschlechtiges aber monözisches Moos; es kommen zwar beiderlei Sexualorgane auf demselben Gametophyten vor, doch besitzt stets der Hauptsproß des Funariastämmchens allein Antheridien, während die Archegonien für sich auf einem Seitensproß untergebracht sind.

Eine genauere Untersuchung hat nun zeigen können, daß selbst eine so durchaus weiblich determinierte Zelle wie die Bauchkanalzelle des Archegoniums zur Regeneration gebracht werden kann und dann wiederum einen normalen gemischtgeschlechtigen Gametophyten hervorbringt (F. v. WETTSTEIN). So ist also bei der Realisation der Sexualorgane bei gemischtgeschlechtigen Pflanzen, selbst bei Monoecie, keinerlei genotypische Veränderung im Spiel, vielmehr muß eine solche allein durch die inneren Bedingungen erfolgen. In der Sprache der

Erörterung von Geschlechtsrealisatoren, die von der Genetik herkommt, pflegt man das als
eine phänotypische Bestimmung zu bezeichnen. Eine solche liegt auch bei den Prothallien
von *Equisetum* vor. Diese sind ebenfalls genetisch gemischtgeschlechtig, doch bilden sie entweder nur männliche oder nur weibliche Sexualorgane aus. Dabei hat sich zeigen lassen, daß
bei Kultur in phosphorfreier Nährlösung nur männliche Prothallien entstehen, in normaler
Nährlösung hingegen bei guter Ernährung im wesentlichen weibliche. Hier besteht also auch
eine haplophänotypische Geschlechtsbestimmung, doch sind es nicht die inneren, sondern die
äußeren Bedingungen der Ernährung, durch die eine Entscheidung erfolgt.

2. Haplogenotypische Geschlechtsbestimmung

Bryum caespiticium ist ein getrenntgeschlechtiges Moos, dessen haploide
Gametophyten entweder nur weibliche oder nur männliche Sexualorgane hervorbringen. Da das stets im Zahlenverhältnis von 1:1 erfolgt,
ist die Annahme genotypischer Bestimmung gerechtfertigt.
Für die meisten solcher getrenntgeschlechtiger Organismen
ist ein besonderes Chromosomenpaar aufgewiesen, auf dem
sich die Realisatoren befinden, die für die Ausbildung des
jeweils männlichen oder weiblichen Geschlechts sorgen.
Vielfach lassen sich solche Geschlechtschromosomen — die
X- und Y-Chromosomen — morphologisch unterscheiden.

Bei Bryum liegen die Dinge so, daß die Wirkungsstärke der Re-
alisatorgene, die sich auf diesen Chromosomen befinden, ausgeglichen
ist. Wenn man durch Regeneration eines Sporophyten von Bryum
einen diploiden Gametophyten hervorbringt, dann bekommt man
zwittrige Pflanzen, bei denen die männlichen und die weiblichen
Sexualorgane auf demselben Stämmchen nebeneinander stehen.
Diese Geschlechtsbestimmung durch ein Realisatorgen ist nur relativ
wenig von äußeren Bedingungen beeinflußbar: kommt es überhaupt
zur Ausbildung eines Gametophyten, dann wird er in der den Realisatoren entsprechenden Weise gebildet.

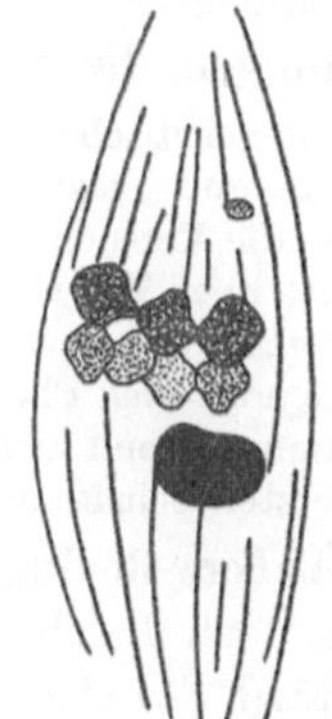

Abb. 522. Meiosis bei *Sphaerocarpus* mit X- und Y-Chromosomen. (Nach LORBEER aus HARTMANN)

Etwas anders liegen die Verhältnisse für *Sphaerocarpus Donnellii*, ein folioses Lebermoos.
Hier hat sich zunächst einmal sehr klar nachweisen lassen, daß die Sporen aus den Tetraden
jeweils zwei und zwei männliche und weibliche Keimlinge ergeben (Tabelle 18). Außerdem
findet sich hier ein außerordentlich großes X-Chromosom und ein nur sehr kleines Y-Chromosom (Abb. 522). Wenn man nun durch Regeneration des Sporophyten neue Gametophyten
hervorbringt, was freilich bei Lebermoosen sehr schwierig ist und selten gelingt, dann erhält
man ausschließlich weibliche Pflanzen. Das heißt also, es dominiert hier der Weiblichkeits-
realisator vollständig über den Männlichkeitsrealisator. Ferner: werden normale weibliche
Thalli geröntgt und daraus Röntgenmutanten aufgezogen, die ja bei den haploiden Organismen
unmittelbar erscheinen, dann erhält man einige wenige männliche Pflanzen unter einer sehr

Tabelle 18. *Geschlechtsverhältnis vollzählig gekeimter Sporentetraden bei Sphaerocarpus.*
(Nach LORBEER 1927, aus HARTMANN)

Species	Zahl der Tetraden	Abgestorbene Keimlinge jeder Tetrade	Weibliche Keimlinge	Männliche Keimlinge
Sphaerocarpus Donnellii I . .	129	—	258	258
	22	1	22	44
	25	1	50	25
Sphaerocarpus Donnellii II .	27	—	54	54
Sphaerocarpus texanus . . .	31	—	62	62
Sphaerocarpus terrestris . . .	20	—	40	40

28*

großen Anzahl weiblich gebliebener. Wahrscheinlich handelt es sich dabei um einen Stückverlust des Realisatorchromosoms. Daraus geht also mit Sicherheit hervor, daß bei dieser genotypischen Geschlechtsbestimmung das jeweils andere Geschlecht noch vorhanden ist, daß also der Realisator lediglich das eine der beiden Geschlechter zur Manifestation gelangen läßt. Schwer zu sagen, ob das eine gefördert oder ob das andere unterdrückt wird.

3. Diplophänotypische Geschlechtsbestimmung

Bei der diplophänotypischen Geschlechtsbestimmung wird das Geschlecht in der Diplophase ausgebildet. Als Beispiel seien unsere Blütenpflanzen genannt, die ja meistens gemischtgeschlechtig sind. Wieder bestehen beide Möglichkeiten der Realisation: bei zwittriger Ausbildung stehen beide Geschlechtsorgane in ein und derselben Blüte, bei monöcischer erscheinen eingeschlechtige Blüten beider Geschlechter auf derselben Pflanze; die Realisation erfolgt durch innnere Bedingungen, die uns vorläufig noch unbekannt sind.

Die genetischen Grundlagen. Genaueren Einblick in die Genetik und das Verhältnis von Genom und Plasmon bei der Manifestation des Geschlechts zwittriger diploider Pflanzen haben die Versuche an *Streptocarpus*-Arten ergeben. Die Einzelheiten sind schon in dem Abschnitt über Vererbung auf S. 346 erörtert worden und brauchen hier nicht wiederholt zu werden. Es ist eben die genetische Grundlage für die Geschlechtsbestimmung in diesem Fall im Genom *und* Plasmon, dazu in verschiedenartig abgestufter Weise verankert. Und die Zusammenarbeit zwischen beiden Elementen stellt — wie auch in der Genetik angeführt — den ersten Schritt dar in die inneren Bedingungen hinein.

Äußere Bedingungen. Diese Geschlechtsausprägung bei *Streptocarpus* ist nun auch noch durch die Außenbedingungen verschiebbar. So wird der rein weibliche Bastard *Streptocarpus Wendlandii* × *Rexii* bei tiefer Temperatur ($+10^0$ C) kultiviert wiederum mit freilich reduzierten Antheren versehen, und bei höherer Temperatur ($+25$—30^0 C) kultiviert erscheinen schon in der ersten Generation Samenanlagen auf den Staminodien.

4. Diplogenotypische Geschlechtsbestimmung

Die genetische Grundlage. Die Verteilung der Geschlechter wie 1:1 bei Diplonten ist auf einen besonderen Chromosomenmechanismus zurückzuführen, der dem einer ständig wiederholten Rückkreuzung eines Bastards mit seinem recessiven

Tabelle 19. *Die Beziehungen zwischen Chromosomenkonstitution und Geschlecht bei Melandrium.* (Nach WARMKE und WESTERGAARD.)

	Chromosomenkonstitution	Melandrium		Chromosomenkonstitution	Melandrium
1	2A + XX	♀	12	2 A + XXY	♂
2	2A + XXX	♀	13	2 A + XXYY	—
3	3A + X	—	14	3 A + XY	♂
4	3A + XX	♀	15	3 A + XXY	♂
5	3A + XXX	♀	16	3 A + XXXY	♂
6	4A + XX	♀	17	4 A + XY	♂
7	4A + XXX	♀	18	4 A + XXY	♂
8	4A + XXXX	♀	19	4 A + XXYY	♂
9	4A + XXXXX	♀	20	4 A + XXXY	♂
			21	4 A + XXXYY	♂
10	2A + XY	♂	22	4 A + XXXXY	♂ → ♀
11	2A + XYY	♂	23	4 A + XXXXYY	♂

Elter entspricht. Demnach müßte sich die erbliche Konstitution männlicher und weiblicher Paare getrenntgeschlechtiger Pflanzen als verschieden erweisen. Jeweils das eine der beiden Geschlechter müßte in geschlechtsbestimmenden Erbfaktoren homozygotisch, das andere heterozygotisch sein. Beide Möglichkeiten sind nachgewiesen, wenn auch der häufigere dem klassischen *Bryonia*-Fall gleicht, wobei sich das männliche Geschlecht als 'das heterozygotische erweist (CORRENS).

Genauer sei noch der genetische Mechanismus der Geschlechtsausbildung von *Melandrium album* geschildert, der bis in die neueste Zeit hinein sorgfältige Bearbeitung erfahren hat. Melandrium besitzt ebenso wie *Bryonia dioica* heterozygotische männliche Pflanzen. Die Konstitution ist chromosomal kenntlich, weil das Männchen ein X- und ein Y-Chromosom besitzt, das Weibchen hingegen zwei X-Chromosomen, jeweils in Verbindung mit den Autosomensätzen. Die Bedeutung dieser Chromosomen ist vielfältig geprüft worden. Einmal durch Herstellung polyploider jedoch euploider Typen. Die Tabelle 19 zeigt an, daß unabhängig von der Zahl der X-Chromosomen und der Autosomensätze nur dann Männchen erscheinen, wenn ein Y-Chromosom vorhanden ist. Das Y-Chromosom ist also das allein geschlechtsentscheidende. Auf weibliche Ausbildung wirken sowohl die X-Chromosomen, als daneben auch verschiedene Autosomenkombinationen hin, wie die aneuploiden Formen beweisen. Dabei ergibt sich des Näheren, daß sowohl mit der Zahl der X-Chromosomen als auch mit gewissen bisher noch nicht im einzelnen bekannten Autosomenkombinationen bei gleicher Anzahl der Y-Chromosomen die Menge der Zwitter ansteigt.

Über die genauen Funktionen des Y-Chromosoms geben die Formen Auskunft, die defekte Y-Chromosomen besitzen. Wie Abb. 523 zeigt, besitzen die X- und Y-Chromosomen ein kleines homologes Segment (IV), mit dem sie in der Meiosis konjugieren. Die größten Teile dieser Chromosomen sind indessen nicht homolog (differentielle Segmente nach WESTERGAARD), konjugieren also mit diesen auch nicht, so daß es darin keinerlei Segmentaustausch gibt. Es haben sich nun Pflanzen gefunden, denen bestimmte Teile des differentiellen

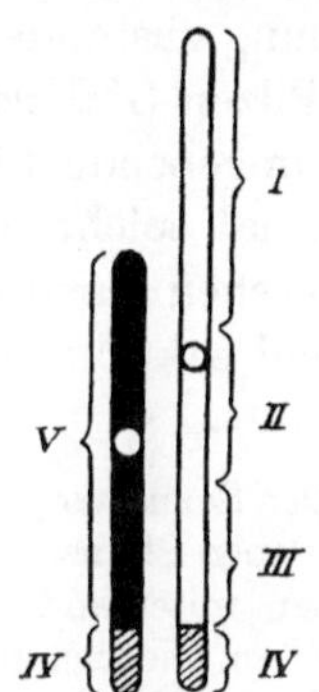

Abb. 523. X- und Y-Chromosomen von *Melandrium*, mit den verschiedenen Segmenten. Näheres im Text. (Nach WESTERGAARD)

Segmentes im Y-Chromosom fehlen, so daß sich deren Funktionen kennzeichnen. In dem Segment I befinden sich die Gene, die die weibliche Ausbildung unterdrücken; das Segment III enthält die Gene, die die Anfangsstadien der Staubblattentwicklung veranlassen, und Segment II endlich deren spätere Stadien. Die Entwicklung (oder Rückkehr?) zum zwittrigen Zustand kann also bei Melandrium auf höchst einfache Weise erfolgen, nämlich durch den Verlust des Segments I vom Y-Chromosom (WESTERGAARD).

Aus dieser mustergültigen Analyse geht hervor, daß es in der Tat geschlechtsbestimmende Gene gibt, die offenbar auch irgendwo in den Autosomen — vermutlich zu mehreren — verteilt sein können. Daneben gibt es für die diözischen Formen geschlechtsentscheidende Gene, die unter Umständen in den Heterochromosomen (Geschlechtschromosomen) untergebracht sein können.

Die Sexualität ist, ebenso wie für die Pflanze die Fähigkeit zur CO_2-Assimilation, ein in den äußersten Lebenstiefen begründetes Phänomen. So finden wir eine unglaubliche Vielfalt in der Ausgestaltung, die sich schon in der genetischen Grundlage ausprägt.

IX. Die Bedingungen der Kopulation und Meiosis

Die gesamte Sexualreaktion setzt sich aus der Gametenkopulation und' der anschließenden Meiosis zusammen, wie in der Fortpflanzungslehre gezeigt wurde. Wir müssen nun zum Schluß noch nach deren Ursachen fragen. Dabei läßt sich die Gametenkopulation und ihre Bedingungen nur schwer von solchen Faktoren trennen, die gleichzeitig das Geschlecht bestimmen. Das sei durch die folgenden Erörterungen klargestellt.

a) Relative Sexualität und geschlechtsbestimmende Stoffe

In den bisherigen Erörterungen ist aufgewiesen worden, daß jeder überhaupt mit sexueller Fortpflanzung versehene Organismus als Grundlage dieser Eigenschaft eine bisexuelle Potenz besitzt Da die Entscheidung über Männlichkeit und Weiblichkeit, abgesehen von dem Vorhandensein spezifischer Realisatoren, in einzelnen Fällen auch den Außenbedingungen überlassen sein kann, ist es denkbar, daß dann dabei die Bisexualität sich nach dem jeweiligen Partner richten könnte. Phänotypische Männlichkeit oder Weiblichkeit würde in solchen Fällen dadurch überhaupt erst hervorgerufen, daß ein Sexualpartner andere Bedingungen in seiner Umgebung produziert als ein anderer, und daß eine gegenseitige Beeinflussung zustande kommt. Das hat sich sowohl bei Algen (*Ectocarpus*) als auch bei Pilzen (*Achlya*) nachweisen lassen. Es ist wahrscheinlich, daß Stoffe, die in die umgebende Lösung oder das Substrat hineindiffundieren, die Ursache sind. Man hat solche Stoffe, die das Geschlecht bestimmen, als Termone bezeichnet. Abgesehen davon gibt es offenbar auch noch besondere Substanzen, die die Sexualreaktion zwischen den beiden Gameten herbeiführen; sie werden Gamone genannt.

Der Sexualvorgang bei *Ectocarpus* spielt sich folgendermaßen ab (Hartmann). Von verschiedenen Pflanzen entstammende Gameten, die sich rein morphologisch nicht unterscheiden, können miteinander kopulieren, wenn sie *im Verhalten* different sind. Im Extrem gibt es Gameten, die sich kurz nach ihrer Befreiung aus den Gametangien festsetzen und bewegungsunfähig werden; man könnte sie als *weiblich* bezeichnen. Andere dagegen schwärmen längere Zeit umher, bis sie sich gewöhnlich in größerer Zahl um einen ruhenden Gameten gruppieren — es mögen die männlichen sein —, wobei zuletzt einer von diesen mit dem ruhenden Gameten kopuliert. Es lassen sich nun bei umfangreicherer Übersicht alle Übergänge von unmittelbar ruhenden zu sehr lange schwärmenden Gameten auffinden. Kombiniert man nun eine mittlere Kategorie einerseits mit sehr lange schwärmenden, so funktionieren sie als weibliche Gameten, andererseits mit unmittelbar ruhenden, so wirken sie als männliche Gameten.

Dieser Befund zeigt einerseits, daß die Sexualkategorien männlich und weiblich *relativ sind*, zum anderen, daß eine bestimmte Abhängigkeit vom Partner besteht, die allein durch einen stofflichen Einfluß erklärt werden kann. Weitere Einsichten in dieser Hinsicht ergeben die Befunde an *Achlya*, wobei freilich keine Relativität des Geschlechtsverhaltens besteht, wie bei Ectocarpus, sondern eine exakte Bisexualität. Die ersten dahingehenden Experimente wurden übrigens von Burgeff an *Phycomyces Blakesleeanus* erworben; die an Achlya sind noch weitergehend. Sie seien allein dargestellt.

Achlya ist eine heterothallische, also getrenntgeschlechtige Saprolegniacee. Hier beginnt die Reproduktion damit, daß die weibliche Pflanze ein Hormon, es wird Hormon A genannt, produziert, das zu der männlichen Pflanze hingelangt und dort die Bildung der Sexualhyphen veranlaßt, die kurze seitliche Äste normaler Hyphen sind. Nachdem diese gebildet worden sind, produzieren eben diese männlichen Hyphen ein zweites Hormon B, das nun seinerseits zu der weiblichen Pflanze hin diffundiert und diese dazu veranlaßt, die Oogonien auszubilden. Die Oogonien ihrerseits produzieren das Hormon C, das nun die männlichen Äste veranlaßt, zu den weiblichen hinzuwachsen und sie zu umschließen, und endlich gibt es noch ein Hormon D, das die weiblichen Organe zur Reife bringt und gleichzeitig die Konjugation von männlichen und weiblichen Organen herbeiführt. Einen Teil dieser Substanzen hat man in der Tat isoliert, wenn auch noch nicht chemisch aufgeklärt. Sie funktionieren noch in der abenteuerlich geringen Konzentration von 10^{-13}. Es ist sehr wahrscheinlich, daß eine ähnliche Stoffproduktion und gegenseitige Abhängigkeit auch bei der Kopulation der höheren Pflanzen vorkommt.

b) Die Bedingungen der Siphonogamie

Das Wachstum der Pollenschläuche ist ein absolut gerichtetes, von der Narbe durch das Griffelgewebe hindurch bis zur Eizelle. Daß gekeimte Pollenkörner ihre Pollenschläuche auf Zuckeragar wachsen lassen, ist durchaus bekannt. Welches aber die Substanzen im einzelnen sind, die das Richtungswachstum beeinflussen, ist noch wenig durchsichtig. Etwas genauer sind wir über das Gegenteil orientiert, nämlich über die Hemmung des Schlauchwachstums im Griffelgewebe. Es sind das die Ereignisse, welche die sogenannte Selbststerilität verschiedener Blütenpflanzen herbeiführen. Hier sind wir vorwiegend genetisch orientiert. Bei selbststerilen Arten (*Oenothera organensis*) oder Rassen (*Petunia violacea*) gibt es eine sehr große Anzahl von multiplen Allelen, die für den Ablauf des Vorgangs verantwortlich sind. Finden sich im diploiden Griffel und haploiden Pollenschlauch dieselben Allele, also etwa: Griffel S_1S_2 und Pollenschlauch entweder S_1 oder S_2, dann kommt kein Wachstum zustande; nur wenn sich in beiden verschiedene Allele finden, Griffel wieder S_1S_2 und Pollenschlauch entweder S_4 oder S_3, dann erfolgt normales Wachstum. Das gegenseitige Verhältnis von Pollenschlauch und Griffelgewebe, bei normalem Wachstum und Hemmung, insbesondere die stofflichen Beziehungen, dürften sehr kompliziert sein. Es existieren eine Reihe verschiedener Theorien, die sich aber alle noch im Stadium der Beweisführung befinden (vgl. STRAUB). Ihre weitere Erörterung dürfte hier zu weit führen.

c) Die Bedingungen der Meiosis

Die Meiosis ist in ihrer ursächlichen Bestimmung am eingehendsten an den höheren Pflanzen ausgearbeitet. Das ist insofern verwunderlich, als vielfach bei niederen Pflanzen die Meiosis in einzelligen Zuständen abläuft, die eine einfachere physiologische Bearbeitung vermuten lassen. Indessen ist sie morphologisch in allen diesen Fällen so schwierig, daß zugleich die Anhaltspunkte für physiologische Veränderung unerreichbar sind. Das ist der Grund für die Bevorzugung der höheren Pflanzen, bei denen die Meiosis mindestens in den Antheren stets relativ leicht und sicher erkennbar ist.

Genetische Grundlagen. Der Ablauf der Meiosis, der in den Antheren zur Gonen- und in unmittelbarem Anschluß daran zur Pollenbildung führt, befindet sich dort in einer entwicklungsgeschichtlichen Situation, die recht merkwürdig ist (S. 291). Die Loslösung der Archesporzellen aus dem Gewebeverband, der Ablauf der Meiosis und aller späterer Entwicklungsstadien in dem freien Raum des Loculus, gesteuert durch ihre eigene genetische Konstitution sowie durch die Sekretionsvorgänge aus dem Tapetum, lassen ein kompliziertes Zusammenspiel erwarten. In der Tat finden sich sowohl Gene, deren Wirkungsstart man füglich bei diesem Prozeß in die Archesporzellen und anschließend in die Gonen bzw. Pollenkörner verlegen kann, daneben solche, die ihren Einfluß auf die Pollenentwicklung über das Tapetum geltend machen. So lassen sich bei vielen spontanen und artifiziellen Mutanten Genblockaden für die unterschiedlichsten Einzelheiten des ganzen Vorgangs auffinden, die umgekehrt wieder auf steuernde Gene als deren normale Korrelate verweisen.

Diese Genanalyse beginnt bereits bei der Auslösung der Meiosis überhaupt im Anschluß an die letzten prämeiotischen Mitosen in den Antheren. Es gibt Gene, die die Meiosis auszulösen vermögen und solche, die sie unterdrücken. Besonders viele Gene sind bekannt geworden, die die Paarung der homologen Chromosomen beeinflussen. So gibt es allein für *Solanum lycopersicum* fünf verschiedene, nichtallele Gene für den Vorgang. Dabei kann man solche unterscheiden, die im Negativen totale Asynapsis herbeiführen und solche, die nur einzelne Chromosomen betreffen, also partielle Asynapsis veranlassen. Sodann gibt es Gene, die eine Desynapsis herbeiführen, also das Stadium jenseits des Pachytäns steuern. Weiterhin solche, die die Terminalisation der Chiasmata beeinflussen und solche, die die Spiralisation der Diakinesechromosomen zum Gegenstand haben. Weiter gibt es Gene, die jedes einzelne der folgenden Stadien in irgendeiner Weise beeinflussen, bis zur Lösung der Pollenkörner in ihrer Gestalt und ihrer Beladung mit Reservestoffen.

Eine andere Beeinflussung der Meiosis kann durch Gene erfolgen, deren unmittelbare Auswirkung das Tapetum betrifft und dieses zu einer Fehlsekretion veranlaßt, wodurch die Pollenmutterzellen in verschiedenen Stadien der Meiosis oder gar noch hinterher der Auflösung und Degeneration verfallen können. Solche Fehlsekretionen des Tapetums zerstören stets den gesamten Inhalt der Loculi und führen also immer zu totaler Sterilität im männlichen Geschlecht.

Die inneren Bedingungen. Über die Bedingungen, die die Paarung der Chromosomen beeinflussen, gemessen an der Zahl der Chiasmen, die sich zwischen den einzelnen Chromosomenpaaren finden, sind wir ausreichend orientiert.

Dahin gehört als erstes das Cytoplasma. Es hat sich feststellen lassen, daß identische Kerne aus reziproken Kreuzungen, also in verschiedenen Cytoplasmen, in einzelnen Fällen eine verschieden hohe Chiasmenzahl besitzen. Weiterhin ist es der Kohlenhydratspiegel der Pflanzen, der nachdrücklichen Einfluß auf den Konjugationsvorgang hat. Damit besteht zugleich eine klare Abhängigkeit von dem Chlorophyllgehalt der Plastiden, sofern sich unter diesen Unterschiede finden, die einen Einfluß auf die Assimilation besitzen. Auch der Nährsalzgehalt und der Wasserzustand der Pflanzen übt einen entsprechenden Einfluß aus. Bei mangelhafter Ernährung und bei hoher Trockenheit wird die Paarung beeinträchtigt, umgekehrt gefördert.

Unter den äußeren Bedingungen ist es vor allem die Temperatur, die einen nachdrücklichen Einfluß auf die Chromosomenpaarung ausübt. Dabei stellt sich gewöhnlich für eine bestimmte Temperatur ein spezifischer Paarungszustand ein, der bei jedem Wechsel beeinträchtigt wird.

Sofern die Bedingungen so nachdrücklich eingreifen, daß die Paarung bis zur Asynapsis gestört wird, kann im Anschluß daran auch eine Fehlverteilung der Chromosomen zustande kommen und damit eingreifende Störungen entstehen, wie sie auch nach genisch bedingter Asynapsis auftreten. Damit kann eine partielle oder gar vollständige Pollensterilität eintreten, so wie sie sonst als Folge genischer direkter oder indirekter (Tapetum-)Störungen entstehen. In einfachen Fällen solcher Paarungsbeeinträchtigung wird gleichzeitig der Segmentaustausch zwischen den homologen Chromosomen verändert, was sich dann jeweils als Veränderung des genetischen crossing-overs zu erkennen gibt (OEHLKERS).

Damit sind unsere Kenntnisse über die Bedingungen der Kopulation und Meiosis kurz zusammengefaßt. Mit der Bildung eines Samenkornes oder auch einer Zygote ist wieder ein Ruhezustand erreicht. Wir sind also mit der Frage nach den Bedingungen der Entwicklung wieder am Anfang, dem Zustand der Inaktivität, angelangt.

Literaturverzeichnis

Es werden hier nur einige wenige zusammenfassende Schriften genannt, aus denen sich die Spezialarbeiten entnehmen lassen.

Erster Teil
Die Gestalt der Gewächse in Entwicklung und Aufbau

BARY, A. DE: Vergleichende Anatomie der Vegetationsorgane der Phanerogamen und Farne. Leipzig: Wilhelm Engelmann 1877.

BENECKE, W. u. JOST: Pflanzenphysiologie, Bd. I: Stoffwechsel. Jena: Gustav Fischer 1924.

BÜNNING, E.: Entwicklungs- und Bewegungsphysiologie der Pflanze, 3. Aufl. Berlin: Springer 1953.

DIPPEL, L.: Das Mikroskop und seine Anwendung. Braunschweig: F. Vieweg & Sohn 1882.

ESAU, K.: Plant Anatomy. New York: Wiley & Sons 1953.

FITTING, H., W. SCHUMACHER, R. HARDER u. F. FIRBAS: Lehrbuch der Botanik. Stuttgart: G. Fischer 1954.

Fortschritte der Botanik. Begründet von F. v. Wettstein. Jahresbericht, darin die Kapitel Morphologie und Entwicklungsgeschichte. Berlin-Göttingen-Heidelberg: Springer 1932 bis 1955.

FREY-WYSSLING, A.: Submicroscopic morphology of protoplasm and its derivatives. New York: Elsevier Publ. Comp. 1948.

GEITLER, L.: Endomitose und endomitotische Polyploidisierung. In Handbuch der Protoplasmaforschung. Wien: Springer 1953.

GOEBEL, K.: Vergleichende Entwicklungsgeschichte der Pflanzenorgane. Aus Handbuch der Botanik, herausgeg. von A. SCHENK, Bd. 3, 1. Hälfte. Breslau: Trewendt 1884.

— Einleitung in die experimentelle Morphologie der Pflanzen. Leipzig: Teubner 1908.

— Organographie der Pflanzen, 3. Aufl. Jena: Gustav Fischer 1928.

GUTTENBERG, H.v.: Lehrbuch der allgemeinen Botanik, 4. Aufl. Berlin: Akademie-Verlag 1955.

HABERLANDT, G.: Physiologische Pflanzenanatomie, 6. Aufl. Leipzig: Wilhelm Engelmann 1924.

Handbuch der Pflanzenanatomie, herausgeg. von K. LINSBAUER. Berlin: Gebrüder Borntraeger 1922—1941.

Handwörterbuch der Naturwissenschaften, darin die Kapitel „Gewebe der Pflanzen, Blatt, Sproß, Wurzel". 2. Aufl. Jena: Gustav Fischer 1935.

HEGI, G.: Illustrierte Flora von Mitteleuropa, Bd. 1, 2. Aufl. München: J.F. Lehmann 1935.

HOLMAN, R. M., and W. W. ROBBINS: A Textbook of General Botany. New York: Wiley & Sons 1944.

MOLISCH, H.: Anatomie der Pflanze, 6. Aufl., bearb. v. K. HÖFLER. Jena: Gustav Fischer 1954.

OLTMANNS, F.: Morphologie und Biologie der Algen. Jena: Gustav Fischer 1922.

PAX, F.: Allgemeine Morphologie der Pflanzen, mit besonderer Berücksichtigung der Blütenmorphologie. Stuttgart: Ferdinand Enke 1890.

PRANTL-PAX: Lehrbuch der Botanik. Leipzig: Wilhelm Engelmann 1909.

SACHS, J.: Lehrbuch der Botanik, 4. Aufl. Leipzig: Wilhelm Engelmann 1874.

— Vorlesungen über Pflanzenphysiologie. Leipzig: Wilhelm Engelmann 1887.

STRASBURGER, E.: Über den Bau und die Verrichtungen der Leitungsbahnen in den Pflanzen. Jena: Gustav Fischer 1891.

— Das botanische Praktikum, 6. Aufl. Jena: Gustav Fischer 1921.

TROLL, W.: Vergleichende Morphologie der höheren Pflanzen. Berlin: Gebrüder Borntraeger 1941.

— Allgemeine Botanik. Stuttgart: Ferdinand Enke 1954.

WALTER, H.: Grundlagen des Pflanzenlebens, 3. Aufl. Stuttgart: Ulmer 1950.

WARDLAW, C. W.: Embryogenesis in plants. London: Methuen 1955.

Zweiter Teil

Die Grenzen der Gewächse

Fortpflanzung und Vererbung

Alter, Krankheit und Tod

BAUR, E.: Einführung in die Vererbungslehre, 7.—11. Aufl. Berlin: Gebrüder Borntraeger 1930.

BENL, G.: Genanalyse bei Zea Mays I. Z. Pflanzenzüchtg **19**, 235—297 (1934).

CORRENS, C.: Gesammelte Abhandlungen zur Vererbungswissenschaft. Berlin: Springer 1924.

— Nichtmendelnde Vererbung. Aus Handbuch der Vererbungswissenschaft, Bd. II. Berlin: Gebrüder Borntraeger 1937.

DAHLGREN, K. V. O.: Die Befruchtungserscheinungen der Angiospermen. Eine monographische Übersicht. Hereditas (Lund) **10**, 169—229 (1927/28).

DARLINGTON, C. D., and K. MATHER: The elements of Genetics, 2. Aufl. London 1950.

ENGLER-PRANTL: Die natürlichen Pflanzenfamilien, 2. Aufl., Bd. I b: Schizophyta, bearb. von L. GEITLER. Leipzig: Wilhelm Engelmann 1942.

FISCHER u. GÄUMANN: Biologie der pflanzenbewohnenden parasitischen Pilze. Jena: Gustav Fischer 1929.

FITTING, H.: Grundzüge der Vererbungslehre. Stuttgart 1949.

GÄUMANN, E.: Vergleichende Morphologie der Pilze. Jena: Gustav Fischer 1926.

— Die Pilze. Basel: Birkhäuser 1949.

GEITLER, L.: Der Formwechsel der pennaten Diatomeen (Kieselalgen). Jena: Gustav Fischer 1932.

— Grundriß der Cytologie. Berlin: Gebrüder Borntraeger 1934.

— Schizophyceen. Aus Handbuch der Pflanzenanatomie, Bd. VI. Berlin: Gebrüder Borntraeger 1936.

— Chromosomenbau. Protoplasma-Monographien, Bd. 14. Berlin: Gebrüder Borntraeger 1938.

GOLDSCHMIDT, R.: Einführung in die Vererbungswissenschaft, 3. Aufl. Leipzig: Wilhelm Engelmann 1920.

— Physiological Genetics, 1. Aufl. New York: McGraw-Hill Book Comp. 1938.

HARTE, C.: Die Wirkung der Gene auf biochemische Vorgänge bei höheren Pflanzen. Naturwiss. **42**, 199—206 (1955).

HARTMANN, M.: Die Sexualität. Jena: Gustav Fischer 1943.

— Allgemeine Biologie, 4. Aufl., unter Mitwirkung von H. BAUER. Stuttgart: Gustav Fischer 1953.

JOHANNSEN, W.: Elemente der exakten Erblichkeitslehre. Jena: Gustav Fischer 1909.

KAPPERT, H.: Die vererbungswissenschaftlichen Grundlagen der Pflanzenzüchtung, 2. Aufl. Berlin: Parey 1953.

KNIEP, H.: Die Sexualität der niederen Pflanzen. Jena: Gustav Fischer 1928.

KORSCHELT, E.: Lebensdauer, Altern und Tod, 3. Aufl. Jena: Gustav Fischer 1924.

KÜHN, A.: Grundriß der Vererbungslehre. Heidelberg: Quelle & Meyer 1950.

LEHMANN, E.: Die Theorien der Oenotheraforschung. Grundlagen zur experimentellen Vererbungs- und Entwicklungslehre. Jena: Gustav Fischer 1922.

MOLISCH, H.: Die Lebensdauer der Pflanze. Jena: Gustav Fischer 1929.

MORGAN, TH. H.: Die stoffliche Grundlage der Vererbung. Deutsche Ausgabe v. H. NACHTSHEIM. Berlin: Gebrüder Borntraeger 1921.

OEHLKERS, F.: Erblichkeitsforschung an Pflanzen. Dresden u. Leipzig: Theodor Steinkopff 1927.

— Der Stand der Forschungen über die Chromosomen als Träger der Erbanlagen. Naturwiss. **25**, 145—153 (1937).

— Außerkaryotische Vererbung. Naturwiss. **40**, 78—85 (1952).

— Neue Überlegungen zum Problem der außerkaryotischen Vererbung. Z. Abstammungslehre **84**, 213—230 (1952).

OLTMANNS, F.: Beiträge zur Kenntnis der Fucaceen. Aus Bibl. Botanica, H. 14. Kassel: Th. Fischer 1889.
— Morphologie und Biologie der Algen, I, II, III, 2. Aufl. Jena: Gustav Fischer 1923.
PASCHER, A.: Die Süßwasserflora Mitteleuropas, H. 1—15. Jena: Gustav Fischer 1913—1936.
PRINGSHEIM, N.: Gesammelte Abhandlungen, Bd. 1—4. Jena: Gustav Fischer 1895.
RENNER, O.: Versuche über die gametische Konstitution der Oenotheren. Z. Abstammungslehre 18, 122—292, (1917).
— Untersuchungen über die faktorielle Konstitution einiger komplexheterozygotischer Oenotheren. Bibl. Genetica, Bd. IX. Leipzig: Gebrüder Borntraeger 1925.
— Artbildung in der Gattung Oenothera. Naturwiss. **33** (1940).
SCOTT-MONCRIEFF, R.: The genetics and biochemistry of flower colour variation. Erg. Enzymforsch. 8, 277—306 (1938).
SHARP, L. W.: Introduction to cytology. New York: McGraw-Hill Book Comp. 1934.
SINNOTT, E. W., L. C. DUNN and TH. DOBZHANSKY: Principles of Genetics, 4. Aufl. New York: McGraw-Hill Book Comp. 1950.
SMITH, G. M.: Cryptogamic Botany, Bd. I, II. New York: McGraw-Hill Book Comp. 1955.
STRASBURGER, E.: Lehrbuch der Botanik für Hochschulen, 26. Aufl., bearb. von FITTING, HARDER, SCHUMACHER, FIRBAS. Stuttgart: Gustav Fischer 1954.
TISCHLER, G.: Allgemeine Pflanzenkaryologie, Erg.-Bd.: Angewandte Pflanzenkaryologie, 1.—3. Liefg. Handbuch der Pflanzenanatomie, Bd. II. Berlin: Gebrüder Borntraeger 1953.
WETTSTEIN, F. v.: Morphologie und Physiologie des Formwechsels der Moose auf genetischer Grundlage. I. Z. Abstammungslehre (1924) **33**, 1—236.
WETTSTEIN, R.: Handbuch der systematischen Botanik. Leipzig u. Wien: Franz Deutike 1935.

Dritter Teil

Die Ursachen der Entwicklung (Entwicklungsphysiologie)

BENECKE, W., u. L. JOST: Pflanzenphysiologie, Bd. II: Formwechsel und Ortswechsel. Jena: Gustav Fischer 1923.
BOYSEN-JENSEN, P.: Die Wuchsstofftheorie. Jena: Gustav Fischer 1935.
BÜNNING, E.: Entwicklungs- und Bewegungsphysiologie der Pflanze, 3. Aufl. Berlin: Springer 1953.
GAUTHERET, R.-J.: Manuel technique de culture des tissus végétaux. Paris: Masson & Cie. 1942.
HARDER, R.: Über photoperiodisch bedingte Organ- und Gestaltbildung bei den Pflanzen. Naturwiss. **33**, 2—11 (1946).
JOST, L.: Vorlesungen über Pflanzenphysiologie, 3. Aufl. Jena: Gustav Fischer 1913.
KLEBS, G.: Die Bedingungen der Fortpflanzung bei einigen Algen und Pilzen. Jena: Gustav Fischer 1896.
— Willkürliche Entwicklungsänderungen bei Pflanzen. Jena: Gustav Fischer 1903.
KÜHN, A.: Vorlesungen über Entwicklungsphysiologie. Berlin: Springer 1955.
LANG, A.: Entwicklungsphysiologie. In Fortschritte der Botanik, von Bd. 11 an. Berlin: Springer 1941.
MELCHERS, G., u. A. LANG: Die Physiologie der Blütenbildung. Biol. Zbl. 67 (1948).
POHL, R.: 25 Jahre Wuchsstofforschung. Eine kritische Betrachtung des augenblicklichen Standes der Wuchsstofforschung. Naturwiss. 41, 392—400 (1954).
RUGE, U.: Übungen zur Wachstums- und Entwicklungsphysiologie der Pflanze, 3. Aufl. Pflanzenphysiol. Praktika, Bd. IV. Berlin: Springer 1951.
SÖDING, H.: Die Wuchsstofflehre. Ergebnisse und Probleme der Wuchsstofforschung. Stuttgart: Georg Thieme 1952.
VÖCHTING, H.: Untersuchungen zur experimentellen Anatomie und Pathologie des Pflanzenkörpers. II. Die Polarität der Gewächse. Tübingen: Lauppsche Buchh. 1918.
WARDLAW, C. W.: Morphogenesis in plants. London: Methuen & Co. 1952.
WESTERGAARD, M.: Über den Mechanismus der Geschlechtsbestimmung bei Melandrium album. Naturwiss. **40** (1953).

Namen- und Sachverzeichnis